国家出版基金项目
NATIONAL PUBLICATION FOUNDATION

国家出版基金资助项目
“十三五”国家重点图书出版规划项目

THE TWENTIETH CENTURY WESTERN AESTHETICS HISTORY

20世纪西方美学史

顾 问 汝 信
主 编 金惠敏
副主编 陈定家 周 敏

上编

山西出版传媒集团 山西教育出版社

图书在版编目（CIP）数据

20世纪西方美学史 / 金惠敏主编. —太原：山西教育出版社，2020. 12

ISBN 978-7-5440-9963-9

Ⅰ. ①2… Ⅱ. ①金… Ⅲ. ①美学史—西方国家—20世纪—高等学校—教材 Ⅳ. ①B83-095

中国版本图书馆CIP数据核字（2020）第007853号

20世纪西方美学史

20 SHIJI XIFANG MEIXUESHI

金惠敏 主编

责任编辑 郭志强 赵 玉 唐 锋（上编）
祁 黎 崔 璨 郭文礼（下编）
复 审 刘晓露
终 审 薛海斌
装帧设计 王春声 薛 菲
印装监制 蔡 洁

出版发行 山西出版传媒集团·山西教育出版社
（太原市水西门街馒头巷7号 电话：0351-4729801 邮编：030002）
印 装 山西人民印刷有限责任公司
开 本 720mm×1020mm 1/16
印 张 73
字 数 1388千字
版 次 2020年12月第1版 2020年12月山西第1次印刷
书 号 ISBN 978-7-5440-9963-9
定 价 198.00元（上、下编）

序　言

汝信

长久以来，学界有些人深陷在“中西二元对立”思维定式中不可自拔，不是想望着对中西文化传统进行综合与超越，而是把二者绝对地对立起来，彼此之间互不相容。要知道，如今的中国文化其实既不是传统中国文化的简单延续，也不是西方文化的强势延伸，它是一种扎根于中国土壤的综合型的社会主义新文化。因而原则上说，单纯西方理论或者中国传统理论都无法解释当代中国急剧地发展和变化着的社会现实。

习近平总书记在纪念孔子诞辰2565周年国际学术研讨会上提出了两个重要的概念——“当代文化”和“现实文化”，我认为这是治疗“中西二元对立”综合征的良药。关于“当代文化”，习总书记的原话是这样说的：“对人类社会创造的各种文明，无论是古代的中华文明、希腊文明、罗马文明、埃及文明、两河文明、印度文明等，还是现在的亚洲文明、非洲文明、欧洲文明、美洲文明、大洋洲文明等，我们都应该采取学习借鉴的态度，都应该积极吸纳其中的有益成分，使人类创造的一切文明中的优秀文化基因与当代文化相适应、与现代社会相协调，把跨越时空、超越国度、富有永恒魅力、具有当代价值的优秀文化精神弘扬起来。”建设社会主义文化，必须汲取一切文明，包括资本主义文明的优秀成果。这是我们党一贯坚持的马克思主义文化发展战略，对此我们耳熟能详。但借鉴吸纳这些文明成果的主体是什么，进一步说，这一主体的性质如何，并不是人人都十分清楚。习总书记明确告诉我们，这个“主体”就是“当代文化”。德国解释学认为，“前见”“前有”“前概念”构成了我们作为接受主体的存在，但如果我们仅仅是为“历史”所“结构”化了的主体，或言之，为意识形态所预先规定了的主体，那我们可真就成了这一本体解释学所竭力反对的无血肉之躯的纯知识了，进而言之，历史也成了黑格尔“概念”的演绎。习总书记所说的“当代文化”乃是立足于当代社会现实，回应这一社会现实需要的文化。简言之，“当代文化”就是当代人的生活和他们的欲望和梦想。克罗齐说过，一切历史都是当代史，而所谓“当代”则是过往一切的共时性汇聚。是“当代”承载了历史，肉身化了历史；没有“当代”，历史将永远是漂浮着的幽灵。可见，“历史”借助了“当代”并在“当代”中获得其生命。

关于“现实文化”，习总书记指出：“我们要善于把弘扬优秀传统文化和发展现实文化有机统一起来，紧密结合起来，在继承中发展，在发展中继承。传统文化在其形成和发展过程中，不可避免会受到当时人们的认识水平、时代条件、社会制度的局限性的制约和影响，因而也不可避免会存在陈旧过时或已成为糟粕性的东西。这就要求人们在学习、研究、应用传统文化时坚持古为今用、推陈出新，结合新的实践和时代要求进行正确取舍，而不能一股脑儿都拿到今天来照套照用。要坚持古为今用、以古鉴今，坚持有鉴别的对待、有扬弃的继承，而不能搞厚古薄今、以古非今，努力实现传统文化的创造性转化、创新性发展，使之与现实文化相融相通，共同服务以文化人的时代任务。”请注意，习总书记这里两次使用了“现实文化”一语，这虽然是为了与“传统文化”相对而言，但其含意也是前面提到的“当代文化”。简言之，“现实文化”即“当代文化”。由是观之，“新的实践”也是“时代要求”的同义语。或许对一般人来说，“现实”较之于“当代”似乎更为真切一些，因为“现实”既是“当代”的充实（内容），也是“当代”的显现（形式）。我们看不见“当代”，我们只能看见变化着的“现实”。

在“当代文化”和“现实文化”面前，一切形式的“中西二元对立”都将土崩瓦解，因为既往的文化，无论其属中或属西，对于当代文化或现实文化来说，都是一种资源、材料，都必须接受当代和现实的检验和剪裁，以适应当代人的现实的精神需求和物质需求。习总书记最近在哲学社会科学工作座谈会上将马克思主义、中华优秀传统文化与国外社会科学积极成果作为发展中国特色哲学社会科学的三大“资源”，要求我们“融通古今中外各种资源”，并以能否有效地解决中国的实际问题来决定对于这些资源的取舍。习总书记援引毛泽东同志的话来加强这一点："我们的态度是批判地接受我们自己的历史遗产和外国的思想。我们既反对盲目接受任何思想也反对盲目抵制任何思想。我们中国人必须用我们自己的头脑进行思考，并决定什么东西能在我们自己的土壤里生长起来。"这里强调的是我们自己的头脑，我们自己的土壤；若此，则哪里还有什么僵硬、死板教条的中西二元对立?！由于历史发展道路不同，中西文化并非没有差异，但"中西二元对立"思维的问题在于将此差异固化、永恒化，不能根据当今时代变化着的需要把中西文化当作活的资源来建设中国社会主义的新文化。

文化虽然深入日常生活，对于一个族群或民族而言具有生命本体的意义，但随着时代的变迁和历史的发展，它终归也是要与时俱进的。今日的中国文化不同于辛亥革命以前的中国文化，眼下的日本文化也有别于明治维新以远的日本文化。文化既有顽强的历史传承性，也有与时俱进的变异性。所谓"时代"，它不是传承得以发生的空荡荡的媒介，而是对事物自身之差异化运动的描述。"时代"是由事物本身的发展变化来定义的。时代的沉淀是传统，传统的变异是时代。当然，我们有时也会在一个更加宽泛的意义上使用"时代"一词，将它作为环绕着某一事物的其他所有事物的麇集，和事物在其中发展变化着的环境或条件，如我们经常使用的"时代背景"一语所指示的一样。在此意义上，"时代"意味着某一事物总是被置于与其他事物的同时性关系之中。回到前面所涉及的时代与现实的关系，由此可以进一步说，"时代"不过是添加了时间维度的"现实"。习总书记指出："任何一种文明，不管它产生于哪个国家、哪个民族的社会土壤之中，都是流动的、开放的。"并不是人们多么偏爱流动、开放，而实在是因为现实的发展所要求、所逼迫。这一现实，其最核心的内容，按照马克思主义的观点，就是生产力和生产关系，或曰，经济基础。

文明或文化包括两个方面，一是物质文明／文化，一是精神文明／文化。两种文明或文化的关系是：物质文明／文化决定精神文明／文化；而精神文明／文化也反作用于物质文明／文化。物质文明／文化是文明／文化发展过程中最活跃的也是决定性的力量，它首先为精神文明／文化所渗透和支配，但同时也不断地向既有的精神文明／文化范型提出调整的要求。于是，物质文明与精神文明相携而发展。对于中国的当代现实而言，西方的文明／文化抑或中国自身传统的文明／文化，都是一种精神性的和话语性的存在，都必须倾听物质文明发展的欲求和呼声，在与当代现实的调适中，携手共进，创造出新的文明／文化。

就其服务于当代文化和现实文化的建设而言，无论是中国古代文化还是西方文化都具有同等重要的价值，虽然其分量和地位因各别的特性、禀赋以及接受主体，即当代现实的“前结构”而可能有所不同。古为今用，洋为中用，用之于当代，用之于现实，应该是文化发展或发展文化的基本规律。

习总书记提出“当代文化”和“现实文化”两大概念，以及将中国传统文化和西方文化置之于“用”的层级，或者对中国自己的土壤的顾盼，解决了多年争论不休的“中西二元对立”问题，也解决了两千多年以来始终困扰着中华文化建构的所谓“夷夏之辨”。不止于此，习总书记还进一步提出全球化时代对于中国哲学社会科学工作者更高的期许。如果说将中西文化资源用之于当代现实，属于话语走向实践的阶段，那么接着还需要从实践走向话语，走向理论。前者的中心是解决中国自己的问题，而后者则是中国对于世界的责任，是中国作为一个崛起的大国对于世界的担当。习总书记告诉我们：“解决好民族性问题，就有更强能力去解决世界性问题；把中国实践总结好，就有更强能力为解决世界性问题提供思路和办法。这是由特殊性到普遍性的发展规律。”我们终于不再自卑了！我们终于能够自信了！我们终于能够身在“特殊性”而同时放眼“普遍性”了！终于能够为解决世界问题乃至人类问题提供习总书记近些年反复强调的“中国方案”了！这样的“中国方案”既是特殊的，也是普遍的；既是中国的，也是世界的。对于“中华文化”的性质亦当如是观之。在2016年12月召开的中国文联及作协大会上，习总书记明确指出：“中华文化既是历史的、也是当代的，既是民族的、也是世界的。”这就是说，中华文化既有自己民族的特色，又有普遍的意义。过去我们不曾照抄外国，现在我们也不会要求别人照抄中国经验，所谓“普遍”是我们与世界之间的理解、分享和互鉴。我们的文化自信，不仅表现在对中华优秀文化传统感到无比自豪，有充分的信心将其发扬光大，而且表现在拥有广阔的视野和胸怀面向世界，借鉴和吸取一切人类文化优秀成果，兼收并蓄，为我所用，对世界做出新贡献。这就是底气！这就是文化实力！这就是崛起的大国的文化自信！

同样道理，建设中国当代审美文化理想也必须破除非此即彼、壁垒森严的二元对立思维，必须从审美的“当代文化”和“现实文化”出发，对无论中国古代的审美文化或者西方审美文化资源，进行创造性的开掘和转换，不仅要让世界知道一个

“舌尖上的中国”，也要让世界知道一个“美学上的中国”。千里之行，始于足下，中国美学工作者的第一步工作，我以为应是把中外历史上的遗产和精华发掘出来，不过这种发掘或发现绝非考古式的复原，其一开始便是过去与现在、自我与他者的一种对话，是一种创新和发展。

我国成规模、成系统地译介和研究西方美学史是比较晚近的事情，甚至也可以说是新中国成立以后的事情。而完整地绘制20世纪西方美学版图，其历史则更短，大约是20世纪80年代以来才真正地启动。在西方，以英语世界说，截至目前，尚未出现一部以20世纪美学为研究对象的史学著作。我深知对于西方美学无论是做局部开拓还是宏观把握都十分不易。要通晓外文，要熟悉西方哲学，要文本细读，要有对艺术作品的鉴赏能力，更要掌握马克思主义的方法论，这些没有一样可以急就。金惠敏研究员带领其团队倾尽多年之力完成的这部著作是中国学者系统研究、完整呈现20世纪西方美学要义、真髓的一次可贵尝试。该书将20世纪西方美学史在理论上分作两个时期，现代美学和后现代美学，但同时也看到两种美学倾向的交叉和互渗，准确地描述了美学在不同时期的光谱变化和多维性。在中国人编撰西方美学史著作的历史上，它首次将文化研究、日常生活、图像增殖和媒介后果（媒介生态学）等所开辟的美学场域列为专章介绍，显示了编撰者对时代的高度敏感和理论整合能力。该著作对于中国读者了解当代西方美学基本面貌、发展规律和最新流向具有重要的参考价值，是中国美学爱好者和研究者的案头必备；继续往大处说，对于打造新时代的中华审美理想、促进社会主义精神文明建设亦将发挥积极作用。尽管书中某些观点可能会引起争议，个别章节的论述尚需加强，语言似应更加地中国化，但总体来看，这是一部成功之作、创新之作。对于该书的出版，我表示衷心的祝贺！

是为序。

目　　录

上　　编

绪　论

20世纪美学已成为一段完整的历史，一个有边有际的研究对象，似乎写作一部20世纪西方美学史该是时候了。但是，这只是从时间概念上说，而从内容上看，事情却并不如此简单，原因是，20世纪美学的许多问题，特别是其中五六十年代以来所产生的那些问题，至今仍在争论之中，而在中国，由于其问题语境的成熟晚于西方大约30至50年，对于中国学者来说，撰写一部20世纪西方美学史，实际上就是在解决自己的问题。任何历史都是当代史，在一个全球化时代，任何外国史可能同时就是本国史。在马克思看来，历史的结果是世界史。[①]

20世纪美学的延伸性，其与我们自身的切近性，即距离的缺失，一方面增加了写作一部“历史”著作的难度，但另一方面也助长了我们参与其中的激情。为着“历史”的客观，我们将牺牲我们的主观激情。当然结果如何，不是我们可以预先许诺的。

这是我们在正式进入绪论之前首先就要明白的，因为以下的绪论既试图呈现20世纪美学的真实面貌，又要处理一些有争议的问题，而通过处理正在争议的问题，能否被人承认进入了美学的实际，将滋生出更多问题。

①马克思指出：“世界史不是过去一直存在的；作为世界史的历史是结果。”（《马克思恩格斯选集》第2卷，人民出版社1995年版，第28页。）

一、如何哲学地理解20世纪西方美学

20世纪并未提供什么新鲜的基本哲学问题，它给我们的仍是那自有哲学以来便如此的难题，即主观与客观或者主体与客体及其关系问题。美国人罗蒂那个有名的关于哲学主题演变的三段论所看好的当代哲学由古代的本体论、近代的认识论所转向的“语言论”，其实解剖开来看，也是可以归入先前的本体论和认识论的。语言只是20世纪哲学家们普遍感兴趣的一个问题入口，经由这个入口他们走向的不是本体论，就是认识论，或者兼而有之。例如说，语言究竟是“工具—符号”，还是我们的本体论存在？是我们在说语言，还是语言在说我们？语言是否虚构了形而上学？深入这些问题，可以发现，它们仍被“主体—认识—真理”这一古老的哲学幽灵所纠缠。这或许就是怀特海那一不无荒谬的说法即两千多年的西方哲学不过是对柏拉图的注解之真实性所在。

20世纪哲学之创新性在于，它积极地回应了当代社会以新的现实性所迫切化了的主客体问题。这就是说，虽然根子里仍是主客体问题，而表现出来的却是另外一些看似不相干的话题。表面上的不相干恰是传统哲学内在里的现实关怀和它永不枯竭的能量和生命力。哲学固老，但它以对现实问题的言说而长青。

现实问题当然很多，而哲学并不是一门解决具体问题的实用学问或技艺。能够触动哲学灵感、并经得起其问辩的总是那些具有相当普遍性的被抽象了的问题。在这类问题图谱中，最抢眼也最是举足轻重的问题，我们以为当数“科学”。

据考证，“科学”的本义是知识，尤指系统的知识。在17世纪，例如在培根的《科学的进步》（从拉丁文翻译成英文时为《学术的进步》①）中，它通常也包括了哲学、历史学、伦理学和神学，因而与“良知”（conscience）毗邻。但是由于“工业革命”在创造物质文明方面所发挥出的巨大作用，以及由此人们对在其中居功甚伟的“自然科学”的叹服和崇拜，“自然科学”便几乎独占了“科学”的语义。19世纪末，狄尔泰之所以选取“精神科学”（Geisteswissenschaften）一词便是这一语境中一个耐人寻味的现象。它是人文理性对“科学主义”的抗争，对精神现象的研究也应享有“科学”的尊崇，但另一方面这未尝不是对“科学”甚至其风骚霸气的俯首称

① 拉丁文书名为De Augmentis Scientiarum，英文书名为The Advancement of Learning。

臣和自惭形秽，因为“精神科学”只能遵照自然科学所定的基本法则才能忝列于“科学”，其特殊性似乎微不足道。

“精神科学”所蕴含的矛盾及其对“科学”的不同态度，分别被发展为20世纪哲学的两大基本倾向：对“科学主义”的批判，与对“科学”精神的吸纳。现象学、存在主义、哲学解释学、后结构主义和其他各种形态的后现代主义等，基本上属于前者，而分析哲学则属于后者，因为“它与给当代文明打上最深烙印的两大势力结盟，即（与）科学和技术”[①]结盟。精神分析哲学，如果成立的话，要特别一些，它在形式上接近“科学”，而在内在气质上则是反“科学”的。

在此，我们绝不是说，20世纪哲学存在有科学主义与人文主义两大潮流，像许多研究者和一些身处其中的哲学家所相信的那样。“科学”精神不等于“科学主义”，“人文”精神也不等于“人文主义”。原因是，“科学主义”，根据威廉斯的研究，是一个“带有批判性的字眼”，“用来定义科学在某方面的局限”。他注意到，“同样，人文学科有其明显的局限，但尚未有一个通用的词汇来定义这个局限”。[②]其实这样的词汇早就有了，就是“人文主义”（或译“人道主义”），20世纪60年代以后，该词在后现代主义诸流派中日渐被赋予否定性的意义。如果说“科学”“人文”来自于启蒙传统，那么“科学主义”和“人文主义”的出现则是由于“启蒙的辩证法”，如霍克海默和阿多诺所阐明的。这就是说，无论在其肯定的抑或否定的意义上，“科学主义”与“人文主义”都具有同源性，即共同秉承着启蒙哲学所确立的对于理性的绝对信仰。[③]“科学”精神的实质就是“理性”精神，而“理性”精神也就是“人文”精神。“科学”与“人文”是同一“理性”的两翼。

依照康德，人先验地具有“纯粹理性”，这使他得以统摄和认识经验的世界。作为启蒙计划或许是其主体部分的康德哲学既是“科学主义”的，也是“人文主义”的。所谓“科学主义”与“人文主义”的冲突因而就不是两种思想潮流的冲突，而是理性发展过程中其内部所歧出的问题，即理性的异化问题。“理性”需要“科学”和人的“主体性”以开辟自己的道路，而一旦理性放任于“科学”和“人文”，就会

---

① 乔治·亨立克·冯·赖特：《分析哲学：一个批判的历史概述》，转引自陈波等编《逻辑与语言——分析哲学经典文选》，东方出版社2005年版，第3页。

② 雷蒙·威廉斯：《关键词——文化与社会的词汇》，刘建基译，三联书店2005年版，第427页。

③ 1760年，伏尔泰在致爱尔维修的信中写道：“本世纪开始看到了理性的胜利。”根据权威历史学家的认定，“他指的是人文主义精神和科学的经验主义。”参见J. O. 林赛编《新编剑桥世界近代史》第7卷，中国社会科学院世界历史研究所组译，中国社会科学出版社1999年版，第144页。

出现它所意想不到的“科学主义”和“人类中心主义”，我们知道，“科学主义”常常就是“人类中心主义”。这是自工业革命以来，20世纪尤甚，我们所面临的一个重大的现实问题。若转换为哲学的语言或许可以这样说，我们这个人类“主体”怎样才能克服我们“主观上”的“科学主义”和“人文主义”而回归到我们“客观上”的真实存在。

美学虽然是哲学的附录部分，但要把握20世纪美学的精神，就必须了解主客体关系这一哲学基本问题在所谓“科学主义”与“人文主义”的冲突中的体现。20世纪美学流派繁多，主张各异，当然要求我们用心去具体地体会，但主客体关系仍是它们或直接或间接地、或明显或隐晦地指涉着的问题。如弗洛伊德美学宣告文艺创作中一个理性主体的死亡，如德里达对意义的解构就是对主体的解构，更不用说那些从积极的方面建构艺术创造主体的表现主义美学了。即便那些强调文本价值的各种形式主义美学家，实际上也是将一个现代性的主体哲学落实为“审美自主性”。

这里应该辨明西文中的“subject”和“object”，既是认识论意义上的主“观”和客“观”，也是存在论意义上的主“体”和客“体”，这种差异的关键在于，它会导出分别侧重于主客“观”和主客“体”的两种哲学和美学来，例如现象学关注于主客“观”(如意向性、表象、前见)，而在弗洛伊德、拉康、福柯以及女性主义者和后殖民主义者那里则是主客“体”(如身体、身份、单个性)。这样的主客体关系被表述为主体与他者（other）的关系，并通过对他者之绝对他异性的坚持（如列维纳斯）而改写了只是作为另一自我的和对象性的客体。他者哲学具有强烈的现实政治诉求。

二、如何政治地理解20世纪西方美学

如果能够将“政治”理解为不只是职业政治家们的思想和活动，而且也是一切关于如何组织社会的并不一定诉诸行动的纯粹思想性的探索，那么应该说，当特利·伊格尔顿（Terry Eagleton）在他那本著名的《文学理论导论》中大胆地宣称一切文学和文学理论都是政治的，他是没有什么过分之处的。[①]他后来在该书“中译本前言”中为此立论所作的辩解，即说文学理论“永远是政治性的”“不应该被误解为是

① 伊格尔顿把“政治”界定为“那将我们的社会生活组织起来的方式及其所包含的权力关系”。Terry Eagleton, Literary Theory: An Introduction. 2nd edition, Minneapolis: The University of Minnesota Press, 1998, p. 67.

企图把文化产品中独特的东西简化为直接的政治宣传目的”[1]，于是也没有多少必要性可言，因为通过强调文化产品的特殊性是无法在任何程度上削弱文学和文学理论的政治性的，它们与“政治”的相关是“直接的”抑或如伊格尔顿所暗指的“间接的”，究竟只是一个方式的而非本质的问题。

伊格尔顿是在考察了20世纪主要的文学理论流派，如现象学、解释学、接受理论、结构主义、后结构主义和精神分析之后得出如上结论的，而这些流派通常又是可以冠之以或许更宜于被称之为“美学的”，因此他的这一结论也同样适用于它们被作为美学的流派，据此我们可以进一步推断，一切美学的都是政治的；具体言之，20世纪西方美学史就是一部政治的思想史。

将“美学的”作为“政治的”并不意味着可以拿政治的价值标准去要求美学理论，那是过去的做法。作为以描述美学发展实际为指归的一门历史学科，我们所撰写的美学史首先是把政治作为一个解释学的视角，从这一视角观察各种美学理论的政治意指、其起伏和变化。这个政治不是我们现在的政治，不是我们自己的政治立场，诚然我们也无法摆脱这些，而是当时美学与之发生关联的政治，这就是说，它是一种被语境化了的，因而被客观了的政治，但愿这不会成为一个去政治化的政治，因为政治就是我们的实际存在。

从不同的层面上说，20世纪西方社会有许许多多的政治，有阶级的、种族的、文化的、性别的，等等，但在我们看来，20世纪最根本的政治问题是资本主义的充分发展及其矛盾、危机的充分暴露，因而对它的种种思考和争论。在哲学和美学方面，其思考和争论有直接的，而更多的则是间接的，是经由多重中介的、曲曲折折的、最终的镜像。其中比较易于看出的是，例如，女权主义政治和美学是对资本主义所依赖的个体自由之彻底性的要求，即它必须被彻底到将女性也包括进“人”的范畴；在19世纪中叶被作为无产阶级“圣经”而创立的马克思主义，在20世纪的社会批判美学那里其阶级的意义则被扩大为人性一般的意义，资本主义不再只是对某一阶级的剥削和压迫，而是对全人类、对真正人性的戕害，因而美学的批判更具有特别的重要性。后结构主义从其政治的直接性上看，自然是法国1968年5月风暴的一个后果。有研究者指出，“正是透过由学生和工人发起的这类斗争，福柯和其他人

① 特里·伊格尔顿：《现象学、阐释学、接受理论——当代西方文艺理论》，王逢振译，江苏教育出版社2006年版，第3页。除此之外，本书还有四个译名：伍晓明译作《二十世纪西方文学理论》，刘峰译作《文学原理引论》，外教社译作《文学理论导论》，台湾学者译作《文学理论导读》。

才开始从理论上阐发权力和知识之间的密切关系，认识到权力是透过细微的渠道渗透到社会和个人存在当中发挥其作用的”[①]；而往历史的幽深处望去，它通过对启蒙理性的怀疑和批判暗指资本主义制度和精神的困境。德里达反对于解释学的意义“延异”性，这个看似纯粹属于符号学或修辞学的问题，实则是他对“在场形而上学”的解构，对以“理性”“知识”和“真理”为名，对一切“他者”和“差异”实施排斥、压抑和整合的哲学暴政的颠覆，这就是德里达何以对高度政治取向的多元文化论者，如斯图亚特·霍尔（Stuart Hall）和女权主义哲学具有无穷魅力的主要原因。利奥塔在其《话语，形象》一书中力挺形象对话语的优先权，一种被学者称之为“逾越的美学（transgressive aesthetics）和逾越的写作模式”[②]，在其中形象越出了话语所设置的边界。这给人的印象就是在替艺术和诗辩护，然内在却是躁动着如德勒兹（Gilles Deleuze）和加塔利（Félix Guattari）所称颂的将冲破资本主义“辖域化”的“欲望”的。“话语”不是不可以表现“欲望”，但“表达于话语中的欲望受到了语言规则的构造和限制”[③]；而“形象”的感受性、直接性和多义性或反指意性则天然地与不受任何理性规训的“欲望”结盟。整个说来，法国后结构主义就是这样被理论化了的“革命”和“造反”行动。街头政治固然是失败了，可它被后结构主义者在学院内、在“文本”的字里行间所赓续，一样地轰轰烈烈，一样地硝烟弥漫，也一样地惊心动魄。

以上这些流派都是美学政治化的荦荦大者，是美学为政治服务的显例，是美学与政治相关的无可辩驳的铁证。但是也有那委曲小变者，那远离政治者，更有那公然要切断与政治瓜葛的“为艺术而艺术”论者，如作为一种叔本华主义的布洛的“心理距离”说，如执着于“文学性”寻找的俄国形式主义，如具有唯美主义灵魂的克罗齐的“艺术即直觉”理论，如封闭文本、使其孤立于一切社会关联的英美新批评派，等等；自20世纪80年代中期以来，这些可笼统称之为“审美自主性”的理论在美国已经不怎么时兴了，但它在美学界和文学艺术界从未销声匿迹过，而且早就沉潜为一种不言而喻的公理，或良心、态度，被小心翼翼地看护着。一旦审美遭到

---

① 道格拉斯·凯尔纳、斯蒂文·贝斯特：《后现代理论——批判性的质疑》，张志斌译，中央编译出版社1999年版，第30页。

② 道格拉斯·凯尔纳、斯蒂文·贝斯特：《后现代理论——批判性的质疑》，张志斌译，中央编译出版社1999年版，第30页，第194页。

③ 道格拉斯·凯尔纳、斯蒂文·贝斯特：《后现代理论——批判性的质疑》，张志斌译，中央编译出版社1999年版，第30页，第196—197页。

外物的过度采掘、盘剥和榨取，便立刻就有抗议之声发出。但是，这一切只是提醒我们对于美和艺术的政治观察需要更加谨慎、灵活和语境化，来不得半点偷懒的逻辑化，而绝不至于从根本上解除美学与政治的传统盟约，在此，我们不必重提老普列汉诺夫对唯美主义虚伪性的政治揭露和批评（其中对于后者多有冤枉，因为王尔德就声称过自己的社会责任），而是需要注意阿多诺的一个同情式的理解和评论：

> 更确切地说，艺术是通过其与社会的对立性位置而成为社会性的，那一位置是唯在艺术作为自主之物时才能取得。不是去遵从现存的社会规范，也不是把自身修造得“于社会有用”，而是将自身凝结成一自在的本体，艺术由此而恃其纯粹之存在批判社会……①

这就是说，坚持审美自主性是实现其社会批判功能的前提：艺术只有建构起自己的身份，找到自己特殊的立足点，才能发起自己的社会批判，否则就流于一般的宣传品或成为政治的附庸了。从历史上看，我们知道，“由康德所奠基的审美现代性即‘自由美’对于‘依附美’的优先性，换言之，对审美自主性的高扬，曾经在席勒那里、在英国浪漫主义诗人那里、在青年马克思那里，最后是在20世纪现代主义文学那里，演变成为对资本主义生产本质和社会罪恶的批判”②。

这些乍看起来纯粹的、独立不倚的或者“为艺术而艺术”的美学，实际上却是在“疏离”的意义上实现其政治功能的：其一，“疏离”是它们“介入”政治的独特方式。它们无需主动去做什么，只要简单地在那儿，默默地存在着，坚持着一个“疏离”的方式，其政治性就已经是实际地发生了。其二，这种“疏离”的政治性还在于它本源上隶属一个被人反复阐述但仍嫌暧昧的资本主义精神，不是韦伯的禁欲苦行，不是桑巴特的贪婪攫取，不是他们两人争论中所共同签署的理性主义（被他们狭义化了的理性主义），也不是舍勒在情感上找出的“怨恨”，而是那个超越并统领这一切的由笛卡尔在哲学上所确立的“我”字当头的现代主义主体性精神——资

① Theodor W. Adorno, Ästhetische Theorie (hrsg.), von Gretel Adorno and Rolf Tiedeman, Frankfurt am Main: Suhrkamp, 2000, S. 335.

② 金惠敏：《消费时代的社会美学》，《文艺研究》2006年第12期，第6—7页。关于美学与社会的关系在审美现代派那里的表现，参见该文第一节“‘美学’反对‘社会’”。

本主义制度是对它的实践以及不可避免的异化，而“疏离”美学，包括现代派和它的前身消极的或积极的浪漫主义，则是向它的回归和对异化的制度的批判。以“疏离”为特征的“审美现代派”其实并未创造出一种外于现代性的审美意识形态，相反，它是以资本主义精神对资本主义实践的反思和批判，说得更简洁些，是现代性反对现代性。①这就是审美自主性理论的深度政治学。

对于20世纪西方美学，政治的阐释，尽管我们可能早已厌倦，仍是“一条不可逾越的地平线”，问题只在于如何恰当地使用它，不是让政治去遮蔽和取代美学，而是让美学在政治的探视下显出其自身，或者就是成为其自身。

三、如何文化地理解20世纪西方美学

“美学”作为一门学科，在其创立之初即在“美学之父”鲍姆加登那里，便被规定为关于“自由艺术的理论”，这个“自由艺术”就是后来黑格尔在其《美学》中开宗明义地以之为美学研究对象的“美的艺术”。这是相当狭义的一个“艺术”概念，如果将实用工艺、自然和社会也包括进来，那它们只能是作为在艺术中所集中体现的“美”的理念的投影。如今，美学以艺术为中心仍是一个根深蒂固的观念，似乎只有关于艺术的“美学”才具有普遍意义，而那些关于当代生活、文化现象的美学如“体育美学”“影视美学”“技术美学”“服饰美学”“旅游美学”“身体美学”等，严格地说，统统是歪门邪道，而即便宽容地说，其存在的价值也不过是对“艺术”的增补和烘托。非艺术或低级的艺术是不能进入美学研究视野的。美学只能是关于高雅艺术的学问，因为唯有高雅艺术才能给人以精神的陶冶，才能培养出健康的情趣。

这在马修·阿诺德（Matthew Arnold）就是，唯有他所定义的“文化”，即“世上

① 贝尔指出：“资本主义经济冲动与现代主义文化发展从一开始就有着共同根源，即有关自由和解放的思想。它在经济活动中体现为‘粗犷朴实型个人主义’（rugged individualism），在文化上体现为‘不受约束的自我’（unrestrained self）。尽管两者在批判传统和权威方面同出一辙，它们之间却迅速结成了一种敌对关系。可以用弗洛伊德的理论来解释此种现象，指出是转移到文化方面的性本能威胁了生产工作所必需的纪律。这种说法虽有些道理，但太抽象了。较为符合历史的解答似乎是这样：资产阶级精打细算、严谨敬业的自我约束逐渐同他们对名望和激动的孜孜追求发生了冲突。当工作和生产组织日益官僚化，个人被贬低到角色位置时，这种敌对性冲突更加深化了。工作场所的严格规范和自我发展、自我满足原则风马牛不相及，难以和平共处。”（丹尼尔·贝尔：《资本主义文化矛盾》，赵一凡等译，三联书店1989年版，第33—34页。）在我看来，贝尔这里所描述的是资本主义精神的对象化和异化过程。

所思所言之精华”[1]，当中主要是艺术和诗，才能完成一个伟大民族所必需的人文的即道德的、近于宗教的和审美的教育。不同于柏拉图，作为一位文学的和社会的批评家，阿诺德既看重教育，又寄希望于诗在其中的作用，于此而言他就像是中国的孔夫子，将“诗教”提升到关乎“修齐治平”的高度（曹丕后来扩大为“文”，称“文章”乃“经国之大业，不朽之盛事”）。不用说，孔子的“诗”和曹丕的“文”都是那些经过“删”“选”的纯正无邪的佳作，阿诺德亦在此意义上提出“好诗”（best poetry）的概念[2]，而另一方面我们知道孔子是要“放郑声”的，因为“郑声淫”，这就是说，孔子在言“诗教”时是早就规定好了雅俗之分的。中国古代的雅俗对立的观念，同样也出现在柏拉图那儿，衍化为阿诺德对作为“所思所言之精华”的“文化”与“大众”文化的区分，以及对民主化而可能造成理想丧失的忧虑。他以“文化”“少数者”的优越指斥美国“大众”的庸俗和堕落，说他们只是依其低下的本能行事，只是相信从报纸上读来的东西，而对永恒的和超越的真善美却毫无热情和兴趣。与追求真善美的“文化”精神背道而驰，“大众”文化不过是培育和怂恿“大众”的低级趣味和物质性欲望，因而是不能以“文化”相称的。

在此，我们不拟从价值上评说阿诺德的“文化”观念，例如评判它是进步的抑或保守的，而愿意从事实上指出一个历史性的“文化”巨变：这就是资本主义正在生产出一种反“文化”的工具主义、物质主义（materialism）和科学主义的社会意识形态，以及推助这一意识形态并构成其一个有机部分的流行文化形式。阿诺德以美国报纸为例，其中没有真实和理智，也缺乏严肃的旨趣，而仅仅是兜售名人和欲引发轰动效应。报纸作为一种大众传播媒介，原本就是大众性的，是大众需求的生产和满足；是民主性的，是对权威、精英、神秘性或独创性的瓦解。在一个大众媒介的时代，阿诺德那时只是看到了一个纸媒的阶段，美学研究包括文艺批评如果固守于“所思所言之精华”，那么它将必然地流为一种唯美主义，一种复古主义，或一种“审美现代派”。

以雷蒙·威廉斯为先驱的英国文化研究在20世纪50年代末期的兴起，宣告了阿诺德（为利维斯所深化和发展的）精英主义“文化”观的终结，这就是为阿诺德所

① Matthew Arnold, “Literature and Science”, in: Discourses in America, London: Macmillan, 1912, p. 82.

② “我们需要的是好诗，这好诗将被发现具有一种能够塑造、支持和娱乐我们的力量，而其他任何东西都无法做到这一点。” Matthew Arnold, “The Study of Poetry ”, in: Matthew Arnold: Selected Prose, P. J. Keating (ed.), London: Penguin, 1970, p. 342.

排斥的“大众”在威廉斯这里开始成为“文化”的题中之义。按照威廉斯的重新界定，“文化”作为一种“生活方式”，既包括了传统所谓的“知识的”和“精神的”，也包括了“物质的”（material）人类活动的。[①]“物质的”一语与“大众”相通，将人类的物质性活动纳入“文化”范畴，在威廉斯那里就是将普通人的指意实践即“大众文化”合法化；文化不能只是精英的，威廉斯要求，“文化是普通的”[②]。在英国文化研究史上，这种以物质性和普通性定义“文化”的一个实际后果是，“将电视、报纸、舞蹈、足球以及其他日常制品和实践开放给批判而又同情的分析”[③]。“大众文化”终于进入了“文化”研究的神圣殿堂。

自然威廉斯的本意并不是要以“大众文化”取代精英文化，如上面他那个综合性的定义所表示，又如他在提出“文化是普通的”时所申明——“我们在两种意义上使用‘文化’一词：指一种全部的生活方式——普遍的意义；指艺术和学问——发现和创造性努力的特殊过程。有些作者用该词表示这些意义中的这一个或那一个。而我要坚持的是两者，是两者结合起来的重要性”——但是，“大众文化”挤入“文化”的一个重大的理论后果是，传统的“文化”版图被实质性地改写了；而如果说以前的“文化”一直主要是“艺术”文化，那么“文化”版图之被改写的一个美学后果则是美学将不能再是仅仅关于“艺术”的学问；换言之，威廉斯以后，美学的任务将是如何对待“大众文化”这种“非艺术”现象，一方面它无法为传统的“艺术”概念所囊括，但另一方面又不是完全与“艺术”无涉，而是有着大量的挪用和重构。由于英国文化研究的反精英性质，因而也就是“反美学”的性质，因为“美学”即隶属于一个精英的传统，其于20世纪西方美学史的意义迄今还未受到应有的重视。

与英国文化研究差不多同步，法国的社会学家和哲学家也发现并理论了与消费文化共生的社会审美文化现象。罗兰·巴特对时装的研究，列斐伏尔对日常生活的解剖，居伊·德博尔（Guy Debord）对“景观社会”的界说，一直到波德里亚对消费社会之“仿真与拟像”的指认，等等，显然与英国文化研究的态度不同，其中几乎是完全的批判而少有同情性的分析，但当代社会所具有的新的“审美”特性还是被

① Raymond Williams, Culture and Society, 1780–1950, London: Chatto & Windus, 1959, p. xvi.

② Raymond Williams, Resources of Hope, London: Verso, 1989, p. 4.

③ Chris Barker, Making Sense of Cultural Studies, Central Problems and Critical Debates, London: Sage, 2002, p. 68.

客观地呈现了出来。根据他们的理论图绘，第一，我们已经由马克思时代的“生产社会”进入了后现代的“消费社会”；第二，这个“消费社会”是一个将物变成了符号即“物符”（objet-signe）的社会；第三，物作为一个能指，不再代表其实际的使用价值，而是指向一个被虚构和想象的价值，或者说，在“物体系”中能指与所指的自然联系被重新组织，例如“一条小小的发带透出漂亮雅致”被转换为“一条发带是漂亮雅致的符号”①；第四，如果我们能够承认黑格尔的经典公式“美是理念的感性显现”之关键点是“显现”，那么以符号这种感性形式去显现被生产出来的诗意欲望，当会造成一个美学的世界，符号的增殖就是美学的增殖。由于电子媒介的迅猛扩张，尤其是其无穷的图像生产能力，如果说印刷以复制文学符号为主的话，符号的美学在电子媒介时代就主要表现为图像的美学，巴特所一般而论的“符号”被波德里亚突显为图像符号和由此而来的“日常生活的普遍的审美化”（une esthétisation générale de la quotidienne）②。或许有些危言耸听，波德里亚断言，整个社会的审美泛化将招致“艺术”的终结，因为“当一切都成为美学的，那就没有什么是美的或丑的，艺术自身亦将不复存在。”③具体说，“为着图像的单纯传播，艺术消失于一个平庸的泛美学之中”④。原因在图像，是图像毫无意义的增殖终结了“艺术”的存在。而如果“艺术”真的终结了，那么以“艺术”为其研究对象的“美学”也必将走向终结。

对于“艺术”和“美学”的前景，其实，波德里亚并非如我们想象的或他本人常常表演的那样悲观，他所谓的“艺术”是有特定内涵的：它是“真正的天才”，是“冒险”，是“幻想的力量”，是“对现实的否定和与现实相对立的另一场景”，是“一种超越性的形象”——“在这一意义上，艺术消失了。”⑤我们知道，这是康德和浪漫主义运动以来所形成的现代性“艺术”概念，是“审美现代派”的“艺术”理想。因而，波德里亚所宣称的“艺术的终结”就不是一个泛泛之论，而是被他赋予了一种具体的历史意味，即“艺术的终结”在他意味着一个现代性“艺术”观念的终结，由此“艺术”将步入一个后现代的“泛美学”（transesthétique）的新时代。

面对艺术的转型，美学应当如何因应之而不致自身被历史所抛弃，是20世纪许

---

① 罗兰·巴特：《流行体系——符号学与服饰符号》，敖军译，上海人民出版社2000年版，第50页。
② Jean Baudrillard, La Transparence du mal, essai sur les phénomènes extrêmes, Paris: Galilée, 1990, p. 19.
③ Jean Baudrillard, La Transparence du mal, essai sur les phénomènes extrêmes, Paris: Galilée, 1990, p. 17.
④ Jean Baudrillard, La Transparence du mal, essai sur les phénomènes extrêmes, Paris: Galilée, 1990, p. 19.
⑤ Jean Baudrillard, La Transparence du mal, essai sur les phénomènes extrêmes, Paris: Galilée, 1990, p. 22.

多美学家思考的一个主题，除上面提到的英法作者外，还有如美国的杰姆逊，他将艺术置放于后现代文化语境的考察已成经典；又如阿瑟·丹托，其“艺术界”理论表现了对艺术史传统所拒斥的种种实验艺术的认定和接纳。再有更是人尽皆知的德国本雅明的艺术在机械复制时代的“灵晕”的消失，霍克海默、阿多诺和马尔库塞对“文化工业”的以艺术为其救赎的批判，无论其是否正确，都应视为对在审美对象即“艺术”发生变化之后的美学前途的积极求索。评价其求索之得失不是本文的任务，在此笔者只是提出，将审美对象的变化即“艺术”的“文化”化、“大众”化或日常生活化作为理解20世纪西方美学的一个有益的透视角度。

四、“时间”概念与20世纪西方美学的分期问题

任何历史著作只要它不是简单地罗列史实，就必然涉及一个历史分期问题。中国人习惯以朝代的更迭作为分期的标准，这倒也简单实用，而且也不无根据，因为政治确实在社会和思想的发展上扮演着决定性的作用。但是在接受西方人的纪元方式之后，我们便转而采用“世纪”来为历史分期，这尤为表现于对外国史的编撰。这种以西方纪元为中国历史分期，其不适当性已为人注意和诟病，但似乎对于西方历史则当是适用的和有效的，殊不知这里存在一个根本性的悖离，即一方是空洞的时间，尽管它一开始被赋予宗教的意义，而另一方是有意识、活生生的人类活动；不是时间赋予人类史以意义，而正相反，是人类活动将单纯的时间变成一个有意义的符号。

因而，当我们将自己的研究对象限定在20世纪这一时期的西方美学时，对于时间的空洞性和思想的丰富性、复杂性和独立性是有充分的意识的。我们没有这样的想象，只要美学走过世纪的拐点便是一个全新的境界了。进入“世纪末”，并不一定就能看到“世界末”的情绪；而“新世纪”也并非就是满天彩霞。在一个世纪里出现的美学思想，其最闪亮之点可能在世纪末，也可能在世纪初，或可能在其间的某一个点上。

据此我们认为，根本就不存在“20世纪西方美学”这一概念，存在的只是在20世纪这一时段里所发生的美学。退一步说，即使存在一个“20世纪西方美学”概念，那也是我们出于自己理解的一个汰选，即抽出20世纪某一段时间的几个流派作为该世纪美学思想的代表，而割弃了其他时间段里的美学。在真实的“20世纪西方

美学”概念中，时间已经不再具有主导性和标志性的作用，它成了美学史的附庸，作为一个权且的、方便的标签。如果它不是标签，而是一个意蕴深广的符号，那则是由于它得到了来自于其间的“西方美学”的保障。撤除这一保障，“20世纪”将不复存在。广而言之，历史是人的历史，而非时间的历史；时间没有历史，只要我们不是如理论物理学家霍金那样，将时间作为某一物；而如果把时间作为某物，衡量时间形成的那一参照系，与时间相类似，离开了作为某物的时间，也一样是毫无意义的。这就是康德何以将时间（还有空间）说成是属于主体性的一个重要原因。

我们反对将“20世纪西方美学”作为一个概念，另一个原因是在它背后隐藏着一个奠基于18世纪资产阶级启蒙运动，而今已根深蒂固即已被正统化了的历史进步观。依照这种观点，历史的进步不可逆转地一直向前，这是因为人类精神或理性处在一个永无止境的进步过程之中。[①]表现于思想史或我们这里的美学史的写作，这种观点假定，美学思想史就是对美的认识不断完善、逐步接近于美的真理的过程，美学史就是美学思想的进步史，就是后来的美学家将他们的先辈变成累累尸骨的历史。就20世纪西方美学史的编撰而言，我们看到，有的著作将它描绘成仿佛一个有机物的生长过程：形成期、展开期、成熟期，最后终于成就了一个实体性的“20世纪现代西方美学”概念。线性的启蒙进步观完全违背和掩盖了思想史的真实，例如，我们不能随便论定形成于20世纪初的弗洛伊德美学就一定不如20世纪末期的西苏（Hélène Cixous）美学，或者20世纪的阿多诺在美学上超越了19世纪的黑格尔或古希腊的柏拉图。思想史的每一位伟人都是一个不可逾越的巅峰，一个不可重复的、独特的因而不可取代的个性。思想史不承认时间律，后来者不具备时间的优越性。物质世界的进步，人类改造自然能力的提高，并不必然带来思想文化创造方面的相应的进步。这一点，马克思早就通过将产生于野蛮时代的古希腊艺术作为就某方面而言“一种规范和高不可及的范本”[②]而昭示了我们。

空洞的时间，天真的线性进步观，都是外在于人类精神创造活动的人为黏附物。将它们从美学史上剥离出去，将显露出美学史自身的真实和特性。美学史在时间中发生、展开，但又不接受时间的框架。美学史之作为“历史”，只是意味着种种美学思想在时间序列中的发生和展开，意味着在它们之间具有相协商的而非后来居上的关系。“历史”当然也是一种价值观，但其作为价值观的参照系一是当时性，即

① 参见孔多塞：《人类进步史表纲要》，何兆武等译，三联书店2003年版，第2—3页、第195—196页。
② 《马克思恩格斯选集》第2卷，人民出版社1995年版，第29页。

一种思想的价值将取决于它对当时现实的回应；二是对象性，即看它对于其对象的揭示深度。至于它能否为我所用，虽然这要求也合情合理，但那不是思想史家的本务，而是他应该尽力回避的东西，是他可以留给思想家和政治家的东西。历史中有评价，但那不是主观的，而是客观的。绝对的客观性显然是一个幻想，但是对于一位真正的历史学家来说，他能够做到多少，将会收获多少。

从时间的限制中解放出来，我们将把20世纪西方美学史看作一个同19世纪美学相联系的过程，至于这种联系是创新性的或守成性的，不是一个纯粹的时间概念所能界定的。例如国外有学者就指出，"在20世纪第一时段即一战之前，美学继续以18世纪末康德所奠定的、整个19世纪艺术家和哲学家所发展的原则为基础"①。例如布洛、贝尔和克罗齐等人的美学观点，"尽管它们把我们带到了一战时期，然而却可以被看作属于一个扩展了的19世纪"②，甚至还可以说，在20世纪前半叶，美学仍是"建立在为康德所打下并为各种审美态度或审美经验理论所发展的基础之上的"③。但是，这位作者没有充分意识到后现代主义作为一种精神气候对于20世纪后半叶美学的划时代影响。我们认为，只是由于50年代开始发动、到60年代基本成形的后现代主义美学才构成20世纪美学的区别性特征，区别于它在上半叶的，也区别于19世纪的。这种作为一种精神气候的后现代主义美学其实弥漫在许多那些人们通常并不以或者反对以"后现代主义"相称的美学流派那儿，如英美分析美学、德国哲学解释学、女性主义美学、文化研究，以及最近的"环境美学"④等。后现代美学的革命性意义，简单说来，是它对本质主义在美学中的种种表现的清理和批判。

将20世纪西方美学划作现代主义和后现代主义两个时期，绝不意味着将后现代主义在价值上凌驾于现代主义之上，后现代主义反对这种现代主义的进步观。由于从时间中解脱出来，并不再以"进步"论英雄，我们就把关注的重心放在作为个体的美学家，其理论本身的独特魅力，其对于艺术现象和审美文化现象的阐发力度，

---

① Dabney Townsend (ed.), Aesthetics: Classic Readings from the Western Tradition, 2nd edition, Belmont, CA: Wadsworth/Thomson Learning, 2001, p. 216.

② Dabney Townsend (ed.), Aesthetics: Classic Readings from the Western Tradition, 2nd edition, Belmont, CA: Wadsworth/Thomson Learning, 2001, p. 271.

③ Dabney Townsend (ed.), Aesthetics: Classic Readings from the Western Tradition, 2nd edition, Belmont, CA: Wadsworth/Thomson Learning, 2001, p. 271.

④ 主要倡导者为美国的阿诺德·伯林特，他本人出版有《环境的美学》一书（Arnold Berleant, The Aesthetics of Environment, Philadelphia: Temple University Press, 1992）；并与他人一起被特邀为《美学和艺术批评杂志》编辑过一期"环境美学"专号（Arnold Berleant and Alan Carlson, guest (eds.), Special Issue: Environmental Aesthetics, Journal of Aesthetics and Art Criticism 56, 2 Spring 1998）.

其与当时外部语境的关联，等等。这就是，我们比以往更加地把美学作为美学；或者说，我们的目标是回到美学史自身，让美学史成为美学的历史。

在此我们并未讲出什么新意，因为它一直就是我们或隐或显的史学传统，我们只是通过对时间和进步观的清除来重申和捍卫这一传统。当然，这也是多多少少经过我们理解和选择的传统——传统活在我们的理解之中。

绪论不是一本书的内容摘要，尤其像我们这样简略的绪论更不可能是——它至多只是提供了理解纷纭美学现象的一个参考路数。我们期待，真正的收获将是由此绪论而转入本书，由本书而进入原典文本，由文本而进入美的世界，包括艺术的和现实的。

那么，现在就让我们掀开正文吧！

导　言（上）

怀特海曾断言两千多年的整个西方哲学史不过是柏拉图的注脚而已[1]，此话的确让后来的哲学家气馁和不甘，然而从我们哲学史研究者的角度看，这倒未始不是一种积极的暗示，就是说柏拉图为理解其后头绪纷繁的哲学史提供了一个快刀斩乱麻的透视角度。而如果说柏拉图指示了其后西方哲学史流向的话，那么18世纪出场的德国启蒙哲学家康德则堪称是制定了近代以来西方哲学的议事日程。对此，稍后于康德的叔本华早就有清醒的认识和预见：

> 康德虽然没有达到现象即作为表象的世界，而自在之物即意志这样的认识，但是他已指出这显现着的世界既是以主体也同样是以客体为条件的。当他把这世界的现象的，也就是表象的最普遍的形式孤立起来时，他指出了人们不仅可以从客体出发，而且同样也可从主体出发认识到这些形式，并得以按其全部的规律性而统览这些形式。又因为这些形式本是主体客体之间的共同界线，他做出结论说人们由于遵循（Verfolgen）这一界线，既不能透入客体的内部，也不能透入主体的内部，随之而是〔人们〕决不能认识到世界的本质，决不能认识自在之物。[2]

不需要多么专精的研究，凡是对康德哲学有些大概了解的读者，对于叔本华的这段评论，都不会感到有什么晦涩难解之处：康德将我们的世界一分为二，物自体与现象界，认为通过知性范畴或形式可以生产出关于现象界的普遍有效的知识，但

① 怀特海的原话是："欧洲哲学传统最可信赖的一般特征在于，它是由对柏拉图的一系列注脚构成的。"（怀特海：《过程与实在》，杨富斌译，中国人民大学出版社2013年版，第50页）

② 叔本华：《作为意志和表象的世界》，石冲白译，商务印书馆1994年版，第574页。引文根据德文原著有所改动，如将中译"追究"（Verfolgen）改为"遵循"。

也恰恰是由于人所具有的这种知性能力，即由于这种知性范畴的使用，一条不可逾越的认识鸿沟便横亘在物自体与现象界之间，大有“人生不相见，动若参与商”之无奈。不过，二者也绝非不相关联，它们是“共在”于“人生”或世界的，这也就是说，我们人类置身其中的这一世界是由两方面构成的：认识的主体与被认识的客体。因此，作为铸造世界观的哲学一方面应该去解释主体，另一方面还要说明客体，这便是康德为其后的哲学所指派的任务：研究主客体的本质、作用及其相互关系。非常清晰，康德以后的西方哲学分作两条路线，一是客体主义的路线，一是主体主义的路线。

在此我们何以要绕道叔本华对康德哲学功过是非的论衡而不自作论说呢？此乃由于，叔本华是近代客体主义路线的开山祖师，他将康德不可知的物自体揭示和演绎为他本人的能够发展成为“表象”的“意志”，此意志乃世界之本源和主宰。而且，这在他还意味着，作为具体的进行认识的个体，就其本质而言，也是一个“物自体”，一个他所谓的“意志”，一个无法透入其中的客体。在客体主义一线上，显而易见的有直承叔本华的尼采，其对叔本华的发展似乎也仅仅在对这意志的态度上，弃“悲观”而取“悲壮”和昂然向上。这一线下来还有克尔凯郭尔、施莱尔马赫、狄尔泰、柏格森、桑塔亚那等人，当然也应该包括弗洛伊德、荣格以及拉康，他们将康德的“物自体”解释和表述为“存在”“生命”“无意识”“集体无意识”“大他者”(或“实在”)等等。如果不避可能的牵强之讥，我们似乎也可以像英国马克思主义批评家特里·伊格尔顿那样，将马克思的社会存在理论与弗洛伊德的无意识理论并置而互文指涉。不难理解，只要把“人之初，性本善”改写为“食色，性也”或“天生烝民，有物有则”[①]，即经济活动实则外化了的生命之所欲，那么经济决定论与本能决定论的确也是相距不远的。进一步，如果我们不是将弗洛伊德的“无意识”作为一种属于认识范畴的无能于认识之状态，而是认为有某物、某一领域幽悬在人类的认识之外，即将“无意识”实体化、本体化，那么社会学和社会批判理论的“社会”，人类学的“日常生活”，有人类学渊源的文化研究的“文化”，这看似不相关的一切也都是可以归入由康德所启迪、由叔本华所开辟的客体主义路线的，它们都含有那一首先需要吃喝住穿的“生命”的因子或欲求。拉康对弗洛伊德无意识的澄清和再界定，初看就是对精神分析的背叛，但细察则属于对它的丰富、补充和发展，欲望确然就是对他人之欲望的欲望：个体的欲望不仅不是与社会的象征秩序无关，而且是实实在在为社会所编码的。这就是拉康由他那意味深长的著名

① 孔孟对“有物有则”的解读侧重在“有则”，而我们的理解则是“物”“则”并重，甚至我们还想说，无“物”何来“则”？

公式“无意识是他人的话语”[1]所传递的并不玄虚的消息。他人或他人的话语是一个比自我主体更阔大的世界，它可以是自我的对象，这时它是意识的客体，也可以是构成自我存在的先在，它无法通过反思而得以自我认识，因为执行认识的主体极是永远无法自我认识的，反思所得到的自我知识只是对于已经成为历史的自我的知识，在此意义上，那个构成自我存在的他人的话语对我总是不能被意识的，换言之，那一尽管含有意识成果的社会或传统，当其作为观察和反思的出发点时却是不能成为意识对象的。

与叔本华相对立的是主体主义一线，这一线上有费希特、谢林、黑格尔，他们将世界说成自我的辩证展开或者概念的逻辑演绎。位处这一线内部的谢林责备黑格尔，说在他那“概念就是一切，不容许概念之外有任何东西”[2]。不过黑格尔也反批评谢林将“同一”或“绝对”归之于A=A，而依此公式，则“一切都是一”。黑格尔形象地嘲讽说，谢林的这个“一”就像黑夜一样，无论何种花色的牛置身其间都只能是黑色的。[3]不言而喻，谢林与黑格尔的相互批评也同样适用于康德：知性范畴建构了我们能够认识的现象界，但相对于我们的认识能力，现象之外则是一无所有。通过知性范畴，康德一方面在为人的认识能力消极设限，即将其限制在现象界，但另一方面也是为了建构人对客观世界的积极的主体性，人为自然立法，人是自然的主人。费希特、谢林和黑格尔都是从积极的方面看待和发展人的主体性能力，在文学上，这就是歌德的“浮士德精神”。以是观之，视觉形式主义美学、心理距离美学、表现主义美学、符号论美学、结构主义美学、格式塔美学等等凡是强调形式重要性或决定性的美学主张，都或多或少从康德知性范畴那里汲取过灵感。这些流派都希望找到能够统合世界或审美世界的元形式。必须明白，形式主义从来就是主体主义的另一种说法，对此，我们只要回望一下亚里士多德对形式因的倚重就足够了。

而若是反过来说，主体主义即形式主义，其实也没有错误，因为主体的要义在于形式，在于以形式对物质世界的组织和再现。对于康德来说，主体之所以堪称主体，乃在于他先天地赋有知性范畴，舍此则主体何以主事?! 爱德华·布洛告诉我们，心理距离本质上是一种主体的审美态度，一个对象能否成为审美的对象，取决于主体的心理状态，这种状态就是审美无功利的态度。但是，于事物取无功利的态度只是一个对象成为审美对象的必要条件，而非充分条件，这即是说，它尚需要其他一些条件，其中最重要的条件是通过艺术家和作为艺术家的鉴赏者的直觉和表现，这就是审美意境（包括意象）的营造。遗憾的是，布洛在其代表性论文《作为

---

① 拉康：《拉康选集》，褚孝泉译，上海三联书店2001年版，第625页。
② 谢林：《近代哲学史》，先刚译，北京大学出版社2016年版，第152页。
③ 参见黑格尔：《精神现象学》上卷，贺麟、王玖兴译，商务印书馆1997年版，第10页。

艺术因素与审美原则的“心理距离说”》虽然几次提到“形象”一语，但都未及进一步论证不是无功利的审美态度而是秉持这一态度所建构的“形象”创造了审美的对象或艺术品。我们需要接着布洛研究审美“形象”或扩大言之审美“意境”的本质是什么。庆幸的是，无需我们多余费力，克罗齐表现主义的命题“直觉即表现”早已为我们代劳解决了心理距离美学所留下的缺憾。在他看来，首先，不能把直觉混同于感受。他辨别说：“在直觉界线以下的是感受，或无形式的物质。这物质就其为单纯的物质而言，心灵永远不能认识。”[①]其二，直觉是表现，而表现是以形式化的方式而进行的表现。对于一个事物，若是“心灵要认识它，只有赋予它以形式，把它纳入形式才行”[②]。其三，具体言之，形式生产形象，这也就是说，事物经由心灵的整合，所谓“经过形式打扮和征服，就产生具体形象”[③]。而形象，就是有“形”有“象”，就是所谓“格式塔”一类的结构。对于物质与形式的关系，克罗齐的思考十分辩证，他说：“没有物质，心灵的活动就不能脱离它的抽象的状态而变成具体的实在的活动，不能成为这一个或那一个心灵的内容，这一个或那一个确定的直觉品。”[④]此言听来耳熟，这不就是康德那句名言“思想无内容则空，直观无概念则盲”[⑤]的美学回响吗?!这也许还能促使我们对康德哲学作进一步的追问：知性范畴难道在其审美判断力批判中不再发生作用了吗？我们大约应该是还需要一个哲学概念来表达心理距离美学和表现主义美学所要求的这种现象的：“审美知性”可乎？如果有人觉得此术语是闯进康德哲学园地的怪物，那么我们还是使用继续沿用克罗齐“艺术即直觉”的意指即“艺术直觉”吧！但必须注意，此直觉包含了知性的要素，是给予对象以形式的那样的直觉。实际上，审美意境的创造中不是无涉概念或无涉知性范畴的。当今人工智能艺术制作的事实已经证明艺术创作不止是天才和灵感的领地，在艺术中长期被轻视的理性和技艺已有其发挥作用的舞台。

结构主义者和后结构主义者，虽然如其宣称的那样是为了揭露主体或理性的虚构和虚幻，他们经常嘲笑黑格尔用概念屏蔽了世界，但实际上如德里达也是将世界囊括在符号或文本之中的，他坚持“文本之外无一物”。我们知道，文本和符号不过是概念的同义语，或者说，它们也不过是康德知性范畴之次一级的表达。可以断言，后结构主义无非就是对康德主体性理论的极端发展，黑格尔亦复如是，但与黑格尔不同的是，黑格尔乐观地认为世界及其差异性尽在概念之中，而德里达则在其宣称文本之外无一物时已将物自体“延异”在符指之外去了。看来法国的德里达比

① 克罗齐：《美学原理》，朱光潜译，商务印书馆2012年版，第6页。
② 克罗齐：《美学原理》，朱光潜译，商务印书馆2012年版，第6页。
③ 克罗齐：《美学原理》，朱光潜译，商务印书馆2012年版，第6页。
④ 克罗齐：《美学原理》，朱光潜译，商务印书馆2012年版，第6–7页。
⑤ 康德：《纯粹理性批判》（注释本），李秋零译，中国人民大学出版社2011年版，第76页。

德国本土的黑格尔更得康德哲学之真谛，因为符号的自身指涉假定了其外世界的不可知性，亦即是说，保留了康德物自体的自在性和神秘性。

我们推荐以康德哲学为视角来观察20世纪西方美学的流变，但这决不是说，后者就只是对前者的简单复制，甚至也不是期待看到康德对20世纪美学的影响，而是建议在研究20世纪美学时要留心它们是如何回应康德的哲学问题的，如此而言，所谓“影响”就不只是单向的主导，而是双向的对谈、从而双向的塑造，是“双向影响”(inter-fluence)。要知道，经典的形象并非一劳永逸，它要接受读者的不断修正和再构型。

第一章　无意识美学

概　　论

我们不说人们通常所谓的“精神分析美学”，而是把这个学派的美学思想称为“无意识美学”，因为第一，“无意识”处于精神分析学派的核心位置，没有对“无意识”的系统研究和独特标识，就不会有这个学派的存在；第二，“无意识”不是精神分析学派的发明，在它之前和之后，许多学者和思想家都对“无意识”研究做出了贡献；因此，“精神分析”不能涵盖“无意识”，相反，它只不过是“无意识”研究中存在的一支。

为了说明何为“无意识美学”，应当首先弄清何为“无意识”。

对于“无意识”的注意并不是自弗洛伊德而始的。古希腊就有柏拉图对诗人“灵感”迸发时所陷入的“迷狂”状态的描绘，这可能是西方美学史最早对“无意识”及其与文艺关系的论述。中世纪的圣奥古斯丁发现，意识中总有一部分是我们无法意识的：“我不能完全抓住我所是的一切……心灵没有大到可以包容它自身：但是如果不能包容的话，那么它的那一部分又能在哪儿存身呢?”让圣奥古斯丁难下决断的是，“无意识”究竟是归属于意识呢，还是独处于意识之外？在18世纪以后的西方思想文化史上，“无意识”逐渐取得了恶魔的形象，即是说心灵常常为它那个未知的部分所威胁，如康德称其为“人类的黑色观念”，赫尔德说它既恐怖而又寓于诗意，他感叹：“那藏匿于暗夜的我们灵魂的最幽深之处是何等地不可思议呀！我们可怜的思维器官当然听不到如此一个浊浪排空的海洋所发出的咆哮，它不会为此焦虑而战栗。”到了19世纪，利希特（J.P.E Richter）将“无意识”比作“非洲腹地，其未知的疆界可能伸展得很远”。我们知道，弗洛伊德也有一个类似的比喻——“黑色大陆”。尽管弗洛伊德曾声言其“无意识”概念绝不是哲学家们的那个“无意识”，但哲学家叔本华对意志拒绝认识的本体论描述，却是他最重要的思想源泉之一。进而，叔本华还直接地使用过“冰山”之喻，露出水面的是意识，深藏其下、不知其巨的则是无意识。最后在心理学这条线上，亨利·詹姆斯研究过“睡眠、昏厥、昏迷、癫痫和其他无意识状况”，例如“睡眠中的无意识脑活动”。当弗洛伊德开始其学术生涯的时候，“无意识”已经是心理学尤其是精神病学中十分流行的术语了。但是无论如何，“无意识”是由弗洛伊德所系统地阐发出来的，并使之成为在20世纪思想文化史上最有影响力和创造力的元概念。[①]

弗洛伊德“无意识”学说的主要特点是：

第一，将“无意识”置于其关于心理的描述系统之中，即心理是由潜意识、前意识和意识三个层次所构成。这不再是过去那简单的意识与无意识的二元对立，而是在其中插入一个“前意识”。这不仅在形式上显得更严密、更系统，而且更突出了无意识的不可知性或其通往意识的艰难程度。“无意识”要想进入意识层次，就必须经过“前意识”的严格稽查。通常的情况是唯有“前意识”疏忽了、被蒙骗了，“无意识”才能以隐喻等形式混入意识。

第二，将“无意识”内容化、实体化，即“无意识”就是不能被意识的那部分内容。有学者以为后期弗洛伊德放弃了其心理结构的三层次说，而代之以三重人格结构说：人格由本我、自我和超我所构成。其实，这是对前者的具体描述，是对前者之空洞性的填补，是对“无意识”究竟为何物的澄清。

第三，弗洛伊德可能最具特色的是，他进一步将“无意识”或“本我”解释为被压抑的性本能。换言之，如果说“无意识”是“黑色大陆”即一个区域的话，那么，在这里东奔西突的就是性本能、性欲望和性冲动。

第四，将“无意识”“本我”和性本能作为人的心理或人格及其外在表现的终极决定性因素。在其《释梦》的结尾部分，弗洛伊德总结性地指出：“无意识必须被看成是精神生活的一般基础。无意识是一个较大的区域，而意识在其中只占有一个较小的部分。任何意识之物都有一个无意识的初始阶段；无意识之物可能就保持在那一阶段上，但它要求被认为具有对于一个精神过程的全部价值。无意识是真正的精神现实。”[②]如此看来，意识从前在哲学家那里的对于我们心理和行为的主宰权，由于更广大、更深层的无意识区域的被发掘出来，现在就只能被视为一种表面现象甚或是假象了。

既然无意识是无法意识的黑暗王国，那么它与以呈现即以认识为本质的美学似

---

① Tony Bennett, Lawrence Grossberg, and Meaghan Morris (eds.), New Keywords:A Revised Vocabulary of Culture and Society, London: Blackwell, 2005, pp. 359ff.

② Sigmund Freud, The Interpretation of Dreams, James Strachey (trans.), New York: Avon Books, 1965, p. 651.

乎就搭不上关系：美必须是对象性的，而且必须是意向性对象。但问题并不如此简单。若仔细考辨起来，弗洛伊德无意识学说与美学的相关性，至少应有以下四个方面：

第一，它是关于艺术本质的一种非理性主义界定，或者说，它是一种非理性主义的美学或艺术本体论。按照这一理论，艺术应该被理解为无意识的外显，更具体地说，艺术是被压抑的性欲的升华。纯粹的无意识或性本能当然与艺术和美无关，但当它被呈现出来给人观看时，它们便具有审美的性质。弗洛伊德对美的本质研究的历史性贡献不在于“呈现”方面；关于“呈现”，我们知道，黑格尔早就有“美是理念的感性显现”的著名命题，而在于是什么东西被呈现出来。至于“呈现”的性质，毋庸赘言，它主要不是理性主义的，而是无意识的倾诉与流露；在一定程度上可以断言，它是对无意识的无意识呈现。艺术表现过程的无意识特性在弗洛伊德这里得到了特别的强调。

第二，弗洛伊德的无意识学说也规定了艺术的目的或功能。依据作为一种治疗的精神分析，无意识的长期被抑制是精神病的根源；病人要恢复到精神常态，就需要在精神分析师的帮助下将此无意识宣泄出来。对艺术家来说，创作即是一种自我宣泄形式，而欣赏者亦借着艺术品而得到相应的宣泄。弗洛伊德非常欣赏亚里士多德关于悲剧效用的情感净化说，认为他所谓“引起怜悯与恐惧”就是指通过艺术形式对被压抑的无意识愿望的表现和满足，例如一个在舞台上扮演英雄的演员，“他可以尽情享受当‘伟人’的乐趣，可以心安理得地放纵自己平时在宗教、政治、社会和性的方面压抑着的冲动，在舞台上表现的生活中的各个重大场景里任意地‘发泄’”。[①]又如作家，他以“美学的”方式显现他的“白日梦”，同在普通人那里一样，其中有不少是他羞于启齿、因而被封闭于无意识之中的东西，作家的功劳在于他“能够使我们享受到自己的白日梦，而又不必去自责或害羞”。[②]

第三，无意识理论经常被用于揭示艺术家的心理构成，尤其是其童年记忆在此中所扮演的重要角色，从而揭开艺术文本的奥秘，因而可以说，无意识学说就是一种文本解读的方法论，归属于如杰姆逊所称的“深度解释学”。这种方法在弗洛伊德那里的一个典型运用是对画家达·芬奇的童年记忆如何决定其创作的展示和分析。如今由弗洛伊德所开创的无意识解释学已成为当代文艺批评最基本的方法之一。

如果说以上三点关于无意识与美学的相关性，都得到了弗洛伊德的重视和充分论述，那么我们所拟提出的第四点却并不怎么为他所在意，但为他以后的西方美学

---

① 弗洛伊德：《戏剧中的变态人物》，孙庆民译，载《弗洛伊德文集》第7卷，长春出版社2004年版，第3页。

② 弗洛伊德：《戏剧中的变态人物》，孙庆民译，载《弗洛伊德文集》第7卷，长春出版社2004年版，第65页。

和文艺评论所充分地发展了出来。对于弗洛伊德而言，无意识并不是一种快乐的记忆或精神贮藏，它主要是创伤、挫折、无助、无奈、反社会和反道德的情感沉积，因而这就与文艺尤其是现代主义文艺对社会的批判性态度直接联系起来。任何对无意识领域的开拓，如超现实主义艺术、意识流文学，不管其作者如何宣称他们与精神分析的一致或不一致关系，在精神气质上都是对以理性主义为本质的社会及其规范之压抑人性的抗争。精神分析不鼓励个人与社会的对抗，这会导致精神疾病；作为一种治疗，其目的是将变态的病人重新引入常态的社会机制。而艺术通常并无这样直接的功利目的，它对变态的呈现，是对那将此作为变态的或制造变态的社会的控诉和校正。变态的是社会及其价值，而非被社会打入无意识冷宫的本能欲望——它是人性的正当要求，有自我伸张和被满足的权力。“我们生活在社会中，我们是有欲望的，因此我们发现了阻止这些欲望实现的障碍；我们正在为实现我们的欲望而战斗。我们正在与阻止它们实现的障碍作战。我们的伦理道德引导我们到达一种欲望的伦理学，因为艺术家在遵循弗洛伊德称之为与现实相对立的快乐原则时，所表达的欲望比其他人更清楚，而且艺术家在欲望这个领域里还带了个头。”[①]超现实主义者如此大声疾呼一种不同于“社会”道德的“欲望的伦理学”，这显然不会是视欲望为非道德的精神分析者之所愿。这也就是说，弗洛伊德对于无意识的深描在客观效果上是鼓励艺术家与社会的对立姿态的，而我们以为，这恰恰是弗洛伊德无意识学说最富有美学色彩的方面。

作为精神分析学派的另一位杰出代表，荣格极大地扩展了弗洛伊德无意识学说的原有疆界。

第一，被禁锢于无意识的“力比多”（libido）不仅被理解为性本能，它还是一种更广大、更普遍的生命冲动或“心理能量”（psychic energy）。与此相关，荣格“不同意恋母情绪的根源”，例如“他在自己身上就未发现任何有欲于母亲的蛛丝马迹”。[②]

第二，或许更重要的是，无意识也不能只是个人性的“个人无意识”，而是超越个人性的“集体无意识”，它超越个人经验而先天地由遗传所得，这既包括文化上的遗传，甚至也包括生理学上的遗传。“在荣格的心理学中，个人无意识（在弗洛伊德的意义上）只是整个无意识构造中相对来说无足轻重的片段。那隐藏于个人无意识下面的被了解为集体的或种族的无意识，这是因为它包含着集体信仰和种族神话，而个人则隶属于它。集体无意识的最深层是对全人类，甚至好像是对人的灵长类和

---

① 尼古拉斯·克拉斯：《超现实主义的意义》，转引自霍夫曼《弗洛伊德主义与文学思想》，王宁等译，生活·读书·新知三联书店1987年版，第140页。

② David J. Murray, A History of Western Psychology, Englewood Cliffs, New Jersey: Prentice-Hall, 1983, p. 311.

动物类远祖都相同的普遍无意识。”这样一来，似乎也就没有什么是个人创造的了，相反一切都要归功于那只看不见的手即“集体无意识”。[①]一个极端的说法是：“不是歌德创造了《浮士德》，而是《浮士德》创造了歌德。”[②]这无异是在召唤艺术家对集体、国家、民族和全体人类的自觉认同、皈依和呈现。但是，荣格并未因此而成为他作为艺术家之精神导师的形象；艺术家也是被压抑的和具有反抗性的，他们不喜欢听命于外于其个人经验的空洞号召。当然这并不是说，从“集体无意识”就不能推导出对社会的批判精神。根据实际之“效应史”来看，“集体无意识”对美学的最大贡献是发展出一种对于艺术本身的深度的文化解释学。摆脱了一切都要归之于性欲的弗洛伊德解释学，它取得了一个几乎是无限宽广的人文视域，因为人就其本质而言是文化的存在物。

由荣格所开创的无意识学说的文化或文化人类学的维度，以及以此为基础的深度解释学，促成了在文艺批评史上影响极大的“原型批评”学派，它以加拿大批评家诺斯洛普·弗莱为卓越代表，在他那里，原型批评的核心就是“文化无意识”[③]。美国当代批评家杰姆逊更是创造了风靡一时的“政治无意识”概念。拉康对弗洛伊德“无意识”的语言化处理，或可视为对荣格的一个呼应。“无意识并不只是盲目冲动或伊特（id）的固有的领域，而是主体性的一个表达性方面”，这也就是说，无意识应该“被理解为由语言和文化所构成”。在拉康之后，这种精神分析的文化批评转向又被阿尔都塞以及女权主义思想家西苏（Hélène Cixous）、伊利格瑞（Luce Irigaray）和克里斯蒂娃（Julia Kristeva）等人大大推进。[④]对于论证无意识与美学的相关性而言，无意识和艺术空间常常被这些理论家当作文化抗争之不竭的力量源泉。这当然是对荣格和弗洛伊德的思想成就的综合与超越。当年发生于他们之间的个人恩怨，他们思想体系的完整性和独立性，都被历史化作了碎片，嵌入今日无穷多变的日常生活和思想运用之中。

这就是弗洛伊德的力量，“无意识”或“无意识美学”已经成为我们思想与文化行动中最基本的无意识库存。

---

① J. A. C. Brown, Freud and Post-Freudians, Harmondsworth: Penguin, 1966, p. 45.

② 荣格：《心理学与文学》，冯川等译，生活·读书·新知三联书店1987年版，第143页。

③ 易晓明：《文化无意识：弗莱的批评理论视域》，《首都师范大学学报》（社会科学版）2005年第6期。

④ Victor E. Taylor and Charles E. Winquist (eds.), Encyclopedia of Postmodernism, London and New York: Routledge, 2001, p. 319.

第一节　弗洛伊德

作为精神分析学派的创始人，奥地利精神病医生弗洛伊德（Sigmund Freud，1856—1939）可以说重塑了西方世界的人性观和文化观，其对20世纪思想界的影响罕有匹敌。虽然他说不上是十分严格意义上的美学哲学家，但回顾20世纪的美学发展史，他对美学的思考无疑占据了十分重要的位置。第一，精神分析具有清晰的哲学维度。其关键术语“无意识”即来自于19世纪哲学，并且在谢林和尼采的浪漫派美学中发挥了举足轻重的作用。[1]第二，精神分析给20世纪哲学、特别是艺术哲学打上一个无可争辩的印记。批判理论（阿多诺、马尔库塞和哈贝马斯）、存在主义（萨特）、解释学（利科）、（新）结构主义符号学（巴特、克里斯蒂娃）以及解构论（德里达）都曾深受弗洛伊德著作的影响。精神分析也引起许多艺术家的注意，例如，超现实主义者的“自动写作和描画”概念就部分地汲取了无意识理论，此外，他们也经常以一种多少有点反讽的形式从弗洛伊德丰富的符号库中获益，比如达利（Salvador Dalí）和玛格瑞特（René Margritte）等。

精神分析的艺术观点尽管对20世纪艺术哲学影响甚巨，但对这种影响的评价却并非有口皆碑。在现代美学中，艺术作品的自主性居于主导地位；而弗洛伊德美学则恰恰相反，具有浓重的还原主义色彩。有批评家认为，对艺术作品本身进行精神分析的研究可谓未置一词，它只是被构想为艺术家内在情感的外在表现而已。当弗洛伊德谈论艺术作品的时候，他总是意图去揭露艺术家在婴孩时期的各种欲望或其俄狄浦斯情结的残迹。所以，我们有理由怀疑这种解释究竟与美学何干。而且，弗洛伊德本人也多次表示过他试图通过对艺术作品的精神分析或阐释提供某种完整的美学理论。这些阐释主要属于精神分析的案例研究，与美学的直接关联仅限于一些特殊方面，尤其是产生美学方面。

此外，弗洛伊德的美学著述在很大程度上局限于艺术作品的内容，几乎不触及形式问题。因此，我们对他从文学和造型视觉艺术中频频举例也就不感到意外了。对于非造型视觉艺术、音乐和舞蹈，他几乎毫无涉及；他的审美趣味也说不上怎么进步。虽说他在巴黎停留期间也接触过表现主义，但他认为这种形式的现代艺术以及其后的一些表现是无法欣赏的。

有鉴于此，一方面固然可以说精神分析是20世纪美学一个重要的灵感之源，而另一方面，某些从弗洛伊德那里汲取灵感的美学则通常是不介入显然具有艺术意味

---

① O. Marqard, 《Über einige Beziehungen zwischen Ästhetik und Therapeutik in der Philosophie des Neunzehntun Jahrhunderts》, in: Schwierigkeiten mit der Geschichtsphilosophie, Frankfurt am Main: 1982, S. 85–106.

的文本，它们只是热衷于某些与精神分析之（元）理论和治疗有关的文本，其目的在于引入他们的美学理论可以展开讨论的概念。他们希望表明，只要不陷入任何形式的还原主义，那么，把精神分析的诸多概念如“压缩”“移位”“恋物癖”以及“过渡客体”用于阐明艺术作品的生产、接受甚至是其形式，将是很有意义的。

本节将梳理弗洛伊德的美学理论，必要时进行一定的评论。由于他的美学与精神分析理论的其他方面紧密相连，所以，讨论他的美学不可能绕开其精神分析理论的基本概念。在简单地介绍过弗洛伊德的美学著述情况之后，我们将探讨其美学的若干出发点，它们均以精神分析的两个基本假定即无意识万能论和性万能论为基础。此后，我们将具体分析弗洛伊德的一个美学研究案例，即《达·芬奇的一个童年记忆》。最后是对我们所有阐释和分析的简单总结。

弗洛伊德论及艺术的著作可以粗略地分为四类：

第一类包括一系列以某一美学范畴为分析对象的文章。《诙谐及其与潜意识的关系》（1905）是对“喜剧”范畴的分析；《戏剧中的变态人物》（1942）涉及剧场幻觉；《恐惧》（1919）是对恐惧体验的描述，这种体验与审美有一定关系。

第二类是关于创作过程中心理动机问题的文章。这类文章有时采用总体性的论述方式，如《作家与白日梦》（1908）是“元心理学”的文本；但更多时候则是以某个具体艺术作品为基础而分析心理动机，如《达·芬奇的一个童年记忆》（1910）、《〈诗与真〉的一个童年记忆》（1917）等。

第三类是对例如小说中的一个人物的某种虚构形象的精神分析学阐释。其中最重要的是《詹森的〈格拉迪沃〉中的幻觉与梦》（1907）。

第四类是用文艺作品阐发某些特殊的精神分析概念。毫无疑问，最著名的例子就是《释梦》（1900），其中索福克勒斯《俄狄浦斯王》的主人公被用来解说和命名儿童性欲发展的某一阶段，这就是所谓的“俄狄浦斯情结”或“恋母情结”。尽管严格说来，这类本文并不属于美学，但它们确实表明艺术是弗洛伊德重要的灵感源泉（GW VII: 33）[①]。

一、对艺术的精神分析研究

在弗洛伊德那里，“精神分析”（psychoanalysis）一语具有多重含义：一是作为一种对于心理过程的特殊阐释方法；二是对于精神错乱的治疗；三是将阐释和治疗及其发现进行体系化的一种理论。这种在精神分析阐释和治疗基础上发展出来的理

① S. Freud, Gesammelte Werke, Frankfurtam Main: 1968, VII, S. 33. 以下引此版本者，均随文注，简写为GW，接着是卷和页码。

论，致力于揭示意识“背后”所发生的心理过程；它带有反思的特性，因此被弗洛伊德称之为“元心理学”。

在《精神分析导论》一书中弗洛伊德指出，精神分析依赖于两个基本假设，没有它们就不会有精神分析的阐释和治疗，因此这两个假定在元心理学中占据着核心位置。第一个假定是，“精神过程本身是不被意识的，而被称之为意识的只是整个心理生活的个别活动和部分。”（GW XI: 14）第二个假定是，“被人们在狭义或广义上只是描述为性的本能冲动，是造成神经性和精神性疾病的一个重大但迄今尚未引起足够重视的起因。更进一步说，这些性冲动还参与了人类精神最高级的文化、艺术和社会创造，其贡献不容低估。”（GW XI: 16）这两个假定实际上已经点明了精神分析美学的出发点。精神分析美学主要是依据心理动机来阐释艺术创作活动，这些动机及行动意义就是某种程度的无意识和本质上的性。为了进一步理解弗洛伊德对此所作的阐释，我们有必要更具体地分别研究上述两个假定。

（一）无意识与意识：快乐原则对现实原则

在弗洛伊德的理论中，“无意识”概念有两层意思。第一，它是指那种我们没有（或不再）意识到却可能在任何时刻（再次）意识到的内容。“一个表象——或者不同的心理要素——可能现在出现于我的意识，而在下一瞬间则遁逃无形；它也可能经过一段时间又原原本本地浮现出来，而且如我们所指出的，从回忆之中，即不是作为一种新的感觉的结果。”（GW VIII: 430）所以，我们尽管可以在描述意义上使用“无意识”概念，但它在原则上又是可以在任何时刻变成意识或被带到意识跟前的。在这类情况下，弗洛伊德通常宁愿说“前意识”而不说“无意识”。但是，他也确实承认有从未直接成为意识的无意识思想，他称这样的思想为“无意识”。尽管无意识在本性上是不被意识的，但它仍活跃于我们的思想、行为和艺术创作过程之中。他认为他的医疗实践已经证明了这一点。

弗洛伊德认为，意识和前意识是一方，无意识是另一方，它们是两个不同的心理过程。他称无意识的机制为“初始过程”，而前意识和意识的机制则是“次生过程”。他指出，如果从发生学的角度看，无意识的初始过程最古老，其特征是“快乐原则”：“这些过程以快乐为目标，奋力求取；而心理作用则从此类可能招致不快的活动中抽身退出。”（GW VIII: 231）弗洛伊德说，我们晚间的梦以及白日梦倾向即表明了这些初始过程的存在。无意识的特征是以某种幻觉的形式寻求其内在和外在需求的满足。例如，当饥饿感产生时，无意识对它的满足就是想象出一种能够将此感觉带走的某物。但想象性满足的问题是，它并不能真正带走饥饿的煎熬。这就是说，心理早晚都会将其目光投向现实，“现实原则”将接替“快乐原则”。心理必须决定如何“去表象与外部世界的真实关系，并力争真实的改变。由此一种新的精神能力原则被引入；它不再表象什么是快乐的，而是表象什么是真实的，即便这真实的东西有可能带来不快。”(GW VIII: 231) 按照弗洛伊德的观点，这一过渡将带来重大的心理后果。除对快乐和痛苦的感受之外，感知和思维过程也将有所发展。唯当语言出现，这种思维才被提升到意识水平。意识唯起始于语言出现之时。“思维似乎原初是无意识的，因为它超越纯粹表象，转向诸客体印象之关系，进而还通过与语词相联结为意识获取了可把握的品性。”(GW VIII: 233) 这就是说，对事物的无意识再现唯与语词相联结，方可成为前意识，并进入意识。(GW X: 300)

但是，从快乐原则过渡到现实原则并不意味着快乐原则的瓦解。情况正相反：现实原则稳固了快乐原则。它暂时推延了满足的实现，而这又在一个较大的时段保证了它的安全。遵从快乐原则且可能在较大时段招致更大痛苦的表象，被挤进了无意识。但是在我们的全部本能领域，从快乐原则到现实原则的过渡却未能以同样典型的方式发生。本能，即弗洛伊德所指定的自我本能（它们服务于个体的自我保存，如饥渴本能），被迅速带入现实原则的控制之下，但对性本能（它们服务于种族的延续）的驯化则引发出更多的问题。按照弗洛伊德的观点，由压服性本能所导致的问题表明人类在心理上普遍倾向于对快乐原则的坚持不放。(GW VIII: 233) 弗洛伊德将这一存在于次生过程的初始思维活动比作美国的黄石公园，即存在于被都市化的文化中的自然公园。“这一活动即是想象，它早在儿童的游戏中就发生了，而后又在白日梦中得以继续，它抛弃了对现实客体的依赖。”(GW VIII: 235)

幻想和白日梦，恰如通常的梦一样，可以解释为无意识与意识之间的妥协。前文曾论及某些思想从未穿透过意识，这是因为意识的力量过于强大；但也完全有可能的是，这类思想以伪装的形式通过了意识的稽查。《释梦》(1900) 一书对这种过程进行了全面分析。它指出，梦是无意识欲望与（前）意识稽查机制的和解。伪饰之所以能够通过严格的稽查，是由于初始过程的特殊性质。初始过程的主要特点是凝缩、移置、视觉化和象征化。凝缩是指在无意识中多个表象被合成为一个形象。例如在梦中，一个人可以是几个人的集成。一个无意识形象因而便具有多重规定性，它是多种意义的接合点，由于经过了凝缩而不可能被一次看透。移置是指一个表象的心理价值被转移到另一表象上，二者的结合是联想性的。进一步说，引用弗洛伊德认同的尼采的一句格言，这意味着发生了“对一切心理价值的重估”(GW IV III: 334)。例如，梦里对某人的攻击欲可以表现为将一个经过联想作用而与他相关的对象碎为齑粉。视觉化机制允许一个抽象的思想被表现为具体的形象。最后，某些从文化史上流传下来的象征经常被用来伪饰深藏不露的无意识欲望，弗洛伊德推测，它们属于集体无意识。由于各种初始机制协同作用，被它们创造出来的形象便殊难解读。由于初始过程的伪装，无意识思想才能穿透意识，但另一方面，那进入了意识的表象，其意义是深不可测的。为此，弗洛伊德将其比作字谜，"一种象形书写，其文字被个别地转入梦幻思维的语言"（GW IV III: 283）。通过对和解形式，例如梦、口误、玩笑或神经症候的破译，解释学的阐释就能够重建潜在的无意识欲望或恐惧。

这样一来，我们就不难抓住几乎贯穿弗洛伊德所有艺术论著的主线索了。在他看来，艺术可以被设想为无意识欲望与意识稽查之间的妥协，或者换言之，是快乐原则与现实原则的妥协。在这里，他以升华为例，认为它就是将无意识欲望转化成文化上人们可以接受的产品。值得注意的是，弗洛伊德把他自己与浪漫主义美学紧密地联系起来，后者相信艺术能够调和自然与理性间的对立。但同样值得注意的是，弗洛伊德并未追随浪漫主义美学而将艺术神圣化，其态度是清醒和平静的："艺术以其特有的方式带来两项原则的和解。艺术家原本上是这样一种人，他逃避现实，因为他不甘于自己所暂时需要的对本能满足的放弃，而让其情色和精神尊严的愿望在幻想生活中得到满足。不过，他借着特殊的禀赋将自己的幻想建构成为一种新的现实，这种现实允许人们视其为对于真实世界的有价值的摹本，于是他便找到了一条从这种幻想世界返回现实的通道。"（GW VIII: 236）这就是说，艺术家尽管身处幻想世界，但仍旧是令人艳羡的英雄或情人。"他之所以能够获得这些，"弗洛伊德继续说，"只是因为就像他自己一样，其他人对于现实需求的放弃也同样不甘心；再者，伴随现实原则取代快乐原则而生的这种不甘心本身就是现实的一个部分。"（GW VIII: 237）弗洛伊德进而评论说，艺术家控制事物的能力不如他人，换言之，他们的艺术想象力主要依靠对无意识幻想的某种程度的容忍。

对于正确把握弗洛伊德美学来说，指出如下三点也许是十分必要的。第一，要看到艺术作品和那作为和解的幻梦一样，也受控于凝缩、移置和视觉化等初始机制。这意味着，第二，对艺术作品的阐释需要借助精神分析的方法来破解同样的"字谜"。但必须记住，由于和解形式的多重规定性，任何阐释都不可能成为对谜底的最终性揭示。严格说来，和解形式的意义是无穷无尽的。这一点也同样适用于从精神分析那里获取灵感的对于艺术作品的阐释。我们必须时刻注意，不要认为我们的阐释就是最后阐释。第三点与此密切相关：弗洛伊德的基本倾向是，一切都要最终归结到对于性本能的无意识愿望。用不着对此大惊小怪，因为按照弗洛伊德的观点，性本能在快乐原则的支配下持续得最久；这尤其适用于艺术作品，他认为："由于这一情况，在一面是性冲动和幻想与另一面是自我冲动和意识活动之间就建立起了一种密切的联系。"（GW VIII: 235）排他性地专注于性本能究竟能够使精神分析美学结出多少硕果，其实是一个非常不确定的问题。我们随后再论述这一点。现在我们想深入地谈一谈弗洛伊德泛性论的第二条假定。

（二）尼罗河之源：性欲的原发性

19世纪最后几十年，对歇斯底里患者的治疗将弗洛伊德推上了性理论研究的轨道；他也把歇斯底里病人的症状解释为无意识欲望与意识稽查之间达成和解的过程。1900年前后，维多利亚式性道德仅仅允许妇女有婚内性经验。那时，一个有教养的女性只能在性失望与婚姻不忠之间选择，要么就是退而为精神病态。按照弗洛伊德的观点，在每一种歇斯底里的深处都埋藏有一个创伤事件。由于性禁忌不给这一创伤以正常的释放，它就只能借助移置作用在歇斯底里症中宣泄。对歇斯底里病人的治疗带给弗洛伊德两个结论，它们在精神分析的发展上都是至关重要的。

第一个结论是他发展出一种叫作“谈疗”的方法：“在精神分析的治疗中并无别的什么东西出现，只有一种语词的交换。”（GW XI: 9）精神分析医师相信，只要将患者引向他的病根即那个创伤事件，让他谈论它、意识到它，那么，他就会得到情感上的舒解。这当然首先要求对患者精神症状的一个大体把握。第二个结论是，所有精神疾病的根源都是青少年时期的某种性经验。至于这一经验是实际发生过抑或只是在幻想之中并无重要的区别。弗洛伊德自信他在此“发现了尼罗河之源”。

这第二个结论将弗洛伊德引向对儿童性欲的研究。我们这里只涉及其中最关键的主题即俄狄浦斯情结。弗洛伊德首先认定，幼儿即有强烈的性感受和性欲求，其主要表现是对性的巨大好奇心。先是口腔和肛门阶段，此时性欲分别与口腔和肛门相关联，然后在大约四岁时开始发展到生殖器。如果说性感受在前两个阶段基本上是自恋性的，那么，在生殖器阶段则是指向他人的。这种他人通常就是其父母亲。考虑到随后我们将以达·芬奇为例，我们现在只谈男孩方面的情况。

弗洛伊德认为，当男孩将其性欲指向母亲时，他就会将父亲作为强大的甚至最高的竞争对手。男孩担心父亲会把他与母亲分开，因而萌生无意识的弑父欲望。由于对父亲的恐惧，他常常怀有“阉割焦虑”。尤其是当他知道女孩没有阳具，他就认定那是被父亲阉割的缘故。促成他得出这一结论的原因是，他不再能够从口腔和肛门那里得到快感。因阉割焦虑所致，他放弃了对母亲的欲求，从而也就不再有焦虑了。同时，父亲的律法在俄狄浦斯情结中被内化为一种良知：“内投于自我的父亲或者父母之权威在这里构成了超我的核心，这种超我从父母那里借取威严，将其对乱伦的禁忌永恒化，从而保证使该我不再出现力比多的蠢动。”（GW XIII: 399）于是小孩进入所谓的性欲潜伏期，其时性欲不再发生多少作用。只是到了青春期，性欲问题才再度提上日程。

假使俄狄浦斯情结未能越过这种关口，那么，后来的生活中就会发生各种心理问题。在随后的性欲发展中，如果口腔欲和肛门欲仍占支配地位，各种性倒错就可能出现。而如果这些倒错趋向被强力压制，精神疾病就是必然的结果了。基于此，弗洛伊德将精神疾病视作否定性的倒错。他并不认为升华、倒错和精神病相互排斥，而是认为它们可以出现为每一种可能的结合。例如，关于艺术升华，弗洛伊德就注意到："依据升华是完全的或不完全的，性格分析将给出在效能、倒错和精神病之间的各种混合形态。"(GW V: 41)

二、对达·芬奇及其创作的一个精神分析实例

基于这种背景，我们将注意力转向弗洛伊德的一个典型案例研究，即1910年完成并出版的《达·芬奇的一个童年记忆》。这项研究给人最强烈的印象是，作者在陈述其分析时表现出了娴熟的文学风格，他并非没有理由称此研究为一部"心理分析小说"。当然，文学风格也是弗洛伊德著述的一贯特色。

这项研究的分析对象是列奥纳多·迪·皮耶罗·达·芬奇（1452—1519），所依据的主要资料是达·芬奇本人的日记、笔记，还有他两幅很著名的画作《蒙娜丽莎》与《圣母子与圣安妮》，这两幅作品均画于16世纪的第一个十年。在这里，弗洛伊德对达·芬奇的研究是以勾勒其性格轮廓而开始的。

他首先指出，这位文艺复兴巨人身上表现出艺术家与科学家那令人迷恋的混合关系。达·芬奇不仅被认为是西方绘画传统中一位伟大的艺术家，而且，由于其科学探索精神及科学智慧，他也享有"意大利浮士德"的美名。就其所做的科学实验而论，他堪称是培根和哥白尼的先驱。弗洛伊德还发现，在达·芬奇的人生履历中有着一个十分清晰的从艺术向科学的转向。达·芬奇对宗教和世俗权力的怀疑态度也相当引人注目。弗洛伊德指出，达·芬奇的另一个特点是他的创作慢得出奇，例如，《蒙娜丽莎》尽管篇幅不大，而竟耗时四年有余（从1503年到1507年）。特别是这之后，他的许多作品最终都未能完成。达·芬奇的第三个特点是他对人类性生活的极度厌恶。在这一点上弗洛伊德不惜笔墨，重彩探究。弗洛伊德认为，种种迹象都可证明达·芬奇怀有同性恋情感。在学画时期，达·芬奇曾被控有那时所禁止的同性性行为。后来，他曾经常使用一个声名狼藉的青年男性作模特。他的周围总是簇拥着许多漂亮的男生，其中多数实在不是因为有才华才被选来作学生的，达·芬奇就像母亲一样照顾这些年轻人，但是也无铁证表明他们师徒的友谊有何越出柏拉图友谊的地方。

考虑到精神分析的出发点，我们就用不着奇怪弗洛伊德何以在此研究中会特别关注达·芬奇的青少年时期。达·芬奇出生于芬奇镇，为非婚生子。其母卡泰丽娜似乎是一村姑，其父为富有的律师。由于地位悬殊，他们没有可能缔结婚姻。根据弗洛伊德的说法，小达·芬奇5岁前一直跟着母亲，之后随父亲生活。父亲与另一女子结婚，但无子嗣。由此弗洛伊德推断，达·芬奇以一种不同寻常的方式度过了他的俄狄浦斯情结。性欲望和性好奇在其他孩子那里可能引发性变态或精神病，而在他这里却表现为艺术和科学方面的极其成功的升华。弗洛伊德确实在达·芬奇的性格中鉴别出性变态和精神病的蛛丝马迹，就此而言，达·芬奇与常人无异，但达·芬奇的一生，归根结底是一位成功的艺术家堪称典范的一生。

在达·芬奇的一则科学笔记中，有一段关于秃鹫飞行情状的描述，达·芬奇在其中突然插进他童年的一个记忆："似乎我前生就注定了与秃鹫如此深厚的缘分，因为我想起我很早以前的一件往事。当我还在摇篮里的时候，一只秃鹫朝我飞来，用其尾翼撬开我的嘴巴，并多次用它这个尾翼撞击我的口唇。"（GW VIII: 150）不管这件事是真实地发生过抑或只是一个幻想，按照弗洛伊德的分析，都毫无疑问地指涉了将男性器官放入口腔的同性恋想象。弗洛伊德坚持，这类想象的起源必须追溯到儿童发展的口腔期，儿童在此阶段最大的快感可能来自吮吸母亲的乳头。弗洛伊德进一步佐以对"秃鹫"词源及该物象征意义的探究。他说，古埃及人曾在其象形文字中用秃鹫形象表示"母亲"，该词读为"母特"（Mut），与德语发音近似。另外，他们所敬拜的一位女神，其形象也含有秃鹫的头，这位女神的名字同样叫"母特"。在中世纪，人们通常认为秃鹫只有雌性而无雄性，它受风而孕。这种奇异的无性生殖现象，常常被中世纪的宗教文本援以证明圣母玛丽亚纯洁受胎的真实性。对此，弗洛伊德推测，博学的达·芬奇不可能没有所闻。秃鹫现象表明，达·芬奇把自己看作一个为秃鹫所生的小秃鹫，也就是说，他没有父亲。

在达·芬奇的想象里，雌性秃鹫具有男性生殖器，这在弗洛伊德看来并不矛盾，因为许多男童想当然地以为母亲也有阳具。这种假定在弗洛伊德的俄狄浦斯情结理论中至关重要。一旦小"俄狄浦斯"发觉母亲并无阳物，他会感到非常恐惧，认为阳物是可以被父亲拿走以作惩罚的东西。这就是"阉割焦虑"，它使小孩自觉与母亲拉开距离，而认同于父亲的权威。具体来看达·芬奇的例子，因为没有父亲在场，在他就不存在来自阉割焦虑的折磨。这既意味着他无须抽回对母亲的欲望，同时也意味着他不可能发展出对权威的深深的敬畏。父亲缺席的另一个后果是，达·芬奇不能将自己等同于父亲，而是以母亲为榜样。弗洛伊德认为，这可以解释达·芬奇对男生的同性恋选择：他认同于母亲，即是说，他也认同于她对儿子的爱和关怀。

弗洛伊德发现达·芬奇的花钱方式可以支持他的这种阐释。达·芬奇一般并不怎么在乎金钱，他花钱通常都很随意，可他在日记中却不嫌琐碎地记下了他为学生的开支。当他敬爱的母亲去世后，他在日记里没有痛诉他的悲伤，而是仅仅列出她奢华葬礼的开支细目。弗洛伊德认为，这与前文提到的无意识移置有关。像达·芬奇对母亲和男生的情爱这种为社会禁忌所不容的东西，在其冰冷的金钱计算中找到了为稽查机制所接受的表达形式。它们构成了无法实施的欲望与社会稽查机制的一种和解。

弗洛伊德用达·芬奇的一幅绘画来证明这一点。1503年，达·芬奇受命为贵妇人蒙娜丽莎·德·吉奥孔多画像。当她摆出姿势出现在他面前的时候，他被她的微笑打动了，他无意识地忆起了他的母亲。对这一微笑的迷恋使他全身心地投入画作达四年之久。“根据瓦萨利的叙述，为使夫人能够悠闲地坐着，为了抓住她的每一丝笑意，他使用了一种精心设计的方式。”（GW VIII: 181）后来他虽然离开了佛罗伦萨，在巴黎定居下来，可仍未能从那幅绘画中抽离出来，他带着它，直至他的保护人弗朗西斯一世买下它送给了卢浮宫。

据弗洛伊德研究，蒙娜丽莎那谜一般的微笑还重现于其后的一些画作中。弗洛伊德详细讨论了《圣母子与圣安妮》以及有关草图。在这幅画中，耶稣被玛丽和她的母亲圣安妮从腰部搂抱着。还有一个显著特征是，达·芬奇几乎是将母亲和女儿画成了同一年纪。弗洛伊德指出，这实际上画的就是达·芬奇被他的母亲和继母搂抱着。同样显著的是，两个女人的身体亦难以相互区分。达·芬奇似乎将两位母亲压合成一个人物。弗洛伊德提到艺术史家奥斯卡·普费斯特（Oskar Pfister）的一个发现：玛丽的衣着外形看起来就是一个秃鹫的轮廓。而其中最显眼之物则是秃鹫的尾巴，“正像在达·芬奇具有决定性意味的童年梦幻中，伸向了孩子也就是说达·芬奇的嘴巴。”（GW VIII: 188）弗洛伊德对两幅作品的研究结论是：“当达·芬奇值其壮年再度遭遇那一幸福的、令人迷醉的微笑，这微笑曾在母亲爱抚他时嬉戏过他的嘴唇，他是很久以来就已经处在一种压抑之中了，这压抑使他不能去想望来自女性嘴唇的如此温馨的再次出现。但他成长为一位画家了，于是他就努力用画笔去再造这一微笑，将它形诸其所有的画作，如《丽达》，如《施洗约翰》，如《酒神巴卡斯》，等等。他或者是独自地做，或者是指导学生去做。”（GW VIII: 189）

弗洛伊德认为，他可以依据达·芬奇童年时期与父亲的关系，来解释其创作的一系列其他特征。前文已经提到过，达·芬奇早年跟随母亲的经历使他不能认同于父亲，现在更准确地说，使他只能否定性地认同父亲。在弗洛伊德看来，在达·芬奇的案例中，这种经历对其以后的发展既是好事也是坏事。不好的影响在于其许多作品都是未完成的。这些作品是他的精神产儿，他就像父亲对待他那样，早早地遗弃了这些“孩子”。而好的影响则表现于他的科学研究工作。由于达·芬奇未能肯定性地认同于父亲，所以他也就不把自己内化为一个道德权威。这可以解释他何以不怎么在乎一般而言的权威。当时，科学通常被认为就是教会和哲学家如亚里士多德的不可挑战的权威，达·芬奇将自己与时人相区别，他不相信道听途说，只认可自己从实验研究中发现的真理。显然，他没有公开表露自己的怀疑，他不想为此而危及自己的生命，但他的日记可以证实他对世俗和教会权势持有不同寻常的批判姿态。

按照弗洛伊德的分析，在达·芬奇身上所表现的鲜明的科学求索精神，是其幼儿时期性好奇的升华。例如为建造一架能使他飞翔的机器，苦心孤诣，几致迷狂。弗洛伊德解释说，这种情况就是他潜在性欲的象征性表现。

结　语

最后，对于弗洛伊德深究艺术表征力量之根源的做法，我们想提出几点批评意见。即使我们能够接受弗洛伊德绝大多数作品的思辨性，具体对于其美学文本来说，仍有几点批评意见会涌现出来。

首先，我们时而在他的阐释中会碰到一些事实性的错误。他将意大利语的“nibio”，意为“鸢”，翻译成德语的“Geier”，即“秃鹫”。这真是个令人啼笑皆非的错误！不用说，这一错误将使关于飞鸟主题的一系列语源和象征上的演绎在其效力方面大打折扣。一个更令人烦忧的事实是，研究表明，达·芬奇并非与其生母生活了数年之后被带回父亲的家庭，而是仅仅数月。这就是说，有关其幼童时期与生母的深厚联系及其发展的全部论述都是建基在流沙之上。这些传记性资料当时并非鲜为人知，因而就有人批评弗洛伊德“对真理取节俭的态度”（即故意隐瞒事实真相）。同样的责难也反复地指向他治病的事例。他们说，弗洛伊德不是提供给我们一种“科学小说”，而是将科学变成“小说”！

其次，弗洛伊德的艺术研究著述与美学本身究竟有多大的相关性？对此持怀疑态度者不在少数。不用说，由于其为传记性研究，且主要限定在艺术家早年的经历，这种相关性就不可避免地受到相当大的制约。但是依我们之见，即使认定这种传记性研究对美学本身意义不大，那它也揭开了艺术作品为其自主性所遮蔽的另外一个维度。精神分析阐释的可贵之处在于，它特别地彰显了审美再现的实存（existential）的重要性。它表明，艺术的最大功用就是能够调和我们的欲望，与经常是痛苦的现实生活之间的矛盾。

最后，我们想提出，弗洛伊德研究最成问题的地方是，其美学反思无论行进在多少条路线上，可终归是要回到“尼罗河之源”，即幼儿性欲。虽然我们不必怀疑性欲在人类生活中的重要意义，但是，如果将一切冲动和欲望都追溯到性欲，那也真是还原得太过分了。视性欲为“超验所指”，并将其列进西方形而上学传统，弗洛伊德低估了他自己曾令人信服地表明的意义的多重决定性。

尽管追究起来，弗洛伊德对艺术的阐释存有很多问题，绝不止如上几点，但从积极方面看，它对如何理解“艺术”这种人类现象还是做出了不容置疑的贡献。

第二节 荣　格

卡尔·古斯塔夫·荣格（Carl Gusav Jung，1875—1961），瑞士心理学家、精神科医生，是精神分析学派的主要思想家之一。曾于巴塞尔大学学习医学，毕业后相继任职于苏黎世伯格尔茨利的精神病院、苏黎世大学精神病学讲师，以论文《论神秘现象的心理学与病理学》获得博士学位。荣格在与精神分析学派的创始人弗洛伊德结识后，加入了后者所开创的精神分析运动，在他们共同创建的“国际精神分析学会”（1908）中，荣格担任了第一任会长。由于学说见解上的分歧，荣格于1913年与弗洛伊德决裂，创建了自己的分析心理学派。

荣格是继弗洛伊德之后从无意识心理学角度研究人类心灵和文化现象的重要理论家之一，他的心理学研究和理论主旨不仅拓展、深化了弗洛伊德所开创的精神分析思潮，而且开创了无意识和病理心理学视角的人本主义关怀。荣格从集体无意识理论出发对人类心灵和文化困境所做的阐释和救治、对文学艺术的基本问题的解答，在精神分析学派乃至现代西方思想史上都是富于创造性的。荣格的巨大成就也为他带来了极高的声誉，牛津、哈佛等著名大学竞相授予其名誉博士学位，他还是英国皇家医学会的名誉会员（1938）和瑞士医学学术院的名誉会员（1944）。

荣格博学多产，一生著述达一百多种，其主要著作有：《无意识心理学》《分析心理学》《集体无意识的原型》《心理学与文学》《分析心理学的理论与实践》《寻求灵魂的现代人》《人、艺术和文学中的精神》《原型与集体无意识》。

一、荣格与弗洛伊德

荣格年幼时忧郁而奇怪的性格，由于摔倒伤及头脑而患过的“神经官能症”，及其所学习的医学专业、精神病学职业和心理医学专业的背景，使其从实际经验的领域接触到人类心理现象中由于贬抑而很少被关注的阴暗领域——无意识心理。西方文化中过早、过度发达的理性主义文化支配性地将理性、秩序、光明等判词颁布给人类的心灵世界，“人是逻各斯的动物”“人是理性的动物”几乎主导了西方文化对阿波罗的“认识你自己吧”的神谕的回答，然而即便是在哲学史的进程中，我们依然在“厄洛斯”“隐德莱希”“意志”“酒神精神”等相关概念上读出人性和人类心灵活动中的超出理性和意识的领域，理性和意识活动不仅未能占有人类心灵的全部，甚至远远不是具有支配力、本质性和创造性的部分。“爱智慧”“渴慕上帝”“求生本能”“实现”等生存论基本情态所揭示的是人类心灵更为根本的领域——非理性、无意识的生命冲动力，现代心理学将这个被西方理性主义文化所排斥和回避的心灵领域称为无意识领域，作为精神现象的无意识在人类经验中的存在，突出地体现在人类精神的异类经验中，如神经官能症、精神疾病、变态心理、梦幻、文艺活动、巫术活动等，荣格最初正是经由这些领域而实证性地体验和认识了无意识的心理现象，这也促成了荣格与弗洛伊德天然的“缘分”。虽然在弗洛伊德之前就有哈特曼《无意识哲学》的问世，然而，从心理学角度首次提出和研究人类心灵的无意识层面的却是弗洛伊德，在这一点上可以说弗洛伊德是荣格的心理学研究的先驱和导师，因而荣格与前者在1907年结识之后，很快便开始了长达六年的合作，之后，荣格在弗洛伊德的极力支持下出任了他们所创立的“国际精神分析学会”第一任会长。

弗洛伊德对无意识现象的开创性研究及其影响力对荣格启发、肯定和支持，奠基了二者在精神分析学说上的合作关系，然而，当荣格沿着精神分析学的道路继续前行，却发现了他与弗洛伊德学说的根本性的分歧，导致了二者在学术和友谊上的决裂。荣格与弗洛伊德的学说分歧主要体现在以下三个方面。

（一）在对无意识作为心理能量的层面的解释上，弗洛伊德将“力比多”(libido）视为一种生物本能，并且倾向于将其解释为性欲方面的本能，从这种理解出发，弗洛伊德对人性和人类文化的解释是“泛性论”和“生物主义”的；荣格的心理学则将无意识理解为心灵的一种能量和驱动力，其不仅仅包含性欲方面的冲动力，而且包含了人类精神中创造力和生命活动力的广阔领域，这样一来，荣格不仅克服了弗洛伊德对无意识的狭隘和贬抑性理解，而且将其扩展为人类文化、文明的创造性动力，赋予了心理无意识以正面、精神、人文的特色。

（二）弗洛伊德的理论基础是理性主义和科学主义的，从这种主旨出发，弗洛伊德将人类精神生活中的无意识的“凸显现象”视为一种精神症状，一种非理性主义的精神现象，而精神分析和治疗的目的就在于疏导和消除无意识的破坏性能量，重新把无意识置于意识及其理性的支配范围内，恢复所谓的健康状态，正如亚里士多德的“卡塔西斯”一样，悲剧的效果在于恢复心理和伦理上的“常态”；荣格在这一点上所持的是彻底的人本主义立场，他将人类心灵世界里的意识和无意识、理性和非理性都视为“正常的”精神存在，无意识活动所导致的病态精神现象被荣格理解成为意识和无意识之间的不和谐关系，他的分析心理学的理论和实践并不是要消除无意识的破坏性的邪恶能量，而是让二者恢复或提升到和谐和平衡，荣格对人类精神世界的非理性的“阴暗面”和人格整体的肯定超出了理性主义、科学主义的立场，其学说归属于人本主义的阵营。

（三）在对无意识内涵的把握上，弗洛伊德将其界定为个人遗忘、压抑了的意识经验，即个体生存经验中的无意识，这体现了弗洛伊德心理学的个人、个体心理学的视角，这种视角支配了他对人类心理现象和文化现象的解释；荣格对人类心理活动中的无意识领域作了进一步的划分，人的无意识包含了个体无意识和集体无意识两个层面，集体无意识是比弗洛伊德的无意识更深一层的领域，它超出个体的人生阅历，是一种先天遗传的族类的集体性心理积淀（这一点类似于哲学上的先验能力和先天知识），这种无意识层面不仅超出人类的经验，而且是作为人类的经验活动赋形根据而存在的，可以说正是集体无意识使个体的精神生活成为可能，荣格的这种理解不仅使得无意识理论更富有哲学品位，而且将弗洛伊德的“个体主义”化的无意识解释，扩展到“社会性的、集体的、超个人”的层面，从而使得无意识理论更切近于人的“类”的本质。

二、荣格的几个心理学概念

（一）集体无意识。荣格把无意识划分为个体无意识和集体无意识两个层面，集体无意识是位于个体无意识之下的深层无意识，是超出了个体经验的具有“集体”属性的族类记忆。下面摘录的是其被广泛引用的关于集体无意识的表述：

> 但这种个人无意识有赖于更深的一层，它并非来源于个人的经验，并非从后天中获得，而是先天就存在的。我把这更深的一层定名为“集体无意识”，选择“集体”一词是因为这部分无意识不是个别的，而是普遍的。它与个性心理相反，具备了所有地方和所有个人皆有的大体相似的内容和行为方式。换言之，由于它在所有人身上都是相同的，由此，它便组成了一种超个性的共同心理基础，并且普遍地存在于我们每个人的身上。[①]

按照上述的表述，根据荣格整体的理论构架，可以把集体无意识的本质刻画

① 中国社会科学院外国文学研究所：《文艺理论译丛》，中国文艺联合公司1983年版，第275页。

如下：

（1）无意识性、不可显示性。集体无意识与个人无意识的区别就在于集体无意识是拒绝呈现给意识的，个人遗忘了的经验可以被重新唤醒，但是集体无意识是不能被意识到的，即便我们可以通过原始意象、象征和精神病症等变相地与集体无意识照面，但集体无意识本身是不可显示者。

（2）普遍性。“集体、族类、全人类”等词语所描述的不仅仅是数量上的集体的人、社会的人，其核心在于无意识的普遍性特征，在这一点上，集体无意识类似于哲学上的存在论、形而上学知识、维特根斯坦的“基本命题”等，正是因为无意识存在的普遍性特征，集体无意识才具有了超越个人、两性、青年和老年、出生和死亡的“集体特征”。

（3）永恒性。这一点刻画的是集体无意识超越时间的恒定性，人类先祖的原始经验之所以积淀成为世代相传的集体无意识，其主要的原因就在于这种经验形式和情境的“同一性”，即所谓的“太阳底下没有新鲜事”“同一者的永恒轮回”。

（4）先天性。荣格借用遗传以及先祖经验等字眼所强调的倒不是生物学、人类学上的时间之先，而是经验之先，集体无意识在这一点上无疑具有先天性的特征，在其先于个体无意识和意识又使后二者成为可能的构型性上，也就是说，集体无意识具有康德所说的“先验性”特征。

（二）原型（archetype）。原型的英文词指的是原初的类型、原初的样式和形象，在荣格的使用中该词意指集体无意识的内容，至少在荣格看来原型是构成集体无意识的一种成分。上述对集体无意识的分析表明，集体无意识是不能提供给意识、不可显现的心理存在领域，然而集体无意识又是确切地存在着的，在精神病症状、文学艺术活动、宗教等人类经验和文化现象中，都有确证集体无意识存在的证据。因而，为了对这不可显示的心理存在进行内容上的界定，荣格引入了原型的概念，按照这种渊源，原型必然具有集体无意识的所有特征，不仅如此，原型必定还具有属于自身的突出特征，以此对集体无意识进行进一步的描述，从而为自身争取存在的理由。按照荣格言明和未经言明的表述，原型大致具有以下几层含义：

（1）原型是人的精神活动、生活经验的形式。荣格在谈到原型的时候提到斐洛所说的“上帝形象”、柏拉图的“理式”、列维·布留尔的“集体表象”，这些先天、先验、永恒而又普遍的原初形式的要义就在于为人类心灵活动和精神生活赋予形式，从而使后者得以存在，因而它们本身才成为最早、最初的形式，正如晶体的构架使得晶体物质成为现实存在一样。虽然上述概念看起来都是与认识相关的概念，但是荣格也说过原始意象作为原型的典型形象，宛如心灵中一道深深开凿过的河床，通过它生命之流才得以奔涌成大江，这里所说的已经俨然超出哲学认识论的领域，达于生命整体的关照，原型在此是为生命之流赋予形式而存在的。

（2）原型不仅仅是原初的类型和形式，而且包含了心理动力层面的心灵整体的应然性，这一点颇相似于哲学上所说的目的论。在柏拉图那里作为对所有理式的起统一性作用的“至善”的理式，以及康德经由认识的纯粹理性形式向作为其哲学的“拱顶石”的实践理性的推进，可以被视为伦理和实践层面的原型，那就是目的论上的应然和归宿。这一点同样适用于荣格的原型，在荣格看来，人类心理活动的不同方面的冲突所产生的心理能量就是所谓的情结，情结的扩大能够激活人心灵深处的原型，这个种类的原型就是人类心灵完整性的应然层面的原型，即荣格所说的自性(the self)。荣格在谈到文学艺术中的原型对时代精神形式和心理病态的疗救作用的时候，所意指的原型无非就是人格和心灵的和谐整体的应然的原初类型，这是一种理想、一个乌托邦。虽然有多少生活的典型情境，就会有多少原型，但是基本的原型有以下几个：面具、阴影、阿尼玛、阿尼姆斯、自性。

（三）象征。在荣格看来，无论集体无意识还是原型都是不可知的心理领域，说它们不可知并不是说绝对的不能被意识，而是说不能直接呈现给意识，通过一定的中介存在物，集体无意识和原型都能够被间接地呈现给意识，进而能够被曲折地加以认识，否则就不会有所谓的心理分析和心理治疗。神话、梦、文学艺术、生活中的典型情境、文化的象征活动，都揭示了集体无意识“变相”地显示自身的存在和不存在的事实，只是这里的从“虚无的深渊”到有形的实在需要一个过渡、一个中间环节、一个贯通集体无意识和意识领域的中介。荣格在把这个中介指派给了原始意象，原始的、原初的意象本身介于意识和无意识之间，构成了不可意识的原型向可意识的具体形象的过渡。在这一点上，原始意象确实类似于康德所说的想象力的先验图型，康德认为知性和感性之间的中介是想象力，而在无形象的概念和知性范畴与具体经验之间的中介是先验图型，凭借先验图型，认识活动实现了概念和表象、先验和经验之间的沟通和过渡。正如想象力是对应于康德的先验图型的认识能力一样，在荣格那里，对应于原始意象的人类心理能力是象征。

可以说，象征作为一种心理活动乃是集体无意识、原型向具体可感的形象和意识经验转化的生成机制，荣格之所以在自己的心理学中赋予象征以这样的位置，其主要原因在于象征本身的特征。象征活动的本质特征是以具体的事物指示不可具体化的意蕴，将无形质的存在领域关联于有形的存在物上，象征活动的这种关联机制本质性地刻画了原型与意识经验的关联，人类的意识活动和经验意象对原型的曲折反映，以及二者之间关联的内在机制的本质就在于象征活动中。从心理动力论的角度看，荣格将弗洛伊德性欲化的力比多释放理解为人类心灵活动的动力之源，一切人类精神活动从力学原理上都源于力比多的驱动力，性欲以及人类的自我保存的生物冲动和本能仅仅占用了力比多的一部分能量，而当这些基本的动物性要求被满足之后，力比多就转向人类广阔的文化活动领域，这就是象征的领域，哪怕是在禁忌之类的对无意识的压制领域，也仍然象征性地表达了无意识的存在。在这个意义上，如果我们将集体无意识以及原型理解为一种心理能量的话，那么象征则是这种不可意识的心理能量向意识经验转化和生成的中介，象征活动本身就是这种转化的生成机制。

作为原型向意识经验的生成机制，象征的中介作用还表现在它对集体无意识、原型和意识活动的中和作用上，象征作为枢纽不仅仅是一个中间环节，而且是二者和谐存在的一种整合作用，在这方面象征是完满的人格和健康心理的一种存在状态。由于象征构建了集体无意识和意识之间的和谐，它在精神病医学中也具有某种心理治疗的功能，荣格曾谈到象征的超越性，这种类似于艺术的形而上慰藉功能的特性，能够给人带来存在的充实和丰盈，此即象征的心理治疗和精神救赎的功能。这个层面的内涵使得象征在荣格的心理学中具有心理治疗的功能，精神病患者乃至现代人的精神生活和心理世界的“病态”都能在象征中得以治疗，正因为如此，作为象征的文学艺术活动、宗教等与心理治疗中的放大、绘画疗法、沙盘游戏等一样，都具有心理治疗和精神救赎的作用。

（四）内倾型和外倾型人格。在荣格看来，心理活动的动力来自于心理能量（力比多）驱动，力比多有其自身流动的方向，在人的心理活动中存在着两种主要的心理流方向，即先天向内和向外两种流动方向。这里的向内和向外是根据人的内心和外在世界两个向度来衡量的，荣格根据心理能量向内（内心世界）和向外（外在世界）的流动方向，把人的心理类型分为内倾型和外倾型态度或人格。

内倾型人格的心理活动的指向是内在的心理世界，这种人对外在世界的感受、认知和评价都是以内心的感受体验为导向，表现出以自我为中心的特征，世界是围绕他们的内心而存在的，他们只生活在自己的内心世界里，对外在世界的所有关涉都是以自我的内心体验为基础的。这种人格类型的心理活动类似于哲学上所说的反思活动，对客体世界的感觉、表象等活动的反向抛投，汇聚于一个焦点——自我，世界在这种反抛中成为“我的”世界，因此在内倾型人格中，自我的内心活动乃是他的世界的基点。与此相对，外倾型人格的心理活动的指向是外在的心理世界，这种类型的人的精神世界完全是以外在世界为导向的，个人的情感、价值等主观的心理活动都决定于外在的人、事、环境，喜怒哀乐、思想和行动都取决于外在世界。在这一点上，如果说内倾型的人格是“以己喜，以己悲”的话，外倾型人格则是“以物喜，以物悲”，外倾型的人的内在世界处处受制于外在世界，客观世界的情状压倒性地支配了他们的内心世界。

按照心理活动的倾向性、心理能力的流向，荣格把人格的主要类型划分为内倾型和外倾型两种，此外还有居中型的人格。内倾型和外倾型的心理态度或人格类型，结合感觉与直觉、思维和情感四种心理功能，人格类型在荣格那里就被具体地划分为八个种类：内倾感觉型、内倾直觉型、内倾思维型、内倾情感型；外倾感觉型、外倾直觉型、外倾思维型、外倾情感型。

三、荣格的美学思想

上述的几个术语既是荣格心理学的几个基本概念，又是荣格美学的核心词汇，只有理解了这几个概念的内涵，我们才能进一步理解荣格美学的基本观点及其价值。荣格从其集体无意识心理学的学说出发，对美学的一些基本问题提出了独到论述，这些创造性的解答不仅视角新颖，而且从心理学上深化了我们对文学艺术的基本问题的理解，这奠定了荣格的文艺思想在西方美学史上的不容忽视的地位。这里把荣格的美学思想概述为艺术作品的本质、艺术创作、艺术家、艺术的救赎功能四个层面。

（一）艺术作品的本质：艺术作品是集体无意识、原型的象征。艺术作品的本质首先体现在其物性特征上，艺术作品的感性媒介乃至艺术作品的作品形态的固定和完成都首先是属于物的，艺术作品必须首先是一物，这就是海德格尔在《艺术作品的本源》开头花了那么大的篇幅谈论“什么是物”的原因。然而，荣格认为艺术作品的主要功能、价值、性质并不在于物，而在于依托于质料的意象，意象才是艺术作品的本体。荣格的论断是中肯的，我们不能否定艺术作品的物态存在，然而构成艺术作品本质的乃是其中的艺术形式或形象（典型、意象意境、情节等），此即艺术意象，是意象规定了艺术作品的本质。

在荣格看来，艺术意象是一种象征，艺术中的象征就是通过呈现给意识的具体意象来揭示某种不可知的、正在生成中的东西，即集体无意识、原型，这样一来，艺术作品本质在荣格那里就在于通过艺术意象对集体无意识或原型的象征性呈示。按照荣格的理解，集体无意识及其原型是位于人类心灵深层的遗传性的心理内容，其特征就在于拒绝进入意识之中，闭锁自身的集体无意识只是拒绝直接呈现给意识而已，其存在作为心理能量和先验赋形作用（原型）要求着与意识层面的关联，于是，通过原始意象和象征活动，集体无意识、原型就以映射的形式进入意识层。在艺术的领域里，集体无意识、原型是通过艺术幻觉的作用涌现于意识层的，无意识和意识相交接的领域就是原始意象（原初的形象，一切形象得以成行的本原形象、形式），一切艺术意象都是通过对原始意象的捕捉而生成的具体形象。在这个意义上，艺术作品的本质就是通过意象对集体无意识、原型的象征，艺术作品的创新就在于为集体无意识、原型寻找新的象征形式，艺术作品是集体无意识的裂开的深渊之上升腾出的意识的世界。

荣格的艺术作品的本质观从集体无意识和原型的角度解答了伟大艺术作品的本质特征，这些见解揭示了无意识心理学在美学中应有的价值。从集体无意识的幻觉世界来说，伟大的艺术作品必定给人陌生、怪异、阴冷、荒诞、非同寻常等感觉，这是集体无意识的深渊的色调；从集体无意识的“全人类”“集体的人”的角度看，伟大的艺术作品必定是能够超越时空被人传颂的经典；从象征角度看，集体无意识对意识的超越、原型对人类理解力的拒绝，解答了伟大艺术作品深不可测的意蕴，以及它的不能为一切时代所揭示的集体无意识的内容；由于原始意象完满地体现在神话想象中，神话就保存了最基本的原型，因而一切伟大的艺术作品的理解都要“向后看”，到神话中去溯源所谓的原型母题。

（二）艺术创作：集体无意识向意识的涌现。在荣格看来，关于艺术的本质的问题应该由美学来解答，心理学所能作出见解的只有艺术创作方面的问题，不论这个观点是否中肯，至少在荣格那里被推重的就是他对艺术创作的阐释。

艺术创作一般被认为是艺术家个人的自由的创造性活动，而荣格却从两个层面反驳了这个观点：其一，艺术家在艺术创作中的自由是一种假象，真正起支配作用的是集体无意识的涌动，荣格把创作中的艺术家比作游泳的人，裹挟着他游动的乃是身下看不见的潜流暗涌，这些浮载的暗流就是集体无意识及其原型。从荣格的心理动力学来看，艺术家是那一类敏感的人，他们对时代精神生活的形式和内容上的匮乏有着敏锐的感知力，深感于时代心理形式的僵化使得他们退向童年和人类遥远的过去，一直深入到集体无意识的深渊。如此一来，一方面就在意识阀下积累了大量的心理能量，心理动力的负荷量形成了所谓的“自主情结”，正是这种情结推动了艺术家的艺术幻觉，沉浸在集体无意识中的艺术幻觉促使艺术家寻找符合时代特征的象征形式来表达集体无意识的原始意象。另一方面的事实则是，艺术家凭借其对时代文化的敏感性和强大的心理能量（自主情结），激活了潜藏于心灵深处的集体无意识及其原型，激活了的集体无意识带着心理能量上的负荷在艺术家的心灵中酝酿成为艺术幻觉，直到其冲破艺术家的意识阀限，以象征的形式（艺术作品及其意象）把原始意象呈现给意识活动，艺术作品就诞生了。在这个意义上，荣格是将集体无意识、原型视为支配艺术家、艺术创作活动的主导力量，将艺术创作活动理解成集体无意识借艺术意象的象征形式向意识活动呈现。其二，支配艺术创作的是集体无意识，这些集体无意识，是通过遗传的方式保存下来的祖先经历过的典型情境，凝结着祖辈经验积淀的悲欢和荣辱，艺术创作作为集体无意识借艺术家之口的言说，必定是超越个人的经历和偏好的。在这个意义上，艺术创作中的艺术家乃是“集体的人”，他们的创作乃是以人类的灵魂向全人类讲话，这就在“集体”和“类”的意义上突破了艺术创作的个人属性，正如荷马史诗的作者可能并不是荷马其人，而是希腊民族的集体创作一样。

上述的分析阐述了荣格关于艺术创作的见解——艺术创作是集体无意识向意识的涌现，这个结论从集体无意识的心理学角度揭示了美学关于创作中的一些古老的谜题。西方美学从柏拉图就已经开始关注文艺创作中的灵感、迷狂等非理性的心理活动，这些对于意识和理性来说的不可知的黑暗之域，在荣格的“无意识”概念下得到了心理学上的阐释，由于作为心理动力和象征原型的集体无意识根本上是对意识活动闭锁自身的，其在艺术创作中的活动和“显示”必定是非理性、无意识、不可解说的。同时，由于这种涌现出的无意识又是“集体的”，其必定是超越个体和时代的，这就从创作心理学角度解释了何以伟大的艺术是能够经受时代的考验，何以其价值和意义是属于全人类的，这在西方文论中古典主义的普遍和永恒的文艺教条、艾略特的非个人化的创作理论等相关文论中都得到了映衬。

（三）艺术家：艺术家是艺术的仆人。荣格在谈到艺术家类型的时候，提到过两种创作方式——心理型和幻觉型，心理型艺术家对于自己的创作活动是有意识的，人物和情节的安排、谋篇布局都是在作家可控制的范围内进行的；而幻觉型艺术家的创作则是在无意识的状态下进行的，艺术家的创作似乎受一种神秘的力量控制，在不自主、不自觉的情况下完成艺术创作。在荣格看来，无论是幻觉型还是心理型艺术家，二者都是在集体无意识的支配下进行创作的，只不过心理型艺术家从一开始就有意识地默认了集体无意识的支配力。按照这种理解，艺术家对于艺术必定是一个十足的奴仆。

上述的论断是能够从荣格的艺术理论中作出论证的。从艺术创作角度看，是集体无意识、原型抓住了天性敏感的艺术家，攫取了艺术家的身体、生命、精神和灵魂乃至艺术家的健康，令其成为集体无意识的代言人，艺术家作为现实的人可以有个人的日常生活、个性和属己的人生经历等，然而在艺术创作中，艺术家必定是超越其个体的，是作为“集体的人”向人类整体言说集体无意识的深度。荣格认为唯有诉诸集体无意识，才能解释为何艺术家在作品中往往能说出远远超出可以言说的意义，何以艺术创作会成为艺术家本人的一种至高的使命和命令，为何伟大的艺术家和艺术作品会具有永恒和普遍的意义。既然艺术创作是集体无意识占用了艺术家的生命活动来言说自身，那么艺术家在艺术创作中就必定处于仆人的地位，艺术家为了艺术不仅要牺牲作为正常人的生活，甚至会奉献出自己的健康和生命，艺术家越是对艺术活动敞开自身，他就越能履行艺术的奴仆的职责，从而越是自由地在创作，在此，艺术家并不是艺术创作的主体，他个人及其自由乃是艺术活动得以实现的一个场所、一个工具，一个海德格尔所说的“此之在”。从艺术作品的角度看，艺术作品的本质作为集体无意识的象征性呈现，不但具有超出艺术家的理解力的一面，而且具有自身的生命机制，艺术家对于艺术作品来说并不是一个主宰者，而是一个艺术作品借以成就自身的守护者，如此，艺术家则大有参赞造化之功的殉道者的意味，在这个意义上，荣格认为并不是歌德造就了《浮士德》，而是《浮士德》成就了歌德，艺术家借艺术作品而享有荣耀。

从艺术家作为集体无意识的代言人和传声筒的意义上将艺术家把握为艺术的仆人，从心理学的角度解答了艺术作品自身的独立的生命世界和内在逻辑等艺术理论难题。此外，荣格的人格类型理论也可以用来描述两种作家类型或者审美类型，内倾型人格和外倾型人格在艺术活动对应于移情和抽象，移情型的艺术家或审美类型在于将自己的主观情感和世界倾注到对象之内，而抽象型的艺术家或审美类型则是对客体的压倒性地位的承认，进而对其进行形式固定——即抽象。王国维在《人间词话》中所说的主观的诗人和客观的诗人大致可以作为这两种艺术家类型的类比，而中国美学中的情中景、景中情，西方美学中的沃林格的《抽象和移情》也可以在此“攻玉”。

（四）文艺的救赎功能：在于集体无意识的疗救作用。从精神病理学的角度看，精神上的异态既是个体的心理疾病，又是社会、文化和时代的精神异化，在荣格看来，一定时代的文化作为精神形式都是有其片面性的，其匮乏和僵化的一面使时代的精神生活陷入病态之中，其中的一个表征就是精神病患者。造成这种时代心理生活困境的主要病根就在于，时代精神一旦成为具体的形式，就割裂了与生命之源泉的集体无意识的关联，从而处于无根基的状态。虽然时代精神本身就源于集体无意识的源泉，然而其具体化的后果则是形式上的片面和凝固，这些使得时代的精神形式僵化为无家可归的状态。荣格认为，在这种情况下只有回归于集体无意识才能溶解、消除、救治具体化了的时代精神生活的困境，这一点颇有中国魏晋时代的“越名教而任自然”的意思，在尼采的悲剧观中，日神的形态必定要植根在酒神的生命源泉中，才能求得健康、充盈的文化形态，大概也同于此意。

在荣格那里，对于个体心理病态和时代的精神困境来说，只有回归、深入集体无意识这个生命的本源之中，以其原始的精神活力、创造力和原型补救时代形式的匮乏，或者创造出更健康的精神文化形式，才能完成宗教意义上的人类心灵的救赎。作为人类精神文化中的一个种类，艺术以象征的形式表达了集体无意识的原始意象，这使得艺术在人类文化中负载了精神救赎的使命，通过艺术形式的中介，个体心灵和时代精神能够恢复与作为生命之源的集体无意识之间的关联，帮助处于无家可归状态中的人类灵魂重新实现还乡梦。按照荣格的思路，艺术凭借着与集体无意识的本质性关联能够对人的心灵产生一种魔力，使现代社会中疏离的个体重新回到集体的、社会的人之中，使隔阂了的人与自然重新恢复到亲和之中，使异化、机械化的心灵恢复到原初的完满和丰盈。一句话，使非人化的人类心灵重新获得人性的生命和活力。荣格从集体无意识心理学出发对艺术的救赎功能的理解，不仅是一种心理学的阐释，而且是文化和哲学层面的人文关怀，他的心理学的艺术功能论在西方美学中的众多艺术救赎理论中拥有属于自身的位置。

结　语

荣格的美学是以其集体无意识心理学为理论基础的，心理学的视角决定了荣格思想的基调，从人及其心理出发对人类文化、历史现实的阐释归属于人类学、人本主义、主体性的视角，在这一点上荣格是属于“现代性”思潮的。然而，从集体的无意识视角出发的思考，使荣格的理论突破了个人主义、个体主义和理性主义、科学主义的藩篱，这使得荣格的心理学及其美学具有某种“前”现代或“后”现代的特征。荣格从集体无意识心理学出发，对艺术作品的本质、艺术创作、艺术家、艺术的救赎功能乃至艺术的本质进行了理论上探讨，这些思考对艺术活动的非理性特征、艺术作品的经典性、艺术家的地位和艺术的功能等基本问题的解答是有其创造性和启发性的，这些美学思想标志了心理学美学的一定层面的深度和广度。荣格的博学和深思赋予了他的美学以广泛的影响力，除了直接导源于其中的诺斯罗普的原型批判之外，在结构主义、解构主义、现象学、阐释学等文论中都能够见到荣格美学的理论影响。

第二章　生命美学

概　　论

生命美学是生命哲学在美学领域的展现。也许只有后来的现象学美学和存在主义美学能够像生命美学那样既把哲学思辨，尤其是认识论问题，当作自己的主要任务，又断然拒斥传统哲学的成规惯例。生命美学与20世纪初的“新哲学”几乎同步兴起，前者甚至早在19世纪的后半叶就已可察端倪。所谓的“新哲学”系指20世纪初出现的美国詹姆斯（William James，1842—1910）的机能心理学（“意识流”是其重要观点）与法国柏格森的生命哲学的相互呼应和配合的思潮；直至第二次世界大战前，这股对于人性和人类的无限创造力持乐观主义态度的思潮才开始被忽视。

生命美学，也称“生命直觉主义美学”，所依据的哲学原理独具特色；生命美学家，即以狄尔泰为开创者、柏格森为完成者的一些生命哲学家，致力于打破西方传统的唯理论和经验论的基本分野，以个体的生命作用和精神创造力为主要着眼点，以直觉为基本的哲学方法，进行了对包括艺术创作和审美鉴赏在内的一切宇宙人生问题的考察、批判和规划。直觉方法在各国各种流派的认识论中多有涉及，但由于它的基本内涵超出个体特定的知觉和知性判断的范围（如果以“冰山”来说明直觉，那么其“底部”可以说是“无意识”），因此他们的有关描述多是一鳞半爪，甚至是玄之又玄的。生命哲学流派也没有将直觉的方法完全阐述清楚，还留下一些“难以表达的”关键问题，或者说留下“不可理解的”意蕴，但是他们不是将之归入“不可言说的”玄学，而是努力根据生命进化的底蕴来揭示直觉的作用形式 。[①]直觉是不以逻辑推理的方式而把握身心内外的实在的一瞬间的感悟，属于非理性认识的

① 参见德勒兹：《康德与柏格森解读》，张宇凌、关群德译，社会科学文献出版社2002年版，第99—128页。

范畴，但实质上并不反对理性，而且还需要理性和感性融合为一的知识为之铺平道路，狄尔泰和柏格森的审美理想和认识路线便证实了这一点。

狄尔泰（Wilhelm Dilthey，1833—1911）是德国出类拔萃的美学家，原为新康德主义者，后转向生命哲学。他也是现代解释学和精神科学认识论的奠基人之一，主张建立不以实验为主，而以感知和分析为主的描述性的认知心理学。主要著作有：《施莱尔马赫传》（1870—1922）、《精神科学引论》（1833）、《世界的概念论》（1910—1927）、《体验与诗》（1906）、《精神世界》（1926）、《关于德国的诗作和语言》（1933）等。从他的《当代美学的三个时期及其当前的任务》（1892）这一专题论文中，可以大致了解他的美学宗旨和相关的艺术理论。

狄尔泰既不欣赏实验美学，也没有附和理性美学，而是认为前者从印象出发解释艺术品，忽视艺术品的统一性，因此把握不住艺术品的风格及其特殊效果，而后者在美中只看到与逻辑的统一性没有多大差别的、符合理性的统一性，这种美的原则重视真的作用甚于美的作用，并以思维关系代替美感，因此也不能理解伟大艺术品的整体风格和充盈其中的生命力。他认为“必须以从艺术的活生生的历史性中所得到的那些概念，来代替关于在杂多中求统一和秩序的抽象理论”；他尤其强调艺术创作与艺术欣赏的美学一致性，因为“艺术品的风格所唤起的印象是无法用喜悦、惬意或是愉悦感等概念穷尽的。欣赏者更多的是感觉到一种情节的特定形式，而他的内心正是在这种情节里得到舒展、升华、充盈，从而产生了一种能增强欣赏者的生命力、精力和情感的力量……因此，从对现实的审美认识来说，艺术家的创作以及艺术品欣赏中的过程是非常近似的”①。

审美欣赏可以说是狄尔泰最重视的一项美学原则。他认为，个体的存在通过审美创造与欣赏的过程得到的升华与扩展，如同强健的意志在合理、开阔的思维或者智勇双全的行动中获得的快乐一样。所以，他接着写道：“欣赏艺术品与创作一样，也是一种内心活动，只不过较为轻松一些；内心由于从自身活动的内在形式中获得快乐而超越了对本能的粗鄙的满足。审美作用归根究底便在于生命力的这种升华。人类道德文化的历史就是这一最高生命力的不断胜利，这种生命力跟外在的和内在的活动以及由它决定的精神存在的形式有关，能够持续地独立于外在事物而产生影响。”他认为第一流的艺术品“能在不同时代、不同民族的人那里引起持久的、彻底的满足”，因为它们激发了我们的情感，并使内心燃起的每种追求都得到一定的满足；衡量艺术品的价值只能采取这种标准，而不是根据什么“美”的抽象概念。

狄尔泰还注重从精神科学的角度建构他的生命美学。尽管他推崇在当时占据主

① 张德兴主编：《世纪初的新声》，转引自《二十世纪西方美学经典文本》（第一卷），复旦大学出版社2000年版，第167页。

流地位的自然主义艺术，但他断定：如果把文学变成科学，那比进行道德说教更糟糕。他认为，诗人虽然以现实生活为对象并因此而追求真实，但他不能光从人物言行举止的抽象推理出发，而只能着眼于那些牵动着个体的力量和情感的关键所在；只有这样，他才能以全部身心紧紧拥抱生活和认识生活。这里也许部分地体现了狄尔泰的“相对的历史主义”方法，即他所主张的“原型的人就分解于全部的历史进程中”，因此既不能单凭内省，也不能抽象地以历史必然性为推理依据，去简单地建立精神科学体系，而是要进行综合研究，通过个体的生命体验和表达，将个体与环境的密切关系及其社会历史作用的象征意义和偶然性作为精神科学的研究对象，从而建立一门解释性的精神科学。

当时已经起步的心理学在狄尔泰的心目中与科学殊少差别。他认为，这门新学科按其当时的发展程度只能对创造性的想象力做些微不足道的一般化解释，而美学家必须从个别艺术领域的创造过程出发，对这些过程进行描述、判断和分析；他必须具体展示这些过程，并解开心理学还无法解开的那些秘密。

狄尔泰的生命美学还有一个显著特征，就是极为重视个体的创造精神，重视天才的主导作用。他说：“没有绝对的美的法庭。毋宁说是一个或者一群天才出来把他们的观察方式强加给人们，然后使其他的艺术家学习他们观察和想象的方式。这样就形成了一种团体，一种流派。这是一个势力问题，而不是原则问题。因为关键是看马洛（1564—1593）和莎士比亚的风格能否控制舞台，能否打动最高贵的同代人，首先是女王；同时也看米开朗琪罗能否去建造宫廷和教堂并配上人物装饰，从而使同代和后世那些竭力抵抗的艺术家也屈服于他的形式的魔力。艺术批评的一切重大战役都是围绕着这一事实展开的：先是推崇旧有的东西，然后是一位咄咄逼人的后来人要求登上宝座或是推翻业已衰败的艺术王朝。这些批评界的战役都非常有用，富有影响力。”但是，他并不认为天才可以天马行空地引领时代的潮流，而是要求艺术家去理解自己所处的时代的基本特征，不要把时代的“心血来潮”与其持续方向混为一谈。为此，他接着写道：“我将要证明，只有当批评家不仅理解艺术，而且也懂得艺术家应该述说的时代秘密时，美学才有足够的理由来裁决这些战斗。”①

他在《诗学的基础》中还写道：“诗人的技巧只不过是一个历史时期的表达。文学创作有艺术法则，但是不存在普遍适用的文学技巧。像弗莱塔克（1816—1895，德国小说家）那种企图弄出一套戏剧技巧的尝试是必定要失败的。形式是由内容历史地决定的。艺术史的任务就在于发现技巧的前后发展种类。”②他认为，艺术家的

① 张德兴主编：《世纪初的新声》，转引自《二十世纪西方美学经典文本》（第一卷），复旦大学出版社2000年版，第170页。

② 张德兴主编：《世纪初的新声》，转引自《二十世纪西方美学经典文本》（第一卷），复旦大学出版社2000年版，第171页。

精神内容由历史决定，这种内容又制约着自己的理解方式和风格，并且大致为一个时期的艺术家所共有；而同一时期的欣赏者也倾向于同样的理解方式，这对艺术家也有影响。他不无遗憾地指出："拉斐尔、米开朗琪罗、莎士比亚、塞万提斯、高乃依的风格与技巧已不属于我们。这是自希腊人以后的最高风格。"为此，他在这篇长文的末尾呼吁"在各门模仿性艺术中开创新风格的天才"的来临。

柏格森（Henri Bergson，1859—1941）1881年从巴黎高师毕业后，历任中学及母校和法兰西学院哲学教师、教授，并曾主讲古罗马诗人卢克莱修的长篇哲理诗《物性论》，对于营造法国当时的古典文学研究风气颇有助益；1888年完成博士论文《论意识的直接材料》（20多年后的英译本改名为《时间和自由意志》）；1896年发表第二部论著《物质和记忆》（英译本出版于1911年）。该书由探讨大脑的机制入手，对诸如感知和记忆等意识的事实作了深入分析，借此阐发精神与物质的相互联系等哲学基本命题，广泛涉及心理学、生理学以及病理学的新材料；1899年在《巴黎评论》上分两次发表论滑稽的意义的文章3篇，探究在日常生活中艺术元素的喜剧性，翌年编为《笑——论滑稽的意义》一书发表；1903年发表《形而上学引论》，该文专论以直觉方法认识实在本相的各种程序，被认为是包括《论意识的直接材料》《物质和记忆》和1907年发表的《创造进化论》在内的柏格森三大著作的序文；1919年发表论文集《精神的能量》（又译为《心力》）；1922年发表专论《绵延与同时性》，旨在阐明他先于爱因斯坦提出的时间的"绵延"概念，而爱因斯坦的相对论仍有将时间空间化的弊病，此论文还辨析了绵延与同时性的区别；1932年发表《道德和宗教的两个来源》，专论其哲学思想的伦理学意义，此书将人类社会分为"封闭"式与"开放"式两类：前者产生了拘束性的道德与静的宗教，以机械论与智能作用为基础；后者产生了创造性的道德与动的宗教，以"生命冲动"与直觉功能为基础。1934年出版另一论文集《思维与动力》（此论文集的英译本题为《创造的心灵》），较多涉及直觉的方法。

柏格森的生命美学绝大部分融于其生命哲学之中，而他的生命哲学又集中反映在其代表作《创造进化论》中。此论著认为，整个世界自始至终进行着由"生命冲动"激发的一种"创造的进化过程"，精神在这一过程中发挥主导作用，而物质是这种进化活动的副产品或补给品，其事实根据无所不在，尤其体现于有机物质与惰性的无机物质的转换过程中；而在有机物的进化过程中，与精神密切相关的部分，比如神经系统，一般都处于优先得到保障的地位。柏格森认为，智能是意识由内向外的运动，面向物质而背向生命和意识，所以，智能从已知的功利角度出发，不可能把握不受智能支配的不断创新的生命冲动；而直觉则是意识的向内运动，它直面生命和意识的深处，"在直觉中，生命与意识总是相依相存着"，"直觉就是衍变成无功利心而又自觉的本能，它能够反映和无限扩大它的对象”[①]，认识和把握“实在”，就不能只靠理性的分析，而须主要凭借从本能发展而来的直觉，只有直觉，才能全面而直接地把握宇宙的精神实质。

他认为，在对作为绵延之流的生命冲动的直觉过程中，在内在的生命和意识的运动变化每一瞬间，都有崭新的东西（新质）出现，生命的每一瞬间都是一种创造，“绵延意味着发明、形式的创造和对崭新的东西的不断研制”[②]，禁在已知的功利圈子里的智能，与富有创造性的生命冲动格格不入。这里，柏格森接受了歌德等诗人和启蒙思想家的“生命之树常青，而理论是灰色的”教诲，将实践高高地悬置于理论之上。他的所有著作，几乎都是对上述多数人只是说说而已的道理做的入木三分的论析，其结论是：西方自古至今的哲学都建立于智能的基础上，都具有“电影摄制法”的弊病，即利用人的错觉，以静止和断片连缀的方法去表现运动和持续变化的事物；而只有他的生命哲学超越了以往的哲学，成了真正的“直觉的哲学”[③]。这里似乎存在着一个悖论，因为柏格森又认为：哲学史上一切有价值的东西，都是哲学家应用直觉的产物。但他接着明确指出，哲学家们在表述自己的发现时，却往往运用分析的智能，而推动他们去形成发现的，则是与分析的智能截然相反的能力，这种能力就是我们所谓的“直觉”，亦即“共感”[④]。他还说：“那些固定的概念显然可以通过我们的思维活动从运动的实在性中取得；但是，我们完全没有办法用一些固定的概念来重建实在的运动性。”[⑤]显然，这一以万物生生不息的运动变化或广义的生命“绵延”为对象的“直觉的哲学”，对西方的传统哲学以及近代“科学主义”的冲击作用，是难以估量的。

但是，柏格森的生命哲学与德国唯心主义哲学家杜里舒（Hans Driesch，1867—1941）等人提倡的“新活力论”没有多少共通之处。新活力论者认为，生命物体均受一种非物质的、神秘的、超自然的“整体原则”的支配。而柏格森认为，生命是

---

① Henri Bergson, L'Évolution créatrice, Chap. I, Geneva: 1945.（瑞士日内瓦阿尔伯特·孔迪格出版社曾拥有柏格森著作的版权，这里所引的《创造进化论》中的文字均由笔者根据该出版社1945年首次限量发行的《柏格森全集》原版译出）。

② Henri Bergson, L'Évolution créatrice, Chap. Ⅰ, Geneva: 1945.

③ Henri Bergson, L'Évolution créatrice, Chap. Ⅳ, Geneva: 1945.

④ Henri Bergson, The Creative Mind: An Introduction to Metaphysics, M.L.Andison (trans.), New York: the Philosophical library, 1946.《形而上学引论》后来收入作者的论文集《思维与动力》中,笔者已从其英译本《创造的心灵》中译出此文。中文通常根据最初的英译将“共感”译为“理智的交融”。“理智”容易与“理性”混淆译为“知性”或“智能”较妥。柏格森认为它与“直觉”截然不同，但要进入直觉，又须通过知性来转换思维方式，否则只能停留在本能的水平。可能担心引起误解，他后来亲自校注该英译本时，默认删去这里的“智能的”或“知性的”一词。

⑤ Henri Bergson, The Creative Mind: An Introduction to Metaphysics, M.L.Andison (trans.), New York: the Philosophical library, 1946.

投入物质的意识，它将注意力或者集中在自己的运动上，或者集中在所通过的物质上；因此，它或者转向直觉方向，或者转向智能方向。“直觉顺应着生命冲动。我们的心智可以直觉地把握实在，那便是通过刚刚提到的那种知性的共感路子。但是，要这样做是非常困难的。心智必须以强力逼迫自己这样做，必须扭转自己通常所认为的那种运作方向，必须连续不断地‘修改’（更确切地说是‘重建’）自己的范畴。这样便能取得流动的概念，借此可以体察入微地把握实在，并且与事物最本质的内在生命运动息息相通。只有这样，我们才能建树一种进步的哲学。”[①]运动离不开物质，由此可以推断，柏格森不可能将生命和意识与物质截然分开。他明确指出其与众不同的抱负是将科学与形而上学结合起来；其中，科学的对象是物质，形而上学的对象则是生命和意识的“绵延”，归根结底，探讨的都是只有直觉才能把握的“绝对”，即种种独一无二的东西，而不是西方以往的形而上学所追求的抽象的“理念”“本质”等。

因此，柏格森直觉的生命哲学主要着眼于改变习惯成自然的西方思维方式，即破除通常运用符号、概念等逻辑推理和分析的方法，从而去持续不断地直觉“绝对”的“这一个”，然后以“流动的概念”表达出来。他说：“这种能力并非不可能努力达到，人们除了正常的知觉之外还有审美能力，这就是一个证明。我们眼见的生物形象都只是组合的，而不是彼此有机地连接在一起的。生命沿着各条路线做单纯的运动，其意向在于将这些路线集合一处并赋予它们意义，但又不自觉这种意向。艺术家想要重新抓住的就是这种意向，与此同时通过某种共感使自己置身于对象内部，并通过直觉的力量消除介于自我与对象（比如模特）之间的障碍。当然，这种审美的直觉，像在其他地方的外部知觉一样，仅仅到达个别人那里。但是，我们可以设想有一种探讨方式与艺术方式所取的路数或导向相同，它也以一般的生命为对象，像物理学一样，紧跟着外部知觉所指示的方向前进，将个别人的感受或接受的事实扩充为一般法则。或许，这种哲学从来就没有从它的对象那里获得什么可与科学从它的对象那里获得的认知相比较的东西。智能依然是由本能环绕着的光辉的核心；本能虽然也已扩展、纯化为直觉，却没有形成比模糊的星云更清晰、更确定的实体。但是，直觉固然缺乏只有纯粹的智能才有的那种可以明明白白地说出来的认识，却能让我们领会到当前智能的有关数据或已知条件的不足，同时让我们了解清楚对此补救的办法。实际上，直觉一方面甚至利用智能的机制来显示：为何知性框架在这里没有找到自己恰当的应用场合，另一方面通过本身的作用暗示我们必

① Henri Bergson, The Creative Mind: An Introduction to Metaphysics, M.L.Andison (trans.), New York: the Philosophical library, 1946.

须以什么取代知性框架……”[①]这段话比较公允地衡量了我们所熟悉的两大认识系统各自的利弊得失及其互补的机制。而柏格森的直觉认识系统，似乎更适合于运用在本然的审美创造和审美欣赏的场合，这可能是他成为首位获得诺贝尔文学奖的哲学家的原因所在。

柏格森在其著作中也的确较多地涉及艺术与美学，尤其擅长以文学的方式撰写一章又一章生动晓畅的科学描述和评析文字。他之所以认为艺术有助于消除我们与“实在”之间的屏障，原因仍在于那些优秀的艺术作品主要是凭直觉创造出来的。他在《形而上学引论》中举小说创作为例，既撇开“模仿”说，也排斥“自我表现”说。他指出：“作者可能对他的主人公的特点加以渲染和放大，让他按作者自己的意愿来言说和行动，但这一切决不会等同于我将会体验到的那种单纯而不可分解的情感（如果我能在一刹那化为那个主人公）。出于那种浑然一体的情感，如同出于一道泉水，那个人物所有的言辞、姿态和行动在我看来都将自然地流泻出来。它们不再是偶然的事件……在这里，任何的文学描述、史实记录以及理论分析，都会将我撇闪在相对之中。而只有与那个人物打成一片，休戚与共，才使我认知了绝对。正是在这个意义上，也只有在这个意义上，绝对才成了完美的同义词。”[②]

《笑——论滑稽的意义》是柏格森的美学专著，在作者生前就已再版过20多次。该书详细论述了艺术的本质，尤其是创造性地演绎了笑、滑稽、喜剧性等美学范畴，对现代西方美学具有相当大的影响。它们与作者的哲学主张究竟关系如何，读者可以结合下一节的柏格森美学思想专论加以求索。

综上所述，在西方文化从传统的形而上学主流向复杂多变的现代主义和后现代主义过渡的进程中，生命美学是一股十分引人注目的精神科学和艺术哲学思潮。这股思潮与19世纪中叶以来欧美大陆的意志论哲学和“深层心理学”的兴起有着密切关系。然而，无论狄尔泰的“生命体验”或“生命力的升华”，还是柏格森的“生命冲动”或对“绵延”的直觉，都最大限度地涵盖人类整体的生存意志、经验和动力，比起叔本华对意志的否定、尼采片面的“强力意志”说，以及弗洛伊德同样片面的“泛性欲”说，有着更加深邃而开阔的实在性、实践性和社会文化基础。“诗言志”，西方现代的美学本体论天平早已倾斜向东方，形形色色的意志论哲学在艺术美学领域的推广应用是合乎情理的；但是，生命美学过分强调精神力量和万物的内在作用，难免出现唯心主义的弊端，即使在艺术空间充分开放的今天，仍有必要警惕其轻视理性、脱离现实以及可能片面地“奔向自我”的审美倾向。

---

① Henri Bergson, L’Évolution créatrice, Chap. II.

② Henri Bergson, The Creative Mind: An Introduction to Metaphysics, M.L.Andison (trans.), New York: the Philosophical library, 1946.

第一节　狄 尔 泰

一、狄尔泰的生平与著述

1833年11月19日，威廉·狄尔泰（Wilhelm Dilthey，1833—1911）出生在莱茵河畔靠近巴登的一个叫比布里希（Biebrich am Rhein）的地方。他的出生，恰逢所谓“德国观念论时代的终结”[①]，巨子歌德、黑格尔都于1931去世，狄尔泰一生钟爱的施莱尔马赫也在1834年谢世了。狄尔泰的父亲是本地的一位牧师，在历史学研究方面颇有造诣，曾在拿骚公爵宫廷效命；母亲是一位著名音乐指挥家的女儿。狄尔泰也因受外公和妈妈的影响而有极高的音乐天赋。此外，狄尔泰的母亲作为一个虔敬派的基督徒，对狄尔泰的哲学思想也产生了潜移默化的影响，譬如说，狄尔泰哲学中的一个核心概念“内在经验”就明显与其母亲的宗教情结影响有关。

相关资料表明，狄尔泰生性好学，天资聪颖。1839年在家乡上完小学，又以第一名的优异成绩完成中学学业。1852年狄尔泰来到海德堡大学，他未能按照自己的意愿去学法律，而是成了神学院的一名新学生，因为长辈们希望他将来子承父业做一名牧师。1853年9月，这个海德堡的二年级学生转到了柏林大学，仍然在神学院继续深造，但他对神学课程的兴趣渐渐被哲学、历史知识所代替，尽管他于1856年以优异的成绩通过国家相关考试，也获得了当牧师的资格，但是，他并不甘心像父亲那样做一辈子牧师。更重要的是，对此时的狄尔泰来说，哲学和历史学具有一种难以阻挡的魅力。1859年，26岁的狄尔泰参加了施莱尔马赫学会主办的有奖征文活动。他提交的《施莱尔马赫的解释学的独特贡献》一文参赛，力拔头筹，获得了一笔价值不菲的奖金，这可以说是狄尔泰在现代解释学舞台上的第一次精彩亮相，也可以视为其学术生涯的开端。

必须指出的是，在大学求学期间，狄尔泰得到过不少名师指教，其中包括费舍尔这样一些知名人物，对他产生了重要影响。1864年，他以拉丁文写成的《论施莱尔马赫的伦理学》一文获得博士学位，这一年他还因《论道德意识》一文获得大学任教资格，次年在柏林获得了一个“编外讲师”（Privatdozent，即德语国家中报酬直

① 约斯·德·穆尔：《有限性的悲剧——狄尔泰的生命释义学》，吕和应译，上海三联书店2013年版，第14页。

接来自学生学费的无薪大学教师）的头衔。1867年，狄尔泰撰写的《施莱尔马赫传》第一卷出版，为他赢得了广泛的声誉，同年，他晋升为教授。值得注意的是，在这一时期，狄尔泰还撰写了大量关于德国诗人的论文，如《诺瓦利斯》(1865)、《莱辛》(1867)、《荷尔德林》(1867)、《歌德》(1877）等，这些论文后来被收入到名为《体验与诗》(1905）的文集里，这些文章为研究当时的德国文学理论和美学思想留下了极为珍贵的文献。

在狄尔泰学术道路的起点上，他所钟爱的施莱尔马赫（1768—1834）无疑是其最重要的精神导师。他的获奖征文、博士论文都是以施莱尔马赫为研究对象的，还有一项与之关系最为密切的工作就是《施莱尔马赫书信集》的编辑与整理。1859年他完成了这项工作的主体部分后，就开始了《施莱尔马赫传》的写作，该书第二卷直到1870年才得以问世。

1867年，他移居瑞士工作，受聘于伯尔尼、巴塞尔的多所高校，1882年，他返回阔别15年之久的德国，分别在基尔、布雷斯劳（今波兰弗罗茨瓦夫）和柏林大学任教。在接替洛采留下的教席之后，狄尔泰才得以长期定居柏林，直到1911年离开人世。他在自己的母校柏林大学获得了著名的“黑格尔哲学讲席”(G. W. F. Hegel’s Chair in Philosophy）教授职位，并在这个岗位上工作到1905年退休。

狄尔泰返回柏林的第二年（1883)，出版了《精神科学导论》第一卷，这本著作为他赢得了极大的学术声誉，他也因此获得了“普鲁士皇家科学院院士”称号。他的主要著作除了前文提及的《施莱尔马赫传》《精神科学导论》《体验与诗》外，比较著名的还有《描述与分析的心理学观念》(1894)、《黑格尔的青年时代》(1905)、《哲学的本质》(1907)、《精神科学中历史世界的建构》(1910）和《历史理性批判》（未完成稿）、《论德国的文学和音乐》(1937）等。不难看出，狄尔泰没有专论美学的著作，但他上述著作中，几乎都与美学或艺术有关联。

纵观狄尔泰的一生，作为一位历史和文化哲学家，他是如此博学多闻，以致后世研究者很难将他纳入某个具体学术科目的名下。他对人文学科的几乎所有分支领域都有所涉猎，这固然可以说是其好学精神使然，但显然也与其建立精神科学体系的学术宏愿不无关系。狄尔泰兴趣之广、阅读量之大，从他早期的一些文章所涉及的领域即可略见一斑。有研究者指出，他早年的文章“包括了如下主题：斯宾诺莎、莱布尼茨、卢梭、沃尔夫、康德、黑格尔、施莱尔马赫、谢林、叔本华、特伦德伦堡、孔德、密尔和尼采等哲学家作品中的逻辑学、认识论、存在论、人类学、伦理学和美学；欧里庇得斯、莎士比亚、塞万提斯、莫里哀、歌德、莱辛、席勒、格林、诺瓦利斯、荷尔德林、海涅、拜伦等人的文学作品；巴赫、莫扎特、贝多芬、肖邦、李斯特和瓦格纳等人的音乐；涉及文学和音乐的理论；绘画和建筑的发展；孔德、斯宾塞和马克思的经济学、社会学和政治学等方面的理论；教育问题；泰纳、兰克、德罗伊森、布克哈特和巴克尔等历史学家的作品；心理学，尤其是密尔、费希纳和冯特等人的心理学；达尔文和拉马克的生物学理论；贝尔、佛尔斯特和赫尔姆霍茨的科学著作”[①]。单就他对生命美学的解释而言，各学科的跨学科特色使他明确地意识到，一种与时俱进的触及本质的解释，不仅关系到神学，也关系到哲学、文学批评、社会学、历史学、人类学、民俗学、法学、伦理学、艺术批评等。

如此博学多闻，并不意味着狄尔泰像中国当下的某些公知那样，貌似无所不知，实无真知灼见。作为柏林大学黑格尔哲学讲席教授，狄尔泰最主要的研究兴趣主要是围绕科学方法论问题展开的，他的求学经历和执教生涯，都直接或间接地与生命美学和解释学美学相关。作为一个经验主义者，在德国理想主义风头正盛的语境下，狄尔泰注重实证和经验的研究方法，与英国流行的经验主义和实证主义多有相似之处，但狄尔泰哲学的认识论和本体论色彩，又分明与德国哲学和德国美学传统有着千丝万缕的联系。

如前所述，狄尔泰深受施莱尔马赫的影响，早在读书期间的那篇施莱尔马赫学会颁发的获奖征文里，他就比较全面地评介了施莱尔马赫的解释学思想，并着重探讨了以解释学方法解读基督教神学观念的一些重要方法。在狄尔泰看来，施莱尔马赫运用分析和解释柏拉图哲学的方法考察基督教理念，他对《圣经》文本，尤其保罗书信的阅读贯注着浪漫主义精神，或许正因为如此，后世美学批评家才将施莱尔马赫和狄尔泰的解释学美学称之为浪漫主义解释学。从一定意义上说，《施莱尔马赫的解释学的独特贡献》这篇论文的获奖，给狄尔泰带来了荣誉和信心，并极大地影响了他的学术取向。此后不久，狄尔泰兴趣盎然地参与到编纂四大卷的《施莱尔马赫书信集》的繁琐工作之中，应该说与其相关论文的获奖经历不无关系。

在《施莱尔马赫书信集》的编辑工作中，不到30岁的狄尔泰充分意识到施莱尔马赫在哲学史上的重要性，于是，决定撰写一部多卷本的《施莱尔马赫传》。这些工作进而促使他建构起自己的精神科学体系和解释学体系，正是在此基础上，狄尔泰创造性地提出了现代生命美学和解释学美学的一系列概念和理论。

就解释学的发展史研究看，人们通常把狄尔泰以前的解释学称为古典解释学，由他开创的解释学体系经海德格尔、伽达默尔和利科等人的继承与发展，已经成了当代西方哲学的一个重要分支。与此同时，由他和施莱尔马赫奠基的现代解释学美学，也是20世纪西方美学史上屈指可数的重要流派。根据谢地坤的说法，1900年发表的《解释学的兴起》是“西方哲学继施莱尔马赫以后在解释学领域的又一重要论

---

① 约斯·德·穆尔：《有限性的悲剧——狄尔泰的生命释义学》，吕和应译，上海三联书店2013年版，第16—17页。

著”[①]。相关研究资料表明，从19世纪60年代中期起，狄尔泰就自觉地把解释学当作研究精神科学的首要方法。1900年，他从胡塞尔的《逻辑研究》得到启迪，开始从精神科学全面转向解释学，并致力于建立一种“具有系统组织的解释学”，将运用于文本理解的概念和范畴扩展到对整个历史和世界的理解，以论证人类生命的普遍本质和意义。他提出了许多与时代潮流相左的观点，譬如说，他强调语言是生命的表达，也是解释世界和理解生命的工具。他从广义的语言运用层面探讨了解释学的性质和功能，将其视为哲学本身的一种体现。他对解释学的三个核心概念“体验”“表达”和“理解”作出深入开掘，为之赋予全新的意义。[②]不难看出，狄尔泰的解释学美学与其生命美学是一个相辅相成的有机整体，有学者称之为“生命与解释的审美重奏”，可谓得其三昧之论。

令人遗憾的是，狄尔泰将几乎所有相关与不相关的范畴与概念都有意识地网罗到“精神科学体系”中，以致直到去世都未能完成其精心编撰的《精神科学导论》第二卷，也许这部著作隐含着狄尔泰一颗超越康德与黑格尔的学术雄心，但无可奈何的是人人“生也有涯”，这位了不起的哲学家和美学家，可以说是在没有任何征兆的情况下突然中断了其伟大的精神探索。1911年秋天，时年78岁的狄尔泰，偕同妻子去意大利度假，在途中的客栈里不幸染上传染病，并很快告别人世。其弥留之际，狄尔泰身边只有妻子和一名随行的学生。

关于狄尔泰的生平与著述，约斯·德·穆尔在《有限性的悲剧》中以“生命的解释学”进行了精辟概括。狄尔泰早年钟情于康德，曾被人视为新康德主义者；因其写过《黑格尔青年史》，曾被称为黑格尔主义者；后来转向生命哲学，终于成为生命哲学的重要代表人物。狄尔泰一生用力最勤的是“历史理性的批判”，且长期在“历史的相对主义”困境中摸索与挣扎，他的成就和局限，都在历史理性批判和生命哲学研究中得到了充分展现。他认为哲学的中心问题是生命，通过个人“生活的体验”和对生命同情的“理解”，就可以认识到文化或历史即生命的体现。他同时认为任何一种宇宙观都是相对的，这就是历史主义的要义。他创立了一门新的学科——“精神科学”，它的研究对象是“人以及人的精神”。他认为，人通过“体验”生活的表现，就能理解自己的历史，而这种理解又为人系统地解释自己的经历提供了依据。狄尔泰在评介自己的研究工作时指出：“我的哲学的基本观点是，迄今为止，还尚未把哲学思维奠基于完全的、充分的、未被断章取义的经验之上，因此还没有奠基于完整而充分的现实性之上。”[③]由此不难看出他的追求和他的遗憾。

① 叶秀山、王树人主编：《西方哲学史》第七卷，江苏人民出版社、人民出版社2015年版，第296页。
② 参见梁工：《当代文学理论与圣经批评》，人民出版社2011版，第335—336页。
③ Wilhelm Dithey, Gesammelte Schriften, Ⅷ, p171. 转引自陈锋：《生命洪流的奔涌——对狄尔泰哲学的叙述、分析与批评》，黑龙江人民出版社2010年版，第4页。

二、精神科学：开创生命哲学的新时代

狄尔泰在1860年4月1日的日记中，对自己的学术目标进行了这样的描述：基于“历史—哲学的世界观”写一部《新纯粹理性批判》。在此后的半个世纪里，狄尔泰将这一意图发展为一个巨大的“精神科学”探索工程。“新纯粹理性批判”，这个术语似乎清晰地钤印着康德的印章。事实也正是如此，作为康德的追随者，狄尔泰在为自己的著作命名时承袭康德名著，几乎是天经地义的事情。有人说早期的狄尔泰就是一个不折不扣的新康德主义者，但在康德与狄尔泰之间，毕竟还有黑格尔、谢林、施莱尔马赫等大家横亘其间，因此，狄尔泰对康德的追随不可能亦步亦趋。狄尔泰认为，康德的“新纯粹理性批判”等观念仅对自然科学有效，对精神科学则还需要在存在论和认识论方面进一步开拓。在这种意识的引导下，他渐渐从新康德主义转向了生命哲学。尽管如此，我们从狄尔泰所取得的一系列令人瞩目的成就（尤其是他所致力的“历史理性的批判”）中，仍然可以清楚地看到，终其一生，狄尔泰也没有完全摆脱康德的影响，即便他的生命哲学，也与康德哲学有着千丝万缕的联系，譬如说，他的“生命”概念就与康德的“物自体”概念有诸多相似之处。

当然，狄尔泰对生命问题哲理化探索的独创性也是不容否认的。也正是这方面的研究，为他赢得了传统生命哲学“集大成者”和现代生命哲学“开创者”的美誉。就此而言，狄尔泰最突出的贡献在于把生命问题提升到哲学研究的核心层面。他将生命哲学和历史理性的批判都纳入其“精神科学”体系，雄心勃勃地把有关“人及其精神”的一切领域设定为研究对象。他认为，通过个人“生活的体验”和对生命同情的“理解”，就可认识到文化或历史即生命的体现。人们通过“体验”生活的表现来认识自己的历史，而只有理解了自己的历史，人们才能系统地解释自己的经历。

穆尔在研究狄尔泰生命哲学的著作中提出了这样一个有趣的问题：狄尔泰的“新纯粹理性批判”是应该理解为对康德“先验哲学”的根本性“突破”呢，还是应该理解为对其持续的“发展”？穆尔认为，这主要取决于“先验的”这个形容词在多大程度上可以运用于狄尔泰的生命哲学。首先，“狄尔泰谈到生命的深不可测性和不可理解性时，似乎也经常受到一种直觉的引导，这种直觉指向生命深不可测的一面，那一面先于任何奠基，而且为此他本身不能被奠基。生命是一个我们无法破解的谜，我们不能在公式中表达或说明生命是什么。思维产生于生命中，并且在生命的关联总体中存在，它不能深入到生命的背后……对思维而言，生命依然深不可测，作为基准的思维本身产生于生命中，但他不能深入到生命的背后……一切知识

都植根于某种完全不可知的东西。然而，他在文本中没有充分意识到生命的深不可测。”这说明狄尔泰的生命哲学并没有突破性的进展。此外，狄尔泰本人明确表示他的作品传承了康德的先验哲学。但是在狄尔泰那里，“先天之物”问题的认识论维度并不是最根本的维度，因为它是一个更大的“存在论”问题的一部分。“先天的”这个概念不再具有逻辑必然性和普遍有效性的内涵，而是指“可变的”、由历史决定的“结构”。因此，说狄尔泰的探索是一种“准先验的”探究也许更有道理。更为重要的是，狄尔泰不仅采用了康德的哲学的一些重要预设，而且在他修正这些预设的时候，也遵循着康德本人提出的思路。

资料表明，狄尔泰所处的时代，工业发展非常迅猛。狄尔泰认为，欧洲文化在工业化的影响下经历了一场巨变。他认为，那个由“黑暗”“恐怖”包围的时代是一个以“科学、世界工业和机器”为标志的时代，但同时也是一个“历史意识到发展”的时代。尽管狄尔泰对这个“世界工业的新时代”怀有深深敌意，但他相信技术现代化已经给欧洲带来了根本性的“精神危机”。自然科学的成功，改变了德国的思想生活——“观念论的世界观”业已让位于“实证主义的世界观”。自然科学的快速发展夺去了思辨的、观念的哲学几乎所有的声誉。19世纪中叶出现的这场“认同危机”，使人文科学日益倾向于自然科学。哲学在“回到康德”的口号下实际上已经变成了实证主义的认识论，而且越来越疏离于它早先的规范性假设。在狄尔泰看来，这场危机的严重性怎么估计都不过分；他认为，世界正在经历着自古希腊和罗马帝国衰亡以来前所未有的绝望。[①] 由此不难看出，狄尔泰对康德的继承实际上包含着对现实的反思和批判。

穆尔认为，狄尔泰为之奋斗的“生命品质的提升”还包含更重要的审美成分，他关注生命的诗化和审美化。在生存这种诗化方面，狄尔泰像尼采一样受到了他非常赞赏的浪漫主义派诗人和思想家的深刻影响。他赞赏艺术，不仅是由于艺术能够以人类其他表达手段无法做到的方式如实地反映生活，而且更具体的是由于它唤起了我们的生活理想。他在后期的一些文本中列举了莎士比亚、塞万提斯和歌德等伟大的诗人教会我们的东西，是理解世界并在此基础上树立一种生活理想。在世俗的现代世界里，艺术已经取代了宗教来解答重大的生命问题。最终他的内在性的哲学让我们看到，我们必须将生命本身当作一件艺术品。在他看来，充分回应现代文化的危机，似乎需要整合科学、道德和艺术。[②]

从一定意义上说，对“精神科学”体系的建构是狄尔泰终生追求的事业，事实上这也是其终生未竟之业。但究竟何为“精神科学”，即便在狄尔泰的哲学著作中，

---

① 约斯·德·穆尔：《有限性的悲剧——狄尔泰的生命释义学》，吕和应译，上海三联书店2013年版，第24页。
② 约斯·德·穆尔：《有限性的悲剧——狄尔泰的生命释义学》，吕和应译，上海三联书店2013年版，第24页。

这也是一个多少有些含糊不清的概念。且不说这个概念本身充满多重矛盾和不确定性，仅就汉语根本没有与之对应的概念这一点来说，我们要深入准确地理解狄尔泰所谓的精神科学就绝非易事。资料表明，狄尔泰所说的“精神科学”已成为当时哲学界的流行语，在德文中写作“Geisteswissenschaften”。德语“Wissenschaft”这个词近似于英语中的“science”（科学），但其意义却更广泛，它既有现代科学的意思，也有知识或认识的意义；它既包括物理学、化学等自然科学，也涵盖了历史学、文学等人文学科。不难看出，德语中的这个“Wissenschaft”几乎包括了一切形式的学问。不仅如此，“Geist”一词的含义也相当复杂，它有“精神”“灵魂”“精灵”“智慧”“心智”等多方面的含义：一方面，它是指抽象思维、逻辑推理、概念判断等理性的思辨能力和创造能力，这样的能力把人与一切其他生物区分开来；另一方面，它是指精神这种能力所产生和形成的一切东西，狄尔泰称之为“精神的客体化”。我们可以看到，狄尔泰所说的精神既有人类特有的理智、文化现象，也包括社会、历史等多方面的内容。①

有研究者指出，狄尔泰的精神科学开辟了一个如此广泛的领域，它一方面给自己创造了无限的可能性，另一方面它也带来许多无法度量的验证的问题。我们不可以说精神科学观点的基础就是内在的感受和理解，而只能说是外在和内在的结合。由于精神科学的研究对象是人在社会和历史中的生活实践，由此形成的研究方式肯定就不同于自然科学。精神科学是从生活去理解生活，而自然科学是人的外在适时地单向度的探讨，依据的方法只能是试验和度量。根据精神科学和自然科学探究方式的不同，狄尔泰对两个不同的科学群作出了本质意义上的区分。

当然，在相对含混的汉语语境中，精神科学这个概念比较接近人文科学。众所周知，人文科学这个概念具有极强的包容性，因此，不少学者径直以“人文科学”翻译狄尔泰所谓的“Geisteswissenschaften”，而不肯使用“精神科学”这个具有特定哲学学术史意义的专有名词，这不仅在词义选择上具有以简驭繁的合理性，就信息传播的有效性而言，“人文科学”似乎也比“精神科学”更符合汉语表达习惯。因此，某些讨论“现代西方美学史”的著作似乎更习惯将狄尔泰所谓的精神科学译作“人文科学”，譬如说，我们前文所说的《精神科学中历史世界的建构》通常也被译为《人文科学中历史领域的结构》。

关于狄尔泰的生命哲学，中国学者也常常将精神科学理解为国人耳熟能详的人文科学。例如，有论者指出，狄尔泰所在时代“流行的实证主义哲学的机械论世界观与黑格尔思辨哲学的抽象原则，都不能令人信服地解释充满生命活力的现实世界，因此提出以‘生命的充实’为根据的‘生命哲学’作为观察、解释世界本质的

① 叶秀山、王树人主编：《西方哲学史》第七卷，江苏人民出版社、人民出版社2015年版，第299页。

新的世界观。不过，狄尔泰不是泛生命论或活力论者，他所谓的生命，仅指人的生命，他说：'在人文科学中，我们仅将生命一词用于人的世界。'可以说，他的生命哲学，实际上是人的哲学，或人的精神哲学。而且他的生命概念，主要不是指人的个体生命，而是指人类的共同生命或生命整体；主要不是指人的自然生命，而是指人的精神（包括理智与文化在内的）生命。”①

狄尔泰将人的生命视为最高存在或根本本体，其核心内容及其主要特性是“内在体验”。在狄尔泰看来，诗或艺术作为呈现人类生活内在关联及其意义的最有效手段，在一定意义上，可以说它们就是生命存在确证自身的最佳方式。艺术的主要功能就是将生命存在转化为可以感官把握的、也能为人们所感受到的诗意的表达，使人类生命的真谛与本质得以审美化呈现。为此，狄尔泰把生命与体验、表达和理解有机地融贯在一起，建立了一种与古典解释学有本质差别的现代解释方法，即一种与前人不同的理解人类精神世界的解释学方法。狄尔泰在《精神科学导论》中将表达分为“语言表达”“生命表达”和“行为表达”三种类型。他特别重视“语言表达”，认为“只有在语言里，人的内在生命才能得到完全、彻底、客观和可供理解的表达”。②

1890年，狄尔泰撰写了具有理论开创性的文章《信仰的起源：外界的真实性及其理由》。在这篇文章中，狄尔泰表现出了鲜明的感性现实主义倾向。如果说《描述与分析的心理学观念》（1894）一文为他开创现代解释学奠定了心理学基础的话，那么，《信仰的起源》则可以看作是狄尔泰生命哲学的一块重要的里程碑。在狄尔泰看来，心理学的目的是要寻求解释生命的因果关系，即便它只是描述性的，也不应止步于对感知作出简单的心理学解释，它应该在一些数量有限的心理现象中开掘出一个对生命因果关系的相对全面的认知和理解。

描述的心理学与分析的心理学和传统心理学不同，它的根本任务是阐发产生于意识关联在不同过程中的意义差异。这种意识关联发生在活生生的生活之中。在狄尔泰看来，我们每个个体并不仅仅只是作为一种表象而存在，我们的精神生活与外部世界存在着千丝万缕的关联，从而精神生活也存在着极为复杂的因果关系。但大多数时候，我们会忽略这种复杂关系的存在而直接通过感觉来评价事物的价值，当然，感觉也并非与外界无关，也常常会受情绪影响或外界因素的干扰。从生命哲学的视角看，人类的精神生活并非只由一些离散元素杂凑而成，实际上，它始终是一个连续不断的内在自我的统一体。这些观念在此前的《诗性想象力与疯狂》

① 朱立元主编：《现代西方美学史》，上海文艺出版社1993年版，第289—290页。
② 狄尔泰：《精神科学导论》，《狄尔泰全集》（德文版）第5卷，1990年版，第319页。参见谢坤《狄尔泰与现代解释学》，《哲学动态》2006年第3期。

(1886)、《诗人的想象力：诗学的基本要素》(1887) 等诗学与美学论文中都已有涉及，在此后的一系列研究中，狄尔泰赋予描述心理学如此重要的地位，以致取代认识论而成为《历史理性批判》的最基础部分[①]。

此外，作为一个醉心于历史研究的哲学家，狄尔泰的生命哲学和审美美学对历史维度的高度关注也是其不容忽视的一个重要特点。他认为，人的个性并不是以我们所拥有的独特的品质所决定的，我们每个人都是历史发展的产物，我之所以成其为我，是我从历史和传统中所获得的那些东西决定的，而不是我的主观意识发展的必然结果。狄尔泰的心理学观念对传统心理学发出了严峻的挑战，尽管它流露出了某些消极主义倾向，但对当时的心理学界一定产生了强烈的影响。有人批评他过分依赖于理论假设，狄尔泰本人也承认自己的心理学从来没有与理论假设脱离干系。心理学家艾宾豪斯对他的《描述与分析的心理学观念》提出了严厉的批评，虽然他并没有正面回击，但他还是仔细修订了论文中的一些观点，并将其题目修改为《论个体性研究》。但是，当新康德主义代表人物文德尔班对其心理学提出批评时，狄尔泰进行了态度坚决的反驳。文德尔班声称心理学与历史科学没有真正的关联，心理学并不是什么人文科学，我们要像研究自然科学和历史研究一样研究心理学。对此，狄尔泰提出了完全不同的意见，他认为，只有在具有规律性的理解框架里，五光十色的历史资料才会变得有意义。

在《精神科学引论》中，狄尔泰把所有以社会实在和历史实在为研究对象的学科都囊括到“精神科学”的旗帜下，他希望通过精神科学这个概念，将区别于自然科学的人文科学及其相关科学融贯为一体，并使其最终得到阐明和辩护。事实上，狄尔泰的学术成就和理论局限性也都在这一宏大的体系化建构中得到了充分展露。

有研究者指出，狄尔泰把“科学”这个词语定义为“一个由各种命题组成的复合体”。而“科学”这个“复合体”至少具备如下三个特点：一是这些命题的成分都是一些经过完全界定的成分，也就是说，它们在囊括一切的逻辑体系内部永远都是普遍有效的；二是它们的各种联系都具有充分的理由；三是就这种“复合体”而言，各个组成部分都为了进行沟通而被联结成为一个整体。狄尔泰还特别强调“为沟通而联结”的意义，因为沟通与联结不仅使人们有可能通过各个命题所具有的这种联系，设想实在的一个片段存在于实在的整体之中，而且有可能利用它而对人类活动的某个领域进行调节。在这里，“科学”这个词语被用来表示任何一种由精神性事实组成的复合体——这样的复合体具有我们上面提到的各种特征，并且一般说来会因此而被赋予“科学”这样一个名称。这样一来，我们就可以暂时界定我们任务的范围了。

---

① 约斯·德·穆尔：《有限性的悲剧——狄尔泰的生命释义学》，吕和应译，上海三联书店2013年版，第170页。

但是，狄尔泰所建构的这一庞大的精神科学体系，在其几乎无所不包的构想中，也包含着诸多自身的难题，譬如说，如何把分散的各门具体科学结合起来，这应该说是完成精神科学的基本前提之一，但对狄尔泰来说这实际上也是一件颇为不易的事情。对此，有研究者认为，狄尔泰从认识论上对精神科学与自然科学的区分在感觉上是正确的，但由于他把外在世界与内在体验笼统地结合在一起，没有意识到现实对意识的独立性，这说明狄尔泰在西方的形而上学传统和颠覆这种传统的科学实证主义之间多少显得有些犹豫和迷茫。[①]

对此，卢卡奇有相当深刻的认识，一方面他肯定了狄尔泰的贡献，认为“狄尔泰有这样一个正确的感觉，即只有通过实践的道路才能在认识论上解答人与客观世界的关系”。另一方面，他批评狄尔泰“根本就没有认识到客观的、独立于意识的现实”[②]。虽然卢卡奇的批评难免有些苛刻，但也不得不承认卢卡奇确实击中了狄尔泰精神科学体系的要害处。

三、生命美学：“体验”“表达”与“理解”

狄尔泰在《世界观的类型及其在形而上学体系中的展开》中将“世界观”分成宗教、艺术和哲学三大类。宗教世界观起源于某种宗教，它的基本特征可以说是与“不可见者”交流。哲学世界观要求普遍有效性和普遍性。当哲学世界观从概念的角度被理解、被奠基，从而被提升到普遍有效性的层面时，“形而上学”就诞生了。与宗教世界观和哲学世界观不同的是艺术世界观。尽管三种世界观的终极意义都是对生命意义的表达，但艺术表达生命意义的方式与宗教、哲学的表达方式有明显的区别。

狄尔泰指出，艺术作为宗教体验的崇高表达，在数个世纪中扮演过重要角色。艺术的巨大价值在于，它阐明了生命关联总体中富有意义的关系。艺术表述生命意义的特殊方式将其与宗教和哲学区分开来。第一，以创造性为特征的艺术无需借助概念，它在艺术作品的形式或艺术形象中得到表达。艺术的意义不是将“生命直观”置入艺术作品中就能找到的，而是在艺术“创造物”的内在形式中找到的。艺术动用一切手段，以便这种意味“不”被“明确陈述出来”就能为人所知。狄尔泰指出，“往事成为一种象征，不是思想的象征，而是在生命中被直观到的关联总体的象征”。第二，艺术创造物的特征在于，“客观的观点”“意志的动机”和“情感”紧密地结合在一起。哲学家做得越科学，他对各种态度的区分、对直观的分析也就越

① 叶秀山、王树人主编：《西方哲学史》第七卷，江苏人民出版社、人民出版社2015年版，第303页。
② 卢卡奇：《理性的毁灭》，王玖兴等译，山东人民出版社1988年版，第366、369页。

巧妙；而诗人是根据其“力量的总体性”来创造的。第三，艺术表达意义的特征是，面对生命的实际具有非凡的自由。在狄尔泰看来，艺术家和作家之中最自由的是诗人。在诗人与各种情绪和形态游戏的过程中，甚至连与现实的固定关系也被消解了。

艺术对生命的重大意义尤其表现在上述最后的这一特征上。艺术作品允许我们部分超越我们经验的极端有限性。因此，诗歌的历史揭示了感受和洞察生命的无限可能性，这些可能性包含在人性中，也包含在人性与世界的关系中。狄尔泰认为，哲学反思在古希腊和文艺复兴时期都得到了充分的艺术滋养。但他同时也指出，在高度文明化的文化中，审美世界观越来越受到“思想规训”的侵蚀。这种情况让他很伤心，因为“荷马这样的艺术家比那个时代的哲学更自由、更清晰、更有人情味地表达了更崇高的人类思想。”[①]

生命的有限性迫使人们依赖某种世界观，这便是形而上学意识永存的原因。狄尔泰明确指出——生命是世界观的“终极根基”。每一种世界观，无论是宗教的、艺术的抑或是哲学的，它们的出发点都是对“生命有限性”的“悲剧式”领悟，每个人在沉思其生命时，这种领悟都会“降临”到他身上。生命经验的基本特征对所有人来说都是一样的：“人间一切事物，无不转瞬即逝，人的一切努力，最终归于徒劳，而人只具有享受现在的能力。有些人试图建立某些表示其存在的‘坚实结构’来克服这种短暂性，有些人则耽于思考希望在无形的幻想世界中接近永恒。但是，尽管生命的形式千差万别，我们每个人所拥有、珍爱甚至仇恨、害怕的一切，注定都将化为乌有；唯一不变的是那无时不在、无人能免、决定着生命意义的死亡。”[②]生命的有效性“唤醒”人们去追求某些具有永恒特征的东西，死亡这一事实，驱策着我们去建立离奇的想象，以帮助我们理解那“无底深渊”所隐藏的奥秘。宗教也好，艺术也好，哲学也好，从本质上讲都是人们借以、直面或逃避那“无底深渊”的“形式”。

尽管宗教千姿百态、艺术五彩缤纷、哲学丰富多样，人类“世界观”可谓森罗万象、百法纷凑，但万变不离其宗，它们均在“生命”的交响中保持着狄尔泰意义上的“相同结构”。它们不仅共享了“与世界和生命之谜的本质关联”，而且也在某种特殊的“生命情绪”中找到了“根基”。必须说明的是，这里的“情绪”可以理解为一种具有普遍意义的生命外化现象。我们知道，追随德国浪漫主义的狄尔泰虽然并不否认情绪的“主观性”，但他认为，情绪不仅关系到人的“内在心灵”，而且也

---

① 约斯·德·穆尔：《有限性的悲剧——狄尔泰的生命释义学》，吕和应译，上海三联书店2013年版，第295—296页。

② 约斯·德·穆尔：《有限性的悲剧——狄尔泰的生命释义学》，吕和应译，上海三联书店2013年版，第291页，译文略有改动。

是一种“存在方式”，一种支配着人类和世界的东西。就此而论，生命范畴决定了主客体相互“调和”的方式。而情绪的重要特征在于可以“规避”“主观”和“客观”的对举，以及“内在”与“外在”的分列。在狄尔泰看来，“情绪”可以被看作对世界的“原初解释”，只有基于这种解释，对生命和世界的主观的哲学解释才得以可能。

大量研究资料一致认为，狄尔泰生命哲学最重要的特点是植根于体验，偏向于表达，侧重于理解。狄尔泰美学也是如此，对其生命美学而言，“体验”“表达”和“理解”无疑是其最重要的三个概念。我们注意到，在狄尔泰的生命哲学体系中，“体验”“理解”和“解释”是三个至关重要的关键词，这些关键词也是我们认识狄尔泰精神科学的重要线索。在约斯·德·穆尔研究狄尔泰的著作中，就有这样一个标题“生命：作为体验、理解和表达的结构性总体关联”，在这里，穆尔简明扼要地阐发了狄尔泰的生命哲学的基本蕴意。

狄尔泰的精神科学（包括美学）最重要的关键词之一是“体验”。体验是其认识论中首要的也是最重要的基本概念。体验之所以重要，是因为它与生命直接关联，休戚与共。人对生命的认识，不仅“源于体验”，而且“变于体验”，并最终“止于体验”。人的体验可谓与生俱来，与死俱迄，从这个意义上说，“体验”即“生命”，或者说生命本质上是由一系列活生生的具体“体验”组成的。在狄尔泰看来，生命本身，包含着赖以揭示一切经验和思维的关联，而且对整个认识的可能性具有最后的决定性意义。离开了生命和经验，就根本不会有人类的思维形式、原则和范畴的存生之地，任何有关心理与思维的高论，一旦撇开了生命与经验，就必将成为毫无意义的痴人说梦。人们所谓对现实的认识，说到底不过是对生命和经验的某种分析结果而已。

概而言之，“体验”是从“经历”而来，并从经历中积累经验，获得意义。体验是获取认识的第一步，是一种直接感受，是认识得以建立的“基石”。但狄尔泰也注意到，人是社会的基本“细胞”，社会是人与人之间以及人与外部世界之间“交互作用”的结果。因此，个体的体验不仅具有个体性，也必然具有社会性，狄尔泰将这种个体性与社会性相统一的特征，看作“体验”的首要特征。因为人的认识（包括体验、感知、价值评价、道德选择等）不可能单纯地从个体心灵中产生，而更多地来自社会。

“体验”的另一个重要特征是其时间性或时限性。任何体验都是一种“过程”，都是时间之流中的“短暂瞬间”，即便是某些铭心刻骨的体验，也会在无情的时间长河中稍纵即逝。“此情可待成追忆，只是当时已惘然。”因而对于认识主体来说，“体验”是个体在生命之流中由“内在”和“外在”要素共同构成的具有统一意义的

“实在”，既往“体验”会在时间的长河中渐行渐远以至于“虚无”。

当然，并非所有“体验”都将变成毫无意义的“梦幻泡影”，体验既然是一种“真实不虚”的经历，就必然会留下有“意义的踪迹”，即所谓“直接的给定性”之“印迹”。人们借助于亲身经历而获得某些直接给定的东西，经过对其加工整理而形成明确的认知。如果从这个意义上去理解狄尔泰的生命美学和解释学，我们或许可以说他的出发点和归结点都是活生生的人，即一个拥有知觉、情感、意志，且三者完美结合而不可割裂的整体；必须说明的是，在人的体验过程中，外部世界也是一种独立的实在，主体只有在实践中才能解释人与客观外界的关系。

与“体验”密切相关的另一个重要概念是“表达”。狄尔泰的“表达”含义复杂，有各种不同的解释。我们比较赞成这样一种说法：狄尔泰所谓的“表达”是对胡塞尔的引用并加以泛化的概念。狄尔泰通常在比胡塞尔的表达（Ausdruck）更宽泛的意义上使用这个概念。事实上，狄尔泰常常以“生命表现”（Lebensäuβerung）一词来代替“表达”。从这个意义上讲，“表达”的意义是极为广泛的。但狄尔泰在详论“表达”时，又将其分为三种类型，即“逻辑表达”“行为表达”和“体验表达”，而他所论述的所谓“表达”通常只局限于狭义的“体验表达”。人的体验会以各种方式传递出来，而表达就是传递内心体验的手段，它使人的精神感受有可能为外界所知。

值得一提的是，“生命表达”有时也被狄尔泰称为“生命显示”，在某些文本中，这个概念特指人以某种面部表情、躯体姿态、手势音调等传情达意的行为。这类表达往往发自生命的深处，不受规范和习俗限制，如脸红、啼哭、笑逐颜开等往往是情不自禁的。这种表达方式“具有袒露心灵隐秘和揭示真相的惊人力量，因为它们是自发的，不易伪装的”①。由此不难看出，狄尔泰的“表达”实际上是一个多变的概念。但无论如何，人与人之间的交流只有通过自我表达和相互表达才能实现。表达是接近生命的途径和手段，只有深入探讨和研究表达，才能深刻地认识和理解生命。

关于“理解”，我们不能像理解通常意义上的“理解”那样理解狄尔泰的“理解”。因为他的“理解”包含着比一般“理解”复杂得多的内容。从一定意义上说，他的全部哲学都是说如何“理解”世界与“生命”的哲学。如前所述，生命在20世纪成了哲学思想的中心概念，并为生命美学的发生与发展奠定了坚实的哲学基础。被人誉为“当代德国哲学的鼻祖”的狄尔泰既是德国生命哲学的集大成者，也是生命美学的重要代表人物。他所理解的“生命哲学”既不是“有机体哲学”，又不是探讨世界之本原的“生命本体论”，而是一种认识论（一种对生命的“理解”）。认识

① 里克曼：《狄尔泰》，殷晓蓉等译，中国社会科学出版社1979年版，第185页。

论观点始终是狄尔泰思想的关键。① 从认识论视角体验生活、理解生命、解释世界，最终建立精神科学体系，这才是狄尔泰的“真正目标”——创立一套“适用于人文科学的方法论”。“我们的任务清楚地在我们前面指明：遵循康德的批判道路，在同别的领域的研究者的相互作用中奠定人类精神的一门经验科学；有效地认识支配社会、智力、道德现象的法则。对法则的认识是人类一切力量之源，对精神现象而言也是源泉。”② “学康德”“重经验”“求法则”，这可以说是我们理解狄尔泰之“理解”的三个关键词，也可以说是其美学思想的关键词。他在康德哲学的认知论思想和实证主义哲学融合中寻找更为完善的人类精神活动的法则，而他所谓的“法则”，都直接或间接地与他所标榜的“体验”“表达”和“理解”有这样或那样的联系。

狄尔泰的“理解”是其整个哲学系统中最重要的环节，他的精神科学密切关注人的生活世界，他不满足于自然科学唯理性马首是瞻的理论体系，因此试图建立一种具有普遍有效性的精神学科的原理或方法，期望它能够在自然科学难以有效发挥其解释功能的领域——生命的复杂关联性和精神的无限丰富性中发挥作用。按照我们对狄尔泰“理解”的理解，精神科学的任务不是描述社会的外部现象，而是探索社会现象的内在价值。它必须涉及人的内心世界和心理活动，接触到活生生的个人和由人参与的具体事件，这就势必牵涉到生命。因此可以说，狄尔泰的精神科学所研究的不是任何别的东西，而是我们每个具有历史意义的活生生的“人”，从这个意义上讲，我们可以得出这样一个结论：狄尔泰全部生命美学的逻辑起点就是人的“生命”，就是与生命息息相关的一切审美活动。

在《历史理性批判手稿》中，狄尔泰将历史及其生产系统、人文科学的基础和范畴等问题作为探索对象，在此，他创造性地提出，对于精神产品例如文艺作品的研究，知人论世固然重要，但对作者沿波讨源的心理世界分析最好适可而止，这种有关作者的心理学叩问，应该以不影响艺术鉴赏者此时此地的体验、理解与感悟为前提。越来越多的有艺术接受经验的资料研究表明，知人论世并不就是某些人所说的那样是理解文艺作品的首要途径，因为任何伟大的经典之作本身已经具有自己的生命，它本身就是一个审美价值不断增值的自为系统，可以在无关乎作者的语境下绽放自身的艺术魅力，从而在时间的长河中创造出日益深刻的意义。在这里，作品的“生命”是我们理解狄尔泰生命美学和解释学美学最重要的概念之一。

在狄尔泰的生命美学体系中，语言是一个不可忽视的因素。语言拥有复杂的语法系统，能通过严密的结构传递精确而微妙的意义。它表意明确，能长久留存在人的记忆中。但它也能被不诚实者用来行骗，或由于不同时空中习俗和惯例的影响而

① 莫伟民：《论狄尔泰的生命认识论》，《学术月刊》 1991年第1期。
② Wilhelm Dithey, Gesammelte Schriften, Band V, Abdruck, Leipzig und Berlin: 1924, S. 171.

使人发生误解。有研究者指出，狄尔泰早年曾高度评价由语言表达构成的文学著作，称它们能负载重要的社会意义和历史真实；他晚年对理论更为推崇，认为理论具有普遍性和恒常性价值，对人类能产生更加深刻而久远的影响。至于“理解”，依狄尔泰之见，它虽然司空见惯，貌似平淡无奇，却是至关重要，因为人类社会的和谐运转全依赖于人与人之间的相互理解。人不仅具有发明和运用语言的能力，还有传递、理解和接受各种信息的能力，这使人类有可能在自然科学、社会科学和人文科学的各个领域源源不断地取得成就，并将那些成就用于改善人们的物质生活和精神文化生活。

在狄尔泰的精神科学体系中，体验、表达和理解是相互关联的，其中体验居于核心地位。只有能够恰当地体验、准确地表达、周全地理解，才能最终获得认识自我和认识世界的能力，在一个纷繁复杂、气象万千、由必然性支配的宇宙中克服盲目、摆脱束缚而赢得自由。①

如前所述，生命美学所依据的哲学原理是生命哲学，狄尔泰作为生命哲学的主要开创者之一，在调和西方传统的唯理论和经验论的对立方面做出了卓有成效的贡献。狄尔泰以个体的生命作用和精神创造力为主要着眼点，以体验、表达和理解为基本方法，进行了对包括艺术创作和审美鉴赏在内的一切宇宙人生问题的考察、批判和解释，为美学的心理学转向起到了推波助澜的作用。在20世纪美学史上留下了浓墨重彩的一笔。他的美学思想诞生于叔本华、尼采等人风头正健的非理性主义思潮之中，但他的美学观念却保持着适度的理性色彩；他曾公开宣称自己是康德批判哲学的继承者和践行者，但他对康德的先验论思想进行了大胆扬弃与改造，以致那些将其归入新康德主义阵营的人不禁迟疑再三；虽然他曾对浪漫主义时代潮流投入过极大的热情，但他的美学著作却始终整整齐齐地披挂着形而上学的外衣。在一个黑格尔式的宏大体系分崩离析的时代，狄尔泰试图建立一个更为科学严整的超越前人的宏大体系，这种英勇悲壮的学术探险注定不会成功，但这种知其不可为而为之的精神让人敬服与感佩。

第二节　柏格森

柏格森的美学有许多不同寻常的地方，其中最令人诧异的是，他既认为艺术是

① 梁工：《当代文学理论与圣经批评》，人民出版社2014年版，第336—337页。

揭示现实的主要手段之一，又从未全面地阐发他此类美学思想；他的美学专著《笑——论滑稽的意义》对艺术的作用作了详细解释，也不过用了20页的篇幅。或许正因为柏格森在这一方面没有做过集中的研究，他的艺术观念至今还罕有人知；T. E. 休姆是英国一位唯一有影响的柏格森美学研究者，写过《柏格森的艺术理论》(1924)，但对柏格森的思想却有些误解，这一点容后细说。

一、"绵延"：经验的真实

柏格森在美学领域的贡献只有通过广泛地涉猎他的哲学著作才能得到理解。柏格森本人相信，每一位哲学家的工作都可以还原为一种"无限单纯的"洞见[①]，"单纯"的洞见针对的是具体经验的明晰性，尤其是集中阐述具体经验的流动性和原创性。这一点在厄立克·麦修斯看来足以证明柏格森是一位现象主义者：

> 柏格森虽然没有给自己贴上现象主义者的标签，我们仍不妨认为他是某种形式的现象主义者。我这样称呼他的原因在于：他不把哲学看作解释性的理论建构，而是尽力避开理论化，从而集中于尽可能单纯地描述我们怎样实际体验到的世界。[②]

柏格森首先明确地宣称：采用科学和数学的学理对现实进行理论说明有其局限性，而且，我们与外面世界的日常交往也容易产生理性化的经验，因此同样带有局限性。柏格森认为，这里的问题在于：这种方式的理论说明将我们从经验的精髓、本质或本体中抽离出来，因为它都是采取一些概括的形式来表达经验的那独一无二的特性。这里，他所提出的直觉经验与抽象思维的基本对立现象，是自古希腊开始出现的文化神话学的部分内容，其底蕴分别由两位神祇来体现：阿波罗代表理性和抽象的秩序，狄奥尼索斯透露自发的生命体验信息。柏格森的贡献就在于，他将这种具体的人生经验与对世界的理论感悟清晰地区分开来。

根据柏格森的说法，我们的经验自始至终都是变动不居的。存在于他心目中的生命最基本的连续性和能动性，就是像飞翔、舞蹈或位移那样的活动感觉。为了透析能动性的本质，柏格森首先对科学作出这样的批判：

> ……绵延（durée）和运动本质上都与数学式的认知方法无缘，因为这种方

① John Mullarkey, "Introduction" for The New Bergson, Manchester: Manchester University Press, 1999, p. 3.
② Eric Matthews, "Bergson's Concept of a Person", in: The New Bergson, pp. 118-119.

法只能从同时性的角度来看待时间，从静止的观点来把握运动的本质。[①]

在他看来，科学理论的失误就在于仅从所穿越的片断空间来静止地讨论运动，未考虑运动的不可分割性。科学尽管有其局限性，柏格森仍肯定它的实际作用：通过文字将能动的东西固定化，使人更方便地观察世界，即："完全凭借人的理智所构想的世界，使我们能够有条不紊地操控、测算和论证它，而且还可能与它交谈。"[②]

柏格森不仅认为科学会导致混乱，而且对古希腊哲学家芝诺的几个著名悖论也加以审视，其中最为人熟知的是乌龟与扮成兔子的阿基里斯赛跑。一位司运动的神祇做了这样的安排：兔子无论跑得多快，也赶不上行动迟缓的乌龟，因为后者有其提前出发和坚持不懈的优势。柏格森揭示，这一悖论同样产生于这样一种机械论的思维方法：运动是由无数静止的点相加而成；在龟兔赛跑这一案例中，据此可以认为乌龟一旦抢先一点，阿基里斯或兔子便怎样也不能追上，因为每当后者赶上所落下的那一点的间距时，乌龟又已经向前移动了一点，从而形成了新的间距。

柏格森认为这种推理和概括方式事实上已成为日常生活不可避免的组成部分，反映出我们通常对时间和运动的看法。例如，他指出，"钟表上的时间"仅表示一连串静止的点，并非作为绵延过程的那种时间："我不会按人们所设想的那样去测量时间；我只考虑和计算各类事物运动中出现的同时性。"[③]柏格森也承认用钟表来测定时间有其实际用途，这样可以提供公认的"参考点"，但他将这种通常的"钟点"与所谓的"真实时间"或"绵延"加以区分。

他还说明了我们对时间的体验方式各不相同，不同的心态（比如下述的厌烦态度）会有不同的时间感觉：

假如我想要调制一杯糖水，就要费点工夫等待糖分溶化。这件小事里面蕴含着大道理。因为，我要等待的时间尽管转瞬即过，它已不同于整个物质世界所经历的那种数学时间。它与我的着急心情贴合在一起，也就是说，是我个人的绵延的某一段时间，不随意志的作用而延长或缩短。它所涉及的不是思维，而是实际经验。它不代表某种关系，而代表绝对的东西。[④]

---

① Henri Bergson, Essai sur les données immédiates de la conscience (first published by F. Alcan, 1896), Paris: Presses Universitaires de France, 5th edition, 1997, p. 176.

② Henri Bergson, Essai sur les données immédiates de la conscience (first published by F. Alcan, 1896), Paris: Presses Universitaires de France, 5th edition, 1997, p. 73.

③ Henri Bergson, Essai sur les données immédiates de la conscience (first published by F. Alcan, 1896), Paris: Presses Universitaires de France, 5th edition, 1997, p. 80.

④ Henri Bergson, L' Évolution créatice (first published by F.Alcan, 1907), Paris: Presses Universitaires de France, 7th edition, 1996, pp. 9–10.

柏格森还通过年岁增长的过程，强调说明经验性的时间所隐含的连续性。他指出，从概念说明角度将年岁增长过程划分为一系列孤立的生命阶段，如婴儿、儿童、青少年、成年、中年（成熟的标志）和老年，其实意义不大（因为这是人为的抽象）；年岁增长无非是“老化的过程”①。

柏格森“绵延”的概念起着一种进行时的生命史的作用，如他所说的：“我不能肯定它们之中何者结束何者开始。事实上，它们之中既没有任何开始，也没有任何结束，而是相互之间都在延展着，你中有我，我中有你”②。这种持续发展的能力可以解释过去的经验怎样影响和决定我们未来的行为。对柏格森来说，这种普遍的持续能力也确保了现实的原创性和独特性。从对独特性的关注中可以引出柏格森对经验的探究。通过优先考虑经验的个体性，柏格森似乎只承认主观的第一人称；然而，实际情况并非如此。柏格森确实并不看重主体和客体两者之间的二元性，因为这种二元性将个人视为一般化的样板中的特殊例子。柏格森提出这样的见解：“粗犷而且生机蓬勃的个性”③并不是一种自由阐发行为，而是如上所说的一种我们自我绵延的条件，是它在进化过程的每一瞬间都持有的一种独特的存在。这种见解向我们提供了一种新的透视法。因此，根据柏格森的这种视角，任何情感或经验对特定的个人来说都是独一无二的，必须根据其人独特的生命史来确定；任何情感或经验，从其产生的时间来说，也是独一无二的，这意味着它们有不可重复性。下面的一段文字便是柏格森对这类见解的总结：

> 当我吸入一朵玫瑰花的气味时，幼年的记忆立刻回到我的脑海。说实话，这个记忆丝毫没有来自玫瑰花的香味：我仅仅是在那气味中呼吸到自己幼年的回忆；它是冲我而来的，仅此而已。他人则会产生不同的感觉。——你们会说，这毫无二致的气味所引起的联想却是不同的。——但愿你们都这样说；但是，不要忘记这样说的时候，你们先已取消了玫瑰花所给予我们的不同印象本身的特殊性；你们只保留了玫瑰花的气味中属于公共领域的客观方面东西……④

柏格森认为，我们通常并不赏识这种独特性，因为我们往往对我们的情感进行概念

① Henri Bergson, L'Évolution créatice (first published by F.Alcan, 1907), Paris: Presses Universitaires de France, 7th edition, 1996, p. 15.

② Henri Bergson, "Introduction à la métaphysique", in: Revue de métaphysique et de morale, Paris: 1903, p. 5.

③ Henri Bergson, Essai sur les données immédiates de la conscience (first published by F. Alcan, 1896), Paris: Presses Universitaires de France, 5th edition, 1997, p. 125.

④ Henri Bergson, Essai sur les données immédiates de la conscience (first published by F. Alcan, 1896), Paris: Presses Universitaires de France, 5th edition, 1997, pp. 121–122.

说明或一般概括，指认诸如爱、恨等非特异状态的东西，正像他所解释的那样，因袭现行语言所造就的情感模式：

语言对所有人都用相同的词语指代那些状态；因此它只能框住在我们的心灵中翻腾的爱情、仇恨以及上千种情感的客观和非个性化方面的东西。①

促使我们的经验客观化也有好处，即可以发挥我们的社会作用，并且交流我们的需求和欲望；但其后果是造成"我们老是围着事物以及我们自己的外部转圈，在概念和符号之间忙碌不停"②。在《时间与自由意志》（《论意识的直接材料》的英文译名）一书中，柏格森对决定论的心理学发起猛烈攻击，指责它貌似客观，实际上没有参透人格的本质和独特性。③

二、艺术与经验的独特性

柏格森归根结底是在如何表达经验的本性的问题上公开地对科学以至日常语言中最为普遍认可的解释方式投不信任票："在这里，现有的描述、传说和分析都让我莫衷一是（即：持相对主义的观点）……"④这里重要的是根据具体语境说明他的保留意见，即认清他的这些意见已经成为象征主义美学的一部分。

杰出的象征主义诗人斯特凡·马拉美有一句名言："说出事物的名称，无疑要毁掉其四分之三的诗意。"⑤柏格森不仅像马拉美那样，而且还进一步确认象征主义的规则，从而认为艺术语言是一种清晰的表达方式，它可以透辟地呈现现实。⑥例如，他在下面的一段文字中就概括地说明了虚构的人物如何表现出像真人那样具有个性：

再没有比哈姆雷特这个人物更独特的了。如果他在某些方面与其他人相似，那肯定不是这一点最使我们感兴趣。他之所以具有普遍的真实性，只是因

---

① Henri Bergson, Essai sur les données immédiates de la conscience (first published by F. Alcan, 1896), Paris: Presses Universitaires de France, 5th edition, 1997, p. 164.

② Henri Bergson, Le Rire: Essai sur la signification du comique, paris: F. Alcom,1900, p. 154.

③ Henri Bergson, Essai sur les données immediates de la conscience (first published by F. Alcan, 1896), Paris: Presses Universitaires de France, 5th edition, 1997, pp. 140–221.

④ Henri Bergson, "Introduction ὰ la métaphysique," in: Revue de metaphysique et de morale, Paris: 1903, p. 2.

⑤ Stéphane Mallarmé, "Enquête sur l' Évolution littéraire (entre S. Mallarmé et Jules Hurset)", 首发于 L' Écho de Paris, 3 March–5 July 1891; 再版于 Les interviews de mallarmé (ed. Dietmar Schwarz), Paris: Éditions Ides et Calendes, 1995, p. 30.

⑥ 柏格森与象征主义的关系参见 Robert Grogin, The Bergsonian Controversy in France 1900–14, Calgary: University of Calgary Press, 1988.

为他被我们普遍地接受，而且被普遍地认为是活生生的人物。所有的其他艺术品也都如此。它们之中的每一件都是独一无二的……[1]

柏格森在研读和分析各方面的艺术评论时，实际上已经发现艺术的揭示作用立足于两种清晰可辨的不同品质。首先，他提出艺术语言具有反映现实的功能，是富有表现力的交流方式；其次，他认为艺术家具有类似于预言家的品格，能够直觉生活中通常被掩盖的本质。无论这两种品质的哪一种更加突出一些，其目的都在于传达经验的原创性和能动性。

能动性这个概念在柏格森著作中固然是核心的东西，但他的美学仍主要关注艺术如何传达经验的独特性，因为后者通常被人所忽视。从下面的引文中可以看到，柏格森完全是从个性角度来定义艺术表现的：

由此可知，艺术总是以个人的东西为表现对象。画家在画布上绘出的图像，是他在某地、某日、某时所见到的，带有他人再也见不到的色调。诗人所吟唱的是他自己而不是别人的某种心态；这种心态转瞬即逝，决不会一丝不差地重现。戏剧大师展现在我们面前的是某种心灵活动，是情感和事件活灵活现的编排，归根结底是某件不可重复的事。[2]

休姆将柏格森的艺术观归纳为：可以认为艺术是“从非个性化中激发并升华情感的努力”[3]，经验的原创性。然而，也有人提到，休姆混淆了柏格森学说中的某些概念，错误地断定柏格森的审美经验是以强化或夸大普通经验为运作要领的：

比如说，我在日常生活中是以强度系数为2的感受力来领会某一对象。一个艺术家则会用强度系数为4的感受力来对待同一对象，并且以他的强调姿态影响我，于是我也用了与他一样的强度来领会这个对象……从这个意义上可以说艺术是生命的交流。[4]

休姆还将这个观念发展为：艺术过程就是“增添某些”“隐私性的细节”。[5]然而，这里有必要重申一下，柏格森从不认为应将个性添加于一般性上；他认为个性

① Henri Bergson, Le Rire: Essai sur la signification du comique. Paris: F. Alcan, 1900, p. 166.
② Henri Bergson, Le Rire: Essai sur la signification du comique. Paris: F. Alcan, 1900, p. 165.
③ T. E. Hulme, “Bergson's Theory of Art”, in: Speculations: Essays on Humanism and Philosophy of Art, p. 165.
④ T. E. Hulme, “Bergson's Theory of Art”, in: Speculations: Essays on Humanism and Philosophy of Art, p. 168.
⑤ T. E. Hulme, “Bergson's Theory of Art”, in: Speculations: Essays on Humanism and Philosophy of Art, p. 165.

是一种与众不同的存在方式（即我们的经验性自我）。而且，柏格森还认为，艺术的长处就在于它是一种与众不同的交流方式，并非对我们日常的概念化语言的装饰和美化。

在《笑——论滑稽的意义》一书中，柏格森探讨独特性是如何构成艺术品结构内涵的一部分。他提出了一种形式论：艺术家之所以钟情于形式（原话是“艺术家是为色彩而色彩、为形式而形式的人，似乎那些色彩和形式都是自足自为的，而不是因为他而出现的……”[①]）是因为某种别出心裁的安排可以反映经验的独特性。柏格森还认为，这种独特性决定于艺术家的心理定势，在这种定势下，任何一个表现都必定联系到该艺术家感情历程的某一特定时刻：“艺术家向我们提示的思想，往往是一再表现他的经历中不太引人注目的那一部分……以此构成了他复杂的原创性。”[②]柏格森忽略了艺术中的一个至关重要的品质，那就是艺术品的直接性（immediacy），通过它，独特性才得以显现。这意味着艺术家生命的独特时刻是以某种有形的媒介来表现出来的；由于此媒介中断了他的生命发展经历，也升华了他生命中的这种独特时刻。

柏格森对形式的推崇，即“为色彩而色彩，为形式而形式”[③]，想起克莱门·格林堡所倡导的形式主义传统。事实上，格林堡在绘画领域同样强调了色彩和形式这两样东西的作用。但是，众所周知，就形式主义传统而论，正规的艺术都具有抽象的本质，都向人们提示一种超越现实世界的独立自足的境界；例如，格林堡在推崇音乐时便说它具有“绝对性，远离模仿，完全沉浸于其媒介的纯粹物理质性中”[④]。而柏格森则认为形式具有先天的意义，是为传达经验的“粗犷而且生机蓬勃的个性”[⑤]而创设的独一无二的手段。因此，在柏格森的艺术模式中，形式可以揭示现实。

确实，柏格森明白无误地给予艺术以超越通常观感的优先权：

> 人们在定义艺术时所碰到的困难，可能主要在于一般都认为自然美先于艺术美：艺术手法不就是艺术家表现自然物之美的方法吗？而美的本质又是神秘莫测的。然而，我们也可以扪心自问一下：自然是否会比我们的某些艺术手段

---

① Henri Bergson, Le Rire: Essai sur la signification du comique, Paris: F. Alcan, 1900, p. 155.

② Henri Bergson, Essai sur les données immediates de la conscience（《论意识的直接材料》）, p. 13.

③ Henri Bergson, Le Rire: Essai sur la signification du comique, Paris: F. Alcan, 1900, p. 155.

④ Clement Greenberg, “Towards a Newer Laocoon” (first published in Partisan Review, VII, no. 4, July–August, 1940), reprinted in Art in Theory, 1900—90, Oxford, UK & Cambridge, USA: 1993, p. 557.

⑤ Henri Bergson, Essai sur les données immédiates de la conscience (first published by F. Alcan, 1896), Paris: Presses Universitaires de France, 5th edition, 1997, p. 125.

所幸运地捕获的东西更美？在某种意义上，艺术是否真的不能超过自然？①

他还通过下面的论说进一步阐发这种艺术观：

艺术的意旨何在？如果现实曾直接震撼我们的感官和良知，如果我们能与事物和我们自己直接沟通，我想就不必有艺术了，或者说，我们都成了艺术家了，因为我们的心灵将不停地与自然共振。②

柏格森谈到揭开现实的帷幕所产生的心灵的“震颤”③，它意味着内在精神面貌的表现；他认为（戏剧）艺术就是给我们提供这种乐趣，使我们面对自己内在的（悲剧）人格，并与之妥协。这种关于艺术的正面含义与现存的表现主义艺术的性格化理论大相径庭；表现主义认为艺术必须突出我们的情感生活，结果总是走向极端，弄得令人毛骨悚然。④

三、艺术与经验的能动性

前面已经提及，对于艺术如何传达生命之能动性方面的问题，柏格森往往闪烁其词，一些充满哲理的洞见完全散落于他的几部不同题材的著作中。他早年把注意力集中在艺术的表现性上，认为形式具有突出或限制生命的能动性的作用。对于有碍能动性中所包含的连续性的不完整形式或其他断片结构，他显然是采取排斥态度：“如果出现断断续续、缺乏兴味的行动，那是由于其中每一部分都独立自足，不交代一下接着出现的是什么。”⑤接着这句话之后，他还谴责了呆板、生硬的语言，指出其方方正正的秩序只能传达出内在思理的壅滞。⑥这里显然可以看出它涉及未来

① Henri Bergson, Essai sur les données immédiates de la conscience (first published by F. Alcan, 1896), Paris: Presses Universitaires de France, 5th edition, 1997, pp. 10–11.

② Henri Bergson, Le Rire: Essai sur la signification du comique (first published by F. Alcan, 1896), Paris: Presses Universitaires de France, 5th edition, 1997, p. 154.

③ Henri Bergson, Le Rire: Essai sur la signification du comique (first published by F. Alcan, 1896), Paris: Presses Universitaires de France, 5th edition, 1997, p. 161.

④ 如S. Behr对表现主义艺术的界定：“那种非现实的色调、扭曲的形状以及常常显得很原始和粗糙的技术”(绘画)，“乖谬的镜头角度、恐怖的明暗对照和怪异的布景”（电影），“过于戏剧化的场面和主角备受折磨的精神状态”（音乐）。见 Expressionism Reassessed（《重估表现主义》）, S. Behr and D. Fanning (ed.), Manchester: Manchester University Press, 1993, p. 1.

⑤ Henri Bergson, Essai sur les données immediates de la conscience (first published by F. Alcan, 1896), Paris: Presses Universitaires de France, 5th edition, 1997, p. 9.

⑥ Henri Bergson, Essai sur les données immediates de la conscience (first published by F. Alcan, 1896), Paris: Presses Universitaires de France, 5th edition, 1997, p. 9.

主义和立体主义：两者都采用几何图形的方法，行动举止十分笨拙，然而两者都被人认为可以表现柏格森式的“绵延”①；有趣的是，柏格森看不出它们与自己的思想和有关的美学有什么亲缘关系。②相反，他看重一种十分不同的艺术形式：

> 曲线美之所以讨人喜欢，是因为构成曲线的每一点都可被看作为斩头去尾的直线，它们作不断改变方向的运动，而每一新方向都由原先的方向所指定。③

在柏格森看来，不标示任何取向说明的、不受干扰的、简单、连续的曲线，代表了真实时间的品质。

柏格森还考虑了另外一种可能性，即：能动性可通过某种真实的能动经验来传达，在这种情景下，艺术所起的作用近似于触发器，关键在于接下来的活动。在《材料与记忆》一书中，柏格森首次提出了一种能动经验的概念，他这时关注的是绘画活动：

> 我们可以设想有两种绘画方式。头一种方式是在画纸上标出一定数目的点，然后将它们连接起来，整个过程是反反复复的探索，要画到尽量近似于原物。这就叫“点画法”。可是，我们习惯的画法与此完全是两码事。我们是在仔细看好模特的样子或者将之揣摩一番后就画上“连续的一笔”。④

为此，柏格森将这两种画法分别与他列举的两种实况挂钩：“点画法”被他当作失误症患者的手法，这里缺乏某些功能，无法激活主体的记忆，因此只能产生对外部世界的肤浅感知。与此相反，连续的线条则出自健康的个体之手，反映出记忆的正常流程，因此可以表现“绵延”在开放状态下的创造冲动。

就这种论述而言，与其认为柏格森关心与艺术相关的某些问题，不如说他实际上更关心记忆作用的展示；不过，在这个过程中，他毫不含糊地指向一种与众不同的艺术概念，即：将艺术过程的经验作用摆在优先地位。将艺术当作一种经验的过

---

① 比如 Mark Antliff, Inventing Bergson: Culture Politics and the Parisian Avant-garde, Princeton: Princeton University Press, 1993.

② 柏格森于1911年读过一篇题为《立体主义与传统》的文章后表示它与其哲学无干，还批评了该文的分析方法，说：“它作为理论也许有些吸引人，但在创造方面则落在后头。”参见 Mark Antliff, The Relevance of Bergson: Creative Intuition, Fauvism and Cubism, Ph.D. Thesis, Yale: 1990, p. 1.

③ Henri Bergson, Essai sur les données immédiates de la conscience (first published by F. Alcan, 1889), Paris: Presses Universitaires de France, 6th edition, 1997, p. 9.

④ Henri Bergson, Matière et mémoire (first published by F. Alcan, 1896), Paris: Presses Universitaires de France, 5th edition, 1997, p. 106.

程，这种观念已成为现代艺术的核心，它使造就艺术品的人工活动得以突出，既指向艺术家的创造过程（由于引入一个先在的生命而扩延了作品的生命跨度），也把旁观者带进某种活动氛围之中。这种活动氛围的观念证实了柏格森如下的命题：只有借助实际经验，才能领会能动性的本质。

柏格森对后面这种可能性并没有做深入的考察，他的著作中只有一些蛛丝马迹说明他是沿着这条路线思考的。在《笑——论滑稽的意义》中，下面一处便说明他将艺术凸现为某种能动性的经验：

> 在演绎和感染这种音乐时，他们的用意在于逼迫我们注意它；这就像行人会情不自禁地加入舞蹈行列中一样，我们也会不由自主地随着他们特殊的节奏安排而沉浸在其音乐中。通过这种艺术实践，他们拨响了我们内心深处静待振动的琴弦。[①]

在探讨曲线的意义时，他还提出这样的看法：不仅曲线形式愉悦我们的感官，更重要的是它使我们产生时间是如何展开的具体经验；他对此的解释是这样的："某种技艺之所以感动我们，是因为它融进了某种使我们赏心悦目的情景；通过一些艺术手段产生刹住时间运行的心理意识，并将未来与现在牵拉在一起，便会出现这一种情景。"[②]

四、简短的归纳和评论

将散见于柏格森的几部著作中的艺术思想集中起来，我们就能看到柏格森艺术论的总体面目了。显然，我们截留下来的这些断片，都只能是他的一些原创性的艺术观点。毋庸置疑，柏格森的美学没有为艺术家提供一套现成的理论，而且，在他生前，艺术家和理论家们一般也都根据他的总体命题构建各自的美学，[③]也就是说，他的总体命题留有很多解释的余地。尽管如此，柏格森本人的论述依然澄清了他所关注的艺术的两个中心命题：能动性和原创性。同时，他还展望了两种截然有别的交流方式：第一种着重于艺术的表现性，以类似曲线那样的象征符号来反映有关存在的种种观念；第二种用艺术来启动某种现实的经验。

---

① Henri Bergson, Le Rire: Essai sur la signification du comique, Paris: F. Alcan, 1900, pp. 160–116.

② Henri Bergson, Essai sur les données immédiates de la conscience (first published by F. Alcan, 1896), Paris: Presses Universitaires de France, 6th edition, 1997, p. 9.

③ 关于柏格森与野兽派画家马蒂斯的关系，参见 Catherine Lever, The Relevance of A Theoretical Context of Matisse, D. Phil. Thesis, Oxford: 2001; 又见 Mark Antliff 的著作。

这两种表现形式事实上均反映如下的相关含义：艺术的作用逃离不出柏格森的命题。在第一种表现形式中，艺术是以有表现力的语言来产生作用的，这里，艺术在揭示柏格森的实在中发挥关键的作用，因为其揭示力量在于其语言的清晰结构之中。在第二种表现形式中，艺术更主要地起催化剂的作用，鼓励观赏者作出直觉反应，并且直接体验实在的本质。由于柏格森将直觉作为艺术的基础，艺术的最终意义便成了问题；但是，既然柏格森把直觉当作艺术家的同情心，同时认为艺术家或诗人是独具“揭开垂挂在大自然和我们的意识之间的帷幕”的天才[①]，这种力量便无疑存在着。然而，即使在这里，成功的审美经验依然有赖于观赏者直觉和重新体验原作节奏的能力。在后期著作中，柏格森进一步肯定直觉作为一种普遍的审美方法，可以使人直接地体验现实的能动性和原创性，于是艺术本身的作用便大为缩小。

艺术在柏格森的命题中具有相互矛盾的两种作用，这表明这位哲学家从未建构出体系完整的美学。他在《笑——论滑稽的意义》一书中分散而简要地提出一些激进的艺术观点，但这些观点并未充分展开，而且，当他进一步阐发他的直觉概念时，他的理论与艺术的联系便越来越疏远了。尽管如此，柏格森在他多部重要的哲学著作中还是提出了令人耳目一新的一种理解艺术的美学立场，即：艺术传达我们能动的经验现实。

---

① Henri Bergson, Le Rire: Essai sur la signification du comique, Paris: F. Alcan, 1900, p. 159.

第三章　社会学美学

概　论

“社会学美学”（sociological aesthetics）这个术语出自齐美尔（Georg Simmel，1858—1918）的同名文章。当然，看到这个标题或许有人要问：社会学和美学有什么关系？为什么要将二者撮合在一起？

布尔迪厄说过这样一个观点，社会学和艺术不是好伴侣。[①]因为艺术家总是会强调自己的独特性，强调艺术世界的自主性，从而拒绝社会学家的解剖和研究。同样，我们也会问，美学或者审美现象怎么能够用社会学去裁剪呢？对此，齐美尔通过“一切美学的最初动机都是对称”这样一个形式主义命题指出：“合理的社会组织——完全不考虑它的个人感觉效果——有很强的美学魅力，它要把整体生活变成艺术品，而现在的分散生活几乎不可能会这样。我们的观点所能概括的形态越集中，美学范畴的应用就会明显地从个别的、思想上可以认识的形态上升为社会形态。”[②]

也就是说，在齐美尔看来，随着社会的发展、都市的扩张和社会交往的日益频繁，作为整体的生活日益成为美学的对象，而这种美学也是社会学的，因此就有了社会学美学这个概念。

我们知道齐美尔是与马克思、涂尔干和韦伯（Max Weber，1864—1920）齐名的四大社会学家之一。但齐美尔却主要将自己视为一个文化哲学家（卢卡奇将其视为

① Pierre Bourdieu, But Who Created the “Creators”? in: Jeremy Tanner (eds.), The Sociology of Art: A Reader, London: Routledge, 2003, p. 96.

② 齐美尔：《社会美学》，转引自《桥与门——齐美尔随笔集》，涯鸿等译，上海三联书店1991年版，第221—222页。

尼采思想谱系中的生命哲学家)，一个对现代社会的诸多现象进行哲学反思的思想家(这种非专业主义或者业余主义让齐美尔成为“学院局外人”，一直无法得到主流学术界的承认，比如有人就说，“一个上学期讲授康德深奥哲学的人，下学期却发表什么气味社会学、食品社会学或者时装社会学论文的人，我们怎么能给他安排工作呢?”[1]更有人将其称为“哲学松鼠”，从一颗坚果跳到另一颗坚果；但另一方面，这种非专业主义也可以说是尼采生命哲学的延续，这种生命哲学呈现出贵族式的认识论，而这种贵族式认识论与齐美尔社会学中的审美主义风格是紧密相关的)，而这些现象大多是外在于正统社会学的研究视野，如时尚、羞耻、风景等。甚至于当齐美尔探讨货币问题的时候，他的落脚点也不是马克思式的经济学批判，而是一种人与人的互动批判，是对现代文化的批判。在齐美尔看来，对货币的信仰一方面揭示了金钱所具有的承诺与暴力内容，另一方面也包含了义务与信任，总之，它指向的是人与人之间的社会关系。这与马克思对商品拜物教的分析存在异曲同工之处:

> 商品形式在人们面前把人们本身劳动的社会性质反映成劳动产品本身的物的性质，反映成这些物的天然的社会属性，从而把生产者同劳动的社会关系反映成存在于生产者之外的物与物之间的社会关系。由于这种转换，劳动产品成了商品，成了可感觉而又超感觉的物或社会的物。[2]

在马克思那里，商品拜物教是货币拜物教的根源，而齐美尔与马克思的差别就在于，他没有从生产层面去揭示出商品拜物教的秘密，而只是从社会交往层面去揭示货币拜物教。

正如弗里斯比（David Frisby）所指出的:“以各自不同的方式，齐美尔、克拉考尔和本雅明都关注人们感受和体验资本主义剧变所产生的社会和历史存在的新的方式。他们的中心是表现为过渡、飞逝和任意的时间、空间和因果性这三者的不连续的体验——这种体验存在于社会关系的直接性中，包括我们与都市的社会和物质环境之间的关系，以及我们与过去的关系。”[3]

现代社会为这些社会理论家提供了前所未有的经验，让他们的社会理论呈现出强烈的审美化特质，正是从这一点我们可以说，齐美尔是日常生活审美化思想的缘起。当然，从症候式分析来看，这源于齐美尔心灵与形式的二元对立思想，以及这种思想所蕴含的非理性根源——生命哲学。为了摆脱客观文化的冰冷与压抑，齐美

---

① 庞文等编著:《西方社会学理论概要》，东北师范大学出版社2011年版，第49页。
② 马克思:《资本论》第1卷，人民出版社2004年版，第89页。
③ 戴维·弗里斯比:《现代性的碎片》，卢晖临等译，商务印书馆2003年版，第8页。

尔只能诉诸卢卡奇所谓的“自我陶醉的（视外物为浮云的）玩物主义”[①]，并且开启了后来法兰克福学派的文化批判。

而在马克思和法兰克福学派的文化批判之间起到类似中介作用的还有齐美尔的好友韦伯。齐美尔的货币哲学就一反马克思的生产优先论，其根本在于反对唯物主义的经济基础和上层建筑关系理论，而韦伯的社会学也同样如此，因此他对精神、伦理、文化等现象就格外重视。为了反对经济或物质的第一性，韦伯针锋相对地指出：兴趣（物质的和观念的）并不直接支配人的行动，观念才直接支配人的行动。但是，观念产生出来的“世界图像”，时常像扳道工一样规定着行为兴趣变化发展的道路。正是基于这个论断，卢卡奇指出，虽然韦伯主观上想要反对非理性主义，但他这里不乏非理性主义的意味。[②]

韦伯在方法论上是一个彻底的理性主义者，但他并不能完全将价值问题消解掉，而这种非理性主义就成为韦伯思想中审美救赎论的根源。他和齐美尔的审美思想都源自于德国的生命哲学传统。

第一节　齐 美 尔

格奥尔格·齐美尔（又译作西美尔、西梅尔）出生于柏林，青年时期在柏林大学研习历史和哲学，博士毕业后留任柏林大学，开设哲学、心理学、社会学等五花八门的课程。他著述多方，除了专著《历史哲学的问题》《货币哲学》《社会学》等，齐美尔还以惊人的旺盛精力撰写了大量对当时的妇女运动、工会权利、文学艺术思潮迅速作出反应的随笔文章，发表在相关报刊上。早在19世纪末20世纪初，他就成为与斯宾塞、孔德、马克思等人齐名的欧陆思想型学者。[③]20世纪声名鹊起的卢卡奇（György Lukács）、布洛赫（Ernst Bloch）、舍勒（Max Scheler）、布伯（Martin Buber）等人都曾师承齐美尔，但他的思想遗产却没有忠贞不渝的继承者。早早就盖在齐美尔身上的“新康德主义者”和“形式社会学家”的标签，模糊了他的独特学术成就和富有生命力的多维文化思想。20世纪将近50年的时间里，人们似乎已忘却

① 卢卡奇：《理性的毁灭》，王玖兴等译，山东人民出版社1988年版，第406页。
② 卢卡奇：《理性的毁灭》，王玖兴等译，山东人民出版社1988年版，第542页。
③ 当时，帕累托、滕尼斯、韦伯乃至涂尔干的影响力均不及齐美尔。参见Theodore Abel, The Contribution of Georg Simmel, in: David Frisby (ed.), Georg Simmel: Critical Assessments, Vol. III, London: Routledge, 1994, pp. 264–266.

了他的思想遗产，他的学说“飘到四方，消散于他人思想之中。”[①]有趣的是，面对齐美尔的思想遗产，贬损者和褒扬者都热情洋溢，雄辩滔滔。人们不得不承认，齐美尔是一个“思想极为矛盾的理论家。他的思想观点往往被人们从不同的方面加以解释，并且这些解释有时看起来是完全对立的”[②]。

1880年，齐美尔第一次提交博士论文《对音乐的心理学和人类文化学研究》（Psychologische und ethnologische Studien über Musik）没有通过，一年后他以另一篇论述康德哲学的论文提交答辩，才获得博士头衔。这件事耐人寻味之处是，“哲学家齐美尔”的身影中，总是或隐或现透射出“美学家齐美尔”的身姿。对于审美艺术领域，齐美尔始终表现出孜孜不倦的热情。他论及美学和艺术（文学、绘画、雕塑、音乐）的文章和专著一直不断，持续到他逝世后齐美尔夫人1922年编辑出版的《论艺术哲学》（Zur Philosophie der Kunst），贯穿了他的整个学术生涯。此外，齐美尔还有大量有关艺术、美学的文章散见于报纸杂志，如代表当时的新艺术解放思想的慕尼黑青春艺术风格派（jugendstil）的《青年》杂志（他在上面发表了不下30篇文章，甚至还有诗作）和哲学杂志《逻各斯》（Logos）。此外，齐美尔在柏林大学主持的美学和文化讲座，从1902年到1915年持续了十余年。对当时的现代美学运动，齐美尔了如指掌，在讲座和撰文中时常论及自然主义、印象派、象征主义和表现主义，而他心仪的艺术家则有米开朗琪罗、伦勃朗、罗丹、歌德和诗人斯蒂芬·盖奥尔格。

齐美尔融哲学家、美学家和社会学家于一身，他对现代艺术的敏锐感悟和对“社会学美学”的独到发现，弥补了古典社会学思想在审美这一维的缺乏，显示出他对现代社会生活样态敏锐的领悟力。

一、审美——感性与现代性

据齐美尔的文化生成理论，文化是生命与形式二元互动的产物。不同的文化形式，如审美、宗教、理论、习俗等形式介入到这一过程中，造就出迥异的文化产品。

> 生活形式纷繁多样，诸如社会生活形式、文学生活形式、宗教生活形式以及人格生活形式等，同它们相对应的远远不止个别内容，况且，它们还不断

① 皮兹瓦拉（E. Przywara）：《齐美尔、胡塞尔、舍勒散论》，转引自王岳川等编《东西方文化评论》第四辑，北京大学出版社1992年版，第256页。
② 苏国勋：《齐美尔》，转引自袁澍涓编《现代西方著名哲学家评传》（上卷），四川人民出版社1988年版，第500页。

地给自己创造新的内容；而个别内容也只有借助多种彼此莫不相干的形式才能在本质上保持稳定。①

正因为审美或艺术形式是文化生活形式的一种，因此，齐美尔对这种文化形式和文化产品进行了文化社会学的阐释。尽管这其中也有一些美学的义理辨析，但这绝少是齐美尔审美言说的主旨。毋宁说，他要揭示的是审美化存在的个体心性与社会品质，特别是现代生活中个体与社会的生活样态彻底向审美样态和质态的转型。

审美或艺术之所以不同于其他文化形式，显见之，首先是形式的原因。按齐美尔的理解，宗教按照宗教天性规约宗教生命，这是宗教的形式，艺术自然按照审美化的形式原则规约艺术生命。艺术形态“以本身固有的规律有效地与生活联系在一起而形成自身的对象，这正是‘艺术品’。”②艺术和审美之形式特质在于，其形式因素相互作用，从而表现为一个和谐的统一体。“艺术的特殊意义……在于它所描绘的对象的意义，在于将其最清晰地表达出来，使其形式及空间位置的饱满和内在契合以及它们表现出来的精神实质得以充分地被理解。”③艺术品就是“形式各部分互相作用”而形成的完美统一体。艺术形式的完美统一使艺术品超越了本身的局限性和偶然性，获得另一种普遍的美的含义。就此而言，艺术形式发挥着超越手段和中介的作用，它本身具有内在价值。而美就“是一种按一定的规律组成的表面要素的关系，是一定的生活发展表现到外部而被观察者接受的结果”。④所以，我们在伟大的艺术品中所感受到的东西往往要比这件艺术品本身还要多，就是因为伟大的艺术品具有形式美的完整统一性，譬如古希腊雕塑。

显然，齐美尔描绘的审美形式原则是带有古典色彩的事物“表现要素的关系”。在现代主义艺术中，这种古典式和谐的形式关系破裂了，“曾为自己建造过乐园的旧的艺术形式已经成为当今生活的枷锁”⑤。艺术的形式结构由稳定趋向动感，统一固定的艺术框范被充满差异感和个性化的艺术构成风格取而代之。要理解审美之维的形式颠覆运动这一现代性事件，就必须看到，形式因素固然是审美这一文化形式的

① 齐美尔：《论宗教社会学》，转引自《现代人与宗教》，曹卫东等译，（香港）汉语基督教文化研究所1997年版，第9页。

② 齐美尔：《风景的哲学》，转引自《桥与门——齐美尔随笔集》，涯鸿等译，上海三联书店1991年版，第167页。

③ 齐美尔：《1870年以来德国生活与思想的倾向》，转引自《宗教社会学》，李放春译，人民出版社2003年版，第186页。

④ 齐美尔：《日耳曼风格与古罗马风格》，转引自《桥与门——齐美尔随笔集》，涯鸿等译，上海三联书店1991年版，第191—192页。

⑤ 齐美尔：《文化形式之变迁》，转引自《桥与门——齐美尔随笔集》，涯鸿等译，上海三联书店1991年版，101页。

特征之一，但它还未能诠释审美内在的文化特性。在现代艺术中，形式结构原则虽然被瓦解了，但审美的内在特性并未消失，甚至表现得更加强烈。

审美在现代性事件的发生中占据着极其重要的位置，甚至占据着现代性的中心。[①]这不仅是因为艺术家或诗人在现代获得了前所未有的尊荣，也不是因为形形色色的现代艺术诠释现实的震撼性力量，而是在于审美成为现代生存的依据。在审美精神中，现代人寻觅到了什么样的生存依据？这就涉及对审美的精神特质的界定。审美的这一内在特性，称作感性。

感性是审美这一文化形式所表达的理念，与其他文化形式截然不同。宗教表达的是虔信的宗教生命，而审美和艺术只为生命的感性存在歌唱。形式因素只不过是抒写感性存在的方式和媒介。因此，审美化与感性化同步进行。审美的精神取向就是“心理主义”、感觉论，是一种感性至上的精神特质。在《论罗丹》中，齐美尔径直把现代性的本质归结为“心理主义”。

> 古典时期的雕塑追寻所谓形体的逻辑，罗丹寻求的是他的心理学。因此，现代性的本质根本就是心理主义（Psychologismus），是根据我们的内在生活以及根本当作一个内心世界的反应对世界的体验和解释，是固定不变的内容在流动不居的心灵成分中消解，一切实体的东西都从心灵那里过滤掉了，而心灵形式不过是变动的形式而已。[②]

“心理主义”看来就是指现代的心灵形式成为变动的形式，而固定不变的内容之所以被消解掉，是感性占了上风。审美主义就是把感性的经验作为生存的理由，并拒绝其他的生存价值。

现代主义的审美和艺术愈加强化了感性的本质化和感性的个体化。审美主义的世界观坚持的是感性形而上学——即感性是其最终的需求，它削平了哲学、宗教和情感的形式差异，消解了它们的价值差异。现实的每一感性碎片的存在都不比另一存在更有意义或无意义。对意义的追寻，转化为对身体观感和生命本能的感性体味。审美现代主义的感性个体化，是指美只能通过个体表现出来，再也不存在超越个体感性体验的普遍的美和超验的美，因为，“在现代人那里，个体的美和美的个体

---

① Gianni Vattimo, The End of Modernity: Nihilism and Hermeneutics in Post-modern Culture, John R. Snyder (trans.) & (intro.), Cambridge: Polity Press, 1988, p. 95.

② G. Simmel, “Rodin”, 转引自 Rüdiger Kramme und Otthein Rammstedt 编, Georg Simmel Gesamtausgabe, Band 14, Frankfur am Mam: Suhrkamp, 1996, S. 346.

构成了一个不可分割的整体。”①

一般论者对审美现代主义的论述注意到了主体性、自我确认性等现代性的审美精神主张②，感性的重要意义。在现代性对传统精神观念的转型中，树立主体性当然是一大标志（如康德哲学）。不可否认，现代审美主义也延续了这一精神观念的转型。但审美的精神特质之所以不同于哲学、伦理学、宗教等文化形式，却不在于主体性这一现代观念的表达。要追问的是，审美现代主义是在哪一精神层面来表达主体性的？它是如何以不同于其他文化形式的方式来表达主体性的？显见之，审美现代主义的这一精神层面就是感性，它是以相当个性化的、反传统的方式表现出审美的主体性。现代艺术的感性本质化与感性个体化均是以感性为审美精神诉求的基点，感性的本质化使现代审美主义追寻感性形而上学，感性的个体化则把审美的感性与主体性的主张勾连在一起。现代审美主义的精神诉求使现代文化生活追求的内涵改变了，人的本质也改变了。

审美主义并非自现代始才出现，传统的审美主义与现代审美主义均追求感性的体现，但它们的一个显著区别在于：传统审美主义拥有和谐的形式因素、稳固的形式结构，而现代审美主义则反其道而行之。这再次涉及如何理解现代审美之维的形式颠覆运动。现代审美主义的艺术形式，是根据现代思想、现代经验形成的一种具有高度自我意识和决裂倾向的艺术风格。它以一种“抽象化、不连贯和震动的模式”，突出了现代人类关系和人性之变化—— 一种现代危机。

> 朝着深奥微妙和独特风格发展的倾向，朝着内向性、技巧表现、内心自我怀疑发展的倾向，往往被看作是给现代主义下定义的共同基础。③

现代主义的文体变革，是现代危机的一种表征。因此，形式危机、“形式绝望”之感就不仅仅囿于形式的意义。现代主义的形式颠覆就不止是一个美学事件，它反映的是一种文化的危机。

按新马克思主义者马尔库塞的诠释，现代审美之维的形式颠覆旨在于释放人的

---

① 齐美尔：《柏拉图式的爱欲与现代的爱欲》，转引自刘小枫编《人类困境中的审美精神——哲人、诗人论美文选》，魏育青等译，东方出版中心1994年版，第266页。

② Robert B. Pippin, Modernism as a Philosophical Problem: On the Dissatisfactions of European High Culture, Basil Blackwell, 1991, pp. 38-39。另外，Vattimo把“新”作为现代性与艺术相关联的根本价值(Gianni Vattimo, The End of Modernity: Nihilism and Hermeneutics in Post-modern Culture, p. 99)。“新”或现代感虽可说是现代性审美主义的一个感性主张（如体现在“时尚”中），但说它是现代性或审美的根本价值基设，则差强人意。

③ 马尔科姆·布雷德伯里、詹姆斯·麦克法兰：《现代主义的名称和性质》，转引自布雷德伯里、麦克法兰编《现代主义》，胡家峦等译，上海外语教育出版社1992年版，第10页。

“新感性”，释放人的本能，使潜藏于艺术中的创造性、否定性实现“艺术—审美”对社会规范和体制的批判功用。[①]阿多诺的观点与马尔库塞不谋而合，按照他对艺术的二分法，即“论战”的艺术和“意识形态”的艺术，现代艺术显然属于前者。现代艺术对“形式的解放”标识出一种社会解放的意志，“社会的解放包括在形式的解放中，因为形式，即全部特殊的审美背景，在作品中代表着社会关系。”[②]因而现代的“审美建构主义”不应解释为人性的堕落，而是对另一种社会现实可能性的肯定。显然，新马克思主义完全是站在社会批判的角度，对现代审美主义的形式碎裂作社会功用论的诠释，从而肯定现代艺术对资本主义社会的批判作用。齐美尔的观点与之不同。[③]

现代艺术对形式的颠覆是其想成为释放感性的直观呈露，这一点不言而喻。问题的实质纠结于，同样追求感性的传统审美主义何以不若此？传统的审美主义是在超感性与感性的联姻中追求感性化的呈现，无论其超感性表现为哲学理念（柏拉图“美的理念”）或超验的上帝。齐美尔认为，精神和灵魂具有统一审美形式的力量，“浇铸到艺术形式之中的恰恰是我们的灵魂”[④]。正是超感性的精神力量具有统一和调配感性形式因素的能力，因此传统艺术中，感性与超感性、个体与超个体的精神质素之二元对立并未造成这两方面的关系破裂。从超感性与感性的关系这一方向进行拆解，可以恰当地说，传统审美主义是一种宗教式审美主义，其中，超感性仍然统辖感性，彼岸仍然是此岸之前设；而现代审美主义是彻头彻尾的反宗教审美主义，“它要求彻底取消彼岸，取消感性、感觉及其存在基质（身体）的对立者”[⑤]。这即是齐美尔在现代审美主义中探究到的现代性思想的重大问题，审美主义的根基在于彼岸的失落。

> 现代精神的重大问题在此显露出来了：它要在有活力的现象本身之中为超越这种现象的给定性的一切事物寻找到一个位置，而不是把它转换到空间上的彼岸。[⑥]

① 马尔库塞：《审美之维——马尔库塞美学论著集》，李小兵译，三联书店1989年版，第108页。
② 马克·杰木乃兹（Marc Jimenez）：《阿多诺：艺术、意识形态与美学理论》，栾栋等译，（台北）巨流图书公司1990年版，第141、160页。
③ 有关齐美尔与叔本华、基尔克果、韦伯、布洛赫等人美学观点的比较，参见Günther K. Lehmann, Ästhetik der Utopie, Stuttgart: Neske Verlag, 1995.
④ 齐美尔：《基督教与艺术》，转引自《桥与门——齐美尔随笔集》，涯鸿等译，上海三联书店1991年版，第142页。
⑤ 刘小枫：《现代性社会理论绪论——现代性与现代中国》，上海三联书店1998年版，第32页。
⑥ 齐美尔：《柏拉图式的爱欲与现代的爱欲》，转引自刘小枫编，魏育青等译《人类困境中的审美精神——哲人、诗人论美文选》，东方出版中心1994年版，第267页。

现代人找到的这个位置就是个体的感性生命。因而，现代审美主义建立的是世俗化的感性形而上学，它在感性这一维度推进了现代社会的世俗化进程。在这个意义上，现代审美主义料理的是传统宗教料理的问题，但它转化了这一问题的提法：不是论证上帝存在之合法性，而是论证感性生命替代上帝之合法性。

审美的问题就与齐美尔所理解的现代性结合起来。齐美尔的现代性是描述现代"生活—世界"内在经验的转型，内在经验主要指现代生命主体的心理感受和精神体验。在齐美尔看来，由货币经济、金钱文化催生的现代人物化和世俗化的精神品质，使他们的心理感受转向自我本能冲动和感官刺激。这样一种现代性的生存样态，其本质就是感性论和审美主义的质态。反过来看，在现代性处境下，个体的感性化生存成为心理品质和精神品质的重要构成元素，并且扩展为整个社会形态、结构的品质。

但是，个体如何把这一感性生存事实表达出来？在齐美尔看来，这正是现代人所遭遇的一个困境。

> 现代生活最深刻的问题根源是个人要求保持其存在的独立性和个性，反对社会的、历史习惯的、生活的外部文化和技术的干预。①

外部文化机制已经不堪承负个体内在的独立生存事实，这其中包括个体极为个性化的感觉、趣味、喜好。这是审美现代性产生的社会动因。齐美尔体察到，这一社会动因的背后隐藏着更为根本的哲学动因和文化动因。按他的思路，生命与形式的恒常冲突在于现代的极端化，使生命反对形式本身。生命撕裂抛弃了形式原则，现代性的这一哲学和精神革命转变了知识学和美学的方向：生命要以生命自身言说自己。文化的变动随之跟进，主客文化双重结构的严重失衡，使主观文化不得不以极端的主观主义抗衡客观文化。社会的、哲学的、文化的动因从各个方面决定了现代性的"审美—感性"生存的实质内容：以反传统的形式表达个体化的感性之在。现代艺术中的表现主义（expressionism）最集中地体现了现代审美的感性之在，"生命无论是什么时候表现自己，它都只愿表现自己"。表现主义艺术品的现实形式只是无可奈何的附属品，因为无形式的形式似乎不可避免地是一种存在形式，尽管这一形式消除与解构了传统形式的意义。②表现主义因而展示了生命与形式的悖论关系：生

---

① 齐美尔：《大城市与精神生活》，转引自《桥与门——齐美尔随笔集》，涯鸿等译，上海三联书店1991年版，第258页。

② Bryan S. Turner (etc.),Theories of Modernity and Postmodernity, London: Sage Publications,1990, pp. 84–85.

命只想表现冲破形式藩篱的自身，却不得不依靠在某种形式之上。

齐美尔的审美言说分明让人感受到，他借着把握“审美—艺术”，理解了现代人和社会的精神品性。这也许可以解释，为什么在古典社会学家中，唯有齐美尔注重分析现代艺术作品。在“审美—艺术”之维中，他的敏锐触觉感受到了现代生活品质的嬗变。由此，齐美尔进入了“社会学美学”。

二、“社会学美学”

齐美尔的审美言说，究其实质，是把个体的生命体验和社会的生存事实描述为审美的。齐美尔对社会实存的审美化样态的描摹，即他对社会学和美学的互文性阐释，他称之为“社会学美学”[①]。齐美尔的审美感触异常敏锐，常常在社会“生活—世界”的各方面感受到审美之维的存在，这从齐美尔写于1901年至1908年的若干文章篇名就可看出：“面容的美学意义”（Die ästhetische Bedeutung des Gesichts）、“画框”（Der Bildrahmen. Ein ästhetischer Versuch）、“论美的数量”（Über ästhetische Quantitäten）、“肖像美学”（Aesthetik des Porträts）、“论艺术的第三维”（Über die dritte Dimension in der Kunst）。无论在社会生活的哪一个角落，他总能以不同寻常的眼光探测到背后的美学含义。

“社会学美学”要把“艺术品作为社会”，但这根本不是指社会的整体性与艺术品的整体性在象征意义上的等同。齐美尔指的应该是，社会不是艺术品，但是社会可以被研究和描述，好像它是一件艺术品。[②]如果说齐美尔的社会学阐释几乎是以一种审美的方式表达出来的，则他的审美表达也是在描述社会实存的审美式存在本身（社会实存的审美主义）。这正是社会整体的感觉化存在，即现代性社会的生存特性——审美化或感性化的存在质态。

齐美尔以为，历史上每个时代都出现过以审美形态表达的哲学或社会理念，如古希腊的动与静，中世纪的神圣与凡俗，近代的自然与精神。因此诗艺的有效性不仅限于审美或艺术领域，它适用于人类活动的方方面面。[③]在他看来，现代社会的两大对立思想，其政治表达是社会主义和个人主义，哲学表达是理性主义和非理性主义，美学表达是审美平等（“审美泛神论”）与审美差异。齐美尔的“社会学美

---

① 同名论文“社会学美学”（Soziologische Äesthetik）1896年刊于《未来》（Die Zukunft）杂志第17卷。《桥与门》中的汉译文“社会美学”缺失前六自然段。

② Barbara Aulinger, Die Gesellschaft als Kunstwerk: Fiktion und Methode bei Georg Simmel, Wien: Passagen Verlag, 1999, S. 229.

③ G. Simmel, "Soziologische Äesthetik", Heinz-Jürgen Dahme und David Frisby, Georg Simmel Gesamtausgabe, Band 5, Frankfurt am Mam: Suhrkamp,1992, S. 197-198.

学”，主要就是考察这两种对立的观念，其社会化的审美形式和感觉品质是怎样的。在他看来，社会主义追求平等、公平的审美感性表达是一种“审美泛神论”。

> 这种世界观转变成审美泛神论（Asthetischer Pantheismus），每一点都包含着朝向绝对的审美意义解决的可能性，对受过训练的锐利眼睛而言，从每一点出发散发出整体意义的美，发散出世界作为整体的完整意义。[①]

“审美泛神论”与特洛尔奇的“直觉泛神论”的提法完全具有相同的概括力，[②]均指一种无差别的、具有强大整合能力的感性审美诉求。平等是一种乌托邦式的理想，不平等才是社会的现实，那么，社会主义如何达到其审美平等的理念呢？通过抑高扬低、变丑为美、整饬秩序、测平差别，它最主要的审美形态乃是对称，“社会主义的乌托邦总是按照对称的原则对它的理想域或理想国进行详细的设计”[③]。

个人主义与社会主义相反，它追求独特、具有差异感的审美表达，齐美尔认为这是现代生活更具典型性的社会化感觉品质。审美个人主义拒斥“审美泛神论”。

> 希望调和审美平等（Allgleichheit）与审美独特（Alleinheit）的魅力与审美个人主义的魅力这种概念，并不能完全满足审美个人主义的要求。[④]

审美个人主义的需要是保持个体性、主体性和差异性，不是为了平等或整体放弃个体自由的审美价值诉求，而毋宁是在自成一体的、独一无二的个体中实现审美价值。现代主义是这一社会化理念的艺术性表现，其明显的感性特质即是不对称。

下面的表格概要地列出了齐美尔对现代社会中两种审美化“哲学—政治”的社会学阐述。[⑤]

---

① G. Simmel, “Soziologische Äesthetik”, Heinz - Jürgen Dahme und David Frisby, Georg Simmed Gesamtausgabe, Band 5, Frankfurt am Mam: Suhrkamp,1992, S. 199.

② 刘小枫：《现代性社会理论绪论——现代性与现代中国》，上海三联书店1998年版，146页。

③ 齐美尔：《社会美学》，转引自《桥与门——齐美尔随笔集》，涯鸿、宇声译，上海三联书店1991年版，第222页。

④ G. Simmel, “Soziologische Äesthetik”, Heinz - Jürgen Dahme und David Frisby,Georg Simmed Gesamtausgabe, Band 5, Frankfurt am Mam: Suhrkamp, 1992, S. 199.

⑤齐美尔虽然说对称和不对称是美学的动机，但表述为美学表现形式更为恰当。（齐美尔：《社会美学》，转引自《桥与门——齐美尔随笔集》，涯鸿等译，上海三联书店1991年版，第219—225页。）

哲学理念	理性主义	非理性主义
美学动机	思考省力：以最小努力展开最丰富想象	个人的自由感，且个人是一个整体
美学形式	对称：一点对多点的牵制	不对称：每个要素肆意发挥
社会理念	追求平等的社会主义	追求差异的个人主义
社会/国家形式	社会主义	自由的国家形式，如立宪政体

“社会学美学”的含义这时清楚了，从纯粹的审美动机出发产生的美学形式，在社会结构和国家形态中可以找到共鸣，这是齐美尔把艺术的“特殊结构性质置换在社会现象之中”，搞审美的社会学研究的原因。那么，为什么社会化的存在，“社会—政治”理念的表述会呈现为审美样态呢？就社会主义和个人主义的社会存在而言，齐美尔只阐述了后者的原因，即现代性状态下个体化的审美感性之在的缘由及方式。他并未道明，社会主义追求审美平等的现代性转换是如何达成的。这或许从另一方面证明了，追求差异感、个体性、原创性的审美个人主义，更是一种典型的现代性社会化实存形态。现代审美主义在根本上乃是个人主义式的审美性表述。

在齐美尔研究专家弗里斯比看来，齐美尔对审美领域的强调与现代性（乃至与后现代）不无关系，他进而认为，这是因为齐美尔把伟大的艺术作品视为对现代性冲突的超越和解决。[①]弗里斯比的论据，是齐美尔对雕塑家罗丹的评论。

> 但如果人们认为，从生命的烦恼和旋涡中得到拯救，在生命的运动和冲突之外获得安宁与调解乃艺术之永恒目标，就会以为，从生命的不安和难过中得到的艺术解脱，不仅遁入艺术的对立面可以做到，事实上也可以通过最完美的风格化和艺术内容最高级的纯净升华做到……恰恰因为罗丹展示了这种发轫于运动（Bewegtheit）的激情的生命之最完美的形象，他拯救了我们……他让我们在艺术领域中再次体验最深刻的生命，就是从我们在现实范围体验到的东西里，他把我们拯救出来。[②]

齐美尔在罗丹的艺术中不仅看到了现代性的再现——运动不息的现代生命“完

① D. Frisby, Simmel and Since,London: Routledge,1992, p. 173.

② G. Simmel,“Rodin”,转引自 Rüdiger Kramme und Otthein Rammstedt 编, Georg Simmel Gesamtausgabe, Band 14, Frankfur am Mam: Suhrkamp, 1996, S. 347–348.

美形象”的凸现，而且罗丹以一种“超时间的、永恒的意象”抓住了流动的现代生命本身。因此他感叹，罗丹代表的现代艺术风格“不止把握真理，它就是真理”①。弗里斯比据此推论，齐美尔的审美理念就是以艺术化解现代性的冲突，调和主客文化领域的矛盾。②

齐美尔的确经常以欣赏者的口吻谈论现代艺术，尤其是那些展露了个性化艺术魅力的画家（如伦勃朗）。他后期转向生命哲学，对独特地把握现代生命感的艺术家尤其青睐有加（如罗丹）。但并不能因此就说，齐美尔认可现代艺术和审美的价值立场和精神旨归。现代审美主义放逐了对彼岸的终极追求，将生命欲求锁定于感性之在。如果说现代性之根本冲突如齐美尔所言，乃是生命与形式的冲突，则现代审美主义没有调和这一二元冲突，而是根本取消了这一冲突——只剩下感性（无超感性）生命（无形式）这一维，冲突不复存在了。就此而言，弗里斯比的结论堪疑。齐美尔对现代艺术的欣赏是一回事，以为他论述的现代性冲突在艺术中获得了最终的解决是另一回事。

此外，审美个人主义主张的是主观文化的极端化。而齐美尔早已告之，文化的终极目的是灵魂的完善和谐，因此，审美个人主义绝非主体生命可以依靠的归宿。生命的感性之在是一种“自然命运”，无论它以多么个体化的方式呈现出来，审美式生存状态仍只是自然之在。在齐美尔看来，这种“在”之自然状态或许可以以审美的态度观照、欣赏，但绝不是生命的终极冲动停靠的彼岸。现代人在片断的、犹豫不决的生命存在中确实渴望一种解脱，他们也确实在“审美—艺术”领域中找到过这种解脱。但对于现代审美主义作为一种出路的寻求，齐美尔的回答是：

> 这种渴望由于其许多特性，具有一种审美的风格——它们似乎在艺术观念中找到了对破碎的、痛苦的现实生活的解脱，对艺术的感知似乎暗示我们在艺术与灵魂的基本需要之间存在一线关联……如果我没看错的话，这种艺术热情的高涨不会持续很久。人类超验的冲动在对任何终极事物缄默不语的科学面前、在忽略精神内在的自我完善的社会—公益活动面前，遭到了幻灭，它必须为自身在审美活动中寻找一个出口，但人们很快会得知，这个领域同样有其局限性。③

① G. Simmel,“Rodin”, 转引自 Rüdiger Kramme und Otthein Rammstedt 编, Georg Simmel Gesamtausgabe, Band 14, Frankfur am Mam: Suhrkamp, 1996, S.347–348.

② D. Frisby, Simmel and Since, London: Routledge,1992, p. 77.

③ 齐美尔：《1870年以来德国生活与思想的倾向》，《宗教社会学》，曹卫东译，上海人民出版社2003年版，第223—224页。

在现代性状态下，灵魂的超验冲动仍在为生命个体寻找解脱和拯救。科学一笔勾销了这种寻求本身，社会主义只为集体不为个体设置这一寻求。生命个体的感性冲动在现代艺术和美学中寻找到了适性之所，但齐美尔透辟地观察到，灵魂的超验冲动却无法在审美之维中驻足，它仍然要找寻超验的适合形式，也就是宗教的形式。但传统的宗教形式已无力承纳现代生命个体的灵魂之在，宗教生命的现代性表达只能以“宗教性”——一种非宗教的宗教形式承担。

齐美尔的“社会学美学”的确指明了现代社会审美化生存品质的特征。“这一既热衷于贝克林，又热衷于印象主义；既热衷于自然主义，又热衷于象征主义；既热衷于社会主义，又热衷于尼采的发展时期，便在那些极端的‘主义’荡激中寻求生活最高的优美境界。”①在齐美尔的审美论述中，现代的诸种“主义”话语不仅有外在的美学形式，其内在的基质也是审美感性的。故而，齐美尔挖掘到现代各种审美表现形态的社会学基础。

三、距离感：个体审美主义

“距离”（Distanzierung）这一感觉论域是齐美尔特别勾画出的一个关系描述词，用以刻画文化现象中生活风格和艺术风格的感性特征。距离是怎样一种关系？

> 一个经常用以描述生活内容之构成的形象，是把它们围成一个圆圈，圆圈的中心是真正的自我。有一种关联的模式存在于这个自我同事物、他人、观念、兴趣之间，我们只能称之为这两方面的距离（Distanz）……我们只能借着对两者的距离的一种确定的或变化的直观的象征，来描述自我与其内容间特定的关系。②

齐美尔特别选取“距离”，是因为它能表述一种时间和空间上的外在或内在的远近亲疏关系。这种关系既可从哲学层面上定义，即主体与客体，或与其他主体的关系，也可从社会学层面界定，即个体与个体、个体与社会的关系，还可从美学义理层面定义，即艺术与现实的关系。③但齐美尔特别在意的是，不同的距离关系类型中主体表现出不同精神状态和内心体验结构。因此距离仅是他的一个切入点，由此出发，

---

① 狄塞：《齐美尔的艺术哲学》，《哲学译丛》1987年第6期，第74页。
② 齐美尔：《货币哲学》，陈戎女等译，华夏出版社2002年版，第384页。
③ Ute Faath,Mehr-als-Kunst: Zur Kunstphilosophie Georg Simmels,Würzberg: Königshausen & Neumann, 1997, S. 117.

他剖析了现代生活风格中现代人心理感受的新质，与现代艺术风格表征的现代性精神气质，以及现代诸风格造就的文化命运。

为什么用“距离”这个属于时空关系类型的范畴来描述现代生活风格和艺术风格？这涉及齐美尔对风格与距离之间的关系在现代性处境中的独特把握。

风格存在的纯粹事实本身就是距离化（Distanzierung）最重要的一个例证。风格作为我们的内心过程的呈露，它说明这些过程不再即刻喷涌而出，而是在呈现之时就套上了伪装。风格作为个别细节的一般形式，对这些细节而言它是一层面纱，给那些接受其表现形式的人强加了一道壁垒和距离。[①]

减轻和掩饰个人性的东西，驱使着现代人如此强烈地驱向风格，这是风格的本质……一种超个体的形式和法则在主体个性与主体的人类环境、客观环境之间产生了，即风格化的表达（Silisierte äuβerung），生活形式、趣味——这一切都是限制和距离，它使这个时代夸张的主体主义找到一种平衡，一种掩饰。[②]

按齐美尔的理解，现代文化的风格特征之一就是表现距离感。风格几乎是一种普遍的文化形式，它也要力图整合充满个性化色彩的现代生命个体。具体而言，表现距离感的社会文化风格分为两种。第一，现代“生活风格”具有表现距离感的倾向，这是货币经济在现代社会深化的结果；第二，艺术的不同风格是产生不同的精神距离的反映，现代艺术则有拉大该距离的倾向。某种意义上，艺术风格是生活风格在审美领域中的延伸。

虽说现代风格（以及风格中的距离形式）是对夸张主体主义的平衡、调和、伪装、掩饰，但它们平衡和伪装的能力有限。如果古典的生活或艺术风格是将内容和形式整合为一体的话，那么现代风格的整合力受到了挑战，这是现代的客观生活内容与主体生命相互的疏远，导致大量风格产生。

通过风格的分化，每一个别的风格以及一般意义上的所有风格都变成了客观的东西，风格的有效性不受主体的人及其兴趣、行为、喜欢或不喜欢的束缚。我们的文化生活的全部直观内容分裂为多元的风格，这瓦解了主客体最初在风格当中尚未分裂的关系。[③]

---

① 齐美尔：《货币哲学》，陈戎女等译，华夏出版社2002年版，第384—385页。
② “风格的问题”（Das Problem des Stiles）一文发表于1908年，讨论的问题主要针对当时德国的青春风格运动(Jugendstil)，兼论及米开朗琪罗和伦勃朗。(G. Simmel,“Das Problem des Stiles”, 载 Otthein Rammstedt 编, Georg Simmel Gesamtausgabe, Band 11, Frankfurt am Main:Suhrkamp, 1993, S. 382.)
③ 齐美尔：《货币哲学》，陈戎女等译，华夏出版社2002年版，第375页。

现代多元风格的形成肇因于客观文化和主观文化古典关系的断裂，故此，现代“生活—艺术”风格愈来愈成为客观物，失落了主体生命的内容。“多元的风格”因而演化成了“无风格”(stillos)。[①]现代式“无风格”的风格对主体主义的平衡和调和就值得怀疑了。它至多是一种伪装、掩饰，背后隐藏的是强大的主体个性之流，时时冲击着作为文化形式的风格框架。这揭示出：现代风格的伪装和掩饰之下，最真实的乃是现代个体的感性生命的强烈冲动。

强调距离感的现代生活风格和现代艺术风格，均是齐美尔式距离感类型的审美言说。它既有对个体心理体验中距离感觉类型的描摹，也有对社会化距离感的分析。在此，距离既是对一种实际空间关系的描述，但更重要的是作为一种审美的感觉类型，来把握远近亲疏的距离感之后隐藏的现代“社会—艺术”的精神面相。以下分别剖析齐美尔的现代生活风格的距离感和现代艺术风格的距离感。

（一）生活风格的距离感

距离感在现代生活中的兴起，与货币经济对文化生活中的主体的影响相关。从齐美尔的货币文化理论可以获悉，货币经济引起现代文化价值观向平均化、量化和客观化的转型，同时也赋予了个体发展个性和自由的可能。后面这个文化向度的一个表现，就是现代生活风格中距离感的增加。

货币在经济领域中使用的是交换媒介功能，在流通中无处不在。同时，使用货币使相隔遥远的交换双方之间实际的空间距离无足轻重，就这点来说，金钱“征服了距离”，实际的空间距离对“放之四海而皆准”的金钱不起作用了。齐美尔关注的是，货币征服实际距离后的反方向发展，即金钱强化了人与人之间的内在距离、人与物之间的心理距离。这即是货币对现代生活中普遍保持距离感倾向的生活风格的影响。同样的，齐美尔看到，现代技术的发展一方面使人们征服了距离，如望远镜和显微镜的使用，但另一方面技术征服的仍只是外部距离，“外在方面被征服的距离越多，内在方面增加的距离就越大。”[②]

金钱使人与人互相疏离，人们彼此间树立了心理屏障，这一方面是因为货币经济深入到家庭生活和经济活动中，使人与人之间传统的心理维系解体；另一方面，心理距离确是现代人在嘈杂的都市生活中内心生活的必需品。

---

① G. Simmel, Das Problem des Stiles, 转引自 Otthein Rammstedt 编, Georg Simmd Gesamtausgabe, Band ll, Frankfurt am Main: Suhrkamp, 1993, S. 383.

② 齐美尔：《货币哲学》，陈戎女等译，华夏出版社2002年版，第387页。

> 人与人之间树立起一道内心的屏障，然而对现代生活形式而言，这一道屏障是不可或缺的。因为，若无这层心理上的距离，大都市交往的彼此拥挤和杂乱无序简直不堪忍受。当代都市文化的商业、职业和社会交往迫使我们跟大量的人有身体上的接触，如果这种社会交往特征的客观化不与一种内心的设防和矜持相伴随的话，神经敏感而紧张的现代人就会全然坠入绝望之中。种种关系的金钱性——要么公开的，要么以上千种形式隐蔽起来的——在人与人之间塞入了一种无形的、发挥作用的距离，它对我们文化生活中过分的拥堵挤迫和摩擦是一种内在的保护与协调。[①]

货币经济改变了现代社会中人与人互动的形式，现代生活越来越密集，这使人更加关心身体和心灵拥有的空间。人与人之间日渐拉开的心理界线，正是对身体不得不与人接触的一种补偿。现代（都市）人心理体验中的距离感就成为必需。只有在相互保持心理距离时，个体才能感到安全、自由和自我的存在。这一文化现象意味着什么？意味着现代人的自我身份的确认发生了转移。现代人自我身份的认可与距离感觉类型密切相关。只有与他者推距到一定程度，个体的身份才能得到确认。这种带有自我保护和自我欣赏味道的远距离式自我认同，标识出现代都市人审美主义的心理实质——超越现实（或应该称作逃避现实）以获得自我身份感的心理补偿机制。齐美尔的距离感审美学说指示出这样一个命题：现代性中自我的确立不仅有哲学的基础，也有感觉论的基础。远距离式的自我身份感强调的乃是我与他人不可混同、不可比照的个体存在。因此，这一感觉类型仍属于审美个人主义之列。

疏离的感觉不唯人与人之间存在，人与物之间也产生了距离。

> 货币及其扩大距离的作用不断使跟事物的心理距离越来越远，这种情况还常常是这样，事物质的意义上的本质在我们的视阈（Sehweite）之外，我们和事物完整的、与众不同的存在之间的内在关联被瓦解分裂了。[②]

人与物之间距离的加深，实际上与金钱使主体价值观的量化有关。量化价值观以金钱为衡量标准，看重事物的量而不是质。事物质的差异在主体的视界中失落，人与物无法保持“内在关联”，二者间精神距离扩大。这种精神疏远，使人与物之间难以用金钱、数量来表达的亲近关系和意义从主体手中滑落。一些伴随人的灵魂和

---

① 齐美尔：《货币哲学》，陈戎女等译，华夏出版社2002年版，第388页。
② 齐美尔：《货币哲学》，陈戎女等译，华夏出版社2002年版，第389页。

情感的亲近物被置换到圆圈的最外围。甚至，这种精神的疏远也引起了现代人直接接触物体时的敏感和不适。对此心理体验，现代人的表现症候是齐美尔形象概括的“畏触病”。“害怕过分接触物体是‘畏触病’（Beruhrungsangst/ agoraphobia）所特有的基本病症，是用力直接接触就会感到疼痛的触觉过敏的结果。”[①]畏触病是距离感觉的极端化类型，害怕接触不仅是对物的外在疏离，而且是从心理情感上根本拒绝外物进入自我内心。人与人、人与物之间保持的心理距离乃至“畏触病”，使现代人产生了远距离式的自我身份的认可，它通过否定他物肯定自我，通过否定外在肯定内在。这在现代个体中引起否定评价多而肯定性趣味少的普遍心理倾向，其表达的生存态度就是回返人的内心。现代个体的这一生命体验带出了新的性格质素，即乐极生厌和玩世不恭。这两种性格都否定价值的差异。玩世不恭的现代大众在货币文化的金钱特性中及时行乐、享受快感；乐极生厌的现代个体追求形式的差异，但对价值的否弃和对个体化形式的玩味和热衷，无不展示出一种“审美—感性”的个人主义精神特质。如此，现代人追求距离感的生命体验实实在在地带出了审美式的精神构架：以感性拒斥超感性的快感大众文化，和以形式个人主义拒斥价值差异的审美（个人主义）精英文化。

外在距离、心理屏障、精神距离、“畏触病”，现代生活中距离感的深化一发不可收拾。它不仅成为现代生活风格的外在征兆，而且引起自我审美式（距离感）的定位和对传统精神的亲疏关系的转化。现代生活风格对距离感的转换，带来了如此这般的文化发展，“最遥远的东西离人近了，付出的代价是原初和人亲近的东西越来越遥不可及。”[②]原来和人亲近的东西是什么？是由宗教的神灵所维系的精神空间，是由哲学目的论所证明的人应然追求的幸福，是由家庭的亲密无间营造的情感世界。现代人虽征服了现实事物的距离，但精神距离、道德距离和情感距离的无限拉大却成为现代生活的生存风格。

（二）艺术风格的距离感

艺术风格与生活风格虽有差异，但就距离概念下的艺术风格而言，[③]可以说是生活风格在审美领域的延展。齐美尔为什么要从距离来界定艺术风格？我们已得知，

---

① 齐美尔：《社会美学》，转引自《桥与门——齐美尔随笔集》，涯鸿等译，上海三联书店1991年版，第229页。

② 齐美尔：《货币哲学》，陈戎女等译，华夏出版社2002年版，第387页。

③ 齐美尔从两个不同的方面谈到两种艺术风格：其一，表现出共性和个性的艺术品具有迥异的艺术风格；其二，艺术品在我们与事物之间造成的不同距离产生不同的艺术风格。前者是就艺术品而言，后者涉及欣赏主体、欣赏对象与生活三个方面。本节主要涉及第二种艺术风格。

齐美尔把距离视为重要的感觉类型，距离的感性或审美式表述就是艺术风格，这是齐美尔关于艺术风格的审美学说之基础。更重要的是，他通过距离感这一审美形式揭示个体和社会的精神实质，特别是现代艺术风格中表露出的现代人的心性结构和审美价值诉求。这是齐美尔对艺术风格的审美言说之意义所在。因此，距离感对齐美尔而言既是一种感觉表述又不止于感觉，艺术风格更不单纯指艺术技巧。

先略述齐美尔对艺术审美理论的义理辨析。在他看来，“艺术风格的含义可以解释为是艺术风格在我们与事物之间所产生的不同距离的结果。”[①]一方面，艺术使人与现实更接近，使人置身于现实存在、独一无二、最内在的意义之中，使冷淡的现实向人敞开了它存在的精神性。通过艺术，人更加理解现实；另一方面，艺术使人与所认识的事物之间隔了一层，人不再直接面对现实，因此艺术本然地在人与物之间制造了间离效果。艺术风格就是间离效果、距离感的象征性表达。不同艺术风格影响下，人们对艺术品会产生不一样的心理距离。从这点来说，距离“也代表了审美价值的基础”。因为齐美尔对审美价值的看法乃是：审美价值并不是事物的一个内在部分，即不是事物的形式独自享有审美价值，毋宁说审美价值“像别的价值一样，并不是客体的总体部分，而更是我们情感的投射……情感的内容似乎被客体吸收了，并且像具有独立的重要性、内在于客体的某种东西一样与主体照面”[②]。从他对审美价值的定义来看，审美价值是审美主客体之间的连接纽带，审美主体的情感内容成为审美客体存在的意义。艺术风格造就的主体的不同距离感也是一种情感的投射，不同艺术风格的审美价值有赖于对它激发的距离感的阐释。

自然主义的艺术风格突出近距离感，不仅在创作手法上尽可能地复制现实存在的一切，并且使审美主体最直接、不受阻碍地感受到所写所述之现实存在。齐美尔并不注重自然主义艺术风格具体的手法运用，他意欲揭示出该文学艺术风格所蕴藏的精神态度，以及对文化生活的影响。

在艺术上，对直接呈现于感官之前的事物的钟情，不仅带来了对偶然现象尽可能的复制，以及印象主义者对瞬间效应的“固定”，而且带来了对琐屑和丑陋之物的崇拜——因为只有如此对待一个主体，其真实性才令人信服，那种充满魅力与意义的艺术处理方式被指责为添加和理想化。而且，艺术中的丑陋比美好能更迅疾地引发对真实的信奉。只有“这是真实的”这一事实能劝服我们去表现丑陋，尽管在面对美好事物时，我们的表现欲是源于美好事物令人心悦

① 齐美尔：《社会美学》，转引自《桥与门——齐美尔随笔集》，涯鸿等译，上海三联书店1991年版，第226页。

② 齐美尔：《货币哲学》，陈戎女等译，华夏出版社2002年版，第15—16页。

的内容，而绝非其真实性。现在，自然主义已经在文学乃至造型艺术上销声匿迹了好些年，一些自然主义代表甚至回归到了象征主义和“风格化”的学派。尽管在自然主义阶段，这些自然主义者的态度并非浅薄不堪，但现在，他们也第一次认识到，只有浅薄的，而不是深邃的事物真实才体现于对个别事物最精确的复制之中。[①]

齐美尔勘察出，自然主义风格对距离感的征服，对现实存在的肤浅复制，表达出文化生活的一个精神倾向：现实感的加强。生活中物质力量越来越增大的时候，现实世界的重要性就不言而喻了。现实感增强的含义是只关注实在的世界（无论美与丑）、实在的感觉（无论爱感、死感、性感），忽略实在世界之外的意义，轻视感觉之外超感性的精神力量。如果说自然主义是这种精神倾向的审美风格，实证主义就是其科学风格。

自然主义艺术风格属于近距离感觉类型，切近地描述现实存在之感。对于这种近距离的现实感，自然主义所作的阐释不加任何价值的评判，任由审美主体产生各色情感的投射。齐美尔的艺术理想是超越现实的自足存在，“艺术中能够直观到的完美性以及灵魂的表达，现实中可以说从未出现过……这正是我们在现实之外还需要艺术的原因所在。”[②]因此，从艺术的本质来看，齐美尔不会太赞赏自然主义艺术风格对实在的忠实模仿。从自然主义包含的精神倾向和艺术理念来看，追求现实感，没有精神性的表现，有悖于齐美尔所谓艺术应追求灵魂的表达，追求源于思想的“精神真实性”的原则。[③]

现代艺术风格与自然主义相反，属于明显的远距离感觉类型。现代艺术不直接描述现实存在，无论是艺术家，还是欣赏者，都与审美的对象保持若即若离的关系。因此，现代艺术发展出了象征主义的风格趋向。

我们极为讲究的文学风格不直接描写对象，只用言辞轻触遥远的对象边缘，这种文学风格把握到的绝非事物，而仅仅是罩在上面的面纱而已。这异常清楚地表现在造型艺术、言语艺术和文学的象征主义倾向中。[④]

---

① 齐美尔：《1870年以来德国生活与思想的倾向》，转引自《宗教社会学》，李放春译，人民出版社2003年版，第226—227页。
② 齐美尔：《论宗教》，转引自《现代人与宗教》，曹卫东等译，汉语基督教文化研究所1997年版，第84页。
③ 齐美尔：《演员与真实性》，转引自《桥与门——齐美尔随笔集》，涯鸿等译，上海三联书店1991年版，第201页。
④ 齐美尔：《货币哲学》，陈戎女等译，华夏出版社2002年版，第386页。

现代艺术的象征主义风格在语言上刻意求精，但精湛的言辞却似乎不忍精确地描景状物，而是强化事物的存在激发的特殊感知，从而使所述之物超越其范围，展现出对生活深度的象征。[①]在齐美尔眼中，这种艺术技巧、这种生活把握方式把“距离”的感觉夸大到了极点，但他并非指作为一种纯粹的诗艺技巧的象征主义有如何的独到之处。象征主义的技法早在古希腊悲剧文学中就已存在。现代象征主义虽是艺术风格，却不止于艺术风格，更是一种“社会—生活”风格和社会学美学——它是把握生活和理解文化的现代方式，它反映了现代“社会—文化”的特殊精神表征，而且展露出现代个体的心性品质。

> 与接近的魅力相比较，现代的艺术感基本上是非常强调距离的魅力的……这种尽量从含蓄中来理解事物的奇特倾向更成了现代诸多方面的共同特征。对空间和时间上含蓄的文化和风格的偏爱便属于这种特征。朦朦胧胧的东西很能激发起许许多多捉摸不定的想象，从而满足我们多方面刺激的需要……所有这些在一切艺术中惯用的形式都使我们跟事物的完整和完美保持着一段距离，好像“隐隐约约”地告诉我们，并没有把真实情况十分明确地告诉我们，并没有把真实情况十分明确地表达出来，而是留了一手。[②]

在含蓄中理解事物从艺术中脱胎出来，成为一种文化理解方式。这种保持心理距离、精神距离和情感距离的文化理解方式，就成为“现代性社会—文化”的生存风格。事实上，齐美尔认为，保持距离的文化倾向“肯定是事物的本质的、内在的关系……我姑且把它归结于保持距离的量的关系，这只能算是象征性的近似的说法”。[③]由此可见，距离感觉类型的远近亲疏关系远远不只是对文化风格的量性判断。在齐美尔看来，“距离”的量化标尺测度和丈量的是文化的本质状态。齐美尔暗示的现代文化的本质状态，就是以审美式的距离感文化，带动现代社会生活全方位（个体心理、社会精神、道德意义）的距离转换。齐美尔之所以用艺术风格凸显现代审美式的距离感文化，乃是因为艺术最敏锐、最诗意地反映了这种文化。不能不说，他对现代文化距离感的把握相当独到且耐人寻味。

在现代距离感文化中，个体的心性品质是什么？是对自我独一无二身份的感性

---

① 斯科特：《象征主义、颓废派和印象主义》，转引自马尔科姆·布雷德伯里、詹姆斯·麦克法兰编《现代主义》，胡家峦等译，上海外语教育出版社1992年版，第185—186页。

② 齐美尔：《社会美学》，转引自《桥与门——齐美尔随笔集》，涯鸿等译，上海三联书店1991年版，第228—229页。

③ 齐美尔：《社会美学》，转引自《桥与门——齐美尔随笔集》，涯鸿等译，上海三联书店1991年版，第230页。

确认。只有确立了个体身份，才有距离可言；只有张扬个体的（距离）感性，才成其为审美式的文化形态。现代生活风格中，个体追求超越现实的远距离自我认同。从保持身体距离到保持心理距离，目的皆是为获得绝然我属的个体感觉。现代主义风格的文学或艺术只描述一种存在，即个体的感性（审美）存在。这就是为什么从浪漫派文艺到20世纪初的现代主义，“我在”成为主题中的主题。无论其“在”的方式是美或丑，“在”的感觉是欢愉或痛苦，只要是我之“在”，就有登上文艺舞台的合法性。

距离感是现代“社会—生活”的感性存在样态之一。齐美尔从这一存在样态的生活形式和艺术形式中，窥探出现代生活向审美式、感觉式生存质态的转变，以及现代个体沉浸于绝然我属之生命感悟的心态。齐美尔说的不错，保持距离的文化倾向反映出的是本质的文化理解方式，而不仅是表象的、量化的文化关系。就此而言，审美式距离感文化的确是对现代文化侧影的一个精妙且不失力度的概览。

四、时尚：大众审美主义

时尚（Mode）作为论题进入研究题域，源自19世纪末。时尚的产生发展与社会工业、经济的兴起和政治体制的发展相伴随，因此，早期的时尚研究注重分析时尚（主要指服饰）的社会性质（包括时尚的经济研究、阶级研究、历史研究等）[①]。待时尚进入文化研究领域后，后期的研究者把时尚视为一种符号和象征，研究它表现的社会地位、性别身份、身体语言和文化含义等抽象的所指内容。新近的时尚研究在多元中心和多元形态的文化趋势中，偏重从特定的个体、族群、社会群中搜取研究素材，表现时尚系统与其环境中的文化政治。[②]

齐美尔属于研究时尚题材的早期社会学家之一，但走的是文化社会学、心理学的路数。对他而言，时尚（或时髦）是一个富含哲学、美学、社会学内涵的“社会—文化”现象，既表达出个性化的感觉风味，又暗藏着社会化的感觉类型。时尚早在古代原始社会中就存在（齐美尔不时提及这点，因他把时尚视为普遍的社会形式和文化现象，不只现代社会才有时尚），然而，时尚获得更为深化和丰饶的内涵显然是现代社会诸多方面的转型造成的。故此，时尚是极富激发性的现代性论域之一。齐美尔敏锐地勘测到时尚的感性和现代性特征。

在《时尚心理的社会学研究》一文中，齐美尔首先从社会学的角度，分析作为

---

① Thorstein Veblen, The Theory of the Leisure Class, New York: Macmillan, 1899, republished by the Viking Press, 1953, p. 118.

② 珍妮弗·克雷克（Jennifer Craik）：《时装的面貌》，舒允中译，中央编译出版社2000年版，第3页。

社会形式的时尚具有的二重性本质。

> 这一点对于时尚来说是根本性的。一方面，就其作为模仿而言，时尚满足了社会依赖的需要；它把个体引向大家共同的轨道上。另一方面，它也满足了差别需要、差异倾向、变化和自我凸显……通过某些生活方式，人们试图在社会平等化倾向与个性差异魅力倾向之间达成妥协，而时尚便是其中的一种特殊的生活方式。[①]

齐美尔以为，时尚就是社会化和个体化这两种冲动感调和以后的产物，它的本质是表达了人们模仿和变异“特殊的统一体”的心理态势。模仿的心理态势产生的是社会化冲动感，变异的心理态势导向个体化的冲动感。两种冲动感觉交互作用，此消彼长，没有哪一种冲动感可以长久地占据生活方式的主导地位。心理感觉冲动的交替变更，使时尚不断变化，从旧的时尚发展演绎出新的、更新的时尚。

既然时尚表征的是既社会化又个体化的感觉类型，相应地，时尚感（或时髦感）既可是个体感觉，也可是社会感觉。

> 某位杰出人物发明了一种服饰、行为和趣味等时尚，通过这种时尚他让自己显得鹤立鸡群。基于这种时尚的意义，他人便试图尽可能快地模仿已经出现的特立独行之举。某种时尚在原始状态下是这样形成的，在较高的状态下亦然。杰出人物的满足感显然在于，它混淆了拥有特殊物的个人情感和被大众模仿并负载起大众精神的社会情感。尽管这两种情感在逻辑上似乎自相矛盾，但它们在心理上却绝对相容，甚至相互促进。[②]

时尚的个体感觉在于创新和特别，表达的是个体主义的美学主张，而时尚的社会感觉是对这种创新和特别的模仿与复制，结果是无差别的共感共享时尚。前者形成了个人时尚，后者形成了社会时尚，时尚就充斥于个人生活和社会生活中。“时尚总是存在，因而，尽管个别意义上的时尚是多变的，但作为一个普遍概念，作为事实的时尚本身，它确实是永远不会改变的。在这种情况下，改变本身不会改变，这是每

---

① 《时尚心理的社会学研究》（Zur Psychologie der Mode: Soziologische Studie, 1895）一文是后来《时尚的哲学》的基础。（齐美尔：《时尚心理的社会学研究》，转引自刘小枫编《金钱、性别、现代生活风格》，顾仁明译，学林出版社2000年版，第94—95页）

② 齐美尔：《时尚心理的社会学研究》，转引自刘小枫编《金钱、性别、现代生活风格》，顾仁明译，学林出版社2000年版，第97—98页。

个对象都具有的事实，它受到心理上隐约的不变性所影响。”[1]无论哪一种时尚，它们的“审美—感性”特征都十分明显：时尚要表达的和唯一要表达的就是感性主张—— 一种特定的时髦感觉。

在齐美尔对时尚的勾勒中，时尚的感性主张中隐含着短暂与永恒的调和，包容着过去与未来的时间融合，而连接短暂与永恒、过去与未来的“现在”成为时尚的感性主题。

> 时尚在被普遍接受与因这种普遍接受而导致的其自身意义的毁灭之间摇晃，时尚在限制中显现特殊魅力，它具有开始与结束同时发生的魅力、新奇的同时也是刹那的魅惑。时尚的问题不是存在（being）的问题，而在于它同时是存在与非存在（non-being）；它总是处于过去与将来的分水岭上，结果，至少在其达到高潮的时候，相比于其他现象，它带给我们更强烈的现在感。[2]

“强烈的现在感”承认当下即刻的感觉，它总是短暂易逝，昙花一现，这正是时尚所要表达的感觉特质。无论时尚的个人感觉还是社会感觉，强调的只不过是这一刻短暂的感性之在。赶时髦就是追逐“现在感”，“现在感”越强烈，它存在的时间就越不能持久，[3]因而时尚的审美价值就寓于主体对“现在”的感性玩味中。因为，“这种短暂性完全不会降低时尚的地位，实际上反而会对它现存的情形增加吸引力……时尚变成了一个价值概念。”[4]由此，时尚的感性主张演绎为一种价值主张，其价值的立论源于这样一个基础论断：时尚乃是短暂的现时之美。时尚的文化精神特质呈现为生命对一特定时间意识的感悟。这一感悟显明整个现代文化中的生命已经失落了终极目标，生命意志只能在短暂之在中随波逐流，不断复制自己。时尚中生存的就是这样的现代生命：只有短暂，没有永恒；只有过渡，没有终极。时尚遂成为现代生命质态和文化质态的象征——体味短暂之美的现代人和崇尚时髦感觉的现代文化。

相对于古典精神理念中对永恒的追求，时尚的现代性特征更加明了：体味且只体味现时之在。由此，齐美尔对时尚的剖析揭示出一个现代性主题：感性之在以短暂的现时感代替永恒，完成了现代生活价值论的置换。作为一个感性的“社会—文化”现象，时尚折射出现代人对价值观念的重新选择。在个体化抑或社会化的时尚中，现代人追求的是现时的感性生命的愉悦。永恒作为时间的终极追求被“现时”

---

① 齐美尔：《时尚的哲学》，转引自《时尚的哲学》，费勇等译，文化艺术出版社2001年版，第90页。
② 齐美尔：《时尚的哲学》，转引自《时尚的哲学》，费勇等译，文化艺术出版社2001年版，第77页。
③ 时尚的反面是“过时”，说明过时的东西中不存在“现时感”的感觉特质，因而时尚无法在里面生存。
④ 齐美尔：《时尚的哲学》，转引自《时尚的哲学》，费勇等译，文化艺术出版社2001年版，第77页。

取代，作为价值的终极追求被感性之在充满。

> 在解释现在的时尚为什么会对我们的意识发挥一种有力影响的理由中，也包含着这样的事实：主要的、永久的、无可怀疑的信念越来越失去它们的影响力。从而，生活中短暂的与变化的因素获得了很多更自由的空间……时尚已经超越了它原先只局限于穿着外观的界域，而以变换多样的形式不断增强对品位、理论信念，乃至生活中的道德基础的影响。①

不可否认，时尚及其体现的“感性—现代性”主张愈来愈成为现代“文化—生活”的主张。短暂的现时感使人们不再执着于一个固定的对象，现代生活不可避免堕入令人眼花缭乱的变象中，文化与生活中不确定的因素越来越多。时尚不仅使现代人的口味越来越时髦化、现时化，更深刻的影响在于，它使生活的道德基础和精神取向转向了生命短暂的感性之在。

但还有一点并未澄清，即时尚如何完成价值论的置换？换一种问法，即时尚怎样形成自身的文化精神特质，一种现时短暂的感性生存品质？这一点乃是诠释时尚的现代性本质的关键，这还要从齐美尔的文化哲学出发。齐美尔的看法是，作为文化现象，时尚根本性地撕裂了主体与客体的关系、生命形式与生命内容的关系。“时尚的更替瓦解了主客体之间吸收和同化的内在过程，该过程通常不允许它们二者间有分歧。”②时尚是一种文化形式、社会形式和生命形式，它的抽象性在于，对具体的生命内容无动于衷。时尚只索要属于形式意义的时髦感，一种短暂的现时之美，因此时尚赋予那些非审美的领域以自身特定的现代性审美标志。时尚只沉迷于对形式（而非内容或意义）的感性体味之中，这是时尚的审美性特征；时尚只品味飞逝而过的、反常极端的形式之美（而非“经典”的东西，崇高旨趣的和谐恒定之美）③，这是时尚具有的现代性特征。依赖于这双重的精神特性，时尚完成了其对价值论的转换：感性颠覆了超感性，现在取缔了永恒。而且，现代社会的时尚意图把这一转换推进到其他领域，以时尚的现代审美经验替代宗教经验、伦理经验等的价

---

① 齐美尔：《时尚的哲学》，转引自《时尚的哲学》，费勇等译，文化艺术出版社2001年版，第77—78页。
② 齐美尔：《货币哲学》，陈戎女等译，华夏出版社2002年版，第374页。
③ 齐美尔说，“经典”离时尚较远，而且往往与时尚对立，因为所有“经典”共有的东西具有稳定性，不会带来不安、失衡，只有那些不自然的反常极端的东西才会进入时尚的领域，它们与生命和事物的永恒中心缺乏一种关系。“所有的时尚都有点不自然。”（齐美尔：《时尚的哲学》，转引自《时尚的哲学》，费勇等译，文化艺术出版社2001年版，第91—92页。）

值诉求。因此，时尚从根本上转变了现代生存的价值依据。[①]作为审美化的文化生存现象，时尚与审美式的距离感文化一样，加深了现代“社会—生活”的世俗化品质。

齐美尔敏锐地察觉到，时尚的精神特质和它代表的生存态度对现代生活的文化发展和个体心理带来了既广且深的影响。因此，他对时尚审美特性的分析向“文化—现代性”理论的纵深进行推进。

> 时尚的变化反映了对强烈刺激的迟钝程度：越是容易激动的年代，时尚的变化就越迅速，（这样做）只是因为（其）需要（表达）将自己与他人区别开来的诉求，而这正是所有时尚最重要的因素之一，然后，随着冲动力的减弱而渐次发展。[②]

时尚的感觉本来产生于人的心理冲动，故此，时尚的变化反映出整个时代的心理结构。按齐美尔的思路，古代社会的时尚主题较为恒定，表现出古代社会稳定协和的心理素质，而现代社会中频繁更迭的时尚主题，揭示出现代社会神经紧张和衰弱的心理体验。每一种时尚都不能持久，变化的速度越来越快。每一种时尚只能生存于片断的感性之在，刚一开始就已然结束，新的时尚接踵而至。新旧时尚的迅速转换中，现代人难有固定的注意力集中点，来不及选择，时尚已经变换了。时尚因此与现代心理特征吻合，各种印象的变化中，我们内心的节奏需要的停歇越来越短暂，注意力的重点从实在的中心转移到开始与结束之处。因此可以说，时尚使现代人紧张的心理体验、茫然的生命感觉统统溶化于漂浮不定的时髦感中。

现代人赶时髦的过程中，心理体验越来越转向感性化、现时化的时髦感，但这种时髦感是相当羸弱的生命体验，它的产生就昭示着死亡，生命之在沉迷于短暂的、轻飘飘的感觉玩味中。速生速灭、漂浮不定的时髦感使整个现代文化正在不可逆转地向时尚文化转向。因为，“社会形式、服装、审美判断，人类表达自我的整体流行风格藉时尚而不断变异。”[③]形成时尚文化的前提不仅是现代人对生活方式的选择，也是他们对时尚所转变的生存依据的选择。现代时尚崇尚的是审美的时尚感文化，其文化理念是追寻短暂的现时之美。因而崇尚时尚的现代文化不可避免地演化为审美形态的文化，其文化基质是世俗化的身体感觉之瞬间存在。

齐美尔以“货币哲学家”练就的老练，注意到了时尚（特别是现代时尚）在保

---

① 弗里斯比虽然认识到齐美尔对“时尚”的论述富含现代性理论因子，但他并未对时尚转变价值论和生存论的根本依据有足够的探讨。（弗里斯比：《现代性的碎片》，卢晖临等译，商务印书馆2003年版，第126页）

② 齐美尔：《时尚的哲学》，转引自《时尚的哲学》，费勇等译，文化艺术出版社2001年版，第76页。

③ 齐美尔：《时尚的哲学》，转引自《时尚的哲学》，费勇等译，文化艺术出版社2001年版，第74页。

存个体性与自由方面的作用，尽管现代人必须为此付出高昂代价。

> 人类以各种形式在外在性上做出牺牲，即，在外在性上受一般大众的支配，以达到保存内在自由的目的，时尚只是这些形式中的一种……时尚也是极有利的一种社会形式，因为就像法律一样，它只影响生命的外在领域，也就是说，它只影响那些和社会有关的生命领域。它提供给存在一种方式，通过这种方式我们能够清楚地证实社会习俗对我们的束缚，以及我们对一些标准的顺从，这些标准是由我们的时代、我们的阶级、我们的小圈子所确立，而且也能使我们退回到生命中被赋予的自由，并使这种自由越来越集中于我们最内在的和基本的因素之中。①

时尚体现出一种自由与束缚的对立平衡，牺牲外在的东西以保存内心的自由。无论是个人时尚还是社会时尚，都表现出自由和束缚之间不断更新和变化的关系，都是相当社会化的形式。即便是标新立异，宣布个人主义美学主张的个人时尚，即便那些故意不赶时髦的人，其实外在形式也受制于时尚本身的社会化趋势，以另一种形式体现着公众的模仿心态。"如果摩登是对社会样板的模仿，那么，有意地不摩登实际上也表示着一种相似的模仿，只不过以相反的姿势出现，但依然证明了使我们以积极或消极的方式依赖于它的社会潮流的力量。有意不时髦的人接受了它的形式，只是不时髦的人以另外的类别将它具体化：在否定的过程中而非夸张的表现中。"②时尚的反面是过时，而不是不时髦。时尚的根本特征是既表现了同一化与个性化的冲动，又表现了模仿与独创的诱惑，自由和束缚的辩证关系在这里有了特别丰富而独特的表现空间。

但无论如何，时尚作为客观文化产品，最终被纳入到客观化和社会化趋势时，就脱离了主体的主观愿望而独立发展。"时尚的扩展就广度和速度来说似乎都是一场独立的运动，一种客观自主的力量，不受个人的约束走着自己的路……时尚较少依赖于个体，个体也较少依赖于时尚，它们各自的内容像一个独立进化的世界，各不相干。"③时尚的客观化程度提高的时候，它对人的自由和主体性不可能有什么帮助。反之，这时的时尚已成为客观文化的一部分，与主体文化之间已有一道深深的鸿沟。个体的内部世界被塑造得受制于时尚，事物的个性受到了无情的侵犯。时尚模糊了事物的"细微差别"，最终体现为群体力量主宰个体的方式。时尚与个体的关

---

① 齐美尔：《时尚的哲学》，转引自《时尚的哲学》，费勇等译，文化艺术出版社2001年版，第85页。
② 齐美尔：《时尚的哲学》，转引自《时尚的哲学》，费勇等译，文化艺术出版社2001年版，第80页。
③ 齐美尔：《货币哲学》，费勇等译，文化艺术出版社2001年版，第374页。

系最终是一种对照，以达到灵魂期望的平衡；时尚代表着易变的外在性，衬托持续稳定的自我感觉。

> 平等对待各种各样的个性，并且总是以不会影响整个存在的方式去运作，这事实上是时尚的基本面；对个体而言它始终是外在的东西，即使在那些服饰时尚以外的界域也是如此。它向个体展现出来的易变的形式在所有情况下都是自我感稳定性的对照，而且由于这种对照，自我感一定会意识到它的相对持续性。时尚各种因素的变化表现为易变性，同时又通过持久的自我感因素逐渐显示出它的吸引力。[①]

时尚不会影响人的基本存在，只影响存在的外在领域，但却在与自我的对照中显现出难以言表的灵魂活动的对立统一的运作。因为在一定程度上，个体灵魂深处也重复着同一化与个性化之间的关系。齐美尔最终把“时尚的哲学”还是归结为探讨灵魂的细微活动的形而上学了。“时尚是一种复杂的结构，以这种方式或那种方式表现着灵魂中主要的对立性倾向。”[②]不管时尚具有多么诱人的魅力，它对于自我是外在的东西，而时尚本身则表露出它“由于迅速性而导致的虚幻本性”。这就是齐美尔对时尚的最终断言。

与距离感文化相似，齐美尔的时尚文化也概括出了现代社会生活的一种感性生存样态，它们二者在本质上均是审美式的文化。如果说距离感的审美文化带动了社会生活在社会精神和个体心理上由近及远的距离转换，那么，时尚文化则催动现代人在万花筒般快速翻迭的新旧时尚中感悟生命举重若轻的短暂之在。若辨识这两种审美文化，距离感文化所表达的更多是一种个体化的审美主义，它所确立的是现代感性生命独一无二的身位感；而时尚文化象征了一种更为大众化的审美主义，[③]时尚的个人化倾向被客观文化的社会化倾向抹平了。距离转换的是现代的空间意识，时尚转换的是现代的时间意识。时空意识的转换不仅缔造了全新的现代性世界观，也转化了传统的生命意识和心理体验：在距离感文化中现代人对感性生命之在的体验是一种远距离式的自我认同，在时尚文化中则是一种昙花乍现般的现时之在。

齐美尔的审美言说所揭露的审美精神特质，是一种感性化的生存品质。这一生

---

① 齐美尔：《时尚的哲学》，转引自《时尚的哲学》，费勇等译，文化艺术出版社2001年版，第83页。

② 齐美尔：《时尚的哲学》，转引自《时尚的哲学》，费勇等译，文化艺术出版社2001年版，第88页。

③ “时尚根除了羞耻感，因为时尚代表着大众行为，同样的，在参与大众犯罪行为时责任感就消失了，而当个人单独这样做的时候他会感到畏惧。”那些优雅的人、特别的人接受时尚只是作为一种面具，在时尚的面具中寻求庇护。社会与个人之间的斗争在此得到了解决。（齐美尔：《时尚的哲学》，转引自《时尚的哲学》，费勇等译，文化艺术出版社2001年版，第84—85页。）

存品质在现代文化生活中前所未有地繁荣，乃是因为现代精神放逐了超感性，确立了感性至高无上的地位。齐美尔别出心裁的“社会学美学”描述了社会整体的感觉化存在和各种主义话语的审美感性表达。距离和时尚可称为齐美尔审美言说中更为细致经典的个案，它们分别标识了追求自我身位的距离感觉类型——一种个体化的审美主义，和追随时代潮流的时髦感觉类型——一种大众化的审美主义。

第二节　韦　伯

韦伯是20世纪最伟大的社会学家和经济史家之一，虽然他提倡价值中立，但这并不妨碍他的价值关怀，那就是对现代资本主义这个“铁笼”世界的忧虑。因此，可以说韦伯也是一位哲学家，在审美领域也有着他的特定关怀。

一、生平和著述

韦伯生于德国图宾根的埃尔福特，是家中的长子，父亲是知名的政治家和公务员，弟弟阿尔弗雷德也是一位著名的社会学家和经济学家。韦伯的家庭就是当时著名的沙龙，汇聚了诸多优秀的学者和公众人物。

因为有着良好的家庭教育，很小的时候韦伯就在历史方面表现出超人的天赋。韦伯在14岁时开始引用荷马、西塞罗、维吉尔、李维等人的著作，在进入大学之前已经熟读了歌德、斯宾诺莎、康德和叔本华等人的著作。

1882年，韦伯进入海德堡大学法律系求学。除了法律之外，韦伯还学习了经济学、中世纪史学和神学，这些学科为他将来的学术事业奠定了坚实的基础。韦伯在1886年通过了律师“实习阶段”的测验，成为实习法官。在19世纪80年代后期，韦伯继续自己的历史研究，并在1889年完成了名为“中世纪商业组织的历史”的博士论文，取得法律博士学位。

1893年，韦伯与玛丽安娜结婚，婚后搬往弗莱堡，并在弗莱堡大学晋升为经济学教授。1897年，韦伯被聘为海德堡大学教授。但是之后韦伯患上失眠症，个性也越来越神经质，无法胜任教授的工作，不得不在1899年学期中途休假离开，直到1902年才返回海德堡。

1903年，韦伯辞去教授职位，与松巴特创办《社会科学与社会政策文库》期刊，并担任副主编。1904年，韦伯在该期刊发表一系列文章，而名为《新教伦理与资本主义精神》的系列论文则成为他最为知名的作品。这也是唯一一本他在世时便已出版成书的著作，而其他作品都以手稿和论文的形式得到保存。

韦伯并不是一个书斋型学者，相反，他对政治尤其是德国政治有着很深的介入，例如他对德国社会主义民主党和自由主义者的认识，对魏玛宪法的参与、对德国人政治成熟的呼吁等。韦伯在1920年6月14日因肺炎在慕尼黑逝世。

韦伯与马克思和涂尔干并列为现代社会学的三大奠基人（加上齐美尔则是四大奠基人），但韦伯的特点在于他注重从主观意图、个人行动去对社会进行理解和诠释。这尤其体现在他的《新教伦理与资本主义精神》中，在这本书中韦伯提出，清教徒的思想影响了资本主义的发展，这与涂尔干的实证主义和功能论以及马克思的经济基础—上层建筑框架是截然不同的。除此之外，《学术与政治》《经济与社会》等都有着重要影响。韦伯的主要作品都已翻译成中文，其中包括2014年出版的《音乐社会学》。

二、理性化思想

如果说每个思想家终生都在思考一个核心问题，马克思思考的是劳动与资本的关系，海德格尔思考的是存在与此在的关系，那么韦伯所思考的则是理性化与资本主义的关系问题。可以说，为何现代资本主义会发端于西方而非世界的其他角落问题，是韦伯的根本追问。

韦伯将哲学中的理性概念改造为社会学中的合理性（rationality），用来说明资本主义发展过程中的理性化进程。这个过程就表现为世界的祛魅，人们可以通过理性的计算去实现各种各样的目的，而不必再诉诸外在的神秘或超自然的原因。但这个理性化或者祛魅了的世界并没有给人类带来许诺好的幸福。

在《以学术为业》中，韦伯引用了《旧约·以赛亚书》中的守夜人之歌，到了《以政治为业》的结尾，韦伯则明言极地寒夜将临。韦伯把时代视作暗夜，固然和德国当时一战造成的衰颓处境有关，然而，更深层的原因在于，他把握到了这个理性化时代的精神状况，并对它的前景报以最深的怀疑和焦虑。西方世界两千多年以来，一直处于不断祛魅的进程之中，一切神秘的东西都渐次失去了他们的魔力，在科学理性的审视之下成为一个单纯的对象，服从于数学计算的逻辑。但理性的光芒并没有照亮一切，相反，它把一切鲜活、有机和生命的东西都驱入了理性化的牢笼。理性非但没有完成启蒙，反倒迎来了一个世界之夜。

在承继韦伯理论遗产的法兰克福学派看来，启蒙已倒退为神话，这就是启蒙辩证法，这就是理性的失色。但这些哲学家没有陷入韦伯式的绝望，凭借马克思的武库，他们发动了对资本主义现代性的工具理性批判。而身处世界之夜中的韦伯，却没有这份乐观和魄力，他挣扎在现代性的分裂状况之中，在科学与人生观、学术与政治之间划了一条深不见底的鸿沟，结果，他自身的心灵也随之分裂，他不得不在学术中压抑他的政治关怀，不得不把价值决断的热情隐藏在价值中立的面纱之后。在这两篇演说中，我们均能感受到他这种自我压抑。他的自我压抑及其原因是多重的，但其症结却在这一点上，即他对现代性的矛盾态度：既完全投身，又断然拒绝。他的投身依凭理性，但拒绝却是非理性的。

韦伯深刻地洞悉了现代性状况下科学、道德与艺术的分裂，科学已不再包含人生意义的思索，并与终极关怀无涉。他深深厌恶那种对科学理性的天真乐观，对于那些依然怀抱往日古典科学信念的人们，他鄙夷地称之为老稚童。但韦伯远未对科学的这种境况报以欢呼，相反，他陷入深深的忧虑之中。这种专业分工所带来的，只是对人性的压抑和摧残。韦伯虽严厉地把科学通往存在、艺术、自然、上帝与幸福的说法视为幻象，但他言语间仍对那种统一性报以悠长的怀恋。像黑格尔以降的所有德国伟大的思想家一样，他无疑渴慕古典时代的人神统一的境界，但他认为，西方两千年以来的祛魅过程是不可逆转的。在他看来，那种年轻人的神秘体验和信念伦理的激进政治对现代性的简单拒绝，非但不能摆脱理性化的枷锁，反而因为理性对神秘领域的审视而更加深陷其中。这些人不敢直面现代性的现实境况，逃避到一种专注自我的可悲境地中。这样的人，是没有听到学术与政治召唤的一群人，用我们现在的话说，就是文艺青年。

韦伯两次引用了歌德的箴言以提醒那些对现代性的简单拒绝者："魔鬼是位老者，要认识他，你得先变老。"也许，韦伯的意思是，要寻求超越现代性的途径，你得先完全融入现代性的现实之中，纵然你的内心对此极不情愿。但韦伯并未提出一种超越现代性的途径，他甚至从未表现出这种意向。韦伯虽然没有借助任何一种历史哲学，却陷入了对历史必然性的绝望，同时，也由于他拒斥了任何一种历史哲学，所以他在不确定的未来中看不到希望。他在理性与情感意志的焦灼中，心怀厌恶地拥抱了现代性。

最终，韦伯极富悲剧意味地纵身跳入现代性的深渊——他给德国年轻一代的建议是，接受理性化的现代境况，并把理性化的原则贯彻到学术与政治志业中去。至此，我们已明白韦伯的分裂所造成的思想后果。他秉承科学中价值中立的原则，然而，因为他仍然对人生意义等伟大的价值问题怀有信念，便只能把价值决断问题付诸个人非理性的内心独白。他对现代政治的官僚化深谙于心并坦然承受，却又呼唤超凡魅力的领袖出现，改变德国官僚政治的不成熟。如果说理性化最终的后果只能像韦伯所言那样，造就一些“没有精神或睿识的专家和全无心肝的纵欲之徒”，那么，改变这种境况就不能依靠理性和无关价值的科学，而只能把希望寄托于先知的指引和古老价值的复兴。卡里斯玛成了他摆脱技术政治的唯一希冀。于是，韦伯便在“理性化的牢笼”中完成了向非理性主义的纵身一跃，无论是内心守护神还是卡里斯玛，都不过是一种非理性主义的遁词而已。韦伯虽然本着价值中立的原则，把价值世界排除在科学研究之外，但却无意间把它们驱向了非理性的领地。韦伯自动走入理性化的牢笼，心底却在对非理性发出呼唤。这就是韦伯自身的分裂状况。卢卡奇也因此把韦伯的思想史位置放置于德国思想从理性主义到完全露骨的非理性主义的转变的关节点上。

《以学术为业》旨在于现代性的分裂状况下重建科学的意义，但很少有人觉得韦伯重建了科学本身的意义。技术知识、思维方法再加上一点点头脑精明，这就是韦伯所认为的现代科学的全部意义，可是与古典时代的通往存在、艺术、自然与上帝的宏伟理想相比，它显得多么贫乏与单薄。但韦伯对此默然领受，在他看来，如果用工具理性去统辖人生意义等伟大的价值问题，才是真正令人难以忍受的。韦伯无疑厌恶实证主义的科学主义立场，但却吊诡地把实证主义事实与价值二分的逻辑推到了极端。在韦伯看来，科学不再是派发神圣价值的先知，而只是个人价值决断的技术工具，凭借它，个人可以获得对价值后果的知识思考。《以政治为业》正是这种科学观的实践结果。韦伯条分缕析地分析了现代政治的状况以及政治家的品格要求，严格地贯彻了他价值中立的原则，既没有表明他自身的政治立场，也没有完全拒斥激进政治的要求。他所做的，仅是澄清激进政治的全部后果和蕴含。韦伯在此描述了一个真正能担当使命的政治家所应具备的伦理要求——信念伦理与责任伦理的结合，这两种伦理对应于政治家的激情和责任的人格要求，如果再加上智识上恰如其分的判断力，这三位一体的结合，便铸就了政治家的人格特征。韦伯在演说中明显地表现了对责任伦理的偏好，但切不可把它当作一个责任伦理的鼓吹者，他所针对的是年轻的激进主义者中那种不顾后果、不负责任的信念伦理。他借责任伦理的言说向他们表明，一个真正的政治家所应具有的品格。因此，他并未阐明和提出一种伦理学，责任伦理的要求并不是普遍的，年轻人可以不负责任地遁入神秘主义体验中，只要他不涉入政治并且具有神秘主义的禀赋。在韦伯看来，一个人最大的美德便是忠于自己，成为你自己，因此，他才会对真诚这种品性如此倾心，才会号召年轻人追随扣动他生命之弦的守护神。忠于自己的守护神，这才是韦伯对他的听众所做的唯一要求。韦伯所遵承的伦理学，乃是一种本真性的伦理学。但是，如列奥·施特劳斯所言，那个守护神也可能是恶魔，韦伯的真正教导是：“按照你的意愿去追随神或恶魔，但是不管你作出何种选择，都要付出你全部的身心和力量。”[①]这种把价值决断交由个人本性的行为，结果必然是背弃理性，陷入虚无主义的泥淖，或者用卢卡奇的说法，导致一种彻底露骨的非理性主义。

韦伯自身思想的悖论，要到现代性的根本悖论中去找。韦伯把理性化的逻辑推到极端，不仅呈现了他自身的非理性，也让现代性的非理性面相暴露无遗。一种看似冰冷无情令人战栗的理性主义，反倒导致了完完全全的非理性主义，这既是韦伯自身的悖论，同时也是现代性本身的悖论。理性化的祛魅非但没有祛除一切非理性的神秘，反倒迎来了众神的复归。诚如韦伯所言：“那些古老的神，魔力已逝，于是以非人格力量的形式，又从坟墓中站了起来，既对我们的生活施威，同时他们之间也再度陷入无休止的争斗之中。”[②]席勒曾经哀悼希腊的诸神在机械的钟声中退隐，如今，韦伯发现他们改头换面，浴火重生。然而，重生的并非是希腊时代那个统一世界的诸神，毋宁说，这是群魔的复活。韦伯在两篇演讲临近结尾处，均引用了上文所提到的一句格言：“魔鬼是位老者，要认识他，你得先变老。”魔鬼作为一个隐喻，在韦伯的演说里分别喻指现代科学和官僚政治，这些都是神灵世界的反面。然而，韦伯用一个非理性的事物喻指技术理性的产物，却不经意间道出了一个现代性的二律背反：现代性到底是技术统治还是群魔狂舞？到底是一个理性化的过程抑或渐趋非理性化。韦伯并非没有意识到这个问题，在《新教伦理与资本主义精神》中，他也提到存在一种与清教徒精于算计的资本主义相对立的非理性资本主义，同时他也提到合理性只是相对的，换一个精神视角看，可能就是不合理的。但韦伯没有考虑到理性与非理性之间的关联和相互衍生，他最终迷失在这个悖论之中。

事实上，导致理性与非理性二律背反的工具理性，其前提乃是事实与价值的二分，而这一分别又植根于近代以来主客体的二元对立。正是这种笛卡尔的二元论，把自然改造为一个单纯的事实，由此衍生了对自然的技术态度，科学理性渐渐等同于技术化的工具理性，人生意义等价值问题被排除出了科学领域。循此一路径，韦伯才遭遇了理性与非理性的二律背反，祛魅后的世界才变成了“冰冷的极夜”。因此，问题的关键在于反思现代性及其主体性前提。韦伯最终没有完成对现代性的理性批判，这一任务要由他的学生卢卡奇来开启。正是这个在韦伯圈子中才华横溢的年轻人，最终找到了一条摆脱主体与客体二律背反的道路，他赋予了无产阶级以一个超越客体与主体对立的历史位置。卢卡奇的目标是，克服工具理性背后的非理性主义，走向总体性。或者用施特劳斯派的话语表述就是：理解整全。只不过，整全

① 施特劳斯：《自然权利与历史》，彭刚译，三联书店2003年版，第47页。
② 韦伯：《学术与政治》，冯克利译，三联书店1998年版，第40—41页。

的把握不仅仅需要去理解，更需要一种革命性的实践。在卢卡奇和法兰克福学派那里，这种实践或多或少被赋予了一种弥赛亚的意味。不同于在世界之夜中彷徨无路的韦伯，这些同处于黑暗时代的犹太人，说的是另一种希望的语言："只是因为有了那些不抱希望的人们，希望才赐予了我们。"

三、审美乌托邦的滥觞

如何走出铁笼，如何走出现代资本主义的绝境，韦伯并没有给出明确的答案，但是他的某些美学思想却经过卢卡奇的中介，启发了法兰克福学派的美学理论，我们可以将这种审美救赎理论称为"审美乌托邦"。我们知道，在法兰克福学派那里，审美，尤其是现代艺术，不仅仅有美学价值，更为重要的是具有解放价值，是走出资本主义现代性铁笼的重要途径——如果不是唯一道路的话。而法兰克福学派对工具理性的批判、对艺术审美救赎功能的期待则源于韦伯。

卢卡奇通过韦伯的视角认识到，随着现代技术的发展，工业体系日益成熟和完善，合理化日益加强，工厂（包括企业）也成了一个自律性的体系。尤其是随着泰勒制的推广，工厂内部的操作日益理性化。但这种理性化是以工人的被摧残为结果的，这种摧残不只是身体的损害，同时也是灵魂的物化。以泰勒制为代表的工厂制度可以说是理性化原则的彻底贯彻，结果却是最彻底的非理性——这就是韦伯所说的，形式合理性导致实质非理性。

这种现象的前提是什么？那就是工人身份的转变：他们已不再是人，而是资本家从市场上买回来的劳动力和消费品。资本家消费工人的什么呢？那就是他们的活劳动，他们的体力和精神，或者他们的时间。这活劳动必须要结合死劳动即生产资料，才可能产生价值。这种生产彻底发挥形式合理性，将原本手工业时代完整的劳动过程分解为抽象合理的局部操作，将生产过程机械化、碎片化，使之更合乎理性，更便于计算，更易于管理。其结果自然是工人意识的机械化，如摩登时代中的卓别林。如卢卡奇所说，随着对劳动过程的现代"心理"分析（泰罗制），这种合理的机械化一直推行到工人的"灵魂"里，甚至他的心理特征也同他整个人格相分离，同这种人格相对立地被客体化，以便能够被整合到合理的专门系统里去，并在这里归入计算的概念。[①]

于是工厂内的时间完全失去了其质的要素，变成了纯粹量，以便于计算和操控。时间变成了一个可量化的连续统一体，或者用本雅明的话说，现代资本主义的

① 卢卡奇：《历史与阶级意识》，杜章智等译，商务印书馆1999年版，第152页。

时间成了同质空洞的时间。现代社会的无意义盖出于此。

这里我们可以看到卢卡奇自身的二律背反：一方面，他根据韦伯的理性化理论，深入分析工人在工厂内的碎片化和机械化，并指出这种境况造成了工人灵魂的彻底扭曲，可以说这是一种生产力批判；另一方面，卢卡奇却试图借助于无产阶级革命这一外部弥赛亚事件来解放无产阶级的身体和灵魂，打破原有的生产关系。但如何确保彻底被扭曲的工人从事这种弥赛亚式的革命行动呢？那就要通过作为先锋队的党的意识灌输。换句话说，工人还要接受教育才能自我觉悟。但卢卡奇在前面也论述道，工人自己就可以认识到其主客体同一的历史地位。自我觉悟还是接受教育灌输，这是卢卡奇没有解决的问题。

到了法兰克福学派，则基本将火力集中在生产力批判上，不再那么重视对生产关系的改造。而对生产力的批判则不可避免地将他们引向审美拯救。生产力则与“技术—目的”理性紧密相关，正如沃林所言：“恰恰是由于何种对规范理性的极端怀疑，审美维度在批判理论中的地位才显得如此举足轻重：似乎只有艺术才能弥补由过度的主观理性的失败而造成的损失。”①又如罗切里斯（Rainer Rochlitz）所指出的，《机械复制时代的艺术作品》（本雅明）从一个更为广阔的角度进入到“灵韵”这个主题中，很明显，这与韦伯的祛魅主题有所关联。②

在韦伯看来，合理化所带来的价值领域分化虽然导致了意义的混乱，却并不简单地意味着意义的彻底丧失。因为在这里，仍然存在着拒绝工具理性主宰一切的力量，它们借助于韦伯所揭示出来的另一种理性——价值理性，获得了完全不同于工具理性世界的存在方式。③工具理性追求的是“技术—目的”合理性，这种合理性就导致了阿多诺和霍克海默所说的启蒙的辩证法：“技术的发展给人们带来了安逸，统治也以更为沉稳的压榨手段巩固了自己的地位，同时也确定了人类的本能。想象力萎缩了。……对进步权力的适应既引起了权力的进步，又每每带来退化的后果，这种退化所展现的并不是进步的失败，而恰恰是进步的成功。势不可当的进步的厄运就是势不可当的退步。”④一切领域都因为祛魅而走向理性化，其中也包括救赎性宗教，但是还剩下一点希望，那就是艺术或审美的力量，正如韦伯所说：

> 在智识主义（intellectualism）和生活合理化的境况下，艺术正越来越变成一个掌握了独立价值、并可以独立存在的世界。无论怎样解释，艺术确实

① 沃林：《文化批评的观念》，张国清译，商务印书馆2000年版，第124页。
② Rainer Rochlitz, The Disenchantment of Art: The Philosophy of Walter Benjamin, New York: The Guilford Press, 1996, p. 154.
③ 李健：《韦伯与法兰克福学派：一段思想史的美学考察》，《马克思主义美学研究》（第9辑），第104页。
④ 霍克海默、阿道尔诺：《启蒙辩证法》，渠敬东等译，上海人民出版社2006年版，第28页。

> 承担起一种此世的救赎功能。艺术为人们摆脱日常生活的烦琐，特别是摆脱越来越沉重的理论的与实践的理性主义的压力提供了**拯救**（黑体为原文所加，引者注）。①

从这段引文我们就可以明白法兰克福学派的审美救赎思想，只不过他们主要诉诸先锋艺术，因为一般的艺术已经成为“文化—工业”的组成部分，失去了否定性和解放性。只有先锋艺术还保持着独立的价值，维持着自身的运行逻辑，为人们摆脱异化的逻辑提供启迪。正如霍克海默所说：“自从艺术变得自律以来，艺术就一直保留着从宗教中升华出来的乌托邦要素。”②“自主性作为现代艺术的一个基本特征，是在韦伯的文化社会学中通过价值领域分化概念成为一种理论事实的。从这个意义上说，艺术自主性作为法兰克福学派第一代理论家对艺术救赎功能展开讨论的一个基本前提，无法离开韦伯为此所作的理论开拓工作。”③

四、音乐社会学

音乐社会学在20世纪末21世纪初有着长足的发展。可以说，音乐社会学起源于韦伯，但是韦伯的作品在当时影响甚微，即便当下其关于音乐作品的影响也难以企及关于宗教和官僚制的作品。④然而在韦伯看来，西方的音乐也有一个理性化即排除非理性和神话的祛魅过程。《音乐社会学》写于1911年，在1921年由慕尼黑三面具出版社（Drei Masken Verlag）首次出版，同年作为《经济与社会》的附录再版。韦伯的问题是一贯性的：为什么正是西方达到和弦、自然音、和声的理性化？⑤而音乐理性化的结果就是音乐摆脱原始的魔法的实用目的，如避邪（崇拜）和祛邪（医疗）。正如韦伯所指出的，“音乐的真正理性化始于音乐发展成为一门‘永久的’艺术，具有僧侣或歌唱的特性：即出于纯粹实践的目的使用传统乐音形式，唤醒人们的纯美学需求”⑥。韦伯的音乐分析主要有如下七个方面：音乐理性化中的和声与旋律因素；音乐理性化的基础：前自然音阶和西方音阶体系；调性及其在古代旋律中

① Gerth and Mills (ed.), From Max Weber: Essays in Sociology, New York: Oxford University Press, 1946, p. 342.

② 霍克海默：《霍克海默集》，曹卫东编译，上海远东出版社2004年版，第214页。

③ 李健：《审美乌托邦的现代想象：从韦伯到法兰克福学派》，《天津社会科学》2010年第3期。

④ Timothy Dowd, “Sociology of Music”, in: Clifton D.Bryant and Dennis L. Peck (ed.), 21st Century Sociology: A Reference Handbook, CA: Sage, pp. 2–3.

⑤ 克罗耶尔：“德文版序”，参见韦伯《音乐社会学：音乐的理性基础和社会学基础》，李彦频译，西南师范大学出版社2014年版，第2页。

⑥ 克罗耶尔：“德文版序”，参见韦伯《音乐社会学：音乐的理性基础和社会学基础》，李彦频译，西南师范大学出版社2014年版，第40页。

的对应物；以五度和四度为基础的音阶理性化：近代调性的基础；西方音乐的多声性演化；乐音系统与律制的理性化；近代音乐与乐器之间的技术、经济、社会关系。

可以说罗马天主教的官僚制是现代国家官僚制的先驱，对教会音乐的理性化产生了举足轻重的影响。韦伯应用研究罗马天主教的音乐记谱法，来揭示理性化的证据。在韦伯看来，是教会的僧侣通过标准化的记谱法来教授和传播礼拜音乐。同样的，乐器也以标准化的形式生产出来，去满足教会音乐等的要求。与宗教社会学研究一样，韦伯也采用了比较研究的方法，并未在其他文化中发现同样的音乐记谱法。

韦伯“所提出的‘合理化’理论，解释了音乐的进步和发展。可以说，音乐的一切进步和发展都有其社会原因且来自于特定的社会阶层的需要”[①]。正如韦伯所说：“法国器乐曲显示出舞蹈的影响，这是由当时法国的社会结构所决定的。……钢琴制造是由大众市场决定的，由于其独特的音乐特性，它成为了市民的家庭乐器。”[②]而韦伯的这个思路也为阿多诺等所继承发展。

“从韦伯的分析中，我们可以看到，他对西方音乐社会学分析所采取的方法是新康德主义。他首先假设西方音乐历史中存在着一种合理化的过程，然后再用大量的研究来为这个合理化过程寻找证据，他把西方社会中的音乐历史的发展，看成是一个非理性的文化被合理化社会发展过程所组织，并由此变得合理的过程，由于近代欧洲社会是被一种合理的手段日益组织、合理化的产物，因此，文化本身只能根据社会本身的合理性来生产。”[③]这种思路在韦伯的社会学中是一以贯之的。

“韦伯对音乐的分析可以概括为两个方面：其一，音乐是历史中理性化进程的一种艺术品，这个进程导致了西方资本主义的兴起。其二，音乐也是社会文化极为关键的组成部分，这种文化也深深触动了韦伯本人。”[④]因此，我们不能将韦伯个人对音乐的兴趣与其对音乐的社会学分析隔离开来。但这里更为重要的是，韦伯通过音乐的研究，试图去揭示文化与社会的互动关系，这也启发了后来的文化研究学者。

---

① 白学海：《论音乐社会学研究方法的范型》，《西北师大学报》（社会科学版）2008年第2期。

② 韦伯：《音乐社会学：音乐的理性基础和社会学基础》，李彦频译，西南师范大学出版社2014年版，第108、111页。

③ 方德生：《阿多诺对马克思·韦伯音乐社会学的翻转》，《哲学研究》2007年第4期。

④ Alan C. Turley,“Weber and the Sociology of Music”, in:Sociological Forum, vol. 16, No. 4, 2001, p. 635.

第四章　距离美学

概　　论

说到“心理距离”，自然是以爱德华·布洛的论述在美学史上最为典型了，因为它最系统、最严密，也最有影响。但如果说它是布洛的首创，那恐怕是要加上很多的限定方可说得通的。就其理论谱系而言，朱光潜先生早就指出：“‘心理距离’说可以在德国美学中找到根源。叔本华已经把审美经验说成是‘彻底改变看待事物的普遍方式’。”[①]其实，叔本华也曾更具体地使用过“距离”一词，不过因出处冷僻而不大为人注意罢了，如：“我们的生命履历就像一幅马赛克图案：唯当与其拉开一定的距离，我们方才能够认识它、鉴赏它。”[②]朱光潜对“距离”的分析是“就我说，距离是‘超脱’；就物说，距离是‘孤立’”[③]。这是对布洛“心理距离”说的阐发，也是对叔本华由哲学而美学的“距离”的解读。距离在审美主体是“超脱”于为利害盘算所困扰的日常生活中的自我，在对象或客体则是将其从与我们的功利性关系中“孤立”出来，审美活动由此距离化而发生。

对此我们尚需进一步指出，第一，自我的“超脱”与对象的“孤立”分开说虽各有侧重，一为“我”，一为“物”，但整体观之，它们又是同一审美活动的两个方面，是同时出现的，是辩证一体的。不能在“超脱”与“孤立”之间排出个时间的先后来。审美主体的形成过程同时就是审美对象的形成过程，这尤体现于自然之成为美这一现象。不过说到艺术品也不例外，虽然自然或生活已经转化为艺术品，但

① 《朱光潜全集》第2卷，安徽教育出版社1987年版，第233页。
② 转引自金惠敏《意志与超越——叔本华美学思想研究》，中国社会科学出版社1999年版，第173页。
③ 《朱光潜美学文集》第1卷，上海文艺出版社1982年版，第22页。

这样的艺术品并不一定就是审美对象，用接受美学的术语说，文本，有待于在阅读或欣赏中活动起来，成为“作品”，即成为我的审美对象。当然，我们并不否认审美教育在培养审美主体方面的作用，但无论如何，未进入审美活动的主体都不能被视为审美主体，他至多只是一个潜审美主体或文本性主体。形象地说，“音乐的耳朵”在未听到音乐的时候不过就是普通的耳朵；“音乐的耳朵”只能是在音乐中的耳朵。

第二，由于物不能自己呈现为审美对象，所以物之“孤立”说到底将取决于一个审美主体的存在及其作用，这就是何以布洛被作为“态度”（attitude）理论家的原因。换言之，主体的审美“态度”是一物能够成为审美对象的终极性原因。尽管物理性间隔，如时间和空间等，天然地具有造成心理距离的效能，但心理距离在布洛那儿首先是一种积极的主观态度，“距离经验是我们能够学习获得的某种东西”，如研究者所指出：“在这一基本的意义上，距离是一个心意状态或一个态度，而非一个数量尺度。审美距离没有物理距离那样的单位。距离经验几乎可以发生在任何情境，指向任何对象，只要一个观照者有足够的能力施之于如此的经验。”[①]那么“至少于理论上，任何东西都可以是审美欣赏的潜在对象”[②]。不难发现，在其对“态度”的强调上，布洛的距离观其实就是笛卡尔—康德主观唯心主义哲学的美学翻版，就是美学上的“人类中心主义”，或审美上的现代性，尽管这并非一定是说布洛对此已有明确的意识或意图。这里我们只是愿意指出布洛距离美学所暗含的倾向而已。可以作为对照的是，叔本华的审美距离观恰恰是反人类中心主义的，是对生命意志的否定和弃绝，因而预示了20世纪的后现代主义思潮。

布洛从心理学的角度去研究审美欣赏中的距离问题，其特色，如果说不是什么创新的话，不在于心理学方法的使用，不在于距离问题的指出，进而总体上说也不在于从心理学出发去考察审美现象，而在于以心理学的方法探讨了一个具体而又自康德以来便位处核心的现代性美学概念——“距离”。布洛在20世纪美学史上的经典意义首先是心理学的，“心理距离”是一个审美心理学的概念；但远不止于此，逸出于心理学界限，布洛以独辟的“心理距离”视角进而还窥测了如今被广泛讨论的“审美现代性”问题。

所谓“审美现代性”，其底色是自始以来审美或艺术从日常、功利、实用和理性中的疏离，是这种疏离生产出以艺术为其精华的审美活动，而现代社会对于工具理性的过度崇尚和依赖并由此而形成的一套现代价值观念或简单说是“现代性”又给这亘古便有的艺术与日常生活的矛盾涂抹了新的色彩、强度和复杂性。在“审美现

---

① Dabney Townsend (ed.), Aesthetics, Classic Readings from the Western Tradition, Belmont: Wadsworth, 2001, p. 238.

② Michael Kelly (ed.), Encyclopedia of Aesthetics, Vol. 4, New York & Oxford: Oxford University Press, 1998, p. 317.

代性”理论中，“审美”被作为对“现代性”的救赎，但反讽的是，这“审美”又与“现代性”同根同祖。可以看到，以现代艺术所体现的“审美”理想恰是自主、自由、个性、创新等这些最基本的现代性原则，于是“审美现代性”就成了一个自相矛盾的概念。究其根源，这不在两种观念内部的相悖与相合，而是出自于观念被付诸现实所必然发生的“异化”，因而“审美现代性”不是别的，它是现代性对其后果的审美反思，现代主义艺术的社会批判凡是触及源出现代性的文化现实都当如是理解。

在这一“审美现代性”的理论语境中，“审美”如果说不只是“距离”，那么“距离”至少也是“审美”最关键的内容。格奥尔格·齐美尔指出：“在那些提供实际愉悦的案例中，我们对客体的欣赏就不是特别审美的，而是实用的；只有当其作为增加距离、抽象和升华的结果时，它才能够变成审美的。”[①]说“距离产生美”在康德“审美无利害”观念为主导地位的现代性美学中似乎并无多少新意可言；齐美尔曾以康德专论获取博士学位，在1902年至1905年间他几乎每年都在讲授美学，他自然不会就此止步。

但是，齐美尔“距离美学”的意义，既不在康德，即将美形式化、去功利化，也不在黑格尔，将丰富而复杂的整个世界蒸发为一个“概念”；换言之，不再用现代性生活去加强经典的力量，恰恰相反，而是沿着既往美学的思路开辟对现代社会特征及本质的新理解和新概括。当代英语世界最著名的齐美尔研究专家大卫·弗里斯比一语破的：“说到底，齐美尔现代性分析的重要意义是，它突出了我们现代经验的审美之维。”[②]或者，“说到底，齐美尔无可置疑地就是最先使我们意识到现代生活美学的社会学家之一”[③]。这即是说，齐美尔最重大的美学贡献，是将美学分析施之于我们的现代生活或我们对现代生活的新经验中。在齐美尔的意义上，我们可以断定，现代社会就是一个“美学社会”，即一个以距离美学为特征的社会；由是观之，在当代学者如费瑟斯通（Mike Featherstone）和波德里亚对由于图像、符号而引起的“日常生活审美化”的“后现代性”讨论中，是游荡着齐美尔“审美现代性”的理论幽灵的。据此，尽管我们不能否认在齐美尔那里也有为浪漫主义、现代主义所标榜的“审美现代性”（例如他揭示过“冒险”与“艺术”在本质上的相类，它是与世俗日常世界的“断裂”，是生活中的“岛屿”或“飞地”），但是其特殊之重要性则只

① Georg Simmel, The Philosophy of Money, Tom Bottomore & David Frisby (trans.), London: Routledge & Kegan Paul, 1978, p. 90.

② David Frisby, “The Aesthetics of Modern Life: Simmel's Interpretation”, in: David Frisby (ed.), Georg Simmel, Critical Assessments, Vol. III. London & New York: Routledge, 1994, p. 63.

③ David Frisby, “The Aesthetics of Modern Life: Simmel's Interpretation”, in: David Frisby (ed.), Georg Simmel, Critical Assessments, Vol. III. London & New York: Routledge, 1994, p. 63.

能是依赖于他对现代社会的这种美学描述和界说。

我们可以将前者称之为“艺术的审美现代性”，后者称为“社会的审美现代性”；进而也可以将“距离”分为“艺术的距离”和“社会的距离”。对于齐美尔来说，“社会距离”既包含有艺术的“对象化”即人性的显出和确证，也可能发展为“异化”即对人性的片面化和否定。因而一个“美学社会”有可能是“反美学”的“社会”。对此倾向，齐美尔有暗示，有警告；我们看到在波德里亚那里，常常是“日常生活审美化”（或用我们的术语，“社会的审美现代性”）与“艺术的审美现代性”的对抗，前者总是被置于后者之批判的审视之下，从而暴露出其“反美学”的性质来。艺术诚然需要距离，但艺术所需要的那种距离又从来是有节度的。

布洛主题不能被解除，实际上也没有被后人所解除。在海德格尔对“人诗意地栖居”的憧憬中，在他对电子媒介造成地理距离之消除而并未因此使人多少地更接近于“物”的批评中；在德里达对因电信技术而致情书消失的哀悼中，尽管一同消失的还有他憎恶的西方形而上学和形而上学的认识论；在杰姆逊关于后现代主义新空间如何使“批判距离”被净除的描述中，在他对于安迪·沃霍尔“无深度”艺术的深度剖析中；需要再次提及波德里亚，在他对拟像是怎样地谋杀了真实的揭露中，一个典型的后现代景观，都或有所保留地表达了对“艺术的审美现代性”的乡愁。这提醒我们，即使“艺术的审美现代性”或简言之“审美现代性”是一个有问题的理论，它至少也是不能那么被轻易地弃之如敝屣的。

第一节　布　　洛

20世纪前半期，爱德华·布洛（Edward Bullough，1880—1934）的“心理距离”说在西方美学界产生了巨大影响。美国学者乔治·迪基（George Dickie）回忆说，1956年，当他开始在大学里讲授美学课程时，“几乎所有美学导论类的书籍都在书的开始辟出一章，解释审美态度的性质，并将之与诸如道德、科学和经济等方面的实际态度作对比”①。而“心理距离”则是这种审美态度说的一个重要组成部分。

布洛的“心理距离”说取得成功的原因，主要有三条：第一，该学说与康德、叔本华美学传统的独特关系。从18世纪到19世纪，哲学美学经历了从审美趣味说逐渐向审美态度说的转变。康德、席勒和叔本华的美学，清楚地显示出审美态度说产生并取得主导地位的过程。这个哲学发展过程为布洛学说的产生和美学界接受这种

① George Dickie, Art and Aesthetic: An Institutional Analysis, Ithaca & London: Cornell University Press, 1974, p. 9.

学说准备了条件。布洛距离说的一个重要特点是，它用一种简明、形象而直接的比喻来说明审美感受。读者无须去理解和适应一个庞大而晦涩的形而上学体系，再把自己的感受纳入这个体系的框架中去；他们所需要的只是接受布洛所提供的一两个鲜明而生动的例子（如海上遇雾、袭击戏台上的坏人、嫉妒的丈夫观看《奥赛罗》等），并根据这些例子体会和理解一条原理（“心理距离”），进而将之运用到艺术和审美的各个方面。由于这种特点，布洛的思想很容易为哲学美学圈子之外的一般艺术评论家和普通读者所接受。

第二，布洛似乎解决了当时困扰美学界的一个大问题。美的对象是多种多样的，而美学作为一个学科，总希望能为之找到一个普遍适用的原理。自从费希纳提出“自下而上”的方法以后，过去那种求助于思辨哲学的做法已不灵了。旧的理论被破除之后，人们对新的东西产生了一种期待心理。在这种情况下，一种既保存了哲学的部分结论，又兼容当时追求科学性的时代潮流的思想最能赢得人们的共鸣。布洛一方面同意美的对象的多样性，承认不可能在它们之中找到共同因素；另一方面又坚持在多样化的审美活动中寻找“公约数”。他认为，这种“公约数”不应在对象中去找，而应该在审美心理中去找（与布洛相反，克莱夫·贝尔则在对象中找，找到了“有意味的形式”）。由此，他创造了一个可以进行多种解释的“心理距离”概念，这在当时具有挽救美学这个学科的意义。

第三，布洛对美学的“准科学”态度。布洛主张在美学领域采用科学方法，他自己就做过多年的审美心理学实验。[①]但是，在心理学仍不成熟的时代，严守当时的心理学方法不会给他的研究带来什么好处。当时最流行的是行为主义，讲的是“刺激→反应”和数据统计，和美学似乎根本沾不上边。布洛对这种方法进行了批判，坚持更为传统的内省心理学方法。[②]尽管如此，他的试图使美学科学化的意愿，仍然给当时的学术界留下了深刻印象。

下面我们将具体阐述布洛“心理距离”说的几个主要问题。

一、“距离”可以“插入”吗?

讨论“心理距离”说所碰到的第一个、也是最基本的问题，就是我们在审美欣赏时，是否“插入”了“心理距离”？如果说是“插入”，那意味着什么？

---

① 例如在1905年至1908年间，他做过大量有关色彩欣赏的试验，并分别于1907、1908和1910年在《英国心理学杂志》上发表了三篇有关这方面成果的研究报告。

② 参见Edward Bullough, The Modern Conception of Aesthetics一书，这是他在剑桥大学讲演美学的讲稿。参见Edward Bullough, Aesthetics: Lectures and Essays, London: Bowes & Bowes, 1957, pp. 1-89，尤其是p. 57。同时参见Elizabeth M. Wilkinson在编辑布洛的书时所写的引言，同上引书，p. xxvii.

布洛从海上遇雾的例子开始了他对“心理距离”的阐述。在那个主要依赖海船作世界旅行工具的时代，海上大雾，对于绝大多数人来说，是一个极不愉快的经验。[①]对不可预见的危险的担忧，对轮船误期的焦虑，再加上潮湿的空气，水手们紧张地在船上跑动，汽笛尖利的声音此起彼伏，这一切都使人们的旅行兴致全无。但是，假如换一个角度看，也许你会看到下面这幅景色：

> 轻烟似的薄纱，笼罩着这平谧如镜的海水，许多远山和飞鸟被它盖上一层面网，都现出梦境的依稀隐约，它把天和海连成一气，你仿佛伸一只手就可握住在天上浮游的仙子。你的四围全是广阔、沉寂、奥秘和雄伟，你见不到人世的鸡犬和烟火，你究竟在人间还是在天上，也有些犹豫不易决定。[②]

两种截然不同的经验源于视角的转换，或“插入”（insertion）了一种神奇的“距离”。布洛提出，这种距离是插在我们的自我与我们的广义的（身体和精神）感受之间，这通常也等于将距离插在我们自我与作为这种感受的源泉或媒介的对象之间。[③]

当然，“距离”只是一个比喻（布洛自己也这么说，他将之称为metaphor）。[④]从词汇学上讲，这个比喻应以实际的空间距离为依托。站在一幅油画面前，距离太近了，看到的是不成物象的笔触；站得太远了，看到的是模糊的一团色彩；只有站在适中的距离，才能实现对这幅画的欣赏。“心理距离”说的吸引力，在很大程度上是由于其包含的实际空间距离的暗示。一位坚持和发展布洛学说的澳大利亚学者塞拉·道森（Sheila Dawson）曾在讨论合适距离时对这个比喻作了引申，说距离的调整如同看一幅画，眼睛近视的走近一点，眼睛远视的则走远一点。只要不是盲人，就这么试来试去，总会找到最合适的距离。[⑤]本来是空间距离的道理被推广到了心理领域，被说成是在心理学上也存在着类似的道理。然而，布洛坚持一个恰好相反的说法。他认为“心理距离”才是普遍形式，而空间和时间距离则是这种“心理距离”

---

① 布洛论“心理距离”的论文发表的同一年（1912），发生了泰坦尼克号海难，这有助于说明布洛举这个例子在当时的实际意义。

② 《朱光潜美学文集》第一卷，上海文艺出版社1982年版，第21页。

③ 参见 Edward Bullough,“‘Psychical Distance’as a Factor in Art and an Aesthetic Principle”(《作为一个艺术因素和审美原则的‘心理距离’》)。参见 Edward Bullough, Aesthetics: Lectures and Essays, London: Bowes & Bowes, 1957, p. 94.

④ 参见 Edward Bullough,“‘Psychical Distance’as a Factor in Art and an Aesthetic Principle”（《作为一个艺术因素和审美原则的‘心理距离’》）。参见 Edward Bullough, Aesthetics: Lectures and Essays, London: Bowes & Bowes, 1957, p. 94.

⑤ 参见 Sheila Dawson,“‘Distancing’as an Aesthetic Principle”, in: Australasian Journal of Philosophy, August 1961, p. 172.

的特殊形式。[①]

布洛给了这种“插入距离”另一个比喻，即“挂空挡”（out of gear，指汽车挂空挡而自由滑行）。通过与实际的自我“挂空挡”，使之不再是我们个人需要和目的的对象，从而能“客观”地观看它，注意它的“客观”特征。

在这里，我们碰到的第一个理论问题就是“插入”是什么样的心理活动，是有意识的还是无意识的？意志对它究竟有多大的控制力？布洛在讲“插入”距离时没有在这方面作出明确交代。但从用“插入”这个词，从他将这种视角的转换比喻为短暂地打开一束强烈的光，照亮了最普遍、最熟悉的事物而产生的感受等，都可看出，这是一种有意识的行动。[②]这一点对于理解布洛的思想非常重要。在布洛看来，归根结底，心灵想要在它与对象之间插入一个距离，就可以插入这样的距离。

朱光潜在引述布洛海上大雾的例子时，用了“把海雾摆在实用世界以外去看，使它和你的实际生活存有一种适当的‘距离’”的说法，[③]他还很爱引用阿尔卑斯山谷路旁的一个标语牌“慢慢走，欣赏啊！”的例子，说能听从劝告的“比较幸运”的人，“在这一驻脚之间，他应付阿尔卑斯山的态度就已完全变过”。[④]这两个例子说明，插入距离的意思是人就可以像“驻脚”那样以支配行动的能力来摆“距离”。

在这方面，塞拉·道森作了更进一步的发挥。她认为，欣赏者不仅可以通过调整以达到最合适的距离，而且面对同一部作品，在同一时间里，可以兼有不同的距离。她举例说，布洛（可能受克罗齐影响）认为，批评家由于关注作品的技术细节而非作品总体，因而与作品“距离太远”，同样，乐队演奏成员、演员、园艺师和建筑师与他们的作品都具有类似的关系。塞拉认为这是不对的。这些人实际上可以在欣赏和对技术细节的关注中均获得成功。要达到这一点，他们需要一种轻松而迅速地在两种关系（两种不同的距离）间进行转换的能力。因此，这两种关系起着互补的作用。[⑤]不仅艺术欣赏是如此，艺术创作也是如此。塞拉还说，艺术家在创作作品时，也应该巧妙地转换“距离”，时而更贴近生活，时而更抽象。[⑥]

综上所述，这些“距离”说的主张者，都认为距离是可以人为地“插入”“摆”

① Edward Bullough, “‘Psychical Distance’ as a Factor in Art and an Aesthetic Principle”, 参见 Edward Bullough, Aesthetics: Lectures and Essays, London: Bowes & Bowes, 1957, p. 93.

② Edward Bullough, “‘Psychical Distance’ as a Factor in Art and an Aesthetic Principle”, 参见 Edward Bullough, Aesthetics: Lectures and Essays, London: Bowes & Bowes, 1957, p. 94.

③ Edward Bullough, “‘Psychical Distance’ as a Factor in Art and an Aesthetic Principle”, 参见 Edward Bullough, Aesthetics: Lectures and Essays, London: Bowes & Bowes, 1957, pp. 21–22.

④《朱光潜美学文集》第一卷，上海文艺出版社1982年版，第20页。

⑤ Sheila Dawson, “‘Distancing’ as an Aesthetic Principle”, in: Australasian Journal of Philosophy, August 1961, pp. 159–160.

⑥ Sheila Dawson, “‘Distancing’ as an Aesthetic Principle”, in: Australasian Journal of Philosophy, August 1961, p. 168.

“调整”“转换”的。这种思想，是审美态度说的要旨。我们在下面将要提到，布洛、朱光潜和道森在具体论述这个问题时，有很多的不同点，但他们在人为地插入距离这一点上是一致的。审美态度说认为，由于某种心理活动，对象成了审美对象。然而，人究竟有没有能力在欣赏对象时人为地，或者说故意“插入”距离？一种心理的活动是否能成为像布洛所说的“普遍的审美原理”？这问题被人们忽视了。

二、“否定”和“肯定”对构成审美经验的意义

布洛分析说，“距离”的作用包含有两个方面：

> 它具有一种否定性的、阻止性的方面——一切除事物的实际方面和我们对它们的实际的态度，以及一种肯定性的方面——在这种阻止性的距离行动基础上提炼我们的经验。①

从逻辑上说，这是一个含糊不清的表述。“距离”总是有待于“插入”“摆出”或“拉开”，即他所说的“距离行动”。如果还用前面提到的比喻，那就是“往后退”，直到达到一个合适的观察距离而已。但在这里，布洛讲的是“阻止性”和“否定性”，因而简单地用“往后退”来解释就不够了。布洛所举的是另外两个著名的故事：一是袭击台上的坏人，二是嫉妒的丈夫欣赏《奥赛罗》。这两者都是由于失去距离而不能把艺术品当作艺术品看，因而不能实现审美活动的例子。它们分别代表了两种不同的情况，一是行动失控，二是心理失控。行动失控的结果可能会是灾难性的。依照这个理论，观众提刀去杀台上的曹操（朱光潜的例子）和士兵举枪打台上的黄世仁、穆仁智（这是中国文学理论教科书中的传统例子），都是由于欣赏者没有能保持距离，因而不能将艺术品当作艺术品来看。当然，演戏时有人这么一闹，戏就看不成了。从这个意义上讲，无人这么闹是大家能顺利看完戏的前提，也是演员能安全地演完戏的前提。对于这个可能成为袭击者的人来说，控制行动也是他正常看戏的前提。但是，这种否定性和阻止性的心理动作，就是艺术欣赏的前提吗？

为了清楚地说明这一点，在这里举一个否定性和肯定性共存的例子。在荷马史诗《奥德修纪》中，奥德修斯为了能安全地欣赏塞壬的歌声，预先用蜡封住水手们的耳朵，又让水手们捆住了他自己的手脚。在这个故事中，否定的一面是那根捆住奥德修斯的绳子，而肯定的一面是美妙歌声对他的吸引力。绳子是这种欣赏不致造

---

① Edward Bullough, “‘Psychical Distance’ as a Factor in Art and an Aesthetic Principle”, 参见 Edward Bullough, Aesthetics: Lectures and Essays, London: Bowes & Bowes, 1957, p. 95.

成灾难性后果的保证，但并不是这种欣赏成为可能的条件。没有绳子，奥德修斯照样能欣赏塞壬的歌声，只是这样的话，他就会经受不住诱惑，他的船就会撞上礁石。

仅仅是心理失控，即第二种情况，当然不具有第一种情况，即欣赏歌曲所带来的危险性，然而，问题的性质还是一样的。嫉妒的丈夫能否观赏《奥赛罗》，当然取决于他的心理承受力能否允许他安稳地坐在剧院的椅子上。如果不能，只是他无法形成注意而已。不注意不是一种注意，他的心理状态不允许他看这出戏。如果能，这种心理的力量在一定程度上，起的仍是奥德修斯那根绳子的作用，保证他安稳地坐在那里而已。

如此说来，距离的作用只是否定性的、阻止性的或抑制性的。它与肯定性的欣赏是否有因果关系？是什么性质的因果关系？这是仍需探讨的问题。但不管怎么说，维护安全，保证观者能安稳地坐在剧院中看戏，是艺术作品欣赏的外在条件。这绝不等于说，一种否定性的心理的力（距离）是艺术欣赏出现的基础或前提条件。当然，更不应说，这样一种心理上的力，构成艺术欣赏本身的一部分。绳子不是对塞壬歌声欣赏的一部分，剧场警卫人员不是戏剧欣赏的一部分，嫉妒丈夫家庭生活问题的恰当解决，也不能构成对莎士比亚戏剧欣赏的一部分。

把这种“否定”与“肯定”的概念进一步推广到前面所举的观雾和在解说时所举的退几步以观画的例子，我们可以进一步看到“否定”与“肯定”这两种不同的动作（包括心理的或行动的）在审美活动中所起的作用。在观画的行动中，为了形成合适的距离而做的退几步的动作本身当然不是观赏。一个不懂画的人可以模仿鉴赏家那样踱步在画廊中，独自在听说有名的画作前面进退，但我劝他还是凑到人群中听讲解的人或别的懂画的人说点什么。装模作样什么也得不到，而听别人说点什么倒是好的语言诱导，是艺术启蒙常常要过的一关。由此来看“观雾”的例子，仅仅靠不去想雾会带来的麻烦和危险，拉开距离，并不能像布洛所说的那样，立刻就会有一束光照亮心灵，导致对雾的欣赏。为这两种心理动作寻找相应的外部动作，我们可以看到，前者相当于船长告诉大家：轮船不会误期，更不会有任何危险。听了船长的话后，乘客们会放下心来，欣赏雾景便成为可能。但船长的话起的作用仅是如此而已。大家放心了，可以安心去打麻将牌、聊天或睡觉了，但不一定就要去欣赏雾景。在这时，相当于审美诱导的是：有同船的人说，你看这雾多漂亮，并以有感染力的语言描述一番；欣赏者回忆起描绘雾景的诗篇；欣赏者想起在游览名山大川时看到的类似的雾景；或者，欣赏者想起读过的神话故事；等等。这些才是给予欣赏者的一种肯定性的、积极的“力”。把上述两种话语力量内化，回到所谓两种心理的“力”上来，我们可以说，对欣赏海雾起直接作用的不是“距离”的力，而是对象本身所具有的吸引力、主体对对象的喜爱和起审美诱导作用的情境。

“否定性”的距离并非审美欣赏的一部分。布洛对此也不是毫无认识。他说“肯定性”的欣赏是以“否定性”的距离为基础。这个表述固然也有前面所指出的问题，但毕竟还显示出布洛的谨慎之处。布洛之所以在表述中注意到这一点，也是前面所说的在一定程度上的对形而上学思维方式的放弃和对科学方法的采用。

叔本华接受了康德区分本体（noumenon）和现象（phenomenon）的理论模式。当他说“世界是我的理念”时，他是说，外部世界只有通过人的感觉和思想才能被把握，但我们不能从外部触及事物的真正本性。唯一使我们能触及这种本性的途径是从内部，即从我的“意志”（will）来把握世界内在的“意志”。这种“意志”不同于黑格尔用以克服康德二元论的理性，而是非理性、本能、欲望和无意识。对于他来说，意志先于思维，本能先于理性，心重于脑。意志是人痛苦的根源。照叔本华看来，生活是苦痛的，这种苦痛的根源在于人的欲望，从而在意志或欲望的驱动下，做出寻求意志实现或欲望满足的活动。欲望的满足只会引发更多的欲望，因此，生活充满了痛苦。现象界的物体有不同的类型和等级，这体现出了某种普遍性，即理念。艺术品呈现给我们去观照的正是这种理念。由于这些理念具有普遍性、无时间性，因而对它们的观照（例如观照人性的基本特征）就使我们摆脱了“充足理由律”的支配。对艺术品的观照，从主体方面说是去欲，从客体方面说是呈现物的理念，由此成为一个既否定又肯定、既消极又积极、既毁又成的过程。显然，只有在这样一种理论模式中，才能理解所谓“距离”的消极方面和积极方面的统一。

三、距离的二律背反

距离的二律背反（the antinomy of distance）是布洛距离说的核心观点之一，许多距离说的重要原理都是由此引申出来的。

当布洛说距离的作用在于“否定”与“阻止”，从而去除事物的实用方面和我们对它的实用态度时，他讲的都是主体的某种心理力量。他认为在此距离行动的基础之上对我们的经验进行提炼时，即他所谓“肯定的方面”时，依赖的还是一种心理力量。当然，这两股力量并不是一股把客体从主体那里拉开，另一股把客体拉向主体，结果造成两者相互抵消。布洛的意思更像是一股力量握住筛子，另一股力量把面粉往筛子上倾倒，其结果是过了筛的精细面粉。

这两股力量都是主体方面的心理的力。是否仅仅依靠对心理的阐释就能解决一切美学问题？布洛在论述时有自相矛盾的现象。为了确立“距离行动”的重要性，认为“距离行动”能使人们形成一种与实用态度完全不同的审美态度。运用这种审美态度来观照世间万物，世界就变成美的了。同样的一个物体，用日常实用的态度来观看它，它并不美，但经由“距离行动”而用审美态度来观照它，它就变成美的了。因此，事物的美不是由于它本身的性质，而是由于人对它的态度，具体地说，是人面对该事物时的“距离行动”。

然而，即使在这个思想框架内，仍可能出现两种不同的情况。乔治·迪基曾把审美态度区分为“弱形式”和“强形式”。“弱形式”认为，一种知觉或意识的方式是把握和欣赏一种独立于那种知觉或意识方式之外的对象所拥有的审美特征的必要条件；而“强形式”则认为，某种知觉或意识方式把一种审美特征强加在（任何）对象之上。

布洛似乎有着建立“强形式”的愿望。他强调说：

> 距离通过改变我们与（对象的）特征之间的关系，使它们变得似乎是虚幻的，而不是这种特征的虚幻性改变了我们对它们的感受。[①]

似乎一旦“心理距离”起了作用，审美态度就形成了，对象就成了美的，整个世界就有了“虚幻性”，变成了一个舞台。布洛提到过用观赏的眼光看世界，甚至还提出“审美文化”的概念（指把审美意识推广到一般生活领域）。[②]他甚至说：“不插入距离，美从最广的审美价值的意义上讲是不可能的。”[③]

然而，布洛并非不重视对象的特征。他承认艺术的非现实的、抽象的特征在加强距离效果方面的作用。这就把客体引入了距离说的讨论范围。布洛认为，审美和艺术需要距离，但距离不是越大越好，也不是不大不小就正好。最为理想的距离，是一方面要尽最大可能缩短距离，另一方面又不失去它。

所谓尽最大可能地缩短距离，是指艺术欣赏有待于艺术品与欣赏者之间的共鸣，越是适合我们个人的独特口味的艺术作品，就越对我们具有吸引力。或者说，艺术品越能契合欣赏者的思想、情感、经验和癖好，产生的艺术效果就越大。

所谓不失去距离，是指不可失去艺术欣赏与私人心理的最后界限。怀疑自己妻子不贞的丈夫应该最能与戏剧《奥赛罗》产生共鸣，因为他自己有非常类似的心理体验，但当他陷到自己的心思里无法解开时，他就失去了距离。同样，仇恨台上的坏人，是一种艺术共鸣，而将这种仇恨付诸行动，去攻击演员，就失去了距离。

---

① Edward Bullough, “‘Psychical Distance’ as a Factor in Art and an Aesthetic Principle”, 参见 Edward Bullough, Aesthetics: Lectures and Essays, London: Bowes & Bowes, 1957, p. 98.

② 参见 Edward Bullough, “The Modern Conception of Aesthetics”, 参见 Edward Bullough, Aesthetics: Lectures and Essays, London: Bowes & Bowes, 1957, p. 83.

③ Edward Bullough, “‘Psychical Distance’ as a Factor in Art and an Aesthetic Principle”, 参见 Edward Bullough, Aesthetics: Lectures and Essays, London: Bowes & Bowes, 1957, p. 118.

由此，布洛引入了对主客两方面条件的讨论。形成具有恰当的“距离”的审美欣赏关系，既依赖于主体方面的条件，也依赖于客体方面的特征。主体方面的条件是与对象“肯定”的心理共鸣、“否定”的维持距离的力量。客体方面的条件是“肯定”的接近自然和“否定”的、以帮助形成距离的不自然和抽象。

这种对客体特征的关注，表明布洛的体系归根结底，还是审美态度的“弱形式”。主体的心理活动，是把握和欣赏外在对象审美特性的必要条件，而不是把审美特征强加给对象。后者只有在一些形而上学体系（例如叔本华的体系）之中才可能实现。

四、恰当的距离与距离的多样性

“距离的二律背反”原则把客体距离与主体距离纳入统一的二元互动关系之中，试图对不同的艺术门类，对从现实到历史、从成人到儿童、从西方到东方在内的多种艺术现象进行解释。

这个问题讨论的起点，仍是所谓“恰当的距离”问题。布洛说，“最希望得到的”（most desirable）距离，是“尽可能缩小距离而又不失去它”。他提出两种失去距离的方式和两种最可能失去距离的情况。两种失去距离的方式，是“距离过大”（over-distance）和“距离过小”（under-distance）。无论是在客体方面还是在主体方面，都各有两种失去距离的可能。客体方面的“距离过大”，是太抽象，失去真实；“距离过小”，则是过于真实，失去艺术与生活的区别。主体方面的“距离过大”，是对艺术品取过于冷漠的态度，例如只关心形式和技术方面；“距离过小”则是把艺术当成生活真实。将这四种情况用图表示，就是：

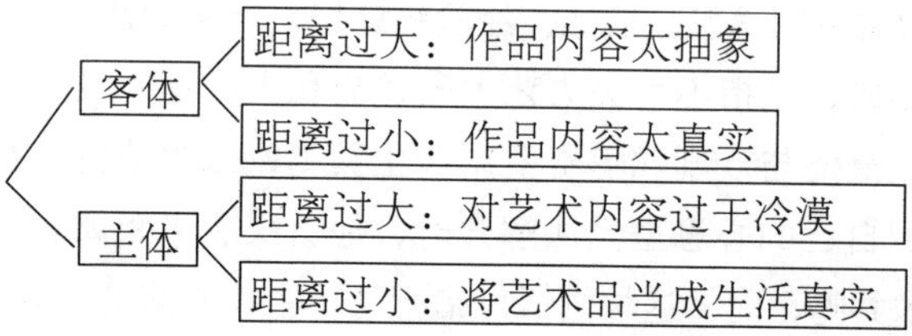

照布洛看来，这四种情况都可能发生，都需要在艺术创造和欣赏时努力避免。但是，他认为最常见的失去距离的两种情况，是主体方面“距离过小”和客体方面的

“距离过大”。[1]因此，人们要在两个方面作出努力，在作为欣赏者的主体方面，要加强保持距离的力量；而在艺术创作者方面，要通过表现更真实的生活和更个人化的感情，以缩小距离。用他的话说就是，“不断地接近自然，使距离的界限变得精细，但又不跨越艺术与自然的分界线，永远是艺术的天然倾向”[2]。

他认为，从理论上讲，距离的缩小应永无止境；而实际上，特定时期的特定观众，需要有特定距离的艺术品。这就出现了距离的“度”（degree）的概念。

合适的距离与距离的度是两个问题，应分别谈。一些更严格、更具有学术气，并追求对该理论的数学式表述的人，会提这样一个问题：既然如此，是否对于特定的个人，在特定的时期，面对特定的艺术品，应该有一种“正确的”（correct）距离。道森认为，“正确的”一语科学色彩太强，用“最适合”（optimum）更好，因为后者允许距离程度的一定的模糊性。[3]不过，布洛的用语“最希望得到的”（most desirable），其实意思也差不多。这只是词句上的推敲而已，并无实质内容上的区别。

布洛在确定了这样一个建立在特定的条件下的理论公式之后，再试图将之向一些具体的艺术现象推广。最希望得到的、最理想的、从理论上讲可能的存在，在实际的艺术中是不存在的。但是，由于前者提供了一个理论框架，将之投射到具体的艺术现象中去，就得出了一种对艺术的解释。

例如，儿童喜欢童话故事，在其中，人会飞，动物会说话，花草树木都可以变成小仙女。这些故事显然是不真实的，属于距离较大的艺术。儿童之所以喜欢这种艺术，其原因在于，儿童主体方面保持距离的力量较弱，因此，需要在客体方面加大距离来补偿。再如，乡下老汉冲上前去攻击台上的坏人，一般民众在裸体画中仅感到性的乐趣等，都属于保持距离力量弱的例子。一般来说，艺术家保持距离的力量较强，而一般民众保持距离的力量较弱。许多艺术家与公众的艺术趣味的差异，以及有关艺术是否过于煽情或有伤风化的争论，概出于此。

进一步，布洛提出了普遍文化水准（level of general culture）的概念。为了适应一些民族和时代的人文化水准普遍较低的状况，艺术常常具有较大的距离。例如埃及雕塑的巨大尺寸、程式化形态和表情、人兽结合（如狮身人面），以及无个性特征等，都意在制造距离。相反，文化水准普遍较高的希腊人的雕塑距离就小得多，而罗马奥古斯都时期的人则作出“几乎是自然主义的”塑像（布洛反对那种认为罗马

① Edward Bullough, “‘Psychical Distance’ as a Factor in Art and an Aesthetic Principle”, 参见 Edward Bullough, Aesthetics: Lectures and Essays, London: Bowes & Bowes, 1957, p. 100.

② Edward Bullough, “‘Psychical Distance’ as a Factor in Art and an Aesthetic Principle”, 参见 Edward Bullough, Aesthetics: Lectures and Essays, London: Bowes & Bowes, 1957, p. 107.

③ Sheila Dawson, “‘Distancing’ as an Aesthetic Principle”, in: Australasian Journal of Philosophy, August 1961, pp. 162–163.

艺术已经退化的希腊艺术的观点)。文艺复兴时期则是普遍文化水平较高因而艺术趋向现实主义的又一个例证。根据这些例子，布洛得出结论，繁盛时期的艺术表现为狭小的距离。与此相反，东方艺术的大距离特征，是文化水平普遍较低的证明。

这种距离的“度”的观点，既适用于主体的保持距离的力量，也适用于量化的客体与生活距离。布洛把这两者统一起来，形成主客互动的理论模式，在这个模式中，主体占据着主导地位，客体随着主体而发生变化。用数学术语说，主体的距离的力是自变量，而客体的距离是它的函数。

五、距离与参与

在论述距离与参与问题时，布洛仅举了袭击台上的坏人和嫉妒的丈夫不能欣赏《奥赛罗》的例子。然而，他所坚持的不可突破的距离界限，被几乎所有的距离派学者认定为反参与的明证。因此，从总体上来说，距离说是反对欣赏者的任何参与形式的。

距离派反对的首先是行动性参与。前面已几次提到袭击台上坏人的例子，后面我们还要专门就此进行讨论。乔治·迪基曾猛烈地批评布洛从极端的例子、而不是从较为平常的例子开始讨论这一方法上的错误。前面既然已介绍过这些极端的例子，我们现在还是接触一些日常的例子。

布洛曾经提到英国儿童文学作家巴里（J.M. Barrie）的小说《彼得·潘》(Peter Pan)。这部小说改编成的儿童剧后来引发了一个重要的关于观戏的人参与戏的发展的重要争论。在小说中，彼得·潘是一个永远不会长大的孩子，会飞、生活在永无岛上。有一天，他到小女孩文蒂家里玩，被她家的狗吓跑了。慌忙之中把自己的影子丢在了文蒂家。在回来找影子时，他与文蒂和她的两个弟弟交上了朋友。他带着文蒂和她的两个弟弟以及与他一同来的小仙女丁克贝尔飞到了永无岛，经历了一番海上奇遇。文蒂和一群孩子回到了家里，长大了，该上学念书了。彼得·潘不愿回来，因为他不愿长大，要永远当一个无忧无虑的孩子。

《彼得·潘》是西方儿童熟知的故事，后来被改编成了儿童剧。在《情感与形式》一书中，苏珊·朗格曾回忆自己小时候看这出戏的情景。当她看到戏的高潮，即小仙女丁克贝尔为了救彼得·潘，代他喝了毒药因而快死的时候，演彼得的演员转过头来问观众：你们相信世界上有小仙女存在吗？只要你们相信，丁克贝尔就能活，相信的人请鼓掌。顿时，在场的孩子们都鼓掌叫起来，而她（苏珊·朗格）却由于戏剧幻觉的消失在很长一段时间里感受到一种强烈的痛苦。[①]

塞拉·道森在描述这一场景时说，听到这句问话，大部分小孩都想逃出剧场，不少人哭了。他们不是为丁克贝尔快死了而哭，而是为戏剧中的魔力消失而哭。[②]

乔治·迪基认为，道森的描述是不准确的。相反，朗格倒是说出了事实，尽管朗格自己持反对态度。孩子们对这种戏剧处理的反应是热烈的，因为戏剧家给了观众一次参与戏剧行动的机会。而朗格说自己感到痛苦，很有可能是由于她的童年回忆已经被她自己的理论过滤过了。[③]说到这里，我们已经超出了纯粹的理论思辨，而进入可观察的领域了。观察和实验可以证明，迪基是对的，而道森是错的。

在现代实验戏剧中，广泛地出现故意让观众参与剧情或演出的现象。如请一个或几个观众上台，演员向观众发问等。实验剧场的形式变化，如舞台伸入观众中，演员从观众席一方走上舞台而不是从后台出来等，这方面的新发明层出不穷，其努力的方向都在参与而不在隔离。

不少学者都嘲笑过某些读者，说这种人钻到书里硬充一个角色。其实，这种嘲笑也许多少带有自嘲的味道。一个人从童年、少年、青年，继而到成年，其间不知"充"过多少角色。男孩想象自己是美洲豹、恐龙或匹诺曹，女孩想象自己是燕子、百灵或白雪公主。孩子们喜欢一些神奇的故事，这绝不是由于这些故事与他们"距离合适"（即不像现实的故事对他们来说距离太小），而是由于他们或多或少感到自己正生活在这样的世界之中。少年时代有一般性的英雄崇拜，崇拜体力、智力上的英雄偶像。青年时代则开始性格和人格对比，想象自己更像书中的哪一个角色。成年人，特别是常读文学作品的人，也许直接移情于作品中某一个人物的情况少了，但仍存在对人物一定程度的认同；感到某个人物的所作所为怎么看怎么顺眼，喜欢从他的角度为他设身处地去想，而对另外一些人物则相反。对于这种现象，布洛没有作具体论述，但他提供的不参与的原则与此当然是相通的。

现在让我们再次回到布洛的一个经典的例子上来。袭击台上坏人是反对欣赏者参与性反应的最有力证据。当我们举奥德修斯的绳子的例子时，我们仅仅是用最简明的例子来剖析欣赏过程中出现的两种力量。即使我们假定在远古时代有这种类似的约束的需要，存在着普遍的不分幻象与真实的现象，人类在诱惑面前还缺乏一定的自制力，随着社会的发展，艺术与宗教的分离，人类社会的发展和人的心灵的丰富，情况早已发生了巨大的变化，人们早已形成和习惯了正常的艺术欣赏方式。这

---

① Susanne K. Langer, Feeling and Form, London: Routledge & Kegan Paul, 1959, p. 318.

② Sheila Dawson, "'Distancing' as an Aesthetic Principle", in: Australasian Journal of Philosophy, August 1961, p. 168.

③ George Dickie, Art and Aesthetic: An Institutional Analysis, Ithaca & London: Cornell University Press, 1974, pp. 102–105.

种艺术欣赏方式不能简单地被看成是奥德修斯的绳子的内化，而应看成人与对象新的关系的建立。

萨缪尔·约翰森在讨论莎士比亚的戏剧时说："真实的情况是，观众时时刻刻都是清醒的，知道从第一幕到最后一幕，舞台仅仅是舞台，演员仅仅是演员。"[①]乔治·迪基曾试图批评距离对"正常"与"非正常"的定位。"距离说"认为，生活中的实际态度是一种正常态度，这时，人与对象是没有距离的。只有依赖于某种心理距离，才能形成某种审美态度。前者是常态，后者是借助于"距离的力量"而产生的心理状态（变态）。这种说法是不对的。人们有一种对艺术作品的正常欣赏方式。看戏有看戏的常态，坐在那里，或笑或流眼泪，或鼓掌或在剧作家和导演设计的范围内应答演员的问题等。一种全身心的参与和意识到这是在演戏是可以并行不悖的。这是看戏的常态，而不是变态。[②]

袭击演员的情况只可能有两种解释：一是袭击者知道看戏的方式，这时，他是精神失常；二是他不知道看戏的方式，这时，他是无知。两种情况都不应视为正常状态。让我们设想，如果一个士兵看戏时举枪打死了一个演黄世仁的演员。事后审理这个案子时，能不能这样下结论：这个士兵对黄世仁的阶级仇恨太深了，以致没有忍住（失去了距离），而不像大多数士兵那样，能忍住（距离力量强）或仇恨不太强也不太弱，正好合适（不即不离）。把所有看戏的人都说成是忍着、憋着（有距离），而少数人终于忍无可忍，采取了行动（失去了距离），这是不符合艺术欣赏实际的。这种说法会引起极大的混乱。类似的例子比比皆是，例如国际比赛中足球流氓闹事，无论根据哪国的法律，也不会这样写判决词：犯罪嫌疑人出于过分强烈的爱国感情，而没有很好地控制住自己的情绪，以致于发生了攻击对方球员或攻击支持对方的观众的行为。

在历史的发展过程中，人类早就形成了适合于对象的观赏方式。它本身不是偏离正常；相反，不以这种方式观赏才是对正常的偏离。

如果仍用奥德修斯的例子来说的话，我们也许可以抛弃神话思维，设身处地来想自己在奥德修斯的处境中会怎么办。我们大概用不着那根绳子（布洛式的"心理距离"），更不会在远远地隐约听到一点歌声时，就决定不再靠近，说有这么一点就可以了，这比靠近听还要好（朱光潜式的"不即不离"）；而是一边听歌声，一边小心掌舵，绕开礁石将船靠近塞壬岛，听得清楚，听得投入，也听得安全。

对象对主体的观赏作出规定，艺术对象要求一种对艺术的观赏方式。也许，布

① Walter Raleigh, Johnson on Shakespeare, London, 1950, p. 27.

② George Dickie, Art and Aesthetic: An Institutional Analysis, Ithaca & London: Cornell University Press, 1974, pp. 99–101.

洛的理论盲点在于，他把自然与艺术放在同一个平面上，希望某种心理力量来帮助他解决审美中的难题，然而，只有在心理之外、在一个新的基础上来讨论对象的性质，才是出路。

六、心灵与媒介

当然，布洛并非不重视客体的性质。他曾专门写过一篇重要论文来讨论艺术媒介问题，阐释他与克罗齐思想的区别。

在1920年于英国牛津召开的哲学大会上，设立了一个专题，讨论“艺术中的心灵与媒介”问题。会上有四位学者发言，第一位发言人查理斯·马瑞奥特（Charles Marriott）认为艺术就是对媒介的技术处理，审美就是对实际问题的有效处理的感知。第二位发言人瓦克雷（A. B. Walkley）坚持克罗齐的观点，认为艺术从本质上说是心灵的，媒介从美学上讲不重要，只是起实际上的传达功能。第三位发言人瓦特（H.J.Watt）以音乐艺术为例，既反对马瑞奥特把艺术等同于对媒介的处理，也反对瓦克雷所引述的克罗齐的“直觉的表现”的观点。布洛是第四位发言者，在发言中，布洛表示赞成瓦克雷用克罗齐的观点对马瑞奥特的物质媒介论的批评，但同时又认为，克罗齐的美学理论只是他的唯心主义一元论哲学体系的一部分。布洛所做的工作，就是引入心理学和心物二元的艺术论。

布洛理论的第一步，是区分艺术的静态方面和动态方面。艺术的静态方面是指“客观的艺术世界”，这是一个包括古今公认的艺术品的广阔领域；而艺术的动态方面是指从创造性的艺术家和积极的欣赏家的角度看而形成的审美对象，因而对主体有着依赖性。

“客观的艺术世界”中只有很少一部分进入创造性艺术家和积极的欣赏家的视野，转化为动态的、从艺术家和欣赏家的观点看的艺术。但是，这种“客观的艺术世界”对使艺术欣赏“标准化”和产生适应、期待以及情感反应起了重大的作用，构成了一种累积的力量，导致一定的固定性趣味习惯。同时，对于艺术家也起着“标准化”的作用。

艺术家在开始其艺术生涯时，总是要模仿别人（前人和周围人）的风格。但是，他也总是要实现自我的表现。这就导致每一位积极的、创造性的艺术家都陷入与技术的永恒斗争中。这种斗争的失败意味着艺术家的无能或矫揉造作。

因此，一方面，“客观的艺术世界”仅是作为艺术家反对、反抗和革命的对象在起作用，而另一方面，“客观的艺术世界”仍具有三个方面的价值：第一，表现了某种形式的历史连续性；第二，对于艺术家和欣赏者来说，代表着一种集体的、由社会决定的标准；第三，代表着同样由社会决定的、非个人的技术传统。

艺术必然要有技术的一面，又总是要将之作为对立面而加以克服。艺术是连续的，或者说艺术是可能的，在艺术中，存在着技术的积累；艺术又是不连续的，审美不具有连续性，总是此时此地的直觉的表现。艺术是可以教育、可以传授的，其中的技术部分可以学而知之；艺术又是不可教育、不可传授的，它是艺术家独特的创造。

艺术要以技术为基础，但又绝不等同于技术。为了清楚地说明这一点，布洛曾经举建筑为例。众所周知，有关建筑从属于工科还是文科，是工程学还是艺术，长期以来存在着争议和划界的困难。布洛从讨论两个均可译为“建筑”的英文词building和architecture入手，来说明两者的区别。他认为，building是制造结构，关注物质形式中包含的各种技术问题，而architecture则是一种空间形式，注重制造效果。他举了一个例子来说明这中间的差别：一根希腊建筑的柱子，从结构上说是向下的，承负重量的；而从空间形式说，是向上的，飞腾的。后者以前者为基础，即依据结构制造空间幻象。布洛特别指出，同样的原则也适用于雕塑，并在经过细节修正后，也适用于其他各门艺术。

在这一番对物质媒介重要性的阐述的背后，存在着布洛的基本理论立场。他赞同克罗齐把直觉概念当作艺术概念的核心，并与克罗齐一样，坚持艺术的统一和独特性，反对对艺术史的流行处理。但他认为，克罗齐只讲了心灵这一元，而缺乏物质这一元。克罗齐只讲哲学，而从心理学上讲，直觉说是含糊不清的。[①]布洛认为，他的理论补充了对物质媒介的思考和心理学方面的论证。这两者归结到一点，就是“距离”。布洛提出，“媒介，对它的处理，它本身的局限，以及它在技术层面上与艺术家的意象的融合，是艺术创造的主要因素之一。它把距离过程强加给艺术家，同时，又为艺术家保持距离提供便利”[②]。物质媒介和艺术家对它的掌握（技术）成了与直觉相对的另一面，它以“客观的艺术世界”作为依托，对艺术家的创作施加影响。

布洛的所谓“二元”，归根结底，还要统一于“心”这一元。艺术创作和欣赏都依赖于心灵的表现，媒介是艺术的创作和欣赏都不得不碰到的东西，但只是作为挑战的对象存在的：艺术要最大限度地缩小距离而又不失去它。把这个公式转用到心灵与媒介的关系上来，艺术要最大限度地制约媒介的作用，但又不得不依赖它。毕竟，不存在没有媒介的艺术，其实在他讨论“距离”与对象特征间的关系时，他的这种观点就已说得很清楚了。布洛认为，不是由于对象的虚幻性使我们产生了距

---

① Edward Bullough, “Mind and Medium in Art”, 参见 Edward Bullough, Aesthetics: Lectures and Essays, London: Bowes & Bowes, 1957, pp. 133–134.

② Edward Bullough, “Mind and Medium in Art”, 参见 Edward Bullough, Aesthetics: Lectures and Essays, London: Bowes & Bowes, 1957, p. 150.

离，而是距离通过改变我们与对象特征的关系而使这些性质显得虚幻。对象之所以成为审美对象，不是由于对象的特征，而是由于一种“心理的力”（距离）。照此看来，人们连点石成金的举手之劳也不必费，可以意念成金了。

结　语

在结束本节之时，我想回到三个较为基本的问题，以对本文所作的探讨进行扼要的概括。这三个问题就是：一、距离能插入吗？二、艺术家在制造距离吗？三、审美态度是神话吗？

对于第一个问题，即“插入距离”问题，我们在讨论中否定了这种“插入”的心理动作与审美欣赏的直接关系。在审美欣赏前作某种心理调整是可能的，培养一定的心理状态以进行审美也是必要的；但把这种调整和培养视为普遍的审美原理，则是不正确的。布洛和道森的这种思想，从属于20世纪初流行的美学上的心理主义，是一种把美学归结为心理学的表现。朱光潜也接受和坚持这种思想，但他有一些独特之处。这种归结显示出美学想脱离一些思辨哲学体系，但由于不能从心理学那里找到足够的支持，只得又回到思辨哲学的尴尬境地。

对于第二个问题，即认为艺术的抽象性是制造距离。这种思想在布洛那里就已存在，但他主要是讲距离制造的被动一面。由于主体距离力量的弱小而不得不在客体方面制造距离。朱光潜则强调距离制造的主动和积极的一面。他认为现代西方艺术与中世纪艺术、东方艺术（包括中国艺术）一样，具有抽象性，这种抽象形式的目的在于制造距离。关于这点，我们讨论了从康德思想，经20世纪初的原始主义、后印象主义直到符号学的理论，说明了形式与情感对应的可能性，从而摆脱了在这个问题上进行理论论证时对“距离”概念的依赖。

第三个问题是针对乔治·迪基而言的。乔治·迪基完全否定审美态度，认为除了对艺术品“密切注意”（Paying close attention）以外，不存在独特的审美态度，这是一个神话（Myth）。我们对艺术品没有不同的注意，只有注意与不注意之别，没有不同的知觉，只有知觉到与没有知觉到之别。[①]审美态度是神话吗？在放弃了心理主义的方法以后，有没有可能为审美态度寻找新的依据？维特根斯坦讲动词的及物与不及物用法之别，讲艺术对象的生命形式，[②]存在主义哲学讲人与人同人与物关系的

① George Dickie, “The Myth of the Aesthetic Attitude”, in: American Philosophical Quarterly, Vol.1, No.1, 1964, pp. 56–65.

② Richard Wollheim, Art and Its Objects, p. 41, p. 45. 以及 Simo Säätelä, Aesthetics as Grammar: Wittgenstein & Post-Analytic Philosophy of Art, Uppsala University, 1998, Chapter 4.

区别，[1]这些都对建构审美态度学说提供了启示。当然，正面叙述审美态度，已远远超出了本文对“心理距离”进行概念梳理和澄清的目的。我们只是在此说明，乔治·迪基对“心理距离”的批判固然是有力的，但他对审美态度的否定有待于进一步分析。怎样在批判了“心理距离”及一些20世纪初期的类似的学说以后，在新的基础上建立新的审美态度说，仍是摆在我们面前的一个重要课题。

第二节　布洛之后

“距离产生美”，这是中西方美学中一个被时常论及的命题。在西方美学史上，将“距离”延展为一个美学概念（或者说，主要是一个审美心理学概念）——“心理距离”（Psychical Distance），并通过详细阐释而将之确立为一种美学学说——“距离美学”的，是19世纪末20世纪初瑞士美学家爱德华·布洛（Edward Bullough，1880—1934）。他的“心理距离”说最早见于1912年发表在英国心理学杂志上的论文《作为艺术因素与美学原理的“心理距离”》（“‘Psychical Distance’as a Factor in Art and an Aesthetic Principle”）。布洛提出，“心理距离是通过把客体及其吸纳与人的身体分离开来而获得的，也是通过使客体摆脱了人本身的实际需要与目的而取得的”[2]。也就是说，在布洛这里，“心理距离”对于审美客体，是将其从与我们的功利性关系——实际需要与目的——中“摆脱”出来；对于审美主体，是“超脱”于利害关系而达到冷静客观地看待事物的自我；审美活动由主客体之间的距离而发生。布洛“距离美学”的理论要点是：艺术欣赏讲求距离，距离随审美对象的性质而变化，随审美主体的能力而变化。布洛的“距离美学”是对康德“审美无利害”思想的承继，然其特色和典型性在于：他不仅从心理学的角度具体探讨了自康德便处于核心的现代性美学概念——“距离”，而且从“心理距离”视角窥测了如今被广泛讨论的“审美现代性”问题。由于布洛“心理距离”在美学史上的典型意义，使得其后许多艺术理论家、艺术史家、美学家、美学史家从不同角度对布洛的“心理距离”说进行了回应。这些回应既包括对布洛“心理距离”说的反思与批评，也包括从“心理距离”说获得灵感而对“距离美学”的推进与完善，还包括以“陌生

① Martin Buber, I and Thou, R. G. Smith (trans.), 2nd edition, New York: Chales Scribner's Sons, 1958. 德文原文Ich und Du, 1923.

② Edward Bullough, Aesthetics: Lectures and Essays, London: Bowes & Bowes, 1957, p. 96.

化”概念群为代表的对布洛“距离美学”的深化与拓展。

一、对布洛“心理距离”说的反思与批评

布洛在题为《作为艺术因素与美学原理的“心理距离”》一文中提出了其著名的“心理距离”说。然因此文篇幅不长，且在其他论著中未对“心理距离”作出更进一步的阐述与发挥，致使其观点存在许多含混、模糊之处，由此引起其后不少学者对其“心理距离”说及该学说的不同方面的反思与批评。

（一）语义学角度的反思与批评。以肯斯利·普莱斯（Kingsley Price）和乔治·迪基为代表，他们认为，布洛使用的“心理距离”一词在词义方面存在歧义，这在其文章开头把“心理距离”视作时间距离和空间距离的普遍形式时即埋下了隐患，“心理距离”没有很好地揭示出布洛所试图表达的意义，或者说该词所表达出的意义至少是不完整的。普莱斯指出，这种歧义性主要表现在两个方面：一是布洛的“心理距离”没有很好地区分审美态度的“心理距离”与“经验距离”；二是尽管布洛指出了“心理距离”与“时空距离”的不同，但在实际论述中却又一而再地将“心理距离”与“时空距离”相混同。[①] 迪基在分析布洛所举的“海上遇雾”的例子时认为：船上的人既可以感受到威胁，也可能感受到美。以此出发，他指出：“我们是否真的需要先去假设有一种独特的称为‘获得距离’的活动和另一种独特的称为‘心理距离’的心理状态，才能解释我们欣赏具有威胁性事物的那种特征呢?”[②] 在此，迪基通过否定审美态度而否定了布洛的“心理距离”概念。我们认为，布洛使用的“心理距离”一词之所以无法很好地表达其思想，从根本上说，是因为他试图用心理学这种科学方法去把握不能完全通过科学方法进行阐释和论证的美学问题，这是布洛的“距离美学”难以摆脱的根本矛盾。

（二）人类学角度的反思与批评。以美国学者莱斯特·朗曼（Lester D. Longman）为代表，他从人类学的角度对布洛“心理距离”说的预设前提提出了质疑。朗曼指出，布洛理论中有两个基于其自己的生活环境所提出的假设：其一，人人皆追求实际利益；其二，追求实际利益是审美活动发生的唯一对立面。朗曼认为，布洛之所以对生活和审美作出如此区分和截然对立，受到了他作为撒克逊人讲求实际的生活方式的影响。然而，这种在生活中讲求实际利益的经验并不能推广至整个人

① Kingsley Price, “The Truth about Psychical Distance”, in: The Journal of Aesthetics and Art Criticism, vol. 35, no. 4, Summer, 1977.

② George Dickie. “Bullough and the Concept of Psychical Distance”, in: Philosophy and Phenomenological Research, vol. 22, no. 2, Dec., 1961. And George Dickie, “Is Psychology Relevant to Aesthetics”, in: The Philosophical Review, Vol. 71, No. 3, Jul, 1962.

类。因为，从历史的层面看，不同时代的人们并不都像撒克逊人那般在生活中追求实际利益和实用效果，也不像撒克逊人那般缺乏美感。从现实层面看，现实存在的许多审美活动需要功利性参与，某些对象更是因为具有了功利因素才产生了美感。另外，在审美活动过程中，接受者的期待视野、接受心境、审美能力以及对象所提供的种种条件都会影响到审美活动的开展和审美经验的获取。由此，朗曼指出，布洛仅仅从自己的生活经验出发而将对美感经验的分析放在非功利层面，仅仅从非功利角度去思考并以此规定审美活动的局限性和距离问题，将审美过程中的心理活动简单化，这不仅不符合历史和现实的实际，也无法真正揭示出审美活动的本质。[①]

二、对“审美距离”的直接探讨

除直接对布洛的“心理距离”说进行反思和批评外，亦有学者通过对“距离”的直接探讨，对布洛的“审美距离”说进行了补充和完善。其中，最具代表性的是意大利马克思主义思想家安东尼奥·葛兰西和德国社会学家格奥尔格·齐美尔。

（一）葛兰西对文艺欣赏中“距离”的探讨。意大利共产党领袖、马克思主义思想家安东尼奥·葛兰西（Antonio Gramsci，1891—1937）在狱中写给其妻子的信中从文学欣赏、文艺批评的角度对“距离”问题进行了探讨。他在1931年6月1日致朱丽娅的信中指出：“我觉得，一般说来，一个聪明的现代人应当保持一定‘距离’来阅读经典作品，即仅仅欣赏其审美价值，而不‘迷恋’暗含赞同诗歌思想内容的意思。”[②] 在此，葛兰西是从文学欣赏的角度来谈论“距离”的。他提出了“距离”和“迷恋”这一对立概念：保持一定“距离”来欣赏文学作品，针对的是作品的“审美价值”而非“思想内容”；而“迷恋”则是“距离”的丧失，是不加判断地附和作品的“思想内容”。那么，应该如何不“迷恋”于文学作品的内容而在文学欣赏、文学批评中保持“距离”呢？葛兰西在1932年9月5日致尤尔卡的另一封信中给出了答案：“我把审美欣赏同艺术美的积极判断区分开来。即把对艺术作品本身的赞赏态度，同道德上赞赏、从而参与艺术家的思想意识世界区分开。我觉得，从批评的角度看，这种区分是正确的和不可或缺的。我能从审美角度欣赏托尔斯泰的《战争与和平》，但不能赞同该书的思想实质。”[③] 在此，葛兰西区分了“审美欣赏”和“道德赞赏”。他强调，要在文学欣赏中保持某种“距离”而不陷于“迷恋”，或者说，

---

① Lester D. Longman, “The Concept of Psychical Distance”, in: Journal of Aesthetics and Art Criticism, Vol. 6, No. 1, Sep, 1947.

② 葛兰西：《狱中书简》，田时纲译，人民出版社2008年版，第323页。

③ 葛兰西：《狱中书简》，田时纲译，人民出版社2008年版，第464页。

从文学批评的角度看，应该将审美欣赏与道德赞赏区分开来，就像面对托尔斯泰的《战争与和平》以及他所说的莎士比亚、歌德、但丁那样。葛兰西只是在两封书信中探讨了“距离”问题，这种探讨是零散的、随意的、感性的。同时，我们也无法确定葛兰西是否阅读或受到布洛“距离说”的影响，但其从文艺欣赏、文学批评角度对“距离”问题的探讨确是对“距离美学”的一种补充。

（二）齐美尔“距离”概念的美学意蕴。“距离”是德国社会学家格奥尔格·齐美尔（Georg Simmel，1858—1918）描述审美现代性特征的一个重要概念，既包含有社会学意味，又有着丰富的美学意蕴。他在出版于1978年的《货币哲学》（The Philosophy of Money）一书中指出，“在那些提供实际愉悦的案例中，我们对客体的欣赏就不是特别地审美的，而是实用的；只有当其作为增加距离、抽象和升华的结果，它才能够变成审美的”[①]。对齐美尔而言，“距离产生美”，审美有赖于距离。仅此而言，齐美尔的论述并无多少新意，然其并未止步于此，而是从现代社会中的货币经济以及城市生活角度对“距离”的审美意义作了深化，使“距离”成为洞察现代社会形成和特点的重要视点，这是其审美“距离”说的独特之处。他认为，“货币将我们置于愈益根本的与客体的距离之中；印象、价值感受、对事物兴趣的直接性被削弱了，我们与它们的联系断裂了，我们要体验它们仿佛是只有经由一个中介，它不允许它们完整的、自主的和直接的存在全部地呈现出来”[②]。他还说，“货币交易看来就像是去创造那种作为审美判断一个必要前提的距离”[③]。也就是说，齐美尔在使用价值和交换价值、自然需求与需求满足、主体世界和客体世界之间植入一个“中介/距离”——货币。根据“距离产生美”这一公式，货币当具有审美的特征和作用——它是对现实生活的抽象化、符号化即距离化，因而原则上货币就具有要求被认作艺术品的权利。另一方面，我们无法忽视资本主义生产方式与精神生活的敌对而坦然接受它们在距离美学上的和解，那么，就必须将艺术从距离美学中进一步区分出来，齐美尔就是这样做的：“只要对象仅仅是有用的，那么它们就是可以互换的，任何东西都可以被其他能够发挥相同效用的东西所取代。但是如果说是美的，那么它们就具有一个特殊的个体存在，一方的价值不能为另一方所取代。”[④]美的之所以成为美的，固然一方面是由于如齐美尔所看到的“美是典型的、超个性体的和普遍有效的事物”[⑤]，如货币所分享于此的，但可能更是由于另一方面它是一种不可重复、不可替代而独具个性的存在。在此，齐美尔揭开了美或艺术的一个悖论：它

① Georg Simmel, The Philosophy of Money, London: Routledge & Kegan Paul, 1978, p. 90.
② David Frisby (ed.), Georg Simmel, Critical Assessments, Vol. III, London & New York: Routledge, 1994, p. 54.
③ David Frisby (ed.), Georg Simmel, Critical Assessments, Vol. III, London & New York: Routledge, 1994, p. 54.
④ Georg Simmel, The Philosophy of Money, London: Routledge & Kegan Paul, 1978, pp. 74-75.
⑤ Georg Simmel, The Philosophy of Money, London: Routledge & Kegan Paul, 1978, p. 74.

们既是普遍的，又是特殊的；既是全体的，又是个体的；既是理念的，又是现实的，是接通了所有普遍真理的、具体的现实存在。这似乎又回到了黑格尔的“美是理念的感性呈现”的经典话题，在那儿“理念”是“一”，“感性”是“多”，前者是普遍性，后者是个性或个体性。

三、“陌生化”：“审美距离”说的深化与拓展

对布洛“心理距离”说的深化与拓展主要体现在由俄国形式主义文论家维克托·什克洛夫斯基提出并被德国戏剧理论家贝尔托·布莱希特、加拿大媒介思想家马歇尔·麦克卢汉、美国马克思主义文学理论家弗里德里克·杰姆逊等进一步发展和完善的“陌生化”理论。

（一）什克洛夫斯基：“陌生化”的提出与“审美距离”可能性问题的解决。如果说布洛的“心理距离”说主要讨论了保持主客体之间审美距离之“必要性”问题的话，那么，俄国形式主义文论家维克托·什克洛夫斯基（Viktor Shklovsky，1893—1984）的“陌生化”理论则主要探讨了保持审美距离的“可能性”问题。在1917年的论文《作为手法的艺术》（“Art as Technique”）一文中，什克洛夫斯基正式提出了其“陌生化”（俄文：остранение，英文：defamiliarization）理论：“那种被称为艺术的东西的存在，正是为了唤回人对生活的感受，使人感受到事物，使石头更成其为石头。艺术的目的是使你对事物的感觉如同你所见的视象那样，而不是如同你所认识的那样；艺术的手法是事物的陌生化手法，是使形式复杂化的手法，它增加了感受的难度和时延。”[1] 在什克洛夫斯基看来，文艺作品与其他文本的本质区别在于是否获得新颖惊奇的审美感受，文学的价值在于让人们通过阅读恢复对生活的感觉，并在这一感觉过程中产生审美快感。因为，或如美国自然主义美学家乔治·桑塔亚那（George Santayana，1863—1952）所说：“如果重复的刺激不是十分尖锐，我们顷刻之间就会淡忘了它们；就像时钟的嘀嗒声一样，它们变成了我们体内状态的一个要素。……我们习惯了的丑的东西，譬如我们衣服或墙壁的破损并不使我们难堪，并不是因为我们看不见它们的丑，而是因为我们习而不察。”[2] 由此，艺术家要有意识地运用一些偏离、背反、变形、重组等“陌生化”手法，通过“将该事物置于新的语义系列中，置于属于另一范畴的概念系列中”，打破原有形式的规范与格局，增加欣赏者对艺术形式感受的难度和“距离”，拉长审美欣赏的时间，进而使接

---

① 维克多·什克洛夫斯基：《作为手法的艺术》，转引自《俄国形式主义文论选》，方珊等译，生活·读书·新知三联书店1989年版。

② 乔治·桑塔耶纳：《美感》，缪灵珠译，中国社会科学出版社1982年版，第72页。引用时稍有改动。

受主体在欣赏作品时摆脱那种司空见惯的、机械麻木的“自动化”体验，获得一种朦胧含蓄的“距离”美感。在此意义上，什克洛夫斯基的“陌生化”手法，实质上是使艺术作品以不为人熟知的形式打破欣赏者先前的期待视野，拉长欣赏者与文学作品之间的“审美距离”，而这个审美距离，也就是布洛所提出的“心理距离”。

（二）布莱希特：“陌生化效果”与向戏剧领域的拓展。如果说什克洛夫斯基着重探讨的是文学作品欣赏中的陌生化手法，那么，受到什克洛夫斯基“陌生化”理论影响的德国戏剧理论家贝尔托·布莱希特（Bertolt Brecht，1898—1956），则主要从舞台演出与观众之间的关系探讨了戏剧的陌生化效果。[①] 他借助于对戏剧舞台上所使用某些特殊手法的概括，发挥出一套关于戏剧艺术与历史现实之间的关系的学说，以否定自古希腊时期亚里士多德以来西方戏剧理论中的“模仿—反映”模式。1935年，布莱希特在莫斯科观赏梅兰芳的精湛演艺后，完成了题为《中国戏曲表演艺术中的陌生化效果》的论文，提出了著名的体现史诗剧核心特征的“陌生化效果”（德文：verfremdungseffekt，英文：estrangement effect，又译“间离效果”“疏远效果”）理论。布莱希特认为，自古希腊时期亚里士多德提出“模仿论”以来，西方戏剧理论大多强调通过对现实的逼真模仿来反映现实，观众将情感移植到演员模仿的角色上，尽量与演员保持一致，从而引起人们在情感上的共鸣和精神上的净化，以此出发，人们总是自觉或不自觉地把“真实”与否作为评判戏剧好坏的标准。布莱希特对深受亚里士多德影响的易卜生等的现实主义戏剧及其理论深感不满，他认为，戏剧要达到的效果是明白告诉观众：“这不是真的。”戏剧不是把反映真实作为唯一目标，而是“坦白承认是演戏”，让人们认识到戏剧和生活并不是一回事，让人们认识到艺术就是艺术。基于这样的理解，布莱希特要求演员积极地运用理性来使自己和角色保持一定的“距离”：“必须使演员摆脱全面进入角色的任务，演员必须设法在表演时同他扮演的角色保持某种距离。演员必须对角色提出批评。演员除了表演角色的行为外，还必须能表演另一种与此不同的行为，从而能使观众作出选择和提出批评。”[②] 通过刻意制造“某种距离”，使戏剧达到一种“陌生化效果”，使观众将戏剧和“正在进行着的生活”相区别。布莱希特的“陌生化效果”，就是有意识地借助种种戏剧艺术手段，“除去所要表现的人物和事件之理所当然、众所周知、明白了然的因素”，“给它们打上触目惊心、引人求解、绝非自然、绝不当然的印记”，以在演员与所演戏剧、角色之间，观众与所看演出的戏剧事件、角色之

---

① 1935年，布莱希特访问莫斯科并结识退特雅科夫。退特雅科夫将什克洛夫斯基的术语“陌生化”翻译为德语词Verfremdung并将之介绍给布莱希特。什克洛夫斯基本人1964年在巴黎的一次采访中也认为，是退特雅科夫把自己的理论介绍给了布莱希特。详见：Douglas Robinson, “Estrangement and the Somatics of Literature: Tolstoy, Shklovsky, Brecht, Baltimore: The Johns Hopkins University Press, 2008, pp. 167–172, p. 284.

② 布莱希特：《布莱希特论戏剧》，丁扬忠等译，中国戏剧出版社1990年版，第262页。

间制造一种“距离”，使演员和观众跳出单纯的舞台情境幻觉、情感体验或共鸣，以“旁观者”的目光审视剧中人物、事件，运用理智进行思考和评判，引起深广的联想和冷静的思考，获得对社会人生更深的认识。为了达到陌生化效果，布莱希特建议演员应该尽量真实地传达出自己的言辞，主张用一些手段使被表演的人物言行陌生化，如使用第三人称、过去时等；另外，他还提出了一种把当代戏剧“历史化”的方法：“陌生化就是历史化，亦即说，把这些事件和人物作为历史的暂时的去表现。”①

（三）麦克卢汉：“反环境”概念与认识和实践之双重内涵的赋予。加拿大当代媒介思想家马歇尔·麦克卢汉（Marshall McLuhan，1911—1980）的“反环境”概念与西方美学史上的“陌生化”观念一脉相承。在1967年的《媒介即按摩》一书中，麦克卢汉提出并论述了其“反环境”概念。在他看来，“反环境”指的是艺术家们通过自己的艺术创作，“创造性地损坏习以为常的、标准的东西”，“瓦解‘常备的反应’，创造一种升华了的意识”，“最终设计出一种‘新’的现实以代替我们已经继承的而且习惯了的现实”。② 麦克卢汉以此阐明的是：通过“反环境”，尽管原先的旧环境成为新环境的“内容”而显得“过时”，但“‘过时’并非‘终结’，而是‘审美之始’”。“我们总是透过‘后视镜’洞察现在，倒退着进入未来。”③ 为此，麦克卢汉以文艺史上的例子分别说明了文艺复兴时期艺术家们对中世纪的回望、工业时代对文艺复兴时期的“后视”，以及20世纪电媒时代对于机械工业时代的“向后看”。麦克卢汉将艺术史上这种通过反观过去而与当下环境保持疏离，并在这种疏离中唤起对当下环境感知的艺术称作“作为反环境的艺术”，以与“常规性艺术”相区别：“‘常规性艺术’是安抚人的催眠术，是对媒介环境单纯的重复；只有‘作为反环境的艺术’能够唤醒人们对于环境的感知。”④ 也即是说，对真正的艺术家而言，他们“拥有辨识当前环境的能力”，他们能够通过创造出“反环境”而使人们同当前的媒介环境保持一定的距离并对当前环境有所感知。这也正是麦克卢汉“反环境”概念的根本目的，它旨在不断更新人们对于日常生活的陈旧感知，把人们从狭隘的日常关系束缚中解放出来。在此，麦克卢汉的“反环境”概念同什克洛夫斯基“陌生化”范畴有异曲同工之妙。当然，同样作为对西方文艺美学史上“陌生化”诗学理论传统的继承与革新，麦克卢汉的“反环境”概念与什克洛夫斯基的“陌生化”又有很大差异，主要表现在两个方面：第一，什克洛夫斯基提倡的“陌生化”方法更多地体现在文学语言的具体应用或者说修辞学层面，而麦克卢汉的“反环境”概

---

① 布莱希特：《布莱希特论戏剧》，丁扬忠等译，中国戏剧出版社1990年版，第63页。
② 特伦斯·霍克斯：《结构主义与符号学》，瞿铁鹏译，上海译文出版社1987年版，第61—62页。
③ Marshall McLuhan, Quentin Fiore and Jerome Agel, The Medium is the Massage, New York: Bantam, 1967, p. 72.
④ Marshall McLuhan, Letters of Marshall McLuhan, Oxford: Oxford University Press, 1987, p. 315.

念则主要表现为艺术家们在创作过程中对于当下的“疏离”和对于过去的不断“回望”。第二，什克洛夫斯基倡导“陌生化”的根本目的在于保持和捍卫文学作品的“文学性”特征，强调文学应当成为独立的“自足体”和与世界万物相分离的“自在之物”，因而对“陌生化”的认识论意义和社会效果关注不多。麦克卢汉以“反环境”概念来总结艺术史上的“后视镜”现象，不再是单纯的就艺术论艺术，而意在借此唤起人们对于现实媒介环境的感知，并进而帮助人们参与到新的媒介环境中去。在此，麦克卢汉的“反环境”概念已经超越了什克洛夫斯基“陌生化”概念那种单纯的形式与结构层面的意义，而兼具认识论范畴与实践范畴的双重内涵。麦克卢汉希冀借“反环境”概念使人们认识到：由主导媒介所形塑的环境及根据主导媒介而衍生出的整个社会制度和文化模式，不是永恒的和“自然的”，而是历史的和人为的，因而是可以通过人的活动加以改变的。也正是以此为出发点，麦克卢汉将媒介研究的重心转移到对媒介自身及其“感知效应”的关注上，推动西方媒介研究在20世纪60年代实现了一次具有“哥白尼革命”意义的全新范式转型。

（四）杰姆逊：从政治与伦理两个层面对“陌生化”的拓展。如果说什克洛夫斯基的“陌生化”理论解决了审美主客体之间“审美距离”的可能性问题，那么，在对“陌生化”理论的拓展方面，布莱希特将“陌生化效果”拓展至戏剧和政治领域，麦克卢汉以“反环境”概念赋予“陌生化”以认识论和实践的双重意义，而美国当代著名的马克思主义文学理论家弗里德雷克·杰姆逊（Fredric Jameson，1934—）则进一步从政治、伦理、历史感等方面，丰富了“陌生化”的理论内涵。在1972年出版的《语言的牢笼》（The Prison-House of Language）一书中，杰姆逊把俄国形式主义的“陌生化”理论介绍给了美国作者，并从马克思主义角度对其进行了阐发和补充。具体来说，这种阐发和补充主要体现在三个方面：第一，对文学中实现“陌生化”的技法的完善与挖掘。在他看来，要实现“陌生化”，“可以通过隐去事物的名称而只在其经验所及的范围内描写它；或通过从某个不寻常的角度或从某个遥远的距离上来描写它；或把事物置于显微镜下；或采用慢镜头动作；或采取平行描写，将被描写的事物和另一个与它不同的事物并列，使前者从未被注意到的性质中得到突出的表露；或改变传统的因果期待等。这些手法中的大多数均可转用于叙事情节上，这时主要的陌生化类型表现为延宕、分布合成、双重情节以及‘展示技法’。”[①] 第二，从历史维度对“陌生化”的补充。在杰姆逊看来，什克洛夫斯基的“陌生化”是一个纯形式概念，他“把文学变化当成一种一成不变的机制，认为它在任何时间任何场所都始终如一”，也就是说，忽视了“时间”的维度，由此导致的结果是“最终将历时性变成仅仅是一种表面现象，破坏了对形式变迁的任何真

① 弗雷德里克·杰姆逊：《语言的牢笼》，钱佼汝译，百花洲文艺出版社1997年版，第50页。

正的历史意识”。为此，杰姆逊认为，要使什克洛夫斯基的模式重新获得历史感，就应当“把注意力从任何的历史转向感知本身的历史”，“试图对神秘化或感知麻木的独特类型与明确模式作出解释”。[①] 第三，从政治—伦理层面的补充。杰姆逊以什克洛夫斯基在陌生化分析中引用托尔斯泰关于清洁房间的一段日记为例，认为什克洛夫斯基的“陌生化”理论“伦理含义深远”，但由于其论述重心在于文学的“文学性”，而“从未这样接近于采取一种真正的形而上或道德的立场”[②]。杰姆逊在布莱希特对戏剧之陌生化效果的分析中发现了对什克洛夫斯基陌生化理论所缺乏的政治—伦理意义的补充，并因此对布莱希特大加赞赏。可以说，杰姆逊正是从马克思主义的角度，从布莱希特对陌生化理论的发展中，发现了什克洛夫斯基的“陌生化”理论的文学价值和政治—伦理价值相统一的可能性，并尝试在二者的结合中实现马克思主义与形式主义的真正对话。

概而言之，自布洛于1912年提出“心理距离”并将之延展为一种美学原则以来，后来者们或从语义学（肯斯利·普莱斯和乔治·迪基）、人类学（莱斯特·朗曼）的角度对其概念的含混之处进行了反思、检讨和批判，或直接对作为文学欣赏、文学批评（安东尼奥·葛兰西）、社会美学范畴（格奥尔格·齐美尔）的“距离”作了进一步的探讨和完善，或以“陌生化”这一全新的概念对布洛“心理距离”的具体实现、领域拓展、认识论与实践之双重内涵丰富、历史维度、政治与伦理视角等方面进行了更为深入的补充与拓展（维克托·什克洛夫斯基、贝尔托·布莱希特、马歇尔·麦克卢汉、弗里德里克·杰姆逊）。这些学者们从不同角度、不同层面对审美“距离”说所付出的努力——反思、检讨、批判、完善、补充、拓展——最终使“距离”概念成为20世纪西方美学史上一个始终位处核心的现代性美学范畴，使“距离美学”成为20世纪西方美学史中一个重要的美学思潮和美学派别。

---

① 弗雷德里克·杰姆逊：《语言的牢笼》，钱佼汝译，百花洲文艺出版社1997年版，第48页。
② 弗雷德里克·杰姆逊：《语言的牢笼》，钱佼汝译，百花洲文艺出版社1997年版，第41页。

第五章　形式主义美学

概　　论

所谓“形式主义美学”(formalistic aesthetics)，更准确地说，“视觉形式主义”(visual formalism)，是20世纪初最早在欧洲成熟的美学流派之一。它将形式从审美对象当中“纯化”出来，并将其置于美学体系的至高无上位置，甚至宣称艺术即是“纯形式”世界的一种美学思潮。从词源学上讲，“形式主义”(formalism) 一词来自拉丁文“formalis”。在欧洲美学史上，对形式的最早探索可以追溯到毕达哥拉斯学派以“数论”为基础的美学思想。但是，“形式主义美学”并不等于“形式美学”(formal aesthetics)，关于形式的审美探索在欧洲文化当中源远流长，比如英国画家荷加斯 (William Horgarth) 的《美的分析》(The Analysis of Beauty，1753) 一书中，就论证了“蛇形线”(Serpentine Line) 是“美的线条”和“富有吸引力的线条”的这类形式问题。[①]

近代意义上的“形式美学”的源头可以追溯到康德，因为他对审美判断的“无目的的合目的性”的规定[②]，在崇尚形式的信徒那里引起了广泛共鸣。其后，德国哲学家和心理学家赫尔巴特 (Johann Friedrich Herbart，1776—1841) 直接将理论分析的任务归结为：从审美功能上对“艺术形式”诸要素加以研究。这种基本研究取向分别在音乐美学和美术史研究领域被发扬光大。

奥地利音乐学家汉斯立克 (Eduard Hanslick，1825—1904) 在《论音乐的美：音乐美学的修改刍议》(On The Musically Beautiful: A Contribution Towards the Revision of the Aesthetics of Music，1854) 当中，一反18世纪下半叶开始的音乐“情感美学”或

① Willam Hogarth, The Analysis of Beauty, Oxford: The Clarendon Press, 1955, p. 70.

② Immanuel Kant, Critique of Judgment, Indianapolis: Hackett Publishing Company,1987, p. 73.

“内容美学”，认定音乐有其“自律性”（Autonomie）：“音乐的内容就是乐音的运动形式，音乐美的形式就是自由的形式。”[①]在美术史领域，奥地利美术史家里格尔（Alois Riegl，1858—1905）和瑞士美术史家沃尔夫林（Heinrich Wölfflin，1864—1945）直接将造型艺术的历史视为“视觉形式的进化”史。在19世纪的德国和英国，在艺术理论领域才兴起了“形式学派”，以菲德勒（Konrad Fiedler，1841—1895）的《论对造型艺术作品的评价》（Über die Beurteilung Von Werken der Bildenden Kunst，1876）和希尔德布兰德（Adolf von Hildbrand，1847—1921）的《造型艺术中的形式问题》（Das Problem der Form in der Bildenden Kunst，1893）为代表作，其影响在造型艺术领域是深远的。

真正意义上的“形式主义美学”出现在20世纪头十年。从贝尔（Clive Bell）到弗莱（Roger Fry）皆从某种“形式主义理论”（theory of formalism）出发构建自己的美学观念。随着该美学思潮于20世纪20年代在欧洲盛极一时，贝尔和弗莱都成了国际知名美学大家。然而，更使他们名噪一时的，是他们一起为“后印象派”所作的著名辩护。这是因为，一方面，他们集中在“视觉形式主义”而迥异于音乐形式学的探索；另一方面，也因为他们为具有现代倾向的艺术潮流摇旗呐喊，从而与传统意义上的“形式主义美术史学”拉开了距离。

众所周知，借助于塞尚等艺术家的艺术实践，贝尔提出了著名的“有意味的形式”（significant form）假说，他认定一件艺术品的根本性质在于“有意味的形式”；与此同时，这种有意味的形式是某种特殊的现实情感的表现。弗莱也提出了“双重生活”论，在他看来，艺术只是对“想象生活”的表现，抑或对于“想象生活”的刺激，这种生活显然不同于“现实生活”，它是一种面对形式的“纯形式反应”。因此，形式主义美学的基本理论主张是建立在以下哲学前提之上的：

首先，形式主义美学始终是建立在一种“二元论”基石上的，这表现为形式与内容、艺术与生活的截然两分。贝尔与弗莱的共同理论倾向是，贬低艺术中的本来存在的任何内容要素，而将独立自主的形式提升到美学知识论的首要地位。进而，只有形式与内容相分离，形式才能为艺术品提供内在的支撑意义。而且弗莱明确主张，人们要过一种艺术的生活而蔑视现实的生活，从而顺应了美学上的主观主义与个体主义的倾向。然而，按照麦克维利（Thomas McEvilley）的批评，形式和内容之间的区别仅仅是“一种幻想”[②]，或者说只是“理论的想象”，形式和内容显然不能独立于对方而单独存在，这种两分似乎完全是不合逻辑的假定。同时，生活也不能

① Eduard Hanslick, On The Musically Beautiful: A Contribution Towards the Revision of the Aesthetics of Music, Indiana: Hackett Publishing Company, 1986.

② Thomas McEvilley, Art & Discontent: Theory at the Millennium, Kingston, New York: McPherson & Co., 1991.

被机械地划分为艺术与非艺术两极，因为生活本来就是一个流动的整体，这样做只能割裂生活与艺术的本然关联，压缩审美经验的本有疆域。

其次，形式主义美学难逃“循环论证”的指责，因为在贝尔与弗莱那里，形式与情感始终具有“内在的张力”，它们是相互支撑从而彼此成就的。形式与意味是“有意味的形式”的两面，形式是由艺术品构成因素组成的纯形式，意味则是不同于一般情感的审美情感。如此一来，纯形式来自于审美情感的物化，而审美情感则仅仅来自于纯形式的激发，循环往复，互相佐证。弗莱后来自己也清醒地意识到这不过是在兜圈子而已。[①]照此而论，形式主义者倒并不是“为形式而形式”的，他们不能完全排除形式之外的因素，审美情感要素反而成了“形式价值”的另一种基础。正因为这种审美情感具有完全自律的特性，所以，与之相对应而出现的形式也具有了某种自为存在的品格。形式主义尽管最初想克服心理主义，但最终往往沦为心理主义的某种变体。况且，对于“何为审美情感”的问题，形式主义者向来语焉不详，这种对情感的含糊解读显然是以个人的审美体验为基础的。因此，形式主义者的两难境遇在于：主观上想将形式从艺术当中“纯化”出来，但客观上却为形式提供的另一种支持反倒是形式之外的情感要素，所以形式与情感只能彼此“循环论证”。

再次，从更深层的观念上看，形式主义者基本上持“非历史的”立场，他们仅从“共时性”维度来理解形式。这种基本立场显然来自形式主义者的“本质主义”哲学观念，因为他们要在一切视觉艺术品的背后找到一个固定不变的本质，从而试图在20世纪初建构出一套并不完善的艺术本体论。当他们笃信纯形式具有普遍的“形式价值”时，便忽略了对艺术史的历史解读，从而将后印象派之前与以后的艺术史统统纳入到自己的“形式价值观”的狭隘视野中来考察，这从贝尔和弗莱对艺术史的非历史性的阐释中可见一斑。这种哲学立场不仅使形式主义者在接受维度上严格将审美经验局限于形式，忽视了审美经验的“历时性”维度；而且在艺术创造维度上认定艺术家的创作目的仅是构造形式，从而丢弃了艺术创造的完整性和全面性。实际上，无论后印象派还是抽象艺术，如果被认为仅仅是纯形式的作品而毫无内容，那都是一叶障目，因为即使形式再抽象也不可能是绝对“纯粹”的，生活经验都以各种潜在的方式被融会在其中。

在20世纪初的国际美学界，贝尔的“形式论”与克罗齐的“直觉说”简直成了“双峰鼎立”之势。实际上，这二者恰恰是互补的。一方面，“形式论”包孕了感情的基因；另一方面，“直觉说”也具有某种形式化取向。可以说，“克罗齐和克莱夫·贝尔分别对两种美学理论作出了贡献，因而对现代艺术批评和现代美学的发展

① Roger Fry, “ A New Theory of Art”, in: Christopher Reed (ed.), A Roger Fry Reader, Chicago: The University of Chicago Press, p. 159.

产生了深刻的影响。克罗齐的贡献在于形成了如下的观点："艺术作品的基本个性不在于它自身特殊的物理特性，而在于能给敏感的观察者以直观体验。克莱夫·贝尔在试图分析'所有的物体会引起审美情感的专门特性'时，忽然想出了'有意味的形式'的说法……现代艺术批评的主要趋势已经把这两种观点糅合在一起，将'形式和形式之间的关系'的结果的主观印象成分，隐含地表现于批评事业里。"[①]

如果说，贝尔和弗莱是通过为"后印象派"的"造型语言"辩护而建立新的美学原则，那么，同时代的抽象主义艺术大师康定斯基（Wassily Kandinsky，1866—1944）则通过为"抽象派"的视觉话语作文本解释的方式，提出其一整套"视觉形式主义"原则。康定斯基一生所写的重要著作都是与抽象图绘组合直接相关的，例如《论艺术的精神》（Über das Geistige in der Kunst，1912）以及作为包豪斯小册子出版的《点·线·面》（Punkt und Linie zu Fläche，1926）。两书都堪称抽象艺术理论的经典之作。

实际上，德国的谢弗勒（Schaffler）早在1901年就发表了《色彩论》一文，认定颜色应成为艺术中独立的抽象体，需要将之独立出来而认定其具备音符特征。按照这种理论，"每一个人都清楚某种特定的色调与某种复杂的情感相对应"，"凡是感觉敏锐的人都尽可能创造属于自己的颜色符号"。康定斯基基本上接受这种观点，但他的美学独特创建更在于点、线、面的"形式"方面，这的确是理论上的积极拓展。在《论艺术的精神》中，康定斯基明确将"抽象派"艺术视为"形而上"的艺术形式，他所弘扬的正是某种"几何抽象"（geometric abstraction）的"形而上精神"！他的精妙比喻是，"准确地说，形式是内在含义的外现。让我们再用钢琴来比喻：如果用形式代替色彩，那么艺术家就是弹钢琴的手，它弹奏着各个琴键（即形式），有意识地以各种方法弹拨着人类的心弦。显然，形式的和谐必须完全依赖于人类心灵有目的的反响。人们一向把这一原则称为内在需要的原则。"[②]在作为《论艺术的精神》续篇的《点·线·面》里，康定斯基对"艺术要素"中的基本要素进行了相当细致和精到的解析。他从"点"这个绘画的最初要素开始，进一步系统全面地研究了"线"和"面"的形式问题，从而建构了一整套的视觉形式学的体系。

在"视觉形式主义"之后，美学家们对形式的探索仍在继续。譬如帕克（Dewitt Henry Parker，1885—1949）就通过《艺术分析》（The Analysis of Art，1924）试图建构一整套的、几乎囊括所有艺术的形式美学原理。而且，作为方法论的形式主义在今天影响犹在，例如当代艺术批评家格林伯格（Clement Greenberg）就设计了一套

---

① 弗雷德·奥顿、查尔斯·哈里森：《现代主义·评论·现实主义》，崔诚等译，上海人民美术出版社1991年版，第55页，译文有改动；亦参见William Elton (ed.), Aesthetics and Language, Oxford: Basil Blackwell, 1967, pp. 100–113.

② 康定斯基：《论艺术的精神》，查立译，中国社会科学出版社1987年版，第37—38页。

"文化—形式批评"方法。[①]在曾为"后印象派"辩护的早期形式主义美学之后，20世纪欧美艺术的"抽象化运动"也需要形式理论的阐发，格林伯格和弗雷德（Michael Fried）从20世纪40年代到60年代对抽象主义的积极阐述，同样依靠了早期形式主义者关于纯艺术的基本观念。同时，就纯粹理论的影响而言，形式主义美学对于符号论美学、格式塔心理学美学、结构主义美学也产生了一定的影响。

质言之，在20世纪现代美学的第一波浪潮里，首先出现的就是"形式"研究。形式主义美学作为20世纪的早期形态的美学，既继承了康德以降欧洲古典美学对形式的一贯关注，也在前现代迈向"现代主义"的艺术激变时刻，在阐释艺术新潮的同时，开拓了自己的理论空间。

第一节　克莱夫·贝尔

克莱夫·贝尔（Clive Bell，1881—1964）早年在剑桥"三一学院"研修历史，后来成了享誉国内外的艺术批评家和艺术哲学家，他还是当时英格兰著名的学术团体"布卢姆斯伯理集团"（The Bloomsbury Group）的主将。该团体由于其成员聚集在布卢姆斯伯理广场附近而得名，其基本倾向是蔑视爱德华七世的审美风尚，崇尚新的审美主义浪潮，贝尔是其"美学观"代言人。他最重要的美学专著，就是1914年以来至今一再出版、阅读者甚众的《艺术》（Art），不仅理论家将之视为20世纪初的美学必读文献，而且它也为从后印象派至今的大量的艺术家所津津乐道。

《艺术》这本里程碑式的著作不仅是形式主义美学的"奠基石"，也是形式主义美学的"拱心石"。它直接受到了两个方面的影响：一个是后印象派乃至整个现代主义艺术的发展，这是他所"感"的；另一个则是英国"新实在论"哲学，这是他所"思"的。所"感"的上升为美学理论，所"思"的用于图像的阐释，就促成了著名的"有意味的形式"假说的出现。

一、《艺术》的艺术之源

先来看《艺术》的艺术之源。"后印象派"艺术的确是"有意味的形式"假说的

① Clement Greenberg, Art and Culture: Critical Essays, Boston: Beacon Press, 1961.

激发者，但是从艺术史角度来看，每当一种理论成型的时候，它总是不满足于解释那些使其得以滋生的新艺术，还要将这种崭新的理论模式向上追溯，力求在此前的艺术长河里获得更大的阐释空间。因为每个时代都有属于这个时代的“艺术史叙事”（narrative of art history）[①]，它不仅为这个时代的艺术所提供，而且也力求适用于所有先前的艺术品。[②]无论形式主义还是表现主义都是这样的理论，它们都宣称能够对所有先前的艺术进行评价并与之相适应。同样，贝尔的理论既适用于印象派，也适用于从原始面具石器到古希腊古风时代雕塑，从拜占庭风格艺术到乔托（Giotto）的文艺复兴时代的艺术形式。

当然，贝尔主要关注的还是诸如塞尚这样具有美学意义的“后印象派”艺术家。从1914年《艺术》首版开始，直到1934年撰写《欣赏绘画》（Enjoying Pictures: Meditations in the National Gallery and Elsewhere， 1934），在两部阐述其理论思考的著作之间，贝尔写得更多的是艺术史和艺术批评类的专著，包括《自塞尚以来的绘画》（Since Cézanne， 1922）、《19世纪法国绘画的里程碑》（Landmarks in Nineteenth-Century French Painting ， 1927）、《法国绘画简介》（An Account of French Painting， 1932）等。但他的夙愿是要为“后印象派”张目。他对塞尚这些艺术家的评论已经成为西方艺术批评史上的经典之作。众所周知，在视觉艺术领域，早期印象主义成了反叛古典主义和欧洲造型艺术“求似”传统的开始，发展到“后印象派”更是走向了对“纯形式”的探索，塞尚就是以一种绝对理性的精神来呈现对象形式的。按照贝尔的经典评论来看，塞尚是发现“形式这块新大陆的哥伦布”，他“创造了形式”，走向了“对形式意味感的表现”，在艺术取向上站到了印象派这个正确的一方。[③]所以，整整一代艺术家都能从塞尚的作品中吸取灵感，“后印象派”这场新型运动也是从塞尚那里发源的。

总之，塞尚及其后的艺术实践，为贝尔的美学提供了最有创造力的启示和最有力的佐证，贝尔的形式主义美学则是对以塞尚为代表的艺术倾向的理论总结和辩护。在塞尚之前，在艺术模仿说占据主流的情况下，暂时出现的关注形式的倾向只能位居次要地位。塞尚则彻底抛弃了艺术的模仿性因素，建构了一种符合内在感情的主观的造型语言。

---

① Arthur C. Danto, After the End of Art: Contemporary Art and the Pale of History, Princeton: Princeton University Press, 1997, p. 47.

② Sondra Bacharach, “Can Art Really End ?”, in：The Journal of Aesthetics and Art Criticism，Vol.60, No. 1,（Winter, 2002）.

③ Clive Bell：Art, London: Chatto & Windus, 1949, pp. 207–212.

二、《艺术》的理论来源

再从理论关联角度来看，贝尔显然认同康德的哲学和美学观点，[①]或者说，从康德到贝尔的理论发展具有共同的趣味纯化和精英取向，他们都把对某种对象的“审美鉴赏”与其他各种具有利害关系的“看”区分、分离开来。这种鉴赏实际上就是康德所说的“鉴赏判断”（Geschmacksurteil）[②]。在这种判断的基础之中，作为第一契机的“审美非功利”观念占据主导地位，而且，更强调“为审美而审美”的纯粹性和不及物性。这是因为，只有当“审美之维”被摒弃一切诉诸利害的关联时，“形式因”才能被抽象出来。所以，贝尔始终强调一种特定的、独特的、单纯的、必然的“审美感情”（aesthetic emotion）是实际存在的。

然而，与贝尔更直接的哲学关联，则来自同时代英国新实在论的奠基者摩尔（G. E. Moore）的影响，或者说，当时一种曾占据主导地位的“伦理直觉说”（ethical intuitionism）深刻影响了形式主义美学的建构。根据摩尔的《伦理学原理》（Principia Ethica， 1903），“善”是事物本身具有的一种品质，人们是通过“直觉”才认知到事物的善的。[③]这种“直觉”是对某一物或者某一事件状态所作出的单纯的凝思（simply contemplates），它使人直接意识到“这就是善”。当然，摩尔的意思是说，某个人依据这种直觉也能毫不迟疑地即时认识到“这是红色的”，或者作出某些类似的判断。贝尔对这一点极为赞同，但他并没有受到把直觉与审美画上等号的克罗齐美学的影响，而是从伦理哲学那里直接获取资源，认定真正的“审美价值”就应该是这种善的“直觉形式”之一。

的确，贝尔的理论有着和康德美学一样的“纯而又纯”的基本诉求。因而，那些诸如贝壳、图案、相框或壁纸上的簇叶饰、无标题幻想曲之类的既无生命又无内容的“纯粹美”，才被康德认定为是“自由的美”，而具有任何一种既定目的的作品都被归之于“只是依存的美”。尽管康德从崇尚人的理性的观念出发，认定只有“依存美”才能进而成为“理想美”，但贝尔却忽视了这一点而只发展了其“自由美”的维度。贝尔并不怀疑“视觉的呈现”是可能的。在对从原始时代到后印象派的具体艺术作品的阐发中，他惯用的手法是将对作品的评论回溯到作品本身的“审美质素”（aesthetic quality）上，以区分于追求形式化的技巧和过于浪漫化的联想。

---

① McLaughlin, T.M, “Clive Bell’s Aesthetic: Tradition and Significant Form”, in: Journal of Aesthetics and Art Criticism, 1977, p. 35.

② Immanuel Kant: Critique of Judgment, Indianapolis: Hackett Publishing Campany, 1987, pp. 44–45 .

③ G.E. Moore, Principia Ethica, Cambridge University Press, 1903.

三、“有意味的形式”假说

在艺术观照和哲学思考的基础上，贝尔的“有意味的形式”便被提出来。这种美学假说可以分解为两个方面：

第一假说是“在一件艺术品里的根本性质（essential quality）是有意味的形式”。[①]这显然是从“欣赏者”角度出发作出的规定。这是视觉形式学的核心假说，贝尔对此深信不疑。当然，这种形式就是线条、色彩这些基本的形式元素，按照某种组合规律进行搭配而形成的“某种形式”与“形式与形式之间的关系”，亦即某种“动人的组合和排列”。

第二假说是“有意味的形式是对感受到的关于现实的特殊感情（peculiar emotion felt for reality）的表现”[②]，或者说，“艺术是对某种终极实在的感情（an emotion for ultimate reality）的表达”[③]。这显然是从“创作者”角度出发所作的规定，也被称为“形而上学”假定，贝尔对这个补充性假说并没有多少自信。所以，他的重点在于对“形式”的基本界说。

在他看来，只有具备了“第一假说”的性质，尽管是在最低程度上具有这种性质，艺术品便不会毫无价值。可见，“有意味的形式”不仅仅是艺术的基本规定，也是最低意义上的规定。假若一件艺术品缺失了这种性质，那么，它是否能成为艺术就变得十分可疑；贝尔甚至认定这样的艺术品不可能存在。必须补充说明的是，这里的艺术主要是指“视觉艺术”，但诸如有某种韵律的诗歌、有组织结构的情节化小说，其实也可以用这种基本规定来衡量。

为了论证这种观点，《艺术》所举的例子主要是视觉艺术及各类的视觉审美对象，贝尔因此将“有意味的形式”视为一切视觉艺术的性质。他连续举出的例子是：圣索非亚（Santa Sophia）教堂，卡尔特（Chartres）修道院的窗子，墨西哥的雕塑，波斯的古碗，中国的地毯，帕多瓦（Padua）的乔托的壁画，普桑（Poussin）、弗朗西斯卡（Piero della Francesca）和塞尚的作品；那么，这些东西的共同性质究竟是什么呢？答案就是“有意味的形式”。“在各种不同的作品中，线、色以某种特殊的方式组成了某种形式或者形式之间的关系，从而激起了我们的审美感情。这种线、色的关系与组合，这些审美的动人之形式，我想称之为‘有意味的形式’。所谓

---

① Clive Bell, Art, London: Chatto & Windus, 1949, p. 100.
② G.E. Moore, Principia Ethica, Cambridge University Press, 1903, p. 100.
③ G.E. Moore, Principia Ethica, Cambridge University Press, 1903, p. 103.

‘有意味的形式’，便是一切视觉艺术的共同性质。”①

质言之，从形式主义视角来看，一切视觉艺术都是由于具有某种“有意味的形式”才称其为艺术；贝尔对艺术的基本界定就是这样从“形式”的维度作出的，但这还不全面。他的艺术观念不仅仅是由“形式”规定的，因为这种“形式”还必须是“有意味”的。因而，他就试图继续从“感情”的角度来继续规定，力求通过“两面夹击”来确定艺术的本质。

四、“审美感情”论

在20世纪初的英国，几乎所有“美学体系”都是以某种独特感情的个人体验为出发点的。换言之，那个时代的人们大多认定只有激发感情的对象才能称之为艺术品。所以，对“艺术品激发出一种独特的感情”这种说法，人们是普遍赞同的。然而，贝尔尽管同意这种说法，但又有所保留。这是由于并不是所有作品都能引发出相同的感情。事实上，每一个艺术品所激发出来的感情都是不同的。即使如此，贝尔最终还是要将它们一网打尽，因为，这些被艺术激发出来的感情尽管不同，但都是可以归属于“同一类”的感情。

因而，他反复使用“审美感情”（aesthetic emotion）这个术语。“有意味的形式”恰恰具有激发出这种“审美感情”的能力，在享受艺术的过程中，每个人都能感受到这种特殊的感情。这种独特的“审美感情”是被不同的视觉艺术激发出来的。贝尔认为，这种独特感情的激发物，既包括绘画、雕塑、建筑这些主流艺术，也包括工艺品、雕刻和纺织品这些西方艺术界所谓的“次要艺术”。这种“审美感情”一方面具有一定的“普遍性”，有可能使每个观赏者都表示普遍赞同；另一方面也具有“必然性”，因为对于任何有能力感受它们的人来说，这种感情都是毋庸置疑的。所以，在“第二假说”的意义上，贝尔试图在一切视觉艺术品上都“发现”这种感情，试图由此发现一切视觉艺术品的根本性质，从而依据这种性质将艺术品同其他对象区分开来。

如何规定“审美感情”的问题甚至被贝尔视为“美学的核心问题”。只有这个问题解决了，美学的问题才能迎刃而解。但是，他毕竟注意到了感情之间的差异。他认为，“审美感情”会因为不同个体（each individual）而出现变化、是“因人而异”的，因为“一切审美判断都是个人鉴赏力（personal taste）的结果”②。即便如此，艺术还是有共通的规律可循，它就是“形式的结合”（combination of forms）；与此同

① G.E. Moore, Principia Ethica, Cambridge University Press, 1903, p. 8.

② G.E. Moore, Principia Ethica, Cambridge University Press, 1903, p. 8.

时，审美的形式也有共同的心理依据，它就是“审美感情”。

五、形式与感情：循环论证

但无论“形式”还是“感情”，在贝尔那里都不是割裂的存在，而是始终结合为一体的。换言之，在他那里，一切艺术问题都必然涉及某种特殊的感情，同时，这类感情一般也是通过形式而被知觉的。他最终确定的是“感情和形式这两个方面，实质上就是同一的”[①]。

究竟是什么唤起欣赏者的“审美感情”呢？答案是只有“有意味的形式”才能充当这个角色。因为离开了这种性质，艺术品就不能称其为艺术品，有着这种性质，艺术品就不会一点价值都没有。或者说，一切审美方式的起点必须是对某种特殊感情的切实感受，而唤起这种感情的物品才被称为艺术品。这样，“形式”与“感情”就被联结起来了。谈“形式”时所说的是富有“审美感情”的形式，谈“审美”时所说的则是被赋予了某种形式的“审美感情”。这样一来，“有意味的形式”主张就难逃被指责为“循环论”的宿命：对形式的审美来自于意味，或者说形式就因为“有意味”才“美”；而“美”则取自形式，因为各种感情都是经过形式的媒介生发出来的。

正如贝尔所主张的那样，只有诉诸一种内心的乌托邦即“对终极实在的感情”，这种矛盾才能得到解决。因此，形式也就成了“某种对‘终极实在’之感受的形式”[②]。显然，当他谈到真正的艺术必须超越现象存在、通过纯形式显示出“隐藏在事物表象后面的并赋予不同事物以不同意味的某种东西，这种东西就是终极实在本身”时，其实他所说的不正接近康德的“物自体”吗？但是，因为这种类似于准宗教的体验并不是直接建立在实际审美经验的基石上，所以，贝尔对此持将信将疑的态度，将“有意味的形式”始终看作为“假说”。

在“第一假说”和“第二假说”中，贝尔还是强调“视觉”的直接感受性。在他看来，某位批评家指出某物是艺术品并没有任何用处，因为鉴赏者必须自己去感受该物是否能唤起审美感情，“批评家只能通过我的眼睛洞见我的感情”，反过来说，批评家也只能通过“我的审美经验来影响我的审美理论”[③]。可见，正如他只相信通过自己的眼睛作出的审美判断一样，恰恰是源自对作为个体的自己审美经验的确信，《艺术》提出的“第一假说”才被确定下来，它简直成了形式主义美学的最终

---

① G.E. Moore, Principia Ethica, Cambridge University Press, 1903, pp. 65–66.

② G.E. Moore, Principia Ethica, Cambridge University Press, 1903, p. 54.

③ G.E. Moore, Principia Ethica, Cambridge University Press, 1903, pp. 9–10.

信条。这是因为按照形式主义美学的原则，“所有的美学体系都是建立在个人经验之上的”①。

总而言之，“意味的形式”包括意味和形式这两个方面。“意味”就是审美感情，是不同于一般感情的特殊的感情；“形式”则是视觉艺术品的构成因素所组成的纯形式，这两方面本质上是同一的。因此，贝尔难以摆脱循环论证的困境：意味或审美感情来自于纯形式，而纯形式则来自于意味或审美感情的物化。

第二节 弗 莱

与贝尔同时代，另一位形式主义美学家是弗莱。他们就像“双子星座”，为形式主义美学奠定了基础。

一、为“后印象派”辩护

弗莱（1866—1934），不仅是英国的美学家和艺术批评家，还是颇有名气的画家。他曾就学于剑桥大学的“英王学院”，之后开始学习绘画，并很快由于对意大利艺术的研究而产生影响。他最重要的美学专著是《视觉与设计》（1920）②，书中囊括了他从1900年到1920年间的美学和艺术批评论文。书中理论性比较强的文章依次是《论美学》（1909）、《艺术家的视觉》（1917）、《艺术与生活》（1917）、《艺术与科学》（1919）和《回顾》（1920），其他诸篇都是艺术批评，研究对象包括从非洲和美洲古代艺术、文艺复兴艺术直到后印象派的诸多艺术类型。此外，他的其他著作还包括《变形》（1926）、《塞尚》（1927）、《马蒂斯》（1930）和演讲集等。

众所周知，贝尔和弗莱一起为“后印象派”艺术的合法性作出了理论论证。1906年，弗莱开始与塞尚交往，这一交往使弗莱的生活道路发生了变化。他开始印刷出版“后印象派”和“野兽派”艺术家的画作，并把“后印象派”在色彩方面的创新和拓展整合到对艺术的基本理解中。在1906—1910年担任“大都会艺术博物馆”（The Metropolitan Museum of Art）馆长期间，他发现了“后印象派”的艺术价值。他在1910年11月组织了两个重要展览，将法国的“后印象派”艺术介绍到英

① G.E. Moore, Principia Ethica, Cambridge University Press, 1903, p. 10.

② 关于《视觉与设计》这本论集的来龙去脉，参见Virgina Woolf, Roger Fry: A Biography, London: The Hogarth Press, 1940, pp. 216－245.

国。这两个画展居然使英国美学获得了“革新”，“马奈与后印象主义者”（Manet and the Post-Impressionists）展更是引起了轰动。恰恰是这种对法兰西艺术的介绍使“后印象派”得到了理论上的说明，或者说，这两次展览成了“形式主义形成”的转机。他还曾追随“手工艺运动”（Arts and Crafts Movement），协同“布卢姆斯伯理集团”及其他团体的成员，在1913年共同建造了“欧米加研习会”（Omega Workshops），其目标是将“后印象派”所激发的设计、色彩和比例的新鲜美感引入实用艺术领域。

从20世纪头十年起，弗莱就被视为英国“现代艺术的使徒”（apostle of modern art）之一。欧洲艺术史上公认的事实是，“后印象主义”（Post-Impressionism）这个词就是由弗莱首创的。

二、“纯美学标准”的出现

弗莱的美学可以从首发于1909年春《新季刊》杂志的《论美学》谈起，这篇文章甚至被贝尔赞誉为“自康德时代以来对这门科学（指美学）所作的最有益的贡献”！尽管贝尔的称赞言过其实，但是，形式主义诉求的基本转向的确在呼唤一种崭新的“纯美学”的出现。

这种新的美学形态是直接建立在当时最新的艺术转向基础上的，或者说是与印象主义的“艺术视觉”变革直接相关的。“艺术的这些巨大优势归功于印象主义”，这些艺术家们“或毋宁说是他们中的一部分，把艺术视觉简化为连续的小方块和马赛克式的小色块，没有建筑式的构架和严密的结构。在这方面，印象主义标志着13世纪以来多少是稳定发展着的一个运动的顶峰——其倾向是使艺术形式越来越接近准确地再现表象整体，当再现一旦被推进到不可能有进一步发展的地步时，艺术不可避免地走向反面，对艺术以再现为目标的基本假设的正确性表示怀疑……非常明显，从那时起艺术已经到了一个转折点，自古希腊罗马的印象主义转变为拜占庭的形式主义以来所爆发的一场最伟大的艺术变革在所难免。这场变革由塞尚开创，高更和凡·高加以拓展……我们可以把这些特征概括为重建纯美学标准而取代与表象一致的标准，重新发现结构设计与和谐的原则！”①

这段话充分表明了形式主义对印象主义革新的理解与阐释。首先，印象主义并不是一场“全新”的艺术运动，深谙欧洲艺术史的弗莱追溯到了古希腊罗马时代的萌芽状态。其次，尽管如此，他也看到了这场艺术革新的真正悖反价值所在，印象

① 弗莱：《艺术与生活》，转引自其《视觉与设计》，易英译，江苏教育出版社2005年版，第7页。

主义运动否定的是13世纪以来的“再现”观念、“忠实于表象”的艺术标准、“与表象一致”的美学准则。这是由于“再现”已经穷途末路，因而必然导致艺术向相反的方向发展。再次，印象主义革新所导出的是对“纯美学标准”的重建，是对结构设计与和谐原则的“再发现”，也是将“艺术视觉”简化为形式之间的组合与结合。

弗莱的《论美学》充分展开了对形式主义的探索，这种探索运用解剖的方式，将形式要素亦即构图的“情感要素”解析出来：

> 第一个要素是用于勾画形式的线条的节奏。所画的线条是一种姿势的记录，通过直接传达给其艺术家的情感使其姿势得到修正。
>
> 第二个要素是体积。我们认识一件物体，是因为它具有使我们感觉到的对抗运动的力量，或将它自己的运动传达给另一物体时产生的惯性，当它被这样表现出来时，我们对它的想象反应由我们在现实生活中关于体积的体验所控制。
>
> 第三个要素是空间。用非常简单的方法在两张纸上制作同样大小的正方形，看起来既可以像两三英寸高的立体，也可以像几百英尺高的立体，我们对空间的反应是按比例变化的。
>
> 第四个要素是光与形。我们所看到的物体被强光照射并衬以黑色或深色的背景，会使我们对同样的物体产生完全不同的感觉。
>
> 第五个要素是色彩。这个有直接情感效果的要素明显出自与色彩相关的一类词——欢快、阴沉和忧郁等。①

这种对形式美要素的罗列在今天来看是单薄的，因为美学和艺术理论大都已经采取了类似的解析方法。然而，如果从美学史、特别是从20世纪初的美学史来看，那么，形式主义美学的这种历史奠基作用就突显出来了。这种独特的思路实际上强调的是“纯形式的情感反应”。这在更深层的意义上是与贝尔的想法趋于一致的。因为“纯形式的情感反应”包含了“形式”与“意味”的双重成分。可见，形式主义始终处于试图融合“二元论”的状态之中。无论“形式”还是“意味”，无论“纯形式”还是“情感”，都可以视为一枚硬币的两面。

三、现实与想象生活：“双重生活”论

弗莱认定，人具有过“双重生活”的可能性，一种是“现实生活”，另一种是

---

① 弗莱：《论美学》，转引自其《视觉与设计》，易英译，江苏教育出版社2005年版，第21页。

“想象生活”。因此，“艺术是这种想象生活的表现，也是对想象生活的刺激。这种想象生活由于缺乏行动，而与现实生活相脱离。在现实生活中，这种反应行动包含着道德责任。在艺术中，我们没有这种道德责任——艺术显示一种生活，这种生活不受我们实际存在的需要的约束。”[①]简单来说，弗莱认为艺术是想象生活的表现，而不是现实生活的摹本的这一观念，是要肯定想象生活是一种“纯形式反应”。这种思路不仅忽视了艺术与现实生活的关联，而且，对艺术的伦理关怀层面的摒弃也的确容易走向“为审美而审美”的另一极端。

弗莱与贝尔的内在逻辑是一样的：艺术要通过纯形式表现想象生活的情感，或者说表现审美情感。审美情感就是关于形式的情感，艺术作品的基本性质是形式。由此而论，后印象派“这个现代运动基本上是对形式观念构图的复归”[②]。这样看来，弗莱的最终结论为艺术是想象生活的“主要器官”。想象生活通过艺术才能刺激和支配我们，这是由于想象生活的“更清晰的知觉”“更纯粹和更自由”的情感有别于现实生活。现实生活中的情感与人的关系过于密切，“在想象生活中则相反，我们既能够感受到情感，又能够观照到这种情感。当我们真正为戏剧所感动时，我们总是既在舞台上，又在观众席上”[③]。可见，他不仅从创作者的角度看待情感，也涉及接受美学的问题。

总之，按照形式主义的美学观念，不能再用艺术品对生活的反应来评价艺术品，必须将艺术品看作是以自身为目的的情感的表现，亦即“艺术是想象生活的表现”。

这种借助“后印象派”而得出的结论，在弗莱为《视觉与设计》专写的文章《回顾》(1920) 中得到了进一步发展。在这里，他与贝尔的分歧便出现了，或者说，前者在基本赞同后者的理论前提下，试图对其进行某些修正。弗莱认为，《艺术》在一些方面似乎走得太远，如认定“自然的再现”与有意味的形式这种性质之间毫不相干。其实，只要画里面呈现出一个三度空间，哪怕是有着最轻微的暗示，也应该算作一种再现的因素。

更关键的区别在于如何对待“情感”的问题。按照贝尔的想法，“艺术即生活情感”的观点绝不可取，用弗莱的话说，他所做的工作具有让“纯粹的审美情感”脱离所有“符合的情感”的倾向。贝尔的意思是说当人们在观照艺术品时，审美情感

① 弗莱：《论美学》，转引自蒋孔阳主编《二十世纪西方美学名著选》(上卷)，复旦大学出版社1987年版，第178页。

② 弗莱：《论美学》，转引自蒋孔阳主编《二十世纪西方美学名著选》(上卷)，复旦大学出版社1987年版，第178页。

③ 弗莱：《论美学》，转引自蒋孔阳主编《二十世纪西方美学名著选》(上卷)，复旦大学出版社1987年版，第182页。

一般会伴随着那些复合的情感而生。通过对《艺术》的美学观念的阐释，弗莱提出了另一个崭新的美学范畴——“纯粹的审美情感”（又称之为“纯审美反应”，这二者在他那里是等同的）。如果一位观赏者迷醉于纯形式的关系，亦即对再现方面不甚感兴趣，那么，某种纯粹的审美情感就会出现。弗莱认为，由此而被把握到的审美性质就是一切艺术的“唯一永恒的性质”。换言之，在这种审美过程中，观赏者将过去生活带来的所有偏见和联想都抛弃了，只将审美情感的方面凸显了出来。

事实证明，弗莱的推论是通过“两面妥协”进行的：一方面，他并不完全摒弃再现的要素，认为即使对各种纯造型和纯空间高度敏感的人，也会不可避免地带有与过去生活的联系而传达的思想和情感，这是将贝尔的观点向保守方面拉；但另一方面，他又强调“审美情感”要从其他一切情感里面“独立”出来，或者说“从画中产生的化合物中分离出纯审美反应的难以捉摸的因素，这种意图是当代实践美学最重大的进步”[①]，这又是将贝尔的观点向激进方面推。因此，弗莱继续让“审美情感”与“生活情感”形成二分的格局，这是其“双重生活”论在情感理论方面的进一步延伸。但更重要的是，尽管再现的要素不能完全排除，尽管处于非常复杂的混合状态中的审美情感比处于单一状态中的审美情感价值更大，他还是强调“审美情感”要被局限在“纯形式反应”的领域之中。

正是在这种基础上，无论哪位形式主义美学家都反对传统绘画，这些绘画包括具有“心理学”和“历史学”价值的“肖像画”，具有一定叙事意义的“连环画”，以及各式各样的“插图”等，它们都被归纳为“描述性的绘画”（descriptive painting）。这样的作品可能会以成百上千的方式感动我们，但却都不能从审美方面使人激动起来。如果照搬“有意味的形式”的衡量标准，那么，这些“描述性的绘画”则都不能成为艺术品。因为在贝尔弘扬形式的前提下，这些绘画并不能引发弗莱所谓的“纯审美反应”，换句话说，它们并不是通过形式来打动人，而是通过“形式之外”的东西，依靠由形式所表露和传达的思想及其信息来影响观赏者的。

但弗莱最终还是试图与贝尔的观点有所区分，他赞同后者所说的“有意味的形式”同“令人愉悦的形式处理与和谐的图案”不同，然而，具有了“有意味的形式”的作品却并不是“创造令人愉悦的对象的结果”，而是一种“思想”的表达。[②]或者说，“有意味的形式”并不是“为了形式而形式”，而是“为了思想而形式”！这就接近于《艺术》对“终极实在”的领悟，因此，形式主义很容易导出另一种神秘主义的出现。

---

① 弗莱：《回顾》，转引自其《视觉与设计》，复旦大学出版社1987年版，第159页。
② 弗莱：《回顾》，转引自其《视觉与设计》，复旦大学出版社1987年版，第196—197页。

四、关于“创造的视觉”

当艺术创造的形式遇到艺术家的视觉时，弗莱又提出带有创建性的美学主张。在1919年发表于《雅典娜》杂志的《艺术家的视觉》一文里，他提出了有趣的“第四类视觉方式”概念，后又被贯之以“创造的视觉”的称号。①

弗莱在这里直接谈到了视觉美学问题。他认为，用生物学意义上的眼睛去“看”艺术，无异于对艺术的亵渎。他在这里提出了一种很有意思的划分：“理解事物”与“观看事物”的双眼。这其实与他早期对“双重生活”（现实生活与想象生活）的区分，后来对“两种情感”（审美情感与符合情感）的割裂都是相通的。因为，正是现实生活使我们学到全面的知识，但也使我们从小便对“视觉表象”视而不见，这种对事物的理解式观看被比喻为“速记方式”。这种观看方式只关注有实用价值的外表，一旦对象失去了实用性就会被漠视。所以，他认为，要欣赏到“外表的最细微差别”的“视觉特征”，就要像儿童那样以“感性的目光”来看东西，这是一种“非生物性的、无利害感的视觉”。②

因此，观看非功利的“这类物品的视觉完全不同于我们本能生活的实践视觉。在实践视觉中，我们一旦识别了物体上的标签就不再给予更多的关注，当视觉发挥了生物性功能后便停止活动了。好奇的视觉凝视物体时是无利害的；假定物体对现实生活是非功利的，只是一件玩物和凭空想象出来的东西，那么我们的视觉会更认真、更仔细地停留在上面。我们在一定程度上注意它的形式和色彩，特别是当它第一次展现在我们的眼前的时候”③。这样，“现实生活”—“复合情感”—“实用功利”—“实践视觉”在他那里就是相通的，相对应的系列则是“想象生活”—“审美情感”—“无利害”—“审美视觉”。在这种比较中，弗莱关心的是后者，特别是“观照艺术品的审美视觉的实质”方面，而前者则是对人类“视觉的天赋”的盗用。这种“审美视觉”的规定是从创作者角度作出的，它具有创造的本性，是视觉性的创造与创造性的视觉。

这是因为“审美视觉”是“艺术家用以观察他周围任何事物的视觉，艺术家在他的余暇中可以沉醉于其中的审美视觉……艺术家在生活中的主要工作仍以一种第四类的视觉方式来进行，我称之为创造视觉……它要求最彻底地脱离表象的任何意义和含义。自然的万花筒的任何转动几乎都在艺术家那儿产生这种超然的与不带感

① 弗莱：《艺术家的视觉》，转引自其《视觉与设计》，复旦大学出版社1987年版，第32页。
② 弗莱：《艺术家的视觉》，转引自其《视觉与设计》，复旦大学出版社1987年版，第30页。
③ 弗莱：《艺术家的视觉》，转引自其《视觉与设计》，复旦大学出版社1987年版，第30页。

情的视觉；同时，当艺术家观照特殊的视觉范围时，（审美的）混沌与形式和色彩的偶然结合开始呈现为一种和谐；当这种和谐对艺术家变得清晰时，他的日常视觉就已被在他内心建立起来的韵律优势所变形了……在这种创造视觉中，物体则因此趋于解体，其独立的各个部分变得模糊不清，在整体上它们好像被置于由许多视觉斑点构成的镶嵌画中”[①]。这样，弗莱就将“艺术家之眼”所看到的“创造视觉”提了出来，显然，艺术家对线条和色彩的把握和运用，正是通过“创造视觉”的途径来实现的。这也就是“纯审美”的眼光，它所面对的则是“纯形式”。

当这种审美的眼睛与纯化的形式相遇时，“纯形式的情感反应”便应运而生。这便是视觉形式主义的“内在逻辑”。弗莱就是要寻找一种在“情感与认知之间、视像与设计之间的平衡”[②]。这种形式主义美学，始终是建立在“视觉”与“形式”分立的基石上，而这两方面同时又是相互匹配、相互作用和彼此融通的。

---

① 弗莱：《艺术家的视觉》，转引自其《视觉与设计》，复旦大学出版社1987年版，第32页。

② Virgina Woolf,《罗杰 · 弗莱传》，复旦大学出版社1987年版，第245页。

第六章　表现主义美学

概　　论

表现主义美学是西方现代美学思潮出现较早、影响较大的美学流派，其创始人是意大利著名美学家克罗齐，另一位代表人物是英国著名哲学家、美学家科林伍德，因此美学史上又称该学派为“克罗齐—科林伍德表现说”。此外，属于表现主义美学一派的美学家，还包括意大利的金蒂雷、英国的鲍桑葵、开瑞特以及阿诺·里德。表现主义美学基本观点是以情感表现为核心构建美学体系，最具代表性的是克罗齐以“直觉”为核心，提出“直觉即表现，艺术即直觉”的基本命题，建构起一整套表现主义美学体系。

19世纪下半叶，实证主义和进化论占据了唯心主义形而上学所失去的地盘。实证主义哲学以现象论的观点为基点，认为现象即实在，是有用的、确定的、精确的、有机的和相对的，一切知识都是对这些现象的共存和相续的描述，把现象视为一切认识的源泉。实证主义受到力学和进化论的深刻影响，直接把自然科学或自然科学的方法引入哲学研究领域，使哲学也变为“实证”的；把哲学界定为科学的纲要，其任务就是概括和描述现象的科学知识。实证主义美学家阿伦（Allen）在其《生理学美学》一书中，运用大量生理学经验来探究美和美感生成的原因，提出美感是在“大脑—脊椎神经系统的外围顶端器官中活动的正常本质的内脊的伴随物”[①]；德国赫尔姆霍茨（Hermann von Helmholtz）在其《作为音乐理论生理基础的音感论》等著作中，运用物理学的原理来探讨美学问题，把美学融入物理学之中；此外，还

① 克罗齐：《美学的历史》，中国社会科学出版社1984年版，第228页。

有德国实验美学家费希纳（Gustav Teodoro Fechner）在其《美学导论》中，采用归纳法寻求美的法则或规律。以克罗齐和科林伍德为核心的表现主义美学对实证主义哲学和美学持否定态度，直截了当地提出：艺术不是物理事实，之所以如此，原因在于“当我们去看艺术活动的本质和方式的时候，用物理的方法去构成艺术完全是无用的”[①]。

表现主义美学产生在20世纪初叶是历史的必然。第一，19世纪末20世纪初美学的实证主义和自然主义直接培养了一批反对者和批判者。表现主义美学就是其中之一。与表现主义美学齐名的另一美学流派——以叔本华、狄尔泰、柏格森为代表的生命本体论美学，以生命为本体来界定世界的本原和基质，把直觉体验作为认识和把握生命本体的一种方式，贬低理论、高扬直觉体验，把直觉视为理性的反题。表现主义美学把“直觉即表现”作为其核心概念，究其思想渊源，其来源之一就是生命本体论哲学和美学，而“直觉”这一美学范畴及其内涵主要是由柏格森铸就的。柏格森断言的直觉，首先是指直觉体验“不从任何‘观点’出发”，本能地直接与客体对象合而为一，直接观照生命本体，只有依靠直觉体验才能穿透人与意识绵延之间悬挂着的一道无际的帷幕，直接把握生命或生命活动本身。而且，本能的最佳状态称作直觉，这是英国哲学家对柏格森直觉说的界定。柏格森说：“我所说的直觉是指那种已经成为无私的、自意识的、能够静思自己的对象并能将该对象无限扩大的本能。”[②]或者说，直觉体验是一种生命本体的内在体验，它不借助任何符号或媒介，是对生命本身的直接体验或领悟。克罗齐的表现主义美学直接汲取了柏格森直觉说的合理内核。

第二，表现主义美学产生的思想渊源和文化氛围是以英国的柯勒律治、华尔华兹，法国的波德莱尔、德国的施莱格尔为代表的浪漫主义美学。该美学流派突出的特点是贬低理性、高扬主体。例如柯勒律治认为，诗是心灵的产物，是非现实的反映，它本于心、源于人类的生命意识。艺术创作的本质是艺术家利用想象来调和同一与差异、概念和形象、理性和情感等，把想象置于艺术创作或审美体验的核心。德国美学家施莱格尔和施莱尔马赫等人，都对情感和想象的功能作出深刻的论述。他们认为想象是诗的器官，是唯一本质的、有生命的基质，想象的功能就在于审美主体把无限的情感体验纳入有限的诗的表象中去。

19世纪70年代，英法美学界的浪漫主义美学逐渐向唯美主义美学转化，其代表人物有佩特、王尔德、波德莱尔，他们提出“为艺术而艺术”的命题；在艺术与现实的关系上，王尔德指出：“艺术除了表现它自己之外，不表现任何别的东西。艺术

---

① 克罗齐：《美学原理·美学纲要》，朱光潜等译，外国文学出版社1983版，第211页。
② 转引自罗素《西方哲学史》（下卷），马元德译，商务印书馆1982年版，第349页。

有独立的生命，正如思想有独立的生命一样，而且完全按照艺术自己的种种路线向前发展。”[①]唯美主义美学追求超然于现实的“纯粹美”，其意图在于凸显艺术创造和审美活动的超功利性，力图把艺术界定为独立于道德、功利之外，完全按照艺术发展的轨迹运转。因此可以说，以柯勒律治为代表的浪漫主义美学思潮和19世纪“为艺术而艺术”唯美主义运动的兴起，都对表现主义的生成具有极大的影响。

不过，对“克罗齐—科林伍德表现说”影响最大、最直接的是意大利美学家维柯和德国美学家康德。尤其是康德明确界定美是主观的，审美判断是超功利的，与审美主体的欲念无关，是审美主体抱着一种“纯然淡漠”的态度对客体对象形式美的静观。他还从美学视角提出艺术的自主独立性，认为艺术活动如同鉴赏力一样，是一种有别于其他活动的特殊精神活动。康德的“先验综合”论更是现代西方许多美学流派（其中也包括表现主义）和文艺思潮的理论支柱。李普曼甚至喊出“回到康德那里去”的口号。在康德美学思想的影响下，19世纪西方美学界呈现出一股追求审美超功利、艺术纯粹性和独立性，推崇为艺术而艺术的思潮。表现主义美学正是在这股崇尚主观情感的表现、追求形式美和纯粹美的艺术浪潮中应运而生的。

第一节　克 罗 齐

1866年2月25日，克罗齐出生于意大利的佩斯卡塞罗利（Pescasseroli）。克罗齐的父亲巴斯凯尔和母亲露易莎·丝帕丽有七个子女，其中四个先后夭折，克罗齐排行第三，除他之外还有一个弟弟和一个妹妹活了下来。克罗齐全家原本住在那不勒斯，由于当地流行霍乱，全家逃到了佩斯卡塞罗利，在其外婆家避乱期间，克罗齐问世了。

富裕的家境使克罗齐受到了良好的教育，他对历史和文学的兴趣也得到了适当的引导。克罗齐早年一直过着一种平静祥和、无忧无虑的生活。1883年7月的大地震打破了这种平静。在这次地震中除弟弟因为当时不在场未遭此劫难外，克罗齐的父母和妹妹都在地震中丧生，克罗齐本人则在九死一生中幸免于难。他在自传中，把随后几年称为“忧郁的岁月”，在这些日子里，他感到孤独无助，丧失了宗教信仰，甚至想到过自杀。也许正是这些原因，他终止了早年的研究计划，不再在单调的博学杂览和哲学研究中忍受痛苦。离开大学之后，他开始了新的生活。由于继承

---

① 蒋孔阳主编：《十九世纪西方美学名著选》（英法美卷），复旦大学出版社1990年版，第214页。

了丰厚的财产，克罗齐获得了经济上的独立，不过，克罗齐显然把精神的独立看得更重要，他早就希望能摆脱经院式研究方式的羁绊。[①]

克罗齐早期研究那不勒斯的历史，他还阅读文艺评论和笛卡尔的哲学论著，并以早期黑格尔的观点和马克思主义者安东尼奥·拉布里奥拉的理论来讨论各种不同的观点。他认为，经院研究和学术生涯并不是他所渴望的，就历史研究而言，克罗齐对当时流行的史学方式与方法极为不满，因此，他从哲学和美学的角度寻求方法论层面的历史描述方法，于是，他写下了著名论文《艺术普遍概念下的历史》(1893)，他认为，历史是一种非概念化的能抓住个体历史面貌的知识王国的艺术化的文本。同时，他感到必须放弃隐士式的生活方式而应进入一种“奋进向上”的生活状态。

克罗齐承认自己在公开场合演讲或讨论问题时常常显得缺乏技巧。他觉得自己是一个适合于伏案工作的人。但是，当他为自己的人生之路及其理论研究找到了前进的方向时，他就会毫不犹豫地竭尽全力为之奋斗到底。振奋精神，过一种积极向上的生活，这对克罗齐来说，就意味着要以一个学者的方式在公共空间处理许多现实问题。他所做的一切都具有鲜明的现实意义。他研究意大利历史，认为历史是意大利作为一个民族而存在的重要组成部分。他研究世界文明和文化，以探讨造成紧张和分裂的原因。他研究美学理论和文艺批评以表明人类在伟大的艺术创造方面的基本能力。他研究系统哲学以加强人类独特的能力，即建构精神世界的潜在能力。为了使生活变得更加知识化、社会化，他甚至不惜让它染上一种极端政治化的色彩。为了给这样一种知识化的生活态度寻找一个理论平台，他很快变成了一个马克思主义的信仰者，即使在他后来批判马克思主义的时候，也从来不会忽视马克思主义在经济领域和道德实践方面的重要性。政治对于克罗齐来说是其激进生活的一部分，但这些只停留在一种思想倾向的层面，他宣称，自己是一个“自由激进的民主主义者”。他与乔万尼·秦梯利的友谊始于19世纪最后几年，那时，他们一同颂扬过意大利故世的思想家们，并相信精神的理想主义可以解决哲学和实践方面的所有问题，从而建立起了他们批判黑格尔精神哲学的理论体系。

自1898年始，他把主要精力用于《美学》写作。这部美学著作，开始只是一个学术讲稿，出版的题目是《作为表现科学和一般语言学的美学》(1902)。他的系统哲学思想主要由以下著作组成：《作为纯粹概念科学的逻辑学》(1909)、《实践哲学——经济学和伦理学》以及《历史学的理论与实际》(1917)。

体现克罗齐美学思想最简明扼要的著作，也许是1928年出现在大不列颠百科全

① Benedetto Croce, Memorie della mia vita, Istituto Italiano per gli Studi Storici, Napoli: 1966, p. 13.

书论美学的条目“美”（L’estetica in nuce）[①]。

1913年，克罗齐创办了著名的刊物《批判》，1910年当选为参议员，1920年至1921年在乔里蒂内阁任教育部长。在对法西斯的抵抗过程中，克罗齐总是保持一种知识分子的立场（这就是为什么葛兰西甚至在监狱里也把克罗齐视为反法西斯战线里谋求知识霸权的主要障碍）。当秦梯利成为法西斯政客时，克罗齐断然中断他们之间的友谊。当然，此前他们在哲学上的分歧已经相当明显。由于克罗齐始终坚持反法西斯的立场，他很快变成了反法西斯阵线的英雄人物，特别是在意大利进步知识分子中间，克罗齐获得了极高的声望。1944年法西斯倒台后，他又一次进入了政府内阁，担任立宪参议员，1948年被授予“终身参议员”称号。

在从事政治活动的同时，克罗齐始终没有放弃学术研究，并出版了大量的著述，巴里的拉特扎出版社为他友情出版其毕生的研究成果。他博览群书的嗜好和对哲学的偏爱常常使其进退维谷，但他也因此在众多领域获得了引人注目的丰赡成果。他所涉及的领域十分宽广，从哲学、美学、语言学到艺术史，从文学、编年史学、伦理学到政治学，几乎每个领域他都有可观的著述。无论是在知识界还是在政坛，不管是在意大利还是其他地方，我们都可以看到他的巨大影响。

克罗齐对自己的一生以及他生活的时代作出了精彩的描绘，特别是他的《自传》（纳波里，1966年版）、《拾零三集》和《拾零新集》等著作。此外，他的日记以及爱女伊列娜的回忆录都保存着大量的相关材料。在介绍克罗齐的英语读物中，大不列颠百科全书推荐了与克罗齐情谊深厚的挚友西塞尔·斯普林格所写的传记《本尼迪托·克罗齐：人和思想家》。这部1952年出版的传记，以材料翔实见长。

1952年11月20日，克罗齐在那不勒斯去世。克罗齐一生的大部分时光都是在那不勒斯度过的。当有人问他晚年有什么打算时，他回答说：“我将在工作中度过生命的最后时光。”

一、作为开放精神系统的哲学

伊亭·梭罗[②]说，当我们以更系统、更开阔的视角看待历史史实时，常常会发现，对于过去（例如1913年）那些我们认为最活跃、最重要的人物、事件或思想，其同时代的人往往是视而不见的，所谓“当时则荣，没则已焉”。与我们的期待完全

---

① Bennedetto Croce, “Aesthetics”, Encyclopaedia Britannica, 14th Edition, Vol. VII, New York & London R. G. Collingwood (trans.), In Italian as “L’Estetica in nuce”, Ultimi saggi, Laterza, Bari: 1953, pp. 1–42.

② Etienne Suoriau, “1913: La conjoncture”, L’Annee1913. Les formes aesthétiques de l’oeuvre d’art a l Veille de la premiere guerre mondiale, Klincksieck, Paris: 1971, p. 15.

相反的是，某些现在看来毫无生气的人物、事件或思想，当初居然也可以名噪一时，那些暗淡无光的人物、事件或思想，当年甚至比我们今天认为最重要的那些更加光彩夺目。从这个意义上讲，克罗齐是幸运的。他在自己的时代享有极高的声誉。人们把他看作一个正直的知识分子，一个博学的哲学家。作为一个颇受公众关注和在学术上声名显赫的人物，他在世时就受到过许多不切实际的赞颂和攻击。在他离开这个世界以后，虽然作为故世名人，其音容笑貌已不再像他在世时备受关注，但我们还是会常常在一些这样或那样的历史著作中领受到他的智慧和精神。

作为人类精神史的理性思索者，不应盲从追逐时尚的知识分子一时的奇想。对梭罗的高论，也许可以有不同的看法。我们固然可以把克罗齐看作过时的人物，看作19世纪遗留下的某种残余，甚至可以看作文艺复兴后期怀旧病（nostalgia）的返祖现象，但是，克罗齐面对的却是现代主义的问题。例如，怎样使人类成为他们自己的中心？怎样确保人的自由和尊严？如何以哲学的眼光审视人类的现实矛盾和困惑？尽管怀疑主义排斥理性主义的启蒙法则而乞灵于非理性主义，尽管实用主义否定精神的超越性和希望的存在价值，尽管那些公式化的形而上学教条把哲学变成了一种被人们随意批评的愚弄对象，但是，克罗齐对学术恪守一种知识精英的态度，有时甚至是一种贵族化的态度，他始终没有取悦于我们的民主相对主义，他对所关注的问题有一种开放性的答案，但这些答案似乎并不适合于过分迷恋晦暗与朦胧的后现代主义。如果我们以一种更开阔的眼光审视克罗齐的哲学和美学，如果我们从整体上考虑克罗齐思想形成的原因，那么，我们完全可以说，在这个时代，克罗齐仍然具有鲜活的魅力。我们必须正视这样一个事实，那就是早在第一次世界大战以前，克罗齐就一直在追求人道主义和自由主义的理想，对于他所生活的时代来说这无疑是相当危险的。我们知道，克罗齐在相当长的一段时间内，生活在意大利集权主义法西斯崛起的年代。作为一个知识分子，克罗齐与时代的黑暗势力进行了长期的斗争，但是，他既不相信他所批评的革命，也不依靠他所蔑视的学术，他坚持战斗的唯一武器是他的才智。他不尚空谈并竭力避免职业学者那种令人厌倦的论争。

因此，克罗齐是西方哲学史上最后一位具有完备系统的哲学家。就在他的一些年轻的同事宣称系统思想是过时的，甚至是危险的时候，克罗齐建立起了一种几乎包罗万象的哲学体系。那些年轻人认为，对抗精神上的集权主义的具有决定性意义的武器，不可能是学院式的体大精思的理论，而只能是否定性的投枪匕首式的杂议。克罗齐终生坚持不懈地营造着他具有创造性的哲学体系，他或深或浅地涉猎过所有的哲学分支学科，并对众多社会人文学科进行过卓有成效的探索。除了哲学以外，我们还能在许多学科看到他的影响，例如，艺术史、比较文学和世界文学、艺术理论和文学批评、历史及知识发展史、语言学和许多其他人文学科，我们甚至在经济学领域也能看到他的影响。他希望自己像文艺复兴时期的知识分子那样博学多识，对人文学科各个领域都保持着浓厚的兴趣，所以，他广阔的研究空间几乎涉及所有的人文学科。

克罗齐的哲学研究为其所有的人文研究奠定了基础。19世纪90年代，当他出版《艺术普遍概念下的历史》（1893）时，就使自己的研究与历史紧密地联系了起来。“从那以后，不管愿意不愿意，他从未中断过他的哲学研究。”[①]把艺术描述置于历史概念之下的思想，作为一般有效的概念似乎并没有持久的生命力，但是，克罗齐强烈反对把自然科学决定历史研究的企图引进他的研究计划，为了确保艺术研究的理论特征和严肃性，在实用主义占统治地位的历史时期，克罗齐只考虑愉悦的目标，而忽视了历史精神是不同于美学和知识的一种特殊的形式，这是克罗齐有关艺术研究的早期哲学著作的明显特征。

克罗齐像鲍姆加登一样，把美学定位在唯灵论与逻辑学之间，因此，他不得不确定两种不同的知识形式：conoscenca and scienca，即知识与科学。克罗齐十分尊崇鲍姆加登，某些人认为鲍姆加登的贡献不过是于1735年发明了“美学”（aesthetics）概念而已，克罗齐则认为鲍姆加登的贡献远非如此。不过克罗齐并没有被鲍姆加登的理论牵着鼻子走，他对鲍姆加登的理论提出了一种全新的解读方式——“rileggendo（重读）”[②]。

当然，克罗齐并不认为研究艺术和美的美学是一种低级的知识。因为克罗齐与鲍姆加登所面对的哲学背景是完全不一样的。当鲍姆加登将诗学和艺术感受力的概念引进莱布尼兹—沃尔夫的理性主义哲学体系时，美学作为感性的、具体的知识并不必然要从属于一般的知识。对于克罗齐来说，所谓一般知识是指那些固定不变的东西，即真理唯一的拥有者——现代科学。科学至高无上的权威性，使得19世纪的实证主义哲学家把现代科学看作他们的圣经。

但是，实证主义实际上是哲学的一种否定，因为当科学把自然、社会和人类作为知识可能的目标而取代了哲学之后，哲学已经没有了任何确切的研究领域了。在19世纪末，除了研究、开发和预告科学技术成果并将其转化为实用的发明外，似乎没有别的知识。所以，当克罗齐把知识与科学作为两个不同的概念引进哲学时，他批判了视科学为唯一可靠认识途径的观点，反对把科学看作人类唯一有用的实践领域。

这无疑为哲学开辟了一个较好的发展前景，但是，这种认识把克罗齐引向了19

① Benedetto Croce, Memorie della mia vita, Istituto Italiano per gli Studi Storici, Napoli: 1966, p. 16（“Da allora in poi. Volente o nolente. Non ho potuto piu abbandonare gli sdudii filosofici.”）

② Benedetto Croce,“Rrileggendo l' Aesthetica del Baumagarten”, La Critica, 1933 Vol.31, No.1, pp. 1–20.

世纪的另一种哲学传统，即形而上学的传统。形而上学这个标签自康德开始就被贴到了德国哲学和美学的身上，其后的席勒、谢林、索尔格和黑格尔以及后来的浪漫主义哲学家们都被贴上了形而上学的标签。克罗齐本人的哲学也常常被批评家贴上形而上学、唯心主义、浪漫主义或新浪漫主义的标签，因此，弄清克罗齐反形而上学态度的真实意图非常有意义。

克罗齐的哲学思想是一个精神系统，早在1902年的《美学》中，他就把黑格尔哲学看作是一个精神系统，1906年，他还撰写了著名论文《黑格尔哲学的生命力与腐朽性》。当克罗齐被划归形而上学的阵营时，实际上意味着他是另一类精神哲学家，当克罗齐宣称自己反对形而上学、反对德国唯心主义和浪漫主义哲学时，他所使用的形而上学的概念显然具有不同的意义。

克罗齐批评形而上学的第一个寓意是他摒弃了人类精神潜能的等级观念，并反对在艺术创造和审美能力方面对这种等级观念的片面夸大，因为任何夸大其词的理论只能使哲学增添神秘的色彩，因而离人类的一般知识越来越远。德国唯心主义和后来的浪漫主义把艺术捧上了天，这是他所不能苟同的。

大体说来，克罗齐的精神哲学由“认识”和“实践”两大部分组成。认识部分由美学和逻辑学组成，实践部分则由经济学和伦理学组成。我们一眼就可以看出，克罗齐哲学是一种偶数结构，对这样一种哲学体系，我们习惯于寻找它的第三个组成部分，即由二元对立走向整体综合的那一个部分。但是，克罗齐则不然，他很满意自己精神概念的这种二元结构，虽然认识与实践的矛盾是无法避免的，但在他看来，认识与实践也有相通的地方，它们实际上是一个整体。认识有两种不同的形式，即美学的和逻辑的形式；实践也有两种不同的形式，即经济的和道德的形式。克罗齐宣称，认识离开了实践可以独立存在，而实践离开了认识则难以存在，由此可见，他的哲学体系具有旗帜鲜明的精神倾向性。

克罗齐相信美学理论可以不依赖于科学理论而独立存在，反之则是不可想象的。在克罗齐看来，经济理论可以独立于伦理学说及其价值判断而存在，而道德学说离开了经济实用性的支持就失去了存在的基础。在这一点上，克罗齐继承了马克思主义的基本观点。经济的重要意义本身就是对形而上学无视人的客观需要和忽略满足这种需要的批判。

在克罗齐哲学体系中是否有形而上学的存在呢？在他的体系中，物理世界是没有“现实”（reality）地位的，在克罗齐看来，物理世界是不真实的，因为物理世界是流变不居的，当我们把它作为真实世界看待时，它就已经发生了变化。克罗齐认为，并不存在一个所谓的自然，更确切地说，当我们说自然存在时，其实不过是在以一种精神表现的形式表达我们的知觉而已。人类实际上生活在一种精神表现的王国里，即生活在由表现代表现实的王国里。克罗齐否定了实用主义和形而上学，同时，在纯粹直觉的基础上确立了美学的理论地位。他给美学引入了一种开放的理论机制，并有意识地防止精神陷入黑格尔所说的最后的绝对阶段，他为自己的理论设置了一个人们无法接近的密闭空间。

克罗齐告诉我们，纯粹的直觉是一种精神活动，所有的精神活动，无论是理论的还是实践的，都直接来源于具有本初意义的精神直觉。那么，对一个对象的纯粹的直觉是否可以看作自然美的组成部分呢？在1908年的海德堡第三届国际联会的发言中（会议论题为“纯粹直觉与艺术的抒情性”），克罗齐承认，他的哲学体系存在着一种把我们引向二元论的可能性，而这种二元论足以使任何哲学体系土崩瓦解。

因此，克罗齐所设置的这一密闭空间我们是无法接近的。但与此同时，克罗齐对此作了一种富有艺术意味的解释：“只有在这样一种情况下客观对象才能给我们以纯粹的直觉：那就是客观的外在自然是一种形而上学的实在，即一种真实的实在，而不是一种‘智识结构’或某类抽象物。”[①]这一思想是极为重要的，因为，它把作为形而上学精神哲学家的克罗齐与形形色色的唯心主义者划清了界限。他的外在自然的思想把现实作为一种精神现象和文化结构的理论具有某种后现代的意味，这一思想，比视精神为一种超越人类经验的神秘力量的某些经典哲学具有更广泛的意义。为了避免传统的形而上学的唯心主义和实用主义的唯物主义之间的纠缠，克罗齐引入了自然主义的现代二元论以对抗文化主义，把人类定义为一种产生想象的文化现象（a culture phenomenon producing images）。在克罗齐看来，所有科学知识的逻辑都来源于人类的想象，这种想象代表着自然或外部情况，当然，它们并非自然，而只是人类自己的一种精神活动。

克罗齐将艺术、逻辑、经济行为、道德行为在哲学研究中联系起来考察，同时兼顾各自的相对自律性，这种方法源于人们对理性精神和实践精神的区分。在《实践哲学：经济与伦理》一书中，克罗齐认为，“词语”与“行为”最初是无法分离的，既没有纯粹的“词语”，也没有纯粹的“行为”，而只有“行为的词语”和“词语的行为”（“Verbo dell'Atto”and“del L'Atto del verbo”）[②]。换句话说，克罗齐在人类各种具有相对自律性的能力作出现代性区分的同时，仍希望保持着不容人为划分而使之残损的前现代的整体的可靠性（authenticity）。

在克罗齐看来，逻辑所依赖的概念需要审美直觉作为依托，而审美直觉则无需逻辑的支撑；伦理行为要以经济行为作为背景，而经济行为则不必以伦理行为作为

①Benedetto Croce,“L'Intuizione pura e il carattere lirico dell'arte”, Problemi di estetica e contributi alla storia dell'estetica italiana, Giuseppc Laterza and Figli, Bali: 1910, p. 26.

②Benedetto Croce, Filosofia della pratica, Economia ed Etica, Laterza, Bali: 1950, pp. 194–195.

后盾。可见审美与经济的自律性有甚于逻辑与伦理，同时，逻辑与伦理之中也相应地包含着审美与经济的因素。

值得一提的是，作为一个历史学家，克罗齐却坚决地否定了所谓回到过去或转向历史的说法，因为，他认为每个时代有每个时代的问题，人们必须以同一时代的方法解决同一时代的问题。尽管在哲学的发展历程中出现过许多回到历史的口号，例如，"回到黑格尔那里去""回到康德那里去"等，但克罗齐认为既没有这种可能，也没有这种必要。在克罗齐看来，过去的思想或理论的历史价值是相当有限的，只有当过去的理论作为进步思想的综合因素时，历史研究才是有益的。

当克罗齐将自己的哲学贴上绝对历史主义的标签时，那些景仰其反法西斯功绩的人却把他看作是哲学自由主义的始作俑者。尽管他的哲学概念对新的历史景况具有开放性的一面，但将他的哲学思想称为"绝对自由主义"似乎仍不为过，因为它与更为常见的19世纪和20世纪形形色色的自由主义不同，克罗齐的自由主义与那些以实证主义、实用主义和相对主义为理论基础的自由主义有本质的区别。

二、直觉美学

从1735年鲍姆加登提出美学概念到康德奠定了古典主义美学基础这一期间，美学这一学科在艺术与美的哲学和知、情、意的理论的交界处获得快速发展。克罗齐通过把理性的反思与奇异的幻想相区分而又一次具体地发展了维科的理论，同时也为美学发展为有关个性化人文知识的理论以及艺术创造的哲学铺平了道路，但克罗齐的理论并不包括任何概念的或感性的以及肉身存在的和人类需要的理论。

克罗齐在1900年出版了《作为表现科学和一般语言学的美学》，1901年他在《批判》杂志上发表了他的维科研究的新成果。在1902年出版的《美学》（即原《美学基础》的修订扩充本）序言中，他解释了为什么任何哲学系统都必然要以美学现象开头的原因。就像黑格尔哲学一样，所有哲学体系都是一个可以从其任意一个部分进入其中的整体。

在所有的精神活动中，幻想是一种有代表性的精神活动，它既是人类精神的胚芽也是其发源地。在克罗齐看来，美学与其说是艺术的哲学，还不如说是人类精神的一种具有普遍意义的能力。美学是"一种纯粹的精神形式"。[①]在这里精神找到了自己的家园，并且回到了它的发源地——幻想。这是否回到了某种神秘的开始呢？就像谢林那样？如果是这样，直觉实际上就有可能变成一种非理性的、神秘主义

① Vittorio Mathieu, "Benedetto Croce", Enciclopedia filosofica, Vol. L, Instituto per la collaborazione culturale, Venezia-Roma: 1965, p. 1358.

的、甚至反理性的东西。但是，克罗齐所体悟到的直觉却并非如此。在克罗齐看来，精神的代名词以及与此同时具有精神最初家园意义的是——语言（illinguagio）。这样，克罗齐就把美学变成了一门与幻想、语言和艺术相关的学科了。这样划分的依据是他将精神体系二分为美学的和逻辑的原则。其中艺术只是与美学相关的一个组成部分，从本质上讲，艺术与其他部分并没有什么不同；但是，艺术集中地体现出了美学的特点，例如，幻想性的作品。克罗齐用两种知识形式来引导他的美学："知识有两种形式，不是知觉的，就是逻辑的，不是从想象中得来的，就是从理智中得来的；不是关于个体的，就是关于共相的；不是关于诸个别事物的，就是关于他们中间关系的。(La conoscenca ha due forme: e o conoscenza intuitive o conoscenza logica; conoscenza per la fantasia o conoscenza per l' intelletto; conoscenza dell' individuale o conoscenza dell' universale; delle cose singole ovvero deelle loro relazioni; c, insomme, o produtrice d' immagini o produttrice di concetti.) "[①]总之，知识所产生的不是意志，就是概念。这里，克罗齐一反哲学传统转而强调一般感觉，当他沿着自己的思路继续向前迈进时，他得出了这样的结论：哲学是偏重于知识和逻辑的，而常识告诉我们，直觉不仅是独立于知性，而且它还是知识的源泉。克罗齐《美学》开头几句话是深得鲍姆加登和康德美学思想要领的，并表现出了一种与19世纪艺术哲学传统相对抗的倾向。直觉不是知识，但它也不是感觉，至少不仅仅是感觉。因为，我们的直觉不仅仅是关于现实世界的。人们对现实与虚构的区分能力是后天获得的。那种认为我们的知识是由先时空而存在的观念决定的观点是荒谬的：时空观念本身就是一个相当复杂的知识体系，它是在我们的意识发展到一定的阶段后才出现的。在克罗齐看来，直觉不是形而上的，它纯粹是生物性的。在批评传统的形而上学和实用主义或唯心主义和唯物主义哲学时，克罗齐不厌其烦地使用一种"既不是什么什么又不是什么什么"的论说方式，因为，克罗齐哲学的整体性就是完全依靠这种概念变换建立起来的。他反对黑格尔的逻辑自然和"精神三位一体"说，而不管这些因素的综合结果如何；他反对根深蒂固的二元论，而寻求有差异的统一性。他把美学作为自己哲学探索的路标，对于克罗齐来说，美学是一种可以避免误入歧途的精神立场。审美是最初的精神领地，在美感产生之前，并不存在任何其他先在的精神特性。克罗齐认为，并不存在独立于精神之外的所谓自然，因为就时空而言，所谓自然也不过是精神结构之物。克罗齐认为，在万物诞生之前，必定存在着一种物质与精神的原初的统一物，这个统一物应该是精神性的，因为我们人类，从根本上讲，是一种精神性的存在。当然，这也并不是说人类是一种非物质性的存在，或者说世界是非物质性的。但是，我们自己和这个世界都存在于我们的意识之中，而我们关

① Benedetto Croce, Estentica come scienza dell' espressione e linguistica generale, Laterza, Bali: 1953, p. 3.

于自身和其他事物的意识则只能是一种精神性的存在，任何物质都是消极被动的，而且没有再生殖的能力。而人类具有一种创造世界的能力，具有思索物质及其存在形式的能力。[①]我们用“表现”这个概念代替了“直觉”，在克罗齐那里，这两个概念是同时使用的。[②]在他看来，人类精神是生生不息的，直觉从来就不是外部世界或我们的肉身留下的某种印记。作为一种精神活动，直觉就是表现。要对直觉与表现作任何意义上的区分都是不可能的，因为，在克罗齐看来，直觉与表现原本就是一回事。直觉与表现的统一是克罗齐这个哲学体系的基石，没有这块基石，克罗齐哲学就要分裂为一种二元对立的两大部分，如果没有一种特殊的纽带，它们就无法联系在一起。借助于赫尔巴丁对康德的解释，克罗齐越过了康德著名的超然于自然与文化以及自由与需要之外的物自体概念所造成的理论空场。克罗齐认为，我们再也不能听任哲学上的分歧与批评继续发展下去了，否则，我们将陷入实用主义和形而上学以及唯心主义与唯物主义无穷无尽的纷争之中而难以自拔。

克罗齐把人类精神区分为“审美的”和“逻辑的”两种基本形式，这为他的“直觉—表现”的艺术理论奠定了哲学基础。多年来，许多哲学家一直试图寻求艺术直觉的特殊本质，但他们无一例外地遭到了失败。克罗齐认为这样的努力纯粹是徒劳，因为，对于艺术直觉而言，原本就不存在这样一个“本质”。

在克罗齐看来，人的机体所特有的自律机制并没有大小之分，因此，相应的审美直觉也不应该有高低之别。克罗齐不喜欢以纯粹艺术相标榜的形而上学式的贵族美学，正如他厌恶浪漫主义的天才概念一样。在克罗齐看来，与其说诗人是天生的(poeta nascitur)“超人”，不如说“人人天生是诗人”(homo nascitur poeta)。与艺术家是“超人”的观点相反，克罗齐的许多言论都与其“人人都是天生的艺术家”[③]的说法一致。他认为，人生在世无时无刻都离不开直觉，因此都与艺术生活密切相关。人作为人，理所当然具有人类共同的审美判断，具有人类共同的审美趣味。[④]

此外，克罗齐对著名的模仿说和镜子说也颇不以为然。他认为艺术品源于具有个性的直觉，创造只能是一种精神过程，纯粹的模仿和客观的复制并不能给我们的直觉带来任何益处，照相式的模仿是无法产生真正的艺术作品的。至于摄影作为艺术，也仅仅是在摄影家成功地将艺术直觉物化于对象的情况下，摄影才成为艺术。即便如此，从严格意义上讲，照片是应该被排斥在真正的艺术之外的。[⑤]在克罗齐看来，技术媒介只能产生或复制类似自然过程的图像（pictures)，但是，它不可能创造

① Benedetto Croce, Estentica come scienza dell'espressione e linguistica generale, Laterza, Bali: 1953, p. 6.
② Benedetto Croce, Estentica come scienza dell'espressione e linguistica generale, Laterza, Bali: 1953, p. 11.
③ Benedetto Croce, Estentica come scienza dell'espressione e linguistica generale, Laterza, Bali: 1953, p. 18.
④ Benedetto Croce, Estentica come scienza dell'espressione e linguistica generale, Laterza, Bali: 1953, p. 32.
⑤ Benedetto Croce, Estentica come scienza dell'espressione e linguistica generale, Laterza, Bali: 1953, p. 20.

具有艺术韵味的意象（images），因为意象必然要涉及人类的想象或幻想（fantasy）。

作为表现主义的代表人物，克罗齐不仅坚持纯粹艺术的创造说，认为真正的艺术品绝不是照镜子式的技术手段所能模仿得出来的；他还坚持艺术创造的主体论，认为人类创造的主体性是人类征服自然的一种精神力量。在克罗齐看来，人类精神活动就是世界存在的本质。由于精神活动本质上具有审美特性，因此，审美活动作为精神活动的有机组成部分，它们必然是克罗齐关注的重要内容。克罗齐相信，人类的历史不过是精神活动自我发展和不断创造的必然结果。如前所述，克罗齐认为精神活动的最基本形式是直觉活动，对于艺术或审美而言，直觉就是表现，因为，任何一个直觉只有在它以表现的形式出现时，它才称得上是真正的直觉。因此，克罗齐唯心主义的精髓（quintessence）是：人类技术活动的理想化来源于审美直觉。

至此，我们也可以说，克罗齐虽然一直在维护艺术的纯粹性，但是一旦纯粹性意味着贵族趣味的话，他就会毫不犹豫地站出来反对贵族化的艺术纯粹性。他认为，尽管艺术品具有取悦于人、有益于世、具体可感等特点，但世人以享乐主义、功利主义或自然主义的态度对待艺术则是极不可取的，这些特点和态度与真正的艺术是无法相容的。

值得注意的是，克罗齐对“美的本质”[①]的排斥与反感甚至表现得比黑格尔还要激进，因为，在克罗齐心目中根本就没有“美的本质”存在的空间。事实上，就我们的经验而言，除了心灵活动或被心灵赋形的活动以外，其他任何事物都无本质可言。我们也注意到，克罗齐的《美学》有这样一个副标题——“理论与历史”，这表明克罗齐把美学的历史纳入了他的表现主义体系之中，在这里，理论不是“直觉即表现”这一学说的对立面，而是表现主义的有机组成部分。在题为《纯粹直觉与艺术抒情特征》（1908）的著作中，克罗齐列举了五种研究艺术特征的常见美学理论，当然，第六种美学理论是克罗齐自己的。显而易见的是，他所列举的所有这些美学理论所依据的分类标准是逻辑的，而不是历史的。

第一种理论，也是最基本的理论：经验主义美学（Empirical aesthetics）。经验主义美学认为，审美或艺术现象根本就不存在什么具有普遍意义的艺术原理或美学原理。这类美学思想将审美经验或艺术现象进行分类，但它们无法借助概念对艺术现象进行哲理性的分析与研究。

第二种理论是实践美学（Practical aesthetics）。实践美学把人类的实践活动（如享乐主义行为、功利主义行为、道德行为、教育行为等）看作一切艺术活动共同的基础。在这里，艺术在实践或具体应用方面有一个共同的特征（dinominator）。

第三种理论是理智主义美学（Intellectualist aesthetics）。理智主义美学强调“美

① Croce uses the expression “il bello fisico”, Laterza, Bali: 1953, p. 103.

与知”的真理性。它以一种“半科学”与“半哲学”的通俗逻辑形式将艺术界定在“真”(Truth)的范畴之中。理智主义相信，艺术是什么的问题，完全可以通过逻辑或概念的形式得到解决。

第四种理论是不可知论美学(Agnostic aesthetics)。不可知论美学迈出了认识艺术独立性的第一步，但这种理论不能以任何积极的方式描述自己的正面观点，它只能以否定的消极方式来阐释某种不确定的观点，因而这种理论对具体问题几乎从来不会产生明确的答案。

第五种是神秘主义美学(Mystical aesthetics)。神秘主义美学把艺术看作一种独立自足的精神形式，虽然它也有自己的理性特性，但其非科学、非理性的特点也是相当明显的，从某种意义上讲，神秘主义美学有一种超越科学与哲学之真的神秘性。因此，克罗齐将神秘主义美学视为美学理论的最高形式。

克罗齐主张哲学家应从美学理论的“最高形式”着手，即从神秘主义美学理论的多种变化形式开始研究艺术和审美。当然，克罗齐并不认为各种美学理论有高低贵贱之分，在这里，他只不过是进一步阐发了表现主义的纯直觉与抒情性理论。同时进一步确证了艺术的自律性，以及艺术与其他精神活动(理论的与实践的精神活动)之间的相互关系。

自1912年《美学》出版以后，克罗齐一直在坚持和发展自己的表现主义美学思想，在不改变自己的美学思想的基本内核的前提下，他提出了许多新的美学观点。在1921年和1941年《美学》修订本问世时，他在以下三个方面丰富了自己的学说：一、关于纯粹直觉的抒情性(1908)；二、关于纯粹直觉的普遍性特征(1918)；三、关于诗与文学的差异(1936)。

“抒情性”这一术语是作为诗性交往过程中出现的一种非概念成分的符号而提出的。在克罗齐看来，每一个体的感情与情绪都是独一无二的非概念化的存在，因此，对于艺术而言，以具有普遍意义的概念所进行的分析和阐释其实都是不可靠的。人们根本就不可能找到一个大家普遍认可的美学理论。假如真的存在着这样一种理论，那么它也必然是一种禁锢精神自由、妨害艺术自律的理论。

在1926年出版的《诗论》(La poesia)中，克罗齐详细地比较了诗与文学的差异，为此，他提出了直觉表现的四种类型，即感伤或深思型、诗歌型、散文型、修辞型。克罗齐认为，诗歌型的表现是纯然抒情性的，而文学或散文的表现形式显然是多种多样的。从文学理论的角度看，克罗齐提出的理论是有名无实的(nominalistic)理论，因为，每一具体的艺术作品都是独一无二的整体，作为艺术家独特的日常生活的表现，它们实际上根本就无法真正成为风格或流派史中的组成部分。据此，克罗齐认为，卢克莱修的《物性论》这类公认的哲理诗其实不能算作是真正的诗，甚至歌德的《浮士德》第二部也不能算作真正意义上的诗。

毫无疑问，克罗齐是他那个时代最有影响力的知识分子之一，但是，他的哲学体系除了几个他的意大利同胞和英国的科林伍德以外，几乎没有什么追随者。当然，他的实际影响力比其追随者的影响力来说要广泛得多。今天，他的名字和他的理论仍然频繁地出现在美学、历史学、文学理论、语言学等不同学科之中。不过，与他生前作为意大利知识分子偶像的那个时期相比，他的理论已经失去了往日那熠熠生辉的光环。[①]从某种意义上讲，这也许正是克罗齐的幸运之处，毕竟，我们不可能，也没有必要“回到克罗齐那里去”，我们必须“以当代人的方法解决当代人面临的问题”，这正是克罗齐的一贯思想。

结　　论

人们说，将军总是在为还没有发生的战争而战斗。从某种意义上说，克罗齐就是这样一位将军，一位哲学家中的将军。他必须以他的系统化的理想主义向他所生活的时代的各种问题开战。他唯一的武器就是他的反思精神。

克罗齐宣称自己是一位维科和桑克迪斯（De Sanctis）式的理想主义美学家。在道德和价值论上是一位哈伯丁主义者（Herbartian）。在关于世界发展和历史理论方面，他是一位黑格尔主义和形而上学的反对者。在令人困惑的环境问题方面，他是一位自然主义知识分子。事实上，克罗齐还是一个折衷主义者。这并不是他缺乏积极的立场，而是因为他不得不使用各种手段将自己的研究进行到底。

克罗齐的哲学以人类的精神尊严和自由为旨归，就他所在时代的当下性而言，虚无主义和相对主义甚为流行，尽管克罗齐有效地利用了那个时代所能得到的哲学武器，但克罗齐的这个立场是脆弱的。从这个意义上讲，克罗齐的哲学可以说是古典人文主义、启蒙主义和理想主义最后的哲学，即关于自由和自由主义的最后的哲学体系。

但是，作为一个生活在他自己时代的现代哲学家，他珍视公众的感觉，并能充分理解经济在哲学中的重要性。他热衷于现实批评并能积极参与政治活动。特别是作为一个美学家，他要经常与当代艺术和艺术家打交道。他写下了大量的文学史和文学理论方面的文章，出版了自己的批评著作，讨论意大利和其他地方的文化政治和艺术状况方面的问题，为此，他不得不超越他雄心勃勃的人文主义和启蒙哲学研究计划。也许由于克罗齐既属于现代又属于过去的双重特性，他注定不可能成为一

① Paolo D'Angelo, L'estetica italiana del Novecento, laterza, Bari: 1997.

位经院式的学者。

当然，我们所期望于克罗齐的正是一种知识分子的立场，这种知识分子应该摆脱现实生活中的日常事务的种种羁绊，并远离孤芳自赏的学术中的象牙之塔，与活生生的现实生活保持血肉般的密切联系。克罗齐对现实社会提出的问题提供了自己的答案，他把美感看作是以“直觉—表现”的方式来产生奇妙精神生活最初胚芽的一种能力，他把直觉和表现看作言说个性知识的纯真的人类语言。所以，美学领域，对于克罗齐来说是一个极为值得珍视的创造王国，因为，在这个王国里，精神是可以创造的，并且是可以进行无穷无尽地再创造的。

在克罗齐看来，纯粹的艺术是一种与个体的民主意识相对立的诗性的直觉，天才则只不过是存在于日常生活中的一种较好的品质而已，创造属于一种具有普遍意义的高尚的精神领域。克罗齐的历史编年学和历史学理论体系，不可避免地打上了相对主义和主观主义的时代烙印。

从我们的时代反观克罗齐的精神哲学体系时，我们发现，克罗齐创立了一种理解世界统一性的理论工具和实践方式。他坚持认为，我们自己的世界并没有自然和公正可言（就精神文化而论），作为表现主义的先驱，他认为我们所面对的所谓现实不过是主观世界的一种表现和文化结构而已。

第二节 科林伍德

一、科林伍德的生平与著述

罗宾·乔治·科林伍德（Robin George Collingwood，1889—1943），英国现代著名的考古学家、历史学家、新黑格尔主义哲学家和美学家。1889年出生于兰开夏郡的卡特梅尔，从小受过良好的家庭教育，1908年就读于著名的牛津大学，1912年毕业，后任牛津大学研究员。第二次世界大战爆发后，他应征入伍，从事战时工作。战争结束以后，重返牛津大学，讲授哲学和罗马史。1934年任剑桥大学布鲁克学院形而上学教授，1941年因病退休，1943年病逝。

科林伍德著述甚丰，与美学密切相关的除了一本收集数篇研究美学理论的论文集之外，还出版了两部研究艺术的专著，即《艺术哲学纲要》（1925）和《艺术原理》（1938）。前者反映了他早期的美学思想，表现了他对艺术问题的初步探索；同时也可以看作是后一本书的导论。艺术对于科林伍德来说是极为重要的研究对象，关于这一点下文将有详细的论述。

在《艺术原理》中，科林伍德给艺术提供了相当独到的解释，这也是我们研究科林伍德美学思想的基础，在深入研究具体问题之前，我们不妨先对科林伍德《艺术原理》这部美学著作的三个组成部分分别作一简要的介绍。

二、《艺术原理》的价值

科林伍德的《艺术原理》一书共分三个部分，在第一部分里，科林伍德主要揭示了“真正的艺术”（art proper）与“所谓的艺术”（art so-called）之间的区别（中译本将其翻译为“艺术与非艺术”——译者注）。科林伍德坚决反对把艺术品看作各种技术成果的“艺术的技术理论”，并对“艺术”与“技艺”这两种意义含混的概念作出了严格的区分。在艺术的众多含义中，由古希腊沿袭下来的所谓的“艺术”被称为“技艺”，这种技艺是一种“通过自觉控制和有目标的活动以产生预期结果的能力”[①]。科林伍德认为，对技艺的解释，“总会涉及手段与目的的区分”。技艺被有意识地应用于工艺品的制作过程中，它有明确的目的和程式化的手段。艺术则不然，艺术品往往是没有任何“预期目的”的艺术活动的结果，因为，真正的艺术活动原本就没有明确的功利目的。

当然，这并不是说艺术永远不可能有自己的计划，只不过是它不需要技艺式的计划而已。科林伍德并不一概否定技术对艺术的重要意义。有一种理论认为，“不管任何人，无论他在学习创作时是多么不努力，只要他的心灵处于一种恰到好处的有利状态之中，那么他就一定能创作出好的艺术作品来”[②]。科林伍德不赞成这种说法，他认为，作为一个艺术家，他应该明白：

> 要造就一个人才，他能写出一行像蒲伯那样的诗句，能像米开朗琪罗那样从石块上敲下一个碎片，必须付出巨量的专心致志的脑力劳动，必须进行艰苦的认真的自我训练。[③]

科林伍德关于美学的一个基本思想是：“真正的艺术作品不是看到的，也不是听

① R.G.Collingwood, The Principles of Art, Oxford: Clarendon Press, 1938, p. 13.
② R.G.Collingwood, The Principles of Art, Oxford: Clarendon Press, 1938, p. 26.
③ R.G.Collingwood, The Principles of Art, Oxford: Clarendon Press, 1938, pp. 26-27.

到的，而是想象中的某种东西。”①

为了解释这一观点，科林伍德以音乐这一典型的艺术类型为例，并认为对音乐分析的结论也同样适用于其他艺术形式。对真正的艺术而言，假如某种结论适用于音乐这种艺术式样，那么它对别的艺术式样同样也应该是适用的。科林伍德的结论是：

> 当音乐已经以成型和完美的曲调形式存在于艺术家头脑之中时，它就可以说是一种真正的艺术了，尽管它还只是一种想象的曲调。

当这个结论确立以后，这里的音乐之“真”，也就代表了其他艺术之“真”，毫无疑问，科林伍德所强调的是艺术的想象性特征。从本质上讲，科林伍德这一结论必须具备这样三个前提条件：

第一，曲调本身并不需要得到听众的关注，作曲家的任务“不是要提供某种感情去激发听众，他只关心他自己的曲调”。因此，艺术家创作的情形并不取决于他与听众的关系。在科林伍德看来，真正的曲调是一种想象之物。

第二，当作曲家写下他的曲谱时，它所写的并非曲调本身（也就是说，纸上的曲谱并不能算作艺术），曲谱只是曲调的代码而已。所以，科林伍德说：“写在纸上的不是音乐家的曲调，纸上曲谱不是音乐，而是音乐的记录。”②

第三，在科林伍德看来，一个人即便听到了（音乐的）各种声音，但他未必就能说是听到了音乐，因为，听音乐需要听者理解音乐的旋律、形式和结构以及艺术的分类等，这说明音乐绝非单纯是声音。科林伍德认为，“真正的曲调”只存在于作曲家的脑海里。

从科林伍德的结论中可以看出，我们即便听到了声音也未必就等于听到了音乐，相反，我们欣赏音乐却有可能“于无声处获清音”。因为，音乐作为艺术，其本质并非一般的声音。一个人听到了声音却不能保证他因此听到了音乐。音乐不仅仅是我们听到的声音，它还包含着更多的东西。当然，听到了声音与听到了音乐并不矛盾，有时候也可以说听到了声音至少就听到了部分音乐。科林伍德并不是否认声音与音乐的关系，他只是想强调音乐与声音的差异，他说：

> 我们从音乐中所汲取的东西也不是表演者所发出的音响。在每一种场合下，我们从中汲取某种东西都必须凭借我们自己的努力在自己头脑中把它们重

① R.G.Collingwood, The Principles of Art, Oxford: Clarendon Press, 1938, p. 142.
② R.G.Collingwood, The Principles of Art, Oxford: Clarendon Press, 1938, p. 135.

新建立起来；一个人如果不能或者不愿意作出正确的努力，即使声音响遍了他所在的房间，不论这些声音他听得多么完全，其中包含的某种东西依然永远是他无法接近的。[①]

让我们重新回到科林伍德的重要结论上来。当然，我们也可以说音乐的曲调是理想化的声音。[②]不过，这一论点似乎并不具有普遍性的意义—— 一幅画并不仅仅只是画布加颜料的对应物。[③]至此，科林伍德为自己的论点作出了这样的概括：

一件真正艺术的作品，是欣赏他的人运用他的想象力所领会、意识到的总体活动。[④]

科林伍德《艺术原理》的第二部分"想象论"坚持了第一部分的立场。他着重讨论了"思维与感觉""感觉与想象""想象与意识"等问题。科林伍德认为，想象是思维活动与单纯的感觉心理生活接触的交点。在阐释感觉和想象之间的区别时，科林伍德说，在"实际看见的"一块色彩和"想象中的"一块色彩之间的那种常识性区别就属于感觉与想象的区别。当一个人向窗外望去，"看到"一大片绿色的草地，然后闭上眼睛，经过一番有意识的努力，就"想象出"同样或相似的一片绿色。在第一种场合，他看见的是"实际存在于那里"的东西，色彩就呈现给了他，在第二种场合，绿色是他想象中的"虚构物"，是想象在缺乏那些条件的情况下，以某种方式产生出来的。

在科林伍德看来，意识是使感觉印象转变为想象观念的东西，而想象则是意识对感觉改造的过程和结果。由此，科林伍德给想象下了这样一个定义："想象是感觉被意识活动改造时所采取的新形式。"就艺术与制作的关系来说，科林伍德认为艺术就是一种想象。这种想象是一种自觉而有意识的创造活动。尽管他认为艺术作品不是艺术家完成某种预想计划的结果，但是，与精神分析学派把艺术创作看作是人的无意识活动的观点不同，他认为艺术虽不用技巧，但仍然是自觉而有意识的创造。

科林伍德认为，任何艺术都是总体性的，不存在单纯的听觉艺术或单纯的视觉艺术，真正的艺术只能是总体想象性经验。通过对艺术与感觉、艺术与想象这两个方面关系的详尽论述，科林伍德又为艺术下了一个完整的定义："通过为自己创造一

---

① R.G.Collingwood, The Principles of Art, Oxford: Clarendon Press, 1938, pp. 140–141.
② 参见克莱顿《音乐美学》，牛津克拉林顿1997年版，第19页。
③ 沃尔赫姆：《论艺术与精神》，伦敦爱林兰1972年版，第9—10页。
④ R.G.Collingwood, The Principles of Art, Oxford: Clarendon Press, 1938, p. 225.

种想象性经验或想象性活动以表现自己的情感，这就是我们所说的艺术。”[①]

虽然第三部分题目是“艺术理论”，但它径直阐释的是科林伍德关于语言的表现价值问题。他认为，思想必须通过具体的语言媒介才能获得表达。从这个意义上讲，艺术就是语言。科林伍德注意到，仅仅强调艺术与想象之间的联系还不足以体现艺术的特征，还必须适当突出表现维度。表现对于艺术家和受众来说都是至关重要的：

> 审美经验或者艺术活动，是表现一个人情感的经验，而表现它们的活动，就是一般被称为语言或艺术的那种总体想象性活动。这就是真正的艺术。

科林伍德认为，语言作为意识经验水平的一个特征是随着想象一同产生的，语言是想象性经验在表现情感的过程中创造的。想象性经验总是与语言联系在一起的，事实上，想象性经验正是通过想象性语言表现出来的，因此，完全可以说语言就是作为想象性经验的艺术。

在美学史上，克罗齐创造性地提出了美学与语言学同一的思想。他认为，艺术的科学与语言的科学，美学和语言学，当作真正的科学来看，并无不同，而是一回事。表现在本质上就是审美；说语言学不同于美学，就无异于否认语言为表现。但是，发出声音如果不表示什么，那就不是语言。在克罗齐看来，艺术是直觉，是主体的情感的表现，而语言也是表现，在本质上也是审美。因此，语言作为表现活动，即是艺术活动。

科林伍德基本上继承了克罗齐的“同一说”。与克罗齐一样，他把艺术与语言几乎完全等同了起来。但是，在具体论述艺术与语言的同一性时，科林伍德与克罗齐的切入视角是不同的。克罗齐从直觉的视角论述他的观点，科林伍德则是以总体想象性活动为重心来阐明其基本看法的。科林伍德认为，从语言学发生学的角度看，语言是主体想象性经验在表现情感的过程中创造出来的。作为意识经验水平的特征之一，语言是与想象共生的。正由于想象性经验是通过想象性语言表现出来的，所以语言与作为想象性经验的艺术必然是同一的。在分析艺术与思维的关系时，科林伍德把主体的思维类型分为意识水平的思维和理智水平的思维两种形态。与此相似，他也将语言划分为想象性语言和理智化语言两种形式。前者是“在其原始或朴素状态中是想象性和表现性的”，这种“语言是一种想象性的活动，它的功能在于表现情感”，后者则是在想象性语言的基础上产生的；同时，它仍然具有语言的情感表现特征。总之，既然语言与艺术一样，都具有想象性和表现性这两个方面的特征，

① R.G.Collingwood, The Principles of Art, Oxford: Clarendon Press, 1938, p. 156.

因此，科林伍德得出了这样一个结论：“艺术必然是语言。”

尽管科林伍德把真正的艺术作品看作是艺术家头脑中的总体想象性经验，而不是有形体的可感知的东西，但是他并不否定艺术传达的重要性。在他看来，如果艺术并不是一种技艺，而是情感的表现，那么艺术家和观众之间的种类差异就消失了。因为，只有在人们听到艺术家表现自我并且理解他们所听到的东西时，艺术家才算有了观众。不过，科林伍德并不赞成艺术家必须激发观众情感的说法。他认为，无论是对艺术家还是观众来说，至关重要的还是对艺术的审美反应。只有审美反应，才能使我们的情感以一种独特的方式感受美和艺术。科林伍德指出：“真正表现的特征标志是明了清晰或明白易懂（lucidity or intelligibility）。”[①]此外，更为重要的是，艺术家必须“与他的观众分享情感。艺术家对情感的表现在他的观众那里应该如同观众自己的情感一样”[②]。

科林伍德认为，对艺术作品的审美反应是将艺术家与观众紧密联系起来的纽带。当艺术家将内在的审美经验外化为一种可感知的对象时，观众通过观赏这个可感知的对象可以在自己的头脑中重建艺术家的总体想象性经验。艺术家不应该躲在该诅咒的象牙塔里，他们应该表现“大家所共同感受的东西”，快乐地分享大众的情感。艺术家必须和希望从中找到观众的那些人的感受和态度同属一类。

从艺术接受的角度看，观众对艺术家的想象性经验的重建表明观众与艺术家之间是一种互动的审美关系，是艺术创造中的一种合作关系。

此外，科林伍德把艺术创作和审美活动看作社会性的合作活动，纠正了真正的艺术只在艺术家头脑中的观点。艺术家表现的情感是他与观众所共有的情感，观众是确认艺术家的审美经验有无价值的最后裁判，科林伍德甚至认为观众的情感是艺术家创造过程中的一个审美因素，它参与并在某种程度上制约着艺术家的情感表现。为此，科林伍德对自我表现说是很不以为然的。他认为，艺术创造的工作并不是艺术家以任何专有或完全的方式在头脑中进行的工作，审美活动不属于任何个人而属于一个社会的合作性活动，作为情感的表现而且向群众表达出来的艺术，它要求艺术家参与公众的情感，参与和这些情感密切相关联的各种社会活动。

真正的艺术是情感获得完整与完满表现的结果。而那些粗劣的艺术（如果还能称为艺术的话）“要么是作者未能成功地表现既定的情感，要么是作者所表达的某种情感对于特定社会的公众来说不合时宜”[③]。与此形成鲜明对照的是，T.S.爱略特的诗作《荒原》，我们之所以说它是了不起的艺术品，是因为它成功地表现了读者的情

① R.G.Collingwood, The Principles of Art, Oxford: Clarendon Press, 1938, p. 122.
② R.G.Collingwood, The Principles of Art, Oxford: Clarendon Press, 1938, p. 315.
③ R.G.Collingwood, The Principles of Art, Oxford: Clarendon Press, 1938, p. 284.

感："整个世界的情感之流业已枯竭……任何罪恶于人于世已无需责罚……"①可以说，优秀的艺术必然是真正的艺术，在这里情感得到了真实的表达。

依据这一论断，科林伍德推导出了一个颇负盛名的结论："艺术是医治心灵疾患和腐化意识的公用良药。"②对此，科林伍德提出了两个相互关联的论点：

第一，他把艺术家与观众联系了起来。"人只有意识到他处在那些自觉为人的众人之中，他才能明白人之为人的道理。"③

第二，他把艺术、语言和人生联系了起来。"自我是人生在世的一种表现，语言组成世界，其意义就是情感经验，情感经验造就人生，即自我由情感组成，而情感只能以造就世界的语言来表达。"④

从科林伍德所建立的这些联系中我们可以看出，艺术的确是个好东西，艺术的价值在于它可以把各种思想整合为一体，就像友谊的价值在于它把人与人团结起来一样。实际上，科林伍德一直把艺术看作使人类文明免受侵害的坚固堡垒。

三、关于《艺术原理》的几个基本问题

在科林伍德的《自传》中有一个令人吃惊的疏忽是缺乏对克罗齐的讨论，特别是缺乏对克罗齐是如何影响科林伍德的讨论。而《艺术原理》中这样的疏忽可能具有不同的意义，虽然科林伍德是克罗齐的朋友，而且他还亲自翻译过克罗齐的两部著作，但是在《艺术原理》和《自传》及其所作的说明中都没有真正涉及克罗齐。尽管如此，传统的批评家如沃尔海姆还是把科林伍德的观点与克罗齐的唯心主义理论看作一回事，或者干脆把他们的理论称之为"克罗齐—科林伍德的观点"。

评论家理查·斯克兰范尼（1976）似乎看到了科林伍德与克罗齐的差异，他认为《艺术原理》不是一部真正意义上的克罗齐主义的著作。遗憾的是，这位评论家并没有对自己的观点展开论述。有关这一问题，阿兰·杜纳甘倒是进行过明确的解释。他认为，从《艺术哲学纲要》（1925）——科林伍德把这部著作看成是自己研究形而上学的另一部哲学著作《心灵的思辨》（1924）的概述——到《艺术原理》，科林伍德的美学思想出现了一个重要的转向。

在科林伍德为1929年出版的《大不列颠百科全书》翻译了克罗齐的"美学"词条之后，他的美学思想与克罗齐的美学观念就更加接近了。对于科林伍德的"转

① R.G.Collingwood, The Principles of Art, Oxford: Clarendon Press, 1938, p. 335.
② R.G.Collingwood, The Principles of Art, Oxford: Clarendon Press, 1938, p. 336.
③ R.G.Collingwood, The Principles of Art, Oxford: Clarendon Press, 1938, p. 317.
④ R.G.Collingwood, The Principles of Art, Oxford: Clarendon Press, 1938, p. 292.

向”，杜纳甘解释说，科林伍德放弃了他早年的美学立场，接受了克罗齐想象即表现的观念。

但这一观点仍然是有争论的，至少克罗齐对表现和理解就有不同的解释。此外，斯克兰范尼认为《艺术原理》与唯心主义哲学并没有太多干系，而里德雷在讨论这本书时却断言“科林伍德是一个唯心主义者”。

那么，到底在何等程度上科林伍德的艺术理论（至少就《艺术原理》而言）应该被看作是唯心主义的呢？问题的焦点在于如何看待物质对象（譬如说大理石，就像米开朗琪罗的雕塑《大卫》中的石料）：这就是艺术品吗？

科林伍德认为，真正的艺术具有想象性特征；与之形成对照的是那些工艺性的铁质塑像、铁匠打造的马掌等，它们不过是由铁疙瘩制造的工艺品而已。诗人用来写诗的词语却不具备物质性的特点，因为诗人在写诗之前并没有如同铁之于马掌那样现成的语言材料。在科林伍德看来，“诗里出现的字眼在诗人的心目中是作为整体出现的；它们具有与诗歌排列次序相同的次序，诗人绝不是以这种次序把字眼随意搭配组合直到出现我们所见到的那首诗为止”[①]。

这种说法其实与科林伍德早期反对艺术的“技艺说”思想并没有本质的不同。科林伍德一向认为，不能按照艺术的物质构造对其进行逻辑的区分。他所关注的是艺术品对人类审美意识或想象的影响，因为它们太容易被人忽略了——特别是在那些将艺术与技艺混为一谈的艺术“技艺论”者那里，这种情况更为严重。但是，科林伍德也忽视了这样一个矛盾：艺术媒介与他所说的物质性实际上是有差异的，而他却认为物质性与艺术无关——艺术品（例如音乐作品）“可能只存在于音乐家的脑子里”[②]。那么媒介与艺术到底有无关系呢？

科林伍德的表现主义理论声称，表现的媒介与它所表现的内容是无法分开的(取消了语言，你就取消了表现的内容)。这样看来，物质性与审美性实际上都是很重要的。“画家是用手画画，而不是用眼睛画画。”[③]所以，也可以说，画家是在利用媒介制造艺术。“一个东西被画出来，就意味着它与画家的肌肉运动存在着某种程度的关联。”[④]此外，艺术的大众性特征可能会成为反对唯心主义的借口。科林伍德还认为，艺术的“技艺论”会导致过分强调艺术作品与艺术家的联系。在这一点上，科林伍德所说的“表现”的大众性特征是颇有深意的。

此外，《艺术原理》的内在一致性问题也常常受到这样或那样的质疑。为了对一致性问题进行细致的考察，我们不妨把注意力集中在“想象在艺术作品中的地位”

---

① R.G.Collingwood, The Principles of Art, Oxford: Clarendon Press, 1938, p. 23.

② R.G.Collingwood, The Principles of Art, Oxford: Clarendon Press, 1938, p. 151.

③ R.G.Collingwood, The Principles of Art, Oxford: Clarendon Press, 1938, p. 144.

④ R.G.Collingwood, The Principles of Art, Oxford: Clarendon Press, 1938, p. 145.

这一问题上。他在本书的第三部分强调观众的意义时是否出现过前后不一致的矛盾？沃尔海姆认为，科林伍德著作中出现的前后不一致的问题是一个非常糟糕的缺陷，构成科林伍德美学理论的各种观点常常是自相矛盾的，当你接受了他前面某个观点的时候，往往就会对后面的某个观点疑惑不解。

的确，科林伍德著作中立场和观点的不一致性表现相当突出。例如，他在《艺术原理》的序言中似乎坚持的是一种历史主义的立场，他宣称自己的《艺术原理》与1937年英格兰的艺术状况有密切的联系，也就是说，他认为自己的艺术理论与当下艺术实践有密切的联系。可是，就在这篇序言的同一页中，他却又说："我认为美学理论不必试图对被称为艺术对象及其各种变化进行研究和探索。"①

事实上，科林伍德也正是这样对待美学理论的，他在《艺术原理》的第一部分就开宗明义地宣称要给艺术"下一个正确的定义"。从方法论的角度说，他在这里所应用的完全是历史主义的方法。但是，到了本书的第三部分，他却认为，给艺术下一个正确的定义事实上是不可能的。

可以说，科林伍德著作中的立场观点不一致性问题在他晚期的哲学著作中比较普遍，《艺术原理》当然也不能例外。从一定意义上说，《艺术原理》中所出现的矛盾，其实是历史主义和本质主义之间的矛盾在科林伍德著作中的反映。首先，本质主义对原理的存在意义充满信心，认为由一种艺术形式总结出来的艺术真理也同样适用于另一种艺术形式。从科林伍德研究问题的一些细节和逻辑上看，科林伍德的确是通过研究某一门具体的艺术形式，然后明确无误地告诉我们艺术是什么和艺术必须是什么。他相信作为原理存在的艺术真理必然对所有的艺术形式都是适用的。其次，本质主义给科林伍德提供了一种强有力的表述方式，例如，他在论述"音乐就是一种想象"时，除了本质主义还有什么能够使他相信音乐必定总是想象呢？再次，某些与科林伍德的观点明显相反的例证，在他的文本中被有意忽略了。例如，米开朗琪罗的雕塑《大卫》，我们可以明确指出它的尺寸、重量和其大理石材质等——而这些都不是想象。当我们把它也看作一种"想象"时，就很难想象对于这一著名雕塑的艺术形式还能准确地说些什么？

显然，科林伍德并没有直接面对这样的尴尬局面，他对这一矛盾的回避，可以在本质主义那里得到合理的解释：对于一种艺术形式能成立的理论，对所有的艺术形式则都是成立的。很明显，科林伍德的这种本质主义的观点是很难经受得起现实实践检验的。

当然，科林伍德的各种观点前后的不一致似乎也可以解释为他的思想认识发生了变化。科林伍德自己曾经承认的"思想变化"说似乎比较有道理，他也确实对某

---

① R.G.Collingwood, The Principles of Art, Oxford: Clarendon Press, 1938, p. 6.

些基本问题及其相互关系的看法发生过变化，例如，他在《历史原理》(1939) 中提出的历史观就曾经不加说明地对其中某些具有代表性的思想进行了修改。

科林伍德宣称，他要靠写作将自己的思想“连成整体”，但是，在科林伍德开始以一种相对稳定的方式写作之前，他根本就不可能将自己的思想“连成整体”，对于科林伍德来说，这只是一个“绝对的假设”。

结　论

科林伍德是一个极为重视艺术的哲学家，他在研究艺术本质的过程中提出了一系列有趣的观点。例如，他对艺术品与凭技艺生产的工艺品所作的区分就有超越前人的地方。尽管创作技巧在艺术生产过程中具有重要意义，但科林伍德却十分看重艺术趣味对艺术创作的重要性和特殊性，并把艺术领域的“技艺论”看作是现代艺术理论必须彻底清算的理论。科林伍德认为艺术即表现，想象是真正的艺术，并明确地提出“想象与情感的艺术必然是语言”，所有这些观点看似明了简洁，实则包含着极为复杂的内容。例如，他主张艺术与语言同一，是总体想象性活动。但他的所谓“语言”与我们通常所说的语言有很大的区别。在他看来，舞蹈动作、表情变化、音乐符号及教堂建筑等都是艺术家用来表现审美内涵的“语言”。

必须指出的是，在讨论科林伍德的艺术理论时，我们的关注点主要集中在一些基本的美学理论问题和一些重要的艺术命题上，对于理论的具体内容则给予了较少的关注，特别是他的那些多少有点奇谈怪论意味的“想象论”和“语言论”，一直没有成为我们讨论的中心内容。不过，科林伍德对艺术重要性的重视，的确为我们正确理解美和艺术提供了许多重要的启示。

第七章　实用主义美学

概　　论

“实用主义美学”（Pragmatistic Aesthetics），是现代美国美学中最有代表性的美学思潮，在20世纪西方美学史中因为“美国本土精神”而独树一帜。如果在实用主义美学的历史中择取一本最重要的专著的话，那么，杜威在其76岁高龄时撰写的《艺术即经验》（Art as Experience，1934）是当之无愧的。在很大意义上，“实用主义美学”基本上就是以杜威美学为主导思想的一种美学思潮。

《艺术即经验》的核心是将审美经验与日常经验直接贯通起来，艺术就是经验，艺术只是经验的“高度集中”与“提炼加工”的形式。这样，艺术与经验的“延续关系”抑或本然关联便得以真正恢复。[①]杜威认为，“经验”是另一位实用主义哲学家詹姆斯（William James）所谓的“双义语”，“它之所以是具有‘两套意义’的，这是由于它在其基本的统一之中不承认在动作和材料、主观和客观之间有何区别，但认为在一个不可分析的整体中包括着它们两个方面”[②]。换言之，“经验”既指客观事物，又指主观情绪和思想，是物与我融成一体的整体。的确，根据詹姆斯的观点，本来积极的经验最初就是一个整体，只是后来通过分析和批判性的思考，才被分解为两部分。杜威认为，主体与客体、经验与自然是无法分开的，他的主观经验论是把客体与自然消融于主体和经验之中。虽然他明确提出超越唯物主义与唯心主义，但是，他将统一的经验整体作为本源，把经验这种通过主体、客体互动而获得

① John Dewey, Art as Experience, New York: The Berkley Publishing Group, 1934, p. 3.
② 杜威：《经验与自然》，傅统先译，商务印书馆1960年版，第10页。

的直接知识和体验作为基础，其实仍是把客观存在的自然纳入经验的存在，亦把主观的经验自然化了，从而将经验无限扩大而成为本体。

按照杜威的解释，“每一个经验，都是一个活的造物（live creature）与他生活在其中的世界的某个方面相互作用的结果”[①]；这种经验的模式和结构，就是“做”与“经历”（undergoing）的变换，亦即将主动地“做”与被动地“经历”组织为一种关系，使得经验内部未定的材料，通过一系列相互关联的事件活动而趋于自身完满。这就是所谓“一个经验的统一性”[②]。只有当所经验到的物完成其经验过程而达到“完满”时，才能获得“一个经验”。“这种经验是整体的，保持了其自身的个体化品质与自足性。这就是一个经验。”[③]这种“统一性”呈现在经验的每一个部分都畅通无阻地流入下一个部分，没有缝隙和未填充的空白。同时，每个经验都不牺牲各个部分的个性。基于这种多样的独特性，相关联的经验所构成的“持续整体”就由于强调各个阶段形成的色彩多元化而趋于多样化，因此，杜威将经验过程比喻为呼吸，是一个人呼吸的节奏性运动，它们的连续性不断地被打断，由于间隙的存在而有节奏。[④]但另一方面，杜威仍然强调只有当经验具有统一性的时候，它才能成为“一个经验”。显然，这里强调的是“一个经验”的“统一性”的方面，它不仅不会走向乏味，也不会由于过分差异而被撕裂。

然而，“一个经验”本身并不都能成为“审美经验”。杜威明确将“一个经验”与“审美经验”细致区分开来，又将二者本然地连通起来。他认定，如果看“一个经验”所蕴含的意义，它同“审美经验”既有相通之处，也有差异存在。这是因为“一个经验”要具有“审美的质”，否则其材料就不会变得丰满，不能成为连贯的整体。这样，可能就将一个“生命经验”（vital experience）割裂为实践的、情感的及理智的，并各自确立与其他不同的特质。[⑤]然而，杜威对此的解答却不能令人满意，他认为使得“一个经验”变得“完整和整一”的审美的质就是“情感性”；因而或许可以推断，“审美经验”就是情感性的，尽管杜威承认经验中并不存在一个名为情感的独立成分。但“经验本身具有令人满意的情感的质（emotional quality），因为它通过有规律和有组织的运动而拥有内在的整合性和完满性”[⑥]。在这里，杜威一方面放宽了经验的限度，另一方面却又将审美缩减到情感的狭窄方面上去了。

杜威承认，他更多是用“解释性的形容词”来描述普通经验、“一个经验”乃至

① John Dewey, Art as Experience, New York: The Berkley Publishing Group, 1934, pp. 43–44.
② John Dewey, Art as Experience, New York: The Berkley Publishing Group, 1934, p. 40.
③ John Dewey, Art as Experience, New York: The Berkley Publishing Group, 1934, p. 35.
④ John Dewey, Art as Experience, New York: The Berkley Publishing Group, 1934, p. 56.
⑤ John Dewey, Art as Experience, New York: The Berkley Publishing Group, 1934, pp. 54–55.
⑥ John Dewey, Art as Experience, New York: The Berkley Publishing Group, 1934, p. 38.

"审美经验"的，始终没有为我们给出经验的严格定义，只说明了各种经验的诸多特质。然而，审美在他看来是可以被基本限定的，"审美的敌手不是实践，也不是理智。它们是单调乏味（humdrum），目的松动而来的懈怠（slackness），在实践和理智过程中对惯例的屈从"[①]。他认为有两个方面基本背离了"作为整体的经验"和"作为经验的整体"：一个是似乎严守成规和禁欲不前——松散的连续性（既没有特别的开始又没有特定的终点），另一个则是漫无目的和放纵无礼——抑止和收缩（只存在各部分间机械联系的活动）。这恰恰都是"审美经验"的对立面。显然，他这里强调的是"度"的问题。他认为，活跃在经验里面的能量已起到了合适的作用时[②]就可以终止，从而达到每个完满经验最终实现和完成的事实，并成为"经验的统一体"。[③]只有达到了这种不多不少的恰当程度，艺术和审美经验才会以各种不同的活动、情节及事件融化和整合为所谓"整体"[④]。

杜威的实用主义美学在产生之初便产生了巨大影响。"欧文·埃德曼（Irwin Edman），通过其巧妙的措辞和敏锐的洞察力，由于其普遍观念而赢得了广泛关注；劳伦斯·比尔曼耶（Lawrence Buermeyer）在1924年对《审美经验》（The Aesthetic Experience）作出了明晰和广泛的分析；更近些时候，伯特伦·莫里斯（Bertram Morris）以类似的途径研究了《审美过程》（The Aesthetic Process）。"[⑤]以埃德曼的《艺术与人》（Arts and the Man， 1939）为例，他在其中认为，无论什么样的生活都是"一个经验"，都是永恒之中的一段持续流动的时间和婉转多变的插曲，而普通经验则是既不稳定又缺乏生气的。因此，艺术家的主要职责之一是运用生动的手法反映有趣的经验。[⑥]

同时，实用主义美学还影响了另一个"美国化"的美学支流——产生于20世纪五六十年代的"新自然主义美学"（Neo-naturalistic Aesthetics）。这一流派的重要代表就是曾引领美国美学界潮流的门罗（Thomas Munro）。实际上，"杜威美学的最关键特征就是它的自然主义"[⑦]，他强调将美学建立在"活的造物"[⑧]的那种"活生生"的自然状态之上。作为杜威的信徒，门罗的"新自然主义"之"新"，就在于使杜威

① John Dewey, Art as Experience, New York: The Berkley Publishing Group, 1934, p. 40.
② John Dewey, Art as Experience, New York: The Berkley Publishing Group, 1934, p. 41.
③ John Dewey, Art as Experience, New York: The Berkley Publishing Group, 1934, p. 43.
④ John Dewey, Art as Experience, New York: The Berkley Publishing Group, 1934, p. 36.
⑤ Katharine Everett Gilbert and Helmut Kuhn, A History of Aesthetics: Revised and Enlarged, London: Thames and Hudson, 1956, p. 578.
⑥ Irwin Edman, Arts and the Man, New York: W. W. Norton, 1939, Chapter 1.
⑦ Richard Shusterman, "Pragmatism", in: The Routledge Companion to Aesthetics, B.Gaut & D. McIver Lopes (ed.), London: Routledge, 2001, p. 97.
⑧ John Dewey, Art as Experience, New York: The Berkley Publishing Group, 1934, pp. 3-19.

的自然主义向科学和实证的方向发展，从而使这种美学更具有可操作性、技术含量和实用特质。在《走向科学的美学》(Toward Science in Aesthetics，1956）中，门罗便试图为美学奠定其“作为科学”的基础。[①]

实用主义美学还有一位比杜威更早的哲学家桑塔亚那（George Santayana，一译：桑塔耶纳)。桑塔亚那所秉承的也是产生于19世纪末的“美国自然主义”思想传统，当然，这个名称以其巨大涵盖力囊括了“一批自称为自然主义者、唯物主义者、实用主义者、工具主义者抑或语境主义者（contextualists）”的哲学家们[②]。在这个意义上，桑塔亚那的“自然主义美学”与杜威的“实用主义美学”的基本取向是一致的。这是因为桑塔亚那在《美感》(The Sense of Beauty，1896）里将美规定为“客观化的快感”，[③]他强调了美学要以美感和艺术为研究中心，绝不能离开经验去谈论美的本质；也强调了美感所蕴含的实用本质和功利特性，这与“实用主义美学”的原则相通。然而，这种美学将自然科学方法纳入到其中的取向，却没有被“实用主义美学”所接受，而是在“新自然主义美学”那里得到了极端的发展。

到了20世纪50年代，随着“经典分析美学”(classical analytic aesthetics）在美国艺术哲学中渐居主导地位，“实用主义美学”出现了衰微之势，随后完全被主流的分析传统所压倒。这主要是因为杜威所坚持的保守艺术观点（贬斥先锋派艺术)、其美学论述方式的模糊性，以及在大学课堂不受欢迎。形成鲜明对照的是，另一位实用主义哲学家皮尔斯（Charles Sanders Peirce）的“符号学”(semiotics）思想，却由于迎合了分析美学的兴趣而得到广泛关注。不过，到20世纪末，随着英美分析美学日渐呈现衰落趋势，曾一度被遗忘的“实用主义美学”又在美国复兴，并被美国学者们视为重要的本土资源。

当代最重要的“新实用主义美学”(neo-pragmatic aesthetics）的倡导者，或者说“实用主义美学”的主要复兴者，是舒斯特曼（Richard Shusterman)。他的《实用主义美学：生活之美，重思艺术》(Pragmatist Aesthetics: Living Beauty，Rethinking Art，1992）[④]明确提出通过“回到杜威”来重构一整套实用主义美学思想。这种新思路不仅将艺术直接定义为经验，使艺术这种有目的的生产服务于对生活经验进行审美塑造和美化；而且，通过把生活塑造成艺术的样式，它也给生活之美的“伦理理性”

① Thomas Munro, Toward Science in Aesthetics, New York: The Liberal Arts Press, 1956, pp. 85- 96.

② Monroe C. Beardsley, Aesthetics from Classical Greece to the Present: A Short History, New York: Macmillan, 1966, p. 328.

③ George Santayana, The Sense of Beauty: Being the Outlines of Aesthetic Theory, New York: Dover, 1955, Chapter 10, 11.

④ Richard Shusterman, Pragmatist Aesthetics: Living Beauty, Rethinking Art, Oxford: Blackwell, 1992; New York: Rowman & Littlefield Publishers, 2000.

奠定了基础。舒斯特曼美学的另一个重要取向是对“通俗艺术”作出美学辩护，[①]将“实用主义美学”的疆域拓展到大众传统艺术、多元文化主义、后现代主义和生活的伦理艺术（ethical art of living）。这也可以在杜威那里看到萌芽，因为杜威曾经预言“流行艺术一定能繁荣”[②]。在现代意义上的、以大写字母开头的“艺术”（Art）出现之前，艺术与生活仍具有最原本的紧密关联，小写字母开头的艺术（art）也同时出现了。这样，“大写的艺术”为少数有教养的人所垄断，大众只能去寻求低俗的替代品亦即“小写的艺术”。此后，大众告别“大写的艺术”，“小写的艺术”也失去了品位，但这些情况在20世纪后期却得到了彻底的转变。

从20世纪80年代末开始，伴随着西方文化的后现代转向，分析美学面临着强劲的挑战，许多美学家试图到分析美学之外寻找思想资源。然而，真正使分析美学的根基开始动摇的不是欧洲大陆的理论传统，而是美国学者从实用主义传统之中找到的新的启示。

不仅古德曼（Nelson Goodman）和马戈利斯（Joseph Margolis）这样典型的分析美学家显示了实用主义倾向，而且，在“杜威复兴”的感召下，罗蒂（Richard Rorty）、舒斯特曼、伯林特（Arnold Berleant）等学者都强化了自身的实用主义取向。在杜威思想的启示下，“正如纳尔逊·古德曼恢复了艺术与科学的连续性一样，理查德·罗蒂发展了杜威之审美与理论相融的实用主义观念”[③]，提出了一种作为“自我丰富”“自我拓展”和“自我创造”的伦理学的“审美生活”（aesthetic life）的独特观念。[④]古德曼的美与真的联系来自杜威所认定的审美不能与“智性经验”截然分开的观念，或者说“一种日常审美冲动概念与更深层的理论研究是相容的”[⑤]的观念。罗蒂对美与善的融会则来自杜威对艺术的理解——“艺术在人类联合中是一种知的力量。……它是对经验形成的价值每一方面确证的伦理理解，艺术与伦理关系的‘问题’并不存在”[⑥]。最新的发展还有，伯林特利用实用主义观念反击康德美学，特别是在康德那里得以充分论证并固定下来的“审美非功利”观念，在诸如伯林特这样的学者这里受到了前所未有的质疑。

此外，实用主义的影响对当代艺术也有启发。德国画家帕伦（Palen）就称杜威

---

① Richard Shusterman, “Popular Art and Education”, in: Studies in Philosophy and Education (13), 1995, pp. 203-212.

② John Dewey, Art as Experience, New York: The Berkley Publishing Group, 1934, p. 187.

③ Richard Shusterman, Pragmalist Aesthetics: Living Beauty, Rethinking Art, Oxford: Blackwell, 1992; New York: Rowman & Littlefield Publishers, 2000, p. 97.

④ Richard Rorty, Contingency, Irony and Solidarity, Cambridge: Cambridge University Press, 1989.

⑤ J·祖尼加：《一种日常审美冲动：重认识杜威》，原载《英国美学杂志》1989年冬季号，见《哲学译丛》1990年第4期。

⑥ John Dewey, Art as Experience, New York : The Berkley Publishing Group , 1934, p. 348.

这种美学是当代美学的“真正的基础”。德国美学家约瑟夫·阿尔贝斯也预言，一旦包豪斯与杜威的观念结合以来，艺术就再也不会同日常生活脱离开来，这正是实用主义美学理论与当代注重艺术与生活合流的艺术实践的相互推重。换言之，实用主义观点也反映了当代的艺术发展，因为在杜威看来，艺术既不应脱离于劳动，也不应脱离自然，最主要的是不能脱离人们的正常经验。因为“艺术不是孤立存在的，不是为少数人服务的东西，而是要赋予一切生活活动以最终意义的触动并使其完善”①。

必须指出，回到经验的美学思路亦具有一定的局限。实用主义论述的审美经验，只看到了审美与日常生活的连续性，而没有看到审美经验的一部分还同时属于非日常生活。这就难怪杜威没有区分审美经验与其他类型的完满经验，因为他只看到了完满经验与日常生活经验之间的“同”，而忽视了审美经验自身的特殊性，亦即它超越日常生活的另一种特质。但不可否认，“审美经验必有一个时间之维；它随着时间逐渐发展；它也有持续性。而且，在结构上，它有终止（closure）；这种终止不等于终结（end）。这使审美经验具有统一性，同时也造成了如下的事实：与日常生活通常乏味的经验相比，审美经验具有某些独特性”②。

实际上，从日常经验角度来重思美学、重构美学，的确是目前全球美学建构的一条新途径，这显然来自杜威的启示。③在超越被割裂的“美的艺术”的传统方面，在重新唤起注意“审美经验”和“审美价值”的更广泛意义方面，在反思艺术终结、激发艺术能量并发现艺术新途径方面，实用主义美学都大有可为。20世纪末期，西方美学已经呈现出三个主流：作为“艺术哲学”的美学，“自然环境美学”（environmental or natural aesthetics）和“日常生活美学”（aesthetics of everyday life），实用主义美学对于这三者无疑都有积极的启发意义。

第一节　桑塔亚那

乔治·桑塔亚那（George Santayana，1863—1952），是现代美国著名的哲学家、美学家、诗人和文学批评家。他于1896年撰写的《美感》（也译作《美的感觉》）是美国历史上第一部真正意义上的美学著作。桑塔亚那曾在哈佛大学求学，后任该校

---

① 杜威：《献辞》，转引自《美学史(扩展修订版)》，第578页。

② Noël Carroll, Beyond Aesthetics: Philosophical Essays, Cambridge: Cambridge University Press, 2001, p. 50.

③ 这种生活美学的新发展参见Richard Shusterman, Performing Live: Aesthetic Alternatives for the Ends of Art, New York: Cornell University Press, 2000；刘悦笛：《生活美学》，安徽教育出版社2005年版。

哲学教授。主要著作有《美感》(1896)、《诗与宗教的阐释》(1900)、《理性的生活》(1905—1906，也译作《理性的生命》，包括《常识中的理性》《社会中的理性》《宗教中的理性》《艺术中的理性》《科学中的理性》五卷)、《三位哲学诗人：卢克莱修、但丁和歌德》(1910)、《怀疑论与动物信仰》(1917)、《存在的王国》(包括《本质的王国》(1927)、《物质的王国》(1930)、《真理的王国》(1938)和《精神的王国》(1940)四卷)。

桑塔亚那作为诗人和评论家，在他进行哲学研究时，重点关注美学问题和艺术问题。他在早期著作《美感》中提出的“美是快乐的客观化”著名“定义”；30年后，他又提出了美的“直观本质”论。研究桑塔亚那美学思想的发展历程对我们更深入地理解桑塔亚那强调本能和经验的“自然主义”美学的本质特征具有重要意义。

一、“理性的生活”与“存在的王国”

桑塔亚那在《美感》中对“美”提出“美是快乐的客观化”这一颇有争议的“定义”，他也因此被美学理论家们称为“快乐说”的代表之一。但是，桑塔亚那与“快乐说”的其他代表不同，他是从自然主义哲学立场来建构自己的美学体系的。在他早期的著作特别是1896年出版的《美感》中，这种自然主义的倾向已非常明显。但是，真正奠定其思想之理论基础的是他的五卷本著作《理性的生活》。在这部著作中，他把人类的各种精神活动完全置于生物学的基础上加以描述，并以一种中立者的姿态游弋于传统的唯物主义和唯心主义之间。在他后期的代表作《存在的王国》中，他为前期的自然主义哲学建构了一整套本体论层面的基本范畴，为自然主义哲学的进一步发展打下了坚实的理论基础。

在桑塔亚那的理论体系中，“艺术中的理性”是一个极为引人注目的命题，它通常被设想为包括每一种“使客体化和合理化”的活动。偏爱古代艺术的桑塔亚那认为，艺术家的活动在于把形式转化为内容。像宗教一样，艺术预先就带有想象；但它的关心是更审慎的，因为它不是把幻想误当作现实，而是根据它的理想的偏好来塑造现实。毫无疑问，艺术之花，在想象与现实交会的地方开放得最为灿烂。

一般说来，艺术的繁荣，是人类文明进步的标志，但是，在桑塔亚那看来，文明的进展并非一直对自由创造是友好的。文明在其发展过程中仿佛本能地获得了一种窒息创新精神的惯性力量；物质生产及其产品对生产者日益严重的异化，使这个社会用一种生意人的眼光把艺术看作不务正业，艺术家成了精神的流浪者，他们在一种信奉商品拜物教的强势群体中受到冷落甚至歧视，天才变成了公众嘲弄的对象。那么，对于一个严重物化的社会来说，艺术还有什么存在的价值或理由呢？桑塔亚那认为，艺术绝不是生活的单纯快乐的附属品，艺术存在的理由就在于，人需要超越自己的动物需要和粗俗欲望而成为自我存在条件的主人，“艺术是意识到它的目的的创作本能”，“艺术的基础在于本能和经验”，人类的艺术活动实际上就如同鸟儿筑巢一样，受一种生物性冲动的支配，“艺术的目的就是为了获得快乐”。[①]

桑塔亚那最为重要的哲学著作当推《存在的王国》（也译作《存在诸领域》）。无论就规模，还是就理论的系统性、独创性和深刻性而言，这部著作都可以看作桑塔亚那的代表作。在这部著作中，桑塔亚那把常识的唯心主义和强烈的超验主义近乎完美地结合起来。其最显著的特点是它具有强烈的诘难传统和怀疑一切的倾向性。“桑塔亚那在哲学的根本问题上采取的是一种彻底的怀疑论立场，他认为任何事物的存在都是永远无法证明的，所以一切有关存在的信念都是不合理的动物性信仰。”[②]

在桑塔亚那的哲学体系中，所谓的“存在的王国”是由本质、物质、真理和精神组成的。物质王国是杂乱无章、混沌朦胧的，“本质”则与此相反，它具有一种“逻辑的特性”。但是，桑塔亚那的“本质”概念却是混沌朦胧的。他一会儿说：“不管我们如何看待我们所遇到的现有的事实，我们总是可以看到一种相当模糊、明显的性质，把被当作是确实的事实同其他相异的事实及虚无区分出来。所有这样的明显的性质，可用感觉、思想和幻想辨别出来，这就是本质。”[③]这个“本质”似乎是指一事物与他事物相区分的、能被主体感知和辨识的特殊性。他一会儿又说：“一个本质可以出现在许多事例中，而不丧失其同一性；它一时可以具有直觉的一个对象的观念地位，一时又可以具有一个东西的形态的物质地位。恰恰是这种观念性，这种两栖的但是不灭的性质，才把任何一个本质同任何事实区别开来。”显然，“本质”在桑塔亚那的体系中既有物质的属性又有观念的属性，但也可以说它既非物质性又非观念性，是一种“两栖”性的东西。他解释说：“我把本质理解为一个共相，具有任何程度的复杂性和定义，无论对感觉或思想，它都可以直接地被给予。只有共相才有逻辑的或审美的个性，或者能被直接地、清楚地、立刻被给予……关于纯粹的感觉或纯粹的思想的这个对象，不加上任何信念，即一个内在的完整的和个体的对象，但没有外在关系或物理的身份，就是我所谓的本质的东西。”[④]本质作为直觉的经验存在于主体对对象观照的瞬间，在这一瞬间它被感知到了，但它作为逻辑上的“先在物”，又可通过想象、回忆等重新被感知到。

① George Santayana, The sense of Beauty, New York: Scribner's, 1896.（这里的几条引文都是《美感》中的小标题。）
② 朱狄：《当代西方美学》，人民出版社1984年版，第40页。
③ 施里普：《桑塔亚那哲学》，[美] 西北大学1940年版，第29页。
④ 德里克等：《批判的实在论论文集》，郑之骧译，商务印书馆1979年版，第157—158页。

桑塔亚那说："完全来自客观方面的印象是没有的，事物之所以会给我们留下印象，只有当它们和观察者的感受力发生接触并由此获得进入脑海和心灵大门的手段时方能产生。"[①]他认为，只有直接经验才能把握对象的本质，但任何经验都是无法经验到"存在"的。这种不断排除主体心灵"解释的积层"而最终"发现"本质的方法是桑塔亚那认识世界的武器。桑塔亚那相信只有以感性的直觉的方式才能直接把握"本质"，这种把握"不被回忆指向过去，不被动物信仰指向未来或外在事物，在其活动中不带理解、没有智慧和思想的'纯粹直觉'……是一种无时间无空间的感性的梦境的迷醉"[②]。这种对"本质"的"目击道存"式的感性直观，实际上就是一种审美的观照。

值得注意的是，桑塔亚那通过这个模糊而神秘的"本质"概念，把存在与精神、客体与主体、唯物与唯心等对立的范畴融合了起来。

在桑塔亚那看来，不论是在天上还是在地上，都没有永恒的理性。他断言"现实世界绝没有不朽的事物"[③]，灵魂不朽的传统说法是荒谬可笑的。他说："我们应该记得莱兰特的故事，他用望远镜搜索天空，希望能找到上帝，但没有找到；又想用显微镜来考察大脑，希望能找到灵魂，结果也没有找到。"[④]在他看来，"所谓灵魂不过是物质构造中比较精细的部分"[⑤]，不过是脑神经与脑组织在世世代代遗传过程中的特定的排列与组合而已。在桑塔亚那看来，自然中本质的每一个例子都完美地实现它自己的本质；我们判断一种事物是否比另一种事物更近于完美，最终取决于它们谁对我们更有益。

由于物质为自己赋予了这种和那种本质，于是它们就组成了一个新的存在的王国——"真理"。真理不是一种观念或意见，那种认为真理是观念和判断的一种属性的观点，是唯心主义的一种畸变，唯心主义由于否认物质的存在而认为观念只和其他观念相关联。

"精神的王国"中的"精神"是桑塔亚那为思想或意识起的名称。他认为，精神对心理的依附保证它将首先给意识带来身体的渴望、满足和失望。当理想和现实之间经常发生矛盾与冲突时，精神就成了心理健康的一个不利条件。但如果精神服从真理的尺度，它能成为心理最真实的"朋友"，使人的活动有新的范围和前景，向人显示可能的成就的界限，为人的冲动规定一个导致和谐和满足的理性生活的尺度。精神的作用在于它能不断调节人自身与其环境之间的平衡，以尽可能保持生活的最

---

① 桑塔亚那：《审美范畴的易变性》，（纽约）《哲学评论》1928年第53卷，第130页。
② 桑塔亚那：《怀疑论与动物信仰》，伦敦，1923年版，第117、121页。
③ 桑塔亚那：《怀疑主义与动物信仰》，纽约，1923年版，第271页。
④ 桑塔亚那：《常识中的理性》，纽约，1911年版，第211页。
⑤ 桑塔亚那：《常识中的理性》，纽约，1911年版，第214页。

佳境界。

二、"美是一种客观化的快乐"

在《美感》一书中，桑塔亚那主要讨论了"美的性质""道德价值和美学价值的差别""形式""表现""美感"等美学中的基本问题。在这部著作里，桑塔亚那试图建立一个相对完整的美学体系，并将美学与伦理学作了严格的区分。在桑塔亚那看来，世界上万事万物原本无善恶之分，就价值而论，这个世界对任何人都非善非恶。价值是人类意识的衍生物，虽然物质世界并不依赖人的意识而存在，但对人来说，世界只有显现其价值才有目的或发展。人们对世界的判断有非理性也有理性基础，于是就有了人类对现象世界的爱与憎。桑塔亚那继承了斯宾诺莎和休谟的观点，认为我们对世界的好恶，从本质上说是非理性的。事物之所以好，是因为人们对它们的偏爱。

桑塔亚那认为，审美判断通常是积极的，主要是对善的感受，道德判断则基本是消极的，它往往是对恶的感受。①对于桑塔亚那来说，美是积极、本能、对象化的快感，或事物性质的快感。在他看来，如果某一事物不能给人以快感，它就肯定无美可言。世界上绝对不存在某种所有人永远无动于衷的美。美就是一种"客观化的快乐"，"从本质上讲，美就是一种愉快"。②

在论及所谓"美的素材"时，桑塔亚那讨论了声音、颜色、气味以及其他求助于人们较低级感觉的主题，他相信这些感觉与全部美学经验有关。一切都取决于最终的美的经验。只有可感事物才能呈现出形式和意义。此外，他明确指出，任何把艺术内容与艺术形式分开研究都是徒劳无益的。

桑塔亚那试图从知觉心理学的角度来解释不同现象的形式引起的快感和不快。他认为，对称是美学形式的最好例证。对称使混乱芜杂的东西外表上变得和谐有序，因此，对称往往能够使混乱芜杂的东西获得一种多样性的统一，并能使人从中得到愉快的美感。多样性的统一是一种美，而统一的多样性也同样是一种美。例如，"星空向我们呈现出一幅有无数相似物体的画面，天空布满了复杂的物体。但是它们不是浑然一体，因为每个客体都保留（或至少是可以保留）它的个别性。构成天空的材料为天空向我们展示的美增色，黑暗的天空繁星闪烁，因而形式和实体完美地融为一体。"③从这些论述中，我们可以看出桑塔亚那美学思想的包容性、丰富

① George Santayana, The sense of Beauty, New York: Scribner's, 1896, p. 23.

② George Santayana, The sense of Beauty, New York: Scribner's, 1896, p. 45.

③ 麦吉尔主编：《世界哲学名著述评》，中国广播电视出版社1982年版，第774页。

性及其辩证思维色彩。

在桑塔亚那的美学体系中，“表现”无疑是一个关键词。在这里，审美主体与审美客体处在一种彼此影响、双向建构、互联互动的辩证关系之中。客体与心灵活动还有一个特征，它在两种情况下出现，一方面是对客体的直接知觉，另一方面是在看不到它以后，产生的具有感觉色彩的情感联想和对它的记忆。它影响了我们的记忆，也影响了我们的直接知觉，这一性质在桑塔亚那的美学体系中被称作“客体的表现”。在桑塔亚那看来，形式和物质是美学的第一项价值，而表现则是它的第二项价值，当然，这两项价值在一定条件下也是可以互相转化的。

阿内特在《桑塔亚那和他的美感》中说：“虽然桑塔亚那承认，如果疼痛、苦难和邪恶等不愉快素材从属于带来愉快的形式并构成美学表现的对象（包括社会和普遍人性中的个体），它们便能被体现在悲剧一类的艺术中，但是它对当代艺术常常抱有敌意，因为，它不能产生快感美。”[①]这也从另一方面说明，桑塔亚那把是否能带来快感美看成了艺术的一条标准。当然，这一标准还必须与道德价值标准联系起来考虑。悲剧把生活中的恶转变为善，当消极的价值变为某种善的东西时，悲剧事件就有可能转化为愉快的源泉。心灵通过悲剧因素的表现把它们变为美的东西。桑塔亚那正是在这一方面把美的对象分解为材料、形式和表现，并开辟了一条分析理性生活的道路。因为有了理性，人类才得以把一个无为无谓的世界变成了一个为善至上的世界，一个“美”的世界。

对于“美”，桑塔亚那有一个著名的“定义”：“美是一种积极的、固有的、客观化的价值。或者，用不大专门的话来说，美是被当作事物之属性的快乐……美是在快乐的客观化中形成的。美是客观化的快乐。”[②]严格说来，这不是一个定义，而是对审美价值相对论的一种陈述。桑塔亚那把美的出现归之于客体在观察者中产生的某种愉快，所以它产生的客观映象充满了快感。因此，被归之于愉快的美，逐渐具有了对象的意义。事实上，因为美不是对象的客观属性，美学判断必然与人类主体相关，是主体在享受审美快感并进行审美判断。

桑塔亚那说：“美是一种价值；不能想象它是作用于我们的感官后我们才感知它的独立存在。它只存在于知觉中。”[③]美在桑塔亚那的体系中就是一种快感，但这种快感被桑塔亚那看成事物（对象）的客观性质。这实际上就等于说，美只是一种主体的感觉。美即美感，这就是桑塔亚那美学理论的第一块基石。

当然，桑塔亚那没有忘记美的本质是多方面的。“一个真正能规定美的定义，必

---

① 麦吉尔主编：《世界哲学》，中国广播电视出版社1992年版，第776页。
② George Santayana, The sense of Beauty, New York: Scribner's, 1896, p. 49.
③ George Santayana, The sense of Beauty, New York: Scribner's, 1896, p. 30.

须完全以美作为人生经验的一个对象，而阐明它的根源、地位和因素。”他对人生经验的强调，意在反对单从美的客体性质出发来研究美的本质，并主张从意识的角度切入美的价值研究。他说：“正如水会寻找到自己的水平面和大自然会讨厌真空一样，观众可以想象出他预想中的目的和事物。而物质中的分子排列仍然是无意识的，所有的自然物都无法感觉到它们时刻变化着的这种排列。而只有我们这些自然变化过程唯一的旁观者，用了我们自己的兴趣和习惯去看到了这一过程的进程和顶点。……在这样一个机械的世界，除了我们自己和人性偏见以外，我们就不知道有任何价值因素。抛弃了意识，我们就抛弃了一切可能的价值。”[①]特别是对美的欣赏即审美价值，“我们不但需要意识，更需要有感情的意识。”“在审美感受中，我们的判断必然是内在的，是根据直接经验的性质，而绝不是有意识地根据对象毕竟实用的观念；反之，道德价值的判断，如果是积极的话，则往往根据它可能涉及的实利意识。”[②]在这里，桑塔亚那一方面对审美判断与道德判断作了严格的区分，认为劳动和责任的满足属于道德判断，游戏和享受的快乐则属于审美判断。另一方面，他又反对将道德价值与审美价值割裂开来。当克罗齐等人所阐释的非功利的康德式的美学观点大行其道的时候，桑塔亚那发表了挑战“主流”的见解。在桑塔亚那看来，鉴赏一幅画总与购买它的欲望相关，欣赏音乐是有竞争性与消耗性的，所以“审美快感的特征不是无利害观念”[③]。他认为：“把事物的审美功能与事物实用的和道德的功能分离开来，在艺术史上是不可能的，在对艺术价值的合理判断中也是不可能的。”[④]在某些西方学者眼里，桑塔亚那哲学基本上是道德哲学，它的重点是以幸福和创造力为目的的理性生活。但他努力不使道德价值和美学价值分离，并把美分为道德的善、描述的和谐（既是理性的目的，又是理性的手段），它的重要之处在于确立了伦理学意义上的审美结构。

必须说明的是，在桑塔亚那的理论体系中，快感被分成了“生理的或肉体的快乐”与“审美的快乐”两种，前者是低级快乐，只涉及身体某部分或器官的快感；后者是高级的快乐，使心灵“幻想自己能自由自在地遨游全世界”[⑤]。两者的根本区别在于前者是不出肉体的感官快乐，后者则是指向外物的、客观化了的快乐，是对心灵较高需要的满足。生理快感是事物刺激作用的结果，而审美快感则同知觉难以分离，即“当感知的过程本身是愉快的时候，当感觉因素联合起来投射到物上并产生出此事物的形式和本质的概念的时候，当这种知性作用自然而然是愉快的时候，

① George Santayana, The sense of Beauty, New York: Scribner's, 1896, p. 12.
② George Santayana, The sense of Beauty, New York: Scribner's, 1896, p. 10.
③ George Santayana, The sense of Beauty, New York: Scribner's, 1896, p. 12.
④ George Santayana, The sense of Beauty, New York: Scribner's, 1896, p. 16.
⑤ George Santayana, The sense of Beauty, New York: Scribner's, 1896, p. 25.

那时我们的快感就与此事物密切地结合起来了，同它的特性和组织也分不开了，而这种主观根源也就同知觉的客观根源一样了”①。这时的快感已客观化为事物的一种属性了。这就是美，也就是美感。

桑塔亚那的自然主义美学与他同时代盛行的形形色色的心理学只一味地专著于心灵功能的研究不同，他力图发现意识的其他自然的、生理学的根源和要素，他甚至比弗洛伊德更早认识到了性欲和生殖机能对人的思想和行为的影响。早在1896年发表的《美感》中，桑塔亚那就把“性”这种最基本的生命机能视为人的社会本能的根源：“生殖机能不仅给身心带来直接的变化，而且带来一整套社会制度，为了维护这些制度，人就需要有社会本能和习惯。”而人的社会本能，如人情味等，对审美趣味、审美判断有重要影响，“有助于吸引注意力，给艺术提供主题和动力，乃至审美的欣赏态度”②。这种影响归根结底还是由性欲决定的。当然，把性本能上升到人类社会学的高度，桑塔亚那和弗洛伊德都还算不上是真正的始作俑者，至少在叔本华和尼采那里就有相当精彩的论述。例如，叔本华说：“性的关系在人类生活中扮演着极其重要的角色，它是人类一切行为或举动之中不可见的中心点，戴着各种各样的面罩，到处出现。……性爱才是这个世界真正的世袭君主，它已意识到自己权利的伟大，倨傲地高坐在那世袭的宝座上，以轻蔑的眼神统制驾驭着恋爱。……所以我们把生殖器官名之为‘意志的焦点’。不独如此，甚至人类也可以说是欲望的化身，因为人类的起源由于交接行为，同时，两性交合也是人类‘欲望中的欲望’，并且，唯有借此才得以与其他现象结合，使人类绵延拥续。”③

桑塔亚那认为，性欲本身受压抑后会“向各方面爆发”，如转向宗教、慈善和饲养小宠物等，“但最幸运的选择是热爱自然和热爱艺术”，即转向对自然和艺术的审美，“对于人，整个大自然是性欲的第二对象，自然的美大部分都是出于此种情况”④。有学者批评说，桑塔亚那的性欲主宰、决定人的全部生命机能包括社会本能的观点，与弗洛伊德的泛性欲主义不谋而合，“这种把人的本性归结为自然本能（性本能），甚至把人的社会性看成自然性的产物的观点，完全无视人的本质是社会关系的总和的科学论断，倒退到费尔巴哈的抽象的‘自然人’的水平上去了，在历史观上属彻底的唯心主义”⑤。

应该说，这样的批评是切中肯綮的。的确，桑塔亚那的自然主义美学正是以生理学、生物学的自然主义为其哲学基础的，无论是他的价值学说还是审美理论都有

① George Santayana, The sense of Beauty, New York: Scribner's, 1896, pp. 33–34.
② George Santayana, The sense of Beauty, New York: Scribner's, 1896, pp. 24–25.
③ 叔本华：《爱与生的苦恼》，陈晓南译，中国和平出版社1986年版，第3—4页。
④ George Santayana, The sense of Beauty, New York: Scribner's, 1896, p. 32.
⑤ 朱立元主编：《现代西方美学史》，上海文艺出版社1993年版，第220页。

把社会中的人降低到“自然人”的倾向。而这种自然主义人性论，正是桑塔亚那全部美学思想最重要的理论基础。

大约在《美感》问世30年以后，桑塔亚那在《审美范畴的易变性》(1925) 一文的注释中声称，他对美的看法已有了改变。他在修改自己有关“美”的定义时说，他已经放弃了“美是客观化了的快乐”的说法，“因为我已看到一个术语要能不变成为主观的，只能使它产生一种直觉。”他认为审美快感既非客观的，也非主观的，而是一种“中立状态”(neutral)[①]。他在《审美范畴的易变性》中写道：“除刹那间的直觉或热情本身外，经验中没有主观的东西；本质的各项，如色彩或快乐等的特质是在经验既非客观又非主观、而是中立状态之时被区分出来的。”他修正了以前的“美的定义”后指出：“美，是一个生命的和声，是被感觉到和消融到一个永生的形式下的意象。”[②]

从他自己的其他论述看，他所谓的修补或修订，实际上就是使其理论变得更完善的意思。他后期的“直观本质”论，同前期的“客观化了的快感”在强调本能和经验方面，是完全一致的。用桑塔亚那自己的话来说，做些修改，“远非是要脱离我过去的观点”。实际上他从未放弃过“自然主义”与所谓“科学”的方法，“长期以来，我是依次从不同的方面表达我的本性，发展我固有的哲学的不同部分的”[③]。这种不经意的表白，从一个侧面体现了作者孜孜不倦地追求真理的严肃态度和执着精神。

第二节 杜　　威

约翰·杜威 (1859—1952)，美国哲学家，身后留下数百万字的著作。美国南伊利诺斯大学出版社分早期、中期、晚期出版了他的三个系列的文集，共有37卷，内容涉及哲学、教育学、心理学、逻辑学等许多学术领域。他的许多著作很早就被翻译成了中文。但是，中国学术界一般只是将杜威看成是一位实用主义哲学家和教育学家，对他的美学介绍不多。在国外，特别是在最近一二十年里，杜威的美学受到了广泛的重视。

---

①(纽约)《哲学评论》，1925年第34卷，第284页。
②(纽约)《哲学评论》，1925年第34卷，第284页。
③ 桑塔亚那：《为我的观点辩护》，转引自施里普编《桑塔亚那哲学》，〔美〕西北大学出版社1940年版，第578页。

一、杜威在20世纪的接受

在20世纪，杜威无论是在中国还是在世界其他国家都经历了一个广受欢迎、普遍被冷落、又重新受到重视的过程。

杜威曾于1919年到1921年间访问中国，在中国居住了两年多，作了多次讲演。[①]他所倡导的“民主”与“科学”的精神，与当时中国人所拥护的口号吻合。一个时期，他甚至被一些中国人说成是“二孔子”(Second Confucius)。但是，他那温和的、局部修补和渐进的立场，很快被当时迫切渴望一场社会巨变的中国人和激进的中国主流知识界所抛弃。他的学生胡适，原本是新文化运动的积极倡导者，后来也与左翼文化界关系搞僵。

杜威在1928年曾访问苏联，回到美国后曾在报纸上连载访问观感《苏俄印象》，对当时的苏联社会颇有好感，苏联官方评价他是“民主和进步的哲学家”。然而在此之后，随着苏联社会的变化，他的看法也有了改变。1937年，杜威赴墨西哥主持调查了莫斯科当局对托洛茨基的指控，并发表了题为《无罪》的调查报告。斯大林领导下的苏联政府对此反应激烈，将他说成是“苏联人民凶恶的敌人”。

在东方世界否定杜威之时，20世纪中叶的西方学术界对杜威的评价也有一个反复的过程。哈贝马斯说：“在整个1930年代，杜威的哲学在美国，在某种程度上已经处于从奥地利和德国进口的分析版科学哲学的下风。”此后，“在美国的一些大‘哲学’系，相当长时期内他是一条‘死狗’[ein toter Hund]”[②]。人们开始迷恋海德格尔、阿多诺、卡尔纳普，杜威被遗忘了。

杜威的美学也遭遇了同样的命运。杜威的《艺术即经验》一书出版于1934年。用理查德·舒斯特曼的话说，实用主义美学始于这本书，又差不多“在他那里终结”[③]。舒斯特曼总结其原因时说：“第一是由于杜威的政治观点倾向于左翼，而在麦卡锡时代的政治气氛下，这种左翼的观点不受欢迎。第二是杜威的艺术观点比较保守。他不欣赏后印象派以后的任何艺术流派，对先锋派艺术持贬斥的态度。第三是他的论述（由于不清晰）远没有像分析哲学那样在大学课堂里受到欢迎。”[④]20世纪中叶的美国同欧洲一样，分析美学大行其道。在分析美学家看来，杜威的美学是“自相矛盾的方法和未受训练的思辨的大杂烩”[⑤]。

---

① 参见《杜威五大讲演》，胡适译，安徽教育出版社1999年版。
② 哈贝马斯这段话引自他写的书评《论杜威的〈确定性的寻求〉》，参见“哲学在线”。
③ 舒斯特曼：《实用主义美学》，彭峰译，商务印书馆2002年版，第10页。
④ 高建平等：《实用与桥梁：访理查德·舒斯特曼》，《哲学动态》2003年第9期，第17页。
⑤ A. Isenberg, Analytical Philosophy and the Study of Art, Vol. 46, 1987, p. 128.

到了20世纪后期，就像19世纪后期黑格尔那条“死狗”复活了一样，杜威的哲学和美学都引起了学界的广泛注意。在罗蒂出版于1979年的名著《哲学与自然之镜》中，杜威与维特根斯坦、海德格尔被共同列为“本世纪三位最重要的哲学家”[①]。

在美学上，杜威起着更为重要的作用。许多知名的美学家都将杜威的《艺术即经验》一书视为20世纪最重要的美学著作之一。[②]舒斯特曼认为，在英美美学传统中，没有一本书在涉及范围的广泛、论述细致和激情有力方面可与《艺术即经验》相比。这本书对于那种将艺术品看成是固定、自足而神圣不可侵犯之对象的传统美学观的冲击，预示了巴特、德里达和福柯等的后结构主义者的思想，并且，杜威的理论要比这些大陆哲学家更为健全，而不像他们那样走极端。[③]

二、“活的生物”

杜威的思想可以被理解为从一个概念开始，这个概念就是：live creature。有的中国学者将这个词翻译为“活的创造物”，以突出creature与create和creator等一类词之间的联系。杜威选用这个词，将人与动物包括在内。对于西方人来说，人与动物都是由上帝所创造，但是，由于中国没有创世说的文化背景，一提创造，人们所想到的只有人的创造。为避免误解，我决定还是译为“活的生物”。

从哲学史上看，人与动物之间的区别已经被强调得太久、太过分了。人们用理性、语言、意识等各种各样的词来说明人与动物的区别，而忽视了人与动物之间共同的东西。为此，他提出，“为了把握审美经验的源泉，有必要求助于处于人的水平之下的动物的生活”[④]。根据这一思路，他从动物身上找到了一种经验的直接性和整体性。他认为，在动物的活动中，“行动融入感觉，而感觉融入行动——构成了动物的优雅，这是人很难做到的”[⑤]。杜威还更为明确地说：“狗既不会迂腐也不会有学究气；这些东西只有过去在意识中与当下分隔开，过去被确定为模仿的模式，或经验的宝库时，才会出现。”[⑥]因此，从动物的行为来看审美经验的起源，这是杜威的方法的一个重要出发点。这里的“过去”一词，指的是经验的保存，在《哲学的改造》一书中，杜威指出，动物不保存过去的经验，而人保存这种经验。[⑦]然而，就针

① 罗蒂：《哲学和自然之镜》“导论”，李幼蒸译，生活·读书·新知三联书店1987年版，第3页。
② 国际美学协会前主席贝林特(Arnold Berleant)和国际美学协会前秘书长卡特 (Curtis Carter)都说，这本书是美国人所写过的最好的一本美学著作。
③ 舒斯特曼：《实用主义：杜威》，(伦敦)劳特里奇出版社2001年版，第103页。
④ 杜威：《艺术即经验》，高建平译，商务印书馆2010年版，第19页。
⑤ 杜威：《艺术即经验》，高建平译，商务印书馆2010年版，第19页。
⑥ 杜威：《艺术即经验》，高建平译，商务印书馆2010年版，第19页。
⑦ 杜威：《哲学的改造》，许崇清译，商务印书馆1958年版，第1—2页。

对当下事物形成经验这一点而言，人与动物是一致的。并且，我们可以从这种经验出发去追溯审美经验的起源。

以“活的生物”为基石，杜威建立了他的一元论哲学。如果说，西方哲学从柏拉图开始，就出现了物质世界与理念世界的对立的话，那么，亚里士多德有形式与质料、圣奥古斯丁有上帝之城与人类之城、笛卡尔有精神与肉体、康德有现象界与本体，这些都表明，在几千年的欧洲哲学史上，二元论的哲学传统始终占据着主导地位。哲学家们将原本单一的世界划分成了精神与物质两个世界，又想出种种办法来实现两个世界之间的连接。杜威认为，各种各样的连接都是不成功的，要改造哲学，就要超越物质与精神的二元论，回到一个世界之中。

在上述种种二元论的哲学中，成为他最主要的理论挑战对象的，当然还是康德的理论。康德建立了主体与客体对立的理论体系，认为主体通过将范畴强加到客体之上而使知识成为可能。但是，人们所认识的只是客体的现象，处于现象背后的本体（noumenon）却是不可认识的。主体与客体这两个世界，只能相互连接，相互对应，而不能看成是一个连续的整体。

杜威早年受莫里斯的影响，接受了黑格尔哲学。黑格尔哲学运用理念外化为自然、社会，最后又回归精神的辩证运动来解释从自然、生物、人类，直到精神的历史发展，从而建立了一个无比巨大的一元论体系。在这个体系中，精神与物质的二元对立被统一到精神上来。杜威的早期著作中有着明显的黑格尔的烙印。后来，通过对达尔文思想的吸收，杜威开始走出黑格尔的思辨体系。正如罗蒂所说：“杜威的独特成就在于，仍然足够黑格尔化，因此不把自然科学看作对于获得事物本质方面具有优先地位，同时又足够自然主义化，因此根据达尔文理论来考虑人类。”①

二元论的哲学总是将世界看成是对象，从而形成精神是主体，而物质是对象的二元对立关系。杜威要改变这种看法，将世界看成是人的环境。人与动物一样，只是一个“活的生物”而已。动物没有主客体意识，它们与它们的生活环境是结合在一起的。杜威用这种他称之为自然主义的视角来看待人，指出人与环境也具有这样的结合关系。人是环境的一部分，环境也是人的一部分。我们的皮肤不是隔离自我与环境的墙。我们的活动是在环境刺激下形成的，我们的思想也是环境的产物。人的活动表现为与环境中的其他力量的相互作用。更进一步说，人并不是置身于环境之外对环境进行思考的。当人置身于环境之外时，环境就变成了对象。然而，我们无法置身于环境之外，而只能处于环境之中。我们不是世界诸种力量相互作用的旁观者，而是参与者。

① 罗蒂：《哲学和自然之镜》，李幼蒸译，生活·读书·新知三联书店1987年版，第343页。

三、恢复艺术与非艺术之间的连续性

除了要恢复人与动物、有机体与自然之间的连续性之外，在美学上，杜威谈得更多的是恢复艺术与非艺术之间的连续性。在《艺术即经验》一书中，作者开门见山就明确指出，从事艺术哲学写作的人的一个重要任务是，“恢复作为艺术品的经验的精致与强烈的形式，与普遍承认的构成经验的日常事件、活动，以及苦难之间的连续性”[①]。

杜威所讲的艺术与非艺术之间的连续性的恢复，包括几个层次：第一是艺术品的经验与日常生活经验之间的连续性。我们并非只在接触艺术品时才产生经验，在日常生活中，经验是无处不在的。任何能够抓住我们的注意力，使我们发展兴趣，给我们提供愉悦的事件与情景，都能使我们产生经验。我们在街头看到了车祸，在电视上看到某地有一个爆炸性新闻，听到一则笑话，农村孩子跑十里、二十里去看火车，在城里工作和居住的人不远千里万里去旅游，所获得的都是经验。这些经验过去被认为与艺术经验毫不相干。艺术经验被当作是穿着礼服在音乐厅和剧院里正襟危坐听音乐和看戏，被看成是去博物馆和画廊观赏艺术名作，被局限于阅读文学名著。艺术理论的研究，只是从这些艺术经验出发，或者说，只是从公认的艺术作品出发。杜威认为，建立在这种认识基础上的艺术理论，是一种空中楼阁。这是艺术理论走向形式主义，变得苍白无力的原因。针对这种情况，他提出，“为了理解艺术产品的意义，我们不得不暂时忘记它们，将它们放在一边，而求助于我们一般不看成是从属于审美的普通的力量与经验的条件。我们必须绕道而行，以达到一种艺术理论”[②]。通过对艺术经验与日常生活经验之间的连续性的认识，他在探求一种新的艺术研究方法。

除了艺术与日常生活之间的连续性之外，杜威还进一步寻求高雅艺术与通俗艺术之间的连续性。我们今天看到的雅典帕台农神庙是一件伟大的艺术品，但它对于当时的雅典人来说，只是神庙。被我们奉为经典的许多古代艺术作品，在其产生之时，也都与当时人的生活有着密切联系。那些以大写字母A开头的“艺术”（Art）似乎具有某种被称为“灵晕”（aura）的精神性，被人们高高地供奉起来，放进了博物馆。大写字母开头的“艺术”（Art），与小写字母开头的“艺术”（art），即一些大众艺术区分开来。这种区分是现代社会发展的结果。高雅艺术与通俗艺术区分之后，受过高等教育者将自己的欣赏范围局限于前者，而更多大众则由于觉得它苍白无力

---

① 杜威：《艺术即经验》，高建平译，商务印书馆2010年版，第3页。

② 杜威：《艺术即经验》，高建平译，商务印书馆2010年版，第3页。

而去“寻找便宜而粗俗的物品”[1]。由此，造成了高雅艺术与通俗艺术的分野。这种分化对艺术来说，是具有灾难性的，前者失去了大众，而后者失去了品位。一方面，高雅艺术使普通人望而生畏，无法接近，不构成生活的一部分；另一方面，大众就只能求助于凶杀、色情的粗俗品来满足审美饥渴。杜威指出，原始人就不是如此：“文身、飘动的羽毛、华丽的长袍、闪光的金银玉石的装饰，构成了审美的艺术内涵，并且，没有今天类似的集体裸露表演那样的粗俗性。”[2]原始艺术所具有的生气和力量，使现代艺术相形失色，原因在于，在那时，没有高雅艺术与通俗艺术的分野，艺术成为人的族群生活的一部分。有一个笑话，“问：什么是经典的文学作品？答：是那些老师让学生读，学生不读，老师实际上也没读的作品。”也许，事实并没有发展到这个程度。但是，老师在课堂上要求学生读与他们自己实际上经常读的作品，美学家们在理论论述中所分析的作品与他们实际上经常接触与欣赏的作品之间，正在形成越来越大的差距，这确实是不争的事实。对此，杜威的回答是，看看原始人是怎样对待艺术的，看看原始艺术怎样在今天越来越受到人们的欢迎。杜威生活在19世纪末至20世纪初期，他对许多先锋派的艺术持怀疑的态度，但是，对于原始艺术，他给予了高度的评价。当然，我们无法回到原始时代，但重建高雅艺术与通俗艺术之间的连续性，却是我们所能够完成的任务。

杜威由此再进一步，试图建立一种美的艺术与实用的或技术的艺术之间的连续性。从中世纪的手工作坊中，一方面生长出现代的制造业，另一方面也生长出美的艺术。由于受审美无利害观点的影响，传统的看法是，只有那些不是为着实用目的而制造出来的制成品，才是艺术品。杜威认为，是否实用，不是区分是否是艺术的标志。他指出，“黑人雕塑家所作的偶像对他们的部落群体来说具有最高的实用价值，甚至比他们的长矛和衣服更加有用。但是，它们现在是美的艺术，在20世纪起着革新已经陈腐的艺术的作用。它们是美的艺术的原因，正是在于这些匿名的艺术家们在生产过程中完美的生活与体验。”[3]他所提出的艺术的标准，在我们今天看来颇具新意。他提出，美的艺术在生产过程中“使整个生命体具有活力”，使艺术家“在其中通过欣赏而拥有他们的生活”。[4]

上面的这些论述显示出，杜威努力要建立一种回到日常生活的艺术理论。对于他来说，艺术不是无用的摆饰，不是有闲阶级的无病呻吟。在这里，他直截了当地将他的主张称为工具主义。当然，他的工具主义，不能简单地理解为艺术在社会历史的发展中起着工具的作用。关于这一点，我们参考一下他关于艺术意义的论述是

---

① 杜威：《艺术即经验》，高建平译，商务印书馆2010年版，第6页。
② 杜威：《艺术即经验》，高建平译，商务印书馆2010年版，第6页。
③ 杜威：《艺术即经验》，高建平译，商务印书馆2010年版，第26页。
④ 杜威：《艺术即经验》，高建平译，商务印书馆2010年版，第27页。

有益的。杜威反对那种艺术不表达任何意义的说法，他以船上的旗帜为例，指出艺术也许没有船上旗帜所具有向其他船只传达旗语信号的意义，但的确具有装饰甲板供船员们在上面进行庆祝时所具有的意义。[①]这就是说，杜威并不像一些艺术理论家那样，认为艺术没有意义，只有情感或形式。但他又指出，艺术的意义，与词的意义不同。词是再现对象与行动的符号，代表着这些对象与行动。艺术的意义则是"在拥有所经验到的对象时直接呈现自身。""就像花园的意义一样，这是直接经验所固有的"。[②]从这一思路出发，他认为，艺术是工具，但这个工具不是用于外在的目的。艺术的功能在于加强生活的经验，而不是提供某种指向外在事物的认识。

四、"一个经验"

杜威将他的哲学称之为经验自然主义。经验是他的哲学的核心，也是他的美学的核心。《艺术即经验》的书名，如果直译的话，可译为"作为经验的艺术"。但我觉得，译为"艺术即经验"符合原作的意思。杜威曾对艺术作品与艺术产品作了区分，提出前者从经验的方面考察艺术，而后者脱离经验。因此，杜威讲连续性，讲联系，但是，所有的联系都是由经验并在经验之中沟通的。对他来说，"不作为经验的艺术"就不是考察的对象。

杜威的经验与此前的英国经验主义不同。对于英国经验主义者来说，世界是给定的事实，而哲学的任务是解释人关于世界的知识的源泉，经验主义者将这一源泉归于经验。与英国经验主义相对立的是欧洲大陆上的理性主义，主张知识的源泉是理性。杜威哲学的对立面是主观与客观相对立的二元论。对于他来说，无论是英国经验主义者，还是大陆理论主义者都属于这种二元论。他提出，经验是超越这种二元论的关键概念。世界并不处于人的对立面，而只是人的环境而已。活的生物与环境之间的关系才是给定的事实。活的生物与环境接触产生了经验。在这种经验中，既包括环境作用于活的生物所产生的"受"(undergo)，也包括活的生物作用于环境所产生的"做"(do)。因此，经验并不只有被动的一面，也有主动的一面。不仅如此，他还指出，经验是动态而非静态的。活的生物在与环境的相互作用中，不断处于平衡丧失和平衡恢复的过程之中。这种平衡的失与得的过程，就是活的生物与环境相互改造的过程。由此，环境成了属于活的生物的环境，而活的生物也适应了环境。在这种动态平衡的过程中，就产生了经验。这种经验既不是纯粹主观的，也不是纯粹客观的，它是人与环境相遇时出现的。更进一步说，只有经验才是第一性

① 杜威：《艺术即经验》，高建平译，商务印书馆2010年版，第83页。
② 杜威：《艺术即经验》，高建平译，商务印书馆2010年版，第83页。

的。有了“经验”，才能对经验进行反思。一切关于“自我”和“对象”的意识、思考和理论，都是第二性的，是在“经验”的基础上生长起来的。

从这种对经验的定义出发，杜威进一步提出了他的“一个经验”（an experience）的概念。经验有完整与不完整之分。日常生活的经验常常是零碎的、不完整的。在生活之流中，各种各样的经验在错综复杂地相互错杂，我们的注意力被不同的事件所吸引，我们的情感表现常常被打断和压抑，我们的某一项具体的活动不断受到其他活动的干扰。但是，人具有一种获得完整经验的内在需求。一块石头从山上滚下，不到山谷不会停。一件事没有做完，我们会总是想着它。一盘没有下完的棋，会让我们惦念不已。一句话没说完而被别人打断，会使人不快以至恼怒。有一个相声中说，一个戏迷边骑自行车边哼一段戏，撞电线杆倒地后他还接着哼，过路人去拉他，他要把戏哼完再起来。这也许可以成为“一个经验”的夸张的描绘。我们读小说读到紧要处不愿被打断，看戏看电影不愿只看一半，都基本于获得“一个经验”的要求。由此，说书人在说到关键处时停下，要让听众“欲知后事如何，且听下回分解”，则是利用听众对经验延续性的要求而实现不同时间获得的经验之间的连接。这样，听书人在一次听书活动中，既获得了“一个经验”，又没有获得完整的“一个经验”。他这次所获得的“一个经验”，是一个大的“一个经验”之中的小的“一个经验”。我们在读长篇小说、听系列演讲和看电视连续剧时的经验历程，也具有类似的模式。

“一个经验”就是一次圆满的经验。这种经验在生活中到处可见。圆满地完成一项工作，成功地解答出来一道数学题，尽兴地玩一次游戏，写完一篇文章，都得到了“一个经验”。在生活之流中，不完整的经验不具有累积性，不给人以深刻印象，事过境迁，我们可能很快就会将它忘记了。但有时，我们会永远记住一些经验。这既可以是一次大难不死的经历、一次刻骨铭心的恋爱，也可以是一次聚会、一次旅游、一餐饭、一件事的处理，等等。这些经验不一定是正面的，使人兴奋、愉悦、陶醉，它也可能是反面的，使人感到痛苦、忧伤、悔恨。只要具有一种自身的整一性，从而具有意味，就成为“一个经验”。

“一个经验”给我们提供了一把理解“审美经验”的钥匙。过去的美学家都把“审美经验”看得很神秘。特别是英国经验主义者，常常利用“审美感官”来论证“审美经验”。这种“审美感官”在一些人如夏夫茨伯里和哈奇生那里被看成是一种“内在感官”（internal sense），并将这种“内在感官”看成是独立的，与“外在感官”即我们通常所说的视听嗅味触感官并列的思想源泉。与这种观点不同，杜威致力于恢复审美经验与日常生活之间的连续性。对于他来说，我们只有五种感官，而没有什么第六感官，并不存在“内在感官”。只要获得完满发展的经验，就成了“一个经验”。“一个经验”不一定就是“审美经验”，但它的确是具有审美性质的经验，而“审美经验”只是“一个经验”的集中与强化而已。审美经验也不是康德美学所强调的那样，其中没有实用的考虑，没有理智的概念。杜威提出：“审美的敌人既不是实践，也不是理智。它们是单调；松垮而目的不明；屈从于实践和理智行为中的惯例。”[①]因此，具有整一性、丰富性、积累性和最后的圆满性的经验，就具有了审美的特质。

五、一种情感形成的“柠檬汁”理论

“一个经验”从冲动开始，但冲动还不是“一个经验”。“一个经验”的形成，依赖于双重改变的过程。在这个过程中，一个活动转变为一个表现行动，而环境中的事物转变成了手段和媒介。在“一个经验”之中，凝聚了活的生物与环境的相互作用的结果。

杜威在这里区分了“刺激”（impulse）与“冲动”（impulsion）。前者是有机体特殊而专门化的对环境的反应，而后者是有机体作为整体对环境的适应。中文翻译也许不能准确地体现这一原意，因此必须特别加以说明。在汉语中，刺激表示一种从外向内的作用，如一个人在光与声的刺激下情绪发生变化，某人受了刺激而精神异常；而冲动表示一种从内向外的作用，如一个人受到欲望的驱使，一时冲动，作出某事。但杜威所说的却不是这个意思。他的意思是：“这是活的生物对食物的渴求，而不是吞咽时舌头与嘴唇的反应；作为整体的身体像植物的向日性一样趋向于光明，而不是眼睛追随着一束具体的光线。”[②]他解释道，前者是冲动，后者是刺激。由此看来，内在与外在，在这里是结合在一起的。“刺激”和“冲动”都既具有外在的因素，也具有内在的因素。杜威强调一种由内向外的运动，但又表示，这种运动的根源仍在于有机体对环境的适应。情感的表现，与这种运动有着密切的关系，也同样具有这种整体性。

情感的表现，是美学研究中的一个老问题，从20世纪初直到世纪中叶，许多美学家都对此作过论述。因此，杜威的表现论为这一古老的问题提出了新的视角。关于表现，我们对一些观点可能不会陌生。例如，托尔斯泰曾讲过要在心中唤起情感，并用动作、线条、色彩和声音来传达这种情感。这似乎暗示了一种情感传达

① 杜威：《艺术即经验》，高建平译，商务印书馆2010年版，第40页。
② 杜威：《艺术即经验》，高建平译，商务印书馆2010年版，第58页。

说，即外在的材料只是在传达一种已经存在的情感。[①]克罗齐的表现说，强调表现与直觉的统一，认为通过线条、色彩、声音和文字实现了表现，才成为真正的直觉。他否定外在的物质材料与表现有关，艺术作品从本质上说是一个精神的与想象的综合体将印象融合成一个统一的整体而已。在他的心目中，物质材料只是传达已经实现的表现，而表现在真正的直觉中即已实现了。[②]贝尔提出一切视觉艺术的共同性质是"有意味的形式"，一种"线、色的关系和组合"，"审美地感人的形式"。[③]贝尔在设想形式与情感的对应关系，然而，二元论的哲学框架使他不能解释这种对应关系形成的原因。

与这些人的观点不同，杜威认为，表现需要两个条件，即内在的冲动和外在的阻力。它是被压出（ex-press即press out）的，因此，依赖于被压的东西和压力的存在。不存在一种先在的情感，然后用符号将它记录下来。情感的表现过程，也同时就是产生过程。这是一种情感形成的"柠檬汁"理论。艺术家在艺术创作活动中产生情感，而不是传达已经产生的情感。艺术是在一种表现性动作中形成的。在表现性动作的发展之中，情感就像磁铁一样将合适的材料吸向自身。情感的直接发泄不是表现，只有在它"间接地使用在寻找材料之上，并赋予秩序，而不是直接消耗时，才会被充实并向前推进"[④]。

不仅情感，而且思想也具有与材料结合的特点。杜威认为，人可以通过图像和声音来思维，语词并非是唯一的思想媒介。当然，语词是重要的思想媒介，但并非所有的意义都能通过词语得到表现。绘画和音乐由于其直接可见和可听的性质而能够表现一些独特的意义。当我们询问，绘画和音乐所表现的是什么意义时，我们是在要求一种从图像和声音的意义向语词意义的转换，而这本身就否定了图像和声音的意义的独特性。因此，艺术家是用形象来构思他们的作品的，这种形象同时也与艺术所使用的媒介，即实际的材料结合在一起。因此，这种思维，既是图像的思维，也是材料的思维。

杜威还进一步将表现中所出现的情感与形式的关系归结到表现性动作上来。他在书中有一段对素描的论述，对表现的这种特点作出了生动的论述。他说："画（drawing）是抽出（draw out），是提取出题材必须对处于综合经验中的画家说的东西。此外，由于绘画是由相关的部分组成的整体，每一次对具体人物的刻画都被'引入'（be drawn into）一种与色彩、光、空间层次，以及次要部分安排等其他造型

---

① 托尔斯泰：《什么是艺术?》，转引自Thomas E. Wartenberg(ed.), The Nature of Art: An Anthology, Beijing: Peking University Press, 2002, pp. 98-106.

② 克罗齐：《美学原理·美学纲要》，朱光潜等译，外国文学出版社1983年版，第7—18页。

③ 贝尔：《艺术》，马钟元等译，中国文联出版公司1984年版，第4页。

④ 杜威：《艺术即经验》，高建平译，商务印书馆2010年版，第70页。

手段的相互加强的关系之中。”[1]传说是五代时的画家荆浩在《笔法记》中否定“画者华也”，而肯定“画者画也，度物象而取其真”，表达了类似的意思。在表现性动作之中，艺术创作的主客体之间的统一得以实现。

更为重要的是，杜威提出，艺术作品所表现的并不是情感，而是带有情感的意义。他认为，情感与思想、与意义都是不可分开的。艺术所表现的，也不是“自我”。相反，并不存在一种先于表现的自我。我们是在与他人的交流中，逐渐学会表达意义。我们学会了表达的方式，这些表达方式既塑造了我们的“自我”，也使我们能够“表现”。

六、美学与杜威的改造计划

荷兰学者菲利普·M. 策尔特纳曾这样写道：“杜威的哲学就是他的美学，而其所有在逻辑学、形而上学、认识论和心理学中的苦心经营，在他对审美和艺术的理解中被推向了顶点。”[2]这位作者也许出于对杜威美学的偏爱才作出这一结论，但如果了解杜威的基本思想倾向的话，我们就会发现，这种说法中包含着一些深刻的道理。

有一个问题，表面看来与我们所涉及的话题无关，但实际上对我们理解杜威起着非常关键的作用。这就是杜威对科学的态度。我们知道，杜威一生都非常关注科学的发展。在他的学术论述中，我们常常可以看到，他了解当时科学发展中许多最新的成果，并对这些成果持欢迎的态度。在这些科学成果中，达尔文的进化论思想、心理学的最新发展，对他的哲学美学体系起到了至关重要的作用。但是，杜威并不是一个科学主义者，他的哲学模式，并不是依据科学建立起来的。

罗蒂曾将哲学区分为三个阶段，指出从教父时代直到17世纪，“哲学”一词“指的是将古代智者（尤其是柏拉图和亚里士多德）的思想用于拓广和发展基督教的思想架构”。到了17、18世纪，“自然科学取代宗教成了思想生活的中心。由于思想生活俗世化了，一门称作‘哲学’的俗世学科的观念开始居于显赫地位，这门学科以自然科学为楷模，却能够为道德和政治思考设定条件。”这种思想的代表就是康德，黑格尔也包括在内。现代哲学是在对康德和黑格尔的科学主义的批判过程中形成的。这种批判的特点就是用政治和文艺来取代科学，成为文化的中心。罗蒂认为，马克思选择了政治，而尼采选择了文艺；杜威选择了政治，而海德格尔选择了文艺。[3]如果说，在美国大学的哲学系里，马克思与尼采没有对康德体系构成根本威胁

---

① 杜威：《艺术即经验》，高建平译，商务印书馆2010年版，第92—93页。

② Philip M. Zeltner, John Dewey 's Aesthetic Philosophy, Amsterdam: B. R. Grüner, 1975, p. 3.

③ 罗蒂：《哲学和自然之镜》，三联书店1987年版，中译本作者序，第11—14页。

的话，那么，对于罗蒂来说，重新回到杜威则成了挑战康德传统的新一轮努力。

杜威是否使他的哲学从属于政治，这也许是个可引起争议的话题。至少，就我们所读到的几本杜威的著作而言，他所作的更多的是使他的哲学从属于教育和美学。我们对罗蒂所谓的杜威选择政治，应该作宽泛的理解。实际上，他所关注的并非狭义的政治，而是整个社会的改造，而这一点实际上与他的美学是联系在一起的。

有人提出从学科谱系观点看不可理解的现象：杜威继承了席勒关于审美教育的思想，只是将席勒的贵族式的教育理念转换成了平民的教育理论而已。席勒是康德的信徒，但杜威却在反对康德的同时，接过了席勒思想的有益因素。通过教育来改造世界、改造人，从而达到一个美的世界，用这句话来概括杜威的理论意愿，也许离事实差得不太远。美学是杜威关于哲学改造的一部分，同时也是他关于社会改造和人的改造的一部分。

在《艺术即经验》的最后，杜威提出，“艺术的材料应从不管什么样的，所有的源泉中汲取营养，艺术的产品应为所有人所接受”①。他提出了一个乌托邦：使艺术从文明的美容院变成文明本身。他满怀信心地相信艺术会繁盛，认为“艺术的繁盛是文化性质的最后尺度”②，艺术将与道德结合，而爱与想象力在其中起着重要的作用。这些内容都表明，假如杜威没有写出《艺术即经验》，他的全部思想体系将是不完整的。当他写出这本书以后，他的全部理论努力所要达到的目标，他从改造哲学、教育直到改造社会和人的全部思路，就清晰地显露出来。

七、杜威美学的历史针对性和当代意义

对一个人的思想，可以从两个方面来评价。第一是看他与前人相比，有没有提出新的东西；第二是从今天的角度看，这个人的思想有无意义，可起什么作用。这两者在有的人身上是重合的，在有的人身上，则不重合。从这两个方面来看杜威，我们会得到一些有趣的结论。

杜威的确提供了许多前人没有提供的东西。在他之前，美学界受康德和黑格尔的影响。康德给20世纪初的西方美学界带来了二元论、形式主义，黑格尔给美学界带来了唯心主义精神。杜威是这两种影响的挑战者。他反对克莱夫·贝尔的形式主义，反对克罗齐的唯心主义，将达尔文的自然主义精神带入美学之中，为美学提供了一个新的支点。

杜威对今天的美学的意义，是在一个新的背景下形成的。20世纪的美国美学，

---

① 杜威：《艺术即经验》，高建平译，商务印书馆2010年版，第344页。
② 杜威：《艺术即经验》，高建平译，商务印书馆2010年版，第345页。

取得了许多成就。在著名的美学家中，有我们所熟知的阿恩海姆、苏珊·朗格、比尔兹利、迪基、丹托、古德曼等，这个名单列举起来会很长。在这批人中，有深受康德哲学影响的阿恩海姆和朗格。阿恩海姆代表着格式塔心理学在美学上的发展，康德式主体为客体提供范畴的思维模式为这种心理学提供了理论基础。朗格关于情感符号的观点，是新康德主义在美学上的显现。至于比尔兹利等一批分析美学家们的思想，则是维特根斯坦思想的发展。维特根斯坦本来对美学持否定的态度，然而，分析美学正是在他们的思想基础上发展起来的。这种美学致力于对艺术批评所使用的概念进行分析。分析美学对康德美学和黑格尔美学都持批判的态度，但是，这种美学仍然继承了康德和黑格尔对学术分科和将艺术孤立化的做法。这些美学家花了很多的精力来论证艺术的定义问题，认定艺术是人类的一种独特活动所产生的独特的产品，而忽视艺术生产与日常产品生产之间的联系。对于是否存在大写字母A开头的“艺术”（Art）问题，分析美学家们的态度是，只对这个已经被认定的事实进行分析。分析美学家们对批评所使用的术语进行分析，满足于将美学理解成元批评。分析美学家们还应对先锋派对艺术构成的挑战，思考怎样的艺术定义才能将这些艺术包括进去，从而使他们的理论跟上时代。由于这种美学的逻辑严密性，以及这些美学家们对同时代艺术的亲和态度，使得分析美学一度成为在包括美国美学界在内的西方美学界中占据着统治地位的美学。

只是到了20世纪末，分析美学在国际美学界的统治地位才受到某一些方面的挑战。在这些挑战者中，有人从后现代主义的角度对精英性的艺术概念表示不满，有人从后殖民主义的角度开始对非西方美学传统进行阐释，也有人回到维特根斯坦的后期思想，寻找语言与生活的联系。在这种情况下，杜威的美学成为一个重要的思想资源。杜威美学不像受康德、黑格尔影响产生的美学，以及分析美学那样，从公认的艺术作品出发，而是要“绕道而行”，从“活的生物”出发，这就使美学建立在了一个新的基础之上。杜威美学在今天的意义，正在于此。

第八章　符号论美学

概　　论

“符号论美学”（Symbolist Aesthetics），是20世纪20年代中期在欧洲获得主流地位的美学思潮，第二次世界大战后到20世纪50年代又开始风靡美国，后来逐渐产生了世界性影响，至今在国际美学界尚有影响。符号论美学的奠基者是德国哲学家和观念史学家卡西尔（Ernst Cassirer），其符号理论和文化哲学研究为整个符号论美学提供了哲学基础，此即“符号形式哲学”（Philosophie der Symbolischen Formen）。如果再向前追溯，“美学之父”德国哲学家鲍姆加登（Alexander Gottlieb Baumgarten，1714—1762）的《美学》就曾在其第一部分“理论美学”中为“符号学”预留了位置，计划用这部分研究艺术品中使用符号的理论，足见“符号之维”对于美学研究的重要价值。

从时间上看，按照吉尔伯特（Katharine Everett Gilbert）和库恩（Helmut Kuhn）合著的《美学史》所述，“符号理论”（Theories of the Symbol）在欧洲美学界取得“统治地位”是在1925年左右，“符号的概念成了核心”[①]。在这个时期，无论曾占据主宰地位的把艺术视为“直觉”“想象”抑或“情感的表现”的理论（从克罗齐到科林伍德的“表现主义”美学），还是将美降格为“客观化的快感”的学说（如桑塔亚那的“自然主义”美学），都已失去了吸引力。激发出更大理论热情的，是将艺术视为一种“形成符号和符码”（forming symbol and signs）的人类卓越能力的新思路。卡西尔的符号论就在这时应运而生。他的理论又可以被看作一种“文化现象学”（the

① Katharine Everett Gilbert and Helmut Kuhn, A History of Aesthetis: Revised and Enlarged, London: Thames and Hudson, 1956, p. 556.

phenomenology of culture）[①]或者“哲学人类学”（philosophical anthropology）[②]，因为符号的“文化形式”被视为人类“创造性活动和表现”的各种类型，以至于符号形式本身构成了“组织精神现象学的真正原则”（the true principle of organization for phenomenology of spirit）。这便为整个符号论美学的建构奠定了广泛而深厚的基础。

在纯美学领域，美国哲学家和美学家朗格继续发扬这种符号论原则，在美国美学界继续拓展了符号论，形成了庞大的思想谱系。当然，最明显的“符号论美学”的发展线索是从卡西尔到朗格的思想传承，这也是德国思想在美国的生根发芽和开花结果。但是，与卡西尔同时代的符号论的影响却不仅于此，不仅有德国内部的发展线索，还有从德国到法国的发展线索。

使卡西尔符号论得以“横向拓展”的中介桥梁，就是著名的“沃伯格学院”（Warburg Institute）的整体性学术研究。在这个学派的深度影响之下，新托马斯主义者马利旦（Jacque Maritain， 1882—1973），就将“符号功能”植根于“神灵活动”（divine activity）之中，从而将符号论的影响延伸到了法国。另一位德裔艺术史家潘诺夫斯基（Erwin Panofsky， 1892—1968），更是在符号论的意义上继续发展出现代的“图像学”（iconology）理论。随着潘诺夫斯基从德国来到美国及其著作被翻译为英文，他的理论在整个欧美世界产生了巨大影响，不仅在艺术史领域被奉为“图像学”的祖师，也常常为美学界所称道。

从历史地位上看，潘诺夫斯基不仅将所谓“图像学”从辅助性的研究手段提升为独立的学术门类，同时也根据艺术史的阐释全面解释了“图像学”的基本理论。这些都是对符号论的积极发展。他的重要著作包括《图像学研究》（Studies in Iconology， 1939）和英文文集《视觉艺术中的意义》（Meaning in the Visual Arts， 1955）等。受到符号学哲学的影响，潘诺夫斯基更关注的是艺术作品内部的象征意义，换言之，他构建的“图像学”的终极目标，在于解释艺术品所蕴含的象征意义。因此，在潘诺夫斯基那里，符号与象征本来是具有亲和力的。潘诺夫斯基明确提出了视觉所见的物（从日常生活到艺术品）的三重含义，换言之，可以从其主题或意义中区分出三个层次：

第一个层次是“初级或自然的主题”（primary or natural subject matter），还可细分为“事实的”（factual）与“表现的”（expressional）两类。由“初级或自然的主题”的载体亦即纯形式所构成世界，也可以称为“艺术主旨的世界”（the world of artistic motif）。第二个层次是“从属或俗成的主题”（secondary or conventional subject

① Mikel Dufrenne, Main Trends in Aesthetics and the Science of Art, New York: Holmes & Meier Publishers, 1979, p. 169.

② Monroe C. Beardsley, Aesthetics from Classical Greece to the Present: A Short History, New York: Macmillan, 1966, p. 348.

matter)。在潘诺夫斯基看来，“图像学”的基本任务之一就是鉴别这些意象、故事和寓言。显然，由它们显现的“题目和概念所构成的世界”是与“艺术主旨”所显示的“初级或自然的主题”的世界相互对立的。第三个层次是最高的层次，即“内在的意义和内容”(intrinsic meaning or content)。[①]这也恰恰是潘诺夫斯基的“图像学”最关注的图像的“深层意义”。“发现并解释这些‘象征性’价值……就是我们称之为‘图像学’的研究对象，这与‘图像志’的研究对象是对立的。”[②]

这样，潘诺夫斯基就将这种“图像解释”或者“视觉解释”过程分为三个阶段，它们分别与主题或意义的层次相匹配。第一个层次“初级或自然的主题”对应的是所谓“前图像志的描述”(pre-iconographical description)，属于“前图像志”阶段；第二个层次“从属或俗成的主题”对应的是所谓“图像志的分析”(iconographical analysis)，属于“图像志”阶段；第三个层次“内在的意义和内容”对应的则是“图像学解释”(iconological interpretation)，属于“图像学”的阶段。[③]这种理论适用于从日常生活到艺术解释的所有方面，当该理论用于艺术史时便产生了巨大的解释力。在“视觉解释”过程中、在“前图像志”阶段，人们还只停留在识别艺术品的符号阶段，仅仅涉及艺术品最基本的视觉事实层面，这个层面往往与形式要素混淆起来。潘诺夫斯基强调，这种“主旨”与“前提”(presupposes)并不是“图像学”所对应的事物。当人们穿过了“形式感知”(formal perception)进入意义世界时，就会了解“事实性意义”(factual meaning)，进而感受到事物的“表现性意义”，这就进入了“图像志”阶段。在对艺术品的解释里面，该阶段需要的是诸如人物身份、故事内容、历史背景之类的指示性解释。只有进入这个阶段，才是进入了作品分析阶段，才能正式开始研究意象、故事和语言的“图像学”的工作。

然而，只有提升到“图像学”阶段的研究，才能完全达到潘诺夫斯基所设想的研究境界。这是由于从深层程度区分来看，“图像志”阶段只属于“现象”阶段，只有深入到内在的意义和内容，才可能成为真正的“视觉事件”(visible event)而变得可以被真正理解。在这个阶段，由于艺术家的个性特质、时代状况、区域状态，宗教内涵、历史意蕴被阐发出来，艺术的“基本原则”或者“象征性价值”才完全显现。当然，这些原则和价值并不是空穴来风，这些内容都是通过“构成方法”(compositional methods)与“图像意味”(iconographical significance)而呈现出来的。

然而，源于卡西尔哲学的符号论及其历史脉络，却显然不同于20世纪“符号科学”的另外两条线索，它们基本上相颉颃。一条线索始于瑞士语言学家索绪尔（Fer-

① Erwin Panofsky, Meaning in the Visual Arts, Garden City, New York: Doubleday Anchor Books, 1955, p. 30.
② Erwin Panofsky, Meaning in the Visual Arts, Garden City, New York: Doubleday Anchor Books, 1955, p. 31.
③ Erwin Panofsky, Meaning in the Visual Arts, Garden City, New York: Doubleday Anchor Books, 1955, p. 33.

dinand de Saussure，1857—1913），他明确提出要以语言学为根基建构一套名为“符号学”（La semiologie）的学科。此后经过“布拉格学派”的发展而激发出了“结构主义”理论大潮。所以，从20世纪五六十年代开始，主要在文学理论领域形成了著名的“结构主义—符号学”传统。

另一条线索则开始于美国实用主义哲学家皮尔斯（C. S. Peirce），他从逻辑角度对符号学的推动，在20世纪30年代的美国哲学家莫里斯（Charles W. Morris）那里得到系统化，后者在《符号，语言和行动》（Symbol，Language and Action，1946）中重点研究了符号过程和符号行动的问题。莫里斯的“审美符号”研究在美国影响颇大，他将艺术品与其意义之间关系的研究列为“语义学”（Semantics），将审美符号与艺术符号的各个要素之间的关系称为“符号关系学”（Syntactics），将艺术的交往功能视为“语用学”（Pragmatics）。从20世纪中叶的直接影响上看，“莫里斯的图像符号（Iconic Sign）理论与朗格的呈现符号学（Presentational Symbolism）理论成了许许多多美学家思想的组成部分。……认定艺术品应被理解为某种形式的符号（form of symbol）抑或具有符号特征的观点”，被诸如纳姆（Milton C. Nahm）《审美经验及其假设》（Aesthetic Experience and Its Presuppositions，1946）的艺术家情感符号论、巴拉德《艺术与分析》（Art and Analysis，1957）的艺术品作为“自我指称的自然符号”（self-significant natural symbol）的理论继承下来，还有本斯（Max Bense）这样的研究者在《美学Ⅱ：审美信息》（Aesthetics Ⅱ: Äesthetische Information，1956）中也直接承继了莫里斯的衣钵。[①]

总之，无论是由索绪尔而形成的语言论思潮，还是由皮尔斯形成的逻辑论主线，提出的都是“Semiology”和“Semiotic”，中文皆通译为“符号学”。

由符号学而生的美学今天仍具有强大的生命力。意大利的艾柯（Umberto Eco，1932—2016）和法国的巴特（Roland Barthes，1915—1980）都是其中的佼佼者。艾柯的《符号学原理》（A Theory of Semiotics，1976）和《符号学与语言哲学》（Semiotics and the Philosophy of Language，1984），罗兰·巴特的《符号学原理》（Eléments de sémiologie，1964）和《显义与隐义》（L′obvie et l′obtus，1982）都是其中的名作。艾柯提出了一整套逻辑严密的符号学体系，其学术探索是以美学为起点的，所谓“开放的作品”（open works）的独特观念就是他的符号学在美学上结出的果实。

从符号学出发，巴特则提出了著名的“显义”（sens obvie）与“隐义”（sens obtus）的理论。他认为图像能传达三层基本意义：

①Monroe C. Beardsley, Aesthetics from Classical Greece to the Present: a Short History，New York: Macmillan, pp. 354-355.

第一层是“信息层”（informational level）。[①]这也是几乎所有图像都能传达的信息，无论厚重还是稀薄。这个层次就是巴特所说的“信息”（message）的符号学领域。这些信息可以直接传播，所以又可以称之为“传播层”（level of communication）。第二层就是“符号层”（symbolic level）。[②]从总体来看，这个层次也就是所谓“意指层”（level of signification）。正是由于被置于更广泛的历史领域，所以，这种新的符号学层面不再向“信息科学”开放，而是向精神分析学、经济学、戏剧作法之类的“符号科学”（sciences of symbol）开放。第三层则为“意指层”（level of signifying），[③]即巴特所谓“第三种意义”，也是其分析的重点。这第三种意义是游移的，甚至作者本人也不知道其所指是什么，无法确定其特征，但从中却可以看到“意指”的诸种变化。在这个方向上，关于文本的符号学就出现了，这里的“意指”就是指明符号进入话语并同其他符号相互组合的动态过程，由此第三种意义便应运而生。

在作出这三者的区分之后，巴特就提出了关于图像意义的核心符号学思想，这就是所谓“显义”与“隐义”的重要区分。按照他的观点，“象征层”抑或“意指层”所显现的意义就是“显义”。这种意义之所以为“显”，是因为它本身具有确定性和显明性。与“显义”“自然的”显明性不同、在某种意义上刚好相反，还有一种更为隐含、隐晦、游移的意义，即“隐义”。这种“隐义”又兼有“晦义”“钝义”等含义。这种意义看似观赏者的理解力不能吸纳而具有“多余”性质，而且，这种意义“既是持续稳固的（persistent）又是易变无常的（fugitive），既是表面的（apparent）又是不可捉摸的（evasive）”，[④]所以才称之为“隐义”。巴特将这种意义比喻为“变钝”（blunted）与“圆滑”（rounded），意指将过分显明、过分强烈的意义变得钝化、圆滑，从而走向隐晦和多元。

总之，从卡西尔、朗格、潘诺夫斯基到艾柯、巴特，作为方法论的符号思路始终是在两个层次上发挥作用的：一方面是“潜在的层次”，“符号对象（symbolic objects）和经验中的意义系统（significant systems）”被逐渐建立；另一方面则是“意识的层次”，这些系统是被严格建立起来的，它们成了结构上日益普遍的、形式的和抽象的对象，一般在“符号功能的结构”（the structure of the symbolic function）那里达到顶点。[⑤]无论怎样，从符号论意义上建构的美学，可以说影响至今绵延不绝。

---

① Roland Barthes, The Responsibility of Forms, Oxford: Basil Blackwell, 1986, p. 41.

② Roland Barthes, The Responsibility of Forms, Oxford: Basil Blackwell, 1986, p. 42.

③ Roland Barthes, The Responsibility of Forms, Oxford: Basil Blackwell, 1986, p. 43.

④ Roland Barthes, The Responsibility of Forms, Oxford: Basil Blackwell, 1986, p. 44.

⑤ Mikel Dufrenne, Main Trends in Aesthetics and the Science of Art, New York: Holmes& Meier Publishers, 1979, p. 173.

第一节　卡西尔

“符号论哲学”的奠基者是卡西尔（1874—1945），他创建了著名的“符号形式哲学”。1874年7月28日，卡西尔出生于德国的布雷斯劳（现属于波兰）的犹太家庭。1892年进入柏林大学，两年后师从齐美尔研究康德的课程，后者向他推荐柯亨（Hermann Cohen）论康德的著作。柯亨是第一位在德国获得教授之职的犹太人，是所谓“新康德主义马堡学派”的代表，从他开始，康德被视为“认识论者”（Erkenntniskritiker）或者科学方法论者而非形而上学家。这使卡西尔下定决心到马堡去追随柯亨，他的博士论文以笛卡尔的数学和自然知识为分析对象。除早期著作之外，卡西尔的全部著作可以分为两类：一类是“数学与自然科学”的哲学；另一类则是“符号形式”哲学。

1903年回到柏林后，卡西尔开始在柏林大学发展了对文艺复兴时期以来现代哲学和科学的经典式解释。1919年之后，他在法兰克福和马堡这两所新建的大学获得了教授席位。1933年，完成了三卷本巨著《符号形式哲学》（Philosophie der symbolischen Formen，1923、1925和1929）。此书突破了马堡学派的新康德主义，试图在整体的哲学视角内将科学与非科学的思维模式结合起来。1929年春，他与海德格尔（Martin Heidegger）发生了著名的争论，反对后者的“此在的存在论分析”，在符号形式哲学的意义上维护对康德哲学的新理解，力求在自然科学与文化科学之间走一条新路。

1933年离开德国后，卡西尔在牛津授课两年，随后在瑞典又待了6年。最终，他选择到美国，1941年到1944年在耶鲁、1944年到1945年在哥伦比亚执教，并用英文撰写了两部著作，一部就是《人论》（An Essay on Man，1944），它基本是《符号形式哲学》的简本；另一部则是《国家的神话》（The Myth of the State），根据神话思想分析法西斯主义的起源。在美国，卡西尔也有着忠实的信徒，一位是物理学家帕普（Arthur Pap），他致力于“功能的先验”的探索；另一位则是下一节将专论的、从艺术研究角度发展了符号学的著名美学家苏珊·朗格。1945年4月13日，卡西尔由于心脏病突发病死在纽约街头。

一、“符号形式哲学”的奠基

“符号形式哲学”是卡西尔独特的学术建树，鲜为人知的是，这些建树最初是受了一位艺术史家沃伯格（Aby Warburg）的影响。或者说，“符号形式哲学”的重要理论来源是沃伯格的文化科学研究，因为后者就致力于古代宗教、仪式、神话、巫术的原型形式研究。卡西尔的哲学更多以“文化事实”（fact of culture）作为基点，并将“人类文化的历史”视为一个完整的总体。当然，这种哲学的逻辑起点，就是对人的功能性界定：人基本上是“符号的动物”（animal symbolicum，亦即symbolic animals）。这种“符号宇宙”也就构成了在人们自身与世界之间的符号系统或者表现系统。卡西尔的哲学主旨，就在于通过各种各样的差异性和丰富性，阐明与“文化事实”相匹配的可能性条件，所有“文化形式都是符号形式”。[①]这种符号系统，就是在（人与动物共有的）感受器系统和效应器之外（或者说介于前两种之间）的“第三系统”，它是人所独有的能力，只有人才具有“符号化的思维和符号化的行为”，才能发明符号、创作符号并运用符号。

“符号”，一方面必定是具有某种形式的“符号”，另一方面还要与某种“意义”相关，当然，意义是为“知觉”所揭示的。“一切以某种形式或在其他方面能为知觉揭示出意义的现象，都是符号。”[②]在卡西尔那里，“符号意义”（symbolic meaning）凸现了出来。“符号意义”的最基本和首要的类型，就是“表现性”（expressive）意义，日常生活以人们为中心而形成的经验就是情感性的意味，这就是所谓的“表现功能”（Ausdrucksfunktion）。这种类型的意义为“神话意识”奠定了基础。与“表现功能”对应，还有一种“再现功能”（Darstellungsfunktion），呈现了某种“再现性符号意义”（representative symbolic meaning）。这种意义帮助人们区分表象与现实，康德意义上的时间、空间等由此获得了“表象”的构形。在表象与现实之间，人们还会遭遇第三种或最终的功能，那就是“符号性功能”（Bedeutungsfunktion，亦即significative function）。这种功能最重要的展现就是“关系的纯范畴”。

《符号形式哲学》所描述的这些不同的功能，相应地形成了一种“符号活动能力”（symbolic activity），人正是通过这种符号形式来“劳作”（work），而构成了语言、神话、宗教、艺术、科学和历史的人类活动体系的“扇面”。换言之，“语言形式”“艺术想象”“神话符号”“宗教仪式”等“符号形式”都构成了人为媒介的中介，从而在不同的层次上历史性地展开了“生命一体化”（solidarity of life）。

---

① 卡西尔：《人论》，甘阳译，上海译文出版社1985年版，第33页。

② Ernst Cassirer, Philosophie der symbolischen Formen, Erster Teil: Die Sprache, Berlin: Bruno Cassirer, 1923, S. 109.

二、艺术作为"符号体系"

按照卡西尔的符号论，艺术，包括视觉艺术，都属于符号体系。"艺术确实是符号体系，但是艺术的符号体系必须从内在的而不是超验的意义来理解。……艺术的主题不是谢林的形而上学的无限，也不是黑格尔的绝对。我们应当从感性经验本身的某些基本的结构要素中去寻找，在线条、布局，在建筑的、音乐的形式中去寻找。可以说，这些要素是无所不在的。它们显露无遗，毫无任何神秘之处：看得见，摸得着。……就人类语言可以表达所有从最低级到最高级的事物而言，艺术可以包含并渗入人类经验的全部领域……因为没有任何东西能抵挡艺术的构成性和创造性过程。"[①]显然，这便从人类最切实的经验出发，将艺术作为符号的本质呈现了出来，然而，单单将艺术定位为一种"符号语言"还远远不够。这种对艺术的定位，只是规定了艺术属于哪些"共同的类"，并没有描述出"种差"。

那么，艺术之为"符号体系"或者"符号语言"的具体化规定又在哪里呢？在此，卡西尔对启蒙时代以来科学、道德、艺术的"三分天下"是深表赞同的，"启蒙运动断定这两门学问（指系统哲学与文学批评）的本性是统一的，并寻求这种统一。系统美学便是从这种认为哲学和文学批评是相互依存和统一的看法中脱颖而出的，"[②]系统化的美学诞生于欧洲启蒙运动，"美学之父"鲍姆加登的创建工作功不可没。科学只能通过"思想"给人以秩序，道德只能通过"行动"给人以秩序，然而，艺术则是通过"可见、可触、可听的把握"给人以秩序。如果说，"概念的深层"只能由科学来发现、科学帮助人们去理解事物，那么，"纯形象的深层"则是由艺术展现，帮助人们"洞见事物的形式"。因此，艺术并不仅仅是（来自美学原本的）"感性"意义上的把握，而是有"一种直观的结构，而这就意味着一种理性的品格"[③]。可见，就像科学能直接发现实在一样，艺术亦能洞见"实在的形式结构"。科学（还有语言）只是对实在的"缩写"，而艺术则是对实在的"夸张"。艺术不是对实在的"模仿"，而是对实在的"发现"!

关键在于，无论创造还是欣赏"活生生"的艺术（如遵循视觉语言的绘画），都会使人进入一个新的领域，它"不是活生生的事物的领域，而是'活生生的形式'的领域。我们不再生活在事物的直接实在性之中，而是生活在诸空间形式的节奏之中，生活在各种色彩的和谐和反差之中，生活在明暗的协调之中。审美经验正是存

---

① 卡西尔：《人论》，甘阳译，上海译文出版社1985年版，第200—201页。
② 卡西尔：《启蒙哲学》，顾伟铭等译，山东人民出版社1996年版，第269页。
③ 卡西尔：《人论》，甘阳译，上海译文出版社1985年版，第213页。

在于这种对形式的动态方面的关注之中”。[①]这意味着，生活在形式之中，并不是生活在周围的直接经验对象的领域里，而且“艺术的形式并不是空洞的形式”，它们在人类经验的构造和组织方面发挥了重要作用。[②]但另一方面，艺术并不是超出生活结构之外的东西，或者说不是某种“超人的”东西，它表示“生命本身的最高活力之一”得到了实现。所以，艺术在塑造人类世界的过程方面，承担了重要的“构造力量”，这是一种把握符号的“构成力量”(formative power)。

“艺术家的眼光不是被动地接受和记录事物的印象，而是构造性的，并且只有靠着构造活动，我们才能发现自然事物的美。美感就是对各种形式的动态生命力的敏感性，而这些生命力只有靠我们自身中的一种相应的动态过程才可能把握。”[③]具体来说，当人们的情感被赋予“审美形式”时，这种情感就变成为积极而自由的状态，欢乐与悲伤、希望与恐惧、狂喜与绝望之间的摆动过程，展现出生命本身的动态过程。卡西尔的这种基本观念，其实与美国实用主义哲学家杜威的“艺术即经验”观念是近似的。因为杜威也要“恢复经验的高度集中与经过提炼加工的形式—艺术品—与被公认为组成经验的日常事件、活动和痛苦经历之间的延续关系”。[④]而且，艺术被比拟为一种言语过程，艺术过程被视为一种“对话和辨证的过程”。在这里，艺术家的创造性自不待言，观众也不被视为纯粹被动接受者。进而言之，如果想要理解一件艺术品，就必须“重复和重构”一件艺术品借以产生的那种创造过程。这种对话性的抬升，倒与德国现代解释学的创建者伽达默尔（Hans-Georg Gadamer）的“问—答的逻辑”近似，[⑤]甚至有着某种“接受美学”的萌芽意味。

从总体上看，卡西尔突出了艺术“构型”(formative）性质。当然，这种“构型”是通过某种感性媒介物进行的，因此，色彩、线条、韵律和语词就不仅仅是人们通常所认知的技术手段，而是成了“构型”过程本身的要素。通过这些“感性媒介物”，艺术家们的情感、意念和形象才能被具体化和客观化，才能变成可传达的。在这个意义上说，“艺术家是自然的各种形式的发现者。……在艺术中，我们是生活在纯粹形式的王国中，而不是生活在对感性对象的分析解剖或对它们的效果进行研究的王国中”。[⑥]艺术是对事物“纯粹化的形态和结构”的发现和认知，其所面对的形式是不可穷尽性和无限丰富性，正如审美经验是无比丰富的那样。

这样，一面是符号的“形式”，一面是符号的“情感”，当卡西尔把握“艺术作

---

① 卡西尔：《人论》，甘阳译，上海译文出版社1985年版，第193页。
② 卡西尔：《人论》，甘阳译，上海译文出版社1985年版，第212页。
③ 卡西尔：《人论》，甘阳译，上海译文出版社1985年版，第192页。
④ John Dewey, Art as Experience, New York : The Berkley Publishing Group, 1934, p. 3.
⑤ Hans-Georg Gadamer, Truth and Method, New York: The Crossroad Publishing Company, 1975, pp. 333-341.
⑥ 卡西尔：《人论》，甘阳译，上海译文出版社1985年版，第183页。

为符号”的两面性时，他对此后美学家的影响是显而易见的：“审美的自由并不是不要情感，不是斯多葛式的漠然，而是恰恰相反，它意味着我们的情感生活达到了它的最大程度，而正是在这样的强度中它改变了它的形式。因为在这里我们不再生活在事物的直接的实在之中，而是生活在纯粹的感性形式的世界中。在这个世界，我们所有的感情在其本质和特征上都经历了某种质变过程。情感本身超出了它们的物质重负，我们感受到的是它们的形式和它们的生命而不是它们带来的精神重负；艺术作品的静谧（calmness）乃是动态的静谧而非静态的静谧。艺术使我们看到的是人的灵魂最深沉和最多样化的运动。但是这些运动的形式、韵律、节奏是不能与任何单一情感状态同日而语。我们在艺术中所感受到的不是哪种单纯的或单一的情感性质，而是生命本身的动态过程。”①

总之，卡西尔尽管不是专门致力于艺术研究的纯粹美学家，但却在“符号学”方面贡献巨大。因为他就是符号学领域的开拓者，“符号形式哲学”所播下的种子，在美学和艺术领域结出的硕果分外显眼。在这里，把艺术本身当作符号、把艺术当作对自然形式的发现和定型就是历史性突破，后代美学家正是沿着这条道路前进的。艺术的确是通过自身的符号形式对世界的独特把握。从发生学角度来看，这是由于“‘符号形式’是作为图像符号而产生的，它们来自于自然中，又像自然形式一样被看待”；从产生过程来说，是因为“符号形式的产生是由美学，以后由感官甚至肉体领域至抽象的逻辑领域转移而来的”，②这已足见“符号美学”在卡西尔整个思想框架内的重要地位。

第二节　苏珊·朗格

一、学术生涯与思想脉络

苏珊·朗格（Susanne K. Langer，1895—1985）可能是有史以来最重要的美学家、哲学家，她以女性特有的感性气质，从“纯而又纯”的理性的反面发现了人类的内在结构，堪称符号论美学大家。她于1895年出生于美国纽约的曼哈顿，父母都

① 卡西尔：《人论》，甘阳译，上海译文出版社1985年版，第189页。

② 参见《可见与不可见——从观念时代到全球时代：德国视觉哲学一百年（1900—2000）》，《德国研究》2005年第1期。

是德国移民。父亲是一位律师，也是钢琴师和大提琴师，据说他常常邀请著名小提琴家荷尔曼（Eduard Herrmann）一同演奏室内乐。这使年幼的朗格从小就获得了非常优质的艺术教育，她后来也学习钢琴和大提琴，难怪音乐成了她学术研究的切入点，在她所构建的美学体系中占有极为重要的位置。

朗格的一生，基本上是辗转于不同高校之间。1920年，她在拉德克里夫（Radcliffe）学院获学士学位，放弃了宗教信仰而开始对哲学产生浓厚兴趣，并决定终生以哲学为事业。1921年至1922年曾到维也纳大学进修，1924年获得哲学硕士学位，1926年以“对意义的逻辑分析”（logical analysis of meaning）获得哈佛大学博士学位。后来，她基本上都是在美国各大学度过的，从拉德克里夫学院、华盛顿大学、西北大学、哥伦比亚大学、纽约大学，她的职称从低向高一直做到教授。热爱大自然的她深居简出，像海德格尔一样曾在森林小屋独自写作。1960年，她被选入美国艺术与科学学会。尽管这位哲学家的名望冉冉上升，但她仍处于当代学术哲学的边缘（因为理性仍是当代哲学的主宰）。1985年7月18日，苏珊·朗格逝世，享年90岁。

朗格一生著作颇丰，重要的哲学著作包括《哲学实践》（The Practice of Philosophy，1930）、《符号逻辑导论》（An Introduction to Symbolic Logic，1937）、《哲学新解：关于理性、仪式和艺术的符号论研究》（Philosophy in a New Key: A Study in the Symbolism of Reason， Rite， and Art， 1942）。她晚年完成的最后的鸿篇巨制是三卷本的《心灵：论人类情感》（Mind: An Essay on Human Feeling， 1967—1982），所关注的是“生物学家所发现的活的形式（living form）……情感的真实现象”。她认定哲学是揭示和建立秩序的，并致力于超出经验而获得意义的过程。其中，《哲学新解》是被广泛阅读的著作，其提出的“音乐符号论”在《情感与形式》（Feeling and Form， 1953）中得到了全面拓展；1957年出版了具有补充说明意义的《艺术问题》（Problems of Art），次年还主编了反映20世纪中叶美学学术发展状况的《艺术反思》（Reflection on Art）。按照她的构想，《情感与形式》是《哲学新解》的续篇，而《心灵》又是《情感与形式》的续篇，从而构成了环环相扣的“三部曲”。“如果说，《哲学新解》是从符号形式哲学的一般意义上引出艺术亦是符号，是人类情感的符号的结论；《情感与形式》将上述结论进行了全面的推广、阐述与论证的话，那么，《心灵》就是要为上述全部理论寻找科学的基础。换言之，寻找人类学、心理学和生物学的基础。”①

从哲学角度来看，朗格基本继承了卡西尔的符号论，特别在“艺术”和“神

① 刘大基：《人类文化及生命形式：恩·卡西勒、苏珊·朗格研究》，中国社会科学出版社1990年版，第233页。

话”两个领域发展和完善了符号学（朗格曾把卡西尔论神话的专著翻译成英文）。[1]这种延续性表现在她也认为人类就是“使用符号的动物”(symbol-using animal)，这种符号思想是深植于人类本性当中的，它奠定了生活与意识问题的基调。

二、“艺术是人类情感符号的形式创造”

“艺术是人类情感符号的形式创造”(Art is the creation of forms symbolic of human feeling)——这是朗格对艺术的符号学的总定义。这里面的关键词，分别是“情感”(feeling)、“符号”(symbol)、“形式”(form)和“创造”(creation)。当然，“符号”无疑是该定义的内核，也是朗格符号学美学有别于以往美学形态之处。整体看来，朗格所探索的是艺术形式（art forms）、艺术话语（art discourse）和符号意义（symbolic meaning）的表现性和情感性这样的美学问题。

（一）关于“符号”——“艺术符号”(art symbol)

先从“符号”谈起。如果要对“符号”加以定位的话，那么，就必须将之同日常用语对“符号”的一般理解区分开来。在很大程度上，“符号”首先就是指“人的语言”，这里必须将“语言”与“符号”首先分界开来：符号≠语言。的确，朗格也认为“语言即符号的”(Language is symbolic)，而且，人类与动物的分界线最终就是语言的分界线。必须承认，人类也说“动物语言”(animal language)，语言说的开始是源自于动物行为，但不能反过来说：动物也说属人的“语言”。如此看来，语言是人类的标志，它与人共同被创造了出来。

然而，一般语言所构成的只是“逻辑符号体系”，朗格真正关注的是作为“表现符号体系”的艺术。换言之，她对语言的“推论”(discursive）符号与艺术的开放“呈现”(presentational）符号作出了明确划分，认定前者不能直接折射经验的主体方面，而后者则能：“艺术符号展现的意味不能由话语来释义”，[2]艺术绝对是非推论性的。就此而论，朗格的语言观倒是与维特根斯坦的《逻辑哲学论》的语言观相似：面对不可言说的就要保持沉默。音乐这种艺术类型，在朗格看来，就是一种语言难以把握的表达情感形式，甚至在某种意义上亦是不可言说的。

谈到“符号”的另一种含义，往往指的是“信号”，比如马路上的交通指示就是

① William Schultz, Cassirer and Langer on Myth: An Introduction, New York & London: Garland Publishing, 2000, pp. 249–266.

② Susanne K. Langer, Problems of Art: Ten Philosophical Lectures, New York: Charles Scribner's Sons, 1957, p. 68.

"信号"。"符号"与"信号"更不能混为一谈，前者远远比后者高级：符号≠信号。如果从内在构成角度看，"信号系统"一般仅由主体、信号、客体三者构成，这种系统是封闭的，不能指向外部资讯，否则就会产生歧义。简单地说，"信号就是指令行为的某物或某种方法"。[①]然而，"符号系统"则包含主体、符号、概念和客体四个元素，而且不是简单的量的增加，而是产生了质变。关键就在于"符号"的特质：一方面并不是"内指"的，而是往往指向外部，不仅与对象构成单维关系，也包孕了更丰富的外指内涵；另一方面，更重要的是，符号还包含"概念活动"，因为符号具有某种抽象能力（而并不如信号那样停留在物的表面），因此，符号与符号化的对象（object symbolized）具有共同的逻辑形式（logical form）。在这里，朗格回答了卡西尔，认为只有这样的"符号行为"与"符号系统"才是为人所独具的。

朗格区分了"作为符号的艺术"（art as symbol）与"艺术中的符号"（symbols in art），前者是不可分的整体，后者则可以被零散使用。她在《艺术符号和艺术中的符号》一文里，对自己《情感与形式》一书的遗漏作了辩解："我所说的艺术符号——在任何例证中都是指作为一个整体的艺术品，而且纯指某一件艺术品——的功能，它更接近于符号功能（symbolic function）而非其他的功能。"[②]朗格这样对"符号"一语的非传统性运用，遭到了许多哲学家和美学家的反驳，包括不断修正其"艺术惯例论"的迪基（George Dickie）。[③]尽管如此，比尔兹利（Monroe C. Beardsley）在他1966年的《从古希腊到当前的美学》（Aesthetics from Classical Greece to the Present）中还是盛赞朗格将艺术作为符号的整体观念，颇具原创性和想象力的，以动人的风格、广泛的论域与极具启发的洞见，为人们所广为阅读和讨论。[④]

（二）关于"形式"——"活的形式"（living form）

再来看"形式"。朗格的形式早已突破了"为形式而形式"的单纯内涵，强调了艺术形式是"活的形式"。按照朗格的意见，要想成为"活的形式"，就必须符合如下的条件："其一，它是能动形式（dynamic form），这意味着，那持续稳定形式必须是一种变化模式（a pattern of changes）。其二，它是有机建构的（organically constructed），它的要素并不是独立的，而是相互关联的……其三，整个系统是由有节奏

① Susanne K. Langer, Philosophy in A New Key: A Study in the Symbolism of Reason, Rite and Art, Cambridge: Harvard university Press, 1957, p. 63.

② Susanne K. Langer, Problems of Art: Ten Philosophical Lectures, New York: Charles Scribner's Sons, 1957, p. 126.

③ George Dickie, Introduction to Aesthetics: An Analytic Approach, Oxford: Oxford University Press, 1997, p. 34; George Dickie, Art and Aesthetic, Ithaca & London: Cornell University Press, 1974.

④ Monroe C. Beardsley, Aesthetics from Classical Greece to the Present: A Short History, New York: Macmillan, p. 351.

的过程（rhythmic processes）结合而成的。这就是生命统一体（unity of life）的特质……因而活的形式是神圣的形式（inviolable form）。其四，活的形式的规律，是那种（随着特定历史阶段）生长和消亡活动的辩证法。”[①]在朗格看来，只有当某种艺术形式与活的形式相类似时，艺术才能用某种隐喻的形式表现人类意识。或者说，艺术就是在用各种各样的手段去创造和加强“活的形式”。

究竟如何理解“活”？“艺术形式”与生命形式尽管并不同一，但前者却具有后者那样的逻辑形式，具体凸现在“运动性”（生命的新陈代谢）、“有机统一性”（生命每个部分的紧密结合）、“节奏性”（生命的周期性运动）和“生长性”（生命的发展和消亡的规律）上面，从而显现出永不停息的变化和永久形式的“生命的本质”。

（三）关于“情感”——“符号性情感”（symbolic feeling）

理解了“生命”就能更好地解释“情感”，因为“情感”也是活的生命的显现和表露。其实，早在《哲学新解》里，朗格就吸取了“符号逻辑”（symbolic logic）的观念，竭力为美学奠定理性的基础。后来，朗格美学分析的艺术门类也从音乐开始，扩展到绘画、诗歌、舞蹈等。但是，《哲学新解》对待音乐的理解却被继承了下来：音乐的作用不是“情感的刺激”，而是“情感的表现”；不是音乐家情感的“征兆性表现”，而是感觉形式的“符号性表现”。这便是对人类“内在生命”的理解。从符号学角度来看，音乐既不是情感的引发也不是情感的治疗，它是逻辑的表现（logical expression），音乐能表达某种符号性的情感、表达我们不能感觉到的情绪和以前或许不知道的激情。朗格对音乐的推崇与叔本华类似（音乐被定义为一切艺术里面的皇冠之珠）。按照符号学的观点，音乐形式是同“人类情感形式”最接近的逻辑相似物（logical resemblance），音乐是心理过程的“呈现性符号”（presentational symbol），其音调结构最接近情感形式。

实际上，“情感”与“形式”好像是朗格符号学相辅相成的“两翼”。当艺术表现出“活的经验的形式”时，情感就崭露为符号性的情感；反过来，当艺术形式被赋予“生命的情感”时，艺术形式也就成了克莱夫·贝尔所说的“有意味的形式”。所以，说一件作品“包含情感”，就是说这件作品是“活生生”的物，也就是说它展现出一种“活的形式”。总之，朗格的符号学并不认为一件艺术品是艺术家经验情感的表现（如传统的表现理论所说的那样），而认为表露的是一种“情感的‘理念’”（“idea” of emotion）。艺术与人类的情感生活无疑具有一些类似性、相通性和亲和

---

① Susanne K. Langer, Problems of Art: Ten Philosophical Lectures, New York: Charles Scribner's Sons, 1957, pp. 52-53.

力，朗格正是要通过符号形式的中介，来“打通”艺术与情感。

（四）关于“创造”——“幻象的创造”（the creation of apparition）

还有最后一个关键词——“创造”，它与“幻象”的生成直接相关。这是由于在朗格看来，创造与生产活动的那种制造绝不相同，因为制造基本上是在实物层面上操作的。然而，诸如绘画却并不是单纯的“色彩加画布”（pigment-and-canvas），当色彩被涂上画布时，绘画特定的“空间结构”便通过可见的形状和色彩浮现出来，亦即被“创造”了出来。这种创造过程的关键就是这种“空间结构”转化了“虚的空间”或者“虚幻空间”（virtual space）。

质言之，艺术家创作出的视觉对象就是“幻象”。音乐创造的是时间性的听觉构成，亦即“虚的时间”或者“虚幻时间”（virtual time），绘画则以“虚的空间”或者“虚幻空间”作为“首要幻象”，诗歌则创造出关于事件、个人、情感活动等的表象，亦即“诗的表象”或者“诗意类似”（poetic semblances）。拿绘画来说“从装饰画的第一根线条，到拉斐尔、达·芬奇和鲁本斯的各类作品，全都说明绘画艺术的同一个原则：虚幻空间的创造以及通过感觉和情感样态的形式（即线条、体积、交叉平面、明与暗）对虚幻空间进行的组织。绘画空间，不论感觉为二维还是三维（或平面还是立体）都从现实的空间，亦即画布或其他物质承担者存在的那个空间分离出来。……同样，绘画中的空间吸引我们的视线，也完全因为它自身包含的意味，因为它不是周围空间的一部分。……纯视觉空间的创造确实也引起了视觉上类似的转变：无论是实物再现还是图案形象，都以一种富于表现力的姿态——有意味的形式出现在我们前面。”①

三、关于“虚幻”观念及其“虚幻空间”

综上所述，在朗格的“情感符号”美学中，属于“虚幻空间”的绘画、雕塑、建筑，属于“诗意表象”的诗，属于“虚幻的经验和历史”的戏剧，属于“虚幻的时间”的音乐，属于“虚幻的力”的舞蹈，本身都是“一个个别符号”（a single symbol），而这个符号本身则是一种“混合的生命和情感的意味”（complex vital and emotive import）。②实际上，“在朗格的美学之中”，这种“虚幻”的观念既是指“一种创

① 朗格：《情感与形式》，刘大基等译，中国社会科学出版社1986年版，第98—99页。Susanne K. Langer, Feeling and Form: A Theory of Art, New York: Charles Scribner's Sons, 1953, p. 83.

② Susanne K. Langer, Problems of Art: Ten Philosophical Lectures, New York: Charles Scribner's Sons, 1957, p. 68.

造的原则”，又是指“对某种艺术品的领会”。①

当然，在所有诉诸视觉的所谓“可塑性艺术”之中，朗格还是青睐绘画。甚至其关于“虚幻的创造”的观念也是通过分析绘画得出的，进而才推广到音乐、舞蹈等其他艺术类型。绘画是直接诉诸眼睛的，“绘画，简而言之，就是一种幻象。它可以被眼睛看到……由于它们仅存在于视觉之内；整幅画都是某种纯虚幻空间。绘画只是幻象，不是别的什么。”②更简练地说，绘画就是“位于虚空内的虚幻之物的幻象”(apparition of virtual objects in a virtual space)，③这是视觉符号学的必然结论。

那么，“虚幻空间”究竟是何种空间呢？是绘画所展示的空间？是鉴赏者观照它的空间？还是艺术家创造的空间？朗格的回答是：“一幅绘画里的某种空间幻象是最基本的创造。这种空间既不是绘画所挂的空间，也不是观赏者所处的空间。挂绘画的墙并不在绘画当中，也不是绘画空间的一部分。观赏者同样也不在绘画空间之中。画家所创造的空间是全新的。色彩和画布，这些艺术家工作的材料在被使用之前就存在于画室里面，它们只是依凭画家的努力才挪动地方。然而，我们所见的作为新发展结果的空间，却是前所未有的。绘画就是一种被创造的幻象（created apparition）。”④照此而论，绘画生成的“虚幻空间”决不能从物理空间的角度来理解，而是超离于物质空间的另一种空间。这种空间的生成并不是在线条和色彩之前产生的，而是伴随着线条和色彩的被运用而“共时”生成的。

按照朗格的理解，绘画作为“虚幻空间”的“虚幻”意指两重的意味：一方面是指创造出以往并未出现的“三维空间”，另一方面则是指创造出“一个纯粹的视觉事件”(a purely visual affair)。当然，这两方面是同时出现的，它们皆构成了“虚幻方式”（the virtual mode）的基本要素。与“虚幻方式”相对的则是“现实方式”(the actual mode)，当绘画通过视觉以二维方式被给定时就属于这种方式，但是当“三维空间”通过视觉被给定时，就进入了“虚幻方式”当中，与此同时所谓的“视觉事件”也就完全发生了。

所以，这些“可塑性艺术”的“首要幻象”，便是通过不同形式呈现出来的“可塑性虚幻空间”，这种基本特质恰恰是定位可塑性艺术（包括绘画）的关键。在符号学看来，一件视觉艺术品的所有被“创造”出来的形式因素，都是艺术的构成要素(elements)。这些要素综合起来作用于我们的眼睛。在鉴赏一幅画时，人们一般不会将单一的“形式要素”——背景与前景、高光部、透明空气、运动、突出部、色彩

① Ranjan K. Ghosh, Aesthetic Theory: A Study in Susanne K. Langer, Ajanta Publications, 1979, p. 118.

② Susanne K. Langer, Problems of Art: Ten Philosophical Lectures, New York: Charles Scribner's Sons, 1957, p. 28.

③ Susanne K. Langer, Problems of Art: Ten Philosophical Lectures, New York: Charles Scribner's Sons, 1957, p. 29.

④Susanne K. Langer, Problems of Art: Ten Philosophical Lectures, New York: Charles Scribner's Sons, 1957, pp. 143-144.

明暗、阴影深度、物与物的关系——从画面中“独立”出来，除非他们仔细分析作品或者在偶然情况下，才会聚焦在形式方面。可以说，这种整体性的观照“不存在传统意义的统一体，符号以及从符号洞察到的更深层次的别的意味，都不是由传统统一体构成的”。[①]实际上，正如画布、颜料还有照射在画面上的真正光线只是绘画创作的实用材料一样，上面列举的那些“形式因素”亦仅仅是被利用着，也就是说，并不是被“创造”出来的。

四、“艺术知觉”是“一种直觉活动”

通过对艺术的整体性把握，“艺术感知”（artistic perception）问题就被凸显出来。有趣的是，朗格在这里“偷换了概念”——“艺术感知”就是一种“直觉”（intuition）或者“一种直觉活动”（an act of intuition）！[②]

这样一来，朗格就反击了以往对“直觉”的片面理解，因为大部分艺术家和艺术爱好者都持一种直觉的“直觉观”。也就是说，他们也把艺术视觉当作“直觉”，但却认定这种视觉既无需通过推理，也无需经由逻辑，而是完全诉诸情而直接自发的。照此而论，他们眼里的“直觉”当然就是非理性的、是通过情感而非思想达到的，甚至能达到某种“形而上的触知”（metaphysical contact）。然而，这类非理性的抑或神秘主义的取向，被朗格拒绝了，因为艺术直觉“并不涉及信仰，也不能导致对任何命题的接受。但它既不是非理性的，也不是特殊天才对现实作出的神秘而直接的触知。我认定，艺术直觉是一种理解活动，并以一种个别符号作为媒介，这种符号是被创造出来的视觉、诗歌、音乐或者其他的审美印象（aesthetic impression）——这是通过艺术家活动而获得的幻象。”[③]

因而，朗格未将直觉“直觉化”，而是看作某种合乎理性的认知力，是以特定符号作为媒介的理解力。在这个意义上，这种被赋予了非凡能力的“直觉”，倒是接近于17世纪英国哲学家洛克所谓的“自然之光”（Natural Light）！这种洞察力，就好像是眼睛能直接看到光线、心灵能直接把握到形状那样，可以无需证明和检验就能直接看到真理。朗格将洛克对“直觉”作用的观感总结为：“A. 对一般关系的知觉。B. 对多种形式或者抽象外观之知觉。C. 对意味或者意义之知觉。D. 对各种实例的知觉。”[④]当然，朗格觉得这些方面都需要进一步探索，但她更关注的还是对艺术品的

---

① Susanne K. Langer, Problems of Art: Ten Philosophical Lectures, New York: Charles Scribner's Sons, 1957, p. 68.
② Susanne K. Langer, Problems of Art: Ten Philosophical Lectures, New York: Charles Scribner's Sons, 1957, p. 60, 61.
③ Susanne K. Langer, Problems of Art: Ten Philosophical Lectures, New York: Charles Scribner's Sons, 1957, p. 61.
④ Susanne K. Langer, Problems of Art: Ten Philosophical Lectures, New York: Charles Scribner's Sons, 1957, p. 65.

“表现性认识”（recognition of expressiveness）与对“艺术意味”（artistic import）的知觉问题，或者说，她更为关注的是归纳洛克观念论所说的“C”，当然是从符号学的角度重新进行阐发。

在朗格看来，这种对“艺术意味”和“表现性”的感知就是直觉。“艺术感知总是从直觉到艺术品整体意味（total import）开始，随着被关注的形式表现的意义逐渐明显，直觉到的意味便随之增加。”①这种整体而富于动态的描述解决了这样的问题：在观照一件艺术品时，我们究竟是从内容里感觉到意味，还是从形式里面感知到意味，哪个更加重要？比如，在赏析中国书法艺术时，读“字”与“观”形，究竟在一种整体的观照里面占据何种地位？特别是一些“狂草”作品，难以辨认出其中的写的是什么字，那又该如何观照呢？其实，在对优秀艺术的“直觉”时，这两方面通常难分伯仲，即使可以衡量出哪一方占主要地位，也难以区分出水乳交融的方面。更何况，艺术的“意味”并不是通常意义的内容所能展现出来，符号与形式本身都能表露出一种更广义、更有深度的“意味”。

这样，“一件艺术品的意味——其本质的或者艺术的意味——是决不能以推论式的语言陈述出来的。一件艺术作品就是一种表现形式，因而就是一种符号，但却并不是超出了自身以至于让人的思想都转移到符号化的概念（concept symbolized）上的符号。概念是仅仅黏附在使之可被了解的形式上面”。②可见，朗格的“直觉”理论基本上是一种符号学的直觉理论，因为直觉所直面的对象是以符号为本质的艺术。这里必须指明，尽管一件特殊的艺术品被称之为符号，但却并不是由“符号体系”（symbolism）构成的，也不是由传统意义上的符号系统构成的。毋庸置疑，任何一件艺术品，都难以穷尽所有符号，都只是符号的碎片而已，尽管在朗格心目中所构想的是整个符号体系的恢宏大厦。

五、作为“符号”的艺术整体

总之，朗格是将艺术品作为一个整体来看待的，把它看作“情感的意象”（the image of feeling），并把这个意向叫作“艺术符号”。③这种符号里面的每一个组成部分，并不能离开整个的结构体而独立存在，所以，艺术符号是“单一的有机结构”（single organic composition）。如果从“形式—情感”的张力结构来看，艺术符号就是能展现某种情感的“纯感知形式”（purely perceptible forms）。

① Susanne K. Langer, Problems of Art: Ten Philosophical Lectures, New York: Charles Scribner's Sons, 1957, p. 68.
② Susanne K. Langer, Problems of Art: Ten Philosophical Lectures, New York: Charles Scribner's Sons, 1957, p. 67.
③ Susanne K. Langer, Problems of Art: Ten Philosophical Lectures, New York: Charles Scribner's Sons, 1957, p. 134.

换言之，艺术品是一种“表现形式”，或者是“情感的‘图像符号’”（“iconic symbols”of emotions），但这种“形式”和“情感”又都与生命息息相关，“一件艺术品就是一个表现形式，都是具有生命力的，从简单的感性形式到最复杂的意识和情感形式，都可以从中显现出来”。[①]

尽其一生，朗格在各类艺术既丰富又个体化的经验激发下，力求用逻辑和科学术语去理解艺术的本质和特征，得出了各种符号化的结论。艺术这种“表达意味的符号”甚至被认定为是一种表现了“情感经验”的“全球通用的形式”。[②]恰恰是这些艺术符号所具有的“直觉组织功能”，赋予了物体、空间、色彩和声音以形式，使得某物纯粹以形式的方式存在，从而让艺术符号本身拥有了某种特殊的逻辑表现形式。在她看来，艺术，诸如舞蹈、绘画、音乐、诗歌，都是不同于知识的另一种“真理”形式。这意味着，“艺术真理”（artistic truth）必定就是一种“符号真理”，形成某些难以名状的“情感形式”，它是与“情感生活”（emotive life）相通的。

在20世纪中叶，朗格就已成了当时“最为流行和卓有成就的艺术哲学家”。当时的美学亟须的是：每种艺术形式都需要成为更为具体的哲学分析的对象，朗格适应了这一要求，特别是她关于“虚幻”（virtual）的观念对20世纪的美学思想作出了独特贡献。这种“虚幻”的观念与她的艺术作为“符号”的普遍理论公式曾一道主导了20世纪中叶的美学主潮趋势。

总之，从卡西尔到朗格，符号论美学对于20世纪美学的贡献是有目共睹的，不仅现代主义艺术逐渐纳入美学的视野当中，而且对于艺术的美学理解也被置于一种“中庸化”的立场上面。如果从更为广阔的语境看，按照英国美学家和艺术批评家里德（Herbert Read）的描述，“随着卡西尔和朗格的出现，艺术哲学已经获得了一种符合道理、令人确信和定型化了的形式，至此才可以看到整个现代艺术哲学的发展大势”[③]。

---

① Susanne K. Langer, Problems of Art: Ten Philosophical Lectures, New York: Charles Scribner's Sons, 1957, London: Oxford University Press, p. 133.

② Susanne K. Langer, Philosophy in a New Key: A Study in the Symbolism of Reason, Rite and Art, Cambridge: Harvard University Press, 1957, p. 232.

③ Herbert Read, Art Now, London: Faber & Faber, 1933, p. 42.

第九章　现象学美学

概　　论

综观西方20世纪美学理论的总体状况，我们可以清楚地看到，虽然当代西方学者在美学研究，特别是在艺术哲学研究和文艺理论研究方面的基本立场不断变化、具体角度不断更新、各种流派和富有启发的观点层出不穷，但是，无论从严格的学理意义上来看，还是就其实际研究深度、所取得的成果、所产生的影响而言，主要由莫里茨·盖格尔、罗曼·英伽登和米凯尔·杜夫海纳组成的现象学美学阵容，都显然是非常引人注目的。那么，从历史和学理的双重角度来看，现象学美学为什么会成为理论体系最完整严密、学术内容最丰富的美学流派，为什么取得如此杰出的研究成果、产生非常广泛的学术影响呢？

本章旨在从学理角度出发，依据并结合梳理的有关历史材料概括回答这些问题。首先我们从学理角度出发简单考察一下现象学美学的起源和基本学术依据，接下来分别概括考察一下莫里茨·盖格尔、罗曼·英伽登和米凯尔·杜夫海纳的基本美学观点及其主要特征，最后通过概述它本身以及乔治·普莱与日内瓦学派的现象学文学批评所产生的广泛影响，揭示现象学美学对我们今天的美学论研究可能具有的某些启发。

虽然"现象学"这个术语是由18世纪的德国哲学家朗贝特（J. H. Lambert，1728—1777）提出的，已经有比较悠久的历史，德国著名哲学家黑格尔和布伦塔诺（F. C. Brentano，1838—1917）也分别从自己的角度进行过相关的、卓有成效的论述，但是，真正构成现象学美学的起源和基本学术依据的，却是继承了布伦塔诺"意向性"理论基本意旨的胡塞尔（E. Husserl，1859—1938）所创立的现代现象学哲学理论。因此，我们可以通过简单概述布伦塔诺和胡塞尔的基本观点，为具体展示现象学美学的起源和基本学术依据准备好理论前提。

基于对康德所秉承的、截然割裂现象与自在之物之间联系的西方哲学传统做法的不满，布伦塔诺通过把中世纪经院哲学所提到的“意向性”（intentionality）当作现象学的基础性概念来对待，认为精神现象可以分为表象、判断和情感三种类型，并且强调所有各种精神现象都内在固有地包含着“意向性”，都以“意向性”为其基本特征。因此，任何一种表象、判断和情感，都因为具有这样的“意向性”核心特征而与存在直接联系在一起，都与存在发生着直接的联系。正是从这种意义上说，布伦塔诺虽然从自己的研究角度出发改造了“意向性”这个概念，并且把它具体运用到心理学研究领域而取得了一定的研究成果，但是，从基本学理意义上来看，此举不仅使胡塞尔现象学的创立从根本上成为可能，实际上也隐含着下列具有关键性重要意义的基本趋势，即至少从他那里开始，在包括美学研究在内的哲学人文科学各个方面的研究过程中，西方思想界便已经开始进行逐渐突破主体和客体、意识和存在二元对立的基本传统思维模式的尝试了。尽管从表面上来看，这种做法似乎与人们在现实生活之中的审美活动、与美学家们的美学研究并不直接相关，但我们到下面将会看到，这种感觉和看法纯粹是“表面上的”——实际上，基本思维模式决定了哲学家和人文科学家对其所涉及的有关领域的研究和探索，由于审美活动本身就是主体和客体、意识和存在的情感性有机和谐统一，所以从根本上说，强调主体和客体有机统一的“意向性”概念与此有着天然的亲和力。我们到后面还会具体看到，现象学美学之所以能够在“各领风骚没几天”的20世纪西方美学界取得非常丰硕的研究成果，产生比较广泛和深远的影响，可以说主要就是因为这种“天然的亲和力”。

毋庸赘言，胡塞尔对现象学哲学的创立，就是直接从进一步开发“意向性”这个概念所具有的理论内涵开始的。在他看来，布伦塔诺虽然对这个出自中世纪经院哲学、但却至关重要的术语进行了批判改造，将它主要运用于其心理学研究过程之中，从而为现象学的建立提供了必不可少的基础和前提条件，但假如停留在这样的水平上，那就根本不可能为人类的所有知识找到并奠定终极性的、绝对普遍有效的坚实基础。因为这种做法既没有从根本上触及传统哲学思维的基本问题，更没有从根本上彻底突破这种哲学思维所一贯坚持的主体与客体、意识与实在二元分裂对立的基本思维模式，尽管这种做法已经隐含着进行这种突破的基本倾向。从另一方面来看，胡塞尔认为，近代以来的欧洲思想界之所以出现理性主义与非理性主义、实证主义与主观主义截然分裂对立的局面，其根本原因在于人类知识的基础由于这种二元分裂对立基本模式而存在的深刻危机。要想彻底解决传统哲学的基本问题，突破这样的基本思维模式，从而彻底解决这样的危机，就必须在涉及和研究各种精神现象的时候，从根本上彻底消除截然分离主体与客体、意识和存在、“现象”与“本质”的二元分裂对立的做法。他指出，运用“意向性”这个基本概念所包含的各种含义，通过采取“面向事情本身”的基本现象学态度，通过对“自然态度”和“历史态度”进行现象学悬置，并且在此基础上进行包括现象学还原在内的一系列思维操作，就可以把现象学这门根本性科学确立起来，从而最终实现他所谓的西方哲学史上的“第四次革命”，为人类的所有知识找到并奠定终极性的、绝对普遍有效的坚实基础。

具体来说，胡塞尔认为，“意向性”概念所指的，是人类精神现象既包括主体方面的“意向作用”，同时也包括客体方面的“意向对象”，是这两个方面的有机统一——对于所有精神现象来说，情况都是如此。因此，在考察和研究人类认识活动的时候，通过运用现象学悬置方法，把“自然态度”和“历史态度”放到括号里，研究者就可以“直接面对事情本身”——这种所谓“事情”就是作为“纯粹意识”、亦即作为现象学的研究对象而存在的“现象”。在此基础上，继续进行把客观事物看作是呈现在感性意识之中的现象的“现象学还原”、从直观个别现象之本质的意识过渡到直观相应本质观念的“本质还原”，以及把对象彻底还原成为纯粹先验意识构造的“先验还原”，研究者就可以最终看到“纯粹的先验意识”，或者叫作“纯粹的先验自我”，从而找到使人类的所有知识及其有效性成为可能的、终极性的、绝对可靠的和普遍有效的基础。胡塞尔认为，关于探讨和研究所有这些思维操作过程和方法的学问，就是他所谓的现象学，亦即他所创立的现代现象学哲学理论。这样一来，现象学就变成了探讨和研究这种知识基础的“科学的科学”，变成了关于“纯粹意识本身”的一般性科学。显然，胡塞尔所创立的这种现象学哲学理论，以及其所表现出来的所谓西方哲学的“第四次革命”，实际上是从彻底批判扬弃西方哲学传统的二元分裂对立思维方式入手，最终把自己的落脚点放到了绝对主观的“纯粹先验意识”或者“纯粹先验自我”之上，亦即“以主体性追求绝对有效性”。

这里有必要从历史角度着眼指出以下几点：第一，由于胡塞尔及其现象学哲学所面临的从根本上彻底突破西方哲学传统思维方式的任务所具有的极端艰巨性，同时也由于他所进行的探讨和研究仅仅局限于个体性主体的精神世界之内，所以，胡塞尔毕生的研究历程，实际上是一个不断踌躇徘徊、不断重新从头做起的探索过程。这一点不仅通过他自己的一系列著作具体表现了出来，而且也使由他肇始的现代现象学运动在不断蓬勃发展的同时，呈现出了不断修正、不断推陈出新的基本态势——即使从我们下面将要谈到的盖格尔、英伽登和杜夫海纳的现象学美学角度来看，情况也是如此。第二，由于现实境遇和个人研究兴趣的缘故，作为现象学创始人的胡塞尔所主要关注的，是如何为人类的所有知识奠定最终的、普遍有效的坚实基础，因而其关注点主要集中于现象学哲学认识论领域，既不是美学研究领域，也不是与这两者判然有别而又紧密相关的伦理学领域。不过，这并不意味着他所确定的现象学基本立场和方法论视角与美学研究无关——实际情况刚好相反，我们下面将会看到，所谓“现象学美学”恰恰就是从这样的基本立场和方法论视角出发，才取得丰硕成果的。第三，与胡塞尔最终走向“纯粹先验意识”“先验自我”的绝对主观唯心主义倾向有所不同的是，先后对现象学美学研究作出过突出贡献的莫里茨·盖格尔、罗曼·英伽登和米凯尔·杜夫海纳，基本上都在坚持现象学基本立场和方法论视角的同时，对这种基本倾向有所背离和匡正——从这种意义上说，这三位主要的现象学美学家，都是对胡塞尔现象学哲学既有继承，又有批判和发展的。

从上述布伦塔诺和胡塞尔的基本观点来看，具体说来，起源于胡塞尔现代现象学哲学理论的现象学美学，就基本出发点和学术依据而言具有以下特征：第一，就其学术研究的基本出发点而言，现象学美学研究者都秉承了“意向性”这个基本概念所具体规定的基本立场、基本思维模式和思维方法——也就是说，它的三个著名代表人物都是从主体、客体有机结合、有机统一出发，对审美活动的各个有关方面进行具体研究，而不是像以往的美学研究那样，从主体、客体二元分裂对立的基本思维模式出发，通过具体界定“美”在“主观”、还是“美”在“客观”来进行美学研究，这就为他们从全新的角度研究审美活动开辟了非常广阔的前景。第二，这些美学家基本上都运用了“现象学悬置”这种基本方法，这既表现了他们对现象学基本观点的坚持，实际上也为他们对审美活动具体进行“现象学描述”直接奠定了基础和前提。因为这种基本方法不仅使他们有可能“悬置”以往美学家所采用的“认识论”出发点或者“价值论”出发点，真正从审美主体本身的审美活动诸方面入手进行研究和论述，而且也有助于他们做到把以往的美学理论、研究方法及其各种缺陷“悬置”起来，探讨现象学美学的方法并具体进行现象学美学的研究——我们到下面还会具体看到，他们实际上就是这样做的。第三，与当代西方其他严格意义上的美学流派所运用的研究论述方式判然有别的是，虽然盖格尔、英伽登和杜夫海纳的现象学美学理论各具特色，但他们都运用了“现象学描述”这一种为现象学所特有的、基本的研究和论述方法。这既是对现象学基本立场、基本要求和基本方法的具体运用，也可以为人们今后探讨和研究与物理世界各种对象截然不同的、能动的主观精神世界，提供一定的启示——这种做法并不像自然科学理论研究和传统的哲学认识论研究那样，通过下定义和进行逻辑推理进行研究和论述，而是试图通过对“事情”进行“直观”、进行“现象学描述”而揭示其本质。实际上，作为一个杰出美学流派的现象学美学，恰恰是通过这样的基本观点和做法才取得了非常引人注目的成果，才在当今西方美学、艺术哲学和文艺理论研究界独树一帜。

当然，现代现象学哲学所提供给现象学美学的，主要是上述基本立场、基本思路和基本研究方法。从学术背景角度来看，西方学术界自19世纪开始加以重视和研究的哲学价值论或者价值哲学、心理学美学，也对现象学美学的崛起产生过一定的影响，因而构成了使现象学美学得以产生的另一部分实质性学术背景。此外，从具体研究对象角度来看，西方美学界自19世纪下半叶开始出现从力图界定和研究“美”向力图界定和研究“艺术”转变的基本趋势，也同样使现象学美学将其主要关注点“对准”了“艺术作品”。下面我们就来比较具体地看一看，在这样的学术背景下，盖格尔、英伽登和杜夫海纳分别是如何进行其现象学美学研究，并对这个学派的形成和发展发挥作用的。

第一节　盖 格 尔

国内美学界在研究现象学美学的时候，通常只提到英伽登和杜夫海纳，这样做固然有一定的道理——既是因为这两者、特别是杜夫海纳以其系统严密的美学理论研究，为现象学美学的发展作出了非常突出的贡献，同时也是因为，盖格尔本人尽管是现象学美学最重要的开拓者，但却没有写出卷帙浩繁的巨著，甚至没有像后两者那样形成和提出比较系统的现象学美学理论体系，而是主要通过进行探索和开拓的功夫把自己的理论贡献体现出来。所以，盖格尔在国内外美学界所产生的影响相对都比较小。不过，这并不意味着他的美学理论不值一提——实际情况也许恰恰相反，如果我们彻底忽视他，不仅会使现象学美学的历史开端被忽视，同时也会从根本上影响我们对现象学美学的基本方法、基本内容和基本特征的理解和把握。

莫里茨·盖格尔（Moritz Geiger，1880—1937），1880年出生于德国法兰克福。他大学期间主攻心理学，后来由于兴趣转向探讨心理学的基本原理而开始关注和研究哲学。在此期间，盖格尔结识了著名心理学美学家利普斯（Theodor Lipps），在后者的影响下开始关注心理学美学研究方面的各种问题。大学毕业以后，盖格尔开始在慕尼黑大学任教，由于继续进行哲学和美学研究而结识了胡塞尔，并由于胡塞尔的影响而开始着手从现象学角度进行美学方面的探讨。从1920年开始，他在大学开办了美学讲座，其巨大影响吸引了主修哲学、艺术史、文学史的大批学生和研究者。1923年，他作为哲学教授前往哥廷根大学，开始了其学术生涯的黄金时代。此后，他还先后在世界驰名的里加大学、斯坦福大学等高校发表美学演讲，产生了比较广泛的学术影响。希特勒上台以后，盖格尔于1933年移居美国，担任瓦萨尔大学哲学系主任、教授，1937年因病去世。

具体就其现象学美学研究而言，盖格尔早在1913年就作为胡塞尔的同辈人，与后者一起创办并编辑了对现象学运动的崛起和发展产生过关键性推动作用的《哲学与现象学研究年鉴》，并在其创刊号上发表了《审美享受的现象学》，该文一举奠定了盖格尔作为现象学美学创始人的地位。此后，他在继续深入研究现象学美学理论的同时，逐步开始与现象学家舍勒（Max Scheler）、普凡德尔（Alexander Pfänder）等人组成主要关注研究实质性价值问题的现象学"慕尼黑学派"，进一步从现象学价值哲学角度进行其美学研究。因此，盖格尔和舍勒一样都是胡塞尔的同辈人，都是使现象学得以崛起的元老级现象学家。而就现象学美学的另外两位主将而言，英伽登是胡塞尔的学生，杜夫海纳则是通过梅洛·庞蒂和萨特才接触现象学的。盖格尔的主要美学著作《审美享受的现象学》《美学导论》《艺术的精神意味》等，最后都收集并整合在他临终前仍在加以完善的《艺术的意味》一书之中。所以，我们可以说，《艺术的意味》浓缩了盖格尔现象学美学思想的精华，代表了他在这个领域学术研究的最高成就。

具体来说，在《艺术的意味》之中，盖格尔主要从三个方面概括论述了其具有开拓性意义的现象学美学思想：第一，现象学美学及其研究方法；第二，审美经验及其基本构成；第三，审美价值与人类生存的关系及其特征。他的基本意图是，通过进行这三个方面的研究和论述，建立起一门比较系统完整的现象学价值论美学理论，尽管最终未能如愿。

一、现象学美学及其研究方法

作为现象学美学最重要的创始人，盖格尔开宗明义地指出，"美学是关于审美价值的科学"[①]，是一门价值科学，"是一门关于审美价值的形式和法则的科学"[②]。这显然表明他是从现象学价值哲学的角度来看待美学这个学科的。之所以这样认为，是因为在他看来，从思想史角度来看，虽然美学自产生以后，既曾经作过哲学的过继子女、也曾经作过自然科学的过继子女而发展，但其在哲学上的、真正有价值的发展只是少数几个术语而已，根本没有成为一门严格意义上的学科，这具体表现为其所面临的成堆的复杂难题并没有得到真正的解决。要想使美学真正得到具有实质

① 盖格尔：《艺术的意味》，艾彦译，华夏出版社1999年版，第36页。译文略有改动。
② 盖格尔：《艺术的意味》，艾彦译，华夏出版社1999年版，第78页。译文略有改动。

性意义的发展，就必须从根本上突破以往美学家们所坚持的主客体二元分裂对立的思维模式，特别是彻底突破“事实论”美学所坚持的认识论思维模式，根据关注价值研究的现象学哲学的基本立场，从审美价值角度入手探讨和研究人们的审美活动。这就要求研究者必须采取现象学的基本理论立场，运用现象学所规定的研究方法，因为无论作为这样的研究对象的究竟是审美价值抑或是一般的价值，都既不是纯粹的客观对象，也不是纯粹的主观对象，而是主观和客观相统一的对象。那么，在盖格尔看来，究竟什么是进行这样的研究所必须采取的现象学美学的方法呢？

在盖格尔看来，由于审美活动的基本特征就是主观、客观的有机统一，所以，美学家必须采取现象学美学的研究方法。他从现象学角度出发指出，这种方法的基本出发点是，美学研究者“必须把各种审美对象当作现象来分析”①。具体说来，这种方法“既不是从某个第一原理推演出它的法则，也不是通过对那些特定的例子进行归纳性积累而得出它的法则，而是通过在一个个别例子中、从直观的角度观察普遍性本质，观察它与普遍法则的一致，从而得出这种例子的法则”②。他指出，这种现象学美学方法具有以下三个基本标准：第一，它并不依附于对象，而是对对象进行研究；第二，它既存在于人们对对象的领会过程之中，也同时存在于对象的基本特性之中；第三，对于审美对象来说，研究者既不能通过演绎，也不能通过归纳来得出其本质，而只能通过直观来得出其本质③。因此，盖格尔强调指出，与以往的美学研究方法相比，这种现象学美学方法的一个基本特征是，它既不是自上而下的，也不是自下而上的，而是介于这两者之间的“本质直观”方法——对于审美活动的研究者来说，运用它的过程是“一个选择各种真正的、具有重要意义的特征的过程，是一个不允许自己被那些无关紧要的考虑和偏见引入歧途的过程，也是一个真正集中精力于现象的过程”④。当然，这种现象学美学方法并不仅仅强调对作为其研究对象的审美活动、审美对象进行现象学直观，同时也强调在此基础上进一步进行学理上的分析和研究。通过运用这样的方法进行现象学美学研究，研究者最终就可以做到“借助于少数几个价值原理而涵盖美学的全部领域”⑤，最终把系统完整的现象学价值美学理论体系建立起来。

当然，盖格尔所论述的这种现象学美学研究方法貌似简单，实际上却并非如此——我们只要简单回顾一下美学自柏拉图以来所走过的艰难历程，就可以比较清楚地看到这一点。盖格尔指出，美学研究者要想掌握并熟练运用这种方法，就“需

---

① 盖格尔：《艺术的意味》，艾彦译，华夏出版社1999年版，第6页。译文略有改动。
② 盖格尔：《艺术的意味》，艾彦译，华夏出版社1999年版，第10页。译文略有改动。
③ 盖格尔：《艺术的意味》，艾彦译，华夏出版社1999年版，第11页。译文略有改动。
④ 盖格尔：《艺术的意味》，艾彦译，华夏出版社1999年版，第14页。译文略有改动。
⑤ 盖格尔：《艺术的意味》，艾彦译，华夏出版社1999年版，第18页。译文略有改动。

要经过长期的学习和训练，这种教育虽然与其他方法所规定的教育有所不同，但是在困难程度上却不相上下”，“只有通过自己的努力，通过以自己的能力进行分析，一个人才能完成这种学习和训练”[①]。可见，我们似乎可以说，盖格尔这里所谓的现象学美学方法及其掌握和运用，实际上所涉及的是美学家的审美鉴赏实践活动，以及美学家通过这样的活动不断提高自己的审美鉴赏力和分析研究审美活动的能力和水平的问题。另一方面，如果结合人类审美活动的实际情况来看，特别是就迄今为止的西方美学研究所走过的历程而言，无论是对于审美对象来说的各种差异——自然美和艺术美的差异、艺术作品优劣的差异，还是就审美主体而言存在的，对于美学研究来说具有根本性意义的所谓审美主体“趣味无争辩”方面的差异，实际上都不是“自上而下的美学研究”和“自下而上的美学研究”所能够涵盖、把握和正确说明的。这样一来，盖格尔这里所论述的现象学美学的研究方法的优势自然就显示出来了。实际上，盖格尔本人对现象学方法在美学研究领域的具体运用也是充满信心的，他指出：“在这种特殊的美学科学之中，人们也许的确会找到能够使现象学方法本身得到最出色的运用的领域。……美学科学是少数几个不关心其客体对象的实际实在的学说之中的一个，但是，现象的特性对于它来说却是决定性的。如果说现象学方法在什么地方可以得到表现的话，那么，它正是在美学这里可以表明它能够得出什么结论。”[②]我们前面曾经提到现象学研究所坚持的、从“意向性”观点出发研究所有人类精神现象的基本立场，与人们对审美活动的具体研究有某种“天然的亲和力”，从盖格尔这里的论述中也可以略见一斑。

那么，作为现象学美学的最主要开拓者，盖格尔究竟是怎样具体运用这种现象学美学研究方法的呢？他从现象学价值论哲学角度出发对这种方法的具体运用，又得出了哪些具体的研究结论呢？

二、审美经验及其基本构成

既然盖格尔认为美学或者更加准确地说“现象学美学”作为一门科学，所研究的对象是“审美价值的形式和法则”，而且，研究者必须通过进行现象学直观来观察审美活动和审美对象，必须通过进行现象学描述来具体揭示其所洞察到的这种“审美价值的形式和法则”，那么，他自己是怎样进行这样的研究的呢？

基于审美活动本身所具有的特征，盖格尔指出，不仅审美主体在审美活动过程中都是“唯我论者”，每一个个体本身都具有与众不同的审美趣味，而且，审美价值

① 盖格尔：《艺术的意味》，艾彦译，华夏出版社1999年版，第14页。
② 盖格尔：《艺术的意味》，艾彦译，华夏出版社1999年版，第20页。

本身也“是某种独一无二的东西，人们应当在每一个艺术作品之中都重新实现它；它是一种个别价值，因此，人们只有通过直接体验才能接近它”[①]。因此，一般说来，“人们只有通过他们自己体验到的快乐才能领会审美价值”[②]。这就要求美学家必须重视对审美经验，或者说必须重视对审美体验的研究。但是，就美学家进行现象学美学研究、而不是单纯进行审美鉴赏活动而言，这里显然还需要进行分析研究方面的工作。盖格尔指出：“分析可以揭示出这里的全部价值所具有的依据。”[③]——具体说来，这种对审美经验的研究和分析主要包括以下两个阶段：第一个阶段是审美主体对审美价值的潜在的领会过程，在这里，主体所涉及的“是由‘得到体验的东西’构成的平面，一般的审美享受就是在这个平面上显示出来的”[④]。第二个阶段是主体作为美学家对作为艺术作品的审美对象所具有的独特的审美价值，进行感受、分析和揭示的过程[⑤]——通过这样的过程，美学研究者就可以把独特的审美对象所具有的审美价值特征及其本质结构揭示出来。

在这里，盖格尔强调了两点：第一，由于包括审美价值分析在内的各种价值分析，所涉及的基本上都是一般的价值，或者说都是价值所具有的一般属性，所以，“即使最透彻的分析，也无法确定艺术作品的这种整体性价值实际上是否表现出来了——人们只能体验这一点”[⑥]，这也就是说，对于审美价值进行的分析，根本不可能一蹴而就地达到永恒的绝对真理。第二，美学研究者为了能够胜任这样的分析，必须经过长期的训练，否则，研究者就只能要么仅仅停留在审美享受的层次上，根本无法通过审美经验而对审美价值的方方面面加以揭示；要么甚至连审美享受的层次都达不到。那么，盖格尔是如何通过运用这样的现象学美学方法对审美经验进行研究的？他通过进行这样的研究又得出了哪些具体结论呢？

他首先是从审美快乐，而不是从审美享受入手的，这是因为在他看来，“审美快乐并不是一种从理智的角度出发表示赞许或者贬斥的态度，而是一种适合于情感的、前理智的态度。享受却完全是另外一种东西。……是人们对艺术作品作出的情感反应……是一种事实的开端。”[⑦]虽然从表面上看来，这两者都与人们的审美活动紧密相关，都构成了审美主体的审美体验的有机组成部分，但是，盖格尔指出，对前者的研究所产生的，是关于审美活动的快乐论的现象学“价值论”美学，也就是他自己所倡导的价值论现象学美学，而关于后者的研究则必然导致仍然以传统的主

---

① 盖格尔：《艺术的意味》，艾彦译，华夏出版社1999年版，第120—122页。
② 盖格尔：《艺术的意味》，艾彦译，华夏出版社1999年版，第126页。
③ 盖格尔：《艺术的意味》，艾彦译，华夏出版社1999年版，第132页。
④ 盖格尔：《艺术的意味》，艾彦译，华夏出版社1999年版，第133页。
⑤ 盖格尔：《艺术的意味》，艾彦译，华夏出版社1999年版，第133页。
⑥ 盖格尔：《艺术的意味》，艾彦译，华夏出版社1999年版，第135页。
⑦ 盖格尔：《艺术的意味》，艾彦译，华夏出版社1999年版，第80页。

客体二元分裂对立为基本特征的“事实论”美学。另一方面，正像我们前面已经指出的那样，盖格尔和英伽登、杜夫海纳一样，其对所有美学问题的研究都是在西方美学界开始从集中研究“美”转向集中研究“艺术”这个宏观背景之中进行的。这也就是说，盖格尔对审美活动的研究、特别是对审美经验的研究，是结合其对艺术作品的研究而具体展开的。

具体说来，盖格尔指出，艺术作品通过审美经验对欣赏者所产生的精神性效果主要有两种基本类型，即“表层艺术效果”和“深层艺术效果”——前者就是人们通常在欣赏艺术作品的时候所谈到的、直接的娱乐效果或者快乐效果，它主要来源于某个审美对象对审美主体的刺激，或者来源于审美主体对某个确定的审美对象的注意[①]。但是，从严格意义上说，虽然在欣赏艺术作品的时候，审美主体必然会体验到并且享受这样的娱乐效果或快乐效果，但实际上，其根本目的却不仅仅是这种表面肤浅的感受和体验，不仅仅是“快乐”或者“娱乐”，主要是为了享受“幸福”，而幸福则是由这里的后者，即由艺术的深层效果引发的，因为“艺术的深层效果是存在于艺术作品之中的艺术价值的主观相关物。艺术的深层效果是主体对这些价值的反映”。而且，从更加根本的意义上说，“只有艺术的深层效果才能达到人的层次，才能达到自我的更深层的领域，并且因此而把它们自身从快乐的层次转移到幸福的层次上”[②]。那么，究竟什么是幸福呢？盖格尔指出，幸福就是“作为一个整体的自我所具有的某种总体状态，是一种充满着快乐的状态；它是从某种宁静状态或者崇高状态中产生出来的自我的完善——这种状态包含了快乐的各种条件，但是它本身却不是快乐”[③]。可见，盖格尔通过对这两者进行区分，既表明他坚持了现象学基本立场所要求的学术严格性和严肃性，同时也表明他对主体审美经验的把握是非常深刻的。

当然，他虽然充分强调艺术的深层效果所具有的上述重要意义，但并没有把这两者截然分开——他指出，虽然从发生学角度来看，不能因为艺术的表层效果位于艺术的深层效果之前就认定后者来源于前者，但是，前者不仅导致审美主体用于形成审美态度并使之具体表现出来的“外在的专注”，而且，还进一步“把生命赋予了艺术的深层效果，并且使后者变成了完满的东西”[④]。从这种意义上说，真正严格意义上的、完整的审美经验，实际上是由这两者共同构成的。那么，当审美主体面对作为审美对象的艺术作品的时候，这样的审美经验究竟是怎样形成的呢？盖格尔指出，它是通过审美主体对作为审美对象的艺术作品所采取的两种基本态度，即“外

① 盖格尔：《艺术的意味》，艾彦译，华夏出版社1999年版，第60、67页。
② 盖格尔：《艺术的意味》，艾彦译，华夏出版社1999年版，第66页。
③ 盖格尔：《艺术的意味》，艾彦译，华夏出版社1999年版，第65页。
④ 盖格尔：《艺术的意味》，艾彦译，华夏出版社1999年版，第141页。

在的专注”和“内在的专注”而构成的。

盖格尔指出，一般来说，与审美经验紧密相关的审美态度也具有两种基本类型，即“外在的专注”和“内在的专注”——前者所指的，是审美主体对外在的、作为其审美对象而存在的艺术作品的专注态度，而后者则主要是指审美主体在欣赏艺术作品的时候所具有的、以自我陶醉于其内心情感的精神朦胧状态之中为基本特征的专注态度。他认为，“对于任何一种艺术来说，外在的专注都是合适的态度”[①]，“只有外在的专注才是严格意义上的审美态度……只有通过外在的专注，艺术作品才确实能够表示某种特殊的东西；只有通过外在的专注，人们才能够根据艺术作品的结构的特殊性来领会艺术作品；因此，只有通过外在的专注，艺术作品才能够真正发挥它的效果”[②]。正因为如此，盖格尔强调，传统观点之所以对艺术作品非常推崇，把审美活动提高到人们的各种日常生活行为之上，就是因为人们在审美过程中，可以通过其审美经验的外在的专注态度，来领会艺术作品的各种价值，就是因为这样可以使这些价值深入到我们的内心之中，并且创造某种幸福的形式和体验。

另一方面，内在的专注主要不是由于审美主体对外在审美对象的专注而形成的，而是主体出于自我安慰的需要、对自己内心体验的注意和多愁善感才形成的。与对于审美主体欣赏艺术作品来说至关重要的外在的专注相比，盖格尔认为，这种内在的专注虽然也构成了审美经验，也是审美经验的有机组成部分，但是，由于它基于审美主体或多或少具有的自然气质，只要求审美主体以最小的心理力量为代价来领会对象，以及它会因为强化审美主体的“自我审美”倾向而忽视艺术作品的有关细节，也有可能使那些最平常琐屑的东西变成主体的审美对象，所以，这种态度实际上从审美活动角度来看是一种“业余爱好”。所以，盖格尔认为，就审美主体的审美经验而言，这种作为审美态度而存在的内在的专注，无论对于审美主体体验艺术作品、领会其价值结构来说，还是就美学家在此基础上进一步把握和研究艺术作品的审美价值形式和结构而言，都处于次要地位。从这里我们可以看出，盖格尔虽然具体论述了审美主体通过他所谓的内在的专注和外在的专注而具体形成审美经验的过程，但是，他对外在的专注的充分强调和对内在的专注的相对贬低，实际上既反映了他所依据的西方美学界的“艺术研究”转向对他的巨大影响，同时也表明了他对这两者的分析具有静态性，并没有从动态生成的角度把这两种“专注”有机统一起来——也可以说，他并没有进一步看到这两者之间的有机联系和相互转化。就这一点而言，我们后面将会提到的杜夫海纳的现象学美学理论似乎更胜一筹。

① 盖格尔：《艺术的意味》，艾彦译，华夏出版社1999年版，第106页。
② 盖格尔：《艺术的意味》，艾彦译，华夏出版社1999年版，第102页。

既然审美主体是通过“外在的专注”和“内在的专注”，通过艺术作品，在自己内心之中产生的“表层艺术效果”和“深层艺术效果”，来形成审美经验、具体鉴赏和体验艺术作品的价值及其结构，并且因此而获得其在审美领域之中所能够得到的“幸福”，那么，审美价值及其形式和结构，为什么会在审美主体那里产生这样的效果？或者换句话说，在盖格尔看来，审美价值与人类存在之间的关系究竟是什么？

三、审美价值与人类生存的关系及其特征

在盖格尔看来，所谓一个事物的价值，就是指这个事物所具有的、对于具体主体来说有意味的某种特性[①]。从这种意义上说，审美价值既与艺术作品的上述结构特征有关，又与审美主体的审美经验有关，也就是具体艺术作品对于特定审美主体来说所具有的、有意味的特性；另一方面，艺术作品所具有的这种特性，必须通过审美经验、审美主体的主观体验过程才能具体体现出来，才能在审美主体的内心之中形成“艺术的意味”——也就是说，只有这样，艺术作品才能把审美价值与人类生存状态的深层关系，在审美主体的审美活动过程中活生生地具体体现出来。那么，具体来说，盖格尔究竟是怎样研究和论述艺术作品的价值“意味”与人类生存的关系，怎样论述这种“意味”通过艺术作品对审美主体内心世界的影响而具体体现出来的过程呢？

从艺术作品角度来看，盖格尔指出，艺术作品的价值结构、价值意味，完全是艺术家创造出来的，是艺术家运用特定的艺术创作手段，把自己的审美价值观念投射到艺术作品之中的结果。具体说来，这种存在于艺术作品之中的、具体表现为艺术作品的本质性精神意味的价值观念、价值结构和价值意味，具有两个有机结合在一起的基本方面，一方面是形式上通过和谐律动表现出来的精神意味，另一方面是与艺术作品的基本内容结合在一起的、构成艺术作品最重要本质的生命成分和精神成分[②]。盖格尔指出，恰恰是因为艺术作品同时具有这两个方面，是这两个方面的有机统一，所以，“我们的精神生活所追求的两种终极价值在这里得到了统一，也就是说，个别的东西所具有的价值和普遍的东西所具有的价值在这里实现了统一”[③]，而这就是审美经验的基本特征。那么，艺术作品究竟是通过什么具体方式影响审美主体，把这种价值特性和价值统一体现出来的呢？盖格尔认为，艺术作品所特有的属于艺术形式维度的“和谐律动”，发挥了影响审美主体的精神世界，把这种价值特性

① 盖格尔：《艺术的意味》，艾彦译，华夏出版社1999年版，第127页。
② 盖格尔：《艺术的意味》，艾彦译，华夏出版社1999年版，第162，168—169页。
③ 盖格尔：《艺术的意味》，艾彦译，华夏出版社1999年版，第163页。

和价值意味具体表现出来的作用。

盖格尔指出，存在于艺术作品之中的“和谐律动”，既是“建筑的脊柱”，也是“舞蹈的神经”——它实际上就是人们通常所说的“艺术形式”。具体说来，它对于审美主体来说主要具有下述三种功能，呈现出三种意味：第一，通过艺术作品的形式构造，使审美主体对其秩序安排留下非常深刻的印象——通过发挥这样一种功能，艺术作品就可以把秩序和艺术作品各部分的连接方式，赋予其所表现的具体生命内容，从而使审美主体能够把握这种本来是异己的、混乱不堪的东西，进而对之进行审美感知和审美体验[①]。从这种使作为艺术作品的审美对象进入主体的内心世界的角度来说，和谐律动既是主体得以开始其审美过程的先决条件，也是使这种审美活动得以进行的必要手段。在此基础上，从属于和谐律动的、具有节奏韵律性的秩序，一方面为审美主体提供了符合其内心最深刻需要的和谐、统一、平衡，同时也为审美主体进一步鉴赏艺术作品的其他审美价值铺平了道路。第二，由于艺术作品并不单纯是形式，同时还要通过表现某种客观对象来表达特定的、经过艺术家体验的、至关重要的精神性生命内容，因此，和谐律动的第二种功能是通过特定的形式把这种客观对象设置在一定的艺术距离之中，从而使审美主体能够真正从审美的角度来看待这个客观对象、来体验其所表达出来的艺术家价值观念[②]。这样一来，艺术家所试图表现的“精神成分和至关重要的生命成分便决定了所有自然美、美的形体，以及美丽的风景所具有的价值”[③]。第三，和谐律动通过艺术家用来确立其艺术作品的节奏韵律的方式，使自身变成了艺术家将其艺术观念付诸实现的最基本的成分和手段，这样一来，无论“隐含于主题之中，隐含于艺术作品所表现的客观对象之中的精神内容”，还是“艺术家的艺术观念所具有的”、通过其特定的艺术形式表现出来的“精神内容”，便都水乳交融地融合在了一起。盖格尔指出，和谐律动可以使“艺术观念所具有的这些客观化成分，推动观赏者通过自己去实现与艺术家的艺术观念相同的艺术观念。……把艺术家和观赏者结合到一起的，就是这种表现所具有的结构。……另一方面，对于观赏者来说，正是从这种表现结构之中，产生了某种强制他接受与艺术家的态度相似的态度的力量”[④]。

可见，盖格尔通过论述艺术作品方面的和谐律动所具有的这些基本功能，实际上已经具体展示了“审美价值与人类生存的关系及其基本特征”——艺术家通过运用上述方式进行艺术创作，便把由自己的人生体验积淀而成的价值观念，通过艺术作品恰当地具体地表达出来，而审美主体则通过对这样的艺术作品进行“外在的专

① 盖格尔：《艺术的意味》，艾彦译，华夏出版社1999年版，第145—147页。
② 盖格尔：《艺术的意味》，艾彦译，华夏出版社1999年版，第173—174页。
③ 盖格尔：《艺术的意味》，艾彦译，华夏出版社1999年版，第171页。
④ 盖格尔：《艺术的意味》，艾彦译，华夏出版社1999年版，第179页。

注”，通过自己逐渐形成的审美经验，从审美体验的角度，以审美享受的形式，具体体验艺术作品对于自己来说所具有的、生动体现人的生存境遇和生存价值的“意味”。从这种意义上说，盖格尔这里所说的审美价值，实际上就是艺术家以艺术的方式表达出来、审美主体通过审美经验具体体验到的、特定的“人类生存状况”——其基本特征在于，这种“人类生存状况”不是实际存在的，而是艺术的和审美的。那么，通过逐步形成审美经验具体体验这种价值结构和价值意味的审美主体，其主观的精神世界又经历了哪些基本变化，才达到了对这种艺术价值意味的完满体验呢?

盖格尔指出：“审美经验在审美享受中达到了顶峰；审美经验的意义……最终目的是审美享受。”[①]但是，主体，特别是审美主体，并不是一个凝固不变的点，并不是仅仅作为各种欲望、意志活动和具体行为的出发点而存在，而更是一种由深度、意味和特性各不相同的层次共同构成的结构。因此，在作为过程而存在的审美活动之中，审美主体的精神世界经历了三个基本阶段的变化：第一，对以自我为所有生命事件之核心的纯粹生命层次的超越，它具体体现为：审美主体必须在艺术作品本身所具有的和谐律动形式结构引导之下，彻底超越以各种色情形式具体表现出来的生命本能性成分。第二，对在现实生活之中作为利己主义的基础而存在的、以无限制的占有欲为基本特征的“经验性自我”层次的超越，因为这种自我层次在审美主体的审美经验和艺术体验之中不可能、也不应当占有一席之地，否则，审美经验的发展进程就会误入歧途——实际上，我们在这里显然可以看到，盖格尔这种论述是对康德“审美非功利”思想的进一步具体发展。第三，经过了对这两个层次的超越，审美主体就可以在其具体的审美经验之中，通过对特定艺术作品的具体审美体验，达到“存在的自我”层次，从而真正体验到审美经验和艺术体验所带来的“幸福”：“人们在最富有审美特性的艺术那里所寻求的欢乐，就是这种内在的幸福状态。”因此，审美主体在其审美经验中达到了这个最深刻的自我层次，也就达到了审美经验的顶点，可以进行充分的审美享受了。当然，在这里，盖格尔仍然不忘再次强调艺术作品所发挥的作用：“只有当主体真正领会了这些艺术价值的时候，审美经验才能够真正变成体验；而且，只有在外在的专注，而不是在内在的专注之中，情况才会如此。”[②]

综上所述，就是盖格尔现象学美学理论的主要内容。我们可以非常清楚地看到，尽管盖格尔没有形成系统严密的美学理论体系，尽管其具体理论的许多方面还带有比较明显的欠雕琢的痕迹，但是，无论他对美学研究必须从现象学价值哲学的角度入手的强调，他对现象学方法的具体阐述以及在美学研究领域之中的具体运

① 盖格尔：《艺术的意味》，艾彦译，华夏出版社1999年版，第226页。
② 盖格尔：《艺术的意味》，艾彦译，华夏出版社1999年版，第232页。

用，还是他结合对艺术作品的价值意味的分析，对艺术作品的结构特征、对审美经验的构成和变化阶段的研究论述，以及他对以“事实论”美学为代表的、从主客体二元分裂对立角度入手进行美学研究的做法的批判，对于我们今天的美学研究来说显然都具有非常重要的理论启发意义。当然，他毕竟处于现象学美学开端的位置，因此不可避免地存在着许多不足之处——比如说，他没有对以“意向性”过程为基础的现象学理论为什么特别适合于研究美学领域进行必要的说明，也没有相应地对现象学美学的研究方法进行更加深入细致的阐述；而且，出于对艺术作品研究的偏爱、对西方古典艺术的偏爱，盖格尔对构成美学研究至关重要的部分——对象的自然美，基本上采取了忽视态度，这显然是一个非常严重的缺陷。[①]到后面我们可以看到，直到杜夫海纳那里，审美过程中存在的自然因素才得到了一些基本的重视。

第二节　英伽登

与盖格尔作为胡塞尔的同代人，从一开始就运用现象学方法进行价值论美学方面的研究和探索有所不同，对现象学美学作出过重大贡献的英伽登，是作为胡塞尔的学生、作为第二代现象学家开始其学术探索的。从宏观学术史背景角度来看，这一点是相当重要的——因为只有看到了这一点，我们才有可能全面理解，英伽登的现象学美学研究究竟为什么会集中在文学艺术作品方面，特别是集中在对文学艺术作品本体论的存在结构及其认识方面。显然，这种理解无论对于把握现象学美学的基本内容和发展态势来说，还是就理解和把握英伽登本人的现象学美学思想而言，都是非常重要的。

罗曼·英伽登（Roman Ingarden），1893年2月5日出生于波兰克拉科夫（Kraków）。他曾经在利沃夫大学师从特瓦多夫斯基（Kazimierz Twardowski，巧合的是，此人也和胡塞尔一样曾经是布伦塔诺的学生）学习哲学，后来由于热衷于胡塞尔创立的刚刚崛起不久的现代现象学哲学理论，于1912年到德国哥廷根师从胡塞尔，转攻现象学哲学理论，成为后者认为的最出色的学生之一，并且在后者迁居的时候随之一同前往弗莱堡。在胡塞尔的指导下，他于1917年提交了论文《亨利·柏格森论直观和理智》，1918年获得博士学位；之后，他返回波兰进入中学讲授数学、

① 其实，从严格的学理意义上说，盖格尔在论述和谐律动的时候，其实已经涉及自然美的因素，因为我们无论如何不能说和谐律动纯粹是艺术作品的成分，完全是由艺术家凭空创造出来的。

心理学和哲学。1925年，出版了《几个基本问题：论本质问题》（德文版），被任命为利沃夫詹·卡兹米尔茨大学（Jan Kazimierz University）不拿国家薪水的大学教师，并于1933年被提升为哲学教授。在此期间，他结合自己的教学活动，先后发表了《文学的艺术作品》（1931年，德文版）和《对文学艺术作品的认识》（1936年，波兰文版）。在第二次世界大战期间，波兰的大学关闭，他只好回到中学教数学，并在此期间完成了其主要著作《关于世界实存的争论》（1947—1948年，波兰文版；1964—1966年，德文版）。在1945年被迫离开利沃夫，到克拉科夫的雅盖隆（Jagiellonian）大学讲授哲学。由于波兰政府怀疑其反唯物主义倾向而排斥他，在1949—1956年期间被迫停止在大学教书，但仍可通过其与克拉科夫的波兰科学院的联系继续进行学术研究。在此期间，他曾把康德的《纯粹理性批判》从德文翻译成波兰文出版。1957年，他得以重返大学任教，并获准代表波兰学术界参加国际美学会议，直到1963年退休。1970年6月因脑出血去世。早在1957年，英伽登就开始通过波兰科学院出版其《全集》，生前已出版5卷。他在1962年出版了德文版《艺术本体论研究》，以之作为对其《文学的艺术作品》的理论扩展。稍后又出版了《体验、艺术作品和价值》（1969年，德文版），这也表明他后期对艺术价值问题的兴趣日益增大。

从上面提到的这些著述可见，现象学美学研究、特别是对艺术作品本体论及其认识论的研究，在英伽登的研究和著作之中占据着非常突出的地位，具有关键性的重要意义，也正是因为这种状况，英伽登才成为具有国际影响的、最重要的现象学美学家之一。那么，他的研究成果为什么具体体现出这样的基本状况呢？这主要是由以下几个方面的原因造成的：

第一，作为胡塞尔的学生，他接受了非常严格的现象学训练，因而成为一个正统的现象学家，进而成为正统的现象学美学家。这具体表现为，他和胡塞尔一样坚持现象学基本立场，认为现象学美学也是一门具体分析意识现象的“严格的科学”。从这样的观点出发进行研究，就要做到严格分析这些意识现象具有哪些基本特征和具体表现形式，解决研究者通过研究它们能够获得哪些知识、获得什么形式的知识的问题——毋庸赘言，英伽登通过其最主要、同时也最著名的两部现象学美学经典著作《文学的艺术作品》和《对文学艺术作品的认识》[①]所体现的，实际上就是这样一种研究思路：通过运用现象学研究方法研究文学艺术作品[②]的存在方式、一般结构

① 即The Literary Work of Art和The Cognition of the Literary Work of Art；它们最初都是英伽登分别以德文和波兰文写成的，影响并不广泛；1973年其英文版由美国出版现象学系列学术著作的著名出版社，即西北大学出版社（Northwestern University Press）出版以后，其影响才迅速扩展开来。此后，这两部著作的这个版本就变成了国内外使用英语的学术界通用的权威版本。本节所使用的也是这个版本。

② 有必要强调指出的是，英伽登用“文学艺术作品”指我们通常所说的、作为艺术作品而存在的“文学作品”，而用“文学作品”指其他所有各种“文字性作品”。因此，本节也遵循这种做法。

及其基本特征，进而通过系统深入地具体分析人们欣赏、特别是认识文学艺术作品的精神活动所具有的、各有关方面的基本特征，最终使文学研究变成一门严格的科学，建立真正科学的现象学艺术哲学理论。可以说，这是英伽登现象学美学的最基本的特色。

第二，对胡塞尔基本现象学观点的批判和发展。英伽登虽然是一位正统的现象学家，但这绝不意味着他完全照搬胡塞尔的基本理论和观点，从不“越雷池一步”。实际上，早在获得哲学博士学位的1918年，英伽登就在一封致胡塞尔的长信中，表达了他对后者通过其《纯粹现象学的观念》所表现出来走向先验唯心主义的先验自我的基本倾向的非常明确的不满。正是出于这种不满，他决定彻底放弃胡塞尔那“以主体性追求绝对有效性”的现象学研究初衷及其后来继续探索的唯心主义道路，不再以“先验自我”作为人类所有知识的最终的绝对基础。他认为，人们的认识只有适应对象才能存在，我们认识对象的方式既取决于对象的存在方式，也是由对象的形式结构及其基本特征决定的，所以，我们只能通过分析对象的存在方式和基本特征，来确定对象之间存在多少种联系，我们的认识可以与对象形成多少种关系，我们对对象的直接体验和认识究竟可能有多少种类型。显然，这样一来，英伽登就在继续坚持现象学哲学强调意向性的基本出发点，进行现象学悬置，运用现象学还原的基本研究方法，以及对其研究对象进行现象学描述的基本操作过程的情况下，开始摆脱胡塞尔的先验唯心主义路径，转向具有“本体论”倾向的现象学理论研究——这里之所以给“本体论”一词加上了引号，是因为英伽登并不是从传统意义上的主体、客体二元分裂对立意义上运用“本体论”这个术语进行其学术研究的，而是在严格坚持现象学基本立场、严格运用现象学基本方法的基础上，侧重研究“意向性”所具有的“意向对象”一极，由此出发对审美活动进行研究，因而呈现出“本体论”维度。所以，严格说来，“本体论”在这里只是在比喻的意义上使用的。

第三，英伽登之所以把自己的关注焦点定在艺术本体论，特别是文学艺术作品本体论这样一个研究领域，除了我们上面已经提到的西方学术界从传统意义上的美学研究转向艺术研究这样一种宏观背景和基本发展趋势之外，他自己最初的教学活动涉及文学理论领域也是一个基本原因，尽管这种活动当初具有一定的偶然性，而且他刚开始的时候也基本上只是把自己的美学研究“当作是解决实在问题的一种准备来考虑的”[①]。但是，他此后便“一发而不可收”了，这是因为就当时的艺术和艺术研究领域而言，传统的规范和标准分崩离析、无政府主义现象横行，学术界对究竟什么是艺术、艺术作品的存在方式究竟如何，这样一些问题莫衷一是。这样一来，通过从学理上严格确定究竟什么是艺术作品、艺术作品的具体存在方式及其基

① 参见 Roman Ingarden, Untersuchungen zur Ontologie der Kunst, Tübingen: 1962, S. viii.

本特征，来确切回答什么是艺术、艺术与非艺术的根本区别究竟是什么，便具有了关键性的重要意义。显然，在这种宏观背景下，英伽登所追求的从着重研究“意向对象”角度对现象学哲学理论的突破，就获得了非常重要的契机。毋庸赘言，正是这种契机既促使他集中了一生之中的大部分时间和精力研究文学艺术作品的本体论和认识论问题，并因此而取得一系列重要成果，从而使他成为现象学美学阵营之中举足轻重的关键性重要人物。顺便提一句，英伽登通过研究文学艺术作品而进行的现象学美学研究，虽然主要集中于本体论和认识论领域，但也并没有完全局限于此——他后来对从现象学价值哲学角度研究现象学美学，也投入了不少时间和精力，只是他在这个方面的研究成果远不及他对前两个方面的研究及其成果引人注目而已。

下面，我们就分“文学艺术作品的‘本体论’”“文学艺术作品的‘认识论’”和“审美价值和艺术价值”三个部分，概括考察一下英伽登的现象学美学思想。有必要指出的是，由于他的著作卷帙浩繁而这里的篇幅有限，所以，我们将努力争取在尽可能不完全摘引其原话的情况下，准确地概述他的基本观点。

一、文学艺术作品的“本体论”

在英伽登所处的20世纪上半叶西方文艺理论界，曾经流行过两种截然对立的、关于文艺作品的存在方式的极端观点：一种观点是具有浓厚物理主义色彩的新实证主义观点，即认为文学作品就是印刷在纸张上的墨迹，因而与其他印刷品没有任何本质的区别；另一种观点是具有浓厚唯心主义色彩的心理主义观点，即认为文学作品就是作者、特别是读者的心理体验，因而不具有任何客观的物质基础。这两种观点虽然浅薄、极端，但却从根本上抹杀了对文学艺术作品进行研究的可能性，因而也抹杀了进行文学研究的必要性和可能性。尽管这两种观点的片面和偏颇显而易见，但要想从理论上彻底克服和超越它们却并非易事。从根本上说，它们的基本思维方式仍然是主客体二元分裂对立的思维方式——英伽登正是从这里入手，运用现象学所坚持的、认为所有各种精神活动都以“意向性”为核心的基本点出发，对这两种观点进行批判和扬弃的。

英伽登在《文学的艺术作品》一书中指出，具体就其存在方式而言，文学艺术作品既不同于真实存在的物质客体，也不同于存在于作者或者读者内心之中的观念性客体，而是“纯粹意向性客体”(the purely intentional object)，或者叫作“纯粹意向性形成过程”(the purely intentional formation)。它产生于作者有意识的艺术创作活动过程，通过作者的书写过程、以书面印刷品的形式（或者其他物质复制形式）出版出来而摆在读者或者欣赏者面前，从而在一定程度上把作为艺术家的作者的艺术观念和审美情趣展示了出来。因此，文学艺术作品既有物质的一面，又不能完全等同于纸张墨迹等纯粹的物质要素；既有精神观念的一面，又不能完全等同于作者和读者的纯粹的主观心理体验；而是这两者的有机统一。而且，从作者和读者通过文学欣赏活动在一定程度上形成精神性的审美沟通（aesthetic communication）的角度来看，读者对文学艺术作品的欣赏所形成的，恰好就是胡塞尔现象学所强调的以意向性为核心特征的人类精神活动——这也就是说，文学艺术作品本身就具有现象学研究者一直非常重视的“主体间性”（intersubjectivity）特征[①]。显然，在这里，强调以意向性观念作为基本点出发的现象学理论立场和研究方法，对英伽登批判扬弃上述两种错误观点、确定作为其研究对象的文学艺术作品的存在方式和学术地位，发挥了非常重要的理论基础和出发点作用。我们甚至可以进一步说，英伽登这种观点不仅适用于文学艺术作品，而且也适用于几乎所有各种艺术作品——因为从根本上说，任何一种艺术作品都具有上述基本特征，都既（就其作为艺术家的创作过程的结果而言）是主体与客体相统一的结果，又是（处于审美欣赏过程之中的、作为艺术家和欣赏者而存在的）主体共同创造的结果。那么，在此基础上，英伽登是如何进一步具体研究和论述文学艺术作品的存在方式和基本结构特征的呢?

就其基本结构特征而言，英伽登指出，文学艺术作品是一种由四个性质不同的层次组成的分层有机整体结构，其中这四个层次分别是“语音形成层”（stratum of linguistic sound formations）[②]、“意义单位层”（stratum of meaning units）、“再现的客体层”（stratum of represented objects）以及“图式化的方面层”（stratum of schematized aspects）[③]。他指出，这些层次虽然构成成分不同，其在文学艺术作品整体结构中所处的地位和所发挥的作用也都不相同，但是，文学艺术作品的有机整体性正是以这些层次所分别具有的独特性为前提的，因为正是这些性质截然不同的层次共同构成了文学艺术作品的有机整体结构。

具体说来，英伽登指出，任何文学艺术作品都是由语词、语句和复合句组成的，其中最基本的是语词，它实际上就是负载意义并在读者阅读过程中得到具体化的语音；由于语句和复合句都是由这样承载意义各不相同而又前后相连的语音构成的，所以，语句和复合句就会在读者的阅读过程中形成节奏、韵律和准韵律等语音

① 参见 Roman Ingarden, The Literary Work of Art, Northwestern University Press, 1973, Prefaces, Part I, Preliminary Questions.

② 有必要指出的是，我们在这里没有像国内其他学者那样，把这里的“formation”翻译成“结构”或者“构成”，而是为了译文严谨准确并突出其所具有的“促成”“具体化”的意味，用“形成”来翻译它。

③ 参见 Roman Ingarden, The Literary Work of Art, Northwestern University Press, 1973, Part II, The Structure of the Literary Art.

现象，从而与其意义一起在读者的心目中导致“欢乐”“忧愁”等各种不同的情调和心态。这样一来，“语音形成层”就成为文学艺术作品存在的物质基础——它不仅是具体意义的载体和物质基础，而且也是具体体现作品情调的基本手段。正是从这种意义上说，“语音形成层”是文学艺术作品最基本的结构层次，如果它受到干扰或者被取消，作品就会由于其所包含的意义受到破坏而失去存在的前提。

建立在“语音形成层”基础之上的是“意义单位层”。英伽登指出，与语音同时存在的语词的意义，就是其通过意向性所表达的客体对象，即“意向性对应物”；而由语词构成的语句和复合句也因此而表达出其相应的意向性对应物，后者就是它们所表现的“事态”——由于这样的“事态”与实际生活中客观存在的“事态”有所不同，英伽登称之为“纯粹意向性事态”或者“纯粹意向性语句相关物”。另一方面，就文学艺术作品在这个方面与其他文字作品之间存在的区别而言，英伽登指出，存在于文学艺术作品之中的语句所表达的貌似真实的“事态”，其实是一种由作品本身表现出来的幻象。所以，这种语句不是诸如科学著作之中的语句那样严格的“判断”，而是“准判断”（quasi judgement），但恰恰是这样的“准判断”通过其所表现的、非现实的“事态”，构成了文学艺术作品活生生的、独具特色的“世界”。所以，他强调指出，对于文学艺术作品的有机整体结构和艺术效果来说，“意义单位层”具有决定性的作用。

文学艺术作品的各种“准判断”所描绘的“世界”，是由各种“再现的客体”构成的，这些“再现的客体”就组成了文学艺术作品的“再现的客体层”。英伽登指出，由于文学艺术作品的“纯粹意向性客体”都是由这样的判断表现出来的，所以，这些客体所具有的实际内容都经历了一定的转化——它们虽然具有包括时空连续性在内的某些实际时空的特性，但是，这里的时空都是想象性的，它们只通过其所描绘的客体对象的部分特征，而不是全部特征，把这样的“世界”展现出来，并没有完全彻底地把被描绘对象的所有各种细节都表现出来。这样一来，作为文学艺术作品之“纯粹意向性客体”而存在的“再现的客体”，就成为包含着许多“不确定的点”（spots of indeterminacy）的、需要进行想象的对象——也就是说，它们要求读者在自己的阅读欣赏过程中充分发挥想象力，不断随着自己的阅读进程和这种“世界”之中的各种“事态”的“发展”，运用自己的想象消除这些“不确定的点”，填补其原来存在的各种“空白”，从而使文学艺术作品得到“具体化”，使这些“再现的客体”变成具有生机和活力的具体审美对象。

那么，“再现的客体”也罢，由它们组成的“世界”也罢，究竟是通过什么具体方式具体表现出来的呢？英伽登指出，由于它们都是经过作者的观念化创作活动才产生出来的，都包含着“不确定的点”和相应的“空白”，所以，它们都以“方面”

的形式把被读者感知的“再现的客体”概括表现出来——当同一读者从不同的角度进行感知，或者不同读者对同一客体进行感知的时候，它们都会呈现为同样的、具有一定概括性的、固定不变的“图式”。因此，这些以“方面”的形式表现出来的“再现的客体”，都是已经“图式化了的”，都是以“图式”的形式存在的，这种“图式”概括地表现了“再现的客体”的各个方面、各种要素。所以，英伽登认为，作为文学艺术作品的一个独立层次而存在的“图式化的方面层”，实际上是通过以纲要的形式表现作者的创作结果，使这种作品成为一种概括展现“世界”的图式结构，因此，它实质上是文学艺术作品表现“再现的客体”的手段。英伽登指出，它为读者通过阅读把作品“具体化”奠定了物质基础，并因此而在具体体现出作品本身所特有的审美价值属性的同时，展示作品所表现的具体情境和事件的精神意味，如崇高、悲怆、恐惧、哀怜、妩媚、神圣、怪诞等。因为这些精神性意味能够揭示人类生存的深层意义，所以，它们都是文学艺术作品所能够具体展示的最高的审美价值。

关于文学艺术作品的这些具体层次的存在形态和相互关系，英伽登指出，一方面，包含在它们之中的许多要素都处于潜在状态，有待于读者通过其阅读过程，通过把文学艺术作品“具体化”，才能作为审美对象而具体展示出来；另一方面，虽然这四个具体层次各不相同，但它们之间存在着有机的联系，并且会在读者的阅读过程中相互影响和相互作用——正因为如此，它们通过读者阅读过程的“具体化”，就可以呈现出具体体现审美对象整体效应的“复调和声”（polyphonic harmony），从而把文学艺术作品变成审美对象，将其各种审美价值属性充分体现出来。

以上就是英伽登关于文学艺术作品的存在方式、基本结构特征的主要观点。从现象学美学、乃至从现代西方美学的总体性发展脉络角度来看，他所提出的这种观点，一方面完全是他坚持把现象学哲学理论的基本立场和研究方法运用于文学理论研究领域的结果；另一方面我们也可以比较清楚地看到，他确实对文学作品的存在方式问题进行了富有开拓性意义的、卓有成效的探索和研究。尽管其分析对象主要局限于传统的文学艺术作品，但他所提出的这种理论模型也依然颇有启发价值，并且，他有关文学艺术作品“具体化”的基本观点，也是非常深刻的真知灼见。我们下面还会看到，它不仅为他研究和论述文学艺术作品发挥了巨大的基础和杠杆作用，而且对人们研究其他艺术作品所体现的其他审美对象，也具有非常重要的启发意义。

二、文学艺术作品的“认识论”

通过在《文学的艺术作品》之中论述文学艺术作品的存在方式和形式结构，英伽登不仅回答了“作为认识对象的文学艺术作品究竟如何构造出来、究竟如何存在、其具体形式结构如何”的问题，同时也为其进一步通过《对文学艺术作品的认识》这部著作，研究和论述“究竟什么导致了对文学艺术作品的认识，如何对文学艺术作品进行认识，以及通过这种认识可以获得什么结果”的问题，奠定了基础，准备了条件。尽管他撰写《对文学艺术作品的认识》的主要原因之一，是回应某些人对《文学的艺术作品》进行的批评甚至攻击，但是，他最基本的目的仍然是在严格坚持现象学基本立场和研究方法的基础上，通过“文学艺术作品”这个突破口，来研究客观实在的存在方式、具体形式结构及其认识方式和认识结果这样一些问题。正是出于这样的基本意向，英伽登在对文学艺术作品进行过研究和阐述的基础上，进一步论述了他关于“如何认识文学艺术作品”问题的观点。

他指出，虽然人们对文学艺术作品可能采取各种各样的态度和观点，但是，与人们形成对文学艺术作品的认识密切相关的基本态度主要有以下三种：第一，前审美态度（pre-aesthetic attitude）。这种态度的基本目的是获得有关文学艺术作品本身，而不是有关这种作品的具体化的知识，其核心是形成关于文学艺术作品的客观认识，并且确定人们对这种作品进行的重构究竟是不是忠实于原作品。第二，审美态度，即读者在通过具体的阅读过程把文学艺术作品具体化，使之形成审美对象的时候，所采取的基本态度。这是英伽登论述的重点，我们下面还会概括地加以论述。第三，后审美态度（post-aesthetic attitude），即人们在进行过审美活动的基础上试图获得有关文学艺术作品具体化和审美对象的具体知识[①]。这样，他就从自己所坚持的按照认识对象的存在方式和基本形式结构考察认识的基本倾向出发，开始具体论述他对他所谓的“对文学艺术作品的认识”的观点。

具体说来，英伽登是沿着两条基本线索，通过系统地论述“审美态度”，来具体论述主体对作为文学艺术作品而存在的认识对象的认识的——其中的一条线索是由性质各不相同的四个基本结构层次组成的、文学艺术作品由低到高的结构性线索；另一条线索是认识主体在认识文学艺术作品的过程中所经历的时间线索。这是因为，主体认识这样的对象根本不可能彻底离开“审美态度”，而在英伽登看来，“审美态度”和与之紧密相关的“审美经验”，都是这两条线索相互交叉、融合的产物。

一方面，就文学艺术作品的有机整体性结构层次而言，英伽登指出，文学艺术作品的功能就是为审美主体形成审美经验发挥基础作用，它那每一个具体层次都包含着“不确定的点”的有机分层整体结构，具有作为“艺术价值”而存在的、与审美相关的价值属性——正是这种属性从一开始就以某种方式影响主体的情绪，使之

① 参见 Roman Ingarden, The Cognition of the Literary Work of Art, Northwestern University Press, 1973, Introduction, 以及 Ch. 4, Varieties of the Cognition of the Literary Work of Art.

忘记其在日常生活中所具有的各种实际关心之事，开始集中精力关注这种属性本身。这样，读者便通过阅读过程，通过文学艺术作品的语音层次，通过理解其所承载的意义，进入了“意义单位层”。在这里，所谓理解语句的语义，也就是使其中所包含的意义变成现实的、可以理解的东西。英伽登指出，作为读者而存在的主体，是通过“积极阅读”（active reading）而参与到文学艺术作品所概括展示的“世界”之中的[①]。在这样的过程中，读者通过进行“积极阅读”，不断调动自己以往获得的各种有关经验，充分发挥自己的想象力，从而逐步消除文学艺术作品表现的对象所包含的“不确定的点”，逐步填补作品的“再现的客体层”之中所包含的各种“空白”，就可以使文学艺术作品的四个层次之间形成具体的相互影响和相互作用，把文学艺术作品“图式化的方面”具体化，把其语句所描述的“事态”具体化，最终使文学艺术作品变成一个活生生的有机整体，具体化为审美客体。在这种情况下，读者就可以在把文学艺术作品所具有的“艺术价值”具体化为“审美价值”的同时，使其终极性的审美价值最终显示出来。显然，这样一来，作为认识者而存在的主体，就可以因此而为其出于“前审美态度”和“后审美态度”所进行的认识活动，奠定坚实的基础。

另一方面，就读者阅读文学艺术作品的过程所具有的时间维度而言，英伽登指出，虽然文学艺术作品是一个已经完成了的、由多种层次构成的有机整体结构，但是，读者的阅读却必定经历一个循序渐进的时间过程，不可能一蹴而就——也就是说，读者必须一方面依次涉及文学艺术作品的上述四个由低到高的形式结构层次，不断发挥其想象力进行相应的“具体化”精神活动，从而经历一个时间过程；另一方面也会同时随着文学艺术作品所描绘的“事态”的进程而不断前进，不断经历这样的“事态”所具有的“时间视角”（temporal perspective）及其变化，因而这里也同样存在某种时间维度。在这种情况下，读者虽然在某一个时间点上所面对的，只是作品所生动地呈现出来的部分“事态”或者“世界”，但由于其本身所发挥的“积极记忆”（active memory）的作用，由其不断具体化的“再现的客体”便不断与其以往的阅读经验所包含的“再现的客体”融合起来，通过阅读过程所具有的动态性时间视角活生生地呈现在读者的面前[②]。在这个过程中，读者最初由文学艺术作品在其心目中激起“初始情绪”（original emotion），接下来便与文学艺术作品所具有的“艺术价值”相互作用、相互结合，使读者在把作品具体化的同时体验这些审美情感，最

① 参见 Roman Ingarden, The Cognition of the Literary Work of Art, Northwestern University Press, 1973, 以及 Ch. 1, The Process Entering into the Cognition of the Literary Work of Art.

② 参见 Roman Ingarden, The Cognition of the Literary Work of Art, Northwestern University Press, 1973, 以及 Ch. 2, Temporal Perspective in the Concretization of the Literary Work of Art; 以及 Ch. 4, Varieties of the Cognition of the Literary Work of Art.

终使文学艺术作品变成审美对象，达到审美经验的极致，并且因此而使读者获得审美享受和相应的人生启迪。

关于文学艺术作品的研究者因此而进行的认识过程，以及其所获得的相应的认识结果和可能出现的错误，英伽登指出，虽然同一个读者可能在不同的时间内对同一部文学艺术作品进行阅读、进行具体化，不同的读者也会在相同或者不同的时间内对同一部作品进行阅读和具体化，因而其阅读过程、具体化过程及其结果会出现各种变化、存在某些差异，甚至出现对作品本身的各种各样的背离，而且，各自的审美感受也较难用精确的术语进行沟通。但是，由于作品本身是一个固定不变的、由多种层次组成的有机整体结构，所以，只要读者认真关注作品的“语音形成层”和“意义单位层”，其在对作品进行具体化的重构过程中，就不会非常严重地背离作品本身，而相应地减少出现认识方面的严重错误。而且，在持续不断的阅读过程中，读者也可以持续不断地根据作品本身重新检查自己的重构过程，因而可以获得对作品本身越来越精确的重构，形成越来越精确的关于作品本身和相应的审美活动的知识。此外，随着研究手段的不断进步，有关读者审美具体化的知识也会越来越确切地得到人们的理解和沟通[①]。

可见，英伽登对文学艺术作品“认识论”的研究和论述，仍然严守现象学的基本立场和研究方法，从其对文学艺术作品的存在方式和具体形式结构的研究结果出发进行的。他在这里对“积极阅读”、文学艺术作品的“艺术价值”与“审美价值”的区别、阅读过程的“时间视角”及其作用以及“积极记忆”等方面的具体论述，对于我们研究读者的具体阅读过程和审美过程显然都颇有启发。不过，从理智角度进行研究的研究者，究竟怎样才能形成恰当的、关于情感体验性的审美活动的具体知识，并且使这样的知识能够成立并得到顺利的沟通，这显然不仅是英伽登的现象学美学所面临的关键性难题，也是有史以来西方美学历史上的所有美学家都会遇到的关键性难题——总的说来，英伽登只是在这个方面做了一些具有建设性意义的探讨工作，要想彻底解决这个难题，还需要进行相当长的时间的艰难探索。

三、艺术价值和审美价值

和研究论述《对文学艺术作品的认识》所使用的基本模式一样，英伽登晚年从现象学价值哲学的角度出发对“艺术价值和审美价值”之间的基本关系的研究和论

① 参见 Roman Ingarden, The Cognition of the Literary Work of Art, Northwestern University Press, 1973, 以及 Ch. 4, Varieties of the Cognition of the Literary Work of Art; 以及 Ch. 5, Outlook on Some Problems for the Critical Considerations of Knowledge about the Literary Work of Art.

述，也是以其对文学艺术作品存在方式和基本形式结构的研究成果为基础的；同时，从其学术研究的总的发展趋势角度来看，这个方面的研究也表明了他从研究艺术作品的“本体论”“认识论”，开始走向研究艺术作品的“价值论”。

具体说来，他早在《对文学艺术作品的认识》中就曾经指出，以往的研究者往往要么把审美价值等同于艺术价值，要么把审美价值等同于审美经验或者引发审美经验的手段，这些观点都是不正确的。实际上，艺术价值虽然和审美价值一样具有超越性，但二者有本质的区别——诸如“明晰”“朦胧”这样的艺术价值，都是作为文学艺术作品有机整体分层结构所具有的属性而内在于文学艺术作品之中的，审美价值却是在作为读者的审美主体把文学艺术作品具体化的过程中才出现的，因而是以其审美经验为基础和母体的。只有当读者通过其阅读过程把文学艺术作品具体化，将其中所包含的艺术价值属性转化为审美价值属性，并且使之呈现出审美价值属性的“复调和声”的时候，作品的审美价值才能体现出来，其最高级的具体体现就是表现出“形而上的质”（metaphysical quality）[①]。因此，必须把审美经验与艺术经验严格区分开来，分别加以具体的研究。

在此基础上，从现象学价值哲学的角度出发，英伽登进一步对艺术价值和审美价值进行了分析论述。他指出，从价值哲学角度考察艺术作品和审美活动，可以把两类价值因素区别开来：第一类是“无条件性价值因素”，其中既有艺术作品中所包含的、直接引发审美感受的“审美因素”，也有虽然并不直接引发审美感受，但却构成审美因素之基础的“艺术因素”；它们虽然本身并不是价值，但是却从肯定或者否定的角度构成了艺术作品价值结构的基础，因为艺术作品的价值就是由于它们以特定的方式组合起来而产生的——其中，某些价值因素决定了艺术作品在审美、道德等方面具有的一般价值，使艺术作品的价值类型与其他价值类型区别开来；另一些较高层次的价值因素，则通过决定艺术作品的审美价值独特性而决定了一件艺术作品所特有的艺术价值和审美价值。第二类是“条件性价值因素”，指的是包括艺术作品的审美价值因素和艺术价值因素之外的所有各种价值因素——诸如一种艺术作品所具有的门类特征、艺术语言特征、艺术语言构成特征等；它们虽然从价值哲学的角度来看是中性的，但却与艺术作品的艺术价值因素和审美价值因素共同构成作品的价值结构，发挥着对艺术作品的艺术价值因素和审美价值因素进行排列组合的框架性作用。英伽登认为，只要这些因素与艺术作品的艺术价值因素和审美价值因素恰当地结合起来，它们就可以在获得并呈现出某种审美价值的同时，使艺术作品的

① Roman Ingarden, The Cognition of the Literary Work of Art, Northwestern University Press, 1973, Ch. 34; Ch. 4; Ch. 5.

艺术价值因素和审美价值因素更加鲜明突出地体现出来[①]。

在此基础上，英伽登晚年集中了很大精力，用于搜集和研究他认为有意义的、表示艺术价值因素和审美价值因素的词项，并且对它们进行研究、归类和分组。不过，这里的关键性问题在于，这两类价值因素自身的各种成分的相互组合方式，它们相互之间的组合方式，以及它们与他以前所谓的文学艺术作品的分层有机整体结构之间的相互关系究竟是什么？英伽登认为，艺术家对这两类价值因素的各种恰当或者不恰当的组合，决定了艺术作品的艺术价值特征和审美价值特征，而在具体艺术作品特定的组合关系中，它们则是通过相互影响和相互作用，而不是单独发挥作用，而构成艺术作品的价值结构基础的；另一方面，它们所形成的价值结构关系与艺术作品的本体论存在结构并不矛盾，而是渗透和影响着这种本体论有机整体结构的每一个具体层次。正因为如此，评估艺术作品的艺术价值和审美价值，必须以评价者对其所有各个具体层次所包含的价值因素及其相互关系进行的系统全面的考察为基础，不能孤立地作出某种片面的判断[②]。

综上所述，我们可以说，英伽登是一个具有独创性的现象学形上学家、现象学美学家、现象学文学理论家。他在批判扬弃胡塞尔现象学哲学理论研究成果的基础上，通过以文学艺术作品的存在方式和分层有机整体结构为突破口，对文学艺术作品及其审美方式、认识方式，以及价值因素结构进行的一系列探索和研究，乃至其后来对音乐、绘画、建筑等具体艺术作品门类的研究，在具体结论和方法论探索方面，都给后来的美学研究者留下了非常宝贵的启发借鉴意义——后来西方美学和文艺理论研究方面的许多流派，诸如结构主义美学、符号论美学、接受美学、读者反应批评等，都从他的研究成果之中吸取了宝贵的营养。而从作为一个学术阵营的现象学美学及其发展变化角度来看，如果说盖格尔从现象学价值哲学角度进行的现象学美学研究，尚带有比较明显的探索和有欠雕琢的痕迹，那么，英伽登的现象学文学艺术作品研究则已经呈现出比较成熟的景象，也产生了更加广泛的影响。不过，由于他的《文学的艺术作品》和《对文学艺术作品的认识》英文版到1973年才面世，所以，他在这个方面的影响虽然比盖格尔大得多，但却未必大于杜夫海纳《审美经验现象学》所产生的影响。当然，他的现象学美学研究主要侧重于文学艺术作品领域，而这只是人类审美活动所涉及的一个领域。其对文学艺术作品存在方式、特别是对其具体的结构层次和要素的论述，也显然存在一些牵强、刻板、形式化的色彩。他对艺术作品艺术价值因素和审美价值因素的分析、探讨和研究，实际上带有比较明确的实证主义色彩，没有充分考虑艺术价值和审美价值的主体生成维度；

---

① Roman Ingarden, "Artistic and Aesthetic Values", in: British Jounnal of Aesthetics 4, No. 3 (1964): 198–213.

② 参见 Roman Ingarden, "On Philosophical Aesthetics", in: Dialectics and Humanism 10, No. 1 (1983): 5–12.

而且，他主要着眼于对包括文学艺术作品在内的艺术作品的探讨和研究，也就很少顾及审美活动的自然维度和自然美了。下面我们将会看到，从他那里受到许多启发的杜夫海纳的现象学美学研究，对英伽登的这些不足之处都有一定的修正。

第三节　杜夫海纳*

在20世纪60年代，杜夫海纳（Mikel Dufrenne，1910—1995）是法国美学界的代表人物，其影响传布世界各地。到了20世纪80年代，随着新一代现象学家的崛起和分析哲学的深入发展，杜夫海纳的名字在巴黎学术界逐渐淡出。但在法国之外，他的思想依然影响巨大，被视为美学的经典人物。近年来，也就是在新旧世纪之交，杜夫海纳又梅开二度，在法国再次受到读者的推崇。从生态学到分析哲学领域，人们尽管并不常读他的作品或再版他的文集，但却引用他的观点；尽管从未认真追问过他的思想，但却将他尊奉为思想先驱并求助于他。

需要指出的是，自1953年发表《审美经验现象学》（La phénoménologie de l'expérience esthétique）一书直到1995年6月10日杜夫海纳逝世，约逾半个世纪——在此期间，各个方面都经历了巨大的动荡：无论是20世纪的哲学或艺术，都不能在这50年的遗产中真正重新恢复常态。杜夫海纳的一生经历了20世纪诸多重大事件：他出生于1910年2月9日，学习成绩出类拔萃，1929年就读于巴黎高等师范学校，1932年获得哲学学位。杜夫海纳于1939年应征入伍，继而随军开赴德国，在1940年5月沦为战俘，但他并未荒废在战俘营里度过的那些岁月。这倒不是因为他从事学习、思索或友情活动，而是因为他在那里结识了保罗·利科（Paul Ricoeur），两人合作，后来于1947年联名发表了《卡尔·雅斯贝尔斯及其生存哲学》（Karl Jaspers et la philosophie de l'existence）一书。[②]

离德返法之后，杜夫海纳边写作边教学。他先在公立中学任教，后到大学任教。1954年任教于普里提埃大学，1963年任教于南特大学并参与了该校哲学系的建立工作，1974年退休。在撰写专论审美经验的著作期间，他参与了公众生活。譬如，他在《战斗报》（Combat）和其他期刊上发表了许多有关现实专题的文章。

---

* 本文由当代法国学者、杜夫海纳前学术助手玛丽沃娜·赛松（Maryvonne Saison）撰写，王柯平翻译成中文，霍桂桓改写。

② Mikel Dufrenne et Paul Ricœur, Karl Jaspers et la philosophie de l'existence, Paris: Le Seuil, 1947.

另外，他对社会学也产生过特殊的兴趣。他曾在索邦神学院（Sorbonne）教授社会学，并在那里撰写了补充论文《基础人格》（La personnalité de base），[①]该文与其他主要论文一并发表于1953年。在此活跃时期，杜夫海纳的学术水平得到国际学术界的承认。他因此经常到世界各地参加学术会议和应邀讲学，其作品也被译成多种文字，并曾在法国主编《美学杂志》（Revue d'esthétique）。1960年以后，他先与苏利奥（Etienne Souriau）合作，后与雷沃尔特（Oliver Revault d'Allones）合作，直到1995年为止。他为柯林克斯克出版社（Klincksieck）编辑了一套著名的美学文选，从中发现了一些作者，发表了一些至今依然具有权威性的论文。从1971年至1994年，杜夫海纳一直担任法国美学学会主席。

在文集《标杆》（Jalons）[②]或三卷本的《美学与哲学》（Esthétique et philosophie）[③]中，杜夫海纳除了专论哲学的文章之外，其余大部分为专论艺术家和现实专题的论文，这些论文也都充满纯粹的哲学反思。另外，他还有两部专论先验问题（a priori）[④]的著作，侧重政治哲学反思[⑤]以及哲学和美学反思[⑥]。杜夫海纳的这些著述是在其50岁到70岁之间完成的。1968年发生的一连串事件使他一度中断写作，转而公开参加各种学生运动和社会运动。在结构主义高潮兴起之际，杜夫海纳采取了颇为谨慎的态度，自从1962年出版了唯一的英文著作《语言与哲学》（Language and Philosophy）[⑦]之后，他直到1968年才出版了《为了人类》（Pour l'homme）一书。杜夫海纳对盛行法国的那位思想含糊不清的结构主义者的抵制做法，以及他的精神独立性和独特性，曾经使他不再是当时人们关注的焦点，他以后的论著也只是获得认可而已。杜夫海纳对这一误解相当清楚，在其一生的最后十年里，他一直密切观察种种事件的发展，并且与大批朋友保持着密切的联系，但却很少动笔。

在20世纪最后的25年里，杜夫海纳在法国的声誉似乎来去匆匆。假如我们现在采取行动，今后将有利于拨乱反正，正确看待他的成就。我们如果重读和研究他那些真正富有原创性的论著，就会发现与那些昙花一现的思想方法及其运动相比，其

---

① Mikel Dufrenne, La personnalité de base, Paris: Presses Universitaives de France, 1953.

② Mikel Dufrenne, Jalons, La Haye, Nijhoff: 1966.

③ Mikel Dufrenne, Esthétique et philosophie, Paris, Klincksieck (ed.), t. 1: 1967, t. 2: 1976, t. 3: 1981.

④ Mikel Dufrenne, La notion d'a priori, Paris, Paris: Presses Universitaives de France, 1959 et L'inventaire des a priori, Paris, Christian Bourgois (ed.), 1981.

⑤ Mikel Dufrenne, Pour l'homme, Paris: Le Seuil, 1968；Art et politique, Paris: U.G.E., Col. 10/18, 1974; Subversion, perversion, Paris, Presses Universitaives de France, 1977.

⑥ Mikel Dufrenne, Phénoménologie de l'expérience esthétique, Paris: Presses Universitaives de France, 1953; Le poetique, Paris, Presses Universitaives de France, 1963; L'œil et l'oreille, Montréal, L'hexagone, 1987, repris aux (ed.) Jean-Michel Place, Paris; Le Cap-Ferrat, livre-objet en collaboration avec le scupteur Bauduin, hors commerce, en 1994.

⑦ Mekel Dufrenne, Language and Philosophy, Bloomington: Indiana University. Press, 1962.

明晰性和丰富性必将再次闻名于世。

一、现象学的锚地

从1930年到1940年间，对胡塞尔现象学的重新发现，无疑是法国哲学复兴的起因。这一发现委实令人震惊。1940年与1945年，萨特的《论想象》（L'imaginaire）或《想象的现象学心理学》（Psychologie phénoménologique de l'imagination）与梅洛-庞蒂的《知觉现象学》（Phénoménologie de la perception）相继出版。随后，第三部"现象学"著作——杜夫海纳的《审美经验现象学》于1953年问世。该著作不仅参考了此前出版的一系列现象学著作，而且在其中与萨特、梅洛－庞蒂和胡塞尔展开了对话。杜夫海纳在此书中开宗明义地指出："人们将会发现，我们并非勉强地迫使自己去追随胡塞尔的文本，而是在萨特和梅洛－庞蒂将现象学这一术语引入法国的意义上来解悟现象学。描述的目的在于把握本质，在于界定和给出现象的内涵。要想发现本质，就需要揭开面纱，而不是不懂装懂。"①毫无疑问，除了专论英伽登和康拉德的一些片段之外，杜夫海纳较少关注胡塞尔的追随者所撰写的德文美学论著，而较多关注法国的具体语境。他的美学反思对象是梅洛－庞蒂的知觉哲学和萨特的政治哲学，想借此摆脱其在萨特与梅洛－庞蒂之间徘徊的困扰，并试图调和一元论与二元论之间的矛盾，其目的是为了同时身兼两职，"既做原创诗人，又当历史艺匠，并认为这种模棱两可的身份一方面隶属于大自然，另一方面又是大自然欲加分离的对象"②。

这一切都要归功于现象学。在普通美学领域，杜夫海纳依循了现象学的研究方向。他不是从美学史的角度出发来研究美学，也不是从探讨美或趣味这类常见的范畴或主题角度来研究美学，而是从描述"审美经验"（l'èxpérience esthétique）的角度入手，认为观众的立场观点要比作者的立场观点更为重要。在界定审美经验的相关导言中，杜夫海纳解释说："与社会学、人类学对艺术的反思以及黑格尔式的艺术灵感说不同的是，现象学观点要求研究创造性活动的人们，去探讨类似具体体验形态这种审美关系的本质，也就是凭借凝神观照之类的传统对其加以辨别。"有趣的是，这一建议并不是要分析凝神观照这一概念及其历史，而是试图揭示审美关系所展现出的一种存在于人类主体中的世界意义的本原联系。审美经验融合了某一客体与审视该客体的意识，显现出该审美经验与其表示物和相关态度与该客体之间的关

① Mikel Dufrenne, Phénoménologie de l' expérience esthétique, op. cit, Paris: Presses Universitaives de France, 1953, p. 4.

② Mikel Dufurenne, Pour l' homme, Paris: U. G. E., Col. 10/18, 1974, pp. 149-150, note 3.

联。现象学方法专门用于研究意向作用—意向对象的关联（rapport noético-noématique），并彰显影响凝神观照过程的具体意向性（intentionalité spécifique）。通过揭示现象学与美学的关系，可望超越主体性理论与客观论学说之间的种种冲突。审美经验的意向性表明，审美客体与审美经验具有相互联系的特性。在康德的语境中，一个客体无须任何可能的解释，在个体的审视过程中，或给人以快感，或给人以不快感。如今，康德的语境已被超越，审美经验在这里仅仅意味着双重的事实：一是享有特权的客体，二是能对客体作出反应的主体。与此同时，整个19世纪所阐述的主体性美学也被超越了。无论是移情作用论，还是直觉形式论，均不考虑同时提升涉及主客体特性的体验的两重性。在自然主义或心理主义那里，泰纳（H. Taine）或费希纳（G. Fechner）的客观论美学，都可以通过现象学的描述得以挽救。这种描述不仅倡导人类主体性的涌现和行为的意义特征，而且推崇作品所表达出的超越性。

（一）人类学的重要性

肯定意向对象与意向作用的相互关联，并不能解决所有方法问题。杜夫海纳反对那种描述主客体关系的循环做法。但从审美经验入手是要冒风险的，因为这样会使客体从属于一种可能将一切都审美化的感知能力。为了避免相对主义，也就是那种“凭借随便一种审美经验便把所有审美化客体视为审美客体”[①]的相对主义，最好是“让经验从属于客体，而不是让客体从属于经验，尤其是在依据艺术作品来界定客体的时候”[②]。哲学家杜夫海纳对艺术作品的存在形态颇感兴趣。一有机会，他就注意阐述艺术作品在政治与社会语境中的存在条件。譬如，在《艺术与政治》（Art et politique）[③]一书中，他专门论述了作为“社会惯例”与“现实”的艺术与政治[④]。他本人表示，自己由于受到马林诺夫斯基（B. K. Malinowski）所研究的文化人类学的启发，希望借助诸如地位、人员、行为规范、物质条件、种种活动以及职能等因素，来描述上述社会惯例的结构[⑤]。在杜夫海纳的思想历程中，人们发现人类学与社会学占有重要的地位。在其美学反思中，此两者相互交叉，已知的异质部分彼此互

① Mikel Dufrenne, Phénoménologie de l' expérience esthétique, op. cit., Paris: Presses Universitaives de France, 1953, p. 7.
② Mikel Dufrenne, Phénoménologie de l' expérience esthétique, op. cit., Paris: Presses Universitaives de France, 1953, p. 8.
③ Mikel Dufurenne, Art et politique, op. cit.
④ Mikel Dufurenne, Art et politique, op. cit. p. 16.
⑤ Mikel Dufurenne, Art et politique, op. cit. p. 68.

补。将构成意识与杜夫海纳所谓的“自然”意识并置的做法，尽管被认为是历史上的做法，但是，杜夫海纳依然坚持历史与文化的重要性。在他看来，意识乃是“人类学研究的范畴”，意识“所产生的世界，是一个已经安排得井井有条的世界。在那里，意识存在于传统的继承性与历史的受益者中，与此同时，意识本身在那里开始着手建立一部新的历史”①。在杜夫海纳研究审美目的的关联性时，是人类学将这位现象学家导向艺术作品的，他指出：“审美经验实现于文化世界，文化世界不仅成就了艺术作品，而且使人们得以认识和欣赏艺术作品。……不能忽略审美经验所涉及的那些经验性条件（les conditions empiriques）。”②艺术生产的历史性、艺术形式的多样性和审美判断力等因素，非但不会毁坏艺术的本相（l' identique de l'art），反而会证明艺术力量的存在。艺术作为基本范畴一旦实体化，必然会驱使杜夫海纳这位哲学家踏上现象学之路。

（二）审美客体

审美经验要求这位现象学家采用一个合适的概念，用以表明艺术作品作为审美意向性的关联物。然而，有人认为艺术作品与审美经验无关，因为“审美客体乃是以审美的方式所感知到的客体，也就是人们所说的审美感知客体”③。“审美客体”概念是杜夫海纳美学的支点，正因为如此，审美经验的本质方可得以彰显出来。而这样一来，根据历史来解释本相也就不会是徒劳的了。审美客体表明，感知与其客体是一致的。“审美感知设立审美客体，为其立法，令其归顺。审美感知以某种方式获得审美客体，但并不创造审美客体。以审美的方式感知（客体），也就是以忠于事实的方式去感知（客体）。”④艺术作品的客观结构发人深省，让人去研究客体，而不是感知客体。

《审美经验现象学》是通过探讨“审美客体的现象学”而展开的，其目的在于表明这个客体所许下的那些承诺及其理应遵守的那些承诺，“因为该客体的本质对自身

① Mikel Dufrenne, Phénoménologie de l' expérience esthétique, op. cit., Paris: Presses Universitaives de France, 1953, p. 6.
② Mikel Dufrenne, Phénoménologie de l' expérience esthétique, op. cit., Paris: Presses Universitaives de France, 1953, pp. 10–11.
③ Mikel Dufrenne, Phénoménologie de l' expérience esthétique, op. cit., Paris: Presses Universitaives de France, 1953, p. 9.
④ Mikel Dufrenne, Phénoménologie de l' expérience esthétique, op. cit., Paris: Presses Universitaives de France, 1953, p. 9.

来讲属于一种规范”[①]。审美客体需要审美感知，因为“审美经验即感知体验”。在此体验中，人们会发现下列常见的循环现象，即：“审美感知的目的就在于揭示感知客体的构成因素。不过，如果我们想要界定审美客体，就必须理所当然地假定昭示这一客体的典型感知方式。”[②]梅洛－庞蒂在详尽表述美学与哲学的方面所做的研究工作，经由杜夫海纳而得到进一步的发展。审美感知对艺术作品来讲是名副其实的称谓，这种感知是“特别的感知，纯粹的感知，其唯一的目的就在于客体本身”[③]。

审美客体也是逐步确立的，其感知在一开始既无须活动，也无须反思。该客体只是引起我的感知，并不要求我确定什么，“只是单纯地感知，也就是让我敞开接受感性事物”[④]。审美客体这种貌似无根据的在场，由于客体的物性得到强化和感性事物在那里赢得自身神圣的光辉，而显得格外引人注目。审美客体的形式就是其内在的意义，“也就是作品的实体本身，那感性的事物也只出现在当场”[⑤]。由于内在意义存在于感性事物之中，即所指内在于能指之中，因此，“意义正是从这种感知就是感知的对象中生成的”[⑥]。换言之，“这就是审美客体对我言说的东西，它通过自身在场来自言自语，这一切都隐含在感知客体的深处”[⑦]。杜夫海纳尽管坚持这种感知方式，但也承认融合作品及其接受方式的那种本质关系，同时也分析作品的技巧、作品的展览以及公众的反映等。文本的某些契机不仅预示着文学的接受理论，而且表现出古德曼（N. Goodman）的那些分析结果。然而，究其本质，这些契机的意义源自下述这一经常得到反复强调的断语：“艺术作品的存在，与其感性在场密切相关，后者使人能够领悟作为审美客体的艺术作品。”[⑧]

那些致力于研究公众反映的非常重要的篇章，提出了几乎属于伦理学的要求，其特点在于要求人们以适宜的方式接受作品。就是说，审美客体之所以如此，正是

---

① Mikel Dufrenne, Phénoménologie de l' expérience esthétique, op. cit., Paris: Presses Universitaives de France, 1953, p. 22.

② Mikel Dufrenne, Phénoménologie de l' expérience esthétique, op. cit., Paris: Presses Universitaives de France, 1953, p. 25.

③ Mikel Dufrenne, Phénoménologie de l' expérience esthétique, op. cit., Paris: Presses Universitaives de France, 1953, p. 25.

④ Mikel Dufrenne, Phénoménologie de l' expérience esthétique, op. cit., Paris: Presses Universitaives de France, 1953, p. 127.

⑤ Mikel Dufrenne, Phénoménologie de l' expérience esthétique, op. cit. , Paris: Presses Universitaives de France, 1953, p. 41.

⑥ Mikel Dufrenne, Phénoménologie de l' expérience esthétique, op. cit., Paris: Presses Universitaives de France, 1953, p. 42.

⑦ Mikel Dufrenne, Phénoménologie de l' expérience esthétique, op. cit., Paris: Presses Universitaives de France, 1953, p. 44.

⑧ Mikel Dufrenne, Phénoménologie de l' expérience esthétique, op. cit., Paris: Presses Universitaives de France, 1953, p. 79.

因为作品在期望“得到观众认可的同时也期望得到观众的成全”[1]。故此，公众一般依据自己的标准来评判他们对作品的感知结果。在接受者与艺术作品之间存在一种奇异的关系，一种占有或着迷的关系。“艺术作品具有一种主动性，它期待观众对预见的东西作出反应。这一点不允许我们认同任何主体论观点。不是作品化为我们，而是我们化为作品。作为旁观者，要禁止自己给作品附加任何东西，因为作品自身对观众和表演者具有同样的强制作用。”[2]所以，审美客体需要组成“真正的共同体”(communauté réelle)，并且要求主体放弃个人的差异，让自己在从事感知游戏的时候接受“相似的东西”。“审美客体允许公众人以类聚，因为这种客体为自身确立了优越的客观性，不仅将个体团结在一起，而且强迫他们忘却个体的差异。”[3]审美经验的伦理价值也得到肯定：“面对审美客体的人，会为了全人类而超越自身的特殊性，并为此而成为无拘无束的自由人。”毫无疑问，杜夫海纳继承了康德的传统，但却赋予审美凝照一种社会价值，使审美客体成为表现个体人性的佐证。

（三）表现性与情感

审美客体要比一件事物意味着更多的东西。这种客体富有表现特征。“艺术在真实地再现感性事物形象的同时，也表现或传达某种情感，借此使得再现的客体活灵活现，栩栩如生。这首先意味着客体富有表现力。”[4]根据其表现力，审美客体便具有自身的价值，从而与主体的关系更为亲近，以致达到“准主体”的程度[5]。这样一来，审美客体便在此世界中打开另一世界，而其自身则“包含着那个属于它的世界。”[6]审美客体非但不受周围世界的污染，反倒使其发生变化并审美化。“审美客体行使的是具有支配力量的帝国主义手法，在将现实审美化的同时也将其非现实化”[7]。主体对审美客体这一特质的回应就是情感。“富有表现力的审美客体给人这

① Mikel Dufrenne, Phénoménologie de l' expérience esthétique, op. cit., Paris: Presses Universitaives de France, 1953, p. 82.

② Mikel Dufrenne, Phénoménologie de l' expérience esthétique, op. cit., Paris: Presses Universitaives de France, 1953, p. 96.

③ Mikel Dufrenne, Phénoménologie de l' expérience esthétique, op. cit., Paris: Presses Universitaives de France, 1953, p. 104.

④ Mikel Dufrenne, Phénoménologie de l' expérience esthétique, op. cit., Paris: Presses Universitaives de France, 1953, p. 187.

⑤ Mikel Dufrenne, Phénoménologie de l' expérience esthétique, op. cit., Paris: Presses Universitaives de France, 1953, p. 197.

⑥ Mikel Dufrenne, Phénoménologie de l' expérience esthétique, op. cit., Paris: Presses Universitaives de France, 1953, p. 207.

⑦ Mikel Dufrenne, Phénoménologie de l' expérience esthétique, op. cit., Paris: Presses Universitaives de France, 1953, p. 207.

样一种印象：它所展现出的某种特质难于言表，但却在传达过程中激发人的情感。”[①]该情感正是“理解被表现的那个世界的一种特殊模式”[②]。

描述审美客体需要系统化，而且涉及本体论的问题。倘若杜夫海纳急于批评那些他所接触到的，视审美客体为想象产物或理智产物的立场观点的话，那就得返回到这一感知客体的本质特征上来，同时也要探讨感知客体的存在形态。在分析梅洛-庞蒂的思想时，杜夫海纳从感知客体那里看到一种“内在的超越性……也就是说，虽然感知作用让人经常看到客体本身，但客体依然想要脱离感知作用。”[③]。在这里，情感中的直接感悟会转化为一种对知识和真理的需求，而真理则涉及概念。然而，这一转化过程无助于从本体意义上去确定审美客体。要知道，只有普通客体使人抛弃感知作用，“而审美客体则容易使人恢复感知作用”[④]，因为“其存在本身就是一种显形”[⑤]。这种审美客体在场时的显形所包含的启示表明：它使观众承认“我自己已被异化的事实。感性的事物会引起我的反应，否则，我只不过是其显现的场所与其力量的回声而已”[⑥]。研究审美客体所得出的结论，似乎隐含着客体至上的倾向。虽说如果没有我，审美客体无从谈起，“但我只是成全客体的工具罢了，因为处于主导地位的是客体。所以，若从情感的角度来看，审美感知属于异化结果”[⑦]。考虑到“异化矫正意向”的告诫，“我只能说我构成了审美客体，我在我审视客体的活动中被纳入客体之中，因为我在审视客体时，完全专心致志于客体，而不是把客体仅仅摆在我的面前随便看看”[⑧]。换言之，就像杜夫海纳身后那些关注艺术的现象学家所

① Mikel Dufrenne, Phénoménologie de l' expérience esthétique, op. cit., Paris: Presses Universitaives de France, 1953, p. 235.
② Mikel Dufrenne, Phénoménologie de l' expérience esthétique, op. cit., Paris: Presses Universitaives de France, 1953, p. 257.
③ Mikel Dufrenne, Phénoménologie de l' expérience esthétique, op. cit., Paris: Presses Universitaives de France, 1953, p. 285.
④ Mikel Dufrenne, Phénoménologie de l' expérience esthétique, op. cit., Paris: Presses Universitaives de France, 1953, p. 286.
⑤ Mikel Dufrenne, Phénoménologie de l' expérience esthétique, op. cit., Paris: Presses Universitaives de France, 1953, p. 287.
⑥ Mikel Dufrenne, Phénoménologie de l' expérience esthétique, op. cit., Paris: Presses Universitaives de France, 1953, p. 290.
⑦ Mikel Dufrenne, Phénoménologie de l' expérience esthétique, op. cit., Paris: Presses Universitaives de France, 1953, p. 296.
⑧ Mikel Dufrenne, Phénoménologie de l' expérience esthétique, op. cit., Paris: Presses Universitaives de France, 1953, p. 296.

一致认为的那样，审美意识并非是构成的结果。[①]

（四）作为过程的审美经验

毫无疑问，杜夫海纳美学思想的原创性在于调和审美经验的独特性，因为它专门致力于审美感知与审美情感的研究，同时还期望通过反思来认识客体及其意义。客体的这三个方面——“感性事物，被再现的客体与所表现的人世”[②]——与感知的三个契机是相互对应的。这三个契机包括在场、再现和情感。主体所采取的三重态度与三重的世界观是彼此对应的。就其他感知形态来讲，我们在这里深切地体验到审美感知的独特性，即：审美感知通过在场进入再现，于情感中登峰造极。这一历程或过程时而被称之为“游离不定”，时而被冠上“辩证”之类的美名。当我们在场和身体力行的时候，我们保持着“感知的存在方面，那里使人的在场成为现实”[③]。也就是说，物我之间并不存在隔膜。杜夫海纳之所以采用了梅洛－庞蒂的语调，为的是描述那种进入反思阶段之前的感知水平，此时的审美客体对人体的吸引力要大于对思想的吸引力。物我双方的首次接触是相当复杂的。杜夫海纳提出了“肉体智力活动”（l’intellection corporelle）的说法，并对文化所造就的人体进行了研究。然而，对美学方向的选择依然没有完成，因为美学方向遭到行动趋势的抵制，后者往往胜过前者。（审美）凝照摒弃了人体的实用主义使命，同时又恢复了具有共谋关系的单纯体验以及与各种客体相联系的快感。然而，杜夫海纳怀疑肉体关系中潜在的危险因素，因此比较忽视肉体的巨大诱惑作用。他认为，“感知理论不能停滞不前，必须保持开放，必须从身体力行的理解活动过渡到再现阶段有意识的智力活动”[④]。同样，从实际展现阶段转向再现阶段的过程，也凸现出具有辩证意义的运动。相反，如果我们认为精神存在于肉体之中的话，那么，起源便是互逆的命题了，游移

---

① 杜夫海纳再次徘徊于马尔迪尼(Henry Maldiney)所开辟的道路与他自己极力开拓的原创性美学发展道路之间。我们不妨回顾一下，杜夫海纳曾在1985年出版了《艺术与生存》(Art et existence)这部专论马尔迪尼美学的文集。他在文中这样写道：“(一幅绘画的)视象并没有意向性的结构。那它为什么是审美性的呢？如果感性美学(l’esthétique-sensible)在艺术作品中进入其本质意义上的真理性，那是因为艺术美学(l’esthétique-artistique)除了感知方式的差异和客观化的目的之外，还假定感觉的无意向性。感觉与人世相沟通。这里所言的‘与’(avec)表示其自身的审美维度，具有会通的内涵。所有意向性目的均趋向于客观性。这一目的本身与人世或作品相抵触，并且借此拒绝或删除会通的契机，因为其自身属于现实的契机。”

② Mikel Dufrenne, Phénoménologie de l’expérience esthétique, op. cit., Paris: Presses Universitaives de France, 1953, p. 419.

③ Mikel Dufrenne, Phénoménologie de l’expérience esthétique, op. cit., Paris: Presses Universitaives de France, 1953, p. 422.

④ Mikel Dufrenne, Phénoménologie de l’expérience esthétique, op. cit., Paris: Presses Universitaives de France, 1953, p. 425.

不定的现象也就出现了。“我们的精神与肉体并非浑然一体，我们的肉体也并非精神衰退的产物，相反，我们的肉体与精神经常是相互生成的关系。”[①]在场是一种本原关系，能滋生和引发再现，但是，它不断促进着“精神的肉身化”(corporalisation du spirituel)，同时也滋养着不假思索的轻率态度。

为了弄清审美经验的过程特征，杜夫海纳自己尽管心知肚明，但他依然需要在哲学的系统化中借助想象来确保从感知阶段进入到思维阶段。想象带来超越的可能性，以此可以取得或断定时空的距离。与萨特笔下的想象不同的是，杜夫海纳所说的想象并不否认现实事物，而是以预见或前瞻为特征。就是说，想象先于现实（un préréel)，而非否定现实（un irréel)。然而，在杜夫海纳的《审美经验现象学》一书中，类似的观点并未得到充分的发展。该书一味强调想象的超越作用，但却以牺牲体验活动为代价。事实上，若从体验角度看，由于想象通过各种意象使已知的东西变得更为丰富多彩，因此，对审美感知而言，想象并非是必不可少的条件。想象自身足以表明：“想象能够引发感知活动，但无须丰富感知活动。”[②]必要的想象会专注于感知活动。“举凡想象活动与感知活动合作的地方，就能唤起想象，这不同于形象意识的关系，因为这种关系想在放弃感知活动的同时取消审美客体。”[③]只要设法发展审美经验，就能更好地克制全凭体验的想象。“真正的艺术作品能帮助我们节约想象的各种花费。”[④]

再现的契机开启了一种希望，却没有引起任何反响。这就需要入乎其内，进行深入的调查研究。任何中介都不能删除作品的神秘性或削减作品的独特性。因此，我们务必回归到感知活动，只有这样，我们才能与作品进行真正的交感（véritable communion)。非审美的感知活动越是把人引向深入的研究，审美感知活动就越使人相信那不是本质所在。问题不在于简单地复归到最初的肉体关系中去，“而在于在保留这种关系的同时改变审视的方式，以此来开创一种新的存在关系，这样既不取消再现，也不单纯回到在场，而是需要区别开新的现时性与在场的现时性”[⑤]。杜夫海纳绝不一笔勾销历史学家或各种社会科学专家所做的研究工作。他们的“所有思想

---

① Mikel Dufrenne, Phénoménologie de l' expérience esthétique, op. cit., Paris: Presses Universitaives de France, 1953, p. 440.

② Mikel Dufrenne, Phénoménologie de l' expérience esthétique, op. cit., Paris: Presses Universitaives de France, 1953, p. 448.

③ Mikel Dufrenne, Phénoménologie de l' expérience esthétique, op. cit., Paris: Presses Universitaives de France, 1953, p. 452.

④ Mikel Dufrenne, Phénoménologie de l' expérience esthétique, op. cit., Paris: Presses Universitaives de France, 1953, p. 457.

⑤ Mikel Dufrenne, Phénoménologie de l' expérience esthétique, op. cit., Paris: Presses Universitaives de France, 1953, p. 469.

方法都不是无足轻重的，个个都好像是出于某些非审美的目的在利用作品，个个都有助于丰富和促进感知活动，同时也有助于培养感情，即培养一种使感知活动得以完成的情感”[①]。杜夫海纳相信，这方面的自然洞察力不久就会显山露水。他本人继续研究进入情感的两条途径：一是某种探讨再现与反思的经济途径；二是经过上述阶段以后，从所理解的在场意义上改变确确实实的在场[②]。杜夫海纳就此指出：“审美态度并不那么简单，它不仅可能排斥有利于情感的判断，而且始终游移在可以称之为批判的态度与情感的态度（l' attitude critique et l' attitude sentimentale）之间。”[③]事实上，而且经常如此，应当把审美经验视为一种需要时间的复杂历程或过程：“这实际上是对审美客体本身的另一称谓，这种客体会同时引发反思活动，因为其内容结构是连贯而自律的，是乐于承载客观知识与情感的，更何况它不会凭借这种知识来消耗自身，而是激发出一种更为密切的关系。”[④]通常，这依然需要回到具体有效的感知活动上来：“审美情感会在审美客体消失以后依然幸存下来。”[⑤]迫切而强烈的情感让我们欣喜若狂，会使审美经验形成自己的特点，并且在此使其多样性具有独特性，同时充当重新认识作品的标准。面对作品，无论是从文化的范畴还是不稳定的历史范畴来说，审美经验就在此时发生了。

二、从现象学转入先验论与自然哲学

《审美经验现象学》中的大部分现象学描述似乎面面俱到，但是，杜夫海纳依然认为有必要展开对审美经验的“批判”，以便从现象学研究转入先验论研究。这一决定主要是受康德的影响和理性要求的制约。其目的在于，通过反思探讨审美经验之所以可能的相关条件。杜夫海纳提出的假设是：日常的具体经验涉及某些先验的情感性真实事物。“同样，康德所言的那些先验的东西，正是使已知或思维客体得以成立的条件，这里所说的条件也正是人们可能感觉到的那些条件。”[⑥]

---

① Mikel Dufrenne, Phénoménologie de l' expérience esthétique, op. cit., Paris: Presses Universitaives de France, 1953, p. 521.

② Mikel Dufrenne, Phénoménologie de l' expérience esthétique, op. cit., Paris: Presses Universitaives de France, 1953, p. 514.

③ Mikel Dufrenne, Phénoménologie de l' expérience esthétique, op. cit., Paris: Presses Universitaives de France, 1953, p. 524.

④ Mikel Dufrenne, Phénoménologie de l' expérience esthétique, op. cit., Paris: Presses Universitaives de France, 1953, p. 525.

⑤ Mikel Dufrenne, Phénoménologie de l' expérience esthétique, op. cit., Paris: Presses Universitaives de France, 1953, p. 531.

⑥ Mikel Dufrenne, Phénoménologie de l' expérience esthétique, op. cit., Paris: Presses Universitaives de France, 1953, p. 539.

（一）先验的素材与情感性范畴

杜夫海纳与康德的分歧是显而易见的。他感兴趣的主体并非是先验主体，而是实实在在的主体，也就是"能与世界保持一种活生生的关系"[①]的艺术家或观众。情感敏锐的主体，在主观认识中会发觉一种物质性的意义。杜夫海纳发现，先验性的东西并非是逻辑性或形式性的，而是物质性的。诸情感性范畴依然具有本相价值(valeur noétique)，情感在这里充当了主客体之间的连接点。"情感对我的影响不同于它在客体中的情况。只有感觉才能体会到情感，这不同于我自己的存在状态，而是类似于客体的属性。情感对我来说只是某种情感结构的一种反应而已。"[②]在这里，杜夫海纳援引拉辛的悲剧加以佐证。他说，就拉辛与拉辛的艺术世界而言，我们仅能确定其前后连接关系，这两者"均从属于人们所说的一种前拉辛时代的情感特性"[③]。这种情感特性有赖于原先一种截然不同的真实性，也就是它所表现的那种真实性。可是，这种表现方式会创设一种与主客体相对立的意向作用——意向对象关系。

与康德的另一分歧也是相当明显的。先验具有两重性，既包含显现在客体中的结构，又意味着主体对诸结构的实际认识。另外，由于情感无权要求自行产生或初步尝试，所以，主客体之间共享的先验性，便将主客体统一在双方皆大欢喜的共谋关系之中。我们身上的那些情感范畴，能使新作品引起反响。"倘若我们能够感受得到拉辛剧作的悲剧性、贝多芬音乐的悲怆性或巴赫音乐的宁静性，那就意味着我们在情感产生之前就有某种关于悲剧、悲怆或宁静的理念，也就是说，我们从此以后既能唤起这些具有一般或特殊情感特性的情感范畴，同时也清楚先验之为先验的相关道理。"[④]因此，确定先验涉及三种要素："首先，先验存在于客体之中，它使客体成之为客体，所以具有构成作用。其次，先验存在于主体之中，该主体具有某种接纳客体和预先理解客体的能力，这种能力也使主体成之为主体，所以先验是关乎存

---

① Mikel Dufrenne, Phénoménologie de l' expérience esthétique, op. cit., Paris: Presses Universitaives de France, 1953, p. 539.

② Mikel Dufrenne, Phénoménologie de l' expérience esthétique, op. cit., Paris: Presses Universitaives de France, 1953, p. 544.

③ Mikel Dufrenne, Phénoménologie de l' expérience esthétique, op. cit., Paris: Presses Universitaives de France, 1953, p. 560.

④ Mikel Dufrenne, Phénoménologie de l' expérience esthétique, op. cit., Paris: Presses Universitaives de France, 1953, pp. 571–572.

在本质的。最后，先验可以形成一种认识的客体，而这种认识自身是先验的。”①

杜夫海纳对先验问题的研究发轫于1953年发表的那部著作，此后在1959年和1981年分别发表的两部著作中，他又对此问题进行了具体而深入的论述。只有先验的构成作用与存在本质两个方面发展到审美经验研究的水平，它们才会踏上“在不违背客观性的同时充分考虑主体性的思路”②。舍勒（Max Scheler）的影响使康德的影响发生转向。情感特性被当作价值，由此造成复杂性体验与上述过程性体验的统一。只要根据人与现实来反思，那么，相关的批判立刻就会采取“一种本体论的表达方式”（un tour ontologique）。“先验之所以在决定客体的同时又决定主体，是因为它作为一种先前的存在属性，在属于主体的同时也属于客体，并且使主客体之间的亲和关系成为可能。”③在对先验问题的思索中，杜夫海纳或多或少地依然坚守本体论的锚地，认为人类与世界的亲密关系不允许我们排除现实的根本相异性（l'altérité radicale）。超越性的体验主义使杜夫海纳与胡塞尔的唯心主义哲学保持着一定距离。事实上，正是联系人类与世界的契合点，促使这位哲学家进行思想冒险活动，同时也促使他最终放弃了思索，但这表明他是一位艺术家，尤其是一位诗人。

（二）从先验论转入本体论：诗学与自然哲学

杜夫海纳的《诗学》（Le poétique）④一书主要是对语言的反思，该书扩展了他在1953年已经放弃了的本体论观点。这位诗人通过奇妙地迁移话语中“词语所指的客体”（referent），使其借助情感的中介显现于在场。在论述表现问题的核心时，杜夫海纳分析了话语的两个维度：一是意味（la signification），二是名称（la désignation）。富有表现力的语言可以消除参照元素的距离，由此涉及所指符号的内在性。这位诗人对此进行了论述。他认为，表现性如同求助于联觉（synesthésie）的真正咒语一样，要求语词与其表示的东西一致，同时会让读者进入共鸣的状态。语词会唤起事物可能引起的东西。这种“诗学”之所以要界定倾听诗歌的主体性的存在模式，是因为“情感使我们将理智与语词所表达的内容联系在一起了；不过，这种理智并不是概念性的，而是感性的；接受或领悟意义的感性并非是感觉意义上的，而

① Mikel Dufrenne, Phénoménologie de l' expérience esthétique, op. cit., Paris: Presses Universitaives de France, 1953, p. 546.

② Mikel Dufrenne, Phénoménologie de l' expérience esthétique, op. cit., Paris: Presses Universitaives de France, 1953, p. 547.

③ Mikel Dufrenne, Phénoménologie de l' expérience esthétique, op. cit., Paris: Presses Universitaives de France, 1953, p. 561.

④ Mikel Dufurenne, Le poétique, op. cit.

是情感意义上的。……我们体悟到的意义正在客体对我们产生影响的情感方面”。① 正是这位诗人恢复了语言在基本的真实维度中的地位。他溯本探源，在其研究中忘却了对意味和意义的控制。这部专门研究语言与诗歌中介的著作，以难以觉察的方式使杜夫海纳注意到人类起源与大自然的关系，并且使他认识到这种关系的主动性归于大自然。“事实上，在预先毫无觉察的情况下，这一研究方向一直引导着我们。于是，我们从先验论转向本体论，这方面我们已经有过尝试，但没有完全成功。我们最终开始研究自然哲学。”②

在斯宾诺莎和谢林那里，原生的自然（nature naturante）具有丰富的寓意，在杜夫海纳这里竟然成为先验之源。在表现方式上，自然是自我表现。我们为了保留形而上学的基础而放弃了现象学的基础。想象的哲学在这里得到强化：“想象不是别的什么，而是完成语言的能力所在；想象并非创造了想象性的东西，而是以生动的方式实现了它所谓的感知活动。”③我们重新发现了一种传统。从此传统中，诗人获得了自己的灵感，但却失去了自己的责任感。在认真阅读的时候，我们发觉艺术家这种有意识的异化现象，与其说以自身的行为为特征，毋宁说是以自身状态为特征，因为他依然是支配自己的主人。瓦莱里（P. Valéry）经常影响着杜夫海纳这一思考：诗人徘徊在工作与灵感之间，但同时又自由自在，不受约束。灵感的这一终极维度蕴含在富有想象力的意象之中，该意象将真实和现实两者调和在一起。“或许，哲学家敢于把我们的思想活动当作内在的灵感。”④巴什拉（G. Bachelard）与柏格森（H. Bergson）有助于杜夫海纳决然超越萨特对于想象的论述，后者认为想象具有非现实化的功能。杜夫海纳认为，无意识与想象同名，前者在这里将后者归于自然。用杜夫海纳的话说，“是宇宙在歌唱”⑤。

毫无疑问，我们至多只能这么说：如果自然是原生的，那正是因为想象使然。自然具有实实在在的力量，自身能够生成（capable d'un devenir）。补充说一句，形而上学的窗口将杜夫海纳引到神学的门口，结果使他选择了斯宾诺莎式的研究方向。他认为，我们最终视为基础的情感，给人的感觉“如同激活所有事物的力量，如同连接所有一切的纽带，如同用之不竭的水库”。杜夫海纳还接着指出，“上帝乃是大自然的代名词，表示必然的绝对内在性，表示存在的此在（l'être-là de l'être），这无法抵制，也无法证明。我们自己所追随的就是那个上帝。”⑥杜夫海纳对

① Mikel Dufurenne, Le poétique, op. cit., p. 32.
② Mikel Dufurenne, Le poétique, op. cit., p. 4.
③ Mikel Dufurenne, Le poétique, op. cit., p. 83.
④ Mikel Dufurenne, Le poétique, op. cit., p. 123.
⑤ Mikel Dufurenne, Le poétique, op. cit., p. 133.
⑥ Mikel Dufurenne, Le poétique, op. cit., p. 147.

海德格尔的思想兴趣不大并缺乏共鸣[①]，但在形而上学方面，他却继续冒险，以至于把情感哲学安置在自然哲学之中。他甚至提出将自然向人类的一方极化的假设。“大自然需要人类还是需要大自然本身都是一回事。大自然自身有意像人类那样，其力量如同发展的力量，表现的力量。正是通过自身的显现，大自然才会进入到人的意识之中。”[②]

（三）先验与历史性

《诗学》中概述的自然哲学，不仅再次扩大了审美经验那无法估量的价值，而且试图在我们身上恢复原始的体验与创始性的感受。在杜夫海纳看来，诗歌是第一语言，“诗歌使大自然显现为语言”[③]。诗学像审美范畴一样，既具有思想慷慨施惠的品质，又享有感性的仁慈特性，这便是《诗学》一书的结论。杜夫海纳的某些尚未发表的论文，譬如课堂讲义或参加学术会议的那些多少经过修改的论文，走的都是同一条路，即：与胡塞尔所说的意向性概念拉开了越来越大的距离，对意识的关注也越来越少。“把意向性当作本源，看起来可以；但若将其作为互惠或共谋的本源而非对立的本源，那就不符合意识中的意向性了。即便意向性属于本源，那在更大程度上也是指意向性中的意识而已。因此，意向性可以采用特有的本体论意义。这种关乎本源的本体论，可以通过一种自然哲学来解悟，在这方面或许梅洛－庞蒂可以引导我们。”[④]

我们必须再次回到《审美经验现象学》的相关探讨中来，有的观点在杜夫海纳日后发表的专论先验问题的著作中均得到充实。譬如，建立“纯粹美学”是否可能的问题。在杜夫海纳看来，要对情感范畴进行清查是不可能的事情[⑤]。假如只是依据经验来了解先验，那会不会有理由将其视为系统化的结果呢？情感范畴的存在特征需要我们关注客体的独特性和主体的自由性。事实上，倘若先验存在逃避历史的话，那么，其实现与否就完全取决于作品和观众了。批判反思不仅意识到历史性，而且也意识到艺术与主体的偶然性。这方面刚刚取得突破，先验的理念就开始发生动摇。“方才说过，历史并不要求艺术强加给我们一种感性形式，即一种不可能先于

---

① 参阅《论非神学的哲学》（Pour une philosophie non théologique）部分，参见杜夫海纳《诗学》第2版，1973年。

② Mikel Dufurenne, Le poétique, op. cit., p. 159.

③ Mikel Dufurenne, Le poétique, op. cit., p. 169.

④ 本文是以手稿的方式这样缩写和命名的：“作为‘同一事物’的审美客体。”（“l' objet esthétique comme《la chose même》”), p. 6.

⑤ Mikel Dufrenne, Phénoménologie de l' expérience esthétique, op. cit., Paris: Presses Universitaives de France, 1953, p. 594.

历史而存在的感性形式。此外，这种感性形式不是艺术自身发明的，而是艺术家所生活的那个时代强加给艺术家的，因为艺术家与公众彼此了解，这都是其时代造就的产物。”①

在求助于舍勒的理论时，杜夫海纳回避了历史主义的做法。如同时代精神的历史性（l'historicité de l'Ethos）并不排除价值的绝对性一样，情感范畴的历史性也不危及审美经验的现实性。感性部分是先验即虚拟的决定因素，而后者则将感性部分归于历史性之中。“历史性意味着天性与自由性的统一性，这种统一性界定着具体的主体。”②通过历史性来表现限定性，迫使杜夫海纳假定这些限度具有不可改变的特征。“如果说情感范畴从未完全得到实现的话，那也就是说人类从未完全弄清合乎人情的东西。”③1981年，杜夫海纳在《先验式的清点》（L' inventaire des a priori）④一书中，提出了类似的观点：“当人们觉察到主体与世界的亲近性时，当这两者的亲和力凭借本质上作为审美经验的感知体验得以传承时，要对趋向于先验式的先验进行清点是不可能的。举凡本原的、前人类的以及前现实的东西，是永远不会消逝的；虽然我们不再思索这种东西，但我们依然能够从作品的优美表现和我们无拘无束的本性方面证明这一点。自然的理念是一个有局限性的理念，不能以此来解释教条式的本体论；这正是各种自然哲学为什么要求助于诗歌的原因所在。”⑤

（四）伦理与政治之维

放弃教条式的本体论，使杜夫海纳重新发现了伦理与政治之维，从而激发了他的美学思想，这其中也涉及他本人的具体感受和对人类学研究的热衷。《先验式的清点》阐明了这样一层关系：“对先验问题的反思，特别是对其进行溯本探源式的研究，可用来支持我在别的地方为之辩护的那些伦理—政治意见。正是借助对人类与乌托邦做法所下的赌注，人类力图如愿以偿，力图自我解放。”⑥

《审美经验现象学》坚持认为，审美经验的属性与所有竞争或敌对的关系无涉。

---

① Mikel Dufrenne, Phénoménologie de l' expérience esthétique, op. cit., Paris: Presses Universitaives de France, 1953, p. 603.

② Mikel Dufrenne, Phénoménologie de l' expérience esthétique, op. cit., Paris: Presses Universitaives de France, 1953, p. 607.

③ Mikel Dufrenne, Phénoménologie de l' expérience esthétique, op. cit., Paris: Presses Universitaives de France, 1953, p. 611.

④ Mikel Dufrenne, L' inventaire des a priori, op. cit.

⑤ Mikel Dufrenne, L' inventaire des a priori, op. cit. p. 12.

⑥ Mikel Dufrenne, L' inventaire des a priori, op. cit. p. 13.

凭借独特性，我们进入普遍性；通过自由性，我们具有了相似性[1]。在这里发挥作用的正是人类的人性。“即便存在着人性的自然（une nature humaine），这种自然也不同于自然性的自然（une nature naturée），而是类似于追求自由性的命运（un destin pour une liberté）。”[2]不过，人性的维度，因为取决于当代各种社会与资本主义制度，因此受到审美化的影响。要想避开或打破将艺术制度化的当代文化罗网与审美化范围，就只有求助于原始的、甚至普遍化的审美化方式。“我们社会中的审美化前沿地带是由文化来规定的。若想将其打破的话，那必须放弃强加给文化的审美化模式，必须唤起一种原始的审美化运动，这种审美化运动务必立足于日常的生活，就像超现实主义那样，其‘客观的偶然性’（le hazard objectif）能够激发起一种预想不到的体验。”[3]

杜夫海纳的逻辑使他超越了自己在1953年论著中开始探讨的文化共识。这一共识确立了属于名作方面的艺术，同时，为了达到普及的目的，也要求艺术接近日常生活。如此一来，节庆活动或者沦落为次要的形式，或者更接近艺术的领域。故此，杜夫海纳为“艺术领域的外延（extention du domaine de l’art）”[4]进行过辩护。他认为这种外延拓宽了审美化的范围，以至于为产业对象或自然客体大开方便之门，以至于把审美愉悦（plaisirs esthétiques）与感性愉悦（plaisirs esthésiques）混为一谈。“使瓦莱里与大海情意绵绵的‘鱼之乐’，乃是审美愉悦的组成部分。”[5]事实上，正是通过扩大艺术的领域，而不是通过接受审美观念所杜绝的“随便什么东西”，才使艺术进入日常生活之中，同时也使艺术不再拘泥于小说、文化或想象的狭小区域里面。从想象哲学的观点来看，杜夫海纳所经历的思想变化实际上是可以理解的，因为他是按照自己的思路来命题讲章的。

杜夫海纳所阐述的美学，对多少有些曲高和寡的当代艺术而言，确是采取了某些保留态度，这种艺术使人感到烦恼而非愉悦。假如杜夫海纳的兴趣总是在于非艺术的非神圣化（désacralisation du non-art），或者在于免除审美化事物的种种界限的话，假如他作为哲学家要替引发强烈体验或令人深思的客体或事件担保的话，那么，他就不能因此而把任何反应都视为纯然的审美愉悦。就审美愉悦发自感性事物而言，那向来是指具体的感受，或者是指感受者与被感受者双方融合的产物。因此，应当把美学定位于有关感性事物的思索之中。诚如杜夫海纳在《眼与耳》（l’

① Mikel Dufrenne, Phénoménologie de l’expérience esthétique, op. cit., Paris: Presses Universitaives de France, 1953, pp. 588-589.

② Mikel Dufrenne, Phénoménologie de l’expérience esthétique, op. cit., Paris: Presses Universitaives de France, 1953, p. 595.

③ Mikel Dufrenne, Esthétique et philosophie, t. 3, op. cit., p. 91.

④ Mikel Dufrenne, Esthétique et philosophie, t. 3, op. cit., p. 89.

⑤ Mikel Dufrenne, Esthétique et philosophie, t. 3, op. cit., p. 90.

oeil et l'oreille）这最后一部著作中所言："艺术使感性事物获得自由。"

通过阅读杜夫海纳的著作，我们发现一种与人类学进行对话的现象学是通往自然哲学的，而这种自然哲学研究的核心是把想象活动视为一种创造力量，把想象性的事物当作虚拟的东西。假如本体论可能存在的话，那对于封上《眼与耳》的东西就得作出如此界定："现象学与本体论或许是彼此会通、密不可分的。"由于本体论是不可能存在的，因此艺术便取代了哲学，并且成功地证明了作品所包含的意义。无论从杜夫海纳的哲学到其美学，还是从他的美学到其哲学，都会吸引读者沿着螺旋式的轨道不断向上攀登。

第十章　存在美学

概　　论

存在主义作为一场思想运动，兴起于20世纪40年代。它所涉及的核心人物包括：海德格尔、雅斯贝尔斯、萨特、波伏娃、加缪、马塞尔、乌纳慕诺、奥尔特加·加塞特和蒂利希。这是一批联系相当松散，有着不同宗教信仰、不同政治立场，甚至不同思路的哲学家，之所以被划归在存在主义名下，是因为他们具有如下一些共同特征：首先，他们都深切关怀现代人的精神处境，希望能够为人的生存寻找到意义的根基；其次，他们大都不认为现成的范畴体系可以穷尽个人具体的生存体验，也不相信仅靠纯粹的理性反思就可以确定生存的意义。通过追溯这一思想运动的源流我们可以发现，在西方思想史中，这种对个体生存体验的推重和对于个体生存意义的追问，作为一个被理性主义遮蔽的潜流，是始终存在的。无论在古希腊思想家那里还是在犹太—基督教的传统中，我们都可以找到它的渊源。然而，存在主义最晚近的先驱当数19世纪的两位思想家，即克尔凯郭尔和尼采。

西方理性主义传统到19世纪上半叶发展到了巅峰，代表着理性主义最高成就的黑格尔哲学盛极一时。也就在这个时候，叔本华公然以他的唯意志哲学对其发难。这种以生命意志而不是理性作为宇宙终极实在的基本立场对尼采产生了深刻的影响，尽管后者并不满意叔本华哲学的消极倾向。尼采将叔本华的生命意志概念改造为他所谓的“强力意志”。但在他那里，强力，并非如一般理解的，是意志追求的目标，而是驱动意志活动的生命的力能，它不可避免地要寻求各种形式宣泄和表现自己，而这种宣泄和表现自己的过程也就是它自由创造的过程。一切抽象的概念系统，一切道德和审美价值系统都不过是这种生命力的创造物，与生命本身相比，它们是第二性的。当然，一方面，生命力的表现可以采取正面的、健康的形式，也可以采取逆反的、病态的形式。尼采欢呼生命力以正面、健康的方式创造价值，而鄙视生命力以逆反、病态的方式创造价值。在另一方面，生命力总是通过具体的生命形态表现出来的，这种具体体验的丰富性绝不可能被规约为抽象的形式系统。然而，人出于对不确定性的畏惧（这本身仍是生命现象），硬要借理性行使其暴政。于是，理性俨然成了救世主，而拯救的结果是把一切晦暗的激情都带到理智的光辉之中，任何向本能、无意识的让步都被看作是堕落的开端。在尼采看来，这种在理性中寻求庇护的做法是一种自欺的自满，这无疑是一种生命力的病态的表现。

在抗议理性对生命的丰盈进行规约的同时，尼采还斥责群体通过意识的平均化作用对个体独特性的消解。尼采洞见到，意识这个以往被理性主义神化的领域，不过是群体为了使交往活动得以进行而建立的中介机制。个体活生生的真切体验，一旦经过意识整理，就立刻被兑换成群体性的东西，与前者相比，后者永远是平庸、虚假和病态的。尼采以蔑视的口吻将群体称为“兽群”。兽群意识是人类出于惰性、同时也是为了克服孤独恐惧，彼此达成妥协的结果。而这一妥协的代价是抹杀个体的独特性、价值的差异和高度的区别。在兽群意识中，卓越、骄傲是遭到怨恨的品质，被当作恶来诅咒，只有平凡、谦卑才作为美德而受到颂扬。在这样的时代里，英雄不再出现，上帝自贬为人。至此，我们就不难理解尼采惊世的呼号：“上帝死了！”“我们杀死了他。”基于尼采这种思想，我们可以做这样的理解：是我们用理性抽象的形式和兽群均质化的意识杀死了标志着无限高度的上帝。

克尔凯郭尔是对存在主义运动影响最大、最直接的思想家，正是他第一个明确用生存（existenz）这一概念来标识人之为人作为个体的存在方式。他激烈地批评黑格尔用绝对知识体系来消解个体存在的做法，指出人作为生存着的个体是不能用任何概念、范畴加以还原规约的，每个活生生的“我”的最真切的生存感受是焦虑（angst），是对丧失其真我的恐惧、战栗和绝望，它们既无法用抽象的概念体系给出正当理由，也不能靠依附群体为自己壮胆来消除。在克尔凯郭尔的哲学中，这些情绪有着非同寻常的意义，它们绝不仅仅是心灵在偏离理性常态的情况下发生紊乱的表征，而是透露出被理性知识体系和体制化生活所掩盖的生存实情，即个体的存在不是完满自足的，而这种生存的欠缺是不能指望通过理性综合来弥补的。处于焦虑、恐惧、绝望之中的个体感受到从生存本身而来的内在驱迫，它逼使个体放弃飘忽不定的审美生活，拒绝浮泛不实的体系认识，脱离扼杀个性的群体庇荫，以绝对个体的方式去承担生存的重负。而这涉及个人具体的道德抉择，特别是以个体的方式与绝对的超越者即上帝建立关系。

克尔凯郭尔和尼采的这些思想后来成为雅斯贝尔斯、海德格尔、萨特、加缪等人的重要哲学来源。几乎所有存在主义者都关注这样的问题，即在一个没有上帝或上帝隐去的世界中，个体如何面对生存的偶然性和荒诞性，如何确定生存的意义。他们都认为，范畴体系与第一人称视角无法囊括，它不能切中独一无二的我的最真切的生存感受，而我的情绪体验恰恰透露着生存的真相；他们都承认生存意义的非现成性，都强调个体必须通过实际生存的奋争去实现自我的超越，而这一过程是无限的。相应地，存在主义关于艺术的思想与具体的艺术实践也围绕着这些核心主题展开。艺术被看作是撇开现成的、可疑的概念体系，直接呈现具体生存体验的途径，它与生存的真理密切相关。

雅斯贝尔斯虽然不排斥概念性的专门知识，但他认为更重要的是认清这些将存在固定下来的世界知识的限度，从而超越对象性思维给我们划定的边界，他把这一过程叫作哲学的世界取向（philosophische weltorientierung）。这样做的真正目的不是为了进一步扩展我们的知识体系，而是为了表明对象性思维在寻求存在本身上的无能。世界知识给我们呈现的是缺乏统一性的现象界，这个多维的现象界的汇聚点，并不在任何具体的现象领域之中，而是指向我的存在，即生存。生存本身绝不是思想的对象，相反，思想与人的其他活动和体验一起同属于生存。因而，生存不能靠概念思维来认识，我们只能随着思想和体验渐渐使之明亮起来（erhellung）。像克尔凯郭尔一样，雅斯贝尔斯关注情绪体验的生存性。在焦虑或畏惧（angst）这样一种情绪中，他看到的不是人对于具体事物的惧怕，甚至不是对作为我们现实存在之否定的死亡的恐惧，而是自我存在的没有着落、没有根基所引发的虚无感。也正是在焦虑中，我意识到任何生存的可能选择都只能依靠我自己作出，这在死亡、罪责、冲突等边缘状态下显得异常突出。这意味着我的生存是自由的。然而，所谓自由只是就选择依赖于我的决定而言。另一方面，可供选择的可能性却不是无限的，它受制于我存在的现实性。正是在这种持续不断的生存选择中，我使生存真正成为我的。作为有神论者，雅斯贝尔斯还为这一过程确定了应有的方向，那就是，生存应该是趋向超越存在（transzendenz）的飞跃，而这一过程是永无止境、不断奋斗的过程。在超越存在的显现方式中有一种方式格外引人注目，即通过所谓密码书写（chiffreschrift）进行的超越。在自然、文化和人类历史之中，特别是通过达到超越的努力的失败，我们可以读到超越存在的密码。

同康德一样，雅斯贝尔斯也承认人的理性具有一种追求统一性的冲动。他把这种冲动所指向的东西叫作无所不包者，或大全（das umgreifende）。大全有着各种不同的样式，包括世界、一般意识、（人的）此在（dasein）、精神、生存和超越存在，而只有超越存在才具有真正的统一性。相应于大全的不同样式，真理也有着不同层次，而各种特殊的真理最终统一于超越的“一”。

在这个总的思想背景之下，雅斯贝尔斯将艺术看作是最初与宗教、诗歌浑然不分的东西，在这个比哲学更为原始的统一体中隐含着真理的语言。他说：

> 艺术使我们的可见世界对我们传情达意。我们像艺术所教给的那样去看待事物。我们体验到空间，是通过建筑师所赋予的模式；我们体味到景观，是当它集聚在人类劳动所建成的、并因长期使用而成为生活的一部分的宗教建筑的时候。而只有当自然和人类在雕刻、素描、绘画中凝定为本质状态时，我们才能体验到它们。从某种意义上说，只有当它成为艺术……的时候，事物才会确立其特征形式，呈现出它的可见性质以及那原先似乎隐匿着的灵魂。
>
> 我们必须把表现个别美学的艺术和作为抽象实在的象征符合的艺术加以区分。只有当美恰好揭示出超越的实在，当这一实在被感受为美，当每件事物因其真实而被认为本质上美的时候，这两种艺术才合而为一。我们为形而上艺术所保留的称号“伟大的艺术”——就是指其形象创作揭示出潜隐的实在的艺术。①

可以看出，雅斯贝尔斯通过超越存在来寻求生存意义的最终实现，他关于艺术的思想也自然成为这种准宗教学说的一个环节。

与雅斯贝尔斯的这种有神论存在主义形成对照的是，无神论存在主义者拒绝接受任何形式的上帝，更加决绝地面对宇宙终极的无意义。海德格尔强调人的存在的被抛性，并明确把死亡当作组建人的生存之整体性的必要环节来把握。萨特宣布，既然我们决定不接受上帝，那么，一切以上帝存在为前提的论证都将失效。物质的实存没有任何充足理由，它是偶然的、多余的（de trop），它的多余令人作呕；这个世界从根本上说就是荒诞的。荒诞感（l’absurde）弥漫于我们的时代，加缪对此感受最为强烈。冷漠的宇宙没有意义，它并不为我们而存在，但人却偏偏要求它合乎理性，合乎自己的价值标准，这中间的巨大反差就是荒诞感的根源。既然宇宙中不存在终极意义，我们的一生是否值得过（la vie vaut ou ne vaut pas la peine d’être vécue）就成了严肃的问题，在《西西弗的神话》中，加缪把这看作哲学的基本问题。然而，接受没有上帝作为意义来源或价值基础的事实，却并没有使这些无神论存在主义者流于虚无主义，相反，他们都倾注毕生的思考，企图克服虚无主义这个时代的顽症。而他们采取的一个重要途径就是通过艺术来实现价值的创造。这里，我们将集中考察海德格尔和萨特这两位哲学家的思想。

---

① 雅斯贝尔斯：《悲剧的超越》，亦春译，工人出版社1988年版，第5页。

第一节　海德格尔

海德格尔（Martin Heidegger，1889—1976）是20世纪影响最深广的哲学家。他对存在问题的不懈追问，对人在世界中实际生存的分析，对西方形而上学传统的克服，以及对前苏格拉底时期古希腊思想的回归，极大地改变了20世纪西方思想的走向。

海德格尔于1889年9月出生于德国巴登，早年曾在弗莱堡大学学习神学和哲学，随后又跟随胡塞尔研究现象学。1916年至1945年，他曾先后在弗莱堡大学和马堡大学任教。由于20世纪30年代与纳粹合作的经历，海德格尔于1946年被盟军审查机构停职，自此直到1976年去世，他再也没有以正式教授的身份出现在大学讲堂上。毋庸讳言，作为20世纪最重要的思想家之一，海德格尔对纳粹活动的参与以及随后拒绝反省的态度是当代知识界的一大丑闻。尽管如此，我们还是应该认真研究其思想。

海德格尔的主要著作包括：《存在与时间》（1927）、《荷尔德林与诗的本质》（1936）、《艺术作品的本源》（1950）、《形而上学导论》（1953）、《技术的追问》（1954）、《尼采》（1961）。

海德格尔的早期思想与后来的存在主义运动有着明显的亲缘关系。《存在与时间》中关于人在世界中面向死亡的生存的分析，曾经深刻地影响了包括萨特在内的一大批存在主义者。由于这个原因，海德格尔通常被看作是存在主义哲学的奠基人。然而，他本人并不情愿承认自己的存在主义者身份。这不仅是因为他拒绝被划归某个阵营，更主要的原因在于，思考人的生存问题并不是他的最终目的。事实上，海德格尔最关注的是存在本身的问题，人的生存分析只是达到这一目的的途径，而不是海德格尔一生贯彻始终的途径。在海德格尔哲学生涯的后期，随着他与先验主体主义的决裂，他基本放弃了借考察人的生存方式来通达存在本身的企图。但就存在主义运动的发展而言，海德格尔在《存在与时间》中有关人的生存的思想无疑具有里程碑式的重要意义。另一方面，这些思想也构成了他20世纪30年代思考艺术作品之存在的背景。

一、借人的存在之理解来通达存在的意义

（一）存在与存在者之区分

“存在”一词的德语原文是Sein。在希腊语、拉丁语、法语、英语等其他西语中，都有与之相应的词，它们分别为：einai，esse，être，being，但它在汉语中却找不到严格的对应词，我们只能勉强把它译成“存在”。由于这个词几乎在所有西语中都兼有表示实存和兼作系词两种功能，因而我们有时也会根据上下文把它译作“是”。从古希腊的巴门尼德开始，存在一直是西方哲学关注的中心。亚里士多德曾将研究存在之为存在的学问称为第一哲学。近代又出现了专门以存在为研究对象的科学——本体论或存在论（ontologie）。然而，在海德格尔看来，所有这些声称对存在的研究都仅仅是将存在当作存在者，而忘却了存在本身，西方形而上学的历史就是不断“遗忘存在”的历史。海德格尔认为存在与存在者有着根本差异，他将其称为“存在论差异”。为把自己对存在本身的追问与传统本体论区分开来，他将前者叫作基础存在论（fundamentalontologie）。

存在者（seiende），即存在的或所是的东西。一方面，存在的东西以如其所是的方式存在（Das-sein），因而，说某物存在无异于说某物是一个对象（gegenstand）。另一方面，所是的东西总要是个什么。当我们要把握一个东西时，我们首先要问：“……是什么？”而当我们回答“……是A”时，我们就以A确定了这个什么，也就是给出了这个存在的东西所是的本质（was-sein）。我们知道，每一个本质都相应于一个概念，而概念之间存在着现成的逻辑关系。这样，当确定了一个存在者的本质以后，如果还要进一步追问这个本质，我们就可以借这种逻辑关系追溯到另外的存在者那里，即以其他的存在者来确定要确定的存在者。这种追溯过程往往是从较具体的概念过渡到较普遍的概念，而当我们被逼到这样的地步，以至于我们无法说出某物具体是什么，而只能说“S是存在者”时，这一过程就达到了终点。因为，“存在者”似乎是最普遍的概念，不能再被定义。说某物是存在者，意味着用最为抽象的形式性范畴——对象、本质来说明它，而这些形式性范畴被认为是自明的。

那么，我们又如何理解存在本身呢？照海德格尔的说法，存在（sein）绝不是存在者（seiende），存在（是）既不是指对象也不是指本质，更不是指某种特定的本质，某个具体的什么。[①]然而，“使存在者之被规定为存在者的就是这个存在；无论

① 前者是形式化的结果，后者是总体化的结果。参见西奥多·基希尔：《海德格尔〈存在与时间〉的起源》，英文版，加州大学出版社1993年版，第165—170页。

我们怎样讨论存在者，存在者总已经是在存在已先被领会的基础上才得到领会”[①]。对于存在与存在者的差异，亚里士多德已经有所察觉。他指出，存在的普遍性是类比的普遍性，而不是类的普遍性。只是他未能深入追问这一问题，以致后世都无一例外地将存在混同于存在者，即将存在当作一个类概念或形式范畴。

存在与存在者虽然都无法定义，但二者之不可定义的原因却不同。存在者之所以不可定义是由于它作为最抽象的概念的无规定性，而存在之所以不可定义则是因为它的普遍性超出了类的普遍性。只要是存在者就一定存在，存在因而有着极大的普遍性。但是，不同存在者的具体存在方式却不能用某种共性来概括。人这种存在者的存在方式，尤其不能用某个本质来规定。

通过上面的分析，可以得出两点重要结论：

第一，如果说存在者是最抽象的概念，是无法定义的，因而不能再进一步追问，那么，存在（是）本身的意义则构成一个非常重要的问题。因为，只有从存在本身入手，我们才能搞清存在者何以是其所是，如何以其特定的方式存在。

第二，存在（是）不是类概念，所以传统的逻辑方法在揭示存在本身的意义时派不上用场；存在（是）甚至不是形式性范畴，因而，胡塞尔现象学的本质直观方法也不适用。

（二）从此在逼问出存在

那么，我们如何能够接近这个晦暗不明的存在本身呢？在这里，我们接触到海德格尔哲学的另一个重要命题：存在总是存在者的存在。这意味着，我们必须借存在者来接近存在本身。海德格尔说：“只要问之所问是存在，而存在又总意味着存在者的存在，那么，存在问题中，被问及的东西恰恰就是存在者本身。不妨说，就是要从存在者身上来逼问出它的存在来。”[②]但是，又从什么样的存在者身上才能逼问出存在来呢？

> 不过，我们用“存在着”（seiend）一词可称谓很多东西，我们这样那样对之有所关联行止的东西，这一切都是存在着的。我们自己的所是以及我们如何所是，这些也都存在着。在其存在与如是而存在中，在实在、现成性、持存、有效性、此在中，在“有”（es gibt）中，都有着存在。我们应当从哪种存在者

① 马丁·海德格尔：《存在与时间》，陈嘉映等译，生活·读书·新知三联书店1999年版，第8页。
② 马丁·海德格尔：《存在与时间》，陈嘉映等译，生活·读书·新知三联书店1999年版，第8页。

掇取存在的意义？我们应当把哪种存在者作为出发点，好让存在开展出来？[①]

对此，海德格尔自己给出的答案是，那种能够追问存在问题的存在者，也就是我们每个人以各自具体的方式所是的那种存在者。海德格尔将其称为此在（Dasein）。所有存在者的本质品格都源于存在，但此在与其他存在者的不同之处在于，它会追问这种使它成为它自己的存在本身，而它的这种追问就属于它的存在方式。以追问存在为自己特有的存在方式的此在，实际上总是已经对存在本身有所理解、有所领会，并且基于这种领会而对遭遇到的存在者有所作为。在我们与事物打交道时，在我们把握事物时，在我们说“S是P”时，我们早已经对使某物是其所是的是（存在）本身有所领会。不然，我们怎么可能使用“是”来作判断呢？我们之所以对存在（是）早有领会，只是因为我们总已经在存在中，我们自己就存在（to be），而我们对存在的领会也显现在我们的存在方式中。“此在在存在者层面上的独特性在于它在存在论的层面上存在。”就是说，此在不单是作为存在者存在，更重要的是，它是以对存在有所领会的方式存在。“此在能够这样或那样地与之发生交涉的那个存在，此在无论如何要以某方式与之发生关系的那个存在，我们称之为生存（existenz）。这个存在者的本质规定不能靠援引（或给出）一个关于某主题事物的‘什么’来进行。”[②]

事实上，海德格尔在这里用“此在的生存”替换了自己早先的另一种说法，即人的实际生活。在海德格尔看来，这才是哲学的开始之处。也就是说，我们必须从理解或领会此在在实际生活中的生存领会入手，才能揭示存在本身。在这里，海德格尔与胡塞尔在对现象学的理解上发生了分歧。

为了解决存在问题，海德格尔曾追随胡塞尔学习现象学。胡塞尔在《逻辑研究》中关于范畴直观的思想给海德格尔以很大启发，胡塞尔现象学倡导的“回到事情本身”的原则也深合他的心意。但海德格尔很快发现，胡塞尔在贯彻这一原则上并不彻底，“事情本身”在更根本的意义上应该是实际生活，而不是胡塞尔认定的、经过现象学还原后剩下的、已经带有理论痕迹的先验意识体验。与此相应，使事情本身显露的途径不应是本质直观的现象学，而应是解释学的现象学。显然，海德格尔是在与以往不同的意义上理解现象学和解释学的：现象学已经被赋予了更加彻底的内涵——“让人从显现的东西本身那里如它从其本身所显现的那样来看它”。现象学要揭示的真理不是主观判断与客观实在的符合，也不是被明证的给予的本质、观念的可能性，而是实际生活之存在整体的自身敞开，是无蔽（aletheia），是让存在者

① 马丁·海德格尔：《存在与时间》，陈嘉映等译，生活·读书·新知三联书店1999年版，第8页。
② 马丁·海德格尔：《存在与时间》，陈嘉映等译，生活·读书·新知三联书店1999年版，第15页。

如其所是的存在。为了达到这样的目的，我们就需要解释的介入。如上所述，存在总是存在者的存在，而此在这种特殊的存在者总是基于对存在的领会而存在。从这种意义上说，此在的存在本身就是解释性的。这意味着，人在世界中的每一种具体存在方式，总是已经透露出他或她对存在的领会。尽管人的实际生活所基于的存在领会尚不明确，还不是从存在论角度对存在所作的有意识的专题性研究，但它却为存在论通达存在本身的意义提供了可能的路径。也就是说，只要如实地描述此在生存各个环节，进而领会渗透在这些环节中的此在的存在，就能使存在本身的意义渐渐地自行显露出来。不难看出，这一过程是从“存在区别于存在者”“存在是存在者的存在”“此在总已具有存在之领会”这些前提出发的，只是我们在这些前提中还不清楚存在的意义，但根据海德格尔的设想，随着我们解释的进行，存在的意义会不断清晰起来。可以说，此时的海德格尔是要通过解释学的循环过程来完成他的存在论工作。在另一方面，依照海德格尔的初步构思，此在的存在最终统一于时间性，因而存在之意义要在时间的视域（horizont）中来把握。

（三）此在之在世界之中存在

在开始具体的生存分析之前，海德格尔对人生存的实际状态给出了基本描述：此在存在的基本建构（grundverfassung）是在世界之中存在（in-der-welt-sein）。海德格尔在这里首先要呈现的，是此在在世界中的日常状态。日常状态虽然不属于此在本真的（eigentlich）生存，但却是实际生活中的人绝对难以摆脱的、最活跃的生存状态。

这里我们必须格外小心，决不要对“在世界之中存在”这个看起来极为平常的陈述作一般的理解。因为，海德格尔这里的关键概念——“世界”“在之中”有着非同寻常的含义。

让我们先来看世界概念。在一般说到世界的时候，我们总是首先想到事物的总和；这些事物一般被看作孤立的实体，它们彼此之间并没有与此在的生存相关的意义关联。用海德格尔的话说，这是一个“存在者层次上的概念”。当然，如果我们关心这些存在者的存在，我们完全可以对它们进行传统本体论的考察，按照特定的理论要求将存在者划分为不同领域。例如，我们在这个意义上可以谈论“数学家的世界”，而这里的“世界”意指由数学的可能对象所构成的领域。不难看出，无论是在第一种意义上，还是在第二种意义上的“世界”概念，都不是得自于对此在实际生存的现象学描述，它们都不是海德格尔所说的此在存在于其中的世界。看来，要想准确把握这个此在的世界，还需要先对“在之中”有一个基本了解。

“在之中”是对此在这种特殊存在者的存在的描述。因而，它绝不是指“现成的东西在空间上‘一个在一个之中’”，如水在杯子之中、衣服在衣柜之中，以及诸如此类的关系。海德格尔明确指出，“在之中”是一个生存论（existenzial）概念，也就是说，它是对此在的生存进行存在论考察时所涉及的形式表达（formale existenziale Ausdruck）。确切地说，其中的“在”实际上意味着“居而寓于……”“同……相熟悉”。只有此在才以这种方式存在，在这个意义上可以说，它对此在的存在方式而言是本质性的。“在之中”总是以各种各样确定的方式呈现，例如：“和某种东西打交道，制作某种东西，安排照顾某种东西，利用某种东西，放弃或浪费某种东西，从事、贯彻、探查、询问、考察、讨论、规定，诸如此类。”[①]如果对上述这些“在之中”的方式作进一步的生存论考察，我们会发现，它们分享一个共同的存在方式（seinsart）——操劳（besorgen）。“操劳”在日常意义上意指“料理、执行、整顿”“为自己弄到某种东西”，还有担心、害怕等意思。但在这里它是作为生存论术语，专门来标识一种可能的在世界中之存在的。可以说，“操劳”是此在朝向世界而存在、与世界相关联的方式。“……此在的向世之存在本质上就是操劳。”[②]

需要指出的是，海德格尔将此在的向世存在当作操劳来把握，往往给人一种感觉，仿佛他把此在的在世界中存在首先了解为实用性的，然而这是一种误解。“我们选用这个名称倒不是因为此在首先与通常是经济的和‘实践的’，而是因为应使此在本身的存在作为‘操心’（sorge）映入眼帘。”[③]不难看出，“操心”仍然是一个存在论概念，但是与操劳明显的朝向世界的存在特性不同，“操心”与此在生存性的情绪有关，它并不指向确定的对象，然而，它却是存在论上更为基本的结构概念。“这个词同在每一个此在的存在者层次上都可以发现的‘沮丧’和‘生计操劳’完全不是一回事。只因为此在存在论上被领会为操心，所以诸如此类的东西以及反过来像‘无忧无虑’和‘欢快’这样的东西在存在者层次上才是可能的。”[④]

如上所述，此在的在世界中存在的方式，不是如一个现成存在者在空间上处于另一现成存在者之中，而是“操劳”，是“居而寓于……”“同……相熟悉”，是同某某东西打交道，是制作、安排、利用、放弃某某东西以及诸如此类。可以说，此在以这种“在之中”的方式与之发生关系的存在者就是世界。与前面说到的第一种意义的“世界”概念平行，但又有根本不同，海德格尔对自己的世界概念作了如下的初步界定：

---

① 马丁·海德格尔：《存在与时间》，陈嘉映等译，生活·读书·新知三联书店1999年版，第66页。
② 马丁·海德格尔：《存在与时间》，陈嘉映等译，生活·读书·新知三联书店1999年版，第67页。
③ 马丁·海德格尔：《存在与时间》，陈嘉映等译，生活·读书·新知三联书店1999年版，第67页。
④ 马丁·海德格尔：《存在与时间》，陈嘉映等译，生活·读书·新知三联书店1999年版，第67页。

世界还可以在另一种存在者层次的意义下来了解，这时，它不被了解为本质非此在的存在者和可以在世界之内照面的存在者，而是被了解为一个实际上的此在作为此在“生活”“在其中”的东西。世界在这里具有一种先于存在论的生存上的（existenzielle）含义。在这里又有各种不同的可能性：世界是指“公众的”我们世界（wir-welt）或是指“自己的”而且最近的“家常的”周围世界（umwelt）。①

从上述规定中我们可以看到如下要点：第一，海德格尔是在存在者的层面上使用世界概念的，但与传统本体论所处理的现成存在者以及现成存在者的总体不同。第二，世界是由此在和作为“操劳”的、此在的“在之中”来规定的。世界是此在生活在其中的东西。在其他地方，海德格尔曾经强调，只有此在有世界，只有此在以在世界中的方式存在。第三，其他不是此在的存在者与世界的关系是，它们是在世界内（innerweltlich）而不是在世界之中的。它们并不就是世界本身，尽管如我们将会看到的，要了解世界的存在方式，就离不开对这些世内存在者存在方式的考察。第四，作为此在日常存在于其中的东西，世界总是已经对此在的生存性理解有所敞开，日常此在对世界之中的存在者有所作为时，总是已对世界有所领会。但是，这种领会还不是从存在论角度对世界的存在方式的专门研究，因而是前存在论的（vorontologisch）。它是生存性的（existenzielle），因为它与此在日常生存中的具体选择有关，但它不是生存论的概念。这种从存在论、生存论角度专门探讨世界的存在方式的研究，旨在揭示世界之为世界，它是哲学家的工作，而非普通人日常生活所面对的问题。第五，从大的方面讲，世界有两种可能性：“公众的”我们世界和最切近的“家常的”周围世界。

当然，这还只是对世界概念的初步界定，它只是大致确定了世界与此在和其他存在者的关系，指出了它不同的可能性，并暗示了通达世界的途径——此在通过日常存在对存在者的作为，总是已经以对世界前存在论理解为基础，但这还不算是从现象学上明确揭示出世界现象。切中世界现象本身并从存在论上把握世界之为世界的工作，要通过考察世界之中的存在者以及它们的存在结构的途径来完成。

（四）世界现象、世界之为世界、在世界中的他人

让我们先从周围世界入手。海德格尔强调，此在在世界中的操劳乃是比理论静观更加原始的存在方式：

① 马丁·海德格尔：《存在与时间》，陈嘉映等译，生活·读书·新知三联书店1999年版，第76页。

> 认识本身先行地奠基于“已经寓于世界的存在中”——而这一存在方式在本质上组建着此在的存在。这种“已经依寓”首先不仅仅是对一个纯粹现成的东西的瞠目凝视。在世作为操劳活动乃沉迷于它所操劳的世界。为了使对现成事物的观察式的规定性认识成为可能，首须“操劳着同世界打交道”的活动发生某种残断。①

按照这种思路，海德格尔选择了通过操劳活动、而非通过理论静观出现的存在者作为开始之处。这样的存在者绝不是传统本体论所谓“当下给定的”中性的赤裸的“物”，也不是被武断地认定必然具有价值的物，因为二者都是从某一既定的理论预设出发得出的，这些理论预设都错过了原始的在世存在——操劳，因而它们所了解的存在者概念已经是第二性的了。那么，在操劳活动中出现的存在者究竟是什么？对此海德格尔作出了明确规定：“我们把这种在操劳活动中出现的存在者称为用具。在打交道之际照面的是书写用具、缝纫用具、加工用具、交通用具、测量用具。”②

把操劳所涉及的存在者界定为用具，这似乎不难理解。但这仅仅是开始，关键的问题是要揭示用具这样一种存在者的存在方式，以便最终能够把握世界之为世界。首先，用具不可能孤立存在，它总是以属于一个用具整体的方式存在。“用具本质上是一种‘为了作……东西’。有用、有益、合用、方便等都是‘为了作……用’的方式。各种各样的方式就组成了用具的整体性。在这种‘为了作’（Um-zu）的结构中有着从某种东西向某种东西的指引。”③指引牵连出用具的相互依附关系，它构成用具的整体性。“用具的整体性一向先于个别用具就被揭示了。”④

对用具的操劳活动就是与之打交道，也就是使用用具。“在这种使用着的打交道中，操劳使自己从属于那个对当下的用具起组建作用的‘为了作’。对锤子这物越少瞠目凝视，用它用得越起劲，对它的关系也就变得越原始，它也就越发昭然若揭地作为它所是的东西来出现，作为用具来出现。”⑤此在在世界中操劳着与之打交道的用具，其存在消散（aufgehen）于操劳活动而不被专门关注，这种存在方式被海德格尔称为上手的存在状态（Zuhandenheit）；相反，当存在者被以专注的方式把握时，它的存在方式被称为现成在手的存在状态（Vorhandenheit）。后面我们将会看到，海

① 马丁·海德格尔：《存在与时间》，陈嘉映等译，生活·读书·新知三联书店1999年版，第72页。
② 马丁·海德格尔：《存在与时间》，陈嘉映等译，生活·读书·新知三联书店1999年版，第80页。
③ 马丁·海德格尔：《存在与时间》，陈嘉映等译，生活·读书·新知三联书店1999年版，第80页。
④ 马丁·海德格尔：《存在与时间》，陈嘉映等译，生活·读书·新知三联书店1999年版，第81页。
⑤ 马丁·海德格尔：《存在与时间》，陈嘉映等译，生活·读书·新知三联书店1999年版，第81页。

德格尔以这两种存在方式作为参照，来探讨艺术作品不同于二者的、独特的存在方式。

与对现成在手东西的“瞠目凝视”不同，操劳有着自己特有的“视之方式”。“同用具打交道的活动使自己从属于那个‘为了作’的形形色色的指引。这样一种顺应于事的视乃是寻视（Umsicht）。”[①]打交道的活动、操作的活动正是由这种寻视来引导的。

有了这些准备，我们现在就可以讨论世界本身了。必须承认，世界是一个存在者，但它绝不是世界之中的一种存在者，它也不是由世界之中的存在者叠加起来的总体，它甚至不是由上手的存在者所“组成”的。那么世界究竟是什么？正如此在在日常生活中的具体选择总是基于它已经有的某种对存在的理解，此在对世界之中存在者的操劳也总是基于对世界的先行领会。“任何操劳向来都已经如其所是地依据于对世界的熟悉。”“寻视操劳可以通达世内上手的东西。但凡在通达之际，世界总已经先行开展了。”而且，“它先于一切确定和考察，就在‘此’之中”[②]。不过，这仍然只是从世界同世界之中存在者的关系上对世界所作的初步说明，我们还没有触及世界在何种契机下显现自身这个关键性问题。的确，尽管此在与世界之中的存在者打交道并预设了关于世界的理解，但当此在沉迷于上手的东西之际，在它得心应手地使用着称手合用的用具时，世界本身却不跳到前台。当用具坏损、不合用、碍事，从而引起特别关注时，它们的上手状态也随之变为现成在手状态，只有在这种情况下，用具始终所属的、由“为了作”的指引来规定的用具网络整体才突然变得显著起来。就是说，正是用具上手状态的突然丧失使操劳的寻视被戛然打断，而这反而凸现了平时未曾被明确意识到的、上手事物的存在结构——用具网络整体。“而世界就随着这一整体呈报出来。”[③]

存在者之间总有一定的关联方式。从不同的理论预设出发，可以在现成在手的存在者之间建立不同的关联。但世界之中上手的存在者的关联并不是基于理论预设而建立的范畴性关联，而是基于此在对其在世界中存在的理解的指引性关联。“上到手头的东西的存在具有指引结构，这就是说：它于其本身就具有受指引的性质。存在者作为它所是的存在者，被指引向某种东西；而存在者正是在这个方向上得以揭示的。”[④]我们已经在“为了作”中对指引有所认识，现在进一步来看指引如何揭示着上手存在者的存在：“一事因其本性而缘某事了结。”换言之，就是一个（上手的）存在者依自身（所是）而向某东西中尽其功用。上手的东西的存在性质就是

① 马丁·海德格尔：《存在与时间》，陈嘉映等译，生活·读书·新知三联书店1999年版，第82页。
② 马丁·海德格尔：《存在与时间》，陈嘉映等译，生活·读书·新知三联书店1999年版，第88页。
③ 马丁·海德格尔：《存在与时间》，陈嘉映等译，生活·读书·新知三联书店1999年版，第88页。
④ 马丁·海德格尔：《存在与时间》，陈嘉映等译，生活·读书·新知三联书店1999年版，第98页。

“因缘”，或曰用向关联（Bewandtnis）。某东西的用向关联让其依某事而向另一事中尽其功用（es hat mit ihm bei etwas sein Bewenden）。例如：锤子的“因缘”或用向关联让它依其本性而向锤打中尽其功用；依锤打而向修固中尽其功用；依修固而向防风避雨中尽其功用。可以看出，用向关联的每一个“阶段”所朝向的终点都是一定功用为之服务的目的，而这又是为下一个目的服务的起点。我们所说的上手存在者的指引关联就是用向关联中的“依……向……”（mit... bei...）的关联。从存在论的层面上来看，“用向关联乃是世内存在者的存在：世内存在者向来已首先向之开放(freigeben)。存在者之为存在者，向来就有用向关联。如此的存在者有着‘依……向……尽其功用’这样的用向关联，这是这种存在者存在论规定，而不是关于存在者的某种存在者层次上的规定”[①]。我们根据上面所说的锤子的情况还可以看到，用向关联总是一个整体，它“构成了在一个工场中上到手头的东西的上手状态”。而这种整体性总是先于个别的用具被展开的。

在实际的操劳中，此在可以让某个上手的东西根据其本性向某事中尽其效用。但这只是存在者层面的“让存在”。对这个层面的“让存在”进行存在论的解释可以使我们看到，此在实际地让某东西根据其本性存在的可能性条件在于，世界之中切近的上手存在者先行开放——一种先行的“让存在”。这种先行的“让存在”并不是指把某物制造出来，“而是说就其上手状态把向己‘存在者’揭示（entdecken）出来，从而让它作为具有上手存在方式的存在者来出现”[②]。而只有每一个上手存在者都作为上手存在者被开放出来，才算是在存在论上把握的“让依用向关联存在”。

上述的“先行让存在”描述的是此在本身的存在方式。先行让存在又意味着先行揭示用向关联整体。这个用向关联整体导向哪里？它又如何被揭示出来？我们前面已经看到，用向关联同功用及其所用于的目的有关，每一个“阶段性”目的又指向下一个“阶段性”目的，这种指引过程所构成的用向关联整体最终指向“何所用”。这种“何所用”是用向关联的终结，因为它就是此在本身。“这个首要的‘何所用’不再是为了什么，不是用向关联的某个可能的向其中尽功用的东西。首要的‘何所用’乃是一种‘为何之故’（Worum-willen)。这种‘为何之故’却总同此在的存在相关，这个此在在本质上就是为存在本身而存在。我们这样就提示出：用向关联结构导向此在的存在本身，导向这种本真的、唯一的‘为何之故’。”[③]此在先行的对用向关联整体的揭示，包括了对用向关联最终导向此在这回事的理解或领会。这就再一次具体地说明，“作为在世界之中的存在，此在先于存在论就领会着自身”。

① 马丁·海德格尔：《存在与时间》，陈嘉映等译，生活·读书·新知三联书店1999年版，第98页。译文略有改动，原译本中的“因缘”此处试改译为“用向关联”。
② 马丁·海德格尔：《存在与时间》，陈嘉映等译，生活·读书·新知三联书店1999年版，第99页。
③ 马丁·海德格尔：《存在与时间》，陈嘉映等译，生活·读书·新知三联书店1999年版，第99页。

在这种先于存在论的领会中，此在对“为何之故”有所领会——此在为“能存在”之故而存在。当然，“这种能存在可能是言明地也可能是未言明地得到把握的，可能是本真的也可能是非本真的”[①]。但无论怎么样，这种理解或领会将此在指引到某种“为了作”。而这种“为了作”则先行标画出用向关联的某个“阶段性”目的，以及与之有着结构性关联的“所依”。至此，我们已经接近我们所要把握的世界概念，即此在在其中理解自身的那个东西：

> 此在以自我指引的样式先行领会自身；而此在在其中领会自身的“何所在”，就是先行让存在者向之出现的“何所向”。作为让存在者以用向关联存在方式来出现的“何所向”，自我指引着的领会的“何所在”，就是世界现象。而此在向之指引自身的“何所向”的结构，也就是构成世界之为世界的东西。[②]

这就是说，世界是此在在其中理解自身的东西，也是此在让世界之中的存在者根据用向关联从其中获得意义的东西。它对于理解和基于理解的操劳来说是在先的(a priori)，但这种“在先”绝不是如一个房间先在那里等人去住意义上的在先。此在的理解是以自我指引的方式进行的，指引不是任意的，而是以一定的关联方式进行，这种关联由“为何之故”最终指向此在的存在。这种指引关联就是此在在其中理解自身的东西，也是世内存在者的存在依之得到规定的东西。世界就是这个作为理解条件的指引关联，而它的先在性是作为条件的先在性。

在世界中存在的此在总是已经熟悉这个作为指引关联的世界。不过，这种熟悉是前存在论的，也就是说，还没有从存在论角度把握其结构。然而，从存在论角度阐明世界之为世界，却要基于此在对世界的前存在论的熟悉。因为，“在这样的熟悉地自持于其中之际，领会就把上述关联保持在自己面前，作为自己活动于其中的东西”。于是，根据这种领会，我们就能确定指引关联的本性。海德格尔把它叫作“赋予含义”(be-deuten)。他解释道：

> 在熟悉这些关系之际，此在为它自己“赋予含义”，它使自己原始地就其在世来领会自己的存在与能存在。“为何之故”赋予某种“为了作”以含义；“为了作”赋予某种“所用”以含义；“所用”赋予用向关联的“何所向”以含义；“何所向”赋予用向关联的“何所依”以含义。[③]

① 马丁·海德格尔：《存在与时间》，陈嘉映等译，生活·读书·新知三联书店1999年版，第101页。
② 马丁·海德格尔：《存在与时间》，陈嘉映等译，生活·读书·新知三联书店1999年版，第101页。
③ 马丁·海德格尔：《存在与时间》，陈嘉映等译，生活·读书·新知三联书店1999年版，第102页。

通过这种赋予含义，指引关联的结构被勾画出来，而这种含义的关联结构的整体被海德格尔称作意蕴（Bedeutsamkeit）。它即是构成世界之为世界的东西。

我们看到，海德格尔首先从操劳入手分析了此在在世界之中的存在。他的分析使我们了解了此在如何根据自己对指引关联的熟悉，将周围世界内的存在者首先揭示为上手的用具。然而，此在在世界中不仅以操劳的方式存在，在世界中遭遇的也不仅是上手的和现成在手的存在者，在世界中我们还遇到他人。“他人随同在劳动中使用的用具‘共同出现’了，而‘工件’就为这些他人而设。”[①]而他人是与我们一样以此在方式存在的存在者。世界向来总是我和作为其他此在的他人共同分有的世界。“此在的世界是共同世界。”因而，所谓“在世界中存在”必然是与同样作为此在的他人共同存在。共在是此在存在的基本建构，它从生存论角度规定着此在。作为生存论规定，共在并不依赖他人的现实而站在眼前。即使当此在独处之时，它也是在世界中共在。“独在是共在的一种残缺形式，独在的可能性恰是共在的证明。”[②]如果说，此在以操劳的方式与世界之中上手存在者打交道，那么，它与他人共在的方式就是操持（Fürsorge）。同操劳一样，操持也是描述生存论结构的术语。作为操持的实例，海德格尔举了社会福利事业，而“互相怂恿、互相反对、互不需要、陌如路人、互不关心”也都作为残缺样式被归入操持。稍后我们将会看到，操劳（Besorge）和操持都奠基于对此在更基本的存在规定——操心（Sorge）。

在涉及周围世界时我们看到，作为世界之为世界的意蕴最终指向此在本身的存在。此在为其本己的存在之原因而存在。但既然共在亦属于此在的存在，“此在作为共在在本质上是为他人之故而‘存在’”。“共在就是生存论上的‘为他人之故’；在这样的共在之中，他人亦在其此在中展开了。因而，他人的这种先行以及共在组建起来的展开也参与构成意蕴。也就是说，参与构成世界之为世界，因为世界之为世界是在生存论上的‘为何之故’中确定下来的。”[③]

然而，在日常与他人共处中，人总为自己与他人的差别操心。这种差别是由他的所作所为来衡量——“他们是他们所从事的东西”。这样，此在在日常与他人共处的存在中失去了自己的存在，它总是在不知不觉中服从他人的统治。但这个“他人”不是某个具体的人，也不是抽象的所谓“大写的人”。“这个‘谁’是中性的：常人。”需要注意的是，所谓“此在受常人主宰”并不是指此在存在的某种非常状态。常人代表着存在的平均状态。“常人是一种生存论环节并作为原始现象而属于此

① 马丁·海德格尔：《存在与时间》，陈嘉映等译，生活·读书·新知三联书店1999年版，第136页。
② 马丁·海德格尔：《存在与时间》，陈嘉映等译，生活·读书·新知三联书店1999年版，第140页。
③ 马丁·海德格尔：《存在与时间》，陈嘉映等译，生活·读书·新知三联书店1999年版，第143页。

在之积极状态。”[①]日常此在绝难摆脱的存在状态就是作为常人的生活。因而，常人不是此在以外的东西，而正是日常生活中的此在自己。此在本真的自己当然不是常人，但本真的自己并不是日常生活中此在最原始的现象。“我首先是从常人方面而且是作为这个常人而‘被给与’我‘自己’的。”[②]

（五）对此在之“此”的生存论分析

到这里为止，海德格尔对此在在世界之中存在的现象学描述，主要是从世界的方面来进行的。然而，对此在存在的描述还要针对此在的“此”，也就是此在所在的“这里”或“那里”。但这里要关注的不是此在在“此”对存在者的揭示活动，而是“此”之在如何展开（erschlieβen）其存在的整体。也就是说，我们在这里要集中搞清，此在如何敞开决定着其揭示活动的、但在揭示活动中又没意识到的东西——它存在的整体。此在如何展开其存在的整体？不是靠理论思辨，不是靠专门的研究考察，而是靠它的“此”之在。实际上，此在在其实际生活中从不有意识地展开什么，但在其“此”之在中，此在总是已经展开了其存在。如果我们把此在对存在的展开叫作展开状态（Erschlossenheit），那么可以说“此在就是它的展开状态”。这种展开状态就是此在之“此”的生存论建构，包括：现身情态、领会和话语。

一种在存在者层面上为我们所熟知的东西——情绪，被海德格尔从存在论角度了解为“现身情态”（Befindlichkeit）。作为存在论术语，现身情态并不是心理学用来描述人的主观心理活动的概念，它首先说的是这样一种生存现象，即“此在总已经是有情绪的……在情绪中此在被带到它作为‘此’的存在面前来”[③]。这意味着它构成此在存在的一种展开状态，在这种状态中此在“总已经发现自己，不是那种有所感知地发现自己摆在眼前，而是带有情绪的自己现身”[④]。此在在现身情态中发现自己存在着，但对自己从哪里来、到哪里去并不清楚。“此在存在着”，“且不得不在”，这个被给予的实际情况称为此在的“被抛境况”（Geworfenheit）——此在被抛入它的“此”，而且还在不断的被抛过程中。这里说的情绪不是指产生于内心的东西；作为现身情态，“情绪是从在世本身中升起来的”，情绪已经把此在在世界中的存在的整体展开了，也就是说，作为现身情态，情绪不是针对某个存在者的，不是针对张三李四，或者针对此在自己的；情绪透露的是此在的存在整体的“消息”，而

---

① 马丁·海德格尔：《存在与时间》，陈嘉映等译，生活·读书·新知三联书店1999年版，第150页。
② 马丁·海德格尔：《存在与时间》，陈嘉映等译，生活·读书·新知三联书店1999年版，第151页。
③ 马丁·海德格尔：《存在与时间》，陈嘉映等译，生活·读书·新知三联书店1999年版，第157页。
④ 马丁·海德格尔：《存在与时间》，陈嘉映等译，生活·读书·新知三联书店1999年版，第157页。

这种存在整体的“消息”，在我们关注存在者时是被“封锁”的——此时我们的意识使存在者是其所是的存在。只是在现身情态中，此在存在的被抛的实际性（Faktizität）才向我们敞开。当然，连同此在被抛境况一起被展开的，还有此在被抛入于其中的世界以及在世界中的共同此在。“世界、共同此在和生存是被同样原始地展开的，现身是它们的这种同样原始的展开状态的一种生存论上的基本方式，因为展开状态本身本质上就是在世。此外，还必须看到，先前对世界之为世界的把握虽然仍具有其有效性，但在现身情态的展开中，我们进一步认识到，此在在世界中寻视操劳地揭示存在者的活动总已经是带有情绪的。

此在的另一种展开状态是领会或理解（Verstehen）。需要注意的是，这里的领会不是指先验唯心论所说的心灵的理智能力。它不是指可以抽象地同感性能力分开的、单纯的逻辑判断活动，而是此在“此”之在的方式，它同现身情态一同根植于生存，因而同情绪始终交织在一起。“现身向来有其领会，即使现身抑制着领会。领会总是带有情绪的领会。”[①]任何明确的解释和判断都只不过是对总已经发生的领会的梳理与挑明。

此在在世界中生存于“此”，也把世界带到“此”。世界作为指引关联由“为何之故”最终指向这个在“此”的存在。领会根据“为何之故”与世界的意蕴相熟悉，作为此在的展开状态，领会也就展开“为何之故”和意蕴。而当这些方面被展开的时候，此在便意识到它的在世界中存在是为它自己的存在之故。领会就此将此在的存在展开为“能存在”。也就是说，此在能够生存，并且此在依其生存可能性去是它所能是。此在的可能性不是逻辑的可能性而是生存的可能性。这种可能性不是漫无边际的，而是受它被抛的实际性限定的。基于这种实际性，“领会总是突入诸种可能性之中”，也就是说，领会把可能性作为可能性抛投向前，选择某种可能性，并同时不得不放弃其他可能性，而这就是此在的存在方式。因此可以说，领会具有筹划的性质（Ent-wurf，意向前抛），领会展开了此在筹划的存在方式。“并且，作为被抛者，此在被抛入筹划（前抛）的存在方式中。”（Und als geworfenes ist das Dasein in die Seinsart des Entwerfens geworfen.）

此在展开状态的生存论建构的第三个环节是话语（Rede）。“话语是可理解性的分环勾连。”“话语同现身、领会在生存论上同样原始。”阐明领会的解释以及基于解释的判断都以话语为条件。并且，“现身在世的可理解性也由话语道出”[②]。

以上就是此在之展开状态的三个生存论建构。我们知道，此在在日常状态的存在中被常人主宰——“此在首先被抛入常人公共意见之中”。在这种状态下，此在的

---

① 马丁·海德格尔：《存在与时间》，陈嘉映等译，生活·读书·新知三联书店1999年版，第166页。
② 马丁·海德格尔：《存在与时间》，陈嘉映等译，生活·读书·新知三联书店1999年版，第188页。

领会、解释与话语的展开状态表现为闲言、好奇与两可。日常此在除了被抛入常人的公众意见，还被抛入周围世界并寓居于世界之中的存在者之间，此在操劳着沉迷于“世界”。此在总是倾向于消散在“世界”及常人中，海德格尔把这称为此在的“沉沦”（Verfallen）。在这里，沉沦是存在论的术语，而非伦理概念。它所展开的是作为“能在”的此在的一种可能的存在方式，我们将会看到，与此在本真的存在方式相对，沉沦是此在非本真的存在方式。

（六）操心、时间性

至此，海德格尔已经从各个不同方面揭示了此在“在世界中存在”的生存论建构。但下一步还需要把握这些方面所构成的整体结构。可以用一句话把此在日常存在的整体结构概括为：“沉沦着开展的、被抛并筹划着（前抛着）在世，这种在世为本己的能在而‘寓世’存在和共他人存在。”

然而，仅仅这样把这些不同方面聚合在一起，还不足以从现象学角度把握这种存在整体结构的本质。海德格尔问道：“能不能统一地崭露出此在之存在而同时又从这种统一的此在之中使已经展示的诸结构在本质上的同等原始性得到理解，而且使隶属于其下的生存论变式的诸种可能性也一道得到理解？”[①]这里，海德格尔希望通过此在存在的“一种原始统一的单一现象”一揽子展开此在的本真存在，而不仅仅是展开此在的日常存在。一旦达到这个目的，则日常存在的整体结构的统一性也自然会一起得到理解。

受克尔凯郭尔启发，海德格尔从畏（Angst）这种现身情态入手来进行这一工作。畏很容易被混同于怕，但二者有着层次上的不同。怕的对象是有害的存在者，但畏所关涉的却不是某个世界之中的存在者，而是在世本身：“畏之所畏者是被抛的在世；畏之所为而畏者是能在世。”[②]在畏这一现身情态中，此在日常消散于其中的存在者不再露面，只剩下此在的能在及失去关联的世界，此在体验到无处安身的焦虑（Unheimlichkeit）。此在被从它的沉沦中招回到自己本真的存在面前，必须面对“此在总是我的此在”这一本真状态。而沉沦本来恰恰就是对这一本真存在的逃避——此在沉迷于世界之中的存在者并按照通行标准生活，怕就是这种状态下的情绪，因而是属于沉沦的一种现身情态。可以看出，畏这一现身情态将此在的本真状态和非本真状态一同展开。“据此，畏的整个现象就把此在显示为实际生存在世的存

① 马丁·海德格尔：《存在与时间》，陈嘉映等译，生活·读书·新知三联书店1999年版，第210页。
② 马丁·海德格尔：《存在与时间》，陈嘉映等译，生活·读书·新知三联书店1999年版，第221页。

在。这一存在者的诸基础存在论性质就是生存论性质、实际性与沉沦。”[①]

此在的生存论性质是指此在的领会的存在建构。“这种领会即是向最本己的能在筹划自身的存在。”筹划是面向未来而进行的，因而“此在在其存在中已经先行于它自身了”。实际性指的是此在的被抛，它限制着筹划。沉沦即前面说过的、此在消散于常人和世内存在者中。现在我们可以根据畏的展开把此在之存在的整体结构重新表述为：“先行于自身已经在（世）的存在就是寓于（世内出现的存在者）的存在。”对此，海德格尔用操心这个生存论术语来加以描述。操心绝不是指任何存在者层面的心理状态，而是此在存在的多个环节结构的统一。“因为在世本质上就是操心，所以在前面的分析中，寓于上手事物的存在可以被把握为操劳，而与他人的在世内出现的共同此在共在可以被把握为操持。”[②]

操心因其“先于自身”这一环节总是指向未来的可能性，而属于此在的最极端的未来可能性就是“不可能性的可能性”，即死亡。这使我们看到我们的生存是朝向死亡的存在。此在是有限的存在者。

我们说过，日常此在绝难摆脱沉沦这种非本真的存在而直面自己的本真存在。只有极少数的契机把此在带回到自己本真的存在中。良知的呼唤便是这样的契机。良知的呼唤打断此在对“世界”的沉迷，使此在日常所根据的意蕴突然坍塌；它暂停了此在作为常人生活的状态，召唤此在使之面向它本己的存在。但良知的呼唤不是从“我”以外的地方来的，否则就算不上良知。良知的呼唤从“我”自身发出。但在另一方面，它又超于我——它超越了作为常人的我，使我将平日所遵从的常人标准视为粪土。“呼声出于我而又逾越我。”[③]而被呼唤的此在从中领会到自己的罪责。海德格尔强调，这些都不能作宗教或伦理的理解，而必须从存在论上来把握。“良知的呼唤出于我”，而“我”作为此在的存在就是操心，因而“呼声是操心的呼声”。此在之所以把它自己发出的呼声理解为一种存在论上的罪责，就是因为发出这一呼声的操心作为生存（筹划）、实际性（被抛）和沉沦的统一始终被不的状态（Nichtigkeit）所贯穿。

> 作为存在者，此在是被抛的此在，但却不是把它自身带入它的“此”。作为存在者，此在被规定为这样一种能在：它听到了它自身，但却不是作为它自身把自己给予本己。生存着的此在从不回到其被抛境况后面去，以便能把这一“它存在，且不得不存在”从它的自身存在割舍掉并把它引入“此”。但被抛境

---

① 马丁·海德格尔：《存在与时间》，陈嘉映等译，生活·读书·新知三联书店1999年版，第221页。
② 马丁·海德格尔：《存在与时间》，陈嘉映等译，生活·读书·新知三联书店1999年版，第222—223页。
③ 马丁·海德格尔：《存在与时间》，陈嘉映等译，生活·读书·新知三联书店1999年版，第315页。

> 况并非挂在此在身后好似随此在发生的、事实上落到此在身上却又能从它身上脱落的时间。实则只要此在存在，此在作为操心就总是它的“它存在且不得不存在”。[①]

这意味着，如果要追问此在的根据，我们就只能得到这样的回答：“此在生存着就是它能在的根据……它向着它被抛的种种可能性筹划。自身之为自身不得不为自身设置它的这种根据；这自身却绝不能控制这根据，而是不得不生存着接受根据性的存在。”[②]这一系列的不，同样是聆听自己操心呼声的此在就“作为……的根据存在”这种问题所领会的不，而这也就是所谓罪责。可以说，对呼声的领会就是直面此在自身的根据本是无底深渊（Abgrund）这一实情。海德格尔的这一结论无疑已经严重挫伤了形而上学对于根据的持久热情，尽管从后期海德格尔的高度来看，这种挫伤还不够彻底。

“领会召唤就等于说：愿有良知。”愿有良知意味着承担起生存的重负。这里所谓生存的重负就是，生存着成为自身能在之根据。这种重负通过畏公开出来。此在在畏之中承受着自身的无家可归。无家可归状态是无声的，因而良知的呼唤乃是默默的呼唤。海德格尔把包含在愿有良知之中的、此在的这种突出的展开状态（Erschlossenheit），即“缄默的、时刻准备畏的、向着最本己的罪责存在的自身筹划”，称作决心（Entschlossenheit）。本真的决心就是先行到死，此在因而展开了自身本真的整体能在——必死性必然包含在此在生存的原始真理之中。可以说，先行到将来的决心把死亡这一此在最本己的可能性保持在生存的整体真理之中，从而使得同在这一真理之中的、此在本真的曾在与当前，都浸润着此在之必死性的底色。正是先行到将来的决心展开着本真的曾在与当前处境。

至此，海德格尔已经做好了一切准备，可以将此在的生存通过操心结构统一地把握为原始的时间性了：

> 从将来回到自身来，决心就有所当前化地把自身带入处境。曾在源自将来，其情况是：曾在（更好的说法是：曾在着的）将来从自身中放出当前。我们把如此这般作为曾在着的有所当前化的将来而统一起来的现象称作时间性。只有当此在被规定为时间性，它才为它本身使先行决心的已经标明的本真的能在整体存在成为可能。时间性绽露为本真的操心的意义。[③]

---

① 马丁·海德格尔：《存在与时间》，陈嘉映等译，生活·读书·新知三联书店1999年版，第325页。
② 马丁·海德格尔：《存在与时间》，陈嘉映等译，生活·读书·新知三联书店1999年版，第325页。
③ 马丁·海德格尔：《存在与时间》，陈嘉映等译，生活·读书·新知三联书店1999年版，第372页。

海德格尔提醒我们注意，时间性不是现成的存在者，“时间性不存在”，时间性只不断地到时（zeitigen）。所谓“操心的三个环节统一于时间性”，意味着生存论性质（筹划）、实际性（被抛）和沉沦都分别以各自的方式到时。

> 将来、曾在与当前显示出“向自身”“回到”“让出现”的现象性质。“向……”“到……”“寓于……”等现象干干脆脆地把时间性公开为ekstatikon。时间性是原始的、自在自为的“出离自身”本身。因而我们把上面描述的将来、曾在、当前等现象称作时间性的绽出。……时间性的本质即是在诸种绽出的统一中到时。①

既然此在存在的操心结构最初统一于时间性，既然时间性意味着在诸种绽出的统一中到时，那么从相反的方向看，此在存在的各环节的本真与非本真的样态，都应该看作本真时间性与非本真时间性的不同到时方式。“原始本真的时间性的首要现象是将来。非本真时间本身有其不同的到时样式；将来所拥有的优先地位将与此相应而有所改观，但这种优先地位还会在衍生的‘时间’中浮现出来。”②概括地说，本真的时间性在操心的三个环节，即领会、现身与沉沦中的到时方式，分别是先行、重演和眼下，非本真时间性在这些环节中的到时方式分别是期备、遗忘和当下化。

在此基础上，此在的历史性被了解为此在生存的实际发生（geschehen）或“演历”，而不是作为现成存在者的人的过去的故事。由于此在生存的操心结构统一于时间性，因此，历史性必然要通过时间性而得到理解。于是，此在本真的历史性与本真的时间性相对应，首先基于先行到死的决心“自由地面对死”。不仅如此，此在在本真的历史性中还要从直面自己的必死性而返回到自身的当下处境，有决心地重演从过去流传下来的生存的可能性。“本真地重演一种曾在的生存可能性——此在为自己选择自己的英雄榜样——这在生存论上根据于先行的决心，因为只有在先行的决心中，使追随和忠实于可重演之事的斗争成为自由的这样一种选择才被首先选择出来。”③这样此在的本真的历史性作为生存的原始发生或演历就意味着：“此在在这种原始演历中自由地面对死，而且借一种继承下来的、然而又是选择出来的可能性把自己承传给自己。”④在海德格尔看来，我们所说的命运在根本的意义上就应该指这

① 马丁·海德格尔：《存在与时间》，陈嘉映等译，生活·读书·新知三联书店1999年版，第374—375页。
② 马丁·海德格尔：《存在与时间》，陈嘉映等译，生活·读书·新知三联书店1999年版，第375—376页。
③ 马丁·海德格尔：《存在与时间》，陈嘉映等译，生活·读书·新知三联书店1999年版，第436页。
④ 马丁·海德格尔：《存在与时间》，陈嘉映等译，生活·读书·新知三联书店1999年版，第436页。

种此在的原始演历。至于另一个意义相近的词——“天命”，则指此在与他人共在的演历。在另一方面，此在的生存总是在世界中存在。因此，“历史的演历是在世的演历。此在的历史性本质上就是世界的历史性，而世界根据绽出视野的时间性而属于时间性的到时”。由于世界与此在统一于生存，所以世界历史就意味着世界的演历以及世内存在者的演历。

至此，海德格尔终于完成了将此在存在真正领会为时间性的到时的工作。但存在问题并未得到解决。因为这里的时间性还只是此在生存的时间性，在这个意义上我们只能说时间是此在的存在之领会的视域，或者说只有通过与我们的存在本质同源的时间性，存在才成为可理解的、存在的意义才能被我们领会，但这个时间性对通达存在本身到底能有多大帮助？对此海德格尔毫无把握。在《存在与时间》这部未完成的著作的结尾部分，他问道：“时间是否公开自己即为存在的视野？”[①]

二、艺术作品的存在与真理的发生

（一）此在生存解释学的局限与艺术问题的提出

通过以上概述，我们已经大致了解了海德格尔企图借此在的存在领会、此在的时间性来把握存在的意义的思路。必须承认，海德格尔运用解释学现象学对此在在世生存的描述，较之传统形而上学的抽象更加贴近我们生存的实际情况。然而，这毕竟只是一幅围绕着此在的生存而展开的图景，仅就这一点而言，我们就不能说它是事情的全部。此在的存在之领会与存在本身之间、此在存在的时间性与存在意义的所谓时间状态之间隔着一道难以逾越的鸿沟。这种局限恐怕要归咎于海德格尔在《存在与时间》中所倚重的方法——此在生存的解释学。这种解释学倾向于从存在论的肯定方面来规定人生此在，即突出其存在。[②]当然，不可否认的是，在畏以及愿有良知等本真的存在的展开状态中，无的经验的确也曾得以浮现。[③]但由于这里的核心是此在，是此在基于本己的能在而偏向着未来这一时间向度进行的筹划，因而在《存在与时间》中，无论是存在者的存在还是无，都暗中基于此在的意志——在前一种情况下，此在让存在者根据意蕴存在，而意蕴则是围绕“为此在自身存在之故”这一意志而联结起来的。在后一种情况下，无显现为意蕴的消失、世界的赤裸，而

① 马丁·海德格尔：《存在与时间》，陈嘉映等译，生活·读书·新知三联书店1999年版，第494页。
② 参见伽达默尔《海德格尔之路》，英文版，纽约州立大学出版社1994年版，第97页。
③ 参见奥托·帕格勒《马丁·海德格尔的思想之路》，英文版，Humanities Press International, 1987年，第169页。

这无疑是出自此在的"愿有良知"或决心这种意志。[①]这些都不能不说是海德格尔在写作《存在与时间》时未能全部抛弃的形而上学残余，它们妨碍了对存在问题追问。进入20世纪30年代，海德格尔开始思考这些局限。他充分意识到，自己早期对存在的追问还未脱离先验主体主义的窠臼，仍将存在的意义奠基于此在的生存，而这种做法必然带有他所要克服的形而上学的弊端，如若滞留于此，则他在追寻存在本身的路上必将半途而废。正是因为有了这样的认识，他才开始了所谓"转向"(Kehre)，即放弃了借解释对此在的存在的领会来通达存在的进路，而试图直接从存在本身、存在的真理开始。从这时起，我们更多听到的是存在者之真理作为无蔽而被经验为事件性发生；而历史性也主要是指存在之发生的历史性以及民族的历史性，而不是此在之历史性。

然而，这并不意味着《存在与时间》所取得的成果的失效。虽然《存在与时间》主要谈的是此在的存在，但这部著作最终还是着眼于存在本身，因而在海德格尔后期的思想中，当存在的真理被作为出发点以后，此在的地位也随之调整，从过去生存着揭示存在者的真理的主体，转变为与其他存在者一同站在存在的真理之中的真理的守护者。经过这一转变，《存在与时间》的成果得以在新架构中取得相应的意义——此在的存在之展开不再被看作是出于此在的超越性生存，而是被看作历史性的存在发生于此在的自行展开。

在这个背景之下，海德格尔于1935年至1936年作了一系列关于艺术作品的讲演。这些讲演后来以"艺术作品的本源"为题收入他于1950年出版的《林中路》一书中。可以说，《艺术作品的本源》是海德格尔在追寻存在之真理的道路上奋力前行的一个重要里程碑，在这里关于艺术、艺术作品的讨论始终是围绕着真理问题进行的。因而倘若我们根据标题，企图在其中找到人们通常所熟悉的传统美学的主题，必定会大失所望。但如果我们牢记海德格尔的核心问题，努力跟随他的思想脚步，我们定能获得关于艺术本质的前所未有的深刻洞见。不仅如此，我们还将能够同他一道超越他自己早先关于此在在世界中生存的真理的思想。

（二）物概念作为考察艺术作品存在方式的切入点

在《艺术作品的本源》的开始，海德格尔首先对问题的结构作了梳理：所谓"本源"就是某事物从它而来并凭借它而是其所是的东西。如果将某事物的如其所是的什么称为它的本质，那么它的本源就是它的本质的来源。这样，艺术作品的本源

① 参见奥托·帕格勒《马丁·海德格尔的思想之路》，英文版，Humanities Press International, 1987年版，第173、88、138页。

问题就可以转化为艺术作品本质的来源问题。是谁给了艺术作品如其所是的本质？这一问题自然会使我们想到艺术家，是艺术家创造了艺术作品，从而成为其主人。然而，从另一方面来看，我们同样可以说，是艺术作品使其作者成为艺术家。可见，艺术作品和艺术家是互为本源的。追问至此，我们被迫使转向一个比这二者更为原始的第三者，是它扮演了二者共同起源的角色，它就是艺术。于是，对于艺术作品本源的追问就进一步变为对艺术为何的追问。但是，我们到哪里去寻找艺术的本质？恐怕还是要到艺术的显现之处去寻找，这自然又将我们引回到艺术作品。

任何一个哲学的初学者都能看出，我们在这里陷入了某种循环。然而，舍此循环我们却无路可行。而且，在海德格尔看来，进入循环并不是徒劳无功的：

> 因此我们必得安于绕圈子。这并非权宜之计，亦非缺憾。走上这条道路，乃思之力量；保持在这条道路上，乃思之节日——假设思是一种手艺（Handwerk）的话。不仅从作品到艺术和从艺术到作品的主要步骤是一种循环，而且我们所尝试的每一具体的步骤，也都在这种循环之中兜圈子。[①]

为了揭示艺术的本质，海德格尔必须走上这条循环之路，而他所选定的循环的入口是现实的艺术作品。当他考察艺术作品的时候，他所运用的方法仍是现象学方法，他所关心的问题仍是存在——艺术作品的存在方式，尽管这里已经少了从此在在世的生存理解出发的解释学色彩。

对艺术作品的初步描述表明，它们必然首先是物，是可以悬挂、储藏、包装、搬运的物。在搬运工眼里，艺术作品与其他物品没有不同，这正好能说明艺术作品的物性。当然，高雅之士总能以完全不同的眼光看待艺术作品，他们总是会强调艺术作品绝不仅仅是物，但即使是这些人恐怕也不得不承认，他们无法绕过艺术作品的物性而获得高贵的审美体验。建筑离不开石头；雕刻离不开木头；绘画离不开颜料；文学作品离不开言语；音乐作品离不开声音。看来，物的因素是艺术作品中无法去除的东西。依照一种通行的看法，艺术作品是一种被制作的物，因而必有某些东西被加诸赤裸的物之上。就它公布了它之外其他东西而言，它是一种讽喻（Allegorie）；就它被同其他东西放在一起而言，它是一种象征。海德格尔问道："在艺术作品中这种不言自明的物因素究竟是什么呢？"[②]

在关于艺术作品之存在的讨论之初，海德格尔提出物概念，这并非偶然。物这个概念在传统形而上学的历史上由来已久，而20世纪30年代风头正健的新康德主义

① 马丁·海德格尔：《林中路》，孙周兴译，上海译文出版社1997年版，第2页。
② 马丁·海德格尔：《林中路》，孙周兴译，上海译文出版社1997年版，第3页。

尤其喜欢使用这一概念。[1]海德格尔自己并不打算回避物概念，恰恰相反，在他看来，批判形而上学包括新康德主义的物概念，揭露这一概念所基于的、未经反思的预设，将有助于我们从更加本源的起点出发去揭示物的本性，而以物和早先曾深入分析过的用具作为参照，将是追问艺术作品之存在的恰当进路。

海德格尔首先分析了日常语言中“物”一词的各种宽狭含义，他最后得出这样的结论：我们一般将无生命的自然物以及用具叫作物，而当我们说“纯然的”物，即一种独立、自足、自然形成的物时，我们则仅仅指前者。不过，这还没有回答物之物性究竟为何的问题。为了切中物性本身，海德格尔提出了传统哲学中两种看似当然的物概念——物作为承载偶性的实体，以及物作为感觉与料的杂多之统一体。然而，随着海德格尔犀利地剖析，这两个长久以来被认为无须论证的概念很快变得大为可疑。

首先，实体和偶性一直被看作是对物之结构的如实描述，现在却被怀疑为不过是语句之主谓结构的投射，而这种投射则是思想对独立、自足的物之本然状态的施暴。其次，实体和偶性以一种固定的语句结构无区别地处理所有的存在者，因而无法让不同于其他存在者的纯然物的特性如实地显露出来。

物概念的第二个问题在于，它是基于这样一种未经反思的假设，即我们的感官首先接受感觉材料，然后将这些材料交给心灵去综合，而物则是这种综合的结果。但海德格尔指出，实际的情况是，我们从来不曾先感知到杂多的感觉材料，相反，我们总是感受到物本身，为了要感觉所谓材料，我们必须努力撇开物，去抽象地感知。海德格尔总结道：

> 对物的第一种解释仿佛使我们与物保持着距离，而且把物挪得老远；而第二种解释则过于使我们为物所纠缠了。在这两种解释中，物都消失不见了。因此，确实需要避免这两种的夸大。物本身必须保持在它的自持（Insichruhen）中，物应该置于它的本己的坚固性中。[2]

接着，海德格尔又考察了似乎可以使物保持其自持的第三个物概念——物作为具有形式的质料。形式和质料这对范畴的历史同样非常古老。在艺术理论和美学中，这对范畴极受青睐，几乎成了分析问题的灵丹妙药。并且，它们的适用范围早已延伸到美学领域以外，差不多对所有的存在者，人们都可以分析其中的形式方面和质料方面。同前两个物概念一样，这种对存在者不加区分的处理方式无法使我们

① 参见伽达默尔《海德格尔之路》，英文版，纽约州立大学出版社1994年版，第102页。
② 马丁·海德格尔：《林中路》，孙周兴译，上海译文出版社1997年版，第10页。

了解纯然物这一领域的独特之处。那么，我们能否通过追溯这对范畴的起源来发现它们由之发生的前哲学的经验，以便确定它们可以真正发挥力量的领域呢？于是，海德格尔开始寻找质料—形式这一结构原初显现之处。他问道："质料—形式结构的起源在哪里？在物之物性中呢，还是在艺术作品的作品性中？"[①]然而，分析的结果却出乎我们意料。质料—形式最初既不是来自纯然物的存在，也不是来自艺术作品的存在，而是与用具的存在方式最为吻合。用具的本性在于其有用性，如我们在本节第一部分中已经看到的，它总是根据它向来所属的用向关联指向一定目的，而目的决定着用具的形式，进而规定着质料的选取。这里，作为用具之本性的有用性先行规定着形式与质料的融合，这种融合在有用性的目的引导下没有强加的痕迹。当然，我们不会忘记，用具总是人工制作出来的，然而制作却总是一种对质料的塑形活动，而在这种活动之中，形式和质料总是暗中受到用具为之服务的目的决定。在这里，思想与用具的存在最为贴近，因为在用具的存在中体现着世界性，而这是思想一向所熟悉的。

至此，我们虽然还没有揭示出纯然物的存在方式，虽然离认识艺术作品的本性还有相当的距离，但至少可以确定用具的存在结构—质料—形式。而这三者的存在方式是可以相互参照的：

> 用具，比如鞋吧，作为完成了的用具，也像纯然物那样，是自持的；但它并不像花岗岩石块那样，具有那种自身构形的特性（Eigenwüchsige）。另一方面，用具也显示出一种与艺术作品的亲缘关系，因为用具也出自人的手工。而艺术作品由于其自足的在场却又堪与自身构形的不受任何压迫的纯然物相比较。尽管如此，我们并不把作品归入纯然物一类。我们周围的用具物毫无例外地是最切近和本真的物。所以用具既是物，因为它被有用性规定，但又不只是物；用具同时又是艺术作品，但又要逊色于艺术作品，因为它没有艺术作品的自足性。假如允许作一种计算性的排列的话，我们可以说，用具在物与作品之间有一种独特的中间地位。[②]

居于纯然物与艺术作品之间，这使得用具成为我们探明纯然物及艺术作品之本性的关键环节。值得庆幸的是，到此为止，我们对于这个关键环节已经有了一定把握：海德格尔在《存在与时间》中对用具的分析让我们了解到它们是如何被此在的操劳所揭示，它们的用向关联以及它们存在方式的世界性；在《艺术作品的本源》

---

① 马丁·海德格尔：《林中路》，孙周兴译，上海译文出版社1997年版，第12页。
② 马丁·海德格尔：《林中路》，孙周兴译，上海译文出版社1997年版，第13页。

的开始，海德格尔又让我们看到，哲学长久以来不加区分地用于谈论所有存在者的质料—形式概念，实际上只适合于规定用具的存在。然而，要把这些关于用具的理解转化为揭示艺术作品及物的本性的资源，还需要在与艺术作品及物的联系中对用具进行考察，而这样做也将有助于我们进一步认识用具的本性。

（三）存在者的真理作为无蔽发生于艺术作品之中

海德格尔选择了呈现在凡·高的名画中的农鞋作为进一步追问的入口。当我们随着海德格尔的目光去打量这件眼前的东西时，我们发现自己是在以现象学的方式来看它。我们没有涉及任何艺术理论的现成术语，没有用到什么哲学的基本范畴，我们甚至没去理会它作为著名艺术作品的事实，我们仅仅是根据实际的生活经验去理解画中呈现的东西。如此这般，我们看到了什么？我们看到，这是一双破旧的农鞋；虽然，画面中没有出现它的主人，但其磨损程度却无疑宣告了使用着它的农妇的辛劳。在我们的理解中，农鞋作为用具，其存在在于它的有用性，而这又使它处于一个关联整体之中。但对此，“上手地”使用着它的农妇本人却并不专门留意，农妇熟悉她的世界，但对此她却并不意识。她穿着农鞋踏在田野上，它回响着大地无声的呼唤。“这用具属于大地，它在农妇的世界里得到保存。”[①]现在，我们遇到了比有用性更加根本的用具之存在：“虽说用具的用具存在就在其有用性之中，但有用性本身又植根于用具之本质存在的充实之中。我们称之为可靠性（Verlässlichkeit）。凭借可靠性，这用具把农妇置于大地的无声的召唤之中，凭借可靠性，农妇才把握了她的世界。”[②]

对农鞋这种用具的用具性的认识，无须借助对其制作过程的记录。我们曾经把用具看作是出自把形式加于质料的制作活动，但进一步分析使我们懂得，这种活动受到用具的有用性的引导。然而，有用性却仅仅把我们引向世界。我们说过，“此在在世界中的生存”只是海德格尔以前关注的核心问题。现在，他通过对用具之存在的更深刻的理解，发现了用具的可靠性，而可靠性不仅关联着世界，而且还关联着与世界相对的大地。“用具之用具存在即可靠性，它按照物的不同方式和范围把一切聚于一体。……用具的有用性只不过是可靠性的本质后果。”[③]

然而，这一切我们是怎么看到的呢？不是通过对鞋的制作过程或使用情况进行实地考察，也不是通过仪器对它进行测量分析，是艺术作品把农鞋作为用具的存在

① 马丁·海德格尔：《林中路》，孙周兴译，上海译文出版社1997年版，第17页。
② 马丁·海德格尔：《林中路》，孙周兴译，上海译文出版社1997年版，第18页。
③ 马丁·海德格尔：《林中路》，孙周兴译，上海译文出版社1997年版，第18页。

以及由此开启的其他存在者的存在展现在我们眼前。

> 这里发生了什么？在这作品中有什么在发挥作用呢？凡·高的油画揭开了这用具即一双农鞋真正是什么。这个存在者进入它的存在之无蔽之中。希腊人称存在者之无蔽为“aletheia”。我们称之为真理，但对这个字眼少有足够的思索。在作品中，要是存在者是什么和存在者如何是被开启出来，作品的真理也就发生了。
>
> 在艺术作品中，存在者的真理已被设置于其中了。这里说的“设置”（Setzen）是指被置放到显要位置上。一个存在者，一双农鞋，在作品中走进了它的存在的光亮里。存在者之存在进入显现的恒定中了。
>
> 那么，艺术的本质就应该是：“存在者的真理自行在作品中发生作为。”[①]

“作为存在者之无蔽的真理在作品中发生”，存在者“在作品中走进了它的存在的光亮里”“存在者的真理将自身设置于作品之中并自行在作品中发生作用”，这些说法听上去似乎太过诗意，似乎难以把握，但只要我们明白，在海德格尔那里，真理和存在的意义基本是一致的——存在者的真理就是作为存在者之无蔽的存在；而且，只要我们明白，海德格尔在此关注的核心问题是存在者的存在以及让存在者如其所是地存在的存在本身，那么理解这些说法就有了可能。可以说，“存在者之真理”显现存在者的真是（Wahrsein），它让存在者如其所是地存在。“存在者如其所是地存在”，又是什么意思？对这个问题，没有一个可以用某个抽象理论把所有存在者“一网打尽”的回答。我们已经看到，此在、世界、用具、作品等存在者各自有着不同的存在方式。存在者如其所是地存在，就是存在者对我们显现出来，它们在以属于自己各自本性的存在方式存在。这不仅意味着，人不被强行认作以用具的方式存在；用具不被强行认作以普通物的方式存在……诸如此类，而且还意味着，这些不同的存在者的存在不被不加区分地强行套入思想事先准备好的统一框架之中。而在海德格尔看来，只有在艺术作品中我们才能够看到存在者不被强占、并能如其所是地存在的情况。

“艺术作品以自己的方式开启存在者之存在。”然而，又是什么让存在者如其所是地存在呢？我们在《存在与时间》中曾经看到，海德格尔主要谈论的是，此在的本真或非本真的生存揭示着存在者的存在。而在这里海德格尔则强调，是作为存在者的无蔽的真理让存在者存在。海德格尔所说的真理不是什么前后一致的思想性的原则，不是与事实相符合的命题。真理是存在的事件性发生，它包括了命题“所指

① 马丁·海德格尔：《林中路》，孙周兴译，上海译文出版社1997年版，第19—20页。

向的东西”，“这个‘指向某物’(Sichrichten nach etwas) 的活动发生于其中的整个领域，以及使命题与事实的符合公开化的东西”，[1]它的发生使个别命题的真成为可能。事实上，这就是希腊人的真理概念 (aletheia) 的本义，即存在者的无蔽状态。而这样的事件有时会作为艺术而发生。“艺术就是自行设置入作品的真理。”[2]而它又总是在作品这个存在者借自己的存在所敞开的领域中发生的。

(四) 艺术作品的作品存在实现世界与大地的争执

为了追问这个发生在作品之中并在那里发生着作为的真理本身，海德格尔又选择了另一个艺术作品，这次不是再现性的作品，而是一座建筑——希腊神庙。如前所述，作品产生于制作活动，在这一点上，它像用具，然而，它又与用具有别，因为它并不为任何实用目的而存在，它自足自持地存在。为揭示艺术作品的这种自持的存在，探明真理如何发生，选择希腊神庙这座并不描摹什么对象的建筑作品再合适不过。

我们说过，艺术作品让存在者在它开启的领域中如其所是地存在，而作品之存在正在于这种开启。当我们来到神庙所开启的领域，我们所见所感是怎样的？首先，包含着神的形象的神圣围地使踏足它的人感到神的临在，而神的临在又划定神圣围地的范围。“正是神庙作品才嵌合那些道路和关联的统一体，同时使这个统一体聚集于自身周围；在这些道路和关联中，诞生和死亡、灾祸和福祉、胜利和耻辱、忍耐和堕落——从人类存在那里获得了人类命运的形态。”[3]一句话，一个世界通过作品的作品存在而得到确立 (aufstellen)。这种世界的确立并不意味着在物理空间上的搭建。在这种世界的确立中最为关键的是对神圣的彰显，作品中神的形象不是神的替代性符号，它就是神本身，而在献祭中神就真实地临在。随着神圣的开启，公正的尺度也标定出来，而这正是作为一个历史性民族存在的指引网络的世界的核心。我们在这里发现，海德格尔的世界概念悄悄地发生了变化。较之《存在与时间》中的世界概念，即围绕为此在生存之故而展开的指引关联，这里的世界概念更加强调其作为公正之尺度的神圣之维。

然而，作品不仅确立世界。在作品开启的领域中我们不仅看到一个世界，我们还看到默默地支撑着作品的岩石、强劲地席卷着作品的风暴、猛烈地不断拍打着作品的海潮，还有光芒四射的太阳和不可见的空气。所有这些方面的存在，都因作品

---

① 马丁·海德格尔：《林中路》，孙周兴译，上海译文出版社1997年版，第36页。
② 马丁·海德格尔：《林中路》，孙周兴译，上海译文出版社1997年版，第23页。
③ 马丁·海德格尔：《林中路》，孙周兴译，上海译文出版社1997年版，第25页。

的存在而被带到眼前——“作品的坚固性遥遥面对海潮的波涛起伏，由于它的泰然宁静才显出了海潮的汹涌。树木和草地、兀鹫和公牛、蛇和蟋蟀才进入它们突出显明的形象中，从而显示为它们所是的东西。”[①]很清楚，这些方面并不属于世界，它们属于希腊人叫作phusis的东西。Phusis长久以来一直被译成natura，也就是自然，而海德格尔在此强调它在希腊人那里的本义——“露面、涌现本身和整体”。他把这称为大地（Erde）。作品在确立世界的同时把大地也带到我们眼前。作品建立（herstellen）着大地。大地究竟意味着什么？海德格尔解释道：

> 在这里，大地一词所说的，既与关于堆积在那里的质料体的观念相去甚远，也与关于一个行星的宇宙观念格格不入。大地是一切涌现者的反身藏匿之所，并且是作为这种涌现把一切涌现者反身藏匿起来。在涌现者中，大地现身而为庇护者（Das Bergende）。[②]

大地的庇护体现在，它对于侵入以及将其吸纳到可控制范围的、企图的拒绝和逃避，无论这种暴力行为是通过直接作用的方式还是仅仅在思想中发生。“要是我们砸碎石头而试图穿透它，石头的碎块却决不会显示出任何内在的和被开启的东西。石头很快就隐回到碎块的负荷和同样硕大的阴沉之趣中去了。要是我们把石头放在天平上，以这种不同的方式来力图把捉它，那么，我们只不过是把石头的沉重带入重量计算而已。这种石头的规定或许是很准确的，但只是数字而已，而负荷却从我们这里逃之夭夭了。”[③]大地似乎指作品材料的方面，但对作品使用“材料”这个概念，我们又在冒以同一个范畴不加区分地对待不同存在者的危险。我们通常称为材料的东西在作品中的显现方式与用具中完全不同。材料在用具的存在中没有独立的“尊严”，它不拒绝、不逃避，只一味地服从用具的有用性目的。用石头来制作石斧，“石头于是消失在有用性中。材料愈是优良愈是适宜，它也就愈无抵抗地消失在用具的用具存在中”[④]。与此相反，“材料”在作品之中格外引人注目，“金属闪烁，颜料发光，声音朗朗可听，词语得以言说”[⑤]。准确地说，它们在作品中属于和世界相对的大地，而作品“让大地成为大地”。

现在，发生于作品之中的事情渐渐清晰：世界被确立起来，大地被建立起来。

① 马丁·海德格尔：《林中路》，孙周兴译，上海译文出版社1997年版，第26页。
② 马丁·海德格尔：《林中路》，孙周兴译，上海译文出版社1997年版，第26页。
③ 马丁·海德格尔：《林中路》，孙周兴译，上海译文出版社1997年版，第30—31页。
④ 马丁·海德格尔：《林中路》，孙周兴译，上海译文出版社1997年版，第29—30页。
⑤ 马丁·海德格尔：《林中路》，孙周兴译，上海译文出版社1997年版，第29—30页。

"确立一个世界和建立一个大地，乃是作品之作品存在的两个基本特征。"[①]然而，这还不是事情的全部。在作品之中，被确立的世界和被建立的大地不是毫不相干的。世界与大地彼此依赖，"世界建基于大地之上，大地穿过世界而涌现出来"。[②]但另一方面，世界与大地也处于对立之中，世界总试图侵入大地，将其纳入自己的指引网络；"世界不能容忍任何锁闭，因为它是自行公开的东西。但大地是庇护者，它总是倾向于把世界摄入它自身并扣留在它自身之中。"[③]海德格尔称这样的对立为一种争执（Streit）。我们在日常的忙碌中从不注意这种争执，它只是在作品中才变得如此显眼。作品确立世界，建立大地，这还不够，它还让世界和大地彼此争执，并把这种争执保持在自身之中。"作品之作品存在就在于世界与大地的争执的实现过程之中。"

（五）真理作为原始的争执

我们不禁要问，这一切与发生在作品中的真理又有什么关系？我们前面曾经说过，在海德格尔那里，真理意味着无蔽。当真理发生之时，存在者都处在无蔽之中，我们要认识的存在者在无蔽中，我们自己也在无蔽中，包括我们认识活动所依据的东西都在无蔽中。在无蔽中，我们所揭示的存在者首先以某种方式向我们显露出来，仿佛处在光亮的澄明之中。但此时，我们由于全神贯注于光亮中的存在者，而没看见无蔽中发生的其他事情。[④]因此，海德格尔说："存在者站入其中的澄明，同时也是一种遮蔽。"[⑤]

遮蔽以双重方式进行：拒绝（Versagen）和伪装（Verstellen）。当我们对存在者除了说"它们存在"以外，什么也不能再说；当我们发现自己只能用诸如"一"或某个显而易见的"什么"这些抽象的形式来说存在者时，存在者就在拒绝我们。而恰恰当我们被拒绝的时候，我们反而能从存在者那里抽回身来关注澄明本身。[⑥]所以海德格尔说："作为拒绝的遮蔽不只是知识的一向的界限，而是光亮领域之澄明的开端。"遮蔽的第二种方式伪装则是指，"存在者蜂拥而动，彼此遮盖，相互掩饰，少量隔阻大量，个别掩盖全体"就是说，"存在者虽然显现出来，但它显现的不是自身而是他物"[⑦]。

① 马丁·海德格尔：《林中路》，孙周兴译，上海译文出版社1997年版，第32页，原译文略有改动。
② 马丁·海德格尔：《林中路》，孙周兴译，上海译文出版社1997年版，第32页，原译文略有改动。
③ 马丁·海德格尔：《林中路》，孙周兴译，上海译文出版社1997年版，第32—33页。
④ 比梅尔：《海德格尔》，刘鑫、刘英译，商务印书馆1996年版，第96—97页。
⑤ 马丁·海德格尔：《林中路》，孙周兴译，上海译文出版社1997年版，第37页。
⑥ 比梅尔：《海德格尔》，刘鑫、刘英译，商务印书馆1996年版，第97页。
⑦ 比梅尔：《海德格尔》，刘鑫、刘英译，商务印书馆1996年版，第97页。

真理作为无蔽必有澄明，而澄明中又始终贯穿着拒绝和伪装这双重形式的遮蔽。“这种以双重遮蔽方式的否定属于作为无蔽的真理之本质。真理在本质上即是非真理。”[①]真理的本质就是澄明与遮蔽的原始争执（Urstreit）。

我们在前面看到过另一种争执，艺术作品呈现的世界与大地的争执。那么，在这两种争执之间是否存在对应关系？对此，海德格尔解释道：

> 世界和大地属于敞开领域，但是世界并非直接就是与澄明相应的敞开，大地也不是与遮蔽相应的锁闭。毋宁说，世界是所有决断与之相顺应的基本指引的道路的澄明。但任何决断都是以某个没有掌握的、遮蔽的、迷乱的东西为基础的；否则它就绝不是决断。大地并非直接就是锁闭，而是作为自行锁闭者而展开。按其自身各自的本质而言，世界与大地总是有争执的，是好争执的。唯有这样的世界和大地才能进入澄明与遮蔽的争执之中。[②]

可见，澄明和遮蔽的争执是更根本的争执，难怪海德格尔将其称作“原始的争执”。无论是在世界还是在大地之中，都有这种原始争执的发生。《存在与时间》曾经暗示，世界指引的重新确立要靠决断，这似乎属于澄明，但海德格尔提醒我们，决断所依据的却是遮蔽的、没把握的东西。至于大地，我们已经说过，它不是单纯的锁闭，而是“涌现者的反身藏匿”，因而恰恰体现着原始的争执。这就意味着，在世界、大地以及二者的争执中贯穿着一种更深刻的争执，而这都始于作品。“作品确立着世界并建立着大地，作品因之是那种争执的实现过程。在这种争执中，存在者整体之无蔽亦即真理被争得了。”[③]这就是真理在作品中发生的方式。

对艺术作品的讨论总要触及美。海德格尔对美是这样规定的：当真理在作品中起作用时，发生的不是个别存在者的逼真再现，而是牵涉着存在者整体的无蔽，在其中，所有存在者都不加修饰地在其本质中出现。“于是，自行遮蔽着的存在便被澄亮了。如此这般形成的光亮，把它的闪耀嵌入作品之中。这种嵌入作品之中的闪耀就是美。美乃是作为无蔽的一种现身方式。”[④]

---

① 比梅尔：《海德格尔》，刘鑫、刘英译，商务印书馆1996年版，第38页。
② 比梅尔：《海德格尔》，刘鑫、刘英译，商务印书馆1996年版，第39页。
③ 比梅尔：《海德格尔》，刘鑫、刘英译，商务印书馆1996年版，第39页。
④ 比梅尔：《海德格尔》，刘鑫、刘英译，商务印书馆1996年版，第40页。

（六）艺术作品的现实存在敞开真理发生的领域

真理在作品中发生，意味着现实的作品是承载这种发生的存在者。这样，我们起初讨论的作品的物的因素再一次成为我们关注的焦点。因为现实的作品总是不能回避物的因素。另外，理解现实作品的作品性必然要从作品的实际创作过程入手。创作是一种生产（Hervorbringen这个词在德文中有“带向前来”的意思）。然而，用具的制作亦是生产。生产涉及手工技艺，这就给人一种印象，仿佛艺术作品和用具在产生于手工技艺这一点上没有分别，而一种流行的看法，即希腊人用techne来同时指技艺和艺术，则加深了这种印象。但是，根据海德格尔的说法，在希腊人那里，techne与我们今天理解的技艺、艺术和技术都不相同，它根本就不是指实践活动，而是指一种知的方式：

> techne这个词毋宁是知道（Wissen）的一种方式。知道就是已经看到（gesehen haben），而这是在“看”的广义上说的，意思就是：对在场者之为在场者的知觉（vernehmen）。对希腊思想来说，知道的本质在于aletheia，亦即存在者之解蔽，它承担和引导任何对存在者的行为。由于知道使在场者之为这样一个在场者出于遮蔽状态，而特地把它带入其外观（Aussehen）的无蔽状态中，因此，techne作为希腊人所经验的知道就是存在者之生产（带向前来）；techne从来不是指制作活动。……把艺术称为techne，这绝不是说艺术家的活动应从手工技艺方面来了解。在作品制作中，看来好像手工制作的东西却有着不同的特性。①

艺术家的创作既然不能通过手工技艺来理解，就只有在作品的作品存在那里来把握。根据作品是真理在其中发生的存在者这一本质规定，海德格尔把这种存在者的创作规定为：让某物作为一个被生产的东西而出现。真理也就随这种东西的出现而发生。“作品之成为作品，是真理之生成和发生的一种方式。”我们在这里再一次遇到了循环——真理发生于作品之中，现实的作品产生于创作，创作是让一个前所未有的存在者出现，而真理就在其中发生。于是，我们又回到了真理的本质这一问题，只是，我们在这里要着重考虑真理与被创作的现实存在者的联系。

我们在前面已经看到关于存在者之真理的总体把握：真理作为原始的争执，显现在澄明和双重遮蔽的对立之中。从这个意义上讲，真理同时是非真理。在属于真理的原始争执中，总有一个敞开领域以这样或那样的方式被争得，而真理就将自己设立在这个敞开领域中。现在，海德格尔可以通过澄明与遮蔽的争执所争得的敞开

① 比梅尔：《海德格尔》，刘鑫、刘英译，商务印书馆1996年版，第43页。

领域，来进一步理解真理："这种敞开领域的敞开性也即真理；当且仅当真理把自身设立在它的敞开领域中，真理才是它所是，亦即是这种敞开性。"[①]

在《存在与时间》中，海德格尔曾经谈到存在本身或存在者的无蔽状态需要"此之澄明"。在这里，海德格尔也同样强调，敞开性需要在其中得以维持敞开领域的存在者。因而可以说，是存在者的敞开性使敞开领域得以现实地敞开，澄明和遮蔽的对立因此而得以显现，进而才使一切存在者得以显现或退隐。看来，一切都有赖于作为敞开性的真理在某种存在者中的先行确立。但这并不是说，有一个现成永恒的真理等待着一个存在者来附体。对于真理的本质，我们只能一般地以澄明和遮蔽的争执来规定，至于这种争执的实际发生方式则是历史性的。真理的历史性发生方式包括艺术、建立国家、牺牲、思想者的追问等，而始终高叫真理要求的科学却不是真理原始发生的方式，它只能算作是已有真理领域的扩建。

在真理之发生的所有各种方式中，海德格尔特别看重真理将自身设立于艺术作品中这种方式，认为这是"真理本身得以在存在者中间存在的一种突出的可能性"。海德格尔对真理的这种特殊的发生过程作了如下说明：

> 真理进入作品的设立是这样一个存在者的生产，这个存在者先前还不曾在，此后也不再重复。生产过程把这种存在者如此这般地置入敞开领域之中，从而被生产的东西照亮了它出现于其中的敞开领域的敞开性。当生产过程特地带来存在者之敞开性亦即真理之际，被生产者就是作品。这种生产就是创作。作为这种带来，创作毋宁说是在与无蔽之关联范围内的一种接收和获取。[②]

海德格尔的这段话澄清了真理在作品中发生这样一种方式的独特性：这种发生有赖于一个独一无二的存在者的生产，这种生产与其他东西的生产的不同之处在于，它生产出存在者的敞开性。这意味着，随着这种存在者被生产，无蔽的真理就作为敞开性而发生。这个存在者的生产就是作品的创作。

前面已经谈到，作为无蔽，真理的本质是澄明与遮蔽的原始争执，真理被置入作品，这种原始争执就贯穿于世界与大地的争执之中。"真理作为这种世界与大地的争执被置入作品中。"海德格尔用"裂隙（Riβ）"来描绘这种争执，意在表明它不是一味地割裂争执双方，而是使双方在争执中仍能保持在统一性之中。他说："这种裂隙并不是让对抗者互相破裂开来，它把尺度和界限的对抗带入共同的轮廓之中。……裂隙乃是剖面（Aufriβ）和基本图样（Grundriβ）、裂口（Durchriβ）和轮廓

① 比梅尔：《海德格尔》，刘鑫、刘英译，商务印书馆1996年版，第44—45页。
② 比梅尔：《海德格尔》，刘鑫、刘英译，商务印书馆1996年版，第46页。

(Umriβ) 的统一牵连 (Gezüge)" [1]显现作为世界与大地的争执之处，裂隙似乎与作品的形式方面有关。但是，我们很快就发现，传统的形式—质料概念在这里又一次失效了。裂隙要被生产出来，从而获得现实性，就必须被回置到大地之中。"这裂隙必须把自身置回到石头吸引的沉重、木头缄默的坚固、色彩幽暗的浓烈之中。大地把裂隙收回到自身之中，裂隙于是进入敞开领域而被制造，从而被置入亦即设置入那作为自行锁闭者和保护者进入敞开领域而凸现的东西中。" [2]这种被置回到大地之中并被固定下来的裂隙，海德格尔称之为"形 (Gestalt)"。至此，作品的存在的本质可以得到进一步规定——"作品的作品存在意味着：真理之被固定于形态中。" 在作品的作品存在中，形态固定于其中的大地与我们用来制造用具或器具的材料有着根本的不同：

> 在作品的创作中，作为裂隙的争执必定被置回到大地中，而大地本身必定作为自行锁闭者被生产和使用。但这种使用并不是把大地当作一种材料加以消耗或肆意滥用，而是把大地解放出来，使之成为大地本身。这种对大地的使用是对大地的劳作，虽然看起来这种劳作如同工匠利用材料，因而给人这样一种假象，似乎作品创作也是手工技艺活动。其实绝非如此。作品创作始终是在真理固定于形态中的同时对大地的一种使用。与之相反，器具的制作却绝非直接是对真理之发生的获取。当质料被做成器具形态以备使用时，器具的生产就完成了。器具的完成意味着已经超出了它本身，并将在有用性中消耗殆尽。[3]

可以看出，作品的作品存在与作品立于其上的大地之间的关系是"让存在""使自由"的关系，这与用具的用具存在，即有用性与构成用具的材料之间的关系形成鲜明对照，后者是"剥夺存在"的关系——也就是说，用具的存在使材料的存在消散于用具自身的有用性之中。

作品与用具的存在方式还有另外一个重要区别，这就是，虽然我们可以说二者都是被生产出来的，但与用具的一般意义上的生产不同，作品的生产从根本上讲是创作。作品的被创作是一个非同寻常的事件，这一事件把这一作品带入实存，而且，这一事件的"此一性"(Daβ) 也被作品带入敞开领域，作为作品的被创作存在而得到敞开。与此不同，用具的被制造这样一种事件的独特性，不能在用具存在的有用性中显现，反而总是消散于其中。

---

① 比梅尔：《海德格尔》，刘鑫、刘英译，商务印书馆1996年版，第47页。
② 比梅尔：《海德格尔》，刘鑫、刘英译，商务印书馆1996年版，第47—48页。
③ 比梅尔：《海德格尔》，刘鑫、刘英译，商务印书馆1996年版，第48页。

然而，作品被创作出来，还不是其现实性的最终完成。只有当我们遵从上述对作品存在的理解，抑制形而上学的作品概念，逗留于作品中发生的真理，从而让作品成为作品，作品才达到它完满的现实性。海德格尔将这种“让作品成为作品”称为作品之保存（Bewahrung）。只有通过保存，作品才能“以作品方式在场”。他说：“如果作品没有被创作便无法存在，因而本质上需要创作者。同样地，如果没有保存者，被创作的东西也将不能存在。”①

毋庸讳言，谈论艺术作品必然要涉及作者和观众，在这一点上，海德格尔也不例外。但与以往的唯心主义美学不同，海德格尔既没有到天才的自由心灵的创造中去索取作品的出生证，也没有把观众的审美体验当作作品之完成的最终形式。在海德格尔那里，作品的作品存在总是占据优先地位，其本质要在先行的敞开中把握，创作者与保存者则作为作品的现实存在所需要的东西而处于次要位置。在他看来，如若从主体心灵出发，将作品还原为体验，不管是天才的创作体验，还是观众的审美体验，都是对作品的强占，必定导致对作品之作品存在的歪曲。

在以作品的存在为核心的场域中，《存在与时间》中的此在的形象发生了变化。在《存在与时间》中，此在或者操劳着揭示用具存在，为自身生存之故而在世，从而消散于世界之中，或者凭着自身“愿有良知”的自由使世界虚无化。现在，此在成了“置身于在作品中发生的存在者之敞开性中”的保存者。此在的知道和意愿都通过这种“置身于其中”（Inständigkeit）来规定。

> 保存着意愿的知道和保存着知道的意愿，乃是生存着的人类绽出地进入存在之无蔽状态。在《存在与时间》中思考的决心（Ent-schlossenheit）并非主体的深思的行动，而是此在摆脱存在者的困囿向着存在之敞开的开启。然而在生存中，人并非出于一内在而到达一外在，不如说，生存之本质乃是悬欠着置身于存在者之澄明的本质性分离中。在先已说明的创作中也好，在现在所谓的意愿中也好，我们都没有设想一个以自身为目的来争取的主体的活动和行为。……
>
> 这种知道作为意愿在作品之真理中找到了自己的家园，并且只有这样，它才是一种知道；它没有剥夺作品的自立性，并没有把作品强行拉入纯然体验的领域，并不把作品贬低为一个体验的激发者的角色。作品之保存并不是把人孤立于其私人体验，而是把人推入与作品中发生着的真理的归属关系中，从而把相互共同存在确立为出自与无蔽状态之关联的此之在（Da-sein）的历史性悬欠（Ausstehen）。再者，在保存意义上的知道与那种鉴赏家对作品的形式、品质和魅力的鉴赏力相去甚远。作为已经看到（Gesehen-haben），知道乃是一种决心，

① 比梅尔：《海德格尔》，刘鑫、刘英译，商务印书馆1996年版，第51页。

是置身于那种已经被作品嵌入裂隙的争执中去。[①]

初看起来，海德格尔的这段话似乎是在强调他关于存在之真理的新思考与《存在与时间》的联系，实际上却是在对他以前关于人生存的此之在概念进行调整。对此，帕格勒做过精到的分析。他指出，这一变化标志着从生存概念（exitenz）向出离（ek-sistenz）概念的转变。在《存在与时间》中，决心将存在的意义把握为最终基础，于是，生存经验到自身的“罪责”。此时，此在的作用仅仅是让作为非存在者的无得以显现，是为这样的无清场和看场。但这个作为非存在者的无只是未展开的存在的本质。在存在的全部的真理之中，无应当被经验为拒绝。在这个背景下，此在的生存就是对作为真理之核心的拒绝和遮蔽的看护。从这个意义上讲，生存毋宁说是出离，是恳切地（inständigen）从真理之中站出来（ausstehen，或译悬欠）。这样，此在从无的看场者变成了存在的守护者。如果说真理是存在者的庇护所，它让存在者包括人如其所是地存在，那么，这个庇护所需要人来作为守护者。这个守护者对庇护所精心照料，却绝不据为己有。[②]

这样，按照作品之中的真理的要求，人的角色发生了转变，作品存在的现实性得到了成就。只是到了现在，我们才算做好了准备，去真正面对最初提出的问题——“那个保证作品的直接现实性的、作品之物因素的情形究竟如何?”因为，只有从作品的作品存在出发，我们才能切中与之相关的存在者的存在。从作品的作品存在出发，要求我们彻底改变主体主义的立场。而一旦完成了这种立场的改变，我们就会发现，从新的立场借助作品存在的敞开性来了解的物因素，就是在作品之中表现为对这种敞开性的抵抗的大地，这个大地又总是处在与世界的争执之中的。企图脱离这一切去孤立地把握纯然的物，无论是将其了解为性质的载体、感觉材料之杂多的统一还是与形式相对的质料，都还是囿于主体主义立场的武断。“我们绝对无法直接认识物之物因素，即使可能认识，那也是不确定的认识，也需要作品的帮助。这一事实本身间接证明了，在作品的作品存在中，真理之发生也即存在者之开启在起作用。”[③]

（七）艺术诗意创造的本质借道说重新开始民族的历史性存在

从作品的作品存在出发，不仅使我们得以把握创作者与保存者的本质，不仅使

① 比梅尔：《海德格尔》，刘鑫、刘英译，商务印书馆1996年版，第51—52页。
② 奥托·帕格勒：《马丁·海德格尔的思想之路》，英文版，Humanities Press International, 1987年，第139—140页。
③ 马丁·海德格尔：《林中路》，孙周兴译，上海译文出版社1997年版，第53—54页。

我们看到被作品的敞开性所照亮的存在者非同寻常的全新面貌，更重要的是，它还使我们有可能从根本上追问作为作品之本源的艺术的本质。我们在前面看到，海德格尔最初曾经把艺术规定为“真理之自行设置入作品”，现在，经过了对作品的作品存在的全面揭示，海德格尔可以更加明确地将艺术规定为“对作品中的真理的创作性保存”，是“真理的生成和发生”。如果说海德格尔对于艺术的最初规定还只是要建立艺术与真理的联系，那么在这里，他则是要强调艺术这种真理之发生方式带来存在者之无蔽状态的转变，强调这种自发性转变不是出自人的主体性，而是源于历史性的存在本身的真理。所谓存在者之无蔽状态的转变是指，由于一种敞开性的突然降临使得处于敞开领域的存在者完全变了样子，对以往习以为常的现成事物而言，这种敞开性是纯粹的不（das bloβe Nicht），它使现成事物在敞开领域中全都变成了非存在者（das Unseiende）。“这种非存在者已经丧失了那种赋予并保持作为尺度的存在的能力。”与此同时，尺度随世界与大地的争执以新的方式得到确立。在海德格尔看来，这种转变的发生、敞开性的降临，从根本上讲，靠的是诗意创造（dichten），因而，“一切艺术本质上都是诗（Dichtung）……由于艺术的诗意创造本质，艺术就在存在者中间打开了一方敞开之地，在此敞开之地的敞开性中，一切存在遂有迥然不同之仪态”[①]。作为艺术之本质的诗意创造同时是一种澄明着的筹划，在其中，无蔽状态被抛到存在者之中。

必须指出的是，海德格尔在此所说的诗意创造并不是指狭义的诗歌艺术，后者作为诸多艺术形式之一，与其他艺术共同分享诗意创造的本质。此外，还应该明确强调的是，这种诗意的创造是由历史性的存在本身所主宰的，而绝不是出自人的主体的自由。那么，这个使存在者之无蔽得以发生，使澄明得以筹划（投射出去）的诗意创造，究竟应该具体理解成什么？为了回答这个问题，我们要先转向一个与存在关系密切者——语言。但这里的语言并不是我们一般所说的、用于人与人之间相互沟通和交流现成思想的语言。“语言并非只是把或明或暗如此这般的意思转运到词语和句子中。”海德格尔这里所说的语言，首先是指“首度命名存在者”的事件性的道说（Sagen）。它把存在者“带向语词而显示出来”。它“指派存在者，使之源于其存在而达于其存在”。只有作为这种命名着道说的语言“才使存在者作为存在者进入敞开领域之中”。这样，诗意创造的澄明之筹划就首先在道说中实现。

> 筹划着的道说就是诗：世界和大地的道说，世界和大地之争执的领地的道说，因而也是诸神的所有远远近近的场所的道说。诗乃是存在者之无蔽的道说。始终逗留着的真正语言是那种道说之生发，在其中，一个民族的世界历史

① 马丁·海德格尔：《林中路》，孙周兴译，上海译文出版社1997年版，第55—56页。

> 性地展开出来，而大地作为锁闭者得到了保存。筹划着的道说在对可道说的东西的准备中同时把不可道说的东西带给世界。在这样一种道说中，一个历史性民族的本质的概念，亦即它对世界历史的归属性的概念，先行被赋形了。[①]

可以说，诗意创造要借语言之道说而发生，反过来，在道说中真正起作用的是诗的澄明的筹划。这种澄明的筹划也就是无蔽的投射，在其中发生着世界和大地的争执。在这里，海德格尔比先前更加明确强调作为尺度的世界的神圣之维，强调世界历史性对一个民族存在的意义，而世界历史性的开始和重新开始则有赖于作为语言的本质的诗意创造在语言中发生——世界的尺度、可道说的与不可道说的东西都必先由道说抛投（筹划）出来。尽管前面曾经说过，狭义的诗歌与其他艺术样式共同分享诗意创造的本质，但还必须看到，由于诗歌恰是语言中发生的诗，因而诗歌在所有艺术中占有特殊地位。“诗歌，即狭义的诗，在根本意义上才是最原始的诗……相反地，建筑和绘画总是已经，而且始终仅只发生在道说和命名的敞开领域之中。”诗歌是诗意创造通过语言将存在者带入敞开，通过命名标定世界的尺度的方式。只有诗歌首先发生，其他艺术作品中世界和大地争执的实现才成为可能。诗歌的特殊地位决定了诗人的特殊身份。对此，海德格尔在同一时期关于荷尔德林的阐释中说得十分明确：诗人处于神、人之间；诗人为诸神命名；诗人具有代表性地、因而真正地为他的民族谋求真理。[②]

（八）作为艺术作品之本源的艺术与真理的历史性发生

现在，作为艺术之本质的诗被进一步理解为创建（Stiftung），而创建又有三重含义，即作为赠予、建基和开端。其中，赠予是指“在作品中开启自身的真理决不能从过往之物那里得到证明并推导出来”[③]。艺术所创建的东西总是溢出现存有效的东西。建基是指确立在作品中的真理对于一个历史性的民族被抛于其中的、自行锁闭的大地的敞开。作为赠予则意味着，诗意创造可以理解为源于无——“它决不从流行和惯常的东西那里获得其赠品”。[④]而创建作为建基则表明，诗意的筹划又并非从无中产生，“因为由它所投射的东西只是历史性此在本身的隐秘的使命”[⑤]。那么，

---

① 马丁·海德格尔：《林中路》，孙周兴译，上海译文出版社1997年版，第57—58页。
② 比梅尔：《海德格尔思想中的诗与语言》，该文载科克尔曼编《论海德格尔与语言》，英文版，西北大学出版社1972年版，第80—82页。
③ 马丁·海德格尔：《林中路》，孙周兴译，上海译文出版社1997年版，第59页。
④ 马丁·海德格尔：《林中路》，孙周兴译，上海译文出版社1997年版，第58—59页。
⑤ 马丁·海德格尔：《林中路》，孙周兴译，上海译文出版社1997年版，第59页。

作为创建的第三重含义，开端又指什么？实际上，开端的特性已经包含在赠予和建基之中。开端既是一切非同寻常之物的开启，又并非是无中生有。突然向前一跃的奇特性孕育于长久的悄然准备之中。然而，开端中还有更深一层含义，“真正的开端作为跳跃（Sprung）始终是一种领先（Vorsprung）。在此领先中，凡一切后来的东西都已经被越过了，哪怕是作为一种被掩蔽的东西。开端已经隐蔽地包含了终结”①。而作为诗的艺术就是此意义上的创建，它引发“真理之争执”。从这个意义上讲，艺术在本质上是历史性的。这显然不是在通常艺术史意义上理解的历史性，而是说“每当艺术发生，亦即有一个开端存在之际，就有一种冲力进入历史之中，历史才开始或者重新开始……真正说来，艺术为历史建基；艺术乃是根本性意义上的历史。”②在海德格尔看来，存在的历史的每一个新的起点都有赖于历史性艺术的创建：

> 每当存在者整体作为存在者本身要进入敞开性的建基时，艺术就作为创建进入其历史性本质之中。在西方，这种作为创建的艺术最早发生在古希腊。那时，后来被叫作存在的东西被置入作品中了。进而，如此这般被开启出来的存在者整体被变换成了上帝的造物意义上的存在者。这是在中世纪发生的事情。这种存在者在近代之初和近代进程中又被转换了。存在者变成了可以通过计算来控制和识破的对象。上述种种转换都展现出一个新的和本质性的世界。每一次转换都必然通过真理之固定于形态中、固定于存在者本身中而建立了存在者的敞开性。每一次转换都发生了存在者之无蔽状态。无蔽状态自行设置入作品中，而艺术完成这种设置。③

可以把海德格尔这段话看作是对黑格尔在其《美学》中对艺术所做的判词的反驳。黑格尔的判词是：“对我们来说，艺术不再是真理由以使自己获得其实存的最高样式了。”针对这一判词，海德格尔问道：“艺术对我们的历史性此在来说，仍然是决定性的真理的一种基本和必然的发生方式吗？”而海德格尔对此的上述回答显然是肯定的。当然，这根本上是由于海德格尔对真理以及历史性的重新理解。

为了追问艺术作品的本源，我们跟随海德格尔首先转向艺术家，进而转向作为艺术作品与艺术家共同本源的艺术，因为艺术的本质总是显现于艺术作品，我们又曾被迫从现实的艺术作品出发，以期从中把握作为其本源的艺术的本质。艺术作品的现实性先把我们引向作品的物因素。流行的形而上学的观点认为，物概念是哲学

---

① 马丁·海德格尔：《林中路》，孙周兴译，上海译文出版社1997年版，第60页。
② 马丁·海德格尔：《林中路》，孙周兴译，上海译文出版社1997年版，第61页。
③ 马丁·海德格尔：《林中路》，孙周兴译，上海译文出版社1997年版，第60—61页。

思辨先于作品把握的普遍概念，它可以不加区分地用于理解一切存在者。对这种观点的批判构成了海德格尔追问艺术作品本源的重要线索。海德格尔通过这种批判性追问让我们看到，真理在现实的艺术作品中发生，或者说真理自行置入作品，这意味着，在作品这种存在者身上，存在者整体的无蔽状态被敞开，而只有在此敞开中，作品的存在才得以显现，作品的物的因素才能被恰当地把握。在作品中，世界和大地争执的裂隙被置回到我们可以勉强称为作品“材料”的大地上，从而构成了作品的形态，因而物与作品中建立的大地最为接近。

从艺术作品的作为作品的现实存在出发，“真理自行置入作品之中”又进一步被理解为作为创作和保存的艺术，它本质上属于诗意创造，这种诗意创造将无蔽抛向存在者中间，通过道说命名诸神，从而开始一个民族的历史性此在的新起点，而这之所以是可能的，正在于艺术本质上是历史性的。追问至此，我们终于可以看到艺术作为艺术作品之本源的真正含义了。德语中的本源（Ursprung）一词从构词上看有原初（Ur）跳跃（Sprung）的意思，又与源出（entspringen）有关。[①]“使某物凭一跃而源出，在出自本质渊源的创建着的跳跃中把某物带入存在之中，这就是本源一词的意思。”于是，艺术就可以被理解为“使存在者之真理在作品中一跃而出的源泉”[②]。在海德格尔看来，这正是真理的历史性发生的一种突出方式。[③]

第二节 萨　　特

让－保罗·萨特（Jean-Paul Sartre，1905—1980）是20世纪法国无神论存在主义最伟大的哲学家，也是著名的文学家、剧作家和左翼社会活动家。1928年萨特毕业于巴黎高等师范学校，1929年通过中学哲学教师学衔会考，获得第一名。在此期间他遇到名列第二的西蒙娜·德·波伏娃，从此两人结为志同道合的终身伴侣。1931年至1939年，萨特在法国勒阿弗尔、巴黎等地任中学哲学教师，其间，1933年9月至1934年9月，曾作为官费留学生赴德国柏林法兰西学院攻读胡塞尔的现象学和

① 马丁·海德格尔：《林中路》，孙周兴译，上海译文出版社1997年版，第61页译注。

② 马丁·海德格尔：《林中路》，孙周兴译，上海译文出版社1997年版，第61页。

③ 必须特别指出的是，海德格尔发表这些思想的时间是1936年，这恰恰是在他冒险尝试了其他所谓“真理发生方式”以后。因此他如此推重艺术作为真理历史性地进入存在的方式，就不能不引起我们的警觉。有论者指出，海德格尔此时把重新开始民族历史性存在的希望寄托在他研究了数年的荷尔德林以及其他诗人身上，与他对纳粹运动的失望有关。参见萨弗兰斯基《海德格尔传》，靳希平译，商务印书馆1999年版，第17章，以及维罗尼卡·弗蒂（V. Foti）《海德格尔与诗人》，Humanities Press, 1992年，引言部分。

海德格尔的存在哲学。第二次世界大战爆发，萨特应征入伍。1940年6月被德军俘虏，关押在战俘集中营，1941年3月获释。回国后，他继续在巴黎巴斯德中学任教，并勇敢地投身于反法西斯的抵抗运动，曾与梅洛－庞蒂等人建立过一个名为“社会主义与自由”的知识分子抵抗组织，并为法国共产党领导的地下刊物《法兰西文学报》撰稿。1945年，萨特与梅洛－庞蒂、雷蒙·阿隆等人共同创办存在主义的重要刊物《现代》杂志。1955年9月至11月萨特曾偕波伏娃访问中国，并在1955年11月2日的《人民日报》上发表了《我对新中国的观感》一文。文中把新中国社会里到处充满的“我为人人，人人为我”的精神称为一种“深切的人道主义”，盛赞“在中国，直接的现实是未来”，“一个伟大的民族为了建立一种更人道和更公正的社会制度而努力”。1964年萨特获得诺贝尔文学奖，但他拒绝接受，其个人理由是他“一向谢绝来自官方的荣誉”，客观理由则是他不愿意成为东西方政治斗争的工具。从20世纪50年代后期到70年代末，萨特多次抗议法国政府进行的阿尔及利亚殖民战争、美国侵越战争以及苏联出兵匈牙利、捷克斯洛伐克和阿富汗的行径，曾与罗素一起组织“审判侵越战争罪行的国际法庭”调查美国侵越罪行，并被推选为法庭的第一任执行主席。1968年5月，巴黎学生运动爆发，萨特明确表态全力支持学生运动，并到大学和工厂发表演说，参加游行。1980年4月15日，萨特在巴黎因病逝世，终年75岁。

萨特一生著述宏富，其主要哲学著作有：《想象》《自我的超越性》《情绪理论纲要》《想象物：想象的现象学心理学》《存在与虚无》《存在主义是一种人道主义》《辩证理性批判》第一卷，以及他去世后出版的《辩证理性批判》第二卷等。在其早期哲学著作中，萨特曾附带提到一些美学观点，而他对文艺理论和美学问题的专门论述则大都散见于一些论文、序言和谈话录之中，其中包括谈论文学的《弗朗索瓦·莫里亚克先生与自由》《关于〈喧哗与骚动〉·福克纳小说中的时间》《〈局外人〉的诠释》《被捆绑的人》《〈一个陌生人的肖像〉序》和《关于〈家中的低能儿〉》，谈论戏剧的《提倡一种处境剧》《铸造神话》《布莱希特与古典主义戏剧家》《作者、作品与公众》，谈论音乐的《〈艺术家和他的良心〉序》，谈论美术的《威尼斯的流浪汉》《贾科梅蒂的绘画》《没有特权的画家：拉普加德》《考尔德的活动雕塑》《追求绝对》等，这些文章大多被收入《处境种种》第一集至第十集中。不过，萨特最为重要而且是唯一成系统的文艺理论或美学专著则是被称为“介入文学”宣言的名著《什么是文学?》。该书从1947年2月开始连载于《现代》杂志第17期至第22期上，此后又出版了单行本并被收入1948年出版的《处境种种》第二集。

一、处境中的自由

萨特的哲学思想发展过程大致可分三个阶段。在写作《存在与虚无》之前，萨特的研究工作偏重现象学心理学，而在《存在与虚无》中其哲学理论的重心则转移到现象学存在论，最后在《辩证理性批判》里萨特将他的哲学理论扩展到社会历史领域，并试图把他的存在主义思想与马克思主义结合起来，构成一种“存在主义的马克思主义”。他的美学思想也随着其哲学思想的发展而不断演变，逐渐从心理学领域深入到存在论领域，进而扩展到社会历史领域，他的“介入”观念也从最初的理论探讨逐步发展到社会政治的实践。

早在1940年出版的《想象物：想象的现象学心理学》一书中，萨特就发展了一种关于想象的理论，并在此基础上阐述了一种关于文学与艺术的美学观点。他首先指出，唯有关于意识与存在的现象学才能正确地探讨想象问题，从而以存在的方式把想象对象与被感知的现实对象区分开来。被感知对象是面对意识而现实在场的，想象对象则可以设定为非现存的、不在场的、存在于别处的或被中立化的（即不被设置为现存的），这四种情况的共同之处在于它们都包含了否定或虚无，这种本质上的虚无足以使想象对象与知觉对象区别开来。根据现象学的意向性理论，意识总是对于某物的意识，知觉与想象则是意识对于其对象的两种主要的基本态度，知觉以现时存在的东西为对象因而是被动的；相反，想象则以不在场或以非现实的东西为对象因而具有自由的创造力。

然而，为了使意识能够想象，意识必须具备什么本性呢？萨特认为，意识只有把现实的东西构成一个整体的世界、同时又虚无化地退出这个现实世界，才能在现实世界之外创造性地想象出非现实的东西（即想象物）。因此，想象活动是构成性的、孤立化的和虚无化的。与此相关，萨特在“没于世界中的存在”和“在世界中的存在”之间作出了一个重要的区分。前者是指意识如同一个对象那样与世界混为一体，后者则是指意识虽然不可避免地介入世界（因为意识是对某物的意识，还因为我们具有身体），但在它与世界之间仍然有一个虚无化的分离（它能非设置地意识到自己不是那个被意识到的对象），这样它才有摆脱世界的自由。作为“没于世界中的存在”的意识根本不可能创造出一个想象的世界，只有作为“在世界中的存在”的意识才具有想象的自由。他由此引出想象活动的一个前提条件，即每一个特殊意识所面对的具体现实世界中的特殊处境，是意识得以构成非现实世界的动因。因此，想象必须以它所否定的处境为依据，而处境也必须以它与想象的关系来规定。所以，意识总是自由的，但又总是在一种处境之中。总之，“非现实的东西是由一种停留在世界之中的意识在世界之外创造出来的；而且，人之所以能够进行想象，正因为他先验地是自由的”[①]。萨特在此得出的结论是：“没有一种想象的意识，就不可能有展开的意识，反之亦然。因此，想象绝不是意识的一种偶然特征，它实际上是意识的一种本质的和先验的条件。设想一个不进行想象的意识是荒谬的，这就如同设想一个不可能实现我思的意识一样。”[②]

最后，萨特在这种想象理论的基础之上，初步阐述了他对文学与艺术的美学观点。他认为，艺术不应当再现或模仿现实，而应当本身就构成一种对象。无论在绘画中还是在小说、诗歌与戏剧中，审美对象都是某种非现实的东西，它是由想象性意识所构成和把握的。艺术家只是将他的美的心理意象通过创作构成一种物质性的近似物（画布与颜色、语词、演员的身体等），欣赏者则以想象的方式通过这些近似物的媒介去把握审美对象。我们常常体验到从戏剧或音乐的世界向日常生活世界过渡的困难与不快，其原因并不是从一个世界向另一个世界的过渡，而是从想象态度向现实态度的过渡。审美观照是一种经诱导而产生的睡梦，而向现实的过渡实际上则是清醒过来了。萨特由此断定，现实的东西绝不是美的，美是一种仅仅适合于意象的东西的价值，这种价值的基本结构是对世界的否定。因此，将道德与审美混淆起来是愚蠢的，因为善的价值被假定为存在于世界之中并作用于现实，而美的意象却是非现实的。应当注意的是，萨特此时对文学艺术的论述着重强调的并不是“介入”，而是绘画、诗歌、小说和戏剧共同具有的想象的性质。同时，他刻意将审美意识与道德判断区分开来，因而具有明显的脱离现实的倾向。这与他在二战前作为一个自命清高的历史旁观者的立场以及他个人主义的抽象自由的思想倾向是一致的。

萨特存在主义哲学的奠基之作《存在与虚无》出版于第二次世界大战期间的1943年10月，该书的副标题是“现象学存在论论文”，这表明其思想主题是以现象学方法去描述人的存在的存在论问题。这部著作所表述的哲学思想成为他二战后提出的介入文学的重要的理论基础。

在《存在与虚无》中，萨特首先批判地接受了胡塞尔现象学的意向性理论的基本命题：一切意识都是对某物的意识。这就是说，意识本身没有内容，它是虚无的，但它具有意向性、总是指向外面的超越性对象，它正是凭借这种意向性方能超出自身达到世界，这种意识就是所谓的对象意识。他进一步指出，在意识到对象的同时，意识又必定知道自己是这个对象意识，不过这种自我意识不是反思，而是一种反思前的我思。对象意识正是凭借它才成为对自身有意识的、自己决定自己的自主的意识，反过来说，为了获得反思前的自我意识，意识又应该是对某物的对象意识。反思前的我思是自为（意识）的绝对内在性，即作为自为的存在论直接结构之

① Jean-Paul Sartre, The Psychology of Imagination, Methuen & Co. Ltd., 1978, p. 216.
② Jean-Paul Sartre, The Psychology of Imagination, Methuen & Co. Ltd., 1978, pp. 218-219.

一的“面对自我的在场”；而被反思前的我思所意识到的对某物的对象意识，则是作为自为的另一个存在论结构的超越性，即意识对于对象的既分离又趋赴的二元性关系。这种分离是意识挣脱世界的虚无化的前提，而这种趋赴又使意识不可避免地投入到世界中。这种“面对世界的在场”就是作为一切认识和行动的基础的自为对自在的基本的存在论关系。

通过对意识的存在论结构的初步描述，萨特进一步提出了自在存在与自为存在的概念和两者的区别。他认为自在存在有三个特点：第一，存在是自在的；第二，存在是其所是；第三，自在的存在存在。概言之，所谓自在存在就是一种既无空间关系又无时间关系、既无内在关系又无外在关系和变化的孤立自存、充实而未分化的惰性实体。因此，自在存在决不能主动与自为存在发生关系，因为它是冷漠的死物；同时，它虽然能被动地接受自为强加给它的关系，但那样一来，它就不再是自在存在，而是为我的存在，即现象了。从外延上讲，自在存在就是一切没有被意识所触动或已被意识所遗弃、没有被意识作为对象或当成工具和障碍的存在，也就是没有被人化（即没有被虚无化）、没有被人赋予意义的存在。

他认为，与自在存在相反，自为存在则是指人的意识的存在，它正好具有与自在存在截然相反的特征，自为存在正是以对自在存在的内在否定来规定自身的。如果自在是存在，那么自为就是虚无。因此，自为存在不是一个独立存在的实体，它只能凭借自在存在而被存在，它只有一个借来的存在。这不是说自在存在产生了它，而是说自为只是存在中的空洞，是对自在存在的否定和虚无化，自为使自在存在显现为现象，同时使自身显现出来。无论从逻辑上还是从存在上，存在都先于虚无，即自在优先于自为。作为自为的人的实在虽然不能消除它面前的存在团块，但它能从这个存在逃脱而获得自由。萨特说：“人的实在分泌出一种使自己孤立出来的虚无，对于这种可能性，笛卡尔继斯多葛派之后，把它称作自由。”[①]不过，使自为存在从根本上区别于是其所是的自在存在的存在论特征是：自为存在是其所不是，不是其所是，或说意识应是其所是[②]。这是自为存在最基本的存在论原则，它几乎概括了自为存在自身（面对自我在场：价值、可能、时间性）及其与自在存在的关系（面对世界在场：认识、行动）甚至为他存在的一切存在论结构的特征。

萨特将自为的存在论结构分为三类，其一是自为的直接结构，其二是时间性，其三是超越性。在自为的直接结构中，首先是前面已经论述过的面对自我在场，其次是自为的事实性（facticité），即纠缠着自为并使自为得以存在的自在偶然性。它使原本无人称的意识被抛入一个并非它选择的世界和一个特殊处境中，并使它具有了

① Jean-Paul Sartre, L'être et le néant, Gallimard, 1988, p. 59.
② Jean-Paul Sartre, L'être et le neant, Gallimard, 1988, p. 32.

特定的身份。自为的事实性就是指被给定的存在、过去、身体。在《存在与虚无》的最后部分，萨特又赋予自由的事实性以另一种更深刻的含义，即：不能不是自由的这一事实就是自由的事实性，意即人的自由不是自己自主地给予自己的，而是被判定给人的，人只能承受自由而不能选择不自由。总之，事实性的这两种含义都是讲自为的被抛的偶然性方面。

自为的直接结构中更为重要的是价值与可能。价值是自为所不是但又应该是的自在存在，可能则是自为为了在实现价值的同时与自身重合而欠缺的自为。价值是超越性的根源，人的实在之所以超出自身，就是因为它向着它所欠缺的价值而超越，并在这种超越中使自身存在。最高价值就是统一的自在—自为，即宗教称为上帝的自因的存在。从可能方面来说，由于可能的实现而达到的自为将重新使自己成为自为，也就是同时面临新的可能，自为不断地向前抛出它自己设立的意义（可能），因而永远不能与自身重合。因此，人的实在就是被作为自在—自为整体的价值纠缠的存在，自为为了存在就必须追求这个最高价值，但又永远不能达到它。

把自为与自己的可能（将来的自我）相分离的东西，从一种意义上讲是虚无，从另一种意义上讲就是与这虚无相应的世界上的存在者整体，自为必须越过它才能与可能的自我相会合。萨特把这种自为与自为的可能之间的关系称为“自我性的圈子”，而世界是被自我性的圈子所穿越的。这里所说的世界不是自在存在，而是被自为的可能所纠缠并被它赋予了意义和统一的世界，即由不在场的自为所揭示的现象：事物—工具的世界。人的实在向着自己的可能超越这作为中介物的世界，从而使它成为实现可能的手段或障碍；同时，人的实在的可能也在它所揭示的这个世界的那一边的地平线上显现出来。因此，萨特说：“没有世界，就没有自我性，就没有人；没有自我性，没有人，就没有世界。”①

人的实在与其可能分离的虚无就是时间性的起源。我思脱离瞬间性并向其可能而超越自身，是因为它只能存在于时间中。正是在时间中，自为才有能以不是的方式是它自身的可能。因此，自为的时间性是自为存在的重要的存在论结构。首先，我的过去是我不得不是的无可挽回的存在，过去是我的本质，我对我的过去负责。但同时，我现在又不是我的过去，因为我曾经是它，在我的过去与我的现在之间有一个虚无把二者分离开，因此我能超越它，并能通过一个将来改变过去的意义。过去就是我所是的、被超越的自在，或者说，过去是变成了自在的自为。因此，自为不可能是没有过去的绝对新事物，绝不会有一种没有过去的绝对开端。自为正是通过超越一个它所是的不可挽回的过去而在存在中涌现。如果说过去是自在，现在则是自为。现在的含义首先是空间意义上的自为面对自在存在的在场。从时间意义上

① Jean-Paul Sartre, L'être et le néant, Gallimard, 1988, p. 144.

说，自为曾是其过去，又将是它的未来。但是，现在既逃脱了与它共同在场的存在，又逃脱了它曾是的存在，而逃向它将是的存在。现在不是它所是（过去），是它所不是（将来）。自为超出存在之外而是的一切就是将来。将来是自为面对一个将来的自我及其设置的未来世界而在场。之所以有一个将来，是因为自为应该是其存在，而不仅仅简单地是其存在。在将来中，自为被把握为一个欠缺，自为是其尚未是但又应该是的自我。所谓合目的性就是颠倒了的因果性，即未来状态的有效性。将来把其意义赋予我的现在，因为我是一个意义始终有疑问的存在。将来不是自在，也不以自为的存在方式去存在，它是自为的意义。

萨特进而指出，认识作为自为的超越性是自为对自在的存在论关系之一。他认为，既然作为非反思层面上的意识的自为本身是空洞的虚无，它自身内没有任何实体性的给定物，所以它既不能独立存在也不能建造自在存在。为了存在，它就必须投向自身之外，投向它所不是的自在存在，以便通过这种否定性的关系从自在借来一个存在，这就是意识的超越性，也可以称之为意向性，它是自为的出神方式之一，而且，这是一种自为对自在的单向能动关系。因此，自为不仅是二者关系中的一项，而且是这关系本身。正是在这种自为对自在的出神关系的基础上，认识和行动才能显现出来，认识和行动只是一种原始关系的两个抽象方面。

萨特将具有目的论结构的活动看作认识的基础，因此，任何认识都是为实现某一目的的活动的一个抽象环节。然而，这种目的论联系不是自在存在的诸事物自身所具有的，而是人的意识从外面赋予诸自在事物的一种观念联系。自然科学的认识企图从认识对象中消除一切潜在性并剥掉一切工具性，以便认识纯粹的事物，并企图建立纯粹和绝对的外在关系，但是这种企图不会完全成功。因为事物并非先是事物后来成为工具，相反，它们一开始对意识显现时就原始地作为事物—工具，科学家则是在后来才把工具性从事物上剥离下来。萨特断言，纯粹认识的观点就是没有观点的认识，因此是原则上处于世界之外的对世界的认识，这是毫无意义的。唯一可能的观点是介入的认识的观点，认识只能是已介入人们所处的一种特定观点中的涌现，这是一种存在论的必然性。

除了自为的存在论结构之外，萨特思想中还有一个重要方面，即“我”与他人的关系。他认为，人的实在既是自为的存在又是为他的存在，但为他的存在不是自为的存在论结构，我们既不能从自为存在中推演出为他存在，也不能从为他存在中推演出自为存在。因此，为他存在是人的另一种完全不同的存在论结构。在《存在与虚无》中，萨特以注视为例阐明了他人的存在和“我”与他人的关系。萨特认为，作为一切有关他人的理论基础的他人与“我”的原始关系是，他人是注视着“我”的人，而“我”就相应地是被他人注视的对象，即“我”的为他存在。正是通过揭示"我"的为他存在，"我"才能把握他的主体存在。当"我"突然意识到有人注视"我"时，"我"的存在论结构就发生了根本变化："我"从主体变成了对象，从自为变成了为他，"我"的超越性变成了被超越的超越性。他人的注视使"我"和"我"的世界异化了，原来"我"所面对、组织和利用的作为工具性整体的世界变成了他人的世界，"我"不再是处境的主人，也不再是"我"自己的主人，"我"变成了奴隶，他人利用"我"作为达到他的目的的手段，于是"我"处于危险中，反之亦然。这就是"我"的为他存在的恒常结构。与此相似，一个第三者的注视也会使复数的"我们"成为对象"我们"，并使"我们"都发生异化。在萨特看来，"我"的为他存在虽然是由他人主体产生的，但却要由"我"对之负责。因此，自由只能被自由所限制，他人的自由才能使"我"失去自由。

萨特所讲的"我"与他人的关系以及第三者与"我们"的关系的思想主题，曾在他出版《存在与虚无》一年之后（1944年）以戏剧形式表达出来，这就是独幕剧《禁闭》。剧中一句著名台词"他人就是地狱"招来多方责难，萨特自己也曾为之做过辩解。但平心而论，如果认真通读过《存在与虚无》和《禁闭》，结合剧中人对话的上下文仔细推敲就可以看出，萨特一方面认为"我"与他人的关系是一种类似于黑格尔的"主—奴关系"的冲突，另一方面也指出他人对于"我"的存在和自我认识的重要性。他后来进一步强调了活人可以通过新行动来改变旧行动，人有砸碎地狱的自由。

正是在自为存在和为他存在的存在论原理的基础之上，萨特具体阐述了自由与处境的关系或曰处境中的自由。在他看来，人的行为可以概括为三大类："有（avoir）、做（faire）和存在（être）是人的实在的三个基本范畴。它们把人的一切行为都归入它们的名下。"[1]简单地说，这三者的本质关系是：自为的存在就是通过"做"直接地或者通过"有"间接地获得自在存在，从而使自身成为自在—自为的理想存在。然而萨特明确指出，自为主要是由行动定义的存在。自为超越自在而谋划它的可能性，"这种谋划不是静止地规定世界的外形，它每时每刻都在改变世界"[2]。所谓改变世界就是为了某一目的而安排运用某些手段，通过引起一系列变化，最终产生一个预定的结果。因此，活动不是被决定的机械运动，它是人的自主行动。萨特强调指出："一切活动的必要和基本的条件就是行动的存在的自由。"[3]任何给定的现实状态都不能像原因引起结果那样引起一个活动，意识与给定物的关系既不能理解为后者决定前者，也不能理解为前者与后者完全隔绝而没有任何关系，

① Jean-Paul Sartre, L'être et le néant, Gallimard, 1988, p. 485.
② Jean-Paul Sartre, L'être et le néant, Gallimard, 1988, p. 482.
③ Jean-Paul Sartre, L'être et le néant, Gallimard, 1988, p. 490.

准确而全面的理解应该是：意识对给定物具有一种单向否定和自由肯定的双重关系，这是一种既脱离又勾连的关系。一方面，意识通过对给定物的虚无化分离而使给定物丧失对意识的全部效力；另一方面，意识通过以自己的目的对给定物的评价又把它对意识的效力还给了它，从而使它成为一个行动的客观动因。意识与给定物的这种既脱离又勾连的微妙关系模式也就是自由与处境的关系，从最一般的意义上讲，也就是贯穿《存在与虚无》全书的自为对自在的基本的存在论关系。

萨特把自为的自由看作自为的存在，但这种自由不是一个给定物，也不是一种属性，它只能在自我选择时存在。自为的自由总是已介入的，而不是先于它的选择而存在的。自为就是正在进行的选择。人的实在能够按照他所希望的去进行自我选择，但不能不进行自我选择，不选择实际上就是选择了不选择，这就是自由的荒谬性、事实性或偶然性。萨特认为，事物的敌对系数不可能是反对我们的自由的论据，因为正是通过我们预先设置的目的，这种敌对系数才显现出来。也正是由于自由在天然的自在事物中揭示的这种抵抗，自由才成其为真正的自由，即介入抵抗的世界之中的自由。也正是由于这一点，实在的自由才能使自身区别于纯粹设想的、使世界如在梦中那样随我的意识的变化而变化的、封闭于主观性内部的自由。萨特进而指出，他所提出的关于自由的专门哲学概念也不意味着“获得人们所要求的东西”的自由，而是“由自己决定自己去要求（广义的选择）”的自由，即选择的自主。

他进一步指出，自由的经验的和实践的概念是完全否定的，自由只有从一个给定的处境出发并通过对这种处境的虚无化的逃离，才能自由地追求自己的目的，自由的涌现只是通过对他所是的存在（自为的身体、自为曾经是的本质的过去）和他没于其中的存在（世界）的双重虚无化而形成的。所以，自由原始地就是对给定物的关系。自由既是对处境的否定性脱离又是介入处境的，作为给定物的处境已不是天然的自在存在，它是作为自为进行防御或进攻的动因而被揭示出来的。因此，处境是自在的偶然性和自由的共同产物。“于是，我们开始看到了自由的悖论：只在处境中才有自由，也只通过自由才有处境。人的实在到处都碰到并不是他创造的抵抗和障碍，但是，这些抵抗和障碍只有在人的实在所是的自由选择中并通过这种选择才有意义。”①

萨特认为，处境就是通过向着一个自由设置的目的超越自在的给定物和我自身的给定物而揭示出来的包围着我的工具性和敌对性的世界。这些给定物包括：我的位置、我的过去、我的周围、我的邻人、我的死亡等。

萨特进而具体说明了在自由与所有给定物的关系中的这种二律背反。在人与其

① Jean-Paul Sartre, L'être et le néant, Gallimard, 1988, p. 546.

位置的关系中，一方面，人的实在原始地接受了他没于诸事物中的位置，他却不是这位置的主人，如一个人出生的位置就是纯粹偶然性的事实；另一方面，正是人的实在使位置和空间来到事物中间。正是在“我”自由谋划的未来目的的光照之下，“我”现在的位置才获得了作为流放地或作为宜居之地的意义。

人与其过去的关系也有一个悖论：没有过去，“我”便不能设想自己，如果“我”存在，“我”便不可能没有一个过去，这是“我”的偶然性的必然性；但另一方面，“我”是一个使过去来到“我”本身和世界的存在。过去不能像在前的现象决定在后的现象那样决定我们的活动，但我们有一个不能随意改变的过去，而且正是从这个过去出发（即使是否定这个过去）我们才能采取新的行动。正是“我”现在对将来的自由谋划决定过去是被确认的、仍然活着的过去，还是被否认的、被超越的、已经死亡的过去；也正是对某一种将来的选择决定“我”是继承传统还是逃避传统，是把“我”的过去看作光荣还是看作耻辱。

“我”的周围是那些包围着“我”的、带有某种敌对性或工具性的固有系数的诸多事物——工具。周围是在“我”的自由谋划中，即在“我”所是的那些目的的选择的界限内，才显现出来的；正是由于“我”的谋划，风才可能显现为逆风或顺风，太阳的光和热才表现为有利的或令人讨厌的。既然作为行动对象的给定物有其自在存在的一面，那么，自由谋划就是一种预料到并接受事物的抵抗的选择，就是在一个抵抗的世界中通过战胜抵抗而有所作为的谋划。

“我”还在一个受到“我”的邻人纠缠的世界中生活，这不仅是说“我”能在道路的拐弯处碰到他人，而且是说“我”介入到一个世界中，这个世界的工具性复合体能够拥有一种并非“我”的自由谋划所首先给予它们的意义。人们共同使用的交通工具、各种告示牌、商品使用说明书等都表示出别人对“我”的行动的指示，它们在“我”使之产生于事物中的敌对系数之外又加上了一种人类特有的敌对系数。他人的存在给“我”的自由带来了一种事实上的限制，由于他人的涌现，一些“我”未曾选择的存在方式被强加于“我”。这就是“我”的为他存在。总之，由于有他人的存在，“我”就在“我”不能消除其异化的一维的处境中存在。萨特说，自由只能被自由所限制。在自为存在的层面上，只有我的自由才能限制我的自由；在为他存在的层面上，我的自由也在他人的自由的存在中发现了它的限制。作为面对他人来到世界上的自由，就是作为可异化的东西来到世界上，一切被异化的东西原则上都只能为他地存在。他人的自由把限制赋予我的处境，但是，只有在我自由地承担起我的为他存在并在我已选择的目的的光辉照耀下给予它一个意义时，我才能体验到这些限制。总之，他人的自由和我的为他存在作为限制的处境同样具有悖论性：它们限制了我的自由，然而除了我的自由给予它们的意义之外再没有别的意义。

萨特从对自由与处境的关系描述得出的本质结论是，“人，由于被判定是自由的，就把整个世界的重量担在他的肩上：他对作为存在方式的世界和他自身是负有责任的。我们是在‘（对）是一个事件或者一个对象的不容置疑的作者（的）意识’这个平常的意义上采用‘责任’这个词的。从这个意义上说，自为的责任是沉重的，因为他是那个通过他才使得有了一个世界的人；并且因为他也是那个使自己存在的人”。[①]因此，企图抱怨是荒谬的，因为我所体验到的处境和我自己都是我自己自由选择和承担的，我对它们负有完全的责任。

从理论方面来说，萨特在《存在与虚无》中阐述的这些哲学思想奠定了他的美学思想的存在论基础。但从实践方面来说，正是第二次世界大战的爆发，他的被俘和在集中营的集体生活、参加抵抗运动以及战后的复杂斗争，才使萨特逐渐从个人自由的超脱生活中醒悟过来，投身于广阔的社会历史领域，开始了以笔为武器的“介入文学”的活动。也正是在二战后，萨特明确提出了“介入文学”的理论，对他在战前的美学观点做了重要的修正。

二、介入就是揭露，揭露就是改变

在阐述其“介入文学”的理论之前，萨特就已开始使用这一概念了。比如，他在1945年写作的《被捆绑的人——关于儒勒·勒那尔的〈日记〉的札记》一文中就曾说过：“当代作家首先关心的是向读者展示人的状况的完整形象。这样做的同时，他就介入了。今天人们多少有点蔑视一本不是介入行为的书。至于美，它是附加的，如果有可能办到的话。”[②]

1945年10月，萨特与梅洛－庞蒂等人主办的《现代》杂志创刊，在发刊词中，萨特提出了有关介入文学的一系列论断。他猛烈抨击为艺术而艺术的态度，号召作家们履行其作为人的责任，通过写作对当代各种重大社会政治问题作出回答。但他当时还没有来得及进行充分的展开论证，因而这些论断受到来自各方的激烈指责，从而引发了一场关于文学及其他艺术形式的性质和作用、文学与社会政治斗争的关系等问题的论战。1947年，萨特的美学名著《什么是文学?》在《现代》杂志上发表。它既是萨特对别人指责的有力回击，也是他所主张的介入文学的一篇充满激情的宣言。

《什么是文学?》共分四章：《什么是写作?》《为什么写作?》《人们为谁写作?》

① Jean-Paul Sartre, L'être et le néant, Gallimard, 1988, p. 612.

② 萨特：《被捆绑的人》，该文载沈志明、艾珉主编：《萨特文集》第7卷，人民文学出版社2005年版，第91页。

《1947年作家的处境》。他在该书中一方面通过对传统文学观点的抨击回答别人对他的指责，另一方面试图指出文学为什么是“为了改变而揭露”从而为介入文学奠定了理论和实践的基础。同时，他还试图对1947年作家的处境进行具体分析。尽管这篇长文仍然存在一些错误和不足，但它长期以来一直被奉为文学批评的经典作品。

为了回答许多人对他的介入文学的责难，萨特认为应当首先对各种艺术形式进行区分，从而界定写作艺术的性质和作用。在第一章《什么是写作?》以及另一篇文章《艺术家和他的良心》中，萨特指出，我们不能强求绘画、雕塑和音乐也介入，至少它们不是以同样的方式介入的。因为色彩、形体、音符都不是符号，它们都是由于其自身而存在的物，它们不指向它们自身之外的意义，比如乐句就不确指任何客体，它本身就是客体或者意境，但意境毕竟不是意义，因而人们不可能画出意义，也不可能把意义谱成音乐，音乐归根结底是一种无所指的艺术。相反，作家是与意义打交道的，只有语言才能带来明确的意义。然而，散文和诗歌虽然都使用文字来写作，但诗歌使用文字的方式与散文不同。诗人并不是利用语言作为工具去发现和阐述真理，也不是去给世界命名，诗人对待语言的态度是把词看作物而不是看作工具或符号，词语对诗人来说也并不是把他抛向世界的指示器。因此，就其性质而言，诗歌与绘画、雕塑、音乐同属一类，我们不能要求诗歌也是介入的。

萨特指出，与诗歌不同，散文是符号的王国，词语是散文作家的工具，它们把散文作家投向世界的中心。这里所谓的散文是指使用语言进行命名、指示、揭露、证明、命令、拒绝、质问、说服等活动，即对世界有所言说或与他人进行沟通的广义的文字作品。对散文作家来说，词语不是客体，而是客体的名称。因此，重要的不是词语本身是讨人喜欢还是招人厌恶，而是它们是否正确地指示世界上的某些东西或某一概念。因此，散文在本质上是功利性的，它是特别适合从事某一事业的工具。所以，人们才有权首先问散文作家：你为什么写作？你投入了什么事业？

按照萨特的理解，在任何一项事业中，语言都是行动的某一特殊瞬间，我们不能离开行动去理解它。纯文体学家的错误就在于认为语言仅仅飘过事物的表面而不改变它们，而他们自己对事物采取的是一种与世无争的静观态度。殊不知说话就是行动：任何东西一旦被人叫出名字，它就不再是原来的东西了，它失去了自己天真无邪的性质。如果你对一个人道破他的行为，你就对他显示了他的行为，于是他看到他自己；由于你同时向其他所有的人道破了他的行为，他就知道自己在看到自己的同时也被其他人看到了。这以后，他又怎么能继续以原来那种反思前的方式行动呢？他只能要么出于固执而明知故犯，要么放弃原来的行动。“因此，当我说话时，我通过我要改变某个处境的谋划本身去揭露这个处境；我向我自己也向其他人揭露它，以便改变它……通过我说出的每一个词，我都使我进一步介入世界，同时我也进一步从世界里显现出来，既然我向着未来超越它。因此，散文作家是选择了某种次要行动方式的人，人们可以把这种方式称为通过揭露而行动”。[①]于是，人们就有理由向散文作家提出第二个问题：你要揭露世界的哪一个面貌？你想通过这个揭露带给世界什么变化？

揭露并不是为了随便的某种改变，萨特强调指出，“‘介入’作家知道说话就是行动：他知道揭露就是改变，知道人们只有在谋划改变时才能揭露”[②]。介入作家放弃了不偏不倚地描绘社会和人的状况这种不可能的梦想，他也不能看到某一处境而不改变它。这就如同勃里斯—帕兰所说的那样，词是“上了子弹的手枪”。如果他说话，就等于在射击，既然他选择了射击，就应该像个男子汉那样瞄准目标。因此，萨特得出结论：“作家选择了揭露世界，特别是向其他人揭露人，以便这些人面对被如此赤裸裸呈现出来的客体负起他们的全部责任。”[③]就像法律向人们揭示出罪行，如果谁触犯了法律就要承担罪责一样。萨特指出，作家的职能就是要使无人不知道世界，无人能说世界与他无关。一旦作家介入语言的世界，他就再也不能假装他不会说话了。沉默本身也是语言的一个环节，沉默不是不会说话，而是拒绝说话，所以仍然是在说话。如果一个作家选择对世界的某一面貌沉默不语，那么，人们就有权质问他为什么谈论这一点而不谈论那一点，或说为什么想改变这一点而不是那一点。萨特在此的意思无非是说，沉默仍然是介入，而作家的选择则表明了他的立场，他必须为此负责。

总之，介入就是揭露，揭露就是改变——这就是萨特所理解的介入原则的实质内容。然而，他并不因为强调题材和内容的重要性而否认散文的形式美和风格的魅力。在他看来，一个人并不是因为选择说出某些事情，而是因为选择用某种方式说出这些事情才成为作家的。散文的价值当然也在于它的风格，但风格的美感应该是隐蔽的。在这里，美仅仅是一种柔和的、感觉不到的力量，它应当以情动人，以一种看不见的魅力吸引人，词的和谐与句子的平衡在人们不知不觉中引导人们的激情，改变人们的意向。萨特认为，虽然题材推荐风格，但是题材并不决定风格。好的作者从来都是先选择写什么，然后才考虑怎么写。因此，在散文里，审美愉悦只有当它是附加上去的时候才是纯粹的。只要人们把题材看作永远开放的，看作一些请求和期待，艺术就不会因为介入而失去任何东西。相反，社会和形而上学日新月异的发展要求艺术家不断去寻找新的语言和新的技巧。萨特指出，所谓为艺术而艺术的美学纯洁主义不过是19世纪的资产者们冠冕堂皇的自我防卫手段，他们宁可被

① Jean-Paul Sartre, Qu'est-ce que la littérature? Gallimard, 1986, pp. 29-30.

② Jean-Paul Sartre, Qu'est-ce que la littérature? Gallimard, 1986, p. 30.

③ Jean-Paul Sartre, Qu'est-ce que la littérature? Gallimard, 1986, p. 31.

人指责为缺乏艺术修养，也不愿意被说成是剥削者。而所谓纯粹艺术实际上不过是空虚的艺术，其作用不过是引诱当今的作家脱离现实世界。那些所谓纯洁派批评家要么只和历史已经作出定论的无害的死者打交道，要么就想方设法磨灭活着的作家的思想锋芒，从而避开现实世界的尖锐问题，陶醉于空洞无物的老生常谈和均衡漂亮的语言形式之美。

也许很多人都会觉得，萨特在这里对散文与绘画、雕塑、音乐、诗歌双方的性质和作用所做的区别有些牵强，我们或许可以套用萨特早期对知觉与想象的区分勉强加以解释。但即便如此，硬说散文是介入的，而诗歌等艺术形式都不是介入的，仍然有令人难以理解之处。萨特在第一章的尾注中承认，他是为了把问题说清楚才考察了纯诗和纯散文两个极端的例子，但他又反对从诗歌到散文之间存在着一系列中间过渡形式，坚持认为两者虽然可能互相包含少许对方的因素，但它们仍然是界限分明的不同结构。只是到了后来，他才在《关于我自己》一文中重新对这些文学艺术形式和介入的概念进行了界定。他写道："文学是一面批判性的镜子。显示，证明，表现：这就是介入。""诗与散文艺术首先变成批判艺术：马拉梅管他自己的诗叫'批判诗'。写作就是对全部文学提出质问，今天亦然。在绘画、雕刻、音乐上，情况是相同的：全部艺术介入单独一个人的历险；它在寻找自己的界限，开拓自己的疆域。"[①]这些话无异于肯定了所有的艺术形式都是介入的，这样他就把狭义的"介入文学"的概念扩展为广义的"介入艺术"的概念。

三、写作就是要求自由

在回答为什么写作这一问题时，萨特从"人是存在的揭示者，但不是存在的生产者"这一哲学思想出发，试图发掘作家选择写作的存在论上的深层动机。他指出，虽然我们确信自己起着揭示作用，但也确信自己对于被揭示的东西而言不是主要的。因此，艺术创作的主要动机之一就在于我们需要感到自己对于世界而言是主要的。通过艺术品的创作，我就能意识到自己产生了它们，从而感到我自己对于我的创造物而言是主要的。

萨特从他对知觉与想象的一贯区分出发，指出在知觉过程中，客体居于主要地位而主体不是主要的；而在创造中，主体寻求并且得到主要地位，客体却变成非主要的了。为了满足这个辩证关系的要求，就需要一个阅读行为。虽然写作行为与阅读行为辩证地相互依存，但这两个相关联的行为需要两个不同的施动者。既然作者

① 萨特：《关于我自己》，转引自沈志明、艾珉主编《萨特文集》第7卷，人民文学出版社2005年版，"文论卷导言"，第20页。

不可能既创造作品又像读者那样阅读自己的作品，那么就需要有另一个人的阅读行为才能使作品真正存在。他由此进一步指出，世上根本没有为自己写作这一回事，“正是作者和读者的联合努力才使这个具体的和想象的客体，即精神产品涌现出来。只有为了他人并且通过他人才会有艺术”。[①]

他认为，阅读既确定主体的主要性，又确定客体的主要性，因为阅读是知觉和创造的综合，读者在创造过程中进行揭示，在揭示过程中进行创造。读者必须在作者的引导下，不断越过作品的词句而去重组美的客体或发明作品的主题，即作为有机整体的意义。一句话，阅读是引导下的创作，文学客体除了在读者越过词句而达到的想象中的存在之外没有别的实体。既然创造只能在阅读中完成，既然艺术家必须委托另一个人来完成他开始做的事情，既然他只有通过读者的意识才能体会到他对于自己作品而言是最主要的，因此任何文学作品都是某种召唤。写作就是召唤读者，以便读者把作者借助语言着手进行的揭示转化为客观存在。既然读者在作者引导下的重新创造是个绝对的开端，那么它就是由读者的自由来实施的，因此，作家就是向读者的自由发出召唤，他只有得到这个自由才能使他的作品存在。不仅如此，他还要求读者承认他的创作自由，也就是反过来召唤他的自由。这就是阅读过程中的另一个辩证关系：我们越是感到我们自己的自由，我们就越承认别人的自由，反之亦然。“因此，阅读是作者与读者之间的一项豪迈的协议；每一方都信任另一方，每一方都依靠另一方，每一方都在要求自己的同等程度上要求对方。……这样，我的自由在显示自身的同时揭示了他人的自由。”[②]令人惊讶的是，萨特在《存在与虚无》中谈到的我与他人之间无法共存的“主—奴关系”在这里几乎完全消失了，取而代之的是作者的自由与读者的自由之间相互依存的和谐共在。而且，在《存在与虚无》中，他虽然也谈到他人对于我的存在和自我认识的重要性，但其重点仍然是“主—奴关系”的冲突，所以他在这里所做的转变不能不说是其哲学思想在美学领域中的一个突破。

萨特认为，作为审美对象的任何艺术作品都是对自然关系的颠倒，因此，我们的审美过程就具有由浅入深的三个层次：“穿过现象的因果性，我们的目光触及作为客体的深层结构的目的性，而越过这一目的性，我们的目光触及作为其源泉和原始基础的人的自由。……正是在物质的被动状态本身中我们遇到了人的深不可测的自由。”[③]不过，艺术作品并不局限于已经创造出来的有限客体，实际上，创造活动的目标是通过它产生或重现的有限对象去完整地重新把握世界。因此，艺术的最终目

① Jean-Paul Sartre, Qu'est-ce que la littérature? Gallimard, 1986, p. 55.

② Jean-Paul Sartre, Qu'est-ce que la littérature? Gallimard, 1986, p. 70.

③ Jean-Paul Sartre, Qu'est-ce que la littérature? Gallimard, 1986, pp. 71-72.

的是依照其本来面目把整个世界提供给观众或读者的自由，并且通过观众的认可显示出世界的根源就是人的自由，从而挽回世界。

因此萨特说："自由被它自己辨认出来便是愉悦。"[①]这种审美愉悦具有三重结构：第一，在创作过程中，创作者因其从事创造而获得审美愉悦；在阅读过程中，读者通过创造性的阅读去享受审美对象，这种享受同样是审美愉悦的一个主要结构；而且作者的愉悦是与读者的愉悦融为一体的。第二，审美愉悦来自意识到我通过审美方式挽回并且内化了那个非我的世界，把给定的东西变成了命令，把事实变成了价值，把世界变成了向人的自由提出的一项任务，即把通常情况下作为工具和障碍的世界（即《存在与虚无》里的处境）变成了人的自由力求达到的一个价值。萨特将这种改变称为人的谋划的"审美转变"，也就是把面对世界的现实态度变成了审美态度。第三，这里存在着人们的自由之间的一项协定，即读者的自由不仅是对作者的自由的承认，读者的审美快感还要求所有自由的人产生同样的审美快感。这样，在审美愉悦里，全人类以其最高的自由支撑着一个世界的存在，这个世界既是人类世界又是外部世界，既是应当存在又是存在，既完全属于我们自己又完全是异己，而且它越是异己就越属于我们自己。同时，这里也包含着所有人自由的和谐整体，这个和谐整体既是一种普遍信任的对象，又是一项普遍要求的对象。这个世界也就是《存在与虚无》里所说的以自为（自由）作为基础的自在存在，即作为最高价值的统一的自在—自为—自因的存在。而这个人类自由的和谐整体也可以被看作是自为存在与为他存在的统一。在这里，萨特曾认为永远实现不了的那个最高理想在美学领域中重新出现了，至于它只是作为一个理想目标还是作为可以实现的现实，萨特似乎并没有给出明确的指示。

在他看来，写作是既揭示世界，又把世界当作一项任务提供给读者的豪情。现实世界只能显示在行动中，人们只有在为了改变它而超越它时才能揭示这个现实世界，它越是被人物为达到其自身目的而超越，它就越显得真实。现实主义的谬误在于，它相信只要用心观察，现实就会展现出来，因而人们可以对现实作出公正的描述，但这是不可能的。萨特承认，虽然人们带着善良的感情写不出好书来，但作家在创作中超越并揭露这个世界的非正义行为，并不是为了让读者对这些非正义行为漠然视之，而是为了号召我们一起用愤怒去揭露并消灭这些非正义行为。因此，"豪迈的愤怒就是宣誓要改变……尽管文学是一回事，道德全然是另一回事，我们还是能在审美命令的深处觉察到道德命令"[②]。坏的小说是那些旨在献媚取宠的小说，而好的小说则是要求自由并且信任别人的自由的小说。任何时候也没有人会设想可以

① Jean-Paul Sartre, Qu'est-ce que la littérature? Gallimard, 1986, p. 74.
② Jean-Paul Sartre, Qu'est-ce que la litterature? Gallimard, 1986, p. 79.

写出一部颂扬反犹太主义的好小说，因为“当我体会到我的自由是与所有其他人的自由不可分割地联系在一起的时候，人们就不能要求我使用这个自由去赞同对他们中的某些人的奴役。因此，无论他是随笔作者、抨击文章作者、讽刺作家还是小说家，不管他只谈论个人的情感还是攻击社会制度，作家作为自由人诉诸另一些自由人，他只有一个题材：自由”。[①]

萨特以二战时期的法西斯主义作家德里欧·拉罗舍尔为例，说明任何奴役他的读者的企图都威胁着作家的艺术本身：这个鼓吹法西斯奴役的家伙最后由于没有读者的理解而不得不闭嘴，正是其他人的沉默堵住了他的嘴。这使我们懂得了“写作的自由包含着公民的自由，人们不为奴隶写作。散文艺术只与民主制度休戚相关，只有在民主制度下散文才保有一个意义。当一方受到威胁的时候，另一方也不能幸免。用笔杆子来保卫它们还不够，有朝一日笔杆子被迫搁置，那时作家就应当拿起武器。因此，无论你是以什么方式来到文学界的，无论你曾经宣扬过什么观点，文学把你投入战斗；写作就是要求自由的某种方式；只要你开始写作，不管你愿意不愿意，你已经介入了”。[②]

四、读者召唤作家

萨特虽然肯定介入是为了捍卫自由，但他认为仅仅这样说未免有些笼统草率。于是他问道，作家是把自由作为一个永恒的理想价值加以守卫呢，还是应当在特定的政治和社会斗争中明确表态，从而保护具体的、日常生活中的自由呢？他的回答显然倾向于后者。他认为，永恒的自由不过是干枯的树枝即空洞的抽象，它是不会难为任何人的废话。世上没有现成的自由，自由无非是人们持续不断地借以自我挣脱、自我解放的运动。因此，重要的是有待铲除的障碍和有待克服的阻力的特殊面貌，正是这一特殊面貌在每个具体场合把自身的形象赋予自由。无论作者还是读者都不能脱离其具体的历史性和语境，写作和阅读是同一历史事实的两个方面，作家怂恿我们去争取的自由并不是抽象的，它是在一个历史处境中争取到的，而每本书都从一个特殊的异化出发建议一种具体的解放途径。

他进一步指出，这个具体的历史处境就是作者与读者共有的整个世界，作者和读者的自由通过这个世界彼此寻找并相互影响，因此，作者对世界某种面貌的选择确定了他选中的读者；反之，他在选择读者的同时也决定了他的题材，所以，一切精神产品本身都包含着它们选中的读者的形象。既然如此，与其说作家本身的环境

① Jean-Paul Sartre, Qu'est-ce que la littérature? Gallimard, 1986, pp. 80–81.

② Jean-Paul Sartre, Qu'est-ce que la littérature? Gallimard, 1986, p. 82.

产生了作家，还不如说公众召唤作家。在这里，环境是从后面来的力量，相反，公众则是一个期待、要求或愿望。萨特根据其为他存在的哲学思想指出，我们身上有些品性完全来自别人的评价，因此必须根据别人为我们造成的处境来选择自己。虽然作家最初是由于自己的自由选择而成为作家的，但是他一旦被别人看成作家，他就应当满足作家的社会职能对他提出的某种要求，不管他本人是否愿意，他都必须根据别人即读者对他的看法行事。虽然作家原则上是对所有人说话的，但作家自身的状况和读者的要求决定了每一个作家都有自己特定的题材，因而也有自己特定的读者公众，而在这个实际上的读者公众外围可能还存在着潜在的读者公众。

他认为，作家在阶级社会中不事生产，统治阶级以年金或稿费等形式养活着他。但对统治阶级来说，作家的活动不仅无用，有时甚至是有害的。因为作家向社会展示它的形象，由此引起对既定的价值和制度的争议，从而迫使社会承担这个形象或者改变自身，并使社会产生一种负罪意识。因此，就其功能而言，作家与统治阶级的利益是背道而驰的，他永远与维持平衡的保守势力处于对抗之中。这就是界定了作家的状况的原始冲突。这不仅因为作家通过揭示而导致现存制度的改变会危及统治阶级的既得利益，而且这一冲突还会表现为保守势力即作家真正的读者公众与进步势力即作家潜在的读者公众之间的对抗。在历史上，冲突有时很明显，有时又是隐蔽的，但它始终存在。这就是作家的负疚感和种种灾难的根源。

通过回顾欧洲的历史，萨特追溯了作家与其读者公众之间关系的变化轨迹。在历史上，当作家潜在的读者公众根本不存在或几乎不存在的时候，文学便与统治者的意识形态相一致，争议只涉及细枝末节，而且是根据一些无可争议的公认原则作出的。比如欧洲在12世纪左右就是这样，由于绝大多数民众都是文盲，阅读和写作是专业人员才掌握的技巧，因此，教士专门为教士们写作，他们自己是自己唯一的读者公众。他们既不需要表态，不需要反映世俗社会的形象，也不需要使掠夺成性的贵族领主感到内疚，他们只以永恒价值和先验思想作为写作内容。结果是一个特殊的意识形态大获全胜，却以文学的异化和死亡为代价。

17世纪的法国是作家依附现有意识形态的又一个例子。在那个时代，教会权力的衰落和教育的发展，以及文字作品的扩张和精神产品所包含的对自由的召唤，促使作家及读者的世俗化过程日趋完成。然而世俗化并不等于普遍化，那时作家的读者公众仍极其有限，他们是部分宫廷显贵、教士、法官和有钱的资产者等上层阶级的成员，作家唯一关心的是满足这些有限读者的要求，而不可能提到一个区别于真正读者公众的潜在读者公众。古典主义就产生于这个时代，此时的社会已经相对稳定，谁也不怀疑上帝的存在和神授的君权，人们对教会和君主政体永世长存的神话深信不疑。古典主义作家们一般来说属于资产阶级，受到贵族和国王的供养，他们真正唯一关心的题材是信仰上帝、尊重君主、情欲、战争、死亡和礼节，因而不可能为思想发现新的天地。因为读者只希望作家把已有的思想辉煌地重新表述出来，他们不要求作家反映社会实际上的样子，而只反映它自以为是的样子。即使作家略作讽刺，那也不过是借助批评性的文章和喜剧，以道德的名义为它的健康所进行的必要的净化，目的是维护宗教和世俗的意识形态和制度。但是即便如此，作家谦逊地为读者打造的镜子却仍然是一面魔镜，它所展示的社会形象仍是一件艺术品，也就是说是以作者的自由为依据向读者的自由发出的召唤，它被某一自由支撑着从而获得了另一种类型的客体性。上层精英集团在镜子里看到的确实是他们自己，但却是一种令人不舒服的自身形象。而作品对作家本身来说无疑是解放性的，因为作品起到的作用是在这个阶级内部把人从他自身解放出来。

不过，一旦潜在的读者公众突然出现，或者真正的读者公众分裂成敌对派别，一切就都改变了。当环境促使作家拒绝接受统治阶级的意识形态时，文学随即发生重大变化。18世纪为法国作家提供了历史上千载难逢的良机。此时，作家真正的读者公众扩大了，因为资产阶级已经开始读书。这场社会变动把作家的读者公众分裂成两部分，于是他们必须满足相互矛盾的要求。一方面，封建统治阶级对自己的意识形态已失去信心，务实的真理取代了启示的真理，教会文学堕落成一种无效的护教论，它不再是向自由人发出的自由召唤，因此它就不再是文学。另一方面，资产阶级已经组成上升阶级，渴望摆脱人们强加给它的异化的意识形态，并且要求建立自己特有的意识形态。于是历史上破天荒第一次，一个被压迫阶级作为真正的读者公众向作家显现出来。这样，18世纪的作家受到两方面的吁请，他夹在两派敌对的读者之间，也同时从两边分别领取年金和稿费。但是，作家并不因此而感到痛苦，相反，他却从这个矛盾中获得了某种自豪感，觉得自己可以超脱于任何阶级、民族和环境之上，从而在资产阶级与宫廷、教会之间获得了自身的独立性。文学不再反映那个已崩溃的意识形态，也不再是任何一个阶级的具体表现，反而与怀疑、拒绝、争议等否定性的批判思想和创造思想融为一体。于是，文学就为某种超越一切既成事实的新的精神性力量确立了权利，真理也从各种具体的、特殊的哲学中解脱出来，显示出自身的抽象独立性，并成为批判运动的长期目标。作家则变成了不受时间与地点限制的意识，即普遍的人，而从事文学就是行使自由。由于作家把自己变成普遍的人，他就只能有普遍的读者，他向他们的自由提出要求，要他们也割断历史联系以便与他共同升入普遍性的境界。

于是，作家用抽象的自由对抗具体的压迫、用理性对抗历史，而他在这样做时却与历史发展的方向不谋而合。因为资产阶级在夺取政权前夕，需要与其他被压迫阶级联合一致，而且它渴望言论自由并把取得这一自由当作通向政治权力的一个步骤。因此，作家在为他自己要求思想自由及表达思想的自由的同时必定在为资产阶级的利益服务，他只要捍卫自己的职业就能同时为上升阶级的愿望充当向导。当时的作家知道这一点，他把自己看成向导和精神领袖，他借助笔杆子促进的是一般意义上的人的解放。他向他的资产阶级读者发出的召唤总是鼓动他们起来造反；同时他也向统治阶级发出召唤，吁请他们放弃特权。自宗教改革以来，作家首次干预公众生活，他们批判迷信、典章制度、政府的各项措施，抗议不公正的法令，要求重新审理某一案件，他们让精神返回尘世，并在每一种特殊情况下超越尘世。在这个时代，作家的书就是向读者们的自由发出的自由的召唤。

作家们曾全心全意地呼唤资产阶级的政治胜利，可是当这个胜利实现的时候，它却彻底动摇了作家们的特权地位，甚至连文学的本质也成了问题。作家们原来享有的特权地位来源于他们的读者公众一分为二，因而他们有可能脚踩两只船。现在由于资产阶级吞并了贵族阶级，这分裂的两半合二为一了，作家们需要满足的只剩下一个统一的读者公众的要求。此时的作家们出身于资产阶级，读他们的书、付给他们报酬的也是资产阶级，于是，资产阶级像监狱一样把他们囚禁起来。资产阶级要求作家们为他们服务，帮助他们感到自己当上资产者是出于神的恩宠，因而作为新的压迫阶级而问心无愧。现在，作家们曾经引以为荣的自由批判精神却受到他的读者公众的反对，因为资产阶级已经取得政权，它现在要求人们帮助它进行建设。他的读者公众最害怕的是才能，因为才能会借助难以预料的词句发现事物令人不安的底蕴，还会通过对自由的反复召唤搅乱人心中更加令人不安的底蕴。资产阶级读者欢迎的只是平庸的、没有威胁和趣味的、使人宽心的艺术。资产者否定社会阶级的存在，特别否定资产阶级的存在，也否定无产阶级而只承认无产者。他用分析的方法证明所有的人都是相似的，都拥有完整的人性。因此，种种不平等现象都好像是意外的、短暂的事故，无损于社会原子的永恒属性。尚未发家的资产者需要的是“登龙术”，已发家的资产者则需要“治人术”。他们不相信人的自由，他们的道德是功利主义，心理动力便是利益，他们要求作家向他们阐述准确有效的心理规律和统治人的良策，以便有把握地控制人。唯心主义、心理主义、决定论、功利主义、严肃精神，这些便是资产阶级作家应该向其读者反映的东西，但是文学却被谋杀了。

然而，最优秀的作家拒绝合作，正是他们的拒绝挽救了文学。1848年以后，读者公众的彻底统一促使作家在原则上为反对所有读者而写作。作家与读者之间的这种根本冲突是文学史上前所未有的，资产阶级意识形态与文学本身要求之间的深刻矛盾再也无法掩饰了。与此同时，社会底层的一个潜在的读者公众已经初露端倪。这一次，作家们似乎又选择站在群众一边反对精英集团，并且企图重建对他们有利的双重读者公众。他们把这个名为“人民”的潜在的读者公众神圣化，并声称人民将使世界得救。然而，他们虽然爱这个读者公众，但却并非出身其中，也不甚了解它。除了唯一真正受到民众欢迎的作家雨果以外，其他作家都因为害怕降低自己的阶级地位而不愿跻身于无产阶级的行列。而且，作家们在资产阶级革命前争取的政治自由和他们日后要保卫的形式自由，与无产阶级的深切要求毫无共同之处，后者要求的是改善自己的物质境遇，其更深切也更朦胧的要求则是结束人剥削人的现象。于是，作家们就转而尝试新的文学形式和方法、探讨新的写作技巧，却没有发现那个正在兴起的具体革命与他们所从事的抽象游戏背道而驰，于是这场文学革命恰恰符合社会保守主义的利益。由于作家们下不了决心去体验无产阶级的利益和生活方式，他们就生活在矛盾与自欺之中，因为他既知道又不愿知道为谁而写作。随着艺术离生活越来越远，作家只能重新求助于由专家组成的读者公众。他们只能象征性地脱离资产阶级，而与自己生活的世纪格格不入。为了反对资产阶级的功利主义，他们在生活中通过浪费、破坏、旅行、冒险、爱情游戏甚至参加战争来炫耀他们无用的寄生生活方式，而无用的极致就是美。他们宣扬无所为而为的“为艺术而艺术”，把艺术当作纯消费的最高形式，认为艺术不传授任何内容、不反映任何意识形态，尤其禁止艺术带有道德性。形形色色的流派相继出现，纯客观的现实主义、决定论的自然主义、描绘死亡之美的象征主义和扬言毁灭一切的超现实主义莫不如此。1918年以后，文学作为绝对的否定，正在变成反文学。对于作家这种不负责任的行为，资产阶级听之任之，因为它知道它是作家唯一的读者公众，而作家暗中是站在它这一边的。简言之，作家是反抗者，但不是革命者。把否定力量约束在一种虚妄的唯美主义和没有结果的反抗行动里肯定对资产阶级有利，因为一部无所为而为的作品不过是无害的消遣，否则，这些力量一旦获得自由，便会为被压迫阶级服务。

萨特最后指出，19世纪的文学在它从事反抗的同时，仍旧在其最深层的结构甚至在其风格中反映着统治阶级。不过，我们不应该过分苛责这些作家，他们尽了最大的努力，其中有几位还属于我们最伟大、最纯粹的作家之列。其作品仍然包含着对读者的自由的绝望召唤，尽管他们假装蔑视这些读者。然而这些作家的过失也是明显的。他们本来可以使文学从抽象的否定性过渡到具体的建设性，在保卫文学的自主性的同时，重新使文学纳入社会整体；通过说明和支持无产阶级的要求，他们本可以深化写作艺术的本质，并且懂得不仅思想的形式自由与政治民主是重合的，而且选择人作为永久思考的主题的物质义务与社会民主也是重合的；他们本应该对一个分裂成两部分的读者公众说话，在指出资产者的不公正的同时努力唤醒工人阶级的意识，这样他的作品就能反映整个世界。

萨特总结道，如果文学的本质是自由发现自身并且愿意成为对其他人的自由发出的召唤，那么，各种压迫形式在向人们掩盖他们是自由的这一事实的同时，也向作家掩盖了这一本质的全部或一部分。因此，当一个特定时代的文学未能明确意识到自身的自主性，当它屈服于世俗权力或某一意识形态，总之，当它把自己看作手段而不是不受制约的目的时，这个时代的文学就是被异化的。萨特继而做了一个展望，他指出，行动中的文学只有在无阶级的社会里才能与自身的本质完全等同起来。在那里，作家才能发现他的主题和他的读者公众没有任何区别，因为文学的主题始终是处在世界之中的人。他与读者共同处于一个没有内部鸿沟的集体之中，他将表达所有人的希望和愤怒，从而也完整地表达他自己。到那时，文学就取得了完全意义上的人学性质。文学将参与社会对自身的反思，社会成员可以随时通过作品进行总结，看到自己和自己的处境。具体的文学将是否定性与谋划的综合，在这里，否定性是挣脱既定事实的力量，谋划则是一种未来秩序的草图。作家仅有说出一切的自由还不够，他必须为一个享有改变一切的自由的读者公众而写作。除了取消任何独裁，还要永远更新干部，还要在秩序一有僵化倾向时就推翻秩序。总之，文学就其本质而言是一个处于不断革命的社会中的主体。在这样一个社会里，文学将超越语言和行动的二律背反，说的形式自由和做的物质自由互为补充。这个社会的最高目的是呼唤人们的自由，以便他们实现并维持人的自由的统治。萨特认为，这当然是一个乌托邦，我们现在可以设想这个社会，却没有实现这个社会的实际手段，但是它毕竟让我们隐约看到，文学观念在什么条件下才能得到最完整、最纯粹的体现。

五、从处境文学到实践文学

回顾历史和展望未来是为了照亮现在，因此，萨特认为更迫切的是考察当前（1947）作家的处境，即他自己的时代、环境、读者、题材和态度。首先，萨特把20世纪的法国作家分为三代：第一代是在1914年战争前已经开始创作的作家，他们本身属于资产阶级，并且通过其作品实现了文学与资产阶级读者公众的和解。虽然他们之中最伟大的作家，如纪德、克洛岱尔、普鲁斯特等人通过其作品表达了许多有价值的人生经验，但仍有许多作家只不过创造了一种为资产阶级服务的托词文学。第二代是活跃于1918年以后到第二次世界大战爆发前的作家群体，其中最突出的是超现实主义者。第一次世界大战的荒谬性和暴力把他们推向否定性和极端主义，于是他们以自动写作来取消主体性，以生产想象的客体来取消客体性，以词语的相互撞击来摧毁语言，用绘画毁灭绘画，用文学毁灭文学。然而，他们所谓毁灭整个世界的行动不过是一种哲学转变的花样，当他们声称毁灭一切的时候却没有触动它一根毫毛，只不过是把它放进括号里存而不论罢了。他们声称自己是革命的，然而共产党的目的是夺取政权，而他们却偏爱这种无害的形而上学的抽象反抗方式，这使他们不可能在工人阶级中间找到读者公众。除了超现实主义之外，另外一些作家更为平庸：他们自称为了挣钱糊口而写作，不相信有阶级斗争，喜欢描写小市民和职员等小人物的平庸生活，其读者公众是一个勤劳的有自由思想的小资产阶级，他们的政党是激进社会党，他们创作的是激进社会党文学。然而，当充满死亡和罪恶的战争厄运降临时，历史像夺走激进党的选民一样夺走了他们的读者公众，他们自己也终因无法适应这个疯狂的世界而陷入了沉默。

萨特认为他自己属于第二次世界大战爆发前不久或法国战败以后开始写作的第三代作家。他说，从1930年起，世界危机、纳粹上台、中国的事变、西班牙战争擦亮了我们的眼睛，于是我们突然觉得自己位于“处境”之中，预感到未来将有一场集体的历险在等待我们。我们被粗暴地重新纳入历史，被迫创造一种强调历史性的文学。战争和占领让我们领教了什么是恶，让我们明白仅从原因上认识恶并不能消除恶。在德国占领者施行的酷刑中，恶就存在于刽子手与受害者的肉体关系里。行刑者通过酷刑逼迫受刑者招供、屈服、堕落，消灭受刑者的人性，同时反过来也消灭了行刑者自己身上的人性。然而，大部分抵抗者经受酷刑却没有开口，他们打破了恶的循环，为了他们，为了我们，也为了行刑者，重新肯定了人性，恢复了人的尊严。即使我们没有被逮捕，我们也没有一个星期不在自问：“如果轮到我受刑，我会怎么样？”这种焦虑无时无刻不在纠缠着我们，我们只能在懦夫和英雄两个极端之间进行选择，这里不存在“平均的处境”，时代让我们触及我们的极限，我们由此创造了一种“极限处境文学”，或者称之为“重大关头文学”。萨特认为，如果作家不是逃避时代，而是为了改变时代而承担时代，即在趋向最近的未来的同时超越时代，那么，他就会为了所有人并与所有人一起写作，因为他企图用个人手段解决的问题也是所有人的问题，因此抵抗文学诉诸的是整个社会。面对明显的压迫及其神话，抵抗文学作家只能行使拒绝的否定精神，他们进行批判、揭露，即使颂扬一个被处决或被流放的抵抗者，也是因为他有勇气拒绝，他们的任务就是向包括自己在内的那个被压迫集体表现他们的愤怒和希望。

二战结束后，欧洲面对着废墟、饥饿和重建的任务，文学不能仅仅停留在否定性的态度之中。萨特指出，如果说否定性是自由的一个面貌，那么建设就是它的另一个面貌。然而，时代的悖论在于，建设性的自由从未像现在那样接近于对自身的意识，同时，它也从未像现在那样被异化。在这种情况下，文学的职责就是一方面对劳动的异化提出异议，另一方面把人表现为创造性的行动，它将伴随着人为超越自身的异化趋向更好的处境而作出的努力。在《存在与虚无》中，萨特曾将有、做和存在看作可以囊括人的全部行为的、人的实在的三个基本范畴。根据这一观点，他指出，鼓吹“享乐就是存在”“存在就是占有”的消费文学局限于存在与有的关系。然而在萨特看来，人的存在就是他做的事情，“做是存在的揭示者，每一个举动都在大地上勾画出一些新的面貌，每一项技术、每一把工具都是世界上一个开放的意义；有多少种使用物的方式，物就有多少种面貌。我们不是与想占有世界的人们站在一起，而是与想改变世界的人们站在一起，世界只对改变世界的谋划本身透露其存在的秘密”[①]。因此，世界与人通过事业相互揭示，而所有事业都可以归结为一个，即创造历史的事业。萨特指出，现在不再是描写、叙述和解释的时代，而是诉诸行动的时代。因此，我们就来到了必须抛弃“存在（exis）文学”而开创“实践文学”的时刻。实践向我们揭示这个既敌对又友好、既可怕又可笑的世界，这就是我们的题材。不过，只有在未来社会主义的集体中，当文学终于明白自己的本质，完成了实践与存在的综合，否定性与建设性的综合，以及做、有、存在三者的综合之后，文学才配得上“整体文学”的名称。

萨特说，正当我们发现实践的重要性并隐约看到一种整体文学会是什么样时，虽然我们愿意通过我们的作品向集体的全体成员发出民主的召唤，我们却失去了读者公众。资产阶级本来是我们唯一的读者公众，但他们由于在战争中的背叛行为而感到良心的负疚，他们的自我意识发生了动摇，虽然他们之中的优秀分子仍在努力维护法律的普遍适用性、言论自由和政治民主，但他们只能祈求文学给他们带来生活的理由和希望。我们对他们可以做的全部事情，就是反映他们负疚的良心和压迫者的面貌、推进他们原则的瓦解过程，也就是做他们的掘墓人。于是，我们想转向无产阶级。这个革命的读者公众虽然是潜在的但却很有影响，他们已经意识到自身和他们在世界上的地位，我们曾经在战争中和他们并肩战斗。当我们在写作艺术里发现了自由作为否定性和创造性的超越的双重面貌时，工人寻求在解放自身的同时把所有的人从压迫中解放出来；就工人是被压迫者而言，文学作为否定性能够反映他们的愤怒的对象，就工人是革命者和建设者而言，他们是一种实践文学的最好题材；当我们发现自己的历史性的时候，工人也在要求创造历史的权利。因此，文学的命运与工人阶级的命运是连在一起的。

萨特认为，首先应该设法把可能存在的潜在的读者公众，如知识分子、小学教师、无党派工人、小资产阶级群众和民众中的某些派别，通过实在的联系统一成一个真正的读者公众。由于书籍本身带有某种惰性，它只对打开它的人起作用，但它不能强迫人打开它，所以作家应该尽量借助报纸、广播、电影等大众传播媒介去征服读者，应该学会用形象的新语言表达自己书中的思想。但是，作家不应该为了迎

① Jean-Paul Sartre, Qu'est-ce que la littérature? Gallimard, 1986, p. 286.

合公众的低俗趣味而降低自己的水平，相反，应该向公众揭示他们自身的要求，逐渐提高他们，直到他们产生阅读的需要。作家应当引导那些被唤起善良意志（即在任何场合都把人看作目的而不是手段）的读者，让他们明白他们实际上要求的是取消人剥削人的制度，而他们通过阅读的审美直觉树立起来的那个被康德称为“目的之城邦”的理想，只有通过一个漫长的历史进化过程才有可能实现。因此，作家应该把读者形式上的善良意志变成通过确定的手段改变这个世界的具体的物质意志，以便为具体的理想社会的来临而努力。萨特说，总之，我们应该通过自己的作品同时为人的自由和社会主义革命而斗争。人们常说这两者是不能调和的，而我们要做的正是锲而不舍地证明这两者是相互关联的。诚然，无产阶级目前很少关心思想自由，资产阶级则佯装不理解“物质自由”的含义，而我们作为夹在两个阶级之间的中介人却相信能够克服这一对立。我们理应始终把作为形式自由与物质自由的实际综合的“整体自由”作为指导原则，让这个自由体现在我们的小说、剧本和评论里，从而通过我们的文学表明立场。萨特说，社会主义不是终极目的，不妨说是达到目的之前的最后手段，而最终目的则是使人享有真正的自由。

萨特提出，当代作家的任务还包括挽救语言。他指出，许多当代作家以毁灭词语为务，现代文学在许多场合简直就是词语的癌症。然而，我们毕竟是使用词语来思想的，如果语言与现实不相适应，那么，作家的首要义务就是恢复语言的功能和尊严。恢复词语功能的工作一方面是通过分析性的清理扫除词语的蔓生意义，另一方面则是通过综合性的扩展使词语适应于历史形势的发展。其次，萨特指出，由于我们生活在群众意识备受愚弄的时代，所以，我们只有努力为读者们揭穿骗局才能拯救文学。作家的责任是表明立场并反对所有不正义行为，而不管它们来自何方。但同时不能不考虑作出非正义行为的国家的处境和前景，即它们的目的是为了保护革命还是为了维持人压迫人的制度。然而，目的的正确并不能阻止我们评判它们的手段。根据目的去评价手段与根据手段去评价目的同样都是错误的，因为目的毋宁说是被运用的手段的综合整体，错误的手段有可能毁坏它们企图实现的目的。萨特说，我们并不笼统地反对暴力，以暴力对抗暴力有可能使暴力得以延续，然而暴力是结束暴力的唯一手段，因为我们生活在一个暴力的世界里。作家的责任不是从一种抽象道德的观点去评价手段，而是把手段置于实现社会主义民主的前景之下进行评价。所以，作家不仅应该在理论上，而且应该在每一具体场合思考关于目的与手段的关系的现代问题。

最后，萨特指出，如果我们只能在准备战争的强国之间进行选择，那就一切都完了。他的回答又一次显示出其一贯主张的第三条道路的特征：历史行动显然从来不限于在原始材料之间进行选择，它的特点始终是从某一既定处境出发去发明新的解决办法。推动历史前进的几乎总是这样一种人，他们面对一个两难推理时会突然亮出前所未见的第三项。萨特预言，我们可以避开苏联和英美集团，在欧洲大陆上联合有同样问题的国家一起创造一个社会主义的新欧洲。这个未来的社会主义的欧洲是一群具有民主与集体主义结构的国家的集合，其中每一个国家在它能做到更好之前先要为了整体的利益而放弃一部分主权。只有在这个假设之下才有希望避免战争，也只有在这个假设之下思想才能继续在欧洲大陆上自由流通，文学才能重新找到一个对象和一个读者公众。概言之，一种实践文学的唯一机遇总是与社会主义的欧洲的来临，与和平、民主、自由联系在一起的。

六、从自由的悲剧到处境剧

第二次世界大战期间，萨特曾经创作过一个剧本《苍蝇》，该剧于1943年出版并公演。剧中叙述了古希腊青年王子俄瑞斯忒斯为了替被谋杀的父王阿伽门农报仇，杀死篡位者埃癸斯托斯和自己的母亲克吕泰涅斯特拉的故事。该剧影射了希特勒占领时期法国社会生活压抑的氛围，并且唤醒人们的自由意识，鼓舞他们义无反顾地与占领者作斗争。剧中朱庇特的一句台词点出了该剧的主题："一旦自由在一个人的头脑里爆发，神对这个人也就无能为力了。"萨特在谈到《苍蝇》的主题时，明确提出了他"自由的悲剧"的戏剧理论，他说："我想探讨的是与命运的悲剧相对立的自由的悲剧。换句话说，这个剧本的主题可以这样归纳：当一个人面对他所犯下的罪行，他是如何自处的，哪怕他承担了一切后果与责任，哪怕这个罪行令他本人感到恐惧。……显然，这里提出的问题是与唯一的内在自由原则不相符合的，某些大哲学家如柏格森等人，他们就试图在此自由中找到摆脱一切命运的根源。可这种自由总是理论上的、精神上的……作为意识上自由的人，他可以达到超越自己的高度，可只有当他重新确立了他人的自由，只有当他的行为导致了某种现存状况的消失，并重新恢复了应该确立的状况时，只有这时他才能在境遇中是自由的……"[①]虽然萨特在这时已经把其戏剧界定为表现处境中的自由的戏剧，但他是在与古希腊命运的悲剧相对立的意义上思考和创作的，因此，他将其戏剧称为自由的悲剧意在强调自由的一面。从哲学上说，萨特关于处境中的自由的理论同时包含两个方面，处境和自由犹如一个硬币的两面，二者相辅相成，至于他在其戏剧创作中强调哪一面则取决于他所面临的历史环境和理论语境。

第二次世界大战结束后，与介入文学或处境文学相对应，萨特提出了"处境

① 转引自米歇尔·贡塔等编《萨特著作目录及提要》，该文载萨特：《词语》，潘培庆译，生活·读书·新知三联书店1988年版，第204页。

剧”的概念。在1946年访问美国时的一次名为“铸造神话”的讲演中，萨特批评性格剧主要关心的只是性格分析和性格交锋，剧中设置情景的唯一目的只是为了使性格突出。而他并不相信人有一种共同的、一经形成就一成不变的本性，即人的心理特征的总和。他认为，人是一个自由的、完全不确定的存在，它应该面对各种情境而选择他自己的存在，而他在作出选择之前没有性格特征可言。因此，萨特提出应当用一种处境剧取代性格剧。处境剧的题材就是自由的人在人类某种共同处境中为自己作出选择，同时也为其他人作出选择。处境剧的要求就是用权利之间的冲突取代性格冲突。因为社会政治斗争并不是人与人之间的性格冲突，这些冲突中尽管存在着利害关系的不同，但归根结底是人的价值体系、道德体系和观念体系在不同处境中的对峙。

萨特在《什么是文学?》里也谈到了处境剧。他在批评性格剧的同时指出，最近许多作者已经转而创作一种新的处境剧。在处境剧里，性格消失了，主人公是与我们大家一样落入处境的陷阱的自由，没有可供选择的现成出路，每个人必须自己发明出路，同时也就发明了自己。人需要每天发明自己，人自身也是价值，这就涉及提出自由选择的问题和承担道德责任的问题，处境剧和整个文学都应当具有道德性并且提出问题。

同在1947年，萨特发表了《提倡一种处境剧》一文。他在其中重新解释了古希腊和近代悲剧的性质。他说，伟大的悲剧，无论是埃斯库罗斯、索福克勒斯还是高乃依的悲剧，都是以人的自由为动力的。人们自以为在古代戏剧中看到的宿命力量不过是自由的反面，情欲本身是堕入自己设置的陷阱中的自由。然而，心理戏剧，如欧里庇得斯、伏尔泰、克雷比庸等人的戏剧，却宣告了悲剧形式的没落。因为，性格之间的冲突不管有多少起伏变化，永远不过是几种力量的组合，而组合的效果是可以预见的，一切结果都已经被事先决定了。因此，萨特认为，一个剧本的核心不应当是用巧妙的戏剧语言表现的性格或复杂的情节，而应该是处境。

萨特接着指出，如果人在某一特殊处境中真是自由的，如果他真是在这个处境中并通过这个处境选择自己，那么就应该在戏剧中表现一些人的处境及其选择自身的自由。所谓性格不过是选择的僵化和硬化，或者克尔凯郭尔所谓的重复，它应当在幕落以后才出现。戏剧能够表现的最动人的东西是正在形成的性格，是选择和自由地作出决定的瞬间，这个决定使决定者承担道德责任，并且影响其一生。然而萨特认为，并不是随便哪一种无关紧要的处境都能表现出自由的深刻内涵。因此，为了使人们在处境中作出的决定深刻地符合人性，为了使它能牵涉到人的整体，“每一次都应该把极限处境搬上舞台，就是说处境提供选择，而死亡是其中的一种。于是自由在最高程度上发现它自身，既然它同意为了确立自己而毁灭自己。因为只有达成全体观众的一致时才有戏剧，所以必须找到一些人所共有的普遍处境。你把一些人置于这类既普遍又有极端性的处境中，只给他们留下两条出路，让他们在选择出路的同时作自我选择：你能这样做就赢了，剧本就是好的”①。不过，他同时强调，每个时代都有其特殊的处境和人的自由所面临的特殊难题，古希腊的两难选择今天已经没有多大意义，而今天的人们有自己的问题，他列举了目的和手段、暴力的合法性、行动的后果、人和集体的关系以及个人事业与历史常数的关系等当代的迫切问题。他最后指出，剧作家的任务是在这些极限处境中选择那个最能表达他的关注的处境，并把它作为向某些人的自由提出的问题介绍给公众。只有这样，戏剧才能找回它失去的引起共鸣的力量，才能统一今天看戏的各类观众。这就是萨特所提倡的处境剧的含义和要求。如果说性格剧理论曾经提出塑造“典型环境中的典型性格”的美学要求，那么，萨特的处境剧理论的美学要求也许可以概括为“典型处境中的典型自由选择”，两者之间的差别就在于一个关键词组——自由选择。

有人曾批评萨特把文学介入的概念与政治介入的概念混淆在一起，也许这正体现了他自己对介入概念的丰富性和综合性的理解。1960年，他在一次与记者的谈话中谈到了作家的功能：“在一个存在着剥削和压迫的社会里……如果所有的人都表现出赞同的样子，那么作家就必须站出来表现那些不赞成者的生活，只有这样才能避免最坏的事情发生。”当他被问到他以什么名义进行奋斗时说：“我以两个齐头并进的原则的名义：首先，如果不是所有的人都是自由的，那么任何人都不可能是自由的；其次，我将为提高生活水平、改善工作条件而奋斗。自由不是形而上学的，而是实践的，它受到蛋白质的制约。只有当所有的人都能吃饱饭，都能从事一项他力所能及的工作时，人的生活才会开始。我不仅将为生活水平的提高，而且还将为每个人的民主生活的条件，为所有被剥削、被压迫者的解放而奋斗。”②

1968年11月，萨特与波伏娃在布拉格逗留期间，他曾在一次接受记者采访时强调，知识分子现在比在任何时候都更需要介入：“对知识分子来说，介入就是表达他自己的感受，并且是从唯一可能的人的观点来表达，这就是说，他必须为他本人，也为所有的人要求一种具体的自由，这种自由并不仅仅是资产者所理解的那种自由，但它也并不取消后者。这就是赋予自由一种具体的内容，使之成为既是实质的又是形式的自由。因而今天比任何时候都更必须介入。作家与小说家能够做的唯一事情就是从这个观点来表现为人的解放而进行的斗争，揭示人所处的环境，人所面

---

① 萨特：《提倡一种处境剧》，该文载沈志明、艾珉主编《萨特文集》第7卷，人民文学出版社2005年版，第455页。

② 转引自米歇尔·贡塔等编《萨特著作目录及提要》，该文载萨特《词语》，潘培庆译，生活·读书·新知三联书店1988年版，第297页。

临的危险以及改变的可能性。”[①]从这种介入观点出发，萨特自1968年以后已不再将主要精力放在著述上，而是更加积极地投身于社会实践活动中，他出席集会、发表演讲、签署宣言、出庭做证、递请愿书、会见记者、上街游行、叫卖报纸、散发传单。在此期间，他因为参加社会政治活动曾五次受到控告。有人根据萨特活动的重心在五月风暴以后向斗争实践的转移而指出，对萨特来说，“凡是现实的，就是实践的；而凡是实践的，也就是现实的”[②]。从萨特晚年向社会实践活动的转变来看，他似乎越来越感到单纯的文学介入已不敷需要，只有诉诸行动的实践介入才更能满足时代的迫切要求。

纵观萨特的美学思想的发展历程可见，在第二次世界大战前，他虽然在《想象物：想象的现象学心理学》一书中也提到了介入概念，但那时主要是从想象角度界定文学作品的性质，因而还不能将其文学观称为介入文学。既然他强调文学作品所指向、所构成的是一个非现实的想象世界，也许将其文学观称为“想象文学”更为恰当一些。然而，在《什么是文学?》里，他更多地强调文学作品是对现实世界或曰处境的介入、揭露和超越，因此，把他的文学观称为“处境文学”或“介入文学”的确非常贴切，这也正是萨特自己所标榜的口号。在其后期，他还将其狭义的“介入文学”的概念扩展为广义的“介入艺术”的概念。至于该书中提出的“实践文学”和“整体文学”的概念，前者表现出萨特越来越强调实际行动的重要性，而后者则是指未来理想社会中将会产生的一种理想的文学。应当特别指出的是，无论想象文学、处境文学、介入文学、实践文学或整体文学之间存在多少差异，萨特的文学观乃至整个美学观所依据的基础和高扬的主题只有一个，那就是人的最高本质或最高价值——自由。

第三节　梅洛-庞蒂

梅洛-庞蒂（Maurice Merleau-Ponty，1908—1961）是法国著名的实存论现象学家或现象学实存主义（存在主义）者。1930年他毕业于巴黎高师，同年获得哲学教师资格证书，随后相继在外省和巴黎的多所中学任教。他于1945年7月以《知觉现象学》为主论文、《行为的结构》为副论文在索邦大学通过答辩，获得博士学位；先

① 转引自米歇尔·贡塔等编《萨特著作目录及提要》，该文载萨特《词语》，潘培庆译，生活·读书·新知三联书店1988年版，第297页。
② 转引自高宣扬《萨特传》，作家出版社1988年版，第270页。

后在里昂大学、索邦大学和法兰西学院从事教学和研究工作，同时还曾经在巴黎高师兼职。他在现象学运动中享有极高的声誉，其影响仅次于胡塞尔和海德格尔；在法国实存主义运动中，其地位则大体上与萨特并驾齐驱；他对结构主义、心智哲学和认知科学也都产生了重大的影响。通过创造性地研究行为和知觉问题，梅洛-庞蒂实现了现象学和实存主义从意识哲学向身体哲学的过渡；通过率先评介索绪尔等人的结构语言学，他在开展语言现象学的同时，为结构主义的兴起开辟了道路；作为"西方马克思主义"一词的首创者，他是现象学与马克思主义（黑格尔式的马克思主义）联姻的主要推动者；他在儿童心理学、教育心理学、文学批评、艺术理论等方面也很有建树；他后期关于自然或存在问题的探讨引出了现象学的自然主义转向问题，并且启发环境伦理学和认知科学从现象学中寻找各种有用的资源。梅洛-庞蒂在比较短暂的生命旅程中，发表了许多分量很重的成果。生前发表的代表性著作有：《行为的结构》(La Structure du Comportement，1942)，《知觉现象学》(Phénoménologie de la Perception，1945)，《人道主义与恐怖》(Humanisme et Terreur，1947)，《意义与无意义》(Sens et Non-sens，1948)，《哲学赞词》(Éloge de la Philosophie，亦名Leçon Inaugurale: Chair de Philosophie，1953)，《辩证法的历险》(Les Aventures de la Dialectique，1955)，《符号》(Signes，1960)，《眼与心》(L'oeil et L'Esprit，1961)。在他死后，经人整理出版的未完稿则有《可见者与不可见者》(Le Visible et L'Invisible，1964）和《世界的散文》(La Prose du Monde，1969)。尽管其代表性著述在他于1961年英年早逝之后的结构—后结构主义时代受到相当程度的冷落，但在20世纪末期重新获得极高的重视，并成为法国现象学复兴的重要标志之一。上述著作对艺术、文学和语言等问题的思考别具匠心，表明这位"哲学家的哲学家"在美学思想史上也占有一席之地。当然，要全面而透彻地掌握其美学思想的精髓，还必须参考他在巴黎高师、索邦大学和法兰西学院关于文学、语言、自然和非哲学等问题的相关讲稿。

一、身体经验与实存哲学

我们应该在梅洛-庞蒂的实存哲学体系中来考察其美学思想，而这种实存哲学大体上说是一种身体哲学。进而言之，这是一种身体现象学。这种哲学接受了来自多方面的灵感，它尤其拥有德语哲学和法语哲学双重渊源并实现了德国现象学传统与法国精神论传统的有机结合。一方面，梅洛-庞蒂接受了来自德语传统的3H（黑格尔、胡塞尔和海德格尔）和3M（马克思、尼采和弗洛伊德）的深刻影响，对康德、谢林和舍勒等人的思想也进行了批判性借鉴；另一方面，他在对比朗、柏格森和马塞尔等人代表的法国精神论传统进行创造性借鉴的同时，对笛卡尔、马勒伯朗士和布伦茨威格等人代表的法国观念论传统也作出了深入的批判反思。以上诸种因素的结合，造就了梅洛-庞蒂的身体主体理论。

现代哲学之父笛卡尔的观念论依据清楚分明的原则视“心”和“物”为两个独立不依的实体。按照人之为人的本性，“我”是一个单纯的、不可分割的心灵，但“我”同时有一个与之格格不入的作为复合物的身体。“心”的唯一功能是思维，“身”则与任何物质实体一样具有广延。笛卡尔从“我疑”（普遍怀疑）推出“我思”，从“我思”推出“我在”，进而从“我思”推出“神在”和“物在”。这一切都表明了“我思”的优先地位。在随后的观念论哲学的发展中，作为实体的“我”或“心”逐渐淡出，作为功能的“思”越来越具有突出地位。精神论之父比朗则瓦解了“我思”或“思”的突出地位。他并不否定它们，但强调“我能”对于“我思”或“情”对于“思”的优先性。非常重要的是，他在突出情感、情绪和意志的同时，初步确定了身体的地位，一种作为“心”“身”统一体的“本己身体”呼之欲出。接受并拓展这一倾向，生命哲学家柏格森和实存哲学家马塞尔批判观念论，开始突出身体的地位，身体主体即将登上哲学舞台。比朗、柏格森和马塞尔不同程度地承认了“心”“身”的不可分割。受他们的影响，后来的法国现象学哲学家大都明确坚持“我就是我的身体”这种一元论主张，告别了笛卡尔“我是一个心灵”且“我有一个身体”的二元论姿态。这一切在梅洛-庞蒂、利科和亨利那里最为明显地体现出来，他们真正确立了身体主体的核心地位。“心”及其思维往往代表了冷静和超然，“身”及其知觉则通常意味着激情和介入。

然而，这种主要在法国哲学中出场的身体主体理论因为德国哲学的介入而表现出极度的复杂性。尽管关于身体的提问法在萨特哲学中还没有明确的地位，但从总体上看，身体成了法国现象学实存主义运动的核心范畴。这种身体哲学指向源自列维纳斯等人在译介德国现象学时实现了胡塞尔哲学的海德格尔化，对海德格尔哲学则实现了实存哲学化。换言之，接受和改造精神论并且对抗新康德主义的观念论，法国哲学家实现了从认识论现象学向存在论现象学或实存论现象学的转换。法国哲学家承认黑格尔是一个现象学家，其地位不亚于胡塞尔和海德格尔。这源自法国新黑格尔主义者对《精神现象学》等黑格尔早期著作的精神论解读。通过发掘其早期思想中的情感和实存维度，黑格尔成为一个并不完全与克尔凯郭尔相冲突的实存主义者，其相关思想被他们视为克服新康德主义观念论的利器。法国哲学家还要实现现象学与马克思主义的联姻，但他们承认的主要是黑格尔式的马克思主义。始终让法国哲学家们感到惊奇的是，作为一个否定意识现象学并因此强调在世存在的哲学家，海德格尔尽管避免谈及意识、精神和生命等依然带有主体形而上学残余的传统概念，但他并没有因此直接求助身体，更不用说用身体主体取代意识主体。于是他们以法国人的方式来对待海德格尔的《存在与时间》，不仅对“此在”进行一种海德格尔本人否定的“人类学读解”或人道主义读解，而且从“在世”和“实存”等概念中发掘身体哲学的要素。尼采、弗洛伊德和舍勒在法国遭遇了大体相同的命运，他们著作中有关无意识、情绪（情感）和身体的论述被充分甚至过度地加以吸收和利用。无论如何，法国现象学的一个重大突破就是直接把身体推到前台。梅洛-庞蒂是法国精神论传统的主要继承者，也是对德国哲学作实存哲学和身体哲学解读的突出代表，其哲学则成为身体现象学的典范。

梅洛-庞蒂有意模糊海德格尔哲学与胡塞尔哲学之间的区别。他承认在现象学中存在着在“关于本质的研究”与“把本质重新放回到实存”的努力之间、在悬置“自然态度”的“先验哲学”与维护“与世界的自然联系”的经验哲学之间，以及在“按照我们的经验之所是直接描述我们的经验”的“严格科学的哲学”与作为“对‘被体验’的空间、时间和世界的说明”的哲学或“发生现象学”之间的张力。[①]但他并没有把这种张力简单地归结为在胡塞尔和海德格尔哲学之间的对立，因为这些矛盾和张力在胡塞尔本人那里已经体现出来。事实上，不管针对胡塞尔还是海德格尔，梅洛-庞蒂都特别关注他们通过现象学给人们带来的惊喜而不是那些刻板的东西。他这样表示：“现象学只能通过一种现象学方法才能获得理解。因此让我们尝试有意地将那些著名的现象学主题如同它们在生活中自发地被联结起来的那样联结起来。我们也许就会理解现象学为什么长期以来始终停留在开始、问题与愿望状态。”[②]他对两位导师都进行了某种创造性的误读，力图从他们的文本中引出身体哲学或身体现象学的结论。身体经验摆脱了科学的量化模式，恢复了活生生的人、有生命的自然以及人与自然的原初关系。梅洛-庞蒂这样谈论现象学还原：“还原的最好表述或许是胡塞尔助手芬克谈到在世界面前的‘惊奇’时所给出的。反思不会从世界退隐到作为世界的基础的意识统一中，它退却是为了看到各种超越物的显现，它松开那些把我们与世界重新联系起来的意向性线索以便使它们呈现出来，唯有它是对世界的意识，因为它把世界揭示为陌生而荒谬的。”这其实表明“正是为了看到世界并将之把握为荒谬的，就应当中断我们与它的熟悉，还有这一断裂绝不会使我们明白世界的没有理由的呈现”，正因为如此，“还原的最大教益是一种完全还原的不可能性”，这意味着“哲学家永远是新手”，而“现象学还原远不像人们相信的那样是一种观念主义的哲学的表述，它是一种实存哲学的表述”。[③]

---

① Merleau-Ponty, Phénoménologie de la Perception, Garlimard, 1997, p. i.

② Merleau-Ponty, Phénoménologie de la Perception, Garlimard, 1997, p. ii.

③ Merleau-Ponty, Phénoménologie de la Perception, Garlimard, 1997, pp. viii-ix.

在观念主义者，尤其是先验观念主义者那里，世界最终在我们的意识中透明地呈现出来，完全丧失了它的神秘，因为我们的意识或我们的理性强调清楚分明。但梅洛-庞蒂却表示："现象学的未完成和它的始动状态并不是一种失败的标志，它们是不可避免的，因为现象学把揭示世界的神秘和理性的神秘作为其任务。"[①]尽管其哲学思考始终处于变动和修正之中，尽管有直接与迂回之别，身体经验或原初知觉始终是他没有远离的起点，因为神秘与体验而非知识联系在一起。由于接受了来自多方面的影响，由于维护处境化的立场并因此放弃了纯粹、清楚和分明的要求，由于关注身体、语言、历史和自然等描述对象的复杂本性，梅洛-庞蒂哲学被视为一种"含混的哲学"。这种受到瓦朗斯正面评价、他本人也乐意接受的含混姿态恰恰表达了其哲学的感性维度和审美意蕴。当然，他并不因此就承认自己是一个反理性主义者或非理性主义者，因为他要求调和理性与非理性。他这样表示：20世纪初以来，许多伟大的著作都表达了"直接生活对于理性的反叛"，它们以各自的方式告诉我们，"对于一种道德、一种政治，甚至艺术的理性安排，从来都没有必要对立于瞬间的热情、个体生命的分裂和关于未知的东西的预先思考"，因为"非理性的经验一定不会简单地被忘记"；但我们没有必要完全放弃理性，虽然"我们要达到的理性一定不是我们如此闹哄哄地已经离弃的那种理性"，因为理性本身不是僵死的，而是始终处于诞生状态，我们"一定会形成一种关于理性的新观念"。[②]无论如何，身体经验的含混性取代了意识经验的纯洁性。尽管梅洛-庞蒂否定内在和外在的简单区分，他还是认为行为和知觉分别从外部和内部表达了本己身体的特征。其实，两者最终统一在知觉概念中。这种知觉观并不关注个别感觉，它否定经验论的原子主义立场。当然，这种整全的知觉观也有别于唯理论把知觉的纯粹化。他始终关注的是知觉和被知觉世界的关系，虽然对这种关系的表述在其早期、中期和后期思想中呈现出不同的面貌。

在其早期思想中，梅洛-庞蒂关注知觉与周围世界的关系。也就是说，他从《行为的结构》中开始谈论的"现象场"或从《知觉现象学》开始关注的"被知觉世界"其实就是海德格尔意义上的"周围世界"。由于强调个体实存，他要求放弃从笛卡尔到康德再到胡塞尔的先验观念论传统对纯粹意识的迷恋，突破心身的严格二分，把作为第三维度的身体确立为主体，以身体现象学或实存现象学取代了意识现象学，以身体哲学或实存哲学取代了意识哲学。虽然身体与自然之间的关系仍然依赖于主客关系的框架，但已经产生了革命性的变化，因为一切都处在"现象场"中。身体意向性有别于意识意向性，身体空间优于地理空间，主客体的互动则否定

① Merleau-Ponty, Phénoménologie de la Perception, Garlimard, 1997, p. xvi.

② Merleau-Ponty, Sens et Non-sens, Garlimard, 1996, p. 7.

了意识的超然旁观。在梅洛-庞蒂那里，本己身体并不等于机体或躯体，因为身体并不是诸部件构成的一架机械，相反，身体具有一个整体结构或整体图式。世界也不是我置身的客观环境，因为我在世界之中实存，与一张桌子被摆放在房间中完全是两码事。康德所说的现象界受制于人的知性立法，梅洛-庞蒂所说的被知觉世界则是前知性、前科学的世界。有血有肉的人活动于其中的这个世界，就好比正举行一场球赛的足球场，它并不是一种位置空间，而是行为环境。身体空间性、身体意向性、身体间性、作为表达的身体等概念表明，梅洛-庞蒂所说的身体是心身统一体。这意味着从“我有一个身体”向“我就是我的身体”的完全转变，表明身体的精神化和心灵的肉身化是一致的；也就是说，观念性与物质性的统一在身体中获得了真正的实现。《行为的结构》和《知觉现象学》最集中地体现了上述思想，《意义与无意义》中收入的部分论文也代表了这一阶段的思想。

梅洛-庞蒂的中期思想关注知觉与作为被知觉世界升华形式的文化世界的关系，他人主题（或历史主题）和语言主题在其中占据了核心地位。相关论点主要通过《人道主义与恐怖》《意义与无意义》《辩证法的历险》和《符号》等关注政治、社会、历史、文化和语言现象的著作体现出来。尤其值得注意的是，他明确提出的“语言现象学”理论既是其早期姿势语言思想的延续，又形成了一定程度的断裂。他为了回应萨特《什么是写作?》而撰写的《世界的散文》(未完稿)，他在索邦大学有关心理学、教育学和语言学的讲课稿，以及他在法兰西学院有关文学语言的讲课稿都代表了这种关怀。正像他在《知觉的首要地位》中想要表达的，身体无疑具有首要地位，但停留在知觉经验中是不够的。梅洛-庞蒂认为，各种文化形式只不过是知觉经验的升华，反过来说，科学、哲学和艺术都有其知觉基础。不管身体知觉还是作为其升华形式的文化都是“驯化的”“文明的”，梅洛-庞蒂后期思想则旨在回归“野性”。知觉与被知觉世界的关系在这个时候表现为见者与可见者在自然中的交融或者说形成了一种可逆的交织关系。在《可见者与不可见者》《眼与心》等后期著作中，以及在关于自然或存在的后期讲稿中，梅洛-庞蒂的哲学思想主要表现为一种存在论，身体经验成为“世界之肉”这一更为原始的基质的典型形式，并因此具有了存在论地位。列维-斯特劳斯提出了所谓的“野性的思维”，而梅洛-庞蒂则提出了“野性的精神”和“野性的存在”。如果说其中期思想主要强调作为身体的“我”与他人的“共在”，后期思想则突出了作为肉的“我”与自然的“共生”。先是通过强调身体经验、进而通过关注身体经验的升华形式，最终通过恢复身体经验的野性维度，梅洛-庞蒂不断远离意识哲学或意识现象学，不断克服其哲学中的意识哲学的残余，逐步实现了意识与自然关系从完全对立到部分交融再到完全融入的变迁。

二、实存哲学与现代艺术

梅洛-庞蒂的实存哲学很自然地包含着一种独特的实存美学思想。他曾经表示："任何绘画理论都是一种形而上学。"[①]哲学或形而上学不断变换其形态，绘画理论和美学思则亦步亦趋。从总体上看，哲学在其漫长的发展历程中始终围绕"思"或"反思"而展开。在西方哲学发展的历程中，存在着神学的神秘思维、形而上学的抽象思维再到科学的实证思维的变迁。哲学要问："我是谁，从哪里来，到哪里去？"对于这些问题，或依神话思维，或借思辨思维，或用科学思维，不同的哲学家给出了五花八门的答案，但很难说有哪种答案会让人们完全满意。尽管早在亚里士多德那里就区分了理论科学（theoria）、实践科学（praxis）和创制科学（poiesis），尽管康德的三大批判仍然延续了如此区分，但从总体上看，西方哲学的主流传统一向强调理论哲学，实践哲学和美学居于次要地位。理论哲学往往以理智主义或观念主义为主干，明显具有强调视觉或者说"看"的优先性的哲理视觉主义倾向。当然，这里的看主要是"心"看而不是"眼"看。这需要从柏拉图的最重要概念"理念"谈起。"理念"源自动词"看"，本意是"眼看"，柏拉图将之转化为"心看"，意指理智直观或心灵洞察。"看"必须预设"光"，由此引出了著名的"日喻"："善"是理念世界或可知世界的太阳。

由于"灵魂转向"，"眼看"所及的美的东西在"心"看中不同于"美本身"，一如善的东西不是"善本身"。前者是"可感的"而不是"可知的"，后者属于"可知的"而不是"可感的"。"眼看"以太阳和"感性之光"为前提，"心看"则依赖于理性或所谓的"理智之光"。对于柏拉图来说，"理智之光"不是抽象自"感性之光"，相反，后者是对前者的分有。理想决定现实，而不是在现实的基础上确立理想。正是这一"日喻"奠定了整个西方理性主义的基础，以至于在19世纪中期以前，我们可以说西方哲学的主导形态就是各种各样的柏拉图主义。哲学的主导形态是各种形式的观念主义，美学的情形大抵亦然。柏拉图拒不懂几何学的人于学园门外，诗人和戏剧家则被赶出理想的城邦。然而，不无讽刺的是，这位理性主义的奠基人却用隐喻来为纯粹理论作论证，诗意地为理想目标作辩护！当然，有人会说柏拉图赶走的是那些低劣模仿的"文人"，而不会排斥那些与理念，尤其是与善理念为伍的"文人"，因为诗歌或戏剧完全可以作为道德和观念的载体出场。比如诗歌完全可以体现其教化功能，就像在中国圣人眼里，"诗三百，一言以蔽之，曰：思无邪"，或者说

---

① 梅洛－庞蒂：《眼与心》，杨大春译，商务印书馆2007年版，第54页。

“诗言志”。在理智之光中，任何可能的离心因素都将被转化为向心力量。无论如何，在西方的历史长河中，诗歌是受到排斥的，文学是地位低下的，艺术是没有独立性的，一切服从于哲学的抽象观念或伟大理想。在早期现代哲学家笛卡尔那里，“自然之光”对于“自然倾向”的优势地位延续了前现代的柏拉图主义理念学说；当后期现代哲学家胡塞尔强调“本质直观”或“本质看”的时候，这位现象学创立者依然是一个“希腊人”。但胡塞尔的弟子梅洛-庞蒂试图改变我们的世界“观”，认为“真正的哲学要重新学会看世界”[①]。这是一种感性地、诗意地“看”世界的要求。

哲学大体上在17世纪获得其自主地位，从现代哲学之父笛卡尔到传统哲学的集大成者黑格尔，早期现代哲学以“我思”的名义代表了反思的成熟形态。由于关注纯粹意识或者纯粹思维，情感或情绪在这一时期被冷落在一边，没有能够在哲学中占据一席之地。但在19世纪中后期以来的后期现代哲学中，“我思”逐步让位于“我能”，而纯粹思维要么让位于科学之思，要么求助于诗意之思。通常认为，在黑格尔之后，西方哲学出现了分化。从总体上看，哲学都不再关心绝对观念、抽象理论和崇高理想，而是认可了相对主义、具体关怀、实践指向。人文哲学与文学艺术相互影响，科学哲学日益关注实证科学及其问题，马克思主义哲学强调社会实践，以终极关怀为导向的宗教哲学也越来越关注世俗化问题。20世纪的主要哲学流派无疑是英美科学哲学和欧陆人文哲学。从传统上看，哲学可以被划分为三大部门：形而上学、逻辑学和心理学。科学哲学坚持反对形而上学主张。在它看来，由于形而上学类同于文学艺术并因此只关心价值（人生价值）而不关心意义（科学意义），由于心理学已经转向实验科学（实验心理学），所以哲学只与逻辑学相关：哲学只不过是逻辑分析，哲学就是语言批判（对科学命题进行逻辑和语言分析）。有些人文哲学家主张形而上学终结了，有些人文哲学家对形而上学牵挂流连，但总体倾向是认可哲学与文学艺术结盟。科学哲学延续了理性主义传统，但不再坚持自由、平等、博爱等大理性主义观念，它转向了强调科学、实证和技术的小理性主义（科学理性、技术理性、工具理性、实用理性）。人文哲学强调情感或情绪，否定理性或理智的唯我独尊，其目标不是为科学确立哲学基础，而是充分发掘人性和生活世界的方方面面。人文哲学其实也没有完全忽视科学，因为它自己就是科学时代的产物。它主要对科学理性主义尤其是技术理性主义或工具理性主义进行了批判性反思。

无论如何，与英美科学哲学的贬艺术、非人文的逻辑之思相对照，大陆人文哲学体现的是诗意之思，它贬抑科学，提升艺术。梅洛-庞蒂哲学典型地代表了这一传统。19世纪中后期以来，科学以其惊人的发展不断侵占哲学的地盘，康德为科学奠定哲学基础并因此建立科学的形而上学的理想不断遭到毁灭性打击。与此同时，文

① Merleau-Ponty, Phénoménologie de la Perception, Garlimard, 1997, p. xvi.

学艺术进入一个相对繁荣而多彩的时代，尤其是在20世纪转折时期出现了现代主义的文学艺术思潮。由于哲学在与科学的对抗和竞争中越来越处于下风，它不得不与文学艺术结盟，以便维护人文的价值和人类的尊严，由此导致欧洲大陆哲学大体上放弃了理性主义，不同程度地体现为反理性主义或非理性主义。哲学似乎可以与人文哲学画等号，文学艺术不仅是哲学的重要资源，甚至逐步变成哲学的基本形态。然而，20世纪60年代以来，西方文化进入了物质主义时代，后现代哲学意味着哲学的终结。文学艺术变成为一种物质性的力量，已经按照科学的方式来运作，并因此导致人的终结、文学艺术的终结，哲学似乎丧失了存在的最后根据。无论如何，哲学已经放弃其高远的理想，大写的哲学已经被小写的哲学取代；与此相应，哲学家似乎逃避一切崇高的东西。实存主义哲学是后期现代哲学的主要形态，它既有别于早期现代哲学的观念主义（idealism）形态，也不同于后现代哲学的物质主义（materialism）形态。我们可以把它称为精神主义（spiritualism）哲学。精神主义哲学及其美学思想围绕作为身心统一体的身体主体展开，梅洛-庞蒂的身体哲学和身体美学则是其典型形态。他明确表示，现象学以其“回到事物本身”的姿态与文学艺术沿着相同的方向进展。他这样写道：“如果说现象学在成为一种学说或一个体系之前已经是一场运动，这既非偶然，也非欺骗。由于同样的关注与惊奇方式，由于同样的良心要求，由于同样的领会世界或新生态历史的意义之意愿，现象学就如同巴尔扎克的工作、普鲁斯特的工作、瓦莱里的工作或者塞尚的工作一样勤勉。从这一方面看，现象学与现代思想的努力连成一体。”[①]确实，他本人对绘画艺术和文学语言的评述突出了诗意和审美的地位，自觉不自觉地融入了现代文学艺术的大潮中。

在一个机械复制的时代，人们不再探索、抛弃了创造，似乎不再有人愿意像尼采所说的那样把困境当作前进的动力。对于梅洛-庞蒂而言，尽管我们不能够完全把科学排斥在一边，但我们必须找到科学的感性基础，我们与世界的原初的、切身的接触乃是科学的源泉，科学其实就是个别经验的升华，其他文化形式也是如此。科学导致的是模式化，要回到对于世界的原初感受，唯有借助于艺术，尤其是绘画，因为艺术真正意味着身体力行，往往要求得心应手。在梅洛-庞蒂那里，“心”看已经融入“眼”看之中。他这样表示：“对我们的哲学来说，剩下的只是着手探究现实的世界。我们是心灵与身体的复合物，因此一定有着对它的思想。”[②]无论如何，当我们通过双眼“看”世界的时候，既不是依赖于生理之“眼”去看，也不是在“心”的主宰下用“眼”去看，这是因为，我们的眼睛已经是“眼”与“心”的结合：“不存在着无思想的视觉。但是，为了看而去思考是不够的：视觉是一种受制于

① Merleau-Ponty, Phénoménologie de la Perception, Garlimard, 1997, p. xvi.
② 梅洛-庞蒂：《眼与心》，杨大春译，商务印书馆2007年版，第66页。

条件的思想，它‘借机’从那种进达身体的东西中产生出来，它被‘刺激’去借助于身体而思考……思想给予生机的身体对于它来说并不是诸客体中的一个客体，而且思想并不以暗含前提的名义从身体那里引出全部其余的空间。思想不是依据自身，而是依据身体进行思考。在把思想与身体统一起来的自然约定中，空间、外部距离也获得了规定。”[①]更重要的是，“看”并不具有优先性，因为梅洛-庞蒂强调的是作为诸感觉之统一的知觉。我们对于世界的认识并不是由各种个别感觉拼凑起来的，我们首先对世界有一个虽然模糊却整体的感受，随后才会有清晰而具体的认识。他借助塞尚的绘画告诉我们，科学往往是抽象和片面的，我们的知觉则导致统一性，并因此对世界形成完整的把握。也就是说，知觉代表的是整体意向性。梅洛-庞蒂并不否定古典科学，因为它还保留着“对世界的不透明的情感”；但现代科学走向了“操作主义”，它把“思考”等同于“去尝试、去操作、去改造”，于是“世界成为我们的各种操作的对象”，是成功的“理智模式”的运用场所：当一种模式在一个序列的难题中获得成功之后，人们就将它到处试用，而这其实是“一种绝对的人工主义”。[②]从意识哲学到科学思维是顺理成章的，而梅洛-庞蒂以其诗意的情怀批判康德、进而批判新康德主义的人为自然立法的观念。

梅洛-庞蒂虽然借助了胡塞尔的现象学方法，同时也创造性地接受了他的许多思想，但不再延续其理论哲学姿态。他无疑要让自己的思想汇入19世纪中叶以来的实践哲学与艺术结盟的主流大潮之中。他对后期现代哲学和美学的真正贡献或者说其思想的最有价值的地方就在于，它为我们提供了一种既避免观念主义也远离物质主义的诗意之思。哲学应该在诗歌、艺术等之中找到帮助，并因此重新诞生，获得新生。正是绘画艺术启示我们，哲学不再像从前那样直接宣布理想和观念，它已经不那么旗帜鲜明：它要么是“结结巴巴的”，要么是“半沉默的”，始终就像是在“说第一句话”。这恰恰意味着突出创造，而不是像科学之思那样把固定的模式到处套用。梅洛-庞蒂在其晚期课程中讲到了“我们的非哲学状态”，认为存在着一个我们所处的人类状态，它首先“是通常的、古典的意义上的哲学的毁灭者”，其次是“在其顶点中呼唤哲学的觉醒”，“胡塞尔所说的凤凰”，由此第一是“明确的、正式的哲学的衰落”，第二是“文学、艺术等的哲学特征”。而他认为哲学的这种衰落是“非本质的”，是“从事哲学的某种方式的衰落”，它“将在诗歌、艺术等中，在一种与它们的更为紧密的关系中找到帮助”，它“将重新诞生并因此重新解释它自己的形而上学过去”。[③]被祛魅的身体、语言、自然，甚至还有他人，在梅洛-庞蒂那里开始了

---

① 梅洛-庞蒂：《眼与心》，杨大春译，商务印书馆2007年版，第61—63页。
② 梅洛-庞蒂：《眼与心》，杨大春译，商务印书馆2007年版，第30—32页。
③ Merleau-Ponty, Notes de Cours 1959—1961, Gallimard, 1996, p. 39.

返魅之旅，而这一切是无法以传统的方式来表达的。著名的哲学史家布雷耶表示，梅洛-庞蒂的观点“更适于用小说、绘画来表达，而不是哲学”，其哲学“导致小说”。[①]梅洛-庞蒂的学生、政治哲学家勒福尔则就《眼与心》表示：“绘画思考为其作者提供了一种新的、完全接近于文学甚至诗歌话语的话语资源。”[②]无论如何，通过对绘画创作和文学写作的分析，梅洛-庞蒂更加精微地展示了自己的身体现象学、语言现象学和存在现象学思想。

三、身体经验与实存美学

正是由于强调身体经验，梅洛-庞蒂否定人可以有意识地决定一部文学作品或艺术作品的价值与意义。他表示，“面对有价值的一部小说、一首诗、一幅画、一部电影，我们知道它们有与某种东西、某种为了人们而获得的东西的联系，作品开始表达出某种连续不断的信息”，但是，“不管是对于艺术家，还是对于公众而言，作品的意义除了通过作品本身外是无法获得表达的”，因为“形成该作品的思想和接受该作品的思想都不完全是它的主人”。[③]梅洛-庞蒂借助“塞尚的例子”告诉我们，“表达和沟通”伴随着“危险”，这就如同在雾中迈出一步，没有人知道究竟会通向何处。在他看来，“即使我们的数学也不再属于理性的长长的链条”，因为“数学的存在也只能通过倾斜的步骤、即兴的方法才能够获得，就如同未知的矿石一样不透明”；这意味着，“与其说存在着一个可知的世界，不如说存在着由夜幕分离开来的各种辐射开来的核心”，因此“文化世界如同别的世界一样是不连续的，它也是通过各种暗中的变动认识自己的”，而“在艺术作品或者理论中，就像在感性事物中一样，含义与符号是不可分的”。换言之，“表达从来都没有完成”。[④]一部分文学作品或一幅画固然会表达或传达某些观念或思想，但我们并不因此就否定它的自身性或自足性。它有其独特的存在，这是一种感性的存在，完全如同其他感性之物。但是，作品依然与主体密切相关，其意义确实是通过人的活动才得以实现的，虽然它并不取决于任何预先的观念，任何既有的规定。这明显有别于后结构主义关于作者死了的立场。

梅洛-庞蒂的美学思想典型地代表了后期现代哲学家对古典美学思想的批判反思。他告诉我们，欧洲的古典绘画尤其是素描被认为是世界的“一种印移，一个复

① 梅洛-庞蒂：《知觉的首要地位及其哲学结论》，王东亮译，生活·读书·新知三联书店2002年版，第43—44页。
② 梅洛-庞蒂：《眼与心》，杨大春译，商务印书馆2007年版，第28页。
③ Merleau-Ponty, Sens et non-sens, Garlimard, 1995, p. 8.
④ Merleau-Ponty, Sens et non-sens, Garlimard, 1995, p. 8.

制品、一个派生物”[1]，因为它“将自己看作是对处在其自然活动状态下的对象和人的表象”[2]。一切都被纳入观念的秩序中，心灵对自然的洞察掩饰了身体与自然的亲密关联。古典美学思想完全符合笛卡尔关于心身二分的哲学姿态，问题在于，作为后期现代哲学代表人物的胡塞尔仍然延续了这种美学思想。按照后者的看法，“现象学的直观与‘纯粹’艺术中的美学直观是相近的”，艺术家“对待世界的态度与现象学家对待世界的态度是相似的”，他与哲学家不同的地方只是在于，“前者的目的不是为了论证和在概念中把握这个世界现象的‘意义’，而是在于直觉地占有这个现象，以便从中为美学的创造性刻画收集丰富的形象和材料”。[3]很显然，在胡塞尔那里，画家的直观洞悉到的是本质，绘画表达的是观念。梅洛-庞蒂并不否认绘画作品有其想要表达的观念、甚至想要指称的外部对象，一如文学作品。他在《小说与形而上学》中表示，每一位“伟大小说家”的作品总是由“两三个哲学观念”支撑起来的：在司汤达那里是“自我”和“自由”，在巴尔扎克那里是作为意义在事件的偶然性中显现出现的“历史的神秘”，在普鲁斯特那里则是“过去被包纳在现在中”和“逝去时光的在场”。[4]然而，小说家并不打算专题化这些观念，他不是以概念或逻辑的方式来呈现或论证这些观念，而是使观念“以事物的方式”在我们面前存在。司汤达并没有大谈主体性，因为这是哲学家的任务，他只是让它在其作品中呈现出来、显现出来。文学以形象的方式来显示观念，也因此提供给我们的是某些含混的、而非明晰的观念，因为不同的读者对相同的形象会有非常不同的体验。人们确实会对某个观念形成共同的看法，因为它本来就是有理性的人类共同接受的一个观念；对于一个丰满的形象，不同的人则有不同的感受，或者说人们的感受是有差异的。很显然，一旦摆脱观念主义，不管哲学还是文学都不再满足于完美透明的表达，适度的含混性已经成为现代思想的一个重要特征。文学语言不是透明的镜子，它是半透明的，在它给出的形象中，既有外来作用的效果，也有它自身活动的功劳。绘画作品是一种间接的语言，它与世界或观念的关系更是如此。

根据其遗稿《世界的散文》的整理者、法国政治哲学家勒福尔提供的信息，梅洛-庞蒂很早就打算写一部论语言、更确切地说论文学的著作。这主要是为了回应萨特于1947年发表的《什么是文学?》一文，而且他在相关课程讲授中也始终绕不开这一话题。他在1948年左右对萨特的论文作了摘录，并作了评论，其中包含有这样的话：“我必须写作一种‘何为文学?’，以更长的篇幅来探讨符号与散文，并不是论文学的全部辩证法，而是由蒙田、司汤达、普鲁斯特、布勒东、阿尔托而来的五种文

① 梅洛-庞蒂：《眼与心》，杨大春译，商务印书馆2007年版，第40页。
② 梅洛-庞蒂：《世界的散文》，杨大春译，商务印书馆2005年版，第53页。
③ 胡塞尔：《胡塞尔选集》，倪梁康等译，上海三联书店1997年版，第1203—1204页。
④ Merleau-Ponty, Sens et non-sens, Garlimard, 1995, p. 34.

学领会。”[1]萨特主张，当代文学应该摆脱唯美主义和语言游戏，把介入社会和政治作为其目标：作家追求自由，同时引导读者追求自由。对于作家来说，世界是一种价值，是向人类自由提出的一个任务，因此写作既要揭示世界，又要把它作为一个任务向读者宽宏无私地提出来。[2]按照他的说法，作家与之打交道的是处于“符号王国”中的“散文”，而不是“处在绘画、雕塑和音乐一边”的“诗歌”；两者之间存在着重大的区别，因为在作家那里作为“符号”的东西，在画家那里则是“物”。[3]由于诗歌就像绘画一样是“物”而不是“符号”，所以诗人拒绝利用语言，严格地说是拒绝工具语言；他选择“诗意的态度”，把语词作为“物”而不是“符号”；对于作家来说，语词是“家养”状态的“工具”，而在诗人那里，它们是停留在“野性”状态的“自然物”，它们“就像青草和树木一样在大地上自然地生成”[4]。萨特倡导所谓的介入姿态，他就像胡塞尔一样维护语词的观念性或工具性，虽然认识到了，但却完全排斥语言的物质性。巴尔特、福柯和德里达等后结构主义者坚持一种白色写作或绝对写作的姿态，基本上否定了观念写作，无限夸大了语词的物质性或诗意性。梅洛-庞蒂坚持一种折中的、含混的立场，虽然批判萨特，却没有因此倒向其对手。他部分地肯定了语言的诗意性，从而注意到了语言的物质性与观念性的统一。他以“世界的散文”为题告诉我们，不管散文、诗歌还是绘画，它们都是知觉的升华形式，也因此不可能摆脱经验的含混性，纯粹观念性的透明语言因此是不可能的。当《词与物》在“世界的散文”名义下处理“词”与“物”的关系时，福柯不仅否定了纯粹的观念性，也否定了观念性与物质性的统一；他认为从语词到事物或者从事物到语言是可以自由转换的，两者甚至可以直接画等号。

在梅洛-庞蒂看来，“一切语言都是诗，条件是这一语言寻求表达某种新的东西”[5]。语言并没有放弃对观念的表达，但不存在着静止的思想，也没有透明的语言，在活的言语中，一切都处于实存和变动中。最终来说，无论是言说着的语言还是沉默无声的绘画，都应该实现创造与传达的统一。符号记录的是“我能”而不是“我思”。语言会对思想产生影响，或者说没有语言就没有思想，语言就是身体行为。诗意之思其实就是要把表达思想与承认语言的自身维度结合起来。由于“语言既不是事物也不是精神”，由于它“既是内在的又是超越的”，所以“它的地位有待于去发现”[6]。如果只关注语言对思想的表达，我们回到的是观念主义的工具语言

① 梅洛-庞蒂：《世界的散文》，法文版《致读者》，第11页。
② Sartre, Qu'est-ce que la littérature? Garlimard, 1948, pp.75–76.
③ Sartre, Qu'est-ce que la littérature? Garlimard, 1995, pp. 15–17.
④ Sartre, Qu'est-ce que la littérature? Garlimard, 1995, pp. 17–18.
⑤ Merleau-Ponty, Parcours deux 1951—1961, Verdier, 2001, p. 339.
⑥ Merleau-Ponty, Psychilogie et pédagogie de l'enfant: Cours de Sorbonne 1949—1952, Verdier, 2001, p. 11.

观；如果只承认语言的物质性维度，我们就会完全走向物质主义的游戏语言观。梅洛-庞蒂的语言现象学愿意处在两者的中途，这源自绘画艺术提供的灵感；而反过来说，现象学“乃是那种激励着画家的哲学，不是在画家就世界表达意见的时候，而是在他的视觉变成动作的那一瞬间，是在塞尚所说的当他‘通过绘画思考’的时候”[①]。最值得关注的画家是塞尚。梅洛-庞蒂不仅撰写了专文《塞尚的疑惑》，而且在《知觉现象学》《间接语言与沉默的声音》和《眼与心》等论著或论文中也多次以这位印象派画家为例。塞尚离群索居，主张在室外作画，突出地表达了对于大自然的偏好，在色彩运用和造型方面进行了许多创新。评论家表示，塞尚极端注意“自然”和“颜色”，他的绘画具有“非人性”的特点，因为他主张像画“物品”那样画“脸”，并且认为“他对可见世界的崇敬，不过是对人的世界的一种逃避，是他的人性的异化”。[②]然而，在梅洛-庞蒂眼里，塞尚并没有把人性与自然对立起来。他的绘画其实表明，艺术可以维护人性与自然之间的适度张力，而不是要么被动地受制于自然，要么主动地操控自然。不管是对哲学家还是画家而言，都应该接触自然，亲历自然，在身体力行中“展示”本己身体。

科学坚持主体、客体以及主客关系都是清楚分明的，而在梅洛-庞蒂看来，这种分析的姿态是有问题的。他在《塞尚的疑惑》中表示：“在原初知觉中，触觉和视觉的区分是未知的，正是关于人体的科学后来教会我们区别我们的感官。被我们实际经验到的事物不是从感官材料出发被找到或者被构造出来的，而是作为这些材料得以辐射出来的中心一下子就被提供出来的。我们看见了物品的深度、滑腻、柔软、坚硬——塞尚甚至说，它们的味道。”[③]为了表达自然、为了表达物品的不可分割的整体，塞尚在颜色的布局方面往往要花费许多心思，每画一笔都颇费踌躇。这是因为，他画出的每一笔都必须满足无限的条件，都是无限的任务，它应该包含空气、光线、物品、景致、特色、构思和风格。在《知觉现象学》中，梅洛-庞蒂转述塞尚的话说，“一幅画在它自身中甚至包含了风景的味道”[④]。显然，正是放弃了超然旁观的姿态，画家才得以与自然真正交融，才能够画出自然的整体。知觉意味着统一性，画家甚至能够画出风景的味道来，这一切似乎只能意会，无法言说。传统哲学的理智直观把一切看作是意识构造的产物，而在梅洛-庞蒂的身体哲学中，一切都与我们的身体经验联系在一起。本己身体的各个器官之间是协调一致的，我与他人的关系是我的身体器官间关系的延伸，而我与世界的关系同样如此。塞尚并不孤独，无论是他面对的自然，还是他画出的自然都富有人性的气息。他以自己的方式融入

① 梅洛-庞蒂：《眼与心》，杨大春译，商务印书馆2007年版，第67—68页。
② Merleau-Ponty, Sens et non-sens, Garlimard, 1995, p. 15.
③ Merleau-Ponty, Sens et non-sens. Garlimard, 1995, p. 20.
④ Merleau-Ponty, Phénoménologie de la Perception, Garlimard, 1997, p. 368.

文化世界或意义领域中："画家只能构造一个形象，必须期待这一形象为了其他人而活跃起来。作品会合了分离的生命。"[1]另一方面，尽管画家有其独具匠心的创造，但他不可能隔绝于自然："作品不是远离事物地、在画家拥有且只有他拥有其钥匙的私人画室中画出的：不管是注视真花还是纸花，他都始终参照他的世界，仿佛他用以揭示世界的那些原则始终都是埋藏在这一世界中的。"[2]这其实表明，虽然任何一幅画都有其自主性，但它依然以某种方式与真实联系在一起："艺术作品并不是出自任意，或者如人们所说的，出自虚构。现代绘画，一般地说，现代思想，迫使我们承认一种并不与事物相似的真理：它没有外部模特，没有前定的表达工具，然而它却是真理。"[3]当然，自然或真实的东西并不是我客观地审视的对象，我与自然中的事物彼此形成一种可逆的相互关系。梅洛-庞蒂根据画家的经验表示，在森林中，我们往往会产生是我在看树木，还是树木在看我的疑问。这不禁让我们联想到诗人的"相看两不厌，唯有敬亭山"想要表达的意境。正是人与自然的互动关系造就了画家，造就了画家的灵感。也就是说，正是在对世界的"眼看"关系中才产生了灵感，而不是预先就有某种先验的东西引导着画家的创造。

梅洛-庞蒂对画家的灵感进行了一番身体哲学的解释。我们可以从字面上来理解所谓的"灵感"(inspiration)，这意味着"吸气"(inspiration)和"呼气"(expiration)，即"呼吸"(respiration)，在这里难以区分"主动"与"被动"，以至于我们不再知道"谁在看""谁被看""谁在画""谁被画"。这种情形犹如婴儿的诞生，"当母体内的一个潜在的可见者让自己变成为既能够为我们、也能够为他自己所见时，我们才能说一个人在这一时刻诞生了"，"画家的视觉乃是一种持续的诞生"。[4]一个婴儿的诞生意味着一个身心统一体的出场，他似乎从可见者中突显出来，成了见者和可见者的统一；画家或画家的视觉的诞生也是如此。当然，画家的诞生与婴儿的诞生又有所不同。婴儿一次性地完成其诞生，随后是不断地成长；画家则始终处于不停的诞生状态中，"不管是早熟的还是迟来的，是自发形成的还是在博物馆里培育出来的，画家的视觉无论如何都只能在看中习得，都只能从它自身中习得"。[5]画家"看"世界，"看"世界变形为绘画，这体现为不断活动着的"我能"：他的作品没有完成之时，它始终面向未来，始终有待于去创造。绘画体现了身体与心灵的交融，体现了身体间性，同时也意味着身体与自然的共生。任何绘画都有其物质根基，但灵动而不拙笨；它追求精神升华，却绝不失于超然。梅洛－庞蒂写道：画家的"目

① Merleau-Ponty, Sens et non-sens, Garlimard, 1995, pp. 25-26.
② Merleau-Ponty, Signes, Garlimard, 1960, p. 68.
③ Merleau-Ponty, Signes, Garlimard, 1960, p. 72.
④ 梅洛-庞蒂:《眼与心》，杨大春译，商务印书馆2007年版，第46—47页。
⑤ 梅洛-庞蒂:《眼与心》，杨大春译，商务印书馆2007年版，第41页。

光把在世界中只是被暗中指明的，而且总是被对象的呆滞所窒息的联系、问题和答案占为己有，他解除加于它们的覆盖，解放它们，并且为它们寻找一个更为灵巧的身躯。另一方面，由于构成世界之一部分的那些色彩和一块画布，他忽然剥夺了这些联系、问题和答案的内在一致。画布、色彩本身既然是按照某一秘密而被选择和合成的，它们在我们的目光下就不再处于它们原先之所在；它们给世界的充盈造成了一个洞孔；它们就像泉水和森林一样成为精灵显形之处；除非作为意义为了显示自身所必需的最少量的物质外，它们不再存在"[①]。

显然，绘画并非简单地模仿自然，而是意味着创造性转换，比如大海的蓝色在画布上可以"秘密地转化"为小溪的蓝色。画家边"看"边"画"，其"风格"出自"自然"，完全可以"在各种现象本身中找到"，所谓"创造自然"其实是"读解自然"。[②]艺术让我们学会重新"看"世界，仿佛让我们通达了一个"新"的世界。其实，一切都只是在画家的知觉中实现"秘密转化"。这无疑颠覆了表象论，但并没有因此否定画家与自然的剪不断的关联。在理智主义传统中，感性经验完全被理智抽象化了，艺术与技术有着同等的命运。审美经验其实被等同于理智判断，并因此掩盖了感性的光芒。然而，绘画是一种沉默的语言，一种间接的语言，它实现了自然的创造性的转换，它不是自然的印移，因为它自身就是一种自然。由此表明，"眼"与"心"形成交织，自然与艺术得以交错。这一切维护的只是"我与他人共在"和"我与自然共生"："我们作为自然人置身于自身和事物之中，置身于自身和他人之中，以至于通过某种交织，我们变成了他人，我们变成了世界。"[③]当后期梅洛-庞蒂使用"野性的""蛮荒的"和"原始的"之类形容词来修饰"自然""存在"和"世界"时，我们明显感受到了现象学的艺术韵味。由于摆脱了科学和求知的要求，我们可以艺术地扎根于大地："艺术尤其是绘画吸收这一蛮荒的意义层"，唯有它们可以"无知地"进行这种吸收，"唯有画家有权无评估义务地注视全部事物"，以至于在他面前，"认识和行动的口号是无效的"[④]。科学以抽象的理智模式超然地对待自然，而艺术则以感性的方式"设身处地"地与世界打交道。画家不是用"心"而是"身"画画，因为"心"已经融入"身"中，而以"世界之肉"为基质的"身体"和"自然"是同质的。总之，感性与理性、艺术与科学、非哲学与哲学之间的张力表明，审美或体验突破的是程式化，关注的是陌生化。

① 梅洛-庞蒂：《世界的散文》，杨大春译，商务印书馆2005年版，第51页。
② Merleau-Ponty, Signes, Garlimard, 1960, p. 70.
③ Merleau-Ponty, Le visible et l'invisible: Suivi de notes de travail, Garlimard, 1997, p. 212.
④ 梅洛-庞蒂：《眼与心》，杨大春译，商务印书馆2007年版，第33页。

第四节 列维纳斯

从20世纪30年代后期到60年代初，法国哲学的主导思潮是现象学，但明显具有实存主义（Existentialism，或译存在主义）倾向，身体（body）和实存（existence）是其最为核心的概念。正是列维纳斯（E. Levinas，1906—1995）等人评介胡塞尔和海德格尔现象学时采取的实存论立场深刻地影响了法国现象学运动的走向。列维纳斯出生在立陶宛的一个犹太家庭，于1924年到法国求学，1930年在斯特拉斯堡大学藉论文《胡塞尔现象学中的直观理论》获得哲学博士学位。他长期在巴黎“世界以色列人同盟”及其相关教育机构工作。1961年，55岁的列维纳斯在索邦大学获得文学博士学位，随后在普瓦提埃大学和巴黎第十大学任教，1973年成为索邦大学哲学教授。通过哲学博士论文以及收入《与胡塞尔和海德格尔一道发现实存》（1949）的重要论文，他为在法国传播德国现象学作出了最突出的贡献。在其独立的现象学思想发展过程中，他先是批判海德格尔的存在哲学，进而批判整个西方哲学的存在论和实存论传统。《从实存到实存者》（1947）和《时间与他者》（1940）虽然侧重批判，但已经奠定了他的未来哲学之基础。他把从胡塞尔到海德格尔再到萨特、梅洛-庞蒂的哲学都视为存在论。如此一来，实存论在他眼里与存在论无别，正如认识论已经包含实存论一样。列维纳斯别具一格的现象学哲学主要通过《整体与无限》（1961）和《他人的人道主义》（1972）体现出来，但它们继续沿用了某些重要的存在论术语来建构现象学伦理学；《别于存在或存在事件之外》（1974）和《来到观念中的神》（1982）等后期著作虽然没有改变此前的基本思路，但力图避免存在论术语的影响，同时尽量减弱绝对道德主义可能导致的负面效应。他的美学思想分散在其哲学发展的全部历程中，在他关于艺术的超越性和物质性的思考中获得了集中体现。

一、表象、享用与欲求

列维纳斯最初迷恋柏格森的生命哲学，但很快对胡塞尔现象学产生了强烈的兴趣，并决定以之为博士论文选题。1928年他到德国留学，在弗莱堡大学听过胡塞尔讲授的最后一期课程和海德格尔接替胡塞尔教授职位后的第一期课程。他非常欣赏海德格尔式思维的异常活跃和出人意料，对胡塞尔思想的死板僵化和缺乏新意则多有微词。正因为如此，在其博士论文以及前后一段时间内的学术论文中，两位德国现象学大师在法国的这位最初的、最重要的评介者，试图从海德格尔的角度来读解胡塞尔。在博士论文《胡塞尔现象学中的直观理论》中，他主要对胡塞尔《逻辑研究》《观念I》以及《笛卡尔式的沉思》等著作进行了一种海德格尔式的实存论解读；汇编其初期现象学评介论文的首部文集《与胡塞尔和海德格尔一道发现实存》尤其突出了实存论在两位导师那里的核心地位。他在后来的回顾中表示，他发现海德格尔的《存在与时间》创造了一个所谓的“奇迹”，因为该书严格地运用“现象学方法”，却并没有因此回到“构造意识”。①海德格尔显然削弱了胡塞尔对纯粹意识和理论哲学的迷恋，暗中用具有身体哲学倾向的实存论瓦解了意识哲学的观念论。但他本人并不认可实存主义的标签，只承认自己的哲学是存在哲学。虽说海德格尔不喜欢法国哲学家赋予其《存在与时间》“实存主义的含义”，然而，“人们所谓的实存主义确实已经被《存在与时间》所规定”。②

列维纳斯注重从学理上探讨两位导师在思想上的关联和分歧，尤其强调两者的“同”而非“异”。在其关于胡塞尔“直觉理论”的研究中，他尝试着把胡塞尔哲学表述为已经洞察到“存在的存在论问题”，“存在的地位而非本质问题”，而这其实受到了《存在与时间》“相当大的影响”。③如此说来，胡塞尔哲学已经预示了海德格尔式的存在哲学，正因为如此，后者的突破并没有造成根本的断裂：后者当然“非常具有原创性”，它与前者“有区别”，但在某种意义上“是其延续”，“先验现象学关于意识对象的构造导致了海德格尔意义上的存在论问题”。④海德格尔用“此在”这一含混不定的概念替代传统哲学中清楚分明的“主体”概念，以便在胡塞尔已经实现的突破之基础上真正瓦解早期现代哲学中的主体形而上学倾向。胡塞尔无疑延续了始于笛卡尔的主体形而上学传统，海德格尔却认为他在《逻辑研究》尤其是其第六研究中“通达了对存在的范畴直观”，这一壮举“恰恰就在于使存在在场，现象地呈现在范畴中”，虽然没有真正展开存在的意义问题，但实现的突破使得提出存在问题有了可能，由此“实现了形而上学的终结”或“突破到了形而上学之外”。⑤海德格尔明确认定其师已经突破了主体形而上学，他本人的哲学自然是更不待言。问题在于，包括列维纳斯、萨特、梅洛-庞蒂和利科等人在内的法国哲学家都坚持对海德格尔哲学进行一种主体哲学的解读，虽然他们所说的主体哲学已经迥异于海德格尔要批判的同名对象。

---

① Jill Robbins (ed.), Is It Righteous To Be? Interviews with Emmannuel Lévinas, Stanford University Press, 2001, p. 140.

② Lévinas, Ethique et Infini, Paris: Fayard, 2007, p. 30.

③ Lévinas, Ethique et Infini, Paris: Fayard, pp. 29–30.

④ Lévinas, Théorie de l' intuition de la phénoménologie de Husserl, Paris: J. Vrin, 1963, p. 15.

⑤ Marion, Réduction et Donation : Recherches sur Husserl, Heidegger et la phénoménologie, Presses Universitaires de Franch, 1989, pp. 12–13.

尤为关键的是，列维纳斯最初的《胡塞尔现象学中的直观理论》“单纯地确立了法国的胡塞尔研究，它通过集中解释《逻辑研究》，尤其是他如今仍然喜欢回到的第六研究而确立这种研究”。[1]海德格尔确实想通过封杀“意识”“精神”“生命”“人格”之类术语来远离主体哲学，列维纳斯不仅不认可这一举动，而且理所当然地把他置于主体哲学家之列。这种偏爱和误读在其《马丁·海德格尔与存在论》(1932)一文中达到了顶点。这是法国第一篇评介海德格尔思想的专题论文，也是计划中的一部评介专著的轮廓。然而，由于海德格尔在1933年开始明确效忠纳粹，身为犹太人的列维纳斯逐步疏远他，并且逐步把存在论看作是法西斯主义可能的哲学根据。作为一种对抗，他同时借鉴希伯来文明和希腊文明来不断远离海德格尔的存在论及其胡塞尔资源或传统哲学源泉。胡塞尔式的现象学聚焦纯粹意识的实存，海德格尔式的现象学则强调处境化的实存。真正说来，这两种哲学关注的都是“纯有”(Il y a)，即“没有实存者的实存”[2]。这意味着，实存论让自我、他人以及一切实存者都服从于实存。实存者被“存在一般”或“纯有”所吞没，我与他人的关系无疑也服从于与存在一般的关系。

柏拉图认为作为殊相（特殊）的万物分有了作为共相（普遍）的理念，黑格尔的绝对精神在自我发展和自我认识中让个体受制于理性的狡计，海德格尔则在存在论差异中实现了从存在者到存在的还原。后两种哲学无疑延续了柏拉图的“分有说”。这种围绕实存者对实存的分有（存在者对存在的分有）或个体对普遍理性的分有而展开的哲学被称为“中性哲学”。列维纳斯本人则“有信心已经中断了中性哲学：中断了海德格尔式的存在者的存在”，“中断了黑格尔的无个性的理性”。[3]列维纳斯就存在与实存的关系做过一个非常有意思的说明：出于谐音的考虑，他宁愿用l'exister与l'existant这组词而不是l'être与l' étant来表示海德格尔哲学中的Sein与Seinde及其想要突出的“存在论差异”。[4]尽管他明确表示自己没有赋予l'exister和l'existant以专门的实存主义含义，但是，不管就评介海德格尔哲学而言，还是就创立自己的哲学而论，当他在存在与实存之间画等号的时候，他不应该也不可能忽视实存主义在时代精神中扮演的角色。海德格尔无疑刻意地淡化了其哲学的人学色彩，个体实存从属于存在也因此顺理成章；列维纳斯则认为，这其实表明的是实存与存在的相通，或者说实存论并没有远离古老的存在论。所谓的主体哲学往往强调同一、否定异质，并因此使人受制于“没有实存者的实存”或“存在一般”。

---

① Ricœur, À l'École de la phénoménologie, J. Vrin, 2004, p. 361.

② Lévinas, De l'existence à l'existant, J. Vrin, 1993, p. 93 ; Le temps et l'autre, Presses Universitaires de Franch, 1983, pp. 24-25.

③ Lévinas, Totalité et infini, Kluwer Academic, 2006, p. 332.

④ Lévinas, Le temps et l'autre, Presses Universitaires de Franch, 1983, p. 24.

无论从海德格尔的法国弟子们回溯到胡塞尔还是从柏拉图回溯到其师苏格拉底，换言之，从苏格拉底直至法国的海德格尔主义者都极力渲染实存的充实。这是因为，哲学家往往强调抽象的普遍性，以理性的专制和同一的霸权来化解或还原一切异质因素。这意味着自我的孤独，因为“人们可能在各种存在之间改变一切，但不能改变实存”。在这一意义上，“存在就是由于实存而自我隔离”，也就是说，“我作为我之所是是一个单子”，我正是“由于实存”才是“没有门户、没有窗子的”；实存是“不可沟通的”，因为它“根植于我的存在中”，它是“我身上最私人性的东西”，正因为如此，“我的知识、我的自我表达方式的整个扩大，始终无效地停留在我和实存的关系中，尤其是内在关系中”。①自我分有存在一般或实存一般，不是存在者或实存者在先，而是存在或实存具有优先地位。问题是，自我试图把一切都纳入这种分有结构中，从而不仅让自己而且让他人处在实存一般之中。海德格尔为我们描述了在世存在之“烦”（操心）的过去、现在和将来结构，不管是接物的“烦心”（操劳）还是待人的“烦神”（操持）其实都是在“烦己”，是“对自身的操心”。列维纳斯尤其用“疲劳”“懒惰”或“努力”这些日常的、意味着心身统一的体验来替代海德格尔泛而言之的“情绪”。此在情绪性地“绽出”，但最终要求的是回归“主体的同一化”“与自身的咬合”“成为自身”“完全封闭在自身中”以及“主体的孤独”之类的表述说明，此在追求的是摆脱了他人的自由；但“对自由的思考和期望说明了绝望”，因为“期望只当它不再被允许时才是期望”。②绝对的孤独意味着绝对的自由，但这种自由是抽象的，其实陷入的是没有任何出口的“纯有”。

早期现代哲学立足于认识论，其实质是通过“表象”在认知的框架内关注整全的人性并因此消除他者或异质的东西：一方面，反思或自我意识确认了作为理性存在者的“我”与“我们”的直接相通；另一方面，对象意识表明的是知性为自然立法。正因为如此，列维纳斯断然地“把表象定义为他者被同一所规定，而同一却不被他者所规定”③。表象是理论理性的起点，借助于理智之光，一切东西都被纳入观念的秩序或概念的整体之中。表象论不言明地代表了理性的唯我论：“理性是独自的。在这种意义上，认识在世界中从来都没有遇到某种真正他异的东西。”④“知识”（savoir）、“权力”（pouvoir，或译“力量”“能力”“有所能”）、“拥有”（avoir）均以“看”（voir）为前提，而这里的“看”是“心看”或“理智直观”，看出的是“共相”，从而意味着求“同”弃“异”。早期现代哲学是“关于我们”且“为我们”的哲学，根本不可能存在单独的“我”，“他”则更无从谈起，因为“普遍思想是一

① Lévinas, Le temps et l'autre, Presses Universitaires de Franch, 1983, p. 21.
② Lévinas, De l'existence à l'existant, J. Vrin, 1993, pp. 150–153.
③ Lévinas, Totalité et infini, Kluwer Academic, 2006, p. 184.
④ Lévinas, Le temps et l'autre, Presses Universitaires de Franch, 1983, p. 53.

种第一称思想”[①]，“一种理性不会对于一种理性成为他者”。[②]这种情况造成的是“我们”的独裁和理性的独白，经验和情感之类容易造成差异的东西被排斥在主体性之外。无论如何，观念论或认识论在观念或概念中实现的是同一，代表了“同一针对他者的古老的胜利”[③]。

后期现代哲学立足于实存论，其实质是借助“享用”在实存的范围内关注自身同一性并因此消除他者或异质的东西。世界不再处在观念的秩序中，而是以适度的距离处在作为个体的“我”之外，成为其享用的对象。“我”享用世上的食物或者说一切世上之物，但享用并不等同于日常的吃喝拉撒，因为“享用……”更多地指向人的生命以及与生命所依赖的条件的关系。列维纳斯写道：“我们享用各种行为以及存在行为本身，就完全像我们享用观念和情感一样。我之所为和我之所是同时就是我所享。我们在这里与一种既非理论的也非实践的关系相联系。在理论和实践背后，存在的是对理论和实践的享用，生命的利己主义。最终的关系是享用，幸福。”[④]“我”与世界的分离是相对的，享用实现了两者的统一，因为世界归根到底是“我”的周围世界。享用尤其意味着直接的情绪体验，表象和认识虽然并没有受到完全排斥，但其地位明显下降了。“我”在实存活动中实现了一种“占用”，一种“包纳”，指向世上的某些东西，对它们“有所能”。[⑤]“我”在世上有一个并非容器的家，并且“作为身体，在外在于自己的大地上立足和有所能”[⑥]。“我”的活动围绕这个“家”而自由地展开，场所和环境为“我”提供各种手段，或者说一切最终都由“我”来处置，一切“都是此”，一切“都属于我”，“我”在世界中“是在家的”，因为“家提供或拒绝拥有”。[⑦]拥有就是取消他性：身体、房屋、工作、占有物、经济并不是经验的、偶然的质料，它们乃是自身的同一化结构的体现。与此同时，如果说普遍理性让“我”与“我们”不可分割，独特体验则让“我”与“他”相互分离。后期现代哲学要求的是回到主观的孤独：每个人都独自承担自己的命运，独自为自身命运负责。从根本上说，享用就是“独享”，也因此是“享用孤独”，而不是寻求“依靠”。[⑧]

当然，“拒绝拥有”已经表明了“分享”的可能。列维纳斯要求首先回到自身，进而走向他人，并因此真正走出无人称的、无意义的“纯有”状态。在与他者的关

① Lévinas, Totalité et infini, Kluwer Academic, 2006, p. 132.

② Lévinas, Totalité et infini, Kluwer Academic, 2006, p. 69.

③ Lévinas, Totalité et infini, Kluwer Academic, 2006, p. 87.

④ Lévinas, Totalité et infini, Kluwer Academic, 2006, pp. 115–116.

⑤ Lévinas, Totalité et infini, Kluwer Academic, 2006, p. 216.

⑥ Lévinas, Totalité et infini, Kluwer Academic, 2006, p. 26.

⑦ Lévinas, Totalité et infini, Kluwer Academic, 2006, p. 27.

⑧ Lévinas, Totalité et infini, Kluwer Academic, 2006, p. 51.

系中，早期现代哲学以表象为特征，后期现代哲学以享用为特征，而对于列维纳斯的具有后现代特征的他者现象学而言，与他者的关系完全是一种欲求关系。欲求是一个物质主义的而非观念主义的概念，它建立在物质充溢而不是匮乏的基础上。我们与之打交道的不再是客体世界或周围世界，不是可以纳入认知框架或享用范围的世界，我们欲求异域。欲求就是对别处的向往，但这并不意味着某种简单地改变，因为“任何旅游、任何气候和装饰的变化都不会让这种趋向于别处和他者的欲求获得满足”，因为“形而上学地欲求的他者不是像我所吃的面包、我所居住的国家、我所凝视的风景那样的‘他者’”。[①]世上的食物只是我享用的对象，而不是我欲求的对象。需求可以被世上之物满足，欲求则会被异域和异质的东西掏空。食物当然有“别”或有“异”于我，但“它们的他性被吸纳在我的思考或拥有之同一性中”，而“形而上学欲求趋向完全其他的东西，趋向绝对他者”。[②]当然，真正的他者是他人。他人不是海德格尔所说的“平均状态”的、我自己也为其中一员的“常人”，他人往往是孤儿、寡妇和异乡人。他人是穷人和弱者，与此对应，我则是富人和强者。我在各个方面都占据优势地位，尤其在物质上是富裕的，也因此应当给予。欲求者不是被他人填满，而是被他人掏空，“被欲求者不能塞满它，而是掏空它”。[③]

二、走出实存的孤独

通过质疑和批判存在论或实存论，列维纳斯引领我们走出无意义的“纯有”或“实存的孤独”。在他看来，唯有走向社会和他人才能够克服无意义的“纯有”，并因此实现从实存到实存者的回归，因为时间并非孤独的象征，而是代表了自我的开放性。也就是说，时间并不等于内在意识结构或烦（操心）的整体结构。按照他在访谈中的说法，“孤独”是一个“实存主义的”主题，“实存”在这个时代被描述为“对孤独的绝望”或者“在焦虑中的孤单”，而他的《时间与他者》“代表了走出这种实存的孤单的一种尝试”，正像其《从实存到实存者》“意味着一种走出‘纯有’的尝试一样”。[④]这是一种“形而上学先于存在论”的主张：由于形而上学在伦理关系中演示自己，伦理学于是成为真正的“第一哲学”。古代哲学视存在论为第一哲学，早期现代哲学以认识论为第一哲学，作为后期现代哲学典型代表的海德格尔和胡塞尔分别倾向于两种立场中的一种。列维纳斯以其形而上学伦理学来超越形而上学认

---

① Lévinas, Totalité et infini, Kluwer Academic, 2006, p. 21.
② Lévinas, Totalité et infini, Kluwer Academic, 2006, p. 21.
③ Lévinas, Totalité et infini, Kluwer Academic, 2006, p. 22.
④ Lévinas, Eotalité et infini, Kluwer Academic, 2006, p. 49.

识论和形而上学存在论。康德致力于“纯粹理性”批判和“实践理性”批判，并且通过“判断力”批判来沟通二者，最终突出的还是理论哲学对于实践哲学的优先地位，始终没有偏离“理论理性”。列维纳斯让理论哲学服从于实践哲学，最终否定的是“基础存在论”的理论化倾向，实现了现象学的实践哲学转向，而且强调政治必须服从伦理。

列维纳斯的《从实存到实存者》以“纯有”为其探究的主题。它借助某些文学和艺术方面的重要资源来批判海德格尔对“没有实存者的实存”的迷恋，其间表达了许多重要的美学思想。他在回顾中表示，他构思和写作该书时还不知道著名诗人阿波利奈尔已经写有一部名为《纯有》的作品。诗人的“纯有”（Il y a）类似于诗人哲学家海德格尔所说的“纯有”（Es gibt），旨在表达存在的欢乐和富足。列维纳斯则对“纯有”体验进行了一种负面的、批判性的界定，他大学时代的好友布朗肖在这方面给予他以灵感。作为著名作家和批评家，布朗肖以倡导“白色写作”或“零度写作”著称，其相关理论对德里达、福柯、巴尔特等后结构主义者产生了不言而喻的深刻影响，作为现象学家的列维纳斯从其作品中也受益良多。后者在回顾中谈论“纯有”主题时表示：“这乃是我在布朗肖那里重新找到的一个主题，尽管他不是谈纯有，而是谈‘中性’和‘外部’。”[①] “纯有”意味着无人称的“存在一般”，是“没有存在者的存在”或“没有实存者的实存”，是让人失眠、致人欲死不能的恐怖的“梦魇”。换言之，“纯有”指的是“无人称”的存在，“中性”的“它”。

列维纳斯告诉我们，他对这一主题的思考得益于童年的回忆。大人们还在操持生计，独自睡觉的儿童感觉到自己卧室的寂静在“沙沙作响”。所谓的“纯有”就是这种“沙沙作响的寂静”，就是这种“空即满”或“寂静即噪声”的现象。[②] “绝对空”等于“绝对满”，“绝对静”就是“绝对噪”，类似的体验在成人的失眠中也有典型体现。人为了生计而始终保持警觉，实存成了永远摆脱不了的重负。存在论强调“虚无”，而最终围绕的却是“充实”，因为“绝对的虚无”充斥和弥漫到了每个角落，而这恰恰就是“绝对的充实”。在《从实存到实存者》第二版“序言”中，列维纳斯这样表示：“这本三十年前的旧书中提出的‘纯有’的观念，在我们看来仿佛是抵抗的片段。自以为绝对的、否定了一切实存者（甚至是使这一否定本身得以实现的思想所属的实存者）的否定，并不会关闭存在，系词意义上的存在（一种无名的、没有任何存在者要求得到的存在，没有各种存在者或各种存在的存在，用布朗肖的一个隐喻来说是无休止的‘嘈杂’，是如同‘下雨了’或‘天黑了’一样无人称的‘有’）的永远开放的‘舞台’。这个词与海德格尔式的‘纯有’有着实质的区

① Lévinas, Ethique et infini, Paris: Faynard, 2007, pp. 39-40.

② E.Lévinas, Ethique et infini, Paris: Fayard, 2007, pp. 45-46.

别。它绝非是德语表达及其丰饶、慷慨等内涵的翻译或者沿袭。在战俘营期间由我们描述和表达在这本解放之后出版的著作中的这个'纯有'，可以追溯到我们自童年起就保存着的、当寂静产生回荡而空无始终充斥着的时候，在失眠中不断重新纠缠着的那些奇特的顽念之一。"[①]从表面上看是"我"在失眠，其实是"它"在失眠，因为熬夜或警觉是"无名"和"无主体"的。无名醒觉不需要预设一个"我"，这是一种"无人称"意识状态。无人称意识并不等于无意识，而是说意识的主人不在场，这意味着并非某个人的存在之存在。也就是说，无人称性与人没有关系，也因此与无意识没有关系，而无意识始终是人的无意识。总之，失眠意味着"不只是任何客体的消失，而是主体的灭亡"[②]。

这可以说是某种黑暗体验，但绝对的光明恰恰意味着绝对的黑暗。某些文学作品的描绘尤其可以引起我们的深层共鸣。列维纳斯写道："我们也可以谈论光天化日下的黑夜。那些被照亮的客体似乎透过它们的衰微向我们呈现出来。如此就像我们在一次让人疲惫的旅行之后感觉到的非真实的、虚构的城市；那些事物和那些人使我们感到不安，它们在它们的实存的混乱之中，仿佛不再是一个世界。这也是诸如兰波等诗人那里的'怪诞的''迷幻的'实在，即使他们命名的是最熟悉的事物、最习以为常的人的时候。不管他们的信仰和序言怎么说，某些现实主义和自然主义的小说家未获得认同的艺术展示的是同样的情形：这些沉入它们的'物质性'之深渊中的人和物，令人恐怖地被它们的厚度、它们的重量和它们的大小呈现出来。"[③]这种"纯有"展示出强大的"物质性"，它"使那些事物透过一个夜晚，作为在失眠中让我们窒息的某种单调的在场向我们显现出来"。[④]这种无人称的"纯有"显然突破了存在与虚无的二元对立，表明了一种独特的辩证法：它意味着存在对存在者（包括人）的绝对否定，也就是说唯有系动词意义上的、无人称的存在始终主宰着；但是，这一切恰恰离不开虚无的主导作用，也就是说，存在与虚无不可分割地联系在一起。

在海德格尔和萨特那里，虚无或否定意味的不过是个体实存的先行筹划而已。存在者之基础是存在，人的存在是一种能在，一种可能的存在，也因此是一种以虚无化为其特征的实存。正是先行向死而在的实存筹划决定了人的本质。人就是作为虚无的意识，而这一切意味着实存先于本质，自由先于本质。人在自己的实存筹划中把自己与他人、社会和事物对立起来，换言之，就是对一切（包括自我）持否定态度。然而，表面上是否定，其实是一种肯定，即否定他人和他物而肯定自己作为

① Lévinas, De l'existence à l'existant, J. Vrin, 1993, pp. 10–11.
② Lévinas, De l'existence à l'existant, J. Vrin, 1993, p. 113.
③ Lévinas, De l'existence à l'existant, J. Vrin, 1993, p. 97.
④ Lévinas, De l'existence à l'existant, J. Vrin, 1993, pp. 97–98.

孤独个体的实存。但是，这种实存又与存在一般联系在一起，与绝对的“纯有”联系在一起，也因此是一种绝对的肯定。只是在这种意义上，“纯有”才意味着充实，甚至意味着丰饶、慷慨等——通过回到主观孤独而达到自身充实，与此同时让世界万物服从于这种充实。海德格尔赋予“纯有”一种正面含义，或者说德语“纯有”有一种正面含义，也就不难理解了。对于列维纳斯来说，这种存在的无所不在并不像海德格尔和阿波利奈尔诗意般地想象的那样意味着欢乐和富饶，而是一种无处不在、无孔不入地让人疲惫却无法安眠的迫人力量。也就是说，本来应该是实存个体支撑或支配自己的存在或实存，然而个体却受制于实存、存在或“纯有”的无人称的力量。海德格尔哲学只是表面上看重“虚”和“无”，这是因为，“向死而在”意味着“要么是死亡，要么是‘纯粹自我’”，也就是说，它借助“向死而在”维护存在的充实，要克服的是作为缺陷或不足的“存在之恶”。但在列维纳斯眼里，存在或实存的过度本身就是“恶”，因为在实存中，一切都受制于“存在的无名的事实”，“纯有这一事实”。[①]存在是如此充实，以至于没有了出口：存在成为此在无法逃避的命运，就连自杀也是无用的。他借助莎士比亚剧中人物哈姆雷特和麦克白告诉我们，对存在的恐惧是“对回到了全部否定之核心中的纯有的分有，对回到了‘没有出路’的纯有的分有”，这甚至意味着“死亡的不可能性”。[②]

列维纳斯对“纯有”在日常生活中的某些具体样式进行了现象学分析，主要涉及“懒惰”（paresse）、“疲惫”（fatigue）和“努力”（effort）等要素，认为它们“是依据‘纯有’而获得理解的存在之荒芜、缠绕和恐怖特征所标记出来的某些轮廓”，代表了“对这一‘纯有’本身的描述以及对它的非人性的中性的坚持”。[③]通过对这些通常被视为或消极或积极的实存样式的现象学分析，他着力刻画存在或实存的可怕的中性化、无人称特征，即人是如何被迫承受某种迫人的重负的。他这样写道：“实存拖着一种只不过就是它自身的重负，这一重负使它的实存之旅复杂化了。负载着它自身——负载着它之所拥有——它不可能拥有古代智者具有的那种宁静、安详。它并不单纯地去实存。它的或许纯粹而直接的实存运动反射到、陷到它自身中，在动词存在中揭示出其反身动词特征：我们并不存在，我们被存在。”[④]说“我们被存在”，这意味着我们不是主动选择，而是陷入了存在的无边秩序中；也就是说，不去生活也是一种生活。疲惫其实无力拒绝实存中令人厌恶的东西，但它依然去拒绝，不想与实存发生关系，但这依然是一种实存关系。实存指向未来，懒惰和疲惫也是如此，人因为未来而疲惫。实存论围绕此在的实存来分析存在，而人的实

① Lévinas, De l'existence à l'existant, J. Vrin, 1993, p. 26.
② Lévinas, De l'existence à l'existant, J. Vrin, 1993, p. 100.
③ Lévinas, De l'existence à l'existant, J. Vrin, 1993, p. 11.
④ Lévinas, De l'existence à l'existant, J. Vrin, 1993, p. 38.

存主要体现为人的行为，这意味着"'必须做'深处的'必须存在'"[①]。

通常把疲惫理解为身体的"绷紧""麻木"或"蜷缩"，意味着"筋疲力尽"或"肌肉中毒"之类，列维纳斯则是在另外的意义上来理解，他要求"哲学家必须自己置身于疲惫的瞬间并从中揭示这一事件"，因为疲惫的麻木是"非常有特色的"，它是"继续下去的不可能"，是"存在相对于它一直被绑在一起的东西的恒常距离及其扩大"，就如同"一只手逐步地放松了它所握着的东西，它在它仍然握着的瞬间放松了"，而疲惫"与其说是这一放松的一个原因，毋宁说是这一放松本身"。[②]这意味着"只是在努力和劳动中才有疲惫"，这表明我们不得不承受某种命运，即我们"被任务套牢"，我们"委身于这一任务"，表面上看存在着"自由"，而"努力表明了一种命定"，努力"从疲惫中冲出，然后又回落到疲惫中"。[③]努力意味着向着自身和现在前进，疲惫标志着针对自身和现在的一种滞后，"努力是在针对现在的一种滞后中的一种现在的努力"。[④]列维纳斯表示，"中性"将在"实位"（hypostase）中被克服，从而让存在服从于各种存在者，或者说让实存服从于实存者。通过让中性转向人性，让虚无回归实位，让存在服从于存在者或者说让存在多样化，无意义的、让人失眠的"纯有"就会停止无尽的喧哗。这样一来，列维纳斯对海德格尔式的"纯有"的思考开启了走出"纯有"的通道，并因此为《时间与他者》中提出的走出孤独、通向社会性开启了大门。"实位"是一个非常重要的环节，它意味着实存者必须承担起自身及其实存，而不是分有存在一般。当然，如果只是孤独地承担自己的实存，"纯有"的阴影是始终无法摆脱的。因此，必须在时间的开放性中走向他者，尤其是通向他人。

三、艺术与异域

认识论通过表象完全否定了外物的异质和他性，实存论借助享用部分承认了外物的异质和他性。在列维纳斯看来，只是在欲求中，我们才有可能通向真正的异域和他性。他以欲求代替表象和享用，最直接针对的则是两者中的后者，因为前一姿态部分地被包含在后者之中。他这样批判海德格尔关于用具性的看法："并非一切在世界中给出的东西都是工具。食物是军需处所需的，房子和隐蔽所是做营房之用的。对于士兵来说，面包、外套和床并不出自物质，它们不属于'为了……'，而是

① Lévinas, De l'existence à l'existant, J. Vrin, 1993, p. 41.
② Lévinas, De l'existence à l'existant, J. Vrin, 1993, pp. 41–42.
③ Lévinas, De l'existence à l'existant, J. Vrin, 1993, pp. 42–43.
④ Lévinas, De l'existence à l'existant, J. Vrin, 1993, p. 45.

目的。”[①]在他看来，“房子是一种居住工具”这样的表述是错误的，因为它无法说明，在定居文明中，“居家”在人的生活中具有的特殊地位。我们当然也可以说穿衣是为了御寒蔽体，但却说明不了为什么穿衣能把人从裸体的羞耻感中解救出来，更说明不了食物重新进入“物质”范畴。食物在日常生活中具有基础性的地位，它尤其代表了在世界之中存在所直面的欲求和满足之间的关系。因此，列维纳斯重点谈到了食物。他告诉我们，“这一关系以欲求和满足之间的完全符合为特征。欲求完全知道它之所欲求。而食物能够让其意向获得完全的实现。在一定的时刻，一切都被消耗掉了”[②]。很显然，这里所说的欲求其实是需要，要用外物来填补匮乏；这显然有别于形而上学的欲求，那种向往别处和无“乌有之乡”的欲求。对外部的需求与此在的在世存在完全吻合，“正是这一结构（客体在此完全与欲求相一致）标志着我们的全部在世存在的特征。行为的客体在所有的地方（至少在现象中）都不求助于去实存之操心。正是它本身构成了我们的实存。我们为呼吸而呼吸，为吃喝而吃喝，为掩护而掩护自己，为满足我们的好奇而学习，为了散步而散步。这一切并非都是为了生活，但这一切都是在生活。生活着是一种真诚。这个对立于不是出自世界的东西的世界乃是我们寓居其中，我们在其间散步，我们在其间吃早饭午饭，我们在其间访友，我们在其间上学、讨论、做实验和研究，写书和读书的世界。这是高康大、庞大固埃和世上首位艺术大师加斯特先生的世界，但也是亚伯拉罕放牧羊群，以撒挖掘水井，雅各建造房子，伊壁鸠鲁培育花园，‘每个人都受其无花果树和葡萄树之荫护’的世界”[③]。

尽管海德格尔在《存在与时间》中不谈意识或精神之类，但他依然以情绪或情感的名义否定物质的需求，“此在”在他那里似乎是不吃不喝的。在列维纳斯看来，他远不像唯物主义者那么真诚。实存论延续了观念主义传统，它特别敏感于心理的痛苦，要求回归精神及其自由，完全否定需要的满足作为一种拯救方式的意义，它试图“超越于经济解放”，“在工人阶级那里唤醒一种形而上学解放的思乡病”。[④]列维纳斯认为，这显然没有注意到，需求和劳动的痛苦比心理的痛苦要更为根本。他这样写道：“有两点要强调，我们将在需求和劳动的痛苦中而不是在对虚无的焦虑中对孤独进行分析；我们将要强调的是被轻松地称呼的身体痛苦，因为在身体痛苦中，与实存的契约才是没有任何歧义的。”[⑤]他表示，“需求的痛苦不是在厌食中而是在满足中获得减轻。需求被喜爱，人很高兴有需求。一个没有需求的人不会比一个

① Lévinas, De l'existence à l'existant, J. Vrin, 1993, p. 65.
② Lévinas, De l'existence à l'existant, J. Vrin, 1993, p. 65.
③ Lévinas, De l'existence à l'existant, J. Vrin, 1993, pp. 67–68.
④ Lévinas, De l'existence à l'existant, J. Vrin, 1993, p. 43.
⑤ Lévinas, De l'existence à l'existant, J. Vrin, 1993, p. 55.

整天劳作而不得温饱（但处于幸福与不幸之外）的人更愉快”[①]。当然，这并不意味着人只是追求物质，他否定那种人为物役的境地，“当为了不至于死掉而必须吃、喝、取暖时，当就像在某些艰辛的劳动中食物变成为碳水化合物时，世界也似乎走到了尽头，颠倒了，成为荒谬的，面对被更新，时间变得不可遏止”[②]。物质追求虽然有导致异化的可能，但远远配不上堕落之名，它其实有助于摆脱“无名的”存在、“无人称”的纯有。在日常生活中，人主要借助于外部物质性来克服自身物质性，虽然并没有因此真正走向超越：“通过在现在本身中和在其涌现的自由中认识到物质的全部重负，我们愿意同时承认物质生活及其对实存的无名和最终的悲剧（它通过其自由本身而与之联系在一起）的胜利”；“通过把孤独与主体的物质性重新联系起来（物质性是它与它自身的链接），我们可以明白，世界以及我们在世界中的实存，在何种意义上构成了主体用来克服它系于自身的重负，克服其物质性，即解开自身与自我之间的联系的根本姿态”。[③]这种海德格尔式享用的绽出最终还是要回归自身，“在世界中的自我也在朝向诸事物的同时由它们回归自身。它乃是内在性。在世界中的自我有一个内在和一个外在”[④]。

与通过食物或世内之物暂时偏离自身不同，列维纳斯认为从事艺术是追求异域的一种非常重要的方式，尽管在社会中对他人负责才是最根本的方式。自我与世界的关系，要么是对自我与自身关系的中断，要么是对这种关系的充实。如果我们与外部世界产生一种艺术的或审美的关系，就会在一定的程度上走出孤独，因为艺术导致的是对他性的追求，而不是回归自身。艺术保持了事物的外在性和异质性，审美就在于这种距离和异质性。列维纳斯举例说，在罗丹的雕塑中，“实在呈现为从一个破碎的世界中涌现的无世界的实在之异域的赤裸”[⑤]。艺术由此为我们走出自身物质性的重负提供了另一种物质性。艺术代表了一种所谓的“异域偏好”，因为它有助于我们摆脱无意义的“纯有”，因为我们借助于它“可以在我们与世界的关系中让自己摆脱世界”。[⑥]他进而这样写道：“作为被给予的世界之部分，作为认识的客体或日常用品，诸事物参照于一个被纳入实践的链条（它们的他性在这里几乎显示不出来）中的内在。艺术使它们走出世界，由此使它们摆脱对于一个主体的隶属。我们在它的各种原初显示中发现的艺术的基础功能就在于提供一种取代客体本身的客体形象。”[⑦]在我们和事物之间插入事物的一个形象，于是就使事物摆脱了世界的视

① Lévinas, Totalité et infini, Kluwer Academic, 2006, pp. 155-156.
② Lévinas, De l'existence à l'existant, J. Vrin, 1993, p. 68.
③ Lévinas, Le temps et l'autre, Presses Universitaires de Franch, 1983, p. 44.
④ Lévinas, Le temps et l'autre, Presses Universitaires de Franch, 1983, p. 44.
⑤ Lévinas, De l'existence à l'existant, J. Vrin, 1993, p . 88.
⑥ Lévinas, De l'existence à l'existant, J. Vrin, 1993, p. 83.
⑦ Lévinas, De l'existence à l'existant, J. Vrin, 1993, p. 83.

角。世界是为我们的世界，摆脱世界其实就是摆脱主体。艺术是摆脱世界的，也因此是摆脱主体的。这就达到了一种异域偏好的效果，“人们所谓的艺术的‘超然无私’并不仅仅与行动的可能性之中性化联系在一起。异域偏好带来了对于凝思本身的修正。那些‘客体’是外在的，而这一外在并不参照一个‘内在’，那些客体并非已经被自然地‘占有了’。绘画、雕塑、书籍乃是我们的世界的客体，但透过它们，被表象的那些事物让自己摆脱了我们的世界”[①]。在他看来，艺术，即使是最现实主义的艺术，也“把这种他性特征传达给了形成我们的世界之部分的那些被表象的客体”[②]，因为，“艺术作品既模仿自然也尽可能远离自然”[③]。某些古老的东西或陌生的东西能够产生美感，就是因为这个道理。艺术保持了事物的外在性和异质性，审美就在于这种距离和异质性。

列维纳斯认为，艺术意味着从知觉回复到感觉。他写道：“在知觉中，一个世界被给予我们。那些声音、那些颜色和那些词语指涉它们在某种方式上掩盖了的那些客体。声音是一个客体的噪声，颜色粘在固体的表面，语词包含一个意义、命名一个客体。借助于其客观含义，知觉也有了一个主观含义：外在性参照于内在性，它并不是一个事物自在的外在性。艺术活动就在于离开知觉以便恢复感觉，就在于使性质不再求助于客体。不是一直通达客体，意向迷失在感觉本身中，而这一在感觉中、在感性中的迷失产生了审美效果。感觉不是通向客体的道路，而是疏远客体的一种障碍，它也不是出自主观的秩序。感觉不是知觉的质料，在艺术中，它作为新元素出现。进而言之，感觉回到了元素的非人称性。”[④]通常的主观和客观都否定了事物的外在性，我们其实无法真正地通达事物，正因为如此才有审美距离。列维纳斯强调从知觉回到感觉，认为只有感觉才不以通向客体为目标，也因此摆脱了以主客体关系为基础的或是表象的或是享用的姿态。感觉的“组织化”或“无序化”并不涉及它的“客体性”或“主体性”，因为感觉本身就是客体。尤其是在艺术中，那些构成客体的“可感性质”既不导向任何“客体”同时又是“自在的”，这种方式就是所谓的作为感觉的“感觉事件”，或者说“美学事件”，这种摆脱了“客体性”并因此摆脱了“主体性”的方式呈现为“绝对自然的”。[⑤]

非常明显，在艺术和审美领域，感觉的自身物质性突显出来，与此同时，感觉对象不再是被表象的对象，而是保持着其自身物质性。列维纳斯写道：“感觉和审美因此并不是把那些自在的事物展示为高层次的客体，而是通过摆脱任何客体，它们

① Lévinas, De l'existence à l'existant, J. Vrin, 1993, p. 84.
② Lévinas, De l'existence à l'existant, J. Vrin, 1993, p. 84.
③ Lévinas, De l'existence à l'existant, J. Vrin, 1993, p. 85.
④ Lévinas, De l'existence à l'existant, J. Vrin, 1993, p. 86.
⑤ Lévinas, De l'existence à l'existant, J. Vrin, 1993, p. 86.

在一种新的要素中突然出现，外在于‘外在’和‘内在’的一切区分，甚至拒绝一切名词的范畴。”[①]艺术不再是世界的移印，也不是主观的投射，艺术作品是有其自身维度的一个世界：“艺术的异域实在——它不再是客观的——并不参照我们的内在性，它自身表现为某一内在性的外壳。在艺术作品中，它首先是那些获得了一种人称性的事物的内在性本身。”[②]事实上，艺术家们的全部努力就在于“创造”出有其自身物质性的艺术世界，所谓“存在着一个德拉克瓦的世界，就像存在着一个雨果的世界”[③]。艺术家们对超越性的追求使他们偏离周围世界，他们的“共同意向是表呈在世界的终结中的且自在的实在”[④]。列维纳斯所说的艺术世界不仅有别于现实主义而且也有别于观念主义的世界。他写道：“现代绘画的那些抗议现实主义的追求产生自对世界的这一终结、对现实主义使之可能的表象之解体的感受。当其被表呈为产生自艺术家的创造性想象或主观主义时，画家针对自然而呈现的自由没有在其恰当的含义中获得测度。这一主观主义不会是真诚的，除非它刚好不再自称是看。不管这看起来是多么的悖谬，绘画乃是与看作斗争。它寻求让整合在某个全体中的那些存在摆脱光明。”[⑤]“现代艺术”要求摆脱世界，其实就是要摆脱不管是现实主义还是观念主义都认可的主客关系。由于否定了理智直观，艺术不再以普遍性为目标，而是认可特殊性，所谓“某些裂口让宇宙的连续性从所有的面产生了裂缝”，于是，“特殊在其存在的赤裸中显示出来”。[⑥]

这种特殊性表明，艺术的世界不是被观念化、被表象、被理智直观的世界，而是有其自身物质性的自足世界。但应该注意到艺术物的物质性与其他东西的物质性是有区别的。列维纳斯表示：“在一个没有视域的空间里，一些事物作为由它们自己相互定位的片断，作为碎块，立方体、平面、三角形不受制于我们，没有相互过渡地把自己投射给我们。它们是一些赤裸的、单纯的、绝对的要素，存在的隆起或肿块。在事物向我们的坠落中，那些客体肯定了它们的物质客体的力量，并且似乎通达了它们的物质性的极点本身。尽管有就它们自身考虑的这些形式的合理性和光明，绘画仍实现了它们的实存的自在本身，事实本身的绝对——存在着某种并非一个客体，一个名称的东西，它是不可以命名的，只能借助于诗意才能呈现。”[⑦]在他看来，艺术的物质性是“一种不再与对立于思想、对立于精神的物质有任何共同性的物质性观念”，这种物质性“就是厚实、粗糙、庞大、卑怜”，它“有其持存、重

① Lévinas, De l'existence à l'existant, J. Vrin, 1993, p. 87.
② Lévinas, De l'existence à l'existant, J. Vrin, 1993, pp. 88-89.
③ Lévinas, De l'existence à l'existant, J. Vrin, 1993, p. 89.
④ Lévinas, De l'existence à l'existant, J. Vrin, 1993, p. 90.
⑤ Lévinas, De l'existence à l'existant, J. Vrin, 1993, p. 90.
⑥ Lévinas, De l'existence à l'existant, J. Vrin, 1993, p. 90.
⑦ Lévinas, De l'existence à l'existant, J. Vrin, 1993, p. 91.

量、荒诞、野蛮而无情的在场”，但它也有“其卑微、赤裸和丑陋”。[1]经典唯物主义把物质对立于精神，物质通过机械论法则而获得界定；艺术中的物质与此完全不同，因为艺术的或诗意的物质性保留了物质相对于我们而言的“他性”，不像科学或经典唯物主义那样以光明的形式抹杀了这种物质自身的物质性或他性。列维纳斯似乎把科学意义上的物质和唯物主义所说的物质看作是一样的，尽管一个是从知的角度，一个是从享用的角度来“看”。艺术的物质是完全不一样的，因为它不隶属于世界的一部分。世界中的物质与“纯有”联系在一起，而艺术的物质摆脱了“纯有”并引领我们通向没有回归可能的“乌有之乡”。

① Lévinas, De l'existence à l'existant, J. Vrin, 1993, pp. 91-92.

第十一章　分析美学

概　　论

“分析美学”，或者更准确地说“语言分析美学”，是20世纪后半叶在英美等国唯一占据主流位置的重要美学流派，其核心地位迄今仍难以撼动，是20世纪历时较长的美学思潮之一。它秉承了20世纪哲学的“分析”视角，与拥有一定历史深度的“大陆”视角是相对的，在面对美学问题时采取语言研究方法，力图将美学理论问题当作语言问题来解决。

就范围而言，可以对分析美学思潮作出狭义和广义两种限定。从狭义来看，分析美学思潮指发端于20世纪40年代末期、在20世纪50年代后期达到高潮，在20世纪60年代继续发展的欧美美学的成就，在这个意义上，诸如比尔兹利（Monroe C. Beardsley）这样的美学家都做出过自己的贡献。

但是，如果将视野扩大到整个20世纪，那么分析美学就会得到更广阔的理解。从20世纪50年代向前看，可以将维特根斯坦等诸家的美学纳入其中，因为维特根斯坦在哲学家里面对分析美学的影响可谓最大（恰好相反的是哲学家莫尔虽专论过美学，但却对分析美学影响寥寥）；从20世纪50年代向后看，原本并不属于狭义分析美学序列的沃尔海姆（Richard Wollheim）、古德曼（Nelson Goodman）和丹托（Arthur C. Danto）就会被纳入其中，他们将“后分析美学”推向了高潮，20世纪70年代才真正是分析美学攀到高峰的时期。从时间上看，分析美学亦具有一定的滞后性，它是在分析哲学过了鼎盛时期之后（哲学上的语言分析革命自20世纪30年代就已发生）才开始崭露头角的，这也是大陆美学传统在当时影响很大的结果。但分析美学对分析哲学的贡献也很大，它在某些方面可以对分析哲学的倾向（如非历史主义的倾向）产生“纠偏”作用，并由此而成了分析哲学的一个分叉很远的支流。

如果从狭义来看，所谓“分析美学”就是“20世纪对哲学的分析方法……引入美学的结果，这种方法是由莫尔和罗素最早引入的，后来被维特根斯坦和其他人继承了下来，经过了逻辑原子主义、逻辑实证主义和日常语言分析的各个阶段”①。正如罗素所认定的，哲学的目标是“分析”而非构建体系一样，分析美学的目标也是“分析”，但却也可能会构建新的美学体系，诸如古德曼的建构主义的思想路线就是这样。

应该说，从整个历史趋势上看，分析美学从早期的祛除语言迷雾、厘清基本概念的“解构”逐渐走向了晚期富有创造力的、各式各样的“建构”。前者可以称之为“解构的分析美学”，后者则可以被称作“建构的分析美学”，它们都是在比尔兹利所谓的“重建主义”（reconstructionism）和“日常语言”形式的基础上生长出来的。②当然，其分析方法还是万变不离其宗的，既包括“还原性定义”（reductive definition）分析，也包括旨在澄清模糊和有争议的观念的分析。③其实，“讲求精确的定义还原”与“综合澄清”这两种分析方法，就像日常语言分析与卡尔纳普派的合理建构之间的张力一样，在美学理论建设那里也始终保持着某种张力。

1954年，埃尔顿（William Elton）主编的文集《美学和语言》（Aesthetics and Language）具有里程碑意义。它致力于诊断并根治美学上的混乱，认定传统美学已经陷入“概括陷阱”，往往导致“混乱类比”，并且将这种混乱直接归之于语言，要求哲学为美学提供某种范本，以作为美学分析的基本参照。大致在同一时期，大陆传统的所谓“唯心主义”美学遭到冲击而有所衰落，这是由于更多的人开始笼统地采用了由维特根斯坦的研究而来的普遍的语言分析方法，这种新美学由此盛极一时。然而，这一时期的美学还基本属于“解构的分析美学”，直到人们发现“艺术批判的本质”问题最容易给出系统分析的时候，“建构的分析美学”才开始真正出场。

按照分析美学的基本原则，其最一般特征和最显著特点，是所谓“关于艺术的反本质主义”（anti-essentialism about art）和（特别通过对语言的密切关注）“追求明晰性”（quest for clarity）。这意味着，分析美学暗合了20世纪美学的两种新取向：一种是将美学视角彻底转向“艺术”，乃至20世纪主流的分析美学基本可以同“艺术哲学”画等号；另一种则植根于新实证主义的科学理论和符号逻辑理论，将美学学科视为一种富有精确性的哲学门类。在集中研究对象与确立方法论的前提之下，迄今为止的整个分析美学大致被分为五个历史阶段：

第一阶段：20世纪四五十年代，利用语言分析来解析和厘清美学概念，主要属

---

① Richard Shusterman (ed.), Analytic Aesthetics, New York: Basil Blackwell, 1989, p. 4.

② Monroe Beardsley (ed.), "Twentieth Century Aesthetics", in: Contemporary Aesthetics, Matthew Lipman (ed.), Boston: Allyn and Bacon, 1973, p. 49.

③ Richard Shusterman (ed.), Analytic Aesthetics, New York: Basil Blackwell, 1989, pp. 4–5.

于“解构的分析美学”时期，维特根斯坦的哲学分析为此奠定了基石，最早一批分析美学家开始草创这个学派的工作，而此后的三个阶段均属于“建构的分析美学”时段。

第二阶段：20世纪五六十年代，是分析艺术作品语言，形成了“艺术批评”(art criticism) 的“元理论”，比尔兹利可以被视为这个时期的重要代表人物。比尔兹利的第一本重要著作是《美学：批评的哲学问题》(Aesthetics Problems in the Philosophy of Criticism, 1958)，此书足以使之在20世纪分析美学史中成为标志性人物。其另外两本美学专著一是《批评的可能性》(The Possibility of Criticism)，关注的是文学批评问题，特别是文学文本的“自足性”(self-sufficiency)、文学解释的本质、如何判定文学文本等。众所周知，比尔兹利与维姆萨特 (William K. Wimsatt) 共同提出“意图谬误”(intentional fallacy) 理论，使得他在“新批评”文学理论思潮方面独树一帜。其最后一本书是文集《审美观点》(The Aesthetic Point of View)，集中了他从最早到最晚写的14篇文章，主要涉及审美与艺术批评的本质，再版时又增加了6篇。这些新的文章都是他晚年所关注的主题，主要包括审美经验、艺术定义、价值判断、艺术批评中的理性、艺术家的意图和解释、艺术与文化等。此外，诸如斯托尔尼茨 (Jerome Stolnitz) 这样的美学家，不仅将哲学视为对自己信仰的批评，而且更提升了艺术批评的地位，[①]可见艺术批评在这一历史阶段的重要地位。

按照比尔兹利的观点，美学理应成为一种“元批评”(meta-criticism)，或者说美学是作为一种“元批评”而存在的。这不仅要求美学要完全聚焦于艺术，因为“如果不谈论艺术作品，就不会有美学问题”，而且要求美学回到艺术批评的语言学原则领域，“我们只有运作一些批评陈述 (critical statements) 的时候才能去做美学”。[②]这样一来，美学的对象和范围就被限定下来，艺术—批评—美学基本上是三位一体的。一句话，美学就是关于“批评的本质与基础 (the nature and basis of criticism)”，“就像批评本真是关于艺术品那样”。[③]这种观念是当时的哲学观念在美学上的反映，恰恰是由于哲学被视为某种语言学的元层次 (meta-level) 行为，所以，与哲学面对各种学科一样，美学面对各种艺术批评当然应位居“元批评”的位置。在确立了美学的本质之后，比尔兹利更关注的是美学形态问题，这种形态就是对“批评性陈述”的深描。比尔兹利把所谓“批评性陈述”分为三种，即“描述的”(descriptive)、“解释的”(interpretative) 和“评价的”(evaluative)。这种区分对

---

① Jerome Stolnitz, Aesthetics and Philosophy of Art Criticism, Cambridge: The Riverside Press, 1960, pp. 1–19.

② Monroe Beardsley, Aesthetics: Problems in the Philosophy of Criticism, 2nd (ed.), Indianapolis: Hackett Publishing Company, Inc., 1981, p. 4.

③ Monroe Beardsley, Aesthetics: Problems in the Philosophy of Criticism, 2nd (ed.), Indianapolis: Hackett Publishing Company, Inc., 1981, p. 6.

于分析美学而言非常重要，因为它确立了艺术批评的几种基本范式，这种划分在历史上的确功不可没。

第三阶段：20世纪六七十年代，是用分析语言的方式直接分析“艺术作品”，取得成就最高的是古德曼，他通过分析方法直接建构了一整套“艺术语言”（languages of art）理论，为分析美学树立起一座高峰。

第四阶段：20世纪七八十年代，则直面“艺术概念”，试图给艺术以一个相对周延的“界定”，这也是分析美学的焦点问题，从丹托的“艺术界”（art world）理论到迪基（George Dickie）的“艺术惯例论”（the institutional theory of art）都得到了广泛关注。

第五阶段：20世纪90年代至今是分析美学的反思期。自20世纪80年代开始，分析美学就开始了对自身的反思和解构，各种“走出分析美学”的思路被提出来，在美国形成了分析美学与“新实用主义”合流的新趋势。

当然，这种区分只是将每个历史阶段列举出来，其实，每个阶段都有交叉，而且，还有更多美学家在不同方向上做出贡献但却难以归类。其中，重要的有英国美学家沃尔海姆，试图通过考察艺术功能的社会条件来补充艺术分析的语言方法，尽管他并没有超出维特根斯坦“生活形式”理论的樊篱，但却在艺术史领域中获得丰硕的成果。此外，诸如马戈利斯（Joseph Margolis）这样的美学家也在关于“解释”的具体问题上做出了重要贡献，[①]他主编的《从哲学看艺术》（Philosophy Looks at the Arts, 1962）至今仍被视为进入分析美学必读的“读本”。

目前得到公认的是，当代分析美学已经形成了稳定的研究领域和议题：(1) 美学的核心问题，诸如：艺术定义、艺术本体论、再现还是表现、艺术的解释和评价、艺术作品分类、艺术创造、对象的审美特质（及其描述性特质）、（诸如想象的）审美经验的属性等；(2) 美学与其他领域的关系，诸如艺术与道德价值、艺术与认知科学、审美与自然的关系等；(3) 用哲学方法研究各门类艺术的问题，诸如对绘画、文学、音乐、电影、戏剧、舞蹈等艺术的哲学探讨，还有诸如悲剧、隐喻等问题。如果说分析美学家们的独特贡献更多是“书斋美学”的话，那么，“讲坛美学”对上述这些美学问题的关注，则更凸显出分析美学的巨大影响力和渗透力。

---

① Joseph Margolis, Philosophy Looks at the Arts: Contemporary Reading in Aesthetics, Joseph Margolis (ed.), New York: Charles Scribner's Sons, 1962, pp. 108–118.

第一节　维特根斯坦

分析美学的最重要的开拓者，毫无疑问是英国哲学大师、数理逻辑学家、分析哲学的创始者维特根斯坦（Ludwig Wittgenstein，1889—1951）。他1889年4月26日出生于奥地利维也纳一个犹太家庭，1908年在柏林一所高等技术学校毕业后，便转到曼彻斯特大学就读空气动力学专业，但此时对数学的研习使他开始反思数学的基础问题。1911年的暑假期间，他到耶拿拜访另一位分析哲学的奠基性人物、数学家弗雷格（Gottlob Frege）。后者建议他到剑桥随罗素学习，于是，该年秋天他来到剑桥拜罗素为师学习逻辑。正如罗素所预言的那样，哲学的重大进展的确实现在这位具有天才的青年哲学家那里。从1913年秋到1914年春，他写下了一些重要的哲学笔记。

有趣的是，第一次世界大战爆发后，这位哲学家自愿参加奥地利的军队担任炮兵中尉，并在战争的后期被俘。在战俘营里，他居然完成了20世纪哲学史上的经典之作《逻辑哲学论》。这本名著于1919年出版，1920年出版了英译本，旋即在哲学界引起了巨大轰动。此后，维特根斯坦自认为一切哲学问题均已被他所解决，便去奥地利农村当了小学教师。后来，他又重返剑桥获得博士学位，1930年成为三一学院研究员，1939年接替摩尔（G. E. Moore）在剑桥的教授职位，直至1947年辞去职务，之后来到爱尔兰乡村闭门从事研究。整个20世纪有两位哲学家实现了自己的思想转折：一个就是秉承了德意志传统的海德格尔，另一个就是造就了英美分析传统的维特根斯坦，他从《逻辑哲学论》的逻辑分析哲学转向了晚期《哲学研究》的日常语言分析。换言之，他从对理想语言的关注转向了对日常语言的描述，从执着于逻辑规则转向了对日常语义规则的服膺，从以“图式说”为中心转到了以“语言游戏说”为中心。1951年4月29日，这位哲学大师与世长辞。

在美学方面，维特根斯坦给了后代很多启示，除了《逻辑哲学论》《哲学研究》之外，他的主要美学思想被辑录在《美学、心理学和宗教信仰演讲与对话集》之中。[①]此外，诸如《1914—1916年笔记》《文化与价值》《色彩论》等也包含着一些美学观点，但它们都是为其哲学服务的，比如他专论色彩问题时就认定“色彩促使人进行哲学思考”（这样就可以解释歌德为什么那么热衷于色彩理论了）。[②]可见，维特

① Ludwig Wittgenstein, Lectures and Conversations on Aesthetics, Psychology and Religious Belief, C. Barrett(ed.), Oxford: Blackwell, 1996.

② Ludwig Wittgenstein, Remarks on Colour, G. E. M. Anscombe (ed.), L. McAlister and M. Schaettle (trans.), Oxford: Blackwell, 1977.

根斯坦的美学主要是“作为哲学”而存在的。

今天看来，维特根斯坦这种启示有两个方面：一方面是严格的“语言分析”哲学方法论，对于美学要澄清语言迷雾来说，无疑具有“正统”的影响作用，早期分析美学基本上是在这一轨迹上运作的；另一方面，维特根斯坦的“语言游戏”等一系列“开放性”概念，却在后来的分析美学那里得到“误读性”的继续阐发，从而丰富了分析美学的系统，并偏离了分析哲学的传统思路。可见，他的思想也同样具有某种开放性，对他思想的理解、阐释和发展是多元共生的。

一、“美学”与其概念使用

面对作为学科的美学，维特根斯坦曾直言：“这个题目（美学）太大了，据我所知它完全被误解了。诸如‘美的’这个词，如果你看看它所出现的那些句子的语言形式，那么，它的用法较之其他的词更容易引起误解。‘美的’［和‘好的’——R］是个形容词，所以你要说：‘这有某一种特性，也就是美的。’”[①]这样，维特根斯坦就轻易地把美学问题转化为语言问题，特别是语言使用问题。他于1938年到1946年的《美学演讲录》里表述的这种基本思想取向，与其晚期“意义即用法”的语用转向是一致的。

从表面上看，维特根斯坦对于美学学科采取了某种“取消主义”态度。他自己明确地认定，当人们谈论一种“美学科学”时，他就立即想到美学究竟是意指什么？如果美学是告诉我们“什么是美”的科学，那么就语词而论它得非常荒谬可笑。[②]然而，不能就此认定维特根斯坦拒绝美学，他反对的是传统美学理解美学的方式，比如认定美学从属于心理学分支的传统观念就是错误的。这是由于美学问题（特别是艺术的一切秘密）不能完全通过心理学实验来解决，“审美问题与心理学实验毫不相干，它们以完全不同的方式被解答”[③]。

显然，维特根斯坦的美学问题，是首先要直面诸如“美的”这些语汇在日常生活中究竟是如何被使用的。“显而易见，在现实生活中，当审美判断被作出时，诸如‘美的’‘好的’等这些审美形容词（aesthetic adjectives）几乎起不了什么作用。这些形容词在音乐评论中被使用吗？你会说：‘看这个过渡。’或［里斯］‘这小节不协调’。抑或你在诗歌评论中会说：［泰勒］‘他对想象的运用很准确。’这里你所用的语词更接近于‘对的’和‘正确’（正如这些词在日常说话中所用的那样），而不是

① Ludwig Wittgenstein, Lectures and Conversations on Aesthetics, Psychology and Religious Belief, p. 1.
② Ludwig Wittgenstein, Lectures and Conversations on Aesthetics, Psychology and Religious Belief, p. 11.
③ Ludwig Wittgenstein, Lectures and Conversations on Aesthetics, Psychology and Religious Belief, p. 17.

‘美的’和‘可爱的’。”[1]由此得出的重要启示是，美学研究不能再如德国唯心主义哲学那般玄思，也不能再如心理学派那样诉诸实验，而是要切实深究各种美学概念在日常用语中究竟是如何运用的。因此，维特根斯坦的美学居然具有了一种实用操作化的取向，重要的是审美语词是如何被用的、在具体语境里是如何具体化的。这才是美学真正要做的工作，亦即美学也要实现至关重要的“语言学转向”。

在此，维特根斯坦对早期分析美学的巨大影响便显现出来了：美学研究首要的是澄清美学概念。按照这一基本思路进行研究的美学家包括韦兹（Morris Weitz）、西布利（Frank N. Sibley）和肯尼克（William E. Kennick）等。韦兹曾在1956年的美国《美学与艺术批评杂志》发表了著名的《理论在美学中的角色》(The Role of Theory in Aesthetics) 一文，[2]论述分析理论对于美学建构的重要价值：由于艺术没有必要和充分的属性，也没有一种艺术理论能举出这样的属性，所以“艺术是什么”在逻辑上是不可能的。西布利在著名的《审美概念》(Aesthetic Concepts，1959）长文中，[3]认定审美概念是一种消极的而非积极的条件支配概念，在批评中需要将审美与非审美的特质勾连起来。肯尼克在1958年发表的著名论文《传统美学是否基于一个错误?》中，通过层层解析而指出，传统美学所探究的是“传统逻辑语言所说的艺术和美的定义”，[4]而这种既定“假设”完全是一个错误，美学理应做的是澄清语言运用的混乱，要追问界定艺术的语言这一根本问题。分析美学之前的一切艺术哲学都拥有一个“共同假设”，那就是无论各种艺术的内容和形式是多么不同，其中都存在某种“共性”。绘画和雕塑、诗歌和戏剧、音乐和建筑都存在着这种“保持不变”的东西。所以，艺术定义只要适合一件艺术品，也就适合其他一切艺术品，同时不适用于“艺术之外的任何其他物”。然而，当时分析美学所做的主要工作是先认定，“艺术”这个词或“名称”所“指称”那么多、那么不同的事物，但却仅仅只用一个词，这恰恰是传统美学的基本错误。寻求艺术品的必要和充分条件的方式，共同的艺术本质必然存在的假定，都是犯了同样的错误。由此导出的结论，那就是艺术不可定义。

实际上，早在《逻辑哲学论》那里，维特根斯坦就对美学作出了如下著名论断：“伦理显然是不可言传的。伦理是超越的。(伦理与美学是一回事）”[5]依此推

---

① Ludwig Wittgenstein, Lectures and Conversations on Aesthetics, Psychology and Religious Belief, p. 3.

② Morris Weitz, “The Role of Theory in Aesthetics”, in：The Journal of Aesthetics and Art Criticism, Vol. 15, No. 1, 1956, pp. 27–35.

③ Frank N. Sibley, “Aesthetic Concepts”, in: The Philosophical Review, 68, 4 (Oct, 1959), pp. 421–450.

④ William E. Kennick, “Does Traditional Aesthetics Rest on a Mistake?”, in: Contemporary Aesthetics, Frank Sibley(ed.), “Is Art an Open Concept? : An Unsetlled Question”, in: Contemporary Aesthetics, pp. 219–234.

⑤ Ludwig Wittgenstein, Lectures and Conversations on Aesthetics, Psychology and Religious Belief, C. Barrett(ed.), Oxford: Blackwell, 1996, p. 421.

论，既然美学与伦理是同一的，伦理又是超越的，那么，美学也自然就是超越的了。

按照维特根斯坦早期的哲学观念，世界是由“事实”或“原子事实”构成的，而非“事物”的总和。每个基本的命题都是“原子事实”的一幅对应图像，哲学的功能就在于对命题进行逻辑分析，超出这个“语言的界限”都是无意义的，这是由于命题只有事实世界相互对应。如此一来，维特根斯坦将世界划分为二：“可说的”世界，哲学家们就对之加以分析，这是“事实世界”，它与语言、逻辑和世界相关；“不可说的”世界，人们只能对之保持沉默，这是“神秘世界”，美学显然归属于此列。这样，维特根斯坦就认为他的哲学使命完成了。属于这种“不可言说”的世界的有：世界本质、生命意义、宗教价值等。伦理与美学，也都属于这一领域，但两者并不因此而成为同一的。这种基本共同点还有：伦理和美学都出于对语言的某种“误读”，都是超离“事实世界”而不可言说的，都和逻辑学那样是“先验的”。

再来看维特根斯坦将伦理与美学视为同一的另一面。这种观点受到他的老师摩尔的很大启发，摩尔不仅认为善无法定义，而且认为美的享受和伦理的善同样是生命的最有价值的事。维特根斯坦正是将美的问题置于生活意义上来理解的，伦理问题也是一样。维特根斯坦也曾疑惑过：以幸福的眼光观察世界，这是否就是以艺术的方式观察事物的实质？但他还是明确地宣布：“艺术的目的是美，这个概念肯定是有道理的。而美是使人幸福的东西。”[①]因而，在“幸福”的意义上，伦理与美学才是一回事。如果对康德来说，“美是道德善的象征”[②]，善与美关联的根基在于“超感性”的话，那么，在维特根斯坦看来，这种关联的母体则转换为“幸福”。质言之，维特根斯坦的早期观点可以归纳为——“美是幸福”，对生活而言是“幸福地生活”或“幸福的生活”。正是基于这种观念，美与伦理的目的是一致的，它们都是使人幸福的东西，属于神秘世界因而不能言说。

二、“生活形式”及其文化语境

“生活形式”（leben form）是后期维特根斯坦在《哲学研究》中使用的著名术语，这是他从前期《逻辑哲学论》的人工语言分析回到日常语言分析之后提出的概念。“生活形式”是根据语言分析和意义的功能理论的逻辑提出来的，维特根斯坦论述“生活形式”的那几节话曾被反复引用和解释：

（1）“很容易去想象一种只是由战争中的命令和报告所组成的语言……想象一种

① Ludwig Wittgenstein, Notebooks 1914—1916, G. H. von Wright and G. E. M. Anscombe(ed.), Oxford: Basil Blackwell, 1961, p. 86.

② I. Kant, Critique of Judgment, Hackett Publishing Company,1987, p. 228.

语言就意味着想象一种生活形式（imagine a form of life）。”①

（2）“在此，‘语言游戏’这个术语的意思，在于使得如下的事实得以凸显，亦即语言的述说是一种活动的一个部分，或者是生活形式的一个部分。”②

（3）“‘因而你是在说，人们一致同意何为真，何为假？’——真与假乃是人们所说的东西；而他们在所使用的语言上是相互一致的。这不是观点上的一致而是生活形式的一致。”③

在这个意义上，“生活形式”通常被认定为是语言的“一般语境”，也就是说，语言在这种语境范围内才能存在，它常常被看作是“风格与习惯、经验与技能的综合体”；但另一方面，日常语言与现实生活契合得非常紧密，以至于会得出“想象一种语言就意味着想象一种生活形式”这类结论。但是，人们赋予了这些论述以太多的文化内容的阐释，而在很多方面维特根斯坦则是语焉不详的，他仅仅指出：“命题是什么，在一种意义上是被语句的形成规则决定的……在另一种意义上则由语言游戏中的记号的使用所决定。”④根据这种“语用学”的视角，人们所说的是由他们所使用的语言约定的，而更进一步来说，这种规定是在“生活形式”上的协定。所谓“生活形式的一致”就是维特根斯坦所能退到的最后的底线。这是由于，“私人用语”被无可置疑地证明是不可能的，只有使用的语言具有一致性，我们才能进入“语言游戏”之中，才能通过遵守共同的规则相互交流和彼此沟通。既然语言活动只是“生活形式”的一部分，那么，“语言的一致性”最终还是取决于“生活形式的一致性”，语言的运用终将决定于与之相匹配的生活形式，它才是人类存在的牢不可破的根基。

在《哲学研究》中，维特根斯坦明确强调了一些他称之为“普通（ordinary）的东西”或“最具体的东西（most concrete）”，并且认定此外别无他物。维特根斯坦反对“在命题记号（propositional signs）与事实之间有某种纯粹中介物。甚至抑或试图将命题记号本身纯化、崇高化”，“由于我们表达的形式以各种方式阻碍我们，使我们不能看到这里除了普通东西之外并无他物，从而使我们去追求虚构的东西”。⑤

---

① Ludwig Wittgenstein, Philosophical Investigations, G. E. M. Anscombe (trans.), The Macmillan Company, 1964, 8e.

② Ludwig Wittgenstein, Philosophical Investigations, G. E. M. Anscombe (trans.), The Macmillan Company, 1964, 11e.

③ Ludwig Wittgenstein, Philosophical Investigations, G. E. M. Anscombe (trans.), The Macmillan Company, 1964, 88e.

④ Ludwig Wittgenstein, Philosophical Investigations, G. E. M. Anscombe (trans.), The Macmillan Company, 1964, 53e.

⑤ Ludwig Wittgenstein, Philosophical Investigations, G. E. M. Anscombe (trans.), The Macmillan Company, 1964, 44e.

他还说，思想就像最纯净的晶体，“但是，该晶体并不显现为某种抽象；而是真正地呈现为具体的东西，而且是作为最具体的东西，甚至是作为最坚硬的东西而存在的”[①]。可以说，只有“生活形式”才是坚不可破的，语言正是由于同“生活形式”契合才没有丧失其基本的功能。无疑，人们是在以某种“共同”方式生活的，在语言交往中必然“共同”遵守游戏规则。这种“生活形式”是人们所无从选择的，是最原始、最确定的，因而也是不证自明的。“所以，维特根斯坦反复强调，生活形式就是我们必须接受的东西，就是所给予的一切；而生活形式上的一致性，就是我们存在方式上的一致性。这种生活形式和存在方式，最终决定着我们的生活世界和文化氛围。”[②]

同样，审美判断也是为文化语境所规定的。“我们所谓的审美判断的表达语词扮演了非常复杂、也是非常明确的角色，我们称之为一个时期的文化。描述它们的用法，就需要描述你所谓的文化趣味（cultured taste），你必须描述文化。”[③]这样，在维特根斯坦那里，“为了说清审美语词（aesthetic words），就必须得描述生活方式”[④]。可见，维特根斯坦主要关注的是审美与文化之间的关系，后者对于前者无疑具有重要的规定作用，但其独特之处却在于，他所聚焦的是审美语词及其在具体文化语境中的运用问题。

因此，正如语言是世界的一部分、语言归属于“生活形式”，艺术问题在分析美学看来也同样如此。简而言之，按照维特根斯坦的观点来推论，艺术也是一种“生活形式”，比如“欣赏音乐是人类生活的一种表现形式”[⑤]。换言之，“艺术同语言类似，也是生活形式。把艺术规定为生活形式就要求以下述观点为前提：艺术意向应当在艺术惯例的范围内去考察，选择表现手法的随意性程度可以在艺术创作的社会环境的范围内来确定”[⑥]。这样，分析美学要求把艺术概念理解为开放的而非封闭的概念，同时，其所要求的正是艺术向“生活形式”开放。

这种独特思路尽管在维特根斯坦那里并未充分展开，但在欧美占主流的分析美学中却大行其道。按照这种思路构思的美学家有沃尔海姆、丹托和迪基等。沃尔海姆继续推进了维特根斯坦的想法，他认定维特根斯坦的含义是认为“艺术就是一种

---

① Ludwig Wittgenstein, Philosophical Investigations, G. E. M. Anscombe (trans.), The Macmillan Company, 1964, 44e.

② 江怡：《维特根斯坦：一种后哲学文化》，社会科学文献出版社1996年版，第116页。

③ Ludwig Wittgenstein, Philosophical Investigations, G. E. M. Anscombe (trans.), The Macmillan Company, 1964, p. 8.

④ Ludwig Wittgenstein, Philosophical Investigations, G. E. M. Anscombe (trans.), The Macmillan Company, 1964, p. 11.

⑤ 维特根斯坦：《文化与价值》，清华大学出版社1987年版，第102页。

⑥ 古辛娜：《分析美学评析》，东方出版社1995年版，第143页。

生活形式”[1]，并由此确立了艺术与语言类似的含义。迪基提出将艺术定位为“惯例”的理论，其所谓“惯例”与特定的“生活形式”如出一辙。这些分析美学家正是从维特根斯坦那里拿来了方法论的钥匙，在最广泛的社会语境中把艺术看作“生活形式”的特殊形式的。这样，分析美学所提出的解决艺术定义的诸种方案，也就排除了用审美经验、审美态度以及相关的概念来界定艺术的传统理念，而是提出了诸如丹托的“艺术界”这样的概念作为艺术的基本范畴。与之近似，也就是以维特根斯坦“生活形式”为范本，欧美分析美学将艺术归结于生活的概念有“艺术界”“社会惯例”“艺术实践”“文化语境”等。但这种艺术理论的确“无穷后退”得太远了，它根本否定了艺术的审美特质，而仅仅将艺术本质归之为一种社会性的“约定俗成”。

三、“语言游戏”“家族相似”及开放的概念

“语言游戏”不仅归属于“生活形式”，而且具有自身的特质。当维特根斯坦通过探讨词语的意义开始美学沉思的时候，“游戏”便作为一个特别突出的概念而被提出来，对于后来的分析美学影响深远。那么，究竟何谓“游戏”?

按照维特根斯坦的意见，必须考虑一下在日常生活中我们惯常称之为“游戏”的东西，他指的是诸如棋类游戏、牌类游戏、球类游戏和奥林匹克游戏等。进而，必须追问，对于这一切被称之为游戏的东西，什么是共同的呢？维特根斯坦首先否定了“对普遍性的追求”，亦即认定它们之所以被称为“游戏”是由于具有共同的东西。所以，在仔细考察究竟有无共同的东西之后，结论只能是：“如果你观看它们，不能看到对于所有一切而言的共同的东西，但是却可以看到一些类似(similarities)、亲缘关系（relationships）以及一系列诸如此类的关系。”[2]比如看看牌类游戏的“多样性关系”(multifarious relationships）就会发现，在任何两个牌类游戏之间必定有某些对应之处，但是，许多共同的游戏特征却在它们那里消失了，然而，也有一些其他特征被保留下来。这样，俯瞰和浏览一个又一个游戏，我们看到的真实现象就是——许多“相似之处”是如何出现而又消失的。

维特根斯坦把这种“游戏”现象比喻成“网络”(network)，更准确地说，是“相似关系的网络”。这种“错综复杂的相互重叠、彼此交叉的相似关系网络：有时

① 沃尔海姆：《艺术及其对象》，傅志强等译，光明日报出版社1990年版，第87页。

② Ludwig Wittgenstein, Philosophical Investigations, G. E. M. Anscombe (trans.), The Macmillan Company, 1964, 31e.

是总体上相似，有时则是细节上相似”。[1]维特根斯坦的本意是说，“语言运用的技术”[2]就好比这诸种游戏一样，不同语词的作用不同，即使相近，如果被置于不同语境中也会发生变异，语言的使用就是这样复杂多样而难以捉摸，这便是“语言游戏”的真实内涵。然而，这种表面上的游移、变动、重合、胶合特征，又不能抹杀“游戏”之为“游戏”的“明确规则”的存在。维特根斯坦还是强调了在“游戏实践”(practice of the game) 中所见的规则，就犹如“自然律”一般统治着游戏，使得游戏实际存在。[3]与此同时，这种规则又是不稳定的，因为经常会出现一边玩一边“改变规则”的情况。[4]所以，“游戏规则”也通过流动性而被加以探讨。

在将“语言游戏”比作网络之后，维特根斯坦又提出了一个更为精妙的比喻——“家族相似”(Familienähnlichkeiten，亦即 family resemblances)。在此，如果不只用“家族相似”来描述“语言游戏”的特征，而是将之移植到艺术问题的考察，那么，分析美学便获得了广阔的运思空间，难怪“家族相似”被分析美学家们反复引述。

维特根斯坦自己也很满意提出了这个范畴：“我不能想出较之‘家族相似’这种相似性特征的更好的表达；对于同一家族成员之间的各种各样的相似性：体态、容貌、眼睛的颜色、步态、气质等，以同样的方式相互重叠和相互交叉 (overlap and criss-cross) ——我要说：‘游戏’形成了一个家族。”[5]实际上，“家族相似”集中论述的是游戏之间的关系。两个不同游戏之间具有某种类似性，就好似同一家族的两个成员之间的鼻子相似那样，然而，并不能由此推导出这两个游戏与第三个游戏之间一定相似，就像第三位家族成员与前两位并不是鼻子像，而可能眼睛只与其中一位相似，而与另一位毫无相似之处。然而，当人们拉开视野、看到作为整体的游戏的时候，就像整个地看到一个“大家族”一样，不同家族成员之间的相似就将整个家族维系起来。

这些独特观念直接激发了分析美学对艺术的分析，人们将维特根斯坦的“家族相似”概念应用到艺术定义中，认为艺术是“开放”的概念。最早的分析美学在质疑传统美学概念含混不清的同时，亦杜绝了给任何艺术下定义的可能性（如肯尼克

---

① Ludwig Wittgenstein, Philosophical Investigations, G. E. M. Anscombe (trans.), The Macmillan Company, 1964, 32e.

② Ludwig Wittgenstein, Philosophical Investigations, G. E. M. Anscombe (trans.), The Macmillan Company, 1964, 23e.

③ Ludwig Wittgenstein, Philosophical Investigations, G. E. M. Anscombe (trans.), The Macmillan Company, 1964, 27e.

④ Ludwig Wittgenstein, Philosophical Investigations, G. E. M. Anscombe (trans.), The Macmillan Company, 1964, 39e.

⑤ Ludwig Wittgenstein, Philosophical Investigations, G. E. M. Anscombe (trans.), The Macmillan Company, 1964, 32e.

认定艺术不可定义)。但后来，随着分析美学对分析哲学方法的逐渐偏离，给艺术下定义的事业又被继承下来，如齐夫（Paul Ziff）这样的美学家在1953年便提出了这个问题。[①]这样，分析美学家们就提出了“开放的概念”来界定“难以界定”的艺术，认定艺术定义就是一个家族的相似概念，先行者当然就是韦兹。他较早引用了维特根斯坦的“语言游戏”和“家族相似”理论，用以说明“‘艺术’自身是一个开放的概念”，“美学的首要任务并不是寻求一种理论，而是阐明艺术概念”。[②]

因此，如果考虑到维特根斯坦经常引用的“游戏”例子，并且考虑到整个游戏的范围，从足球到单人跳棋，从跳房子到捉迷藏，我们不能发现任何对每一个游戏都适用的特征，这样一来，“游戏”这个概念可能就没有普遍的特质。但这些活动却无疑都属于游戏范围，这真是个悖论。这又好似一个“工具箱”，其中可谓应有尽有：锤子、斧子、扳子、钳子、螺丝刀、起子、钉子、胶等。然而，这些恰恰都“统称”为工具。艺术概念就好似工具箱概念，又好似宽泛的“游戏”概念一样，是一个“开放的体系”，从而可以直面未来的无限可能性。

可见，艺术还是具有一些亚类别的。“韦兹在艺术的类概念（general concept）与艺术的亚概念（sub-concepts）之间作了重要区分。韦兹的观点是：(1) 为了展现艺术的亚概念——小说是开放概念的观点；(2) 就此认为，所有其他艺术亚概念和艺术类概念也都是开放的。……按照韦兹的观点，所有那些艺术亚概念——如悲剧——或许都不具有共同特征。”[③]比较常见的是，一件新的艺术品被创造出来，从而被归属于某个亚艺术门下，尽管这种艺术并不具有该亚艺术的特质，这些都是不可避免的。为这种“开放概念”所提供的论据，被西布利归纳为三点：第一，“新的作品一直被不断地制造出来，这里没有封闭的格式。既然艺术的其他例证还没有出现，我们就无法为艺术下定义”；第二，“艺术的持续创新，激发出诸如动态雕塑和拼贴一类的新的艺术形式的出现”；第三，“诸如小说这样的艺术亚概念是开放的。……可以由此得出结论，艺术的类概念与此类似也一定是开放的”[④]。西布利对于这三个看似并无疑义的问题逐一作了反驳。

尽管分析美学提升了概念的“开放性”，但毕竟还是意指“概念”的开放性，其中仍然有忽视历史的倾向。扩而言之，整个分析美学对问题，其实都采取了“普遍的非历史探讨”。具体而言，尽管深谙艺术史的沃尔海姆和丹托都强调欣赏的历史

---

① Paul Ziff, "The Task of Defining a Work of Art", in: Philosophy of Art and Aesthetics: From Plato to Wittgenstein, Frank A. Tillman and Steven M. Cahn(ed.), New York: Harper & Row Publishers, 1969, pp. 524–540.

② Morris Weitz, "The Role of Theory in Aesthetics", in: Philosophy of Art and Aesthetics: From Plato to Wittgenstein, Frank A. Tillman and Steven M. Cahn(ed.), New York: Harper & Row Publishers, 1969, pp. 55–56.

③ George Dickie, Aesthetics: An Introduction, Indianapolis: The Bobbs-Merrill Company, Inc., 1971, pp. 96–97.

④ Frank Sibley, "Is Art an Open Concept? : An Unsettled Question", in: Contemporary Aesthetics, p. 115.

性，但他们仍然都将艺术史看作是远离或独立于历史的社会经济要素和冲突的，这可以被称为是“孤立主义”（isolationism）倾向；相形之下，分析美学却“力图使这种‘孤立主义’的历史视野合理化，并使其自身的非历史化倾向也合理化”[①]。回到“开放的概念”的界定，它所强调的历时性并非是现实的历史性，而只是某种概念意义上的抽象的历时性。

无论怎样将艺术作为“开放的序列”，都具有悖论性。一方面，只有面向无限开放的艺术自身，才能将越来越多的新艺术形式包容进来，否则，这种开放就是一种虚假的开放，不能解释当代艺术为何仍在如此花样翻新地变化。但另一方面，作为艺术定义，又不得不罗列出起码是必要的一些条件，以使得艺术概念本身获得相对的稳定性。否则，一个无限开放的概念只能成为“空洞的所指”了。同样，艺术作为“开放的概念”，当它的开放性指向“无限”的时候，这一概念本身也由于它的特质而把自身消解掉了。所以，“开放的概念”其实就是某种“自我解构”的概念。

四、“看见”与“看似”的视觉之分

维特根斯坦视觉美学的逻辑起点，就在于区分了“看见”与“看似”的问题。由于关注语言分析，维特根斯坦首先集中注意“看”这个词在“语言”中的两种不同用法。

他认为“看”起码有两种最基本的用法：一种用法出现在“你在那里看见了什么？”回答常常是：“我看见了这个”，然后可能作出具体的解释，后面跟随的，或者是一个对某物的描述，或者是一张图画，或者是一个复本之类。[②]这种用法一般是指向某一特定的对象，就是所谓的“看见”。

另一种用法则出现在“我看到了这两张脸之间的相似性”，然后让听到这句话的人也能像我那样主要是注意这种相似性。[③]该用法用以指明“我发现的相似性究竟在哪里”，一般是指向特定对象之间的相似性关系，就是所谓的“看似”。

维特根斯坦在我们习以为常的语言中居然犀利地将这两种基本用法“抽象”出来，可谓是一种洞见。“看见”与“看似”的差异，就在于这两种“看”的对象之间

① Richard Shusterman(ed.), Analytic Aesthetics, New York: Basil Blackwell Ltd, 1989, p. 11.
② Ludwig Wittgenstein, Philosophical Investigations, G. E. M. Anscombe (trans.), The Macmillan Company, 1964, 193e.
③ Ludwig Wittgenstein, Philosophical Investigations, G. E. M. Anscombe (trans.), The Macmillan Company, 1964, 193e.

的范畴差异。[①]可见，这种差异在分析哲学看来并不在于现实区分本身，而在于语言应用里的范畴使用不同。所以，早在《哲学研究》之前，维特根斯坦就曾指出，“一个名称的意义有时是通过指向其承担的载体而得以解释的”[②]。

如此说来，如果按照“看见”的逻辑，一个人可以将任何两张面孔画下来；但如果按照“看似”的逻辑，另外的一个人却可能发现前者并没有看到的东西：这两张面孔之间具有某种相似性，甚至会“家族相似”。维特根斯坦由此得出了初步结论：“我所看到的并没有变化；但是我却在有差异性地看。”[③]这样，既然“所见”的相同，那么，根本差异就在于“如何看”了。或者说，是看的不同方式决定了所见的不同。这种现象，被称之为注意到了一个“面相”。

可见，“如何去看”决定了“看到了什么”。因而，当我们变换“视角”时看到的就是不同的“面相”。就是面对同一个不变的长方体，我们可能一会儿将它看作“这个”，一会儿又看作“那个”。这种“如何”当然蕴含的就是某种“阐释”。所以，维特根斯坦认定：实际上，“我们在阐释它，而且，如我们所阐释的那样在看它”。[④]

维特根斯坦所谓“看似”，亦即“视为……”就是“看作”。照此而论，“看似”并没有被作为“知觉”的一部分[⑤]，就像初看时像而再看时又不像一样。他继续追问的是，视觉经验的标准究竟是什么？他给出了一个这样的回答，是对“所见”的表现。但这还远远不够，因为他更关注的是关于“所见”的概念，并最终认定，对“所见”的表现与关于“所见”的概念是紧密结合在一起的、难以分离的。他是想就此获得一种所谓“真正的视觉经验”[⑥]的真实含义。

在《哲学研究》的直接启示下，诸如奥尔德里奇（V. C. Aldrich）这样的美学家从“审美模式”出发来理解维特根斯坦的视觉理论。他认为：“虽然你所看到的东西要以你心中具有的东西为条件，但外观不只是一种思想甚至不只是一种主观意象；

① Ludwig Wittgenstein, Philosophical Investigations, G. E. M. Anscombe (trans.), The Macmillan Company, 1964, 193e.

② Ludwig Wittgenstein, Philosophical Investigations, G. E. M. Anscombe (trans.), The Macmillan Company, 1964, 21e.

③ Ludwig Wittgenstein, Philosophical Investigations, G. E. M. Anscombe (trans.), The Macmillan Company, 1964, 193e.

④ Ludwig Wittgenstein, Philosophical Investigations, G. E. M. Anscombe (trans.), The Macmillan Company, 1964, 193e.

⑤ Ludwig Wittgenstein, Philosophical Investigations, G. E. M. Anscombe (trans.), The Macmillan Company, 1964, 197e.

⑥ Ludwig Wittgenstein, Philosophical Investigations, G. E. M. Anscombe (trans.), The Macmillan Company, 1964, 204e.

它是某种知觉的客体。”[①]如果将被审视的图案本身看作“物理客体”，那么就会把这些由此而生的外观视为思想和主观意象，因而，按照“意象投射”(projection of images）的观点对此进行理解才是相对稳妥的。在维特根斯坦的启发下，沃尔海姆直接提出了“看进”(seeing-in）的问题，“现在我认为再现性看似不应被理解为是包括了看似，因此也就能通过它而得到最好的理解，而应当认为再现性看似包括了另一种与它相近似的现象，亦即看进。过去我曾说过再现性看似就是把X（再现的媒介）当作Y（对象，或被再现的东西），现在我要指出，再现性看似就是在X之中的Y，由于可变物的相同价值”[②]。这样，沃尔海姆就明确区分了两个现象：一个是“看似”，另一个则是“看进”。无论这种区分多么复杂，我们都可以看到，“看进”的基本的现象特性就在于它使“再现性的观看”不同于当下感觉经验，亦即不同于“直接的感知”。“看似”与“看进”的二分，视觉的“双重性”特质，都被用以解释与“再现性经验”相关的特殊现象。总之，在视觉美学方面，维特根斯坦的影响力是巨大的。

五、“日常生活美学”的内在取向

如果更深入地理解维特根斯坦，就会发现其美学并不囿于纯学术研究的“小美学”，而是一种与生活存在直接相关的“大美学”(沉溺于生活的审美创造)。这种内在取向就直接被定位为一种“自然而然的日常美学”(everyday aesthetics of itself)。[③]

其实，这种取向在他早期思想那里就已经萌芽了：“文学作品X增加了我对世界存在的如实认识，它同样也增加了我对世界的接受；所以，它同样增加了我生活中的幸福之总和。到了这种程度，我就可以说X是美的，并相应地进行评价，因为‘美是使人幸福的东西’。”[④]那么，何为幸福呢？他曾写道：“陀斯妥耶夫斯基说幸福的人正在实现人生的目的，就此而言，他是对的。为了生活的幸福，我必须同世界相一致。这就是‘幸福’的含义。宗教—科学—艺术都只是从对我的生活的独一无二的意识中阐释出来的，这种意识就是生活本身。”这里，从生活美学视角来看，维特根斯坦的主要贡献就在于回到生活本身来言说幸福问题，虽然他早期将美和伦理都理解成超越的，但还是将美与善的关联置于生活理想的根基上来考察。在他看

① 奥尔德里奇：《艺术哲学》，程孟辉译，中国社会科学出版社1986年版，第28—29页。

② 沃尔海姆：《艺术及其对象》，傅志强等译，光明日报出版社1990年版，第170页。

③ The Literary Wittgenstein, John Gibson and Wolfgang Huemer(ed.), London & New York: Routledge, 2004, pp. 21-33.

④ Ludwig Wittgenstein, Notebooks 1914—1916, G. H. von Wright and G. E. M. Anscombe (ed.), Oxford: Basil Blackwell, 1961, p. 78.

来，对美的思考涉及幸福，这种终极关注要求我们“不能使世界顺从我”，而是我必须“与世界相互一致”。

从新实用主义角度来看，他的整个思想具有某种“深度审美化”的取向，他在以自己的生活和著作追求一种“审美的生活”。这与将古希腊伦理直接打造成“生存美学”的福柯，追寻“审美化的私人完善伦理”的罗蒂（Richard Rorty），都有相似之处。维特根斯坦特别要求将自己的生活“过成”审美的。于是，他可以被称为一位“生活美学大师”①，他不仅在学理上进行着回到生活世界的突破，更重要的是在现实生活中也努力实现这种原则。根据最新的研究，随着“日常生活美学”成为当下美学的一个新生长点，②维特根斯坦《哲学研究》里的“一种日常美学的观念”（idea of an ordinary aesthetics）被重新挖掘出来。当维特根斯坦说“人的身体”是“人的灵魂”的“最好图画”时，恰恰是在高扬这种日常生活美学的最新理念。

第二节 古 德 曼

古德曼（Nelson Goodman，1906—1998）是20世纪的重要分析哲学家、美学家，在逻辑、美学、认识论、科学哲学和语言哲学等方面建树颇丰，堪称一位“通才”，甚至被普特南（Hilary Putnam）认为是“二战之后最伟大的两三个分析哲学家之一”。古德曼1906年出生于美国马萨诸塞州的萨默维尔城，他的一生基本上就是“为了学术的一生”。1928年，他在哈佛大学获得理学学位，1929年至1940年在波士顿的一家艺术画廊工作，培养了他对艺术的兴趣，1941年获得博士学位，随后在美军服役（1942—1945）。后来的18年在宾夕法尼亚大学教书（1946—1964），在哈佛认知研究中心短期任职（1961—1963）。后来又辗转于三所大学之间，直到1968年被聘为哈佛大学哲学教授。他1967年曾担任美国哲学协会东部分会主席，1950年至1952年担任符号逻辑协会主席，同时也是美国艺术与科学学院会员。古德曼于1998年12月病逝，终年92岁。

与大多数深居书斋、不关心艺术的哲学家不同，古德曼是一位古代艺术与现代艺术兼营的文化商人和收藏家。哈佛的福格博物馆、马萨诸塞的伍斯特博物馆、威斯康星州密尔沃基的哈格蒂博物馆，都曾得到他的慷慨捐助。这些直接参与的艺术

① Richard Schusterman, Pragmatist Aesthetics: Living Beauty, Rethinking Art, New York: Rowman & Littlefield Publishers, 2000.

② The Oxford Handbook of Aesthetics, Jerrold Levinson (ed.), Oxford: Oxford Press, 2003, pp. 761-770.

活动使他成了艺术内行，也对他的美学研究起了支持作用。当然，他是从哲学角度探讨艺术的。而且，与大多数不大关心实践的理论家不同，古德曼非常关注实践。早在布兰戴斯（Brandeis）大学时，他就作了一个名为《和艺术一起作些什么》的项目；1967年他成为哈佛大学教育研究所的“零点计划”（Project Zero）创办人，在美学、教育学和心理学的交叉地带进行探索。他领导这个计划一直到1971年，不仅致力于教育和艺术的总体研究，还分设了电影、舞蹈、音乐、戏剧、诗歌等分议题。这个后来名声大噪的“零点计划”对人类成长过程里面的智能发展进行了初步探索，从而突破了只囿于人类的语言和逻辑符号的传统研究方式。正如他自己所言，既然我们对此还一无所知，不如就叫“零点计划”算了。这项计划也同美学直接相关。

古德曼的一系列专著和论文奠定了他在20世纪（特别是近50年来）西方哲学界的地位，他的许多著述都引起了巨大反响。其中重要的专著有：《质的研究》（A Study of Qualities, 1941）、《表象的结构》（The Structure of Appearance, 1951）、《事实、虚构和预测》（Fact, Fiction and Forecast,1954）、《问题与计划》（Problems and Projects, 1972）、《世界构成的方式》（Ways of Worldmaking, 1978）、《关于心灵与其他诸问题》（Of Mind and Other Matters, 1984）。《事实、虚构和预测》是受关注最广泛的哲学著作。从《表象的结构》开始，他维护一种极端的唯名论（nominalism），并提出了所谓“新的归纳之谜”（new riddle of induction），重新激起了人们对传统的唯名论和归纳法问题的探讨热情，甚至改变了哲学家们思考归纳的基本方式。他在哲学上提出用自己的几个符号系统结构替代“世界结构”“心智结构”和“概念结构”。因而，科学、哲学、艺术、知觉和日常生活的话语成了他的“世界构成的方式”。

一、《艺术语言》的巨大建树

古德曼有一部屡被哲学家和美学家提及的美学专著，即《艺术语言：对符号理论的探讨》（Languages of Art: An Approach to A Theory of Symbols, 1976），这部专著甚至被某些当代美学家与杜威的《艺术即经验》一道，列为用英语写得最出色的两部美学著作：一部是“实用主义美学”奠基之作，另一部则是至今仍占据主导地位的“分析美学”经典之作。或者说，后者的独特贡献在于从分析哲学的视角重新解释了“艺术符号论”，难怪他本人承认《艺术语言》里面的“语言”可用“符号体系”（symbol systems）来替代。

就《关于心灵与其他诸问题》中所谓“通过观看而认识”（knowing through seeing）的专论而言，古德曼首先承认标语与图像的差异，即“语言符号与图像符号”

有重要区别。他认为《语言的语言》的重要部分是考证语言、图像与其他符号体系之间的关系。“我们必须‘阅读’图像，亦即解释图像而非记录图像。”[①]尽管他完全同意并不存在“图像的词汇表”(vocabulary of picturing)，但始终从符号角度来解释图像。他最终得出的结论是：“一个符号是以各种不同的方式来获取信息的，正如它拥有解释的语境和系统（contexts and systems of interpretation）一样。”[②]这个结论恰恰可以作为分析古德曼美学的起点。那么，古德曼究竟如何规定“艺术的语言”呢?

按照他的理解，一切艺术都无非是某种符号而已，各种各样的艺术形式也都有自己的符号标志。“艺术符号”系统的共同特征在于如下的对立项：

符号系统特征	正值：审美征兆	负值：非审美征兆
第一对特征	句法的密度	句法的明晰性
第二对特征	语义的密度	语义的明晰性
第三对特征	句法的饱满度	句法的稀薄度
第四对特征	例示	指称
第五对特征	多元复杂关联性	多元复杂关联性的对立面

在这里，古德曼的规定是从“区分性”的角度作出的。具体来说，他认为，无论审美活动还是科学活动都是由“符号处理”构成的，是由创新、应用、解释、转换、操纵、符号和符号系统组成的。其中关键在于“区分”，首要的是将一般语言与非语言符号系统区分开来，然后再将“审美征兆”与“非审美征兆”区分开来。我们可以将这两种征兆看作是符号系统的“正值”与“负值”。

在包括艺术系统的符号系统中，“句法的密度”并不取决于符号的“内部结构”，而是取决于“符号的数量”及其在整个体系中排列的性质。这里的第一种特征就是“非语言系统”(nonlinguistic systems)的特征，[③]这样也就将语言与符号的“描写系统”和“表达系统”区分开来了。更形象地说，这就将画图同写数字、书写文

① Nelson Goodman, Of Mind and Other Matters, Cambridge, Massachusetts & London: Harvard University Press, 1984, p. 10.

② Nelson Goodman, Of Mind and Other Matters, Cambridge, Massachusetts & London: Harvard University Press, 1984, p. 12.

③ Nelson Goodman, Languages of Art: An Approach to A Theory of Symbols, New York: The Bobbs-Merrill Company, Inc., 1976, p. 252.

字区分开来了。

“语义的密度”取决于“参照种类的数目”及其在一个给定符号系统中次序排列的性质。按照第二种特征，可以将“一般语言”和“符号系统”（例如音乐符号）区分开来。这种特征相当重要，因为“语义的密度”特征就是艺术中“再现、描绘和表现”的特征。[①]无论“句法的密度”还是“语义的密度”，言说的基本上都是对象结构同该对象所发挥的符号作用的关联问题。

“句法的饱满度”取决于一系列构成系统性质特征的综合性。按照第三种特征，图像和图式、图表就可以区分开来。在语义性的密度系统中，这种相对的“句法的饱满度”愈高，它同图表区分得就越多，与图式区分得就越少。在艺术中，如果符号在许多方面都承载意义，它就趋向于句法的饱和。相比较而言，股市行情图表的唯一价值就在于那根涨落的曲线，这就是句法的稀薄。

按照第四种特征，“例示系统”（exemplificational systems）与“指称系统”（denotational systems）就可以区分开来。[②]“例示”并不是从标签到标签式的指明事物的过程，而是从样品到指明样品标签的过程，因而可以把“表现”与描绘和描写的特征区分开来。

此外，符号一定具有“多元复杂关联性”，指的是一个符号行使多种指代功能。

尽管这些“审美征兆—非审美征兆”的对立项很重要，但古德曼并没有说越符合审美征兆就越能成为“作为符号”的艺术，因为对“艺术价值”的解析是更为复杂的。征兆只是征兆，它并不等同于实现。“一种征兆既不是必要条件，也不是充分条件，只有通过这些征兆趋于联合而得以呈现的，才是审美经验。”[③]换言之，如果这五种审美征兆出现得不全，那么，即使一种或者几种表现了出来，也不能确定审美特质；但只要这五种都出现了，就必定是审美的，也就是说它们只有联合起来才能成为充分条件。至少有一种审美征兆出现在艺术符号上面，艺术就会成为艺术。

显然，古德曼的解析是相当抽象的，特别是当他把语言哲学概念直接运用于艺术符号学时，更令人觉得艰深而晦涩。但他的目的是非常明确的，一方面是探究广义的“符号化的认知效果”问题，另一方面则是要确定狭义的“审美价值”的优势所在。

当然，尽管他在分析美学和符号美学方面一往无前地发展，但是，他也在许多

---

① Nelson Goodman, Languages of Art: An Approach to A Theory of Symbols, New York: The Bobbs- Merrill Company, Inc., 1976, p. 252.

② Nelson Goodman, Languages of Art: An Approach to A Theory of Symbols, New York: The Bobbs- Merrill Company, Inc., 1976, p. 253.

③ Nelson Goodman, Languages of Art: An Approach to A Theory of Symbols, New York: The Bobbs- Merrill Company, Inc., 1976, p. 252.

方面沿袭了传统美学观念，比如他仍将艺术与审美联系起来。“审美的价值优势(aesthetic merit) 存在于任何符号运作过程之中，它通过个别属性的群落成为审美的品质。……我们通过艺术所知的，在我们的骨头、神经和肌体内产生感觉，并被我们的心灵所把握；有机体的所有感觉和反应都参与符号的发明和解释。”[①]可见，关键在于“符号”维度的嵌入，它使分析美学获得了巨大的解释空间。其实，古德曼是关注现代艺术走向的，他认为某人对绘画的基本看法首先是“好看”，它将在更高一个层级被“美”所取代，但是也应看到，最优秀的绘画往往并不“好看”，甚至许多是丑陋的。他试图证明，“美并不是审美价值优势的尺度”，甚至美这个词也会导致误解。

古德曼同时也是认识论者。在近代以来的欧洲，美学基本上一直被视为认识论(低级认识论)，但这种观念曾一度遭到质疑。在符号意义上，古德曼认为科学与艺术是“异曲同工”的。“科学与艺术的差异，并不在于情感与事实、直觉与推论、愉悦和沉思、综合与分析之分，感觉与思考、具体与抽象、激情与行动、间接与直接或者真理与美之别，而是符号的具体特征在不同领域的差异。”[②]

按照这种基本观点，一切符号都是为了“认识功能”而存在的，甚至“审美经验是一种认知经验”。“总之，对审美经验的构想是一种理解的形式，这既是审美价值问题分解的结果，也是其被去掉价值的结果。”[③]如果继续推论，那么，这样一来，包括诉诸视觉的艺术在内的一切艺术的主要目的都是认识、是能诉诸“真理”的认识。在这个意义上，艺术家世界和科学家世界从根本上说是“等值”的，他们是直面“世界的各种版本”，都可能揭示出“真理”。这是《艺术语言》的最终结论。

这里论述的只是古德曼美学的核心观念。通过这种符号学的探索，他对“再现”“现实主义”“风格”“虚构性”“形象化”(figuration)“赝品”等多种问题都给出了自己的解答。

二、相关重要影响

古德曼对美学的贡献无疑是巨大的。当今英语学界的美学研究者更多地将古德曼的《艺术语言》与杜威的《艺术即经验》并列为20世纪用英文写成的“最重要”

① Nelson Goodman, Languages of Art: An Approach to A Theory of Symbols, New York: The Bobbs-Merrill Company, Inc., 1976, p. 259.

② Nelson Goodman, Languages of Art: An Approach to A Theory of Symbols, New York: The Bobbs-Merrill Company, Inc., 1976, p. 264.

③ Nelson Goodman, Languages of Art: An Approach to A Theory of Symbols, New York: The Bobbs-Merrill Company, Inc., 1976, p. 262.

的两本美学专著。

正如1971年纪念古德曼65岁生日的文集标题《逻辑与艺术》(Logic & Art) 所示，他的学术贡献一方面在于分析哲学的逻辑方面，另一方面则在于从分析哲学角度对艺术作出“史无前例”的解析。其中列出的学者们感兴趣的方面也是古德曼集中研究的领域，分别是“科学与智力”“艺术与再现”“逻辑与语言”和“含义和模态”四个方面，分析哲学家奎因 (W. V. Quine) 和艺术史学家贡布里希的文章都在其中。[①]

《艺术语言》促使后来的人们从各个角度、各个层面进行探讨。无论将艺术当作语言的总体思路，还是个别细节问题，都引起美学界和哲学界的争议。该书刚刚出版，《英国美学杂志》便在1970年第2期发表书评，并很快成为萨维尔 (Anthony Savile)、波尔 (David Pole) 及霍华德 (V. A. Howard) 的一系列论文的主题。1978年，斯托克 (Douglas F. Stalker) 同古德曼争论真实性 (authenticity) 问题；1979年，鲁滨孙 (Jenefer Robinson) 的文章又激起人们对“图像再现”问题的更大兴趣。在20世纪90年代，古德曼的“本体论”主题仍在普雷蒂利 (Stefano Predelli)、贾纳韦 (Christopher Janaway) 和马戈利斯那里被争论着。[②]

与古德曼争论的比较重要的、同时也是古德曼直接给予回应的文章中，有两位美学家的论文必须提及。他们分别是比尔兹利的《〈艺术语言〉与艺术批评》(Languages of Art and Art Criticism)、沃尔海姆的《在不同艺术中仅适用于一件艺术品的认证标准还属于美学吗?》(Are the Criteria of Identity That Hold for a Work of Art in the Different Arts Aesthetically Relevant ?)。[③]这些争论都表明古德曼的美学至今仍具有强大的生命力。其实，不仅关于“再现”“表现”“理解”这样的基本问题，而且关乎“叙事”“音乐表现”等的门类美学问题，都激发起论者的巨大兴趣。

尽管争论不休，但是《艺术语言》的经典地位是无可置疑的，而且随着时间的流逝，《艺术语言》已经成为20世纪美学的经典之作。总而言之，古德曼的美学理论是将分析美学与符号学美学相融合的产物；与其他分析美学家相比，他更注重对艺术品的符号功能的分析，而与符号学美学家比较，他这种分析则主要是语言学分析。

---

① Logic & Art: Essays in Honor of Nelson Goodman, Richard Rudner and Israel Scheffler (ed.), New York: The Bobbs-Merrill Company, 1972.

② 拉马克：《〈英国美学杂志〉四十年》，章建刚译，《哲学译丛》(北京)，2001年第2、3期。

③ Nelson Goodman's Philosophy of Art, Catherine Z. Elgin (ed.), New York: Garland Publishing, Inc., 1997, pp. 43–71; pp.73–95.

第三节　迪　　基

在分析美学潮流当中，当代美国美学家乔治·迪基（George Dickie）占据着特别重要的位置。其著名的“艺术惯例论”，一方面由于对当代艺术疆域具有巨大的解释力而被广为接受，另一方面却由于自身的内在矛盾而不断进行自我调整。但无论褒与贬，这种理论都已成为分析美学历史的重要环节。

1949年，迪基毕业于佛罗里达大学，1959年于加利福尼亚大学获得博士学位，此后，他一直从事美学的教学和研究工作，最后在伊利诺斯大学荣休。其主要研究领域是美学、艺术哲学和18世纪的趣味理论。1990年到1991年，他曾担任伊利诺斯哲学协会主席，1993年到1994年担任美国美学协会主席。其重要著作包括《艺术与价值》(Art and Value, 2001)、《美学导论：一种分析方法》(Introduction to Aesthetics: An Analytical Approach, 1997)、《趣味的世纪》(The Century of Taste, 1996)、《评价艺术》(Evaluating Art, 1988)、《艺术圈》(The Art Circle, 1984)、《艺术与审美》(Art and the Aesthetic, 1974）和《美学导论》(Aesthetics: An Introduction, 1971)。

一、论“审美态度的神话”

20世纪后半叶分析美学的主要工作之一，是对“审美”这原本根深蒂固的根基进行颠覆。“审美经验”与“审美态度”这两个最重要的美学概念都受到了彻底质疑。从语言上来说，“aesthetic”与“experience”的结合在18世纪以后才出现，“aesthetic”与“attitude”的结合似乎更晚一些，因为“attitude”这个词是1837年才开始出现的现代语汇。

到了20世纪60年代，迪基表面上在反对同时代的美学倾向，实际却将矛头指向了休谟的美学理论。正是在休谟的影响之下，美学在欧洲开始确立通过某些标准，致力于确定“审美经验”，这通常是通过某种“审美态度”的形式来实现的。在迪基看来，这是走了很大一段弯路，其拐点就是休谟。这种做法不仅造成了混淆，在根本上也是“大错特错”的。

迪基对“审美态度”进行批判所用的理论武器，其实仍是“概念分析”或“概念结构的哲学分析”。只不过这种分析是以现代语言哲学成果为基础的。通过分析语言运用的混淆状态，他在1964年发表的《审美态度的神话》(The Myth of the Aesthetic Attitude）一文的潜在目的，就是揭示出“审美”这个术语的本来的“空洞”(vacuousness)！

这里的“空洞”是指“审美”这个术语的错位现象。“审美”一词所指的本来就是空洞的，但却将无利害、非功利、超脱、距离等审美特征都“一网打尽”。迪基想说的无非是两点：哲学中并不存在直接应对艺术和（与艺术相关的）自然现象的亚原则；从美学上看，这种归属于“审美经验”的独特性，自18世纪它产生的那一天起就步入了歧途。

1964年，迪基已经注意到美学界开始表现出对“审美态度”概念的不满，并认为到了以崭新的眼光来看待这个概念的时候了。所以，他开宗明义地认定“审美经验”是一种神话。这个神话虽然仍在理论上起作用并且常谈常新，但相关学说今天不仅不再起作用，而且在根本上是对美学理论的“误导”。“审美态度”这个概念本身并不能单列出来作为独立美学概念而存在，因此，他的潜台词就是：它根本就是臆造的。

那么，迪基究竟以什么方法对之进行解构呢？他采用的是“化整为零”“各个击破”的方法。具体来说，迪基通过批判几个使“审美态度”成为可能的具体美学概念，来拆解“审美态度”的基础。人们以往未对其合法性加以反思的概念是：“距离”“非功利”和“不及物”（intransitiveness）。

迪基首先向“心理距离”（psychical distance）论开炮。我们知道，布洛在论述距离理论时举出了一个有趣的例子，就是观看冰山的例子。在远渡的邮轮上看到美丽的冰山闪烁着微蓝的光，的确令人不禁产生审美感受。但越驶越近，在被告知有可能撞上冰山而发生危险时，这种审美感受便荡然无存。所以，布洛就此认为审美其实就是保持某种“心理距离”。后来，这一学说被道森（Miss Dawson）发展为：美的现象就是一种对我们态度的捕捉，这种态度使我们超出了实践生活模式，把我们提升到审美意识的水平。所以，审美一定要“有意地保持距离”。

迪基反问说：问题在于存在这种“保持距离”的独立意识状态吗？无论当我们观赏绘画还是欣赏落日时，究竟是被事物的美所打动，还是赢得了一种保持距离的行为？答案是这种特殊的活动并不存在，或者说美学家津津乐道的这种特殊状态并不存在。因为，“进入距离”（to distance）和“保持距离”（being distance）都只意味着一个人的态度集中，这种新术语并不能代表真的存在这种特殊类型的活动或者意识状态。可见，迪基所做的工作是“除根”，他并没有如一般语言分析那样解析术语运用的含混不清，而是直接消解掉概念所面对的对象。因而自然得出：既然连概念的“所指”都没有，“距离”概念的存在又有什么价值？这是“想象”“审美态度”的第一条道路，其思想结晶是“距离”说。

进而，迪基将注意力转向第二条“想象之路”，就是“审美态度”独立于日常活动的特定方式，即“非功利”方式。这种观念不仅在德国古典哲学时代就已经定型，而且在迪基所处的时代仍占主流地位。其中两个重要代表人物，一位是在美学界颇有名气的斯托尔尼茨，另一位是维瓦斯（Eliseo Vivas），前者努力维护的核心概念是“非功利的”（disinterested），后者的核心概念则是“不及物的”（intransitive）。

按照斯托尔尼茨的定义，所谓“审美态度”是“非功利的和同情的（sympathetic）注意和只为了自身目的的静观（contemplation）”，其中，“非功利”意味着不关注任何隐蔽的目的，“同情”则意味着以自己的方式接纳对象，“关注”意味着直接指向对象的直觉。[①]但是，迪基认为有必要认清面对不同种类艺术的非功利主义的本质。他通过对戏剧、文学等艺术的审美分析，对不同的审美状态进行横向比较，试图以审美差异性消解作为概念的“审美态度”的整体性。这是一种“化整为零”而又“由零攻整”的策略。事实证明，这种分析颇有道理，尽管具有某种相对主义的倾向。

其实，维瓦斯所谓的“纯不及物经验”（pure intransitive experience），亦即“不及物的注意”，同斯托尔尼茨的“非功利的注意”几乎是在同一意义上使用的。它们都指一种“不关注任何隐蔽的目的”。换言之，“不及物”主要指一种“审美关联性”问题，指审美是否与对象发生直接关联。因此，“审美态度”是“不及物的”，而非审美态度则是“及物的”。然而，迪基的疑问在于，一个人如何去“及物地”关注一首诗或任何一种文学作品？可以确证的是，一个人能够出于不同的目的、由于各种不同的援引去关注一首诗，但他能“及物地”关注一首诗吗？迪基给出的答案是否定的，既然“及物”都被否定了其现实存在的可能，更不要说“不及物”了。

总之，迪基要说的是，“非功利”或“不及物”不适用于表示这种特殊的注意，即“审美态度”。“非功利”只是一个明确行动的特定动机的术语，但是，动机却不能描述行动本身。只有当“有功利关系的注意”发生了，才能说“非功利的注意”有意义，这就好像发生了“慢步走”才会有“快走”的价值那样。因此，当人们说“有功利关系的注意”时，通常指的只是一种非常短暂的“不注意”或“精神涣散”而已。[②]进而可以推演说，试图定位“审美态度”的这些概念，只告诉了我们“审美经验”“不是什么”，但却恰恰没有告诉我们“审美经验”“是什么”！

“审美态度”尽管在美学史上被反复使用，但却相当含混，因为它根本就没有从经验中区分各种层次。诸如迪基这样的反驳者认为并不存在（事先假定的）“审美态度”，但这并不意味着没有明晰的心理状态存在，迪基至少还承认如意图、动机这类

---

① George Dickie, “The Myth of the Aesthetic Attitude”, in: Aesthetics: Classic Reading from Western Tradition, Dabney Townsend(ed.), Jones and Bartlett Publishers, 2001, p. 312.

② 在1971年的《美学导论》中，迪基仍在继续批判“心理距离”和“非功利的注意”，增加了对“看似”（seeing as）的批判，从而批判了奥尔德里奇（Virgil Aldrich）的“感知的审美模式”（aesthetic mode of perception）。George Dickie, Aesthetics: An Introduction, pp. 56–59.

的状态是存在的。他的目的是证明，审美在这类状态里面并不是明确的层次，因为它既没有被确定为某些单纯的状态，也没有被某些难以描述的心理条件所确定。所以，在迪基看来，面对艺术与自然现象时，甚至根本就不需要“审美”这个术语。

其实，迪基所要论证的不过是，所有审美态度理论都陷入了一定程度的概念不清和混淆。实际上，就积极方面而言，这些理论的确推动了对审美经验的诸多要素的描述，由此发展出一种适当的美学和艺术理论；然而，其消极方面来说，同样是这些理论将审美与人类的整体经验割裂开来，将本然未分的经验加以割裂与区分，从而以一种“神话”的姿态背离了现实的生活。

因此，迪基认为：“我已经论证了，这第二条想象之路同样也是神话，至少它的主要内容，即非功利的注意是神话……我会继续论证态度理论者（attitude-theorist）的错误之处是关于：(1) 他希望为审美关联设定边界的方式；(2) 批评某个艺术品的关联；(3) 道德与审美价值的关联。”①

这就涉及他所说的态度理论误导美学理论的“第三条道路”。依据这条路线，审美价值是始终独立于道德之外的，也就是上面所说的 (3)。这是“审美态度”理论所导致的逻辑后果。

需要补充说明的是，上面的 (1) 已经论证过，(2) 所集中论述的是批评家与作品的观念不同于其他人与作品的关联。这就涉及态度理论的误解，它其实是将批评家的意见强加给普通艺术欣赏者。其实，普通审美者欣赏对象与批评家观照对象的确不同，因为后者起码具有一个潜在的目的，就是分析和评价所欣赏的对象。所以，作为批评家的个人同作为欣赏者的个人不能按同样的模式来运作。

关于审美与道德的关系：的确，现代人早已将对艺术的道德批评和审美批评区分开来，这是一个历史进步，但同时也是退步。因为这样做使我们失去了赋予艺术以意义的整个世界的关联。原来所说的“审美态度”的功能方面，其实就与道德层面有关联。尽管这种关联很难明确说明，但是，艺术品的道德方面是绝对不能根据非功利定义的审美注意来界定的，因为道德是以某种方式加以实践的（即功利的）。这样，艺术品的审美视角也能显现审美的意义，作品的道德视角就是作品的组成部分。这是由于，关于作品的道德视角的（无论描述性的还是评价性的）陈述，都是“作品”的陈述；任何关于作品的陈述都是批评的陈述，亦都应归属于审美的领域。

总之，迪基最终认定“审美态度”的相关公式，都是令人失望至极的，没有展现出其重要意义所在。这种“审美态度”的理论带来了概念含混，从而在根本上误导了整个美学理论的发展，甚至对美学而言毫无价值可言。

① George Dickie, “The Myth of the Aesthetic Attitude”, in Aesthetics: Classic Reading from Western Tradition, Dabney Townsend (ed.), Jones and Bartlett Publishers, 2001, p. 316.

应该说，在20世纪60年代，迪基的美学代表了20世纪欧美美学的一个新的动向，他拒绝“审美态度”的理论，有助于我们理解20世纪前期美学是如何失去“前康德”（prior to Kant）时代的更具整合性的美学视角的。在这个意义上，迪基是要超越康德的。从回溯角度看，他要回到康德之前那种美学的完整性方面；从前瞻视角看，他是要为未来美学研究提供更大的解释空间。

二、“艺术惯例论”的出场

分析美学的中心对象是艺术。这既是它的优势，也是它的缺陷。分析美学对于当代艺术本质问题的解答功不可没，迪基一直进行这样的解答工作。受到丹托“艺术界”理论启示[①]，迪基通过《艺术与审美》对“艺术惯例论”进行了初步总结。

迪基强调他从来没有对“艺术界”进行明确的定义，只是指出相关的表达被用以指代什么。换言之，迪基从未在丹托之后为“艺术界”下过定义，只是对表达所指的东西加以描述。[②]正如“惯例”原本也应是一个描述性概念一样，迪基将对“艺术”的直接界定建立在“艺术界”这样“约定俗成”的描述性观念之上。简单地说，“惯例论”包含着某种与“艺术界”的内在关系。

迪基更明确地确定了两个攻击目标：一是在早期分析美学那里占主流的“艺术不可界定”论，在反叛这种虚无主义的立场之上；二是在传统美学那里曾前后出现的“模仿说”与“表现说”。以往都是通过界定“必要条件”和“充分条件”对“艺术”加以定义的。“模仿说”的影响力甚至延续到了19世纪，随后又有“表现说”冲破前者，此后通过这种必要和充分条件来界定艺术的努力纷至沓来。直到20世纪50年代中叶，受维特根斯坦著名美学演讲的影响，一股逃避艺术界定的思潮开始占据上风，有人甚至认为艺术不存在必要和充分的条件。从迪基雄心勃勃的视角来看，整个历史可分三段：第一段是自“模仿说”开始的界定艺术的各种尝试；第二段是早期分析美学倡导的“艺术不可界定”阶段；第三段是他自己所谓的“惯例论”。这就好似黑格尔的“正—反—合”的逻辑演进，最后在迪基那里形成“合题”。

迪基直接反击的是莫里斯·韦兹，因为后者在1956年发表了著名的《理论在美学中的角色》。其实，肯尼克和韦兹都受到了维特根斯坦的影响，因为维特根斯坦曾自信地证明：“‘游戏’是不可定义的。”迪基对韦兹的不满在于两点：一是韦兹在将艺术概念解析为“一般概念”和“亚概念”（如悲剧、小说、绘画）之后，进而断言

---

① Arthur C. Danto, “The Artworld”, in: The Journal of Philosophy, Vol. 61, No. 19, (Oct. 15, 1964), pp. 571–584.

② George Dickie, Art and the Aesthetic: An Institutional Analysis, Ithaca & London: Cornell University Press, 1974, pp. 29–30, footnote 10.

“艺术”的普遍概念没有定论。这种彻底的相对主义立场为迪基所拒绝，但韦兹将“开放性概念”应用于艺术分析，却是功不可没的。他要求把“游戏概念”理解为开放而非封闭的概念，也正是要艺术向“生活形式”开放。然而，问题在于他开放得太过分，迪基进而修正道：艺术“亚概念”的全部或者部分都可能是开放的，而艺术的“一般概念”仍然是确定的、有边界的，不可能漫无边际地开放。第二则是韦兹甚至认为“人工制造”都不是艺术的必要性质，这种极端的态度更令迪基不满，后面将要看到，“人造性”恰恰构成了迪基艺术定义的“基础的基础”或“前提的前提”。

当然，迪基提到“模仿说”和“表现说”的困境时虽然轻描淡写，但却直刺要害。模仿说只囿于“艺术与题材”的关系，表现说则只关注“作品与创造者”的关系，虽然两种定义不能令人满意，但却提供了正确的思路：精选出艺术的相关特征作为本质。更重要的推展来自一位哲学教授曼德尔鲍姆（M. Mandelbaum）。他为迪基提供了一个重要思路，亦即在艺术“显明的”特征之外还存在一种探求“非显明”的特征之途。在曼德尔鲍姆看来，无论维特根斯坦的“游戏不可界定”还是韦兹“开放性”的艺术概念，都是在艺术的“显明的”特征基础上建构起来的，这种“显明”指的就是容易察觉的外观特征（比如画中有三角形构图、悲剧情节中包含命运逆转等）。但真正使迪基关注的是不能再一如既往地从“显明的”特征来走老路，只有改变思路从艺术的“非显明的”特征出发，才可能达到对“艺术”定义基础的准确理解，揭示一切艺术品的共同性质。

这种“非显明的”路途的提出，显然指向了迪基的“惯例论”的那个“惯例”。这种开拓性的学说认定，一件艺术品必须具有两个基本条件，它必须是：“（1）一件人工制品（an artifact）；（2）一系列方面，这些方面由代表（艺术界中的）特定社会惯例而行动的某人或某些人，授予其供欣赏的候选者的地位。”[①]

首先，就条件（1）而言，“人造性”成为艺术基本意义的一个“必要条件”。迪基要明确的是，艺术品的首要条件是要成为人工制品，进而才能成为艺术品；关键是条件（2），它揭示的正是一种“非显明的”特征。要理解它就必须回到丹托的“艺术界”理论，但为迪基所忽视的是，这种思想源头其实在维特根斯坦那里。

实际上，维特根斯坦的“生活形式”理论才是“惯例论”更为潜在的真正渊源。因为维特根斯坦早就说过“想象一种语言便意味着想象一种生活形式”[②]，“语

① George Dickie, Art and the Aesthetic: An Institutional Analysis, Ithaca & London: Cornell University Press, 1974, p. 34.

② Ludwig Wittgenstein, Philosophical Investigations, G. E. M. Anscombe (trans.), The Macmillan Company, 1964, 11e.

言的述说是行动的一个部分，或者是生活形式的一个部分”[①]。在这个意义上，“生活形式”通常被认定为是语言的“一般语境”，也就是说，语言在这种语境的范围内才能存在，它常常被看作是“风格与习惯、经验与技能的综合体”。虽然维特根斯坦对“生活形式”所包含的文化内容语焉不详，但丹托的“艺术界”和迪基的“惯例”，不都是被注入文化内容的“生活形式”在艺术领域的变体吗？

迪基认为，丹托的《艺术界》尽管没有系统地为艺术下定义，但却开辟了为艺术下定义的正确方向。在丹托那段直接提出“艺术界”的名言里，“肉眼所不能察觉的东西”表明了他对曼德尔鲍姆“非显明”的提法的认同；更重要的是，丹托更进一步提出的是嵌入其中的、关于艺术品的含义丰富的内在结构，亦即艺术的“惯例本质”（the institutional nature of art）。[②]迪基之所以在此援引丹托的“艺术界”，目的是指代“一种广泛的社会惯例，艺术品在这种社会惯例中有其地位”[③]。

当迪基描述“艺术界作为一种惯例”时，他实际上说的是“一种业已存在的惯例”。正如惯例（institution）的多义性所示，迪基指的是一种内在的约定俗成的习俗，而非那种外在的团体或者组织机构。他想说的是，这种惯例体系无论如何都存在。一切“艺术系统”所共有的核心特质是，每一个系统都是特定的艺术品借以呈现自身的“构架”。这个构架不是纯形式的，而是有丰富内涵的。所以，艺术界诸多系统的丰富多样性导致艺术品没有共同的外现的或显明的特性。

转过头来，迪基又开始解析“杜尚难题”。在杜尚将“艺术地位”“赋予”诸如小便器、晾杯架、雪铲这样的现成物时，迪基注意到的恰恰是其中曾被长期忽视、不被欣赏的人类活动，那就是“授予艺术地位的活动”[④]。当然，历史上的画家和雕塑家一直都在将艺术地位授予他们的创作物，从而因袭了整个传统的惯例，并通过这种传承不断创造着新的典范。在很大程度上，艺术家就是“艺术界的代理人”，他负责艺术授予的活动。

所以，“作为艺术品，或许杜尚的‘现成物’价值并不太大，但是如作为艺术的一个例证，它们对艺术理论却是有价值的。我并不能由此断言，杜尚和他的朋友们发明了授予艺术地位的手段；他们只不过是用一种非寻常的方式使用现成的惯例方式。杜尚并没有发明艺术界，因为，艺术界始终就已存在于那里。……艺术界由系

① Ludwig Wittgenstein, Philosophical Investigations, G. E. M. Anscombe (trans.), The Macmillan Company, 1964, 8e.

② George Dickie, Art and the Aesthetic: An Institutional Analysis, Ithaca & London: Cornell University Press, 1974, p. 29.

③ George Dickie, Art and the Aesthetic: An Institutional Analysis, Ithaca & London: Cornell University Press, 1974, p. 29.

④ George Dickie, Art and the Aesthetic: An Institutional Analysis, Ithaca & London: Cornell University Press, 1974, p. 32.

统集束（a bundle of system）所构成，包括戏剧、绘画、雕塑、文学、音乐等，它们的每一个系统，都为在本系统内授予对象以艺术地位而提供惯例的氛围。这些系统被纳入艺术一般观念（generic conception of art）中，这是不可阻遏的，每个较大的系统内都包含了更深层的子系统。艺术界的这般特质，提供出了一种能容纳最大创造性的伸缩特性”[①]。

关于艺术条件（2），迪基继续将之解剖为彼此不同并相互关联的四个观念：“①代表某一种惯例；②地位的授予；③成为一个待选者；④欣赏。”[②] 显然，这种分析哲学态度将“艺术授予活动”置于典型的西方割裂式思维的手术台上，大致形成了前后相继的逻辑关系。

通过逐层解析，可以看到其包含的实际内涵是：

（1）“代表惯例”或者“形成惯例”的核心载体是创作艺术品的艺术家，他们作为艺术品的“呈现者”离不开那些作为艺术品接受者的“座上客”。这样，呈现者与“座上客”就成为艺术整体系统中的少数核心成员，在他们推动了这个系统运作之后，批评家、史学家和艺术哲学家作为艺术界的成员也被卷入其中。

（2）“地位的授予”，通常由创作人工制品的艺术家来实现，这种活动一般都是个人行为（当然也有一批人去授予的），这种个人要代表艺术界来实施行动，从而授予人工制品以供人欣赏的待选资格。

（3）由上面的含义可以看出，所谓“候选资格”就是艺术界某位成员授予供欣赏的待选者的地位。

（4）这里“欣赏”并非传统的审美欣赏，而是指一种认可人工制品有价值的态度，是惯例的结构（而非欣赏的类分）造成了艺术欣赏与非艺术欣赏之间的区别。

显然，迪基面临的第一个指责就是“循环论证”。的确，从“艺术”到“艺术界”，再从“艺术界”回到“艺术”：从逻辑上说，迪基实际上说的还是“A是A”或者“艺术是艺术”。迪基自己也不避讳这一点，但他努力为自己辩护说：这种定义的循环是“非恶意的循环”，它所强调的是与“艺术界”的某种关系。他强调的是约定俗成的内容的注入和嵌入，所以艺术方能在历史上成立，难怪这种理论又被称为“文化学理论”（culturological theory）。但另一方面，迪基又强调“惯例论”是无涉内容的，这就是《何为艺术？——一种惯例论分析》（What is Art?—— An Institutional Analysis）一文之终篇，迪基又绕回到对模仿说和表现说的批判。从已经建构起来的“惯例论”来看，无论模仿说还是表现说都被误认为是艺术理论了，其实它们论述的

① George Dickie, Art and the Aesthetic: An Institutional Analysis, Ithaca & London: Cornell University Press, 1974, pp. 32–33.

② George Dickie, Art and the Aesthetic: An Institutional Analysis, Ithaca & London: Cornell University Press, 1974, p. 34.

只是“艺术能做些什么”，而“惯例论”也并未揭示出“艺术所能做的一切”。在某种意义上，“惯例论”成了迪基心目中“最具理论色彩”的艺术理论。

三、对“惯例论”的不断修正

由于“艺术惯例论”提出了一套适用于当代艺术的“艺术定义”，从而引起了相当大的反响，赞同者大有人在，反驳者更是节节反击，“逼得”迪基不断地修正自己的理论。

“惯例论”引起了两种截然相反的反应。一方面，它为美学在当代艺术前沿赢得领地，用“惯例论”去解释新兴的极少主义、偶发艺术、观念艺术似乎再合适不过，因而在艺术领域获得了普遍的赞同。但是，另一方面，这种本来充满矛盾色彩的理论由于自身不能自洽，而遭到了美学界的纷纷质疑。

反击的关键在于迪基所用的“授予”概念。的确，“授予”活动是“惯例论”最精华的部分。究竟是谁在“授予”？如果确定下来，又是“谁”赋予了这个“授予者”以授予权？是否会导致对授予权的滥用？如果这样，那么，就会出现无所不是艺术、一切皆非艺术的可能。

迪基虚心接受了对“授予”的尖锐批评。他对“惯例论”进行了修正，区分出“早期看法”和“晚期看法”。他反思说：的确，早期艺术“惯例论”的视角好像说一个人造物是艺术品，只需有人说“我命名这个东西为艺术品”就万事大吉了。依据这种视角来分析，并没有指明究竟是人工制品如何“成为艺术”[①]，而单单是命名而已，这是很明显的问题。

对早期“惯例论”的批评，迪基明确接受了两点：第一是关于艺术条件（1），以前他认定诸如杜尚的《泉》这样的人造物都是被“授予”艺术地位的，这显然不正确；而今他相信人造制品并不是被授予的。人造物只是通过两个物结合、消解掉一些物、塑造物等对“前存在物”的转化。当这些物被如此转化之后，便能明确地适用于“艺术”的定义——“一个人造物，特别要带有一种随后被使用的视角”[②]。比如一块浮木，被置于艺术界语境当中，就会按照绘画和雕塑的方式而被选择和陈列出来。它被作为艺术媒介来使用，因而成了更复杂的对象的一部分。这样，这个复杂物就成了艺术界系统内的人造物。

第二，迪基接受了比尔兹利涉及艺术条件（2）的批评。在早期视角中，迪基将艺术界视为一种“已建构的实践”和非正式的活动。比尔兹利择出迪基的两个术语

① George Dickie, Introduction to Aesthetics: An Analytic Approach, Oxford: Oxford University Press, 1997, p. 87.
② George Dickie, Introduction to Aesthetics: An Analytic Approach, Oxford: Oxford University Press, 1997, p. 86.

“被授予的地位”和“代表而做”(acting on behalf of)，认定它们都在正式的惯例中被使用，但迪基错误地用正式的惯例语言来描述非正式的惯例。[①]迪基接受这一批评，放弃了这两个术语，认为成为艺术品就是获得地位，也就是在艺术界的人类活动里占据一个位置，这是正确的。换言之，按照晚期的视角，艺术品成了地位或者位置的结果，这个地位或者位置是在一个“已建构的实践”亦即“艺术界”里面被占据的。

显然，迪基最终放弃的是“授予”这个公说公有理、婆说婆有理的说法，从而避免了人们对他的指责。这样，晚期的“惯例论”就被修订为，艺术品：(1) 它必须是人工制品；(2) 它是为提交给艺术界的公众而创造出来的。[②]进而，迪基的四个附加说明条件（其实是自我辩护）是：“艺术家”是参与理解艺术品的制作过程的人；“公众”是一组人，这些成员在某种程度上准备去理解要提交给他们的物；“艺术界”是“整个艺术界系统的整体”(totality of all artworld systems)；“艺术界系统”就是一个艺术家将艺术品提交给艺术界公众的构架。[③]2004年，迪基在《定义艺术》一文中似乎更突出艺术惯例是一种文化实践，艺术活动本身就是一种文化实践活动，[④]这基本上还是在强调其晚期说的文化维度。

遗憾的是，当迪基将“授予”抽掉时，也就抽掉了这一理论的文化与历史的内涵，表面上似乎八面玲珑了，但却因此失去了理论的原创性。无论如何，这个著名的“惯例论”都可谓是从美学角度对当代艺术所作出的解答之一。

四、“惯例论”的困境

当分析美学将艺术作为“开放的概念”、其开放性指向“无限”时，这一概念本身也由于它的特质将把自身消解掉。迪基的“惯例论”及此后的类似理论，也面临这种难以解决的悖论。不同的是，“开放的概念”所开放的只是艺术自身，而迪基的理论则向无限延展的“惯例”世界开放。

尽管分析美学提升了概念的“开放性”，但毕竟还是意指“概念”的开放性，这里仍有忽视历史主义的倾向。在这个意义上，当代美学家列文森（Jerrold Levinson）

① George Dickie, The Art Circle: A Theory of Art, New York: Haven Publications, 1984, pp. 80, 44; George Dickie, Introduction to Aesthetics: An Analytic Approach, Oxford: Oxford University Press, 1997, p. 88.

② George Dickie, The Art Circle: A Theory of Art, New York: Haven Publications, 1984, pp. 80, 44; George Dickie, Introduction to Aesthetics: An Analytic Approach, Oxford: Oxford University Press, 1997, p. 92.

③ George Dickie,, The Art Circle: A Theory of Art, New York: Haven Publications, 1984, pp. 80–82.

④ George Dickie, “Defining Art : Intension and Extension”, in: The Blackwell Guide to Aesthetics, Peter Kivy (ed.), Blackwell, 2004, pp. 45–62.

的意见值得关注，他主要持一种“向后看”的历史视野——“通过有意将某物设想为与一种认为是较早的艺术正好一致，某人就能使它成为艺术”[①]。换言之，“今天意义上的艺术作品，是一件已经被认真评价为艺术作品的东西，也就是说，用任何一种正确评价以前存在过的或以前的艺术作品的方式来评价当今的艺术作品”。[②]就此而论，列文森称他的理论为“内指的”或“内在索引的”(internally indexical)。这意味着，艺术要通过与前代艺术的“比照”方能确定自身，而不是像迪基那样完全诉诸艺术之外的某种“社会惯例”，反倒是要在艺术的“历史序列”的内部来定位艺术。这是有道理的。

惯例理论所做的只是“理论的转让”，也就是说，艺术的界定不再从艺术自身出发来规定自身，而是到艺术之外的文化和社会中寻找最终的答案，所以“惯例论”往往被视为文化学理论。其实，这种解答方式不是分析美学原来设想的，而恰恰是分析美学的“非历史”取向最应拒绝的。反过来说，恰恰是适度引入了文化内容，分析美学才获得这样的解释力。但这种将艺术规定“让度”给社会惯例的方式，毕竟是分析美学面对当代艺术不断妥协的结果。

换言之，惯例理论更像是一种“折中方案”。一方面，不断需要获得解释的新艺术需要进入“艺术”概念之中而被授予合法的“艺术地位”。这是一种历史的需要。另一方面，“艺术”概念还要按照分析美学的套路演绎下去，逃避传统的从必要和充分条件入手的定义方式，从而使得自身获得新的理论生命力。这是一种理论的诉求。正是在这两者的张力之间，“惯例论”献出了它的“权宜之计”。尽管如此，分析美学家还在继续开拓，例如沃尔特斯托夫（Nicholas Wolterstorff）将艺术视为一种“行动”理论[③]，还有卡罗尔（Noël Carrol）把艺术作为文化实践理论的最新主张[④]，都是如此。

但是，无论美学还是艺术理论，都既是“概念性”地与现实相关，又都“历史性”地与现实相连。就理论方面而言，走向“惯例”的美学和艺术理论，其实是分析美学无奈“后退”的结果，也是远离分析原则而接近文化的结果。这种路数，必然具有“非理论”化的取向，因为概念会消解在惯例的汹涌波涛里。“非理论”生成之处就是理论的终结点。从历史方面而言，只要容纳更多的新艺术现象在“艺术”概念中就会导致这样的后果：对艺术越无限“开放”，对惯例的规定也就越无限“松

---

① Jerrold Levinson, “Refining Art Historically”, in: The Journal of Aesthetics and Art Criticism, Vol. 47, No. 1.

② Jerrold Levinson, “Refining Art Historically”, in: The Journal of Aesthetics and Art Criticism, Vol. 47, No. 1. Jerrold Levinson, “Extending Art Historically”, in: The Journal of Aesthetics and Art Criticism, Vol. 51, No. 3, (Summer, 1993).

③ Nicholas Wolterstorff, Art in Action: Toward a Christian Aesthetic, Michigan: William B. Eerdmans Publishing Company, 1980, pp. 1–18.

④ Noël Carroll, Beyond Aesthetics: Philosophical Essays, Cambridge: Cambridge University Press, 2001.

动”，当惯例的内涵缩小、外延趋于无所不包时，艺术界定的这个“救世主”也就失去了生命。这样，“惯例”既无法“近取诸身”而解释自己，更不能“远取诸物”而拯救艺术了。

第四节　丹　托

丹托（Arthur C. Danto，1924—2013）是一位具有世界影响的当代分析哲学家、美学家和艺术批评家。自20世纪80年代开始，他的“艺术的终结”思想对国际美学界的影响非常大，而今仍回响不断。丹托1924年出生于美国密歇根州，在底特律长大，入伍两年之后，在韦恩大学（现在的韦恩州立大学）学习艺术和历史，后来又到哥伦比亚大学求学，于1949年和1952年分别获得硕士和博士学位。从1949年到1950年，他曾到巴黎进行研究工作，1951年回到哥伦比亚大学教书并于1966年成为哲学教授。他曾经出任美国哲学学会的副主席和主席、美国美学学会的主席、美国《哲学杂志》编辑，并多次获得学术嘉奖。

丹托的研究领域非常广阔，涉及思想、情感、艺术哲学、再现理论、哲学心理学、哲学史等方面。他撰写了大量专著，可谓著作等身。哲学著作主要包括《分析的历史哲学》（Analytical Philosophy of History）、《作为哲学家的尼采》、（Nietzsche as Philosopher）、《分析的知识哲学》（Analytical Philosophy of Knowledge）、《何谓哲学》（What Philosophy is）、《神秘主义与道德》（Mysticism and Morality）、《萨特》（Jean-Paul Sartre）、《叙事与知识》（Narration and Knowledge）、《与世界相联：哲学的基本概念》（Connections to the World: The Basic Concepts of Philosophy）等。其中，他较早的哲学专著《分析的历史哲学》具有显著的开拓性，证明了作为历史思维特性的决定性因素——“叙事性特征”，这使他的哲学观念虽然来自分析哲学，但却又作出了超越分析哲学的努力。[①]

公正地说，1981年出版的专著《平凡物的变形：一种艺术哲学》（The Transfiguration of the Commonplace: A Philosophy of Art）是丹托从哲学转向美学的转折之作。他的美学观念也是逐步展开的，此后的专著《哲学对艺术特权的剥夺》（The Philosophical Disenfranchisement of Art）、《艺术终结之后：当代艺术与历史樊篱》（After the End of Art: Contemporary Art and the Pale of History）、《超越布乐利盒子：后

① Arthur C. Danto, Analytical Philosophy of History, Cambridge: Cambridge University Press, 1965.

历史视野中的视觉艺术》(Beyond the Brillo Box: The Visual Arts in Post Historical Perspective)、《遭遇与反思：处于历史性当前的艺术》(Encounter & Reflections: Art in the Historical Present)，更是使这位哥伦比亚大学教授声名日盛，逐渐成为国际型的学者。自1984年开始，丹托为美国许多著名艺术杂志撰写艺术评论，后来移居纽约，晚年成了美国最著名的艺术批评家。

无论在哲学界还是美学界，丹托都具有相当高的地位。他在欧美学界可谓“如日中天”，有论者将他与奎因、戴维森、普特南这样严格的分析哲学家，以及罗蒂这样的实用主义的哲学家一起列为“当代最杰出的哲学家”。[①]按照马戈利斯在《分析美学的衰落与恢复》(The Eclipse and Recovery of Analytic Aesthetics) 中提出的看法，分析美学中有建树的“四大美学家”分别是比尔兹利、古德曼、丹托和作者本人。[②]

一、“艺术界”理论

丹托独创的“艺术界”理论对当代分析美学做出了重要贡献。同时，这一理论的提出也为传统的“艺术以审美为支撑”的观念画上了句号。因此，关于如何授予某物以艺术地位的问题，就从原来的由审美规定，转化为“艺术界”本身的约定俗成。

1964年10月15日，在美国哲学学会东部分会的第61届年会上，丹托宣读了《艺术界》(The Artworld) 的论文。这个发言后来被发表在1964年的《哲学杂志》第61号上[③]，此后，它就成了分析美学的“经典文本”。

丹托从批判欧洲最古老的艺术观念即“模仿说”谈起。这种“模仿理论”(Imitation Theory) 被简称为“IT”，历史上关于艺术界定的多种理论其实都多多少少依赖IT。然而，他明确地指出IT无法自我解决的矛盾：“镜像O如果确实是O的模仿，那么，艺术即模仿，镜像即艺术。实际上，用镜子反映物不是艺术……指向反映物仅仅是一种狡黠的反证……如果这种理论要求将这些都归类为艺术，便呈现出一种不充分性：‘是模仿’不能成为‘是艺术’的充分条件。”[④]在艺术发展史上，有几个事件对模仿论产生了致命影响，其一是摄影术的发明，其二是抽象派绘画曾经占据主流。的确，对模仿作为“充分条件”的质疑开始于摄影术的发明，显然，摄

---

① Giovanna Barradorl, American Philosophers: Conversations with Quine,Davidson, Putnam, Nozick, Danto, Rorty, Cavell, Maclntyle, and Kuhn, Chicago: The University of Chicago Press, 1994.

② Richard Shusterman (ed.), Analytic Aesthetics, New York: Basil Blackwell, 1989, pp. 161-189.

③ Arthur C. Danto, “The Artworld”, in: The Journal of Philosophy, Vol. 61, No. 19, (Oct. 15, 1964), p. 571.

④ Arthur C. Danto, “The Artworld”, in: The Journal of Philosophy, Vol. 61, No. 19, (Oct. 15, 1964), pp. 571-584.

影术使以原本与模本符合程度为准绳的艺术取向被阻断。因为模仿作为“充分条件”都已被扔掉，所以，作为“必要条件”的模仿也被抛弃了。

这样，丹托开始转向分析美学的主题“语言分析”。从非艺术品中区分出作为艺术品的对象，首要的是能正确使用“艺术”这个词，使用“艺术品”这个短语。然而，理论对现实的建构作用在以往的语境下被忽视了。这不仅是由于艺术品与其他物品难以区分，而且按照传统观念，“艺术理论”在确定“何为艺术”方面并没有多大作为。这或许是因为，人们并没有反思他们置身其中的艺术领域，没有意识到“什么是艺术”与“什么不是艺术”所需要的理论反思，仍以为在既定领域内所确定的“这是艺术”是约定俗成而无须再证明的。

这样，“艺术理论”的作用便呈现了出来。这不仅表现为这种理论可以帮助人们区分艺术与非艺术，而且还可以用其自身的力量“使艺术成为可能”!

在提出了“IT”之后，丹托又提出了一种理解艺术的“RT”。所谓“RT”也就是“Reality Theory”，可以翻译为“真实性理论”；“reality”的含义基本取自形式主义美学家、艺术理论家弗莱（Roger Fry）的理解。究其实质，这种理论面对IT的巨大历史压力，要实现的是一种历史性转换。如果说IT要求的是是否成功“模仿了真实形式”，那么，RT所要求的则是是否成功地“创造了新的形式”，这种“真实”与旧艺术试图完美地模仿形式一样“真实”。所以，丹托从弗莱认为艺术的目的“不在幻觉而在于真实性”的观点出发直接引出RT。显然，力求造就“幻觉”的是IT，力图呈现“真实性”的是RT。

因此，RT的出现为观照新绘画和旧绘画都提供了新视角。换言之，原来苏格拉底意义上的IT曾经占据主导的解释方式，曾经要将RT的观照方式排除在外，而在RT出现之后，许多按照IT来观看的艺术则被置于全新的视角之中。艺术史上的相关证明俯拾即是，其中最重要的艺术思潮便是后印象派。不仅由于“创造性”历来就被视为艺术的本性，后印象派的艺术创造者曾被誉为最具创造性的，而且更重要的是，后印象派获得了丹托意义上的“本体论”的胜利。为什么？丹托解释说，这种本体的扩展在于，即使不像IT所说的艺术比被模仿对象的真实更多，艺术的真实至少也不会更少；艺术可能在真实性方面走得更远。

这里出现了更深刻的哲学问题。因为一方面，普通人误认为这些艺术是“真实物”；但另一方面，根据RT，这样做同时也意味着“真实”。显然，丹托运用的是英文双关语。但更加重要的是丹托引向了本体论的追问：作为接受者的普通人为什么会产生这样的误解？作为创作者的艺术家为什么没有这种误解？一个人能把（前一种）“真实”误认为是（后一种）“真实”吗？一言以蔽之，究竟是“什么”使之“成为艺术”?

这里，丹托用波普艺术家罗伯特·劳申伯格（Robert Rauschenberg）所做的“床”的艺术品来说明。其中的关键在于发现这个床不只是一张床！丹托利用劳申伯格在床上所洒的油漆为突破口作出了精彩解答：“因此物品不是仅仅一张床，巧的是上面洒了些油漆，而成为一件利用床和油漆制成的复杂实体（entity）：一张‘油漆—床’……人，正如艺术品一样，一定不能被看作是还原为他们自身的各个部分，而且，就是在这个意义上人才是具有原初性的。或更准确地说，油漆的斑斑点点并不是真实物床的一部分，而床恰恰是艺术品的一部分，这些油漆斑点像床一样，也同样是艺术品的一部分。这一点可以归为艺术总体上的特征化，而这个艺术品恰巧包含了真实物，并将之作为自己的一部分：当真实物R是艺术品A的一部分，同时能够从A分离开来，并且仅仅被看作R时，不是A的每一部分都是R的一部分。因此，迄今为止的错误就在于把A误认为是它自身的一部分，亦即R，尽管说A是R、艺术品就是一张床并不正确。”[①]

具体来说，假如作为真实物的床是劳申伯格《床》这个艺术品的一部分，并且前者可以从后者中分离开来，那么，当这个床仅仅被看作是真实物时，不是艺术品所构成的每一部分（成其为艺术的）都成为现成物的一部分。普通人观看艺术的误解在于，他们都误认为艺术品是现成物的一部分，也就是将作为艺术品的《床》视为现实中的床的一部分（或者说被置放在现实的语境之内了）。这样，认定艺术品就是现成物本身的最终推论显然是荒谬的，因为艺术品与床画上了等号。这也是普通人对“现成物成为艺术”这种从达达主义开始的艺术手法的普遍误解，即认为现成物没有经过任何的变形、没有被置于任何的特定情境之内，就能成为艺术了。事实并非如此。

这里需要两个相当重要的因素嵌入其中：其一是《艺术界》集中论证的作为氛围的“艺术界”，其二则是作为授予地位者的“艺术理论”。这是两个使现实中的平凡物成为艺术品的必要条件。只有具备了这两个条件，“这是艺术”的“是”才变成具有哲学意义的“是”，而非单纯的身份判断或存在确认那种“是”。这也就是丹托强调的，掌握“艺术确认之是”（the is of artistic identification）的问题。[②]

著名的“艺术界”的理论就这样产生了。那么，丹托是如何导出这一概念的呢？在此之前，他还提出过一个引导性的概念，即“艺术确认”或“艺术认定”（identification）。这个概念指明了一种活动，它可以使人们把艺术的名义授予某物。通过详细论证，他说明了由一个给定的确认所决定何为艺术品，艺术品可以包含多少个元素，而且，一个艺术确认往往能引出另一个艺术确认。然而，一般来说，这

① Arthur C. Danto, “The Artworld”, in: The Journal of Philosophy, Vol. 61, No. 19, (Oct. 15, 1964), p. 576.
② Arthur C. Danto, “The Artworld”, in: The Journal of Philosophy, Vol. 61, No. 19, (Oct. 15, 1964), p. 579.

些艺术确认之间彼此非常不一致，每一种都能构成彼此不同的艺术品。

在丹托看来，要确认作品就要将这个作品归属于某种氛围，归属于历史的一部分。当然仅仅有这种归属还不够，还要将这种“历史的氛围”与“艺术理论”结合起来加以理解，前者是历史的，后者是理论的。也就是说，最终使现实物同艺术品区别开的是艺术理论，是这种理论将现实物带到艺术界里面，并确定它为艺术品。

简而言之，“为了把某物看成艺术，需要某种肉眼所不能察觉的东西——一种艺术理论的氛围（atmosphere of artistic theory），一种艺术史的知识：一个艺术界（an artworld）”。[1]进而言之，如果没有艺术界的“理论”和“历史”，现实物就不会成为艺术品。

需要补充的是，由此出发，丹托对整个艺术风格形态作出了哲学解释。他为我们列出了一个逻辑性极强的“风格矩阵”（style matrix），其中，“F”意指“是再现主义的”，“G”意指“是表现的”，“+”代表一个给定的谓项P，“-”则代表对立项非-P。为了便于理解，可以图示如下，左半部分是丹托原来的图示，[2]右半部分则是我们的进一步解释：

丹托的“风格矩阵”		对应风格类型	相关艺术例证
F	G		
+	+	再现的表现主义的 representational expressionistic	野兽派 Fauvism
+	-	再现的非表现主义的 representational nonexpressionistic	安格尔 Ingres
-	+	非再现的表现主义的 nonrepresentational expressionistic	抽象表现主义 Abstract Expressionism
-	-	非再现的非表现主义的 nonrepresentational nonexpressionistic	硬边抽象 hard-edge abstraction

如此看来，这个矩阵在哲学意义上包含了各种艺术风格类型，矩阵中的每一行都具有合法性。也就是说，“再现的表现主义”与“非再现的表现主义”具有同样的合法性，不能因为在20世纪60年代后高举“抽象表现主义”的旗帜，就抹杀了“野兽派”的价值。同时，这个矩阵并不是封闭的，丹托认定当代艺术的突破在于给这

① Arthur C. Danto, “The Artworld”, in: The Journal of Philosophy, Vol. 61, No. 19, (Oct. 15, 1964), p. 580.

② Arthur C. Danto, “The Artworld”, in: The Journal of Philosophy, Vol. 61, No. 19, (Oct. 15, 1964), p. 583.

个既定的矩阵增加了列的可能性，这正是当代艺术的特征。无论从理论上还是实践上，随着艺术相关谓项多样性的越来越大，艺术界能容纳的个体成员就越来越复杂，全面把握了整个艺术界的人们越多，这些人同其他任何成员的经验就越丰富。

最后，丹托总结道，无论艺术的相关谓项是什么，它们都使非艺术获得了成为艺术的资格，艺术界的其他各个部分都有可能获得对立谓项，并使这种拓展开来的可能性适用其成员，这样艺术界才能获得更大的丰富性。

迪基通过《艺术与审美》加以总结的“艺术惯例论”，就是援引丹托的“艺术界”理论、对当代艺术的拓展进行的新的解释。由于这种理论提出了一套适用于当代艺术的“艺术定义”，从而获得了相当大的反响。迪基曾多次提到他对丹托的直接继承和他与丹托的差异。他们的基本差异当然在于核心观念不同：丹托并没有通过其《艺术界》和《艺术品与真实物》（Art Works and Real Things）[1]等一系列的论文，发展出“对艺术的一种惯例性的阐述”，他所关心的还是他自称的模仿论和艺术真实论的问题。然而，通过这些文章，迪基却洞见到丹托的许多观点其实是与惯例性的解释相符的，可以被归并到惯例论里面去。特别是丹托关于艺术起因的论述，更是与迪基的惯例性之解释相一致，迪基自己甚至认为惯例论是“起因论（the ascriptivity theory）的一种合理的变形”[2]。

实际上，“艺术界”是由艺术家、批评家、画廊、博物馆和艺术欣赏者共同构成的混合体，它向当代艺术展现了开放姿态。正如“惯例”原本也是一个描述性概念一样，迪基将对“艺术”的直接界定建立在“艺术界”这样“约定俗成”的描述性观念之上。简单地说，“惯例论”包含着同“艺术界”的内在关系。究其实质，丹托所说的“艺术确认”也就是迪基所谓“艺术授予”或“授予艺术地位”问题，前者对后者的内在影响无疑是巨大的，因为这意指了“使之成其为艺术”的活动本身的重要过程。无论在历史中，还是从理论上，分析美学都不能无视丹托的“艺术界”的重要影响。

二、“平凡物的变形”说

应当视丹托1974年提出“平凡物的变形”说为“艺术终结论”的前导性学说[3]，

---

① Arthur C. Danto, “Art Works and Real Things”, in: Theoria, 1973, pp. 1–17.

② George Dickie, “Art and Aesthetic”, in: Theoria, 1973, p. 29, footnote 9.

③ Arthur C. Danto, “The Transfiguration of the Commonplace”, in: The Journal of Aesthetics and Art Criticism, 1974, Vol. 33, No. 2. (Winter, 1985).

后来这个提法被扩充为一本专著的正标题。[①]此后，丹托思想的美学取向越来越明显，美学方面的建树有目共睹。

丹托是以沃霍尔（Andy Warhol）1964年展览的《布乐利盒子》系列作品为契机提出新说的。可以说，沃霍尔的艺术品一直是丹托所认为的“哲学化”的艺术品。这个著名的系列作品其实很简单，是沃霍尔从美国超市购买到印有“Brillo”商标牌子的肥皂包装盒，再用木板之类复制而成，或者单个摆放，或者叠码在一起，然后直接拿到美术馆展示，便成了最重要的波普艺术品之一。它也总被视为对传统艺术的颠覆、讽刺甚至揶揄，也曾使得按照传统“惯例”定位艺术的人们感到十分不悦。

但丹托却在这种“破天荒”的艺术实践里，看到了丰富的哲学意义和美学价值。显然，沃霍尔《布乐利盒子》的出现使丹托的艺术定义成为可能。因此，在《布乐利盒子》与艺术终结之间存在着特殊的关联，或者说，丹托在其中洞见到了哲学与艺术的冲突。他的观点是认定“传统艺术定义那种不可避免的空洞，就来自每个定义都建立在某些特征的事实之上，而沃霍尔的盒子却使这些特征与这样的定义毫不相干。……随着《布乐利盒子》的出现，（力求界定艺术）的可能性已经被有效地封闭了，而艺术史也以某种方式走到了尽头。它不是已停止，而是已终结了……在20世纪六七十年代的前卫艺术那里，艺术与哲学相互作好了准备。为了把艺术和哲学彼此分开，事实上它们突然变得彼此需要对方了”[②]。可见，沃霍尔的展览是以“纯哲学形式”提出了问题，对这个问题的回答只能来自哲学。[③]

在丹托看来，“惯例”正如后来迪基所示并不能成为艺术家创新的“枷锁”，相反，阻止《布乐利盒子》“衰变”为一个“平凡物”的正是“艺术理论”。丹托总是将自己与迪基的“惯例论”划清界限。这样，他这样的理论家就大有可为了，因为恰恰是“艺术理论”使《布乐利盒子》可能成为艺术，或者说是理论在指定《布乐利盒子》——“这是艺术”。所以，当某物被当作艺术品时，“边缘性”（aboutness）成了《布乐利盒子》与“布乐利”牌肥皂盒之间的隔离空场。实际上，它所获得的无非是“艺术理论”的指定和肯定。这种“艺术理论”无疑总是由丹托的“艺术界”造就的，是“艺术理论”授予了某物以艺术的地位，而不是如传统观念所认为的“艺术理论”只是艺术在观念上的衍生物。

在《艺术的终结》撰写14年之后亦即1998年，丹托又写了一本《超越布乐利盒

---

① Arthur C. Danto, The Transfiguration of the Commonplace: A Philosophy of Art, Cambridge: Harvard University Press, 1981.

② Arthur C. Danto, The Tranfiguration of the Commonplace: A Philosophy of Art, Combridge: Harvad University Press,1981, p. viii.

③ Arthur C. Danto, Encounter & Reflections: Art in the Historical Present, Berkeley: University of California Press, 1990, p. 343.

子》的书，进而对今日艺术最富挑战性的问题，当代多元主义与对艺术家的审察制度和国家支持的困境问题，继续进行深入探讨。他坚定地认为，沃霍尔的《布乐利盒子》使传统艺术定义遭到了激进的质疑和攻击，以至于整个西方艺术史也步入终结。然而，《超越布乐利盒子》的新主张却使丹托注意到沃霍尔这个艺术品在三个层面上导致的后果：[1]其一是关于所谓“西方艺术的主导叙事”（master narrative of Western art）的问题，丹托解释了西方“前波普”艺术运动，即使是最具革命性的，也受到某种“普遍的艺术概念”的启发，这个概念植根于整个西方传统之中。丹托的创新之处在于将目光转向西方之外的东方和非洲，试图发掘与西方相对的传统中那些“平行的叙事”。其二是继续抓住“后历史时代”的潮流不放，除了仍认为这种潮流始于沃霍尔并造成了“高级”与“低等”艺术的冲突外，还考察了“多元主义”如何改变艺术被制造、被感受和被展出的方式。其三，他研究了从柏拉图到维特根斯坦的大师叙事的哲学观念，试图通过另一种方式进行超越，这种方式就是探寻艺术的历史存在方式，探寻艺术在不同文化中所具有的不同存在方式，探寻叙事是真实的而非只是理智性建构（intellectual constructs）程度的方式。

实际上，丹托探索了两种不可见的（非显现性）的布乐利盒子，一种是超市里的布乐利盒子，另一种则是沃霍尔创作的《布乐利盒子》。他把其中一种视为“仅仅是真实的物”，把另一种视为处于艺术品的位置上。他更关注的是一种深入的转换，即从前者向后者的转换，从平凡物向艺术的“变形”。这些思考都成了当代“艺术终结论”的前奏曲。

三、“艺术终结论”

艺术终结论的最早提出者是黑格尔，出自他的学生霍托（Heinrich Gustar Hotho）编辑整理的《美学讲演录》（Vorlesungen über die Ästhetik）。其实，在黑格尔那里，将艺术逼向“终结之途”的是两种东西：一个是思想体系方面的“内在悖谬”，这是其所“思”的；另一个则是他身处时代的整体艺术和文化状况，这是其所“感”的。这便构成了双重张力，一面是“时代与艺术”的张力（“市民社会”对艺术不利），一面是“艺术与观念”的张力（艺术向“观念”转化），黑格尔则试图将这两者融会在一起。

在黑格尔宣判“艺术解体”之后，丹托重提了这个命题，遂被称之为“二次终结论”。他在1984年发表了两篇文章，先是《哲学对艺术的剥夺》，它并没有吸引多少关

---

① Arthur C. Danto, Beyond the Brillo Box: The Visual Arts in Post Historical Perspective, Berkeley: University of California Press, 1998.

注，但《艺术的终结》却引起轩然大波。这两篇文章的内容并不相同——前者说的是“遭受哲学压制的艺术”，后者则是说“艺术逐渐演变为艺术哲学”。尽管它们表面上是矛盾的，但实际上后者恰恰是对前者的认可，算得上是对艺术的权力的“最全面的剥夺”，而且使用的策略亘古未有。[①]就连黑格尔也没有这样彻底，所以，丹托的终结理论之所以引发非常大的争议和反响，细想起来也在情理之中。

《艺术的终结》原是作者为一次艺术界研讨会提交的短文。后来，他应沃克当代艺术研究所之邀，又在关于未来的讲座中作了“艺术终结”的演讲。这个演讲对于20世纪80年代中期艺术界的沉闷状态就好像引爆了一颗炸弹，随后朗（Berel Lang）编辑了著名的美学论集《艺术之死》[②]，找了许多人对丹托此文的主题进行回应，从而将这个问题越炒越热，也在接受者那里混淆了“艺术的终结”与“艺术的死亡”之间的区别，但这却不是丹托的原意。

在丹托看来，他也是在“历史地预测艺术的未来”，这同黑格尔不谋而合。这样就不必只囿于艺术去思考“何为未来艺术品”的问题，甚至完全可以去假定“艺术本身并无未来”。因此，无论黑格尔还是丹托，都不认为“艺术从此没有了”，而是指“艺术动力”与“历史动力”之间不再重合。这正是黑格尔给予丹托的“历史性”启示：艺术与历史的发展不再方向相同，或者说艺术根本失去了历史方向，历史维度里将不再有艺术。在这个意义上，丹托倒像是在重复同样的命题：“而现在，历史与艺术坚定地朝不同方向走去，虽然艺术或许会以我称之为后历史的样式继续存在下去，但它的存在已不再具有任何历史意义。现在，几乎无法在某种哲学史框架外思考这一命题了，如果艺术未来的紧迫性并不以某种方式出自艺术界本身的话，那就很难认真看待它了。在今日，可以认为艺术界本身已丧失了历史方向，我们不得不问这是暂时的吗？艺术是否重新踏上历史之路，或者这种破坏状态就是它的未来：一种文化之熵。由于艺术概念从内部耗尽了，即将出现的任何现象都不会有意义。”[③]

可见，丹托所宣告的是：既然艺术自身的能量耗尽了，那么，它不走向死亡还能走向何方？可以肯定的是，艺术已经走出历史藩篱。[④]这是丹托“艺术终结后的艺术”的核心理念，也是其“艺术终结”立论的基本前提。

的确，丹托指出了这样的事实，现代主义艺术的内在动力业已日益被“耗尽”

---

① Jane Forsey, “Philosophical Disenfranchisement in Danto's ‘The End of Art’”, in: The Journal of Aesthetics and Art Criticism, Vol. 59, No. 4. (Fall, 2001).

② Berel Lang (ed.), The Death of Art, New York: Haven Publishers, 1984.

③ 丹托：《艺术的终结》，欧阳英译，江苏人民出版社2001年版，第77—78页。

④ Arthur C. Danto, After the End of Art: Contemporary Art and the Pale of History, Princeton: Princeton University Press, 1997.

而枯竭，花样翻新的现代主义艺术史成了过去时。于是，他在这里划定一个界限："在历史之内"与"在历史之外"。"在历史之内"的是终结前的艺术；"在历史之外"的则是终结后的艺术，或者说是"后历史"的艺术。

那么，所谓"后历史的艺术时期"（post-historical period of art）究竟是什么样的时期？在丹托看来，这一时期的艺术就是没有"历史意义"的时期。"后历史"并不是没有历史，而是指没有"历史意义"。如此可见，丹托恐怕难逃"循环论证"的指责。总之，他所要说的是，根据艺术的发展走向，艺术超出了历史发展的视阈而走向所谓的"后历史"阶段。

那么，"艺术终结后的艺术"究竟应保持何种存在状态？后来丹托才给出了明确的答案。他在1997年出版的专著《艺术终结之后》中指出，"后历史艺术时期"的标志就在于这个时代的一切东西都是可能的，或者说，任何东西都是可能的。

丹托希望，后历史艺术是按照"客观多元主义"的条件而创造的，所谓"客观多元主义"是指"艺术不再有必须走的历史方向"，至少对艺术史而言正是如此；"没有比其他任何东西更真实的历史可能性"，这便是所谓"艺术熵"或"历史无序时期"。于是，丹托从某种历史哲学的视角重新透视艺术史，以"你可以做一切事"的原则来建构了一种关于艺术史哲学的思考。

正是在这种意义上，丹托的"艺术终结"论、对"总体化"（totalization）的反对、"宏大叙事"的终结，还有福山（Francis Fukuyama）的"历史的终结"，皆被纳入"后现代性"的话语体系当中。①当然，丹托虽自认为并不是后现代主义者，他表面的反叛精神也并非允许"怎么都行"，但是"你可以做一切事"的"后历史艺术"的内在特质，却足以将其列在这个序列当中。因此，丹托无愧于在艺术界"造反"的后现代主义者的称号，在后现代主义者看来，他的"终结"无非就是"死亡"的代名词。

按照丹托的观点，既然艺术"终结"了，那么，"作为艺术"的艺术究竟"终结"在何处？答案是终结在"哲学"之中。

丹托相信，他关于"艺术终结"的观点其实是"一种剥夺艺术权利的形式"。但无论怎样，艺术终结在哲学之中了，或者说，艺术被"哲学化"了。这样，艺术就终结于自身身份的"哲学化"的自我意识中。从现代的情况来看，艺术无疑已经被哲学渗透了，使我们无法将艺术和哲学区分开来，从而把艺术从美学使之陷入其中的冲突中解脱出来。这样，丹托实际上是在完成柏拉图的计划——"永远以哲学取代艺术"！

丹托将西方艺术史划分为三段，亦即三个主要时期，第一个时期大约从1300年

---

① 刘悦笛：《生活美学：现代性批评与重构审美精神》，安徽教育出版社2005年版，第127页。

左右开始，第二个时期大约从1600年开始，第三个时期大约从1900年开始。[①]这是他研究整个西方艺术史的结论。

无论如何划分，丹托实际上都深得黑格尔三段论的精髓，并在一系列艺术史研究中对这种精髓运用自如。且看丹托如下两段论述的另一种形式的划分："西方艺术史分为两个主要时段，我们称之为瓦萨利时段和格林伯格时段。两者都是进步主义的。瓦萨利关注具象并以此来诠释艺术，随着时间的推移，可以看到它越来越好地'征服了视觉的表象'。当移动影像证明比绘画更能描摹现实时，关于绘画的叙事就终结了。"[②]"艺术史的大师叙事（时代）……是一种模仿的时代，随后就是意识形态时代，再随后就是我们的后历史时代……每一个时代都以一种不同的艺术批评结构为特征。……后历史时期的艺术批评必须像后历史艺术自身那样是多元的。"[③]

在此，我们能够看到丹托的艺术史"大叙事"的整体结构。在第一段论述中，他先将艺术史区分为"瓦萨利时段"和"格林伯格时段"；在第二段论述中则继续区分出"模仿时代"—"意识形态时代"—"后历史时代"。其实，出现在同一本书的这两种区分是一致的。因为所谓"瓦萨利时段"也就是"模仿时代"，所谓"格林伯格时段"就是"意识形态时代"，它们都是持"进步主义"观念的艺术叙事阶段，而今出现的则是第三种叙事模式：后历史的艺术叙事模式。

如果从艺术发展史角度来看，可以说，"模仿时代"大致相当于前现代艺术时期，"意识形态时代"大致相当于现代主义艺术时期，"后历史的时代"则大致相当于当下还在延续的后现代艺术时期。在模仿时代，无论艺术家还是欣赏者都是按照"具象原则"看待艺术的，但随着人们逐渐掌握了相关规律，特别是随着运动图像技术的到来，艺术的历史得以转变。因为，在诸如电影这种有赖于技术的艺术的大发展之下，电影制造幻象的能力已经完全超越了画家的手创，使人们不得不重新思考绘画的本质。这样，瓦萨利式的历史发展到移动图像，完全叙事被作为表象的技术后果而组构起来，而后绘画却逐渐走向更哲学化的道路。与此同时，在现代主义艺术运动之初，也就是在所谓"格林伯格时段"或"意识形态时代"，19世纪原始艺术对西方艺术界的入侵所带来的挑战同西方文明信仰之衰落直接相关，这确定了原来的艺术史叙事的终结。[④]在这里，丹托所举出的艺术家是高更（Paul Gauguin），因为丹托相信现代主义的几乎所有策略，都能在高更的艺术革新中找到

① Arthur C. Danto, Encounter & Reflections：Art in the Historical Presen, Berkeley: University of California Press, 1990, p. 340.

② Arthur C. Danto, After the End of Art: Contemporary Art and the Pale of History, Princeton: Princeton University Press, 1997, p. 125.

③ Arthur C. Danto, After the End of Art: Contemporary Art and the Pale of History, Princeton: Princeton University Press, 1997, p. 47.

④ Arthur C. Danto, Encounter & Reflections：Art in the Historical Presen, pp. 340–341.

踪迹。这样，艺术史叙事的前两个阶段都被勘定了，它们的内在动力便是前面所批判的线性历史进步观念，这从现代主义艺术要求“创新、创新、再创新”的力量里可见一斑。

前两种艺术史叙事模式被丹托视为两条错误道路：“第一条错误道路通过图像化来确定艺术。第二条错误道路是格林伯格的唯物主义美学，其中，通过图示内容所确信的东西被艺术所抛弃，因而也抛弃了错觉。”①可见，按照目前理解艺术史的方式，先前的艺术史叙事，即瓦萨利时段和格林伯格时段，并没有“以适当的哲学形式”提出关于“艺术本质”的问题。而丹托的潜台词则是：潜在于整体艺术史之中的目标，似乎就是以适当的哲学形式阐明“什么是艺术的本质”。

关键在于第三个阶段的艺术史叙事模式，亦即丹托所谓“后历史”的艺术叙事模式的出现。这种叙事模式对前两种叙事模式无疑进行了巨大的颠覆，其中最根本的颠覆在于对“进步主义”的反驳和遗弃。当然，当历史不再被视为由低向高、逐步上升的发展过程时，当历史的不可逆进化被悬隔时，当后现代的时间观念走向零散和碎裂时，不得不说丹托也具有某种后现代主义所特有的“反本质主义”心态。所以，他认为现代主义是一系列“本质主义”的呈现，哲学家们所谓对艺术本质是什么的“具有说服力的定义”，而今再度受到了质疑。这种质疑显然来自对“现代”的怀疑。现代主义时期在此被视为具有“异质性”的时期，它在作为艺术的事物等级当中出现。然而，丹托在20世纪60年代发现了沃霍尔的艺术。沃霍尔说明任何事物如果成为艺术品，都能与看似好像不是艺术品的东西相匹配，由此而来，“我们就置身于一种哲学的非历史氛围当中。一旦艺术制造者超出了发现艺术本质的任务，就可以发现艺术超离了历史”②。

在后历史时代，艺术的叙事重点就是回到艺术本质的问题。丹托认为，“艺术真的是什么与何为艺术的本质的问题”非常重要，“正如我所见，这个问题的形式是：在艺术作品与非艺术作品的东西之间，当二者的区别并不在于趣味知觉之时，如何作出这二者之间的区分？”③

实际上，丹托的解释确定了测量艺术史从某一叙事到下一叙事的“进步标准”，这的确是可能的。这样，特定艺术史时期的测量进步的准绳，也就是测量从某一时代到下一时代进步的准绳。每个时代的艺术史叙事开始后，叙事不仅提供了特定艺术史时期的叙事，而且也提供了适用于所有来自先前时期之先前艺术品的艺术史叙

① Arthur C. Danto, After the End of Art: Contemporary Art and the Pale of History, Princeton: Princeton University Press, 1997, p. 107.

② Arthur C. Danto, Encounter & Reflections：Art in the Historical Presen, p. 344.

③ Arthur C. Danto, After the End of Art: Contemporary Art and the Pale of History, Princeton: Princeton University Press, 1997, p. 35.

事。根据丹托的这种解释，我们从一种叙事移动到另一种叙事，将一直看到先前的叙事是错误的。因为，每一个新的叙事都声称发现了适当的理解道路，不只是理解其自身时期的艺术品，而且也理解来自整个艺术史的作品。这样，我们就能看到丹托的艺术史叙事的基本构架：

历史阶段	前现代时期	现代主义时期	当代时期
时间次序	从1300年到1880年	从1880年到1965年	从1965年至今
艺术史时段	模仿的时代（Era of imitation）	意识形态的时代（Era of ideology）	后历史时代（尚不明确的当前时代）
艺术史大师叙事	瓦萨利时段	格林伯格时段（后瓦萨利时段）	当代时段（没有大师叙事的时段）
艺术的历史趋势	艺术使得自身意识到作为“美的艺术”（fine art）而存在。“模仿—艺术”（mimetic-art）为了更忠实于活生生的可见经验而努力，乃至要准确地再现视觉经验。	“后—模仿艺术”（post- mimetic art）从“视觉向内心”转换，通过一系列的风格，来寻求“表现”和“自我探求”而非制造错觉。现代主义是被宣言所标识的时代，具有进步和历史必然性的意义。	这是多元文化的艺术（multicultural art）时代，艺术的本质被看作是一个对可能性开放的领域。这是一个不再有“大师叙事”的艺术时代，缺少制作艺术的风格而只有对风格的借用。

这样一来，丹托的艺术史观念也很清楚了。首先，艺术史能被分成不同的时期，每一个时期都有其自身的叙事来统治该时期的艺术。某个被给定的时期的叙事，都描述了该时期过程中的艺术进步的目标，都详细说明了该时期的艺术的内在发展。每一叙事都要搞清楚：某一特定艺术史时期是如何进步的、走向什么样的终结。其次，正因为每一个时期都被不同的叙事所统治，这种叙事便描绘了这一时期过程中的艺术进步，每一个时期同样也有其自身的艺术批评。某种叙事提供了理解被给定时期的艺术发展的途径。

关于“艺术终结论”，与丹托论争的学者非常多，以至于对艺术终结的问题的探讨至今绵延不绝。①争论主要是在理论界与艺术界之间展开的。因为“艺术终结”这

① Mark Rollins (ed.), Danto and His Critics, Oxford: Blackwell Publishing, 1993; History and Theory, Vol. 37, No. 4, Theme Issue 37: Danto and His Critics: Art History, Historiography and After the End of Art (Dec. 1998).

个命题之所以产生巨大影响，是因为其在艺术界所导致的巨大震动。在这里，艺术界对终结观念产生了普遍的误解——“艺术终结”就等于“艺术死亡”!

最后，这种论争又可以分为两个支脉。其中之一主要围绕艺术界这个中心展开，将焦点聚集在“艺术死亡了吗？艺术史结束了吗？艺术家死了吗？艺术理论完结了吗?”论争的前提是“终结就是死亡”。另一支脉则遵循了丹托的本意“终结不等于死亡”。在这个前提之下，从学理的角度来论证“艺术终结了吗？艺术史终结了吗？艺术家终结了吗？审美经验终结了吗？美学理论终结了吗?”这主要来自理论界的声音，质疑的是以丹托为主的理论的内在缺陷。无论如何，“艺术终结论”的确构成了20世纪末美学界的最强音，而今仍在世界各地得到回应。[①]

---

① Noël Carroll (ed.), Theories of Art, London: The University of Wisconsin Press, 2000.

第十二章　社会批判美学

概　论

“社会批判美学”是以“西方马克思主义”思想为基本思想取向和哲学原则的西方美学思潮，是几乎贯穿了整个20世纪美学主潮之一。从起源来看，在西方马克思主义的奠基之作《历史与阶级意识》（Geschichte und Klassenbewu βstsein, 1923）出版之前，匈牙利哲学家和美学家卢卡奇（György Lukács）“就已经确立了自己作为一个美学家的声望，其代表作有《心灵与形式》（The Soul and Forms, 1910），《小说理论》（The Theory of the Novel, 1920），后一部著作贯穿着黑格尔主义，写于1916年”[①]。实际上，可以用马尔库塞（Herbert Marcuse）在《新感性》（Neue Sensibilität）中所谓的“审美之维作为一种自由社会的尺度”[②]来概括“社会批判美学”的主要原则；这种美学思潮的取向，是在衡量社会自由度时以审美为批评标准，在评判审美价值时又以社会性的自由为准则。

有论者认为“西方马克思主义”这个概念最早出现在20世纪20年代末，是由哲学家马萨贝克率先提出的；也有人认为，苏联共产主义者在指责西欧马克思主义的黑格尔化倾向时最早用了这个术语。[③]公认的说法是，这个范畴在德国哲学家科尔施（Karl Korsch）1930年发表的《〈马克思主义和哲学〉问题的现状——反批判》一文中被公开使用。1955年，法国现象学哲学家梅洛－庞蒂（Maurice Merleau-Ponty）在

① 莱恩：《马克思主义的艺术理论》，艾晓明等译，湖南人民出版社1987年版，第62页。

② Herbert Marcuse, “Neue Sensibilität”(New Sensibility), in: Versuch über die Befreiung(Essay on Liberation) Frankfurt am Main, Suhrkamp Verlag, 1980.

③ Douglas Kellner, “Western Marxism”, in: Modern Social Theory: An Introduction, Austin Harrington (ed.), Oxford: Oxford University Press, 2005, p. 155.

《辩证法的历险》(Les aventures de la dialectique, 1955) 设专章论述"西方马克思主义",此后这个概念开始被人们广泛接受。实际上,1923年具有标志性,因为卢卡奇的《历史与阶级意识》和科尔施的《马克思主义和哲学》(Marxismus und Philosophie) 同年得以出版,奠定了"西方马克思主义"的思想基石。

按照当代英国评论家安德森 (Perry Anderson) 的看法,就"形式的转移"而言,"整个西方马克思主义传统的指针不断摆向当代资产阶级文化":马克思主义传统理论家或者上溯到马克思以前的"哲学渊源",构成以"自发机制"为内核的学术联系的"垂直轴",或者将马克思主义的思想同"非马克思主义文化论坛"的思想联系起来,形成学术联系上的"水平轴";如果就"主题的创新"而论,"西方马克思主义逐渐由经济和政治问题转向哲学、美学和艺术问题的研究",而且这种转向对于西方马克思主义主题创新而言居于"首要地位"。[①]

因此,西方马克思主义的两个基本特征皆呈现在其美学形态中。"社会批判美学"的两翼,一面是对资产阶级社会的积极批判,其具体采取的哲学立场是:或者使用把马克思主义上溯到以前的黑格尔等诸方向的方法,或者应用将马克思主义向精神分析派、存在主义和结构主义等各种方向发展的方法,从而确立不同的立足点;另一面则是对"审美之维"的持续关注,一种"审美乌托邦"的观念始终被置入西方马克思主义的灵魂深处。

根据"社会批判美学",艺术既是社会的产物,又是社会中的独立力量。这种美学形态也始终在"自律—他律"的两极状态之间摇摆,"自律"的一面是审美方面,而"他律"的一面则是社会方面,二者在"社会批判美学"中得到了有机融合,不论它们在其中分别占的比重是多少。因而,在艺术问题上,"社会条件"与"艺术自律"始终构成了马克思主义美学的艺术之两维。[②]应该说,从卢卡奇开始,马克思主义美学理论的主流都努力确立艺术的"解放能力"的基础,从而赋予了艺术以"启蒙的"现代性功能。[③]当然,在这种思想发展过程中,"具有特别重大意义的是重新发展早期马克思——'诗人'马克思、皈依犹太教的马克思、凡人马克思、救世主马克思、人道主义者和心理学家马克思……敌对的思想体系和新的知识学科对僵化的马克思主义结构不断施加难以容受的压力;弗洛伊德派、语言哲学、结构主义和存在主义所提出的问题迫使马克思主义重新评估它的智力生存能力,迫使它再度成

---

① 安德森:《西方马克思主义探讨》,参见《西方马克思主义美学文选》,陆梅林选编,漓江出版社1988年版,第150、164页。

② Adolfo Sánchet Vázquet, Art and Society: Essays in Marxist Aesthetics, New York: Monthly Review Press, 1973, p. 98.

③ Pauline Johnson, Marxist aesthetics, London: Routledge & Kegan Paul, 1984, p. 1.

为创造性的和‘马克思主义的’”[1]。

从历史角度看，整个20世纪的西方马克思主义可以分为三个阶段：第一代西方马克思主义阶段；法兰克福学派阶段；[2]20世纪60年代之后的西方马克思主义阶段。[3]西方马克思主义美学史的分期，也相应地可以大致分为“早期形态”“中期形态”和“晚期形态”三个阶段，但是，这种区分并不严格，比如法兰克福学派的美学思想就已跨越了早、中、晚三个时期。

西方马克思主义美学的“早期形态”主要出现在20世纪上半叶，是以西方马克思主义的奠基者卢卡奇的美学思想为源头的。卢卡奇最重要的美学贡献，一方面是对所谓“伟大的现实主义”的“反映模式”的辩护；另一方面是巨著《审美特性》(Die Eigenart des Ästhetischen）在“审美反映论”“艺术本体论”“审美起源论”等方面的杰出建树。《审美特性》在德国美学史上被认为是继黑格尔的《美学讲演录》(Vorlesungen über die Ästhetik, 1835—1838）和费舍尔（F. T. Vischer）的《美学或美的科学》(Ästhetik, oder Wissenschaft des Schönen, 1846—1857）之后最系统化的美学巨著。与卢卡奇坚持“现实主义”不同，德国美学家和艺术理论家布莱希特(Bertolt Brecht）则通过与卢卡奇关于“表现主义”的论争，提升了艺术形式的美学地位，这就是著名的“卢卡奇与布莱希特之争”。当然，布莱希特的美学主要涉及对现代戏剧形式的积极探索，提出了诸如“间离效果”（Verfremdungseffekt）这样的美学命题。另一位德国哲学家布洛赫（Ernst Bloch）认为，艺术通过“幻想”才能对现实生活超越，从而使乌托邦之“尚未”（Noch-Nicht）得到超前显现；从早期的《乌托邦精神》(Geist der Utopie, 1918）到成熟期的《希望原理》(Das Prinzip Hoffnung, 1954—1959)，布洛赫提出了以乌托邦为思想内核的“希望美学”。

早期法兰克福学派的德国美学家和艺术批评家本雅明（Walter Benjamin）的美学是以《德国悲剧的起源》(Ursprung des deutschen Trauerspiels）为起点的，他生前除了出版《单向街》(EinbahnstraBe）之外鲜有人知。直到1955年两卷本《本雅明选集》出版之后，他才开始引人注目，特别是1936年完成两稿的《机械复制时代的艺术作品》(Das Kunstwerk im Zeitalter seiner technischen Reproduzierbarkeit）提出了诸如“机械复制”“光晕”（Aura）“膜拜／展示价值”（Kultwert／Ausstellungswert）等一系列崭新观念，使其名声大振。与本雅明类似，曾撰写了名著《狱中札记》的意大利哲学家葛兰西（Antonio Gramsci）提出的“实践哲学”和“民族—人民”文学观念都

---

① 所罗门：《马克思主义与艺术》，杜章智等译，文化艺术出版社1989年版，第270页。

② 这种美学在德国美学界也被称之为“新马克思主义”，参见Heinz Paetzold, Neomarxistische Ästhetik, 2 Vols., Düsseldorf: Schwann, 1974，该书第一卷以布洛赫和本雅明、第二卷以阿多诺和马尔库塞为研究对象。

③ 安德森：《西方马克思主义探讨》，参见《西方马克思主义美学文选》，陆梅林选编，漓江出版社1988年版，第155页。

非常有名，但他的“霸权”理论模式却在当代文化领域影响日益广泛。同样，法国思想家阿尔都塞（Louis Pierre Arthusser）并没有落入将马克思主义“人道主义化”的俗套，而是对“意识形态”理论进行深入研究，将结构主义与马克思主义联系起来，当代许多美学思想都被看作是“后阿尔都塞主义美学”。

西方马克思主义美学的“中期形态”，主要出现在20世纪中叶以后，以第一代法兰克福学派的美学思想为主导。其中，马尔库塞以“本能解放”为基本取向的“解放美学”和阿多诺以“否定辩证法”为内核的“否定美学”，都达到了其所能达到的最高地位，同时也代表了20世纪“社会批判美学”的最高成就。

有趣的是，第一代法兰克福学派的领衔者都“异曲同工”地以美学作为其思想归宿，阿多诺（Theodor Wiesengrund Adorno）生前留下的最后一本专著是《美学理论》（Ästhetische Theorie, 1970），[①]马尔库塞（Herbert Marcuse）也以论文集《审美之维》（The Aesthetic Dimension, 1978）[②]来终其一生。他们都认定艺术是对现实生活产生“异在的效应”的“疏隔的世界”。按照这种基本观点，艺术的基本功能，一方面对客体而言在于使艺术自身与现实他者相互“疏离”，从而使艺术成为与现实截然不同的“异在”；另一方面就主体来说，是使人通过审美与艺术的“幻象”彻底地超越和颠覆现实，从而为人们提供一条虚幻的超越之途。

质言之，在早期法兰克福学派美学家看来，艺术就是对现实生活的“颠覆”“拒绝”和“否定”。无论认为艺术是生活的“梦想”（布洛赫）和“赎救”（本雅明），还是后来认为艺术是对生活的“否定”（阿多诺）和“大拒绝”（马尔库塞），尽管思路各异，但在艺术功能论上都如出一辙。这种观念首先继承了从马克思《巴黎手稿》（Pariser Manuskripte, 1844）的“异化”到卢卡奇《历史与阶级意识》的“物化”思想，他们激进地批判这类现实现象，诉诸艺术的能量来“救赎”非人道的现实。可以说，正因为日常生活是异化的，便更凸显出艺术的否定力量；艺术作为反异化的力量，与现实生活的隔断是必然的。其次，“艺术自律”，是艺术之所以能获得否定力量的根基，是艺术作为生活“否定之否定”的形式源泉。早期法兰克福学派的美学特征在于强调“艺术形式”和“审美幻象”，尽管他们心目中的最典型的艺术形态各有不同，有的是古典主义（马尔库塞），有的则是现代主义（阿多诺）。最终，早期法兰克福学派的艺术救赎其实仍是一种“精神的解放”，其思想深处存在一种“审美乌托邦”的冲动。这种观念早在霍克海默（Max Horkheimer）那里就表述

---

① Theodor Wiesengrund Adorno, Ästhetische Theorie, Frankfurt am Main,1970.

② Herbert Marcuse, The Aesthetic Dimension: Toward a Critique of Marxist Aesthetics, Boston: Beacon Press, 1978. 在1977年，这本书以《艺术的恒久性：反对特定的马克思主义美学》（Die Permanenz der Kunst: Wider eine bestimmte Marxistische Äesthetik, 1977）的德文书名出版。

为："自从艺术成为自律的，它就存续了从宗教中脱胎而来的乌托邦。"[①]此后，早期法兰克福学派的乌托邦观念可以明显地区分为两类思想取向。一路是以布洛赫和本雅明为代表，主张神学化的历史观，本雅明曾将神秘的交往体验与犹太教赎救论联系起来，布洛赫则持一种"神秘主义和目的论的宇宙论"。另一路则以阿多诺和马尔库塞为代表，主张一种非神学的历史观，但他们表现出的强度却有明显差异，后者要求以"本能革命"来替代宗教的位置，因而表现出同宗教一样有较高强度的乌托邦，前者则仅在艺术与既定世界之间保持了持续的对立，从而表现为一种所谓的"弱式乌托邦主义"[②]。

如果说马尔库塞是将精神分析模式纳入马克思主义的话，那么，"中期形态"的西方马克思主义美学则呈现出"多元融合"的局面。萨特将马克思主义与存在主义联系起来，将艺术视为"自由的召唤"，提出了艺术应当介入政治生活的"介入美学"观念。"语言中心模式"的马克思主义美学，则以巴赫金为前导，他的"复调"(polyphonic）理论和"对话哲学"在"元语言学"层面丰富和发展了马克思主义美学，形成了"巴赫金学派"。当然，结构主义的马克思主义美学还在发展，马歇雷在《文学生产理论》(Pour une théorie de la production littéraire, 1966）中，从生产角度提出了一种本文—意识形态的"离心结构"美学。戈德曼继续将"发生学模式"融入艺术社会学当中，以"发生结构主义"的美学独树一帜。当然，如果说卢卡奇的美学是一种"反映模式"、阿多诺的美学是"否定认识模式"的话，那么，马歇雷和本雅明的美学就是"生产模式"，而戈德曼的美学则是"发生学模式"。[③]

西方马克思主义美学的"晚期形态"主要从20世纪70年代开始到20世纪末，这个时期的美学形态出现了变异性发展，同时，西方马克思主义思想被逐渐在各个学科当中"泛化"。特别是进入20世纪八九十年代，这种美学思潮被逐渐卷入所谓"跨学科"的"文化转向"浪潮之中。

在这个时期，哈贝马斯以其"交往行动理论"和"现代性"思想赢得了世界的瞩目。在美学上，哈贝马斯的文学"公共领域"(Öeffentlichkeit）论，将文学作为"生活世界"的话语的思想，认为审美在文化现代性内的"中介论"，都颇有启发意义，从而凸显了审美和艺术所本应发挥的"交往理性"的作用。当然，更多的学者将马克思主义的视野转向文化问题。威廉斯以"感觉结构"(structure of feeling）为枢纽建构了一套"文化唯物主义"的美学原则。伊格尔顿在一般意识形态中区分出"审美意识形态"(the ideology of the aesthetic)，强调了文化生产与审美意识形态之间

① 霍克海默：《批判理论》，李小兵等译，重庆出版社1989年版，第260页。译文有改动。
② 沃林：《文化批评的观念》，张国清译，商务印书馆2000年版，第129页。
③ 戴维·福加克斯：《马克思主义文学理论诸流派》，见安纳·杰夫森等：《西方现代文学理论概述与比较》，包华富等编译，湖南文艺出版社1986年版，第161—212页。

的有机关联。杰姆逊以“政治无意识”（the political unconscious）为纽带综合各派的批评方法，其所谓“辩证批评”的文化解释学产生了巨大影响。

越临近20世纪末，“文化研究”思潮获得的支配性地位就越明显，无论“英国文化研究学派”还是以美国为首的各种“文化研究”的探索，在对“意识形态”“种族”“社会阶层”和“性”的深描当中，在对日常生活的实践与意义的阐释当中，都或多或少地接受了马克思主义思想的影响。在这里，马克思主义更多的是作为一种方法论而被使用的，葛兰西、阿尔都塞、本雅明的思想被重新加以理解和阐发。正如德里达所指出的，直至今日，“马克思的幽灵”几乎仍在世界范围内的思想界内普遍存在。[①]

总之，如果一定要在20世纪纷繁复杂的西方马克思主义美学诸流派之间找到共同特质，那么可以说，“社会批判美学”的主导方面就是“社会批判”，因为法兰克福学派的早期领衔人物霍克海默在1937年正式提出要建立“社会批判理论”，并将之完全与“马克思主义”一词等同起来。然而，这种“社会批评”的品格并不仅仅囿于法兰克福学派内部，它在整个20世纪西方马克思主义美学思潮中都是贯穿始终的。更宏观地看，在20世纪整个西方美学之中，产生了最重要、影响最持久的美学流派无非就是三个：“现象学传统”的大陆美学流派、“语言学转向”之后的“英美分析美学”流派，还有就是继承了马克思主义传统的“社会批判美学”流派。由此足见西方马克思主义美学的显赫地位。

第一节 卢卡奇

在20世纪西方思想史中，卢卡奇作为西方马克思主义的奠基人之一，长期吸引着人们的关注。早在1923年，他的《历史与阶级意识》一书在德国柏林的出版，便引发了国际范围内两种截然不同的反响。一方面是第三共产国际1924年在莫斯科召开的第五次代表大会，会上对其进行了尖锐的批判，斥之为“理论修正主义”。另一方面法国哲学家梅洛-庞蒂在《辩证法的历险》一书中把它看作“西方共产主义的圣经”。[②]

纵观卢卡奇一生的革命实践和学术研究，他无疑是继列宁之后极富创造性的马克思主义哲学家和思想家。他与当代许多西方马克思主义哲学家相比，不同之处在

① Jacques Derrida, Specters of Marx, New York & London: Routledge, 1994.
② 参见张翼星《为卢卡奇申辩》“导言”，云南人民出版社2001年版，第3页。

于，他早年直接投身匈牙利革命，是一个坚定的无产阶级革命家，在理论探索上始终保持与整个国际工人运动的联系，始终与本国的革命事业息息相通。在学术研究上，一直在探索对马克思主义理论的开拓和重建。而许多当代西方马克思主义哲学家，他们生活在资本主义社会的文化环境中，作为哲学教授或学者，缺乏与工人运动实践的联系，缺乏对社会主义事业的整体关注。

美学研究是贯穿卢卡奇一生的主题。早在1912年他在海德堡大学学习期间，在德国古典哲学的启发下便开始撰写一部系统的《艺术哲学》（或称“海德堡美学”），①以颠倒康德的提问方式提出了“艺术品之存在何以可能?”的问题。这项工作由于第一次世界大战的爆发而终止。半个世纪之后，他的《审美特性》一书在德国卢赫特汉出版社（1963）出版，这是他在完成世界观的转变之后建构马克思主义美学体系的尝试，也是他积五十年美学研究的大成之作。正如德国美学家马克斯·本泽所说：“继黑格尔美学之后，当今卢卡奇美学可以称为阐释性美学的集大成之范例，它表现出与黑格尔概念体系的一种现代关联。”②书中他尝试用马克思主义的世界观和方法论对审美和艺术在人类生活中的地位和作用作出一种新的阐释。

《审美特性》是一部哲学美学著作，他试图把各种审美和艺术现象上升到哲学层面加以分析。由此，在三种不同哲学观的视角中，构成了反映论的、实践论的和生存论的研究视野。

反映是马克思主义认识论的核心范畴，反映论涉及物质和社会存在的第一性与精神和社会意识的第二性，这是哲学唯物主义与唯心主义的根本分水岭。正如马克思和恩格斯所指出的：“意识在任何时候都只能是被意识到了的存在，而人们的存在就是他们的现实生活过程。”③审美作为精神现象，正是人们对现实反映的一种独特方式，由此确立了“审美反映”的概念。卢卡奇把审美反映与科学反映作为人的精神活动的两极。审美反映是“由人的世界出发并且目标就是人的世界”④。这就决定了审美构成的拟人化特性，它是指向情感激发的，因此具有趋向主观性的倾向。与此相反，科学反映则是非拟人化的，它要摆脱个体感官和情绪因素的影响而趋向客观性。审美反映与科学反映的这种单一性特点与日常生活的反映形式形成了明显的区别，但它们却是由日常生活的需要引发的，并且是由日常生活中逐渐分化出来的对象性形式。

坚持反映论，就必然涉及模仿原理。所谓模仿，是把对现实的一种现象的反映移植到自身的实践中。卢卡奇指出：“将人类的生存所不可或缺的经验维持和传递下

---

① 这一书稿所完成的部分现收入《卢卡奇全集》第16卷。

② Max Bense, Aesthetica: Einführung in die neue Aesthetik, Agis, 1982, S, 204.

③ 参见《马克思恩格斯选集》第1卷，人民出版社1972年版，第30页。

④ 卢卡奇：《审美特性》（德文版）第1卷，柏林/魏玛建设出版社1981年版，第20页。

去只能靠模仿来进行。它对于固定条件反射是必不可少的，因为要适应环境、支配自己的身体和自己的活动。作为支配环境的重要手段之一，模仿是最有成效的方法。”①卢卡奇把模仿原理看作是审美和艺术形式的重要根源。他认为，情感激发和模仿在人的日常交往中的密切结合，是人的感官形成的基础。与亚里士多德的模仿说不同，他强调了艺术模仿要经过复杂的、远离的中介系统，它具有选择性和主观创造性。

坚持反映论的观点，并非把审美等同于认识。卢卡奇明确指出，既不能像莱布尼茨或黑格尔那样，把审美降低为认识的前期形式，也不能像谢林那样，把认识作为审美的前期形式。审美和认识作为两种迥然不同的行为取向，导致了艺术和科学这两种不同的精神成果。有人以音乐缺乏映象性作为反对反映论的论据。卢卡奇指出，不能把艺术的反映特性与表现性完全对立起来。音乐反映的是人的内心生活，即情感生活。但是，音乐不是情感表现本身，而是情感表现的艺术再现。

实践作为人的本质的存在方式，说明人不仅是社会实践的主体，也是社会实践的产物。人的主体性，包括人的认识能力和审美能力，都是在从事对象性的实践活动的历史过程中逐步形成和发展的。卢卡奇正是以人的日常生活和劳动为基点，从历史与逻辑相统一的方法中揭示出审美发生学的机制。这说明不仅人的审美感受性，而且审美对象本身都是社会发展的产物。

人的审美活动的形成，既是人的一种新的对象性形式的确立，也是人类自身心理的一种文化建构。这里关系到两方面的问题：一方面是作为人的美感基础的形式感是怎样形成的；另一方面是为什么对于形象的观照和体验能够成为审美活动的中心。

传统的美学把人的感觉的属人性质或者作为一种既成事实，或者作为人类知性认识的成果，由此使形式感形成的机制被排除在美学研究的视野之外，造成美学理论的一大盲区。卢卡奇则在书中专门集中考察了节奏、比例和对称等形式美要素以及装饰纹样的审美发生学过程。他考察的切入点便是作为日常生活中心的劳动。

艺术和审美的形成期处于旧石器时代晚期到新石器时代的整个过程中，这一时期巫术观念及其实施成为史前人的世界观和社会生产及生活的组织形式。艺术和审美便是在社会实践的基础上由日常生活的需要而引发的，但是它的出现却不是人事先所能意识到的。卢卡奇在本书扉页上引述马克思在《资本论》中的一句话：“他们没有意识到这一点，但是他们这样做了。”说明人的活动在先，而意识是后来才产生的，这是一个由巫术模仿向艺术和审美的转化过程。

卢卡奇指出，在巫术模仿中，其形象的内容和形式是由巫术目标所确定的。在

---

① 卢卡奇：《审美特性》（德文版）第1卷，柏林/魏玛建设出版社1981年版，第295页。

内容上由于把一个生活事件从日常生活的整体中选择出来，按照人为的目的进行安排和表现；在形式上这种模仿形象使人感受到的东西不再是生活本身，而只是现实的一种映象。它由此中断了反映对象与现实生活的直接联系，接受者知道这个形象的整体并非现实，但在具体细节上却会与自身经验相比较，从而使其产生情感激发作用。当巫术观念逐渐淡化以后，审美活动便从巫术的外衣中分化出来。由此可见，卢卡奇的审美发生学理论与传统的巫术说和劳动说都有实质的区别。

此外，卢卡奇的美学还体现了一种生存论的维度。他指出："审美表现为一种人的确立方式。"[①]也就是说，它是人的生存方式的有机组成部分，由此他把人的日常生活世界作为美学研究的逻辑起点和终点。因为日常生活不仅是个体再生存的集合体，而且也使社会再生产成为可能。这里体现了个体生存与社会整体生存的统一性，他的美学研究不仅是从现实生活出发的，而且是为现实生活服务的。他把审美本质归结为对于世界的一种人性审视，成为对人类的一种自我意识。

这是一本阐释性的美学著作，其内容是以哲学本体论和唯物辩证法来建构的，具有历史体系的、辩证的、分析综合的特点。首先，卢卡奇认为审美并不涉及一种精神实体，不能用实体性思维的方法来研究；其次，审美能力作为人的主体性特征，是一种关系性和过程性的存在。人的文化心理的建构和审美的精神内涵的形成，与其说是人类学的，不如说是一个社会历史进程。在论证的方法上，他不停留在概念的抽象性上作笼统的定义，而是在不同层次和视角的展开中加以规定。这无疑也增加了阅读的难度。

一、审美与日常生活的关系

从人的日常生活切入来阐释美学问题，是《审美特性》的一大特色。在该书的前言中，卢卡奇明确指出："如果把日常生活看作是一条长河，那么由这条长河中分流出了科学和艺术这样两种对现实更高的感受形式和再现形式。它们互相区别并相应地构成了它们特定的目标，取得了具有纯粹形式的——源于社会生活需要的——特性，通过它们对人们生活的作用和影响而重新注入日常生活的长河。这条长河不断地用人类精神的最高成果丰富着，并使这些成果适应于人的实际需要，再由这种需要出发作为问题和要求形成了更高的对象性形式的新分支。"[②]这就是说，审美和艺术是来自于生活并回归于生活的。因此"只有在人类生活的发生、发展、内在规律性及其根源的动态关系中，才能推导出人对现实进行科学和艺术反映的特殊范畴

① 卢卡奇：《审美特性》（德文版）第1卷，柏林/魏玛建设出版社1981年版，第503页。
② 卢卡奇：《审美特性》（德文版）第1卷，柏林/魏玛建设出版社1981年版，第7—8页。

和结构”[1]。可以说，日常生活构成了卢卡奇美学的本体论基础。

人们从事生产劳动，由此实现了社会与自然界的物质交换，它是人们生活的物质基础，也构成了日常生活的中心内容。劳动的各个环节确定了那些作为日常生活、日常思维和日常反映的基本因素。它们具有以下特征：其一，日常生活的动机往往具有表面性和易变性。在决定行动时，往往是习惯和传统起决定作用。其二，日常思维中的思维往往与实践具有直接联系，很少出现中介环节。其三，日常实践具有一种自发的唯物主义倾向，否则人们无法应对现实的事件。其四，日常思维经常利用类比进行推论，而较少运用因果联系来推论。就此黑格尔指出，“以类比形式对世界的把握会通向审美反映的方向”[2]。

在日常语言的动态结构中，表现出社会发展和人类实践的那种一般本质特征。人们是从直接设定的目标出发行动的，在这一过程中会形成一种物质—精神的工具结构。这种工具结构所包含的东西要多于人直接有意识地置于其中的，它是由直接活动所形成的，结果使潜在的东西逐渐成为显在的，使行动超出直接的意图。这是事物的客观辩证法所固有的、尚未被主体所把握的环节。

日常生活的另一个重要特征是，投入生活的是一个完整的人，这与美学史上康德等对人的“心意能力”的肢解不同。黑格尔虽然反对过这种对人意识能力的肢解，但是他在自己的体系中仍然存在直观—艺术、表象—宗教、概念—哲学这种形而上学的等级划分，只有辩证唯物主义通过存在先于意识确立了统一而辩证地理解在活动和对外部世界反映中实践主体是完整的人，才能彻底克服形而上学唯物主义所坚持的、对现实反映的那种机械论。显而易见，在每一种人的活动中所有人的能力是有机协作的。但这种协作不是以毫无问题、相互促进和预定和谐的形式进行，而是处于实际的矛盾性之中。形而上学地分解出各种“心意能力”的学说，并不是科学上错误的道路或个别思想家的过失，而只是现实某一侧面的反映或这种反映发展的某一阶段。

卢卡奇认为，海德格尔对日常生活的批判是置于在者与存在的脱离上，这种指责不是浪漫主义—历史的，而是神学的。它是基于克尔凯郭尔的非理性主义神学观的基础上。海德格尔称“此在”在它固有存在中的这种“活动性”为坠落。“此在”由自身坠落到自身，处于非固有日常性的无根基性和空虚性之中。这种悲观主义把日常生活变成了毫无希望的没落领域，也歪曲了日常性的本质和结构，并使之贫乏化了。这样，日常生活就成了是由使人畸变的异化力量所支配。

总之，日常生活是一种不同质的行为方式的综合体，它是以实践即有目的的功

---

① 卢卡奇：《审美特性》（德文版）第1卷，柏林/魏玛建设出版社1981年版，第8页。
② 卢卡奇：《审美特性》（德文版）第1卷，柏林/魏玛建设出版社1981年版，第48页。

利活动为基础的，同时存在着与艺术（审美）和科学的互动关系。认知和体验活动从日常生活中分化出科学和审美活动，科学和艺术的成果又不断流入并丰富了日常生活和日常思维。从而使这些成果融合在日常生活中，并成为日常实践中经常起作用的因素。由此可以看出，审美（和科学）具有单一化的特质，而日常生活则是不同质的活动构成的综合体。两者的互动关系绝非一种同质化过程。因此，不论是“日常生活的审美化”，还是“审美的日常生活化”都是一种伪命题，它混淆了审美与日常生活在质上的非同一性。

二、审美的实质是对人类的自我意识

人类是以其实践性和意识性而区别于动物界的。人类自我意识的形成，经历了漫长的过程。早期的人类是与大自然融为一体的，处于物我不分的状态。原始人的生命观是综合的，而不是分析的，自然和生命在他们眼中都不是界限分明的不同事物，而是一个连续的整体。因此在他们的认知中，并没有把自身与外物明确区分开来。氏族公社（约五万年前）的出现，使原始人类开始以群体方式面对大自然，由此逐渐形成了群体的自我意识，但个体与部落仍然是融为一体的。个体自我意识的萌生是随着私有制的出现开始的，奴隶制社会的形成使个人完全分化开来。第一人称代词（我）的出现，表明自我概念已经确立起来。[①]

自我的概念表明人的个体存在具有同一性。“自我作为既有肉体持存性又有意识私人性的我的存在，在另一个角度上看，就是人的这个存在。”[②]个体自我意识的发生，体现在儿童感知自己身体动作的活动中，由此形成机体水平的自我意识，在这里身体图式对人的空间定向和随意运动发挥协调作用。人的身体形象使人把身体看作“我”的界限，从而能分辨出主观内在世界和外部客观世界；由此也把身体看成一定社会意义和社会价值的载体。自我概念则是经过与他人的对照和他人无数次的评价才形成的。由此在自己头脑中能把自己描绘成区别任何其他事物的客体。

卢卡奇指出：“如果我们要正确评价审美的特性，那么审美的这种本性应该被确认为表达人类自我意识的最恰当形式。”“构成审美的自我意识与在黑格尔的精神现象学中单纯而抽象地出现的自我意识相比虽然有许多不同，但是由黑格尔所强调的差别与无差别的辩证法仍然是作为人类自我意识的审美主观性出现的极其重要的契机。”[③]

---

① 参见维之《人类的自我意识》，现代出版社2009年，第4页。
② 曾志：《西方哲学导论》，中国人民大学出版社2008年，第184页。
③ 卢卡奇：《审美特性》（德文版）第1卷，柏林/魏玛建设出版社1981年版，第580页，第571页。

审美作为人类的自我意识，是说明人通过对外在世界的审视来反观自身，从而形成与世界相关联的自我感觉和体验。也就是说，审美需要是人“对世界进行体验的需要，它是实在而客观的，同时与人（人类）的存在的最深刻的要求相适应。”[①]艺术作为审美意识的集中体现，它所关注的是人的世界。“艺术的使命在于创造一个适应于人和人类的世界。”[②]在这里，对象意识与自我意识既相互区别，又相互关联。它是以外部的对象意识为条件，对物我差别的扬弃，是反思客体的结果，从而达到主客同一性的运动。

审美具有拟人化特征，它是从人的眼光来看待事物的，并且通过人的体验产生情感激发的效应。这与科学反映是迥然不同的，科学认知是要尽量排除个人感觉和情绪色彩的影响，保持其客观性，因此是非拟人化的。从拟人化的角度看来，审美具有趋向主观性的倾向；但审美又是对世界的审视和体验，它又必须具有实在性和客观性，要与人和人类存在的最深刻的要求相适应。这就要求其主观性和客观性同时提高到超越日常生活的水平，这一点正是通过这两者的相互结合来达到的。因此，审美反映一方面始终是在与人的主观性不可分割的联系中去把握客体以及其整体性；另一方面，对于客观世界不仅要按其本质，而且以其直接的表现形态固定下来并加以显现。所谓直接的表现形态就是按照日常生活中的感性直接性呈现出来。

因此，艺术作为审美的集中表现，它的模仿特性首先表现在以下两个方面：一方面要忠实于客观的存在及其本质，忠实于它的各种联系和整体性；另一方面，每一对象应以其直接的感性表现方式塑造出来，即艺术塑造要回到生活的直接性中，或者说艺术塑造出一种第二直接性。

在审美中包含了一种赞同与否的鲜明态度，这使每一种审美的对象性区别于日常生活所面对的对象性。在人们日常生活的情况下事实与价值判断是独立的，而对于审美的形象或艺术则带有主观的倾向性。也就是说，在审美的和艺术的形象中不存在日常生活中客观事实与主观价值判断的二重性。

审美作为对人类的自我意识，涉及个体意识与类意识的关系，或者说审美主观性与类意识的关系。就生活而言，马克思不同意把个体与类分割开并相互对立起来。他说：“人的个人生活和类的生活并不是各不相同的，尽管个人生活的存在方式必然地是类的生活的较为特殊的表现或者较为普遍的表现，而类的生活必然地是较为特殊的个人生活或者较为普遍的个人生活。”[③]卢卡奇认为，在理解个人意识与类意识之间的关系时，存在两种困难：其一，如何才能达到对个体性的自我扬弃并不

① 卢卡奇：《审美特性》（德文版）第1卷，柏林/魏玛建设出版社1981年版，第523页。
② 卢卡奇：《审美特性》（德文版）第1卷，柏林/魏玛建设出版社1981年版，第517页。
③ 马克思：《1844年经济学—哲学手稿》，人民出版社1979年版，第78页。

能给出一种具体的标准。艺术创作的成功与否“正是取决于，他是否能摆脱自身中仅仅是个体的东西，并不仅去发现和阐明在自己本身中属于类的东西，而是要使人体验到作为他的个性的本质，作为他与世界、与历史、与人类发展的特定时刻以及运动前景的关系的组织中心，——也就是对世界本身反映的最深刻的表达”[①]。这就是说，他要保持一定的客观性，使他的个性成为他与世界、与历史、与人类发展的特定时刻以及运动前景的关系的组织中心。其二，“人类意识完全不能主观—直接地给出，或者至多只能事先空想地给出。人们对社会联系的体验直接地是通过如家庭、家族、氏族、社会阶层、阶级和民族、国家等，而不是或很少是直接把人类作为类的单位”[②]。人是社会中的人，作为类存在物的人是通过自己具体的个性为媒介，表现出与家庭、阶级直至国家的关系和影响。因此审美主观性的丰富和深化，只有通过对实际客观世界的深入掌握才能达到。

由此，卢卡奇得出结论：“只有对人类自我意识的确认才能从哲学上说明审美反映的特性。”[③]在这里，不论对于人性或人类的属性，都不能采取超历史的方式将其概念凝固化。马克思首先把类看作是社会—历史地不断变化的结果，既不是发展过程中抽取出来的僵死的普遍性，又不是与个别性和特殊性完全对立的一种抽象。它处于不停顿的过程中，是人类共同体相互关系的从不同等的结果。总之，把审美活动界定为对人类的自我意识，这说明审美不是一种单纯对私人生活的体验，因为任何人都是生活在社会之中，人的生活际遇总是在特定社会背景下由一定社会环境中展现出来的，它包含个人与他人的关系以及与整个人类共同体的关系。所以，审美的体验既包含个体性内容，又包含超越个体性的内容。这正如席勒所说：“只有美，当我们同时作为个体又作为类，也就是作为类的代表时才能享受到它。”（《美育书简》第27封信）这也为美感与快感的区分，划出了一个原则的界线，即美感必然具有超越个体性的内涵。

三、特殊性是审美的结构本质

个别性、普遍性和特殊性是用于表征客观现实诸对象之相互关系和联结的本质标志的范畴。所谓个别性，是指单一性的存在，具有直接性和不可言说的性质，但它又是与普遍性相关联而存在。普遍性即指事物的共性或一般，它不脱离个体而存在。普遍性涉及事物的内在本质，只有对环境的普遍原理的把握，才能使人去支配

---

① 卢卡奇：《审美特性》（德文版）第1卷，柏林/魏玛建设出版社1981年版，第550页。
② 卢卡奇：《审美特性》（德文版）第1卷，柏林/魏玛建设出版社1981年版，第552—553页。
③ 卢卡奇：《审美特性》（德文版）第1卷，柏林/魏玛建设出版社1981年版，第582页。

环境，从而掌握自身的命运。语言便是通过概念性语词实现了普遍化过程，完成了对类或属的抽象。例如“人”是一种具有最大普遍性的类概念，它既包括老年、青年，也包括儿童。特殊性是介于个别性与普遍性之间的中间环节，它既是个别性通向普遍性的桥梁，又是两者之间的中介。个别性是不脱离现象的，如果思维是指向本质的，那么它必定追求普遍，而特殊性便成为一种中介，它一方面防止普遍化过程过分抽象地脱离现象的个别性，又使其能够在所达到的本质中真实而具体地包含个别性。

卢卡奇指出，“艺术作品作为审美领域的中心产物，实现了人的内在性与外在世界的有机统一，人的人格与他在世界上的命运的有机统一，从而使这两个极端被扬弃达到一个人的世界和人性的世界”。……“它们一方面将阻止普遍化过程过分抽象地脱离现象的个别性，另一方面在普遍化所达到的本质中能真实而具体地包含个别性”。[①]由此可以说明，特殊性是构成审美的中心范畴，它使个别性和普遍性都扬弃在特殊性之中。例如，夏尔丹（1699—1779）的静物写生，不仅表现了一定对象的整体，而且表现了18世纪中叶法国国民与他自身环境所处的状态。在每一部艺术作品中，这种“此时此地”的不可排除的性质说明，艺术作品不可能由普遍性范畴所主导。这种作品的“此时此地”，成为特定历史阶段的表现，已经不是作为个别性被保留下来，而是经历了一种普遍化，具有了特殊性的内涵，由此固定下来的东西表现了此时此地的社会、历史含义。

艺术作品是将审美反映客观化地表达出来，它本身要构成一个自身封闭的，同时又是自身完整的整体，这个整体就是艺术的“自身世界”。艺术无法反映任一客观现实的外延整体，它要将它转化为艺术形象的内涵整体。即“在一个具体的各种对象和关系的总体中把自身局限于各种规定的内涵整体上”。在这里，“特殊性是奠定了这样的每一种内涵整体性基础的原理”[②]。如果审美反映致力于达到艺术形象的内涵整体和内涵无限性，那就需要通过特殊性的内在辩证法加以组织，在新的审美直接性中建构出各种规定的感性直接的系统。

从认识论的意义上说，反映事物本质的普遍性范畴往往是经过抽象概括的一种认识的结果或结论，它具有非拟人化的特点，不可能具有审美效应。艺术所塑造的人物形象和命运，必须是世俗生活的、感性具体的，并且是立足于艺术作品产生时代的“此时此地”。另一方面，它也不能停留在个别性的不可言传的状态，不能停留在其个体的自身依存性和以自身为依据的状态，要使每一个别事物超越个别性自身，使隐含在个别事物中的各种规定广泛地普遍化，体现出与人类的相关性，这种

① 卢卡奇：《审美特性》（德文版）第2卷，柏林/魏玛建设出版社1981年版，第212—214页。
② 卢卡奇：《审美特性》（德文版）第2卷，柏林/魏玛建设出版社1981年版，第217页。

普遍化就构成了特殊性。这就是艺术中的典型。

在艺术作品中，不仅存在人物的典型，也存在典型的环境、典型的过程和典型的关系。如果典型化涉及的是认识过程，那么必然形成尽可能的普遍化，即把典型提高到一般，其中个别性和特殊性被尽可以地抽象掉，结果得到最小限度的典型。相反地，在艺术中则是要把人的自我认识提高到对人类的自我认识，加以普遍化并把个别性纳入综合的联系中成为社会所限定的目标，由此典型化一方面获得了多样化特性（如巴尔扎克所描写的钱商、托尔斯泰或契诃夫笔下的官僚政客）；另一方面典型不是扬弃，而是相反地深化了在生活里所出现的与个人的统一。在拟人化反映中，人物、环境和过程之间形成了相互补充、相互对比的典型，其中个别与普遍化、个别与典型以及个别与特殊的不可分割的统一构成了它的基础。

艺术所塑造的各种典型之间产生一种系统的联系、一种不同的层次，但这种系统性和层次性并不脱离其具体的土壤，其个体的独特性仍会在艺术作品中显示出来。这种系统性和层次性成为塑造一个“人的世界”的直接情感激发的手段。

艺术作品正是以这种方式组成了以特殊性为标志的一个“世界”，其中必然扬弃了普遍性和个别性，这两者只是作为特殊性的构成要素存在并发生作用。以普遍性在特殊性中的消融为例：当人们孤立无援地面对其环境时，他们不可能在其个别性中把握内在于它的普遍原理，从而在主观上和客观上能支配这一环境。提高对这一普遍性原理的认识和把握才能产生支配环境的力量，这便直接涉及人和他的命运。通过对这种普遍性事物的把握，作为一种思想力量作用于具体人的命运，这便完成了普遍性在特殊性中的扬弃。

那么个别性如何扬弃在特殊性之中呢？福楼拜在谈到写作时曾经指出：“若要想揭示出人们还没有看到或表达过的方面，关键就在于要长久地、充分注意地观察你所要表现的东西……为了在一个平面上描绘出一团火焰、一棵树，我们就要这样长时间地观察，直到对于我们再没有别的火焰和树是与它们相同时为止……总之，我们必须指出，拉着马车的这匹马与它前后的其他马匹在哪里是不同的。”[①]卢卡奇指出，这实际上要求艺术对每一个别事物的孤立的直接性加以审美地固定，而忽视了使这些特性自身展开的那些关系。这样的艺术必然是一种自然主义的三流作品。而托尔斯泰在《战争与和平》中描写安德烈·保尔康斯基在不同年代和相异的自身生活境遇中所看到的那棵节状隆起的老橡树，是在人物命运的自身变化中，从这种相互关系中产生出对象自身的不同艺术面貌。这就把这种个别性提升到特殊性范畴了。

各种艺术由于使用的媒介不同，其所形成的对象组合或对象性，在审美上表现为确定的或不确定的形式。个别性、特殊性和普遍性之间的辩证区分和相互转化，

① 卢卡奇：《审美特性》（德文版）第2卷，柏林/魏玛建设出版社1981年版，第233页。

基本上是适用于并贯穿在每一种确定的对象性之中。每一种艺术作品的外在与内在的统一都具有其独特的表现方式，以造型艺术为例，其外在的表现，即由视觉同质媒介直接表现出来的东西，具有一种确定的对象性，而其内在的（内涵）则具有不确定的性质。因此，外在事物的造型只能实现一种个别性在特殊性中的扬弃。在各种纯粹视觉表现的对象中，不可能使普遍性具体扬弃在特殊性之中。在造型艺术中，不确定的对象性正好具有这种审美功能，通过对于作为人的存在力量的普遍性的设置，并通过将其同时扬弃在特殊性中使范畴完善化，将有助于在审美反映中表现出内在事物与外在事物构成不可分割的辩证统一这一生活真理。在造型艺术中，不确定的对象性与普遍性的联系可以创造出隐喻，这是艺术作品获得普遍性的最适当的领域。歌德曾经指出，“隐喻将现象转化成一种概念，将概念转化成一种图像……”由此可以使其获得整体的内涵无限性。

在建筑的世界中不会出现严格意义的个别性事物，建筑是按普遍性法则（力学规律）所确定，这是一个由普遍性支配的领域，当由认知所建立的结构转化为具体的、视觉激发的独特空间造型，实践的这些联系显示出视觉的激发效果时，便将直接可见的普遍自然力塑造为人的生活力量。它就具有了审美性质。这种由普遍性向具体可见性和直接视觉激发效果的转化，便意味着普遍性向特殊性的转化。

对于音乐来说，它的纯粹内有性获得了一种完全确定的形式，而其具体内容、它的由内在和外在世界具体确定的基调只能表现为不确定的对象性。音乐从一开始就扬弃了单纯的个别事物，又扬弃了空泛的普遍事物，它是真实地包含着世界的、真正反映世界的、用以示范地反映人的内在性的真正中项。

当然，艺术创作对特殊范畴的关注并非始于卢卡奇。早在《格言与感想》一书中，歌德就指出，诗人究竟是为一般而找特殊，还是在特殊中见出一般，这中间有一个很大的区别。由第一种程序产生出寓意诗，其中特殊只作为一般的例证或典范；但是第二种程序根本就是诗的本质；它表现一种特殊，并不想到或明指一般。谁若是生动地把握住这个特殊，谁就会同时获得一般，但他当时却意识不到，或事后才意识到。正是卢卡奇，将这一思想上升到哲学，并将特殊性确定为审美的结构本质。

四、美学的心理学和符号学视域

对于审美现象的研究，只侧重其产生和发展的社会—历史状况是不够的，卢卡奇认为，还需要从心理学角度揭示出审美过程在每个人那里是怎样发生作用的，鉴于狄尔泰的描述心理学、完形心理学和弗洛伊德精神分析学缺乏足够的科学根据，卢卡奇选择了巴甫洛夫的心理学作为依据，因为它有充分的生理心理学的科学基础。由此，他在条件反射（第1信号系统）与语言（第2信号系统）之间确立了一种新的符号系统，即第1’信号系统，作为考察的对象，由此他在心理学考察的同时，也探索了表象符号系统的构成。

巴甫洛夫曾经提出过人的类型学说，把思想家类型与艺术家类型作为两极，认为艺术家的活动不是基于第2信号（语言）系统，而是基于第1信号系统，这就等于把艺术思维降低到信号活动即条件反射的水平（动物水平）。卢卡奇敏锐地发现了这一学说的问题，指出语言（符号）的出现在人的感觉与人的行为反应之间建立了一个以理解为基础的中介系统，从而才发展了人的思维，并为人打开了一个意义的世界。如果说语言是符号，即信号的信号（第2信号系统），那么直观的表象也可以成为符号。他把这种符号称为第1’信号系统，即由直观表象构成的符号系统。

第1’信号系统即表象符号系统，是在人们的劳动生活中形成的，由此发展了人们的想象力。作为第1信号系统的条件反射，具有感性直接性的特点，而作为符号系统的反射却具有本质的特性，它包含了对意义的理解。在这里，条件反射、联想作用成为想象的单纯素材。想象力可以自由地接通各种条件反射和联想，使它们在人身上产生作用并在一定情况下被动员起来。条件反射、想象、思维在人身上是不断相互转化的，即使是最自觉的思想家或艺术家也往往不知道，在把握现实中哪些是依靠了想象，哪些是依靠了思考的作用。

语言和表象符号系统都脱离了无条件反射和条件反射给人们提供的那种直接性，所以，这两种符号系统对外在世界和人的内心世界的具体对象性的接近，可以比无条件反射和条件反射做到更综合、更深入、更丰富和更加多方面。然而这两种符号系统的对象性的意向作用是完全不同的，语言从一开始就完成了抽象（语词），从而接近于概念性；而表象符号系统则始终受感官印象直接性的制约，甚至是强化了，这种印象从而使其在实际直接性中所隐含的对象性以独特的方式被意识化并被体验到。

例如笑可以作为无条件反射而存在。当人被搔痒了时，人就会笑。生活中可以把笑简单地看作是条件反射的作用，当人们看到某种认为滑稽或可笑的事时，就会发笑。但是笑也能传达人的感情、态度或行为方式，而成为一种符号。在这里，第一，每一种笑都有极其不同的取向，人们可能出于赞同或反对而发出善意或敌意的、赞赏或轻蔑的笑；第二，笑的特征不仅表现在它的诱发动因上，也表现在与笑的对象的关系上，并与主体本身不可分割；第三，笑还表现出其社会—历史特性，随不同的时代和地域而有所变化。

艺术的产生，必须具备一定的生活前提条件。如果人们不能在生活中通过相互的交往产生情感激发作用并形成完全理解这种作用的感受能力，那么便不可能产生任何艺术。在人们的行为中，对于运动、表情、声音和音调等的理解，像语言一样，同样是不可或缺的。这些正是构成表象符号系统的内容。巫术模仿所设定的目标是要实现双重的作用，一方面是对超验的魔法力的感应，另一方面是实现对观众的情感激发作用。脱胎于巫术的原始艺术与生活之间所产生的最终分界线正是在于，在生活中人们始终是面对现实的，而在艺术中人们只是面对现实的模仿映象。也就是说，审美是一种观照活动，在审美的构成物中直接排除了实践。这使表象符号系统的作用得到提高，它成为艺术模仿的主导性、引导性和规定性的力量。艺术同质媒介的形成，使条件反射和语言符号系统都从属于表象符号系统之下。

由表象符号系统所表征的精神事件，与通过语言或信号活动（即直接的感官接收的信息）所表征的精神事件有三种不同的特征。第一，它所产生的激发体验返回到现实，它们面对的是现实的本质，排除了偶然因素的干扰，以更集中的形式表现出来，另外，这种体验具有终极性的侧重点。第二，表象符号系统所完成的客观化并不排除被反映世界的主体相关性。如语言所表征的对象（如狗、桌子等）是独立于思维主体而存在的。而表象符号所呈现的现实映象却是从属于接受主体的世界。第三，这一主体是社会的主体，因此它不仅是自在的，而且是自为的存在。与主体相关的可理解性不可能脱离对象的社会性以及它的体验的社会性。正是从艺术心理学的这种社会性出发，才能理解艺术的自律存在以及它的发展。

表象符号系统在艺术中的作用与在生活中的作用的不同之处，正是在于它的固定化。作为艺术媒介，创作者把他对世界的激发反映与它自身的身体—精神存在相分离，赋予它一种终极的形式，而感受者面对的不再是一种转瞬即逝的、不可重复的事件。在这里，艺术媒介发挥了以下三种作用：第一，对现实的反映在感觉上被限定化和专门化了，使其具有了可视性或可听性。第二，将世界的这一特殊方面提高到与人具有深刻关联的普遍性水准。第三，这种普遍化不是作为概念完成的，而是以典型的方式直观化。这种典型是以它的新异性、不可重复性和特殊性作为特征的。在这里，不可重复性构成了艺术创作的本质特征，它成为人类永久的占有物。

艺术创作中意识性与无意识性的关系是一个特别需要关注的问题，过去的研究很不够：一方面在研究中忽视了心理现象与构成其物质基础的生理现象的联系，把心理现象对生理现象的独立性作为方法论的中心；另一方面忽视了个人心理与他的社会存在的不可分割性。精神分析学派的深层心理学研究，又把无意识无限度地偶像化和神秘化了。这些都会影响对意识性与无意识性关系的正确认识。

在思想史上，曾经有把意识与无意识作为独立的、被分隔开的整体而起作用的观点。康德是以否定的方式把无意识作为完全缺乏意识性来看待的，而谢林则把无意识看作谜一样的、似乎决定一切的力量。康德的美学理论中有许多观点是直觉上正确地发现了真理，而在说明中被歪曲了。他把意识性完全与概念的、甚至科学的可表达性等同了起来。

条件反射便是人们意识性与无意识性相互作用的结果，人们往往可以把许多具有充分意识性的活动转化为无意识的功能。这在身体训练和艺术技能的把握中是屡见不鲜的。因此在这里，无意识的东西完全是文化的产物，是人有意识指向的活动，绝不是作为自然本质的人的特性。直觉的现象往往是有意识思维过程的无意识持续，它的“突发性”只是在心理学意义上作为特定时刻由无意识中非预期地出现；然而在事实—内容上，在有意识的思维努力与直觉之间存在一种明显的连续性。

艺术作为对现实的反映只能是有意识、有目的地创作的结果，其目的是通过同质媒介在新的直接性中使现象与本质相吻合，创作冲动可能是直觉的结果，即这种萌芽的显现，但其后只能由所具有的目标意识来捕捉并靠自觉的创作来完成。当然，这种意识性最初不一定能获得一种思维的或语言的表达。

五、艺术的反拜物化使命

马克思在《资本论》中明确提出了资本主义商品经济所存在的拜物化倾向对社会意识形态所造成的深刻影响，即由于把生产者同总劳动的社会关系反映成存在于生产者之外的物与物之间的社会关系，由此使人们自己的社会关系也表现为物与物的关系。卢卡奇认为马克思的发现对于艺术理论具有巨大的意义，对拜物化的态度成为进步的与反动的艺术实践的分水岭。他同时认为，真正的艺术按本质说来内在地含有反拜物化的倾向。

他指出，在现代资本主义社会中，人们生活在一种完全物化的世界里，它的动力机制摧毁了在人与社会之间的一切具体的中介环节，由此他与他同时代的人、与其各种不同方式的总体性的具体关系被简化为单纯个体性与经济—社会所成就的抽象之间的一种直接关系。这种人的关系同时是抽象的并具有个体的特性，由各种极其不同的观点看来——从对技术发展的盲目乐观直到最具疑问的文化批判——常常也只是关涉到赤裸裸的事实，尽管这一事实能被正确地描述。

莱辛时代虽然还不了解拜物化的概念，但是在他的文艺评论中已经涉及反对文学反映对现实的拜物化，并且把人与人的关系放到文艺创作的中心。在分析《荷马史诗》时，莱辛指出，其中根本找不到任何对海伦外貌的具体描写，荷马只是表现了海伦的美对特洛伊长老们产生了怎样的影响。这绝不是因为荷马缺乏这种感性的塑造能力，也不是使文艺保持某种感性抽象性；此处的细节描写会成为一种冗余规定，它会干扰对作品整体性的体验和把握，这些都涉及不确定的对象性这一问题。

这种拜物化不仅反映在物的关系掩盖了人的社会关系，由此而扭曲了人对社会的认知，而且反映在人的时空观念中，它直接影响在艺术创作中对时空关系的把握。康德曾经将时空关系作了形而上学的分割，这本身也构成对时间和空间的拜物化。卢卡奇指出，绘画媒介的空间—视觉同质性或音乐媒介的时间—听觉同质性，其自身并不存在一种空间性与时间性的僵化的对立，所以在构成反映客观现实整体性的感性形象时，必然包含一种准时间或准空间因素。正如莱辛在《拉奥孔》中提到的，对运动的表现要抓住“丰富的瞬间”。这就是要在绘画中把时间性要素加入审美感受性之中。在这一整体性的表现中，要把准时间要素（即此刻之前和此刻之后的连续性内涵）转化到纯粹可见性的同质媒介中。

要使艺术对于人的直接—感性的内在世界和人的环境摆脱拜物化作用，首先涉及内在性与实体性的范畴：内在根据和外在表现是说明事物特性的一对概念。内在性是这样一个范畴：它可以表现出特定的个体与其所属的更高层次的秩序关系。在这种关系中，个体性的个别偶然的东西以及与个体性相关的偶然性要素并不会消失。对于艺术反映来说，它所描绘的人、人际关系和对象与偶然事件的共同规定性不可分割的那些个别性，正是每一种审美普遍化的具体基础。内在性成为对现实审美反映的出发点，它反映了在不破坏各种对象的统一性和个性的情况下，其本质规定与偶然性之间的活动范围。

在审美领域，内在性还与实体性范畴密切相关，在这里，保持对偶然性加以扬弃的决定性要素是实体的存在。实体是与属性相对应的概念，实体是独立的存在，它是一切属性的承担者，也是生成和变化的基础。因为在艺术中一切客观的生活力量只有在个人身上、在其个人的特性中、在具体个人与他人的关系中才能体现出来，成为一个统一的有机组成部分。在这里，个人不是参与客观实体性或内在于实体性，这种实体性正是内在于并参与于他以自身为基础的人的存在。由此赋予每一个存在者以本质性特征，或者说给予存在的本质以一种实体性的强调，从而使社会的东西都融合在本质性的人的关系中。

那么，是否一部文艺作品构成要素之间无懈可击的因果联系，就能使它获得激励人心的力量呢？早在谢林那里就已提出了对经验因果性的批判，他指出经验必然性与偶然性具有同一关系。文艺的内容应该致力于在它的复杂性和规律性的联系中来反映现实生活，然而其真实性只存在于作品整体性与生活整体性的关系中。文艺的反拜物化倾向还表现在，它要排除机械的因果联系，并把各种偶然事件纳入其自身的王国，这种必然性没有宿命论的非人性，在展示出前景和多种关联的同时，充满生活的温馨；同时也拒绝非理性主义的随意性。

寓意与象征的对立是关系到艺术生死存亡的问题，也是艺术摆脱宗教影响的重要方面。某些先锋派艺术的主要艺术倾向是用一种超验的并由此具有抽象的、寓意的手法取代对现实反映的象征的手法，排除了各种中介，直接将个体性与抽象的普遍性结合成一种新的统一体。在寓意的关联中所表达的正是一种拜物化。寓意中的具体对象性成了每一种个体性的彻底虚无化，在对寓意的直观中，形象成为碎片和神秘符号。

艺术的发展体现了他律与自律的互动。卢卡奇认为，一方面艺术具有社会的规定性，要承担其社会职能；另一方面创作又必须尊重艺术规律，排除外界干扰。卢卡奇指出，在艺术的解放斗争中，涉及的不是一种“绝对”自由的空洞理念，这种绝对自由在社会上是不存在的，甚至要使艺术由社会赋予它的职能摆脱开来的尝试，对艺术——正是真正的艺术——都是有危害的，因为这种“绝对的独立性”不可避免的后果是导致内涵的空虚化和形式的贫乏。艺术的解放斗争——从世界史的高度看——是围绕这一点的博弈，使社会赋予艺术的社会职能，在内涵的一般规定性与形式赋予的自由灵活之间，取得一种成功的中点，通过它艺术才能完成其作为人类自我意识的使命。社会主义文化会显示出“胜利地将艺术解放的斗争进行到底的力量”。

第二节　阿 多 诺

在西方新马克思主义的思潮中，法兰克福学派独树一帜，影响深远。作为该学派的代表人物，阿多诺（Theodor W. Adorno，1903—1969）是当代声名日益远播的思想家之一。

就阿多诺的思想星座或立场而言，西方的研究者们（比如马丁·杰）倾向于将其概括为五种基本活力。即：非正统的西方马克思主义、美学的现代主义、上流文化保守主义、犹太情感和拆构主义。[①]在我看来，阿多诺的思想星座起码闪烁着七色之光。也就是说，除了上列五大要素之外，还应包括否定的辩证法与怀疑主义精神。

阿多诺一生勤于笔耕，著书颇丰，其全集达23卷。从早期发表的美学专论《齐克果：美学的建构》开始，阿多诺对现代美学的定位、转型与发展似乎情有独钟，即便在其哲学、文化学、社会学和音乐学等论著中，也从不放过对现代美学与艺术

① 马丁·杰：《法兰克福学派的宗师——阿道尔诺》，胡湘译，湖南人民出版社1988年版，第1—17页。

进行多方位的审视与探讨。一般说来，《否定的辩证法》(Negative Dialectics) 是阿多诺的哲学代表作，而他竭尽数年功力撰写的《美学理论》(Aesthetic Theory)[①]则是其美学代表作。诚如马丁·杰所言，阿多诺的美学论述在这部内容丰富、构思宏远的遗作中"达到了顶峰"。[②]甚至阿多诺自己在给友人的信中也曾宣称，该书旨在再现他"思想中的精髓"。[③]

在这部长达50万字的《美学理论》中，阿多诺主要依据他一贯倡导的文化批判主义方法，深入地检视了古典美学理论的长短利弊，分析了现代艺术的特殊职能，揭示了艺术双重性的辩证关系，同时提出了未来美学的新生条件与发展途径。其中对文化产业、技术效应、反艺术或具有"反世界"倾向的现代艺术等重要文化现象的批判，充满许多具有前瞻性和后现代性的论述。这对今日中国的读者来讲，委实振聋发聩，令人惊羡。就我个人所见，此书对于当代美学或审美文化研究的学术参考价值，犹如黑格尔的《美学》巨著之于传统美学或艺术哲学研究。

《美学理论》一书以阿多诺特有的无规则与非层递的风格写成。分析辩驳、旁征博引、笔意纵横是该书的主要特点。此外，在其立论过程中，德国各种唯心主义乃至浪漫主义的学说对阿多诺来讲既是刺激物，又是陪衬物。的确，阿多诺习惯从哲学的角度来思索美学与艺术等问题。他本人由于深受德国古典哲学传统的浸润，特别是受康德、黑格尔和本雅明的影响，所以其思辨的学养甚深，行文颇为晦涩。另外，在他以怀疑的态度与批判的方法，来重估古典美学的价值和论证美学现代主义的必然性时，汲取了马克思主义的一些营养成分，从而走上了一条扬弃—移植—变通乃至兼容并包的研究道路。这样便给解读（包括翻译）造成困难。1992年，笔者在瑞士洛桑大学哲学系研修期间，曾与业师英格博格·叙斯勒教授（Ingeborg Schüβler）谈及书中某些费解之处时，她提醒我要特别注意阿多诺那博杂的理论风格，以及他对有些概念的处理方式。要知道，阿多诺在命题讲章的过程中，惯于使用用他那把由批判方法与怀疑精神合成的双刃剑。于是在使用概念方面表现出一定的混合性与重复性，在概念构造方面也带有某种为立异而立异的倾向。这一切都会给读者造成不小的困扰。究其本质，这恐怕与他的反体系冲动有着直接的因果关系。但要指出的是，这种反体系冲动实际上导致了阿多诺式的特种体系。人类的各种思想体系犹如一部活动的画册，翻（反）过一页便是另一页。古往今来的思想家们大多是在"反"字上做文章，阿多诺本人也概莫能外。当然，"反"字旗下所招

① T. W. Adorno, Aesthetic Theory, C. Lenhardt (trans.), London: Routledge & Kegan Paul, 1984. 此书的新英译本由Robert Hullot-Kentor完成，明尼苏达大学出版社1994年出版，即：T. W. Adorno, Aesthetic Theory, Robert Hullot-Kentor (trans.), Minneapolis: University of Minnesota Press, 2002.

② 马丁·杰：《法兰克福学派的宗师——阿道尔诺》，胡湘译，湖南人民出版社1988年版，第1—17页。

③ T. W. Adorno, Aesthetic Theory, C. Lenhardt (trans.), London: Routledge & Kegan Paul, 1984, p. 493.

致的结果，尽管意在标新或重构，但多少都带有“阐旧邦以辅新命”的味道。阿多诺的大部分言论，一般是基于社会批判的立场，有感于文化产业的流弊、艺术的特殊职能、自律性与社会性的张力以及未来美学的发展前景而发的。

一、文化产业的流弊

阿多诺一直对文化产业（culture industry）表现出莫大的敌视和忧虑。“文化产业”实际上是“大众文化”（mass or low-brow culture）的一个取代性术语。在他看来，大众文化整体上是一种大杂烩，是由上而下地强加给大众的。因此，他宁愿选用“文化产业”这一概念。阿多诺把文化产业的起源追溯到17世纪，认为那是以娱乐为手段旨在达到逃避现实生活和调节世俗心理之目的的产物。他无不惋惜地感叹道：纯粹的大众娱乐骗走了人们从事更有价值和更充实的活动的能量与潜力，由此而引发的文化产业亦然。正是这种文化产业，在现代大众媒介和日益精巧的技术效应的协同下，借用源于自由竞争资本主义的意识形态中的“伪个体主义”，张扬戴有虚假光环的总体化整合观念，一方面极力掩盖处于严重物化和异化社会中的主体—客体关系之间与特殊——一般关系之间的矛盾性质，另一方面则大量生产和复制千篇一律的东西，不断扩展和促进“波普文化”（pop culture）向度上的形式和情感体验的标准化。其结果是有效地助长了一种精于包装的意识形态，使人们更加适应于习惯性的统治，最终把个性无条件地沉淀在共性之中，从而导致了生活方式的平面化、消费行为的时尚化和审美趣味的肤浅化。如他所言：

> 文化产业重复不断地从其消费者那里骗取它一再许诺过的东西。文化产业玩花招，弄手脚，无休无止地延期支取快乐的约定票据。其承诺是虚伪的……它实际上使之有效的东西，不过是真正意义上永远也达不到的东西。[①]

再如，对于大众倍感亲切的现代流行音乐，阿多诺认为那是文化产业的一种特产。这种所谓的“波普艺术”（pop art），通常具有技术性“包装”的外表，显现出一种“伪自发性”和惺惺作态的形式，无论是制作者还是表演者，都极力装出一副悲天悯人的样子，投听众所好，与其套近乎。于是，他们——

> 必须写作某种能给人以足够的深刻印象以便使其记住、而同时又能足够为人熟知以便显得平易的东西。在此，可求助的东西是在生产过程中被有意无意

① T. W. Adorno, Negative Dialectics, London: Routledge, 1990, p. 139. 此书德文字版出版于1966年。

地忽略的那些旧式的个体主义因素。这同样符合这一需要，即向听众灌输一种潜藏的占统治地位的形式与情感的标准化，把听众总是款待得就好像大众产品只是为了他一个人似的。[①]

但在构成上，现代流行音乐总不偏离规定的程序所确立的限度，如流行的节拍、和声、乐器与动作；在主题上，只是重复人们熟知的那些有限的范围，如“赞美母爱或家庭欢乐的歌曲，胡闹或追求新奇的歌曲，佯装的儿童歌曲或描述失去女友的悲伤的歌曲”等。[②]这类结构与主题，外表上五花八门，而实际上千篇一律，缺乏真正的新意或创意，其唯一追求的效果就是挖空心思地玩弄“技术效应”等花样，以简单的或程式性的图解方法强化附带的视觉形象刺激，同时再添加一点随兴所至的情绪风味。这在很大程度上归咎于文化产业中的拜物教作用。由此引发的音乐拜物教，必然会导致鉴赏力的退化。这种鉴赏力反映在听众身上，与日常生活所要求他们的服从态度毫无二致。阿多诺对现代流行音乐的批判，自然会使人联想起那些在歌台上“满怀深情”的“流星族”和歌台下如痴如醉的“追星族”之类“文化景观”(culturescape)。

总的说来，文化产业具有商品社会一切产业的基本特点，具有突出的拜物特性或拜物教作用。其产品从一开始就是为了交换或者为了在市场上销售而生产出来的，所以不是艺术品，不是为了满足任何真正的精神需要。文化产业及其产品以商业价值和“瞬间效应”(momentary effect)为导向，阿多诺常以“焰火”(firecracker)喻之，认为该产业的运作者与支持者往往“沉溺于一种玩世不恭的令人难堪的态度，仅为了达到愚弄消费者的目的而纵容生产文化垃圾，视艺术为一种唾手可得、不负责任的娱乐活动”，并把“愿者上钩”奉为“艺术消费者的绝对原则”。[③]从我们所观察到的情况来看，这一切使文化产业注定要借助各种实用的技术手段，以花样翻新或标新立异来包装自己的产品，以不断复制和批量生产来倾销自己的产品，以灯红酒绿的靡靡之音或五彩缤纷的喧闹场景来娱人耳目…… 其结果导致了大众鉴赏力的退化、审美活动的庸俗化、主体反思与批判意识的匮乏，以及享乐主义的盛行等负面效应。相应地，情感非但没有得到宣泄，精神非但没有得到升华，反而受到双重的压抑。这使人不由想起两千多年前的中国先哲老子的警世箴言：“五色令人目盲，五音令人耳聋，五味令人口爽。驰骋畋猎，令人心发狂；难得之货，令人行妨。”[④]

---

① T. W. Adorno, Introduction to the Sociology Music, London: Continiuum, 1988, p. 31.

② T. W. Adorno, Introduction to the Sociology Music, London: Continiuum, 1988, p. 25.

③ T. W. Adorno, Aesthetic Theory, C. Lenhardt(trans.), London: Routledge & Kegan Paul, 1984, pp. 334–335.

④ 老子：《道德经》第十二章。

值得注意的是，在阿多诺对文化产业深表忧虑和敌视的同时，也曾承认文化产业主流中所内在的批判潜力。譬如在《启蒙的辩证法》一书中，他发现“文化产业的确包含着在那些使它接近于竞技的诸特征中比较好的特征的痕迹。”其后，在《电影的透明性》中，他进一步指出：“文化产业的意识形态本身在操纵大众的尝试中，已经变得与它想要控制的社会一样内在地含有了对抗性。文化产业的意识形态含有自己的谎言的解毒药。”如此看来，阿多诺无论是从负面还是正面揭示文化产业之实质的过程中，始终怀抱着探寻“文化救赎”（cultural redemption）之可能性的使命感或至高目的。

二、现代艺术的特殊职能

在阿多诺看来，现代资本主义社会已经病入膏肓。在现实生活中，丑恶的膨胀、美善的萎缩、焦虑的加剧、颓废的升级、喧闹的干扰等问题，使原本陷入困境的人生显得更加苍白无力、麻木不仁，甚至逆来顺受。阿多诺似乎认为人类要想自救，或者说人类要想摆脱这场危机，除了别的途径之外还得从文化入手。这就需要培养和发展一种真理意志。然而，令人遗憾的是，真理或真理性在虚伪的意识形态中或已被意识形态化了的社会现实中是找不到的。真理性也不会寄寓在美化现实的艺术之中，因为后者总是以理想的方式，把这个不自由的、令人厌恶的世界重新变成使人感到留恋的地方，把实存的苦难加工成肯定的安抚，这样提供给人们的只是一种假象、一种幻想。它表面上充斥着善意的愿望，而实质上则无多少真理性内容可言。

那么，这种真理性内容可在何处寻找呢？按照阿多诺的设定，应在精神性和自律性的艺术中去寻找。他认为真正的艺术从本质上说是精神活动，不可能是纯粹直观的东西。事实上，单纯直观的艺术品是无因之果。艺术的物似性也只能说明物乃是艺术品的载体而已。而精神则是“艺术作品的以太（ether）；它通过作品来讲话；或者更严格地说，它兴许将作品转化为一种手写物”。这种与真理性内容密切相关的精神，在真正的艺术作品中与形式相互依存，是照亮现象或表象的光源。如果没有精神之光的拂照，任何现象也就失之为现象（这种比喻使人自然联想起柏拉图将“善之理式”喻为“阳光”的说法）。阿多诺如此标举主观意义上的“精神”，其另一目的就是通过“精神化”（spiritualization）使艺术抛开外在的制约因素，以便少受异化的影响，以便尽量保持本身的社会性批判维度——即通过表现媒介和历史所确定的方式，攻击和揭露当今社会状况的种种弊端。

因此，精神性的艺术断然摒弃幸福快乐与五彩缤纷的东西，因为这些东西在现实生活中是人所得不到的。艺术毫不留情地摒弃了孩提式的幸福快乐，从而确乎成了没有幻觉的实际幸福的象征。与真理性内容密切相关的是艺术的自律性。具有自律性的艺术一般表现为它极力想摆脱这个行政管理世界对它的支配与干扰，它想独往独来，抵制整体社会化运动。面对这个它所厌恶的现实世界，它不压制也不拒绝表现愚蠢和丑恶的东西，它竭力暴露和控诉当今社会的流弊。特别是在极权主义国家，其文化政策由于看不到启蒙作用也就是欺骗群众这一情况，自律性艺术更应发挥它的社会批判作用，这样会使它成为与这个社会乃至这个世界不相容的东西。而在阿多诺看来，“只有与这个世界不相容的东西才是真实的”，或者说，才具有真理性的内容。看来，阿多诺力图赋予现代真正艺术一种形式上的颠覆能力，这种能力旨在削弱虚假的、总体化的观点给予异化的社会存在的合理性外观。但是，诚如波琳·约翰逊在《马克思主义美学》中所言，阿多诺虽然认为：

> 真正的艺术作品可以被赋予一种实际的颠覆能力，可他关于日常思维与现代主义作品之间关系的分析，又否定了艺术具有任何实效的启蒙能力。真正的作品消除了用以执行意识形态保守职能的理智条件，但这只是建立在其不适合产生于当代资本主义日常生活性质中的需求这一基础上。所以，现代主义艺术作品只具有形式上的颠覆性质。真正的作品却远离大众的需求，使其失去了任何实际的影响。[①]

在阿多诺看来，现代艺术之所以被人视为一种“反艺术”（anti-art），主要是因为它表现出一种“反世界”（anti-welt）的倾向。它有意地不再美化人生与社会，而是直接地呈现人的生存状态和揭露社会的种种弊端。艺术的本质、社会职能及其社会重要性，或许正在于它同这个世界的对立。我们知道，由于商品经济与文化产业的日益发达，当代社会正日益剥夺人的精神独立性，使人不断地异化，不断地为物所役，不断地丧失辨别能力、思考能力和自己的本来真知。艺术则通过把现实“对象化”（objectification），也就是通过无情而深刻地揭露与展示，使人重新认清自己，认清世界。应当看到，在这个现实世界上，美与丑的关系，诚如老子和歌德所言，均具有相对性，两者一方面“从来就不肯协调”，而另一方面彼此又“挽着手儿在芳草地上逍遥”。相应地，善与恶的关系亦如美与丑的关系。我们称为罪恶性的东西，只是善良的另一面，双方处于对立统一的互动关系之中，对各自的存在都是必要的，都是整体的一部分。这一点只是到了现当代人们才有了更深切的认识和感受。当今，意在激发人们真理意志的现代艺术，更是抓住美丑之间的冲突不放，抓住善

---

① 王鲁湘等编译：《西方学者眼中的西方现代美学》，北京大学出版社1987年版，第262页。

恶之间的对立不放，迫使人们在不可回避的情景中对丑与恶进行认真的观照和审视，以便从中折映出自己，从中认清自我和现实的本来面目，进而试图从中解脱出来。或者说，在类似荒诞、迷茫、颓废、怪癖、躁动、阴谋、诡计和喧闹等丑陋罪恶的现实存在中认清这个世界的真实现状，认清现代文明的缺憾，认清人性的弊端，认清人类所面临的危机，借此唤醒处于麻木的良知，激起完善自我和改变现状的意识。在这一觉醒与追求的向度上，也可以说是一种审美意义上的批评性超越吧。

但在艺术如何构成自己真正的社会影响的问题上，阿多诺显得出奇的理智。他认为艺术的社会影响是间接的，不是“通过声嘶力竭的宣讲，而是以微妙曲折的方式通过改变意识来实现的。任何直接的宣传效果很快就会烟消云散，艺术不可能凭借适应现存需求的方式来取得巨大的预期影响，因为这会剥夺艺术应当给予人类的东西”①。至于那种黄钟毁弃、瓦釜雷鸣式的直接宣传，反倒会“强化这个受到行政管理的世界对艺术的支配权力，而艺术则希望不受干扰，独往独来，抵制总体社会化运动。……艺术务必摆脱这种目的论，因为它代表一种自在（an in-itself），一种不得不促成的自在”②。

在经过一连串颇富批判主义精神和带有浪漫主义遗风的析理论说之后，面对现实的阿多诺陷入了愈加冷静的思考；其思考的结果又不能不给自己的“艺术宣言”打上问号，不能不认识到艺术所处的两难困境。如他所说：“完全非意识形态的艺术很可能是完全行不通的。艺术的确不能仅凭与经验性现实的对立而成为非意识形态的。”③阿多诺还接着指出：

> 今天，在与社会的关联中，艺术发觉自个处于两难困境。如果艺术抛弃自律性，它就会屈从于既定的秩序；但若艺术想要固守在自律性的范围之中，它照样会被同化过去，在其被指定的位置上无所事事、无所作为。④

阿多诺是一贯倡导“否定辩证法”的。这一令他格外伤神的结论，可以说是“否定之否定”法则的明证，是他从理想走向现实的明证，同时也是历史或时代社会文化环境的必然结果。

颇为有趣的是，阿多诺一再强调艺术不可能依然如故，因为它是运动中的综合物，具有高度的自体调节功能。照此推理，艺术也不会是阿多诺所说的那副样子。艺术总是一个“变数”，处于不断的生成过程之中。就连阿多诺本人也这样期望：一

① T. W. Adorno, Aesthetic Theory, C. Lenhardt (trans.), London: Routledge & Kegan Paul, 1984, pp. 244–245.
② T. W. Adorno, Aesthetic Theory, C. Lenhardt (trans.), London: Routledge & Kegan Paul, 1984, pp. 355–366.
③ T. W. Adorno, Aesthetic Theory, C. Lenhardt (trans.), London: Routledge & Kegan Paul, 1984, p. 336.
④ T. W. Adorno, Aesthetic Theory, C. Lenhardt (trans.), London: Routledge & Kegan Paul, 1984, p. 337.

种尚无人知的审美形式会因建构过程与技术统治之间存在许多关联而引发。该审美形式可望取消所有行政管理控制下的所有观念及其在艺术的反映。[①]

三、自律性与社会性的张力

如上所述，阿多诺经常谈论艺术与社会的关系以及艺术存在的可能性。前者看似一个艺术社会学问题，后者看似一个艺术本体论问题，但阿多诺是玩否定辩证法的高手，因此这两个问题是紧密交织在一起的，委实到了“你中有我，我中有你”的程度，从而构成了现代艺术的双重性本质。

简单说来，艺术的双重性就是其自律性（autonomy）与社会性（sociality or fait sociale）。这两者之间的内在矛盾主要表现为一种两难抉择困境（dilemma）。即：如果艺术抛弃自律性，让自己走进社会，那就会屈从于社会的现实与既定的秩序，受制于商品社会的魔力，在自身拜物性的不断膨胀中，自失于其中，由此就会走向消亡。反之，如果艺术想要固守在自律性的范围之内，让社会走进艺术，依靠自身历史不长而且相对微弱的自律性来批判和揭露社会现实与既定秩序的弊病，那至少会面临两种可能的结果：一是在这个行政管理的世界中，艺术只能在被指定或划定的范围内行施相对自律的权力，其结果也是行之不远、难有作为；二是商品社会无所不在的魔力会把一切变成商品（就连谋杀、情杀乃至恐怖袭击都不在话下），艺术因此会被同化过去，沦为商品或特殊的商品。如此一来，艺术的存在也会成为问题。

如此看来，艺术的双重性显然“处于彼此依赖与相互冲突的境地”。[②]从历史根源上看，艺术的自律性是基于唯美主义的主导原则“为艺术而艺术”，这是浪漫主义理想破灭的产物，由此所鼓吹的美，通常是空洞而累赘的。从政治背景上看，艺术的自律性与市民社会（或资产阶级社会）的自由观念是联系在一起的，是对艺术负载过多职能（宗教、道德、教育、审美、政治、社会改革职能等）的一种背反或抵制。如今，从艺术生产上看，“直接的社会经济干预”（direct socioeconomic intervention）会以不同形式的“契约”（contract）发挥某种支配作用，譬如画家与画商之间的那种“契约”，社会控制所衍生的那种成文的或不成文的“契约”……凡此种种，都会或多或少地剥夺与销蚀艺术的自律性以及内在必然性（immanent necessity），再加上艺术为了继续生产而不得不屈从于外来的强势压力等因素，结果会使艺术成为“客观上无足轻重的东西”（objective insignificance）。可见，艺术的自

① T. W. Adorno, Aesthetic Theory, C. Lenhardt(trans.), London: Routledge & Kegan Paul, 1984, p. 319.
② T. W. Adorno, Aesthetic Theory, Robert Hullot—Kentor (trans.), Minneapolis: University of Minnesota Press, 2002, p. 229.

律性总是相对的，而其社会性则是绝对的。在理想情况下，即便艺术不屈从于社会现实与既定秩序，依然能够与社会相对立或者说坚持其“反世界”的社会批判维度，那说到底还是一种社会性的表现。

但是，艺术与社会的双重关系不是一个简单的界定问题，所涉及的诸多方面，需要从多种角度予以审视。首先，从本体论的角度看，阿多诺对艺术双重性的分析，其本意是在探讨艺术何以可能继续存在或艺术的自为存在何以可能的问题，这里面涉及的一个关键因素就是艺术的“反世界”本体特性。这里所谓的“反世界”，乍看起来是一个颇有刺激性和歧义性的说法，但实际上只不过是赋予艺术的一项主要任务而已。该任务要求艺术严肃而深入地抨击和暴露社会现状的弊端，但其目的不是指望艺术去解决或消除这些弊端（这实际上也不可能），而是要求艺术把人类的苦难转化为一种形象予以艺术性的表现，借此来昭示和凸显这些弊端何以生成的深层社会原因，进而启发和诱导人们去颠覆或瓦解这些弊端赖以存在的社会条件。要知道，“艺术总是一种社会现实，因为艺术品是社会的精神劳动产品。艺术之所以是社会的，不仅仅是因为其生产方式体现了艺术生产过程中各种力量和关系的辩证性，也不仅仅因为艺术的素材内容取自社会。确切地说，艺术的社会性主要因为它站在社会的对立面。但是，具有这种对立性的艺术，只有在它成为自律性的东西时才会出现”[①]。也就是说，艺术只有这样，其存在才是可能的。用阿多诺的话说，“艺术只有具备抵抗社会的力量时才会得以生存。如果艺术拒绝将自己对象化，那它就成了一种商品。艺术奉献给社会的不是某种直接可以沟通的内容，而是某种非常间接的东西，即抵抗或抵制。从审美上讲，抵制导致社会的发展，而不直接模仿社会的发展”[②]。因此可以说，艺术的社会性及其批判精神是其本性使然，但其本身不具有直接的社会影响力，也不应当期待它直接充当某种宗教或政治意识形态的服务工具。艺术的作用是非常间接的，是以特定的象征符号表现出来的，之所以不能直接沟通或知解，那是因为艺术具有谜语特征及其有机多义语境特征；之所以导致社会的发展，那是因为艺术的批判精神具有唤醒人们直面社会问题的启蒙作用。

不过，需要指出的是，当艺术依据自律性来对抗或抵制社会现状及其种种弊端之时，不是以矫情而空泛的鼓动手法，而是以富有真情实意的真理性内容（truth content）；不是借助直言不讳或直接图示的方式，而是通过具有艺术性的微妙曲折的表现。这样一来，艺术便可透过表现人类与社会苦难的艺术形象来改变人们的意识，来孕育人们改变现状的主动精神，来警示逆来顺受的被动人格，最后通过人这一中介来改变他们生活在其中的那个不完善的社会。无论我们喜欢与否，激进的现

---

① 阿多诺：《美学理论》，王柯平译，四川人民出版社1998年版，第386页。
② 阿多诺：《美学理论》，王柯平译，四川人民出版社1998年版，第387页。

代派艺术依然保留着艺术的固有禀性，那就是它让社会进入自己的境域，但只是借用一种隐蔽的形式，这就好像是一场梦。倘若艺术拒绝这样做，那它就会自掘坟墓，走向死亡。[①]我们知道如梦如幻的感觉与体验。对艺术来讲，梦如幻想，而幻想是必要的，因为它是艺术赖以存在的条件。但是，艺术又不能倡导幻想，那样就会失去关注现实和反世界的批判精神，所以要克服幻想的盲目性，设法给艺术幻想中注入理想追求的动力，而这种理想是与通过人的觉醒来自觉建构一个宜居的社会联系在一起的。需要提醒的是，艺术的这种理想追求或艺术的社会性并不在于其政治态度，而在于艺术与社会相对立时所蕴含的固有的原动力。如果艺术真有什么社会功能的话，那就是不具有功能的功能（function without function）。因此，必须从两个方面来考虑艺术的社会性：一方面是艺术的自为存在（being for itself），另一方面是艺术与社会的联系。艺术的这一双重性体现在所有艺术现象中，而这些现象却是不断变化和自相矛盾的。[②]

其次，从认识论的角度看，艺术的真理性内容是艺术存在的关键因素之一，也是艺术的认识价值之所在。艺术的真理性内容与其社会性内容是互为中介的。要认识和评价这种真理性内容，就需要进行哲学或美学的反思。就艺术的内容而言，真理性与真实性可以说是一个硬币的两面，是与艺术形态的虚假性截然对立的，同时与社会和政治的真实性是互为表里的。在阿多诺眼里，“艺术作品如果从其自身角度看是不真实的，那么，从社会和政治角度看也不可能是真实的。……真理性内容总是越过艺术作品的内在审美结构，关涉到某种政治意义。这种内在性与社会性的双重特征在每件艺术品上都留有标记”[③]。反过来讲，社会与政治层面及其意识形态上的虚假，必然会导致艺术作品及其表现的虚假，这对艺术的存在与发展无疑具有直接而负面的影响。因此，艺术应当以相对自律的方式来表现富有真理性的内容，绝不能沦为社会价值与政治理念的简单图解形式。

从本源意义上讲，真理性一般具有双重特征，那就是“不可遗忘”（unforgetfulness）与“不可遮蔽”（unconcealability）。在古希腊，“真理”用ἀλήθεια一词指称。该词词根是λήθή，原意表示遗忘或可遗忘性，在希腊神话里指冥界里的忘川或忘却之河（the river of oblivion in the lower world），举凡饮用其水之人，便可忘却过去的一切。在该词前加上否定性的前缀α-（相当于英文的no或non，相当于中文的非或不）便构成复合词，其字面义为“不遗忘”或“不忘却”，其引申义为“不隐瞒”或“不遮蔽”，后来的拉丁文和英文翻译将其分别转义为真理或真相（veritas / truth）。陈康认

---

① 阿多诺：《美学理论》，王柯平译，四川人民出版社1998年版，第387页。
② 阿多诺：《美学理论》，王柯平译，四川人民出版社1998年版，第388页。
③ 阿多诺：《美学理论》，王柯平译，四川人民出版社1998年版，第423页。

为λήθεια是从动词引申而来，主观方面的意思是“遗忘”，客观方面的意思是“躲避我们的认识”。άλήθεια就是不躲避我们的认识。如若我们所要认识的事物自身没有躲避我们的认识，我们便可以认识它。所以，对象必须有真理和存在这两个方面，我们才能认识它。[①]由此可见，真理的本源性相至少隐含如下几个方面：第一，就其内容而论，是值得记忆和难以忘却的；第二，就其特征来看，它不回避理智的审视和认识；第三，就其存在的因缘而言，它经得起不同角度的分析和反思、批判和反驳；第四，就其功能而论，它作为进一步论辩与研讨相关议题的起点或参照系统，具有思想启蒙或承前启后的绵延功效。英国哲学家科林伍德就曾这样诠释真理：真理具有自身的一种美德，如同英雄人物一样，能够经得起考验。真理是经得起诘难的，也经得起精密的辩证式追问。总之，属于真理的东西不仅经得起这种痛苦的磨难，也经得起沉重打击的考验。[②]然而，在阿多诺的话语形式中，艺术的真理性内容中的真理性，虽然在一定程度上会涉及上述意蕴，但他更强调其中经得起凝神观照与审美反思的意味和引发人们实际行为能力以期改变社会现状的内在企图。严格说来，艺术在阿多诺心目中不仅要真实地反映和昭示这个世界的问题，而且要反抗和改变这个世界的现状。此两者与马克思对哲学家的期待（解释世界和改变世界）具有一定的应和之处。正因为如此，阿多诺把艺术视为一种行为模式，十分强调艺术的实践态度（attitude to praxis），认为艺术作品一方面不如实践，另一方面又胜于实践。尤其是当外在的实践活动趋向于暴力或成为压制作用的密码时，艺术作品便对这种实践活动及其实践者组成的系统展开尖锐的批评与不断的控诉。反过来，相关的实践者也会采取行动，倘若不能改弦易辙，那就会为人类的野蛮和暴力欲望进行掩饰。只要他们受这种欲望的支配，就不会有真正的人类，而只有支配。[③]我个人以为，阿多诺雄心不已，对待艺术的态度及其用意是极其真诚的，虽然多少带有“无可奈何而为之”的悲壮色彩，但绝非为了张扬“其言洸洋自恣以适己”的话语式潇洒。

另外，从审美文化的角度看，阿多诺对单纯娱乐性艺术现象深表厌恶，这种厌恶甚至伴随着某种无可奈何的焦虑情结。他认为，流行艺术里的审美庸俗性，与文化产业和虚假的审美狂欢有关，与追捧享乐主义者的权利有关，与蔑视艺术的真理性内容与自为存在的批判精神有关。在一般情况下，享乐主义者会“沉溺于一种玩世不恭的、令人难堪的态度，仅为了达到愚弄消费者的目的而纵容生产文化垃圾，

① 陈康：《论希腊哲学》，汪子嵩、王太庆编，商务印书馆1990年版，第209页。

② R. G.. Collingwood, The Idea of Nature, Oxford: Oxford University Press, 1945, p. 69; also see Barry Allen, Truth in Philosophy, Cambridge, M.: Harvard University Press, 1993, pp. 21–22.

③ 阿多诺：《美学理论》，王柯平译，四川人民出版社1998年版，第412—413页。

把艺术视为一种唾手可得的、不负责任的娱乐活动”[①]。不难看出，这种虚假的意识与虚假的狂欢，所看重的是感官上的审美娱乐及其背后的商业利益，因此会造成艺术发展的虚假契机，结果会在“愿者上钩”的审美消费原则引导下，使艺术将面临一种自我腐化的危机，由此导致了审美的庸俗性和精神的空洞化。这种审美庸俗性的普遍样式如同一幅精致的广告，表现的是一名正吃巧克力的小孩，他挤眉弄眼，犹如亲临其境。这样做的真正目的是引诱消费和创造商业价值，而非为了维系艺术的尊严及其精神化的审美价值本身。

再者，从审美心理学的角度看，艺术的存在与发展需要具备一种艺术震撼力(shudder)。这种震撼力会导致一种以生命体验为主要特征的精神性审美体验或思想启蒙。简单地说，艺术震撼力或震撼作用是对艺术合乎情理的一种反应，一种深度的关切感。这种感觉是伟大的艺术品激发出来的。在这一片刻，观众凝神贯注于作品之中，忘却自己的存在，发现审美意象所体现的真理性具有真正可以知解的可能性。这种直接性，即个人与作品那融合无间的关系，是一种调解的功能，一种内在的、广泛的体验功能。该体验于瞬刻之间凝聚在一起，为达此目的，需要调动整个意识，而不是单方面的激情和反应。体验艺术的真假，不仅仅是主体的“生命体验”所能涵盖的：这种体验还标志着客观性渗入到主观意识之中。客观性即便在主观反应最为强烈之际，也对审美体验起一种调解作用。[②]另外，在直接性的接触中，震撼性的体验进而会打破审美幻象，使人从中觉察到和设想出一种潜在的真实存在，因为“艺术在这一时刻可以被视为一位为受压抑本性进行辩护的历史代言人(historical spokesman)”[③]。看来，客观性的社会批判作用与主观性的审美调解作用，是互动的、共生的，彼此需要的、回环激荡的，这无疑会丰富艺术双重性的多维向度及其崇高意味，会促进与整个文明进步和人性觉悟关联在一起的审美升华作用（aesthetic sublimation)。

最后，从艺术社会学的角度看，“艺术的作用每况愈下，扮演着一名野蛮行径的顺从者的角色”[④]。按照我的理解，这里所谓“顺从者的角色”，显然类似于奴婢的角色。这种角色在大多数情况下是逆来顺受的，但有时则为了眼前的利益而助纣为虐。至于“野蛮行径”的所指，那是多方面的，譬如纳粹时代声嘶力竭的政治宣传艺术，政治化意识形态的粗暴干预，商品社会或社会商品化的魔力，享乐主义的感官娱乐等。所以，艺术要想真正继续存在与发展下去，要想真正发挥自己理应发挥的社会作用以及审美意识形态的作用，那就应当担负起社会责任，应当扮演自己理

①阿多诺：《美学理论》，王柯平译，四川人民出版社1998年版，第403页。
②阿多诺：《美学理论》，王柯平译，四川人民出版社1998年版，第417页。
③阿多诺：《美学理论》，王柯平译，四川人民出版社1998年版，第419页。
④阿多诺：《美学理论》，王柯平译，四川人民出版社1998年版，第401页。

应扮演的角色，应当突出地表现自身的真理性内容，应当不断扩充自身的审美震撼力。而所有这些东西，都需要艺术在辩证地发挥其双重作用的同时，尽可能以微妙而曲折的方式或艺术化的方式予以展开。

要知道，在这个日益平民化或自由化的社会意识中，“任何神圣的东西不再那么管用了”(荷尔德林语)。相应地，艺术不可能凭借适应现存需求的方式来取得巨大的预期影响，因为这会剥夺艺术应当给予人类的东西。否则，万不得已时，人们也可以不要艺术。这样对于艺术的存在来讲，就等于釜底抽薪。因此，艺术的社会影响作用只能是间接性的，其表现方式也不能是简单化的理念图解，其中所包含的社会性批判精神、相对的自律性与隐含的意识形态导向和社会理想追求等因素，仅仅限于促发人类意识的改变，即在陶冶性情中引发人的社会价值观乃至世界观的变化。一般说来，知先而行后，艺术最终是通过人及其行动为实践性中介来促进社会变化或改良的。

由此可见，艺术与社会的双重关系是互动而辩证的博弈关系。我们从以上所述中不难看出如下几点：(1) 阿多诺在以辩证的方法来论述艺术的双重性时，对艺术所面临的问题与存在的可能性十分关注，甚至怀着一种浪漫主义的理想情怀，希望艺术在保持自为存在或自律性的同时，能够以微妙曲折的方式和社会批判的方式发挥间接的社会作用，借以改变人们的意识，继而激发人们改变社会现状的主动性。(2) 如此一来，阿多诺也同样让艺术承载了过多的东西。也正因为如此，艺术在他的哲学美学与个人的思想观念中始终是一个十分沉重而极其严肃的话题，他的哲学美学或艺术哲学思想更多地趋向于一种精神化的崇高形态，其突出的表现之一就是他对文化产业的媚俗作用和商品拜物特性颇为厌恶，故此想借助富有真理性内容和审美震撼力的艺术来达到文化赎救的目的。但事实告诉我们，他本人似乎也感觉到，这种理想情怀以及他希望艺术所担当的责任或社会义务，一般不是那么容易落实的。在西方，有的学者将阿多诺的这种浪漫主义理想情怀归结于一种贵族式的精英情结，断言阿多诺的呼吁是曲高和寡，在大众文化盛行的时代只不过是一种没有回应的号叫而已。笔者认为，目前在市场价值推动下盛极一时的大众文化，也需要一种多元化的发展导向，这其中最为缺失的正是阿多诺所倡导的真理性内容与审美震撼力。至于阿多诺式的“号叫”，也让我自然联想起蒙克的名画《嚎叫》。这种号叫看似号叫者自己发出的，但实际上是周围的人们逼出来的。当号叫者通过号叫得以自我宣泄时，听众则从中受到某种惊吓，他们会扪心自问何以如此，甚至还会从号叫者那副患有神经病的扭曲面孔中反观到自己的那副尊容。(3) 阿多诺十分看重艺术的真理性内容以及与意识形态的关系，而他对意识形态的认识与界定主要取决于历史的特定影响。譬如他说：任何意识形态都是虚假的，其根本目的在于维护当政者的权力。这种说法会使人产生许多联想。但需要说明的是，阿多诺亲身经历过纳粹时代的精神恐吓，耳闻目睹了戈培尔式的意识形态宣传机器对民众所进行的精神奴役，此后多少年来他都心有余悸，走不出这一让他感到刻骨铭心的可怕阴影。所以，阿多诺对意识形态的上述界说，就得放在特定的社会历史语境之中予以审视。(4) 阿多诺对于纳粹时代与资本主义社会所存在的问题有着深刻的认识，因此在他一味强调艺术与社会的对立以及艺术是表现苦难的语言之时，难免以偏概全，忽略了艺术表现人类的喜怒哀乐等不同生存状态的多样性。如果说，艺术表现人类的哀怒与苦难及其“反世界”的批判精神具有警世、醒世乃至喻世作用的话，那么艺术表现人类的喜乐也必然具有缓解人类精神压力与谐和人际关系的作用。更何况艺术家们是一个特立独行的动态群体，各自都会有自己的选择，不可能一条路走到黑，也不可能都走一条路。(5) 如今，我们积极倡导建立和谐社会，尤其是公平正义的社会。在此过程中，总是要面临许多不公平与非正义的社会现象的挑战。为此，基于艺术双重性的辩证关系及其互动功效，我们无论是从社会性的批判维度来看，还是从艺术的社会协调作用来看，只要不是自欺式的伪调解或假和谐，艺术都理应发挥一定的辅助性启蒙作用。这当然不是以大喊大叫的简单吆喝，而是要以微妙曲折的方式，也就是以艺术化的方式来改变人们的意识，继而暗示、启发、鼓励乃至引导人们去从事有助于促进社会和谐或有助于建构和谐社会的可能活动。

四、未来美学的发展前景

美学作为艺术哲学，其理论形态重视伴随着艺术的发展而流变。然而，传统美学的颓废，美学理论研究与现代艺术实践的脱节，确令阿多诺大失所望。因而，他呼吁建构一种新的美学范型，期待一种“尚无人知的审美形式”。这不仅预示着现代艺术的发展前景，而且预示着现代或未来美学的发展前景。

究其本质，这种“审美形式”是一种理想化的艺术形式，指望通过彻底的表现方式的革命，凭借深刻的反思意识和批判主义的方法，使艺术尽可能：(1) 摆脱行政管理控制下的所有观念，避免受到意识形态的同化；(2) 摆脱文化产业的庇护，避免消费市场的侵蚀，拒绝迎合亚艺术或庸俗的趣味，拒绝生产“像药片的外壳一样包装精美、味道可口”的东西；(3) 与传统美学的陈腐信条和传统艺术的僵化规范实行真正的决裂，在追求创新中别具一格，着力表现“真理性内容”；(4) 警惕那种“以技术为重的做法”或“崇拜手段的不良社会倾向”，因为这种做法与倾向将会偷梁换柱，本末倒置，把目的（艺术作品）倒卖成它的生产手段……

首先，值得指出的是，阿多诺关于艺术与行政管理和意识形态的脱钩假设，实质上意在标举艺术的自律性。这一方面与他本人的新理想主义的浪漫情结有关，另一方面与他本人对行政管理、特别是意识形态的怀疑态度有关。如他所说，“即使艺术会在未来全新的社会中继续存在下去，那它的实体与功能都将会完全有别于过去。现代艺术意识恰恰不相信那种在主题思想与风格上充满意识形态的所有外部标志的美学”[①]。需要说明的是，“意识形态”（ideology）这一术语在阿多诺的思想中是富含贬义的。产生这种“意识形态”的祸根，主要在于不可告人的政治用心，在于对话语权力的垄断性，在于对公众利益承诺上的迷惑性。这三者，不仅会导致“语言交流方式的扭曲，构成意识形态网络”（哈贝马斯语），而且会导致人格的扭曲，引发人性的异化。另一方面，此祸根也在于文字本身的遮蔽性。这种遮蔽，在直接意义上是由于人为的修饰、有意的误用或人文网络的陷阱所致；在形而上意义上是由于文字本身的缺陷所致——即文字的“言不尽意”原理和文字作为既定符号对人的思想和理性的框定与束缚作用。譬如，代表人文智慧的文字诠释，往往构成从文字到文字的“解释”魔圈，甚至达到了“话在说你”而非“你在说话”的“反客为主”程度。所有这些因素，对于丧失“原创智慧”同时又缺乏“神圣智慧”的现代人来讲，都会使其误入迷途，落入“文网语阱”，并且自失其中而不自知，成为活脱脱的“聪明反被聪明误”的标本。

其次，阿多诺之所以一再抨击文化产业对艺术发展的负面作用，一再强调艺术在价值取向上的独立本性，主要是担心艺术会放弃自身的终极目的或淡化追求真理内容的精神，从而完全滑入消费文化或享乐主义的泥沼，满足于在消费市场中扮演一位推销女郎的角色，极尽展示和招揽客户之能；或者像酒吧女郎一样把自己打扮得花枝招展，醉心于为人提供一种“周末娱乐”活动。另外，阿多诺也担心艺术会因此滑入保守主义的境地，为迎合社会现状而提供廉价的安慰，进行粉饰现实的宣传。

再次，阿多诺对传统美学的批评，主要基于传统美学的颓废和人们（特别是现代艺术家）对传统美学的失望。根据他自己的分析，导致这种后果的原因是多方面的。譬如，传统的哲学美学在唯名论之前，“曾经面临乏味的抉择，它或者追随微不足道的一般概念或共相，或者基于约定俗成的抽象结果对艺术作出独断的陈述”[②]。也就是说，传统美学一方面抓住一般普遍性不放，把不适合具体艺术作品的抽象原则固定在本身要死的不朽的价值之上；另一方面自以为是，假定艺术的意义取自那些综合性的、无疑为创造性艺术家所接受的规范，并且认为这些规范远比按其造就

① T. W. Adorno, Aesthetic Theory, C. Lenhardt(trans.), London: Routledge & Kegan Paul, 1984, p. 464.

② 阿多诺：《〈美学理论〉初稿导言》，参见《美学与文艺学研究》（北京师范大学出版社，总第3辑），第234页。

的个体作品更为重要，更为博大。于是，便导致了阿多诺所说的这种悖论的结果："黑格尔与康德可谓最后两位对艺术一无所知但却能够系统地论述美学的哲学家。"[①]同理，美学界随后出现了形形色色的老于世故之徒。"他们在黑格尔注重特定艺术对象与康德注重概念这两种作法之间极尽这种调和之能事，从而整合出一种烹饪法来对待艺术，实际上根本不会欣赏艺术的建构。"[②]庆幸的是，否定"共相"或"一般普遍性"先于个别事物之实存性的唯名论，摧毁了传统意义上的美学理论的基础，促发了美学走向现代化的契机。但由此产生的心理学美学与经验主义美学同样存在自身的弊病，同样没有多大的指望。因为，前者存在一种危险的倾向，"也就是背离美学题材的倾向，以及紧密追求观众或者审美品酒员的快感体验的倾向"，从而把包含主观偏见的"趣味"或"鉴赏力"确定为一个至关重要的准则。而后者作为经验主义描述和普通美学规范分类的产物，其内容十分贫乏，毫无意义，"大大逊色于各类实质性的和透彻的思辨体系。如果应用于当今的艺术实践，这些经验主义美学的抽象概念并不比已往任何时代的艺术理想更有价值"[③]。总之，现代艺术之所以要与传统美学决裂，主要是因为两者之间的"不相容性"所致，或者说，主要是因为美学或审美哲学落后于艺术自身的发展所致。

那么，在这个现代艺术与传统美学发生冲突的时代，美学就真的"没有指望"了吗？就真的成为"多余的东西"了吗？阿多诺认为事实恰恰相反。美学非但没有颓退过时，反而迫切需要，必不可少。一是艺术本身需要美学，需要一种能够引发反思的美学，因为艺术无法处理、也难以统辖这类反思，唯独美学能对艺术作品的无止境性作出深层次的反思或反应。具体地说，"由于艺术作品不是没有时间性的，也不是完全一样的，而是经常变动和发展的，所以，它们呼唤着诸如评论和批判这样一些脑力劳动。这类劳动是艺术生成的中介。然而，这些精神形态依然是虚弱的和病态的，除非他们能够发现艺术作品的真理性内容。要想取得这一成就，这类脑力劳动务必从评论进而转化为美学。唯有哲学才能发现那种真理性内容，艺术和美学为了共同的利益在此会聚一起。在实现这一目标的过程中，哲学并非从事那种以外在方式来应用或实施哲学信条的活动，而是以内在的方式对艺术作品进行反思"[④]。二是进步的艺术家更加觉得需要美学，尽管美学在哲学中已经失去已往的魅

---

① 阿多诺：《〈美学理论〉初稿导言》，参见《美学与文艺学研究》（北京师范大学出版社，总第3辑），第235页。

② 阿多诺：《〈美学理论〉初稿导言》，参见《美学与文艺学研究》（北京师范大学出版社，总第3辑），第235页。

③ 阿多诺：《〈美学理论〉初稿导言》，参见《美学与文艺学研究》（北京师范大学出版社，总第3辑），第236页。

④ 阿多诺：《〈美学理论〉初稿导言》，参见《美学与文艺学研究》（北京师范大学出版社，总第3辑），第245页。

力。这主要是因为艺术家虽然也能进行自我反思，或者说也能对艺术的变化发展及其表现的真理性内容进行不断的反思，但他们“常常随兴所至，不够深刻，甚至带有外行的味道；他们习惯求助于特定的假设，并且将其偷懒的做法合理化，或者发表一些有关他们想要取得但从未取得之成就的声明，一些含糊其词的意识形态上的声明。诸如此类的沉思冥想是无法取代美学思想的”[①]。三是对现代艺术作品的评价需要一种美学。这种美学“十分精通最先进的艺术发展情况，但在反思能力上则胜其一筹。这样一种美学必须放弃趣味这个概念，否则，艺术的真理性要求将会蒙受耻辱，死留骂名。已往美学的严重弊病之一就是以主观的趣味判断为开端，因此出卖了艺术对真理性要求权”[②]。

从以上三个方面来看，阿多诺坚信美学存在的意义和必要性。但这种美学不是落后颓废的传统美学，而是一种摆脱陈旧规范而能“引发那类反思的美学”，一种必须实施现代化转换的现代美学。而现代美学，在阿多诺看来，必须首先采取一种形式，“那就是要对传统美学范畴实行合理的和具体的消解。如此一来，它会从这些范畴中释放出一种新的真理性内容”。不用说，要实现这种转换，现代美学还必须利用辩证哲学的信条，把事实与概念视为互为中介、而非截然对立的东西，这样可望克服在形上与形下之间徘徊的两难抉择困境。其次，现代美学务必设法与现代艺术的发展并驾齐驱，同时务必跟上哲学发展的步伐。最后，现代美学家务必与真正的艺术家携手共进，或者说，真正的美学家务必真正懂得艺术，而真正的艺术家也务必真正懂得美学。所有这些便是美学发展的前景与前提所在。

顺便提及，现代美学在研究艺术时，要注意传统的本体论做法，因为阿多诺本人对此深表怀疑。他甚至不无专断地认为，这类研究是“不会有什么结果”的，因为他确信：(1) 艺术是发展变化的，不断生成的。“艺术并非它自古以来的那副样子，而是它现已生成的样子”；(2) 艺术的发展是一个不断解放自身的过程，因为“艺术解放自身并非某种偶然的事件，而是艺术的原理”。然而，颇为有趣的是，阿多诺没有完全否定本体论研究，而是强调不可忽视的历史作用，认为单纯的本体论研究，如果不顾历史的背景与传承等因素，必然导向“无源之水，无本之木”式的妄语虚谈。所以，他宣称：“美学不应当像追捕野雁一样徒劳无益地探寻艺术的本质；这些所谓的本质要从其历史背景的角度来看。没有一个单独孤立的范畴能抓住艺术的理念。艺术乃是运动中的综合物。艺术由于高度的自体调解能力，故而需要

① 阿多诺：《〈美学理论〉初稿导言》，参见《美学与文艺学研究》（北京师范大学出版社，总第3辑）第246页。

② 阿多诺：《〈美学理论〉初稿导言》，参见《美学与文艺学研究》（北京师范大学出版社，总第3辑）第248页。

最终成为具体概念的理智调解作用。”①

总而言之，阿多诺是现代美学的积极倡导者。但值得注意的是，阿多诺与以往的传统理论家不同。他虽然无处不谈现代美学，但却未对其作出面面俱到或自圆其说的界定。因此，他的美学在很大程度上并非一个理论的圆圈，而是一种思索的过程。在此过程中，经常闪耀出一束束令人惊叹不已的辉光，流溢出一串串教人耳目一新的箴言，其中许多洞识达到了令人称奇的程度，就连其思想逻辑中的诸多矛盾与偏颇之处也给人以无穷的回味和深刻的启迪。另外，他所推崇的现代美学，属于一种主观的理论假设，属于未来美学发展的参照框架，依然处于继往开来的创化历程之中。

第三节　本 雅 明

瓦尔特·本雅明（Walter Benjamin, 1892—1940，亦译本杰明），德国现代著名批评家，出身于柏林一个富有的犹太商人家庭，先后就读于弗莱堡、柏林、慕尼黑、伯尔尼等大学，获哲学博士学位。他与批判理论家阿多尔诺、霍克海默，表现主义戏剧家布莱希特以及苏联演员拉西丝过从甚密，思想激进。第二次世界大战期间，为逃避法西斯对犹太人的迫害，本雅明经法国逃往西班牙，因遭拒绝，本雅明在法西边境服毒自杀。

本雅明著述极丰，其德文版全集达14册之多。他在美学方面的代表著作有：《德国浪漫派的艺术批评概念》《歌德的〈亲合力〉》《德国悲苦剧的起源》《夏尔·波德莱尔：发达资本主义时代的抒情诗人》《经验与贫乏》《讲故事者》《小说的危机》《摄影简史》《作为生产者的作家》《机械复制时代的艺术作品》《文学史与文学学》。

本雅明思想成分极为复杂，人们对他的思想身份很难定位：他是一位文学家，又在哲学方面有极高的造诣；他信仰马克思主义，对社会与历史的进步抱有乐观的看法，同时崇奉犹太教神秘主义哲学，对人类命运深感忧虑和悲观。这种矛盾性充分表现在他的作品之中，致使其思想充满了暧昧，给人们的解读造成了相当的困难。无疑，这也是他生前文名寂寞的重要原因之一。不过，问题毕竟还有它另外的一面，本雅明的艺术理论正是因其暧昧才形成巨大的张力，敞开了一个广阔的阐释空间，给接受者的理解乃至误读提供了多种可能性。本雅明在20世纪后期声誉鹊

① T. W. Adorno, Aesthetic Theory, C. Lenhardt(trans.), London: Routledge & Kegan Paul, 1984, p. 482.

起，不能不说与此相关。杰姆逊称他为“20世纪最伟大、最渊博的文学批评家之一”[①]，原因恐怕即在于此。的确，本雅明的学术研究范围相当广泛，涉及宗教、哲学、历史、语言、文艺史、文艺批评诸多领域，且其思想大都独树一帜，不落俗见。他在对文艺现象研究时，表现出敏锐的判断力和问题意识，他对西方传统思想的批判以及对现代传媒及大众艺术的研究，开启了20世纪后期后现代理论和文化研究的先声。

本雅明在美学方面的主要建树就是他对审美现代性所作的精彩分析，这些分析集中在以下领域：审美本体论、艺术生产论、艺术类型论、艺术社会论。

一、从经验到体验：审美本体的类型转换

无论从哪方面说，本雅明都是一位现代思想家，但是，他所心仪的审美观仍然是古希腊以来的“和谐”美学观，这种美学观因其思想资源中所特有的犹太教神秘主义思想，演变成为一种艺术救赎思想。当然，这种救赎思想不同于纯粹的宗教观念，而是人通过艺术创造与绝对世界之间达成和解的隐喻，用柏拉图的语言说就是：给不确定者以确定。对此本雅明说：“单纯美的生命起源位于和谐——混乱的波涛汹涌的世界中”[②]，“艺术作品并非产生于虚无，而是产生于混乱”，“艺术作品中波澜壮阔的生命非得凝固不可，而且必须显得突然被凝固了。这一在艺术作品中构成本质的是单纯的美、单纯的和谐”[③]。因此“一切美都和公开一样，自身中蕴含着历史哲学的秩序”[④]。

本雅明找到了一个能够体现和谐的术语：经验。经验在西方哲学中有两种理解：一是占主流地位的认识论概念，它是主客体分立、人从世界中抽身后对他物性质进行逻辑概括后的认知；另一个是心灵哲学的观念，它是蕴含着人之经历、内省、感悟等多种物质和心理成分的实在—信念的复合体。本雅明对认识论哲学相当反感，他反对把理解、认识和活生生的生命割裂开来，变成抽象的概念知识或信息，而他所说的经验恰恰是心灵哲学范畴，不能从认识论层面对之进行分析解释，对此本雅明强调：“没有比尝试分析经验更荒唐的错误了——这种分析通常建立在精确的自然科学模式之上。”[⑤]本雅明的全部美学思想，正是以这个观念为基础展开的。

---

① 詹明信：《晚期资本主义的文化逻辑》，陈清侨等译，生活·读书·新知三联书店1997年版，第314页。
② 本雅明：《经验与贫乏》，王炳钧等译，百花文艺出版社1999年版，第212页。
③ 本雅明：《经验与贫乏》，王炳钧等译，百花文艺出版社1999年版，第208页。
④ 本雅明：《经验与贫乏》，王炳钧等译，百花文艺出版社1999年版，第226页。
⑤ Walter Benjamin, Selected Writings, Vol. 2, Cambridge, Massachusetts & London: The Belknap Press of Harvard University Press, 1999, p. 553.

本雅明对经验的理解接近心灵哲学的概念，但又不同于后者的内涵，按照他的说法，“经验”“是存在于集体和个人生活中的传统物”①，“经验是活的相似性”②，“经验……是记忆中积累的经常是潜意识的材料的汇聚”③。显然，这些说法只具有描述性，而非规范性的逻辑概念，本雅明正是以此显示了他话语方式的独特性：他的哲学不同于以概念为认识特征的“具体化的哲学”④，“他的哲学尤为重视具体物”⑤。具体化的哲学拒绝对经验作思辨化的概念推演，更乐意对之作寓言式的形象化描述。正如哈贝马斯所说，“本雅明的艺术理论是一种经验的理论（然而不属于反思经验）”⑥，本雅明自己也说：“拒绝判断是批评的首要形式”⑦，由此，我们不难理解本雅明为什么不给经验加以定义式的说明了。

本雅明所说的“经验”（Erfahrung / experience）其实就是积淀在人们心理结构中的文化传统，它是一个前认识论概念，它是灵肉合一的人在遭遇、亲历、感受相关的人、物、事件后，经过内省、感悟后而得的智慧，是理智与情感、理解与领悟、机智与教训、记忆与想象诸多因素的统一体，包含亲知、理解、教导、训诫等多种成分，是先人的智慧，是真理，是教养，是希望。它不同于认识论哲学中的经验概念，后者剥离了一切主观成分，是抽象的概念、知识或信息的汇集。经验在被传承时通常通过耳提面命的方式，并伴随一个生动的传说或故事。经验这种实践类型尚未被理性整合，也未被知识、信息、技术渗透、切割、掌控，本雅明试图以此说明人与世界之间精神、心理的联系以及生命活动的完整性、传统的连续性、人与人之间的亲和性，以及人类族群建基于交往能力之上的集体性。

经验要求人们在不同实践类型之间建立非同寻常的联系，在极不相同的事物之间发现亲和性，对人们习焉不察的对象会产生特殊的感觉，从不把具体事物贬低为概念的一个事例，甚至也不把它贬低为一个象征性意向。在20世纪西方哲学越来越趋向于画地为牢的研究方式时，本雅明却以他令人注目的异端行为扩大和拓展了哲学的研究范围，跳出一般认识论研究，加强人之认识能力与宗教经验和哲学神秘主

---

① Walter Benjamin, Gesammelte Schriften, Frankfurt am Main: Suhrkamp, 1974, Band I. 2, S. 608.

② Walter Benjamin, Selected Writings, Vol. 2, Cambridge, Massachusetts & London: The Belknap Press of Harvard University Press, 1999, p. 533.

③ 本雅明：《发达资本主义时代的抒情诗人》，张旭东等译，生活·读书·新知三联书店1989年版，第126—127页。

④ Michael W. Jennings, Dialectical Images: Walter Benjamin's Theory of literary Criticism, Ithaca: Cornell University Press, 1987, p. 84.

⑤ T. W. Adorno, Introduction to Benjamin's Schriften, in: Gary Smith (ed.), On Walter Benjamin, p. 7.

⑥ Jürgen Habermas, Consciousness-Raising or Rescuing Critique, in: Gary Smith (ed.), On Walter Benjamin, Cambridge, Massachusetts: The MIT Press, 1988, p. 109.

⑦ Walter Benjamin, Selected Writings, Vol. 2, Cambridge, Massachusetts & London: The Belknap Press of Harvard University Press, 1999, p. 372.

义之间的联系。

本雅明认为，经验世界即人与人、人与自然之间的和谐境况被迅速发展的机器工业社会打破；口耳相传的经验交流能力随着故事艺术的终结而萎缩乃至消失了；现代社会，“非常明显，经验已经贬值”[①]。这种情形一方面使得人们愈益关注对外部空间的开拓和对物质世界的占有，把现实利益的满足视为生存的目标；另一方面又使得人们放弃了对属灵世界的追求，情感和精神的交流被人们视为可有可无的鸡肋置之身外。本雅明这一认识从传统到现实都有丰厚的思想土壤。自卢梭以降，西方人反对技术的呼声从未间断，工具理性与价值理性的紧张状态持续存在；现代思想家对此认识不乏回应，在恩斯特·布洛赫、马丁·海德格尔、马克斯·韦伯的著作中不难发现类似的观念。不过，本雅明并没有因此机械抵制现代社会的存在，他只是痛心人们为了换取进步而付出的牺牲传统的现代化的代价。

本雅明从审美活动的本体类型与人类生存境况之间异质同构的关系角度，考察了现代人的生存特征，并用体验这一术语描述其特征。

体验（Erlebnis / lived experience）是“人用经验的方式越来越无法同化周围世界的材料”时的境况。[②]尽管本雅明对体验没有像对经验那样作出明确的界定，但它在本雅明美学思想中的位置却是十分重要的。安德鲁·本雅明指出，“本雅明的现代性思想在他对体验和经验的区分中得到了充分的表述”[③]。当然，本雅明对体验和经验的区分采用的是描述而非概念性的反思方式。

体验的社会基础是机器大工业和信息生产体制，其生活表征人之生存已经成为断片，从自然到社会再到个体的感觉、意识和记忆，一切和谐均被打破。体验的实质是意识内容被分割成条块般的心理碎片，个体的情感、想象、意志被摘除，经验的连续性陷入分裂、片面之境。本雅明借助“震惊”（shock）这一术语对体验的心理基础进行了精彩的分析。

“震惊”源于弗洛伊德的精神分析学理论，本雅明用它指代工业和信息社会中人的生存状态：外在事物对人不断冲击、刺激，人又对此毫无思想准备，各类神经刺激迅速地相继涌入人体，人们被动地陷入无数瞬间的心灵惊颤之中。[④]在由机械和信息包围、分割的体验空间中，个体的想象、情感、意志变得迟钝且显得多余，物质丰足和忙碌的工作节奏减弱了人之间的依赖感以及生活和情感上的交流、联系。

---

① Walter Benjamin, Selected Writings, Vol. 2, Cambridge, Massaehusetts & London: The Belknap Press of Harvard University Press, 1999, p. 731.

② Walter Benjamin, On Some Motifs in Baudelaire, in: Hannah Arendt (ed.), Illuminations, New York: Harcourt Brace & world, 1968, p. 158.

③ Andrew Benjamin (ed.), The Problems of Modernity, London & New York: Routledge, 1989, p. 134.

④ Hannah Arendt (ed.), Illuminations, Hannah Arendt (ed.), Illuminations, New York: Harcourt Brace & world, 1968, p. 175.

体验这一生存特征表明人类经验的结构已发生整体上的转变，如果说，经验体现的是事物性质的完整性、统一性，体验体现的则是破裂性、断片性。本雅明也知道，技术时代削去了经验传承的根基，经验的失去无可挽回："大多数人不再愿意通过经验学习了，他们的信念阻止他们这样做。"[①]

本雅明以经验和体验为契机，对艺术活动在不同生存模式下的表现形式和规律进行了说明。在他看来，经验生存模式是史诗和故事的故乡，体验模式则是寓言（allegory）繁荣的土壤。在体验状态下，经验破裂、萎缩乃至丧失，传统艺术与现代大众的标准化、非自然化的生活状态之间难以产生回应和共鸣，从接受的角度看，传统艺术见弃于公众，从创造的角度看，艺术家难以描绘出一幅自然融洽的完美图画，现代艺术形式只能是巴洛克悲剧式的"寓言"外观，即以破碎、断裂的结构形式隐喻或暗示阴郁的世界图景：自然的颓败和人性的堕落。

本雅明所说的"寓言"不是那种尽人皆知的文学体裁，"而是一种表达方式"[②]。作为文学体裁的寓言总是呈现为一个知性外观，即在一个故事或形象后传达一个具有固定意义的信息。作为表达方式的寓言，其内容中的艺术事件与明显的教训、意义之间失去了联系，它"从来就不是完全透明的"，这种寓言的代表形式就是现代"小说"[③]。本雅明心目中的寓言既是表达或书写的符号，又是被表达或书写的形象，集能指与所指于一身，它本身也需要人们对之进行反思和认识。本雅明是这样看待寓言的：它是自然与历史奇特结合的产物，它描写的对象是破败的历史和僵死的原始的大地景象，古典时代的美、整体性及其审美符号明喻、象征不再存在了，在书写方式上具有连续性、流动性、发展性。作为现代人的书写方式，"图像诸方面的这种破碎化是寓言方法的原则"[④]，寓言的基本特点是"暗示""怪异""迷惑""零碎""无序"[⑤]，"意义被言语修饰的方面所掩盖"[⑥]，"含混和多义性……以其语义的丰富为荣……始终是意义的清晰和统一的对立面"[⑦]。寓言是和谐破裂、艺术规律与秩序被瓦解的表征，是审美与意指的废墟，因而是一种反古典美学原则的艺术形式，现代寓言的特征表现就是断片，其意义的实现依赖接受者的解释。艺术作品作为完整的审美对象，需要接受者的解释与重建。现代艺术作品是未完成的、开放的。接受者是潜在的作者，也是自我教育者。古典艺术是象征的，现代艺术是寓

① Walter Benjamin, Selected Writings, Vol. 2, Cambridge, Massaehusetts & London: The Belknap Press of Harvard University Press, 1999, p. 553.
② 本雅明：《本雅明文选》，陈永国等译，中国社会科学出版社1999年版，第118页。
③ 董学文、荣伟编：《现代美学新维度》，北京大学出版社1990年版，第81页。
④ 本雅明：《本雅明文选》，陈永国等译，中国社会科学出版社1999年版，第140页。
⑤ 本雅明：《本雅明文选》，陈永国等译，中国社会科学出版社1999年版，第142页。
⑥ 本雅明：《本雅明文选》，陈永国等译，中国社会科学出版社1999年版，第146页。
⑦ 本雅明：《本雅明文选》，陈永国等译，中国社会科学出版社1999年版，第131页。

言的，“作为一种抽象，作为语言精神本身的一种能力”，“寓言在抽象中存在”[①]，“在寓言语境中，形象不过是本质的一种签名，不过是对本质的画押，而非掩盖的本质自身”。[②]本雅明的“寓言”是对西方现代派艺术走向晦涩和费解提供了一个艺术哲学的解释，由此不难理解为什么阿多尔诺、霍克海默和晚期卢卡奇都称本雅明的寓言概念是理解现代艺术的关键。

二、从口传到媒介：审美生产方式的变迁

本雅明一边着手审美本体模式的转换考察，一边考察促成这种转换的社会因素，提出了他的艺术生产理论。不可否认，本雅明有关艺术生产的构想受到马克思艺术生产观的影响和启发，但在具体考察思路上又与后者迥然不同，因为马克思在考察人类审美活动的规律时，以经济决定论为逻辑起点，比较关注审美活动与经济基础、上层建筑乃至意识形态的关联，本雅明则以生存论、文化论的分析为思想起点，较多关注审美活动与人的精神、心理的关联。他的美学焦点集中在艺术生产力的诸因素：生产者、技术和媒介，这一点与20世纪另外一位大师海德格尔多有相似。本雅明的《机械复制时代的艺术作品》与海德格尔的《艺术作品的本源》同时成文于1935年，这应该是一个有趣的巧合，但是，他们对“传统”“起源”“技术”“艺术”等问题的思考和分析不谋而合，并且他们的探索都以现代语境中的日常经验本质的分析为基础，恐怕不是巧合，而是思想家都无法回避的时代问题了。

本雅明采用马克思的政治经济学思路，对艺术生产、流通、传播、消费的诸环节进行透视，对现代艺术生产者的处境和现代大众的接受状态进行了精神生态学的精彩描述，对于艺术生产力中的主观因素（作者、技巧）和客观因素（技术、媒介），都给予了唯物主义的解释。

本雅明认为，艺术生产的状况取决于社会物质生活条件，在资本主义市场经济中，作家成为出卖劳动力换取报酬的精神生产者，由此决定艺术产品不可避免地带有商品的性质。高明的作家犹如熟练工人一样，和报刊、出版商签订工作合同，他们与报业主之间以及作家与读者之间无疑是雇员与雇主、售货员与顾客之间的关系。

作家所从事的艺术生产主要是靠“技巧”实现的，因此，技巧被本雅明视为艺术生产力的组成部分，他认为在艺术研究中，“技巧概念提供了辩证出发点，它超越

---

① 本雅明：《本雅明文选》，陈永国等译，中国社会科学出版社1999年版，第184页。
② 本雅明：《本雅明文选》，陈永国等译，中国社会科学出版社1999年版，第166页。

了内容与形式的空洞对立”，“文学技巧的进步与衰退”[①]，也直接影响着文学作品的质量与倾向。如何超越、如何影响，本雅明对此语焉不详，这一不足在他对艺术生产力客观因素技术和媒介的分析中被弥补了。

本雅明认为，艺术形式总是同一定的生产力水平相适应，艺术的产生和发展不可能脱离科学技术及相应的实践的影响，技术革新导致艺术媒介和载体形式的变化，这种变化必然影响艺术的存在乃至改变艺术观念，因此，“技术是某种特定的艺术形式的先声”[②]。印刷技术和纸张导致史诗、故事的衰落，却导致小说的产生；电子技术和胶片导致小说的没落，但又促使摄影、电影等艺术新形式的出现。艺术发展中的技术进步不仅会改变智力生产方式的功能，最终会改变艺术形式的功能，因为技术的发展必然改变乃至破坏传统的艺术观，这正是技术的革命性表现。本雅明据此提出，在艺术活动中，“艺术的技术水准是最重要的水准之一，研究它，可以弥补通常的精神史中模糊的艺术概念（福克斯自己有时也是如此）所造成的某些损害”[③]。也就是说，本雅明把技术进步视为衡量文学作品革命功能的标准。

媒介研究是本雅明美学中的亮点，也是20世纪后期风靡世界的“文化研究”的先声。因为在本雅明之前，还没有哪位美学家把媒介作为专门的审美研究对象。本雅明在《经验与贫乏》一文中强调，艺术美不仅“是作为形式的连续性之美”，还是“作为媒介的美”，艺术进步不仅是“不断改善的创作”，也是“文学形式的不断全面的发展与提高。这一过程运行于时间的无限性之中，这种无限性同时也是媒介的无限性”[④]，“艺术及其作品实质上既不是美的现象，也不是直接的激情冲动的表现，而是形式的自处静态的媒介”[⑤]。本雅明认为，媒介状态直接改变了艺术存在的方式，他在《讲故事者》《小说的危机》《摄影简史》《机械复制时代的艺术作品》等文中，表达了这样一种认识：故事是口传艺术，在以纸张为媒介的小说产生以后，故事艺术走向了它的终点；胶片（卷）媒介的出现又使小说艺术走向穷途末路，因为电影、摄影艺术不仅抢占了小说艺术的叙事对象、叙事空间，而且在传播速度和范围上为小说所不及，这是小说产生危机的直接原因。他在《单向街》中写道：“现在所有的迹象表明，书籍这种传统形式已经走向末路。”[⑥]本雅明如果看到后来的电视与网络，那么他对大众文化的研究会更加精彩。

大众是现代艺术消费的主体，与作家一起构成了艺术生产关系的两极，本雅明

① Walter Benjamin, Selected Writings, Vol. 2, Cambridge, Massaehusetts & London: The Belknap Press of Harvard University Press, 1999, p. 770.

② 本雅明：《经验与贫乏》，王炳钧等译，百花文艺出版社1999年版，第285页注①。

③ 本雅明：《经验与贫乏》，王炳钧等译，百花文艺出版社1999年版，第335页。

④ 本雅明：《经验与贫乏》，王炳钧等译，百花文艺出版社1999年版，第107页。

⑤ 本雅明：《经验与贫乏》，王炳钧等译，百花文艺出版社1999年版，第121页。

⑥ 本雅明：《本雅明文选》，陈永国等译，中国社会科学出版社1999年版，第361页。

在与友人的通信中谈道，“对群众概念的批判”在自己的批评中占据着“核心的位置”[1]，这表明他的美学分析确实沿着马克思的政治经济学思路而行。他认为，“生产力和大众相融会，表现了历史性的人的画面”[2]。大众在整个审美活动中不可或缺：“大众是温床，当今对待艺术作品的所有惯常态度都在此重新滋长。最突变为质：参与者的浩大声势引起了参与方式的变化。”[3]不过，正像海德格尔眼里的常人（das Man）一样，本雅明的“大众”（die Menge）也是处于平均和庸常状态下的人，用慕西尔的话，就是没有个性的人。大众的普遍特征是：面孔千篇一律、行色匆匆，对他人的存在毫不关心，表现出一种不近人情的孤僻。处于大众中的个体并非都是布衣之辈，其中有一些身份相当高的人，更不乏商人、律师和交易所的经纪人，据此人们可以减少对本雅明思想中精英意识的怀疑和批评。

大众的审美消费主要停留在感官享乐方面，他们只关注作品的刺激效果，这样就使艺术作品作为“商品在潮水般拥在它们周围并使它们陶醉的人群那里获得了同样的效果。顾客的集中形成市场，市场又使具体的商品变成一般的商品，这就使商品对一般顾客的魅力大增”[4]。大众的低俗要求与作家创作之间形成恶性互动，作家为追求金钱，不得不迎合大众，在商品规律支配并取代艺术自身的规律时，艺术作品的品位是可以想见的。本雅明认为通俗作品的审美价值“都是值得怀疑的”，它们在人物描写中总是呈现出流行的类型化特征，“他们有一个共同点：他们都彬彬有礼、于众无害。这种对同类的看法与实际体验相距甚远”[5]。本雅明提出了现代艺术家的两难处境：出卖主体的创作自由换取冷酷的现金固然不足取，但是，一个作家如果不顾时代的精神状况，一味追求艺术作品的审美效果，那么他在文学市场上占据一个糟糕的位置，无法在现实中生存，即使“他没有意识到他的特殊处境，但这并不能减轻这种处境在他身上的效用”[6]。

对于审美产品的流通与传播，本雅明也有着相当清醒的认识，他提醒人注意审美流通机制中的硬性因素（资本）与软性因素（商业趣味），就前者而论，要注意“有多少资金已经从银行、纺织、煤炭、钢铁和印刷业流入出版业？另一方面，出版资金又是如何周转到书籍市场的？”[7]就后者而论，本雅明否认出版数字与审美价值之间的对应性，他在《出版业批判》一文中，区分了“商业成功”（销售数字）与

---

① 董学文、荣伟编：《现代美学新维度》，北京大学出版社1990年版，第132页。
② 本雅明：《经验与贫乏》，王炳钧等译，百花文艺出版社1999年版，第336页。
③ 本雅明：《经验与贫乏》，王炳钧等译，百花文艺出版社1999年版，第288页。
④ 本雅明：《发达资本主义时代的抒情诗人》，张旭东等译，生活·读书·新知三联书店1989年版，第74页。
⑤ 本雅明：《发达资本主义时代的抒情诗人》，张旭东等译，生活·读书·新知三联书店1989年版，第55页。
⑥ 本雅明：《发达资本主义时代的抒情诗人》，张旭东等译，生活·读书·新知三联书店1989年版，第73页。
⑦ Walter Benjamin, Selected Writings, Vol. 2, Cambridge, Massaehusetts & London: The Belknap Press of Harvard University Press, 1999, p. 395.

"文学成功"（在人群中的批评性接受），指出："把商业成功视为书籍成功的唯一标准显然是错误的"，因为一些"很有价值的书却卖不出去"[①]，而一些"没有文学目的""毫无意义的书籍充斥市场"[②]。就此而言，本雅明的认识给后人研究大众文化与传播提供了有益的参照视点。

三、从魅灵到复制：艺术生产的类型变化

经验的衰退和技术发展、媒介变化导致艺术生产类型的变化，这种变化主要体现在古典艺术与现代艺术的特征变化上。本雅明对这两种艺术的特征分别用"魅灵"（aura）[③]和"机械复制"（mechanical reproduction）加以命名。"魅灵"是本雅明美学思想中的一个核心概念，他最初在《摄影简史》（1931）一文中提出这一概念，把它界定为"一种特殊的时空交织物：独有的距离外观，无论它有多近"[④]。不过这时的"魅灵"概念只是被作为摄影过程中的一个特殊现象看待，并不涉及对艺术发展的经验反思。而在其后的几年，他又不断对之修正，从不同角度加以描述。在《机械复制时代的艺术作品》中，本雅明描述了魅灵的多重特征：魅力、神秘、权威、膜拜、仪式、原创、本真、永恒、独一无二、不可重复，它是此时此地的唯一，是神圣，是秘密，它既在场又缺席，既无处不在又无迹可求。在《论波德莱尔的几个主题》中，本雅明"把魅灵界定为在'非愿意记忆'中自然地趋于围绕感觉对象的联系"[⑤]，认为"魅灵经验建立在人与人之间的关系及人与无机的或自然的对象之间的关系之反应的转换上"[⑥]。

本雅明认为，艺术作品因其魅灵成分而与欣赏者保持一定的距离，从而具有一种"膜拜价值"（cult value），即作品由于距离而对接受者保有一种神秘性，从而使

① Walter Benjamin, Selected Writings, Vol. 2, Cambridge, Massaehusetts & London: The Belknap Press of Harvard University Press, 1999, p. 395.

② Walter Benjamin, Selected Writings, Vol. 2, Cambridge, Massaehusetts & London: The Belknap Press of Harvard University Press, 1999, p. 396.

③ Aura一词在中文中有多种译法："韵味""灵韵""灵光""辉光""光环""光晕""氛围""气息"等。Aura本指生命机体放射的能量场，有人认为人可以通过各种颜色亮光的形式察知它。在通灵术中，aura与"空灵物"（ectoplasm）非常接近，是一种环绕生命的彩色放射物，通过中介可以被人认识。中国古代文论中的"氤蕴""空灵"比上述译词更接近aura的原义，也更典雅，只是少了一层本雅明强调的神圣、敬畏、不可接近的成分，因此不如采用"魅灵"作为译词更为恰切。

④ Walter Benjamin, Selected Writings, Vol. 2, Cambridge, Massaehusetts & London: The Belknap Press of Harvard University Press, p. 518.

⑤ Hannah Arendt (ed.), Illuminations, Hannah Arendt (ed.), Illuminations, New York: Harcourt Brace & world, 1968, p. 186.

⑥ Hannah Arendt (ed.), Illuminations, Hannah Arendt (ed.), Illuminations, New York: Harcourt Brace & world, 1968, p. 188.

接受者产生一种崇奉和敬仰的感情。接受者要对之理解就要充分调动积极的无意识联想，这样就在不同时空的人们之间建立起了一种特殊的感情联系。

与魅灵相对的是“机械复制”的概念。本雅明用机械复制指通过某种技术手段和器械对某种对象实施批量生产，通过机械复制手段批量生产艺术作品是技术时代特有的文化景观，照相术和电影被他视为机械复制技术的代表。本雅明充分肯定了机械复制的历史意义和作用：“艺术作品的机械复制体现着某种新的东西。”①“对复制技术的研究所开启的是接受的重要意义，这一点几乎没有任何一种其他研究方法可以做到。”②这表现在：复制艺术是艺术创造活动的技术化和扩大化，它使艺术接受突破了时空限制，人们可根据需要即时即地的进行艺术欣赏，从而大大增加了艺术作品流布的范围和影响，使艺术活动走出了宫廷、沙龙和艺术精英们的“象牙塔”，成为大众共享的对象。不过，本雅明同时意识到技术所具有的两张面孔：它既敞开又遮蔽，技术扩大了艺术的接受范围，使艺术创造的神秘性、独特性、不可重复性被一扫而光；同时它也使艺术失去深度，变得平面化、标准化、程式化、规范化，对复制作品的接受也是由一系列有意识可控制的公众回应所构成的，复制艺术给人们提供的只能是一些文化快餐，而这正是有魅灵的艺术与机械复制艺术之间的区别：“我们的眼睛对于一幅画永远也没有厌足，相反，对于相片，则像饥饿之于食物或焦渴之于饮料。”③

魅灵意味着神秘，复制意味着透明，它是对艺术神秘色彩的剥离，也是对宗教或世俗权威、膜拜成分的剥离。复制艺术品犹如玻璃制品，因为“玻璃制品没有‘魅灵’。一般说来，玻璃是秘密的敌人，也是占有的敌人”④。在本雅明看来，魅灵艺术的衰落与复制技术的繁盛是经验萎缩为体验的必然结果，也是世界祛魅的必然结果。现代艺术家使出浑身解数，使其作品显得难以解释或不可解释，正是让人摆脱透明性，回到世界的不可知与神秘。只是在一个日益技术化的世界，这种努力虽然悲壮但是徒劳，因为魅灵艺术的衰退意味着艺术的内容和形式在新的历史条件下发生了变化和转折，“这是一个持续很长时间的过程，只在其间看到一种‘衰败的症候’——更不用说只看到一种‘现代’症候，没有比这更浅薄的了。确切地说，这只是世俗历史生产力的伴随症候，一个把叙事从生命言语领域逐渐彻底清除的伴随

---

① Walter Benjamin, Gesammelte Schriften, Band I. 2, S. 474.

② 本雅明：《经验与贫乏》，王炳钧等译，百花文艺出版社1999年版，第309页。

③ 本雅明：《发达资本主义时代的抒情诗人》，张旭东等译，生活·读书·新知三联书店1989年版，第160页。

④ Walter Benjamin, Selected Writings, Vol. 2, Cambridge, Massaehusetts & London: The Belknap Press of Harvard University Press, p. 734.

物，同时它使我们在即将消亡的东西中看到一种新的美成为可能”[①]。复制艺术的出现标志着技术时代艺术的进一步存在，只是以另一种物质、另一种形式和功能存在。新的艺术形式的生长成为可能。

本雅明的论题牵涉到艺术模式与转型的问题：口传艺术、印刷艺术、电子艺术。这三种艺术模式的发展对应于社会生活的经验与体验结构。口传艺术与印刷艺术对应的是以手工或机械生产为特征的经验的生存状态，口传艺术依靠个体的追忆与想象存在——追忆保证了存在的连续性而想象则保证了存在的完整性，印刷艺术依靠个体的书写与叙事而存在，这两种艺术共同体现了人之生存的内在性、私人性。电子艺术对应的是以大工业生产为特征的体验的生存状态，依靠复制而存在，它体现的是人之生存的外在性，因为在体验中，完全与切身状态无关的东西介入了人的生活，想象、记忆显得多余，任何经验对象都会被信息同化，一切秘密都会成为公开的展示对象，成为透明的信息，信息是对个性、神秘的通约、化简、改写、抹杀，和其他信息之间具有等值性，可以替代其他信息，也可以为其他信息所取代，因此，复制艺术只能是没有深度的艺术快餐。

就像本雅明所说的，这三种模式的转变实质是美的形态转变，每一种新的模式都体现了“一种新的美”。魅灵艺术以其神秘、独特、唯一性成为人们的膜拜对象，而复制艺术靠其重复、强化、放大、视觉冲击和震惊效果同样可以成为人们的崇拜对象，比如现代人对明星、镜头的崇拜。就此来说，本雅明对以复制和平庸为特征的大众艺术持相当谨慎的态度：“音乐和抒情诗变成连环画，其意义何在？我几乎无法想象这是个完全否定的现象。”[②]这与他的同道批评家阿多尔诺对大众艺术的尖锐指责，形成了鲜明的对比。

四、从审美到政治：艺术社会功能的特征

在人类社会中，除了存在阶级之间的矛盾与斗争，还有种族、性别之间的歧视与反抗。本雅明生逢阶级矛盾与种族歧视的严重时期，一方面，无产阶级与资产阶级的冲突和对抗时有发生，另一方面，法西斯主义在德国已经崛起，排犹声浪日涨，本雅明本人深受其害。在此情形下，本雅明不可能成为一个书斋里的哲学家。作为一名批评家，他不能不思考艺术乃至整个审美活动所承担的社会功能。

① Hannah Arendt (ed.), Illuminations, Cambridge, Massaehusetts & London: The Belknap Press of Harvard University Press, p. 87.

② 董学文、荣伟编：《现代美学新维度》，北京大学出版社1990年版，第134页。

本雅明指出："历史中任何一幅本真的画面都是政治的。"[①]他不相信世界上真有"为艺术而艺术"的事情，他认为任何作家或作品都难逃其政治立场。因此，他在《作为生产者的作家》一文中，开始就引用莱蒙·费尔南德兹的话说：我们的任务就是要通过使知识分子意识到他们事业的特性以及他们作为生产者的条件从而把他们争取到工人阶级的阵营中来。

本雅明虽然强调艺术的政治性，但他并没有因此陷入机械论的泥淖，他不要求艺术直接服务于政治，认为那样既损害了艺术，也妨碍了政治。他对艺术政治性的分析，都是结合具体的艺术问题而谈的，并且表现为不同的论题。

在艺术倾向性问题上，本雅明认为，在阶级社会中，任何一个作家的写作都是一种"倾向性写作"[②]，但他又强调艺术作品不能变成赤裸裸地说教，政治倾向必须化为艺术的表现，"一篇文学作品的倾向只有在文学方面正确时才能在政治上也没有失误。也就是说，政治上的正确倾向包括文学倾向"[③]。

在本雅明看来，即使在技术领域，也包蕴着政治行为，因为技术是中性的，技术的掌控者却不是中性的。技术支配下的艺术形态及其产品既能为大众所用，也能为权力者所用，无论民主政治或法西斯政治都可利用艺术和美学进行意识形态教育和宣传。在《机械复制时代的艺术作品》中，本雅明进行了这样的分析：魅灵艺术的叙事整合能力，它的唯一性和神秘性同权威和膜拜功能相联系，极易成为滋生法西斯主义的温床。因为法西斯主义无非是一种基于巫术仪式和宗教崇拜的恶性膨胀的力量，它在社会生活上的表现就是"政治审美化"，即利用种族神话而实行反复仪式化的压迫性崇拜。"法西斯主义……以领袖崇拜强迫大众屈膝伏地，与此相对应的是对机器的压制，即强制它为生产膜拜价值服务。"[④]想一想未来主义艺术家在第二次世界大战中的表现，我们便不难理解这一问题，并能认识到本雅明何以称法西斯主义"Fiat ars-pereat mundus"（崇尚艺术，摧毁世界）的信条为唯美主义的"为艺术而艺术"理论的登峰造极的体现。机械复制技术以众多的摹本取代了具有不可替代性的原作，以展示价值（exhibition value）取代了膜拜价值，瓦解了艺术的神秘色彩和神圣意味，使自古以来只能为少数人所掌握的艺术创作和欣赏成为人人皆可参与的普通艺术生产和消费行为，改变了艺术交流中的"要么唯一，要么没有"的情形，这无疑是历史的进步。本雅明不无激进地认为，如果对复制艺术加以合理利

---

① Walter Benjamin, Selected Writings, Vol. 2, Cambridge, Massaehusetts & London: The Belknap Press of Harvard University Press, p. 406.

② 本雅明：《作者即生产者》，弗兰西斯·弗兰契娜等编：《现代艺术和现代主义》，张坚等译，上海人民美术出版社1988年版，第340页。

③ 本雅明：《作者即生产者》，弗兰西斯·弗兰契娜等编：《现代艺术和现代主义》，张坚等译，上海人民美术出版社1988年版，第341页。

④ Walter Benjamin, Gesammelte Schriften, Frankfurt am Main: Suhrkamp, 1974, Band I. 2, S. 506.

用，那么无产阶级就可能把它变为改造世界的批判的武器，实现自己的“艺术政治化”的目的。这样，“艺术的全部功能就颠倒过来了，它就不再建立于仪式的基础之上，而是开始建立在另一种实践——政治之上了”[①]。本雅明强调，“对于作为生产者的作者来说，技术进步依然是政治进步的基础”[②]。原因即在于此。

一些本雅明研究者称本雅明是一个技术决定论者，并没有多少道理，因为技术给艺术带来的负面因素，本雅明不是认识不到，从他在《机械复制时代的艺术作品》及《论波德莱尔的几个主题》中论述魅灵艺术时所不时流露出的倾慕态度不难看出这一点。鉴于两次世界大战给人们带来的惨痛经历，本雅明不得不走向激进，并在一个两难的选择中选择了前者：因为打破权威和保留传统几乎是不可得兼的事情。在这一点上他和布莱希特达成了一致：传统艺术应该消亡，而被一种适应进步目的的技术艺术所取代。科赫所谓“革命激情和末世学的主题并行于本雅明的由电影技术开辟的坎坷道路的旅途上”[③]，确是抓住了本雅明艺术理论认识上的矛盾特征。

本雅明还对技术支配下的大众文化形式——新闻进行了语义政治学的分析，在他看来，新闻内容“空洞乏义”的特征正是由新闻的政治性质所决定的：它是“权力工具。它只能从它所服务的权力的性质那里体现价值；不仅在它所代表的东西上，而且在它所做的事情上，它都是这种权力的表达……它首先要从现在流行的东西中确立自己的声望，使贬低前者的那些思想不再流通”[④]，“新闻界生产公众舆论的目的恰恰是要使公众失去判断的能力”[⑤]。这种媒介政治学分析可以说是本雅明技术政治学分析的一个有益补充，因为新闻确实是权力者极力掌控的一个工具、一个传达意识形态信息的媒介，只是其政治性显得极为隐蔽而已，就像本雅明在《作为生产者的作家》中提及的这样一个事实：资产阶级的创作和出版机构也能够吸收革命题材，并且能够在不严重动摇自身及其所处阶级的生存基础条件下，宣传革命题材。

本雅明以其全面而辩证的艺术分析给人们提供了这样一种思想：审美活动永远无法摆脱政治的干扰和影响，艺术家永远无法逃避政治和社会责任，但是艺术又不能直接对接政治或承担社会责任，真正的艺术至多是语义学层次上的政治学，不能与政治学直接达到同一，否则它就会失去艺术的本质与特征。

---

① Walter Benjamin, Gesammelte Schriften, Frankfurt am Main: Suhrkamp, 1974, Band I. 2, S. 482.

② Walter Benjamin, Gesammelte Schriften, Frankfurt am Main: Suhrkamp, 1974, Band I. 2, S. 344.

③ G. Koch, “Cosmos in Film”, in: A. Benjamin and P. Osborne (ed.), Walter Benjamin's Philosophy: Destruction and Experience, London & New York: Routledge, 1994, p. 213.

④ 本雅明：《本雅明文选》，陈永国等译，中国社会科学出版社1999年版，第211页。

⑤ 本雅明：《本雅明文选》，陈永国等译，中国社会科学出版社1999年版，第202页。

第四节 马尔库塞

马尔库塞（Herbert Marcuse，1898—1979）1898年7月19日出生在柏林一个家资丰盈、颇有名望的犹太资产阶级家庭。早年他在哲学与历史学方面深受典型的德国传统文化熏陶，青少年时代即对现实社会有着特殊的敏感。他1916年到1918年曾在德国某预备军中服役，并开始在柏林大学攻读博士学位。他早期的政治生涯就是从这时开始的：1917年，他加入了德国社会民主党的左翼组织；卢森堡被害后，他因不满该党的背叛行为而退党。1918年，他曾做过柏林短命的革命士兵委员会的成员。在该委员会被镇压和退出社会民主党之后，马尔库塞结束了他早年有组织的政治活动。

1919年，马尔库塞复员后进弗赖堡大学继续学业。1922年，他完成了《论德国艺术家小说》并获得哲学博士学位。此后，他在柏林做了一段图书销售工作之后，于1928年重回弗莱堡，成为当时声誉很大的海德格尔的助手，在其指导下研究哲学。由于对哲学与政治之间的内在关系感兴趣，他于1933年加入法兰克福社会研究所，之后成为法兰克福学派的核心成员之一。希特勒上台后，他于1934年随该社会研究所移居美国。1942年12月，马尔库塞加入美国战争情报所任高级研究员。1943年3月，马尔库塞转到秘密服务局，在中欧部的研究和分析部门一直工作到战争结束。1945年9月，马尔库塞转到美国国务院，任中欧局的领导并于1951年离开政府部门。之后，他重新开始了学术生活，并在哥伦比亚大学（1952—1953）和哈佛大学（1954—1955）任教。1958年，马尔库塞在布兰戴斯大学获得了固定教职，并成为最受欢迎和最有影响力的教师之一。1965年，他接受了加利福尼亚大学的职位，一直工作到20世纪70年代退休。

由于身处发达资本主义的最前沿，由于对法兰克福学派社会批判理论的忠诚与捍卫，所以，他在对经典马克思主义、政治和社会斗争的态度等方面，要比法兰克福学派的其他成员更加激进。20世纪60年代后期，他由于被看作是新左派运动和学生运动的精神领袖而声名远播。在很大程度上，法兰克福学派对当代资本主义社会政治、经济、文化诸领域的批判，实际上是通过马尔库塞的理论与实践、特别是通过他的通俗化阐释才广为人知的。麦克莱伦指出："马尔库塞是法兰克福学派中最著名的，也是研究所成员中唯一没有放弃他的早期革命观点的人。”[1]应该说，这一评价是中肯的。

马尔库塞一生著述甚丰，从他为获博士学位提交的第一篇论文到1979年逝世前出版的《无产阶级的物化》为止，共出版论著、论集、论文、谈话录近百篇（部）。影响较大的有：《历史唯物论的现象学导引》（1928）、《辩证法的课题》（1930）、《黑格尔本体论与历史性理论的基础》（1932）、《历史唯物论的基础》（1932）、《理性与革命》（1940）、《爱欲与文明》（1955）、《苏联的马克思主义》（1958）、《单向度的人》（1964）、《文化与社会》（1965）、《革命伦理学》（1966）、《否定》（1968）、《论解放》（1969）、《反革命与造反》（1971）、《审美之维》（1978）等。

一、政治哲学：对技术理性的批判

像法兰克福学派社会研究所所长霍克海默所倡导的那样，马尔库塞的学术生涯也是从哲学开始的，但与法兰克福学派其他研究哲学的成员不同，他一开始就对政治充满了浓厚的兴趣。从政治进入哲学，然后又从哲学反观政治与社会，使他具有了不同常人的视角，也使他的学说获得了更多的走向现实的机会。因此，这在20世纪60年代的学生运动中，他被视为精神导师，他的学说被视为思想武器绝不是偶然的巧合；同样，学界把他的哲学与美学看作是一种广义的政治学，也不是故作惊人之语，他的哲学与美学确实和政治存在着内在的关系。

在20世纪30年代后期完成了家庭与权威、资产阶级文化等一系列论文之后，马尔库塞便埋头研究法西斯主义意识形态，于1941年出版了《理性与革命》。从1942年年底到美国的“战争情报所”任职直到1955年《爱欲与文明》发表为止，这段时间往往被称为马尔库塞的学术沉默期。然而，通过美国学者的发掘整理，我们发现，马尔库塞在这个时期其实并不沉默。在那些形成文字的思考中（多数文章在当时并未发表），他一方面延续了《理性与革命》中所形成的基本主题，同时也偏离了在这部著作中已经成型的思维轨道，从而构成了他早期理论与后期思想的过渡。

《理性与革命》是马尔库塞在法兰克福社会研究所期间写的，这个时期的他由于这部著作而一般被学界称为“黑格尔主义的马克思主义者”。这是毫不奇怪的，因为这部著作实际上是对黑格尔哲学的正名和重新命名，其中也分明包含着马尔库塞对黑格尔的某种旨趣；而通过这种研究，马尔库塞又形成了两个基本主题：第一，论

① 麦克莱伦：《马克思以后的马克思主义》，余其铨等译，中国社会科学出版社1986年版，第351页。

证黑格尔的哲学并非法西斯主义的哲学基础；第二，拯救掩埋在黑格尔哲学内部的否定性思想。他在20世纪30年代后期埋头于黑格尔研究表面上显得偶然，实际上却是情势所迫。因为当法西斯主义甚嚣尘上时，学界形成了这样一种说法：黑格尔的国家哲学导致了法西斯主义的兴起。显然，对于钟爱黑格尔的马尔库塞来说，这是一个无法接受的论断，于是，批判这种邪说也就成了他义不容辞的责任。与此同时，抨击法西斯主义并揭示其形成的根源，在20世纪30年代后期又是法兰克福社会研究所的头等大事。正是在这种背景下，马尔库塞选择了黑格尔。

马尔库塞的哲学思想正是通过对黑格尔的研究开始成型。他在谈到写作动机时指出："写作此书是希望为复兴做点贡献；不是复兴黑格尔，而是复兴濒临绝迹的精神能力：否定性思想的力量。"[①]在他看来，"否定"是辩证法的核心范畴，"自由"是存在的最内在动力。而由于自由能够克服存在的异化状态，所以自由在本质上又是否定的。而否定、自由、对立、矛盾则是构成黑格尔所谓"理性"的基本元素。然而，"随着经济、政治和文化控制的不断集中与生效，所有领域中的反抗已被平息、协调或消灭"[②]。于是，当技术文明进程使人们在自己的言论与行动中只剩下承认、甚至肯定现实或现状的能力时，呼唤、拯救并强调黑格尔辩证法中的否定性思想便显得特别重要。因为否定性思想的作用是要"打破常识的自信与自满，破坏对事实的力量和语言的盲目信任，说明事物的核心极不自由，以至他们的内在矛盾的发展必然导致质变：既定事态的爆炸或灾变"[③]。显然，当马尔库塞如此强调"否定性力量"的功能时，他已经暗示了他以后的批判方向。因为有无否定性，既是区分批判理性与技术理性的主要标志，也是衡量社会与人是否"单向度"的重要尺度。

从这个意义上看，《现代技术的社会含义》是一篇承前启后的重要文章。马尔库塞通过它描绘了个人主义在一个特殊历史时期（从资产阶级革命时代开始到现代技术社会出现为止）由盛到衰的过程。在他看来，个体理性（individual rationality）在反对迷信、非理性和统治的过程中取得了胜利，并由此确立了个体反对社会的批判姿态。批判理性（critical rationality）因此成为一种创造性原则：它既是个体解放之源，又是社会进步之本。当资产阶级意识形态在18—19世纪形成之后，新生的自由—民主社会确保了这样一种价值观的流行：个人可以追求自己的切身利益，同时也是为社会的进步加砖添瓦。然而，现代工业与技术理性（technological rationality）的

① 马尔库塞：《理性与革命》，参见梅·所罗门编《马克思主义与艺术》，杜章智等译，文化艺术出版社1989年版，第569页。

② Herbert Marcuse, Reason and Revolution: Hegel and the Rise of Social Theory, New Jersey: Humanities Press, 1983, p. 434.

③ 马尔库塞：《理性与革命》，参见梅·所罗门编《马克思主义与艺术》，杜章智等译，文化艺术出版社1989年版，第571页。

发展却暗中破坏了批判理性的基础，并让个体在潜滋暗长的技术—社会机器的统治面前俯首称臣。而随着资本主义与技术的发展，发达的工业社会又不断滋生着调节于经济、社会机器，屈服于总体的统治与管理的需要，结果，“顺从的机制”(mechanics of conformity）扩散于整个社会。个体逐渐被技术／工业社会的效率与力量所征服，也就逐渐丧失了批判理性的早期特征（比如自律、对社会持有异议、否定的力量等），而正是由于个性的衰落才导致了马尔库塞后来所谓的“单向度社会”和“单面人”的出现。[①]

可见，原来在《理性与革命》中并不突出的“技术”已经开始浮出水面，从而成为马尔库塞的一个新的学术视角，因为在他的后期著作中，技术以及由此带来的一切问题，是他对极权主义社会进行判断、认识和批判的主要依据之一。虽然他在此文中并没有一味否认技术，而是在“工艺”(technics）的层面论述了技术给人带来的自由和解放，但相比较而言，他实际上更重视技术所带来的负面效果。因为现代社会实际上就是靠技术维持和装备起来的官僚体制社会，技术把法西斯主义武装到了牙齿，从而导致了战争；而建立在技术基础之上的技术理性，一方面维持了统治的合理性，一方面又摧毁了个体的反抗欲望。马尔库塞引用霍克海默的话并阐释道：“技术理性的工具主义概念几乎扩散到了整个的思想领域，并赋予不同的智力活动以某种共同特征。于是这些活动也就变成了一种技术、一种培训，而不是一种个性，它需要的是专家而不是完整人格。”[②]因此，可以说技术理性的猖獗之日也就是批判理性的衰微之时，而批判理性的衰微则意味着个体的消亡，个体之死又意味着大众之生。

必须指出，“技术理性”的发明并非马尔库塞的专利，而是他与霍克海默、阿多诺流亡美国期间共同使用的一个学术概念。不过，尽管霍克海默在1967年出版了《工具理性批判》一书，但与霍克海默和阿多诺相比，马尔库塞对“技术理性”的开掘与思考更执着，他始终把“技术理性”放在批判理性的对立面，以此来认识它在资本主义社会中扮演的角色。经过长达20多年的思考之后，马尔库塞最终把技术理性定性为发达的工业社会的意识形态：

> 技术理性这一概念，也许本身就是意识形态的。不仅是技术的应用，而且技术本身就是（对自然和人的）统治——有计划的、科学的、计算好的和正在

---

① Herbert Marcuse, Technology, War, and Fascism, Douglas Kellner (ed.), London & New York: Routledge, 1998, pp. 41-65. 此处主要依据凯尔纳的归纳。参见凯尔纳为该书写的长篇导读 “Technology, War and Fascism: Marcuse in the 1940s”, 第4—5页。

② Herbert Marcuse, Technology, War, and Fascism, Douglas Kellner (ed.), London & New York: Routledge, 1998, p. 56.

计算的控制。统治的特殊的目的与利益并不是“后来”或从外部强加于技术之上的；它们早已进入到技术设备的构造中。技术总是一种历史—社会的规划(project)：一个社会与其统治利益打算用人或物所做的事情都被技术规划着。这样一种统治的“目的”是“实质性的”，而在这一范围内它便属于技术理性的形式。[①]

这段论述出自马尔库塞1964年发表的《马克斯·韦伯著作中的工业化与资本主义》一文，是他对韦伯合理性的“价值中立”观点的批判性清理。韦伯认为，价值判断不可能是合理的，因为根本不存在客观的或“真实的”价值。因此，唯一真实的合理性就是他所谓的“工具理性”(instrumental rationality)，即把手段有效地用于目的。而由于这些目的处在合理的判断之外，所以你无法判断它们是否合理。[②]正是在这样一种理性观的指导下，韦伯得出了如下的结论：资本主义在现阶段虽然是由国家的强权政治所统治着的，但它的管理（官僚层统治）依然保持着形式合理性。而形式合理性又为价值中立的技术赋予了某种特权，因为“无生命的机器是凝固的精神，只有这样它才具有让人进入其服务范围的力量”。马尔库塞对此评论道：所谓“凝固的精神”(congealed spirit)，实际上也是人对人的统治。“因此，这种技术理性再生产出了奴役。对技术的服从变成了对统治本身的服从；形式的技术合理性转变成了物质的政治合理性。”[③]显然，在马尔库塞看来，韦伯的技术价值中立说是一个不折不扣的骗局。由于它只考虑“资本核算”中的成效与收益，取消了对技术的价值判断，它也就成了为既存的统治合理性进行辩护的学说。如此推论下去，资本主义的形式合理性就完全可以在电子计算机时代的来临中庆祝自己的胜利了，因为“电子计算机计算一切，却不问目的如何”。它为统治者提供了计算赢利与亏损的机会，同样也提供了去计算毁灭一切的机会。[④]这样的理论显然应该在扫荡之列。

在批判韦伯的意义上，可以把“技术理性就是意识形态”的论断看作马尔库塞和历史的一次对话，但我们同时也应该意识到这一思考对现实的挑战色彩。因为在1960年，保守主义者丹尼尔·贝尔出版了他的社会学专著——《意识形态的终结》。这部著作在对20世纪50年代的美国进行了全方位考察之后认为：技术治国是历史的必然，大众社会的出现是进步的标志，工人阶级普遍满足于社会现状，而“接受福

① Herbert Marcuse, Technology, War, and Fascism, Douglas Kellner(ed.), London & New York: Routledge, 1998, pp. 223-224.

② 莱斯诺夫：《二十世纪的政治哲学家》，冯克利译，商务印书馆2001年版，第59页。

③ Herbert Marcuse, Technology, War, and Fascism, Douglas Kellner(ed.), London & New York: Routledge, 1998, p. 222.

④ Herbert Marcuse, Technology, War, and Fascism, Douglas Kellner(ed.), London & New York: Routledge, 1998, p. 225.

利国家，希望分权、混合经济体系和多元政治体系”已经成为普遍共识。“从这个意义上讲，意识形态的时代也已经走向了终结。”而对于激进的知识分子来说，所谓意识形态只不过是他们制造出来的一种政治话语。“这些飘浮无根的知识分子有一股使自己的冲动变成政治冲动的‘先天’冲动”，然而，随着商业文明的来临，“旧的意识形态已经丧失了它们的‘真理性’，丧失了它们的说服力”。[①]马尔库塞显然不同意这种意识形态终结论。因为随着麦卡锡主义时代的结束，恐怖的政治统治虽然终结了，但是随着“富裕社会”来临，极权主义的统治却以一种更隐蔽的方式开始了对人们身心世界的全面管理与操纵。这种潜在的东西就是技术理性对社会各个领域的渗透。从这个意义上说，意识形态没有终结也不可能终结。

无论从哪方面看，把技术理性定位成发达工业社会的意识形态都意义重大。因为对于美国来说，从二战结束到20世纪60年代初是一个举世公认的繁荣年代。技术的广泛应用，经济的高速增长，工作时间的缩短，闲暇时间的增多——种种迹象表明，这个资本主义最发达的国度已经进入到一个国家兴旺富强、人民安居乐业的时代。然而，正是在这样一个欢乐祥和的时期，马尔库塞却发布了他的盛世危言。

那么，当马尔库塞以这样一种眼光打量西方成熟的政治体制、发达的工业文明社会时，他发现了什么呢？他认为，当代工业社会已经变成了新型的极权主义社会，因为它成功地压抑了这个社会中的反对派和反对意见，压制了人们心中的否定性、批判性和超越性的向度，使这个社会变成了单向度的社会，使生活于其中的人变成了单向度的人。而造成发达工业社会的极权主义性质的主要不是恐怖与暴力，而是技术的进步。技术的进步造成了一种“控制的新形式”。它使发达工业社会处于富裕的生活水平，让人们满足于眼前的物质需要，而付出不再追求自由、不再想象另一种生活方式的代价；它使发达工业社会对人的控制通过电视、电台、电影、收音机、报纸杂志等大众传媒，无孔不入地侵入人们的闲暇时间，占领人们的私人空间，却又不激起人们的逆反和抗争心理；它为政治经济运行提供了合理的操作方式，使其达到高度有序化，从而使统治者与被统治者在理性层面上达到了和谐统一；它导致唯科学主义与实证主义思维方法大行其道，从而把人们的思维变成可供分析和操作的领域，思维的怀疑、否定、批判、超越等特性消失殆尽。通过对发达工业社会文明的研究，马尔库塞得出了如下结论：技术进步是发达工业社会文明最集中的、也是最高的表现，它造福社会，也使这个社会付出了高昂代价，亦即造就了缺乏否定精神、没有批判意识、更无超越欲望的“单面人”。

在马尔库塞对发达工业社会的分析和批判中，他主要关注的两个方面：第一是极权政治，第二是处于这种政治体制中的人。他明确指出：“作为一个技术世界，发

① 贝尔：《意识形态的终结》，张国清译，江苏人民出版社2001年版，第461—464页。

达工业社会是一个政治的世界，是实现一项特殊历史谋划的最后阶段，即在这一阶段上，对自然的实验、改造和组织都仅仅作为统治的材料。”[①]而在与麦基的对话中，他又坦率地谈到了他与传统马克思主义的分歧：

> 马克思的确不大关心个人的问题，而且他也不必去这样做，因为在他那个时代，无产阶级的存在本身，就使得这个阶级成了一个潜在的革命阶级。但从那以后情况发生了很大的变化，现在的问题是：“当今西方发达工业国家中的工人阶级在多大程度上仍然能够被称之为无产阶级?”……现实情况是，大多数人都被同化到现存的资本主义制度中去了。组织化的工人阶级已经不是“一无所有、失去的只有锁链”，而是可以失去很多；这种变化不仅发生在物质方面，而且也发生在心理方面。下等人的心理意识已经发生了变化。最令人吃惊的是统治的权力结构对个人的意识、潜意识甚至无意识领域进行操纵、引导和控制的程度。因此……心理学是必须深入马克思主义理论的一个主要知识部门，这不是为了取代马克思主义，而是为了充实马克思主义。[②]

从以上所引的文字中，我们一方面发现了马尔库塞“拿来”弗洛伊德理论的真实动机，另一方面也可以看出，政治在他的思想的天平上依然是很重的砝码。只不过在写作《单向度的人》时，他的政治学辞典里已更多地删除了无产阶级、工人阶级等具有古典意味且政治色彩浓郁的词汇，而以“（抽象的）的‘人’（Man），而不是（具体的）的‘人们’（Men）”[③]代之。但是，关心人被极权政治的操控程度，打破技术文明尤其是技术理性对人的禁锢，进而让人的内心世界焕发出革命的冲动，去砸碎那个让人身心遭到异化的世界，则是马尔库塞著作中一个隐蔽而潜在的动机。因此，尽管马尔库塞声称他与传统马克思主义存在着分歧，但是，我们在这里依然看到了他与传统马克思主义的内在关联。

然而，实际的情况是，随着20世纪60年代后期学生运动的失败，马尔库塞那种激进甚至革命的理论失去了神圣的光辉。换句话说，这次失败至少说明了革命理论在直接转换为革命行动时还面临诸多问题。而对于马尔库塞来说，寻找否定性一直是他追寻的目标，但遗憾的是，他在无产阶级大众和1968年的大学生中并没有发现这种否定性。于是，如何培养并发展人的这种否定性就成了他必须解决的重要课

---

① 马尔库塞：《单向度的人——发达工业社会意识形态研究》，刘继译，上海译文出版社1989年版，第7页。

② 麦基编：《思想家——当代哲学的创造者们》，周穗明等译，生活·读书·新知三联书店1987年版，第61—62页。

③ 麦金太尔：《马库塞》，邵一诞译，桂冠图书股份有限公司1992年版，第18页。

题。正是在这种背景下，他选择了艺术和美学。他认为："艺术不能改变世界，但是，它能够致力于变革男人和女人的意识和冲动，而这些男人和女人是能够改变世界的。20世纪60年代的运动，意在迅速改变人的主体性、本性、感性、想象力和理性。这场运动开启了认识事物的全新视野，开启了上层建筑对基础的渗透。"[①]这是他对20世纪60年代学生运动一个意味深长的总结，也是他决定改弦更张的重要信号。于是，像阿多诺一样，在他生命的最后阶段，美学成了他思想的最后停泊地。

二、激进美学：解放爱欲与建立新感性

说马尔库塞最后选择美学作为其思想皈依点，并不意味着这是一场"突发性事件"，因为假如采用回溯的目光来考察他以前的著作，我们就会发现，在他那些哲学或哲学化的论著中早已存在着一些美学的片论。而正是由于这种最后选择，才使得这些片论有了聚拢起来的可能。概而言之，他在美学方面的突出贡献有二：第一，把爱欲引入审美活动；第二，提出了建立新感性的具体构想。

马尔库塞激进美学的逻辑起点是解放人的本能。由于人的身心在技术统治的世界里已遭到全面异化、变成了单向度的人，所以，若要把人从这个物化的世界里拯救出来，使人走出工具理性的沼泽，首要任务就是挽救人的爱欲、灵性、激情、想象、直觉这种感性之维。于是，在马尔库塞的构想中，审美解放成了人的历史使命，本能革命则成了审美解放的必由之路。

马尔库塞的这一构想并非空穴来风，他的思想灵感首先来自马克思的《手稿》。把人的感觉从"粗陋的实际需要"中解放出来，进而让人带着"人的感觉"在对象世界中肯定自己，是马克思《手稿》中的核心命题。然而，在马尔库塞看来，尽管人们对《手稿》解释很多，但对于这一命题却多有忽略。于是，他根据马克思的论述进一步发挥道："所谓'感觉的解放'，意味着感觉在社会的重建过程中有'实际作用的'东西，意味着它们在人与人、人与物、人与自然之间创造出新的（社会主义的）关系。同样地，感觉也成为一种新的（社会主义的）理性的'源泉'：这种新的理性摆脱了剥削的合理性。而当这些解放了的感性摈弃了资本主义的工具主义的理性时，它们将保留和发展这种新型的社会的成就。"[②]显然，在马尔库塞看来，这种感觉的解放将在变革现实的斗争中发挥关键性作用。于是他所谓的感觉，绝不仅

① 马尔库塞：《审美之维——马尔库塞美学论著集》，李小兵译，生活·读书·新知三联书店1989年版，第229页。

② 马尔库塞：《审美之维——马尔库塞美学论著集》，李小兵译，生活·读书·新知三联书店1989年版，第135—136页。

仅是个人身上的某种心理现象，而是使社会变革成为个人需要的中介。

马尔库塞思想灵感的第二个来源是他对康德－席勒美学理论的批判性扬弃。受康德思想的影响，席勒通过对近代工业社会的考察发现，劳动与享受相分离、手段与目的相分离已成了早期资本主义社会中一个触目惊心的事实，原本完整、和谐、统一的人已变成了资本主义机器大生产中的一个小小零件。席勒认为，这一切都根源于人性的分裂与堕落，而造成这种堕落的原因则是近代以来日益严密化的科学技术分工割裂了人性中原本处于和谐状态的感性与理性、自由与必然。因而要克服现代社会中的不合理现象，唯一的办法就是走审美之路，培养高尚的人格，通过游戏活动即审美活动，使人性中分裂的因素重新合而为一，消除一切压迫，使人在物质—感性方面与精神—理性方面都恢复自由。“只有当人充分是人的时候，他才游戏；只有当人游戏时，他才完全是人”，席勒的这句名言实际上是他对人的理想状态的向往与描绘。

席勒把审美活动放到了核心位置上，这是马尔库塞非常感兴趣的；但让他不能满意的是，审美活动在席勒那里最终依然只不过是沟通纯粹理性与实践理性、调和感性冲动与形式冲动的桥梁。席勒虽然认识到现代科技理性的发达对人类生存状况的多重影响，但他并不反对理性本身。恰恰相反，他所设想的未来社会正是要恢复遭到破坏的人类理性。所以在论述审美之路时，席勒虽然也认为要限制理性的权利，但并没有对理性与感性的任何一方有所偏爱，而是极力强调二者的调和，以期建立一种不与感性直接对立的理性社会。然而，在马尔库塞看来，文明发展的历史就是人类的感性逐渐淡出、理性逐渐占据历史舞台的历史；而近代以来，由于这种理性过分发达，人类已丧失了原本完整美好的生存状态，劳动变成了苦役，人的存在则沦为理性的工具。因此，若要建立新的文明秩序，首要任务是必须清除理性施加于感性的暴政，恢复感性的权力和地位。于是，当马尔库塞谈到审美时，这种审美已不是桥梁而是归宿，不是手段而是目的本身。[①]只有在审美活动中，感性才能被拂去灰尘、擦去锈迹，放射出灿烂的光辉。

把审美活动看作是感性获得新生的途径，把感性解放看作是人类解放的必由之路，这是贯穿于马尔库塞美学思想的主线。这种观点的提出在当时固然也称得上振聋发聩，但是在其实现过程中却会遇到诸多难题。比如在发达的工业社会中，人的正常的感性世界已遭污染甚至已不复存在，如何才能唤醒人们沉睡的感性并让感性焕发出力量？把审美看作是拯救感性的有效途径，审美真有如此大的威力吗？审美活动可以凭借的力量又来自何处？假如不能解决诸如此类的问题，那么审美云云之说难免显得空泛。从美学角度看，或许正是为了解决这些理论难题，马尔库塞才把

① 朱立元主编：《法兰克福学派美学思想论稿》，复旦大学出版社1997年版，第217—218页。

弗洛伊德请进了他的美学殿堂，让他去充当打开僵硬的理性缺口的急先锋。

但是，马尔库塞并不同意弗洛伊德的悲观主义观点。弗洛伊德的基本假设是，文明的历史就是人的本能欲望遭到压抑的历史，因此，文明与本能满足是一对不可解决的矛盾，要么毁灭文明，要么接受压抑，非压抑性文明是不存在的。然而，在马尔库塞看来，本能力量的解放与文明的发展并不矛盾，如果人们能够合理地使用自己的本能力量，那么非压抑性文明社会的出现是可能的。“在非压抑性生存的环境中，工作时间（即苦役）被降低到了最低限度，而自由时间摆脱了统治利益强加于它的所有闲暇活动和被动状态。”[①]这是马尔库塞所描绘出来的文明社会的理想状态。为了在理论上更好地论证非压抑性文明的可能性，马尔库塞又在弗洛伊德压抑假说的基础上，进一步把压抑分为基本压抑和额外压抑两种。前者主要由不可避免的生存原因所造成，因而具有合理性；后者由人为的“不合理的组织方式”所造成，不具有必然性与合理性，因而是多余的、应该消除的。他认为，随着科技和生产力的高度发展，基本压抑在当今大体上已失去了存在的理由，现代社会中存在的压抑形式主要是额外压抑。这样，消除额外压抑就和推翻现行的体制建立起了某种必然联系。

解放爱欲、消除额外压抑是马尔库塞所制定的人类解放的总体战略，那么，具体到美学领域，爱欲解放与美学革命的连结点又在哪里呢？在对弗洛伊德“幻想说”的开掘中，我们可以发现马尔库塞的良苦用心：

> 幻想，作为一种基本的、独立的心理过程，有它自己的、符合它自己的经验的真理价值，这就是超越对抗性的人类存在。在想象中，个体与整体、欲望与实现、幸福与理性得到了调和。虽然现存的现实原则使这种和谐成为乌托邦，但是幻想坚持认为，这种和谐必须而且可以成为现实。……因此对幻觉的认识功能的分析产生了作为“审美科学”的美学。美学形式的背后乃是美感与理性的被压抑的和谐，是对统治逻辑组织生活的持久抗议，是对操作原则的批判。[②]

把幻想或想象看作是反抗现实原则的得力拐杖，这是马尔库塞从弗洛伊德那里拿来并加以改造的理论武器。但是，假如没有某种实质性的内容来补充幻想或想象，它们就成了无源之水，美学革命的暴动将成为纸上谈兵。于是，为了充实幻想与想象的力量，马尔库塞又从包括弗洛伊德在内的哲人那里拿来了“回忆”。在他看

---

① 马尔库塞：《爱欲与文明》“1961年标准版序言”，黄勇等译，上海译文出版社1987年版。

② 马尔库塞：《爱欲与文明》“1961年标准版序言”，黄勇等译，上海译文出版社1987年版，第103—104页。

来，回忆“不是对充满童心的天真、原始人等东西的记忆，也不是对‘黄金时代’的追忆（这个时代从未存在过）。回忆作为认识的功能毋宁说是一种综合，是把在歪曲的人性和扭曲的自然中所能发现的那些支离破碎的东西重新组合在一起。这种回忆出来的素材，就成为想象的领域，它在艺术被压抑的社会中得到确认，它以一种‘诗的真理’——也仅仅作为诗的真理出现”。

从幻想、回忆等出发去寻找否定性的力量，马尔库塞也就必然遭遇艺术。“因为从古以来的艺术，就像埋藏在地层深处的矿脉，携带着巨大的信息：所有遭到压抑的冲动，所有遭到禁忌的意象、自由的渴望、幸福的期待等，都包含在它里面。像弗洛伊德从人的本能力量中单单挑出幻想一样，马尔库塞也从幻想中看到了自由和希望的图景。”[①]在他看来：“艺术，在其基本的层次上，就是回忆：它希望达到一种前概念的经验和理解。而这些前概念的东西又都再现于、或相悖于经验和理解的社会功用的框架，也就是说，这些东西都相悖于工具主义的理性和感性。”[②]显然，在马尔库塞看来，艺术之所以能成为审美的依托，关键在于艺术可以凭借幻想和回忆创造出直觉的而非逻辑的、感性的而非理性的审美形式，建构出受“享乐原则”而非“现实原则”支配的新的感性世界。这种孕育着“新感性”的艺术世界与审美形式，可以打破人们的日常生活经验，把沦落的感性之维从工具理性的泥沼中揭示出来，把禁忌的爱欲从被压抑的文明中解放出来。也正是在这一意义上，马尔库塞提出了他的“艺术即大拒绝”的著名命题：“艺术无论仪式化与否，都包容着否定的合理性。在其先进的位置上，艺术是大拒绝，即对现存事物的抗议。”[③]

艺术既要成为审美的依托，又要成为对现存事物的抗议，那么，后一种功能的逻辑依据又是什么呢？这牵涉到马尔库塞的又一重要命题：艺术即异在。

> 无论艺术是怎样地被现行的趣味和行为的价值、标准以及经验的限制所决定、定型和导向，它都总是超越着对现实存在的美化、崇高化，超越着为现实排遣和辩解。即使是最现实主义的作品，也建构出它本己的现实：它的男人和女人、它的对象、它的风景、它的音乐，皆揭示出那些在日常生活中尚未述说、尚未看见、尚未听到的东西。艺术即“异在”。[④]

---

① 程巍：《否定性思维——马尔库塞思想研究》，北京大学出版社2001年版，第152页。
② 马尔库塞：《审美之维——马尔库塞美学论著集》，李小兵译，生活·读书·新知三联书店1989年版，第171—172页。
③ 马尔库塞：《单向度的人——发达工业社会意识形态研究》，刘继译，上海译文出版社1989年版，第59页。
④ 马尔库塞：《审美之维——马尔库塞美学论著集》，李小兵译，生活·读书·新知三联书店1989年版，第194页。

马尔库塞的这个命题包含在一个更大的命题之中：艺术应成为现实的形式。使艺术成为现实的形式，并不是要美化既定现实，而是要创造出一个与既定现实相对抗的新的现实。马尔库塞并不否认，无论现代艺术还是古典艺术都具有双重品格："艺术，作为现存文化的一部分，它是肯定的，即依附于这种文化；艺术，作为现存现实的异在，它是一种否定的力量。艺术的历史可以理解为这种对立的和谐化。"①但是，从建立"新感性"的宏伟战略出发，他更看重艺术异在性所表现的否定性力量，因为只有艺术的异在性才能使艺术与现实世界保持某种批判的距离。而艺术之所以能具有异在性，关键还在于构成艺术的重要元素——想象、回忆等具有异在性。因为在人类的想象中始终保存着对过去和谐生活的回忆，正是这种回忆随时提醒人们注意理想与现实之间的距离，使艺术始终保持着与现实的对立、异在和超越。现代工业社会的主要问题之一就是取消了艺术的这种异在性，当艺术品沦落为商品之后，它的超越性、否定性和颠覆性也就荡然无存了。

到此为止，马尔库塞的美学思路已大体清楚了。他的美学目标是要建立"新感性"，因为这是促使人们用一种"新的方式去看、去听、去感受事物"的前提。而要想使既成的感性不在美学世界中被纯粹理性和实践理性所挤压，不在工业社会中被科技理性或工具理性所污染，人的感性世界就必须大换血。于是借助马克思、席勒、弗洛伊德等思想家的理论资源，他用回忆、幻想、想象、激情、灵性等诗性智慧作为他输血再造新感性的主要武器，同时又强化艺术的拒绝、异在、否定等功能，使之和这些武器相配套。而立足于"新感性"的审美世界一旦成型，即意味着拥有了与现实世界分庭抗礼的资本；从本能革命到美学革命的道路一经贯通，也就可以踏上人类解放的征途了——这就是马尔库塞所构想的美学方案，也是他设计的人类解放的宏伟蓝图。

那么，当马尔库塞规划自己的审美园地时，他是不是已经淡忘了政治呢？回答应该是否定的。在他晚期的著作中，政治依然是他美学合唱中的一个不容忽视的声部："我认为艺术的政治潜能在于艺术本身，即在审美形式本身。"②"艺术借助其内在的功能，要成为一股政治力量。"③这种表述不仅昭示了马尔库塞的政治情结，也说明了使美学政治化依然是他坚定不移地追求的目标。这样一来，他的美学火药味十足也就不难理解了，因为这很可能是真正让人"行动的美学"。然而，唯其如此，

---

① 马尔库塞：《审美之维——马尔库塞美学论著集》，李小兵译，生活·读书·新知三联书店1989年版，第194页。

② 马尔库塞：《审美之维——马尔库塞美学论著集》，李小兵译，生活·读书·新知三联书店1989年版，第203页。

③ 马尔库塞：《审美之维——马尔库塞美学论著集》，李小兵译，生活·读书·新知三联书店1989年版，第198页。

也就更显出了这种美学的乌托邦意味。因为实际的情况是，在20世纪70年代来临、保守主义复苏的时代里，1968年造反的大学生早已偃旗息鼓，他们开始进入资本主义统治的秩序中，开始了对中产阶级体面生活的追求。于是马尔库塞的美学也就失去了忠实的听众，他的那种“变革男人和女人的意识和冲动”的计划也就成了真正的理论假设。

三、大众文化理论：从“整合”到“颠覆”

马尔库塞的大众文化理论是法兰克福学派大众文化批判理论的重要组成部分，但他与阿多诺和霍克海默等人的观点又不太相同。一方面，他认同法兰克福学派的主流观点，认为大众文化是宰制的工具、极权主义的传声筒，具有整合大众的作用；另一方面，在特定的历史时期，他又看到了大众文化具有颠覆资本主义的功能。只有意识到马尔库塞大众文化观的矛盾性和复杂性，我们才能对他的大众文化理论有一个全面的认识。

当阿多诺与霍克海默等人在20世纪30至40年代研究大众文化时，马尔库塞主要把精力集中在研究法西斯主义意识形态、资产阶级文化、家庭与权威等问题上，他对大众文化并没有多大的兴趣。但进入20世纪60年代之后，大众传媒与大众文化却频频出现在他的文章与著作中，构成了他对新型的极权主义社会和控制的新形式进行判断与定位的主要依据。比如，他认为：“通过大众媒介、学校、运动队、青少年团伙等，社会直接控制了初生的自我（nascent ego）。”“儿童意识到，玩伴、邻居、团伙的头头、体育比赛、电影而非父亲才是他们相宜的心理行为和身体行为的权威。”而大众在一个无父的时代里并不感到焦虑，因为大众媒介与大众文化成了他们的亲密伙伴：“每一座房子上的天线，每一个海滨上的收音机，每一个酒吧与饭馆里的自动电唱机，如同种种绝望的嚎叫——他不会扔下它们不管，他无法与这些现代怪物分离开来，他不会谴责这些东西的无聊或憎而恨之，也不会抱怨它们搅了自己的美梦。这些嚎叫吞没了其他人，甚至吞没了那些虽遭谴责但依然渴望实现其自我的人。在庞大的被捕获的听众中，绝大多数人陶醉在那些嚎叫声里。”[①]把这些论述与《单向度的人》结合起来看，我们就可以把后面这部著作解读为对大众文化进行批判理论。因为马尔库塞反复提到的“发达的工业社会”或“单向度社会”实际上就是“现代大众社会”，“单向度的人”实际上就是丧失了反抗欲望和否定能力而被社会整合得服服帖帖的“大众”，而所谓“单向度文化”其实也就是“大众文化”。

① Herbert Marcuse, Five Lectures: Psychoanalysis, Politics, and Utopia, Jeremy J. Shapiro & Shierry M. Weber (trans.), Beacon Press, 1970, p. 47, p. 52, p. 49.

那么，与阿多诺等人的大众文化理论相比，马尔库塞有哪些新思想呢？

第一，他更多地集中注意通过消费领域来论述大众文化的整合功能。阿多诺等人主要从生产方式的角度对大众文化进行批判，虽然其批判理论无疑也涉及消费领域，但由于更多借助马克思的商品拜物教理论来思考大众文化，而马克思又主要是从生产方式、生产关系角度来考察资本主义制度的，所以，生产决定消费的思维定式使得他们不可能更多地关注消费领域。但马尔库塞认为："在马克思的用语中，'异化'代表一种社会—经济概念，它基本上是说（只能非常简略地表述一下），在资本主义制度下，人们在其工作中不能实现自己的才能和满足自己的需要；而这种情况是资本主义生产方式造成的；因此要克服异化，就必须从根本上改变资本主义生产方式。今天，异化概念的含义已经大大扩展，它原来的含义几乎丧失殆尽了。如今人们已经用它来解释各种各样的心理毛病。但并不是人们所遇到的一切麻烦和问题——如男女恋爱中的问题——都必然是资本主义生产方式的结果。"[①]而事实上，从20世纪50年代的《爱欲与文明》起，马尔库塞就开始了对马克思的改写；而从《单向度的人》开始，马尔库塞又把思考集中在资本主义世界的消费领域。这种举措一方面是对马克思理论的进一步扩充，另一方面也可以把它看作是对阿多诺的大众文化批判理论的充实与发展。

第二，指出了"虚假需要"与大众文化的关系。马尔库塞认为，那些为了特定社会利益而从外部强加在个人身上的需要，使艰辛、侵略、痛苦和非正义永恒化的需要，以及休息、娱乐、按广告宣传来处世、消费和爱恨的需要都属于虚假需要。[②]而真实的需要则是指自由、爱欲、解放、审美等需要。在他看来，作为他律的虚假需要是由大众文化和大众传媒制造出来的。当统治者的文化产业机器开动起来之后，它实际上是要推销其意识形态，并对消费者进行控制，但它又打着为大众着想的旗号，于是文化产业首先向大众输出的是一种虚假意识。而由于这种虚假意识事先以技术合理化的名义经过处理，所以，在它的输出过程中已经盗用了真实的名义。而当它被大众接受并变成一种生活方式时，就说明这种虚假意识的输出已经获得了满意的接受效果。此后，按照这种生活方式作出的某种设计与构想，就会成为大众的一种自觉的行为，文化产业接下来所要做的只不过是不断地强化这种意识，并让大众通过不断滋生的虚假需要的冲动获得一种真实的心理满足。假作真时真亦假，长此以往，大众也就既失去了真实需要的动机，又失去了区别真假需要的能力。

那么，为什么说马尔库塞的大众文化理论中还有某种颠覆思想呢？这主要是指

---

① 麦基编：《思想家——当代哲学的创造者们》，周穗明等译，生活·读书·新知三联书店1987年版，第68—69页。

② Herbert Marcuse, One-Dimensional Man: Studies in the Ideology of Advanced Industrial Society, Boston: Beacon Press, 1991, pp. 4-5.

他在20世纪60年代文化革命中所形成的思想。在文化革命之前，由于马尔库塞看到的更多是资产阶级意识形态通过大众文化对大众的整合，马克思意义上的无产阶级已经“有产”，从而也丧失了革命的动力和斗志，所以，他曾经一度非常悲观。但是随着文化革命的来临，马尔库塞发现了新的“革命主体”。他们是造反学生、黑人、嬉皮士、知识分子新左派、受性压迫的妇女、第三世界的人民大众。这样一支革命队伍虽然成分复杂、难免鱼龙混杂，但他们都是发达工业社会与不发达国家的弱势群体与边缘群体，是没有被强大的国家机器整合的“剩余者”，同时，他们又有相同的革命要求。因而在他看来，虽然这些人离他所需要的“革命主体”还有一定距离，但是在革命的高潮当中，他们显然是一支比工人阶级更革命的力量。为了提高革命主体的革命意识并使之拥有革命的武器，马尔库塞便发现了大众文化的颠覆功能。

在《单向度的人》中，马尔库塞对语言领域的革命已不抱任何希望，因为政治与商业联手把这个世界彻底征服了。然而在《论解放》中，他却发现了一个没有被征服的地方：亚文化群体（subcultural groups），因为这一群体创造了属于他们自己的语言。在嬉皮士对trip, grass, pot, acid等语词的变形使用中，尤其是在黑人的“污言秽语”（obscenities）中（如fuck, shit等），他发现了语言的否定性和颠覆性功能：“一种更富有颠覆性的话语领域的暴动出现在黑人斗士们的语言当中，这是一场有计划的语言造反。它粉碎了语词所被使用和规定的意识形态语境，然后把这些语词放在了一个相反的语境中，即放在对既存语境的否定之中。”[①]从相关语境中可以看出，当马尔库塞赋予这种污言秽语以这样的革命功能时，他一方面涉及俄国形式主义中的陌生化理论，另一方面又从本雅明所欣赏的布莱希特的“间离效果”那里汲取了灵感。更让人感兴趣的是，他在思考这一问题时表现了与巴赫金几乎相同的思路。在巴赫金论述的语境中，“官方话语”以其单义、严肃、假正经与故作威严，并因其空洞的说教、陈腐的观念和僵硬的道德指令而成为一种无趣的语言。然而，这种话语由于在其生产中经过了权力的渗透和整合，所以也就必然制造了民众的恐惧心理和全社会的恐怖气氛。因此，官方话语是语言的异化形式，无论从内容上还是形式上看，它的美学特征只能是无趣。与此相反，“广场话语”则是一种鲜活的、宽容的、充满生命活力和自由精神的话语，在插科打诨、打情骂俏、污言秽语、降格以求、亵渎、冒犯、粗鄙、狎昵、詈骂、辱骂、笑骂，以及“言语中充满着生殖器官、肚腹、屎尿、病患、口鼻、被肢解的人体”[②]等形式的话语表述中，“广场话语”一方面确认了自身的民间立场，另一方面又完成了对“官方话语”的解构。马

① Herbert Marcuse, One-Dimensional Man: Studies in the Ideology of Advanced Industrial Society, Boston: Beacon Press, 1991, p. 35.

② 巴赫金：《拉伯雷研究》，李兆林等译，河北教育出版社1998年版，第370页。

尔库塞同样是把“污言秽语”放在一个与官方话语相对立的语境中来展开自己的思考的，因此，“污言秽语”的革命性在于，它能打破虚假的意识形态话语的垄断，并通过对某个国家领导人的“秽称”和“淫骂”（如Pig X, Fuck Nixon）剥去其神圣光环。[①]显然，马尔库塞在这里使用了与巴赫金相似的策略与技巧，即通过“物质—肉体下部语言”的降格处理，使貌似严肃性、神圣性的东西现出原形。

在赋予“污言秽语”某种革命性意义之后，马尔库塞又对爵士乐、摇滚乐发表了肯定性评论。他说：“非写实的、抽象的绘画与雕刻，意识流和形式主义文学，十二音阶曲式，布鲁斯和爵士乐，这些东西并不仅仅是修正和强化了旧感性的新的感觉形式，而毋宁说它们摧毁了感觉结构本身，以便腾出空间。”[②]虽然这些艺术形式还不是马尔库塞心目中真正的艺术对象（他认为新的艺术对象还没有出现），但它们在对旧感觉结构的破坏与新感觉结构的建立中无疑扮演着重要角色。而爵士乐与摇滚乐就这样成了一种革命武器。

马尔库塞的大众文化理论是和他的“爱欲解放”“建立新感性”的美学构想联系在一起的，所以，他的美学思考有助于我们对其大众文化理论的认识。同时，需要说明的是，虽然对大众文化的肯定性评价并不是他的最终立场，但是与阿多诺相比，马尔库塞毕竟向前迈了一大步。这一大步的含义并不是因为从“整合”到“颠覆”必然意味着观念的更新换代和与时俱进，而是说马尔库塞所看的大众文化要比阿多诺更为丰富：一方面，阿多诺只看到了大众文化那副“整合”面孔，而马尔库塞却看到了大众文化“整合”与“颠覆”时的两面。另一方面，必须指出，当文化革命高潮过去之后，马尔库塞所期望的革命主体和大众文化并没有对资本主义造成触动。从某种意义上说，这样一种结局对马尔库塞的刺激很大，因为他后来不得不修正自己的理论，抛弃了那种貌似革命的大众文化，而是选择了艺术和美学作为他最后的皈依之所。

第五节　哈贝马斯

仔细算起来，哈贝马斯虽然早在20世纪50年代末就已崭露头角，但由于种种原因，他并不属于“少年得志”，倒是有些“大器晚成”。直到20世纪70年代后期，哈

① Herbert Marcuse, An Essay on Liberation, Boston: Beacon Press, 1969, p. 35. See also Herbert Marcuse, Counterrevolution and Revolt, Boston: Beacon Press, 1972, p. 80.

② Herbert Marcuse, An Essay on Liberation, Boston: Beacon Press,1969, p. 35. See also Herbert Marcuse, Counterrevolution and Revolt, Boston: Beacon Press, 1972, p. 38.

贝马斯作为一位哲学家、社会理论家的地位才真正确立起来。1994年，哈贝马斯正式退休，德国的重要刊物和报纸纷纷予以报道，至此，他最终被供奉到了德国哲学思想史的伟人祠当中。

今天，哈贝马斯已不仅仅被看作是法兰克福学派的一面旗帜，更被广泛认为是德国当代哲学思想的一面旗帜。他把不同的思想路线、理论范畴有机地结合起来，比如马克思主义与精神分析理论、德国唯心主义哲学传统与美国实用主义哲学传统、哲学先验主义与哲学经验主义等，从方法论、认识论、语言哲学、社会学、政治学、法学乃至神学等不同的角度，建立和完善了自己的交往行为理论体系，试图从规范的角度对法兰克福学派的“批判理论”加以系统的重建。就审美层面而言，哈贝马斯试图用他的交往理性建构起以审美现代性批判为核心内涵的对话美学。

哈贝马斯于1929年6月18日出生在杜塞尔多夫边上的小镇古姆斯巴赫，并在那里长大。他在家庭中受到了良好的教育，养成了严谨的作风和生活习惯。1949年至1954年在哥廷根、苏黎世和波恩上大学，学习了哲学、历史学、心理学、文学和经济学等。1954年以论文《绝对性和历史性——论谢林思想中的矛盾》在波恩大学获得了哲学博士学位。1956年进入法兰克福社会研究所，并担任阿多诺的助手，在此期间，他认真研习了法兰克福学派的经典著作，撰写教授资格论文《公共领域的结构转型》。1960年师从阿本德洛特（Wolfgang Abendroth）教授在马堡大学通过教授资格论文答辩，获得教授资格。1962年就任海德堡大学哲学副教授，1964年就任法兰克福大学哲学和社会学教授。1971年至1980年担任马克斯·普朗克学会生活世界研究所所长，1983年重回法兰克福大学执教，任哲学教授，直至1994年荣休。

哈贝马斯自进入法兰克福大学社会研究所开始涉猎学术研究之时，便以思想活跃、政治激进而著称于世。他通过跨学科的研究方法，对不同的思想领域（包括德国传统形而上学、社会理论以及英美语言哲学特别是美国的语用学）进行了深入的研究；通过历史分析和社会分析，对西方思想史、特别是法兰克福学派自身的思想历史进行了清理和批判，并在此基础上建立起了自成一说的“交往行为理论”。不容否认，“交往行为理论”作为一种后马克思主义学说，的确存在着普遍主义、折中主义以及西方中心主义等问题，需要我们作深入的分析和批判。但哈贝马斯把经典马克思主义学说与晚期资本主义社会实践结合起来的尝试，无论如何都值得我们予以认真关注。

哈贝马斯的思想特色主要表现为以下几个方面：首先是论战性。哈贝马斯进入学术领域后，便不断向各种不同的思想流派和代表人物提出挑战，掀起了一场又一场的学术论争。值得重视的有：与波普尔、伽达默尔等的方法论之争；与福科、德里达等的现代性／后现代性之争；与亨利希的形而上学之争；与诺尔特等的历史学家之争；与鲁曼的社会理论之争；与罗尔斯的规范民主之争；与斯洛特迪杰克的基因技术之争以及与德国总理施罗德的第三条道路之争等。

其次是综合性。哈贝马斯是一位杰出的综合大师，他把康德的“综合”范畴运用得炉火纯青。他在不同的思想路线、理论范畴之间纵横捭阖，在把它们有机结合起来的基础上加以超越，比如，对于马克思主义与精神分析的综合、对于德国唯心主义哲学传统与美国实用主义哲学传统的综合、对于哲学先验主义与哲学经验主义的综合等。

第三是体系性。有学者认为，哈贝马斯是20世纪最后一位“黑格尔意义上的体系哲学家”。的确，哈贝马斯十分重视自身理论体系的构建。长期以来，他从方法论、认识论、语言哲学、社会学、美学、政治学、法学等不同的角度，逐步建立和完善了自己的交往行为理论体系，试图从规范的角度对马克思主义、特别是法兰克福学派的批判理论加以系统重建。

最后还有实践性。哈贝马斯虽然是一位学院派思想家，但十分看重自身思想的实践性，始终强调要把理论付诸实践。从1968年积极投身“学生运动”开始，哈贝马斯在德国的政治实践领域一直都发挥着巨大的影响力。在1998年德国大选中，哈贝马斯更是在关键时刻挺身而出，为社会民主党大造舆论，提供理论支持。此外，自20世纪80年代起，哈贝马斯就率领自己的弟子，与以时任黑森州环境部长的菲舍尔（现任德国外长）为代表的一批政治家组成“政治俱乐部”，定期举办政治沙龙，从政治哲学的高度讨论重大内政与外交问题，为菲舍尔的外交政策奠定了学理基础，最近菲舍尔关于欧盟改革的一揽子建议，与哈贝马斯的话语政治模式之间就存在着一定的内在联系。

哈贝马斯著述之丰富，实在出乎我们的想象。可以说，几乎每一两年，他就有重要著作问世，这些作品完整地描画了他的思想发展轨迹，构成了一个严整紧密的系统，并对哲学乃至整个社会科学领域产生了重大影响。无怪乎曾有人不无感慨地评论道，哈贝马斯每一本著作的出版都可算是哲学界的一件大事。通过他不同时期的作品，我们大致可以将哈贝马斯的思想历程分为四个时期。1953年至1961年为其前学术期，以完成于这一时期的《公共领域的结构转型》为主要代表。1962年至1980年为其前交往期，代表作有《理论与实践》（1963）、《社会科学的逻辑》（1967/1970）、《认识与兴趣》（1968）、《科学和技术作为意识形态》（1968）、《重建历史唯物主义》（1976）等。1981年至1989年为其交往期，主要著作有《交往行为理论》（1981）、《交往行为理论的准备和补充》（1984）、《现代性的哲学话语》（1985）、《后形而上学思想》（1988）等，这是他的理论集大成的时期，也是他不断改进和调整自己思路的时期。1989年以后为其后交往期，著作以政治哲学（法哲学）为主，其中《在事实与规范之间》(1992) 影响最大，另外还有《包容他者》(1996)、《后民族结构》(1998)、《真理与论证》(2000)、《自然主义与宗教》(2005) 等。

哈贝马斯堪称是一位百科全书式的学者，依靠着广阔的知识背景（德国唯心主义哲学、马克思主义、弗洛伊德的精神分析学说、语言分析学派、解释学、现象学、德国社会理论等），在吸收前辈学者知识成果的同时，也对它们提出了批判和改造，提出了自己一系列独特的理论见解。

一、文学公共领域

在开始讨论文学在公共领域中的地位和功能之前，我们所遇到的一个问题是，何谓公共领域，只有在解释清楚公共领域这个概念之后，我们才有可能理解哈贝马斯所说的文学公共领域概念的具体内涵和意义。哈贝马斯在其教授资格论文《公共领域的结构转型》中，对公共领域概念作了较为详尽且集中的阐释。在他看来，所谓公共领域，无疑是相对于私人领域而言的。因此，“公”与“私”的划分应该说是理解公共领域的一个基本前提，或者说，是公共领域得以出现的一个基本前提。

哈贝马斯认为，“公”和“私”这两个范畴早在古希腊时期就已经出现。当时，自由民所共有的公共领域“koine”和每个人所特有的私人领域“idia”之间已经划分得很明确。在古希腊人看来，公共领域是自由王国和永恒王国，私人领域则是必然王国和瞬间王国，二者之间形成了鲜明的对照。但是，就作为一个生活空间和思想范畴而言，公共领域直到文艺复兴时期才发挥出了它应有的规范作用，这一规范作用一直延续到了今天，尽管中间一度被人为地削弱，但并未真正中断。值得指出的是，公共领域作为一个思想范畴，其功能主要集中在思想史上。对于公共领域的分析，实际上既是一种社会结构的分析，也是一种意识形态的批判。

在哈贝马斯看来，从古到今，历史上共出现过三种不同的公共领域：一种是古希腊时期的公共领域，这是公共领域的雏形，因为它尚未形成一定的约束力。最重要的是后来出现的两种公共领域。其一是封建社会的代表型公共领域(Repräsentative Öffentlichkeit)；其二是资本主义社会的市民公共领域。由代表型公共领域向市民公共领域的转变，不仅标志着现代社会的出现，更标志着现代性的萌芽和发展。也正是从这个意义上讲，对公共领域概念的分析，实际上成了现代性研究的一个入口。[①]

哈贝马斯认为，无论是作为一个政治范畴、社会范畴，还是一个思想范畴，公共

① 参见哈贝马斯《公共领域的结构转型》(Strukturwandel der Öffentichkeit)，曹卫东等译，学林出版社1999年版。

领域必定有其特定的文化机制作为载体。三种不同类型的公共领域，各自的文化机制也迥然不同。由于哈贝马斯分析的重点落在代表型公共领域与市民公共领域上，因此，我们也循着这两种公共领域与文化的关系来考察他对文学公共领域的理解。

首先来看代表型公共领域。所谓代表型公共领域指的不是一个社会范畴，而是一种社会地位的标志：封建领主的地位的标志，或者是一种特权的标志。在代表型公共领域中，“公”和“私”的关系比较微妙，大公不是无私，而是大私，“公”和“私”由高度对立走向了高度统一，且是无中介的统一。“朕即国家”，即是对“代表型公共领域”的最好说明。代表型公共领域的文化机制体现在节日与教会中。封建社会中的节日与古希腊城邦的公共竞技存在着根本的区别。节日，由于其象征性和神圣意味，并不是每个人都能参加的，而是归属于某个社会阶层的特权。因此，哈贝马斯指出，代表型公共领域的出现和发展，是和某个人的一些特殊标志密切相关的，比如权力象征物、行为举止以及修辞方式等。代表型公共领域的另一个重要文化机制是教会。中世纪是一个神学意识形态占据主导地位的社会，教会不光是一种神圣组织，也是一种基本的社会组织。王权和神权的合一，是中世纪国家和社会合一的表现。作为“代表型公共领域”的文化机制，教会的作用要远远大于宫廷，而且它还被比较完整地保存了下来，从而对现代市民公共领域产生了不容低估的影响，直到今天它还依然在一定程度上主宰着人们的生活方式和思维方式。

从时间上讲，代表型公共领域在15世纪法国勃艮第宫廷中到达了它的成熟和极致。但是，也正是从那以后，在代表型公共领域的内部却渐渐出现了一些变化。导致这种变化的一个主要动力不是别的，还是文化，即意大利北部资本主义萌芽时期的贵族文化。这种贵族文化深刻地推动和催化了代表型公共领域的发展，其根本动因在于它吸收了带有人文主义精神的资产阶级文化。从这个意义上看，人文主义才是代表型公共领域发生变化的真正催化剂，它不仅改造了宫廷，而且也对教会产生了革命性的影响。没有人文主义，恐怕就谈不上有现代社会的出现，更谈不上市民公共领域的形成。因此，哈贝马斯把人文主义和市场经济、民主运动并列为现代性的三大支柱，是有其充分理由的。今天，我们在对中国文化现代性问题进行反思之时，应该对这种观点予以特别的关注。

市民阶级公共领域的出现，是公共领域概念史上的一个大革命。根据哈贝马斯的理解，市民阶级公共领域首先可以理解为一个由私人集合而成的公众的领域；但私人随即就要求这一受上层控制的公共领域反对公共权力自身，以便就基本上属于私人，但仍然具有公共性质的商品交换和社会劳动领域中的一般交换规则同公共权力展开讨论。[①]按照哈贝马斯的理解，市民公共领域的一个特殊之处就在于它建立起

① 哈贝马斯：《公共领域的结构转型》，曹卫东等译，学林出版社1999年版，第86页。

了一块文学公共领域。这个特殊的公共领域是哈贝马斯文学概念的一个独创。为了便于我们形象地认识市民公共领域的结构，并把握文学公共领域在其中所处的地位，我们不妨把哈贝马斯给出的有关图式引录下来：[①]

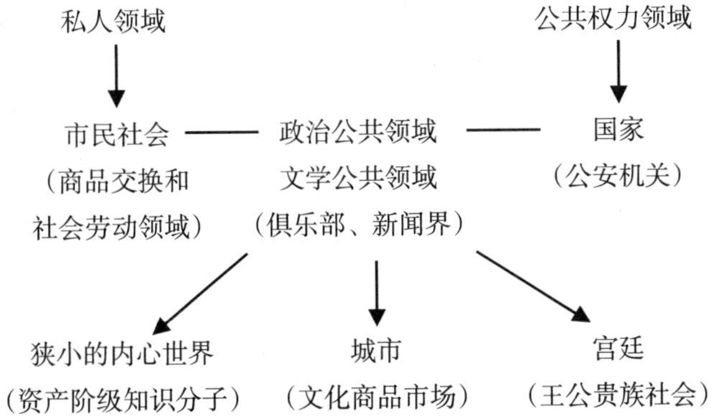

从这幅图上我们清楚地看到，文学在其中占据着中介地位。它不仅是私人领域与公共领域之间的中间地带，也是政治公共领域的前身，更是代表型公共领域向市民公共领域过渡的一个中介。通过文学公共领域的创建，私人领域向公共权力领域发起了寻求自身权力的呼声，并为一种讨论的展开提供了可能。

与代表型公共领域不同，市民公共领域的文化机制主要有这么三个：咖啡馆、沙龙和（语言）文学团体。之所以要展开对这三种文化机制的考察，乃是在于文学的中介作用在它们之上表现得一清二楚。

作为一种现代因素，沙龙最初出现在18世纪，其典型特征是，毫无经济生产能力和政治影响能力的城市贵族和诸多作家、艺术家、科学家在其中联手活动，共同讨论他们所关心的问题，包括社会问题和思想问题。沙龙的出现，打破了宫廷对思想、文学和艺术等的控制，使得文学艺术由国王的专有品变成了公众的共有物。这样，公众的意识才能透过文学的讨论传达出自身的政治诉求，那么，文学公共领域也就能够慢慢地向政治公共领域转变。

咖啡馆同样也是一个现代文化机制。据考证，第一家咖啡馆出现在17世纪中叶，到了18世纪初，仅伦敦就已有三千多家咖啡馆，每一家都有自己的常客，其中，作家是核心人物，比如，英国文学史上的众多知名作家当年都是咖啡馆的常客，有一些甚至就是在咖啡馆里出的名，像我们所熟知的德莱顿（John Dryden, 1631—1700）、艾迪生（Joseph Addison, 1672—1719）、弥尔顿（John Milton, 1608—

① 哈贝马斯：《公共领域的结构转型》，曹卫东等译，学林出版社1999年版，第89页。

1674）等都是如此。

文学在咖啡馆和沙龙中获得了合法性，也就标志着市民公共领域取得了合法性。在沙龙和咖啡馆里，知识分子和贵族走到了一起，这也就表明贵族已经走出了他们的庄园，进入新兴的社会，成为社会的组成部分。沙龙和咖啡馆中围绕着文学和艺术所展开的讨论很快就开始了迅速的转变，并成了关于经济和政治的讨论。毫无疑问，文学和艺术在咖啡馆和沙龙中所引发的思想革命和观念革新，很快就会成为社会革命的导火索。因此，哈贝马斯指出，咖啡馆和沙龙作为一种文化机制，具有强大的社会功能，它们首先是文学批评中心，但最终还是政治批评中心。正是在此种批评过程中，作为现代社会中坚力量的中产阶级——市民阶层形成了。如果说咖啡馆和沙龙是英国和法国的文化机制，（语言）文学团体则是德国的文化机制。鉴于它与前两者在本质上的一致性，在此也就不加赘述了。

文学和艺术作为公共领域的文化机制所发挥的是一种中介作用，即文学公共领域是代表型公共领域向市民公共领域转变的中介。为了说明文学公共领域的这一中介作用，哈贝马斯选择了歌德的《威廉·麦斯特》（Wilhelm Meister）作为范本加以解读。[①]哈贝马斯认为，歌德的《威廉·麦斯特》这部小说可以说是对代表型公共领域向市民公共领域转型的集中描述，或者说，是公共领域在德国发生现代转型的实录。

按照哈贝马斯的理解，威廉和他的表弟分别是代表型公共领域和市民公共领域的代表。他们之间的冲突不是个人冲突，而是两个世界、两个阶级、两种思想观念的冲突，当然更是两种公共领域的冲突。作为代表型公共领域的信奉者和捍卫者，威廉声称和他的表弟势不两立，要和他所代表的市民生活世界一刀两断，在致表弟的信中，威廉写道：

> 一个平民只能去做事，以最大的辛苦培育他的精神；他尽可如心所愿地去做，但他却失去了个性。至于贵族，因为他与最高贵的人们往来，使自己具有一种高贵的仪表就成了他的义务；并且因为，没有门户对于他是关闭的，所以这仪表就成了最自由的仪表，又因为无论在宫廷里或在军队里他都必须保持他的人格，所以他就有理由尊重人格，并且让人看见他确实尊重人格。[②]

在威廉看来，贵族是权威的代表，其权威表现在有教养的个性当中。哈贝马斯对这封信的解读很有启发意义。他认为，歌德本来是想把传统的公众代表意义再次

① 哈贝马斯：《公共领域的结构转型》，曹卫东等译，学林出版社1999年版，第67—69页。
② 哈贝马斯：《公共领域的结构转型》，曹卫东等译，学林出版社1999年版，第68页。

赋予公共领域里的人物，可是，这种公共领域中的人物的含义在当时已变得模糊起来。贵族成了一种托词，它所代表的实际上已经不是封建贵族，而是集中体现在德国古典文学新人文主义中的市民阶级观念。这点从威廉所追求的个性当中可以得到证明。因为个性属于市民阶级，人格才是贵族所看重的。

威廉告诉他的表弟说他想成为一个公共领域里的人物，到广阔天地里去大干一番。然而，他忘记了一点，他毕竟不是一个真正的贵族，现实中已经没有什么真正的贵族，或者说现实社会已经不需要什么贵族了。但是，不识时务的威廉以为只要对现实采取熟视无睹的态度，就可以把自己的现实身份抛开。为了满足自己想成为贵族的野心，威廉找到了舞台作为现实的替代物。

可是，正如我们前文所说，此时此刻，戏剧的观众组成已经发生了彻底的变化，作为市民公共领域的代表，他们对代表型公共领域已经不感兴趣了，这就注定威廉的舞台表演以失败告终。哈贝马斯将威廉失败的原因言简意赅地归纳为："威廉这样做，和市民公共领域显得格格不入，因为此时此刻，市民公共领域已经占据了舞台"。[①]透过哈贝马斯对《威廉·麦斯特》的解读，我们在代表型公共领域到市民公共领域的转型过程中，文学（艺术）发挥了思想革命与精神解放的中介作用，从根底上促成了转型的成功。这对我们理解作为审美话语的文学在公共领域中的地位和功能有很大的帮助。

二、 文学作为生活世界的话语

文学除了是一种审美话语之外，它还是生活世界中的一种话语形式，那么，我们应该如何看待它与同处一个系统的哲学以及科学之间的关系呢？在哈贝马斯看来，文学、哲学、科学三者之间，应该相互打通，以做综合研究。这个观点同他跨学科研究的主张是完全相符的。其实，打通文学话语和哲学、科学等话语体系之间的联系，进而加以综合，这在国际思想界已是一种非常普遍的做法。由于现代学科的不断分化，文学和哲学、科学之间的关系不再是从前那种不相往来的情形，相反的，它们之间开始了主动的相互靠拢。这种状况导致了哲学家、科学家与文学家之间的界限越来越模糊，也越来越难以确定。正如哈贝马斯所说，作为法学家的萨维尼，作为史学家的布克哈特，作为心理学家的弗洛伊德，以及作为哲学家的阿多诺等，同时也都是伟大的作家。而且，他们作为科学家或者哲学家的身份与他们作为作家的身份，相互之间并不冲突，反而相得益彰。当然，这种综合性的影响不仅走

---

① 哈贝马斯：《公共领域的结构转型》，曹卫东等译，学林出版社1999年版，第69页。

出了单一学科的界限，还呈现出了跨学科的趋势。[1]

理论上所出现的这种学科间的整合趋势，在现实中已广泛为人们所接受，并逐渐成为一种共识。仅以德国为例，哈贝马斯指出，现实中企图再把专业书籍和文学作品进行泾渭分明的区分已经变得不足取了。德国最大的报纸《法兰克福汇报》就是最好的例子。在《法兰克福汇报》中，文艺副刊上原本只能够刊登纯文学作品，但是现在的趋势是，大量的哲学家著作开始涉足此地带，甚而形成风潮。哈贝马斯对此种做法并不斥责，相反地，他把这视为一种大胆的尝试，或者从某种角度来看，更像是一次大胆的挑战，它所挑战的也许不仅仅是学科和文类之间的差别问题，还是一种传统的思维方式。其实，不仅德国如此，目前的中国也出现了学科整合的大趋势。

学科的分类本来是不言而喻的，文类之间的融合也是如此。看一看西方思想史，我们不难发现，几乎所有的大家都是跨文类的。但是，哈贝马斯方法论的一个突出特点是在强调跨学科的同时，又极力反对文类的不确定性。或者可以说，哈贝马斯坚持的跨学科研究方法，与后现代主义彻底模糊学科界限的"文类的不确定性"[2]有着本质的区别。因为，哈贝马斯认为，跨文类并不等于抹杀文类。文类之间的界限不仅是合理的也是必要的，没有文类的划分，就没有现代学术机制的建立和完善，更谈不上现在我们所看到的现代学术成就。从这个意义上看，学科分类不但无可厚非，而且还必须继续予以保留和完善。

就文学和哲学、科学的文类差别而言，哈贝马斯认为，言语行为在文学文本中所失去的力量，却在日常交往实践中保存了下来。在日常交往实践中，言语行为的活动领域不是虚构的世界，而是具体的行为语境。参与者不是要去试图了解它，而是必须去熟悉它，并且这种熟悉所采取的姿态，不能是置身其外，只能是亲临其境。在文学文本中，言语行为的目的是让人接受，读者在接受过程中虽然和文本世界有了一定的联系，但并没有完全被文本所吞没，甚至可能因此而与文本疏远开来，这和布莱希特所说的陌生化概念有相近之处。

从言语行为的有效性要求来看，哈贝马斯认为，哲学文本、科学文本等作为日常生活中的应用文所要求的有效性包括：陈述的真实性、规范的正确性、表达的真诚性以及价值的优先性。[3]这些要求既针对言语者，也面向接受者提出；双方只要有一方不满足这些要求，交往就无法实现，文本也就变得不可理解。相反，文学文本虽然也要求具备这样一些有效性，但它们只适用于文本中的人物形象，对读者没有

---

① 参见马丁·杰伊《法兰克福学派史》，单世联译，广东人民出版社1996年版。

② 参见德里达《论文字学》，以及德曼（Paul De Mann）的有关论述。

③ 参见哈贝马斯《哲学和科学作为文学》(Philosophie und Wissenschaft als Literarur)，载其《后形而上学思想》，曹卫东等译，译林出版社2001年版。

约束力；这就是说，读者即使不能满足这些有效性要求，他也同样可以和文本之间建立起一种交往关系。因此，哈贝马斯认为，文学言语行为和哲学、科学等言语行为之间的不同之处，就在于它不具备以言表意的力量：

> 叙事内容在意义和价值上的内在联系，只对小说的人物形象，第三人称以及转变成第三人称的人物形象有效，对于真正的读者则没有什么价值。[①]

哈贝马斯反对文类的不确定性有其具体的对象，即他针对的是后现代主义者。哈贝马斯与法国后现代主义者（后结构主义者）之间在文学问题上就确定性与不确定性所展开的争论，实际上是他们之间的现代性论争中的一个部分。后现代主义的文类不确定性论调，与哈贝马斯强调的文类之间存在的起码界限有着根本的不同，二者不能混同。哈贝马斯坚持文类之间的基本界限，矛头实际上针对的是文化中心主义。文类的不确定，意味着文类之间毫无差别的彻底统一。这一全然不顾事物之间差别、将一切事物整齐划一的做法实际上是理性中心主义作怪的表现。

理性中心主义恰恰是哈贝马斯所要彻底破除的。哈贝马斯的理性观，一言以蔽之，就是打破理性中心主义，建立理性交往主义。所谓理性交往主义，指的是在承认理性分化的基础上强调理性的统一性，或者说，在肯定理性差异性的前提之下研究理性的统一性。后现代主义的问题就出在要抹杀文类的差异性，而只谈文类的统一性。具体而言，就文学与科学、哲学的关系来看，后现代主义者在颠覆哲学中心地位的同时，想把文学立为新的中心，这样一来，文学就成了哲学的替代物。于是，在后现代主义者那里，文学哲学化和哲学文学化的呼声震耳欲聋。

为了说明文类不确定性概念所存在的错误和可能会引发的混乱，哈贝马斯还采取了以其人之道还治其人之身的办法。他选择了意大利著名的后现代作家卡尔维诺的作品《寒冬夜行人》作文本解读。哈贝马斯认为，小说中的译者玛拉纳（Marana）这个人物形象一边制造出弗兰纳瑞（Flannery）小说的日译本，一边又悄悄地告诉读者这些译本是伪造的。因此，在文学作品中，“真”和“假”的决定权在作者手中，读者无法决定，而“一旦作者允许读者自行判断弗兰纳瑞对卢德米娜所说的一切，以及卢德米娜回答弗兰纳瑞的内容是否属实，那么，他就放弃了一个文学作者的独立地位——结果他所创作出来的就是另一种文本”[②]。

所以，哈贝马斯强调文类的确定性和差异性，一方面是要捍卫文学的自律性，

---

① 参见哈贝马斯《哲学和科学作为文学》(Philosophie und Wissenschaft als Literarur)，载其《后形而上学思想》，曹卫东等译，译林出版社2001年版，第261页。

② 哈贝马斯：《哲学和科学作为文学》(Philosophie und Wissenschaft als Literarur)，载其《后形而上学思想》曹卫东等译，译林出版社2001年版，第261页。

另一方面则是反对把文学中心化。他认为，哲学的确从它所取代的神学的神圣位置上走了下来，但我们不能再把文学放到哲学曾经占据的位置上，我们也不需要这样一个替代物。哲学中心地位的瓦解，为各学科之间的平等对话创造了条件，学科间的规范必须由各学科共同商讨建立，而不能由某个学科给出。这是哈贝马斯跨学科方法论的核心思想。这样看来，哈贝马斯的跨学科方法论思想，可以进一步概括为反对学科相对主义和学科中心主义。这和他反对文化相对主义和文化客观主义是相一致的，同时，也是他反对思想史上的主观主义和客观主义的一种表现形式。哈贝马斯所主张的跨学科的方法论可以概括为学科交往主义，这当然是他的交往理性的一种具体运用。

因此，哈贝马斯通过对文类不确定的尖锐的批判，明确了自己的现代性设计与后现代主义的反现代性设计之间的区别。当然，哈贝马斯的矛头虽然指向的是后现代主义者，但他可能没有想到，并非所有的后现代主义者都像法国的后现代主义者那样，极端地主张文类的不确定性，并且热衷于文学中心主义。起码，为我们所熟悉的理查德·罗蒂就不是这样。在很大程度上，我们可以发现，哈贝马斯和罗蒂的观点竟然是十分默契的，虽然他们所捍卫的现代性模式相去甚远，但是他们对待学科话语的态度却是基本一致的。

三、审美中介论

哈贝马斯对审美（以文学为表征）在文化现代性中功能的论述并不局限于功能论层面，却有着更多本体论的味道，即力求阐明审美就其社会本质而言究竟是什么。如果说他对文学作为一种审美话语在公共领域中的定义是对审美内在本质的一种确定的话，那么，他对文学在整个文化现代性中的定义，则可以称为其外在本质的具体显现。无论是就其内在本质而言，还是就其社会本质而言，文学在公共领域中所发挥的都是一种中介的作用。这是哈贝马斯在进一步阐明文学（艺术）功能时首先指出的一点，也是其审美中介论的核心观念。

关于文学（艺术）在公共领域范畴内的中介作用，我们在前面已有论述，现在我们着重来看文学（艺术）在文化现代性范畴内的中介作用。从文化现代性的角度来看，文学（艺术）首先是个体之间的一种中介形式。它成了个体与个体、个体与他者、个体与共同体之间建立交往关系的一种行之有效的中介手段，也就是说，文学（艺术）为个体建立起了一系列的主体间性关系，使得个体能够在这些关系当中确立自己的地位，进而通过这些关系构筑起整个社会体系。

就个体与（自我）个体而言，文学（艺术）帮助个体建立起自己的主体性，明确个体在面对他者时的自我认同。这是文学（艺术）作为中介的基础作用，没有主体性，也就没有主体间性；主体性的确立为主体间性奠定了基础。哈贝马斯认为，在中世纪公私不分的情况下，文学（艺术）也成了“大公无私”的东西，成了国王的专有品，其作用是供王公贵族应酬和消遣。文学（艺术）的活动场所仅限于宫廷。

资产阶级革命之后，宫廷失去了中心地位，文学也从宫廷走了出来，进入初具雏形的市民阶级公共领域当中，由“大公无私”之物变成了真正的私人之物，文学（艺术）活动成了真正的个体活动。个人基本上是在文学（艺术）的创作和接受过程中确立起自己的身份和地位的：

> 在小家庭的私人领域中，私人甚至还认为自己独立于其经济活动的社会领域之外——并且还认为自己是相互能够保持纯粹人性关系的人。当时的文学形式是书信。18世纪被称为书信世纪并非偶然；写信使个体的主体性表现了出来……到了感伤时代，书信内容不再是“冰冷的信息”，而是心灵的倾吐。如果不得已提到冰冷的信息，则需要予以道歉。用当时的行话来说，书信是心灵的复制和探访；书信中充满了作者的血和泪。①

这段话有两点值得重视，首先，文学（艺术）帮助私人确立了一个真正属于私人的领域，这个领域是众多私人领域当中的一个，并且和其他私人领域之间保持着相对的独立性；其次，文学（艺术）帮助个体在私人领域中确立起自我意识，使个体意识到自己是私人领域的主人，个体应当把注意力集中在属于自己的私人领域当中，集中到自我身上。一句话，个体应当有自己的主体性。书信作为一种特殊的文学（艺术）形式，可以说是能够帮助个体确立自我认同的最有效的手段。

但是，个体的自我认同绝不仅仅局限于建立自我的主体性，以及捍卫属于自己的私人领域上。与这种封闭的诉求正相反，真正意义上的个体的自我认同应该是双向的，其中不仅包括自我与自我的认同，同时也包括自我与他者的认同。个体永远都处于这样一种双重关系中——既自我关怀，又关涉别人。自我关怀的目的是为了关涉他者，关涉他者反过来又加强了自我关怀。因此，即便是最内在的私人主体性也都与他者和公众相联系。自我与他者的关系，正是私人领域和公共领域关系的一种转化。

当然，个体关涉他者并不是通过揭露他者的隐私而实现的，相反，是通过披露自己的隐私而与他者发生关系的。就文学（艺术）而言，它们虽然表现的是个体的内心世界，但其目的不是要做自我欣赏，而是要在自我表现的过程中让他者参与到

---

① 哈贝马斯：《公共领域的结构转型》，曹卫东等译，学林出版社1999年版，第113页。

自我的意识活动之中。因此，“日记变成了一种写给寄信人的书信；第一人称小说则可以说是讲给收信人听的独白”[①]。按照哈贝马斯的理解，我们从书信和日记这种极端私人性的写作中，以及其中所透露出来的直接或间接与公众相关的主体性，可以很好地来解释18世纪典型的文学类型以及真正的文学成就的起源，诸如市民小说、传记形式的心理描写等。从这个意义上来讲，可以说并没有什么真正的私人写作，写作永远都是公共的，所谓私人写作不过是一种错误的意识形态。

作者、作品以及读者之间的关系变成了内心对人性、自我认识以及同那些对自己深感兴趣的私人相互之间的亲密关系。通过写作，私人进入了公共领域；通过阅读，私人也进入了公共领域：文学（艺术）作为中介形式所挑起的一边是私人性，另一边则是公共性。它们相互依赖，私人个体的主体性和公众性不但在现实中密切相关，在文学中更是紧密地联系到了一起。“一方面，满腔热情的读者重温文学作品中所表现出来的私人关系；他们根据实际经验来充实虚构的私人空间，并且用虚构的私人空间来检验实际经验。另一方面，最初靠文学传达的私人空间，亦即具有文学表现能力的主体性，在事实上已经变成了拥有广泛读者的文学；同时，组成公众的私人就所阅读到的内容一同展开讨论，把它们带进共同推动向前的启蒙过程当中。”依靠文学（艺术），他们组成了公众，又在公共领域当中建立起以文学讨论为主的公共领域；通过文学讨论，他们实现了自我启蒙和公共启蒙，对私人领域的主体性和公共领域的主体间性都有了清楚的认识。

因此，文学（艺术）实际上发挥的是一种交往理性的作用，审美中介论最后推导出来的艺术的本质是交往，哈贝马斯通过对席勒的批评表达了这一观点。[②]哈贝马斯认为，席勒的《审美教育书简》是现代性审美批判的第一部纲领性文件。席勒用康德哲学的概念来重新诊断现代性，认为要想挽救内部已经四分五裂的现代性，就必须设计出一整套的审美乌托邦计划，从而赋予艺术一种全面的社会革命作用。这种社会革命作用就是团结的作用、整合的作用，其目的是把社会重新整合起来。在这个时候，艺术实际上已经变成了宗教的替代品，必须发挥出它应有的凝聚力。因此，在席勒那里，艺术被看作是一种深入到人的主体间性关系中的“中介形式”，艺术就是一种潜在的交往理性，在未来的审美王国里一定能够付诸实现：

> 艺术本身就是通过教化使人达到真正的政治自由的中介。教化过程与个体无关，涉及的是民族的集体生活语境……艺术要想能够完成使分裂的现代性统

---

① 哈贝马斯：《公共领域的结构转型》，曹卫东等译，学林出版社1999年版，第114—115页。

② 哈贝马斯：《现代性的哲学话语》（Der Philosophische Diskurs der Moderne），曹卫东等译，译林出版社2004年版，第259—264页。

> 一起来的历史使命，就不应死抓住个体不放，而必须对个体参与其中的生活形式加以转化。所以，席勒强调艺术应发挥交往、建立同感和团结的力量，即强调艺术的公共特征。[①]

艺术之所以能够担当教化的中介和交往的中介，是因为艺术能够产生出一种中和的心境，其中，人的心灵既不受物质也不受道德的强制，但却以这两种方式进行活动，这就给社会提供了一种整体性的特征。在物质的支配下，世界处于分裂状态；在道德的支配下，世界也同样难以完整地显现出来，只有在艺术的主宰下，世界才能被完整地呈现出来，同时，社会也才能够稳步地前进。

艺术之所以能够推动社会健康地前进，其主要原因就在于，它在社会中建立一种调和机制。这是一种特殊的社会机制。它是由审美的创造活动建立起来的游戏和假象的王国。在这个王国里，审美使人从一切关系的枷锁当中解放了出来，摆脱了一切强制，实现了真正的自由，亦即实现了人的真正解放：

> 一切其他的表象形式都会分裂社会，因为它们不是完全和个别成员的私人感受发生关系，就是完全和个别成员的私人本领发生关系，因而也就同人与人之间的差别发生关系，唯独美的中介能够使社会统一起来，因为它同所有成员的共同点发生关系。[②]

席勒当时还不可能通过正面的论述，来界定审美作为交往中介的具体形态。他通过对主体间性的两种对立的变形，即个人化和大众化来确立主体间性的理想形态。这就是说，主体间性的理想形态应当处于个人化和大众化之间，是二者的统一，而非二者的对立。哈贝马斯基本上接受了席勒所确立的这种主体间性的理想形态，并在社会理论层面上使之得以进一步的具体化。用哈贝马斯的说法，主体间性就是个体在保持个体化的基础上的社会化和在社会化基础上的个体化。[③]

审美乌托邦的建立有一个致命的错误倾向，那就是把整个生活世界审美化了，它所带来的严重后果是，把现代性由一种片面性推向了另外一种新的片面性。总而言之，泛审美化的最终结局，依然还是工具理性统治。因此，在理解席勒的审美现代性时必须清楚地认识到，席勒的目的不是要用生活世界的审美化对抗道德世界和

---

① 哈贝马斯：《现代性的哲学话语》(Der Philosophische Diskurs der Moderne)，曹卫东等译，译林出版社2004年版，第59页。

② 哈贝马斯：《现代性的哲学话语》(Der Philosophische Diskurs der Moderne)，曹卫东等译，译林出版社2004年版，第63页。

③ 参见哈贝马斯《个体与社会化》(Individuierung durch Vergesellschaftung. Zu G. H. Meads Theorie der Subjektivitaet)，载其《后形而上学思想》曹卫东等译，译林出版社2001年版。

自然世界的工具化，而是要求把审美现代性统合到整个文化现代性当中，进行一场彻底的交往理性革命。

从文化现代性的设计来看，审美乌托邦的建立隐藏着这样一种观念，即科学、道德和艺术等作为现代世界的文化机制和文化价值领域，都有其相对独立的规律和特质。现代性在任何一个领域中都应当得以完整地体现和全面地展开。任何领域的相对萎缩和相对膨胀，都表明现代性的失误和危机。需要强调的一点是，在哈贝马斯看来，三个领域之间尽管需要维持一种平等的协调关系，但审美现代性在历史上和现实中都具有某种优先性。从历史上看，强调审美现代性的优先性是为了补偿其发展的相对不足；而在现实当中，审美现代性的优先性，则是因为它能够拉动文化现代性的快速发展。

第十三章　结构主义美学

概　　论

如果不考虑“结构”概念的确立历史的话，那么，作为一种被明确提出的新方法论的结构主义，是离我们并不太远的事情。总的来说，其理论基础是瑞士语言学家索绪尔的语言学理论，其得到发展和在语言学领域之外的应用，则经历了差不多40年的光景，其形成一股潮流或主张，是20世纪50至70年代的重要事件，其影响和成果，则表现为它为符号学的发展打下了基础，并完全汇入了正在获得独立地位的这一学科之中。

索绪尔是在接受前人的研究成果的基础上开始其对语言学之科学基础的探索的，并在担任日内瓦大学教授期间逐步建立了自己的学说。这种学说汇总在了他去世后由其学生整理出版的《普通语言学教程》一书中。概括说来，他的理论主要在于将语言看作是一种系统，而在这种系统中，每一个成分只由它与其他成分之间保持的等值关系或对立关系来确定。这些关系的集合便是结构。具体说来，这涉及他有关语言是一种符号系统、符号是由能指与所指构成的、语言的共时性是语言学研究的主要对象、语言符号的连接是由联想关系和句段关系完成的等诸多方面。可以说，后来形成的结构主义不论从事哪一个领域的研究，都基本上未能脱离这些概念，尽管侧重点会有所不同。

索绪尔的理论首先在语言学研究领域被人接受和有了广泛的发展，在欧洲先后出现了两大学派：布拉格学派和哥本哈根学派。布拉格学派形成于1926年，他们的活动一直延续到第二次世界大战开始。参与这种学派的主要是原先属于莫斯科学派的一些青年学者，其中有特鲁别茨科伊（Troubetzkoy，1890—1938）、雅各布森（Jakobson，1896—1982）等，还有几位法国学者，如泰尼埃（Tesnière）、邦弗尼斯特（Benveniste）和马丁内（Martinet）。这种学派的研究成果，后来汇集在从1929年到1938年陆续出版的八卷《布拉格语言学学派研究成果》之中。这个学派的研究方法是以将被分析的语言看作一个系统为基础的，该系统具有一种功能、一种目的，因此也有与之相适应的操作方式。他们更关心当代语言事实，建立起了可以阐述语言事实的链接规则，直至倾向于解释个别的变化情况。其中，特鲁别茨科伊对于音位学的研究成果尤为突出，雅各布森也开始涉猎诗歌中的语言学事实。需要指出的是，1928年在海牙举办的国际语言学会议就以“结构音位学”为主题。哥本哈根学派是在继承丹麦语言学研究传统的基础上接受索绪尔的语言学理论后形成的，并在几个方面对后者作出了重大的贡献。布龙达尔（V. Brøndal）认为，语言学的对象是在语言中找出某些逻辑概念、尤其是研究范畴的数量和它们的定义，这种观念导致了“共同概念”的建立；这种学派的另一代表人物是叶尔姆斯列夫（L. Hjielmslev），正是他为这种学派起名为“语符学”（la glossémantique）。叶尔姆斯列夫提出了突变理论，该理论可以阐述处于历时性动态之中的连续共时现象，显然，语言与言语的对立概念、结构概念均在这种理论中占有重要位置。可以说，语言学后来的发展，无一不是各种形式的结构主义，这包括美国的分配主义、转换生成语法和法国的功能主义等。

把结构语言学的模式引入人文社会科学，首先是雅各布森和克洛德·列维-斯特劳斯的贡献。雅各布森对于语言学的研究是多方面的，但尤为人所知的是其言语活动的传播模式和对于索绪尔联想关系与句段关系的阐述与发展。他的传播模式的提出为后来的传播学奠定了基础，从对于失语症的两种错乱现象（相似性错乱和临近性错乱）的研究中，他发现了语言学上的联想关系和句段关系与诗学上的隐喻和换喻的一致性。列维-斯特劳斯是在人类学研究方面实现了与结构语言学模式相结合的，他在1945年就发表了论文《语言学结构分析与人类学结构分析》，而他于1949年发表的博士论文《亲属关系的基本结构》（Les structures élémentaires de la parenté）则是人文社会科学领域结构主义的奠基性著作。他在这部著作中告诉我们，“原始”社会中的亲属关系是由结合法则与分离法则主导的，这就像主导着一种语言的所有发音关系的法则那样。而且，正是在这部著作发表之后，结构主义在法国开始蓬勃发展了起来。

法国的结构主义兴起于20世纪50年代，一直延续到20世纪70年代。在这个时期，除了列维-斯特劳斯之外，还出现了雅克·拉康在精神分析学方面的结构主义探索、阿尔都塞在马克思主义研究方面的结构主义探索、罗兰·巴特对文学艺术的结构主义探索、福柯在哲学方面的结构主义探索等，随后还有格雷玛斯、热奈特、托多罗夫等人在文学领域的研究。这些探索，都在不同的领域中获得了具有一定价值的研究成果。

尽管研究的领域不同，但是，我们却可以概括出结构主义研究在各个领域的共同特点。

在理论上，它们都强调结构对于事件或现象的重要性。他们认为，社会的各种程序都分布在其最基本的结构范围之中，而这些结构通常是潜意识的。人们正在经历的东西与他们有意识地经历的东西之间，存在着某种差距（décalage）。正是这种差距产生人们的话语，而无法恰当地阐述实际社会程序的人们就是靠这种差距来谈论他们的行为。就像语言借助其区别性关系来产生意义那样，正是社会的组织情况主导着人的某些实践活动和某些精神活动。

按照列维-斯特劳斯的话来说，其应用范围是“提供某种系统特征的”一切东西，也就是说，是那些只要一种要素的变化或被取消就会带来整体变动的东西。因此，结构主义的方法在于根据一种现象在它所属的整体内部的位置来阐释这种现象，其原则是被认为相对不变的结合与分解活动，其具体做法就是“切分”一些最小的单位，然后在它们之间确立各种关系。因此，结构主义尤其看重“共时性”研究，而不顾及“历时性”研究即对于孤立要素的产生或历史的研究。按照结构主义观点，正是所有构成要素在同一个整体内的同时存在提供可理解性。

结构主义在文学艺术上的应用，自然也遵循上述理论和方法。它把文学艺术作品看作一个独立的封闭整体，将一种有关符号和意指的理论与作品中的一种接换／替代分析联系起来，研究作品内部的稳定的关系系统。

在涉及文学事实的时候，结构主义研究不大考虑真实的文学作品的多样性，主要关注作品的思维结构、叙述结构和它们的“文学性”。具体说来，它把文学看作是一种由符号组成的言语活动，但这种符号不是初级符号，而是由一个声音形象（能指）和一个概念（所指）组成的符号与另一个新的概念结合而成的“二级”符号；这种符号的能指常常是“不稳定的”（列维-斯特劳斯语）或“无限变化的”（巴特语）；符号之间的结合是依据索绪尔语言学理论中的聚合关系和组合关系来进行的，由此产生了文学创作的最为重要的两个修辞手法——隐喻和换喻，这是雅各布森的发现，巴特又对此作了更为简明的阐释：“与选择方面对应的，是隐喻，它是用一个能指取代另一个能指，而这两个能指具有相同的意义，甚至具有相同的价值；与结合方面对应的，是换喻，它是依据一种意义从一个能指向着另一个能指的滑动”[①]；在叙述结构上，结构主义研究常为作品找出一种模式，例如，格雷玛斯在总结俄国学者普洛普的民间故事形态的基础上为整个叙事文找出的叙事模式：主体—对象、发送者—接收者、助手—对手，以及符号学矩阵和陈述模态，巴特为叙事文概括的

① R. Barthes, Essais critiques, Seuil, 1964 , p. 241.

“功能性句法”。这些模式，便导致了结构主义美学探索的一个重要概念——“文学性”（littéralité）。这个概念是雅各布森1919年在其《俄国新诗》一文中提出来的，他说：“文学科学的对象，并不是文学，而是文学性，也就是说使一已知作品成为文学作品的东西”，他又说，“如果文学研究要想成为科学，那就应该……找出操作手段”[①]。这样一来，对作品所共有的言语活动方面的或本文构成方面的特征的辨认，便成为文学研究的主要对象。热奈特对于“叙事话语”的研究，便集中在了叙事文的“顺序”“延续”“频率”“方式”“语态”方面；托多罗夫对于“叙事诗学”的研究便集中在了叙事句法的转换方式和类型方面。

结构主义对于戏剧的研究也集中在“戏剧性”（théâtralité）上；按照巴特的定义，戏剧性“就是减去本文之后的戏剧，就是依据所写出的剧情梗概而建立起的一定密度的符号和感觉，就是对于色情技巧，如姿态、声调、距离、实质、灯光的普遍感知”[②]。

结构主义的研究对传统的审美价值提出了挑战。在结构主义者看来，“对于一部作品的价值判断就取决于这部作品的结构……价值被内含在作品当中”[③]。

但结构主义在其发展过程中也明显地暴露出一定的不足或缺陷。

其一是局限于共时性，以便找出被研究对象的结构，因此结构主义者们都是在历史的一个既定时刻来研究结构的，并把这种时刻看作是不变的，这样一来，人与社会在历史中的沿革便被置于一旁而不顾。

其二是取消社会结构确定过程中的任何个体性、任何个体动作，只寻找集体潜意识的东西，在文学艺术中则取消创作的主体——作者。个体和个体之间的关系是由社会结构即某种集体潜意识决定的，这是正确的，但这只是问题的一个方面。原始社会中个体的意识只能通过集体意识表现出来，但在进化了的社会中，个体和个体之间关系的变化也改变社会的结构，这又是问题同样正确的另一个方面。所以，过分强调共性有碍于发展，也无法使人正确理解变化着的事物。

结构主义作为一种活动，或者作为一种方法论，其鼎盛时期已过。其研究成果已经汇入至今仍在发展的符号学之中，这是因为结构主义带有一定的科学特征，它一定程度地揭示了事物的本质。格雷玛斯在总结结构主义时说：“我们一般将20世纪60年代在法国进行的全部受语言学启发的研究工作都排列在法国结构主义的名下，这些研究涉及各个人文科学领域。由于它的成功，它不幸很快地就变成了某种时髦的哲学……作为科学态度，结构主义有它的价值。它的特征或者表现为对于内在结

① R. Jakobson, Questions de poétique, Seuil, 1973, p. 15.

② R. Barthes, Essais critiques, Seuil, 1964, p. 45.

③ T. Todorov, Poétique, Seuil, 1968, p. 104.

构的研究，或者表现为对于模式的构建：不管在哪一种情况下，它都保持着一种原则，即根据这种原则，被考虑的认识对象是关系（或结构），而不是术语或类别。结构主义的自发价值保留完整，而确定其特性的态度完全可以比之于例如搞活自然科学的态度。正是从结构主义起，符号学在它冲破语言学框架的时刻得到了发展。”①

第一节　列维-斯特劳斯

列维-斯特劳斯（Claude Lévi-Strauss，1908—2009）是20世纪西方著名学者、人类学家，人文社会科学领域结构主义的奠基人。他的人类学注重理论探讨，而且研究对象又多是构成文化现象重要内容的神话与艺术，因此，又被称为文化人类学。

1908年，列维-斯特劳斯出生于比利时，父母都是法国人。父亲是位职业画家，家庭的熏陶使他从小就对艺术格外感兴趣。上大学时，他由于数学很差而选择了哲学。尽管他不太喜欢哲学，但这一阶段的学习为他后来从事人类学研究打下了坚实的基础。毕业后，他先在一所中学教书，1935年，一个意外的机会使他得以到了巴西的圣保罗，在由法国创办的圣保罗大学讲授社会学。1938年至1939年，他曾得到法国政府的资助，深入到巴西中部印第安人部落考察，获得了亲身体验、收集到大量资料，从此开始了人类学的初步研究工作。他在第二次世界大战爆发以后回到法国，在法国军队中服役。1941年，由于有犹太人血统，在纳粹分子对欧洲大陆的犹太人迫害有增无减的情况下，他在一位亲戚的帮助下西渡美国，先后在纽约社会研究新学院和研究生院任教授，主讲社会学，并于1946年至1947年担任法国驻美国文化参赞。其间，他结识了雅各布森（Roman Jakobson，1896—1982）。1948年，他返回法国，在国家社会科学研究中心担任研究员和人种学教授，后又在巴黎大学任教，1959年，担任法兰西公学（Collège de France）社会人类学教授。1973年，他当选为法兰西学院（Académie française）院士。

在几十年的学术研究和教学工作中，列维-斯特劳斯建立起了自己的理论体系，这一体系在20世纪文化思潮中占据着重要位置。他思想新颖，大胆创新，为人们都知晓的事实提出了新的观察方法。这种方法即结构方法，因此，他的人类学又被称作结构人类学。但是，这种人类学不是凭空出现的，它是在吸收前人的研究成果，

① A. J. Greimas et J. Courtès (éds.), Sémiotique, dictionnaire raisonné de la théorie du langage, Hachette Livre, 1993, p. 359.

特别是20世纪初以来人文科学领域内重大理论研究成果的基础上建立起来的。概括说来，列维-斯特劳斯主要受到了三方面的影响。

首先是现代语言学的影响。由索绪尔创立的结构语言学理论，是列维-斯特劳斯进行人类学研究的主要理论和方法依据，我们甚至可以说，他的方法从根本上讲，就是把结构语言学的原理运用到了非语言学的材料上。正如法国学者布甬（Jean Pouillon）所说：列维-斯特劳斯“正是受到了索绪尔的语言学、特鲁别茨科伊（Troubetskoy）和罗曼·雅各布森的音位学方法的启发：不仅要研究有意识的现象，还要研究潜意识的基本结构；不仅要承认一种系统各个要素具有独立实体的价值，而且要承认其位置意义，也就是说取决于连接这些要素和使之对立的各种关系的意义，并且把这些关系作为分析的基础；同时，还要承认这些关系在可以找出其结构的某种相关系统中只具有一种位置意义”①。

其次是社会学方面的影响。这个方面似乎可以以他去美国避难为界分为两个阶段。赴美之前，他主要接受了莫斯（Marcel Mauss，1872—1950）的社会学思想。莫斯是法国现代实证社会学主要代表人物涂尔干（Emile Durkheim，1858—1917）的学生，其社会学研究主要是从整体上把握社会现象，致力于阐述行为的物理特征、生理特征、心理特征和社会特征，所采用的研究方法与结构语言学的方法极为相似。受这一方法的启发，列维-斯特劳斯认为，人类学研究的任务应该是探讨“人们可以借助对于制度或言语活动的研究来实现的潜意识心理结构”②。赴美之后，他广泛地阅读了美国人类学家博厄斯（Franz Boas，1858—1942）、克罗伯（Alfred Louis Kroeber，1876—1960）、洛伊（Robert Harry Lowie，1883—1957）等人的著作，吸取了他们的长处、丰富了自己的研究。对于赴美之后的这段时间，列维-斯特劳斯自己是这样评价的，他说：“正是在这些年内，我真正地学习了人种学。”③

最后是精神分析学方面的影响。早在上大学期间，他就受一位同学的影响（其父亲是一位精神分析学家），阅读了当时翻译成法文的弗洛伊德的著述，因此，潜意识概念在其人类学研究中尤其受到重视。用他自己的话来说：“我不认为他（弗洛伊德）的解释是十全十美的，我仅看重他指出的如下事实，即潜意识可以引导到意识思维平面，并且，非理性可以是理性思维的结果。这才是主要的。”④

当然，更加具体地看，列维-斯特劳斯也在不同程度上受益于卢梭和马克思的思想以及地理学方面的知识。

---

① Jean Pouillon, “Structure de l’oeuvre”(作品的结构), Magazine littéraire, No. 223, 1985, p.31.

② 《马塞·莫斯著作导论》(Introduction à l’oeuvre de Marcel Mauss), 参见莫斯, Sociologie et anthropo logie, Presses Universitaires de France, 1950.

③ 参见《文学杂志》, Magazine littéraire, No. 223, 1985, p. 21.

④ Lévi-Strauss en 33 mots, 参见《文学杂志》, Magazine littéraire, No. 223, 1985, p. 27.

列维-斯特劳斯从20世纪40年代就开始了其结构人类学的探索。他1945年8月发表在雅各布森主办的《语词：纽约语言学团体杂志》（Word : Journal of the Linguistic Circle of New York）上的论文《语言学结构分析与人类学结构分析》（L'analyse Ananlyse structurale en linguistique et en anthropologie），便确定了其结构主义的基本原则。正像文章标题所指出的那样，他是从索绪尔的结构语言学得到启发，并把这种启发用在了人类学的研究方面。从此，他在一个系统的各种要素上，不去辨认那些各自独立的实体的价值，而是辨认位置价值，也就是说，辨认那取决于将各个实体结合在一起或使之对立的关系的位置价值，并将这些关系当作分析的基础；他还承认，这些关系在需要搞清其结构的相互联系的系统内部，也只具有某种位置价值；同时，他不再研究意识现象，而是研究潜意识的基础结构。结构主义方法的使用，使他对于原始人的亲属关系、神话、图腾等的分析获得了全新的结论：亲属系统从形式上讲与音位系统相似；神话由“神话素”构成，神话之间有内在联系，它们共同组成神话网，以至不能随意截取其中的任何片断，神话中有着“完美对称”“精确相似”；图腾是某种动物或植物与某个群体或个人之间的特殊关系所形成的信仰。

由于列维-斯特劳斯的人类学是文化人类学，所以，它从研究的开始就不能不涉及艺术的美学思考。尽管他没有系统的美学专著，但散见于其浩繁著述中的美学思想，已经受到人们的极大重视，并成为结构美学的重要理论依据。下面，我们基本按照他的不同研究阶段对其美学思想作一简要概述。

一、艺术与社会的关系

对于艺术与社会的关系的论述，主要见于列维-斯特劳斯1945年至1959年所写的大量文章中，其中一部分已编入《忧郁的热带》（Tristes Tropiques, 1954）和《结构人类学》第一卷（Anthropologie structurale I, 1958）。

在这些著述中，列维-斯特劳斯主要借用心理学方法和形式结构分析来比较不同的原始文化，进而说明艺术依赖于社会并表现社会。他提出的一个重要论断，就是原始文化都进行“二重性表现”，或者，从艺术形式本身来讲，它们都是“二等分表象”。

所谓“二等分表象”，就是把原始人的艺术形式（以面部彩绘为主）既看作人从动物上升为文明人的条件，又看作人在社会内部地位的表现，也就是说，原始艺术既赋予人更高的意义，又表现为社会的等级结构。“面部彩绘首先赋予个人作为人的尊严”[①]，并且，它“服务于说明和肯定等级的级别”[②]。据此，列维-斯特劳斯令人信服地解释了原始民族身体与面部的各种表象变化，并且指出，具有一定风格技巧的面部彩绘，只出现在等级结构很强的面具文化之中。“二等分表象”在其面具功能里似乎就是文化的工具。艺术依靠面部彩绘服务于社会和社会各个部分。不仅如此，这种服务还是一种补偿性活动，它成了社会各种矛盾的一种幻觉式解决方式，即想象的调节方式，它是其赖以产生的那个社会的乌托邦形式的隐喻。此外，列维-斯特劳斯提出，原始艺术并不等于对现实的自然主义誊写，他的发现与博厄斯等人所说的在原始艺术中“形式重于自然”是一致的。

在这一时期，列维-斯特劳斯提出的另一个重要概念，是艺术与“不稳定能指”之间关系的概念，这涉及艺术的起源问题。

“不稳定能指”概念，是列维-斯特劳斯在为《马塞·莫斯著作选》所写的“序”中提出来的，这一概念与象征概念不可分割。象征在人类生活的交往活动中占据着核心地位。人类交往的特点是可表现的，并采用意指（signification）的方式。在这种情况下，交往的各种形式也就必然是一些象征系统，这些系统“旨在解释肉体实际与社会实际的某些方面，并进一步解释这两种实际之间、在象征系统的这一些与那一些之间建立的关系”[③]。

按照列维-斯特劳斯的观点，象征功能具有两种差距：一是象征功能的两极即能指（signifiant）与所指（signifié）之间的差距；二是象征功能的各个系统或不同象征平面之间的差距。第一种差距是与最初的象征系统即言语活动一起出现的。列维-斯特劳斯认为，“宇宙从一开始就包含着人类可能知道的整体”[④]，于是，人在过去和现在都生活在“一种基本的和属于人类条件的境遇之中”，人“从其起源时起，就拥有他难于使之与（以原型出现的、但却不能因此而被认识的）所指相吻合的能指完整性”[⑤]，这就是说，能指与所指不完全对称。因此，人在社会实践和理解社会的活动中，总是拥有剩余的意指，象征思维就表现为对于这种剩余意指的分配，在这种情况下，能指呈现出一种自由状态，即“不稳定能指”。列维-斯特劳斯认为，神话虚构和艺术创作就植根于这种不稳定能指之中，而艺术和神话产品的普遍性，就是由于不稳定能指不停地伴随着人的历史发展历程而形成的。这种提法新颖独特，它

① Claude Lévi-Strauss, Tristes tropiques, Paris: Plon,1954, p. 166.

② Claude Lévi-Strauss, Anthropologie structurale I, Paris: Plon,1958, p. 281.

③ 《马塞·莫斯著作导论》，XIX(Introduction à l'oeuvre de Marcel Mauss)，参见莫斯，Sociologie et anthropo logie, Presses Universitaires de France, 1950.

④ 《马塞·莫斯著作导论》，XLVII-XLVIII(Introduction à l'oeuvre de Marcel Mauss)，参见莫斯，Sociologie et anthropo logie, Presses Universitaires de France, 1950.

⑤ 《马塞·莫斯著作导论》，XLIX(Introduction à l'oeuvre de Marcel Mauss)，参见莫斯，Sociologie et anthropo logie, Presses Universitaires de France, 1950.

比笼统地把艺术起源归于社会实践的提法似乎更进了一步。

象征功能的第二种差距（列维-斯特劳斯有时也称之为第一种差距的“第二次拆分”），是象征功能由各种象征系统来承担这一情况造成的。这些系统之间经常处于矛盾之中，加之它们是历史地形成的，相互间存在着“不可简缩性”，因此，“没有一个社会曾经是完整地和全面地建立在象征之上的；或者更准确地讲，社会从未能够向所有成员同等地提供完全适用于建立一种象征结构的方式”[①]，于是，这便导致在社会中经常出现的处于外围地位的个体，以其“外围”人的思维“形象地表现某些在集体平面上无法实现的妥协方式，去虚构一些想象的转换，去具体地表现一些不可并存的综合”[②]。这便是各个社会中那些具有非正常行为的人。于是，社会中的巫神、中魔仪式参加者，或者那些神经官能症患者的“象征流露”，就可以解释成为：这些人都怀有一种期望，期望以乌托邦的隐喻进行“社会的平衡”，而想象出来的事物便对社会之不足发挥弥补作用。在这些论述中，列维-斯特劳斯是把潜意识概念等同于象征功能概念的，因此，他在巫神与精神分析学家之间、魔法与精神分析之间建立了可比性。

列维-斯特劳斯认为，象征功能的这两种差距是密切相关的：“外围”思维总是在抢占不稳定能指，“正常的思维总是所指不足，而所谓反常思维（至少是在某些表现之中）却拥有过多的能指”[③]。“外围”思维对于象征过程具有“活化”的作用，并产生象征性调节作用。

二、艺术创作的“压缩模式”理论

把艺术确定为特定文化的表现，这是《野性的思维》(La Persée sauvage，1962)一书中关于艺术的论述的核心问题。列维-斯特劳斯首先比较了神话与科学，确定了它们的区别。神话是一种理智形式的修补术，即一种“零散活动”；它伴随着符号进行，通过使用时间（人类活动）的参与和碎屑来建立结构；科学靠概念工作，它把结构（即其假说和理论）当作方法来创造事件（改造世界的举动）。然后，他又比较了艺术与神话、艺术与科学，指出“艺术位于科学与认识和神话思维即魔法思维之

① 《马塞·莫斯著作导论》，XX(Introduction à l' oeuvre de Marcel Mauss)，参见莫斯，Sociologie et anthropo logie, Presses Universitaires de France, 1950.

② 《马塞·莫斯著作导论》，XX-1(Introduction à l' oeuvre de Marcel Mauss)，参见莫斯，Sociologie et anthropo logie, Presses Universitaires de France, 1950.

③ Claude Lévi-Strauss, Anthropologie structurale I, Paris: Plon,1958, p. 200.

间”[①]，艺术可以说是把结构的秩序与事件的秩序汇合在一起，艺术家“用工艺方式来制作同时也是认识对象的一种物质对象”[②]，艺术创作是从一个整体（对象+事件）出发达到最终发现其结构。

列维-斯特劳斯在此下的一个重要论断是，艺术对象是一种压缩模式（modèle réduit）。这种压缩模式概念不仅包容以往的微型化风格论，而且也指造型艺术表现的整个领域，因为任何图示或造型的位移都不会是对于对象的完全摹写。

首先，这种压缩模式要求改变对象的比例。这种情况不仅出现在造型艺术中，也出现在词语艺术作品中，因为在后者那里，人们把作品当作世界的缩影来对待，只有对这些作品进行原子论的考虑，才能看到各种感情之象征性反映的特点。“比例越小，对象整体似乎越容易把握。由于量的缩小，在我们看来，它们似乎在质上也简化了。”[③]

其次，按照这种压缩模式概念，艺术作品即便谈不上比例压缩，但其某些维度却不得不放弃。绘画放弃体积，雕刻放弃嗅觉和触觉的感受，而这些均放弃时间维度。

第三，压缩模式是“人造的”，它不是对象的“投影或某种消极的相似物”，“它对于对象构成一种真正的经验”。这自然要涉及创作手法即技巧问题，“挑选一种解决方法牵扯到其他解决方法……而且实际上同时呈现于观赏者的，是某种特殊解决方法所提出的一幅各种变换的总图”，掌握作品的制作方式，始终意味着要同时了解改变方式的可能性，而读者（或观赏者）在对作品的沉思中，是能够想到作品存在的其他可能的方式的，“这些方式对于已经搞出的作品，构成同样多的补充前景”[④]。这就是说，作品具有多种解释的可能性，而一旦读者（或观众）占有了同一作品的其他可能方式，那他也就成了行为者（agent），他就“模糊地感到自己是比创作者本人更称职的创作者”[⑤]。

依据压缩模式的理论来看待艺术创作，其过程就是与机会、材料和用途这三种偶然性建立联系。机会就是事件，它是创作行为之外和之前的偶然性。艺术家使用的材料的大小、形状、工具完善程度和艺术品的特殊用途，也同样是创作行为不可缺少的偶然性。因此，“艺术创作的过程，在于寻求或与模式（实践）、或与材料、或与使用者的对话，而这要看处于创作之中的艺术家首先考虑的是哪一方面的讯息。一般说来，每一种可能性都对应于一种容易标记的艺术类型：第一种对应于西

① Claude Lévi-Strauss, La Pensée sauvage, Paris: Plon, 1962, p. 38.
② Claude Lévi-Strauss, La Pensée sauvage, Paris: Plon, 1962, p. 38.
③ Claude Lévi-Strauss, La Pensée sauvage, Paris: Plon, 1962, p. 38.
④ Claude Lévi-Strauss, La Pensée sauvage, Paris: Plon, 1962, p. 36.
⑤ Claude Lévi-Strauss, La Pensée sauvage, Paris: Plon, 1962, p. 36.

方的造型艺术；第二种对应于所谓原始的或远古时代的艺术；第三种对应于实用艺术。但是，要按字面来解释这些分法，那就会过于简单化。任何一种形式，都包含这三个方面，它只是以这三个方面相对的比例来区别于其他艺术”[①]。

列维-斯特劳斯进而把这三种偶然性（或称三种时刻）概括成为外在偶然性（机会、用途）和内在偶然性（以材料为依据的创作手法）。他认为，只有把外在偶然性融于创作手法因而使作品成为完美的审美对象时，才能使人动情，“如果说古代艺术、原始艺术和最富有技巧的艺术的‘原始时期’是唯一不朽的，那么，它们就应该把这归于对于为创作手法服务的偶然事件的认可”[②]。列维-斯特劳斯在此还谈到了（尽管不是全面地谈到）艺术的认识功能。但是，由于审美认识是建立在解读按照压缩模式而创作的艺术作品基础上的，因而，它是一般认识过程的某种颠倒：“与我们尽力了解以真实大小存在的一件事物或单个人时出现的情况相反，在压缩模式里，对于整体的认识先于对于部分的认识。”[③]

需要进一步说明的是，列维-斯特劳斯的压缩模式概念不同于传统的模仿说，压缩模式论是一种结构论概念，其显著特征就是把作品置于思考的中心，又主要是突出其技巧—语义维度和作为人造事件的品质。压缩模式也依靠模仿，但它所求助的恰恰是模仿的复杂性。

有人对列维-斯特劳斯有关艺术的思考作了如下概述：

1．艺术，可以在与文化不可分的象征过程的论证本身之中获得，而特别是在“不稳定能指”现象的连续浮现之中获得，这种连续的浮现具体地体现在进行想象综合的个人行动之中，其意义依附于构成社会生活各种象征系统的持续的相互不可压缩性。

2．这种起源由艺术和神话、宗教等一起来分担。相反，从其特定的存在方式来看，艺术就像是处于科学与神话之间的一种活动。它是依靠符号而非依靠概念来进行的一种思维形式；它产生的对象，是真实实体的一种压缩，这便在隐喻方面把审美认识与科学认识区分开来。

3．这后一种特征显示了艺术作品的手工方面和它的人造品质，不管是从作者这方面，还是从观众这方面来看，都是这样的。

4．最后，像神话一样（而与科学不同），艺术意欲模仿真实之现象的面貌，但是，神话思维是从某种结构出发，然后赋予对象—事件这一总体以形象，艺术的路径却与此相反：它借助于偶然性的形式建立对话来赋予一种结构以形象，即是说，

① Claude Lévi-Strauss, La Pensée sauvage, Paris: Plon, 1962, p. 40.
② Claude Lévi-Strauss, La Pensée sauvage, Paris: Plon, 1962, p. 43.
③ Claude Lévi-Strauss, La Pensée sauvage, Paris: Plon, 1962, p. 35.

有时要和作品创作手法的各种困难建立对话，有时则和模式的历史特点建立对话，还有时是和艺术对象用途的变化建立对话——在这一点上，较之于与创作经验的其他偶然性对话，与创作手法偶然性的对话更为合理[①]。

三、艺术与文化

列维-斯特劳斯的研究工作，并不限于原始艺术，他还对艺术史尤其是“热”社会的艺术钟情不已。由于艺术基本是与各种偶然性的对话，所以它无法躲避历史为其带来的多样性。列维-斯特劳斯在这方面的论述，可见于他的许多著述，而尤其见于他与乔治·夏博尼埃（Georges Charbonnier）的谈话和四卷本的《神话学》（Mythologiques，1964—1971）。这些著述重提艺术与文化间各种关系的意指，并指出，艺术潜在地表现为对于文化的一种批评。

这种论述是建立在对于“冷”社会和“热”社会的特点的区分基础上的。列维-斯特劳斯在《野性的思维》一书中这样提道：“我在别处指出过，人们在‘无历史的种族’与其他种族之间所做的笨拙区分，可以更恰当地以（为方便起见）‘冷’社会和‘热’社会之间的区别来取代：前者企图通过它们的机制以半自动的方式消除历史因素对其平衡和连续性的影响；后者坚定地使历史过程内在化，从而把它变为这些社会发展的动力。”[②]“热”社会的特点就是不能使用曾经使原始社会抵抗其结构变化的三种智慧：（1）节约需求和保护自然资料；（2）限制人口增长；（3）把政治紧张压缩到最低点。

在这样的社会里，借助于“外围”思维来使用象征功能，就是在原始文化（按照列维-斯特劳斯的观点，就是意大利文艺复兴之前的文化）依靠“社会神话”的地方，利用某种“个人神话”。在这样的社会里，艺术生产出现了两种情况：“一方面，是艺术的个体化；另一方面，是其越来越形象或越来越表象化的特征。”[③]

列维-斯特劳斯提醒我们，艺术生产的个体化并非指艺术家与社会其他成员之间密切联系的解体，它是近现代文化标志的各种意识普遍“个体化”的结果，是由“个人的”神话诗学引起的。艺术生产越来越形象化的特征，伴随着“意指的某种损失或减弱”。列维-斯特劳斯认为，原始艺术中，“模式总是超出其意象”[④]，原始艺术之所以不是形象的，是因为他们的艺术浸润着对一种真正的“对象过剩”的感

---

① 参见梅吉奥（José Guilherme Merquior), L' esthétiques de Lévi-Strauss, Presses Universitaires de France, 1977.

② Claude Lévi-Strauss, La Pensée sauvage, Paris: Plon, 1962, p. 310.

③ Georges Charbonnier(夏博尼埃), Entretien avec Claude Lévi-Strauss, Paris: Plon-Julliard, 1961, p. 63.

④ Georges Charbonnier(夏博尼埃), Entretien avec Claude Lévi-Strauss, Paris: Plon-Julliard, 1961, p. 89.

觉。而近现代艺术，却是热烈追求“复制品”的艺术，这是因为，近现代人相信“人们不仅可以和存在交流，而且可以通过模拟像把存在占为己有”[1]。

列维-斯特劳斯告诉我们，这两种情况是密切相关的，它们“在功能上连在一起”[2]，它们都是社会分化的结果。

在这部分内容中，列维-斯特劳斯对于词语艺术也作了深入的探讨，并指出，意指的减弱同样出现在这些艺术里。他论证说，意指与结构实际上是一个问题的两个方面，意指的减弱自然伴随结构的无力。因此，按照列维-斯特劳斯的观点，文学（以小说形式为例）就像是为了获得神话所特有的结构力量而做的一种堪称勇敢的努力，它不顾一切，力求在重建意指和结构、并在社会中寻求不存在的真正价值：真实的小说，在叙述本质上是揭示社会存在秩序的一种追求，这种追求既可以认为是机械文明的社会条件的反映，又可以认为是为了超越这些条件所进行的一种异乎寻常的努力。从这个意义上讲，文学艺术一直是在与“热”社会即机械文明的精神作斗争。

此外，列维-斯特劳斯在四卷本的巨著《神话学》的“开篇”和“尾歌”中阐述的音乐理论，也极为深刻地代表了他的美学思想，同时也使我们进一步了解了他关于艺术与文化之间关系的思考。

列维-斯特劳斯首先认为，音乐是像神话一样具有言语活动的事实，音乐的特点之一是以系统的方式求助于“生理的甚至肺腑的时间”，音乐使用两种“栅网”(grille)，一种是自然的，属于人的器官节奏内容，另一种是“外在的，或文化的栅网，是由音程的等级和音符之间的等级关系构成的，它依靠一种潜在的不连贯性，即乐音的不连贯性。这些乐音……已经完全是文化的对象”[3]。列维-斯特劳斯认为，“文化的栅网”极为重要，因为它服务于表达与交流；音乐具有高度调解功能，它比其他艺术既“更富于自然性”，又“更富于文化性”，它在自然与文化之间架设了最牢固的桥梁。但是，由于文明中固有的苦恼意识伴随着所有文化形式，在与机械文明的斗争中产生的艺术，自然也就构成了对于文化的批评。

列维-斯特劳斯极为重视瓦格纳的音乐作品，这一方面是因为他年少时“就了解瓦格纳的作品”[4]，另一方面则是因为他发现瓦格纳堪称“神话的结构分析之父”[5]，瓦格纳的音乐是以忘却日常色情的形式出现的对于文化的批评。他对瓦格纳美学体系的深刻理解，揭示了结构主义观念的一个基本特点：它与近现代即后浪漫主义的

---

① Georges Charbonnier(夏博尼埃), Entretien avec Claude Lévi-Strauss, Paris: Plon-Julliard, 1961, p. 69.
② Georges Charbonnier(夏博尼埃), Entretien avec Claude Lévi-Strauss, Paris: Plon-Julliard, 1961, p. 66.
③ Claude Lévi-Strauss: Mythologiques, I-Le Cru et Le Cuit, Paris: Plon, p. 36.
④ Claude Lévi-Strauss: Mythologiques, I-Le Cru et Le Cuit, Paris: Plon, p. 18.
⑤ Claude Lévi-Strauss: Mythologiques, I-Le Cru et Le Cuit, Paris: Plon, p. 18

艺术传统具有相似性，而这种传统本身也是围绕着对于文化的批评观念形成的。

《神话学》四部曲的“尾歌”①比较综合地反映了列维-斯特劳斯的美学思想，它不仅进一步论证了前面提到的论题，而且提出了与音乐美学有关的不少新观点。这些观点丝毫不缺乏逻辑的严密性，较集中地反映了列维-斯特劳斯后来的美学思想的发展。例如，音乐与神话在结构和听觉经验上的类比性，笑与象征功能的节约过程密切相关（这种理论脱离了柏格森关于笑的起源即器官与机械力之间的对比的著名理论），艺术形式转生说，等等。这些观点新颖独特，大大丰富了当代美学的理论。

20世纪60年代初，列维-斯特劳斯与罗曼·雅各布森于1962年在《人类》（L' Humanité）杂志上发表的《波德莱尔的〈猫〉》一文，从诗的语音、韵律和句法方面作了详尽的分析，这种分析让人们看到了从前没有看到的一些方面，从而对当时开始形成的结构主义潮流起到了一定的推动作用。

结　语

列维-斯特劳斯的卷帙浩繁的著述含有丰富的美学思考。但我们同时要指出，其结构主义人类学的某些关键性概念，也是借助于艺术领域的概念类比得以确定的，对于这一点，人们很容易联想到他有关神话处理方式和解释方式的特征描述，而这种描述是建立在与音乐的比较基础上的。

列维-斯特劳斯的研究影响了一代学者。由他开创的结构主义人类学方法论，在后来的发展中出现了不同的方向，这些方向补充和完善了这种研究，并使之向着符号学迈进。在推动建立符号学这一方面，列维-斯特劳斯也有着不可磨灭的贡献，因为他早已告诉人们如何借助符号来看待艺术，所以，他的结构人类学很早就参与了符号学的活动。有人认为，象征理论过渡到卡西尔的理论或荣格的理论，过渡到对于符号的更为特定的探索，是一个重大进步，而这种进步则主要是由于结构人类学的进步带来的。

当然，人们也不时地指出列维-斯特劳斯结构主义人类学研究的缺陷。他也一直关注人们的不同意见，但他坚持自己的做法。他1984年在法国《新观察》（Nouvelle Observateur）上发表谈话，说：“我希望人们不要光谈论结构主义，而应该更多地将其应用在各个方面……我们以前怎么做，今后还将怎么做。”

---

① Claude Lévi-Strauss: Mythologieques, IV-L'Homme nu, Paris: Plon, 1971, pp. 559-621.

第二节　拉　　康

雅克·拉康（Jacques Lacan，1901—1981），是继列维-斯特劳斯之后的重要代表人物。他在自己的精神分析研究领域引进结构语言学理论，并以此重新对弗洛伊德的理论作了“评述”，使他成为独树一帜的结构精神分析学创始人。拉康一生的研究工作可以分为两个阶段：从1932年至1952年，是他在弗洛伊德的影响之下独立进行探索的阶段；从1953年起，他致力于“返回弗洛伊德”，进行了近20年的重新解释弗洛伊德的工作。本书拟依据这两个阶段，尤其是结合其与审美有关的研究内容进行概述。

一、第一阶段的研究

拉康的第一个研究阶段，又大体分为三个时期：研究“偏执狂”时期；“镜像阶段”和发现“偏执狂结构”时期。

拉康研究“偏执狂”始于1931年，那时他还是正在准备精神病学博士论文的学生。其间，他师从洛温斯坦（Rudoph Loewenstein），并为研究精神病学而开始接触精神分析学。一年后，他的论文《论偏执狂心理及其与人格的关系》得以通过，并随后出版。但他并没有停止这方面的研究，而是将其延续到1935年。他的研究旨在表明“偏执狂”是源于自恋的一种疾病和一种自恋变态。他的贡献在于将弗洛伊德的自我与自恋结合在了一起。他把弗洛伊德意义上的自我解释成为自恋的基础，而不是弗洛伊德所主张的是客观的认识原则，他说自恋不是“感觉—意识的系统”或“肌体借以适应现实原则的全部机制”[①]。他在博士论文中明确告诉人们：有无智力欠缺并不重要，精神病基本上就是精神综合的一种紊乱。这种综合就是人格，而“偏执狂”精神病就是对于人格的某种伤害。在拉康看来，人格可确定为一种综合与统一过程的结果与表现，而“偏执狂”精神病就是对于这种综合与统一的破坏。但是，拉康并不满足于给人格下一个定义，而是选定了一个范例，并对其成功地进行了前所未有的临床验证，这便是从20例精神病患者中选定的“艾梅”（Aimée）病历：1930年4月10日，一位38岁的妇女用刀刺伤了巴黎著名女演员Z夫人，在这位妇女后来住进圣安娜医院一年半的时间里，拉康一直负责观察她。最后，拉康认为，这位妇女患有两种妄想症：迫害性妄想和威严性妄想。但是，传统的精神病理

① Jacques Lacan, Écrits, Seuil, 1966, p. 178.

论不能对这两种妄想症作出令人满意的解释，于是，他开始研究弗洛伊德的理论，认为精神病的基础是掩藏在狂妄表现之下的潜意识攻击性冲动，而他的博士论文就在于回答如何看待这种冲动。为此，拉康主要参照了弗洛伊德1924年发表的《虐待狂的经济学问题》和1922年的《论妒忌、偏执狂和同性恋的几项精神官能症机制》两篇文章，使里比多与自我的关系成了他研究“偏执狂”精神病学的中心研究课题，也使艾梅一例得到了解释。

1936年8月3日，拉康在第十四届国际精神分析学大会宣读了他的文章《镜像阶段》(The looking-glass Phase)，标志着他从“偏执狂”精神病研究转入借助于镜像来阐明自我出现（即弗洛伊德所说的初期自恋）的更为普遍的研究领域。拉康不同意弗洛伊德对自恋的解释，而认为初期自恋完全是从外部来确定一个人，外部即“另一个”(autre)，也包括外在事件；镜像阶段所说明的就是这种状况下的自恋。关于镜像研究，在拉康之前，已有瓦隆（Henri Wallon）在其《儿童性格的起源》(Les origines du caractère chez l'enfant）一书中对于有关儿童与其自己在镜子中的形象的研究作过总结，他告诉了人们儿童在一年内的不同阶段对自己在镜子中形象的反映情况。按照瓦隆的说法，当儿童在镜子中认出自己的时候，他就具有了某种与他的运动机制的内在感受相脱离的他的身体的表象，这是一种由于形象的外在特征而成为可能的表象，是一种由内向外的过程。拉康不同意这种解释，认为自我不能通过由内向外的运动来形成，而是相反。他认为，自我的产生与本质由四个部分构成：

（1）缺乏有机机制阶段：小孩出生后在较长的时间内依靠“另一个”，这说明儿童一出生就是社会性的，否则他只能死去。

（2）某种历时性：儿童在一段时间内是看着另一个来完成他的运动机制以后才能完成他的动作的，因此，在其视觉与感觉能力之间存在某种时间差。这种视觉使他看到了他的身体的未来；另一个的形象在吸引着他，在促使着他，在锻炼着他。

（3）统一整体：拉康认为，“镜像阶段”出现在儿童从6个月到18个月期间，因为他这时看到的是另一个的整体，而不是自己身体的一部分。

（4）里比多：拉康发现的最新颖内容，是他认为在“镜像阶段”有里比多的投入。

拉康在瓦隆于“镜像阶段”看到儿童认识能力之形成的基础上，更强调儿童在镜子里看到自己形象时兴高采烈地发出“啊！”的叫喊声，镜子里与之相似的形象所以使他高兴，是因为他喜欢这个形象，他在镜子中的形象上发现了他所没有的东西：完整性、自主性、动作的自由性。可见，镜中形象具有形态发生能力：该形象不再是简单被动的反映形象，它是儿童自我的出现。“镜像阶段”是一种根本性求同的时刻，因为这种求同奠基了自我，但同时也将自我确定为“另一个”，并立即将另一个识辨为另一个自我（alter ego）。“镜像阶段”因此而成了一种特殊的、根本性的异化场所。这种形象是外在的，而且不同于感知和运动机能的场所。这样，可以外在显示的东西正是自我的构成场所。

因此，儿童自身的内感知性感觉来自另一个的形象，这是一种自外向内的过程：“主体在依据另一个的形象来感觉自我的过程中识辨自己，而另一个的形象偶尔也在主体身上获取这种感觉。”[①]拉康认为这便是对于另一个的情爱的传递性。很久以后，拉康又把这种识辨定名为想象之物（imaginaire）。

从第二次世界大战之后即从1946年开始，拉康又开始研究“偏执狂”的结构。他认为，自我具有“偏执狂”的结构，并发明了“偏执狂认识”一词。偏执狂认识是镜像阶段所说明的内容的后果，即一种想象性辨识。儿童面对比自己大的人时，会有一种传递性，这便是辨识的符号：同感性，即我在看到另一个笑时我也会笑，我看到另一个痛苦时我也会痛苦。由此出现了某种可划分为三个阶段的过程：存在的停滞、不认识自我和自杀行动。通过视觉进行对另一个的空间的骗取，这种认识是“偏执狂”性的。在自我之外，通过视觉，另一个的空间吸引着我，另一个的形象会突然锁住我的目光，这便是社会的时间性通过可见空间而出现的停止时刻，因此，形象带有对象的固定性、同一性和实体性。这便是存在的停滞。这种情况在超现实主义的艺术创作（例如达里的绘画）中得到了很好的体现。关于不认识自我，拉康认为，“偏执狂认识”也是一种认识，但这种认识对外面看得很清楚，而对于“我之所是”却不认识。这就是说，我清楚地看到在另一个的身上的坏的对象，我在另一个的身上看到了我自己，但我认不出发生在我身上的东西。关于自杀行动，由于我认不出自己，我便攻击在另一个的自我形象上的坏对象。这便是艾梅对于Z夫人的情况，从而造成“自我打击”的结果。

在其研究工作的第一个阶段的后期，即从20世纪40年代起，拉康开始接触结构语言学。例如，他1945年发表的《逻辑时间与预期确定性的肯定——新的诡辩》一文中，第一次提到“能指”这个术语，他说：“完全相反，在此争论的一些现象像能指那样进入关系之中，就使得逻辑过程中的时间结构而不是空间结构占据了优势地位。”[②]可见，这时的拉康已经处于向结构精神分析学的过渡之中。

二、对于结构语言学理论的逐步运用

从1953年起，拉康正式进入了“返回弗洛伊德”的过程，但是“这种重返，不

---

① Jacques Lacan, Écrits, Seuil, 1966, p. 181.

② Jacques Lacan, Écrits, Seuil, 1966, p. 203.

在于去简单地阅读，也不在于对其老师的著述进行新的探讨，而在于一种评述”[①]。而进行这种评述的方法，则是他对于结构语言学的逐步深入的运用。

从他的《文集》所收录的文章来看，拉康首先是通过阅读梅洛－庞蒂的著作接触到索绪尔的结构语言学理论的。他真正参照结构语言学并尝试阐述精神分析学相关概念，见于1953年9月26日至27日他在罗马大学心理学学院举办的报告会上所作的《精神分析学中言语和言语活动的功能与领域》的报告。该报告被认为是拉康转向结构精神分析学的宣言书。全文共分为前言、导论、主体在精神分析实施过程中的虚语与实语、作为精神分析领域的结构与界限的象征与言语活动、精神分析技术中解释的反响和主体的时间几个部分。拉康明确宣布，“我们的任务是要表明，只有转向言语活动领域，只有按照言语的功能来组织，这些概念才能具有其实在的意义”[②]；因此，“不论精神分析学是用于治疗，还是用于培训，或是用于调查，它只有一种媒介：患者的言语。这种事实显而易见，不容忽视。而且，任何言语都要求回答。我们将指出，即使言语碰到的只是沉默，只要它有一位聆听者，就不存在没有回答的言语，我们还要指出，这正是言语在分析中的功能”[③]。尝试用结构语言学理论来解释弗洛伊德相关的理论，是拉康在这篇长文中努力的目的。“让我们重新来看一下弗洛伊德在《梦的解释》一书中所做的工作，我们会重新想到，梦具有一个句子的结构，或者用他的话来说，梦具有一个字谜的结构，也就是说具有一种书面文字的结构，儿童的梦就表现为这种书面文字的最初表意形态，而在成人的梦里，它则重现各种带有意义的成分的语音和象征。”[④]

关于弗洛伊德对于日常生活中的心理病理学的研究，拉康认为：“每一个失败的行为都是一种成功的言语，甚至是一种很讲究的言语，而在口误之中，正是阻塞在影响着言语，而且恰恰是依据这种现象，善于听话的人从中有所收获……因为，如果为了接受精神分析的心理病理学中的一种病症，不管它是神经官能症的或是别的方面的，弗洛伊德都要求出现由某种双重意义构成的最少的语义限制……虽然弗洛伊德已经教会了我们在自由联想的本文中关注这种象征线索的越来越多的分支，以便在词语形式重新交会的地方标记下其结构的所有结点，但已经非常清楚的是，病症完全是在对于言语活动的分析之中得到解决的，因为它本身也像言语活动那样构造的，而且它就是言语应该从中得以出现的言语活动。”[⑤]“在此，病症就是主体意

① 萨福安（Moustafa Safouan）为其《结构精神分析学》（Le structuralisme en psychanalyse）一书中文版所写的“中译本序”，天津社会科学出版社2001年版，第14页。
② Jacques Lacan, Écrits, Seuil, 1966, p. 246.
③ Jacques Lacan, Écrits, Seuil, 1966, p. 247.
④ Jacques Lacan, Écrits, Seuil, 1966, p. 267.
⑤ Jacques Lacan, Écrits, Seuil, 1966, pp. 268-269.

识中一种被压抑的所指的能指。”①

拉康在这篇文章中提出的最著名的论断是“潜意识……是像言语活动那样构造的”②。拉康对于象征作了较为深入的分析，我们将在后面介绍他论述“象征”“想象”和“真实”三种“界”时再作详细阐述。从下面的引言中，我们会进一步了解拉康对于结构语言学的参照：“把音位看成具有由语义的最小可理解的区别成分构成的对立组合，这种发现已经包含在数学化的形式之中了，这一情况使我们接触到了弗洛伊德的所有基础，在这些基础之中，他的最后学说通过一种词语内涵的出现与不出现，指出了象征功能的主观渊源。”③“最后，对于语言学的参照为我们引入了一种方法，这种方法在区分言语活动中共时结构和历时结构的同时，可以使我们更好地理解我们的言语活动在解释阻抗和移置时所取用的不同价值，或者更可以使我们区分压抑的特有作用和个人神话在顽固性神经官能症中的结构。”④

他1956年在《精神—神经病沿革》杂志（当年第1期）上发表的《弗洛伊德学说或在精神分析学中返回弗洛伊德的意义》一文中，对于结构主义语言学理论在精神分析学中的应用作了进一步阐述。文中在谈到弗洛伊德学说的运用时说：“一位精神分析学家应该很容易地深入到能指与所指之间的基本区别之中，并开始用其组织起来的互不重叠的关系网络来进行工作。第一个网络即能指网络，它是言语活动的物质材料的共时结构，因为每一个成分都再次具有不同于其他成分的准确用法；这是在不同层面上调整语言成分功能的分配原则——从音位对立连对到复合的短语，而现代最新研究的任务便是找出其稳定形式。第二个网络即所指网络，它是具体说出的话语的历时性整体，这种整体自古以来就依据第一个网络来运作，同样，第一个网络的结构支配着第二个网络的通道。”⑤

1957年，拉康在《潜意识中文字阶段或自弗洛伊德以来的理性》一文中，进一步阐述了他对于索绪尔语言学的认识：“为了阐述语言学的影响，我们说，就像在现代所有科学的情况里那样，这种影响存在于奠定这种语言学的一个公式中，这个公式为S—S，它意味着：能指与所指，由横线将两个阶段分开。这样写出的符号要归功于索绪尔，尽管并非所有的图示都可以简缩为这种形式……这门科学的主题今后将终止在能指与所指的位置上。”⑥需要说明的一点是，与索绪尔的公式相反，拉康在这里写的这个公式是将“能指”放在了所指之上，并且，他明确地说明，将“能

① Jacques Lacan, Écrits, Seuil, 1966, p. 280.
② Jacques Lacan, Écrits, Seuil, 1966, p. 268.
③ Jacques Lacan, Écrits, Seuil, 1966, pp. 284-285.
④ Jacques Lacan, Écrits, Seuil, 1966, p. 288.
⑤ Jacques Lacan, Écrits, Seuil, 1966, p. 414.
⑥ Jacques Lacan, Écrits, Seuil, 1966, p. 497.

指”与所指分开的横线就充当主体。

从1957年开始，“能指”这一术语频频地出现在他的《文集》之中。实际上，我们注意到，拉康在使用“能指”一词之前，经常使用“significatif”（显示）一词来指“病症”，而从这时开始，他则使用“significant”（能指），他说，病症是一种“能指”。从下面这段话也许可以明确看出从“显示”病症向着“能指”病症的过渡：“这就是说，我们重新在此找到了弗洛伊德加给病症的构成条件，以便于使之在分析意义上与这个名称相配，因为对于得到特惠的某种先前情况的记忆成分，可以被用来陈述目前的情况，也就是说，它可以被潜意识地用作能指成分，其结果便是把对于体验的不确定性塑造成一种倾向性意指。”①

在1960年至1966年的文章中，他开始经常使用“共时性”“历时性”概念。他在1960年至1964年定稿的“潜意识的位置”（Position de l' inconscient）一文中写道：“问题又合法地返回来了：是言语活动的作用还是言语的作用？我们注意到，这个问题在此只采用了索绪尔的两分法的外表。如果转向使其制造者感兴趣的东西即语言的作用，那么，这个问题就向共时性与历时性之间的关系提供了横线与纵线的关系”。②他在1966年发表的“科学与真理”一文中分析列维-斯特劳斯的神话思想时指出：“在论证由神话素构成的机制的能力以便分析神话的转换时——这些转换在这一阶段就像是建立在被其可逆性所简化的一种共时性之中了，列维-斯特劳斯并不打算为我们提供神话成分的本质。”③按照巴特的定义，“请您注意谁在运用能指与所指、共时性与历时性，您就会知道结构主义的看法是否已经形成了”④，此时的拉康，已是十足的结构主义精神分析学家了。对于结构语言学的参照，使他的精神分析另辟蹊径，从而加深和拓宽了精神分析学的研究领域，他甚至于1966年十分干脆地说：“精神分析学，一旦它忘记了其在言语活动方面的首要任务，它便什么都不是。”⑤需要指出的是，拉康习惯于使用“言语活动”（langage）和“言语”（parole）这种对立，而不是“语言”（langue）和“言语”的对立。按照索绪尔语言学的理论，言语活动包含着“语言”和“言语”两个方面；语言是一套社会规约，而言语则是个人对于语言的使用。从上面的介绍中我们可以看到，拉康术语中的“言语活动”实际上就是“语言”，这如同英美文化中将language同时作为“言语活动”和“语言”来理解一样。

① Jacques Lacan, Écrits, Seuil, 1966, p. 447.
② Jacques Lacan, Écrits, Seuil, 1966, p. 835.
③ Jacques Lacan, Écrits, Seuil, 1966, p. 862.
④ Roland Barthes(罗兰·巴特), Essais critiques, Seuil, 1964, pp. 221–222.
⑤ Roland Barthes(罗兰·巴特), Essais critiques, Seuil, 1964, p. 721.

三、“讲习班”与对于弗洛伊德著述的重新评述

1951年5月2日，在法国精神分析学学会成立大会上，拉康宣读了他的《关于自我的一些思考》一文，开始了返回弗洛伊德的起步进程。但他真正返回弗洛伊德则始于1953年脱离巴黎精神分析学学会之后。从此，他开始对弗洛伊德的全部著述进行评述，而这种评述主要是通过“讲习班”来进行的。

1953年至1954年，拉康在圣安娜医院开办了第一期讲习班。他的方法是将弗洛伊德的全部著述视为面向分析者说出的一种言语，这种言语通过本文自身产生的难解之处向分析者提出问题。返回弗洛伊德之后，他最早开始评述、也是在后来的十年中不断完善的内容，是他依据弗洛伊德的“精神现实”提出的三个概念，即象征（le symbolique）、想象（l' imaginaire）和真实（le réel）。对于这三个概念，拉康称之为三个“范畴”（ordre，也有人将其翻译成“级”或“界”）。对于“真实”（1974年11月1日在罗马通报会上发表的《第三》中，拉康才正式地提出了“真实”，比提出“想象”和“象征”晚了许多年），从其所论不多的文字中，我们只知道“真实”并不等于现实，这种“真实界”是处在错觉之外、镜子的映象之外，然而却永远在场的东西，它难于用语言表达清楚，拉康说它是“忍受能指之苦的东西”，是“在任何象征过程之外存在的领域”[①]，是一种“空白的意义”。我们在此引用拉康的研究者阿兰·瓦尼埃（Alain Vanier）在其《精神分析学词汇》（Lexique de psychanalyse）一书中对于“真实”条目的介绍，以便读者进一步了解这一概念：“这是拉康引入的一个术语，它与象征和想象共同构成精神分析学的基本论域。它不是作为象征之结果和受幻觉支配的现实。它是通过象征而产生的一种范畴，该范畴与象征在得以建立的同时所排斥的东西相一致。虽然拉康是在精神病中和在一些幻觉现象中注意到了真实——‘不是从象征中显示的东西，出现在了真实之中’，但却是在重新质疑弗洛伊德的性欲和依据幻觉而建立的性别关系的问题的时候，他以更为明确的方式探讨了真实。根据潜意识中无性别区分之记录和男性生殖器像对于两种性别的幻觉立场，拉康最终说‘不存在性别关系’，这是对于弗洛伊德有关性别区分和主体从父母开始被引入性欲之中的问题的重新表述。这便是对于一个主体来说构成真实的东西。这种无关系是言语活动和言语的作用结果。根据它与象征相比所处的地位，真实便是不可命名的东西；拉康说，真实是不可能的”。也许我们结合拉康在其他地方有关象征“来源于真实”和真实就是“精神创伤”的论述，可以较为贴近地理解“真实”的概念。

① Jacques Lacan, Écrits, Seuil, 1966, p. 388.

对于“想象”，他早在1932年就提出过该词，在返回弗洛伊德之后的十年中，他进一步加以发掘，并使之与“象征”联系起来；拉康的“想象”是指主体与其相似之物和与其自身的关系。但他阐述最多的是“象征”，拉康的“象征”既参照能指与言语活动，又参照列维-斯特劳斯先前在阐述社会群体内部交流关系时所采用的象征功能。需要指出的是，这三个概念，从提出时间先后来讲，应该是“想象”“象征”“真实”，但拉康1974年的《讲习班》却将“真实”放在了第一位，将“象征”放在了第二位，“想象”则退居第三位。不难看出，这三个“范畴”，都是可以与审美结构紧密联系在一起的。

可以说，从1953年到1963年的十年中，拉康主要阐述了“象征”。为此，他越过了“意象”（imago）而进入了潜意识，遂将潜意识引入了象征之中。但是，为了表明有必要引入潜意识，他从对想象关系进行认真的审视开始。早在第一期的“讲习班”上，拉康就谈到了象征与想象的关系，这种关系是前者对后者的“至上”关系。拉康的讲习班，是以重新阐述弗洛伊德的第二个系统即包括“本我”“自我”和“超我”的系统开始的，这是弗洛伊德1920年确定的系统。他选择这个系统是为了指出，象征对于想象具有更为至上的价值，象征重叠在想象之上并决定想象，这种至上就是自我的理想对于理想的自我的至上。为了说明这种关系，他再次对于“镜像阶段”作了解释，这种解释是弗洛伊德式的解释，从而对他最初时将镜子作为第二个自我的解释提出了质疑。他所修订的内容主要是：分析是一种过程，该过程“重建”和“修复”自恋的“意象”，而这种自恋的意象的成功则是通过对分析者个人的“想象”秩序的一种移置来完成的。在拉康看来，弗洛伊德通过理想自我和自我之间关系所建立的东西，就是想象认定，也就是说，“镜像阶段”所说明的是，如果儿童自喜于在作为其想象物的镜子里预感到了自制力和他所不具备的仪表及身材，那是因为理想自我即另一个自我是自我形成的动因。根据这种认定，儿童具有把自己再现为身体形象的能力。因此，弗洛伊德说：“自我是起因于肉体的自我，它不仅是一种表面存在，而且它自己也是一种表面的投影。”①换句话说，从视觉角度来看，由于形象从来是不确定的，如果形象停留在理想自我到自我的想象平面上，那么，这样出现的意义就是一种抽象符号；其病理学的解释告诉人们，为其带来一种规则和某种核心的另一种维度，就具体地重叠在这种关系之上：象征维度即自我的理想。

那么，拉康是如何将象征与潜意识结合在一起的呢？他的做法是从形式上区分两类关系，第一类是属于想象领域的，即两个自我（理想的自我与自我）之间的关系；第二种关系是两个主体（被分析的对象与他者）之间的象征性关系。两类关系的对应性如下：

---

① Jacques Lacan, Le moi et le ça, Payot, 1981, P. 22.

想象关系	象征关系
－偏执狂认识，空间化过程	－在象征中辨认和历史化过程
－已知的他者的视觉化过程	－他者，在对于已知之辨识的言语中的主观化过程
－格式塔心理学确定的意指	－能指的字母确定主体
－他者的破坏	－借助于约定而共存
－爱、仇恨和物质作为自我的激情	－主体的欲望作为他者的欲望
－生活冲动和快乐—不快乐的原理	－在死亡冲动和快乐—不快乐的原理之外

不过，这两种途径是相互排斥的："欲望本身为了在人身上得到满足，而要求在象征或想象中被言语活动的赞同或魅力之间的斗争所承认。"[1]而分析则在于选择第二条途径，即象征。拉康使用下列图示对想象与象征之间的区分作了说明：

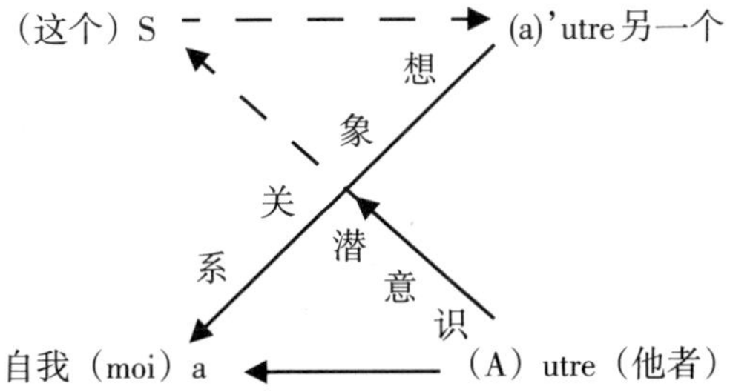

图中，S就是主体，理想的自我就是另一个，另一个是主体自我形成的动因，而他者则是另一个在自我产生意义的过程中出现的自我的理想。与a–a'之间的想象关系相对立的是作为潜意识（S–A）的象征关系。那么，这种象征关系是否属于言语与言语活动的范畴呢？拉康的回答是肯定的。但是，它属于言语活动解释的另一个平面。他在说明上述图示的时候告诉我们：图"里面有镜像平面，有自我和与其相似之物的对称世界。必须区分出我们称之为言语活动之墙壁的另一个平面"[2]。他接着说："正是从言语活动之墙壁所确定的秩序出发，想象采取了其虚假的现实，其实它也是一种被验证的真实。我们所理解的自我、另一个（即相似之物），所有这些想象都是对象……因为它们都是在一种组织得很好的系统里被命名的，这种系统就是言语活动之墙壁系统。"[3]他在另一处还写道："每当我说出一种言语时，我们针对的正

① Jacques Lacan, Le moi et le ça, Payot, 1981, p. 279.
② Jacques Lacan, Séminaires, 11, Seuil, p. 284.
③ Jacques Lacan, Séminaires, 11, Seuil, p. 284

是主体，但是，我达到的却总是a'、a"……我始终针对真正的主体，然而我却要满足于那些影子。主体脱离他者（Autre），真理，被言语活动之墙壁所分离。"[①]为了找出言语活动的这另一个平面，即发现被言语活动所分离的真理，拉康发明了"充实言语"（parole pleine）这一概念，这便是精神分析家的言语，这种言语将穿越言语活动的墙壁而进入对象征的发现之中，其"解决办法就是要从另一侧即他者（我们以Autre来表示）一侧来寻找，我们以这个名称来为象征的结构指定一个根本的位置……正是从他者的位置开始，分析家才可以接受移置的授权，使其可以在主体的潜意识之中发挥其合法的作用"[②]。"精神分析学家参与潜意识的概念，因为他们构成了这种概念的灵巧性。今后，我们在这一概念所陈述的论题中不能不包含我们对于潜意识的话语，因为我们的话语正是潜意识的出现为了使自己位于他者之处而在任何话语及其陈述活动中所寻找的话语。分析家作为有意支持这种出现的主体本身，在这种假设中应该同时获得信息和'被牵连'：也就是说，他要感觉到自己必须服从于对能指的再加工。"[③]那么，如何建构分析家的这种话语呢？那就要在主体的言语活动中去寻找材料。

拉康要我们注意主体话语中的两种现象：一是主体话语中能指的异化（aliénation），"在对象领域，只有能指的关系是能设想为可以产生异化的"。异化就是"一个能指代替另外一个能指来再现一个主体。这便是构成潜意识的所有成分的结构、梦幻、口误和俏皮话。而且，这也是可以解释主体之分裂的结构"[④]。显然，拉康在这里将弗洛伊德精神分析学上的"缩聚"（condensation）现象与言语活动中的"隐喻"（métaphore）联系了起来。二是主体话语中的"分离"（séparation）现象，它是通过"对象的分裂"得以建立的过程，"由这第二种过程可以辩证地加以改变的逻辑形式，在象征逻辑上叫作连言（intersection）……在此，这种功能借助于在缺失之上取用缺失的一个部分的方式来获得变化，主体则以此在他者的欲望之中重新找到与其作为潜意识之主体相等的等同物"，这是一种类似于"从一个动词的意义向另一个意义滑动"的过程，"分离（séparer）即避开（se parer）：为了避开主体必须服从的能指，他便攻取语言链，我们已经将这种语言链在其间隔点处压缩为恰到好处的一种二项对立关系。作为能指链的最为彻底的结构，这种重复的间隔是作为欲望载体的换喻经常光顾的场所"[⑤]。显然，拉康在此将精神分析学上的"移置"与言语活动中的"换喻"联系了起来。而"隐喻"和"换喻"则分别属于语言学上"聚合关

① Jacques Lacan, Séminaires, 11, Seuil, p. 286.
② Jacques Lacan, Écrits, Seuil, 1966, p. 454.
③ Jacques Lacan, Écrits, Seuil, 1966, p. 834.
④ Jacques Lacan, Écrits, Seuil, 1966, p. 840.
⑤ Jacques Lacan, Écrits, Seuil, 1966, pp. 842–845.

系”（共时性）和“组合关系”（历时性），这样，难以确定的潜意识则根据结构语言学的原理得到了把握与解释。而且，我们看到，在这种解释中，拉康全然不顾弗洛伊德学说中的“性”决定论。

在此，我们必须就拉康有关“另一个”（autre）和“他者”（Autre）的区分进一步做些介绍，而后者正是拉康思想的重要概念。要知道，关于“另一个”的提法是弗洛伊德的创造，他最早在《精神分析学初步》一书中就使用了这个术语。他说：“我们假设，提供感知的对象是一种类似物，也就是说是另一个……正是在与另一个的关系中，人学习认识事物……另一个的情结被分为两部分，一部分表现为某种固定的结构，而且在其自身聚集，这如同事物，而另一部分则通过某种记忆工作被人理解，换句话说，被人简化为对于身体自身的一种运动的预报。”[①]这里，弗洛伊德的“另一个”是指主体之外的某种相似之物（semblable）。但是，拉康注意到这里还存在着明显的层次，还需要区别一些互不相等的语域（registre）。显然，在构筑自我时，儿童是在对于一切均不了解的情况下借助于与另一个的形象的同化机制来进行的：这是一种想象的同化，它作为攻击性和爱情的起因说明的是相异性（altérité）在中以某种方法被抹掉的另一个的某种维度，因为相对比的人与人之间倾向于越来越相像。

可是，与这种初步的相异性的维度相对立的，还有另外一种维度，那就是一种不消失的相异性，是一个不相像的“他者”（Autre），拉康用一个大写的A使之区别于相象的“另一个”（autre）。以这种书写方式所要指出的是，在自我的表象之外，在相像的、镜像的同化之外，主体被完全先于他和外在于他的一种秩序所制约，即便在他打算控制这种秩序的时候，他也依赖于这种秩序，而这种秩序就是一种场所（lieu），它是欲望的场所、潜意识的场所，即象征的场所。在有关“焦虑”（angoisse）的第10次讲习班中，拉康介绍了主体不仅与对于“他者”的占有之间的关系，而且介绍了与“他者”的要求和这种要求所包含的欲望之间的关系，认为焦虑是可以直接接触“他者”这种维度的问题之一。那么，“他者”的本质是什么呢？拉康认为，对于主体来说，构成他所参照的另外的秩序，构成尤其是支配我们的法则的能指的东西，就是言语活动，这样一来，“他者”最终就与言语活动的秩序（我们应该将其理解为索绪尔理论中的“语言”）结合在了一起。正是在言语活动的“他者”之中，主体通过某种总是需要重新去作的探索去寻求给自己定位，因为没有任何一个能指可以同时足以确定他。实际上，这里的“他者”已经变成了社会性的东西，它是社会规范、社会文化的体现。联系到弗洛伊德赖以建立精神分析学说的俄狄浦斯情结，拉康指出，“他者”在其中就是体现了社会体制和伦理观念的父亲的

① Jacques Lacan, Petit abrégé de psychananlyse, 1924, pp. 415–416.

名字。

拉康的体系中还有两个重要的方面需要介绍，那就是他提出的“对象a”和“博罗梅结”。提出对象a，可以说是拉康个人对于精神分析基本理论的贡献。他是在1966年开办有关《幻觉逻辑》（La logique du fantasme）的讲习班上最早提出这一概念的。他后来说：“对象a是我的设计、是我的建构。”（1972）拉康的对象a，就是一种引起欲望的对象。在弗洛伊德的理论中，对象首先是某种缺失的对象，而精神分析学正是与这种缺失的对象有关系。每当主体在其周围看到一种似乎可以与其欲望相适应的对象时，他都会寻求借助于这个对象来使自己满足，但最终他又发现，这种对象并非就是他所寻找的对象。因此，对象a是一种想象对象，它由周围世界在某一时刻唤起欲望感的对象来构成，同时它又是真正缺失的对象。对象a是“真实的”，因为它是失去的、不可表象化的，在镜像中是不出现的。不过，拉康认为，这种对象却是可以在身体的局部上标记的，例如作为冲动对象的乳房和臀部就是这样；除了这两部分之外，拉康还加上了嗓音与目光。这种对象与主体的分裂密切相关。它是主题借以组织其言语活动和据以说话的那种缺失。因此，对象a很接近局部对象和过渡对象概念。这种对象是与“想象”和“象征”密切关联的。

博罗梅结（noeud borroméen），原指意大利15世纪米兰博罗梅家族由三个交叉圆组成的徽章图案。拉康借用博罗梅结来指象征、想象、真实三者之间的关系，以及这三者以对象a为中心建立的与身体、意义、阴茎享乐、他者享乐之间的关系。这种结可以使我们更为直观地把握拉康的整个体系。三个圆呈等边三角形交叉在一起，上面的圆代表想象，左侧的圆代表真实，右边的圆代表象征。代表象征的圆被视同为身体。在代表真实的圆与代表象征的圆的交叉处是阴茎享乐。在代表想象的圆与代表象征的圆之间是意义之所在。对象a位于三个圆的交叉中心。而代表想象的圆与代表真实的圆之间，则是他者的享乐。

综上所述，拉康除了早期进行的对于精神分析学本身的研究之外，还用结构语言学的理论来重新评述弗洛伊德的学说，使潜意识概念达到可以具体分析的程度，并使之摆脱“泛性”的局限从而扩大到社会文化结构，这本身就不仅仅是对于这种学说的评述，而是对于它的发展。他有关“想象”“象征”“他者”“对象a”的界定和论述，更成为我们理解精神分析学的本质和深化我们对于审美创作认识的有力工具。拉康对于其后诸如巴特等学者产生巨大的影响，是不足为怪的。

第三节 罗兰·巴特

罗兰·巴特（Roland Barthes），1915年11月12日出生于法国西南部巴约纳（Bayonne）市附近的谢尔堡镇（Cherbourg），1980年2月25日遭遇到一次意外的车祸，同年3月26日去世。他在世时出版著述15部，去世后又由出版社编辑出版了5部，其由瑟伊（Seuil）出版社最后编辑并分别于1993年、1994年和1995年出版的3卷本《巴特全集》（Oeuvres complètes），总计达4700多页。在他从事写作的30多年时间里，他将自己的大部分精力都用在了结构主义的研究和实践方面，成了这一新的方法论的先驱者之一，他以结构主义方法为基础建立的“符号学”思想至今成为在“sémiologie”名下进行符号学探索的典范。

关于巴特的写作编年史，他自己在《巴特自述》（Roland Barthes par Roland Barthes）一书中做过一个总结，他把自己的写作历程划分为四个阶段：（1）在马克思、萨特和布莱希特影响下进行“社会神话”写作时期；（2）在索绪尔影响下进行“符号学”写作时期；（3）在索莱尔斯、克里斯蒂娃、德里达和拉康影响下进行“本文性”写作时期；（4）在尼采影响下进行“道德观”写作时期。根据巴特的研究历程和其代表性作品发表的时间，我们似乎可以粗略地把第一个阶段框定在1950年至1957年之间，第二个阶段在1958年至1967年之间，第三个阶段在1968年至1972年之间，第四个阶段在1972年以后。巴特随后还对上述划分作了说明，“显然，在这些时期中，有一些部分重叠、回返、亲合、延存；通常说来，是（在杂志上发表的）文章在确保这种连接作用”[①]。我们下面分别介绍巴特在不同写作时期的结构主义美学思想。

一、“社会神话”写作时期

巴特在“社会神话”写作时期的结构主义思想，主要体现在1953年出版的《写作的零度》（Le degré zéro de l'écriture）和1957年的《神话集》（Mythologies）两书中。

根据其好友格雷玛斯的回忆，巴特接触索绪尔的结构主义语言学理论，是在第

① Roland Barthes, Roland Barthes par Roland Barthes, Paris: Seuil, 1975, p. 148.

二次世界大战之后他被从罗马尼亚赶出而流亡埃及亚历山大城期间的1950年。在格雷玛斯的建议下，巴特开始阅读《普通语言学教程》(Cours de linguistique générale)，并于同年11月到12月发表了多篇与这种语言学理论影响有关的文章，随后于1953年出版了《写作的零度》这本论文集。

《写作的零度》是一本包含十篇文章的小书，这十篇文章都是关于写作的，它是巴特的第一个论文集。这本书在初版之后曾经以其观点的新颖而引起过评论界的关注，但随后受到忽视。不过，当人们回过头来研究巴特的整个思想的形成过程的时候惊异地发现，他的结构主义思想在这本小书中已经得到了一定的体现。著名符号学家朱丽娅·克里斯蒂娃（Julia Kristeva）1982年这样说过：在这本书中，"一种新批评的所有技巧和赌注均得到了显示，后来的时间只不过是对其加以确定"。

语言与写作的关系，是书中开篇就讨论的问题。作者告诉我们："语言是规范与习惯的集合体，是同一时代作家所共通的。这就意味着，语言如同一种自然属性，它完全贯穿于作家的言语活动之中，而不赋予言语任何形式，甚至也不会孕育言语……它独立于文学的程式而存在；从定义上讲，它是一种社会现象……因为贯穿语言的，是整个历史，是以自然方式存在的完整而统一的历史。"①显然，这是结合文学现象对于索绪尔有关语言的社会性本质所作的进一步阐述。他接着论述道："语言是存在于文学之中"的，在"语言与风格之间，就为另一种有形的现实留下了一席之地：写作。不论何种文学形式，总有情调、气质的一般选择，而作家正是在此明确地表现出个性，因为正是在此他介入了进来"②。索绪尔结构语言学的重要理论基础之一，就是将"言语活动"(langage）划分为"语言"(langue）与"言语"(parole)。根据这种认为"语言"是一套词汇和规则、"言语"是个人对于这一套词汇和规则的应用的结构主义语言学观点，巴特的上述论述已经告诉我们："写作"就是"言语"。在《写作的零度》中经常被人们提到的重要内容，是他比照语言与言语的划分而将文学的社会维度与作家的个人"风格"（个人维度）相对立论述的做法，这也是他初期结构主义思想的体现。在书中，他从不同的角度论证了写作与历史、写作与社会的关系："写作是一种具有历史连带性的行为……写作是一种功能：它是创作与社会之间的联系，它是因其社会目的而得以改造的文学性的言语活动，它是因其具有的人的意志而被理解并因此与历史的重大转折密不可分的形式。"③他还认为，使巴尔扎克与福楼拜的写作产生区别的，是两种经济结构发生交替从而在其接合过程中引起精神与意识形态决定性变化的时刻出现的某种"基本断

---

① Roland Barthes, Communication, No. 36, Seuil, 1982, p. 117.

② Roland Barthes, Le degré zéro de l'écriture, Seuil, 1953 et 1972, p. 11.

③ Roland Barthes, Le degré zéro de l'écriture, Seuil, 1953 et 1972, p. 12.

裂”。巴特对于资产阶级写作的鞭挞尤为痛切，认为“资产阶级的写作于17世纪出现在直接靠近政权的团体之中……这种写作首先是伴随着政治上初胜时期所惯有的犬儒主义而作为人数不多但享有特权的一个阶级的语言来出现的”，并最终认为，写作“是建立在社会言语基础上的文学言语活动”[①]。需要指出的是，他并没有直接论述社会与作家个人“风格”的关系，论述的只是社会与写作的关系。但由于他对“风格”的确定出自这样的论述：“某些意象、某些叙述方式和词汇都出自作家本身及作家的过去，逐渐地形成其艺术的规律性的东西”[②]，所以，不难推论，“风格”是与作家的“写作”结合在一起的——尽管巴特自己不这么提。这正是“语言”与“言语”之分的结构观点在文学研究上的进一步应用。

至此，我们似乎应该介绍一下作者对于写作的“零度”的论述，因为有关“零度”的写作一直是他的美学思考之一。写作的“零度”思想的雏形，是他1944年发表在《存在》（Existences）杂志（1944年7月，总第33期）上的《关于〈局外人〉的风格的思考》（Réflexion sur le style de L' Etranger）一文，他在文中说加谬这部小说“是一种中性的实体”，“成功地表现出某种古怪的风格，古典主义手法在这种风格中被经常重复地使用。结果便是，这本书没有了风格，然而它却写得很好”[③]。《局外人》中“出现了一种新的风格，即沉默的风格，在这种风格中，艺术家的声音（也远离哀叹、远离诽谤、远离赞美）是一种白色的声音，这是唯一与我们的无法治愈的苦恼相协调的声音”[④]。这种论述在论文集《写作的零度》中《写作与沉默》（L' écriture et le silence）一文中得到了进一步阐述：“在文学言语活动的这种摆脱性努力之中，还有一种解决办法：创立一种白色写作，这种写作排除了任何一种对于言语活动的有标记秩序的强迫性服从。……比较起来，零度的写作实际上是一种直陈式写作。”[⑤]概括说来，巴特发现不无赞赏的“零度”写作，是一种很少有作家个人“介入”的写作，也就是说在“语言”与“言语”的划分之中，在“言语”一侧更多地去掉属于作者个人“风格”的部分。所以，他的“零度”审美是可以在其结构主义的思想方面得到解释的。

《神话集》是对巴特1954年至1957年间在报刊上每月一篇发表的文章的汇编，也是作者尝试将索绪尔提出的“符号学”思想用于社会分析的第一部论文集。除了书后有一篇是谈论文学符号学的《今日神话》（Le mythe,aujourd' hui）外，其余篇目都是结合当时的社会现实所写的随笔。其目的是通过这些随笔揭示大众文化，因为

① Roland Barthes, Le degré zéro de l' écriture, Seuil, 1953 et 1972, p. 13.
② Roland Barthes, Le degré zéro de l' écriture, Seuil, 1953 et 1972, pp. 14-15.
③ Roland Barthes, Oeuvres complètes Tome 1, Paris: Seuil, 1993, p. 60.
④ Roland Barthes, Oeuvres complètes Tome 1, Paris: Seuil, 1993, p. 63.
⑤ Roland Barthes, Le degré zéro de l' écriture, Seuil, 1953 et 1972, p. 56.

在他看来，这种文化代表了资产阶级的某种衰退，并在一系列“相似性”基础上奠定了其表现形式。在这些随笔中，巴特将这种文化的各种表现形式看作是“符号”，进而挖掘其依附于一定文化系统的“所指”意义，即“内涵”系统。巴特1970年为《神话集》所写的“补序”中说道：“我确信，在把‘集体表现’按照符号系统处理的时候，我们有希望摆脱那种好心的披露，而详细地阐述那种将小资产阶级的文化转换成普遍的本质的神话活动。”[①]《神话集》最后实现了这一愿望。他后来总结说：“对索绪尔的参照导致了一种特殊的结构主义，或者如果我们更愿意说的话，导致了一种更为负责的结构主义……对于索绪尔的求助要求我们决心不把意指系统局限于能指，而是要包含对于所指的研究。”[②]因此，在《神话集》中，“兰开夏式的摔跤”的作用就不是争个输赢而已，而“在于成为一种过分的表演”，其“每一个符号都具有某种完整明确性”，“运动员在其自身的基本意指之外，还具有某种次级的但总是很恰当的解释作用，他们通过动作、姿态和最大限度地表明其意愿的模仿表演帮助对战斗的理解”[③]；“电影中的罗马”“百姓因恺撒和马克·安托万后来的理由而伤心，但他们流汗，他们以这种符号很经济地把他们激动的情绪和其条件的粗野特征结合了起来”[④]；葡萄酒也“是社会化了的”，因为它“建立了某种道德观”[⑤]；而且“吃带血的牛排同时代表着一种本性和道德观”[⑥]，等等。至于书中的第二部分《今日神话》，更是对“所指”即“内涵”系统的研究。文章一开头就告诉我们：“神话是一种言语”，又说“神话是一种符号系统”“是一种意指方式，是一种形式”[⑦]，在此，巴特为文学的符号学研究进行了初步探讨。

二、“符号学”写作时期

1958年至1967年是巴特写作的第二个阶段。这一阶段正是法国结构主义盛行的时期，他的结构主义思想在这时成熟了。但按照他自己的划分，这一时期是他在索绪尔影响下进行“符号学”写作的时期。可见，在巴特的思想中，“符号学”概念与“结构主义”概念是一致的，他所进行的“符号学”研究始终是一种“共时的结构主

① Roland Barthes, Mythologies, Seuil, 1957, p. 7.
② Roland Barthes, “Réponse à une enquête sur le structuralisme”, in: Oeuvres complètes Tome 1, Paris: Seuil, 1993, p. 1533.
③ Roland Barthes, Mythologies, Seuil, 1957, p. 16.
④ Roland Barthes, Mythologies, Seuil, 1957, p. 29.
⑤ Roland Barthes, Mythologies, Seuil, 1957, p. 76.
⑥ Roland Barthes, Mythologies, Seuil, 1957, p. 78.
⑦ Roland Barthes, Mythologies, Seuil, 1957, p. 139.

义”[1]。在这个时期，他写了大量文章并出版了五部著述：《论拉辛》(Sur Racine，1963)、《批评随笔》(Essais critiques，1964)、《符号学基础》(Eléments de sémiologie，1965)、《批评与真理》(Critique et vérité，1966)和《服饰系统》(Système de la mode，1967)。这些文章和著述阐明了他的结构主义思想，并确立了他作为结构主义大师的地位。

《论拉辛》被认为是巴特“为研究言语活动的结构主义并从中发现作者的心理共鸣而在文学批评方面进行的第一个探索例证”[2]。他自己也说：“我用我们时代的语言来评价拉辛，同时在文化意义上使用结构和精神分析的方法。”[3]这部书共包括三方面内容：“拉辛式的人”“说说拉辛”“历史或文学”。巴特的结构主义思想主要体现在第一部分和第三部分中。在这部书中，作者尽力探讨的“是某种拉辛式的人类学，这种人类学既是结构的，又是分析的：说其在内容上是结构的，是因为悲剧在此被处理成一种单位系统（各种‘外在形象’）和功能”[4]。于是，拉辛剧中的卧室、游牧人口、两种色情、情绪的混乱、色情“场面”、明暗程度、基本关系等，都成了巴特的分析单位。在此，我们看到了拉康结构精神分析学理论的影响：巴特认为拉辛剧中真实和潜在地出现的“父亲”就是“他者”(Autre)，甚至父子相残而流的“血”也是父亲的替代物。他对于拉辛悲剧的分析招致了以雷蒙·皮卡尔（R. Picard）为代表的学院派的反对。皮卡尔发表了《新批评还是新骗局?》(Nouvelle critique ou nouvelle imposture？1965)，矛头直指当时在不同领域以进行结构主义研究为主，冠以“新批评”的“精神分析学批评”“结构主义批评”和“社会学批评”。为了捍卫新批评，巴特于1966年发表了《批评与真理》，全面地论述了文学批评研究需要进行新的探索的必要性，指出：“试图建立文学作品的结构，这是一项重要的事业……文学的特征只能在某种有关符号的总体理论中才能得到设定。”[5]

巴特对自己的第二个写作阶段还有另一种称谓，即“科学阶段，或至少是科学性的阶段”[6]。这主要是针对他完成的《符号学基础》和《服饰系统》两书来说的。前者是在符号学层面上对索绪尔结构语言学基本概念的进一步阐述，“旨在从语言学中分离出一些分析性概念，人们先验地认为这些概念对于进行符号学研究是带有足

① Roland Barthes, “Réponse à une enquête sur le structuralisme”, Oeuvres complètes Tome 1, Paris: Seuil, 1993, p. 1534.

② Anne Clancier, Psychanalyse et critique littéraire, Edouard Privat Editions, 1973, p. 169.

③ Roland Barthes, “Au nom de la ‘nouvelle critique’: Roland Barthes répond à Raymond Picard”Oeuvres complètes Tome 1, Paris: Seuil, 1993, p. 1564.

④ Roland Barthes, “Au nom de la ‘nouvelle critique’: Roland Barthes répond à Raymond Picard”Oeuvres complètes Tome 1, Paris: Seuil, 1993, p. 985.

⑤ Roland Barthes, Oeuvres complètes Tome 2, Paris: Seuil, 1994, pp. 17–51.

⑥ Roland Barthes, L’Aventure sémiologique, Seuil, 1985, p. 11.

够普遍意义的"[①]，并在"结论"中明确指出，"符号学研究的目的，是依据任何结构主义活动本身的设想，即建构被观察的对象的模拟事物的设想，来重新建立语言之外的意指系统的运作机制"[②]。尽管作者在接受采访时说这本书"最多是一种临时的术语汇编，目的在于宣传一种正在进行谈论的研究计划"[③]，但它出版后对法国学术界在"sémiologie"名下进行的符号学研究起到了典范作用，而且甚至影响到了意大利的符号学研究。《服饰系统》是结合服饰的描述语言这一特定对象，具体运用了符号学的分析方法。作者写作这本书前后用了七年的时间，大体经历了三个过程：最初，他曾想对于真实的服装进行结构主义研究，因无法达到理想的目的而中辍，后来他转向在时装书刊所描述的服装，最后他发现，他应该根据系统本身的物质性（制作技术、摄影形象和描述词语）来使分析脱离系统，于是，他从真实的服饰过渡到了被描述的服饰。需要指出的一点是，作者在写作这本书之前、之中和之后曾经发表过十几篇论述服饰的文章，足见他对这一对象钟情之深。在书出版后接受采访时，他谈到了他对服饰的倾心："服饰是一种传播对象，就像事物、举动、行为、会话，我一直对这些有着很深的兴趣予以过问，因为它们一方面具有日常存在性，并且在我看来代表着在某种直接的层面上对自我的认识的可能性……另一方面，它们允许借助于一些形式手段来进行系统分析。"[④]

这本书一开始就依据结构主义语言学的"语言"与"言语"之划分，也将服饰划分为服饰体制（语言）和个别服饰（言语），并在服饰体制层面上对服饰的历史提出自己的看法。接着，作者论述了服饰的"能指"与"所指"及其"意指"。显然，这也没有脱离结构主义的主旨。值得注意的是，这本书中专门有一章介绍了服饰"诗学"，指出，这种"诗学"是"由物质与语言的结合一起来决定的"，"一旦我们从实际功能转向展示，甚至当这种展示伪装在功能的表象之下时，就会存在诗学的变化。总之，每一种非及物的（非生产型的）描述都具有某种诗学的可能性，即使这一诗学依据审美价值来说并不完整"[⑤]。巴特的分析告诉我们，他这项研究工作所讨论的既不是服饰，也不是语言，而是从服饰实体到语言描述的一种"转译"(traduction)。这种做法为在其之后得到开展的绘画描述语言的符号学分析树立了榜样。在此，我们还必须提到他对索绪尔的"语言学是符号学的分支"的论断大胆地提出了反论，他说："倘若服饰不借助于描述它、评价它并赋予它丰富的能指和所指

① Roland Barthes, L'Aventure sémiologique, Paris: Seuil, 1985, p. 19.

② Roland Barthes, L'Aventure sémiologique, Paris: Seuil, 1985, p. 80.

③ Roland Barthes, "Entretien sur le structuralisme", in: Oeuvres complètes Tome 2: 1966–1973, Paris: Seuil, 1994, p. 117.

④ Roland Barthes, "Sur le «système de la mode» et l'analyse structurale des récits", in: Oeuvres complètes Tome 2: 1966–1973, Paris: Seuil, 1994, p. 453.

⑤ Roland Barthes, "système de la mode", in: Oeuvres complètes Tome 2: 1966–1973, Paris: Seuil, 1994, p. 325.

来建立一个意义系统的话，它还能有意指吗？人注定要依赖分节语言，不论采用什么样的符号学都不能忽视这一点，或许，我们应该把索绪尔的体系做一下颠倒，宣布符号学是语言学的一部分”[①]。

除了这些书籍之外，巴特还撰写了大量零散文章和访谈录，进一步完善了其结构主义理论和方法。在这一方面，他1963年发表的《结构主义活动》[②]（L' activité structuraliste）和1966年发表的《叙事文的结构分析导论》（Introduction à l'analyse structurale des récits）[③]是应该认真研究的文章。在《结构主义活动》一文中，作者告诉我们，“结构”已经是一个被广泛使用的概念，但结构主义与一般的结构探讨不同，今天，“为了探讨结构主义与其他思维方式的不同，大概必须追溯到像能指—所指和共时性—历时性这些成对的概念”，“请您注意谁在运用能指与所指、共时性与历时性，您就会知道结构主义的看法是否已经形成了”。这是巴特总结出的结构主义研究的“标志”；他还认为，结构主义不是一种运动、一种学派，它主要是一种“活动”，即“一定数量的精神过程的有调节的接续过程”；其目的是重建一种“对象”，以便在重建之中表现这种对象发挥作用的规律，因此，“结构实际上就是对象的幻象，而且是有指向和联系的幻象”；分析的过程就是“结构的人抓住现实、分解现实，然后又重新组合现实”，而在结构主义活动的这种分解和重组之间出现的“幻象”就是“补加到对象上的理解力”，所以，结构主义活动是使对象变得可以理解的活动；而结构主义活动的典型操作过程，便是“分割与排列。把提供给幻象活动的第一个对象加以分割，就是在其本身找出一些活动的片断，正是这些片断有差异的情境在产生某种意义；片断本身没有意义，但是片断外形的哪怕是最小的变化都会引起总体的变化”，“单元提出之后，结构的人应该发现或确定它们的搭配规则：这是继赋予其名称之后的排列活动”。这是巴特对当时开始盛行的结构主义分析方法和自己实践的概括。这些论述在《叙事文的结构分析导论》中更为深入和具体。该文在建立叙事文的符号学努力方面又迈进了一步，我们从中明显地看到了俄罗斯形式主义理论家普洛普和法国人类学家列维-斯特劳斯的影响。他自己也说：“俄国形式主义学者普洛普，还有列维-斯特劳斯，教会了我们进行下面两种推理：要么，叙事文是一种普通的事件结合，如是，我们只能在信赖叙述者（作者）的艺术、才能和天才即各种偶然的神秘形式的情况下，才能谈论叙事文；要么，一种叙事文与其他叙事文共同拥有可以用于分析的某种结构，尽管需要一定耐心才可以陈述出这种结构，因为在最复杂的偶发之作与最简单的组合作品之间有着一条鸿沟，而在不参照

① Roland Barthes, “système de la mode”, in: Oeuvres complètes Tome 2: 1966–1973, Paris: Seuil, 1994, p. 132.

② Roland Barthes, Essais critiques, Seuil, 1964, pp. 221–228.

③ Roland Barthes, Essais critiques, Seuil, 1964, pp. 167–206.

某种暗含的单位和规则系统的情况下，谁都不可能组合（生产）一篇叙事文”[①]。这时的巴特把揭示这种系统即寻找这种结构作为自己的使命。他认为，结构语言学可以为叙事文的结构分析提供决定性的概念和方法，为此，叙事文分析应该跳出传统语言学的最大分析单位——句子，而将句子看成是话语的最小组成要素。于是，他提出要分析叙事文的不同方面：功能、行为、叙述活动和叙事文的系统。在他的论述中，我们到处可以看到列维-斯特劳斯、普洛普、托多罗夫等人的影响。这篇文章似乎可以看作是巴特对自己的结构主义思考在叙事文分析方面的总结，但同时也似乎是给自己此前的思考画上了一个句号。因为从此之后，他的研究出现了重大的转向。

三、“文本”研究阶段及其他

从1968年开始，巴特逐步转向了他的“本文”研究阶段，即他在索莱尔斯、克里斯蒂娃、德里达和拉康影响下进行写作的第三个时期。他在这个时期的代表作是《S/Z》（S/Z，1970）、《符号帝国》（L'empire des signes，1970）和《萨德、傅立叶、罗耀拉》（Sade, Fourier, Loyola，1971）。其中，《S/Z》无疑是其这个阶段最具代表性的作品。

《S/Z》是作者从1968年2月至1969年年底在法兰西公学（Collège de France）讲习班上的授课内容结集，是对巴尔扎克一部中篇小说《萨拉辛》（Sarrasine）进行新的分析的尝试。作者在1968年7月底的一次接受采访时，告诉了我们他进行这种新尝试的起因，他说，在他完成了《符号学基础》和《服饰系统》的写作之后，“事情再一次出现了变化，这更多的是由于克里斯蒂娃研究的影响，还由于她使我们了解了巴赫金的观点，也还要算上德里达、索莱尔斯的某些表达方式的影响，他们都帮助了我修正某些观念”[②]。他在为这次讲习班所写的授课报告中简单介绍了这种尝试的思路：“我们认为有必要从对叙述的宏观结构的描述过渡到对一部作品的完美审视，以便标记所有单位和它们的编码，并以此阐述微观结构”[③]，而在讲习班结束时写的报告中，我们看到了他对这种方法的总结：“这是对巴尔扎克的本文的每个片断所具有的各种同时性意义进行的一种细致的、渐次的、沿着本文移动的、编造簿记式的、评述性的、需要时可以离题的分析。”[④]我们在书中看到，作者将《萨拉辛》

① Roland Barthes, Essais critiques, Seuil, 1964, pp. 168.
② Roland Barthes, “Structuralisme et sémiologie”, in: Oeuvres complètes Tome 2: Paris: 1966–1973, Seuil, 1994, p. 523.
③ Roland Barthes, “Structuralisme et sémiologie”, in: Oeuvres complètes Tome 2: Paris: 1966–1973, Seuil, 1994, p. 521.
④ Roland Barthes, “Structuralisme et sémiologie”, in: Oeuvres complètes Tome 2: Paris: 1966–1973, Seuil, 1994, p. 549.

的本文划分成561个意义语汇（单位），然后逐次分析每一个语汇的编码和其可能的多方面意义。开头部分用了十几节的内容介绍这种新的分析尝试的理论依据。我们在第一节“估价”中看到了巴特对于他以前进行的结构分析的反思，他把以前的结构分析比喻成“佛教徒苦心修行，最终能在一粒蚕豆中看到整幅景致”的做法，“我们从每一个故事中找出它的模式，然后再依据这些模式找出一种大的叙述结构，此后，我们便可把这种结构用于（为了验证）任何一种叙事文：这一任务耗时费力……最后成为不受欢迎的东西，因为本文在这里失去了区别性”[①]。在第十一节中，我们了解到了他用来框定本文中所有内容的五种编码：阐释编码、语义编码、情节编码、象征编码、文化编码；在第十六节中，我们了解到他这样做的美学主张：“美是无法解释的”，它“只好由话语来论述每个细节的完美，并把‘剩下的内容’归于奠定任何美的编码：艺术。……美是自生的，它没有任何先前的编码，因此，它是缄默不语的。它拒绝任何直接的谓语；只有像同语反复（一张完美的椭圆形的脸）或比喻式（美得像拉斐尔画的圣母像，美得像宝石的梦等）那样的谓语才是可能的；这样一来，美便归于无限的编码”[②]。这就告诉我们，美存在于多义性的解释之中。这显然与他在第二个写作阶段追求的叙事文的宏观结构美大相径庭。从《S/Z》开始，巴特转向了人们后来称之的“后结构主义”或“解构主义”，或者，用巴特自己的术语来说，就是转入了“多元性批评”。

巴特在同一时期发表了《符号帝国》和《萨德、傅立叶、罗耀拉》，前者是作者对于日本一些符号系统的精辟分析，认为“日本提供了符号循环得极为细腻和发展成熟的一种文明”[③]，后者不是从内容上而是从“能指”上论述了色情本文、社会本文和神意本文的写作方式。

这里还需要提到，巴特在进入其第四个写作阶段之后,应法国大百科全书出版社之约而写的“本文理论”（Théorie du texte，1973）一文。这就是作者所说的一篇跨越写作阶段的“重叠”性文章。在这篇文章中，巴特主张按照朱莉娅·克里斯蒂娃的“语义分析”（sémanalyse）来建立“本文理论”。于是，克里斯蒂娃的“能指实践”（pratique signifiante）、“能产性”（productivité）、“意指活动”（signifiance）、“现象本文”（phéno-texte）、“生成本文”（géno-texte）、“互文性”（inter-textualité）等概念，均在文中得到了进一步阐述，并指出过去的“结构主义”研究是停留在现象本文上的研究，而“语义分析”则“存在于言语活动与主体之中”。从此，“本文就不再意味着一种劳动的产品，而是本文的生产者与其读者汇合在一起的一种生产活动

① Roland Barthes, S/Z(《S/Z》), Seuil, 1970, p. 9.
② Roland Barthes, S/Z(《S/Z》), Seuil, 1970, p. 40.
③ Roland Barthes, “Sur S/Z et L’ Empire des signes”, in: Oeuvres complètes Tome 2, Paris: Seuil, 1994, p. 1014.

场所：因此，本文在任何时刻和不论在哪一侧，都‘在从事工作’”。这里，我们似乎可以说，被巴特在结构主义研究阶段一度宣布“死亡”了的“作者”即本文的“生产者”[①]，今后也会一定程度地得到“复活”。

巴特在受尼采影响而进行写作的第四个阶段，出版了《本文的快乐》(Plaisir du texte，1973)、《巴特自述》(Roland Barthes par Roland Barthes，1975)、《恋人絮语》(Fragments du discours amoureux，1977) 等书和一系列文章。在这一阶段，他放弃了分析方法的探讨，而转向了对“道德观”的论述。这些书，除了被统一称为“道德观”的“内涵”外，在写作方式上都是采用“片断”方式写作的。这种方式与他的结构主义美学探讨已经基本没有什么联系，但它作为作者的一种审美探索和追求，也是很值得一提的。

关于采用的“片断”书写形式，巴特回忆说，一方面，他一直喜欢采用“片断”的书写方式，而对长文章越来越无法忍受。另一方面，他必须采用一种形式来化解几乎要形成的“意义”。于是，他决定使他的书成为“以分散的整体”出现的书。显然，这两方面代表了巴特的写作主张。首先，综观巴特的全部著述，他除了专题著述（《论拉辛》《服饰系统》《S/Z》等）之外，其余的书都是文章的汇编，而且即使那几本专题著述，其内部结构也是零散的，有的甚至就是片断式的。他说过，“对片断的喜爱由来已久，而这在《巴特自述》中得到了重新利用。在我写作专著和文章的时候（这一点我以前不曾发现），我注意到，我总是按照一种短的写作方式来写，即以片断、小幅图画、冠以标题的段落，或以条目来写的——在我的生命中的一个阶段，我甚至只写短文，而没有写成本的书。这种对于短的形式的喜爱，现在正在系统化”[②]。其实，他的第一篇文章（1942）就是以片断形式写成的，“当时，这种选择被认定是纪德式的，‘因为更喜欢结构松散，而不喜欢走样的秩序’，从此，他实际上没有停止短篇的写作”[③]。其次，巴特坚持反对“多格扎”(doxa) 即形成稳定意义的“日常舆论”，也使他无法写作长篇大论。他说：“一种多格扎（一般舆论）出现了，但是无法忍受；为了摆脱它，我假设一种反论；随后，这种反论开始得以确立，它自己也变成了新的成型之物、新的多格扎，而我又需要走向一种新的反论。”[④]。他之所以这样做、不得不这样做，是因为“价值的波动”引起的：“一方面，价值在控制、在决定……另一方面，任何对立关系都是可疑的，意义在疲劳……价值（意义便与价值在一起）就是这样波动，没有休止。”[⑤]为了做到这样，片

① Roland Barthes, “La mort de l’auteur”, in: Oeuvres complètes Tome 2: 1966–1973, Paris:Seuil, 1994, pp. 491–492.
② Roland Barthes, “Vingt mots-clés pour Roland Barthes”, in: Oeuvres complètes Tome 3, Paris: Seuil, 1995, p. 318.
③ Roland Barthes, “Le cercle des fragments”, in: Roland Barthes par Roland Barthes, Paris: Seuil, 1975, p. 96.
④ Roland Barthes, “Doxa/paradoxa”, in: Roland Barthes par Roland Barthes, Paris: Seuil, 1975, p. 75.
⑤ Roland Barthes, “Oscillation de la valeur”, in: Roland Barthes par Roland Barthes, Paris: Seuil, 1975, p. 142.

断写作“可以打碎我所定名的成型观念、论述和话语，因为这些东西都是人们按照对所说内容给予最终意义的想法来建构的——这正是以往世纪中整个修辞学的规则。与所建话语的成型状态相比，片断是一种可喜的打乱即一种断续，它确立句子、形象和思想的一种粉化状态，在这种状态下，它们都不能最终地得以‘完整确立’”①。

那么，片断写作会产生什么样的审美效果呢？对此，巴特早已形成了自己的审美观。他在《本文的快乐》一书中做过完整的总结：“阅读的快乐显然源自某些断裂……文化及其破坏都不具色情特点；是它们之间的断层变成了色情的”，“快乐所需要的，是一种出现损失的场所，是断层，是中断，是风蚀”，“人体最具色情之处，难道不就是衣饰微开的地方吗？……间断具有色情：在两种物件（裤子与毛衣）之间、在两个边缘（半开的衬衣、手套和袖子）之间闪耀的皮肤的间断具有色情；正是闪耀本身在诱惑，或进一步说，是一种显现—消失的表现状态在诱惑”②。这不正是片断写作可以带来的效果吗？

巴特离开我们已经20多年了。他的一生是探索的一生，他的探索反映了那个时代人们的认识发展。他善于进取，善于修正自己，也为后人树立了严谨治学的榜样。他的探索是留给人类的一大笔财富。

第四节　路易·阿尔都塞

路易·阿尔都塞（Louis Althusser，1918—1990）于1918年10月16日出生于阿尔及尔（法属殖民地）近郊的比曼德利（Birmandreis）小镇。自1924年开始，他先后在阿尔及尔、马赛和里昂等地读完小学和中学，1939年考入巴黎高师。然而，无情的战火摧毁了他的宗教和哲学梦，五年的囚俘生活改变了他的人生命运。战争使年轻的阿尔都塞落下了精神病的病根，也让他接触到了决定他终生的信仰——马克思主义。

1945年二战结束，阿尔都塞回到巴黎高师继续完成学业，并与参加过抵抗运动的共产党员海莱娜·里特曼（Hélène Ritman）相识相爱。1947年起，他因精神病发作不得不接受电震治疗。后在现象学哲学家加斯东·巴什拉（Gaston Bachelard，1884—1962）指导下完成了论文《黑格尔哲学中的内容概念》，并留校任教。从此，

---

① Roland Barthes, Oeuvres complètes Tome 3: 1974-1980, Paris: Seuil, 1995, p. 318.

② Roland Barthes, Plaisir du texte, Paris: Seuil, 1973, p. 15, p. 19.

以下三方面的因素将影响他终生的命运：(1) 1948年他突然加入法国共产党，政治信仰和哲学研究方向开始转变，从古典哲学、黑格尔哲学转向马克思主义哲学；(2) 健康状况的恶化使他对弗洛伊德思想产生浓厚兴趣，继而受拉康重读弗洛伊德的启示重读马克思，创造性地提出了“症候式阅读”(symptomatic reading)；(3) 与海莱娜的结婚、病痛的折磨、对妻子的强烈依赖与最终残杀将他推到了生活悲剧的深渊。

阿尔都塞1948年以后在巴黎高师和巴黎大学讲授马克思主义哲学，并以自己独特的教学与研究方式（师生共同细读《资本论》）在知识界产生了巨大影响。他还邀请拉康到巴黎高师设立精神分析研讨班，吸引了来自世界各地的青年学生。自1959年发表《孟德斯鸠：政治和历史》之后，陆续发表了一系列讨论马克思主义哲学的论文。1965年9月，他将这些文章结集成书，以《保卫马克思》为名出版，大声疾呼——“历史把我们推到了死胡同去，而为了从中脱身，我们就必须去探索马克思的哲学思想”。同月，他与其他几位同仁合作的著作《阅读〈资本论〉》也出版发行，一时间在法国知识界，尤其在青年学生当中产生巨大的反响。阿尔都塞将自己的理论工作看成了挽救法国马克思主义理论贫乏症的庄严斗争，这种斗争的悲壮感一直延续到他生命的最后时刻。

随着《阅读〈资本论〉》和其他一批在阿尔都塞影响下的研究成果的问世，阿尔都塞对20世纪60年代末70年代初西方理论界的影响达到了高潮。发生在1968年的“五月风暴”成为当代西方政治斗争和文化运动的转折点，自此之后，知识分子的整体改造力量在法国日渐衰落，青年学生对马克思主义理论的兴趣也日渐衰退。阿尔都塞对这场运动进行了深刻的理论总结，写出了对文学批评、文化研究和身份政治迄今还有重要影响的论文《意识形态与意识形态国家机器》，对（个体）主体改变社会结构的能力和界限进行了更为深入而严峻的探讨，深刻揭示出资本主义文明国家维持其统治体制的双重方式：强制性压迫和意识形态教化共同构成了一种“恩威并治”的严密的社会控制网络。

20世纪70年代后，阿尔都塞中止了在巴黎高师的研讨班教学，投入党内理论斗争。他勇于直面马克思主义的现实危机，修正了自己的一些观点，先后出版《列宁和哲学及其他论文集》(1968)、《答J.列维斯》(1972)、《自我批评文集》(1974)、《哲学与科学家的自发哲学》(1974)、《立场》(1975) 和《事实》(1976) 等著作。为争取国家博士学位，他于1975年向皮卡第（Picardy）大学提交论文答辩，题目就是《要成为一个马克思主义哲学家容易吗?》。[①]此文全面总结了自己研究马克思主义的过程和思想方法，尤其强调了哲学与政治实践的不可分离性及由此引发的艰难性。在他看来，这种艰难性在于“马克思、列宁和葛兰西提示我们马克思主义所要求的哲学不是那种作为‘哲学’产生的（‘哲学化的’）哲学，而是一种全新的哲学实践”。[②]由于马克思主义“包含着对于制度（国家）的不信任，也包含着对于一种占统治地位的意识形态的一体化（哲学）的不信任。……（因而）远离一切试图将哲学‘哲学化’的努力，以使自己不会去‘赞美现存事物的秩序’。那么马克思留给后来的马克思主义者一个十分艰难的任务。……（他）留给马克思主义哲学家们的使命就是去创造新的哲学介入现实的方式，从而加速资产阶级意识形态霸权的灭亡”。[③]这种崭新的实践哲学与传统的以构造理论体系为目标的“哲学化”哲学有着本质的区别，是一种可以在政治实践中同步建构的鲜活哲学。

1980年11月16日，阿尔都塞在精神病发作的无意识状态中，掐死了与自己相守30多年的妻子，从此被迫远离他钟爱的巴黎高师和理论界。1990年10月22日，他因心脏病发作而死亡。一般认为，尽管法国司法部门对阿尔都塞没有提出起诉和惩罚，但作为哲学家的他在1980年杀妻后实际上已经死亡。可事实上，他的精神时好时坏，还会时时记起杀妻的恐怖场景，还得忍受常人难以想象的灵魂折磨。在虽生犹死的十年间，他一边读别人写的关于自己的书，一边开始写自传分析体著作《来日方长》(L'aventir dure longtemps，1985)。此书在他死后出版，结尾写道：“尽管生命具有戏剧性，它依然可以是美丽的。我现在67岁，即使我的人生不久就要完结，但是我感觉从未有过的年轻——我没有青春，因为我没有自爱过。是的，来日方长。”[④]言语之中流溢出无法言说的悲壮。

英国学者格雷戈里·艾略特（Gregory Elliot）在其著名论文《终结的分析，无法终结的分析》中，深入剖析了阿尔都塞的人生悲剧、思想矛盾和思想独创性。在他看来，阿氏的思想看似过时却并不过时，具有复杂的当代性／非当代性，在一定程度上体现了马克思主义和后现代主义之间的哲学转变方式。[⑤]阿尔都塞是一个被多段

① 最初发表在法国《思想》杂志（La Pensee）183期（1975年10月），后收入格雷戈里·艾略特(Gregory Elliot)编《哲学和科学家的自发哲学》(Philosophy and the Spontaneous Philosophy of the Scientists), London: Verso, 1990. 顾良据法文所译的中文稿见《马列主义研究资料》（北京）1986年3~4辑合刊，标题为“亚眠的答辩”。

② “The Transformation of Philosophy”(1976), See Gregory Elliot(ed.), Philosophy and the Spontaneous Philosophy of the Scientists, London: Verso, 1990, p. 262.

③ “The Transformation of Philosophy”(1976), See Gregory Elliot(ed.)Philosophy and the Spontaneous Philosophy of the Scientists, London: Verso, 1990, p. 264.

④ Althusser, the Future Lasts a Long Time, Richard Veasey(trans.), London: Chatto & Windus, 1993, p. 279.

⑤ Gregory Elliot(ed.), Althusser: A Critical Reader, p. 193.

历史所诅咒和厌恶的孩子，他经历了法国所面临的各种世界性的政治运动，如第二次世界大战、阿尔及利亚独立运动、反越战运动、巴黎“五月风暴”等。他不仅是“现代杂志”和“泰凯尔”小组的同代人，而且是存在主义、结构主义和后结构主义、新小说的同代人，“他既是一个参与者，也是一个反应者（和受害者）……他在现代法国知识分子文化史上占有不可忽视的、极其重要的地位”[①]。

不幸的生活事件和流逝的岁月并不能销蚀伟大思想家富有创见的声音，阿尔都塞的理论在经历了20世纪六七十年代的影响高潮之后，依然具有重大的理论和学术价值。他以自己“阅读”经典的独特方法，进一步阐明了“意识形态”和主体构建之间的关系，对20世纪后半叶的社会和人文学术产生了深远的影响。他对意识形态的论述，迄今仍然是西方马克思主义文学批评和文化批判所依赖的重要思想资源。他创造的“意识形态国家机器”“召唤（质询）主体”等术语，不仅被当代众多的文学批评（文化研究）流派所采用，而且被扩展到对社会文化体制的激烈批判。从对政治、宗教、法律、性别、种族、阶级的意识形态分析，到对家庭、学校、大众传媒、网络影像等所隐含的构造主体功能的深层揭示，甚至到对个体文化身份的斗争（如女权主义运动、同性恋运动、Queer运动、少数民族话语权以及后殖民主义理论等），都可以发现阿尔都塞思想的“踪迹”。

作为一名政治哲学家，阿尔都塞本人其实很少直接讨论文艺和美学问题。阿氏生前发表的三篇讨论文艺的文章：《米兰“小剧院”，贝尔多拉西和布莱希特（关于一部唯物主义戏剧的笔记）》《一封论艺术的信》和《抽象画家克勒莫尼尼》早在20世纪80年代中期就被译成中文出版，而且被收入了陆梅林主编的《西方马克思主义美学文选》（漓江出版社1988年版）[②]。2013年，阿尔都塞论述文艺的其他五篇长短不一的文章（有的甚至不足千字，有的是未完成稿），由陈越先生从法文翻译成中文发表。[③]据他的统计，目前可见的阿尔都塞论述文艺的文章也不过10篇上下。与其他多位被冠名为“西方马克思主义理论家”的学者相比较，阿氏关于文艺和美学的论述实在是太少了。

然而，有西方学者认为，阿尔都塞是“对近年来的文学理论影响较大的马克思

① Gregory Elliot(ed.), Althusser: A Critical Reader, “Preface”, p. 8.

② 第一篇作为《保卫马克思》的一章，早在此书中文版（1984）发行后即与中国读者见面（当时的译名是《皮科罗剧团，贝尔多拉西和布莱希特：关于一部唯物主义戏剧的笔记》）；后两篇曾发表于《马克思主义文艺理论研究》第七卷，杜章智译，文化艺术出版社1986年版。

③ 这五篇是《在超现实主义面前：阿尔瓦雷兹—里奥斯》（1962）、《致巴乌罗·格拉斯的信》（1968）、《论布莱希特和马克思》（1968）、《论卢西奥·方迪》（1977）、《林》（1977），连载于《文艺理论与批评》2011年第6期和2013年第1期。据陈越统计，阿氏还有两篇文章——《艺术实践（〈给非哲学家的哲学入门〉第15章）》（1976—1978）和有待整理发表的《文学史的概念》（1963）——尚未被介绍到汉语学术界。

主义哲学家，他的影响甚至超过了包括卢卡奇和萨特在内的许多马克思主义哲学家”①。这种评价也许有夸大之嫌，但至少说明了阿尔都塞的思想对西方当代文艺理论和美学的确有深远影响这一事实。总体来看，这种影响具体表现在以下两个方面。首先，他深刻影响甚至哺育了一批有着重要影响的文论家、美学家［如法国的皮埃尔·马歇雷（Pierre Macherey）、英国的特里·伊格尔顿（Terry Eagleton）和弗里德里克·杰姆逊（Fredric Jameson）等和一些文艺批评流派（如英国《银幕》杂志批评群体等）］。其次，他本人关于戏剧和美学的探讨，实际上触及了马克思主义文艺理论和美学的核心问题：真正的文艺究竟是不是意识形态，或者说，它与意识形态是一种什么样的关系？

关于文艺与意识形态的关系问题，阿尔都塞似乎未能给出完满的回答，但他的贡献恰恰就在于勇敢地推进了文艺与意识形态之间关系的复杂化。总体来说，他的独特思考使这一关系最终呈现为一种看似矛盾却非常深刻的两难处境：从严格意义上讲，文艺并不是一种意识形态，但它却迫使现存的支配性意识形态窘相毕露，力求激荡观众对于生命的体悟和对阶级压迫的觉醒，进而发挥文艺批判现实和解放下层民众的意识形态功能。

一、阿尔都塞的哲学观和意识形态理论

为了理解阿尔都塞文艺美学思想的复杂性，我们应该从他独特的马克思主义哲学观入手。在1975年向皮卡第（Picardy）大学提交的博士学位答辩论文《要成为一个马克思主义哲学家容易吗?》②当中，他强调了马克思主义哲学与政治实践的不可分离性及由此引发的艰难性。他明确指出，“马克思、列宁和葛兰西早已提示我们，马克思主义所需要的哲学不是那种被当作‘哲学’而生产出来的（‘哲学化的’）哲学，而是一种全新的哲学实践”③。由于马克思主义“包含着对于制度（国家）的不信任，也包含着对于一种占统治地位的意识形态的一体化（哲学）的不信任。……（因而）远离一切试图将哲学‘哲学化’的努力，以使自己不会去‘赞美

---

① Leonard Jackson, The Dematerialisation of Karl Marx: Literature and Marxist Theory, London: Longman Publisher, 1994, p. 173.

② 该文最初发表在法国《思想》杂志（La Penśee）183期（1975年10月），后收入Gregory Elliot编《哲学与科学家的自发哲学》（Philosophy and the Spontaneous Philosophy of the Scientists, London: Verso 1990）。顾良先生据法文所译的中文稿见《马列主义研究资料》（北京）1986年3～4辑合刊，标题为《亚眠的答辩》。陈越编译《哲学与政治：阿尔都塞读本》（吉林人民出版社2003年版）再次收录此文重译稿，标题译为《在哲学中成为一个马克思主义者容易吗?》。

③ Louis Althusser, Philosophy and the Spontaneous Philosophy of the Scientists (ed.), Gregory Elliot, London: Verso, 1990, p. 262.

现存事物的秩序’。那么马克思留给后来的马克思主义者一个十分艰难的任务。……（他）留给马克思主义哲学家们的使命就是去创造新的哲学介入现实的方式，从而加速资产阶级意识形态霸权的灭亡”。[①]在他看来，这种崭新的实践哲学与传统的以构造理论体系为目标的“哲学化”哲学有着本质的区别，是一种可以在政治实践中同步建构的鲜活哲学。

如果用这种独特的哲学实践观用来观察文艺活动，自然会注意到文艺作为一种意识形态表现形式所具有的现实政治介入功能。当然，阿尔都塞力求避免简单的政治功利论，而试图更多地去展现文艺介入现实的复杂性。他发现文艺形式对现实生活结构有一种移置作用，对于司空见惯的意识形态屏障和欺骗性也有着强劲的冲击力和震撼力。而要理解这一点，又必须从整体上掌握阿尔都塞对于意识形态和意识形态国家机器的独特界定和理解。

阿尔都塞大概是葛兰西之后对意识形态理论有重大推进的少数几个马克思主义思想家之一。阿尔都塞对意识形态问题的讨论有点类似于马克思对商品神秘性的讨论，是从揭示意识形态的神秘性开始的。他首先将意识形态放在社会结构当中去理解，在很大程度上绕开了将意识形态当成精神现象或理论（知识）体系的普遍思路。他在初步揭示意识形态的外在特征和社会职能之后，进一步思考了作为表象体系的意识形态与个体“意识”的相互关系，并倾向于将意识形态理解为一种先于个体存在的文化客体、社会结构、思想通道或政治无意识。他认为意识形态所反映的是人类同自己生存条件的“想象”关系，“是人们与真实生存条件的真实关系和想象关系结成的不均衡决定的（overdetermined）统一”[②]。因此，意识形态表象背后隐藏着复杂的社会关系结构和主体认同活动，它不仅仅是一种否定性的虚假存在，还可能是一种动力体系，物质地、真实地发挥着改造我们的功能。这意味着，意识形态是一种无处不在、略显神秘而又时时发挥着现实功用的物质性存在。如何认识意识形态的物质存在和功能？在1969年所写的著名论文《意识形态和意识形态国家机器》中，阿氏认为还是要回到劳动力的再生产问题当中，但他考察的重点似乎更多集中到了支配个体生存信念的最重要载体——意识形态国家机器之上。

阿尔都塞认为，马克思所说的生产条件的再生产至少包括两个必要条件：“（1）劳动力的再生产；（2）现存生产关系的再生产。”[③]他尤其重视劳动力的再生产问题，认为后者涉及意识形态和主体构造这个更复杂的问题。“劳动力的再生产不仅要

① Louis Althusser, Philosophy and the Spontaneous Philosophy of the Scientists (ed.), Gregory Elliot, London: Verso, 1990, p. 264.

② Louis Althusser, For Marx, Ben Brewster (trans.), London: Verso, 1979, pp. 232-234.

③ Louis Althusser, Lenin and Philosophy and Other Essays, Ben Brewster (trans.), New York: Monthly Review Press 1971, p. 128.

求再生产出劳动力的技能，同时还要求再生产出劳动力对现存秩序的各种规范的服从，即一方面为工人们再生产出对于占统治地位的意识形态的服从，另一方面为从事剥削和镇压的当事人再生产出正确运用占统治地位的意识形态的能力。”[①]从劳动力再生产的角度考察意识形态所起的特殊功用，将问题推向主体的自我建构，推向国家机器和社会机构的教化功能问题，这基本上切入了阿尔都塞意识形态理论的核心思路。

在探讨国家机器与意识形态的关系时，阿尔都塞直接继承了葛兰西对于国家和意识形态的精辟探讨。葛兰西是第一个强调意识形态之物质载体的创造型马克思主义思想家，阿氏高度赞扬葛兰西的独创性，认为葛兰西提出一种新的“令人惊异的”国家观念，即“国家不能被简缩为（强制性）的国家机器，还应当包括一定数量的‘市民社会’机构，如教会、学校、工会等”。受此启发，阿尔都塞指出，尽管马克思主义经典作家一般将国家看成与政权紧密相关的强制性机器，但在他们的政治实践中还是看到了国家机构的复杂性，看到了国家政权（state power）与国家机器（state apparatus）之间的相对差别。政权的覆灭或更替并不意味着所有国家机器都要发生完全的变革，掌握政权的阶级或阶级联盟有可能利用原有国家机器的职能来达到自己的阶级目的。他强调“不仅必须考虑到国家政权和国家机器的区分，而且还必须考虑到另一类明显与（强制性）国家机器并立的实体（reality），但一定不要把这些实体同（强制性）国家机器混淆起来。我将这类实体称作意识形态国家机器（the Ideological State Apparatuses，简称ISAs）”。[②]因此，国家权力的实施可以通过两种方式、在两种国家机器中进行：一种是强制性（镇压性）国家机器，另一种则是意识形态国家机器。前者包括政府、行政机构、警察、法庭和监狱等，它们通过暴力或强制方式发挥其功能；后者包括宗教的、教育的、家庭的、法律的、政治的、工会的、传媒的（出版、广播、电视等）、文化的（文学、艺术、体育比赛等）等诸多方面的意识形态国家机器，以意识形态方式发挥作用。

不难看出，阿尔都塞在这里将文学和艺术也放归到了意识形态国家机器的范畴之内，这似乎给人留下一种印象：文学和艺术也是一种以机构方式存在的精神表现形态，它们同样以意识形态的方式行使着国家权力的教化功能。如果仅仅停留在这一认识上，那么阿尔都塞对于文艺的观点就没有多少创新性了。因为在他之前和之后的很多马克思主义文艺理论家，都明显知道和强调过这一点。阿尔都塞是个非常

---

① Louis Althusser, Lenin and Philosophy and Other Essays, Ben Brewster (trans.), New York: Monthly Review Press 1971, pp. 131–132.

② Louis Althusser, Lenin and Philosophy and Other Essays, Ben Brewster (trans.), New York: Monthly Review Press, 1971, pp. 142–143. “意识形态国家机器”一词的法语表述为Appareil Idéologiques d'Etat，简称AIE，详见陈越编《哲学与政治：阿尔都塞读本》，吉林人民出版社2003年版，第335页。

喜欢给自己找理论麻烦的思想家，也是一个对文艺问题有独到体会和见解的思想家，他在其他文章中的相关论述就让文艺与意识形态的关系这一问题给复杂化了。

二、文艺与意识形态

在1966年所写的《一封论艺术的信——答安德烈·达斯普尔》当中，阿尔都塞专门讨论到了文艺与意识形态的关系问题。“艺术和意识形态之间的关系问题，是个很复杂很困难的问题。然而，我能告诉你我们研究工作的一些方向。我并不把真正的艺术列入意识形态之中，虽然艺术的确与意识形态有很特殊的关系。”[①]为了达成对艺术的“科学”的而非“意识形态的”认识，阿氏对艺术与科学、艺术与意识形态的差别和联系进行了比较讨论。他有如下一段被广泛引用的论述。

“艺术（我是指真正的艺术，而不是平常一般的、中不溜的作品）并不给我们以严格意义上的认识，因此，它不能代替认识（现代意义上的，即科学的认识），但是它所给予我们的，却与认识有某种特殊的关系。……我相信，艺术的特性是‘使我们看到’(nous donner a voir)，‘使我们觉察到’‘使我们感觉到’某种间接提到的（又译‘被引喻’‘暗指’）现实的东西。……艺术使我们看到的，因此也就是以‘看到’‘觉察到’和‘感觉到’的形式（不是以认识的形式）所给予我们的，乃是它从中诞生出来、沉浸其中、作为艺术与之分离开来并且间接提到的那种意识形态。……（对伟大作家作品的分析）需要的是从产生他们小说的意识形态向后退一步，在内部挪开一点距离。他们在某种意义上是从内部，通过内部的距离，使我们‘觉察到’（但不是认识）他们所体现的那种意识形态。”[②]

这段论述比较完整地表达了阿尔都塞对文艺的特性以及文艺与意识形态的关系问题的看法，当然也触及了马克思主义文艺美学观念的多重维度。我们从中至少可以概括出三个命题。第一，文艺对人产生效果的方式与科学、意识形态有差异，它不像科学那样能够提供认识，也不会堕入意识形态的迷雾，受蒙骗而不自觉，它可以提供对意识形态的觉悟或感受。第二，文艺与意识形态应该保持一种距离，以便人们能从文艺中感性地“觉察到”意识形态的存在。第三，真正的艺术是那些能够让人们“觉察到”意识形态的艺术，而不是那种让人迷醉、让人忘我、让人麻木的不地道的艺术。

那么，什么样的艺术才算是真正的艺术？阿尔都塞在此并没有给出明确的回

① 阿图塞：《列宁和哲学》，杜章智译，台湾远流出版公司1990年版，第241页。
② Althusser, Lenin and Philosophy and Other Essays, Ben Brewster (trans.), New York: Monthly Review Press, 1971, pp. 222–223.

答，但提出了一些可供比较的思路。马克思主义通常认为，“科学”是对现实的真实感知和理解，提供对现实的认识或知识；“意识形态”更多时候是一套掩盖真实的虚假观念，其中所描绘的现实是由那些拥有既得利益而拒斥剧烈社会变革的人们所提供的措辞，因而是相当片面和歪曲的。艺术和科学都可以起到揭示意识形态虚幻性的作用，但揭示的方式大不相同；科学以认识的、理论的方式从而让人获取“知识”去揭露意识形态，而艺术则以陌生化的、让人觉醒的方式“感觉到”“觉察到”意识形态的欺骗性和局限性。[①]真正的艺术会使意识形态陷入自我尴尬的窘迫境地，以此实现对意识形态的破解；但一般性的、庸常的艺术则因为只能反映部分的现实真实而再次陷入意识形态的藩篱。

阿尔都塞并没有直接说明他所认同的真正的艺术都有哪些具体的标准，但他分明意识到自己对艺术的要求是站在革命的马克思主义立场之上的。“现在我相信，我们能够希望取得真正的艺术和知识，深入了解艺术工作的特性、认识那些产生‘美学作用’的机制的唯一途径，正好是对‘马克思主义的基本原则’多花时间，予以最大的注意，而不是匆匆‘转到别的一些东西上去’，因为如果我们过于迅速地转到‘别的一些东西’上去，我们得到的将不是艺术的知识，而是艺术的意识形态。如果我们必须转到‘马克思主义的基本原则’上去（这要求细致而艰苦的工作），以便能够站到正确的立场上，使用正确的概念（不是审美自发性的意识形态概念，而是与自己的对象符合的科学概念，从而必然是新的概念），那么，这不是为了悄悄地把艺术撇在一边，或者把它牺牲给科学：完全只是为了认识它，给它以应有的评价。”[②]从中不难看出，阿尔都塞不但极其重视艺术的重要性和独特性，更强调应该用马克思主义基本原理去认识艺术独特性，为探讨艺术问题指明了一条深刻而谦逊的理论道路。

统观阿尔都塞对艺术与意识形态关系的讨论，我们发现，他并不认为艺术与意识形态的关系是一种二元相对的关系，而是一种由艺术、意识形态和科学构成的三元关系。只有在这种复杂的多元关系当中，艺术的独特性才可能显现出来。艺术既不是科学，也不能被简单地归为意识形态。说它不是科学，是因它不提供科学知识；不能简单地说它是意识形态，是因为它提供了窥破意识形态体验的某种距离，这种距离使我们能“看见”“觉察到”意识形态的矛盾性存在。从这点来看，英国文

---

① 阿尔都塞在《保卫马克思》中曾阐明：“我将把具有科学性质的一切理论实践叫作理论，我把限定一门真正科学的理论体系（它的基本概念在一定的阶段既是矛盾的，又是统一的）叫作（带引号的）‘理论’。……我把一般的理论，即关于一般实践的理论叫作（大写的）理论（Theory），这种理论本身是依据（各门科学）现有理论实践所构成的大写理论而精心构建的，而后者把现有的‘经验’实践（人的具体活动）的意识形态产物转变为‘各种知识’（科学真理）。”Louis Althusser, For Marx, Ben Brewster(trans.), London: Verso, 1979, p. 168.

② 阿图塞：《列宁和哲学》，杜章智译，台湾远流出版公司1990年版，第246页。

化理论家托尼·贝内特将艺术形象地比作意识形态的“内奸”，真是精妙无比。艺术在不声不响中使意识形态发现自己已经被出卖了。这意味着，文艺可以暂时拆开意识形态的链条，从而创造一种开放的自由精神空间。文学并不能直接产生革命意识，也不是用科学知识取代意识形态；但它在导致意识形态暂时悬置、失效的同时，趋向于开发一种对待现实的新思维和新态度。[①]阿尔都塞本人并没有明确论述文艺所具有的这种开新效应，而对文艺揭露、呈现意识形态内在矛盾的“祛幻”功能情有独钟。贝内特对文艺开启新思维和新姿态的发挥性论述具有重要的理论价值，与其他更多的阿尔都塞的思想继承者一样，他似乎更为重视文艺在拆解意识形态锁链时所带来的自由精神和解放力量。从这一点来说，阿尔都塞强调文艺对意识形态的内在批判，实际上也就强调了文艺的政治实践效果，应该说这正是他对马克思主义文艺理论的杰出贡献之一。

三、阿尔都塞论布莱希特的戏剧观

阿尔都塞不但从理论上对艺术与意识形态的关系有深刻的阐述，对艺术的特性有明确的强调，而且努力在自己对艺术作品的批评实践中去深化和实现自己的理论主张。具体来说，阿尔都塞对著名的戏剧家贝托尔特·布莱希特（Bertolt Brecht，1898—1956）的戏剧和抽象派画家莱昂纳多·克勒莫尼尼（Leonardo Cremonini，1925—2010）等人的画作，进行了非常具体而独到的分析。

《米兰“小剧院”，贝尔多拉西和布莱希特》（关于一部唯物主义戏剧的笔记）是阿尔都塞早年（1962年）探讨文艺问题的重要论文。这篇文章看似是对一部普通剧《我们的米兰》的批评鉴赏，但正如他在1968年所写的《论布莱希特和马克思》一文中所说的，“《我们的米兰》在我的哲学研究中扮演了重要的角色，在观看《我们的米兰》时，我更进一步地理解了马克思思想中某些重要的东西”[②]。国内有学者称此文为“阿尔都塞美学思想的诞生地”[③]，国外不少学者也很重视这篇文章，因为它要阐明的是戏剧（尤其是布莱希特戏剧）的唯物主义哲学基础问题，而后者直接关系阿尔都塞对马克思主义原理的理解。

---

① Tony Bennett, Formalism and Marxism, London: Routledge, 2003, p. 100. 中译文可参考寿静心所译《科学、文学与意识形态》，载《辽宁大学学报》1994年第4期。

② 《阿尔都塞论艺术五篇》（上），陈越、王立秋译，《文艺理论与批评》2011年第6期。

③ 王杰即持此说，但未作深入讨论。参见其论文《艺术与意识形态：阿尔都塞的美学思想》，《国外社会科学》1996年第5期。英国学者托尼·贝内特和美国学者弗雷德里克·詹姆逊都很重视阿尔都塞对于布莱希特戏剧的讨论，参见前者《形式主义和马克思主义》（Formalism and Marxism, London:Methuen, 1984）第六章；后者《布莱希特与方法》，陈永国译，中国社会科学出版社1999年版）。

阿尔都塞从该剧的表演中，“读”出了一种潜在的戏剧文本结构——一种不对称的、离心的结构，并强调这种结构变形与布莱希特的戏剧观有深刻的一致性。从马克思主义的基本原则出发，阿氏认为“真正的批判只能是内在的批判，而在成为有意识的批判前，首先应该是真实的和物质的批判。因此，我觉得也许可以把这种不对称的、离心的结构看作是唯物主义戏剧尝试的基本特点”。在他看来，布莱希特的戏剧观突破了黑格尔“现象学”及其任何一种在意识内部批判自身的意识形态的缺陷，“正是在这个十分确切的含义上，我们可以说：当布莱希特不再用自我意识的形式表达剧本的意义和潜在意义时，他推翻了传统戏剧的问题域（problematic）。我想说的意思是，为了使观众产生一种新的、真实的和能动的意识，布莱希特的世界必定要打消任何想以自我意识的形式充分地发现自己和表现自己的念头”[①]。由于布莱希特戏剧对传统戏剧产生了革命性的改造，我们可以通过对两者的比较去探讨唯物主义戏剧的美学原则。

阿尔都塞认为，传统戏剧和布莱希特戏剧的根本区别，首先在于能否对意识形态构成自觉的批判。传统戏剧对应于“一个没有真正自我批判的时代”，这个时代“必然倾向于通过非批判的戏剧来表现自己和承认自己”。因此，“未经批判的意识形态无非是一个社会或一个时代可以从中认出自己（不是认识自己）的那些家喻户晓和众所周知的神话，也就是它为了认出自己而去照的那面镜子，而它如果要认识自己，那就必须把这面镜子打碎”[②]。而布莱希特剧本的离心性和不对称性，正好是对意识形态镜像神话的破除。破除意识形态神话需要各种策略，阿尔都塞看重的是布莱希特采取的物质的艺术方式，如在舞台设计中突现非对称性，注重对侧面、边缘地带、旁白和其他为古典戏剧所轻视的地方的凸现。在他看来，布莱希特所要做的，就是在舞台操作中把自我意识这个意识形态美学的明确条件（以及它在古典戏剧中的派生物“三一律”）排除出去，因此才能与传统戏剧发生根本决裂：物质条件的决裂。

布莱希特戏剧之所以深受阿尔都塞的重视，就在于他开创了一种新的文艺范式，这种文艺范式通过物质手段造成的间离效果，在观众和演出之间建立了一种新型的批判的能动关系，“要使观众成为把未演完的戏在真实生活中演完的演员”。[③]这意味着新的戏剧将打破文艺与现实的人为界限，将使观众和演员的关系发生根本性的转变。这种变革使戏剧取消了主角，也抹去了主角曾带有的英雄光环和个体曾享有的完整的自我幻象，从而使观众可以从对剧中主角的依赖和遵从地位中摆脱出

① Louis Althusser, For Marx, Ben Brewster (trans.), London: Verso, 1979, p. 143. 参见顾良译《保卫马克思》，商务印书馆2006年版，第135页。

② 阿尔都塞：《保卫马克思》，顾良译，商务印书馆2006年版，第136页。

③ 阿尔都塞：《保卫马克思》，顾良译，商务印书馆2006年版，第138页。

来。普通群众不再需要通过体验和崇拜偶像的情感世界来体验自身生命的意义，他们本身就成为历史的创造者。在阿尔都塞看来，布莱希特的唯物主义戏剧观意味着戏剧家哲学观和革命立场的转变，因此是值得深入思考的重大理论问题。

四、艺术变形与意识形态批判效应

阿尔都塞曾在《一封论艺术的信》中承诺，“希望在几个月之后能够发表关于这个题目（*即艺术与意识形态的关系及艺术的特殊性问题——笔者注*）的重要研究成果”，但由于种种原因，他对艺术与意识形态关系的讨论也就从此中断。几个月后他发表的《抽象派画家克勒莫尼尼》一文，依然集中于对绘画作品进行理论分析，并进而提出了文艺呈现意识形态真相的一些手法和策略，尤其强调艺术变形的意识形态批判效应。

阿氏在开篇即指出，欣赏克勒莫尼尼的绘画需要一种不同于流行的鉴赏美学的理论视角。在他眼中，克氏所画的既不是“物体”，也不是个人的情绪表现，“而是‘物’同它的‘主人’之间的真实关系”。他批评现代评论家只在画家的主观性的奥秘中思考画同作者的关系；对于他们来说，鉴赏美学与创造美学建基于“同样的基本意识形态范畴之上：主体的范畴（无论是创造者还是消费者均具有主体的属性，如自由、创造、意图和判断）和客体的属性（作品中表现或反映的“物”，作为客体被生产或消费）。这意味着创造的主观性只不过是鉴赏的主观性的镜像反映（而这种反映就是美的意识形态本身），‘作品’只不过是画家的主观性的现象”[①]。阿尔都塞反对这种主体创造型文艺观，他要从抽象派的绘画中发现自己所要阐明的新文艺观，挖掘潜藏于画面呈现物之下的意象关系所体现的社会哲学关系，让观众在震惊中获得一种备受压抑的感受，产生一种对现存社会秩序的反感、反思和反抗。

阿尔都塞对克勒莫尼尼绘画的分析，可以与海德格尔对凡·高《农鞋》的分析相参照。[②]他将画面中的山岩（人类生存的依赖）、植物（茎、花的无声与内在的呐喊）、动物（瘦骨嶙峋的羊、狗，在收拣骸骨中苟延残喘的牲畜和它的主人，一样的行尸走肉）、人们以及这几者之间的关系都看成了哲学分析的对象，特意在画中所示的场景与我们惯常的意识形态成见之间拉开了一段陌生化距离。画面上出现的并不

① 阿图塞：《列宁和哲学》，杜章智译，台湾远流出版公司1990年版，第249—250页。

② 从表面上看，海德格尔对《农鞋》的诗化描述显然充满着人道主义的哲思和温情，而后者正是阿尔都塞所极力反驳和批判的。实际上，他们对于大地、器物与人的关系的深刻思考，以不同的思路共同趋向于对普通人的生命潜能、人格尊严和存在意义的释放。阿尔都塞对个体所承受的沉重的历史与意识形态压抑有着神经质般的敏感，这正是为了将主体从麻木和不自觉中解放出来。他的理论分析读起来都很冷峻，但处处流露出对人性尊严与幸福生活的热切期望。

是一般评论家所认为的具体的人／物或者是对具体的人／物的呈现，而是“物”与人之间的某种神秘的历史与命运关系。

“人们：他们最初曾有，而且现在仍然有他们的‘物’的形态，也就是自然‘物’的形态。石头的躯体和面孔，在它们的物体和姿态中显露出它们最初的‘起源’……人们：凝固在他们的本质中、他们的过去中、他们的起源中，也就是他们的不在场（absence）中的存在物中。这种不在场使他们成为现在的样子，他们从来没有要求过生活，或问过为什么应该生活。‘物’：那些工具、器皿、把内外分开的隔墙、空气的阴影、旧油漆的阴暗光泽、天空的清澈透明。‘人’：由他们的客体的材料塑造成，被这些材料围绕着，永远被它决定了：面孔受空气腐蚀了，被啃咬了，而且似乎被切割了（几乎是大部分面孔），姿态和呐喊凝固成永远不变的重力，这是时间对被还原成物质的永恒的人的嘲弄。”①

阿尔都塞由此指出，这幅画是对“历史”中无声地说话的东西——人与物之间的关系——的揭示；指明了某种不在场的社会历史结构或日常意识形态结构对人物命运的支配，这种支配使人失去了反省自身生命意义的意识和能力，成为物化的行尸走肉。他认为画面中暗藏着一种控制人与物之间关系的深层结构，而艺术要表现这种结构，“永远不能用它的在场、从外表上以正面地和凸雕的方式来描绘，而只能用迹象和作用、用不在场的标志、用负面的和凹雕来描绘”②。为了彰显深层的无声的联系，阿氏极其重视克氏绘画中出现的两个相关意象——镜子和面孔。在他看来，“这面（旧）镜子是平民们的唯一财富，他们从中能看到自己不幸的过去。他们看着自己：不，他们是被人看着。这是他们的镜子，是紧紧缠住他们的不幸，不管他们愿意与否，是让他们看到他们所做的一切和唯一不能转让的财产：他们自己的形象”③。镜子是阿尔都塞从画面中发现的最具有意指性的物象，镜子的冷漠与永恒不变不仅映照着平民的面孔和形象，而且既能让我们看见，更能让他们看见自己的形象和面孔。

画家怎样画人的面孔已经不单单是一个物象呈现问题，还是一个涉及艺术原理的意识形态问题。克氏绘画让人看到的几乎全是残缺、变形的面孔，在阿氏看来，“克勒莫尼尼的人的面孔不是表现主义的，因为它们的特征不是畸形（丑陋），而是变形：它们的变形只是形态的一种决定因素的不在场，只是一种对它们的无个性特征所作的‘描绘’，而正是这种无个性特征构成对人道主义意识形态的范畴的实际废弃。……它们常常是以一种不在场的方式出现的：一种纯粹否定的不在场，它们被

① 阿图塞：《列宁和哲学》，杜章智译，台湾远流出版公司1990年版，第253页。
② 阿图塞：《列宁和哲学》，杜章智译，台湾远流出版公司1990年版，第255—256页。
③ 阿图塞：《列宁和哲学》，杜章智译，台湾远流出版公司1990年版，第253—254页。

拒绝拥有也被它们拒绝拥有的人道主义作用的不在场；还有一种肯定的、决定因素的不在场，即决定着它们，使它们成为现在这种无个性特征的存在物、成为支配它们的现实关系的结构效应的这个世界的结构的不在场”。阿尔都塞强调艺术中所呈现的物象只是意识的变形，这种变形显示了不在场的深层意义的真实存在。正是那些无表情的、不完整的面孔，以双重的（否定／肯定）不在场方式昭示了“人”在克勒莫尼尼的作品中的存在；“正因为如此，他的绘画是深刻反人道主义的和唯物主义的”[①]。阿尔都塞认为，艺术变形在对象与观众之间制造出了一定的距离，使“我们不能在画中（意识形态地）认出自己。……我们在其中以艺术（这里是绘画）所提供的特殊形式认识自己”。艺术变形促成了对自我现存处境的反省和自觉，这与伟大的唯物主义思想家为人类开辟的道路相通。照此说来，抽象派画家是艺术领域的思想先知和革命家，虽然他们所画的是人们与世界的“抽象”关系，但实际上关注的是每一个具体的人的生存。

实际上，阿尔都塞对文艺变形与抽象的讨论分明又回到了文艺的社会功能方面。这意味着不同于意识形态、显现意识形态的艺术，最终成为一种可以产生意识形态效果的东西。“每一件艺术品，都是由一种既是美学的又是意识形态的意图产生出来的。当它作为一件艺术作品存在时，它作为一件艺术作品（用它对它使我们看到的意识形态开始进行的那种批判和认识）产生出一种意识形态的结果。……由于艺术作品的特殊职能是通过它同现在意识形态（不论以任何形式出现）的现实所保持的距离，使人看到（donner à voir）这种现实，所以艺术作品肯定会产生直接的意识形态效果，因此，艺术作品与意识形态保持的关系比任何其他物体都远为密切，不考虑到它和意识形态之间的特殊关系，即它的直接的和不可避免的意识形态效果，就不可能按它的特殊美学存在来思考艺术作品。”[②]阿尔都塞对艺术抽象与变形的创造性阐释，目的就在于强调文艺对意识形态窘相的呈现有其独特的方式。这就是说，通过变形与陌生化抽象，使人们与日常浸润其中的意识形态常规拉开一段审视的距离，从而萌发起自觉的审美批判意识。如果对此稍加引申，就不难发现，这种致意识形态于窘地的艺术变形也正是文艺发挥自身革命性的独特方式之一。

不难发现，阿尔都塞对艺术变形、抽象和陌生化的哲学分析，与俄苏形式主义、未来派诗歌、超现实主义等文艺思潮对语言陌生化的强调有不少相通之处。未来派诗人甚至将新的句式和语言看成革命的实际操练，超现实主义者甚至将超现实的奇异意象看成革命性的创造，俄苏形式主义者渴望从表现手法和语言的陌生化中去恢复对艺术独特性的艺术敏感，似乎都在强调对现有艺术形式的超越和陌生化问

---

① 阿图塞：《列宁和哲学》，杜章智译，台湾远流出版公司1990年版，第257—258页。
② 阿图塞：《列宁和哲学》，杜章智译，台湾远流出版公司1990年版，第259—260页。

题，尤其强调要创造出具有某种新型艺术特色的艺术作品。与之相比较，阿尔都塞强调从变形的、抽象的意象本身去呈现意识形态的虚幻性和矛盾性，更看重艺术陷意识形态于窘境的政治实践效果。对于我们来说，寻找并探讨那些为各派理论家共同关注的重要问题（比如艺术变形和陌生化问题），可能比区分这些理论家的不同倾向具有更重要的理论意义。在文艺批评实践中，艺术形象的变形、抽象与陌生化应该成为关注的核心，因为对它们的分析可以凸现艺术生产的特殊过程，凸现艺术对现实的加工和取舍程度，可以找到文艺批评的切入点。

强调真正的艺术通过强化与读者（观众）的距离，必须让我们“感觉到”“看到”间接暗指现实的某些意识形态。他之所以看重戏剧家布莱希特和抽象派画家克勒莫尼尼，首先是因为他们动摇了意识形态的虚假意识，让观众“看到”了某些现实的事物，对社会变革产生了作用。阿氏称赞克勒莫尼尼的绘画“拒绝与观众共享圣餐——志得意满地将富有人情味的面包慢慢掰碎；在这种共谋关系中，通过‘画’中的描绘可以使观众互相串通和确认他们自发的意识形态”。[①]这意味着，真正的艺术（或革命的文艺）绝不像大多数平庸艺术那样，以人们所熟悉的、感到惬意的方式呈现生活或想象，而采取人们不够熟悉并感到愤懑的表象去表现。反之，那些对现实进行原样“复制”的形形色色的自然主义，都由于扮演了维持意识形态现状的角色而应受到平庸（或不革命）的批评。

五、意识形态、文学生产与文学批评

为进一步理解文艺与意识形态关系的复杂性，我们应该重视阿尔都塞在《意识形态和意识形态国家机器》中的理论立场，从文艺的物质生产过程入手对文艺在社会生产结构中所处的地位和所发挥的社会职能进行分析。我们可以用阿尔都塞的意识形态理论去理解文艺的生产，可以将文艺看成一种特殊的意识形态实践方式。那么，文艺的生产就不能被笼统地理解为（创作）主体的创作活动和（接受）主体的接受过程，而应该被理解为一种与艺术媒介（主要是语言）有直接关系的特殊的意识形态实践。在马歇雷和伊格尔顿看来，这种特殊的意识形态实践就是文学话语（literary discourse）实践。文学生产以文学话语为物质载体、媒介和传达方式，受意识形态语境、无意识想象和虚构等因素的或隐或显的影响。文学生产和接受过程中必然涉及语言交往行为，文学话语除了具有一般语言具有的意识形态性之外，还具有更为复杂的审美特性，而文学的审美功能却只有通过文学话语实践，通过艺术变

① 阿图塞：《列宁和哲学》，杜章智译，台湾远流出版公司1990年版，第258页。笔者根据英文版对译文稍加改动。

形、抽象和陌生化等手法来完成。从这一点来说，西方理论家将文学看成一种文学话语实践或生产，为探讨文学与一般意识形态的深层联系和差别找到了物质载体，也为文本的意识形态分析提供了可行的操作手段。

为了理解文学是一种文学话语生产，我们有必要对话语概念进行一些辨析。“话语”概念被广泛应用于当代人文学术的诸多领域，人们对话语的理解也各有不同，但一般都认可话语是一种关系到语言传达和交流的社会实践活动。话语作为一种语言实践活动，必然涉及传话人、受话者、接受语境、活动载体（文本）等因素，因此与意识形态、语言、主体身份和社会权力等方面有密切的关系。语言是主体之间交流意识的媒介，是意识形态的载体。从这一点来看，话语理论同马克思对意识形态与语言关系的经典论述有着深层的思想联系。[①]阿尔都塞从理论上区分了知识客体和对象客体，认为知识概念与指涉物分属于不同的领域，知识概念与指涉对象之间并无一一对应的关系。我们可以将知识看成具有相对独立性和相对自足性的领域，看成一种知识话语的生产。皮埃尔·马歇雷的《文学生产论》，伊格尔顿的《马克思主义与文学批评》和《美学意识形态》等著作，其实都涉及这一问题，在不同程度上都受到阿尔都塞文艺美学观的启发。当然，阿尔都塞也受到了马歇雷的影响（阿尔都塞在《一封论艺术的信》中承认了这一点）。

在《文学的生产理论》中，马歇雷集中讨论了艺术与意识形态的特殊关系，为我们理解文学话语的构成和特征有较大的助益。为探讨文学生产的深层秘密，马歇雷认为应该区分意识形态“幻象”（illusion）和文艺“虚构”（fiction）的本质差别。幻象是伴随于意识形态而出现的社会必然现象，因为意识形态就是由各种社会信仰所组成的具有幻象性的思想系统，而虚构则是文学家自觉进行的创造性活动，二者有根本的差别。虚构话语虽然以幻象话语为基础，但并不是幻象话语的简单表达，而更像是幻象语言的独立生产。幻象是人的一般意识形态经验，它是作者加工的材料，但在加工过程中，意识形态材料获得了特殊的形式和结构，它发生了变化，被限制在“虚构”的范围内，成了与意识形态不同的东西。“被派上用场的一种幻象不再只是一种幻象，不再只是欺骗。它是一种被打断的、被认识到的、被完全转变了的幻象。”[②]文学虚构话语的这种深层转换也就是艺术对意识形态的定型作用，通过拉开或制造与意识形态的距离，文艺可以让意识形态呈现自身的幻象性和窘迫性。

---

① 马克思曾讲到语言与意识形态的深层关系：“‘精神’从一开始就很倒霉，注定要受物质的‘纠缠’，物质在这里表现为震动着的空气层、声音，简言之，即语言。语言和意识具有同样长久的历史；语言是一种实践的、既为别人存在并仅仅因此也为我自己存在的、现实的意识。”《马克思恩格斯选集》第1卷，第35页。

② Pierre Macherey, A Theory of Literary Production, Geoffrey Wall(trans.), London & New York: Routledge & Kegan Paul, 1978, p. 62.

但是应当看到，文学虚构话语与科学的“理论”话语不同，它对意识形态幻象性的揭示不是通过理论性认识来完成的，而是通过触动、震撼我们的审美感觉来完成的。

阿尔都塞、马歇雷、伊格尔顿等人对意识形态、文学话语及文学生产的讨论，将文学活动置于社会生产关系当中去讨论，充分揭示了文学生产和文学话语实践过程的复杂性。文学创作赖以进行的日常语言都是意识形态语言，文学的生产就是对日常意识形态语言进行审美化处理的文学话语实践；文学话语实践创造出来的应该是一个新的世界图景，并不是对现实世界的简单再现或对情感的直接传达，而是对意识形态内在冲突的有意识凸现。正像马克思通过对资本主义社会生产过程的分析揭示出了商品的秘密一样，阿尔都塞和马歇雷尝试从文学生产的过程中去揭示文本构成的秘密。只有理解了文学生产和文学话语构成的深层过程，才能进行真正的马克思主义文学批评，文学批评才有资格成为一种严肃的事业，而不至于成为与社会事实“对号入座”或按图索骥的黑色幽默或判断游戏。

统观阿尔都塞及其影响下的文艺批评观，似乎始终纠缠在文艺对意识形态的批判和瓦解方面，而将文艺活动主体（创作主体或接受主体）的自由排除在讨论之外。阿尔都塞对文学批评的贡献主要不在于他本人进行的少量的批评实践（尽管他的批评文章是意识形态批评的范例，且具有强烈的个性化色彩），而在于他的意识形态批评对已有的文学理论和美学理论构成了颠覆性的影响。阿氏关注的是文艺的政治功用，是文艺对意识形态窘相的揭露，他希望文艺能够对接受主体（浸泡于日常意识形态空气当中）的自足感和完整感产生震撼，希望普通民众能直面人生的真实境遇，在弃绝资本主义意识形态的麻醉中走向解放。但是，仅仅强调文艺的意识形态功用是极不充分的，文艺活动涉及的主体和审美问题还是一个不容回避的问题。

六、“症候式阅读”与文艺批评

由于文学审美意蕴的生成直接源于文本的生产和文学话语的实践，因此，文本解读和文学批评应该以文学生产过程和文学话语构成的特殊性为理论出发点。阿尔都塞的“多重因素不平衡决定论”使我们相信意识形态是一个受多元矛盾决定的结构，它渗透于人的一切行为当中，与个体的生活体验和无意识想象密切相关，它的内在矛盾和冲突可以在文学文本中得到或隐或显的呈现。产生于意识形态“大气”中的意识形态话语本身就有一些值得分析的虚幻性，而文学话语作为对意识形态话语的二度加工，渗入了更多的虚构和想象成分，更增加了对文学话语和文学文本进行意识形态分析的复杂性。在马歇雷等人看来，文学形式是对现实意识形态矛盾的一种“想象性的解决”，它以一种不同于普通语言的特殊话语方式掩盖了现实意识形态的矛盾；批评家／读者要想获得对文本意识形态的理论性认识，只有借助一种特殊的方法——“症候式阅读法”才能完成。

阿尔都塞的“症候式阅读法”就是要在“显在话语”的背后读出“无声话语”来，“要看见那些看不见的东西，要看见那些‘失察的东西（oversight）’，要在充斥着的话语中辩论出缺乏的东西，在充满文字的文本中发现空白的地方，我们需要某种完全不同于直接注视的方式，这是一种新的、有信息的（informed）注视，是由视域的转变而对正在起作用的视野的思考产生出来的，马克思把它描绘为问题总框架的转换”[①]。“症候式阅读”首先是对文本明晰性的质疑和抛弃，它强化了文本的可疑性和非透明性，使得阅读行为本身增加了复杂性和多义性。阿氏认为要重视理论文本的知识自足性，而不要将文本看成现实的直接对应物。“我们必须抛弃直接观看和阅读的镜子神话，将知识想象为一种生产。”[②]将知识视为一种生产的观点，对伊格尔顿影响很大。伊格尔顿将文学文本看成“一种意识形态生产”，并认为这种生产与戏剧生产最为相似。因为“戏剧的生产并不是对其所依赖的戏剧文本的‘表现’‘反映’或‘再生产’；它‘生产’文本，将戏剧文本转变成一种独一无二的、不可还原的实体。戏剧的生产不是依照其对文本的忠诚程度来判断……文本和生产不是彼此相伴的对称方式，可以像度量两个物体之间的距离和关系那样去度量它们之间的关系。文本和生产是不对称的，因为它们居于不同的真实存在和理论空间”[③]。将文学文本视为意识形态话语的二度创造，意味着文学批评的中心任务不是去寻找与意识形态话语相对应的现实图景或主体情愫（因为这种对应根本就不存在），而是去揭示文本生产过程的秘密。

正如英国学者凯瑟琳·贝尔西所指出的：“批评的目的不是去寻找作品的统一，而是去发现文本中可能具有的多样和不同的意义，文本的不完全性，它所显示出但未能描述的省略，尤其是它的矛盾性。”[④]应该指明的是，阿尔都塞和马歇雷所说的批评性“阅读”，都旨在让文本自身呈现其内涵的意识形态矛盾或症候。马歇雷对儒勒·凡尔纳的科幻小说《神秘岛》进行了详细的分析，发现在文本自身所呈现的原始神秘与凡尔纳意图设计的殖民文明改造之间产生了无法弥合的矛盾。公开的意识形态设计是对荒蛮自然的征服和改造，但船长尼莫的神秘存在所具有的神话般的力量正好暗示了自然界的神奇，是对殖民主义意识形态的破解。在阿尔都塞和马歇雷看来，文本自身所拥有的症候和空白，处在各种意义的交锋之中，隐含着对其所附属的意识形态的内在批评。

---

① Louis Althusser, Reading Capital, London: Verso, 2009, p. 27.

② Louis Althusser, Reading Capital , London: Verso, 2009, p. 24.

③ Terry Eagleton, Criticism and Ideology, London: Verso, 1976, p. 64.

④ 凯瑟琳·贝尔西：《批评的实践》，胡亚敏译，中国社会科学出版社1993年版，第137页。

“症候式阅读”以文本自身是可疑的意识形态文本为前提，打破了作家对文本意义的垄断性阐释地位，也打破了某一种阐释独领风骚的局面，使这种阅读式的批评更像是对充满多义性的文学文本的解读。文学批评家们更易于理解和应用“症候式阅读”的技巧，在各种各样的文本中查看“断裂和沉默”，以便能提供心理的或政治的无意识。“症候式阅读”意味着对文本自身矛盾的呈现，意味着对文学文本多种意蕴的释放，这与那种总是探究作品意义一贯性的传统的批评实践正好相反。传统的批评和阐释往往倾向于抹平文本内在的矛盾，通过制定一套可接受的规则，为文本提供可接受的解释，将那些可能与自己所信奉的意识形态产生冲突的文本因素统统清除干净，为文本提供某种闭合的阐释。实际上，这种批评最终会成为某种意识形态的同谋。在此意义上，文学批评更像是对文本自身矛盾的一种理论呈现，更像是对文学生产过程的一种解读。解读文本意味着对文本的开放，意味着对文本潜在意蕴和潜在功能的开放。这种解读最终所涉及的问题实际上不仅是阐释学关注的问题，而且是后结构主义和解构主义关注的思想主题。

结　语

阿尔都塞有关意识形态与艺术之间的关系的讨论，一方面促使人们将文学看成一种与意识形态话语密切相关的生产实践，另一方面又促使人们去思考文学话语的特殊构成。正是从文学生产和话语构成这一思路入手，他的思想继承者打破了人们对于文本完整性的幻觉，倾向于将文本看成一种充满问题的文本。阿尔都塞的“症候式阅读”正好为我们提供了文本分析的新方法，使我们倾向于探寻和阐释文学话语自身的矛盾和悖论，探寻文学话语的生产与社会语境之间的关系。也就是说，文学批评不再只关注文本和作家到底写了些什么，而应该关注文本是怎么写成的，是如何建构起来的。这种拆解式的文本阅读旨在瓦解意识形态的稳固性和统一性，与解构主义文学批评对文本完整性的破解有相似之处。尽管这种相似并不能掩盖二者在理论基础上的差别——解构批评更多地依赖于对语言和话语自身悖论的解析，意识形态批评依然依赖于马克思、阿尔都塞对意识形态复杂虚幻性的揭露，但我们在西方当代马克思主义文论家的批评实践中似乎看到了二者的汇合。杰姆逊抛弃传统的表现因果律认识观，以阿尔都塞的结构因果律为出发点，将晚期资本主义社会纷纭复杂的文化现象看成纵横交织的宏大“社会文本”，试图在具有社会象征行为的叙事中呈现社会文本背后的“政治无意识”，呈现被淹没的永远无法穷尽的历史边际线。当代文化批评和文化理论所拥有的阔大胸怀和开放姿态，使我们相信阿尔都塞的意识形态理论和哲学思想，依然可以为马克思主义文论开辟出新的开阔的大道。

第十四章　格式塔美学

概　　论

“格式塔美学”（Gestalt Aesthetics），是20世纪中叶在欧美影响很大的美学流派。“格式塔”是德文“Gestalt”的音译，有“形态”与“构形”的意思，但汉语里并无准确的对应词，英文里也没有准确的对应词，比较接近的词是“form”（形式）抑或“shape”（形状）。在心理学领域，“Gestalt”通常被翻译成“pattern”（模式）和“configuration”（完形），所以“格式塔心理学”（Gestalt Psychology or the Psychology of Gestalt）又被称为“完形心理学”。“格式塔美学”只是格式塔心理学的一个分支，尽管它是20世纪的美学新潮，但“格式塔心理学”却创生于19世纪末叶的奥地利和德国，且最早摆脱了19世纪实验心理学主流而走向现象分析。

1890年，德国哲学家艾伦菲尔斯（C. von Ehrenfels, 1859—1932）便在一篇论文中提出所谓“格式塔质”（Gestaltqualität）。当他将这个新词介绍到心理学领域时，很大程度上依赖于对音乐曲调的审美分析。艾伦菲尔斯让12位听者同时听一段由12个乐音组成的曲子，让每个人只能去倾听其中一个乐音，结果非常明显：这12位听者各自获得的经验综合，绝对不同于一位听者倾听整个曲子之后的经验。这证明了“格式塔质”的最基本的性质：心理意义上的整体绝不是部分相加之和，反而是大于部分之和。这样，“知觉整体性”就不能由各自部分的感觉元素所组成，前者是先于后者并且决定后者的。所以，“格式塔”注重的是“整体论”和“完整性”，应用于美学分析领域，就是要总体把握审美对象的结构样式。

格式塔心理学运动的创始人是德国心理学家韦特海默（Max Wertheimer, 1880—1943）。他于1912年在法兰克福促使完形心理学——关于形的心理学的问世，其《关于运动视觉的实验研究》一文便是这种心理学的基石，“研究课题是对运动的感知。

当光线被投射穿过一条垂直的小裂口，以后又穿过一条向右倾斜20度或30度的裂口时，两次投射的间隔可以这样选定，使这道光线似乎是从一个位置落到另一个位置上。韦特海默进一步从数量上找出这些时间关系，据此，他能提供：(1) 两个同时亮起来的裂口；(2) 从A到B的运动感受；(3) 时间上的连续感。第一由第二相随，但不涉及任何运动。主要问题是运动感受的本质，ø现象（phi phenomenon）”[①]。这种心理学上的所谓“似动现象”，不仅从运动的角度反击了知觉是由各种感觉要素的复合的“要素论”，而且打击了倡导“联想主义”的冯特（W. Wundt）心理学；具体到美学领域，这种取向所抨击的是著名的“移情说”。

韦特海默最重要的两位合作者，便是心理学家克勒（Wolfgang Köhler, 1887—1967）与科夫卡（Kurt Koffka, 1886—1841），他们都是格式塔心理学的奠基者。前者继续从事“认识—知觉发展”研究，使知觉、思维、感情和行为之间的关系得以系统化，并在《格式塔心理学》和《心理学中的原动力》中论述了审美价值问题。后者则直接将格式塔心理原则应用于儿童心智发展研究，其《思维的发展》《格式塔心理学的原则》都是重要文献。他们继续将“似动现象”直接解释为格式塔现象，按照完整的“趋向定律”，视觉结构将形成一个像优势条件所允许的那样完好的格式塔。此外，“场物理学”的研究对于格式塔心理学也产生了重要影响，这种物理学强调“场”才是物质存在的基本形态，它弥漫于整个空间，场与场之间是相互作用的。这方面的格式塔心理学方面的代表人物是莱温（Kurt Lewin, 1890—1947），他的《心理运动——向生命空间确定区域内的目标的运动》将物理学和数学的成就应用于心理动力学，提出了“场论”，直接使思维的“场方式”转变为心理学。他所强调的“紧张系统”始终要趋于保持平衡的想法，都在格式塔美学那里得到了彰显。

20世纪30年代中期，在一些心理学家的共同努力下，格式塔心理学已经演变成“完善的体系”，心理学的一切重要领域和问题都像过筛子一样被“完形理论”重新审视了一遍。然而，格式塔美学的真正成熟却是在大约20年之后。格式塔心理学的系统化，为格式塔美学走向巅峰奠定了坚实的基础；反过来说，格式塔美学也从审美角度（特别是视知觉角度），充分完善了格式塔心理学。

从整个心理学系统来看，“随着完整性、趋合（closure）、蕴含和成员特性等原理的发挥和阐释，完形论者认为剩下来的问题主要是把这个学说应用于复杂的人类情境，要这样做，正像他们所看到的那样，唯一有效的办法是一步一步地进行探讨。这方面突出的创造是完形论者论述艺术的著作：特别是有关音乐、素描、雕刻和建筑等领域都适用的全部动力概念体系了。于是，在《艺术与视知觉》(1954) 中，空间（或者时间）结构被充分而系统地联系于完形原理加以研究；观赏艺术中的运

① G. 墨菲，J. 柯瓦奇：《近代心理学历史导引》，林方等译，商务印书馆1982年版，第352页。

动、明暗、色调以及更复杂的象征方面的研究也发展起来”[①]。在格式塔美学的建树中，可以清晰地看到以前的完形心理学家所创立的基本方法对美学研究的内在影响。毋庸置疑，阿恩海姆（Rudolf Arnheim，1904—2007）作为20世纪的心理学家，他在格式塔美学领域所做的创造性工作足以使其名垂青史。

格式塔美学作出的具有转折意义的贡献是显而易见的，它改变了美学的主流倾向，开启了一种新的美学思路："如果没有格式塔主义（Gestaltism），今日艺术的任何沉思将仍由美的形而上学、批评的哲学抑或内省的心理学所构成。我们对格式塔主义表示感谢，它用对知觉的有条不紊的反思，对各种形式起源及其效果的实验性解析，取代了对艺术含混不清的或在理论假设性的沉思，它阐明了艺术品，通过被创造和感知的一系列形式，使艺术品成了单个事件（a single event）……格式塔心理学要求我们既要有情感的又要有理智的分析（noetic analytic）”。[②]

格式塔心理学实际上已经形成了一系列相对稳定的形式法则，可以称之为“格式塔法则”（Gestalt gesetz）。这些原则包括：越接近的东西越容易构成完形，即“接近性”（proximity）；越相似的东西越容易构成完形，即“类似性”；趋于封闭的东西容易构成完形，即“封闭性”；趋于联系的东西容易构成完形，即“连续性”；趋于规则的东西容易构成完形，即“规则性”。这些原则都成了格式塔美学在造型和视觉方面继续研究的基本法则，它们在从形状到色彩、从静态研究到动态解析的美学研究中是随处可见的。当这些潜在规则应用于美学问题研究时，一种天衣无缝的契合性和阐释力便自然呈现了出来。“格式塔思想似乎已将一项基础性的任务强加给了所有的美学研究形式，亦即去担任对艺术品的形式分析的任务。即使不去理会其关于均衡和心理—生理同构的基本原理，格式塔思想也构成了一种科学的方法论，并将之应用于艺术之中。”[③]

应该说，阿恩海姆在美学领域是最主要的所谓“正统”格式塔主义者。然而，除他之外，格式塔的美学分析精神也被许多致力于艺术研究的学者所运用。其中，受阿恩海姆的《艺术与视知觉》影响的最重要的艺术史家，就是贡布里希（Ernst Hans Josef Gombrich, 1909—2001）。他在其名著《艺术与错觉：图画再现的心理学研究》（Art and Illusion: A Study in the Psychology of Pictorial Representation）中，承认对阿恩海姆的“视觉物象”理论有所接受，并在后者论述儿童艺术的章节中受益匪

① G. 墨菲，J. 柯瓦奇：《近代心理学历史导引》，林方等译，商务印书馆1982年版，第360页。

② Mikel Dufrenne, Main Trends in Aesthetics and the Science of Art, New York: Holmes & Meier Publishers, 1979, pp. 121-122.

③ Mikel Dufrenne, Main Trends in Aesthetics and the Science of Art, New York: Holmes & Meier Publishers, 1979, p. 129.

浅。[1]同时，他也谈到另外一位深受格式塔心理学影响的奥地利艺术心理学家艾伦茨维希（Anton Ehrenzweig,1908—1966）。

真正使艾伦茨维希获得世界声誉的，是他1953年用英文写成的《艺术视听觉心理分析》，其副标题为“无意识直觉理论引论”。艾伦茨维希直接将“格式塔心理学”与“精神分析心理学”这两大流派融合起来解释艺术心理现象，从而取得了巨大成就。该书探讨的主要是“隐藏在艺术作品无意识结构后面的非具象形式因素（inarticulate form elements）”[2]。换言之，这本书探讨的是“知觉过程”的“无意识结构”，并通过这种无意识结构来解析人们究竟如何主动创作和被动欣赏那些无意识的形式因素。从美学的角度来看，这本书是考察艺术形式与汇聚在艺术形式上的知觉之关系的。

《艺术视听觉心理分析》的核心议题，是揭示“表层知觉”与“深层知觉”的基本内涵及其相互关系。按照艾伦茨维希的观点，格式塔心理学的“完形原则”只适用于有意识的“表层知觉”范围，但超出这个范围、特别是达到了深度心理的层面，或者从心理表象向内心深处挺进时，就会出现一种全新的原则。这种原则可以称之为“完形原则的逆定理”，因为它与“完形原则”所坚持的诸如“精确”“简单”“单义”的性质相反，趋向于某种“模糊”“混合”“多义”的性质，这正是弗洛伊德所揭示的潜意识世界的性质。在视觉心理学层面上，作者又区分了“深度视觉”与“表层视觉”，就后者这种普通的视觉而言，两张不同对象的照片并不能被同时观察（除非被拼合到一块），但是，在前者的视界里，诸如“重置的视觉”之类的现象是可能的。

艾伦茨维希似乎更关注的是“深层幻想”，因为这些幻想已经超出了完形的范围，呈现出非具象的、杂乱的、未分的、朦胧的、迭置的本性，这正是许多现代主义艺术梦寐以求的艺术效果。他让大家千万不要忘记那些被“深层知觉”捕捉的非具象的东西，比如画家草图上看似杂乱纷呈的信笔涂抹，因为这些看似偶然、琐碎的东西，恰恰是与“深层知觉”相对的。而人们的“表层知觉”则直接与所谓“‘良好’的完形”或者“‘良好’的格式塔”相匹配，因为它要符合精确、简洁而整一的审美原则。换言之，“表层知觉”与“深层知觉”所遵循的原则恰恰相反，但二者又是相辅相成的。

在艾伦茨维希看来，当这两种知觉形成互动时，就能由此生发出一种关于艺术形式的“新动力理论”的内核。这种互动过程是这样被描述的：“非具象深层知觉的

---

① E. H. 贡布里希：《艺术与错觉——图画再现的心理学研究》，林夕等译，浙江摄影出版社1987年版，第30页。

② 埃伦茨维希：《艺术视听觉心理分析——无意识知觉理论引论》（第1版），凌君等译，中国人民大学出版社1989年版，第11页。

存在是以破坏表层知觉为条件的，它的增加造成了一种双重的具象过程，而通过这种过程，表象知觉又重新恢复了充满活力的控制力量。这种过程将一种新的物体意义注入物体范围外的形式因素（我们将这个过程称之为‘继发具体化’）；这种过程还把具象的完形投射到艺术形式范围外的因素上（我们将这个过程成为‘继发完形润饰’）”，这两种具象过程的动力机能是源自一体的。无论是“继发具体化”还是“继发完形润饰”，都是要将原来的非具象形式因素提升到表层知觉里面，从而以这种过程丰富表层知觉，也将表层知觉扩大到无意识的深层知觉的层次上。就此而论，这种从深层到表层的运动基本上是“向上”的，就像弗洛伊德所说的本我逃逸出压抑机制而浮出水面。但从另一个角度看，深层知觉形成了对具象的表层知觉的威胁，或者说，前者对后者形成了一种“拉力”。这种拉力就是精神分析所谓的“压抑过程”，它把知觉拉向了非具象的深层知觉层次。就此而言，从表层到深层的这种运动基本上是“向下的”。

总之，在对现代主义艺术的新趋势的阐释中，艾伦茨维希的“视觉心理学”走的是一条“综合”之路：格式塔心理学的“精神分析化”或者精神分析心理学的“格式塔化”，亦即完形心理学的“深度心理化”或者深度心理学的“完形化”。

除了这些“格式塔美学家”的建树以外，格式塔心理学对其他美学家的辐射力也是巨大的。“现象学家们”在格式塔理论有关“形式与意义”之间关系的、迄今仍是精妙发现的基础上，建构了一种意向主义（intentionalism）和意义的完整性哲学，从广义上说，这种理论倾向包括梅洛-庞蒂（M. Merleau-Ponty）、杜夫海纳（M. Dufrenne）和克兰（R. Klein）。“艺术社会学”也强调分析“文化模式”的重要性，这些范型在后来的图像学分析中被作为一个意义层面而广泛采纳，如潘诺夫斯基、贡布里希和谢弗（Schefer）都具有这种思维取向。[①]如果从狭义来说，受到格式塔直接影响的美学家，就视觉艺术领域而言，无疑阿恩海姆是领衔者，在听觉艺术领域，伦纳德·迈尔（Leonard B. Meyer）也是一位突出的代表，因为他在《音乐的情感与意义》（Emotion and Meaning in Music，1956）当中有保留地并极富启发性地应用了格式塔原理。[②]此外，格式塔心理学对哲学美学的影响，还可以在安德鲁·厄申科（Andrew Ushenko）的《艺术动力学》（Dynamics of Art，1953）中找到，他借助“场论”提出了审美的“向量场”（vector field）论；同样，在哈罗德·奥斯本（Harold Osborne）的《美的理论》（Theory of Beauty，1952）和《美学与批评》（Aesthetics and Criticism，1955）当中，他所提出的美的“构形理论”（configurational theory）亦

① Mikel Dufrenne, Main Trends in Aesthetics and the Science of Art, New York: Holmes & Meier Publishers, 1979, p. 129.

② 迈尔：《音乐的情感与意义》，何乾三译，北京大学出版社1991年版。

受到了格式塔心理学的深刻影响[①]。这些都充分说明，尽管在阿恩海姆之后没有再出现大的格式塔美学家，但是格式塔心理分析的要素，却被其他各种美学思潮所吸纳。

第一节　阿恩海姆

阿恩海姆是一位影响深远的心理学家和美学家，他最突出的贡献是在美学方面对“格式塔心理学”的独特发展，整个“格式塔心理学”大厦由于他的贡献而显得更加巍峨挺拔。

一、生平和著述

阿恩海姆1904年出生于柏林，由于他的大姐与德国艺术家、艺术史家巴德特(Kurt Badt)结婚，后者教给了他最基本的艺术理念。所以，1923年在柏林大学学习期间，他的主要学术兴趣是心理学，当时的心理学是哲学的一个分支，所以他在大学阶段学习的最重要的两门课程是心理学和哲学，同时还修了美术史和音乐史。这对他的一生产生了重要影响，其毕生成就都是建基在艺术心理学上的，同时，《视觉思维》这样的著作也富有哲学色彩。他的工作就是在西方哲学的既定框架内进行的，但在来自柏拉图的理性主义与来自亚里士多德的经验主义之间，他义无反顾地选择了后者。

正是这种介于心理学与艺术之间的居间状态，使阿恩海姆在大学期间就关注“格式塔心理学”并毕生投入这方面的研究当中。他这种做法直接得益于“格式塔心理学”的两位奠基者：克勒和韦特海默。后者由于指导阿恩海姆的论文而成为他的良师。阿恩海姆完成于1928年的博士论文，主要致力于研究表现问题，韦特海默特意为他设计了“匹配的经验”，使这篇论文成为论述表现问题的经典之作。

阿恩海姆最早的研究成果出现在电影领域，1932出版的德文版《作为艺术的电影》[②]，将“视知觉”原则应用于电影分析，认定摄影术只是对自然的“机械模仿”，因而不能被称为艺术，但电影却是不折不扣的新艺术形式。这本书堪称是对“默片时代”电影的理论总结之一。随着纳粹在德国肆虐，具有犹太血统的阿恩海姆

① Monroe C. Beardsley, Aesthetics from Classical Greece to the Present: A Short History, New York: Macmillan, 1966,pp. 382-383.

② Rudolf Arnheim, Film as Art, Berkeley & Los Angeles: University of California Press, 1957.

1933年只能离开德国来到罗马，他电影革新的书也遭禁了。第二次世界大战爆发后他又来到英国，直至1940年才移居美国，并在1943年到1968年先后被聘为纽约社会研究院新校和劳伦斯学院的心理学教授，1968年开始担任哈佛大学“视觉与环境中心”的艺术心理学教授直至退休。他不仅担任过一年美国美学协会会长，还曾三度担任美国心理学会的“心理学与艺术分会”主席。

阿恩海姆的主要学术成就都是在美国取得的，其中包括1954年使其名声大噪的《艺术与视知觉：创造之眼的心理学》，1974年，他对该著作进行了全面修订，当时在世界范围内已经出现了14种以上的译本。他一生著作颇丰，其他著作还包括：《走向艺术心理学》（Toward a Psychology of Art, 1966）、《视觉思维：审美直觉心理学》（Visual Thinking, 1969）、《艺术心理学新论》（New Essays on the Psychology of Art, 1986）等。阿恩海姆也是著作被译介到中国大陆最多的心理学美学家，其主要著作几乎都有中译本。

二、“异质同构”的“视知觉”理论

阿恩海姆在“视觉心理学”方面的建树是有目共睹的，他对人类的视觉有自己独特的理解。他最反对将观看仅仅视为对刺激的被动反应，因为这种反应完全由刺激物驾驭，事实上，人类的观看活动，是由观看者的主观能动性操纵的。那么，人眼的盯视作用是怎样完成的呢？阿恩海姆提出了“格式塔心理学”的解答：“盯视，可以被看作是一种使紧张状态消失的活动。刚进入视域的刺激物是偏离视域的中心的，这样就导致了视域自身的中心同一个新的或陌生的中心之间的对立。或者说，形成了闯入的外部世界的秩序同已有的内在世界的秩序间的冲突，从而产生出一种紧张。而这种紧张要想消失，就必须通过眼睛的运动使这两个中心重合，以便使内部的秩序（结构）适应外部的秩序（结构）。在这种情况下，外部结构中所有有感的部分便被置于内部结构的中心部位。”①

当然，阿恩海姆的“视觉心理学”的核心思想主要表现在《艺术与视知觉》里，这部专著已成为20世纪被阅读次数最多的关于艺术的书籍之一。它可以说是在本被视为捉摸不定的艺术领域内，运用心理学的科学理性进行“透视”的视觉美学典范之作。或者说，它缩短了科学与艺术知识之间的沟壑，使人们一方面保留了对艺术的天生的敏感、知觉、自我表现，另一方面又能运用科学进行理性分析，而且，这种分析是令人信服的。

① 阿恩海姆：《视觉思维》，滕守尧译，光明日报出版社1987年版，第70页。

就《作为电影的艺术》而言，阿恩海姆的理论就已经初具格式塔心理学美学的“雏形”。这是因为说明电影是一种艺术，不仅必须说明电影的每一要素都是完美的，而且必须说明其诸如悦耳的音调、和谐与总的合成物这些要素的完美也是相互关联的。每一个结构都为整体服务，某一个结构无论是增还是减都会影响整个作品。[1]这种独特的心理学所揭示的整体先于部分并决定部分性质的“格式塔质”被凸现了出来。

就基本的视觉美学观念而言，阿恩海姆接受了20世纪初心理学的“场”(field)的观念和相应的“物理场”“心理场”和“张力”(tension)等概念，也接受了电化学领域的“力”这样的范畴，形成了自己的独特理论假说。他认为，“按照格式塔心理学家们的实验，大脑皮层本身就是一个电化学力场，电化学力在这儿自由自在地相互作用，不像它们在那些相互隔离的视网膜接受器中那样，要受到种种限制。也就是说，这个视皮层区域中的任意一个点，只要受到刺激，就会立即将这种刺激扩展到临近的区域中。……韦特海默认为，在大脑视皮层中，局部的刺激点与局部刺激点之间的相互作用是一种力的相互作用。……至此，我们可以把观察者观看到的这种‘力’，看作是活跃在大脑视中心的那些生理力的心理对应物，或者就是这些生理力本身。虽然这种力的作用是发生在大脑皮质中的生理现象，但它在心理上却仍然被体验为是被观察事物本身的性质。事实上，视觉观察到的这些力的作用，与发生在真实的物理对象中的作用，是没有什么区别的”[2]。

根据目前的心理学成就来看，人类的大脑还像个“黑匣子”一般，我们一般只能通过“刺激—反应”的输出信息去猜测大脑究竟如何运作，特别就审美这种相对复杂过程而言究竟是如何变化的。阿恩海姆将审美心理学直接建立在科学的基础上，但他所提出的“大脑力场说”也只是一种理论阐释的模型，尽管作者坚信它客观存在。他的贡献主要在于直接区分了“物理的力”“生理力”及其“心理对应物”的差异，并认定它们之间具有某种“异质同构”的对应和匹配的基本关系。更关键的是，阿恩海姆认定，在同一“物理—生理（及心理）”的发生过程里面，物理场形成的力的张力与生理、心理场的对应的力的张力，具有相同的“张力结构”。《艺术与视知觉》正是通过一个个贴切的例证，来说明这种“异质同构”现象是真实存在的。

阿恩海姆在1971年出版的《熵与艺术》(Entropy and Art)就更加突出了这一点。其实，面对艺术的心理状态有些类似热力学的“熵”状态。当然，后者原本指的是从“温差状态”转向一种“均匀的热量散布状态”，因而也是从有序状态向无序

① Rudolf Arnheim, Film as Art, Berkeley & Los Angeles: University of California Press, 1957, p. 156.
② 阿恩海姆：《艺术与视知觉》，滕守尧等译，中国社会科学出版社1984年版，第10—11页。

状态的转化。但两者的差异也是明显的，“因为格式塔规律被描述为趋向秩序，而熵则趋向非秩序。格式塔规律所反映的是人需要的平衡，而不属于熵反映的物质世界趋向的死寂。……艺术所追求的是一种动态的平衡，这种平衡只有人才能创造出来”[①]。其实，对艺术的审美心理倒像是一种“反熵”的体验，因为这种心理过程是从无序到有序的。当一种审美刺激出现的时候，面对物理立场的变化，观看者的内心的“生理—心理力场”通过人的眼睛的捕捉开始变化。这种被刺激的过程，是趋于将日常的没有方向的无序心理导向有特定方向的心理有序的状态，在刺激过后，心理又重新恢复到日常状态。这便是一次“格式塔”事件发生的进程。

阿恩海姆的论述可以证明这种“格式塔审美心理”是如何发生、发展和结束的：“从本质上说，一切知觉活动都是能动的活动。……知觉活动所涉及的，是一种外部的作用力对有机体的入侵，从而打乱了神经系统之平衡的总过程。我们万万不能把‘刺激’想象成一种把一静止样式极其温和地印在一种被动的媒质上面的活动，所谓‘刺激’，实则是用某种冲力在一块顽强抗拒的媒质上面猛刺一针的活动。这就好像是一场战斗，有入侵力量发起的冲击，遭到生理力的反抗，后者挺身而出，拼死消灭入侵者，或者至少要把这些入侵的力转变成为最简单的样式。这两种互相对抗的力相互较量之后所产生的后果，就是最后生成的知觉对象。……在任何情况下，‘刺激’都不会造成一种静止的样式，只要光线刺激达到大脑的视觉中心，推力和拉力就会持续一阵子，最后产生出的相对稳定性不是别的，而是相互对抗的力达到的暂时的平衡或动态平衡。……事实上，一切视觉现实都是视觉活动造成的。只有视觉的活动，才能赋予视觉对象以表现性，也只有具有表现性的视觉对象，才可能成为艺术创造的媒介。”[②]

三、“创造之眼”的心理功能

依据这种基本格式塔心理学构架，阿恩海姆在《艺术与视知觉》中解析了“创造之眼”的心理功能与“审美之眼”的能动创造性。心理层面的“这种能动作用既不是观赏者对画进行想象的结果，也不是被画的事物与观赏者之间相互作用的结果，而是来自绘画式样本身所产生的视觉矛盾及其造成的紧张力”[③]。具体方面包括形状、空间、光线、色彩这些基本的“形式因”，还包括运动、张力、表现这些主要的“变化因”。比如，《艺术与视知觉》的前半部将“简化的形状”“有秩序的组合”

① 滕守尧：《阿恩海姆》，参见《当代西方哲学家评传》第八卷，山东人民出版社1996年版，第176 页。
② 阿恩海姆：《艺术与视知觉》，滕守尧等译，中国社会科学出版社1984年版，第567—568页。
③ 阿恩海姆：《艺术与视知觉》，滕守尧等译，中国社会科学出版社1984年版，第174页。

“清晰的重迭”“图形和背景区分鲜明的构图”“由光线和距离表现的空间感”等“知觉要素”都一一呈现出来，并认为在艺术创造中只有使“形象”准确，才能将“主要的视觉特征”传递出来。

在分析过“二维”的面之后，阿恩海姆甚至“假设”人的大脑皮层也有“三度性”，“既然视觉事物具有三个度，那么在大脑视皮层中也一定具有三个度。大脑视皮层这些度，在本质上不一定是空间的，知觉对象中的一切空间关系也不一定在大脑视皮层中找到准确的副本。……（但可以）把视觉皮层区域设想成为一个三度的算盘。在这个三度的算盘中，每一个算盘都代表着来自视网膜不同点的刺激”①。阿恩海姆对这种大胆的假设都做了小心的求证，尽管它仅仅是一个假设而未被证实，但由此推出的结论却是正确的：要判定一个式样究竟是二度的还是三度的，取决于哪一种观看方式能够产生出“较简单的式样”。因为按照格式塔心理学的观念，人们在观看一个视觉对象时，在心理上总是容易接受那些被趋于“简化性力量”的对象。

实际上，图像投射在视网膜上的投影都得到了不同程度的“变形”。比如就视网膜的投影而言，每一个物体都随着离观者的距离的增加而变小，然而，大脑模型里的效果却是离得越远就越大。这两种相反倾向充分说明：凡是由视网膜所产生的变形，都已经被大脑进行了某种矫正。恰恰是这种矫正使物理事物的形状与大小，与心理所经验到的形态和大小保持一致。但是，普通心理学上的“恒常原则”（所见式样大小和形状与原物接近）却在许多情况下并不适用，甚至可以被视为基于偶然标准而作出的。具体来说，当物理对象的形状不规则时，也就是不趋于“简化性”时，例如现实里的大多数山峰，对这类山峰的投射式样看上去就不是由简化的式样变形而来的。在大多数情况下，恒常原则显然不适用，此时视觉到事物的立体性要依靠其他要素。这恰好证明了阿恩海姆的另一个结论：在恒常原则不起作用的大多数情况下，“投射在眼睛里的式样是一个最简单化的式样，而不是真实的式样”，或者说，看到的图形与物理对象的式样明显不同。

这些很细微的“视觉心理学”的规律都被阿恩海姆揭示了出来。格式塔心理学的杰出贡献在于那些趋向于“动感”的形式分析方面，这无疑是对传统的趋于“静态”的形式美学的一种积极推进。

《艺术与视知觉》对“运动”的解析也常常为人所称道。因为许多自然物都是运动的，同时，静态自然物的形状也多半是物理力作用之后留下的痕迹。因此，正是自然力的运动、扩张、收缩和成长才塑造出自然物的形状。具有“生理—心理力”的人的眼睛和大脑，通过那些不动的式样所“看到”的“运动”或者“具有倾向性的张力”，正是生理力的活动造成的，“换言之，我们在不动的式样中感受到的‘运

① 阿恩海姆：《艺术与视知觉》，滕守尧等译，中国社会科学出版社1984年版，第341—342页。

动'，就是大脑在对知觉刺激进行组织时激起的生理活动的心理对应物。这种运动性质就是视觉经验的性质，或者说，它与视觉经验密不可分，正如视觉对象的那些静态性质——形状、大小、色彩，与视觉经验密不可分一样"[①]。关键在于如何把现实的物理力，通过人们的眼睛转化为观者的"视觉力"。

其实，在阿恩海姆看来，无论是"事物"还是"事件"，都是"力的式样"的不同表现形式，因此二者并没有根本的区别。他得出的结论是连"时间艺术"与"空间艺术"都没有什么本质区别。显然这有悖于传统的既定观念。就传统美学视为以时间穿透空间的舞蹈和戏剧而言，当演员穿过舞台时，就是"力的拓展"变成了"真实的物理力的拓展"，它们的全部活动是由物体确定的，这些物体又是其所做的事确定的。就传统美学视为空间艺术的绘画和雕塑而言，"物体的永恒的平衡，是由活动的力量建立起来的，这些力量或是要互相排斥和吸引，或是向着某一特定的方向推进，但总是要在形状和色彩组成的空间次序中显示自身"[②]。因此，前一媒介是"通过存在确定活动"，后一媒介是"用活动确立存在"，二者在阿恩海姆那里是融通的。因此，无论是绘画雕塑的"空间的时间化"，还是舞蹈戏剧的"时间的空间化"，本质上是相连与融通的。

按照关于运动的格式塔规律，我们可以从中借鉴到对中国艺术门类（例如书法）的"表现性运动"的阐释："按照同样的道理，我们还可以在钢笔和毛笔的笔迹中直接知觉到手的运动。书写的过程，实则是用内在的力量将那些标准化的字母构成的形状再制造的过程。……如果书写时用力充分，就会使字母向着运动的方向倾斜（大部分是向右方倾斜），还会使字母中的拐角消失，字迹模糊，细节部分也会被删略掉。在这样的字体中，由于每一笔画几乎是一气呵成的，就使得字体失去了原来的形状，变得难以辨认。笔迹学家还能从笔迹的诸种特征中，间接地量度出一个人的气质（或者冲击力）与个人意志力间的力量对比。……因此，书法一般被看作是心理力的活的图解。"[③]尽管阿恩海姆的体验主要是通过拼音文字的书写得到的，但是，这种来自西方学者的思考，用于解释书法与运动过程的关系、书法与个人气质的关系等，无疑具有重要的启示价值。

四、"视觉是一种思维"

在1969年出版的最富哲学意味的《视觉思维：审美直觉心理学》中，阿恩海姆

① 阿恩海姆：《艺术与视知觉》，滕守尧等译，中国社会科学出版社1984年版，第568页。
② 阿恩海姆：《艺术与视知觉》，滕守尧等译，中国社会科学出版社1984年版，第517页。
③ 阿恩海姆：《艺术与视知觉》，滕守尧等译，中国社会科学出版社1984年版，第591页。

一改过于实证的倾向，试图从哲学高度来考察“视觉美学”的基本问题。“视觉思维”，顾名思义，就是认为“视觉”是一种“思维”。他首先反对的是欧洲传统中“知觉与思维的割裂”[①]，因而偏信思考而不信任感觉，难怪近代意义上的“美学”即使在建构之初也被认定为“低级认识论”。这就是阿恩海姆所谓“推理认识”对“知觉认识”的传统性压制，但在格式塔心理学者看来，这二者恰恰是相互补充而且不可分离的。

“知觉与思维相互需求。它们互相完善对方的功能。知觉的任务应该只限于收集认识的原始材料。一旦材料收集完毕，思维就开始在一个更高的认识水平上出现，进行加工处理的工作。离开思维的知觉会是没有用处的，离开知觉的思维则会失去内容。”[②]但这种原始的关联还不够，阿恩海姆始终强调“视知觉”并不是低级认识，因为视觉本身不仅仅具有选择性，而且还能对刺激物进行能动的加工和改造，它本身已经成了与思维颉颃的高级活动。传统心理学把思维与视觉区分为截然不同的领域，从而将“眼睛接受的信息”同“处理这些信息的过程”割裂开来。事实上，在最初级的视觉经验里面，“被动接受”的知觉与“积极的知觉”都是有差异的，在审美过程中，知觉往往就是积极而复杂的。在这个意义上，《视觉思维》直接把知觉定位为一种认识，当然，这里的认识已非欧洲近代认识论意义上的认知，而是被进行了更宽泛的理解，用于指接受信息、储存信息和加工信息时涉及的一切心理活动。

这样，所谓“视知觉”就是“视觉思维”！[③]以视觉为纽带，知觉与思维也是融通的。阿恩海姆特别强调“视觉”在知觉和思维理念中的重要性。在后来《视觉思维辩》中，他认为“知觉的思维趋向于可视的，而且，事实上视觉是唯一的可以在其中以足够的精确性和复杂性表现空间联系的感觉样式”，乃至“思维主要是视觉思维”。[④]尽管我们不能接受这种过于极端的观点，但他对“视知觉”或“视觉思维”的解析，却成了“视觉心理学”的重要一维，亦即“格式塔心理学”的一维。

然而，必须补充说明，阿恩海姆的心理学分析是全面的，他通过格式塔心理学对于整个艺术现象都有所描述，同时并没有完全抛弃再现的要素。这是由于“一个艺术形象不仅仅是知觉活动的产物，同时又是再现活动的产物。所谓再现，也就是某种刺激物中重现发现形象的过程；而所谓知觉一个物体，不过是把投射在视网膜上的未加工的刺激材料加以组织的过程。而要对知觉的结果加以再现，就必须运用

① 阿恩海姆：《视觉思维》，滕守尧译，光明日报出版社1987年版，第42—44页。
② 阿恩海姆：《视觉思维辩》，《艺术心理学新论》，郭小平等译，商务印书馆1994年版，第184页。
③ 阿恩海姆：《视觉思维》，滕守尧译，光明日报出版社1987年版，第56页。
④ 阿恩海姆：《视觉思维辩》，《艺术心理学新论》，郭小平等译，商务印书馆1994年版，第195—196页。

某种特定的媒介物去创作出某种与知觉结果相对应的形象”①。

总而言之，作为建基在格式塔心理学之上的美学流派，“格式塔美学”在整个20世纪美学史当中的建树是独树一帜的，尽管它的辉煌时期集中在20世纪中叶，但是其持续性的影响却已跨越到了新的世纪。

第二节　伦纳德·迈尔

伦纳德·迈尔②（Leonard B. Meyer，1918—2007）几乎可以说是20世纪的见证人。他是美国著名的音乐美学家、文化史学家、哲学家，他把心理学、哲学和文化史的研究方法综合进对音乐的鉴赏和音乐理论的分析之中，是20世纪音乐美学界的代表性人物。20世纪兴起的格式塔心理学、实用主义哲学以及结构主义和符号理论等思想潮流，都或多或少地影响着迈尔音乐理论的形成。如果说，阿恩海姆在视觉艺术的研究中，成功运用和发展了格式塔心理学美学的理论和原则，那么可以说伦纳德·迈尔在听觉艺术的研究中，特别是在对音乐的分析中，做了和阿恩海姆类似的工作。与阿恩海姆稍稍不同的是，伦纳德·迈尔没有把格式塔理论作为自己音乐研究的理论基础和前提，他一再强调自己从格式塔理论那里借来的是分析的材料和已被学界认可的原则。因此，把迈尔作为格式塔美学的代表性人物，主要是强调他成功运用格式塔理论的原则分析音乐艺术所取得的辉煌成就。但实际上迈尔本人的音乐美学思想则具有相当的复杂性和开放性。

一、迈尔的生平与著述

1918年1月12日，迈尔在纽约出生，家里富有浓郁的音乐文化氛围。迈尔的父亲收藏有大量的音乐经典，而且喜欢给孩子朗读文学作品，讲述经典的文学故事。迈尔从小喜爱自然，喜欢聆听音乐。他8岁开始接受正规的音乐教育，直到1949年，他在哥伦比亚大学取得音乐作曲方面的硕士学位，他在音乐学习和创作方面所展示的天赋和取得的成绩，与其说得益于多年的学院式的音乐教育，不如说是其家庭环境熏陶的结果。

---

① 阿恩海姆：《艺术与视知觉》，滕守尧等译，中国社会科学出版社1984年版，第176页。

② 有学者把外国人的姓“Meyer”，翻译为“迈耶”或“梅耶尔”，但根据英语姓名的发音规则和当今国内学者的通常译法，应选择“迈尔”这个汉语译名。

1936年，迈尔开始大学生活，起初在巴德学院（Bard College）学习和声和对位。在三年级时，转学哥伦比亚大学，跟随斯特凡·沃尔普（Stefan Wolpe）学习作曲。在学习期间，迈尔就展现出了在作曲和音乐理论方面的独特天赋。沃尔普对他的影响远远超越了一位作曲老师可及的范围。他引导迈尔关注音乐的动力性结构，注意从综合辩证的角度，从观念、历史和文化等宏大的背景去理解音乐事件之间的联系，要设法赋予无生气的死音程（dead intervals）以生命活力。正是沃尔普的影响，格式塔心理学理论的启发，再加上迈尔从小就开始积累的丰富的音乐体验，使迈尔在自己的音乐理论研究中提出了许多真知灼见。迈尔曾经说："我从沃尔普那儿学到了许多音乐中最根本的东西，以及音乐进行的方式。现在我仍然把它们教给我的学生。"①

1942年3月，迈尔被迫应征入伍，开始了自己的军旅生涯。作为步兵部队中的一员，初期的军旅生活充满艰辛，必须经受艰苦而严格的训练。迈尔经受住了各种考验，并在1945年被任命为军官，参加第二次世界大战。战争的环境严酷无比，险象环生，不可能找到平静安宁的时刻供音乐家去作曲，但迈尔在这样的环境中并没有忘记阅读和思考。在严酷的环境中，他通过阅读文学作品来获得情感上的抚慰，他像一个政治哲学家一样怀着一种责任感思考战争的特点，像人类学家一样观察战争中部队的行为。他开始质疑战争，他认为许多士兵并不理解战争的意义是什么，不理解为什么要打仗。他看到，除了战争，大多数士兵都忙着取暖、烘干和加热那些寒冷的装备。士兵们在精神上的麻木，让迈尔难以忍受。迈尔把这种思想上的麻木看作是人类最大的不幸。他认为，人的堕落源于自己的言行，并非命运注定。人类思想的高贵和尊严，不在于不动感情地对真理的等待，而在于满怀着真诚的情感对真理的不懈追求和在无畏生活中严酷挑战的信念。可以说，军旅生活的磨炼以及对战争中人类行为的思考，使迈尔的思想更加成熟，并由此奠定了其学术生涯的基调和方向。②

第二次世界大战结束之后，迈尔也结束了自己的军旅生涯。1946年，迈尔与在战争期间结识的妻子结婚。婚后，他进入哥伦比亚大学攻读作曲硕士学位，1949年毕业。在硕士学习期间，迈尔创作了大量的音乐作品，其中的许多作品都被表演，有的甚至被改编成芭蕾舞剧。在大学的时候，迈尔的父亲曾担心他不大可能成为一名作曲家。因为迈尔的父亲认为，作曲家需要天赋，而迈尔并没有像莫扎特那样在很小的年龄就表现出作曲天赋。迈尔在音乐创作方面的成绩，似乎推翻了父亲的成见。但综观迈尔的音乐人生，父亲的"成见"似乎也有几分道理。在为他父亲的70

① 转引自高拂晓《期待与风格——迈尔音乐美学思想研究》，中央音乐学院出版社2010年版，第11页。
② 参见高拂晓《期待与风格——迈尔音乐美学思想研究》，中央音乐学院出版社2010年版，第12—13页。

岁生日创作了一系列钢琴变奏曲之后，迈尔就很少作曲。从此，他就开始了音乐美学的理论研究，以理论家的盛名享誉音乐界和学术界。

这种从创作到理论研究的转折，应该开始于迈尔在芝加哥大学历史文化研究院攻读博士学位期间。在此期间，他有很多机会与来自不同学科领域的同事交流、沟通。其中，既有著名的音乐家、哲学家、心理学家，也有宗教学家。再加上迈尔本人对理论思考的热爱，这种转变就自然而然地发生了。1954年，迈尔完成了博士论文《音乐的情感与意义》(Emotion and Meaning in Music)，通过答辩并获得博士学位。这标志着迈尔的学术兴趣已经由作曲彻底转向了音乐美学和心理学。1956年，该博士论文在芝加哥大学出版社正式出版。这本书出版不久，就引起了学术界的注意，得到了很多好评。这本书奠定了迈尔在音乐理论界的地位，也成为公认的音乐美学领域的代表性著作，也是迈尔把格式塔心理学美学发现和确立的诸多原则成功地运用于音乐研究和音乐分析领域的典范之作。

除了《音乐的情感与意义》之外，迈尔在音乐美学的研究领域，还正式出版了以下著作：《音乐节奏的结构》(The Rhythmic Structure of Music)，美国芝加哥大学出版社1960年出版；《音乐、艺术与观念——二十世纪文化中的模式与指向》(Music, the Arts, and Ideas: Patterns and Predictions in Twentieth-Century Culture)，美国芝加哥大学出版社1960年出版第1版，1994年出版第2版；《阐释音乐：论文与探究》(Explaining Music: Essays and Exploration)，美国芝加哥大学出版社1973年出版；《风格与音乐： 理论、历史与意识形态》(Style and Music: Theory, History and Ideology)，美国费城宾夕法尼亚大学出版社1989年出版；《音乐领域：论文集》(The Spheres of Music: A Gathering of Essays)，美国芝加哥大学出版社2000年出版。这些著作的核心内容，大都以单篇论文的形式在杂志上发表过，但每本著作也都自成体系，代表着迈尔在音乐美学理论领域思考和探索的不断深入，也代表着他的研究视野越来越宽阔，越来越开放。

二、音乐的意义问题

音乐的意义问题，是一个在艺术界，特别是在音乐界争论不休的问题，也是一个关系到音乐的本质，甚至是人的本质的根本性问题。音乐到底是单纯的前后相继的一系列高低不同的声音，还是人的情感的表达，这可以说是音乐学最根本的理论问题。迈尔不但不回避对这个问题的讨论，反而借助于格式塔心理学、杜威的情感心理学、苏珊·朗格符号学美学理论，以及音乐信息理论等理论资源，对这个根本问题进行了深入的探讨，取得了独特的成就。

音乐能否表达人的情感？在中国魏晋时期就有“声无哀乐论”的讲法，认为声音与人的情感是分离的。然而，音乐对人的情感具有熏陶教化的功能，却意味着音乐不可能与人的情感没有关联。格式塔心理学发现的人的许多认知规律，诸如完形认知趋向、整体性原则、组织性原则等，都潜在地意味着人天生就具有审美的能力，人天生就具有赋予生活中遭遇到的万事万物以意义的能力。简言之，可以说，人天生就是一种具有格式塔倾向的动物。

根据格式塔心理学揭示的认知规律，迈尔结合信息论中的情感刺激和反应模式，从刺激物、刺激物所指向的结果和有自觉意识的观察者三者的关系出发，探寻音乐意义产生的机制。迈尔首先描述了一个发生学意义上的意义定义：“任何事物，当它与自身以外的某些事物发生联系，或者指明或者参照这些事物，并使它自身的全部本质指向和展现在这一联系之中，它就获得了意义。”[①]其次，他指出：“意义并不是事物的一种特性，它不能单独地置于刺激物之中。同一刺激物可能有许多不同的意义。一块大岩石，对一位地质学家来说，可能表明一条冰川在某一时期开始消退到某个地点；同样一块岩石，对一位农夫来说，可能显示出为了耕作必须将它从田野清除出去；对一位雕刻家来说，岩石又可能暗示艺术创造的可能性。……因此，要询问一个音符或一系列音符的内在意义是什么，是无意义的，作为纯粹的物质存在，它们是没有意义的，只有当它们指向、表明或暗示某些自身以外的其他事物的时候，才具有意义。”[②]然后，迈尔继续对意义的来源问题进行详细的阐明。他说：“意义也不能独自地处在某个刺激物所表明、涉及或暗示的对象、事件和经验之中。岩石的意义是刺激物和它所指向或表明的事物之间的关系的产物。”[③]然而，关系本身并不处在人的头脑之中，观察者所体验到的意义也不纯粹是主观的。“音与音之间所存在的关系，或者那些音和它们所表明或意味着的事物之间的关系虽然是某种文化经验的产物，但都是客观地存在于文化之中的真正的联系。”[④]这种联系不是听众的头脑突发奇想随意构造出来的。因此，迈尔总结道，意义既不存在于刺激物之中，也不存在于刺激物所指向的事物或观察者的头脑中，而是在刺激物、伴随刺激物的指向所发生的结果和自觉的观察者三者之间所构成的“三合一”关系之中。[⑤]

迈尔对音乐意义问题的阐释，使他很好地避免了意义的绝对论者（absolutists）和参照论者（referentialists）所坚持的哲学一元论倾向。迈尔认为，在音乐的意义问题上，长期存在着绝对论者和参照论者两种对立的立场。绝对论者认为，音乐的意

① 伦纳德·迈尔：《音乐的情感与意义》，何乾三译，北京大学出版社1991年8月版，第50—51页。
② 伦纳德·迈尔：《音乐的情感与意义》，何乾三译，北京大学出版社1991年8月版，第51页。
③ 伦纳德·迈尔：《音乐的情感与意义》，何乾三译，北京大学出版社1991年8月版，第51页。
④ 伦纳德·迈尔：《音乐的情感与意义》，何乾三译，北京大学出版社1991年8月版，第51页。
⑤ 伦纳德·迈尔：《音乐的情感与意义》，何乾三译，北京大学出版社1991年8月版，第51页。

义唯一地存在于音乐作品自身的上下文之中，与音乐之外的事物没有联系。这种意义被迈尔称为“绝对意义”(the absolute meaning) 或非参照性意义 (the non-referential meaning)。这种立场与音乐的自律论者和某些表现主义者所持的立场类似。而参照论者在音乐的意义问题上并没有明确的表态，因为在他们看来，这个问题是毫无疑问的，是显而易见的自明性问题。按照参照论者的立场，“音乐的意义在于音乐的符号或记号与它们所指定的音乐以外的事物之间的关系”①。参照论者的立场类似坚持音乐他律论者和大部分表现主义者的立场。迈尔认为，这种对立的立场间的矛盾并不是逻辑上的矛盾，这两种在音乐意义上的立场是相互补充的关系。因此，迈尔在音乐的意义问题上所持的立场与绝对论者和参照论者的立场都不同，而是融合两者，博采众长，坚持一种类似于参照性的绝对主义立场。

对音乐意义问题的分析中，迈尔在侧重分析音乐的绝对意义的前提下，进一步把音乐的意义类型区分为指称意义 (designative meaning) 和具体化意义 (embodied meaning)。指称意义是指“如同一个单词表明或指向一个本身并非语词的对象或行为一样，一个刺激物可以表明与它自身类型不同的事件或结果”②。反之，如果一个刺激物也可以指明或暗示与它自身同类的事件或结果，这一种意义类型就是具体化意义。如果把一个音、一个乐句或整个乐段的演奏称为音乐事件，那么在音乐的欣赏过程中，一个音乐事件发生的意义就在于它指向并使我们期待着另一个音乐事件的发生。可以说，音乐的具体化意义主要是指，音乐的刺激物或一系列刺激物所表明或指向的都不是音乐以外的概念或对象，而是将要发生的其他的音乐事件。③音乐的具体化意义实际上就是指绝对论者所指的音乐的绝对意义或非参照性意义。迈尔认为，音乐的具体化意义在实现的过程中，要经历一个从不确定到确定的发展过程。他把这个发展过程划分为三个阶段：假设的意义 (hypothetical meanings)、明显的意义 (evident meanings)、确定的意义 (determinate meanings)。

在迈尔看来，音乐的具体化意义是音乐欣赏者期待的产物，而欣赏者的期待又受制于对其对音乐风格的熟悉程度和自身的心理需求。

三、音乐期待与风格理论

对于音乐能否表达人的情感，对于如何解释音乐的意义和欣赏者的情感体验之间的关联，迈尔借鉴了情感心理学的一条基本原理：“当一种趋向反应被抑制或被阻

① 伦纳德·迈尔：《音乐的情感与意义》，何乾三译，北京大学出版社1991年8月版，第50页。
② 伦纳德·迈尔：《音乐的情感与意义》，何乾三译，北京大学出版社1991年8月版，第52页。
③ 伦纳德·迈尔：《音乐的情感与意义》，何乾三译，北京大学出版社1991年8月版，第52页。

止时，情感或感情就会被唤起。”按照情感心理学的理解，所谓“趋向反应”其实就是一种“模式感应”。当它被刺激物激活起来时，就会自动地发生作用或者潜在地趋向发生作用。迈尔认为，这种趋向反应有的是有意识的，有的是无意识的，但是当反应的正常走向受到阻止或干扰时，反应的趋向就变成一个自觉的有意识的过程。迈尔把自觉的有意识的趋向称为“期待”，而把期待发生的上下文语境系统称为“风格”。

迈尔对“期待”与“风格”的理解与通常的理解不同。他在借鉴这两个概念的一般意义的基础上，结合欣赏者的音乐体验，提出了有自己独特理论含义的音乐期待和风格理论。迈尔区分了两种期待：一种是先天性的期待，是以天然的方式产生的期待，这种期待是人类心理先天固有的内在倾向和习惯，是一种内在的心理认知原则；另一种是后天性的期待，是通过后天学习的方式产生的期待，这种期待是后天学习和训练的结果。先天性的期待是由人类心理过程的性质决定的，人的内在的知觉能力总是在不断地把感觉所提供的材料进行归类和组织。后天性的期待，作为后天学习的结果，在人的生活中具有更重要的意义，甚至在发生的顺序上也先于先天性的期待。因为，在迈尔看来，“我们按照一种特定的音乐语言去知觉和思想，正像我们按照一种特定的词汇表和文法去思想一样；同时，由一种特殊的音乐词汇表和文法提供给我们的可能性制约着我们心理过程的运行，并因此制约着在那些过程的基础上被接受的期待”①。像后天性的期待一样，音乐欣赏者对音乐风格的理解和熟悉程度依赖于后天的学习和反复聆听。迈尔把音乐风格理解为被一群人所理解和运用的具有一定程度复杂性的声音关系的体系。在这样的风格体系中，存在着各种声音组合的可能性，但是“任何声音或声音组合的同时发生或相继发生，将或多或少取决于这个体系的结构，以及声音所由发生的上下文”②。

一般的艺术风格概念，重在强调创作者的独特个性。然而，迈尔的音乐风格概念，是一个多层次的结构等级系统，注重音乐的形式结构，强调风格在音乐的接受、交流和理解方面的作用。迈尔对风格的定义，可以概述为以下几点：(1) 风格是期待的上下文；(2) 风格是某种复杂的声音关系的可能性体系；(3) 风格是被某一特定时代具有相同文化背景的人们所共同理解和运用的模式和范式；(4) 风格是一种内在的概率系统；(5) 风格是一种人类行为中或人造物品中模式的复制，由在一组限制中作出的一系列选择所产生。③

风格的形成是历史、文化和意识形态等多种因素相互作用的结果。像语言的多

① 伦纳德·迈尔：《音乐的情感与意义》，何乾三译，北京大学出版社1991年版，第61页。
② 伦纳德·迈尔：《音乐的情感与意义》，何乾三译，北京大学出版社1991年版，第63页。
③ 高拂晓：《期待与风格——迈尔音乐美学思想研究》，中央音乐学院出版社2010年版，第120页。

样性一样，音乐风格也具有多样性。不同的民族，不同的文化传统，其音乐的风格也不一样。风格也不是一成不变的，风格在稳定中是不怎么发生变化的，这最终达到一种多元风格并存的状态。

迈尔把这种风格状态称为“波动的稳定状态”（fluctuating stasis）。

在对音乐的节奏和旋律进行分析时，迈尔在格式塔心理学良好继续和完形法则的启发下，提出了两种情感反应模式：空隙—填充模式和暗示—完成模式。这两种音乐体验模式的提出，是在他的音乐“期待”理论的视野下完成的。然而，期待发生的背景和前提，却是由音乐作品的风格所制约和决定的音乐作品的上下文关系。可以说，欣赏者的期待和音乐作品的风格都是音乐的意义得以发生和实现的前提和基础。在音乐欣赏中，迈尔认为，期待和风格之间具有一种相互制约、相辅相成的密不可分的关系。没有任何悬念，没有任何意外因素发生的音乐作品，很难激起欣赏者的期待情绪，会让人感到单调乏味。风格全新的音乐作品，欣赏者就会有理解的困难，音乐意义的充分发生也就无从谈起。而且，迈尔还从信息论的角度，论述了在旋律和节奏继续的过程中，信息冗余与意义的不确定性对音乐欣赏和理解的重要作用。

四、音乐的价值问题

任何一个作曲家都会问：什么是好的音乐作品？任何一个音乐家都会问：是什么使音乐伟大？任何一个音乐欣赏者也会问：判断一个音乐作品好与劣的标准是什么？迈尔认为，他自己在音乐的价值问题上并没有确定的立场和最终的结论。面对这个无法回避的问题，迈尔在《论音乐中的价值和伟大性》这篇文章中真切地描述了自己的态度和做法：

> 实际上，我试图理解音乐中价值的本质，本希望仅提供限于审美领域的确定答案，结果却是，这种努力进一步触及一般的价值本质问题，并最终导向形而上的高深领域。既然对于这些问题，我的观点仍在变动，那么我既不会提出一套明确的价值理论，也不会对伟大性进行确切的描述。而是通过指出音乐中的价值与其他领域中的价值之间的相互关系，来提出一些观点和方法。这样也许会提供有益的洞见，并可能进而得出看似合理的结论。[①]

① 伦纳德·迈尔：《音乐、艺术与观念——二十世纪文化中的模式与指向》，刘丹霓译，杨燕迪校，华东师范大学出版社2014年版，第22页。

在迈尔看来，音乐价值问题的不可回避性具有两个似乎是不言自明的理由。首先，在生活中我们不断地在为自己或他人做着价值判断。比如我们在闲暇时选择听什么样的音乐作品，作为老师选择哪部曲子在课堂上供学生鉴赏和分析，这必然都涉及价值相关的选择问题。其次，在我们的艺术交流活动中，暗含着一种价值体系或价值排序。对于交流的描述和价值的描述，这两者的关系就如同手段与目的，紧密联系，不可分割。迈尔认为，“如果你对音乐交流的描述主要着眼于音乐所能引发的指涉性（referential）和联想性（associative）状态，或者更多强调的是仅限于音乐内部的意义，在这两种情况下，你的价值判断会有所不同”[①]。

受格式塔心理学的影响，迈尔认为音乐价值判断的主体并不单单是音乐作品的创作者、欣赏者或评论家。对于音乐价值的性质，迈尔主要从音乐作品和欣赏者之间的关系来加以考察。他把音乐的价值看作是音乐经验的一种特质。这种价值既不为音乐作品所固有，也不存在于欣赏者的心智理解中，而是产生于音乐作品和欣赏者之间发生的一种互动过程。这一过程受音乐传统的客观条件制约。可以说，“任何特定音乐经验的价值既是欣赏者反应能力（即他习得该音乐风格）的结果，也是其反应方式的结果”[②]。

对于如何判断一首曲子的优劣，如何判断一部音乐作品伟大与否、价值高低，迈尔认为，没有一套固定不变的技术标准可以遵循。但是在音乐鉴赏中，迈尔还是试图努力给出一个相对清晰的可供参考的价值标准。迈尔区分了音乐鉴赏的三个方面或者说三种音乐欣赏的方式：感官的（the sensuous）、特征联想的（the associative-characterizing）和句法结构的（the syntactic）。[③]这三个方面或三种鉴赏的角度，其实是不可分的。每一首曲子的鉴赏，其实都包含着这三个方面，只是侧重点有所不同而已。感官性欣赏重在强调审美愉悦的直接满足或延迟满足；特征联想性欣赏重在强调赋予进行中的音乐事件以特征，能够引起对音乐进行概率的期待；句法结构性欣赏重在强调音乐行为的进行方式，关注音乐进行中的偏离和意外音乐事件的作用和意义。在对这三种音乐鉴赏方式或鉴赏角度的综合分析的过程中，迈尔从格式塔心理学和信息论美学的角度，得出了一个相对明确的音乐价值判断标准：音乐作品的风格统一性和音乐作品所包含的信息量。一部好的音乐作品必须具有一个前后贯通的风格，也必须具有一定程度的不确定性，能够激起欣赏者的期待。音乐进行中

① 伦纳德·迈尔：《音乐、艺术与观念——二十世纪文化中的模式与指向》，刘丹霓译，杨燕迪校，华东师范大学出版社2014年版，第23页。
② 伦纳德·迈尔：《音乐、艺术与观念——二十世纪文化中的模式与指向》，刘丹霓译，杨燕迪校，华东师范大学出版社2014年版，第34页。
③ 伦纳德·迈尔：《音乐、艺术与观念——二十世纪文化中的模式与指向》，刘丹霓译，杨燕迪校，华东师范大学出版社2014年版，第34页。

的不确定性概率越大，信息越丰富，作品越有价值。但是，越不受音乐风格制约的完全的不确定性，就越使欣赏者难以理解音乐，欣赏者对音乐进行的期待感就越微弱，音乐交流也就不能发生，音乐作品能够传达的信息就很少，作品的价值就会降低。所以，音乐作品的风格统一性和其包含的信息量这两条音乐价值判断标准，在实际的音乐鉴赏中，必须综合起来衡量，这样才能比较有效地判断一部音乐作品的优劣和价值高低。

总之，迈尔的音乐美学思想，可以说把文化、历史与意识形态等因素引入了对音乐的研究和分析之中。他的理论资源除了以往的音乐领域的研究成果之外，还有皮尔斯的实用主义重视效果的原则，杜威的心理情感冲突理论，苏珊·朗格的符号学美学原则，考夫卡等人的格式塔心理学理论等。这些理论资源都在迈尔的思想中发挥着或显著或潜在的影响。但是，20世纪格式塔心理学的研究所取得的成果和确立的原则，却赋予迈尔的音乐美学研究以视角、方法和策略。迈尔批判地继承了格式塔心理学的一些原则，将其创造性地运用于音乐艺术领域，取得了非凡的成就。尽管他对格式塔心理学理论的缺陷进行了很多批评，但是迈尔清醒地认识到，这不是源于格式塔心理学理论本身的弱点和不足，而是由于音乐经验自身的复杂性所致。所以，把伦纳德·迈尔看作是20世纪心理学美学领域的代表人物之一，对他而言，是当之无愧也是名副其实的。

国家出版基金项目
NATIONAL PUBLICATION FOUNDATION

国家出版基金资助项目
“十三五”国家重点图书出版规划项目

THE TWENTIETH CENTURY WESTERN AESTHETICS HISTORY

20世纪西方美学史

顾　问　汝　信
主　编　金惠敏
副主编　陈定家　周　敏

下编

山西出版传媒集团　山西教育出版社

图书在版编目（CIP）数据

20世纪西方美学史／金惠敏主编．一太原：山西教育出版社，2020.12

ISBN　978-7-5440-9963-9

Ⅰ．①2…　Ⅱ．①金…　Ⅲ．①美学史—西方国家—20世纪—高等学校—教材　Ⅳ．①B83-095

中国版本图书馆CIP数据核字（2020）第007853号

20世纪西方美学史

20 SHIJI XIFANG MEIXUESHI

金惠敏　主编

责任编辑　郭志强　赵　玉　唐　锋（上编）
　　　　　祁　黎　崔　璨　郭文礼（下编）

复　　审　刘晓露

终　　审　薛海斌

装帧设计　王春声　薛　菲

印装监制　蔡　洁

出版发行　山西出版传媒集团·山西教育出版社
　　　　　（太原市水西门街馒头巷7号　电话：0351-4729801　邮编：030002）

印　　装　山西人民印刷有限责任公司

开　　本　720mm×1020mm　1/16

印　　张　73

字　　数　1388千字

版　　次　2020年12月第1版　2020年12月山西第1次印刷

书　　号　ISBN　978-7-5440-9963-9

定　　价　198.00元（上、下编）

目　录

下　编

导　言（下）

20世纪后半期的西方美学经历了巨大的变革。就此而论，它与哲学是同呼吸共命运的，因为我们看到哲学也经历了这样深刻的变化。这里只要我们简单地比较一下半个世纪之前与今天的哲学情境也就够了，我们将发觉这种变化是如何的巨大和深刻。50年代的西方哲学仍可被划界为不同的文化和政治帝国，如果以地域而论占据主导地位的是德国、法国和英美，而若以其他视角观之，则有纯粹学术性的与激进的马克思主义的，等等。人们也可以在英美哲学、欧陆哲学和苏联哲学之中做出具体的划分，或者提出其他有效的辨别和指谓，例如在“西方的”与“正统的”马克思主义之间。

美学同样如此。在德国文化情境中，20世纪的大多数时候就像19世纪，美学主要是被作为哲学的组成部分，如本体论、认识论和伦理学所扮演的那样，因而它也就继续着19世纪的传统哲学体制。在法兰西文化中，美学则倾向于成为一个独立的理论领域，例如为苏里奥（Étienne Souriau, 1892—1979）所提倡的，而在英美世界，美学主要是用于分析趣味或美，不论它属于自然还是艺术。

20世纪60年代的法国结构主义削弱了传统的哲学体制，美学当然是这一体制的一个构件：美学所代表的是，用保尔·瓦莱里那至今令人难忘的话说，“一个被称作哲学的宫殿的侧厅”。结构主义打破了古典的学科壁垒，在这方面它部分地接受了马克思主义理论及其对现存之一切均持批判性姿态的影响，并且一开始就用“方法”

去取代哲学的“世界观”，以此它颠覆了19世纪所建立起来的学院哲学的研究传统。但是也正是在20世纪60年代末期，另一欧洲传统却赢取了显赫的地位，虽然它并非从欧洲而是从美国开始传播。这就是法兰克福学派的批判理论。其主要成员是20世纪30年代为逃离纳粹迫害而定居于美国的一批德国知识分子，其佼佼者有马尔库塞、弗罗姆、罗文塔尔等，他们的理论直接影响了20世纪60年代末激进的学生运动。此外，法兰克福学派的重要性还在于它将黑格尔传统引入美国文化。

20世纪70年代初期结构主义不再局限于语言学、符号学、人类学，而是大举向哲学、精神分析学、历史哲学、认识论等领域扩张，从而它很快就演变为20世纪70年代末和80年代初在法国境外盛极一时的“后结构主义”。

20世纪70年代的许多哲学都是被如此急剧地改变了的，它们被改变成为各种不相称的理论、研究的杂糅，冠以“后结构主义”和超越了法兰克福学派原义，从而与女权主义、后殖民理论相结合的“批判理论”，这些名号旋即被等同于或联系于一个更其庞杂和暧昧的文化概念，即“后现代”理论。

这究竟还是哲学吗？问题相当尖锐，因为最近数十年已经很难判断一种理论话语是否应当被称为“哲学”。哲学与其他话语实践的本质区别是它的自我反思性品格，但是也许有人会异议于此，而此种异议则又可能变成一个哲学性的主题，变成一个更需投入但注定一无所获的问题。

如果说这就是最近数十年哲学所走过的道路，那么美学的道路又是什么呢？在许多方面美学踩着哲学的足迹。我们知道，美学界在很晚的时候即是说直到20世纪80年代才发现了解构论、批判理论以及后现代话题。在此意义上，所谓“踩着哲学的足迹”就不仅是指走哲学所走的道路，而且也意味着落后于哲学。为什么竟如此不堪呢？首要的原因是，美学仍然是传统理论的囚徒：它研究美，而不研究丑；它关心对称，而非畸形；它很在意理想的“艺术品”，而不大留意实际的艺术活动；它经常地谈论抽象的理论框架，而不去触及具体的艺术作品。换言之，美学家们饱学美学理论，而对实际的艺术家、艺术新作、新潮和走向则所知甚少。理由很单纯：如果说审美反思的范例性对象是自然美，那么按照康德那个在英美文化语境中20世纪大多时间都很风行的传统，艺术美就只是自然美的延伸。既然美不仅是先验的而且也是普遍的和超历史的，那么就无必要去特别注意那个别的艺术作品以及艺术史上的新变：它们毫无例外地都遵循着同一范式，产生着同一审美效果。

在有些国家，美学研究的传统是将艺术与对它的审美反思相分离。（这不只是康德美学的结果，而且特别是在德国、中欧和东欧诸国，还是后期黑格尔之影响所致）：在他的哲学体系中也是这样，即美学旨在使艺术“变得有意义”，赋予它以那种只有哲学沉思才有可能给出的秩序，“更糟糕的事实是”黑格尔可能会说，“当以哲学的方式处理艺术的时候，因为艺术在此只提供范例，而不指导美学和哲学”。再者，20世纪上半叶的大部分时段只有文学（尤其是小说和诗）和音乐这两个艺术领域才被作为这样的艺术的典范。唯在极少数情况下，例如在梅洛-庞蒂那里，绘画和雕刻才得到了应有的注意。必须指出，直到20世纪中期电影和摄影都未被真正地当作艺术的样式，因而它们也不是哲学思维的对象，甚至设计或其他实用艺术也都不在艺术之列。

由于结构主义的兴起及其所带来的变化，美学仿佛一夜之间便丧失了其大部分的合法性，因为结构主义抨击传统的学科界限，抨击艺术史的形式主义，以及它还接受法兰克福学派的思想影响，该学派的新马克思主义方法论不理睬那种对个人和社会领域的条块分割，而是将所有的人类艺术事实包括艺术作品都是作为内在地与社会和历史相联系——这些都是致命的。美学开始被视为资产阶级过去的残迹，“艺术作品”甚或“艺术”同样都是这样的东西。在一些激进的法国作者例如朱丽娅·克里斯蒂娃、路易·阿尔都塞或者彼埃尔·马歇雷那里，“美学”和“艺术”不过是意识形态的幻构；在阿多诺和大部分法兰克福学派人物眼中，人们可以说“审美理论”，而不能再说“美学”，因为后者表示着哲学领域内传统的学科划界。因此，20世纪70年代、80年代、90年代早期，美学只是龟缩在传统的和传统主义的学科壁垒之内，困守着其合法而陈旧的理念概念和术语。

后现代艺术与后现代理论的诞生和剧增将美学从此困境中拯救了出来。从20世纪60代末到70年代初，从80年代末到90年代，两个历史的间距显然已足以容许传统的现代概念如“艺术品”“美学”甚至“美”的新生和增殖。那帮助此类概念得以传播的也是概念和新概念作品的无处不在，这些作品纷纷要求“艺术作品”的名分，以及至少说在一些发达国家，也是“审美泛化”（aestheticization）的无处不在。所谓“审美泛化”是指对日常环境、物品，也包括人对自身的装饰和美化，对此潮流20世纪80年代曾有过广泛的讨论，特别是在沃尔夫冈·维尔施和迈克·费瑟斯通的著作里。进一步说，美学也因此淡化了其形而上学意味，我们知道，即使“形而上学”本身也不像它在20世纪60年代、70年代和80年代初那样举足轻重。

美学之所以能够作为一个重要理论话语而重出江湖，一方面需要与哲学的结盟，另一方面更需要来自其所反思的对象的鼎助。

美学达到了自己的目的，这主要得力于艺术与其他一系列符号艺术事实如文化、新媒介的混合，并且对从前的如现代主义、超现实主义和矫情主义等艺术实践的重新估价也为其鸣锣开道，这类估价旨在为当代的也就是后现代的艺术和文化提供新的透视。

第二项条件被成功地满足了，这显然可以从刚才所指出的事实中见出：开始在20世纪80年代后期出现的新美学关切新的艺术趋向和运动，洞晓各个艺术创造领域所发生的重大事件，以及不同艺术门类的历史。如果像过去学院派美学通常所做的那样，只是拿几个经典范例，如莎士比亚、莫扎特、托尔斯泰、毕加索，现在已经不足以展示艺术活动的全景；一个美学家要想获得或者确保其理论的可信性，就不得不去了解最新的和最激进的艺术事件。

这个美学家当然还应该是一位哲学家，尽管主要是作为致思于艺术的哲学家。这是因为在绝大部分情况下，美学不再被看作是关于美的反思，而是首先被视为对于艺术的反思，是艺术的哲学，虽然分析美学多少有些例外。作为哲学家的美学家还必须熟悉那一系列虽非与艺术直接相关但毫无疑问具有某种联系的问题：政治的装饰和审美泛化，艺术与文化的动态关系，在所谓“图像”或“视觉”转向之后的视觉艺术和视觉文化的崛起，商品化的全球文化与艺术的增殖，新媒介的出现，等等。新近哲学的另一个特征是，它试图再次取得普遍的有效性，为此它寻求普遍的、跨文化的，甚至于超人类的艺术、文化、人类和生命的特征。

20世纪90年代似乎是一个美学复兴的时期。但是与过去不同，90年代的美学不再是一个孤立的学科，而是一些源自不同文化、理论和哲学之传统的各种理论话语的集合，其特点就是混杂，即以艺术为主要（但也不是唯一的）话题的各种因素的结合。文化也开始出现为一个与美学相关的主题，这不仅是因为现代主义在高雅艺术与大众（或消费）文化之间所划出的严格界限变得逐渐模糊起来，而且二者之间还表现出弥合的趋势，因而就需要一种新的哲学分析和评价。再者，美学理论不再受制于民族特性或者首先为此特性所标志，而是变得愈来愈国际化和全球化了。一种哲学的或美学的理论于是不再能够被界定为“德国的”或者“法国的”，人们只能说它“在”德国或者“在”法国。今天我们看到的大多是，杰出的个人或“学派”的理论，是他们作为个体创造并传播这样或那样的理论。值得注意，那些来自弱小文化或发展中国家的美学家对于不同的哲学和美学传统却持最开放、最热切、最敏感的态度。无论是在艺术和文化中，还是在美学和哲学方面，他们都积极地使用和改造着不同来源的影响。可以预见，在愈益猛烈的美学国际化和全球化大潮的冲击下，以地域区分的“西方美学”将越来越显得不合时宜和事宜。进入21世纪，我们也许能够期待一种“世界美学”的出现，就如同马克思所说的“世界文学”那样。

第十五章　解释学美学

概　　论

解释学（Hermeneutik）一词直接来源于希腊语动词hermeneuein（解释）以及相应的名词hermeneuia，这两个词本来都是以神的信使赫尔墨斯（Hermes）的名字为词根而形成的，在希腊语中有表达、解释、翻译这三重含义。解释的动词和名词等屡屡出现在古希腊作家的作品中，亚里士多德还专门著有《论解释》（Peri hermeneueias）的文章。新约《圣经》也多次使用与hermeneuein有关的词，除了上述名词形式和动词形式外，还有动词解释、说明（diermeneuo），解释、翻译（methermeneuomai），难以翻译（dysermeneutos）及名词解释者（diermeneutes）等。可见，无论在希腊传统中还是在犹太—基督教传统中，解释概念都由来已久，然而作为明确学科的解释学却是到17世纪才逐渐形成的。宗教改革运动以后，由于新教徒在解释圣经时不再依据教廷的权威，需要建立一套自己释经的规范、方法和理论。1654年，唐豪尔（J. C. Dannhauer）通过他的著作《神圣解释学或阐释神圣经典的方法》（Hermeneutica sacra sive methodus exponendarum sacrarum litterarum），首先把解释神圣经典的理论方法称为"解释学"。此后，对于神圣经典的解释方法的研究便一直以解释学的名义进行。解释圣经本文涉及大量语文学知识。通过长期实践，解经者所使用的语文学方面的技艺、方法和规则逐渐形成系统，对指导解经操作颇为有效，于是很快被用于圣经以外的本文的解释，包括对法律本文和文学本文的解释。从一方面看，对于这些本文的解释都涉及语言问题，因而语文学的规范在一定意义上是普遍有效的。但另一方面，由于面对的领域不同，解释活动便要受到语文学以外的各个领域中具体因素的制约。一门看似统一的解释学真正实践起来却缺乏应有的一致性。这种情况因为施莱尔马赫的努力才有了改变。[①]

施莱尔马赫在很长的时间里一直致力于建立一门总体解释学（allgemeine Hermeneutik）。在他看来，这种总体解释学的内在统一性应体现在贯穿于各种不同类型解释之中的理解（Verstehen）和解释（Auslegung）活动上。解释学因而应成为关于理解和解释之艺术的科学，它以理解和解释的精确性为追求的目标。理解和解释的精确性最终体现在对意义的无限逼近。施莱尔马赫认为，意义具有某种超越性，它可以超出本文作者或讲话者自己所理解到的东西，意义（Sinn）只能是个别言语（Reden）的意谓（Bedeutung）的不断趋近的近似值，而我们有可能比说话者或作者自己更好地理解他们。换言之，我们比说话者或作者更加逼近他们所讲的话的意义是可能的，而他们却并不是自己话语的权威解释者。

为了达到精确的理解和解释这一目的，解释者首先要做的是自觉地脱离自己的意识而进入到作者的意识。这里，两种解释的技艺是必需的，即语法解释和心理学（技术的）解释。因为思想要通过内在的讲话而完成，而言语不过是已形成的思想本身。言语具有一种双重关系：一方面语言可以被看作是得自语言，另一方面可以被看作思想者头脑中的事实。言语得自语言是说，每一言语都预设一特定的语言；反过来，语言又必须通过言语才能成为现实存在。而在另一方面，人在运用言语思想时必定受所使用的语言制约，因而他只能是思想在该语言里已有其关联的东西。一个新的思想如果不与语言中已存在的关系发生关联，它就可能不被传达。最后，作为完成了的思想的言语也必须通过语言整体才能被理解。可见，语言对于个别言语及个别思想有着决定性的制约作用。从语言的构成规则，即语法入手进行的理解也就自然成为理解言语及思想的必要步骤。

与语法解释相比，心理学解释有着同等的重要性。因为言语不仅是得自语言，它同时还是思想者头脑中的精神事实。这意味着，思想的统一性不仅在于表达思想的言语从制约它的语言得来的统一性，而且，由于每个特定的思想复合体都应被看作是个人生命的一个环节，所以这种思想的统一性同样来自生命活动整体。作为个人特定生命环节的思想包含两种因素：个体性的、纯心理的东西和由整个思想序列决定的、确定地向某个目的迈进的意识。

在心理学解释中把握作者的意向和作品的主题是至关重要的，因为这有助于对整体思想的理解。然而，整体又是通过部分来实现的，而对部分的理解又有赖于对整体的理解，因此，解释过程是一个从整体到部分再到整体的无限循环。任何精确的理解都只能是在这种循环中的无限趋近值。

① 参见 Richard E. Palmer, Hermeneutics (《解释学》), Evanston: Northwestern University Press, 1969, pp. 12–40；参见兰姆(Bernard Ramm)：《基督教释经学》，加州，活泉出版社1993年版，第10页。

可见，施莱尔马赫的解释学构想基本上是对本文的解释与理解技艺的研究。虽然其中不乏对意义、思想、生命活动等方面问题的论述，但它们的认识论意义并没有得到重视。从认识论上全面论述解释学的任务，以及与其相应的方法论建设是由狄尔泰完成的。在狄尔泰那里，人类的历史性生命活动被明确当作与自然科学相对的人文科学的研究对象。人文科学的认识论基础，它的可能条件得到认真反思，解释被当作人文科学的普遍方法，而解释学则是对这些方法进行系统考察的方法论。

狄尔泰继承了康德的批判哲学传统和德国浪漫主义传统。后者使他专注于人的生命区别于自然的独特本性，从而使其哲学带有明显的生命哲学特征，而前者则启发他建立关于人类精神的科学，即人文科学的认识论基础。在自然科学高歌猛进的年代，以人类历史和社会现象为对象的人文科学，由于其方法缺少自然科学方法的精确性而显得颇为贫弱。为效法自然科学的范例，有人甚至主张将人类历史和社会中的精神事实，还原为生物现象甚至分子运动，以便用业已成熟的自然科学方法加以处理。而这样做不啻将人还原为物，同时也使人文科学失去了存在的理由。为了彰显人类生命区别于自然的独特性、给人文科学划定不可蚕食的疆域，狄尔泰作出了巨大的努力。他指出，自然科学和人文科学面对的是两个不同和不可通约的经验领域。自然科学总是将世界包括人的心灵活动当作完全受因果律支配的物理现象来看待，然而，倘若我们换一种视点，将世界看作通过意识被给予的事实，并且从意识的统一性和意志的自发性出发去把握世界，我们就会发现一个与物理世界毫无重叠之处的人类精神生活的领域。如果说自然科学可以将人类精神还原为物质的合乎因果律的运动，那么，我们同样可以在人类的精神世界里研究自然。“一旦我们进入人类精神的世界，把自然当作精神内容的提供者、当作对意志来说有着合目的性或工具性的东西加以研究，那么，自然对我们来说就只是在我们之中的自然。自然在其本身是什么的问题与这里的问题毫不相干。只要自然能以如下的方式被给予我们，即它的合规律性对我们的行动来说是靠得住的，而且我们还能够欣赏它存在的美的显现，那就足够了。”①

这种视点的转换将我们引向意识活动的内在领域，我们首先发现这个领域可以包括所有我能想到和感受到的东西，然而，我们进一步又会发现这个领域不仅包括我们想到和感受到的东西，还包括“我”的“想”和“感受”活动，它甚至还包括“我”对这个领域的关注本身。这是一个主体和客体、现象与自在之物未曾分化的领域。狄尔泰将这个领域叫作“体验”（Erlebnis），它便是人文科学的开始之处。依据人类生命活动的标志性范畴，即时间性、意义、目的、强力等，在体验领域中建立

① Wilhelm Dilthey, Selected Works, Vol. I, Introduction to the Human Sciences, R. A. Makkreel and F. Rodi (ed.), Princeton, New Jersey: Princeton University Press, 1991, p. 72.

精神性联系，便构成了人文科学知识的主要部分。可见，与首先来自外感觉的自然现象的关系相比，精神性关联的最初来源颇为独特——它首先是在个人内心中被体验到的。这种精神事实的内在给予性使得以精神事实为对象的人文科学具有了一种相对于自然科学的优越性，但同时也给它带来了困难。这个困难就是，“我”如何超出自己的内在领域，在由外感知得来的材料中寻找精神性的关联。“我”内在地知道自己的行为的动机和目的，把它们看作是与自然事件不同的事件，但是，“我”以外的任何事件，包括他人的行为都是通过外感知给予“我”的。“我”如何看待它们呢？如果“我”仅仅对它们进行因果关系的考察，那么，“我”就只是把他人当作自然的一部分，当作与物没有任何分别的东西。这样做显然是有问题的。但“我”又怎能把超出“我”的内在领域的东西也看作是与内在于“我”的精神事实同类东西，进而对它们进行认识呢？这就需要理解活动的介入。

> 陌生的此在首先只有通过感觉事实、姿态、声音和行为才能从外面给予我们。
>
> 只有通过对这种以感觉中个别符号呈现的东西的复制（Nachbildung）过程，我们才充实了这种内在性。进行这种充实的一切东西：材料、结构、个别特征，我们必须从自己的生命性中去转换它们。……我们把这种我们由外在感官所给予的符号而去认识内在思想的过程称之为理解（Verstehen）。[①]

因此，理解属于人文科学的认识活动，它的给予出现在感觉世界中，同时又是一种精神性表达的东西。狄尔泰把这样的东西称作“生命表现”（Lebensäusserungen）。理解便是通过生命表现认识其精神性的部分。从“陌生此在”的方面看，“生命表现不仅是那些意指或意味着某种东西的表达，而且还包括无意表达精神的东西而却使这精神的东西为我们所理解的一切东西”[②]。具体说来，它包括三个不同等级：概念、判断和较大的思想结构是第一等级；行为构成生命表现的另一等级；而作为第三个等级的是被称作体验表达的东西（Erlebnisausdrücke）。

在人文科学中，这里的第三个等级即体验表达特别值得关注。这是因为“在产生体验的生命和这种表达所促成的理解间有一种特殊的关系，因为表达所能包含的精神关系比任何一个反省所能觉察的精神关系更多。表达将生命从意识照不到的深处提升出来”[③]。然而，即使是在体验表达中，仍然存在着不同等级的差异。如果我们把表情、姿态等算作最低的等级，那么处于最高等级的应当是艺术作品。但是，

① 洪汉鼎主编：《理解与解释：诠释学经典文选》，东方出版社2001年版，第75页。
② 洪汉鼎主编：《理解与解释：诠释学经典文选》，东方出版社2001年版，第93—94页。
③ 洪汉鼎主编：《理解与解释：诠释学经典文选》，东方出版社2001年版，第95页。

这种等级划分的根据是什么呢？狄尔泰认为，这是被近似地看作理解基础的东西，即表达与被表达的精神性东西间的关系的真实性。“体验表达不属于真或假的判断，而属于非真实性和真实性的判断，因为假装、说谎和欺骗在这里都突破了表达与被表达的精神性东西间的关系。”①

根据这一原则去考察体验表达，我们会发现艺术作品与其他表达的区别：

> 在实际利益的争斗中，每一种表达都可能欺骗，我们的解释也因我们所处的地位变化而有所改变。然而，由于在伟大的作品中，一种精神性的东西脱离了其创作者——诗人、艺术家和作家，于是，我们进入了这样的一个领域：在这里欺骗停止了。没有任何真正伟大的艺术品可以根据在此起支配作用而后还要进一步展开的关系，来声称用一个陌生的思想内容蒙骗了它的作者，甚至根本不表明作者的任何东西。作品自身是真实的、稳定的、可见的和持续的，所以，对他的艺术上有效的和确定的理解将成为可能。②

可见，狄尔泰之所以看重艺术品，是因为艺术品作为真实的体验表达使我们可望在其中发现不受具体个人处境、意图歪曲的普遍的人类精神性的规律。从下面的这段论述中，我们能更清楚地看到这一点：

> 诗艺是生活的表现和表达。诗艺表达生活经历，表现生活的外部现实。我试图唤起读者记忆中的生活的特征。在生活中，我的自身于我是已存在于其环境中的，是我的生存的感觉，是同我周围的人和物的一种关系和态度；我周围的人和物对我施加压力或者供给我力量和生活之乐，向我提供要求，在我的存在中占有一个空间。每一事物和每一个人就这样从我的生活覆盖层中接受一种自己的力和色彩。由生和死划定界限的，被现实的压力所限制的生存的有限性在我心中唤起对一种持久状、一种无变易状、一种摆脱事物压力状的向往……在我的自身中、在我的状况中、在我周围的人和物中的这种生活的内涵，构成了它们的生活价值，这有别于现实给予它们的价值。文学创作首先让人看到的是前者而不是别的。文学创作的对象不是为认识着的精神而存在的现实，而是出现在生活覆盖层中的我的自身和诸事物的性质与状态。由此可以说明，一首抒情诗或者一篇小说让我们看到的是什么，以及什么不是为它们存在的。但是，生活价值存在于各种相互关系中，这些关系的原因在于生活本身的关联，

① 洪汉鼎主编：《理解与解释：诠释学经典文选》，东方出版社2001年版，第95页。
② 洪汉鼎主编：《理解与解释：诠释学经典文选》，东方出版社2001年版，第95页。

各种相互关系给予个人、事物、环境、事件以它们的意义。作家就这样趋向有意义的东西。当回忆、生活经验及其思想内涵把生活、价值和意义的这种关联提高为典型性，当事件由此成为一种普遍性的载体和象征，目标和财富成为理想，这时，在这种文学作品的普遍性的内涵中以生活的意义被表达出来的，不是对现实的一种认识，而是对我们的生存覆盖层的关联的最生动的经验。除了这种经验以外，不再有什么文学作品的思想以及文学创作应予现实化的美学价值。

这是生活与文学创作之间的基本关系，诗艺的任何一种历史形象都取决于这种关系。①

施莱尔马赫和狄尔泰的解释学常被称为浪漫主义解释学。这种解释学以客观地认识某个民族乃至整个人类的精神为宗旨，它实际上秉承了主体性哲学的基本原则，着力突显人的精神领域的自律，以至不顾人的实际存在的处境性、历史性对人的精神活动，包括作为人的自我理解的精神科学活动所起的决定作用。对解释学的这种偏狭的克服有赖于海德格尔将其改造为一种存在论的努力。

虽然海德格尔早年所受的神学训练使他谙熟解释学传统，但他改造解释学的动机却不是由解释学传统内部的因素引发的。早在中学时代，海德格尔就从老师手中得到了布伦塔诺的《亚里士多德思想中存在之多种不同意义》。此后，存在本身的意义就成了海德格尔哲学思考的“引路之星”，而解释学经过海德格尔的存在论改造，成为他早期追问存在意义的主要途径。

汉语的“存在”或“是”乃是对德语系词sein的翻译，后者像其他西语中的对应系词一样，兼有表实存和做关联词两项功能。古希腊哲学家巴门尼德首先思考了能存在或能是与能被思想之间的同一关系，从那以后，存在问题就成了西方哲学的主题。亚里士多德曾经专门研究过存在的多种不同意义，还把关于存在之为存在的研究归在他所谓的“第一哲学”名下。西方哲学近代以后出现了一个明确的学科——本体论或存在论（Ontologie）。仅从构词上就可以断定这个学科以存在为研究对象。然而，根据海德格尔的考察，西方哲学从古到今从来没有真正面对存在本身的问题，而是仅仅将存在当作存在者来处理，声称以存在为对象的形而上学的历史实际上是不断“遗忘存在”的历史。他明确指出，存在与存在者之间有着根本的差异，即所谓“存在论差异”。他强调存在绝不是存在者，因而，既不能归结为本质，也不能归结为实体，但是“使存在者之被规定为存在者的就是这个存在；无论我们怎样讨论存在者，存在者总已经是在存在已先被领会的基础上才得到领会”。这意味着处理存在问

① 狄尔泰：《体验与诗》，胡其鼎译，生活·读书·新知三联书店2003年版，第149—150页。

题不能像传统形而上学那样，靠从一个存在者逻辑地追溯到另一个存在者的方法，更不能将存在看作最普遍的概念，进而声称其意义无法定义。真正的存在论不能满足于对存在者的研究，而是要以追问存在的意义为目标。他将这样的存在论称为基础存在论。

为了解开存在之谜，他曾跟从胡塞尔学习现象学。胡塞尔没有把存在看作通过总体化（Generalization）而得到的类概念，而是看作在直观中给予形式范畴，这给了海德格尔很大的启发。尽管如此，海德格尔仍然不满胡塞尔哲学的唯心主义倾向。在他看来，胡塞尔宣称现象学无前提、无预设，并要求“回到事情本身”，但他的实际做法却并未真正贯彻这一原则。胡塞尔的所谓“事情本身”指的是先验意识体验，胡塞尔现象学的任务就是要通过直观这种体验来明证地把握观念的无限可能性。海德格尔认为这与所谓“无前提”“无预设”的原则相去甚远。事实上，这里早已预设了“一切意义都是无世界的先验意识的构造之成就”这一前提。这不过是一种更加精致的自然主义和实证主义。海德格尔认为“事情本身”在更根本的意义上应该是实际生活，是人在世界中存在，而不是经过现象学还原后剩下的先验意识体验。现象学要真正彻底、不加保留地与自己的原则保持一致，就应当从人在世界中的实际生活开始，而不是从笛卡尔经过方法论抽象的“我思”开始。因为，实际生活是自足的，它本身就是有意义的。存在者之是其所是有赖于生活着的人的揭示活动，而规定着这种揭示活动的是实际生活。由于人是这样一种存在者，他在哪里就把他的“此”带到哪里，他的存在是“此”之在。于是，在《存在与时间》中，海德格尔用“此在”来专指人，并以“此在在世界中存在”取代了“人在世界中的实际生活”的说法。“此在在世界中的存在”虽然还不是存在本身，但却是我们通达存在本身必经之路。在《存在与时间》中，海德格尔将“此在”存在的时间性看作存在之意义显现的视域。

存在之意义通过“此在”存在得以显现，其关键在于，“此在”这种特殊存在者不同于一般存在者的独特存在方式——“此在”是我们每个人以各自不同的方式所是的存在者，“此在”总是在各自具体的处境中将遭遇到的存在者，包括它自己，揭示为一个什么；更重要的是，“此在”的揭示活动所依据的不是先验心灵主体的无世界、无历史的普遍形式，而是“此在”在具体处境中的存在，而这种处境存在的本质在于，“此在”总已经对自身的存在有所领会，这种领会或原初理解总是发生在一切对存在者的揭示活动之前，反过来，“此在”的每一种具体活动总已经透露出它对存在的领会。从这个意义上说，“此在”的存在本身就是解释性的。就“此在”的处境而言，其基本的实况是“此在”总已经在世界中。这里的世界不是指空间意义上的“世界”，而是指以“此在”生存为旨归的意义关联网络。世界并不是哪一个“此在”创造的，个别的“此在”总是被抛入世界之中。然而，“此在”总是对它生活于其中的世界有着某种程度的熟悉，因为每当“此在”揭示世界之内的存在者时，它总是基于对世界的某种领会。只是，当“此在”亲热地同世界之内的存在者以及他人打交道时，它往往迷失于这些存在者中，而对决定着这些活动的领会没有意识，更不要说关注领会有可能透露的存在之整体的消息。海德格尔把这种日常“此在”在世界中存在所基于的、但又不被它自己意识的存在之领会称为前存在论的，也就是说，它还不是对存在的有意识的研究。尽管如此，这种前存在论的领会却是通往存在之整体的门径，虽然它在我们专注于存在者时往往是闭锁的。海德格尔将这种可以透露存在之整体消息的领会称作“此在”的展开状态，与领会交织在一起的存在之展开状态还有现身情态，即生存性情绪，以及言谈。

如果我们把追问存在意义的任务交给现象学，而现象学要做的是“回到事情本身”，是“让人从显现的东西本身那里如它从其本身所显现的那样来看它”，那么，这样的现象学不应该是通过描述意识体验、以期从中把握观念的给予性的意识现象学，而应是以展开存在之意义为课题的解释学。这种解释学以存在论的主题性的领会去切入“此在”前存在论的领会，从而以循环的方式逐渐显明存在的意义。可以说，这一过程实际上是存在整体的自身敞开，因为无论存在论的领会还是前存在论的领会，都是“此在”的存在方式，都属于存在。这样，从现象学角度以存在解释学来展开“此在”的存在之展开状态，可以使我们看到如下情形：现身情态展开了此之在的被抛境况的实际性，而与现身情态同样源始地构成此之在的是领会。“现身向来有其领会，即使现身抑制着领会。领会总是带有情绪的领会。”[①]这样，领会就总已是被抛境况中的领会，“领会是此在本身的本己能在的生存论意义上的存在，其情形是：这个于其本身的存在开展着随它本身一道存在的何所在”[②]。领会展开了“此在”的筹划特性——“此在”总是基于被抛的、在世界之中存在的实际性，将可能性向前抛投，这意味着，在此筹划过程中选择一些可能性、放弃另一些可能性。“领会作为筹划是这样一种存在方式——在这种方式中此在恰恰就是它的种种可能性之为可能性。”[③]现身的领会、被抛的筹划作为此之在的存在方式的源始性在于，它总是发生于任何有关存在者的明确的解释（Auslegung）或解释活动之前。解释或解释活动只是使已经发生的领会成形。“领会在解释中有所领会地占有它所领会的东西。领会在解释中并不会成为别的东西，而是成为它自身。在生存论上，解释植根于领会，而不是领会生自解释。解释并非要对被领会的东西有所认知，而是把领会

① 海德格尔：《存在与时间》，陈嘉映、王庆节译，生活·读书·新知三联书店1999年版第166页。
② 海德格尔：《存在与时间》，陈嘉映、王庆节译，生活·读书·新知三联书店1999年版第168页。
③ 海德格尔：《存在与时间》，陈嘉映、王庆节译，生活·读书·新知三联书店1999年版第169页。

中所筹划的可能性整理出来。”[1]前面说过，“此在”存在的基本状态是在世界中存在，这也正是领会首先展开之处。世界是以“为此在生存之故”为指归、以“为了作”而串连起来的意义关联网络。在这种网络中，一个存在者首先是作为为了作某事的用具被领会的。用具与用具之间依功用和目的之间的指引关系而构成“因缘”或用向关联整体。日常此在的原始领会依据的就是这个“因缘”整体，因而具有“作为”结构，而解释也由这种结构组建。在世界中存在的“此在”自有这种解释性的看的方式，它总是寻求将某物看作为某物。任何没有“作为”结构的纯粹的知觉性观看，只是原始的领会着的寻视的褫夺性变样。日常的解释或解释活动不是无世界、无历史的心灵主体的认识活动，它具有奠基于生存性领会的“先行”结构：

> 这种解释一向奠基在一种先行具有（Vorhabe）之中。作为领会之占有，解释活动由所领会的向着已经被领会了的因缘整体性去存在。对被领会了的，但还隐绰未彰的东西的占有总是在这样一种眼光的领导下进行揭示的：这种眼光把解释被领会的东西时所应着眼的那样东西确定下来了。解释向来奠基在先行视见（Vorsicht）之中，它瞄着某种可解释状态，拿在先有中摄取到的东西“开刀”。被领会的东西保持在先有中，并且“先见地”被瞄准了，它通过解释上升为概念。解释可以从有待解释的存在者自身汲取属于这个存在者的概念方式，但是也可以迫使这个存在者进入另一些概念，虽然按照这个存在者的存在方式来说，这些概念同这个存在者是相反的。无论如何，解释一向已经断然地或有所保留地决定好了对某种概念方式（Begrifflichkeit）表示赞同。解释奠基于一种先行把握（Vorgriff）之中。[2]

从这段关于三重先行结构的论述中，我们看到所谓“解释奠基于领会”的具体含义。海德格尔在此基础上进一步指出，传统形而上学所认为的、承载真理的命题实际上是解释的一种变体，它把在解释中被揭示为上手的、有用具性的存在者固定为现成状态的存在者。“命题把现成事物作为什么什么东西加以规定，这个‘什么’是从现成事物本身汲取出来的。”[3]然而，这里的“作为”却不同于领会和解释的“作为”。“这个‘作为’被迫退回到仅仅现成的东西的一般齐的平面上。它向着‘有所规定地只让人看现成的东西’这一结构下沉。寻视解释的原始‘作为’被敉平为规定现成性的‘作为’；而这一敉平活动正是命题的特点。……我们把寻视着有所领会的解释（hermeneia）的原始‘作为’称为存在论解释学的‘作为’，以区别于通过

① 海德格尔：《存在与时间》，陈嘉映、王庆节译，生活·读书·新知三联书店1999年版第173页。
② 海德格尔：《存在与时间》，陈嘉映、王庆节译，生活·读书·新知三联书店1999年版第175—176页。
③ 海德格尔：《存在与时间》，陈嘉映、王庆节译，生活·读书·新知三联书店1999年版第185页。

命题进行判断的‘作为’。”这意味着，无论自然科学还是人文科学，只要它们是在认识论层面上进行命题性认识活动，这种活动就必定奠基于存在论解释学的“作为”，并进而奠基于总已发生的领会事件。

海德格尔的这些富有原创性的思想对伽达默尔产生了决定性的影响。伽达默尔哲学解释学的一系列标志性概念，如理解的前结构、前见（成见）的积极意义、视域融合等都是从这些思想中发展出来的。

第一节 伽达默尔

伽达默尔（Hans-Georg Gadamer，1900—2002）是20世纪最重要的解释学哲学家。他于1900年2月生于德国的马堡。中学毕业后，先在布雷斯劳大学学习文学，后入马堡大学攻读哲学并成为海德格尔的学生。取得博士学位和教师资格后，他任教于莱比锡大学，1949年又接替雅斯贝尔斯在海德堡大学的教席，一直工作到退休（1968年）。在退休以后的几十年中，他一直没有中断思考和著述，而他的影响力也在20世纪接近尾声的时候达到高峰。他的主要著作包括：《真理与方法》（1960年）、《美的现实性》（1977年）、《柏拉图与诗人》（1934年）、《美学与解释学》（1964年）等。

一、伽达默尔的解释学概念

（一）解释学与人文科学的关系

作为海德格尔的弟子，伽达默尔对领会或理解活动的本性有着深刻的认识。理解不仅是精神科学的一般方法，在本源的意义上，理解和解释活动属于人类的世界经验的总体。用海德格尔的话说，领会或原初理解是“此在”在世界中存在的本源性活动，在人类的一切具体活动之前，理解作为事件总已发生，因而，可以说理解是最根本的生存性事件。任何科学方法，无论自然科学的说明方法（explanation），还是人文科学的解释方法（interpretation）都奠基于这种生存性的理解和解释。只要理解仅仅被看作认识方法，那么这种概念就是肤浅的。从作为认识方法的理解出发，企图彻底把握生存性的理解事件显然是本末倒置。

然而，正如伽达默尔所指出的，由于自然科学方法在近代以来所取得的显著成效，这种本末倒置的做法变得极为流行。对方法的迷信不仅局限于自然科学，而是已经遍及所有学科。就连决意与自然科学划清界限的人文科学，也仍然沉浸在对方法的迷恋之中。我们看到，在狄尔泰的解释学概念中，理解仅仅被当作有别于自然科学的人文科学方法，其目的在于从人的生命表现中把握人类精神生活一般结构。

伽达默尔的解释学研究正是在这种状况的刺激下进行的。在他看来，人文科学本来涉及了存在之真理在其中显现的经验，在这些经验中，理解活动有着作为生存性事件的原初有效性。然而，由于人文科学尚未摆脱自然科学的阴影，一方面仍然受到主体—客体二分的认识论及符合论真理观的束缚，另一方面死守着狭隘的方法论的理解概念，致使它与自身之中丰富的存在之真理的经验擦肩而过。换言之，人文科学对发生于自身之中的、作为在世界中存在的理解事件（event of understanding）茫然无知。狄尔泰那种以生命表现为对象，企图通过解释活动从中寻求所谓离开具体历史处境的精神性规律的方法，在伽达默尔看来已经贯穿着理解事件。无论把一种感性给予看作是自然经验还是人文经验，这其中都已有理解活动发生。照狄尔泰的看法，生命表现只是理解的对象，而在伽达默尔看来，生命表现只是理解的产物。至于狄尔泰企图不带偏见地复原本文原意的解释学原则，更是受到伽达默尔的批评。伽达默尔认为，既然那些解释基于理解，而理解又总是历史性的存在，不带偏见的解释就是矛盾的。

于是，伽达默尔为自己的解释学制定的目标是，恢复人文科学本来具有的经验的真实完整性，并从中辨识被狭隘的方法论意识剪裁掉的存在之真理的经验。在这里，首先需要明确的是，理解作为事件而非作为方法的本性在人文科学之中的实际发生。从这个意义上说，伽达默尔虽深受海德格尔影响，但他的解释学与后者强调在世界中存在的关于事实的解释学（hermeneutics of facticity）有着明显区别。这种区别主要在于，伽达默尔的解释学明确地以人文科学的经验为关注的焦点。在他看来，人文科学的本性在于它以传统为对象，但更重要的是，它首先植根于传统之中，并同时构成着传统。伽达默尔为自己解释学提出的首要任务是充分展现这种人文科学经验的真实存在，从而纠正迷失在方法论意识中的各种人文科学理论对自身的片面和肤浅的理解。

那么，伽达默尔所说的人文科学所涉及的经验具体指什么？在《真理与方法》中，他主要考察了三类经验：哲学经验、历史经验和艺术经验。我们对历史传统的经验贯穿于所有人文科学的活动之中。在历史主义那里，历史传统被当作外在于我们历史批判意识的客体；我们作为研究者，被假定为可以置身于历史传统之外，是不受其“污染”的超历史的观察者，这种研究者能以绝对客观的方式获得关于历史传统的知识。在伽达默尔看来，这种观点不仅是幼稚的，也是有害的。在人文科学中，实际发生在研究者身上的历史经验远不止这种把历史当成研究对象的经验。历史不仅是我们以理解的方法处理的对象，在更根本的意义上，生存性的理解活动或理解事件本身就是历史性的。这样，历史经验就不是其真假有待证明的判断，而是存在之真理的实际发生。

在哲学的经验中，我们都意识到自然科学所提供的标准的局限。当代哲学越来越重视哲学史这一事实就证明了这一点。任何从事哲学思考的人都知道，古代大师的思想自有其无法超越的真理性。这种真理性只有通过阅读这些大师的作品才能感受到，认为可以站在一个超越前人的高度将他们的思想全部抛弃，只会使哲学本身变得贫弱。

特别值得关注的是，艺术的经验提供了真理显现的独特方式。艺术经验所包含的东西是关于艺术的科学研究无法穷尽和超越的。在艺术作品的经验中，真理以无法替代的方式被经验，这一事实本身就使艺术成为哲学必须面对的重要问题。

具体来说，伽达默尔的哲学解释学的任务是，面对人文科学所关涉的历史经验、哲学经验和艺术经验，展现这些经验中理解作为生存性、历史性的事件的实际发生，以便使我们能够看到真理被经验的原始方式。这样，也就同时证明了科学方法的非本原性，以及方法论迷信的肤浅与幼稚。

（二）哲学解释学经验概念的若干要素：效应史、语言、他者

对于笛卡尔以来认识论思维及方法论迷信所造成的困境，伽达默尔有深刻的体察。认识论范式来自对于确定性的偏执追求。以赢得确定性为唯一目的的思想活动将自身限制在纯粹的心灵之中，并将此无历史、无世界的心灵主体作为绝对可靠的基点，对于这种基点以外的“杂质”大加删削。这种纯粹的心灵借助一套现成的形式和外界当下给予的材料来构造知识。这种做法虽然获得了某种确定性，但其代价是沉重的。由于它的出发点，即无世界、无历史的心灵，是在确定性的诱惑下找到的，它与“事情本身”相去甚远，是一种病态的焦虑所导致的人为抽象。一旦从这个偏执的原点出发，我们便永远无法恢复“事情本身”。同海德格尔一样，伽达默尔主张哲学活动是始于人的实际生存；人的实际生活是在世界中历史地发生的理解事件，在这一过程中，语言作为中介以世界经验为基地将人与人聚拢在一起，并保证了历史的统一性。

哲学活动本身作为理解活动亦属于历史地在世生存。然而，与其他前反思理解活动不同，哲学理解清醒地意识到自身对存在的归属，意识到自身的世界性、效应史、有限视域和辩证的开放性，并从这种高度来恢复被认识论、方法论意识剪裁得

支离破碎的人类经验，努力使之保持自身原初的实际的统一性、完整性和开放性。将哲学理解为解释学与将实际生存理解为理解性、解释性的活动是一致的。这意味着，以哲学来考察实际生活就是以本体论（存在论）的理解活动去理解前本体论的理解活动；只有这样，才能真正做到“让事情从自身显示自身”。因此，作为一种理论态度，伽达默尔的哲学解释学既是对实际生活经验的展现，又是对人文科学应该如何面对这些经验所提出的总体要求。

伽达默尔强调哲学解释学的经验概念必须超越认识论的经验概念。我们的实际经验不是主体以自己现成的形式的“模具”对外界给予的感觉材料进行塑造而得到的成品。经验的实际发生不是按照我们预定的计划获得并最终证明我们主体之正确性的东西。经验常常是对从未经历的事情的经验充满着奇遇和冒险。“存在和行动于历史中的人其实经常经验到，没有任何东西可以重复出现。……真正的经验是对我们自身历史性的经验。”[①]我们并不能控制经验，相反，世界性、历史性的经验整体将我们卷入其中。作为对于人生活的真实存在的描述性概念，经验具有与生存相应的一切特征：世界性、历史性、解释性，以及以语言为中介的特性和与他人共在的特性。

然而，另一方面，我们又不应忽略这样一个事实，即伽达默尔的“经验”概念是其哲学解释学的专用术语，它往往代表着人生在世的整体经验中变成哲学解释学的主题的某一方面。可以说，无论什么，只要属于生存并成为哲学解释学反思的对象，都可以称为某种经验。在这些不同的经验中，“真理的经验”具有特别重要的地位。“真理的经验”这个说法虽然与其他有关某一主题的经验，如“艺术品的经验”等具有相同的表达形式，但二者之间有着很大不同。如果说“艺术品的经验”标志的是真理经验发生的一类特殊方式，那么，“真理的经验”则强调的是存在本身在所有经验中的敞开，是作为事件的理解的实际发生；在伽达默尔看来，它正是我们在面对各种类型的经验时应该努力恢复的东西。

这样看来，所谓“真理的经验”不是各种具体类型的经验之外的另一种经验，而是在各种经验中总已发生、但又被有意无意地错过的理解事件。然而，对于这种真理的发生，我们只能以循环的解释方式使之显示出来。从主体—客体二分的认识论模式出发只能得到被严重歪曲的经验碎片。

伽达默尔一方面强调经验的存在历史性，这使得他反对将经验还原为现成范畴整理材料所得的成品或观念的可能性，但另一方面，他也充分意识到经验中的一个决定性因素——理解活动的反思性。经验作为“此在”的历史性生存，决定了理解活动只能是基于有限视域的筹划，而理解的反思性则使我们能够意识这种有限性，并

① 加达默尔：《真理与方法：哲学诠释学的基本特征》，洪汉鼎译，上海译文出版社1999年版，第459页。

根据这种意识去生存。这意味着，虽然我们不能以封闭的概念系统去穷尽经验，但仍然能把握经验的辩证开放的形式结构。伽达默尔把这种形式结构称为效应史意识。

传统解释学企图通过作为方法的理解消除历史距离的影响，达到对解释对象的绝对客观的认识。在伽达默尔看来，这实际上是对理解本身之历史性的无知。真正的历史思考必须将自身的历史性考虑在内。伽达默尔将隐含于理解之中的历史的实际效应称为效应史。他说："理解按其本性乃是一种效应史事件。"[①]效应史普遍地存在于经验之中，这是因为"在一切理解中，不管我们是否明确意识到，这种效应史的影响总是在起作用。凡是在效应史被天真的方法论信仰所否定的地方，其结果就只能是一种事实上歪曲变形了的认识"[②]。另一方面，由于理解活动的反思性，人们在所有的理解中都以这样或那样的形式包含对效应史的意识，只不过它在很多情况下是以曲折的形式表现出来。

与传统解释学不同，伽达默尔的哲学解释学要求人们具有明确的效应史意识。"这一要求，即我们应当意识到这种效应史，正是在这里有其迫切性——它是科学意识的一种必不可少的要求。"[③]然而，伽达默尔解释学的本体论性质又使他与黑格尔的精神历史概念保持距离，他拒绝将这种对效应史的反思归结为可以充分客观化的知识。虽然伽达默尔所说的效应史意识是具有反思性的意识，但它"首先是对解释学处境的意识"[④]。处境不是我们面对的认识对象，而是任何认识都无法超越的制约条件。这并不是说认识主体作为无世界的自我意识，运用自身的反思能力认识到自身由于与身体的关联而受到时空处境的制约，仿佛纯粹意识或思辨的心灵只要彻底运用某种方法，就可以从概念角度充分把握这种限制。他认为，这种对处境的意识仍停留在笛卡尔的身心分离的框架之中，没有达到海德格尔基础存在论的深度。从基础存在论的层面看，我们原始的实际经验是我们作为不分身心的整体在世界中与所遭遇的人和物打交道，这种打交道的方式总已显明我们的生存性理解的发生。不过，这种理解绝不是指发生在心灵之中的观念性的东西，而是指发生在世界之中的生存事件。在世界之中的发生本身就决定了其本身的历史处境性。理解与理解的发生实际上是一回事，这意味着一方面理解本身就是处境性事件；另一方面，即使理解有意反思自身的发生，也永远不可能是充分的。伽达默尔说：

> 我们总是处于这种处境中，我们总是发现自己已经处于某个处境里，因而要想阐明这种处境，乃是一项绝不能彻底完成的任务。这一点也适合于解释学

---

① 加达默尔：《真理与方法：哲学诠释学的基本特征》，洪汉鼎译，上海译文出版社1999年版，第385页。
② 加达默尔：《真理与方法：哲学诠释学的基本特征》，洪汉鼎译，上海译文出版社1999年版，第386页。
③ 加达默尔：《真理与方法：哲学诠释学的基本特征》，洪汉鼎译，上海译文出版社1999年版，第387页。
④ 加达默尔：《真理与方法：哲学诠释学的基本特征》，洪汉鼎译，上海译文出版社1999年版，第384页。

> 处境，也就是说，适合于我们发现我们自己总是与我们要理解的流传物处于相关联的这样一种处境。对这种处境的阐释，也就是说，进行效应史的反思，并不是可以完成的，但这种不可完成性不是由于缺乏反思，而是在于我们自身作为历史存在的本质。①

我们在前面看到，海德格尔对处境性理解活动早有深刻分析，任何理解或领会活动都受制于其“先行结构”，即先行具有（Vorhabe）、先行视见（Vorsicht）和先行把握（Vorgriff）。所谓解释学处境就是指理解的这种先行结构。“海德格尔这里所说的，首先不是要求一种理解的实践，而是描述那种理解性的解释得以完成的方式。”②它们都是人的生存在世的状态，因而不是无世界的心灵可以从主观意愿出发随意消除的东西，而所谓无世界的心灵总已经是基于某种先行具有、先行视见和先行把握的理论抽象的结果。由这种先行结构所决定，任何本原性的存在的理解，以及建基于其上的种种认识活动都不可避免地始于成见。

> 海德格尔所描述的过程是：对前筹划（Vorentwurf）的每一次修正是能够预先作出一种新的意义筹划；在意义的统一体被明确地确定之前，各种相互竞争的筹划可以彼此同时出现；解释开始于前把握（Vorbegriffen），而前把握可以被更合适的把握所代替：正是这种不断进行的新筹划过程构成了理解和解释的意义运动。谁试图去理解，谁就面临了那种并不是由事情本身而来的前见解（Vor-Meinungen）的干扰。理解的经常任务就是作出正确的符合于事物的筹划，这种筹划作为筹划就是预期（Vorwegnahmen），而预期应当是“由事情本身”才得到证明。这里除了肯定某种前见解被作了出来之外，不存在任何其他的“客观性”。标示不恰当前见解的任意性的东西，除了这些前见解并没有被作出来之外，还能是什么别的东西呢？但是理解完全地得到其真正可能性，只有当理解所设定的前见解不是任意的。这样，下面这种说法是完全正确的，即解释者无需丢弃他内心的前见解而直接地接触本文，而是只要明确地考察他内心所有的前见解的正当性，也就是说，考察其根源和有效性。③

对于成见的恐惧是在主体—客体二分的认识论模式中产生的。事实上，既然成见属于生存性事件，它作为存在的实际发生本身就是事实性的东西，而不是有待证

① 加达默尔：《真理与方法：哲学诠释学的基本特征》，洪汉鼎译，上海译文出版社1999年版，第387页。
② 加达默尔：《真理与方法：哲学诠释学的基本特征》，洪汉鼎译，上海译文出版社1999年版，第342页。
③ 加达默尔：《真理与方法：哲学诠释学的基本特征》，洪汉鼎译，上海译文出版社1999年版，第343—344页。

实的主观陈述。当然，由于人的“此在”生存的处境性和历史性，成见的自足性只能是有限的，但它无论如何总是以真实存在的身份和作为一切有限的理解活动的起点；从存在真理作为存在总体的敞开的观点看来，成见不仅没有消极作用，而且有建设性，它为有限的“此在”提供视域，而“视域融合”则是展开历史性的存在整体的真理的途径。

语言问题在伽达默尔的哲学解释学中占有核心位置。他为自己设定的任务之一是克服从孤独心灵出发去反思认识的可能性条件的先验认识论模式和形形色色的还原论，他要以海德格尔现象学的方法来描述人在世界中历史性的生存经验的真实存在，并以经验的真实存在为指引，对我们如何面对解释学经验提出规范性要求，其目的是使存在的真理能够从其自身显示自身，而不是按某个现成的标准或框架生硬地构造出来。以现象学的态度面对实际生存的经验，他发现了一个极为关键因素——语言。“能够被理解的存在是语言。”这意味着，语言是以存在的理解为任务的解释学主要面对的领域。语言不是与世界相分离的、通过思想的人为抽象所得到的形式系统，他说：

> 语言性和关于事物的思想是这样紧密相连，以至如果我们把真理的系统想象成一种存在可能性的先定系统，被操纵符号的主体所运用的符号则归属于这种系统，那么这种想法就是一种抽象。语言性的语词并不是由人操纵的符号，它也不是人造出来并给予他人的符号，语词甚至于也不是存在物，人们可以拿起它并使其载以意义的理念性，以便由此而使其他存在物显现出来。这种观点从两方面看都是错误的。毋宁说意义的理念性就在语词本身之中。语词已经就是意义。但从另一方面看，这并不是说，语词先于一切存在者的经验而存在，通过它使经验屈服于自己，从而从外部加入一个已经形成的经验之中。经验并非起先是无词的（wortlos），然后通过命名才成为反思的对象，例如通过把经验归入语词的普遍性的方式而后才成为反思的对象。相反，经验的本性就在于：它自己寻找并找到表达出经验的语词。我们寻找真正属于事物的语词，从而使事物在语词之中表述出来。①

语言也不是交流的工具，仿佛人在其孤独心灵中先有了现成的意义，然后才利用语言将其传达给他人。如果是这样，语言便没有独立的存在，因为一旦意义被传达，语言本身的效用也就耗尽了。语言的确有着主宰个别使用者的独立存在，但这

① 加达默尔：《真理与方法：哲学诠释学的基本特征》，洪汉鼎译，上海译文出版社1999年版，第532—533页。

种独立性不是作为形式系统的抽象独立性，更不是作为圣言的超越的独立性，语言对于使用者的力量来自它与世界的相属。“语言相对于它所表述的世界并没有它独立的此在。不仅世界之所以只是世界，是因为它要用语言表达出来——语言具有其根本“此在”也只是在于，世界在语言中得到表述。”①需要注意的是，这里的世界概念已不同于海德格尔《存在与时间》中的世界概念。伽达默尔强调，拥有世界意味着通过语言而与用具性的周围世界（环境）保持距离，这标志着“超越环境”并“跃向世界”的自由，而这实际上已包含了对海德格尔后期所强调的“物”之尊严的尊重。

以共同的世界经验为基地，语言总是共同体的语言。“语言只有在谈话中，也就是在相互理解的实行中才有其根本的存在。……相互理解是一种生活过程(Lebensvorgang)，在这种生活过程中生活着一个生命共同体。在这一点上可以说人类通过谈话达到的相互理解与动物相互照料的相互理解并没有什么区别。因此，人类语言就‘世界’可以在语言性的相互理解中显现出来而言，必须被认作一种特别的、独特的生活过程。……一切人类生活共同体的形式都是语言共同体的形式，甚至可以说：它构成了语言。因为语言按其本质乃是谈话的语言。它只有通过相互理解的过程才能构成自己的现实性。因此，语言决不仅仅是达到相互理解的手段。”②

共同体的共同世界经验、共同的生存理解构成着语言，同时，语言也就是将有着共同世界经验、属于共同体生活的人聚拢在一起的媒介，它存在的现实的样态是对话，而不是抽象的系统。在真正的对话中，对方必须被看作一个他者（Andere），一个真正的“你”。这个“你”有着与“我”同样的高度。用康德的话说，“他”同样是目的而不只用来证明“我”的正确性的手段，因而“我”对你提出的问题，必当是真正的求教性的问题，而不是早有答案的、只等进一步确证的修辞性问题。只有这样，对话中的“你”才是一个真正的他者，而我们只有经由他者才能达到更好的自我理解。

然而，对话中的“你”不仅是现实的人，而且可以是流传物。“流传物(Überlieferung）就是可被我们经验之物。但流传物并不只是一种我们通过经验所认识和支配的事件（Geschehen），而是语言（Sprache），也就是说，流传物像一个‘你’那样自行讲话。”③把流传物真正当作可与之对话的“你”，意味着不是像历史主义那样企图通过所谓超脱一切历史处境限制的意识去绝对客观地认识过去，而是深刻地认识我们自身的认识的效应史，并基于这种认识对传统保持开放。后面我们

① 加达默尔：《真理与方法：哲学诠释学的基本特征》，洪汉鼎译，上海译文出版社1999年版，第566页。
② 加达默尔：《真理与方法：哲学诠释学的基本特征》，洪汉鼎译，上海译文出版社1999年版，第570页。
③ 加达默尔：《真理与方法：哲学诠释学的基本特征》，洪汉鼎译，上海译文出版社1999年版，第460页。

会看到，在艺术作品的解释学经验中，这种把流传物真正当作一个“你”来与之对话的理解活动如何达成视域融合。

伽达默尔在海德格尔存在解释学的基础上，综合柏拉图的辩证法思想、黑格尔的精神历史发展的思想以及其他许多思想家的成果，提出了自己具有原创性的哲学解释学。伽达默尔试图以“此在”客观主义与相对主义、保守主义与自由主义、浪漫主义与启蒙理性主义之间保持平衡。这种不偏不倚的立场为他在欧洲大陆及英美思想界赢得了广泛的同情，但也使他不得不常常面对左、右两方面的诘难。传统解释学家贝蒂、赫施批评他的解释学取消了解释的客观标准，陷入了相对主义；批判理论家哈贝马斯指责他一味强调传统的权威性，不愿对传统的正当性进行反思，更拒绝对其进行意识形态批判；而解构主义者德里达则质疑他的对话理论对善良意志的求助，指出这是向意志形而上学的后退。当然，各个学派急切地与之交锋，这个事实本身就已突显了伽达默尔的哲学在当代思想界的主流地位，而这些论战也给伽达默尔提供了充分展现其思想深度的契机。

二、以解释学阐明艺术经验中的真理

综上所述可见，伽达默尔要在我们的艺术经验中通过解释学的理解来显现的东西，就是存在的真理发生于艺术经验之中。不过，比结论更值得关注的是他逐渐阐明这一思想的解释过程，它包括：批判地解读康德和其他哲学家的著作，揭露认识论意识滋养的审美意识对艺术经验的抽象和简化；显现我们与艺术作品的特殊存在相遇时实际发生的真理经验，使我们看到认识论的途径、从主体心灵出发、以审美意识的标准去剪裁出来的审美体验，与我们面对伟大艺术家的作品时所获得的实际经验相去甚远。真理的实际发生是审美意识无法看到、但又是暗中制约后者的东西。当他进行这些工作时，他实际上是在对自己所倡导的解释学作范例性的应用，他通过这种应用向我们证明，解释学总是能够比以往的美学更好地理解美学自身。

（一）康德对人文传统中若干概念的去世界化、去历史化

我们说过，伽达默尔解释学的基本特征在于集中处理人文科学的经验。人文科学不仅以传统为对象，更主要的是它根植于传统、无可逃避地受传统规定，并且参与构成传统。在伽达默尔看来，不管愿不愿意，我们都不可能在传统之外找到批评传统的立足点。从本体论意义上说，传统以及传统赖以存在的语言具有自足性，甚至具有自身正当性。因此，本体论解释学的任务首先在于恢复被歪曲的传统。在

《真理与方法》的第一部分，伽达默尔首先考察了人文传统中的四个重要概念，即教化、共通感、判断力和鉴赏力。他指出，这些概念在没有受到认识论意识重塑之前本来更加贴近真理经验，但经过康德的先验主体性哲学的改造，它们丧失了原先具有的显现实际生存的世界性和历史性的力量。

教化（Bildung）在西方的人文传统中曾经占据极其重要的位置。教化与技能不同，它不是仅仅作为获得某种技能的手段，没有外在于它的目的，一个人通过教化获得的是教化本身。在教化的塑造过程中，所有的教化的内容都得以“保留”，因而教化具有历史性质。在这里，黑格尔的精神的异化—同化的历史概念对伽达默尔产生了影响。黑格尔指出，精神的历史性体现在，它通过认识“他者”来克服自身的自然的直接性，进而返回自身，而这个过程实际上是向着普遍性不断跃升的过程。当然，伽达默尔没有全部接受这些观点。出于他的本体论对在世生存的关注，他没有把教化的辩证历史性归结为精神性，而是将其与感觉相联。不过，这种感觉不是指自然感觉，而是指超越自然感觉的、关于价值的普遍感觉。这种感觉是通过我们与他人共同在世界中生活，共同分享文化传统而培养出来的。他写道：

> 如果所有这些都以教化为前提，那么这就意味着：教化不是一个程序或态度的问题，而是一个既成存在的问题（Frage des gewordenen Seins）。如果我们不事先具备一种对艺术作品或过去的“他者”的接受性，那么我们就不能对流传物作出更精确的考察和更彻底的研究。我们追随黑格尔正是把这一点强调为教化的普遍特征，即这样地为他者、为其他更普遍的观点敞开自身。在这更普遍的观点中，存在着一种对于自身的尺度和距离的普遍感觉，而且在这一点上存在着一种超出自身而进入普遍性的提升。保持距离地看待自身和自己的个人目的，就是指看待这些东西如同其他东西看待这些东西一样。这种普遍性无疑不是一种概念的或知性的普遍性。从普遍性事物出发，特殊事物是得不到规定的，也没有什么东西令人信服地被证明。受到教化的人为其敞开自身的普遍观点对这个人来说，并不是一个适用的固定标准，对他来说，这个普遍观点只作为可能的他者的观点而存在。就这一点而论，受到教化的意识实际上就更具有某种感觉的特质。因为每一种感觉，例如视觉，当它达到了它的范围并为某个领域敞开自身，而且在对它如此开启的东西中把握了差异时，它就已是普遍的了。受到教化的意识之所以超越于所有的自然的感觉，就在于后者总是被限制于某个特定范围。受到教化的意识可以在一切方面进行活动，它是一种普遍感觉（ein allgemeiner Sinn）。
>
> 我们所说的一种普遍的和共同的感觉，实际上就是对教化本质的一种

表述。①

伽达默尔在这里说的共同的感觉就是更加为人熟知的共通感（sensus communis）。但需要强调的是，它是指未经康德改造的、处在古老的人文传统的原生态中的共通感概念。19世纪的人文科学深受康德以来的德国哲学影响。在那里，人文传统中本来有着丰富的道德、政治、社会内涵的共通感概念被挖空，被仅仅当作一种理论认识能力来了解，从而失去了其原有的敞开真理经验的功能。但是在此之前，在维柯、沙夫茨伯里、厄廷格尔，甚至在19世纪的柏格森那里，共通感概念有着与先验主体哲学所理解的完全不同的意义。它不是从第一人称的视点出发推出的普遍心灵的能力，而是一开始就必须从群体、社会的层面来理解的概念。它是在群体中通过教养和实际生活而形成，同时又成为群体和社会团结基础的东西，是对于具体情境下的对与错、好与坏，以及群体的善的感觉。这样一种共通感概念起源于罗马。与从普遍的心灵能力的假设出发去进行理论思辨的传统不同，罗马人最看重的是在自己的公民生活传统中实际生长出来的价值，而不是从某个前提出发推导出的抽象价值。对于具体的情境下的选择来说，普遍的理性推出的结论是不充分的，历史事实显现的或然性同样具有真理的力量，而这恰恰包含在维柯所倡导的共通感之中。

与此类似，沙夫茨伯里把共通感理解为社会德性，其社会意义表现为群体生活所培养的机智幽默，以及由此所体现的社会和谐。根据沙夫茨伯里等人文主义者的理解，共通感是对共同福利的意识、对群体的自然情感、仁慈和责任感。共通感并非如斯多葛派所说的那样，是作为自然法平均地为每个人所分有的，而是在社会群体生活中、在人与人的交往中实际地、历史地养成的。

在德国的启蒙哲学之外的虔信派那里，我们仍可看到对共通感概念的原初理解。厄廷格尔认为，在解释神圣经典的实践中，起根本作用的当是共通感而不是数学或演绎方法，共通感的基础是实际生活。他明确区分理性真理和感性真理。共同体的感觉是由本能集合而成的，它是趋向于真正的幸福的根本。在这种意义上也可以把它称作上帝的临在。本能并非如莱布尼兹所贬低的那样是混乱不实的；本能是一种具有神性的、不可抗拒的主导倾向。共通感在解释学的应用中起主要作用，它将生活的有机和统一的结构汇聚成我们如今所谓直觉的东西的基础。借此，我们可以同时把握无数事物。依据共通感去解释经典，意味着将解释规则首先应用于自己，在这种应用中就可以掌握理解古人的钥匙。

① 加达默尔：《真理与方法：哲学诠释学的基本特征》，洪汉鼎译，上海译文出版社1999年版，第20—21页。

可见，在人文传统中，共通感通过维柯、沙夫茨伯里等人的解释，具有了罗马人所推崇的政治、伦理乃至实际生活各个方面的丰富内涵，并由此上接亚里士多德的实践智慧（phronesis）概念。然而，这种联系在德国启蒙哲学家那里被割断了。共通感概念更多地被以经院哲学的方式处理，被当作所有人普遍分有的共通的能力，而这种能力被认为是先天的，不需要在实际生活中历史地养成。在鲍姆加登那里、尤其是在康德那里，共通感被理解为与判断力相联。这种判断力不是将普遍概念应用于特殊事物的规定的判断力，而是在个体之中把握其内在和谐融贯、鉴别其完美或不完美的反思判断力。由于这种判断力基于共通感觉，是感性的，康德仅仅给予它主观有效性，而拒绝给予它客观有效性。这样，在追问无条件的绝对道德命令的基础的道德哲学中，就没有了共通感的位置。因为在康德看来，绝对命令只能来自纯粹实践理性的自律，不能依靠在群体中实际养成的感觉的共通性，后者仅仅能够作为审美鉴赏力（趣味）被保留在美学领域中。

康德说，真正的共同体的感觉是趣味。然而，这里的“趣味”也已经失去了它在18世纪所具有的一般意义。在18世纪，趣味一般被认为是通过共同体的生活培养出来的，它具有多样性和好坏之分。但是在康德那里，共通感和趣味被看作人类普遍具有的先天能力，它们无需在生活中养成，也不具有历史性。审美判断不是根据概念，因而不具有客观有效性。但由于它仍然基于人的先天能力之间的和谐，因而仍然具有主观有效性——审美判断仍然有权力要求他人普遍同意。

至此，趣味和共通感这两个本来有丰富的道德意味、与人生在世密切相关的概念，就被康德经审美判断纳入其先验主体性哲学的规划之中，从而失去了道德效力和真理要求。

伽达默尔明确反对像康德那样拒绝共通感和趣味在道德上的有效性。他的理由是，康德赖以展开其判断力批判的基础，即规定判断与反思判断的绝对区分是可疑的。按照康德的说法，在理论理性和实践理性发挥权威的时候，只有规定的判断力在起作用。这样作出的判断只是将特殊置于理性早已给定的普遍法则之下；在这里，个别实例仿佛仅仅起着进一步确证普遍法则或概念的作用。不过，伽达默尔在这里通过细心解释，从康德的话中读出了他自己对这一理论的不安。康德自己也承认，个别实例仅在极少的情况下才充分满足普遍法则。这意味着，涉及个别实例的判断在大多数情况下总是对理性的精确性有所损害。但这个结论是从下列立场得出的，即将理性法则看作仅仅源自无历史的普遍心灵的一成不变的铁律。倘若不彻底坚持这一立场，我们就会看到事例的力量。事例的价值绝不仅仅在于它可以作为普遍规则的例示或抽象概念的实例。特殊事例之所以特殊，是因为它总是有超出普遍法则的东西。因而在特殊事例与普遍法则不相吻合的情况下，受谴责的不应总是特殊事例。这在道德判断中尤其明显，因为道德判断总是有关特殊事例的。事实上，特殊事例对普遍法则有着规定、补充和纠正的力量。在一个关涉特定情境的判断形成的过程中，能够使特殊事例发挥上述力量的，不是只知一味援引理性法则并将其强加于特殊东西之上的规定判断力，而是可以在特殊之中见出与之相应的整体、并随时权衡它与整体其他部分的和谐程度的反思判断力或趣味。

一方面，趣味以其感性性质调节、修正并恰当地应用理性法则；另一方面，趣味又反对时尚的暴政。时尚具有某种经验的普遍性。当一种东西成为时尚时，任何有感知能力的人都会以某种方式受其影响，只有愚人才对其无动于衷。然而，受其影响不一定意味着简单盲从。趣味恰恰是在时尚的潮流中使我们能够保持最佳能力。这说明，趣味是严格的理性法则与完全偶然的经验结果两极之间的中间环节，它有着自己的先天性。趣味具有感性性质，它可以直面个别，同时又有自己的原则；它不盲目仿效对象，而是能够依自己的原则予以评判。由于趣味的这些优点，它本来可以在实际的道德领域中大有用武之地，而不仅仅被局限于审美领域，但由于康德坚持道德律令必须出自纯粹理性，不能容忍感性因素混入其中，因而趣味、感性判断就只剩下审美领域这个存身之地。

伽达默尔的这些论述意在表明，反思判断力、共通感和趣味实际上对具体处境中的判断起着关键作用，其有效性不容否认；它们总是被溢出普遍规则的事件性的事例所规定，因此，它们必然不能摆脱属于事例的本质的世界性、历史性、语言性和他者性。这实际上已经为后面讨论艺术经验埋下伏笔——如果我们承认艺术经验中有反思判断力、共通感和趣味介入，我们就不得阻止这些因素进入艺术经验。

（二）康德通过趣味和天才概念对美学中存在问题的取消

趣味中的先天因素的确是康德的重大发现，伽达默尔肯定了这种观点。趣味的先天性在于，虽然好的趣味无法通过逻辑论证的方式决定，但它也不是由单纯的经验普遍性即流行程度来决定。在趣味中总有一种高于经验的规范（überempirische Norm）在起作用，它使得对趣味的评判真正成为可能。然而，这种在趣味中一方面拒绝盲从，另一方面又要求普遍同意的先天性，却被康德简单地回溯到无世界、无历史的普遍心灵活动，即想象力与知性两种心灵能力的自由游戏及其愉悦，而这完全是意识自身的主观活动，因为主导想象力与知性的和谐一致的游戏原则，即自然的合目的性原则只是形式的合目的性，根本不关涉我们的欲望对象的存在（无论这种欲望是高级欲望还是低级欲望），所以基于心灵能力和谐一致的趣味判断没有客观知识的那种有效性；只是由于我们每个人都分享同样的心灵能力，才使得这两种能力之间的协调一致具有主观有效性。当我们说一个对象美时，对这个对象本身的情况并未获得任何知识，这种判断只意味着此时我们心灵的认识能力之间协调一致并伴随无利害的快感，而由于我们心灵相通，这种判断有权要求所有人的同意，这使得美的愉悦（Wohlgefallen）既与快适（Angenehme）的愉悦，又与善的愉悦区别开来。康德将趣味的这种特征称为“反思性”，并宣布这才是真正的共通感。这样，共通感原有的、在实际的道德、政治生活中的效力便丧失殆尽了。然而，康德的共通感概念实际上包含着两个要素：不局限于某一专门领域的趣味的普遍性和不局限于私人情感因素的趣味的公共性。于是，伽达默尔就从康德的话中读出了康德自己不情愿给予充分承认的东西：“这种‘感觉’的普遍性隐秘地受到双向的规定，一方面受所摒弃的事物的规定，另一方面不积极地受确立共有性和设立共同体的事物的规定。”[①]但由于康德先验哲学的目标是首先回溯到普遍心灵的先天能力及其先天的和谐一致关系，然后再从先验心灵主体这个单一的原点出发，去无差别地处理一切经验，因而，趣味和共通感的先天性基于有差异的个体间的交往活动这一点，从一开始就成为康德先验方法的盲点，而在有差异的个体所组成的社群中，人们共同设立的事物的独特存在自然也就失去“重量”。伽达默尔指出：

> 与康德的先验目的相符合，“对趣味的分析”可以完全随意地从自然美、装饰事物以及艺术表现中获取审美愉悦的范例。对于审美判断的本质来说，没有什么东西依赖于其表象是令人愉悦的对象的具体存在特性（Daseinsart）。“审美判断力批判”不是一门艺术哲学——即使艺术也是这种判断力的一个对象。“纯粹的审美趣味判断”这一概念是一种方法上的抽象，这种抽象与自然和艺术的区分毫无关系。[②]

与趣味概念的上述作用相一致，康德的天才概念最终仍是为了保证先验美学可以不加区分地处理自然和艺术，只是得出这一结论的过程比较曲折。

首先，这种趣味判断被分为纯粹的趣味判断和理智的趣味判断，二者分别对应于自由美和依存美。根据伽达默尔的细致解读，在讨论趣味判断之初，康德的侧重点在于强调“纯粹”的趣味判断，即在于强调趣味判断不受“理智的”标准限定的本性。也就是说，在这个阶段，趣味判断几乎完全被当作（感性）审美判断来讨论。虽然同一个对象可以分别从自由美和依存美两个角度去判断，但是，“理想的趣味裁决者仍似乎是这样一种人，他是按照‘他所感觉到的东西’，而不是按照‘他所

① 加达默尔：《真理与方法：哲学诠释学的基本特征》，洪汉鼎译，上海译文出版社1999年版，第56页。
② 加达默尔：《真理与方法：哲学诠释学的基本特征》，洪汉鼎译，上海译文出版社1999年版，第57页。

想到的东西’去判断。真正的美是花朵和装饰品的美，这种美在我们的受目的支配的世界里从一开始而且从自身起就表现为美，因此这种美就没有必要有意识地回避任何概念或目的”[1]。根据伽达默尔的说法，康德强调自由美并给出一系列自由美的例子，其目的不在于展示美本身，而在于说明“自由美的愉悦不是一种对事物的完满性的判断”。康德自信他以两种美的区分平息了关于美的争执，而伽达默尔却从中看出，这种平息争执的可能性必然基于两种进路的合作，而这本来是与康德想象力与知性的和谐游戏的思想一致的。这种思想事实上已经隐含下列的推论，即这种游戏若仅有想象力的自由作用而没有知性追求和谐统一的欲求和对游戏的鼓动作用，则想象力就不能达到最丰富的创造性。

康德对美的理想的论述证实了伽达默尔的上述解释。基于美的理想的判断必定关乎有着“道德表达”的人的形象，而不仅仅像纯粹趣味判断那样只涉及无目的的合目的性。因为只有这样，艺术品才能提供真正的普遍愉悦，而不仅仅提供趣味性的愉悦。这意味着，尽管真正的美拒绝设定目的概念，但美的理想却是由人的形象的目的性概念所规定的。在此，伽达默尔指出了康德关于美的理想的论说所预设的一个基本区别：规范理念和理性理念或美的理想之间的区别。审美规范理念基于所有的自然属。一头美丽的动物该有的样子是评判个别例子的标准，因而，规范理念是想象力单一直观所得到、为所有单一个体所分享的形象。这种规范的表象之所以引起愉快，并不是因为它的美，而只是因为属于这种属的个体不违反能够成为美的条件。规范理念不是美的原型，而是正确的原型。人的形象同样也要符合其规范性理念，但人的形象美的理想却不在于仅仅作为人这种自然种类必须符合的标准，而在于“道德的表达”。这与康德后面所讲的美的理念作为道德象征的说法只有一步之遥。伽达默尔的分析让我们看到，康德在这里已将重点从自然美转移到艺术美之上。因为只有通过艺术呈现，人的道德性才能得到充分表达。在人的形象的艺术呈现中，被呈现的对象与艺术品向我们表达的意义恰好吻合，而在其他事物的呈现中，道德的表达则仅仅被借用。可见，此时康德已经不再讳言美与利害的关联。对此，伽达默尔给予了充分肯定：

> 康德正是利用这种关于规范观念和美的理想的古典主义区分，摧毁了那种完满性美学（Vollkommenheitsästhetik）由以从每个存在者的完满显现中寻找其无与伦比和独一无二的美的基础。至此，“艺术”才能成为一种自主的显现（autonome Erscheinung）。艺术的使命不再是自然理想的表现，而是人在自然界

[1] 加达默尔：《真理与方法：哲学诠释学的基本特征》，洪汉鼎译，上海译文出版社1999年版，第58—59页。

和人类历史世界中的自我发现（Selbstbegegnung）。康德关于美是无概念地令人愉悦的证明，并没有阻止这样一个结论，即只有那种意味深深地感染我们的美才引起我们的全部兴趣。正是这种对于趣味的无概念性的认识才超越了某种单纯趣味的美学。[①]

然而，康德关于美与利害的关系的思考并没有就此止步。在艺术品中，人类对自己有意放入的道德表达的重新发现所引发的道德兴趣，仅仅意味着人对自身的肯定，而在似乎无意激发我们道德兴趣的自然美中，人类却可以被唤起更有意义的道德兴趣——自然固无目的，但自然美却具有一种合目的性（Zweckmäßigkeit）——它与我们的愉悦相适应。这一发现使我们意识到，我们是自然造化的终极目的。在康德那里，自然美高于艺术美，是因为人在自然美中获得的肯定不是来自人自己，而是来自他者。然而，这种评价只是从道德目的的立场做出的。问题是艺术显现不能仅用这种理智概念性的标准来衡量。康德完全清楚，艺术是对超越概念的感性（审美）理念的呈现，这种感性理念总是溢出预先给定的概念的限制，激发心灵能力的新的自由游戏。显然，在这个过程中，起主导作用的不是知性而是创造性想象力，因为想象力在这里总是首先独创性地产生法则，而知性则只是随后对其进行合理化。"天才"概念在这里起了关键性作用。

伽达默尔指出，在趣味和天才的关系中，康德保留了趣味的优先地位，这是因为天才创造的艺术品必须以美作为指导。在这里，趣味成为天才创造活动的原则，但这并不意味着趣味和天才有共同的基础。天才通过发明审美理念创造艺术品，从而使得心灵诸能力的自由游戏变得可以交流；趣味作为反思判断力，同样是由心灵主观方面诸能力和谐一致的可传达性所规定的。趣味和天才概念的不同之处在于，前者同时关乎艺术美和自然美，而后者则只关乎艺术美。然而，根据伽达默尔的分析，在《判断力批判》中，趣味与天才两个概念的确发挥着不同功能。由于康德在这里的主要意图是为目的论做准备，是要在自然与自由之间架设桥梁，自然对于我们认知诸能力的合目的性是核心主题。作为审美判断的先验原则，它只与自然美有关。"判断力表现了沟通知性与理性的桥梁。趣味所指向的可理解的事物，人类的超感性的实体（Substrat），同时包含了对自然概念和自由概念的沟通。"[②]在这里，作为判断力先天原则的自然的合目的性概念是决定概念，而这一概念只与自然美以及与之相应的"纯粹"趣味判断有关。

可见，自然美和趣味判断的核心地位是由康德理论体系的要求决定的。在这个

---

① 加达默尔：《真理与方法：哲学诠释学的基本特征》，洪汉鼎译，上海译文出版社1999年版，第63页。
② 加达默尔：《真理与方法：哲学诠释学的基本特征》，洪汉鼎译，上海译文出版社1999年版，第70页。

背景下，天才被描绘成自然的宠儿。通过天才，自然把自己的规则给予艺术。而天才概念的作用无外是使艺术作品在美学上可以与自然美比肩。这样一来，即使在艺术作品中，有目的的创造也只具有同自然美一样的激发心灵能力自由游戏的价值。伽达默尔总结道：

> 美的艺术必须被看作自然。自然通过天才赋予艺术以规则。在所有这些表述中，自然概念乃是毫无争议的标准尺度。因此，天才概念所成就的事只是把美的艺术的产品同自然美在审美上加以等同看待。甚而就是艺术也被在审美上加以看待，也就是说，艺术也是反思判断力的一种情形。有意图地——在这点上就是充满目的地——被生产的东西不应涉及某个概念，而是要在单纯的判断过程中——完全像自然美一样——使人愉悦。“美的艺术是天才的艺术”，这无非是说，对艺术中的美来说不存在其他的判断原则，除了在我们认识能力活动中的对自由情感的合目的性尺度外，不存在任何其他的概念和认识尺度。自然或艺术中的美只有同样一种先天原则，这种原则完全存在于主体性中。审美判断力的自我立法（Heautonomie）决没有建立一种适用于美的客体的自主领域。康德对判断力的某个先天原则的先验反思维护了审美判断的要求，但也从根本上否定了一种在艺术哲学意义上的哲学美学（康德自己说，这里的批判与任何一种学说或形而上学都不符合）。①

伽达默尔的意思是，康德通过天才概念不加区分地处理艺术与自然，把两者一同经由先验进路而置于主观性之中；在这里，康德拒绝做任何形而上学的探讨，从而割断了艺术与存在问题的联系，抹杀了艺术的世界历史性，也彻底剥夺了艺术的真理要求。

（三）康德美学的先验主体化倾向所导致的后果

根据伽达默尔的解读，虽然康德本人将美学建立在趣味概念之上，并将天才连同天才创造的艺术品一同归属于自然，但由于其趣味概念在理论上的困难，以及天才概念作为艺术美的先验原则的方便，更由于康德以后的浪漫主义时期主观唯心主义的大气候，使得其后继者大都不约而同地淡化趣味及自然美，而极力抬高天才的地位。天才被认为与精神一致，而艺术品正是天才无意识的创造物。在费希特和谢林那里，艺术无所不包——它甚至包含自然，因为自然被认为是精神的创造物。而

① 加达默尔：《真理与方法：哲学诠释学的基本特征》，洪汉鼎译，上海译文出版社1999年版，第71页。

在黑格尔那里，自然美只能作为绝对精神的自我反思而存在。至于声称要“回到康德去”的新康德主义者们，也仍然将艺术与天才概念置于美学的中心，而没有给予自然美及趣味问题以足够重视。

伽达默尔公允地指出，康德本人的确仅仅将天才概念局限于艺术家，由于他主要关心的问题是使美学摆脱概念标准，从而获得自律的基础，而这里的关键是将审美判断奠基于我们生命感觉的主观的先天性，即我们认知诸能力之间的和谐一致，这样也就使艺术放弃了真理要求。因此，19世纪过分推崇天才的做法虽然超出康德原初的意图，但也不能说与康德无关。在19世纪，天才的无意识创造取得了价值上至高无上的权威，而这与康德抬高审美愉悦中生命感觉的作用有着密切的关系。这里，起关键作用的概念是生命体验（Erlebnis）。

19世纪美学中的天才崇拜与体验概念的流行相呼应。根据伽达默尔的分析，由于狄尔泰对人文科学的认识论的关怀，体验作为主体直接生活的被给予性首先得到强调。当然，这种给予性与康德哲学中感觉材料的给予性有所不同，它是指人文科学面对的、体现在生活的整体性中的意义结构的统一性。这显然是一种目的论理解。在胡塞尔的现象学中，体验的单位不再被了解为从“我”的体验流中截取的一个片段，而是首先被把握为一种意向关系。意识体验永远意味着，将非意向的质料构造成作为意向之目的的意义的意识生活统一体。这些无疑都是在认识论的框架中构想的生命体验概念，而且仍然带有目的论色彩，对此伽达默尔当然不能满意。

生命体验概念的确是在浪漫主义的大背景下生长出来的，因而不可避免地带有主体主义、目的论的先天不足，但这并没有妨碍伽达默尔运用解释学从其中挖掘出它与存在之历史性的相关性，并从而揭示审美生活中实际发生的东西。他指出，在纳托普、柏格森和西美尔等人那里，体验与生活的整体的密不可分的关系被特别强化。生活是自我超越的，是无限的。生活的无限性在于，每个体验即是对已知生活的意义的超出，同时又被生活整体所扬弃，从而进一步丰富了整体生活。伽达默尔进而指出体验本身的这种结构与审美生活的存在方式的亲和性。审美体验并不只是众多类型的体验中的一种，它标志着体验的本质——艺术品自身构成一个世界，从而将自身与现实隔离开来，然而，它同时又属于生命存在的整体，而整体是无限的。这样体验与无限就有可能发生联系。然而，这却是传统美学无法看到的。

美学中长久以来有这样一种认识，即艺术就是体验艺术（即基于体验的艺术），也就是说，体验概念被当作艺术的基本特征。在此，伽达默尔以本体解释学的眼光发现了“体验艺术”概念的歧义：照传统美学的逻辑，艺术来自体验，又是对体验的表达，同时这种表达又期待着被审美地体验。使这种明显的主观内在性的艺术概念得以成立的关键环节仍是天才概念，是天才的无意识的创造保证了体验及其表达可以自行确立为艺术。19世纪流行的观点认为，天才不是带着既定的观念、拙劣地用形象的手段将这些观念图解出来的说教家。天才的艺术是象征的艺术。天才无意识地、自由地创造象征（Symbol），使得无限的意义在其中显现。与语言性表达不同，象征被认为是在其感性实存中显现无限的意义。与象征相反，宗教—神话意识中有着突出地位的讽喻或譬喻（Allegorie）属于语言性表达，它受惯例和固定教条规定，因而一旦达成了它要喻指的既定意义，它本身的价值也就随之消失。“象征是感性的事物和非感性的事物的重合，而譬喻则是感性事物对非感性事物的富有意味的触及。……象征作为无止境的东西（因为它是不定的可解释的）是绝对地与处于更精确意义关系中并仅限于此中意义关系的譬喻事物相对立的，就像艺术与非艺术的对立一样。”①由于这些理由，19世纪推崇天才的体验艺术的美学不遗余力地抬高象征贬低譬喻。但在伽达默尔细致的检审之下，一个出人意料的事实渐渐显示出来，这就是那些极力推崇象征拒斥譬喻的人，实际上都无一例外地向他们的象征概念中偷运了譬喻的因素，而这绝不是偶然的，因为象征与譬喻的绝对区分是非常困难的。对此，伽达默尔质问道：

> 19世纪美学的基础是情绪的象征化活动的自由。但这是一种主要的基础吗？这种象征化的活动果真在今天也没有受到某种继续存在的神话—譬喻传统的限制吗？如果我们认识到这一点，那么象征和譬喻的对立则又是相对的了，虽然这种对立由于体验美学的偏见而表现为是绝对的。同样，审美意识与神话意识的差别也很难被视为某种绝对的差别。
>
> ……一般审美活动是否是一种相对于艺术作品的合适行为呢？或者，我们称之为“审美意识”的东西是否是一种抽象呢？我们所论述的对譬喻的新评价曾指明，就是在审美意识中，某种独断论的要素其实也是有其效用的。如果说神话意识和审美意识之间的区别不应是绝对的区别，那么，我们所看到的作为审美意识的创造物的艺术概念本身岂不也成了有疑问的吗？我们无论如何不能怀疑，艺术史上的伟大时代只是指这样的时代，在这些时代中，人们不受任何审美意识和我们对“艺术”的概念的影响而面对“艺术”形象，这种形象的宗教或世俗的生命功能是为一切人所理解的，而且没有一个人仅仅是审美地享受这种形象。一般审美体验概念是否能运用到这种形象上去，而不削弱这种形象的真实存在呢？②

---

① 加达默尔：《真理与方法：哲学诠释学的基本特征》，洪汉鼎译，上海译文出版社1999年版，第95—96页。

② 加达默尔：《真理与方法：哲学诠释学的基本特征》，洪汉鼎译，上海译文出版社1999年版，第103—104页。

审美意识的一个后果表现在席勒的审美教育的理想之中。这种理想所追求的目标“审美的生活”已经是一种道德要求。伽达默尔暗示，这种审美主义发展出的道德价值是十分危险的。根据他的分析，这种转变与其说是受康德的影响，不如说是被费希特的“冲动理论”引领。费希特将游戏冲动看作使形式冲动与质料冲动达到和谐的冲动。席勒接受了这种看法，认为审美教育的目的就是培养游戏冲动。与此相应，艺术被当作与实在相对的假象，而不再像以往那样被看作是为了人的需要而对自然所进行的补充。这样一来，自然就失去了其作为总体框架的地位，而艺术则提出了对至高无上的地位的要求。艺术王国由美的法则统治，禁止任何其他外来的东西侵入，甚至道德法则也必须被拒之门外，而实在的边界随着艺术王国的扩张被超越。本来艺术的功能只在于为道德和政治上的自由做准备性的训练，结果却是艺术本身成了目的——唯美的国家、艺术的社会文化成了席勒审美教育的最终结果。但是，“理想与生活通过艺术而来的调解只是一种部分性的调解。美和艺术赋予实在的只是一种倏忽即逝的薄暮微光。美和艺术所提升的情感自由只是在某个审美王国中的自由，而不是实在中的自由。所以，在审美地调解康德式的存在（Sein）和应在（Sollen）的二元论的基础上，分裂出一个更深层的未解决的二元论”[①]。

伽达默尔指出，席勒用艺术来对抗的实在概念的确不同于康德的实在概念，后者以道德的自由领域与自然实在相对；在那里自然美是起点。但是，我们不能不说，是康德的唯名论的实在概念的残余妨碍了对审美存在的如实把握。在这种影响下，人们总是预设“实在的经验”概念，它与科学知识相对应，而艺术总是被看作实在经验的变形。席勒的审美假象概念正是在这一背景下提出的。“假象”概念在席勒那里并无贬义，它是指与对象的质料方面相对的、对象的形式方面，如对象的形、色、声等。对象的质料是其实在性的决定因素，它与人的关系是直接性的，是把人束缚于现实，使人不能自由的主要祸首。审美教育就是通过培养人对形式的兴趣，使人与直接性相疏离，从而发展人的自由潜能。这种艺术概念与黑格尔的教化概念类似，都是一种实在的异化，一种从实在的直接性中疏离出来并朝向普遍性的跃升。然而，这种普遍性的追求是以抽去艺术品中所有的内容成分为代价的——审美意识通过反思，以审美体验为标准清洗艺术品原本置身其中的世界的所有痕迹，如目的、功能、内容的意义等，从而确定了所谓“纯艺术”的理想。在这一过程中，审美意识成了确保艺术纯粹与否的中枢。伽达默尔将此称为“审美区分”，他说：

所以，我们称之为艺术作品和审美地加以体验的东西，依据于某种抽象的

① 加达默尔：《真理与方法：哲学诠释学的基本特征》，洪汉鼎译，上海译文出版社1999年版，第106页。

活动。由于撇开了一部作品作为其原始生命关系而生根于其中的一切东西，撇开了一部作品存在于其中并在其中获得其意义的一切宗教的或世俗的影响，这部作品将作为“纯粹的艺术作品”而显然可见。就此而言，审美意识的抽象进行了一种对它自身来说是积极的活动。它让人看到什么是纯粹的艺术作品，并使这种东西自为地存有。这种审美意识的活动，我称之为“审美区分”(ästhetische Untercheidung)。[①]

审美区分包括双重抽象：审美教化意识从共同体中抽出；艺术品从世界中抽出。伽达默尔进一步指出，审美意识运用审美区分不仅消除了艺术品的世界性，而且还有意识地消除其历史性。有关内容的趣味的历史连续性被趣味的历史相对意识所破坏，不同时代的趣味再无所谓好坏之分。因为不存在趣味的历史统一性，剩下的只有所谓“灵活的质量感觉”，它是审美意识运用反思得出的判断纯艺术的普遍标准，它不受任何确定的趣味的影响。从这一点上说，审美意识具有共时性(Simultaneität）的性质。“审美意识能到处去实现这样的审美区分，并能‘审美地’观看一切事物。……它要求一切具有艺术价值的东西都聚集在它那里。”[②]也正是在这一点上，伽达默尔运用解释学读出了审美意识不自知的、自身的历史性。“审美意识用以作为审美意识而活动的反思形式同样也不仅是一种现在性的形式。因为审美意识在自身中把它所认识的一切东西都提升到共时性，所以它同时规定自身也是一种历史性的意识。这不仅是指，它包含有历史知识，并作为记号被使用——审美意识作为审美意识而自身特有的对一切内容上被规定的趣味的摒弃，也强烈地表现在艺术家向历史性事物转向的创作中。”[③]

审美意识的共时性不仅是一种意识倾向，而且有其外在体现。19世纪兴起的博物馆、音乐厅、图书馆，都将作品从它们原先所属的世界的关联脉络中割裂出来，并以审美意识的原则重新组织。随着审美区分抽掉了艺术品的世界性和历史性，艺术家也失去了他们在实际生活中的根基。艺术家摆脱了资助人，同时也成为无所牵连的自由人。他们挣脱了宗教、道德的束缚，但却在世俗的新神话中扮演了拯救者的角色。然而，这种拯救者仅仅在创造统一的审美文化这一点上有所成就——艺术家的确开创了一个人人都推崇艺术的时代，但这并不能阻止整个共同体在价值方面的分崩离析。由于审美意识的无限性，使得艺术家总能从不同的立场去创造与之符合的象征和神话，因而，每个艺术家身边都聚集着属于他的共同体，但不同的共同

① 加达默尔：《真理与方法：哲学诠释学的基本特征》，洪汉鼎译，上海译文出版社1999年版，第109页。
② 加达默尔：《真理与方法：哲学诠释学的基本特征》，洪汉鼎译，上海译文出版社1999年版，第110页。
③ 加达默尔：《真理与方法：哲学诠释学的基本特征》，洪汉鼎译，上海译文出版社1999年版，第110页。

体之间却不分享共通的价值观。

理查德·哈曼力图通过返回康德的先验进路确定审美性。这样一来，他的确消除了以体验概念作为艺术标准所造成的困难，但另一方面，由于他为确定审美性而求助于所谓“知觉的自身意味性”概念，他就把审美区分推向极致。伽达默尔承认，哈曼的“知觉的自身意味性概念”与康德认知能力在（自然）合目的的原则下和谐一致的概念基本相同。不过，正如伽达默尔已经指出的，在康德本人那里，这只是在论述审美判断力时的立场，此时康德要做的是在方法论上确立先验进路，从而与经验论，尤其是与唯理论的形而上学分开；而当康德后来谈到艺术时并不拒绝道德因素的掺入。然而，哈曼却无视康德思想的这些潜在动机，只是固执地坚持知觉不靠与其他东西的意义关联，自己就能确立意义的神话。伽达默尔令人信服地指出，对某物的实际感觉，即使是对刺激的充分反应，也不是对在场的所有事物的一一反映。在这里，我们看到伽达默尔对胡塞尔、海德格尔等人现象学成果的运用。被感知的事物不是孤立的，而是与其关联整体一同以晕圈的方式被给予的。这种晕圈的中心与边缘又是随着观看者的寻视而变动，而观看者的看总是把某物理解为什么。实际观看的情形是，真正在场的东西有些被清晰化，有些被忽略，而有些根本不在场的东西却也被“读入”其中。另外，在视域的不断变动的过程中，被构成者则倾向于保持不变。

伽达默尔指出：“单纯的观看、单纯的闻听，都是独断论的抽象，这种抽象人为地贬抑可感现象。感知总是把握意义。”[①]就审美对象而言，伽达默尔这里所说的意义是指其内容方面。伽达默尔指出，想撇开内容、仅靠形式因素就建立审美性标准是“荒谬的形式主义”。然而，这种易于被误认为属于康德的立场，却在伽达默尔的解释中显出与康德本意相悖。根据伽达默尔的解读，康德所强调的形式大多是指与材质相对的结构，而非与内容相对的形式。无论具象还是抽象，绘画主题的统一性都是作为意义的统一性而被确立的。这种意义的统一性同时可以由观众的理解活动来确保：说主题的非材料性（aneu hylēs）绝不意味着它没有内容。康德的“审美理念”概念正与此相关。“对这种‘审美理念’康德补充了‘许多不可名状的东西’。这就是康德超越审美特性的先验纯正性和承认艺术特殊存在的方式。……在康德那里，天才概念具有先验的功能，正是通过这种先验功能，艺术概念才建立起来。”[②]然而，在康德以后的主体主义美学中，这个天才概念竟然发展成美学的普遍基础。

① 加达默尔：《真理与方法：哲学诠释学的基本特征》，洪汉鼎译，上海译文出版社1999年版，第117—118页。
② 加达默尔：《真理与方法：哲学诠释学的基本特征》，洪汉鼎译，上海译文出版社1999年版，第118—119页。

（四）贯穿于审美经验中的、不为主体性美学所知的生存性理解

天才概念的困难在于，我们无法确定他创造的艺术作品的完成标准。柏拉图在《国家篇》中谈道，理念的形式由功能来确定，是超越的，制作以形式为目的，工匠对此有某些认知，当他的制作品实现了其目的时，作品就完成了。但艺术作品被认为并不服务于实际目的，因而与一般制品不同，它从制作者的角度看永无完成之日。因此，瓦雷里声称，作品的完成权在接受者手中。而这在伽达默尔看来是一种“解释学的虚无主义”。另一方面，卢卡奇则满足于将艺术品了解为外加在一个个分立的瞬间审美体验上的空洞形式。在此，伽达默尔援引克尔凯郭尔关于审美存在与伦理存在的论述说明，审美存在并不是自足的；其内在矛盾逼迫它要超出自身，到伦理存在中去寻求自我理解的连续性。而在这里，我们有理由认为，伽达默尔是在暗示审美存在已经贯穿着领会或理解活动，而审美存在的所谓“直接性”仅是相对而言的。因为如果没有理解活动便不会有矛盾的逼迫——瞬间的快感涉及理解；由于自我的不确定所导致的厌烦感也预设理解，由审美存在向伦理存在的过渡的要求正是生存性理解的要求。

按照伽达默尔的看法，只有从前认识论的、前主体—客体二分的生存性理解出发，才能显明艺术经验的真实存在。艺术的本质既不是由作为创造者的天才的无意识体验表示的，也不是由作为接受者的天才的体验追加的。这两者的共同点在于，它们都试图通过回溯到主体不含“杂质”的审美体验，来为艺术寻找试金石。但由于这种体验过于纯粹、缺乏内容，因而符合这种标准的“艺术”无世界、无历史、脱离共同体、飘忽不定，也没有根基。从本体论解释学的立场出发，伽达默尔强调认识论起点的非原始性：无论我们的主体显得多么纯粹，我们对认识对象进行多么客观的描述，这些描述都不可避免地基于总已发生在世界中的生存性理解；正如海德格尔早就指出的，这种理解是历史性的，它具有“先行”结构。伽达默尔承认，正如心灵中的自然性方面可以规定这种理解活动，无意识运作可以决定意识生活，感性（审美）的活动也可以制约理解，但我们却没有一个超脱理解的视点，能够看清理解如何被这些因素影响制约。

这样，伽达默尔就在审美经验中看到了其作为一种自我理解方式的真实存在，而这是不为审美意识本身所知的。他进一步强调：“但是所有的自我理解都是在某个于此被理解的他物（etwas andere）上实现的，并且包含这个他物的统一性和同一性（Selbigkeit）。只要我们在世界中与艺术作品相遇（Begegnen），并在个别艺术作品中与世界相遇，那么这个他物就不会始终是一个我们刹那间陶醉于其中的陌生宇宙。我们其实是在他物中学会理解我们自己，这就是说，我们是在我们存在的连续性中

扬弃体验的非连续性和瞬间性。”[①]黑格尔的影响在这里格外明显：直接性不是自足的，它要经过中介，上升为普遍性，这种普遍性不再是抽象的普遍性，而是具体的普遍性。这种中介在伽达默尔看来就是历史性的生存理解，它有着辩证性。只是与黑格尔的精神的辩证统一概念不同，生存理解的辩证发展是无限开放的。

伽达默尔断言艺术是知道，并且艺术作品的经验就是分享这种知道。不仅如此，艺术有权提出真理要求。在这里，伽达默尔不仅反对康德把艺术局限于主观有效性，也同时纠正了黑格尔延迟艺术的真理要求、将其留给哲学来完成的做法。而真正给他决定性影响的仍然是海德格尔。伽达默尔指出，海德格尔的有限性概念往往使人误认为只是一味将此在时间化，一味强调此在的有限性。实际上，这只是存在主义的说法。海德格尔真正的哲学问题是：自我理解的存在是什么？（Was das Sein des Sichverstehens ist?）由这个问题出发，哲学也从根本上超越了这种自我理解的视域。与此问题相似，伽达默尔提出“艺术经验的实际存在是什么?”的问题。通过这个问题，伽达默尔也同样超越了关于艺术经验的美学的认识论进路。

唯一能够接近艺术经验的实际存在的做法，就是从在世生存性理解开始解释。传统美学热衷谈论的所谓审美体验归根结底也只是自我理解的一种样态。艺术品无法与世界割断联系：我们在世界中将某物理解为艺术品，而艺术品又向我们敞开一个世界。艺术的统一性和连续性就在于在世界中的历史性理解的连续性。艺术经验与审美体验不同，它不是一个本质主义的封闭概念，而是一个与在世界中存在相互交织的开放性概念。它牵连着在世界中的实际历史性生活的各个维度，包括宗教的、政治的、伦理的维度等。然而，必须看到，伽达默尔并不想抹杀艺术生活的特殊性，他只是拒绝从认识论的所谓主体纯粹性出发去粗暴地为艺术切割出自己的领地。在他看来，艺术经验的真实存在的勘测要靠解释学来完成。在另一篇重要文章《美学与解释学》中，他更加明确地指出，解释学所能覆盖的现象极为普遍，它包括自然和艺术中的美的经验。所有的世界经验都贯穿着人的“此在”的历史性理解，因而所有传统也都属于它。传统包括一切体制和生活形式，与艺术作品的相遇本身就在传统中发生。[②]

可见，伽达默尔竭力挖掘美学领域中的理解因素，而这些因素是只关注想象力与知性的和谐游戏的美学所没有意识到的。他这样做是要恢复美学与世界、历史、语言、他者的联结，而这项工作的完成，是通过展现审美活动，尤其是艺术经验之中的理解事件的发生。理解不同于知性，知性是无世界、无历史、非对话式的孤独心灵的纯粹思想形式，而理解则是生存性的，因而具有世界性、历史性，而且理解

① 加达默尔：《真理与方法：哲学诠释学的基本特征》，洪汉鼎译，上海译文出版社1999年版，第124页。
② 加达默尔：《哲学解释学》，夏镇平等译，上海译文出版社1994年版，第96—97页。

总是在语言中发生，而语言首要的存在方式是与他者的对话。艺术的实际经验并非像审美意识所抽象出的经验概念，而是艺术作为语言发生于在世界之中理解着的人的开放性的事件。他在美学中发现了不为美学本身所知的理解的发生，这有双重效果：第一，批判了传统美学的抽象对实际艺术经验的歪曲；第二，将美学重新显现为理解性的，从而使美学获得了与世界、历史、语言、他者的关联，这样，美学就由于自身贯穿着解释学的经验而被奠基于本体论之上。主体性美学长久以来一直为自己没有领地（Gebiete）、缺少客观性而焦虑。现在，这种焦虑由于伽达默尔的工作被消除了。

（五）从本体论的游戏概念到艺术作品的本体论

自从康德将审美判断奠基在心灵诸能力的自由游戏之上以后，游戏（Spiel）概念在德国古典美学中一直占据重要位置。显然，这种概念是认识论抽象的主体概念的衍生物。伽达默尔对此十分清楚。但在批判这种认识论理解的偏颇及派生性的同时，他并不打算放弃游戏概念本身。相反，他敏锐地看到，实际的游戏活动在原初意义上（而不是在心灵能力的意义上），具有深刻的本体论意义。它恰恰能够彰显艺术作品的真实存在。从本体论的层面考察游戏本身真实的存在方式，可以使我们清楚地看到认识论的主体主义立场在把握游戏本性上的先天不足。从这一狭隘的视点出发看游戏经验，必将造成无法修正的歪曲。从游戏者的所谓纯粹主观体验的角度，我们永远也不能达到对游戏的真实发生的理解。游戏不是游戏者面对的对象，而是将游戏者卷入其中的存在事件。这意味着，任何游戏者的体验或认识都总已经是这一事件的一部分，但这一事实却并不为体验和认识包含。另外，游戏自有其严肃性，每个游戏者对此都有经验。虽然人人都说“游戏只是游戏”，但如果有谁对游戏不认真，他就破坏了游戏。然而，游戏的这种严肃性却不是游戏者有意达成的。游戏自有其目的，它的严肃性正与此有关。但游戏目的的实现恰恰有赖于游戏者与游戏之间的目的性关系被悬置，就是说，游戏者必须处于忘我状态。总之，被游戏者当作对象认识的游戏与他身处其中时的实际经验大相径庭，后者正是游戏的实际存在方式——游戏者不是游戏的主体，相反游戏只是通过游戏者达到它自身的实际呈现（Darstellung）。“所以，游戏的存在方式并没有如下的性质，即那里必须有一个从事游戏活动的主体存在，以使游戏得以进行。其实，游戏的原本意义乃是一种被动式而含有主动性的意义（der mediale sinn）。……对于语言来说，游戏的真正主体显然不是那个除其他活动外也进行游戏的东西的主体性，而是游戏本身。” 可以说，自身在那里的呈现（Selbtdarstellung）标志着游戏最根本的存在方式。“游戏最突出的意义就是自身呈现。”①

认真考察游戏的实际发生，我们会发现其下列特征：游戏运动是不断的往复运动；这种运动并不朝向一个使其终止的目的。游戏的呈现方式在最本原的意义上，正是指这种往复运动本身。从这个层面上看，作为这种运动的载体的游戏者已经处于从属地位。

对于游戏运动本身的考察，还可以使我们进一步看到，游戏的运动不仅没有目的，而且似乎毫不费力。这种自如的动态与自然节律十分相近。这表明，游戏的存在方式在根本意义上是一种自然过程，人的游戏恰恰是它作为动物的自然性的自我表现。自然没有目的、没有动机、没有努力，它虽然呈现为往复运动，却总是以自我更新的方式出现。伽达默尔引用弗里德里希·施勒格尔的话指出，自然的游戏是艺术的典范：“所以神圣的艺术的游戏只不过是对世界的这一无限的游戏，这一永恒的自我创造的艺术品的间接的模仿。”②我们在这里看到，在实际的而不是心灵中的游戏概念中，艺术同自然、文化的关系需要得到重新思考。

游戏的往复而常新的性质还透露出一个事实：身处游戏之中的游戏者似乎总是面对各种可能性，并自由地作出新的计划。然而另一方面，游戏者又时时感受到计划总是伴随着风险。对于自发的事件来说，与其说主动参与事件不如说被事件卷入其中，玩游戏就是被戏。

> 由此出发，对于游戏的本质如何反映在游戏者的行动中，就给出了一个一般特征：一切游戏活动都是一种被游戏的过程。而游戏的魅力、游戏所表现的迷惑力，正在于游戏超越游戏者而成为主宰。即使就人们试图实现自己提出的任务的那种游戏而言，也是一种冒险，即施以游戏魅力的东西是否“对”，是否“成功”，是否“再一次成功”。谁试图这样做，谁实际上就是被试图者（der Versuchte）。游戏的真正主体（这最明显地表现在那些只有单个游戏者的经验中）并不是游戏者，而是游戏本身。游戏就是具有魅力吸引游戏者的东西，就是使游戏者卷入到游戏中的东西，就是束缚游戏者于游戏中的东西。③

就自主地自我呈现的游戏而言，不存在游戏以外的目的——游戏以自身为目的。游戏为自己划定世界以外的场地。在这个领域中，世界之内的意义关联失去了效力。游戏虽然要有游戏者的参与，但游戏精神主宰着游戏者的心灵活动，后者只

① 加达默尔：《真理与方法：哲学诠释学的基本特征》，洪汉鼎译，上海译文出版社1999年版，第139页。翻译略有改动，Darstellung原译为“表现”，笔者试改译为“呈现”。
② 加达默尔：《真理与方法：哲学诠释学的基本特征》，洪汉鼎译，上海译文出版社1999年版，第135页。
③ 加达默尔：《真理与方法：哲学诠释学的基本特征》，洪汉鼎译，上海译文出版社1999年版，第137页。

是前者的结果。所谓游戏精神与游戏为游戏者设定的任务有关。“游戏总要玩些什么。”每个参与游戏的人都须为完成游戏设定的任务而努力。然而，这个在参与者看来是任务的活动，对游戏来说却仅仅起到构成该游戏特有的往复运动方式的作用，并不服务于其他任何目的。

游戏的最本原的本体论性质就是自身呈现。但反过来说，游戏的自身呈现恰恰又要求游戏者全身心地投入游戏，而这又是游戏者的任务。

> 人类游戏的自我呈现，尽管像我们所看到的那样，基于某种与游戏表面显出的目的的相联系的行为之上，但是游戏的“意义”实际上并不在于达到这个目的。我们宁可说，游戏任务的自我交付实际上就是一种自我呈现。游戏的自我呈现就这样导致游戏者仿佛是通过他游戏某物即呈现某物而达到他自己特有的自我呈现。只是因为游戏活动总是一种呈现活动，人类游戏才能够在呈现活动本身中发现游戏的任务。因而就存在一种我们必须称之为呈现游戏的游戏，不管这种游戏是在隐约的暗示意义关联中具有某种属呈现本身的东西（如“皇帝、国王、达官贵人”），或者游戏活动正在于呈现某种东西（例如孩子们玩汽车游戏）。[①]

可见，在这里的后一种意义上，所谓呈现已经非常接近我们所说的表演，伽达默尔正是在这里看到了游戏与艺术的联系。“所有呈现活动按其可能性都是一种为某人的呈现活动。这样一种可能性被意指出来，这就构成了艺术的游戏性质里特有的东西。”[②]当封闭游戏场域的“围墙”向一个方向敞开，将观众容纳进来，自身呈现的游戏就同时变成了表演。而这恰恰是作为游戏的艺术的特征。“正是这作为观众的第四堵墙闭合了艺术品的世界。”这里最具代表性的例子是宗教仪式（Kultspiel）和戏剧（Schauspiel）。它们作为游戏除了自身呈现以外，其指向性是十分明显的——二者都面向观众，而面向观众的开放性恰恰成了这类游戏封闭性的条件。游戏作为一个整体因此包括游戏者，也包括观众。“事实上，最真实感受游戏的，并且游戏对之正确表现自己所‘意味’的，乃是那种并不参与游戏而只是观赏游戏的人。在观赏者那里，游戏好像被提升到了它的理想性。”[③]在这更高的层面上，游戏作为戏剧表演确立了自身完整的存在地位：当游戏变为戏剧时，游戏真正作为游戏而发生。这是一个彻底的转变。对于这个意义的游戏来说，观众同样是游戏的参与者和成就者。而在游戏者一方，参与游戏已经不再仅仅意味着全情投入，还必须包含朝向观

---

① 加达默尔：《真理与方法：哲学诠释学的基本特征》，洪汉鼎译，上海译文出版社1999年版，第139页。
② 加达默尔：《真理与方法：哲学诠释学的基本特征》，洪汉鼎译，上海译文出版社1999年版，第139页。
③ 加达默尔：《真理与方法：哲学诠释学的基本特征》，洪汉鼎译，上海译文出版社1999年版，第141页。

众游戏这一维度。游戏者与观众虽然功能不同，但二者共同成就了游戏。在游戏本身的存在中，二者的区别被扬弃。

在这里，伽达默尔一方面强调游戏者与观众对于作为表演的游戏的同等作用，另一方面也指出二者的不同：对表演来说，观众这个维度是必需的。它使表演成为表演。但观众作为一个维度的存在，并不等于一般意义的观众实际在场。即使没有现实观众在场，表演之为表演也预设了潜在的观众。可见，伽达默尔着力描述的作为表演的游戏的存在方式恰恰与艺术作品的存在方式相应。

艺术作品的存在方式是伽达默尔艺术作品本体论的核心问题。他认为，艺术作品既不存在于作者的创作意图之中，也不存在于观众的经验之中。同一般游戏一样，艺术作品的存在方式是现实地呈现。现实地呈现意味着作为被呈现者的艺术作品不是发生在心灵里的主观体验，而是要实际存在。伴随着艺术作品的实际呈现的，是游戏活动向构成物的转化。游戏作为构成物有别于游戏者的具体游戏活动，正如在亚里士多德那里，产品（ergon）有别于活动（energeia）。游戏的具体活动是千差万别、转瞬即逝的，但不同游戏者在不同时间、不同场合的游戏，却有着稳定的可重复的结构性因素，而这就是伽达默尔所说的具有作品性质的构成物（Gebilde）。向构成物的转化（Verwandlung）是根本性的。经过这种转化，游戏必当对所有的游戏者具有绝对的自主性（Autonomie）。“向构成物的转化就是指，早先存在的东西不再存在。但这也是指，现在存在的对象，在艺术游戏里呈现的东西，乃是永远真实的东西。”[①]作品的构成物是独立于包括创造者的主观活动的所有个别参与者的可重复结构，但这种结构绝不是什么一成不变的普遍结构，构成物的意义仍然指向游戏之呈现。[②]

游戏作为构成物的存在方式从游戏者的主体性立场是无法看到的。如果仅仅从演员的角度看，演戏就只是装扮不是自己的人，这个所谓“不是”是相对于演员始终保持自身同一性这个前提而言的。然而，这并非游戏（戏剧）发生的实情。在真实的戏剧演出中，演员本人的同一性并不对任何人继续在场（fortbesteht）。在游戏的转变之中，最根本的改变是世界的改变。游戏构成了一个自我封闭的世界，它与我们日常生活于其中的世界并不通约。我们无法以其中的一个世界为标准去衡量另一个世界的真实性，因为真理超越了戏剧与现实，它只是借不同世界显现出来。而这里，真理在戏剧（游戏）世界中的显现特别引人注目。可以说，向构成物的转化就是向真的转化。尽管根据一般观点，柏拉图贬低艺术的理由之一，是认为艺术是对作为理念摹本的现实的模仿，因而远离真理，但伽达默尔却从柏拉图在《费利布

① 加达默尔：《真理与方法：哲学诠释学的基本特征》，洪汉鼎译，上海译文出版社1999年版，第144页。
② 加达默尔：《真理与方法：哲学诠释学的基本特征》，洪汉鼎译，上海译文出版社1999年版，第143页。

篇》中对生活和舞台上的悲剧与喜剧不加区分的谈论中看到一个深刻的洞见，即生活和戏剧同时分享真理性。当我们说“人生如戏”时，我们是在说现实生活中发生的每个事件竟然都有意义关联并指向某种目的，这也就从反面让我们认识到，戏剧的本质是它构成一个“封闭的意义区域”、一个自己的世界。“艺术作品的世界——在此世界中游戏是这样完全地表现于其整个过程中——事实上就是一种完全转化了的世界。每个人正是通过这世界认识到存在的东西究竟是怎样的事物。”①

这样，转化就成为一个分水岭，经过转化而达成的构成物包含着更多真实成分，而我们通常所谓现实则是转化之前的东西，转化就是对现实的提升。伽达默尔说：“所谓的实在就被规定为未转化的东西，而艺术被规定为在其真理中对这种实在的扬弃。”②这样，艺术就被看作是对实在的扬弃，从而使其中真实的东西得以保留和提升的转化活动，而这种活动的成果就是构成物。

但是，这显然是一种对艺术本质的全新界定。这样一种新的认识和关于艺术的传统说法如何衔接，是伽达默尔这位对传统给予崇高权威的哲学家必须解决的问题。既然他不打算到心灵中去寻求艺术作品的存在，他自然就要抛弃主体性美学的艺术表现说，而努力恢复被表现说所取代的古老的艺术模仿说。

我们知道，柏拉图在《国家篇》等地方有贬低艺术的著名言论。他的理由是艺术是对实在事物的模仿，而事物又是形式（理念）的摹本，因而，艺术品在存在等级上的位置在现实事物之下，而离真理（形式）则更是隔着一个等级。可见，这种模仿概念描述的是一种真理的衰减过程，作为这一过程结果，摹本（Abbild）总是比原型（Urbild）更不真实。然而，在伽达默尔看来，这不是真正的模仿，而只是简单的摹写、复制，或者可称为复现；真正的模仿绝不是要制作一个原型的复制品，以便我们可以在看到它时想起原型。如果是这样的话，那么复制品在原型面前没有独立的地位，它完全可以被其他复制品替代，而且一旦原型被把握，复制品便不再有存在的必要；模仿的原初意义在于，把所看到的东西带入这一现实的存在。这与前面关于艺术作品现实呈现的存在方式的说法是一致的：

> 所呈现的东西是存在于那里（Das Dargestellte ist da）——这就是模仿的最原始关系。谁模仿某种东西，谁就让他所见到的东西并且以他如何见到这个东西的方式存在于那里。当幼童操弄他所看到的东西，并以此确认这个东西以及他自己本身存在时，他就开始了游戏活动。就连亚里士多德所援引的儿童装扮快感，也不是一种为了让人猜出和认出其背后真相的自身隐藏活动、伪装活

---

① 加达默尔：《真理与方法：哲学诠释学的基本特征》，洪汉鼎译，上海译文出版社1999年版，第146页。

② 加达默尔：《真理与方法：哲学诠释学的基本特征》，洪汉鼎译，上海译文出版社1999年版，第146页。

动，而是相反，它是这样一种呈现活动，其中只有所呈现的东西存在。孩童无论如何是不愿在其装扮的背后被人猜出。他希望他所呈现的东西应当存在，并且，假如某种东西应当被猜出，那么被猜出的东西正是他所呈现的东西。应当被再认识的东西，就是现在“存在”的东西。[①]

不仅如此，模仿作为一种转化还是让真实的本质性的东西展现，而不是与实在事物一一对应的简单描摹和记述，因为在模仿中总已经发生了理解和解释。正是在这个意义上，亚里士多德才说诗比历史更接近哲学。“我们所探讨的原始的模仿关系，因而不仅包含所呈现的东西存在于那里。模仿和呈现不单单是描摹性的复现(Wiederholung)，而且也是对本质的认识。”[②]因此，只有艺术的门外汉才喜欢谈论一幅作品对现实事物的逼真肖似。戏剧由于在模仿和再现中扬弃了现实之中非本质的东西，因而在其作为构成物的作品中包含了更多的真理性。“我们在一部艺术作品中所真正经验到的和所指望得到的，其实是这作品的真实性如何，也就是说，我们如何在其中更好地认识和再认识事物和我们自己本身。”[③]

当我们面对艺术作品、从中认出某些东西时，我们总会有识别的愉悦。这种识别绝不仅是认出我们早已知道的东西，而是认识到多于过去所知的东西。“在再认识中，我们所认识的东西仿佛通过一种突然醒悟而出现并被本质地把握，而这种突然醒悟来自完全的偶然性和制约这种东西的情况的变异性。这种被本质地把握的东西被认作某种东西。”[④]事实上，当柏拉图要通过发挥作为语言的理想性的辩证法来回忆形式时，他就涉及了这种再认识形象。“‘被认识的东西’只有通过对它的再认识才来到它的真实存在中，并表现为它现在所是的东西。作为再认识的东西，它就是在其本质中所把握的东西，也就是脱离其偶然性的东西。”[⑤]我们在艺术作品中把握的就是本质性的东西，而略掉的则是偶然的非本质因素，例如属于演员本人的个别存在特性。“因为是对真实事物的认识，所以呈现的存在就比所呈现的素材的存在要多得多，荷马的阿希里斯的意义比其原型的意义多得多。”就呈现即是模仿而言，这意味着摹本对于原型来说是一种真实存在的增益而不是衰减。这样，伽达默尔就用柏拉图思想中暗含的东西反驳了柏拉图自己关于艺术品是摹本的摹本，因而比实在事物更加远离真实的说法。

---

① 加达默尔：《真理与方法：哲学诠释学的基本特征》，洪汉鼎译，上海译文出版社1999年版，第146—147页。
② 加达默尔：《真理与方法：哲学诠释学的基本特征》，洪汉鼎译，上海译文出版社1999年版，第148页。
③ 加达默尔：《真理与方法：哲学诠释学的基本特征》，洪汉鼎译，上海译文出版社1999年版，第147页。
④ 加达默尔：《真理与方法：哲学诠释学的基本特征》，洪汉鼎译，上海译文出版社1999年版，第148页。
⑤ 加达默尔：《真理与方法：哲学诠释学的基本特征》，洪汉鼎译，上海译文出版社1999年版，第148页。

此外，伽达默尔还指出，模仿这种将本质的东西带入现实存在的活动，还是一种带向前来（Hervorholung），它突出某些东西，忽略另一些东西，并把重要的本质性的东西显示出来，而这已经把作品所朝向的观众这个维度牵连进来。艺术作品的呈现总是对观众的呈现。“模仿和呈现在其自身中就包含对他们为之呈现的每个人的本质联系。”①

可见，模仿就是将本质性的真实的东西带入这个现实存在（Da-sein），这种现实存在是朝向观赏者的呈现，而这一切也就是一种转化，其所达成的就是所谓构成物。构成物指的是游戏或戏剧的意义统一整体，它作为模仿的成果比现实包含更多的本质性；作为标志着统一性的东西，它是贯穿在具体的游戏过程的多样性中的可重复结构。

但是，强调构成物作为成果的相对独立性，并不是要抹杀它对具体呈现过程的依赖。如前所述，构成物的意义指向游戏的呈现。从这个意义上说，构成物也只存在于游戏一次次的具体发生之中，如神性存在于一次次的崇拜仪式活动中，音乐存在于一次次的演奏中，戏剧存在于一次次的上演中。

另一方面，呈现总是在世界中发生的。尽管它在现实的世界中画出一片属于自己的世界、一个独特的意义关联域，但它能够被作为游戏来看待，必然基于对现实世界的诸可能性的理解，这意味着它与世界不可分割。

于是，针对审美意识所要求的审美区分，伽达默尔强调一种“审美无区分”。他说：

> 在模仿中被模仿的东西，被创作者所塑造的东西，被表演者所表演的东西，被观赏者所认识的东西，显然就是被意指的东西——呈现的意义就包含于这种被意指的东西中——以致那种文学作品的塑造或呈现的活动根本不能与这种被意指的东西相区别。而在人们作出这种区分的地方，创作的素材将与创作相区别，文学创作将与“观点”相区别。但是这种区别只具有次要性质。表演者所表现的东西，观赏者所认识的东西，乃是如同创作者所意指的那样一种塑造活动和行为本身。这里我们具有一种双重的模仿：创作者的呈现和表演者的呈现。但是这双重模仿却是一种东西：在它们两者中来到存在的乃是同一的东西。
>
> 我们可以更确切地说：表演的模仿性表现把文学创作所真正要求的东西带到了具体的存在（Da-sein）。某种作为人们在艺术游戏中所认识的真理统一体的双重无区别，是和文学创作与其素材、文学创作与表演之间的双重区别相符合

① 加达默尔：《真理与方法：哲学诠释学的基本特征》，洪汉鼎译，上海译文出版社1999年版，第148页。

的。……在某人面前所表演的悲剧的或戏剧的场面是在舞台上还是在生活中出现——如果我们只是观赏者，那么正如我们所看到的，这一问题对于这种经验内容来说，甚至是无关紧要的。我们称之为构成物的东西，只是这样一种表现为意义整体的东西。这种东西既不是自在存在的，也不是在一种对它来说是偶然的中介中所经验到的，这种东西是在此中介中获得了其真正的存在。[①]

这样，我们恰好能够通过构成物阐明艺术作品存在的时间上的同一性和差异性。“艺术作品的真正存在不能与它的呈现相脱离，并且正是在呈现中才出现构成物的统一性和同一性。艺术作品的本质就包含对自身呈现的依赖性。这意味着，艺术作品尽管在其呈现中可能发生的那样多的改变和变形，但它仍然是其自身。这一点构成了每一种呈现的制约性，即呈现包含着对构成物本身的关联，并且隶属于从这构成物而取得的正确性的标准。”[②]

为了更好地说明艺术作品的时间性存在，伽达默尔转向节日庆典活动。[③]这种活动具有的时间结构是它总是重复出现，也就是说，它存在于一次次的重返（Wiederkehr）中。当然，每一次庆祝活动发生的年份和参加的人，以及其他很多因素都有变化，但是节日却总是同一个节日。“重返的节日庆典活动既不是另外一种庆典活动，也不是对原来的庆典活动的单纯回顾。……节日庆典活动的时间经验，其实就是庆典的进行（Begehung），一种独特的现在（eine Gegenwart sui generis）。”[④]节日存在于庆祝活动中，但这并不意味着它存在于庆祝者的主体中。从庆祝者与节庆存在的相属上来说，它对于节日庆典活动的关系是“同在”（Dabeisein）。“‘同在’的意思比起那种单纯的与某个同时存在在那里的他物的‘共在’（Mitanwesenheit）要多。同在就是参与（Teilhabe）。谁同在于某物，谁就完全知道该物本来是怎样的。”[⑤]这种同在的本质实际上是由节日庆典活动的“同时性”（Gleichzeitigkeit）规定的。这意味着，如果我们承认艺术游戏有着与节日庆典活动同构的时间性，那么游戏同样具有同时性，而游戏的参与者同样有与游戏的同在性。“同时性不是审美意识的同现（Simultaneität）。因为这种同现是指不同审美体验对象在某个意识中同时存在

---

① 加达默尔：《真理与方法：哲学诠释学的基本特征》，洪汉鼎译，上海译文出版社1999年版，第151—152页。

② 加达默尔：《真理与方法：哲学诠释学的基本特征》，洪汉鼎译，上海译文出版社1999年版，第158页。

③ 研究伽达默尔的著名专家Joel C. Weinsheimer指出，节日在德文中是Fest，它与英文中的festival和feast相应，其形容词和前缀形式又有固定、结实之义。路德赞美诗中的“feste Burg”用法就暗喻上帝在时间中恒定不变。参见Joel C. Weinsheimer: Gadamer’s Hermeneutics: A Reading of Truth and Method(《伽达默尔的诠释学：解读〈真理与方法〉》), New Haven & London: Yale University Press, 1985, p. 113.

④ 加达默尔：《真理与方法：哲学诠释学的基本特征》，洪汉鼎译，上海译文出版社1999年版，第159页。

⑤ 加达默尔：《真理与方法：哲学诠释学的基本特征》，洪汉鼎译，上海译文出版社1999年版，第161页。

(Zugleichsein)和同样有效(Gleich-Gültigkeit)。反之,这里‘同时性’是指某个向我们呈现的单一事物,即使它的起源是如此遥远,但在其呈现中却赢得了完全的现在性。”[①]可以说,艺术作品的同时性对进行解释的观赏者提出与之同在或自觉地参与其中的要求。在《美的现实性》中伽达默尔明确表达了这种要求:

> 与艺术感受相关的是要学会在艺术品上作一种特殊的逗留,这种逗留的特殊性显然在于它不会成为无聊。我们参与在艺术品上的逗留越多,这个艺术品越显得富于表情、多种多样、丰富多彩。艺术的这种时间经验的本质就是学会停留,这或许就是我们所期望的、与被称为永恒性的那种东西的有限的符合吧。[②]

逗留于艺术作品的存在中,就是使作品成为与自己同时、使之与自己的世界经验相关,其根本方式就是倾听它对我们的言说。在《美学与解释学》一文中,伽达默尔借用德罗伊森对原始资料与遗迹的区分指出,艺术作品既不同于有意向后人传达历史信息的原始资料,也不同于不会说话的历史残迹,艺术有自己的语言。“艺术品对每个人讲话时都好像是特别为他而讲,好像是当下的、同时代的东西。因此,我们的任务就是去理解它所说的意义,并使这种意义对我们和他人都清楚明白。因此,甚至非语言的艺术品也处在解释学任务的领域之中。它必须被组合进每个人的自我理解之中。”[③]

如前所述,我们的历史性存在决定了我们总是生存于某个处境之中,而处境永远不能站在我们对面,被我们当作认识对象来彻底认识,这意味着我们从处境存在出发不可能直接获得完全透明的自我认识。然而,通过对流传物的他者性的理解这个中介环节,我们可望逐渐加深自我理解,尽管这一过程是无限的。处境既作为认识起点,又限制认识,伽达默尔在这个意义上沿用了胡塞尔的视域(Horizont)概念。视域概念兼有消极和积极的意义,它既标志着个别认识的有限性,又表明在有限范围内可以取得一定的认识成就,而且这个概念还意味着,它随着视点的变化而运动。“人类此在的历史运动在于:它不具有任何绝对的立足点限制,因而它也从不会具有一种真正封闭的视域。……当我们的历史意识置身于各种历史视域中,这并不意味着走进了一个与我们自身世界毫无关系的异己世界,而是说这些视域共同地形成了一个自内而运动的大视域,这个大视域超出现在的界限而包容着我们自我意识的历史深度。事实上这也是一种唯一的视域,这个视域包括了所有那些在历史意

① 加达默尔:《真理与方法:哲学诠释学的基本特征》,洪汉鼎译,上海译文出版社1999年版,第165页。
② 加达默尔:《美的现实性》,张志扬等译,生活·读书·新知三联书店1991年版,第76页。
③ 加达默尔:《哲学解释学》,夏镇平等译,上海译文出版社1994年版,第101页。

识中所包含的东西。”①理解历史流传的东西需要把自身置入历史处境，从而获得其历史视域，但这不意味着要抛弃自己的视域，改换他者的视域，而是要带着自己的视域进入其视域。伽达默尔进一步指出：

如果我们把自己置身于某个他人的处境中，那么我们就会理解他，这也就是说，通过我们把自己置入他的处境中，他人的质性、亦即他人的不可消解的个性才被意识到。

这样一种自身置入，既不是一个个性移入另一个个性中，也不是使另一个个人受制于我们自己的标准，而总是意味着向一个更高的普遍性的提升，这种普遍性不仅克服了我们自己的个别性，而且也克服了那个他人的个别性。“视域”这一概念本身就表示了这一点，因为它表示了进行理解的人必须要有的卓越的宽广视界。②

这意味着，在面对流传物时，解释学的任务是首先筹划某种历史视域，并由此使其与现在视域保持紧张，但这种紧张随着理解的进行将最终统一于一个更大视域之中。“在理解的过程中产生一种真正的视域融合（Horizontverschmelzung），这种视域融合随历史视域的筹划而同时消除了这个视域。”③

现在让我们回到关于艺术作品的讨论。前面谈到，艺术作品以它特有的语言对每个参与其存在的人讲话，并因此处于解释学的任务范围之中，在艺术作品中讲话的他者，正如在其他流传物那里一样构成一个视域，而解释学在这里的特定任务就是通过参与作品同时性存在的方式逗留于其中、置身于其中，与之对话，借理解作品他者存在这个中介而导致更普遍的自我理解，而这也就是艺术经验中的视域融合。

第二节 利　　科

法国哲学家利科（亦译吕格尔，Paul Ricoeur, 1913—2005）被认为是20世纪最有影响力的思想家之一。他的哲学著作涉及的领域广泛深奥，囊括当时流行的各种思潮，如现象学、结构主义、存在主义、基督教神学、语言学、政治学、伦理学、肉

① 加达默尔：《哲学解释学》，夏镇平等译，上海译文出版社1994年版，第390—391页。
② 加达默尔：《哲学解释学》，夏镇平等译，上海译文出版社1994年版，第391—392页。
③ 加达默尔：《哲学解释学》，夏镇平等译，上海译文出版社1994年版，第394页。

体分析、文学批评等。但利科的思想凸显了一个相互关联的主体，即哲学人类学(philosophical anthropology)，其中一个重要的组成部分就是诠释学（hermeneutics)。如果说诠释学是利科学术旅程的一条主线的话，他的旅程也常常充满了绕道而行的“迂回之路”(detour)，涉猎一些看上去似乎与诠释学并不直接相干的问题，如人的自由与意志，恶的本体与象征意义、意识形态与乌托邦的关系等。[①]意大利学者热佛里诺(Domenico Jervolino）提出一个观点：他认为与其把利科的研究看作“语言哲学”(philosophy of language)，不如把它们看作“基于语言的哲学（philosophy through language）”，后者包括象征、文本、翻译三个方面，它们相互关联、相关呼应，共同构成利科哲学人类学综合性和创造性的哲学思想。[②]在超过70年的学术生涯中，利科的著作不管是在内容上还是在数量上都是惊人的。同伽达默尔一样，利科不愧为20世纪西方诠释学领域大师级的人物。

自19世纪哲学家施莱尔马赫和狄尔泰重新定义诠释学以来，诠释学就被看作一种“理解（understanding）之艺术”，同时也被看作一种新型的“从教条中获得解放”的学科。[③]对施莱尔马赫而言，理解并不是单纯的归结为文本表面词语与文法的认识，而是一个总体，一种包含一切的事实或过程的整体认知。由此，施莱尔马赫将诠释学的定位不仅仅局限于圣经文本的解释（biblical exegesis)，而是寻求任何文本和人类交流方式所具有的共同性，也就是施莱尔马赫所说的“一般诠释学”(general hermeneutics)。显然，一般诠释学将传统诠释学的范围扩大了，诠释不再只是释经学的特殊方法，而是认识论的普遍方法。那么，我们如何理解语言的交流，无论是口语的还是文字的？在施莱尔马赫看来，理解语言的交流属于科学的范畴。这里“科学”是指针对一般文本（包括宗教、文学、法律等文本）进行诠释的客观标准。当然，施莱尔马赫自己也承认，找到这个“一般性”方法论绝非易事，因为在多数情况下，诠释者不得不面临“具体诠释学”，如宗教文本、哲学文本或法律文本，因为构建一个完整的、统一的诠释学逻辑系统是一个非常困难的工程。尽管如此，无论施莱尔马赫还是狄尔泰，都试图依赖于读者与作者的共鸣或一致性(agreement, Verständigung)，即客观化的精神生命，以此找出理解、模仿和重构诠释学的模式。

其实，无论是一般诠释学还是具体诠释学，都面临同一个问题，这就是如何审

---

① 有关利科的生平和思想介绍，可参考Charles E. Reagan, Paul Ricoeur: His Life and His Work, University of Chicago Press, 1988. 有关利科与中国学界的联系，可参考杜小真编的《利科北大讲演录》(北京大学出版社2000年版)一书。

② Scott Davidson, “Ricoeur’ s Later Thought: from Hermeneutics to Translation and Back Again”, in: Philosophy Today, (Spring) 2013, p. 61.

③ Geogia Warnke, Gradamer: Hermeneutics, Tradition, and Reason, Stanford: Stanford Unirersity Press, 1987, p. 5.

视作者—文本—读者这三者的关系。显然，作者和读者透过文本对话交流。这种对话交流的方式在伽达默尔的哲学体系中成为诠释者与文本之间的“视域融合”，也就是说，诠释者将“自我视域”置于“文本视域”，让文本的“它在性”挑战自我的概念和意义，并以此重新发现自我。受到海德格尔有关实存性诠释学与人文学科的关系的启示，伽达默尔指出，理解不是探究意识应用到一个对象上从而将之转化为“客观知识”的一个方法，因为任何理解的前提条件乃是它处于一个传统的事件中，一个传承的过程中。以此观之，诠释学最大的特征就是对我们自身有限性的意识。伽达默尔正是以此基础展示自我与他者的关系，并以此表明自我视域与文本视域是一个既相通又相异的对立统一关系，但最终的“视域融合”是一个互换互融的关系。

利科在一定程度上接受了伽达默尔的交互方式以及在这一模式中的自我理解层面。与此同时，利科更为明确地指出，诠释学的反思就是自我的反思。由此，关乎“自我的诠释学”（hermeneutics of the self）或是关乎“自我的现象学”（phenomenology of the self）成为利科叙事研究的重点。以利科的视角看，“我”与“他”者的对话不是简单的读者的主体意识与文本之间面对面的关系，因为这里的“我”具有特定的自我意识和身份认同，并透过叙事文本的阅读，建构外在世界的一整套的意义，即一整套的存在的可能性。然而，这个意义的塑造和构成绝不是主观的臆想，而是真正的客观“现象”，即文本以及意义的自发呈现。

本节首先从“距离化”与“据己化”的双重维度入手，阐述利科基于结构主义和现象学思想的“诠释学拱门”（hermeneutical arch）的理论，然后探讨利科的叙事诠释中的有关主体性问题，以此说明利科重新构建“我”与“他”的视域融合模式的伦理学和美学意义。笔者认为，利科在文本叙事中引发出叙事身份和自我理解的概念，由此将诠释学的知识论从表层的“什么”（what）的问题转向深层的“谁”（who）的问题，由此将诠释学的基本问题转向人生哲学的基本问题。

一、“距离化”与“据己化”

利科在《论解释》（On Interpretation）一文中采用三个形容词说明他的哲学路径：反思的（reflective）、现象学的（phenomenological）和诠释学的（hermeneutical）。然而，利科的诠释学不是自我循环的圆形，打开这个封闭圆圈的方法是透过现象学的自我反思。[①]从这点上看，利科的诠释哲学的起始和终点皆为反思，尤其是对主体的

① 《论解释》一文选自利科的 From Text to Action, Kathleen Blamey and John B. Thompson (trans.), Evanston, IL: Northwestern University Press, 2007. 有关这方面的具体论述，亦可参考 Paul Ricoeur, Interpretation Theory: Discourse and the Surplus of Meaning, Fort Worth: Texas Christian University Press, 1976.

“自我理解”（self-understanding）的反思。具体来讲，利科的诠释方法紧紧围绕着语言、意义和真理这些议题展开。他从象征的诠释进入文本和隐喻的诠释，然后再进入叙事的诠释。利科从阅读行为探讨人类的意志活动，将文本意义扩展到文本之外（即行动）的社会意义。

在利科看来，文本的意义与诠释主体的意向密不可分，其中包括“融摄”或“据己化”的现象。传统意义上的“融摄说”或“据己化”（appropriation, Aneignung）是一种阅读行为，它所关注的问题是如何让文本与读者当下的情形发生关联。然而，利科坚持“融摄”或“据己”与伽达默尔所讲的“应用”（application, Anwendung）有所不同，前者往往会给人唯我主义的“任意诠释”的印象，而后者更多的是阐述如何在尊重文本的条件下让文本运用到当下。[①]然而，从另一个角度看，利科的“融摄”或“据己”似乎更具有唯我主义的危险性，尤其他将文本的意义与“我是谁”的问题联系起来。为了避免这种危险的发生，利科在解释现象学意义上的“我”之前，将“如何解释文本自身的意义”作为解释学的首要关注点，即还原文本自我言说的机制，而非像伽达默尔那样首先发问：在面对“何谓理解”时我们到底发生了什么？

为了防止“据己化”的唯我主义的倾向，利科将现象学的客观性带入阅读过程，让“据己化”依赖于文本自身意义的解释。由此利科提出一个“客观始点”的诠释方法，就是诠释者在历史与文化上的“距离化”（distanciation）。透过“距离化”的形态，解释者可以倾听文本自身的言说，以此克服诠释者主观主义和情感主义的倾向。利科指出，解释（interpretation）首先是对文本符号系统和结构的客观分析：诠释者向文本世界敞开自身，因为“文本是我们得以了解自身的媒介。……我们只有凭借长期的绕道（detour）——载有丰富人性符号的文化著作中，才能了解自身”。[②]换言之，解释者只有依赖于文本所承载的历史和传统，才能获得真正的主体性意识。

美国诠释学学者阿瑟斯（John Arthos）曾撰文指出，与伽达默尔基于的黑格尔和海德格尔的德国传统不同，利科的思想来自法国16—17世纪的自我反思文化。值得注意的是，法国文化将研究“人”的人文世界和研究“物”的科学世界看作两种不

---

① 在说明何谓“应用”时，伽达默尔陈述道：“在我们的反思过程中，我们已经看到，我们的理解总是包含了把要被理解的文本应用到解释者当下的情形。”（《真理与方法》，第308页）伽达默尔指出：“理解一个东西就是看它将如何被运用到当下的情形。”毫无疑问，“应用”意味着某种当下的东西，理解包含着对这种应用把握。其实，伽达默尔的“应用”绝非唯我主义的“任意诠释”。相反，他一再强调，我们需要对文本开放，同时我们有能力向文本提出的要求开放我们自己，对其诉诸我们的要求作出反应。

② Paul Ricoeur, Time and Narrative, Vol. 3, Kathleen Blamey and David Pellauer (trans.), Chicago: University of Chicago Press, 1988, p. 142.

同的知识论，并对后者的“理性”和“客观性”毫不怀疑。[①]在这一点上，阿瑟斯的看法是对的，因为利科的确把“距离化”看作近似科学的方法，而把“据己化”看作自我反思的方法。利科认为，透过主体与客体的分离，诠释者可以避免直接理解的非理性主义和相对主义的倾向，即把文本看作主体移情的延伸。这也就是为什么利科强调“绕道”而非“在其中”(being-in-the-world)。

利科的“拱门”的比喻是针对诠释循环的圆圈，他试图打破循环的圆圈，画出历史和诠释的直线。然而，利科的“距离化”是否具有客观的有效性并能够达到这个目的呢？在这点上，利科的立场与另一位深受德国诠释学传统影响的批评家赫施(E. D. Hirsch, 1928—　)很相近。赫施将诠释分为说明（explanation）和理解(understanding)，前者关注的焦点是文本自身的意义（meaning），具有普遍性，如作者意图、符号象征系统和文字考证；后者关注的焦点是文本之外的寓意(significance)，带入了诠释者的主观色彩，具有特殊性。寓意是由诠释者赋予的延伸的意义，它不是固定不变的，而是在不同的处境下有所变化。按照赫施的区分，诠释学的目的不是找出文本之外的寓意，而是明确和澄清文本自身的意义。伽达默尔的错误在于他把二者混为一谈，从而导致了将客观性主体化的问题。[②]

利科的“拱门”旨在结构主义和现象学的客观性与诠释学的主体性的统一。与赫施一样，利科认为文本具有自身自主性（autonomy），这种自主性为诠释过程提供了客观批评的基础。利科认为，结构主义的方法论，无论是针对神话结构还是语言结构的探讨都旨在对客观意义的揭示。从某种意义上看，利科亦试图借助描述现象学的“悬置”（epoché）原则，将一切有关客观与主观事物实在性的问题都暂时存而不论，也就是说，把对符号结构和象征系统的定性判断加上括号，排除于考虑与结论之外。这一诠释学立场既可避免实证科学中的经验论的“自然主义”，又可避免德国“精神科学”中的历史相对主义，从而在哲学研究中奠定具有普遍确定性的认识基础，即说明和理解的区分。问题是利科所说的线性、客观的起点是否可能，作为内在的体验方式是否可以将意识客观化。正如郝伊（David C. Hoy）所指出的那样，传统线性的认识论与诠释学的原则是格格不入的。[③]按照伽达默尔的哲学思想，任何的解释都是受历史性和前设性的影响，因此，纯粹的直线透视是不可能的。郝伊认为“据己化”的观点还是过于保守陈旧，只是反映了“将不熟悉的东西熟悉化”的

① 参见 John Arthos, “What is Truth: Seven Hermeneutic Differences in Gadamer and Ricoeur”, in: Philosophy Today, 58, 2014, pp. 53–66. 该文指出伽达默尔与利科的诠释思想的主要不同之处，其中包括思想渊源、评判对象、历史观、伦理观等。

②就此评判，伽达默尔的回应是，文本自身的意义（meaning）和文本之外的延伸寓意（significance）是无法加以区分的。详细讨论可参见洪汉鼎《当代哲学诠释导论》（台北，五南出版社2008年版）第108页。

③ David C. Hoy, The Critical Circle: Literature, History, and Philosophical Hermeneutics, Berkley: University of California Press, 1978, p. 90.

传统观点。当然，利科同样意识到了理性的局限性，所以诠释不可能只是客观化和理性化的解释，“据己化”就是满足主体的另外的要求。如果说“距离化”强调主体与客体的分离，以便诠释者以各种抽离的方法客观地审视阅读的对象，那么“据己化”与之相反，强调主体与客体互动，是一种积极参与式的阅读，由此，诠释者获得崭新的文本意义，并转化为一种全新的自我理解。“据己化”的功能在于缩小文本与解释者之间的时空距离，其可能性就是找到意义的相关性。在利科看来，“据己化”是诠释的终极目标，是诠释“拱门”的另一端。这里我们可以看到，利科的诠释结构有个起点和终点，而非诠释的循环：起点是“距离化”后的客观性，终点是“据己化”后的主体性。“据己化”离不开主体的活生生的体验（lived experience），但利科似乎不愿意将历史、传统、体验和意识的前设混为一谈。

伽达默尔的历史观可以追溯于黑格尔和海德格尔。黑格尔在《小逻辑》中指出，一切科学（除了基于循环论的哲学）都依赖于某种的前设，因此无法以科学证明它们的开始。[①]诠释学认为这一思想也同样适用于文学批评。同时，伽达默尔接受海德格尔“历史性”（historicity）概念的启发，指出诠释的过程不能忽略海德格尔所说的诠释者的“前有”（fore-having，Vorhabe）、“前见”（fore-sight，Vorsicht）和“前把握”（fore-conception，Vorgriff）对文本意义的影响。就伽达默尔而言，理解就是一种筹划，理解所筹划之物就是对于文本的某种期待。同时，伽达默尔一再强调：“循环不可以被贬低为一种恶性循环，即使被认为是一种不容忍的恶性循环也不行。在这种循环中保藏着最原始认识的一种积极的可能性。”[②]所谓前有、前见和前把握在伽达默尔看来都属于偏见，而且历史性本身就是偏见。这里，伽达默尔与海德格尔一样，对西方传统从笛卡尔的形而上学到胡塞尔的现象学所坚持的哲学始于纯粹理性或纯粹意识的理论表示质疑。但与此同时，伽达默尔不认为偏见阻碍人们对真理的认识。他认为偏见只是寻求真理的起点，最终偏见是可以被克服的。[③]

其实，伽达默尔的本体论诠释学，与海德格尔一样并没有抛弃“真理”和“合理性”的概念，而是把它们放在不同的框架中来处理。[④]具体来讲，就是把本体论的问题，即什么是真理转化为认识论的问题，即如何认识真理或者如何让真理得到自我呈现；也就是说，将“什么”（what）的问题转化为“如何”（how）的问题。从表

① 亦可参考The Logic of Hegel, 2nd edition, W. Wallace (trans.), Oxford University, 1962, pp. 26-28.

② 加达默尔：《真理与方法：哲学诠释学的基本特征》，洪汉鼎译，上海译文出版社2004年版，第344页。

③ 当然，也有学者不认为理解就是纠正偏见。如纽拉斯（Otto Neurath）认为纠正偏见好比“在大海中修补船”，成功的可能性不大；维特根斯坦也说：“理解其实就是在偏见的大海中漂浮。”参见Dermot Moranz, Introduction to Phenomenology, London & New York: Routledge, 2000, p. 278.

④“真理”是西方哲学一个主要的概念，源于古希腊的aletheia，原意为“展现”“去蔽”“揭示”等，指对存在的阐述和解释。海德格尔和伽达默尔的诠释学正是重新回到真理作为aletheia的原意，从而开启当代诠释学独特的真理观，即存在是人的自我表现和自我呈现。换言之，真理是意义的开启。

面上看，真理与方法似乎自相矛盾，也就是说，真理排斥方法。但伽达默尔要做的是与19世纪诠释学先驱者做的是一样的事情，即让理解成为艺术，让诠释学从教条的说教中获得解放出来并成为自我认知的一个途径。从另一个角度讲，诠释学要区分“知道”（knowing）与“理解”（understanding）的不同。“你知道那首诗吗？”和“你理解那首诗吗？”是两个不同的问题，后者强调的阅读行为中的创造性活动。在创造性活动中，除了认知和判断，更主要是想象的经验，特别是就艺术作品而言。因此，利科赞同伽达默尔诠释学中“理解”概念的特殊意涵。他坚持认为，任何文本，经历一段历史间隔，由于“时间性”（time）和“参照体系”（reference）的改变，都可以导致文本的符号史脉与架构关系的变化，使之脱离开原有的历史和文化脉络，但同时又被注入新的社会情境，被纳入新的历史脉络，重新被赋予新的文本生命，由此利科强调意识意志的“全现阅读之方法”（eidetic method）。“全现阅读”的概念受到胡塞尔和梅洛-庞蒂现象学认识论的影响。所谓“全现”与意识的意志有关，涉及人的自由（freedom）和局限（finitude）之间博弈的问题。对于利科而言，自由和局限既是诠释学的命题也是人生哲学的命题，利科称自由和局限为“意志的诗学”。在诠释活动中，自由和局限表现为诗学应用与创意叙事中的具体的时间性体验。

利科认为，“距离化”与“据己化”的方法是对伽达默尔诠释学的修正，其真正的目的是将诠释的过程拉回文本，拉回文本自身的言说意义，分析其不同的象征符号和结构并找出它们之间的关系，以此避免相对主义和后现代主义怀疑论（hermeneutics of suspicion）的泛滥（即“无底的棋盘”）。利科强调，“言说”是“事件”而非只是符号系统。与此同时，诠释的循环既是本体论的，也是科学的，而非唯我主义的。由此，利科的诠释理论具有两个向度的延伸：一个是横向的，一个是纵向的。横向的向度关乎诠释者对历史文化认识的扩展；纵向的向度关乎诠释者对自我主体认识的提升。同时，横向与纵向互为参照，产生新的视域的融合，如在诠释的过程中，诠释者和系统、差异和互补、连续和断续、理论和实践、认识和理解、过程和结果等。利科提出“据己化”（或“融摄”）的概念，即将身外/文本的东西转化为自身/读者的东西。虽然利科同意伽达默尔视域互换互融，但他同时强调用“距离化”的方式寻求客观的精神生命的重要性。①

就利科而言，“距离化”和“据己化”是一种传承性与原创性相互博弈又相互依存的辩证关系。“距离化”强调解释者与解释对象（文本）相面对的性质，即传统诠

①其实，即便是后现代主义所强调的相对性，也并非如很多人所认为的是诠释学上的“无底的棋盘”（bottomless chessboard）。譬如德里达（Jacques Derrida）的“延异”之说（différance）不是否定意义的存在，只是反对意义的封闭性和绝对性，同时强调一个动态的意义，也就是利科所说的“意义的事件”。

释学意义上的“客体化”(objectification)。而当解释者相对于解释对象进入对话和互解之时，解释对象的意义就是会超出了文本的原意和作者的“原初动机”(the original intent)，展示文本自身所具有的“超越性”(transcendence)。与此同时，文本的诠释也不再局限于对解释文本的意义，而是让解释者展示所有的“可能性”(possibility)。这也就意味着文本的诠释和论述具有构建意义的“生产性”(productivity)；换言之，文本的诠释超越了自身的原初情境，展示了一个意义更加丰富的新世界。值得注意的是，利科并非只是要把注意力从“作者”或“文本”转移至“读者”或“诠释者”身上，尤其是以“读者”或“诠释者”对一个文本的感受和反应而决定文本的意义。利科所强调的是“读者”或“诠释者”“据己化”过程中的参与，其中包括让文本挑战自己的自我反省。就此而言，利科与那种认为一个文本并不会生产意义，而是读者才是意义的生产者的看法有所不同。

如果我们说论述人类自由是对人类局限（finitude）的逾越的话，那么论述认知也是对认知局限（fallibility）的逾越。在利科看来，无限的言说正是观点的逾越和真理意向的表现，“宣称人为有限这个行为正揭示了有限性的一种基本特征：讨论他自己的有限性的人正是有限者自身。一个有关有限性的陈述证实了这个有限者知道他自己，并且正在表达他自己。因此，只有在‘观看’(see）其有限性过程中，一种已经开始逾越受这种有限性支配的观看条件下，有限性才能体验到自己，这就是人类有限性的本质。”[①]由此推出，利科的诠释学是将文本的启示力量与对主体的批判结合起来，他认为诠释不应该只是人类偏见的自我循环，而是具有逾越有限的进入无限的可能，这种可能的无限性也是通向真理的（拱形）大门。

在这一点上，利科亦继承了伽达默尔的现代诠释学。具体地讲，诠释学不是“一种获得意义的技巧”，而是“真理或意义的事件”。利科的文本世界（the world of the text）既包括叙事文本，也包括被叙事化诠释者。当然，文本视域与诠释者并不是完全的同一，只是在时间性的框架中的某种融合，而这个融合点也不是静止的，而是流动的事件，即一种新的叙事，是一种“活的暗喻”(living metaphors) 和反思活动。

二、文本叙事中“我”与他

隐喻（metaphor）是修辞技巧，叙事（narration）是一种特殊的文体。当然，叙

① 柯志明：《恶的诠释学——吕格尔论恶与人的存有》，五南出版社2008年版，第26页。引文出自利科 Fallible Man [Charles A. Kelbley (trans.), New York: Fordham University Press, 1986]。利科“看”的概念来自现象学的方法，即一种“透视”，一种澄明境界的“看”。

事也可以被看作是一种延长的隐喻。在利科的诠释理论中，二者常常可以互换。与一般比喻不同的是，叙事带入了时间的概念，出现了叙事情节和叙事主体。情节将叙事中不同的人物和偶发事件组合在一起，形成一个可以认知的整体，通过时间，被描述的事件与诠释者形成互动的关联，其中包括预塑形（prefiguration）、塑形（configuration）和再塑形（refiguration）三个程序的循环系统，它们决定叙事模仿的基本结构，同时影响诠释者在阅读过程中的心理的体验。[①]由此可见，叙事中的理解就是对意义的重新认知。对利科而言，叙事是“魔化般的万花筒，因为它可以让我们看到我们存在的潜能模式；没有它，我们也许永远看不到这个潜能模式。”[②]

根据胡塞尔现象学的理论，认识在其所有展开的形态中都是一个心理的体验，即都是“认识主体”的认识。它的对立面是被认识的客体。但是现在认识如何能够确定它与被认识的客体相一致，它又如何能够超越自身的局限去准确地把握它的客体？在《时间与叙事》一书中，透过时间的“人文化”（humanization of time），利科力图将阐释知识论与历史叙事相融合。按照利科的诠释理论，诠释是在叙事的自我化与自我的叙事化的双轨下进行的。在人如何理解文本意义以及文本意义又如何影响人这个问题上，利科提出了“叙事”的观点。透过叙事，一个人带出自身的历史经验，同时带出自我关切的各种事物，包括与他者的关系。就此利科提出“叙事身份”的问题，即叙事建构角色的身份，并由此阐述有关文本叙事中“我”与他的关系问题。叙事身份决定诠释的内容从“什么”转向“谁”。“谁”的问题不但涉及自我的主体，同时将“他者”看作一个主体的人而不是客体的物。从叙事的角度，任何一个他者同时也是那种自我性的一部分，利科称之为一种“互动中的叙事”（narratives-in-interaction）[③]。

毋庸置疑，《时间与叙事》一书是利科研究叙事、身份和时间之间的相互构成关系的鸿篇巨著，其中一部分是有关自我的概念以及“我”与他者的关系。“我”/他的关系在利科的诠释体系中极为重要，它不仅是利科对科技发展所导致的把人简约为物（即“我”的认识对象）的质疑，也是对传统人文主义中主体—唯我论的反思。利科明确地指出，叙事身份及认同首先体现在叙事话语或文本之中。也就是说，人的自我身份（self-identity）是在其与叙事情节的关联中被建构起来的。与此同时，叙事还揭示了一个主客互动的、带有集体性的客观精神；这一客观精神向我们言

① 预塑形（prefiguration）、塑形（configuration）和再塑形（refiguration）都是出自“模仿”的概念。预塑形指叙事者对有意义的行动和语义结构事先有所了解，并将之作为叙事活动的资源；塑形是指将零散的事件组合成有意义的故事情节；再塑形是指在阅读过程中，读者与文本叙事所展开的对话以及事件意义的再创造。

② Robert Piercey, The Uses of the Past from Heidegger to Rorty: Doing Philosophy Historically, New York: Cambridge University Press, 2009, p. 188.

③ Michael Bamberg, “Who am I? Narration and its contribution to self and identity”, in: Theory and Psychology, 21 (1), 2010, p. 13.

说，向我们展示，并与新的情境相互融合。“自我以肉身的形式存在。我的肉身存在于我的自我性之中。但它也可能是对于我来说完全陌生的东西。…… 它有能力被经验科学客观化，可以作为与我内在自我的感觉毫无关系的对象被理解。…… 许多我最生动的经验显然来自受到他者影响的我的肉身。”[①]自我他者化，他者自我化，成为利科叙事诠释学的一个重要观点。

利科指出，叙事中出现“自我”(self) 与“对自我的感觉”(a sense of self) 两种身份，由此产生“同一性”(sameness) 和“自身性”(selfhood) 两个不同概念的彼此交迭。就人物的身份而言，利科认为有必要区分“同一性”与“自身性”这两个概念的不同，因为这里关乎哲学上有关个体经验的连续性与断续性的争论，由此引发什么是自我身份的问题。“同一性”作为一种客观化的维度可运用于总体意义上的事物，似乎与个体的人所具有的“自身性”形成对立，但“同一性”与“自身性”又在对“在时间中持久”的共同诉求中达成和解。在文本诠释过程中，诠释者的自我身份与文本产生断裂，于是呼唤作为他者叙事的介入，呼唤在张力之中寻求动态性和开放性的和谐和实现整体和部分之间的相互维存。实际上，“同一性”与“自身性”之间以及“自身之为同一性”与“自身之为自身性”之间并非二元对立的关系，而是一种相互依存的关系，两者之间存在着辩证式的互动。叙事身份(narrative identity) 的认同，是指读者通过叙事的媒介所获得的一种身份的认同，它既可以表现为个体的，也可以表现为群体的。两者兼有“我是谁?”的问题，并涉及自我与他者关系的相互认同，以及自我对自由和局限的感知。[②]

在谈及自由议题时，著名的法国存在主义哲学家萨特 (Jean-Paul Sartre, 1905—1980) 坚持认为，人拥有绝对的自由。这种观点使他把有意识的人与无意识的物分开来，即所谓的“自为的存在”(being-for-itself，pour soi) 与“自在的存在”(being-in-itself，en soi)。后者就像桌子、椅子一样，没有意识，成为被动的被认知的对象，而前者是意识，是认知的主体。当意识要掌握新的状况时，它可以把旧的对象不断地虚无化并受控于新的意识。利科显然不同意萨特这样的划分，哪怕他者是个“物件”。当然，自我意识和自我体验永远存在着意义的剩余，无法完全地还原于他者，反之亦然。但“同一性”与“自身性”的差异并不妨碍视域的交迭。利科反复强调，“他者”不应该只是主体的客体，不是主体 (即笛卡尔的“我思” cogito) 认知

① Robert Piercey, The Uses of the Past from Heidegger to Rorty: Doing Philosophy Historically, New York: Cambridge University Press, 2009, pp. 177-178.

② 林鸿信在《叙事情节当中的自我与他者——从利科观点看自我与他者》一文中论述道，在落实自我身份时，利科“还是比较偏向自我的自性，根本原因在于毕竟‘谁’的问题比‘什么’的问题更有分量，‘什么’的问题答对了并不保证可以回答‘谁’的问题，而‘谁’的问题答对了事实上可以保证回答‘什么’的问题”。此文刊登于《台湾东亚文明研究学刊》，2007年第4卷第2期。

的对象。“他者”作为无限性和超越性的存在者，超出“我思”自身。无限性不能只是依赖“我思”，因为任何的“我思”都是有限的。利科指出，对有限性和“我思”的分析说明“他者”的“外在性”，即外在于自我的整体。由此观之，抵达“他者”的途径，既非是从自我主体出发，将他者简约为认知的客体，亦非简单地加上另一个绝缘的“他者”的主体，从而推论出“我”与他共存的结论。利科借由叙事身份，批判现代社会自我概念的主要原型——笛卡尔式自我（Cartesian Self）向内转向的独我倾向。利科承认主体在认识、意念、评价等行为中实现自我理解的可能性，但反思必须是转向自身的经验和行为，“其间的主体通过清晰的理智与道德责任，抓住各种运作的综合原则，而在这些运作中的主体是一个分散的、自我忘记的主体”。[①]

在讨论利科的主体概念时，麦迪逊（Gary B. Madison）提出了一个有趣的看法：他认为利科的自我主体（the subject）在诠释的过程中具有“去主体化”的因素，即主体的文本化和叙事化。其实，利科的“去主体化”并没有超出现象学的范畴，也就是“我看他/他看我”的互动关系。在摒弃二元论的基础上，利科强调“我”与他的双向互动：唯有“我”意识到他者的存在，或他者觉察到“我”的存在，“我”才能成为自我。也就是说，“我”和他必须同时存在。文学想象与公共政治或伦理生活都是这样的关系。如此一来，利科所说的自我之外的超越的视域就是他者的视域。这里，他者的视域包括文本、他人、上帝（利科所说的“全然的他者”）。正如华莱士所指出的：“他者、邻人对公义与怜悯的呼唤，确保了构建叙事身份的伦理和政治维度。此身份的规定性彰显了《己如他人》中的一个议题：“‘我’的自我构建于召唤‘我’作出承担的他者。”[②]

在《存在与诠释》一文中，利科将自己透过诠释经典、叙事、聆听来探讨本体存有的“漫长之路”与海德格尔的透过对存有的冥思认识本体存有的“便捷之路”做了对比，他认为自己的迂回路径可以避免在诠释学上对物我融合过于乐观和浪漫的看法。利科认为，解释的冲突说明了语言表述的复杂性、叙事筹划的复杂性，以及诠释方法的复杂性。正是由于相互冲突的解释，我们的存在才不断地被诠释，而不是被简单地归属于一个同一的本体体系中。由此，有学者称利科的“他者”观是

① Gary B. Madison, “Ricoeur and the Hermeneutics of the Subject”, in: Lewis E. Hahn (ed.), The Philosophy of Paul Ricoeur, Chicago: Open Court, 1995, p. 52.

② Mark Wallace, Introduction to Paul Ricoeur's Figuring the Sacred: Religion, Narrative and Imagination, Fortress Press, 1995, p. 14.

介于海德格尔和列维纳斯（Emmanuel Levinas, 1906—1995）之间。[①]换言之，利科接受文本叙事是通往“他者”之路，但他坚持这是一条曲折蜿蜒的道路。

结语：从伦理学到美学

在《诗性正义：文学想象与公共生活》（Poetic Justice: The Literary Imagination and Public Life）中，美国当代哲学家努斯鲍姆（Martha C. Nussbaum, 1947— ）分析法律言说与文学言说的关系，她通过叙事阐述文学想象是如何作用于公正的公共话语和民主社会。[②]努斯鲍姆发问：“在一个‘理性’‘效用’和‘科学’占据主流话语的社会中，文学叙事还能起到什么样的作用？情感还能扮演什么样的角色？想象力是否能够促进正义的公共话语？”努斯鲍姆认为，文学（尤其是小说）能够培育人们想象他者以及去除自我偏见的能力，培育人们同情他人与公正判断的能力。她进一步指出，正是由于这些想象与同情的阅读经验，最终将锻造一种充满人性的公正观念。由此而言，《诗性正义》试图找到公共判断的新标准，即这个时代亟需的诗性正义。

自努斯鲍姆在《诗性正义》中明确提出叙事伦理学以来，欧美学界有关阅读的伦理意涵的争议不少，但利科有关叙事学与诠释学的伦理讨论并没有引发重大的反响，大概是由于利科著作涉及的面太广，人们反而忽略他在这个议题上的关注。事实上，诠释学的叙事世界（人的言说事件）和人的实存处境，以及由此引发的伦理学上的反思是利科诠释学的重要组成部分。皮尔赛（Robert Piercey）在《论利科的阅读的伦理意涵》一文中指出，利科的文本叙事向我们表明了为什么阅读能够引发伦理思考。[③]与此同时，利科有关诠释的方法比努斯鲍姆更明确地说明，阅读的价值并不仅仅在于（文艺）作品本身，而在于我们对它们的反思和回应，即文本和诠释者之间的来来往往（to-and-from）。努斯鲍姆认为，叙事故事（情节）与文学想象非但不会妨碍人的理性思维，反而有利于人在公共理性中的理性判断。努斯鲍姆强

---

①在伦理学的层面上，利科有关他者的论述似乎与以论述“他者”而著名的法国哲学家列维纳斯亦有类似之处。然而，利科对列维纳斯的思想持有批判的态度，因为后者坚持他者超越的、不可简约的“他者性”（alterity），这种“他者性”使得利科的融合互动大打折扣。换言之，列维纳斯认为“我”与他不是“互为主体”（intersubjective）或“交互”（reciprocal）的关系，因为这个关系是不对称的（asymmetrical）关系，而链接二者的是“同情心”。利科在《己如他人》中虽然对西方哲学传统中把“他者”作为“客体”有所批判，但没有列维纳斯有关“他者性”那样的彻底。毕竟，利科的诠释还要保留对话、交流的成分。至于对“他者的他性”（the otherness of the other）的理解，利科显然比列维纳斯更有信心。

② 参见 Martha C. Nussbaum, Poetic Justice: The Literary Imagination and Public Life, Boston: Beacon Press, 1995. 此书奠定了作者在叙事伦理学上的学术地位。

③ Robert Piercey, “Paul Ricoeur on the Ethical Significance of Reading”, in: Philosophy Today, Fall, 54, 3, 2010, p. 279.

调，道德和政治判断是一门艺术，而阅读有利于我们掌握这门艺术。一方面，想象力扩展一个人对某一行为的道德判断；另一方面，人们在情与理中找到道德判断的平衡。这种道德判断的平衡也是利科叙事伦理的要求。

首先，叙事伦理表现为一种对话，由此产生叙事身份的问题，并由叙事身份的问题引发自我反思的问题。利科认为，诠释学的反思就是自我的反思。从笛卡尔到康德自我的确立到主体—自我—意识—理性的关系。利科指出，无论是笛卡尔的“我思”，还是康德的先验直觉或是胡塞尔的先验自我，都只是一种知识成立的形式条件而已，然而，“我思”的确立不能基于一个空洞无物的、没有具体内容的自我之上。那么，如何充实一个没有内容的自我呢？利科的回答是具体的实存情境和历史的叙事。反思不仅仅是纯粹的思辨活动，而是一种存在的活动，包括具现于外（从象征、比喻、符号到叙事、身份构建、自我理解）的思考活动。由此利科指出，反思哲学本身就是一种诠释学，其中主要的部分是自我理解，它需要文献考证与历史佐证，但同时又超越文献考证与历史佐证。在很多情况下，理解是一条“迂回之路”，因为语言符号具有双重结构，人的意识也具有双重面向。

其次，诠释学的反思是关乎伦理学的反思。利科坚持认为在道德批判之前，“反思即是伦理性的”。[①]换言之，反思不只是知识性的、思辨性的，或欲望性、意向性的，还应该是实践性的、实存性的，即存在的行动。柯志明指出，利科“明显地弃绝了以自我意识为第一真理的主体哲学立场。理解主体不只是一个静态内省或是反思所能达到的，而必须专为一个动态的过程，唯有不断诠释主体显露在外的各种表现、记号—痕迹，才能趋近主体自身；换言之，主体哲学是一种动态的存有学，因此也无可避免地必然为诠释学”。[②]从伦理学的角度看，利科从叙事情节当中发展出自我与他者的关系，重视关系的相互性而导引出负责的伦理与互相承认的体制，主张每一个自我都是一个故事，也只有在故事当中才能理解每一个自我，而每一个自我故事都与其他自我故事交织互动，甚至与更宏大的故事交织互动，形形色色的自我故事共同构成了故事而形成历史叙事。正因如此，利科在叙事诠释学中特意强调“传统”（tradition）与“传统性”（traditionality）的不同：前者是具体的文化象征符号，其意义取决于我们具体的历史情境，它不能以整体湮没个体；后者是抽象的、单一的，缺乏具体个体以及与之相应的叙事内容。[③]与伽达默尔相似，利科将诠释学的理解不仅描述为一个过程，而且描述为一个“事件”。作为一个事件，它处于时空

① 柯志明：《恶的诠释学——吕格尔论恶与人的存有》，五南出版社2008年版，第113页。
② 柯志明：《恶的诠释学——吕格尔论恶与人的存有》，五南出版社2008年版，第113页。
③ 显然，利科一方面以社群主义批判西方极端的个体主义，另一方面，他对于个体被消溶于群体当中的危险保持高度警惕，这思想也体现在利科对宗教的看法上。利科认为，宗教传统（譬如基督宗教）既是统一的传统，又是充满个性的多元传统。

之中，它已经发生，并且正在发生着。我们并不一定能够掌握它，但我们需要对之开放，并愿意接受各种的可能性。

最后，诠释学的反思是关乎美学的反思。利科的叙事不是机械的模仿外在的世界，而是一种内外互动的再塑造、再构建。这里，诠释学的双向意义包括作为客体的文本意义和作为主体意识的“我在”意义。叙事身份不但道出叙事文本与随笔书写的力量，而且是一种诠释者的实际/行动书写，它在个体化的经验中敞开和显现了生活世界（life world）的本体意义。因此，利科的语言哲学表现为自我理解，它是诠释者向主体的构建意识的转换，是文本的象征意义向生活的经验意义的回溯，是公共言说的他者向个体言说的自我转化。这种转化是实存性诠释学的应用，亦是实存性美学的应用。这个实存性一方面体现于历史的脉络和传统的境域，另一方面融摄于崭新的未知的世界和无限的可能性——即隐喻理解的延伸。利科的美学思想一方面表现在他肯定语言表达的中介作用和启发作用，另一方面体现在他注重语言的言说与人的存在以及欲力表现形式的相互关系。利科的诠释学旨在创造新的理解方式以及借此深化诠释者的自我反思和自我认识。

因此利科的诠释学是反思的哲学，是依靠语言“重述”的哲学。利科将现象学的思考方式运用于他所关注的对本体的反思以及对生活的自我反思。由于个体的经验是纷乱多样、复杂无序的，所以需要主体对经验的反思才能构建自我理解的意义。利科强调，在反思的过程中，言说具有关键的作用。人以语言和意象进行自我反省实际上是一种对自我意识的“叙述”过程，也是与他人“交流”的过程。因此自我认知和自我理解就是一种自我叙事。正如伽达默尔所言，理解不是探究意识应用到一个对象/对象上，并将对象/对象转化为客观知识的一个方法。任何理解的前提条件乃是它位于一个传统的事件中，一个传承的过程中。因此，作为客体的文本意义和作为意义构建的主体永远处于一个既分又合的“游戏”（play）状态：既不是以客体为主的机械模仿，也不是以主体唯尊的任意创造。随着认识和认识之物之间关系的反思，主体的内在意义使它与认识之物建立相应的有机联系，这个联系是真的，同时也是美的。由此华莱士（Mark Wallace）指出：“在主张去中心性主体之考古学（archaeology）之时，利科认为必须建立一个严谨的满足自我的目的论（teleology），以此形成具有张力的抗衡。即便不能望文生义，童话的梦想、艺术作品、宗教象征皆可成为转化未来的可能性……想象力亦能激发这种可能性，并为破碎的主体提供新的临在的模式”。[1]利科诠释学方法所主张的对象化、超越性、生产性和可能性四个范畴既可以看作是诠释学的四个范畴，也可以看作是美学的四个

① Mark Wallace, Introduction to Paul Ricoeur's Figuring the Sacred: Religion, Narrative and Imagination, Fortress Press, 1995, p. 7.

范畴。

利科指出，艺术与文学为人们传递真实的生活经验，虽然其言说方式由于语言和意识会造成一定的假象，但这种经验无法以机械的方式提前预设，因为每一个艺术表达都是独特的、生动的、具有无限潜能的，并且最终通向对真理的认识。因此利科坚持，美感不能只是基于美，还必须基于真。诠释学现象学揭示诗的语言和艺术所表达的真，这个真也包括了超越预期的惊喜。所以，利科“真”的概念与传统哲学中“真”的概念有所不同。这表现为：(1)“真”不是对有关相应事实的陈述，而是一种动态的事件；(2) 真理体与事件中的具体经验有关联；这种经验常常出乎意料，所以不可以预设；(3) 真理不是直接在经验中被揭示，因为存有自身的遮蔽性。真理不是经验，而是经验的表达和言说，这一表达已经是经历了距离化和意识客体化的过程。作为行动的真理也是个人历史陈述的真理。[①]在文本与行动之间，利科反观诸如意识、认知与交流这些关键的哲学议题。就此而言，诠释学也是一种现象学的陈述方法。

对利科来说，从文本叙事到自我反思，亦是从思想到行动的转换，这也是从诠释学到本体论，再到伦理学/美学的“发展之路”。利科的诠释学既是关乎理解存有的诠释学，也是关乎实践哲学的诠释学。

① Laszlo Tengelyi, “Redescription and Refiguration of Reality in Ricoeur”, in: Research in Phenomenology, Vol. 37, issue 2, 2007, pp. 164–165. 在《德性之后》一书中，美国著名伦理学家麦金泰尔（Alasdair MacIntyre）曾经说过：“我们在我们的生活中活出我们的叙事。”（参见 After Virtue , 1985, p. 212）而行为则是戏剧化的叙事。利科不同意麦金泰尔对行为的描述，他认为麦金泰尔没有将实际生活中的经验与经验的表述（discourse about experience）加以区分，这就是为什么利科没有谈论“前叙事结构”。

第十六章　接受美学

概　　论

就20世纪的西方美学诸流派而言，接受美学（aesthetics of reception）[①]可以说是异军突起、颇具特色、影响深远，但又因为仍在摸索和尝试进行理论基础框架方面的重大突破而缺乏发展后劲的一个美学派别。这集中表现在两个方面：一方面，它当初虽然仅仅作为西方文学理论研究领域的一个流派，但在20世纪60年代出现以后迅速崛起，不仅在其后的西方文学理论界迅速产生了世界性影响，继而在当代西方美学领域产生了重大影响，并因此而获得了比较突出的一席之地，而且表现在其所关注的研究领域、所提出的主要问题、所引起的主要争论，还得到了国际马克思主义美学界和文学理论界的高度重视，并且引出了相应的、富有一定特色的研究成果。显然，这是这个世纪出现的其他当代西方美学流派所难以与之相提并论的。另一方面，无论接受美学对个体读者审美接受经验的充分关注和研究，对文学史领域的突出强调和开拓性研究，还是其对与研究读者的具体接受经验紧密相关的各种历史文化因素和社会因素的探讨和研究，实际上都由于触及必须加以突破的西方学术研究的唯理智主义传统立场、基本思维方式和基本方法，而后者长期以来又一直没有得到充分的重视和研究，因而必定从总体上只能处于继续进行理论摸索的阶段，难以在短时间内积聚足够的实力而真正实现彻底的突破，甚至可以说因此而具体表现为缺乏发展后劲——我们到后面还会看到，实际情况确实是这样。

---

① 国内外文学理论界也称之为“接受理论”（reception theory）或者“接受研究”（reception studies）。

一、接受美学的基本概况

概括说来，接受美学是20世纪60年代末、70年代初，首先在联邦德国的康斯坦茨大学出现的一个文学理论研究流派，其主要代表人物是几位当时非常年轻的理论家，首创者和杰出代表为汉斯·罗伯特·姚斯（Hans Robert Jauss，1921—1997）和沃尔夫冈·伊瑟尔（Wolfgang Iser，1926—2007），其他人还有曼弗雷德·福尔曼（Manfred Fuhrmann）、沃尔夫冈·普莱森丹茨（Wolfgang Preisendanz）和尤里·斯特里特（Jurij Striedter）等。他们共同组成了突出强调美学和文学理论必须充分重视和研究读者对文学本文（literary text）①的具体接受活动、力争把学术研究的重点从以往的重视作家和作品转移到读者及其接受方面上来的理论流派，该流派就是后来被国际理论界称为“康斯坦茨学派”的“接受美学学派”。从这种意义上说，所谓“接受美学”有狭义和广义之分——其“狭义”指的是作为“康斯坦茨学派”的“接受美学”，特别是姚斯和伊瑟尔的接受美学理论及其主要观点；其“广义”则不仅包括“康斯坦茨学派”的“接受美学”理论，同时也包括民主德国以曼弗雷德·瑙曼（Manfred Naumann）为杰出代表的马克思主义接受美学理论研究群体，以及其他一些国家的学者所进行的某些研究。在笔者看来，作为一个当代美学研究理论流派的“接受美学”，实际上应当是这里所谓的“广义”的“接受美学”，但是我们囿于篇幅，只能介绍“狭义”的接受美学的理论观点。

从充分强调研究审美主体的具体接受活动的地位和作用的基本态度出发，接受美学是分别从宏观历史角度和微观审美过程角度入手进行研究的；它和其他任何一个美学理论流派一样，尽管具有一定的理论独创性，但也同样具有自己的理论先驱——一方面，马克思主义文艺理论、伽达默尔的现代哲学解释学理论和英伽登的现象学美学理论，以及A. 许茨（Alfred Schütz）和T. 勒克曼（Thomas Luckmann）的现象学社会学理论等，都构成了接受美学的基本理论立场、方法或者理论资源的有机组成部分；另一方面，西方传统的形而上学美学观点、唯心主义哲学史观的目的论模型、文学史界曾经占主导地位的实证主义和本质主义倾向、俄国形式主义和结构主义文学理论、阿多尔诺的否定论美学观念，以及与这些观点和倾向相对应的研究方法，都是它进行过批判扬弃的重要学术资源。因此，从基本学术研究模式和研究方法的角度来看，接受美学的基本倾向是通过突破传统的客观主义和本质主义的思维

① 有人把“text”翻译为“文本”，这其实是一种没有考虑其学术背景、仅仅拘泥于字面的译法；从现象学美学和接受美学关于审美对象通过审美主体的具体化活动才能出现并提供审美享受的意义上说，包括文学作品在内的所有各种艺术作品，都是有待于审美主体具体化的“本”文，而翻译成“文本”不仅难以表达这种意思，而且无法与英文中表示“文本”含义的“document”区别开来。故本章一律用“本文”来表示“text”。

模式、研究框架和研究方法，寻找并建构更加适合于研究审美活动的新思维模式、研究框架和研究方法。应当说，无论是它所进行的这种探索和所取得的一定的研究成果，还是它因为进行这样的突破性探索而留下的教训，对于我们今天继续进行研究，都具有重要的启发意义。

作为一个崭新的文艺美学流派，接受美学在崛起以后，不仅迅速在当代的西方文艺理论界和美学界产生了影响，也受到了当时的马克思主义文艺理论研究者的充分重视——民主德国的马克思主义文学理论家们“不甘落后”，迅速通过利用马克思主义的基本立场、观点和方法进行相关的探索和研究，推出了自己的“马克思主义接受美学理论”；其中最突出的、也产生了比较广泛影响的成果，就是民主德国科学院文学研究所所长、著名接受美学家瑙曼，他主持编写的接受美学理论著作《社会·文学·阅读：从理论高度看文学接受》，是在接受美学领域所进行的研究。他们以马克思在1857年撰写的《〈政治经济学批判〉导言》之中论述的是生产与消费的辩证关系观点为指导，通过论述“文学生产”与“文学消费”之间的辩证关系而强调指出，作家所创作出来的、供读者进行“文学消费”的每一部文学作品，实际上都构成了读者通过其各自具体的阅读过程进行审美接受的前提，因而可以对读者进行的文学欣赏和文学接受过程发挥一定的驾驭作用；从这种角度出发，他们批评姚斯和伊瑟尔过分强调读者审美接受过程所具有的决定性作用的做法，认为过高估计读者在这样的过程中所发挥的能动作用和过分夸大读者在其具体阅读过程中所拥有的自由，就有可能使其对文学的接受过程的研究流于主观唯心主义；因为从根本上说，文学文本相对于读者的阅读和接受过程来说，实际上具有第一性和决定性；实际上，文学作品通过读者的具体阅读和接受过程所产生的实际效果，即读者的审美体验和审美感受，不仅取决于艺术作品所具有的内容和艺术特征、艺术质量，同时也取决于作为具体接受者的读者所处的社会地位、社会文化氛围和历史文化背景，所以必须充分重视文学艺术作品的社会效果，使之能够为人们确立共产主义人生观、世界观和道德观，为人们建立新型的人际关系服务。

应当说，以瑙曼为代表的民主德国“马克思主义接受美学理论”针对姚斯和伊瑟尔所提出的批评，还是有某些合理之处的。此外，就接受美学的影响最主要地表现在美国此后出现的“读者反应批评”学派，以及20世纪80年代以来崛起的“新历史主义”文学批评学派而言，它们和姚斯、特别是伊瑟尔最近的学术发展趋势一样，都在一定程度上反映了接受美学后来的基本走势。

二、使接受美学得以诞生的基质

任何一项富有独创性和影响力的学术研究，都不是“无源之水”“无本之木”，而是自有其特定的“基质”(matrix)，以姚斯和伊瑟尔为主要代表的接受美学理论也不例外——具体说来，这种“基质”主要由三个方面组成，即现实社会背景、学术资源，以及“靶子”和问题意识。

（一）现实社会背景

总的说来，即使主要致力于学术研究，接受美学的主要代表人物也都具有比较强烈的社会批判取向，这是与其崛起之初所处的现实社会背景分不开的。具体说来，进入20世纪60年代以后，联邦德国不仅在国际上面对着美苏争霸所造成的动荡不安的局势，而且其国内也随着工业和经济的高速发展，出现了许多人深刻体验到的生存危机感，这具体表现在新旧思想体系和价值观念的冲突不断加剧，许多知识分子站出来反对和抨击僵化的旧教育体制，广大青年学生进行了旨在争取更多自由民主权利的学生运动——这些方面共同构成了下列社会生活趋势，即强烈关注和参与社会政治事件、怀疑和抨击以往的各种制度、激烈批判社会现实、要求得到更多民主自由。以这种现实社会背景为依托，在这个时期蓬勃发展或崛起的学术流派，无疑都会从特定的角度体现出相应的社会政治取向和关注——法兰克福社会批判理论是如此，具有某些政治倾向的一大批文学作品也是如此（诸如M.瓦尔泽的《独角兽》、K.盖斯勒的《质问》，以及P.韦斯的《调查》等），而即使伽达默尔的现代哲学解释学，也同样因为强调“当下视界”对于理解和接受的重要意义而曲折地反映了这种基本趋势。从这种意义上看，无论姚斯还是伊瑟尔都不约而同地把“批判现实”“塑造社会”作为其接受美学研究的主要现实归宿，就不会有什么可奇怪的了。

（二）学术资源

联邦德国20世纪60年代以后的现实社会，构成了使接受美学得以产生的实际社会氛围，那么，其崛起所依赖的学术资源是什么呢？虽然由于接受美学完全处于西方文化传统及其历史流变之中，我们可以说这种传统从整体上构成了其学术资源，但这样说显然过于笼统，概括说来，其直接的学术资源主要包括以下四个方面，即俄国形式主义、布拉格结构主义、英伽登的现象学美学理论，以及伽达默尔的现代哲学解释学。

从表面上来看，以什克洛夫斯基为主要代表、以分析文学艺术作品的形式结构构成和节奏韵律为主要任务的俄国形式主义文学批评理论，由于与集中关注具有浓厚主观色彩的“读者的阅读和接受”接受美学取向不同，似乎双方之间的学术研究及其具体成果就没有什么相互交叉、影响、融合、借鉴之处，但实际情况并不是如此——概括说来，其通过影响接受美学基本观点而推动了后者的形成的主要思想有两点：第一，强调作家为了把审美感知过程包含于文学作品之中而进行的“设计”；第二，通过进行这样的“设计”而使艺术作品的内容“陌生化”。在他们看来，人们的日常生活习惯使他们往往倾向于对其所感知的东西进行认识和剖析，从而使对象变成支离破碎的无生命之物；艺术家为了遏制和改变这种习惯，便对艺术作品的内容进行“设计”，因此而使艺术作品的内容“陌生化”，使作品的内容和欣赏者都脱离其原来特定的环境，从而通过激发欣赏者的好奇心而使“设计”成为沟通作品和读者的桥梁。这样一来，艺术作品的“设计”及其因此而来的“陌生化”，便成为接受美学研究和论述读者的接受过程和相应结果所不可或缺的理论来源之一。

与俄国形式主义相比，以穆卡洛夫斯基为杰出代表的布拉格结构主义也表现出了类似的特征——表面上看其研究旨趣与接受美学颇有距离，实质上却从文学与社会历史的相互关系的角度为后者的产生做了准备工作。具体说来，作为什克洛夫斯基形式主义理论的扬弃者，布拉格结构主义抛弃了结构主义所一般强调的“内容—形式”二分法，通过强调和研究文学文本与社会现实的相互影响和相互渗透，扬弃了纯粹强调文学作品形式结构的传统形式主义观点。他们认为，作为由复杂的符号构成的结构，艺术作品不仅具有构成独立结构的功能，而且具有进行沟通的功能；后者决定了艺术作品必定具有社会性的方面，必然同时是一种对艺术家和接受者的关系进行调整的社会符号。因此，在建立艺术标准和评价艺术作品的时候，绝不能无视特定的社会环境，而是必须充分考虑审美活动与社会的相互作用；在确定和变更艺术作品标准的过程中，必须把包括阶级关系在内的各种社会关系置于至关重要的地位来加以考虑；而且，艺术作品以及读者对它们的看法也都不是一成不变的，几种不同的、甚至相互矛盾的艺术标准的同时共存状态是正常的。可见，这种观点不仅与接受美学强调文学接受“塑造”社会颇有近似之处，也因此从另一个角度为后者的崛起做了一定的理论准备——就姚斯的接受美学思想而言，情况尤其是这样。

如果说俄国形式主义和布拉格结构主义只是对接受美学的产生作出了一定的理论准备，那么，英伽登的现象学美学理论和伽达默尔的现代哲学解释学理论，则不仅发挥了这样的作用，而且还直接为接受美学理论主体部分的形成提供了基本观点、研究方法乃至基本理论框架方面的重大启发。具体来说，特别是伊瑟尔的主要侧重从微观角度研究读者对文学艺术作品的具体接受过程的美学思想，可以说就是其在批判吸收其他学派的研究成果的基础上，通过自己的独特视角和研究过程，对英伽登美学思想的进一步具体化、继承和批判。概括说来，英伽登进行现象学美学研究，突出强调必须摆脱以往的研究所存在的“唯心主义—唯物主义”二分法的窠臼，运用现象学研究所要求的立足“意向性”进行“现象学还原”的基本方法，从主体—客体直接统一的角度出发，对审美活动进行研究——进而言之，英伽登现象学美学对接受美学的影响主要通过以下两个基本方面体现出来：一是文学作品本身是包含“不确定性的点”的并以“纯粹意向性客体”的形式存在的复合性分层有机结构；二是读者必须通过自己特定的阅读活动，使这种主要作为某种由多种潜在要素组成的“骨架”而存在的艺术作品得到“具体化”，从而变成能够使审美主体获得人生启迪的“真正的艺术作品”（亦即人们通常所谓的“审美对象”）。这样一来，我们到后面还可以看到，接受美学的部分主要基本观点，特别是伊瑟尔的主要观点，在这里几乎已经是“呼之欲出”了。

最后，如果说英伽登的现象学美学所产生的影响主要通过伊瑟尔的接受美学思想表现出来，那么，伽达默尔的现代哲学解释学理论的影响则主要通过姚斯的接受美学思想表现出来，尽管这两个方面对他们的影响分别具有交叉性。概括说来，伽达默尔认为，只有通过强调和研究理解及其历史本质，将其视为主体与客体通过现在和过去进行的沟通而进行的相互作用，才有可能真正揭示存在的本质；因此，只有证明了理解本身的历史有效性，作为“效应史”（Wirkungsgeschichte）而存在的解释学才是真正的解释学，才有可能实现自己的目的。他认为，任何一种理解都是理解者与被理解者进行的“视界融合”（Horizontverschmelzung），即理解者所具有的“期待视界”（Erwartungshorizont）和被理解者的历史“视界”（Horizont）通过“问—答”模式进行的、兼具现实性和历史性的融合。显然，这样一来，伽达默尔的这种基本思想及其方法，就既构成了姚斯论述“文学史就是文学作品的接受史”的主要理论前提，也为姚斯在此基础上进一步重新考察文学史、研究读者的接受模式及其历史演变，提供了关键性的理论模式。顺便说一句，伽达默尔的思想不仅影响了姚斯的宏观历史性考察，它对伊瑟尔的“微观”研究也同样有重要启发——我们后面会提到关于伊瑟尔所谓的“本文—读者相互作用”，实际上也有伽达默尔这种观点的影子。

（三）“靶子”和问题意识

接受美学的产生、崛起和迅速发展，不仅由于上述时代背景和学术资源，而且还由于它力求通过攻击自己所设定的“靶子”，既实现研究取向和基本思维模式的转变和突破，同时也因此而开拓新的研究领域——它所攻击的“靶子”就一直在文学理论界处于主导地位的“新批评派”和“结构主义”文学理论。

“新批评派”和“结构主义”文学理论为什么会成为接受美学的“靶子”？接受美学为什么有可能通过攻击这样的“靶子”而谋求研究取向和基本思维模式的突破？从根本上说，那是因为这两种理论是到那时为止最引人注目的文学理论流派，都由于不自觉地搬用西方唯理智主义哲学的认识论研究模式和研究方法，因而既导致了艺术作品、审美对象的“本体化”，同时又导致了美学、艺术理论研究的“认识论化”。具体说来，这种“本体化”和“认识论化”主要通过以下几个方面的观点表现出来：

首先，文学研究的对象首先是文学作品，其次是作家及其生平；前者的内容意义、各种成分、整体构造和审美价值等，既是作品所固有的、一成不变的因素，是读者进行欣赏的出发点和全部前提，也是研究者所面对的对象和出发点——从这种意义上说，文学作品一旦被创造出来，就成为独立自主的客观实体，因而文学史也就是由这些实体及其研究和评价的历史构成的。

其次，艺术作品、审美客体是第一位的、独立存在的、决定性的，欣赏者和审美主体则是第二位的、从属的和被决定的；前者完全决定了后者的感受、体验和审美欣赏过程及其结果，而后者之所以欣赏前者，是为了认识作家的真实意图和作品的真正意义，其因此而获得的审美享受则是次要的。

再次，文学作品之所以存在并发挥其作用，完全是因为作家进行了创作并产生了创作结果；而一旦被创作出来，艺术作品就成为亘古不变的独立实体。所以，文艺评论家若希望保证其艺术评论的客观性和科学性，就必须尽可能从作品出发，最大限度地摒弃各种主观因素的介入和干扰。

最后，由于文学艺术作品的内容成分、形式结构、审美价值，都是其内在固有和一成不变的，它们的艺术效果都是由这些方面决定的，所以，它们在艺术史，乃至人类历史上的地位也是由这些方面决定的；这样一来，对于评价它们的艺术价值和历史地位来说，读者的欣赏和接受就只能处于无关紧要的附属地位。

可见，这些基本观点非常鲜明地表明，这种本体论文学艺术理论的根本特征是以被视为客观认识对象的作品为中心，运用割裂审美主体与审美客体的有机统一的实证主义认识论模式来考察和研究艺术欣赏活动，完全忽视审美活动所特有的基本特征，因而也就完全忽视了读者、欣赏者在这种过程中所发挥的能动作用。因此，它们作为接受美学的“靶子”，不仅直接表现出其严重忽视欣赏者、读者的作用的根本性缺陷，而且也昭示了接受美学对这种“靶子”的攻击，在突出强调并着重研究作为接受者的读者能动参与的同时，势必把与现实的读者紧密联系在一起的历史维度和社会维度都引进来。这样一来，接受美学实际上所涉及的就不单纯是研究领域的扩展和研究重心的转移了，而是同时涉及对西方学术研究的基本思维方式和研究模式的根本性突破和扬弃——我们在前面之所以说接受美学“从总体上只能处于继续进行理论摸索的阶段，难以在短时间内积聚足够的实力而真正实现彻底的突破，甚至可以说因此具体表现为缺乏发展后劲”，就是因为这种以引进社会历史维度为核心的基本思维方式和研究模式的突破，对于包括接受美学家们在内的西方学者来说难度实在太大！而对于我们来说，我们不仅应当看到他们所提出的各种主要作为研究结论而存在的基本观点，更应当充分重视他们在进行基本思维方式和研究模式突破方面所进行的探索和所付出的努力——尽管这种探索和努力并不一定为他们自己所明确地意识到，但是，通过进行批判、进行研究重心的转移，把读者的接受过程突出加以研究，却成为接受美学家们非常明确的问题意识；我们从下文中可以看到，他们正是从这种问题意识出发，分别展开自己的研究的。

既然接受美学在崛起以后，迅速地在美学和文学理论研究的几乎每一个领域都产生了非常广泛的影响[①]，那么，它为什么能够产生如此的影响？姚斯、伊瑟尔，以及美国读者反应批评学派和“新历史主义”文学批评学派的基本观点都是什么呢？下面我们分三个部分加以简要的概述和评论。

第一节　姚　　斯

姚斯不仅是接受美学的发轫者，而且是最重要和最突出的理论代表之一。由于姚斯的基本态度比较激进，不断通过运用新概念提出新观点来强化接受美学的学术影响，因而比这个流派的其他理论家更引人注目。具体说来，自从1967年发表宣布接受美学诞生的宣言书——《作为向文学理论挑战的文学史》以后，他所发表的接受美学主要著作有：《文艺学范式的转变》（1969）、《审美经验小辩》（1972）、《审美经验与文学解释学》（1977）。由此可以概略地看出，如果说在创立接受美学之初，姚斯主要侧重于以“进攻”的姿态大造声势，努力尽快为接受美学在国际学术界赢得一席之地，那么，随着这种地位的基本确立和这种影响的逐渐扩大，姚斯也逐渐

① 霍拉勃：“从马克思主义者到传统批评家，从古典学者、中世纪学者到现代专家，每一种方法论，每一个文学领域，无不响应了接受美学的挑战。”（《接受美学与接受理论》，周宁等译，辽宁人民出版社1987年版，第275页。）

开始使自己的注意中心转向更加平实的、作为读者“接受史”而存在的文学史研究，力求使接受美学的历史研究维度得到进一步的深化和充实。因此，为了更加简明扼要地评述他的基本思想，我们可以将其分成两个阶段来加以对待，即前期是以《作为向文学理论挑战的文学史》为代表的“挑战”时期，后期是以《审美经验与文学解释学》为代表的“审美经验”时期。

一、“挑战”时期

在姚斯看来，20世纪60年代的联邦德国所具有的社会政治、经济和文化氛围，已经把文学艺术与社会现实的关系非常突出地展现在人们面前，而到那时为止的、强调文学艺术作品本身具有客观性和独立自主性的传统倾向，则恰恰与这种基本态势格格不入。因此，若想从文学创作和文艺理论研究的角度介入现实生活，就必须对这种传统的基本倾向提出挑战——在这里，显而易见的问题是，尽管文学艺术作品本身的确不会随着社会历史的变迁而发生变化，但读者及其对文学艺术作品的阅读和接受，却既是具体的、又是历史的，是随着当下的社会文化氛围的变化而变化的。这样一来，文学与社会现实的关系实际上就自然而然地显示为文学作品与读者的关系，并且进而转化成读者阅读和接受文学作品的历史与一般的社会历史关系。

基于这种基本研究取向，姚斯于1967年赴联邦德国康斯坦茨大学任教时，作为教授资格论文发表的《作为向文学科学挑战的文学史》[①]，被后来的美学和文学理论研究者们看作是宣布接受美学正式诞生的宣言书。在这篇文章中，姚斯首先提出了他所谓的“文学史悖论”，即“从时间上看早已经成为过去的文学艺术作品，为什么对于今天的读者仍然具有巨大的魅力?”显然，这并不仅仅是文学艺术理论研究的难题，同时也是一个关于文学史与一般人类历史的关系的问题——更具体地说，是一个有关文学艺术作品如何通过不同时代的读者的阅读和欣赏而发挥其作用的难题，因而既是一个传统的本体论根本无法回答的问题，也是促使姚斯形成其问题意识、向这种传统的本体论文学理论发难的出发点。顺便说一句，实际上，提出这个“悖论”并不是姚斯的首创，因为马克思早在涉及艺术与社会历史的关系时就曾指出：“困难不在于理解希腊艺术和史诗同一定社会发展形式结合在一起。困难的是，它们何以仍然能够给我们以艺术享受，而且就某方面说还是一种规范和高不可及的范

① 这篇产生了重大影响的文章，后来又被收于《走向接受美学》(Toward an Aesthetic of Reception, Timothy Bahti (trans.), Paul de Man (intro.), University of Minnesota Press, 1982)，本节以下的相应概述，均请参见该书第一章。

本。”[1]可见，这个问题虽然是姚斯直接针对传统的本体论文学理论而发，但它不仅具有悠久的历史，而且具有我们上面已经指出的极大的难度。

为了通过批判传统的本体论文学理论而解决上述悖论，姚斯集中批判了以往一直存在并发挥重要作用的四种思潮，即实证主义历史观、唯心主义的“精神史”历史观、形式主义文学史观，以及以卢卡奇为代表的马克思主义反映论。他进行这些攻击的主要缘由是，认为这些思潮把文学与社会、文学史与一般社会历史、美学思考与历史思考都割裂和对立起来了；所以，他突出强调必须重建文学与历史之间的本质联系，由此展开了他对文学的历史性的基本主张。

姚斯指出，实证主义文学史观力求从纯粹理智的角度出发、以编写自然科学编年史的方式编写文学史，因而把文学史变成了根据年代系列堆砌起来的一堆事实；这种做法竭力追求“描述的客观性”，把文学史视为纯粹客观的历史性因果链条。这样一来，不仅艺术家用于进行艺术创作的主观意图及其特征受到了忽视，而且对于撰写文学史来说至关重要的读者及其具体的阅读和接受过程，也完全被抛到了脑后，因而形成一种由一系列封闭的“事实”构成的“伪文学史”。

与这种既忽视作者的主观创作意向，又忽视读者的阅读和接受过程的实证主义文学史观相对立的，是以目的论为基本特征的“精神史”历史观——它既包括以杰文努斯（Georg Gottfried Gervinus，1805—1871）为代表的目的论历史观，也包括以兰克（Leopold von Ranke，1795—1886）为代表的客观主义历史观——前者认为社会历史有某种终极性的根本目标，全部历史都是走向这种目标的前进过程；后者虽然反对这种观点和做法，但却主张每一个时代都是独立自主、循环发展的，因而和前者一样，也具有从非理性、反评价的角度看待和研究历史的基本特征。所以，它们都不可能把文学与社会现实、美学思考与历史思考有机结合起来。

随着时代的发展，学术研究的不断进步，新出现的形式主义文学史观超越了实证主义历史观和上述“精神史”历史观。但姚斯指出，这种历史观虽然把文学发展的历史描述成为新旧文学形式相互斗争、不断更替演进的历史，因而既使相互封闭的文学作品系列得以联系起来，体现为某种“动态的历史”过程，也克服了“精神史”历史观所具有的唯心主义色彩，突出了文学史所具有的“史”的特征，但是，由于它把文学的发展完全归结为各种文学“形式”的发展和变迁，没有充分考虑文学与社会现实和其他文化形态就本质内容而言所具有的密切联系，所以这种文学史观仍然是片面的、封闭的。

最后，姚斯还批判了以卢卡奇为代表的马克思主义反映论。他指出，马克思主义虽然强调艺术生产也是人类征服自然过程的有机组成部分，必须以人所进行的物

---

① 参见《马克思恩格斯选集》，第2卷，人民出版社1995年版，第61页。

质生产和社会实践为根本前提，因而从根本上把文学与社会现实统一了起来，使文学史变成了人类一般历史的有机组成部分，但是，以卢卡奇为主要代表的马克思主义美学理论却仍然从“反映论”的角度出发，仅仅着眼于文学对现实进行的反映；因此，这种观点仍然是不加任何区别地对待作家和读者，既没有对读者的阅读和接受过程予以充分的重视，更没有深入探讨和研究读者的接受过程与艺术作品的审美特征、与社会作用之间的有机联系，所以它也是一种类似于实证主义文学史观的类型学研究。

在对这四种基本观点进行批判的基础上，姚斯所做的第一步工作就是“在文学和文学研究之间插入了历史”[①]，亦即把历史维度引入文学和文学理论研究。具体说来，他在这里首先从批判的角度出发，从以下七个方面提出了自己独特的文学史观点：

第一，传统的文学理论和文学史研究，都把作家，特别是把作品视为文学欣赏和文学研究的核心对象，进而认为作品的思想内容和艺术价值是客观的、既定的和永恒不变的，因此，研究者和读者都可以用同样的、进行客观认识的方式来对待文学作品，以寻找和把握其中所包含的内容要点，进而在此基础上确定其艺术价值为目的。姚斯认为，这种基本倾向和具体做法，完全抹杀了读者在各种具体的阅读过程中所具有的重要地位和发挥的能动作用，而实际上文学艺术作品的艺术效果和艺术价值，乃至其相应的作者所获得的历史地位和荣誉，都是以读者对文学艺术作品的具体阅读和接受过程，并由此而获得的审美经验和审美体验为前提的。所以，文学艺术作品的艺术效果和艺术价值、作家因此而获得的历史地位和荣誉，都是与读者通过阅读而进行的能动参与过程及其结果分不开的。所以，必须以读者对文学艺术作品的审美接受和审美体验为基础，重新研究、建构和撰写文学史。

第二，从接受美学的角度来看，迄今为止的文学史一直都是关于作家和作品的历史，从其中几乎不可能找到读者的任何地位和影响。实际上，文学史是文学艺术作品被读者阅读、接受并且产生效果的历史，所以，文学史应当是实际上也是文学作品被读者接受的历史——从这种意义上说，它应当是由作家、作品和读者的关系及其演变的历史构成的。所以作家的地位，尤其是文学作品的价值，是作家和读者共同创造的。

第三，站在历史的高度鸟瞰这种文学史，可以比较清楚地看到，读者并不像其面对认识对象那样，消极被动地面对文学作品并因此而进行接受活动，而是以其特定的“期待视界”（expectant horizon），亦即由其自身所具备的以往阅读经验和知

---

① 汉斯·罗伯特·耀斯：《审美经验与文学解释学》，顾建光等译，上海译文出版社1997年版，“英译本导言”，第1页。本章引用作者人名和译文均有变动。

识、对文学形式和技巧的熟悉程度、进行艺术欣赏的能力和趣味，乃至个人生活经历和文化水平共同构成的条件系统作为基本前提的。因此，一方面，从共时性的角度来看，研究者可以根据文学作品与“期待视界”的关系来研究和确定其艺术价值；另一方面，从历时性的角度来看，由于“期待视界”会随着历史的发展而不断转变和更新，文学作品的艺术效果和审美效果也会因此而不断发生变化。

第四，就读者对文学作品的接受过程而言，它本身就是“历时性”和“共时性”的统一——从“历时性”角度来看，文学作品之所以在不同的时代和社会文化背景下产生不同的效果，既是因为读者所具有的“期待视界”发生了一定的变化，同时也是由于读者对文学作品本身具有的内在含义的发现，也是一个循序渐进的过程。

第五，从“共时性”角度来看，即使处于同一个时代和社会文化背景之中的不同的读者，由于其所特有的“期待视界”的不同，他们对同一部文学作品的阅读、理解和审美接受过程也会有所不同；另一方面，读者对不同风格的文学作品的阅读和接受，实质上也可以从文学的历史发展变迁角度来加以研究，因为这些作品都从这样的角度具体体现出了它们自身的“历时性”。

第六，基于上述理由，不应当脱离读者对文学作品的具体阅读接受及其历史变迁来研究和探讨文学史，而应当把文学史当作读者的接受史来进行研究——这意味着，不仅应当把文学史与具体读者的全部生活经验和与其特定的世界观结合起来加以研究，而且还必须把它置于社会的一般现实背景和历史文化传统之中来进行考察和研究。

第七，文学对社会的“塑造”功能是以具体作品通过读者的阅读和接受而产生的审美反应、艺术效果，乃至社会效果为基础的；因此，它们都是通过读者特定的阅读和接受过程，来改变作为社会个体的读者的视界，最终实现对社会的“塑造”和“变革”，因而达到改变世界的目的。

可见，姚斯在这里所阐述的关于文学史的基本观点，不仅把所有文学理论研究都归结为文学史研究，同时也把文学史归结为由作为欣赏者的读者进行的阅读、接受、欣赏、消费文学作品的过程所构成的历史，因而把读者的地位和作用提到了前所未有的高度和重要地位。此举实际上不仅极大地拓展了文学理论研究的视野、开辟了新的研究领域，而且也力图通过推动文学理论研究重心的转移，亦使其研究重心由以往的文学作品和作家向读者及其接受和解释过程转移，尽可能实现文学理论研究角度的根本转变。不过，我们在这里必须指出以下三个方面：

第一，从根本上说，姚斯在这里提出的关于文学史的基本观点，显然有矫枉过正之嫌——这既体现在他过多地强调文学理论研究的历史维度，即过多地强调其

“历时性”维度，同时也体现在对这种研究所必备的“共时性”维度重视不够；而且，就其具体研究结论而言，他也有过分强调读者的接受，贬低和忽视作品和作家应有的地位和作用的倾向。

第二，更加重要的是，姚斯在这个阶段虽然对以往的本体论文学理论及其研究范式进行了多方面的攻击和批判，但并没有因此而达到对其基本立场和方法论视角进行彻底反思、批判和扬弃的地步——也就是说，他既没有非常清楚地认识到，在反对和抨击这种文学理论研究传统、把历史维度引入文学理论研究领域的基础上，究竟怎样才能真正扬弃这种传统，也没有认识到要想真正达到这种目的，究竟是不是必须进行基本思维方式和研究模式方面的根本性突破。

第三，他在这个时期所进行的研究，可以说是攻击和开拓有余、具体建设不足——比如说，“把文学史归结为由作为欣赏者的读者进行的阅读、接受、欣赏、消费文学作品的过程所构成的历史”虽然的确是必要的，但具体说来究竟怎样做，还没有比较鲜明的观点被充分地表现出来。实际上，姚斯此后通过其撰写和出版的《文艺学范式的转变》《审美经验小辩》，特别是通过对《审美经验与文学解释学》所做的工作，就是继续沿着他在这个时期提出的基本方向来努力的。

二、“审美经验”时期

究竟怎样才能把文学史当作由作为欣赏者的读者进行的阅读、接受、欣赏、消费文学作品的过程所构成的历史来研究，从而揭示文学艺术作品和读者接受活动对现实社会的“塑造”作用呢？姚斯是通过对读者审美经验的基本特征及其历史演变的考察和研究，来把他前期的基本观点进一步具体化的——这些工作最终通过《审美经验与文学解释学》体现出来。本来，姚斯曾经打算将这部著作分为两卷撰写，其中第一卷主要论述“审美经验”及其历史演变等方面；第二卷则结合实际的文学研究而将“审美经验”进一步具体化，主要论述“文学解释学”等方面的问题。不过，迄今为止，国内外学术界关注和研究最多的，仍然只是这里所提到的第一卷，即“审美经验”部分，在这里我们也沿用这样的做法。

概括来说，在这个时期，姚斯虽然仍在一定程度上保持了其早期的批判色彩，但其进攻的势头和锐气已有很大削弱，特别是就《审美经验与文学解释学》而言，虽然仍具有与阿多尔诺的否定论美学思想进行论战的色彩，但总的来看，他在这里主要是利用了伽达默尔现代哲学解释学的“问—答”模式，对与文学有关的审美经验的特征和历史变迁进行专门论述的，尽管这种论述仍然面临着我们上面已经提到的诸多难题，并且依然具有一些这样或那样的偏颇。

具体来说，虽然姚斯也同样力主艺术欣赏必须发挥“塑造”社会的作用，但他并不同意阿多尔诺以其“否定性美学”而提出的各种观点。阿多尔诺认为，艺术作品只有通过彻底否定使之得以从其中产生出来的社会现实，才能真正发挥应有的社会作用；因此，艺术只有彻底斩断其与具有习惯性的各种语言和意象的种种联系，才能成为真正的艺术。而这样一来，不仅大量肯定社会现实、讴歌时代进步的作品在他那里没有任何立足之地，而且艺术也因为这样的“否定性”而与审美享受和审美快感毫不相干了。姚斯认为，这种观点只是单纯地强调艺术的否定性特征，既没有充分展示社会现实的存在根据，也因为使艺术失去大量观众而不可能充分发挥其社会作用，因而必定流于艺术上的禁欲主义。因此，无论要想使文学艺术作品真正发挥其社会作用，避免流于这种以偏概全的审美禁欲主义，还是试图对审美经验进行实事求是的研究和论述，都必须重新引进审美享受和审美快乐，并将其当作审美经验的实质性核心加以充分重视和认真研究。正是从这种角度出发，姚斯结合其对审美经验的历史变迁的考察，通过分别论述“诗意性创造”、“审美”和“净化”，对审美经验进行了比较系统的研究和论述。[①]

就“诗意性创造”而言，姚斯主要用它表示审美经验所具有的生产和创造方面，亦即作为欣赏者而存在的主体，通过发挥自身的创造能力而获得的审美快乐。在他看来，从古希腊起直到中世纪，“诗意性创造”都是首先表示人们进行的生产性的制造活动，同时也具有“诗”的含义；此后至18世纪，它开始不仅指人们对真理进行的完善的模仿和再现，而且也表示用于创造“美的外观”的艺术创造力；到了19世纪，特别是在青年马克思那里，“诗意性创造”变成了扬弃异化的主要手段；而在20世纪，它则既表示艺术家把诗意创造出来的能力，同时也指读者通过发挥自己的创造力而获得审美快乐的过程。

姚斯在论述审美经验时所提到的第二个基本范畴是“审美”——由于他用“审美”表示审美经验所具有的接受侧面，含有“感觉”“愉悦”等与传统的审美、美学(Ästhetik)所具有的含义大致相当的意思，故我们这里译为“审美”。姚斯认为，在古代，人们通常是既领会对象的意义，又感知对象的形象，因而在那时，“审美”表示审美好奇心与认识好奇心混合在一起的状态；到了中世纪，它虽然逐渐与认识好奇心分离开来，但同时却完全受到了基督教艺术的支配；到了文艺复兴时期，它开始表示人的内在灵魂与外在自然的完满契合状态；此后，浪漫主义虽然通过“审美”进一步强调人们对自然进行静观和皈依，但是，他们同时失去了对于过去的追忆和思恋；进入现代以来，“审美”既表现出以福楼拜等人为代表的、发挥艺术作品对社会的批判和破坏功能的发展趋势，也表现出以波德莱尔等人为代表的、强调通

① 汉斯·罗伯特·耀斯:《审美经验与文学解释学》，顾建光等译，上海译文出版社1997年版，第10页。

过使审美主体体会某种“宇宙感”而调节其感知性回忆，从而使之能够进行审美的发展趋势。姚斯指出，为了反抗现代工业文明对人所造成的全面异化，必须强调这里的后一种发展趋势，亦即以“审美”重新确立审美经验的地位，并通过使主体在阅读和接受过程中形成“审美”而最终达到“塑造”社会的目的。

此后，姚斯论述审美经验所涉及的第三个范畴是“净化”。在他看来，作为审美经验的交流方面，“净化”指的是作为欣赏者的读者在进行阅读接受的基础上产生的，由于改变和解放自己的心灵而得到的情感性审美快乐——这种快乐不仅因为能够使审美主体摆脱日常实例和琐事，通过自由地享受他人而得到富有自由色彩的心灵升华，另外更加重要的是，作为基本的沟通性审美经验，它还能够发挥传达、开创、证实各种社会规范的社会功能。显然，这样一来，姚斯之所以突出强调“净化”，其根本取向就显而易见了。他指出，作为有关审美经验的三个基本范畴，“诗意性创造”“审美”和“净化”之间既没有任何等级差别，也不构成某种层次不同的结构；它们虽然不能相互还原，但作为具有独特功能的结构体，它们却可以以不同的方式理解。

我们认为，姚斯在这里关于审美经验的论述，一方面确实围绕着其关于“读者对文学艺术的接受可以塑造社会”这个主题思想，进行了比以往更加全面的发掘和建设性论述；但另一方面，他由此而认定审美经验由于其“净化”功能便可以发挥现实的社会作用，显然不乏天真色彩——这种倾向虽然与他过分强调读者在审美过程中所发挥的作用而具有的唯心主义色彩在理论上前后一致，但仍然不能不说是具有根本性的错误之一。

既然审美经验一般说来可以如此发挥作用，那么更加具体地说，审美主体在具体进行阅读和接受，特别是在进入审美过程之后，究竟是如何获得其审美享受，并因而对社会进行“塑造”的呢？姚斯主要在借助伽达默尔哲学解释学的“问—答”模式的研究方法论的基础上，通过论述审美主体进行“认同”（identification）的三种基本倾向，以及审美主体与文学艺术作品之中的主人公进行互动的五种模式，进一步具体论述了这些问题。[①]

通过比较系统地结合文学史的发展变迁实例，结合包括亚里士多德在内的西方重要文学理论家的有关思想观点来考察审美主体的接受过程及其发展特征，姚斯指出，从文学史，特别是文学传统的角度出发来看，审美主体所体现出来的审美认同倾向主要有三种，即“对英雄的认同”“对田园式意境的认同”和“对流浪汉的认同”——更具体地说，这些认同都是通过作为读者的审美主体，在其通过阅读和接受过程而形成的审美过程中，与存在于文学艺术作品之中的主人公进行的“互动”

---

① 汉斯·罗伯特·耀斯：《审美经验与文学解释学》，顾建光等译，上海译文出版社1997年版，第232页。

(interaction)的结果，而这样的“互动”则具体表现为以下五种模式，即通过发挥想象力进入主人公的角色，因而获得审美快感的“联想式认同模式”；由于主人公是圣贤楷模而形成敬仰和仿效审美心态的“敬慕式认同模式”；由于产生与受难主人公休戚相关的审美情感而表现出来的“同情式认同模式”；通过置身于主人公的苦难境地、因为悲剧情感或者喜剧宽慰而得到净化的“净化式认同模式”；以及因为主人公的消失或者反主人公的存在而使期望受挫或者破灭所表现出来的，促使读者进行审美思考和道德思考的“反讽式认同模式”。

在姚斯看来，通过他这样从历史，特别是从文学史的高度出发，对作为读者的审美主体通过其实际的阅读和接受过程而进行的、具有历史性和具体性的“互动”过程所进行的深入挖掘和系统阐述，他不仅可以解决他所揭示的上述“文学史悖论”，而且能够进一步针对现实社会，把读者如何通过阅读和接受文学艺术作品而发挥“塑造”社会的过程和机制揭示出来。那么，他的这种初衷就实现了吗？看来未必。

之所以如此，是因为综观姚斯的接受美学思想，我们可以看到以下几个基本特征：

第一，无论就前期著作而言，还是就后期思想而论，姚斯的著述都表现出非常强烈的批判精神——也可以说，他的观点基本都是以“不破不立”的方式表现出来的，而不是纯学究式的研究和论述；但是实际上，这种做法以批判的锋芒冲淡了更加深入、严格和细致的学理性探讨，就其所涉及的基本思想方式和方法论模式而言，情况尤是如此。

第二，他虽然和包括伊瑟尔在内的接受美学的其他理论家一样，通过集中研究读者的审美接受活动来突出强调审美主体的能动作用，但是他的具体着眼点却主要集中在宏观维度而非微观方面——也就是说，他所关注的是通过系统考察历史上各个时期的审美主体的实际审美接受经验及其主要特征，力图把审美主体的接受模式及其变化发展过程勾勒出来。然而，由于高屋建瓴的宏观研究必须以研究视角的根本性变革为前提，而姚斯主要是转变研究方向、拓展研究领域，并没有完成对西方思想传统中处于主导地位的唯理智主义思维方式进行根本性突破，所以，姚斯的基本初衷并没有也不可能真正得到实现。

第三，虽然在主要借助于伽达默尔现代哲学解释学的基础上，姚斯具体运用“问—答”的研究模式来考察历史上各个时期的读者审美接受过程，他所进行的具体研究及其所得出的结论，也具有非常明显的探索性和独创性——或许正因为如此，接受美学才能在学派林立的20世纪西方美学阵营之中脱颖而出并独树一帜。但是，这种“问—答”模式在其得到卓有成效地运用之余，实际上却掩盖了基于特定社会文化氛围和自身生成境界的个体差异，因而姚斯停留在这样的水平上，便仍然是流于“宏大叙事”而缺乏更加广泛的解释力。

第四，和当时的法兰克福学派思想家们一样，姚斯也试图通过自己的接受美学研究，突出揭示和强调读者的审美接受经验所发挥的“塑造社会”(formation of society)的功能，但是，他把历史维度插入文学和文学研究之间，并因此进行的一系列广泛涉及历史变迁维度和社会生活维度的探索和研究，只是对其所研究的对象和问题进行了初步的梳理，实际上并没有进一步揭示出社会个体究竟如何通过文学接受活动对社会进行“塑造”的具体机制及其发展变迁。

综上所述，由于这些基本特征和缺陷，姚斯的接受美学研究乃至包括伊瑟尔等人在内的整个接受美学研究，都给人留下了缺乏后劲、难以为继的基本印象。

第二节　伊瑟尔

如果说姚斯是接受美学理论阵营的创始人和最主要的理论代表之一，以其侧重于宏观历史性研究的“接受理论”构成了接受美学“双飞翼”中的“一翼”，那么，伊瑟尔则是其另一位主要创始人和重要理论代表；他虽然在批判本体论文学理论的各种主要缺陷，强调必须让文学发挥使读者“抨击”和“塑造”社会现实的作用等方面与姚斯不分轩轾，但也具有自己的特色——这不仅表现为他在学术方面主要继承和发展英伽登的现象学美学理论观点，因而与姚斯主要借助于伽达默尔的哲学解释学理论有所不同，而且还表现在他的“响应论美学”(Wirkungs-ästhetik，Response Aesthetics）主要不是进行宏观的历史性研究，而是以现象学美学为主要依据，对读者阅读和欣赏现代文学作品文本所进行的具体互动过程及其机制，进行具体而深入的“微观”研究；此外，与姚斯不断运用新概念、提出新观点而体现出来的咄咄逼人的进攻态势有所不同，伊瑟尔的理论研究特色是立论严谨、系统连贯、不断走向深入和精益求精——或许正是由于这一点，国内外理论界在谈到接受美学的时候，往往过分推重姚斯，而不大重视伊瑟尔的研究成果；尽管这种做法不是完全没有根据的，但却显然有以偏概全之嫌。再者，有必要指出的是，自20世纪90年代以来，伊瑟尔继续进行更加深入的理论探索，从他的“响应论美学”走向了“文学人类学”，因而继续呈现出积极进取的理论研究态势。

就其学术研究历程而言，伊瑟尔作为英国语言文学专家和现象学文艺美学家，曾经于1969年在康斯坦茨大学发表了著名演讲“本文的召唤结构”，此文又于翌年以

“本文的召唤结构——作为读者响应文学本文之前提条件的不确定性”为题出版了德文版，它奠定了伊瑟尔作为接受美学创始人之一和最主要理论家之一的学术地位。经过进行深入的研究，他又于1972年出版了以分析和阐述读者具体欣赏文学作品的例证为主的《隐含的读者：从班扬到贝克特的长篇小说的交流结构》，该书在当时的文艺理论研究界引起了广泛重视，1974年就出版了英文版。在这些具体研究的基础上，伊瑟尔于1976年用德文出版了其最主要的接受美学著作《阅读活动：审美响应理论》，此书不仅凝聚了他以往的研究成果，而且把它们推到了新的理论高度，集中、系统、全面地体现了他的接受美学思想，该书在1978年出版英文版之后，不仅成为国内外学者研究伊瑟尔接受美学思想必须利用的最重要的文献，同时也成为接受美学的经典著作之一——顺便说一句，正因为如此，我们将和国内外有关研究者一样，主要以此书为依据来评述伊瑟尔的接受美学思想。难能可贵的是，在取得了这些研究成果之后，伊瑟尔并没有因此而止步，而是进一步沿着研究读者为什么进行阅读、为什么迷恋阅读这样更加深入的研究方向继续努力，并于1991年出版了最新的理论著作《虚构与想象：文学人类学的疆界》，从而以他自己的努力展示了接受美学的新进展。

鉴于伊瑟尔接受美学研究历程所具有的前后一致的基本特征，我们将把他那《隐含的读者：从班扬到贝克特的长篇小说的交流结构》《阅读活动：审美响应理论》和《虚构与想象：文学人类学的疆域》视为一个整体，并通过“出发点和扬弃”“文学本文的具体构成”“‘读者—本文相互作用’的动力”“‘读者—本文相互作用’的过程”、以及“读者的缘起”这五个部分，来简要评述他的接受美学的基本观点。

一、出发点和扬弃

和姚斯一样，伊瑟尔所面对的学术问题，也同样是如何调整文学与社会现实的关系和推动文学艺术通过读者的阅读活动对社会现实施加影响。不过，由于他的学术渊源和研究侧重点与姚斯有所不同，他的出发点也颇具特色。总的来说，他的出发点既涉及文学与社会现实的关系，也表现出对本体论文学理论的批判，而他的学术研究起点则表现为对英伽登现象学美学思想的扬弃。

（一）现实出发点

从阐述“文学与社会现实的关系”这个角度来看，伊瑟尔态度的激进程度并不亚于姚斯——他通过对读者阅读和欣赏近现代文学作品过程的具体分析指出，任何一种社会体制和文化氛围都具有其特殊的局限性，现代社会尤其如此。因此，现代文学艺术所具有的基本功能之一就是揭示、批判，甚至是抵消由处于支配地位的社会体制所造成的各种缺陷。作为一种沟通形式，文学作品的功能就在于通过展示被时代异化、否定、淹没的那些方面，达到冲击现实社会体制、冲击歌颂现实的文学作品，对社会现实进行补充和纠正的目的[①]；而文学作品之所以能够做到这一点，既是因为它们都以被社会现实否定了的东西作为自己的出发点，并因此而建立起与社会现实的联系，也因为文学作品是通过以不断挫败读者的阅读预期、力求改变读者的阅读方式和思维模式为特征的“读者—本文相互作用”过程发挥其作用的，这样一来，文学就可以促使读者逐渐认识到其置身于其中的社会形式所具有的各种弊端，推动读者努力去改造世界。可见，就这种基本倾向而言，伊瑟尔的激进程度的确不亚于姚斯，我们甚至可以说，他在这里所表现出来的否定社会现实的基本意向，完全可以和阿多尔诺的“否定论美学”相提并论。

要想使文学，特别是使文学理论研究能够实现这种基本意向，显然就必须对以往存在于文学理论研究领域之中的本体论文学理论进行彻底的抨击和批判，因为后者所坚持的唯理智主义反映论的基本立场，往往容易隐含着对现实的某种肯定。伊瑟尔指出：首先，传统的本体论文学理论认为文学作品是第一位的、决定性的，读者只能处于次要的、从属的、被决定的地位，因而基本上抹杀了读者通过积极发挥其主动性和想象力、通过把文学本文具体化为真正的文学艺术作品而获得审美享受和人生启迪的维度。其次，就文学作品本身而言，传统的本体论文学理论将其视为已经客观化的实体，因而读者，特别是评论家的任务就是从理性认识的角度出发，千方百计地寻找、认识和挖掘其中所包含的意义[②]，这就忽视了文学本文具有的独特性——它们本来是各种各样的虚构，都是由包含着各种各样“空白”和“不确定的点”的“图式化方面”构成的，只有通过读者的积极参与和与之进行的互动过程才能变成真正艺术作品的“召唤结构”。最后，伊瑟尔强调指出，在具体的阅读和欣赏过程中，作为审美主体的读者是通过“读者—本文相互作用”过程，而与起先作为阅读对象、继而作为审美对象而存在的文学本文逐渐统一为一体的——在这个过程中，读者在文学本文的激发和引导下，通过不断发挥想象力参与文学本文所表现的各种事件、不断填补后者所包含的各种“空白”，在使文学本文变成实际艺术作品的过程中使自己获得审美享受；因此，绝不能把审美主体与审美客体割裂开来分别加

① 伊泽尔：《审美过程研究——阅读活动：审美响应理论》，霍桂恒等译，中国人民大学出版社1988年版，第1页。
② 伊泽尔：《审美过程研究——阅读活动：审美响应理论》，霍桂恒等译，中国人民大学出版社1988年版，第4页。

以考察和研究，特别是不应当把后者绝对地客观化和当作认识对象来加以研究。

（二）对以往学术思想的扬弃

和任何一个产生过重要影响的思想家一样，伊瑟尔的接受美学“微观”研究不仅具有社会现实和相应的学术氛围构成的基本出发点，而且也包含着他对以往的、处于相近学术研究脉络之中的重要思想研究成果的批判和继承——在这里，最主要的就是他对英伽登现象学美学思想，特别是对其关于文学艺术作品的构成和作用的基本思想的批判和继承。概括说来，这种批判继承主要体现在以下四个方面：

第一，关于“纯粹意向性客体”。众所周知，英伽登曾经因为论述文学艺术作品既不是物质实体也不是观念实体，而是“纯粹意向性客体”，而把文学艺术作品与欣赏者对之所进行的“具体化”区别开来，因而为后继者进行更加具体深入的研究开辟了道路——在此基础上，伊瑟尔进一步通过论述文学作品具有“艺术极”和“审美极”，把通常人们所谓的文学作品严格地区分为“文学本文”“文学艺术作品”和“审美客体”，因而对英伽登的观点既有所继承，更有所发展。

第二，关于文学本文的结构。英伽登认为，文学艺术作品是由“语音构造层”“意义单位层”“图式化方面层”和“再现的客体层”构成的分层有机结构；而伊瑟尔则认为，文学本文的内容结构反映了作者的世界观，是由四种相互交织的“视野”(perspective)，亦即“叙述者视野”“作品人物视野”“作品情节视野”和“虚构的读者视野”构成的，它们在读者阅读和接受文学本文的过程中不断相互影响、相互交织、相互转化，因而构成了一个促使读者置身于其中的动态结构系统[①]——有必要指出的是，伊瑟尔的这种观点虽然使英伽登的相应观点动态化了，但是伊瑟尔的出发点却是反对英伽登论述文学艺术作品结构构成的基本出发点的，亦即他不同意英伽登理论所坚持的审美是静态、和谐的基本出发点。

第三，伊瑟尔继承了英伽登所认为的文学艺术作品包含着“空白”和“不确定性的点”，因而有待于读者进行具体化的基本思考。在此基础上，他进一步指出“空白”和“不确定性的点”是推动读者阅读和接受文学本文，进行“读者—本文相互作用”过程的根本动力——他认为，“空白”和“不确定性的点”不仅不是作家不得已而为之所造成的结果，反而是使读者在阅读和接受文学本文的过程中，得以进行“读者—本文相互作用”过程的先决条件、动因和要素，因为作家是为了通过不断引导和激发读者的阅读欲望、不断挫败读者的阅读预期，有意把“空白”和“不确定

---

① 伊泽尔：《审美过程研究——阅读活动：审美响应理论》，霍桂恒等译，中国人民大学出版社1988年版，第71页。

性的点”安置在文学本文之中的，只有这样，文学本文才能最终实现“文学冲击现实”的基本使命。

最后，伊瑟尔与英伽登最大的不同在于对待传统审美规范和现代艺术的基本态度上——概括说来，英伽登对传统审美规范基本上持赞许态度，对以否定和批判现实为基本特征的现代艺术则持反对或回避态度，因而可以说基本上他仍然是一位传统型的现象学美学家；而伊瑟尔则与英伽登截然相反，他笃信“文学冲击现实”，非常推崇现代艺术，特别是那些对社会现实进行批评、攻击和否定的现代文学艺术，因而把它们看作是他用以建构其“响应论美学”的基础和前提。我们甚至可以说，这是他的“响应论美学”与英伽登的现象学文艺美学之间最根本的分水岭，他们之间的其他区别都来源于此。

既然基于这样的现实出发点并主要对英伽登的现象学美学思想进行了如此的继承和批判，那么，伊瑟尔是如何具体论述其“响应论美学”理论的呢?

二、文学本文的具体构成

如前所述，伊瑟尔认为，文学本文是由反映作家世界观的“叙述者视野”“作品人物视野”“作品情节视野”和“虚构的读者视野”构成的，其作用在于通过吸引和激发读者进行阅读和“读者—本文相互作用”过程，逐步改变读者的思维习惯和思维模式，最终实现对社会现实的冲击和补充。他反对以往人们从“内容—形式”二分法的角度分析文学作品的做法，强调必须从结构和功能相统一的角度出发进行研究，指出文学本文是由“剧目”(repertoire) 和“策略”(strategies) 构成的。

具体来说，伊瑟尔指出，“剧目”主要包括三个方面的内容：第一，“社会历史规范”；第二，“文学隐喻”；第三，“文化形式”。其中，“社会历史规范”和“文化形式”是作家在创作文学本文的过程中所选择、反映和经过转化的，处于支配地位的行为规范，以及人们当下所依赖的文化冲突和背景，它们可以把现实所具有的、人们在日常生活中并不注意的各种缺陷展示出来，以期引起人们的重视、批判和反思。而第二项即“文学隐喻”则与此不同，它是作家通过文学本文反映出来的，其对以往“文学冲击现实”的具体做法和风格的参考，目的在于使读者在面对具有缺陷的社会现实的时候，为他们作出的选择提供某种启发。在这里有必要强调指出的是，伊瑟尔认为这三个方面都经历了某种转化——前两者由于这样的转化而变成了确定性和不确定性的统一，后者也不再具体表示其对原来的“现实”的冲击，而只是发挥某种启发作用。[①]

另一方面，“策略”实际上指的是作家在创作文学本文的过程中所使用的叙述技巧。伊瑟尔指出：“策略不仅组织本文的材料，而且也组织制约这些材料得以交流的那些条件。因此……它们包含了本文的内在结构，以及由这种结构在读者方面引起的理解活动。”[②]他认为，“策略”所发挥的作用是对“剧目”所包含的诸方面内容之间的关系和结构加以组织，因而预先构造了读者阅读和接受文学本文的方式，勾勒出了读者通过与文学本文进行相互作用而体验本文情境所必定遵循的轨迹——其最根本的作用就是通过组织和调节文学本文诸方面内容所具有的前景—背景关系，使之形成各种各样的张力，从而最终使读者所熟悉的内容陌生化，通过不断挫败读者的阅读预期而促使读者作出自己的选择。

伊瑟尔认为，“剧目”和“策略”的有机结合就是他所谓的“隐含的读者”(the implied reader)，它是文学本文的结构，可以通过发挥预先为读者规定的角色的作用，展示文学本文激发读者进行阅读的网络结构，并且为研究者考察和研究读者类型、研究他们阅读和接受文学本文的种种差异，提供了进行对比分析的参照系。

这样一来，伊瑟尔就对他所认为的文学本文的结构构成进行了比较系统地论述，从而既从特定的角度把接受美学所强调的“读者是研究的核心”的基本旨意落到了实处，也为其进一步研究和论述“本文—读者相互作用”奠定了某种基础。

三、“读者—本文相互作用”的动力

从人们通常可能想到的论述方式来看，伊瑟尔要想论述读者如何通过“本文—读者相互作用”过程接受文学本文、产生冲击社会现实的实际意义，似乎应当首先论述文学本文和读者各自具有的基本特点，其次论述“本文—读者相互作用”的原因和动力，接下来再揭示这种相互作用的具体过程和作用机制。但是，伊瑟尔的论述次序并不是这样——因此，尽管他实际上似乎建立了某种关于读者阅读和接受文学本文的现象学接受美学体系，但他的主要目的似乎并不是为了建立这样一个系统完善的理论体系。具体来说，他是先分析文学本文的基本构成，接下来描述作为“本文—读者相互作用”过程而存在的读者领会文学本文的过程，最后再分析这种基本过程的动力。为了叙述和理解的方便，我们对他的种种论述次序进行了调整，把这

① 伊泽尔：《审美过程研究——阅读活动：审美响应理论》，霍桂恒等译，中国人民大学出版社1988年版，第71页。

② 伊泽尔：《审美过程研究——阅读活动：审美响应理论》，霍桂恒等译，中国人民大学出版社1988年版，第117页。

种相互作用的过程放到最后再加以评述。

如前所述，伊瑟尔是基于“文学冲击现实”这样的基本主张和通过继承英伽登现象学美学所谓的文学艺术作品包含着“不确定性的点”这样的基本观点出发，来具体展开他关于“本文—读者相互作用”的论述的。具体来说，伊瑟尔认为，作为作家有意为之的结果，这种“不确定性的点”在文学本文之中具体体现为“空白”和“否定”这两种基本结构，它们能够激发并制约“本文—读者相互作用”过程，因而实际上发挥了使这种相互作用过程得以进行并取得预期效果的动力的作用——在具体的论述过程中，伊瑟尔是从结构的角度论述“空白”，从功能的角度论述“否定”的。

概括来说，伊瑟尔指出，“空白”是在文学本文之中处处存在的、等待读者逐步占据的某种“空位”，它能够使文学本文的“视野”处于开放状态，不断激发读者通过自己的阅读过程整理其各种“视野”，从而把文学本文的意义展示出来。具体来看，“空白”所发挥的功能主要有以下三个方面：第一，把文学本文的内容安排成一个支离破碎、违反实际的系列，从而迫使读者发挥想象力对其不断填补，逐步构造出想象性客体；第二，通过阻碍读者把零散的本文内容组织起来，“空白”本身就转化成为不断推动读者进行想象的动力，从而促使读者在其想象中展现并体验被文学本文否定的方面；第三，在“本文—读者相互作用”过程中，既推动读者不断把不同的“视野”联系起来，为读者在阅读过程中实际存在的注意中心而存在的“游移视点”（wandering point）提供参考，同时，其本身也由于读者对它的不断填补而勾勒出“游移视点”前进的轨迹，从而实际发挥制约“本文—读者相互作用”的过程的作用。[①]

另一方面，就其所谓的“否定”而言，伊瑟尔指出，存在于文学本文之中的“不确定性的点”，本身就表现为“否定”。首先，作家把构成文学本文“剧目”的各种内容成分从其各自的实际环境之中抽取出来，并且对其原有的实际意义和功能进行悬置，这样做本身就是对它们进行的“否定”；“不确定性的点”和由之形成的、激发和制约读者进行阅读的“空白”，就是由此产生出来的。其次，通过运用“策略”，作家对其所运用的各种内容成分进行精心的安排和组织，因而通过否定其某些方面，把它们暗示的社会现实的种种缺陷展现在读者的面前，这样一来，读者就可以在“文学隐喻”的启发和引导下，通过体验文学本文所展现的特定情境，重新认识和评价这种“现实”。最后，由于作家的精心安排，存在与文学本文的各种内容成分之间的“空白”“否定”和读者不断形成的预期——也就是说，文学本文的情境和

① 伊泽尔：《审美过程研究——阅读活动：审美响应理论》，霍桂恒等译，中国人民大学出版社1988年版，第248页。

故事情节不断发生转换，从而使读者在阅读过程中形成的各种预期不断受到挫折、抵制，甚至被取消，这种情况不仅会不断地“否定”读者在其日常生活之中形成的思维习惯和思维模式，而且会因此把读者完全卷入到文学本文所表现的情境之中，使文学本文的主题逐渐转化成为读者活生生的体验。[①]

可见，通过比较系统地论述来源于“不确定性的点”的“空白”和“否定”，伊瑟尔便对其所谓的“本文—读者相互作用”的动力进行了比较系统地论述。一方面，我们从这里可以看到，前面所说的伊瑟尔的批判态度与阿多尔诺“否定论美学”相差无几，在这里便得到了具体的证明。另一方面，与英伽登从其现象学美学角度出发对“不确定性的点”和“空白”的论述相比，伊瑟尔的论述可以说已经有了非常大的不同——当然，正像我们前面所提到的那样，这种不同的根源就在于，他们对文学艺术作品所应当发挥的作用有着截然不同的基本观点。

既然文学本文的构成情况是这样的，“空白”和“否定”又从不同的角度、以不同的方式发挥“本文—读者相互作用”过程的动力的作用，那么，这种过程究竟是如何进行的呢?

四、“本文—读者相互作用”的过程

我们上面所提到的只是伊瑟尔对文学本文这个方面的论述，不过既然要论述“本文—读者相互作用”，仅仅涉及“本文”一方显然是不行的，必须对这种相互作用过程的另一方，亦即对读者的情况也要加以相应的论述。而且，毋庸赘言，作家已经撰写并得到出版的本文是“死”的，只有读者“介入”“其中”并发挥其作用，并在这种相互作用中才能出现并成为“活”的，文学本文也因此才能真正实现其社会功能。因此，伊瑟尔是通过论述作为读者的存在和发挥作用方式的“游移视点”及其运动过程，来阐述其关于“本文—读者相互作用”过程的观点的。

伊瑟尔指出，读者对文学本文的阅读和接受不是一蹴而就的，而是必然表现为一个相互作用的过程。在这个过程中，具体表现为“游移视点”的读者，沿着文学本文的“空白”所勾勒出来的轨迹运动，不断地在文学本文所表现出来的各种视野之中穿插前进。同时，在这个过程中，由于文学本文的各种视野也具体表现为持续不断的相互交叉、相互影响和相互转化的过程，因此，“游移视点”的行进过程就会使读者的阅读预期不断形成、不断受挫，继而又不断重新形成；就读者而言，这种过程就造成了存在于其心灵之中的预期和记忆之间的不断相互作用和相

---

① 伊泽尔:《审美过程研究——阅读活动:审美响应理论》，霍桂恒等译，中国人民大学出版社1988年版，第278页。

互转化——由于阅读受挫而造成的阅读预期转化成为记忆，从而使记忆不断得到修正。而且，无论是读者原来的记忆，还是其进入阅读过程之后不断得到修正的记忆，都会作为其阅读过程的背景而对其不断变化的阅读预期产生影响，因而既表现为记忆与阅读预期的不断相互影响和相互作用，也表现为新旧阅读预期之间不断地相互影响和相互作用。因此，我们可以看出，这实际上就是从一个特定的角度出发，从整体上形成了“本文—读者相互作用”的过程。[①]

可见，在进行这样的研究和论述的过程中，伊瑟尔不仅在阐述文学本文的构成结构的时候批判吸收了英伽登现象学美学关于文学艺术作品的构成的基本观点，而且，他在这里对于“游移视点”所导致的读者的阅读预期和记忆之间的相互影响和相互作用的论述，也非常明显地体现出了伽达默尔现代哲学解释学所论述的“问—答”模式的影子。因此，我们完全可以说，伊瑟尔在研究和构建其“响应论接受美学”的过程中，不仅吸收了英伽登现象学美学的主要思想，而且也同样对伽达默尔哲学解释学思想有所借鉴，是“以现象学为经，以解释学为纬”的。

伊瑟尔指出，在读者阅读和接受文学本文的过程中，“游移视点”所表现出来的在各种本文视野之中的穿行过程，可以使读者能够持续不断地组织和整理文学本文那些被“空白”分割得七零八落的内容成分，而且，读者在这个过程中便可以通过“本文—读者相互作用”的过程，体验其中所隐含的各种意义。在这个过程中，“游移视点”在某个特定的时刻所集中针对的文学本文的“视野”就表现为“主题”，而其以前所涉及的各种“主题”则构成了影响读者此后进行理解过程的“视界”。在他看来，“主题”和“视界”也构成相互影响、相互作用的关系——一方面，“视界”是由不断发生转化的“主题”构成的，因此，它必定会受到不断转化而来的新“主题”的影响和补充，并因此而不断发生相应的变化；另一方面，不断变化的“视界”作为背景，也会影响读者对新的“主题”的态度、理解和体验过程。这样一来，这两个方面就形成了相互影响、相互作用、相互反映的关系，不仅为读者通过阅读过程而在内容迥异的文学本文“视野”之间建立连贯性奠定了基础，而且为读者接受和体验文学本文所描绘的情境提供了条件，同时也使这些“视野”各自蕴含的意味（significances）得到了扩展和延伸。

不仅如此，就读者的内心世界而言，伊瑟尔指出，读者在“游移视点”不断前进的过程中，实际上也在不断地进行各种想象过程，通过形成各种各样的意象并对这些意象进行综合，逐步填补文学本文的“视野”所包含的各种“空白”。这样一来，读者就能够逐步全身心地进入文学本文所描绘的情境，理解它的各种意义，把

① 伊泽尔：《审美过程研究——阅读活动：审美响应理论》，霍桂恒等译，中国人民大学出版社1988年版，第143页。

这些意义所隐含的意味吸收到自己的内心世界，并且体验因此而产生的各种艺术效果——在他看来，读者所进行的这种在文学本文的激发和引导之下不断建构和重新建构各种意象，并在不知不觉的情况下对之进行综合的过程，就是他所谓的“被动的综合”（passive synthesis）；对于读者来说，通过在阅读过程中不断进行这样的综合，其在阅读过程中所不断形成的、相互影响和相互作用的各种新旧意象，最终就会成为其所具体体验的审美客体。因此，伊瑟尔认为，只有当读者通过进行这样的“本文—读者相互作用”的过程，通过不断进行“被动的综合”，把建立文学本文的各种内容“视野”之间的连贯性的过程进行到底，领悟到了文学本文的意义、展现并体会了其审美客体、体验到了它所隐含的深刻意味的时候，读者阅读和接受文学本文的整个过程才能圆满结束。因此，我们可以说，在伊瑟尔那里，所谓“本文—读者相互作用”过程，实际上就是读者阅读、理解、接受、体验文学本文的全过程——只有实现了这样的过程，文学本文才能真正发挥其冲击社会现实、抵消和补充其种种缺陷的作用，因而也才有资格被称之为艺术作品。

行文至此，我们就把伊瑟尔的“响应论接受美学”的主要观点概略地介绍完了。实际上，他的学术思考和理论追求并没有随着《审美过程研究——阅读活动：审美响应理论》的出版而结束，而是向着更加深刻，同时也更加广阔的领域挺进，这个方面的努力及其成果集中体现在他于1991年出版的《虚构与想象——文学人类学的疆界》之中。

五、读者的缘起

虽然总的来说，自20世纪80年代以后，接受美学已经失去了其当初所具有的咄咄逼人的进攻态势，开始逐步走向平实的学术研究，甚至可以说，由于其所面对的无论是姚斯还是伊瑟尔，都难以彻底完成对西方唯理智主义思维模式的根本性突破，而开始走下坡路，但是，这并不意味着接受美学已经因为其出现的这种颓势而开始进行各种各样的“转向”，开始走向截然不同的其他研究领域——无论姚斯还是伊瑟尔，情况都是如此[①]。

总的来说，我们之所以说伊瑟尔是“向着更加深刻、同时也更加广阔的领域挺进”，是因为他并没有改变其当初进行接受美学研究时所具有的初衷，而是在初步建立起其“响应论接受美学”的理论框架之后，通过进一步为自己提出其迄今为止的

① 限于篇幅，我们在这里不可能比较系统地阐述接受美学的演变史，因而也不可能对当今国内学术界就接受美学这种变化而言所谓的“转向”进行详细的反论证；有兴趣的读者只要概略浏览一下姚斯和伊瑟尔于20世纪80年代以后发表的论文，就可以非常清楚地看到事实就是如此。

研究所一直没有解决的问题，即“读者为什么要阅读、为什么迷眩于文学”，以及“文学所必须提供的是什么”这样更加深刻的问题，并力图从其“文学人类学”的特定研究视角充分研究和解决这些问题——毋庸赘言，无论“读者为什么要阅读、为什么迷眩于文学”，还是“文学所必须提供的是什么”[①]，都是伊瑟尔在初步完成其接受美学理论框架的建构之后，在不背离这种基本理论框架的情况下，所进行的进一步的深刻的学术追问，而且他在提出这些问题之后所采取的“文学人类学”研究视野，也显示出他的研究领域已经开始向着更加广阔的领域拓展和迈进。我们认为，从根本上说，这种进一步的努力表明，伊瑟尔实际上是在原有成果的基础上，对读者的阅读原因进行更加深入的研究，因此，这里以“读者的缘起”为标题来概述他的基本观点。

伊瑟尔指出，人们长期以来一直把文学本文看作是虚构，因而这种观点已变成了某种常识性的观点；但是，这种观点很容易流于“虚构”与“现实”的二元对立。因此，就文学作品的存在基础而言，应当用关于“三元合一”的理论来代替这种有关“虚构”与“现实”的二元对立的传统观点。这是因为文学本文的基本特征就是这种“三元合一”——亦即现实、虚构和想象这三方面的合一，而不是“虚构”与“现实”的二元对立[②]。他结合对欧洲中世纪的田园诗和西方哲学史上关于虚构的各种理论及其变迁过程的考察指出，只要现实被转化成为文学本文，这种本文就会超越其所表现的原型，因而是通过对相应的原型进行的虚构化而实现的，对实际存在的各种疆界的跨越；这样一来，文学本文就使读者能够既置身于其中又超然于其外，因此，在跨越疆界的同时就实现了虚构的双重化，形成了文学虚构的双重结构——在这种情况下，虚构不仅使读者的自我创造成为可能，同时也使任何一种事物都有可能以不同的方式得到反映、受到折射、被片断化、遭到揭发而暴露出来。因此，作为具体例证，文学本文实际上表明其自身是一种指涉系统，可以非常鲜明地把这个世界的形成过程展示在作为读者的人们面前。

就文学具有的人类学含义而言，伊瑟尔指出，读者由于文学本文的双重虚构特征而表现出来的“既置身于其中又超然于其外”的基本特征，并不单纯是其只有在阅读文学本文的时候才存在的某种短暂的阶段和状态，而是人类本性所具有的一个基本特征。由于文学本文通过双重虚构过程所展示出来的并不是某种既定之物，而是并不存在或者尚未存在之物，所以，它能够通过喻示被现实体制所遮蔽的某些东西或者方面，通过为读者跨越各种现实疆界提供富有矛盾色彩的机遇，并通过在读者的想象过程中对这种遮蔽进行补充、对这些被遮蔽的东西加以实现，使作为读者

① 伊泽尔：《虚构与想象——文学人类学的疆界》（序），陈定家等译，吉林人民出版社2003年版，第12页。
② 伊泽尔：《虚构与想象——文学人类学的疆界》，陈定家等译，吉林人民出版社2003年版，第14页。

的人们超越自己所面对的各种现实的疆界，从而成为某种可供读者利用的、进行自我塑造和创造世界的范式。这样一来，作为跨越所有各种疆界的虚构，文学本文也就变成了有关这个由精神和物质构成的世界之总体性的某种缩影。[①]

毋庸赘言，无论作为虚构的文学作品要想发挥使读者跨越各种现实疆界的作用，还是作为读者的人们希望通过阅读文学本文而实现其跨越疆界的基本欲望，都不可能离开想象。伊瑟尔指出，想象并不是某种可以自然而然地加以激活的现实力量——无论是通过主体、意识，还是某种社会心理，想象都必须借助于某种外部的力量，通过与各不相同的刺激物发生相互影响和相互作用，才能把主体自我展现出来。作为虚构而存在的文学本文而言，其与作为读者而存在的人们所进行的想象之间的相互影响和相互作用，具有非常深刻的人类学意义，这是因为人们只要通过阅读文学本文，以不断展现他们自我的方式走出实际存在的自我状态，他们所具有的、存在于其实际境遇之中的各种各样的可能性就能够得到展示，就不再是预先既定的各种社会体制和社会形态所能够掩盖的了。显然，在伊瑟尔看来，这就是作为虚构而存在的文学本文和作为读者而存在的人们，通过进行上述“三元合一”的虚构性相互作用过程，也就是通过不断发挥想象力跨越各种各样现实的疆界而走向自由的基本历程。

我们认为，就伊瑟尔所进行的这种走向“文学人类学”的、新的学术探讨努力而言，其最突出的特征有两个：其一是深刻的学术探索精神和研究视域的广阔性，其二则是与此紧密相关的学术研究的艰巨性和具体成果的不成熟性——就前者而言，我们不仅可以看到伊瑟尔在学术上不断进行积极探索的开拓进取精神和学术连贯性，也可以看到他在这个阶段所提出的问题，特别是所涉及的领域，的确比他以往的研究更加深刻和宽广：这突出表现为他不再仅仅着眼于从“微观”的角度出发，对“本文—读者相互作用”过程进行条分缕析式的“精密”探索，而是开始从更加深刻的问题意识出发，把自己的目光投向了更加广阔的“宏观”领域，这就是以他所谓的“文学人类学”的形式表现出来的，其实质是“社会哲学”研究色彩日益浓厚的领域。就后者而言，在进行进一步开阔视野、拓展研究领域的过程中，伊瑟尔和姚斯以及绝大多数西方文学理论研究者一样，都没有充分重视进行这样的拓展所必需的、突破西方唯理智主义的思维模式和研究方式的必要性和艰巨性，因而不可能用通过批判扬弃这种思维模式和研究方式而形成的崭新的“社会哲学”研究模式，来实现彻底的突破。这一点突出体现在他虽然意识到了拓展研究领域的必要性，但是，其所运用的基本研究模式并没有任何根本性的创新之处——仍然是原来的“本文—读者相互作用”基本模式，只不过将其进一步用来对“虚构”和“想

① 伊泽尔：《虚构与想象——文学人类学的疆界》，陈定家等译，吉林人民出版社2003年版，第99页。

象”加以强调和更加深入的研究罢了。

总的来说，我们认为，在对读者接受文学本文的具体过程进行研究的“微观”角度方面，伊瑟尔的“响应论接受美学”确实达到了前所未有的理论深度，取得了引人注目和颇有启发的各种研究成果——对于后人探讨和研究审美欣赏的具体过程及其机制和特征，特别是对于研究文学艺术方面的审美欣赏的具体过程及其机制和特征来说，情况尤其如此。不过，由于没有意识到走向“文学人类学”所必需的研究视角和方法论模型方面的突破，由于仍然停留于主要借用西方思想传统中由来已久的思维模式和研究方法，也由于既没有真正找到作为现实社会个体的人创造虚构、发挥想象的真正原因，也没有真正找到对“本文—读者相互作用”的现实地位和作用加以科学研究的基本立场和正确方法，所以，伊瑟尔不仅和姚斯一样完全片面地强调文学艺术作品对社会现实的否定作用，而且，其具体立论和一系列研究结果也都是从这种基本观点出发的，因而难免会有失偏颇，就更不可能建立严密、系统、全面而科学的关于读者审美欣赏具体过程的理论了。

第十七章　后结构主义美学

概　　论

英国学者彼得·巴里将索绪尔作为结构主义的思想之根，认为索绪尔特别是在如下三方面吸引了后来的结构主义：

第一，语词具有完全的任意性，其意义纯粹靠规约来保证。这就是说，语词与其所指称的对象之间不存在必须如此的、自然的和内在的关联。语词与其意义的任何一种连接都是约定俗成[①]的结果。这种观点尽管并非是什么前无古人的创见，但结构主义则从中嗅出了深意和新意——巴里推论说："如果语言作为一个符号系统是基于这样的任意性，那么这也必然是说，语言并非是世界或经验的反映，而是与之相当分离的一个系统。"[②]语词的"任意性"就是"任"其语言系统之"意"，而不接受现实世界对指涉性的要求。任意的底气来自语言的自成体系，即语言作为一个自我指涉的、独立于世界和经验的系统。

第二，语词的意义是关系性的。任何一个单个或孤立的语词都是不可理喻的，要理解它、解释它必须将其置于与其他语词的关系之中。一个最简单明了的例子或许是那些成双成对的反义词，诸如男女、日夜、黑白、善恶等，其每一语词的意义只有从其对立方才能获得界定：男即非女，日即非夜，善即非恶，反之亦然。这种语言的关系性诱使索绪尔得出如下结论："在一种语言之中，只有差异，而无固定的

---

① 在此"约定俗成"意味着偶然性，即是说能指与所指是偶然地聚合到一起的，因而何以恰巧是此能指而非彼能指的问题，用索绪尔的话说，"是不可论证的"（索绪尔：《普通语言学教程》，高名凯译，商务印书馆2002年版，第104页）。

② Peter Barry, Beginning Theory: An Introduction to Literary and Cultural Theory, Manchester & New York: Manchester University Press, 1995, p. 42.

术语。”[①]接此，巴里发挥说：“那么，所有的语词都存在于‘差异化网络’之中。”[②]意义与符号自身无关，它是符号之间差异化的结果。

第三，语言构造了我们的世界。语言不只是记录事物或给事物贴标签，它还赋予其意义。在我们言说一个对象时，我们同时就在自己的言说中表达了一定的认识和态度。事物还是那个事物，但不同的言说则建构了不同的意味和不同的世界。例如称某人为“恐怖分子”或是“自由战士”，代表了对这同一个体的不同图画。其本人究竟是什么，我们永远不得而知，我们唯一知道的是那通过语言所建构起来的形象，而语言绝非中立或客观，选择怎样的术语就带有怎样的意识形态。这样的例子不胜枚举。“有人说每个故事都有三个版本，你的版本，我的版本，以及真相。但这里的情况要复杂得多，因为所有可用的术语都纯粹是语言性的——这些事情没有真相，真相绝不安全地栖息在语言之外。”[③]

称索绪尔在语言的任意性、关系性和建构性三个方面极大地影响了结构主义者，巴里无疑是正确的，但前提是在结构主义与后结构主义之间像从前法国人那样不做精细的区分，因为索绪尔对如上三个方面的强调也同等地影响了后结构主义者。巴里或许没有意识到，当他说“真相绝不安全地栖息在语言之外”时，他实际上就是在意译德里达的后结构主义箴言“文本之外无一物”了。这也就是说，在巴里的潜意识中，索绪尔甚至结构主义均可直通后结构主义。我们认为，结构主义和后结构主义同出于索绪尔，甚至我们也能够断言，索绪尔本身就潜在地包含着两种截然相反的面向：对语言的信任与怀疑。对语言是否掩盖了真相这一问题的不同回答是结构主义与后结构主义的分水岭。如一本辞书精准地指出，对符号的质疑构成了从结构主义向后结构主义在观念上的根本性转变[④]。

当索绪尔将语言作为一个自我指涉的系统时，即当其斩钉截铁地宣告“语言符号连结的不是事物和名称，而是概念和音响形象”[⑤]时，结构主义者听到的是，在每一具体的言说背后是一个庞大的语言系统，扩大言之，风俗习惯、社会制度、意识形态、宗教信仰等。而要确定每一个具体言说的含义，就必须将其置放在更广大的历史语境之中。不是实际的“言语”（parole）决定“语言”（langue），而是“语言”在背后决定实际的“言语”。就发掘表象背后的决定性力量而言，伊格尔顿指出，结

---

① 索绪尔：《普通语言学教程》，高名凯译，商务印书馆2002年版，第167页。

② Peter Barry, Beginning Theory: An Introduction to Literary and Cultural Theory, Manchester & New York: Manchester University Press, 1995, p. 42.

③ Peter Barry, Beginning Theory: An Introduction to Literary and Cultural Theory, Manchester & New York: Manchester University Press, 1995, pp. 43–44.

④ Victor E. Taylor and Charles E. Winquist (eds), Encyclopedia of Postmodernism, London & New York: Routledge, 2001, p. 309.

⑤ 索绪尔：《普通语言学教程》，高名凯译，商务印书馆2002年版，第101页。

构主义是哥白尼、马克思、弗洛伊德的“现代传承者”。[①]但伊格尔顿没有忘记提醒我们，马克思主义是社会存在决定论，而结构主义是唯心主义决定论，更具体地说，是语言唯心主义决定论。[②]于是，如巴特所指认，一个怪异的现象便出现于结构主义批评：就像语言学家不负责解读句子的意义，而只关注使意义传递成为可能的形式结构，批评家不阐释作品的意义，而只对于制约意义生产的种种规则和约束提出新的看法。我们不好因此说结构主义是反文学、反审美、反体验、反主体，但至少能够说这些在它看来都是无足轻重的，重要的不是“文学作品”，而是我们据以辨认、阐释“文学作品”的诸如符码、体裁、规约之类的“文学制度”。[③]结构主义如果说仍有文学研究的话，那么其宏伟计划则是系统祛除文学研究的人文性、神秘性，将传统意义上人文性的文学研究改造成一项科学的、可操作的事业。虽然这样的“科学”不过是观念性的或被物化、被实践的观念性的“科学”，其中飘荡着黑格尔的唯心主义幽灵，但它终归是乐观的、充实的、有追求的，虚无主义与它无缘。

而后结构主义则不同，它从索绪尔那里听到的是一条没有尽头的能指链，一个没完没了的“增补”过程。假使能指可以找到其于外部世界的对应物，则意指活动即刻完成或可待完成，但能指的对象并非外物而是同能指在性质上并无二致的所指，这就是说，所指归根结底还是能指，期待一个真正所指的出现，但那能够浮现出来的总是能指，意义就这样在能指链中被无限地延宕和被“驱逐”。

德里达在其通常被视为后结构主义或解构论宣言的霍普金斯讲演《人文科学话语中的结构、符号和游戏》之中，向“有中心的结构”概念发难，而决计代之以“无中心的结构”。在他看来，“结构”不是赋予确定性或科学性的框架，而是不确定性或游戏性的渊薮。“中心”一旦进入这样的结构便意味着其作为中心的权力和效能被褫夺，因为它要取得和保持自身的位置就必须接受其他一系列能指（在能指链中，“中心”既是所指，也是能指）的限定和文饰：

> 不存在中心，不能将中心想象为某种形式的在场，中心没有自然的场所，它不是一个固定的场所，而是一种功能，一种无场所，在此无场所中符号的替换将无休止地游戏下去。此乃语言之侵入普遍性问题场域的时刻；此乃中心或本源缺席而一切都变成话语的时刻——假定对该词（指“话语”一词——引注）能够取得一致的理解——这就是说，一切都变成系统，而在此系统之内，

---

① Terry Eagleton, Literary Theory: An Introduction, 2nd edition, Minneapolis: The University of Minnesota Press, 1998, p. 94.

② Terry Eagleton, Literary Theory: An Introduction, 2nd edition, Minneapolis: The University of Minnesota Press, 1998, p. 94.

③ Terry Eagleton, Literary Theory: An Introduction, 2nd edition, Minneapolis: The University of Minnesota Press, 1998, p. 107.

> 中心所指，无论其为始源的或先验的，都永远不会在一个差异的系统之外绝对地出现。先验所指的缺席将无限地延展指意的场域和游戏。[1]

要想成为中心，就必须争取被承认为中心，而只要决意接受这个承认的程序，则又永远无法成为中心。追求中心化的结果只能是“解中心”（décentrement）[2]。这真的如西苏所看到的，我们人类在对真理的追逐中竟不期然而然地驱逐了真理！中心缺席，语词增补；中心总是缺席，语词便一直行走在增补的道路上。增补的目的是替代，但替代不会等于被替代者。语词在中心缺席时充任其位，但那是语词的效果而非中心本身。指意活动需要中心，不，需要中心的缺席，需要所谓的“无中心”，无此物则指意活动既无必要亦无可能存续。引文“先验所指的缺席将无限地延展指意的场域和游戏”即此之谓。似乎不必注释，此“先验所指”是前面引用的“中心所指”。根据结构主义，中心本是用以结构的，但在德里达的拆解下，中心不仅不能结构，反倒在结构中沉浮不定，因为无论中心或结构，一切都是话语，若稍作区分的话，结构是话语系统，而中心则是话语系统上的一个节点，不言而喻，这样的节点属于符号，将经受无休止的符号替换游戏。在“符号”中，在符号的“游戏”中，总之，在“结构”中，如德里达在其讲演标题所宣示于结构主义的，没有什么可以被把捉、被固定和被确指。在符号体系中，任何把捉将同时是把捉对象的丢失。这是“人文科学”的否定性特质，与实证的即肯定性的科学观念大异其趣。

概括地讲，德里达的解构程序是：以结构主义为出发点，即是说，将一切存在包括上帝、艾多斯（eidos）、本质（ousia）、真理（aletheia）、自然、主体、意识、人等悉数语言化或符号化，认为它们不过是语言或符号的效果、投射、变身，位处差异系统之内而非逍遥其外；然后与结构主义通过“语言”来勘定“言语”不同，德里达用符号的差异性指意或曰自我指涉而否定了任何存在的“在场”，它们一直在“延异”着或被“延异”着，一直处于“缺席”状态，望之若有，即之也无。

其他后结构主义者不像德里达这样放眼差异的无限延伸，不像德里达这样热衷于追逐和驱逐西方形而上学的“真理”，不是绝对没有，而是没有德里达这样的热衷、坚决和持久，这是德里达哲学运思的主旋律。但毫无疑问的是，德里达的程序也是一切后结构主义者的程序，即把一切存在语言化或符号化，进而怀疑乃至否定其真实存在。不消说，这个程序在不同的后结构主义者那里会运用到不同的对象上。根据杰姆逊的观察，例如说，德里达和福柯分别负责改写哲学史和思想史，拉康和阿尔都塞分别承担重释弗洛伊德和马克思，波德里亚专司对消费符号的解剖，

---

① Jacques Derrida, L'écriture et la différence, Paris: Seuil, 1967, p. 411.

② Jacques Derrida, L'écriture et la différence, Paris: Seuil, 1967, p. 411.

巴特则横跨各界，与波德里亚多有交集，但一般认为他主要是一位文学批评家，其对象是文学作品及其结构。[①]

第一节 福 柯

福柯（Michel Foucault，1926—1984），法国哲学家、法兰西学院教授，20世纪公认的最重要思想家之一。德勒兹说："我认为福柯的思想是现代最伟大的哲学之一。"哈贝马斯认为："在我们这一辈人中，他的影响是最深远的。"法兰西学院教授维尼说："福柯著作的发表是我们世纪最重要的思想事件。"福柯的著作被翻译成60多种文字，在世界各地产生了广泛影响。

福柯出生在法国的普瓦蒂埃，父母都是外科医生，他在这里度过了童年和青年时代。1946年以第四名的成绩考入巴黎高师，在那里度过了极其压抑的几年，并几次试图自杀。1950年在阿尔都塞影响下，福柯加入共产党，但三年后退出。20世纪50年代，他先后在巴黎高师、里尔大学和瑞典教过书。在瑞典时，他写完了博士论文《精神病和精神失常》，1961年通过答辩获得博士学位。此后，福柯在克莱蒙大学教书。1963年，他的两本书《雷蒙·鲁赛尔》和《临床医学的诞生》在同一天出版。1966年出版《词与物》，引起了巨大反响，围绕此书的激烈争论将福柯推到了法国思想学术界的中心。此后的两年，他在突尼斯教书，1968年底回国后组建万森大学哲学系。1970年他当选为法兰西学院院士，直到病逝。在法兰西学院期间，他先后出版了《知识考古学》《规训与惩罚》《求知意志》《快感的运用》和《自我的呵护》等著作，并发表了大量论文、演讲和访谈。此外，福柯还组织和参加了大量政治和社会活动，成为批判知识分子的典范。1984年因艾滋病去世，此后，他在法兰西学院的讲演连续出版，一些遗著也正在整理中。

福柯的思想不断变化，用他的说法是他在不断地变换自己的面孔。但是，在晚年总结自己的思想时，他说他的主题不是权力，而是主体。大致说来，福柯在不同时期、不同阶段探讨了四种不同主体的形成。

第一阶段探讨疯癫主体的形成。他对文艺复兴时期到19世纪的疯癫史作了考古学研究，表明疯癫和疯癫主体是因为理性的管制、压迫、歧视和隔离而形成的。疯

① 参见杰姆逊的概述（Fredric Jameson, The Prison-House of Language: A Critical Account of Structuralism and Russian Formalism, Princeton, New Jersey: Princeton Univeristy Press, 1972, pp. 145-146），但此处包括他《语言的牢笼》整书都未提及那后来进入其后现代思想肌体的波德里亚。

癫不是一个自然现象，而是一个文化与文明事实。这样，疯癫主体就是因为存在着某种分隔的理性权力而被造就的。权力导致了主体的产生，这是福柯通过个案研究得出的重要思想。这个部分还表明了福柯对理性的敌意：理性并非启蒙思想所想象的那样公正、进步，并非是一个恰当的标准，相反，它可能是阴郁的、暴虐的。

第二阶段探讨作为一种观念的主体的形成。具体地说，就是讨论我们固有的有关人的知识和概念是怎样形成的？我们为什么会在历史的某一个阶段形成人的观念？知识和学科如何将人作为其中心对象？“人”是怎样登上历史舞台的？这实际上讨论的是学科和知识对“人”这个概念的历史性确立。

第三阶段探讨权力对主体的造就和生产，这是福柯对第一阶段思想的接续。他详细考察了权力的谱系，指出权力是如何逐步发展演变为对身体的规训权力的。同时，权力还表现为多种形态，它们反复而耐心地作用于主体，通过支配、生产造就了主体，也造就了关于主体的知识。

第四阶段考察自我如何造就自身的主体性。如果说权力是从外部来支配、造就主体的，那么，主体自身，也就是说，自我也可能在自身内部造就某种主体性，主体既是被外在权力生产的，同时也可能是自我主动选择的结果。这就是福柯的自我技术观点，即自己将自己作为艺术品来创造的观点。在某种意义上，这也是他的美学思想的核心，即生命作为美的伦理学思想，也就是他的美学—伦理学。本章就是探讨福柯的这个思想。

一、牧师权力

什么是福柯的伦理—美学思想？必须把这种思想同福柯晚年关注的启蒙和理性问题联系起来。在这里，福柯注意到法兰克福学派和韦伯所研究的理性化问题；韦伯关注的是理性化如何导致集中的政治权力、如何导致现代国家的行政管理和官僚制之类的问题，而福柯想讨论的是另一种权力，它表面上并不演变为集中式的国家权力，也不发展成组织性和集中性的政权，而是“针对着个体，意在以一种连续的、持久的方式来统治个体”[①]。它始终针对个体，福柯将它称作个体化权力，即牧师权力（pastoral power）。如果说法兰克福学派的整体性国家权力通常对个体视而不见，或者说只简单地造就了“单面人”，那么福柯的个体化权力则创造了多种主体：疯癫主体、罪犯主体、疾病主体、性主体等。在福柯看来，法兰克福学派的理性化批判过于抽象，虽然它有效地揭示了集中政权、体制和法律的形成，但是，它无法

① Politics, Philosophy, Culture: Interviews and Other Writings, 1977—1984, Lawrence D. Kritzman(ed.), London, 1990, p. 60.

说明人类主体的多样形成，无法说明丰富的个体类型，无法说明多种多样主体各自的形成途径，而这正是他所要致力的工作。

什么是牧师权力和个体化权力？这种说法是希伯来文化的产物。福柯通过研读希伯来文本发现牧人和羊群的隐喻大量存在，这个主题在这里得以发展和强化。牧人的各种变形形象是神、国王和领袖，他的后面跟着羊群，他“集合、带领、引导着他的羊群”[①]。福柯将牧人和羊群的这种关系称作牧领权（pastorship）。牧人和羊群的关系不过是上帝和人民的关系的一个隐喻性的说明，在此，“牧人—上帝”“羊群—人民”展示的就是这种照看式的牧领权。福柯发现，基督教十分重视“牧人—羊群”这个希伯来主题，它发展了这个主题，但也作了一些改变。这些改变主要发生在责任、服从、认知（知识）、行为实践等方面。在责任方面，基督教的观念是，牧人对每头羊，包括它的一切行为、善恶、道德都要负责；在服从方面，牧人和羊的关系是一种个人的和完全依赖的关系；在认知方面，牧人对每只羊有彻底的了解，包括对它的灵魂有完全的认知；在行为实践方面，基督教引入了审察、忏悔、指引、顺从等。所有这些技术实践都有一个目的：“让个体在世上以‘苦行’的方式生活。”而这种苦行“是基督教自我认同的一个构成部分”[②]。

从希伯来到基督教的这种“牧人—羊群”游戏显然在更迭，福柯相信，基督教的牧师权力在18世纪发生了变化，“神学体制从18世纪就失去了它的有效性”，但它蕴含的牧师权力“功能在神学体制之外扩散和传播开来”[③]，也就是说，牧师权力在18世纪脱离了神学制度而在世俗社会中扩散，并通过这个扩散重新配置和组织了它的权力技术。这种新的牧师权力起源于希伯来文化，在一千多年的基督教中发展成熟并与宗教体制密切相关，现在“突然散布到整个社会中，并获得公众机构的支撑”[④]。同基督教的牧师权力相比，这种新的世俗化牧师权力有新的特点。它的目标发生了变化，不再保证个体的来世拯救，而是确保在此世的得救。而且，“拯救”也是世俗意义上的拯救，也即是健康、安全、满意的生活等，宗教意义已经十分微弱。此外，执行牧师权力的机构和人员不再是牧师，而是一些庞大世界的机构和人员，甚至是国家机器；有时是警察，有时是慈善家、冒险家、捐助者，有时是家庭、医院等。“最后，牧师权力的目的，代理机构的扩充，使对人的知识的探讨围绕着

① Politics, Philosophy, Culture: Interviews and Other Writings, 1977—1984, Lawrence D. Kritzman (ed.), London, 1990. p. 61.

② Politics, Philosophy, Culture: Interviews and Other Writings, 1977—1984, Lawrence D. Kritzman (ed.), London, 1990. p. 70.

③ Hubert L. Dreyfus and Paul Rabinow, Michel Foucault: Beyond Structuralism and Hermeneutics, The Harvester Press, 1986, p. 214.

④ Hubert L. Dreyfus and Paul Rabinow, Michel Foucault: Beyond Structuralism and Hermeneutics, The Harvester Press, 1986, p. 215.

两极展开：一种涉及人口，是量化的和整体的；另一种涉及个体，是分析性的。”①

这种新的牧师权力就这样在18世纪被现代国家及其体制吸纳了，变成了针对个体的国家权力形式，这种个体化权力与作为总体化权力的政治权力相结合，就使现代国家变成某种复杂结构，在这里，“个体性根据新的形式被塑造，并服从于一套特定的模式”②。现代国家就这样将整体化权力和个体化权力结合起来，将政治权力和牧师权力结合起来，将压制和拯救结合起来，将对个人真理的洞察和对抽象制度的布置结合起来，将伦理教诲和法律守则结合起来。我们发现，福柯勾勒的国家如此强大而细密，现在针对个体的不再是单纯的牧师权力，而是一系列的权力战术，如家庭权力、医学权力、精神病学权力、教育权力和雇主权力等。面对着这些权力战术，个体性的真理和秘密都是被强加的。

这些权力的个体战术最终造就了主体，但它们是怎样具体造就主体的？这些个体化权力的执行方式是什么？这就是福柯总的研究主题，这个主题“不是权力，而是主体”③。具体地说，就是要“构造一个在我们的文化中，使人类变为主体的几种不同模式的历史”④。福柯将其研究工作都纳入这个问题框架中，并视为对这个问题的回答。在他看来，有三种模式将人变为主体：首先，是将人赋予一种科学地位，通过知识的方式，比如通过语言学、经济学、生物学使人成为说话主体、劳动主体、活着的主体，在这里，人成为一种学科（科学）主体。这是《事物的秩序》探讨的主题。第二种模式是“分离实践”，即将人进行分隔，既同自身分隔，也同他人分隔；这种分离往往借助权力。人和人的分隔导致了不同的主体类型，比如疯癫和正常人、罪犯和好人、病人和健康者。这就是分隔模式使人变为主体。这是《疯癫与文明》《规训与惩罚》探讨的主体塑造方式。他探讨的最后一种主体的形式是“人使自身变为主体的方式，比如，我选择了性的领域——人如何学会承认自己是‘性’的主体”⑤。显然，这是《性史》探讨的问题。

“人使自身变为主体的方式”是福柯研究的一个重要转向。它表明人可以通过某种自我技术来构造和创立自身的主体性，如果说前两种模式都是主体的他律模式，

① Hubert L. Dreyfus and Paul Rabinow, Michel Foucault: Beyond Structuralism and Hermeneutics, The Harvester Press, 1986, p. 215.

② Hubert L. Dreyfus and Paul Rabinow, Michel Foucault: Beyond Structuralism and Hermeneutics, The Harvester Press, 1986, p. 214.

③ Hubert L. Dreyfus and Paul Rabinow, Michel Foucault: Beyond Structuralism and Hermeneutics, The Harvester Press, 1986, p. 209.

④ Hubert L. Dreyfus and Paul Rabinow, Michel Foucault: Beyond Structuralism and Hermeneutics, The Harvester Press, 1986, p. 208.

⑤ Hubert L. Dreyfus and Paul Rabinow, Michel Foucault: Beyond Structuralism and Hermeneutics, The Harvester Press, 1986, p. 208.

是人被动地成为主体，那么第三种模式无疑是一种主动模式。人变为主体既不受知识，也不受权力的干扰，而是自我的主动选择。人可以选择和创造一种主体模式和个人化模式，也可以创造一个自我形式。这种新的主体不再是屈从性的，也不屈从于各种现代权力；既不屈从于这种权力施加于他的各种真理、法则和同一性，也不屈从于国家对个体的强制而巧妙的塑造。福柯寄希望于这种新型的选择性主体来反对那种屈从性的被动主体，他认为这是今天哲学的重要斗争任务："或许今日之目标不是去发现我们之所是，而是去拒绝我们之所是。我们必须去想象、去构造我们可能之所是，从而根除掉那种政治性的双重束缚，即现代权力结构同时性的个体化和总体化。"因此，他的结论是："我们今天的政治、伦理、社会和哲学问题就不是将个人从国家，从国家体制中解放出来，而是将我们从国家和与国家相关联的个体化类型中解放出来，通过拒绝几个世纪以来强加于我们的这种个人性形式，我们必须促发新的主体性形式。"①

二、自我的界线与启蒙

福柯通过康德和波德莱尔找到了这种新的主体性形成的哲学条件、前提、可能和范例。福柯的《何为启蒙》从康德的同名文章着手，并赋予这篇文章以重要的意义。

他从康德的论文中发现了启蒙的几个特点：1. 启蒙是人类集体参与的进程；2. 启蒙是个人的一种勇敢和冒险行为，个人要勇于承担公开运用理性的责任从而摆脱他人的权威和引导；3. 对理性的运用只是在一定条件下（公开的）才是正当的，才能导致启蒙。"康德实际上将启蒙揭示为这样一个时刻：人运用自己的理性，但不服从任何权威。"康德再问："现在在发生什么？我们碰到了什么？我们正生活的这个世界，这个时代，这个历史瞬间是什么？换句话说，我们是什么？"②

他把康德提出的这些问题看作是哲学研究越来越重要的工作，"或许一切哲学问题中最确切的是现时问题，是在这个时刻，我们是什么的问题"③；也就是说，是有关我们自我批判的本体论问题。福柯将这个问题视为他当前最重要的哲学任务，在某种意义上，这也是他最后的伦理学任务。按照他在《主体与权力》中的表述，这

① Hubert L. Dreyfus and Paul Rabinow, Michel Foucault: Beyond Structuralism and Hermeneutics, The Harvester Press, 1986, p. 216.

② Hubert L. Dreyfus and Paul Rabinow, Michel Foucault: Beyond Structuralism and Hermeneutics, The Harvester Press, 1986, p. 216.

③ Hubert L. Dreyfus and Paul Rabinow, Michel Foucault: Beyond Structuralism and Hermeneutics, The Harvester Press, 1986, p. 216.

个任务是他的总的研究主题：主体问题。在他看来，实际上存在着两种性质的主体——两种“我们”。一种是权力造就的主体——“我们”，“这个主体有两种意义：经由控制和依赖而对别人的臣服；经由良知和自我认知而使之束缚于自身的同一性。这两种意思都表明了使主体屈从、隶属的权力形式”[①]。这种主体是由权力造就的被动、从属、屈从的主体，是未经启蒙、依赖权威的主体，同时，也是福柯与之抗争的主体。另一种主体则完全相反：如果说前一种被动主体在历史上大量存在，那么，相反的主体，亦即主动的、选择性的、创造性的主体，福柯只在康德那公开运用理性的启蒙个体身上依稀见到了，在波德莱尔的花花公子（dandy）身上则是确凿无疑地见到了。

波德莱尔的花花公子有什么独特的主体性？实际上，福柯在他们身上看到了现代性，他们是一些有现代性的人。福柯认为现代性是一种态度而非一个历史时期，这种态度“意指某种与当代现实性发生关系的模式；人们所做的自愿选择；一种思考方式、感知方式、行动和行为方式。这些行为方式既表明从属关系，也表现为任务。无疑，这有点像希腊人称作气质的东西”[②]。波德莱尔的花花公子正是通过与他们生活时代的关联，表现出了这种现代性和现代性态度。

波德莱尔的名言“你无权蔑视现在”就表现了现代性态度。这种态度并不是单纯地对现在保持着敏感，实际上是把握现时的“英雄”面，亦即“使现时英雄化的意志”。波德莱尔相信，绝非只有古代生活、只有传统才有崇高和美，相反，“各个时代、各个民族都有各自的美，我们也不可避免地有我们的美”。[③]应当在现时中、在我们置身于其中的历史时刻发现“英雄”气概和现代的美。这种对现时的关注、使现时变得英雄化的态度是现代性的重要特征。不仅如此，对现时的这种现代性态度还具有实践性，也就是说，现代人从现时中、“从流行的东西中提取出它可能包含着的在历史中富有诗意的东西”[④]。这种现代性态度和对现时的挖掘实践，实际上也是对现时和世界的改变，这种改变并不是“取消现实，而是在真实现实和自由实践之间进行一场艰苦的互动”[⑤]。对现实世界的实践态度——这也是现代性的重要态度之一——使美变得更美，使自然变得更自然：现时的价值总与现代人对现时的态度、同现时的自由游戏、改变现时的实践密切相关。在这个意义上，现代性态度使现代人和他所在的现实世界有一种实践性关系和想象性关系，这样，现实中的“每

① Hubert L. Dreyfus and Paul Rabinow, Michel Foucault: Beyond Structuralism and Hermeneutics, The Harvester Press, 1986, p. 212.

② Paul Rabinow (ed.), The Foucault Reader, New York: Pantheon Books, 1984, p. 39.

③ 波德莱尔：《波德莱尔美学论文选》，郭宏安译，人民文学出版社1987年版，第300页。

④ 波德莱尔：《波德莱尔美学论文选》，郭宏安译，人民文学出版社1987年版，第484页。

⑤ Paul Rabinow (ed.), The Foucault Reader, New York: Pantheon Books, 1984, p. 41.

一个动作”就可能“表现出丰富多彩的生活和生活的所有成分的运动的魅力”[①]。

关注现时，使现时变得重要，使其英雄一面暴露出来，同时又改观现时、想象现时、对现时进行自由实践，进而在现时中发掘出美和诗意，这是现代性的两个特征。同样重要的特征是，现代人除了同现时发生关系外，还要同自身建立关系。具体地说，现代人“将自身看作是复杂而烦琐的制作对象”。[②]福柯在此指的是波德莱尔的花花公子。这些花花公子“与众不同”，热切需要“使自己成为独特之人”，因而表现为“自我崇拜”[③]。结果，“他使他的身体，他的行为，他的感知和激情，他的整个存在变成一件艺术品。对波德莱尔而言，现代人不是去揭示他自身、他自身的秘密和隐密真理的人，而是设法创造自己的人。现代性不是从人的自身存在中将其解放出来，而是迫使人面临着自我创造这个任务”[④]。也就是说，现代人就是要将自己作为对象，通过苦行对自己进行制作，从而使自身成为一种新的主体和一种自我创造的主体。

使现时英雄化，同现时玩实践游戏，通过苦行对自己进行制作，这是与启蒙相关的现代性的三个重要特征。从康德对启蒙的哲学质询和波德莱尔对现代生活的美学描绘中，福柯发现了与现代性相关的哲学气质，这种哲学气质对我们置身于其中的历史、我们的自身存在和我们所说、所思、所做，持某种不间断的批判态度，亦即对我们自身的历史本体论进行批判性质询。这是哲学气质，也是哲学探讨、哲学生活，这才是现代性态度。

这就涉及自我本体论的批判问题。它归根结底是要回答“我们是什么”的问题，我们是怎样成为各种主体（知识主体、权力主体和伦理主体）的问题，它“既是对施加于我们的界线进行历史分析，同时又是对超越这些界线的可能性做的试验”[⑤]。这种批判不是一种既定的理论、教义、学说，而应该成为一种不断的态度和一种反复的哲学生活与气质，它应该处于一种持久的探究、调查和尝试中，它最终应该体现在因为渴望自由而进行的耐心劳作中。

“自由”出现在福柯晚期的思索中。哲学生活既是对自由的渴望和探讨，又是对我们自身的界线进行的实验性僭越。在此，福柯将权力和自由关联起来，权力虽然不是纯粹的压制，但它终究是自由的反面，我们自身的界线实际上是由权力设置的。哲学生活、对自由的渴望、自我的本体论批判实际上是同权力进行斗争，同设置自我界限的权力技术进行斗争。这种权力技术正是福柯说的针对个人的个体化权

① 波德莱尔：《波德莱尔美学论文选》，郭宏安译，人民文学出版社1987年版，第482页。
② Paul Rabinow (ed.), The Foucault Reader, New York: Pantheon Books, 1984, p. 41.
③ 波德莱尔：《波德莱尔美学论文选》，郭宏安译，人民文学出版社1987年版，第500页。
④ Paul Rabinow (ed.), The Foucault Reader, New York: Pantheon Books, 1984, p. 42-44.
⑤ Paul Rabinow (ed.), The Foucault Reader, New York: Pantheon Books, 1984, p. 50.

力，它被抽象的国家制度吸纳，但并不等于国家本身，权力技术并不等于权力体制，因而对权力的抵抗并不是对国家的抵抗和权力体制的抵抗，也不是对某一个阶级、群体、精英集团的抵抗。抵抗始终是对权力技术和权力形式的抵抗。

福柯的牧师权力是对尼采的反基督教的隐密呼应。在《疯癫与文明》和《规训与惩罚》中，他也注意到道德的巨大束缚力量，无论是在精神病院，还是在监狱中；无论是病人，还是犯人，道德常常是他们难以逾越的界线。相对于政治理性权力的界线而言，基督教道德的界线更根深蒂固，更牢靠结实。狂躁的罪犯和疯子在奋力越过理性权力的栅栏之后，最终都不可思议地在基督教道德的界线面前平静下来。

实际上，福柯的自我本体论批判主要是对基督教道德界线的批判，僭越主要是伦理学意义上的对道德界线的僭越。要让僭越成为可能、要让突破这些界线成为可能，就必须弄清楚我们是怎样被这些界线所束缚，我们为什么受到基督教道德界线的封锁，为什么这些道德界线让我们步履蹒跚，或者用福柯的话说，我们如何成为伦理和道德的主体？这些问题再一次让福柯重拾谱系学计划，这次，他追溯到了古代的希腊和罗马。

三、自我的技术与快感

在福柯看来，古希腊和罗马很少提及道德准则和规则体系，既没有法律也没有权力机构要求人们遵守道德规则，人们也很少对违反道德准则者进行惩罚。相反，实践性的行为道德却十分活跃，大量文献表明了丰富的自我实践，个体为了实现其某种理想的存在模式，为了使自己品质完善、德行高尚而不断对自己施加影响，对自己进行不断的监督、改造、考验、塑造。个体对自己的这种反复实践，这种自我反省、自我认识、自我检查、自我理解，正是行为道德的表现形式。如果说道德准则应该分析“在既定社会或群体中不同的价值和规则体系”，那么“行为道德就是研究个体或群体在多大程度上和这些施加于他们的价值和规则相符”[①]。前者采纳的是准法律的形式，重点关注和考察的是人们是否依照这些准则行事，是否依照这些准则来惩罚他们。违反道德者在某种意义上类似于违反法律者。这种对道德准则的诉求主要体现在基督教伦理学中。在基督教看来，准则意味着禁令，道德—服从模式相当于法律—压抑模式，违反道德准则就意味着违禁或者违法。虽然这种道德准则模式并不是基督教道德本身，但它显然更多地体现在基督教道德之中。道德在这里

① The Use of Pleasure, The History of Sexuality, Vol. 2, London: Penguin, 1988, p. 29.

和法律一样是否定性的，就性而言，就是要将性深深地掩埋。但是，古希腊罗马时期活跃的行为道德则绝不采用这种禁令和压抑模式，这里的行为道德不是发挥法律的作用，而是发挥“伦理—诗”（etho-poetic）的作用。道德既不是界限、禁令，也不去压抑和惩罚，相反，道德是诗，是审美标准，是生存艺术。在这里，古代异教的道德和基督教的道德截然不同。

怎样将古希腊的这种行为道德理解为审美和生存的艺术？首先，这种行为道德是自主的，是个体的自我实践，是个体与自身的关系游戏。这样的道德不是强迫人去遵从，不是设置禁令迫使人按照其标准行事。福柯力图证明，在古希腊时期，人们并不是必须按照一定的方式行动，不是必须遵从某种道德，也不是说违反道德就要受到权力机构和宗教机构的处罚。人们的道德行为完全是个人的主动选择，是其在不受外在压力的情况下的主动选择，因而，道德行为完全是自主的，是由自我把握和控制的；它不是被动的屈从，而是个人的自由实践。在古希腊，道德行为就是生存艺术（arts-of-existence）。“生存艺术”指的是“那些意向性的自愿行为，人们既通过这些行为为自己设定行为准则，也试图改变自身、变换他们的单一存在模式，使自己的生活变成一个具有美学价值、符合某种风格准则的艺术品”[①]。这样的生存艺术不是妥协，也不是在界线或权力的抑制下被迫进行的侥幸挣扎，相反，它是个体主动地自我塑造、自我锤炼和自我锻造，最终是个体主动将自己造就成符合某种理想的存在模式、某种伦理主体、某种具有审美价值和风格的作品、某种伦理—诗的作品。这种道德行为本身就具有某种创造性，它是主动的实践、是自我改造的技术、是与艺术实践类似的自我实践。“这种伦理学的主要目的是美学目的，它主要是个人选择问题。”[②]这样，自我就成为自我的对象，自我就为自我所决定、控制和创造。这正是福柯所研究的主体形成模式之一：主体是自我技术创造和生产的。

显然，自我技术在这里取代了权力技术。福柯的毕生研究所提到的三种主体形式现在全部出场了：权力生产的主体，知识（学科）生产的主体，自我生产的主体。权力外在于主体，主体被权力所规训和造就，这种主体完全是被动和屈从的。知识生产的主体则是由学科想象和配置的，这种概念化的主体是虚构的。自我生产的主体则既非被动生产出来的，也非想象出来的，而是自我主动选择的结果，是个体自我的自觉塑造。这是以主动性为本质特征的伦理主体，它同权力造就的主体的被动性完全相反。如果说权力技术使主体被囚禁起来，那么，自我技术则使主体成为摆脱了界线的风格化的艺术品；权力技术是对主体的反复操纵训练，自我技术则是主体的主动审美选择；权力技术是对自由的侵蚀，自我技术则是自由的实践。总

① The Use of Pleasure, The History of Sexuality, Vol. 2, London: Penguin, 1988, p. 29.

② Paul Rabinow (ed.), The Foucault Reader, New York: Pantheon Books, 1984, p. 341.

之，包括个体化权力和总体化权力的权力技术是福柯所厌恶的拘押手段，而自我技术则是福柯所推崇的哲学气质和自我批判。这种自我技术、自我将自身造就为主体的方式，在本雅明研究的波德莱尔的花花公子身上（这是通过本雅明的阐述而表现出来的）表现出来，在康德关注的启蒙中表现出来，在希克哈特描绘的文艺复兴的人物身上也表现出来，现在又在古希腊的贵族身上表现出来。在自我对自我的风格化雕琢这一点上，所有这些启蒙者、文艺复兴时期的艺术家、花花公子和希腊的贵族一脉相承。

但是，希腊人自有希腊人的特点。在福柯看来，希腊人的自我技术，也可以说，他们的行为道德和伦理学实践关注的是性。他们为什么对性产生兴趣？自我技术如何关注性？这种关注的内容、方式、结果是什么？这正是构成自我技术和行为道德的领域，是构成古希腊伦理学的领域，同时也是《快感的运用》的主旨。福柯在古希腊人那里发现的生存美学和道德关注与性和快感密切相关，作为艺术品的生活是在性这个领域得以完成和实践的。生存美学正是在性和快感的运用方面发挥功能。“希腊人将享受快感的方式视为伦理问题”[①]，也就是说，希腊人在对待性的态度上充分展示了其美学选择。成为性的主体的过程也就是自由实践的过程。性就是希腊人的日常生活、道德、伦理学、生存美学和自我技术得以实践和驰骋的地盘。

福柯发现，希腊人的性行为并没有受到外在因素的干预，也没有什么教会机构和医学机构的禁止和决定性活动。一般来说，性的问题越出了城邦法律的视野，只受到伦理学的关注。性在那时比中世纪的基督教和现代的欧洲人更容易接受，也很少招致诽谤，性行为是活跃、宽松和无拘无束的，既不受到压制，也不被视为病态。这样一种宽松自在的性氛围显然既不存在性解放的问题，也不存在僭越的问题，因为解放总是针对压抑的解放，僭越总是针对界线的僭越。那么，在这样一种无外在管制的性氛围中，希腊人怎样实践其自由呢？如果性可以随心所欲，希腊人如何进行僭越行动呢？他们的创造性和审美选择怎样体现出来呢？性选择是随意的，那么，希腊人的主动性和自由岂不是唾手可得？

实际上，福柯论述的希腊人的自由并不是抽象的。自由总是与某种对象和某种主体相关，自由总是具体的。如果面对基督教的道德禁令，自由就是僭越意义上的自由和对禁令与界线的突破。相反，在一个无限制的开阔的性环境中，自由就意味着主动节制。自由与其说是抽象的无拘无束，不如说是个人的主动选择，自由的实质意义就是个人的主动选择。如果某种行为（不论其内容是什么）是由某个人主动做出的选择，那么它就是自由的。在这个意义上，主动的僭越是自由的，主动的节制同样也是自由的。在这里，节制不是自由的反面，相反，它“是对自由的实践，

① The Use of Pleasure, The History of Sexuality, Vol. 2, London: Penguin, 1988, p. 36.

自由采纳的形式是自我—控制”[1]。自我—控制虽然是一种控制形式，但因为它是个人的主动选择，是个人的积极的意愿行为，因而它仍然是自由的。福柯提到的希腊人的自由，正是个人主动选择意义上的自由。生存艺术同这种自由密切相关，尽管采用的是控制形式，但这种艺术仍然是主动的自我控制，是自我对自我的主动风格化的锻造。在一个有禁律的地方，自由通常表现为个体的主动放纵；在一个没有禁律的地方，自由通常表现为个体的主动节制。希腊人对性进行反思的伦理学实际上是自我控制的伦理学，生存艺术是自我控制的艺术，道德是自我控制的行为道德，美学是自我控制的美学。在福柯看来，希腊人的道德、生存艺术、美学、伦理学都是近义词，它们的共同性质和内核是自我—控制的自由。

自我—控制实际上就是快感的运用。运用快感也因人而异，它并没有统一的、让所有人被迫遵从的法规和制度。相反，它纯粹是个人实践，是一种技艺，也是“一种态度和追求，这种态度和追求使他的行为个性化并铸造了这种行为。而且，这种行为表现出的合理和审慎的结构可能赋予他一种特殊的辉光”[2]。换言之，自我对快感的驾驭和恰当运用，最终会创造一种个人的美学风格。

必须强调的是，希腊人的自我控制绝不是压抑，后者是基督教的特点。在基督教这里，性通常受到法规和准则的抑制，这些通常表现为禁令的法规和准则是针对所有人的，常常由宗教机构来执行，依照法律对违禁进行惩罚。比如，对希腊人而言，不与妻子之外的人发生关系并不是明确禁止男人如此行事，而是男人的主动选择行为，是他们的有意节制，是他们为了某种目的而做出的选择。但是，在基督教这里，婚外性行为是必须禁止的，所有男人必须服从这道禁令。男人之所以要保持忠贞，不是因为其主动节制，也不是其有意选择，而是被迫屈从于这种法律般的禁令，“是对牧师权威的遵从”[3]。对希腊人而言，发生了婚外性行为只是缺乏节制的表现，是个体被欲望和快感所控制的结果，当事人并不因为违禁而受处罚，也没有禁令阻止他们这么做。但在基督教这里，这不仅是欲望失控的结果，还是违法行为，并且要因为违法而受处罚。在希腊人看来，节制和控制都是个体的主动行为，而在基督教看来，节制或者控制常常是禁律使个体被动使然。

既然希腊人的节制和控制都是主动的选择，对快感的利用也是精心的设计，那么，他们为什么要这样做？没有法律约束，他们为什么还那么审慎地运用快感？这样自我控制的苦行目的何在？希腊人对妻子忠贞、不碰男童，是因为“他们想有一个美的存在”，“想有一个好名声”，“能够统治他人”，“所以他们为了存在的美和荣

---

① The Use of Pleasure, The History of Sexuality, Vol. 2 , London: Penguin, 1988, p. 98.

② The Use of Pleasure, The History of Sexuality, Vol. 2 , London: Penguin, 1988, p. 62.

③ The Use of Pleasure, The History of Sexuality, Vol. 2 , London: Penguin, 1988, p. 92.

光有意地接受了这些义务，这是一种选择，既是美学选择，又是政治选择”[①]。同时，这也体现了个体的自由实践，表达了个体的风格化态度。

这就是希腊伦理学的目的论。希腊人的苦行、自我技术、道德实践都以风格化的审美存在为目的，或者说，这些性节制和性控制的自我技术创造出了某种个人的审美风格，它既具有审美价值，也具有道德价值和真理价值。这种伦理学的目的同基督教伦理学的目的截然不同，基督教的目的在于来世、不朽和纯洁，旨在摒弃欲望的自我而不是创造一个美的自我。希腊伦理的节制是为了创造一种生活风格，而基督教的节制则是为了保持纯洁和对欲望的净化。希腊伦理的节制采用的是自我控制技术，而基督教的节制是被动控制技术。希腊伦理的自我是可以被反复创造的，它并没有某种确定的稳固形态，而基督教的自我则是一个稳定的形态：它充斥着欲望，既要对欲望进行解释，又要摒弃这种欲望而保持肉体的纯洁和完整。对基督教来说，死后是重要的问题，但是，希腊伦理很少关注宗教问题和来世问题。在基督教这里，通常有法律或社会、宗教机构关注伦理问题，但希腊伦理与制度和法律没有关系。伦理行为都是个人自身的行为，“应该摆脱伦理观同其他的社会、经济、政治结构相联系的观点”[②]。这样，个人才能自主选择，才有可能创造自己的生活，创造一个风格化的存在形态。这种风格化的存在形态和这个日臻完善的伦理主体，既不是借助宗教力量，也不是借助法规支配来建立和完成的。相反，它的形成只通过恰当的自我控制行为和自己对自己的绝对统治来完成。这种自我统治就是对快感的统治，就是对快感的自主和自由，也就是自制、克制和苦行，就是对欲望之战的胜利。最终，这是自我对自我的态度，也就是福柯在《何谓启蒙》中所说的一种特有的哲学批判气质。所有这些自我施加于自我的控制行为都是德行，也是审美，它们的结果和目的就是生存艺术，就是为了获得某种熠熠生辉的存在模式。

这就是福柯的作为生存美学的伦理学。这种伦理学实际上是他为摆脱毛细血管式的权力支配而要求的一种态度。如果权力无处不在、无时不在，如果其支配技术缜密而细腻，如果主体没有针对这种权力技术的、切实可行的政治抵抗策略，那么，某种伦理策略和美学策略则是可能的。在权力技术的支配下，个体总会有其界线、有其陷阱和难以摆脱的历史包袱，总之，个体总会有其牢狱。在这样的历史语境中，福柯并没有诉诸具体的政治抵抗，相反，他提供的是伦理学和美学的抉择：个体不是同施加于他的禁律作斗争，不是全力以赴地关注外在的权力技术，而是以关注自身，将自身美学化的方式来抵制权力技术的统治，即用审美化的自我技术来抗衡同质化的权力技术。这样的出路实际上是诗学出路，它同法兰克福学派的出路

① Paul Rabinow (ed.), The Foucault Reader, New York: Pantheon Books, 1984, p. 356.
② Paul Rabinow (ed.), The Foucault Reader, New York: Pantheon Books, 1984, p. 350.

完全不同：在阿多诺看来，压迫性的工具理性遭到的是否定理性和批判理性的拒绝，他最终寻求的是拒绝和对抗；在哈贝马斯看来，仍然是作为一种理性的交往理性来取代工具理性，他的方案是用一种理想的、健康的、和谐的理性来置换臭名昭著的理性。阿多诺和哈贝马斯都是在理性内部寻找出路。福柯的方案则完全不同，他并不设想存在着与支配权力相反的某种权力形式，也并不设想一种理想的力量形态来对抗或置换那种针对个人的规训权力。他的方案是文人化的方案，是美学方案：他承认有一种无法逃避的权力技术，个人虽然无法直接与之对抗、斗争，个人无法摧毁这种权力，但可以通过其特有的方式无视这种权力，让这种权力失效，使它难以发挥规训功能和支配功能，这种方式就是自我对待自我的审美态度。自我不是和权力去争执，而是和自我进行游戏；不是去改变权力的方向和功能，而是去改变这种权力功能造就的主体模型；权力技术、功能和运作是一回事，但这种权力技术、功能和运作的结果是另一回事。权力的性质、功能可以不变化，但是，权力的结果，它造就的主体模式为什么会一劳永逸？主体可以被权力造就，但主体同样也取决于自我选择。福柯这样表明了主体形成的过程："如果想分析西方社会的主体谱系学，那就不仅必须考虑支配技术，而且必须考虑自我技术，可以说，必须考虑这两种技术的互动关系，因为人支配人的技术需要借助个人对自己采取行动的方式。"[①]也就是说，权力技术造就主体模式并不是绝对的，主体模式同样取决于个人的态度，这种态度可能是对支配性权力技术的偏离，并不一定吻合这种权力技术的方向和性质。这也正是福柯寄予希望之处，他反复提到的"哲学生活""自我的本体论批判""气质"正是这种态度的表现，也是摆脱权力技术的愿望。如果这种自我对待自我的态度不是符合权力技术的固有支配意愿，那么，它就只能是美学化的态度、将自身风格化的态度、关注自我的态度、将自身作为艺术品来创造的态度、发明自我的态度。而权力技术造就的主体显然是同质性的、僵化的、消极的、被动的，在形态上是本体论的。这样的主体遍布在工厂、兵营、学校和监狱中，遍布于一切体制化的机构中，也遍布于漫漫的历史长河中。

而那种自我通过审美化的态度造就的伦理主体呢？它们自基督教诞生以来寥若晨星，文艺复兴时期曾经有过短暂的闪现，波德莱尔的"花花公子"也曾偶尔为之，此外，福柯没有看到这种态度和自我的批判气质，没有看到自我对自我的审美塑造。但是，他通过最后的希腊之旅却发现了这种态度的一个样板、一种今天完全遗失的"气质"。但是，这种态度和气质是怎样遗失的？或者更具体地说，这种古代世界的希腊气质开始是怎样遗失于基督教世界中的呢？这就是《关注自我》要回答的问题。

---

① 刘北成：《福柯思想肖像》，北京师范大学出版社1995年版，第299页。

福柯发现，在苏格拉底、柏拉图、伊索克拉底、亚里士多德和色诺芬等人的希腊的以快感为内容的伦理学中，自我技术、生存美学的标准主要运用于以下四个日常生活领域：身体的养生法，婚姻，成年男子与男孩的爱情，智慧。在这四个领域中，生存美学一直在发挥作用。对快感进行控制和节制的自我技术在这四个领域中，都是以某种风格化的自我存在形态为目标的，并且都是个人的主动选择。比如，在养生法中，人们之所以主动节制、对性行为进行调节和安排，并非因为性行为是邪恶的、是人们固有的污点，而是因为人们既担心过度的性消耗会危及身体健康，使人精力锐减，甚至威胁生命，同时也是为了保持道德主体的完整性，保持因能控制自己精力而获得的美名。在婚姻关系中，男人对妻子保持忠贞，并非因为这是他必须履行的义务，也不是婚姻的内在本质对他的规定，更不是妻子对他有这样的要求，而是他的主动自愿选择，只有进行这样主动的节制，“他的声名，他和别人的关系，他在城邦中的威望，他获得一种至善存在的意愿才能取得”[①]。这里，节制同样是因为某种审美存在目的而作出的刻意选择。成年男人同男童的恋爱关系情况稍稍复杂一些，因为对这种同性恋关系的节制比养生法和婚姻中的节制更严厉、更紧迫，但是并不能因此说同性恋在希腊文化和伦理中是非法的，相反，“希腊人赋予它合法性，我们也乐于将其看作是希腊人在这个领域享有自由的证据”，虽然他们对此采取了最严格的节制态度，但“除了几种情况外，他们并不对之谴责和禁止”[②]。那么，这种节制或者说这种“苦行”的目的是什么？当然，它并非取消对男孩的爱情，而是“让这种爱情风格化的手段，并因此为这种爱情赋形，让其赋值”[③]，同时，也让这些男孩更具有男子气，使他们将来可能享有自由人的地位，“这已不单单是男人控制其快感的问题，它还是这样一个认知问题：在个人对自己的控制，在个人的真正爱情中，他如何允许别人的自由”[④]？也就是说，这种极其严格的自我控制不仅使自身、使这种爱情风格化，它还担当着让别人获取自由的责任。在这里，爱情、快感和真理的复杂关系得以确认。

我们看到，在希腊人实践其性伦理学的三个日常领域中，节制和自我控制这些苦行式的自我技术总是表示某种态度，即将自身审美化、将自己的生活艺术化、将自己的行为风格化的态度。这种节制、控制和苦行在以后漫长的历史中得到了强化。与人们的一般想法相反，这些苦行实践并非源于基督教，而是“基督教后来直接从希腊借用了这些苦行实践”[⑤]。如果是这样，如果苦行实践自始至终贯穿于希腊

① The Use of Pleasure, The History of Sexuality, Vol. 2 , London: Penguin, 1988, p. 183.
② The Use of Pleasure, The History of Sexuality, Vol. 2 , London: Penguin, 1988, p. 245.
③ The Use of Pleasure, The History of Sexuality, Vol. 2 , London: Penguin, 1988, p. 245.
④ The Use of Pleasure, The History of Sexuality, Vol. 2 , London: Penguin, 1988, p. 252.
⑤ Paul Rabinow (ed.), The Foucault Reader, New York: Pantheon Books, 1984, p. 361.

文化、基督教文化和现代欧洲，那么，它们的伦理实践和伦理观有什么区别?

区别即在于这种苦行实践所表达的态度和目的。虽然都是苦行实践，但其态度和目的并不一样，也就是说，其伦理学的内容是一致的，但目的不一致。对希腊人而言，苦行是关注自我、锻造自我、创造自我的手段，意在让自我获得一种经过雕琢的、独特的风格化的审美形态，让自己的生活成为艺术品。希腊人的苦行是一种坚韧的态度选择。但基督教这里，苦行不是自我的态度，不是创造自我，而是对自我的摒弃，是对自我欲望的弃绝，其目的是符合上帝的意志从而使自身保持纯洁。这样的自我是被动的、服从的、萎缩的、单调的、他律的，它既不风格化，也不审美化。在此，福柯提出的关注自我这种哲学批判气质和哲学态度荡然无存。基督教的苦行不是主动的苦行，而是遵守严格禁律的被迫苦行。我们看到，在希腊人的主动苦行和基督教的更为严厉的被动苦行之间存在着一个过渡、某种中介，这就是古罗马时期的关注自我的苦行实践。正是在此时，养生法、婚姻、对男孩的爱情既继承了希腊人节制的风格化态度，又预示了基督教日后有关节制的严酷禁律。

福柯对罗马帝国时期苦行实践的探讨，主要限于公元一、二世纪的斯多葛派。他认为，这些自我实践仍然内在于希腊时期的自我—控制伦理学的传统中，但它还是发生了变化，在方向和着重点上发生了变化。罗马时期自我实践的重点转到了自我培养领域，正是在这样的实践中，伦理主体性的构成要素发生了变化。虽然这种自我培养的目的仍然是生存艺术，“但这种艺术越来越多地涉及理性或自然的普遍原则，所有人无论地位如何，都应以同一种方式理解这种原则”①。这种原则虽然不是强加的禁令，但显然变得更严肃、更苛刻了。同样，个人仍然要同快感的力量作斗争，仍然想制服快感，但是，个人的主动性、控制力减弱了，关注的重点转移到个人的脆弱性和虚弱性方面，转移到自我保护的需求方面。有关个人的知识变得越来越重要了。与此相关，自我考验、自我检查、自我控制的任务当然和风格化的存在形态有关，但更强调自我的认知真理，“最后，这种自我制作的最终结果仍然为个体的自我统治所确定，但这种统治扩充到这样一种经验中：自我与自我的关系不仅采取支配的形式，还采取无欲望、无麻烦的享乐形式”②。

福柯试图表明，希腊时期和罗马时期的两种关注自我实践虽然同在生存美学的大框架内发生，但二者已经有了差异。罗马的自我培养实践在向基督教的禁欲主义迈进，虽然这二者有本质区别。也可以说，希腊的自我实践更具有谱系学特点，而罗马的实践则流露出解释学的意向。希腊的实践目的是为了获得一个审美化的自我，这种实践并不需要解释身体的知识和真理，而是按照谱系学的方式与目的联系

① Michel Foucault, The Care of the Self: volume 3 of The History of Sexuality, New York: Pantheon, 1986, p. 67.

② Michel Foucault, The Care of the Self: volume 3 of The History of Sexuality, New York: Pantheon, 1986, p. 28.

起来。而罗马实践的目的除此之外，还表现出对身体的知识性解释和对身体虚弱性的关注，因此，对性的控制不仅是自由的实践，还是一种出于身体忧虑而采取的控制措施，这就预示了基督教禁律的形成——禁律是为了某种信念而采取的压制。希腊人的生存艺术本身是变动不居的，但是，罗马的生存艺术则与一些普遍法则相关；生存艺术一旦被明确地界定下来，就失去了其艺术性而成为一些制度的原则，最终成为基督教伦理中的律令。最后，在罗马时期，“性行为本质上和实际上并非恶，但其形式和效果与恶相联”[①]。而丈夫的忠贞不仅是他为获得美名而主动进行的节制，他还得考虑婚姻关系的本质和夫妻的相互关系，因而这种节制不再完全是主动的了。在与男孩的关系中，节制“越来越不被看成是赋予这种爱情以最高精神价值的方式，而更多地被视作为性行为所特有的不完善标记”[②]。

总之，在罗马时期，节制和控制的主动性减弱了，亦即节制和控制所表现的自由淡化了，节制和控制越来越呈现出被动性、服从性，因为身体可能的疾病和虚弱而节制、因为夫妻义务而节制、因为对男孩的爱不完美而节制、因为性和所有这些不光彩的行为和想法相联系而节制。因此，这些节制似乎是迫不得已的、必须做的，在某种程度上是屈从于外在要求的。节制就这样由希腊的完全主动的个人选择逐渐走向被迫的服从，逐渐从自由实践变成被动屈从。需要充分强调的是，福柯并没有将男子的这些节制实践等同于后来的基督教禁欲主义，因为这些节制实践终究在希腊的生存美学的框架中，它们仍然以生存美学为标准，只是孕育着未来基督教道德的种子。我们十分熟悉这种未来的道德体系，可惜，福柯来不及给我们做别具一格的伟大探究，只是他在临终前写的《关注自我》的结尾勾勒了它的抽象结构：“以限度、堕落和罪恶为基础的伦理实质；臣服于普遍法律和人格神的意志的屈从模式。对灵魂进行探究，对欲望进行升华式解释的自我实践类型；意在自我摒弃的伦理完善模式。”[③]在这种禁律—屈从的道德体系中，福柯在希腊人那里发现的“格调”“气质”“态度”都彻底烟消云散了。

四、生活的艺术

《快感的运用》和《关注自我》是《知识意志》出版8年后出版的，在这期间，福柯没有新书问世。按照德勒兹的推测，福柯的思想在这期间发生了危机。他对权力做得淋漓尽致的研究很可能使他陷入了死胡同：到处都是权力，有没有权力之外

---

① Michel Foucault, The Care of the Self: volume 3 of The History of Sexuality, New York: Pantheon, 1986, p. 239.

② Michel Foucault, The Care of the Self: volume 3 of The History of Sexuality, New York: Pantheon, 1986, p. 238.

③ Michel Foucault, The Care of the Self: volume 3 of The History of Sexuality, New York: Pantheon, 1986, p. 240.

的东西？如果确实如此，福柯只有两种选择，要么承认权力的无限肆虐，然后搁笔停止写作；要么重新开始，在权力之外寻找一种新的可能性。福柯选择了后者，并将这种可能性的探究目光投向了古希腊。为什么转向他曾经毫无兴趣的古希腊？——他曾对尼采、海德格尔对古希腊的求助提出善意的揶揄。这同他对权力的谱系学发现相关，也同法兰克福学派的刺激有关。法兰克福学派过于注重理性的政治权力，这种政治权力通常是总体性的，并与国家、体制紧密结合，它是通过制度的方式、纪律的方式和法律的方式对个人进行支配的，而且，对所有人都同样起作用。这种理性权力与福柯的"规训"权力相似，但福柯还发现了和理性的政治权力并不一致的个体化权力，这种个体化权力更多地涉及道德、灵魂、伦理和宗教。经过考察，他在基督教中发现了这种权力的谱系源头，发现了针对个体的牧师权力；个人被牧师权力深深笼罩着，这种权力比国家的理性权力对个体有更多的呵护、关照、操纵和纠缠。个体被深深地卷入牧师权力（个体化权力）的无尽漩涡中。

因此，福柯会很自然地进一步追问，如果针对个体、针对个体的内心世界、针对它们的道德和灵魂的牧师权力尚未发现，那时，个体会是怎样的形态？不受个体化权力纠缠的个体是怎样的存在模式？显然，这样的个体只存在于前基督教时代，只在古希腊存在。福柯转向古希腊是为了探讨个体化权力之前的个体、探讨权力之外的主体的可能性、探讨在没有牧师权力支配时，个体如何形成自己的主体性。如果权力技术的作用并不显著、不是无孔不入的，并没有完全主宰个体的形成，那么，希腊的这些自由民是怎样塑造自我的呢？

这就是《快感的运用》和《关注自我》的研究前提和动机，它和《何谓启蒙》中的问题相一致：个体怎样溢出权力—知识的界线之外？个体的自我本体论批判不是对个体进行自我解释，不是将个体作为知识对象而去挖掘其隐秘存在。相反，这种批判是对个体的可能性的检验。它不是将个体作为一个稳固的本质主义主体形态，而是视为具有多种可能性的主体化过程，是主体的形成过程，是新主体性的可能性实践。因此，这种"主体性完全不是一种知识的形成或是一种权力的作用；主体化是一种区别于知识和权力的艺术行为，知识和权力中并没有它的位置"[①]。正是通过古希腊人的自我实践，福柯走出了基督教以来的权力—知识的藩篱。古希腊人那里并不存在僭越，因为那里不存在个体化权力的支配。僭越在基督教的传统中有积极意义，因为它是突破权力和禁律的自由诉求。因此，福柯诉诸巴塔耶式的僭越和希腊人的节制并不自相矛盾，对权力—知识的支配而言，僭越是主体性的可能性检验；对权力—知识之外的领域而言，节制也是主体性的可能性创造。僭越和节制的前提不同、对象迥异，但都暗示福柯的自由实践。

① 德勒兹：《哲学与权力的谈判》，刘汉全译，商务印书馆2000年版，第128页。

古希腊人的节制式自由实践是我们今天的样板吗？不，福柯坚决认为古希腊人不是榜样，也不值得赞赏。而且，“我认为古代道德还存在这样一种矛盾：一方面是对某种生存风格的不倦探索，另一方面又努力地使这种风格适用于所有人”[①]。这种不倦探索也许是福柯所推崇的哲学气质，但建立一种普遍性的风格原则就接近于宗教原则，而这则是一个“深刻的错误”。“在我看来，过去某些特殊人群开始追求存在风格的原则之一即是探究每个人彼此不同的存在风格，这也是我们今天要勉力以求的，而追求一种每个人都接受的，也就是说每个人都要服从的道德，在我看来，那是一场灾难。”[②]也就是说，少数古希腊人那奠基于差异性和独特性的批判气质是现代人所需要的，而普遍性的道德规范则是令人厌恶的。对希腊人而言，福柯推崇的是那种以风格化为旨归的态度，是追求生存艺术的气质，而不是这种风格化的技术本身，不是对节制的具体运用，不是自我实践的内容，也不是有可能模式化的存在艺术形态，尤其不是那种普遍适用的道德。在福柯看来，古代的伦理大任决不能在今天被重续，当代的问题和答案也绝不可能在古代找到，但是，在时间的长河中，在有着巨大差异的古希腊和今天之间，有一张纸牌“在一只全新的手中重现：一张牌——自我对自我的精雕细琢，主体的审美化——在两种迥异的道德体系和迥异的社会中”[③]。这张牌就是自我实验中蕴含的哲学生活，就是因为渴望自由而进行的耐心劳作。不要问如何进行反复的自我实践和检验，而要保持这种不断自我实践和检验的态度和意志。

实验自己是尼采的要求。尼采在《曙光》中说：“我们重新鼓起了勇气。正由于此，个体或一代人现在都紧紧盯住一些伟大的、在前人看来有些疯狂的任务，这即是对天堂和地狱的嘲弄。我们可以试验我们自己！是的，人有权这样做！我们尚未为知识作出最大牺牲。”[④]对天堂和地狱的嘲弄就是对既定的普遍道德的嘲弄，就是义无反顾地甩掉我们身上的道德界线和历史包袱，甩掉包围着我们的善恶纠缠，发现我们身上的无限可能性。这就是存在艺术的真谛：不是去承认和接受既定的主体现实，而是将自己作为不定的可塑性对象，不断考验它、试验它、创造它，将它作为一个艺术品来创造。但是，这样的自我风格化创造差不多被人淡忘了：“令我震惊的是，在我们的社会中，艺术变成了只与客体相关的东西，它和个体、生命没有关系。这种艺术变得专业化了，而且只能由艺术家来完成，但，人们的生活为什么不

① Politics, Philosophy, Culture: Interviews and Other Writings, 1977—1984, Lawrence D. Kritzman (ed.), London, 1990, p. 244.

② Politics, Philosophy, Culture: Interviews and Other Writings, 1977—1984, Lawrence D. Kritzman (ed.), London, 1990, pp. 253-254.

③ 维尼：《福柯的最后岁月和他的伦理学》，参见杨雁斌等编选《重写现代性》，社科文献出版社2001年版，第105页。

④ Nietzche, Daybreak, Cambridge, 1982, p. 204.

能成为艺术品？为什么房子或灯是艺术对象，而我们的生活却不是？”[①]这几乎是对尼采的这句话的呼应：“赋予个性某种‘风格’，实在是伟大而稀有的艺术！”尼采将那些对自己的天性进行艺术规划、憎恨束缚和役使的人称为奇才，这些人天天辛劳地演练，“总是旨在把自己和周围的人塑造和解释为自由天性，即粗野、专横、富于想象、混乱无序、令人惊异的天性，他们乐此不疲地追求这个宗旨，唯其如此才感到惬意”[②]。在创造自我的风格这一点上，福柯再次和尼采相一致了。尼采说：“思想家总是放出一支箭，像是无的放矢，另一个思想家将此箭拾起，射向另一个方向。”[③]福柯即是如此。尼采的片段被福柯进行了大规模的整理和改造——这就是尼采和福柯的关系，尼采已经在古希腊人那里发现了审美化的生活，福柯将此再次提及，但同样作了修改。

尼采在《悲剧的诞生》中指出，在酒神的魔力之下，人轻歌曼舞，“他陶然忘步忘言，飘飘然乘风飞”，此时“人不再是艺术家，而成了艺术品……在这里被捏制和雕琢”。[④]作为艺术品的人是在希腊的酒神艺术中出现的。对尼采来说，人不是艺术的创造者，更不是艺术和现实的中介，相反，他就是艺术品本身，他等待着被创造；在酒神精神的作用下，人和艺术混然交融。人的价值就是他作为艺术品的价值，就是他的审美价值，“因为只有作为审美现象，生存和世界才是永远有充分理由的”[⑤]。也就是说，审美态度在生活的一切领域都是决定性态度，要以审美眼光打量一切、以审美标准评价一切，要将整个世界和整个日常生活审美化。正是在酒神的宇宙艺术那里，尼采发现了世界置身于审美的狂欢节日之中。

如果采纳唯美学标准，那么，真理标准和道德标准就应该被放弃。尼采之所以回到古希腊悲剧，就在于古希腊悲剧为审美的酒神艺术所主宰，其题材是酒神受苦、主角就是酒神。但是，古希腊这种酒神化和审美化态度被苏格拉底打断了，苏格拉底精神和酒神精神誓不两立，理性精神打断了美学精神。苏格拉底崇尚的逻辑、理性、认知、辩证法和真理，彻底摧毁了悲剧艺术，也摧毁了审美的世界。这是科学和真理最早的、以屠戮诗和神话的刽子手的形象的显现。在尼采看来，苏格拉底是个恶棍，不仅如此，道德标准也应该放弃。理性毁了艺术和生命，道德——当然是基督教道德——也同样毁了艺术和生命。为了捍卫美学标准，尼采既向苏格拉底和柏拉图的理性主义宣战，也向耶稣基督宣战，前者以理性和科学的名义毁了审美，后者则以伦理和道德的名义毁了审美。在基督教这里，生命绝不是为某种审

① Paul Rabinow (ed.), The Foucault Reader, New York: Pantheon Books, 1984, p. 350.
② 尼采：《快乐的知识》，黄明嘉译，中央编译出版社1999年版，第198—199页。
③ 德勒兹：《哲学与权力的谈判》，刘汉全译，商务印书馆2000年版，第134页。
④ 尼采：《悲剧的诞生》，周国平译，生活·读书·新知三联书店1992年版，第6页。
⑤ 尼采：《悲剧的诞生》，周国平译，生活·读书·新知三联书店1992年版，第21页。

美力量所充斥和主宰而生机勃勃，反倒是因为负疚、责任和良知的颤抖而变得负荷累累、死气沉沉。在尼采看来，生命、审美和力是同质的，它们都是流动的、生成性的、创造性和积极的。在古希腊人这里，它们彼此交织、相融一体，但是，苏格拉底的理性和耶稣基督的道德却使之荡然无存。

从尼采的这种诊断方案中，我们可以看出福柯选择生存艺术的原因。这种生存艺术同样是出于挣脱自我的奴役界线的目的而设想的。自我的界线一方面是外在的规训权力，它同理性的漫长发展历程相关——实际上，福柯远远超出了启蒙运动，将它追溯到了古希腊的城邦制；另一条界线与个人内在道德相关，福柯对牧师权力的探讨就是对这条界线的谱系学追溯。显然，设置于个人头上的界线同样有理性界线和道德界线，它们的最初源头仍然可以在古希腊城邦制和基督教起源中找到。生存的艺术，以美学为标准的生存、自我实践和日常生活，当然不可能像尼采指望的那样在古希腊悲剧中复活，福柯只寄希望于自我的极限体验、自我对自我反复尝试，寄希望于各种各样的僭越性实验。在这方面，他并非是一个说教者，而是身体力行的伟大哲学家，同时，因为这种唯一的、身体力行的美学目标，他完全是个艺术家。他经历了各种僭越带来的危险，在这样的危险面前，他既不退缩，也没有恐惧，因为他铭记着尼采的教训：对真理的热爱是危险的。只有越出理性和道德的界线、穿梭于危险之中，才能收获最伟大和最丰饶的欢乐，才能解开自身的存在之谜，才能让自身以一种恶之花的形式绽放，才能将自己安置于美的氛围之中。就福柯本身而言，僭越性实验导致了死亡，但是，此时“死亡离开了古老的悲剧天堂，变成了人类抒情的核心”。

第二节 德勒兹

吉尔·德勒兹（Gilles Deleuze，1925—1995）是20世纪法国著名的哲学家和美学家，堪称当代西方最富于思想文化挑战意义的人物之一，被视为西方后结构主义、后现代学术思潮和后马克思主义理论的重要代表。德勒兹享有多种称誉，如“哲学领域中的毕加索”“播种无序、过滤哲学史的叛逆教授”“概念工厂”、思想“雷暴”（fulguration/lightning storm）。[①]哲学家福柯关于20世纪或许将会是“德勒兹世纪”的著名预言，强调的正是德勒兹致力于创造新的思维空间、生成新质的思想

① Gary Genosko, Deleuze and Guattari: Critical Assessment of Leading Philosophers, New York: Routledge, 2001, p. 466.

力量。

一、哲学中生命的轨迹

德勒兹1925年1月18日生于法国巴黎，卒于1995年11月4日。他近七十年的人生轨迹，横跨了20世纪大部分时段，给当代哲学和美学留下了丰富的思想遗产。

德勒兹的生平展示了一条特殊的“哲学中的生命”的轨迹。他曾自述出生于巴黎17区一个“没有文化”的资产阶级家庭，童年的记忆甚少，但能感受到20世纪30年代欧洲所弥漫的紧张氛围：不断触发的经济危机，混乱无序的街头冲突和日益浓厚的战争阴云。在多维尔（Deauville）中学读书期间，充满思想灵感的老师Pierre Halwachs引导和点燃了德勒兹终身的文学兴趣。战争期间，德勒兹回到巴黎，在卡诺大学预科就读。1944年至1948年，德勒兹在巴黎大学（索尔邦神学院）研习哲学，确立了自己人生追求的目标，并于1949年通过教师资格考试，此后他曾在巴黎公立中学教授哲学。1957年至1960年期间（32—35岁）德勒兹回到巴黎大学讲授哲学史；1960年至1964年在国家科学研究中心（CNRS）从事研究工作。1964年至1969年，德勒兹在里昂大学任教，开始在学术界崭露头角，成为他那一代最优秀的哲学阐释者之一。德勒兹作为一个“游牧美学家”驰骋于精神的“千高原”，却在现实生活中是一位孤独的思想者。1969年至1987年，德勒兹在法国巴黎第八大学任教直至退休。1992年他的身体状况开始急剧恶化，饱受肺部疾患的折磨，致使他于1995年11月4日从巴黎寓所跳楼自杀身亡。[①]噩耗传开，震惊学界，引发了众多媒体和学者的惋惜之情。

二、主要著述与理论来源

法国哲学家德勒兹与社会心理学家加塔利的学术合作是20世纪西方思想界最佳的成功范例之一。[②]德勒兹早期著作涉及尼采、斯宾诺莎、柏格森、康德等人的哲学批判，此外还著有关于卡夫卡、普鲁斯特的诗学著作。1968年欧洲五月风暴之际，德勒兹出版其重要哲学著作《差异与重复》（博士论文），邂逅拉康一脉的社会心理学家加塔利（Félix Guattari, 1930—1992）。两人成功地合著了《反俄狄浦斯：资本主

① Robert Wicks, Modern French Philosophy: From Existentialism to Postmodernism, Oxford, England: Oneworld Publications, 2003, pp. 269-270.

② 说明：在外文文献中，德勒兹与加塔利并称有多种表达方式。出于行文的便利和修辞学的考虑，可以举一人指代两人。以下采用缩略方法，往往在德勒兹与加塔利两人并称时略掉后者。

义与精神分裂症》（1972）和《千高原：资本主义与精神分裂症》（1980），它们皆聚焦于“资本主义与精神分裂症”，前者将社会机制与心理机制的分裂分析融为一体，福柯的序言强调了欧洲奥斯维辛之后反微观法西斯主义伦理学；后者是当代文化哲学的力作，思路奇崛，汪洋恣肆。德勒兹与加塔利这两部最负盛名的学术著作，现已成为当代西学经典，给他们带来了重要的国际声誉。

德勒兹其他重要著作（部分与加塔利合著）包括《什么是哲学?》《福柯》《培根：感觉的逻辑》《褶子：莱布尼兹与巴罗克》《批评与诊疗》《柏格森主义》《受虐癖》《普鲁斯特与符号》《卡夫卡：走向少数文学》《康德的批判哲学》《对话》《哲学中的表现主义：斯宾诺莎》《斯宾诺莎：实践哲学》《尼采》，以及两部电影哲学著作《电影Ⅰ：运动—影像》《电影Ⅱ：时间—影像》等。

德勒兹在大学期间接触了当时盛行的“三H”，即黑格尔、胡塞尔和早期海德格尔的思想。日后他致力于哲学史的研究与他们的影响是分不开的，但作为后现代美学转向标志的尼采却是影响德勒兹最重要的一位思想家，因为尼采为他提供了一种不同于黑格尔主义的思想取向和哲学灵感，促使他转向他心目中的反理性主义哲学传统，包括那些虽然构成哲学史的一部分，但是实际上却与主流哲学分道扬镳的哲学家，如卢克莱修、斯宾诺莎、休姆、尼采、柏格森等。

德勒兹浸润于传统哲学多年，然而却叛逆式地创造出新的思想与方法，将哲学与重大的社会、政治问题联系起来。德勒兹差异论与德里达解构论是并行不悖的，两人都由此扬弃了20世纪60年代的结构主义，扬弃了该运动强调科学理性的一面，而继承和发展了西方思想史更为激进、另类、反常、叛逆和扰攘不安的一面。

德勒兹以差异哲学和游牧美学名世。德勒兹涉及的主要学术领域或题旨包括哲学、美学、文化研究、文学艺术、心理学、政治学、社会学、宗教、人类学、经济学、马克思主义等，他与加塔利倡导“差异哲学”“生成论”“分裂分析”，以多元流变的思想在当代学术界独树一帜，并在资本主义微观政治哲学批判、文化与文学研究、精神分析、电影哲学美学、女性主义理论、空间哲学等方面颇具影响。在某种意义上，福柯可谓做学问的一道“坎”，越过了它就无法回到“宏大叙事”的学术路数；德勒兹差异哲学则是做学问的一种“息壤”——只要有空间和差异，它就会在新语境中寻隙生成与无限拓展。

西方哲学史流光溢彩，当代法兰西堪称思想重镇。“哲学领域中的毕加索”德勒兹不循常规，思想观念充盈着穿透力和增殖性。德勒兹差异哲学、游牧美学衍生出跨语境的哲性诗学，挑战“理论之死”。德勒兹思想的“雷暴”，冲击着封闭、僵死、静观的既有辖域，带来洞察与逃逸之乐。

三、主要理论话语与美学意义

德勒兹极为重视哲学和美学概念的创造，认为哲学史实际上就是概念创造史，思想观念史生成于问题史，反之亦然。作为20世纪西方富于思想原创性的一流哲学家，德勒兹学术品格卓尔不群、思想汪洋恣肆，“其著述对世界范围内的学术产生了戏剧性的影响，涉及如数学、建筑、法律、科学、经济与艺术等各种领域，亦渗入人文社会科学各学科，激发了如政治学、文化研究、性别研究、教育与犯罪学等学科领域的创新工作。然而，德勒兹哲学并不总是被这些领域所顺利接受，由于其所引介的术语与概念非比寻常，不少社会研究者发现他的文本艰涩难懂，现有的知识无法轻易地攫住其概念。……对于德勒兹与加塔利而言，哲学的目标在于创造新概念，促成新思想或唤起新感受。这样富有力量的概念介入具体领域或进行装配时，能够在该领域产生变化；反过来又可以导致其他潜在的革命性的变化”[①]。有“概念工厂”之称的德勒兹与加塔利创造了一系列富于思想穿透力的理论观念或美学话语，如千高原、块茎、游牧、褶子、分裂分析、生成、少数族文学、辖域化—解辖域化—再辖域化、逃逸线、横截线、分子线—克分子线、条纹空间—光滑空间—多孔空间、无器官身体等。德勒兹哲思触媒般地穿越异质丛生的多重语境，秘响旁通、伏采潜发，激活了哲学与美学交叠互渗的思想游牧，生成了理论“千高原”的新空间。

在论述德勒兹主要美学话语时，我们必须指出一种悖论式的理论尴尬：从德勒兹哲学精神而言，他认为生活之流是鲜活的，语境是不断生成的，因而抗拒画地为牢的做法。任何企图定义其开放性与增殖性的美学观念的实践，实质上都是“非德勒兹”的，都与其差异哲学和游牧美学的精神相悖。

（一）差异与重复

德勒兹的哲学名著《差异与重复》（Difference and Repetition, 1968）是其博士论文，在他的全部著述与思想体系中占据了极其重要的位置。长期以来，主导西方思想史的哲学传统取向是同一性思维，而差异性则往往被忽视。在同一性与差异性关系的二元论模式中，差异性往往被视之为从属于同一性。在柏拉图的“理想国”中，文艺的地位偏低，其著名的“理式的床—木匠的床—文艺的床”思维模式，意指差异是从某种理式原本所衍生出来的摹本，因而得出文艺是“影子的影子”、与真

① Anna Hickey-Moody and Peta Malins(ed.), Deleuzian Encounters: Studies in Contemporary Social Issues, New York: Palgrave Macmilan, 2007, pp. 1-2.

理隔着三层的结论。当然，西方哲学史上也不乏对差异进行探讨的思想家，如亚里士多德致力于对差异进行范畴的分类，力图将“诗学”与形而上学、伦理学等区分开来。黑格尔哲学臆想差异是一种具有历史目的论的宏大叙事，认为只能通过辩证的矛盾与综合而不断演绎，才能最终抵达体系的终点。莱布尼茨在无限的微小单子与独一无二的上帝的映照关系中提示差异，既是哲学，也是神学。尽管如此，这些西方哲学家都未能真正地抵达差异本身。而德勒兹则是西方哲学史上充分尊重和倡导差异性的重要思想家，他对以同一性为基核的理论图式进行了思想过滤与反拨，从中将“差异”剥离下来。[①]德勒兹的差异哲学强调的不是康德式的物自体，而是“差异自身”（Difference in itself）。德勒兹在《差异与重复》中具体细致地论述了在差异与重复的哲学基础上创造新的形象以表达新的思想的必要性。他说：“这引导我们后来的一系列著作的思路，包括我与加塔利所倡导的‘思想的植物模式：以块茎对峙树木，用块茎思维取代树状思维’。”[②]由于德勒兹坚持差异性与多元性是首要范畴，颠覆了同一性的思想霸权的传统，因此，“差异与重复”的哲学观念无异于哲学上的一场革命，尤其是在欧洲五月风暴如火如荼蔓延的1968年，更具社会文化的革命意义。J. 威廉斯认为德勒兹的《差异与重复》这部思想著作是20世纪伟大的哲学力作之一，通过对传统的价值重估，它引入了新的方法与概念，改变了我们的哲学观，因此，可以与柏拉图、笛卡尔、斯宾诺莎、莱布尼茨、康德、黑格尔、尼采、柏格森、海德格尔以及萨特的著作相提并论。它是对现实结构的哲学描绘……它不仅对哲学史的发展富于意义，而且也是德勒兹全部著作的思想基石。[③]德勒兹差异哲学对西方哲学传统既有的同一性辖域加以“解辖域化”，从而开创了多元性思想的新视域与异彩纷呈的前景。

德勒兹作为“差异哲学家”，属于主张内在性哲学一脉，尤其是与斯宾诺莎“流”的观念和尼采式的“永恒回归”的思想遗产有密切关系。从哲学传统来说，内在性与超验性之间的区分对于德勒兹的差异哲学具有十分重要的意义。在学理上，内在性与超验性的分野是西方两大对立的形而上学思想传统的核心：哲学与事物之间的形式关系有两种优先关系，一种是“外在于”（to）事物的优先关系，一种是“内在于”（in）事物的优先关系。若是前者，则属于超验性哲学；若是后者，则是内在性哲学。柏拉图属于前者，德勒兹属于后者。柏拉图的理式论开启了西方超验性

① J. Williams, Gilles Deleuze' s Difference and Repetition: A Critical Introduction and Guide, Edinburgh: Edinburgh University Press, 2003, p. 55.

② Gilles Deleuze, Difference and Repetition, Paul Patton (trans.), New York: Columbia University Press, 1994, pp. xv–xvii.

③ J. Williams, Gilles Deleuze' s Difference and Repetition: A Critical Introduction and Guide, Edinburgh: Edinburgh University Press, 2003, pp. 1–3.

哲学之门。西方哲学史上超验性关系还可以追溯到神学之根。上帝是创世主，外在于他的创造物，因此创造物必须依附造物主，上帝才能获取价值和意义。再如在笛卡尔哲学“我思故我在”的优先关系中，第一性的精神优先于且独立于肉体，因此肉体是第二性的，受到精神的扼制。鉴于此，在超验性哲学中，超验决定经验的意义，灵决定肉的意义，造物主决定创造物的意义。内在性关系意味着对超验性关系的否弃，意味着对柏拉图的理式、神学的上帝、笛卡尔的精神（我思）等优先特权的否弃。由此，德勒兹的差异哲学否弃了超验哲学的外在决定性，主张事物内在的差异优先关系，他对尼采永恒回归的学说作了深刻的阐释：“永恒回归是一种内在性的过程，它将差异性与同一性带到了一块儿。在永恒回归中，差异性回归而改变了同一性。”[①]纯粹的差异性在德勒兹那里经常被表述为虚拟性或无器官身体的概念。在德勒兹和加塔利的名著《千高原》等文化哲学与美学著作中，容纳各种差异存在、发展、抵牾、共鸣的“一致性平台”“内在性平台”是他们经常使用的理论图式。他们在《什么是哲学?》第二章“内在性平台”中甚至宣称：创造概念与营造平台是哲学的两翼。

德勒兹哲学视野中的尼采的“永恒回归”意味着回归一个流动、嬗变和生成的世界。德勒兹以“差异自身”的革命性观念，把差异性从在西方思想传统上享有特权的同一性的藩篱中解放出来，以“生成”（becoming）挑战“存在”（being）的优先权和思想的再现模式，矛头指向柏拉图与黑格尔哲学传统。在德勒兹之前，人们往往把差异性附庸于同一性，如前述的柏拉图的理式的床作为同一性的本原，衍生出木匠的床，以及艺术家的床。黑格尔勾勒了存在世界的庄严演进的、目的论的历史宏大叙事。他们都把同一性视为根本，差异的重复只不过是同一性的模仿与变异。而德勒兹的“差异与重复”思想立足于差异自身，与“解辖域化”“生成”等概念密切相关。对德勒兹而言，重复是经由差异而生成的，而不是对同一性的模仿。重复是潜在的无限性，建构着新的开端，但不是线性过程，而是尼采式的“永恒回归”。德勒兹曾经在他的著作《差异与重复》中解读尼采，指出这是一种“开始复又开始的力量”[②]。尼采的思想标志着西方后现代哲学和美学中的一个决定性的转向。[③]“永恒回归不是‘同一性’或‘一’的回归，而是属于多样性和差异的回归。”[④]这种差异与重复隐含着变革的创造性活动，可以生发出丰富多彩的“间性”。

从永恒回归的视角审视世界万象，我们看到的是充满差异的多元性的宇宙，过

① Adrian Parr, The Deleuze Dictionary, Edinburgh: Edinburgh University Press, 2005, p. 126.

② Adrian Parr, The Deleuze Dictionary, Edinburgh: Edinburgh University Press, 2005, p. 224.

③ James J. Wincbester, Nietzsche' Aesthetic Turn: Reading Nietzsche after Heidegger, Deleuze, Derrida, State University of New York Press, 1994, pp. xx-xv.

④ 吉尔·德勒兹：《尼采与哲学》，周颖等译，社会科学文献出版社2001年版，第69—73页。

去、现在和未来共生共存，交叠互渗。差异与重复的本质力量，使得人们能够抚古今于一瞬，以芥子纳须弥，观大海桑田之剧变。尼采的永恒回归即生成之道，既无开端又无终点。在“永恒回归”美学思想的观照下，唯一重复或回归的是差异本身。时间的过去、现在、未来三个维度构成永恒回归的关联域。从德勒兹关于差异与重复的哲学观念来看，差异预示着间性（in-between），差异的重复产生张力与意义，生活的力量在于差异与重复。德勒兹在他的诗学专著《普鲁斯特与符号》中，用这种时间观对西方现代主义名著《追忆似水年华》作了独到的阐释。

中国文艺美学界较为熟悉和关注的美国耶鲁解构学派学者希利斯·米勒（J. Hillis Miller）是当代国际著名的文学批评家，也是欧洲解构主义思潮在美国的主要代表之一，他将“尼采—德勒兹式”的差异与重复的哲性诗学概念与欧美文学批评实践紧密结合起来，在其文艺理论力作《小说与重复：七部英国小说》（1982）[①]中对英国著名小说家托马斯·哈代的《德伯家的苔丝》给予了精彩的评析，论及哈代小说中存在着两种不同的重复形态：横向重复——文学文本内部词语形式的重复，如渲染苔丝被强暴事件的意象、话语的重复；纵向重复——文学文本中事件或场境对文本外的现实事件或场境的叙述话语的重复。而在讨论重复的性质时，他侧重区分了柏拉图式的同质重复与尼采—德勒兹式的异质重复的诗学意义。苔丝被强暴事件被置于历史传说模式、自然模式、宗教模式、哲学模式和命运观念模式等五种模式的差异与重复的关联域中加以讨论，充分展示了米勒论析文学文本的细腻特色和德勒兹哲性诗学的微妙影响。

（二）生成

在德勒兹哲学思维和美学话语中，“生成”（becoming）是关键概念之一。帕尔主编的《德勒兹词典》（2005）认为，与“差异”一道，“生成”是德勒兹全部著述的核心题旨。在德勒兹特殊的本体论挑战中，这两个概念是基石，发挥着重要的功用，能够疗救德勒兹所认为的西方传统的弊病，即对静态的存在形态与同一性的倚重与偏执。德勒兹从两个方面矫正这种因循守旧的思维方式，一是在哲学上倡导差异、重复与生成的理论；二是在实践领域以挑战性的书写方式激活我们的思考，并且提供了一系列概念“工具”，更新我们构想世界的眼光。生成论在理论渊源上借助了尼采的永恒回归的美学思想，意指在诸事件构成中差异的内在性的持续生产（或回归），它意味着起点、中点和终点皆转圜共生。生成是处于异质事物之间的动力学变化，并不趋向于某种目的论或最终形态。例如，人类主体不应该被设想为稳态

---

① J. Hillis Miller, Fiction and Repetition, MA: Harvard University Press, 1982, pp. 117–118.

的、封闭的、理性的个人，因为主体在饱经变化后难以在原则上保持为同一个人。德勒兹认为，个人自身受到持续不断、变化多端的力量的装配，是发生于语言、组织、社会、期待和法律等机缘巧合的附带现象。[①]事物与形态均为生成的产物。德勒兹认为，人类主体的建构是通过参与无数的“装配”而生成的。在各式各样的时空范畴里，装配呈现为诸力量构成的星座化状态。“所以不仅学生—老师关系是一种装配，而且阶级、教职员工、大学、教育体制、友谊、家庭等也皆是装配。因此在空间意义上，社会、职业与个人身份是碎片化的，而这种解构中心的主体并非是固定的或始终如一的实体，而是一种质量的多元性，处于永恒的生成状态。”[②]德勒兹和加塔利的“生成本体论”(ontology of becoming)，挑战了关于主体与客体、自我与他者的僵硬的二元论模式，发展了柏格森的“绵延”思想观念，包含了一种互相生成他者的丰富可能性。德勒兹和加塔利“生成论”的最佳例证是黄蜂与兰花的“互相生成”：动物与植物出于生存与繁衍的需要，借助对方，分别获得食物（花粉）和生殖（受精）的机遇，达到既是共赢，但又是无迹可寻的化生境界。德勒兹与加塔利合著学术奇书《千高原》的方式，也是两人的“互相生成”的佳例，体现出异质思想的耦合所产生的化合作用。

德勒兹生成论美学具有多个理论维度。首先，生成论意味着西方思想史的重要分野。柏拉图以来的西方思想传统都建立在“存在”(being) 的基础上，而德勒兹的全部思想与著作，都贯穿着对“生成”而非对“存在”的强调。其次，生成论体现了对人类中心主义的解构与主体的活力论重构。一切“存在”与主体皆不过是“生成生命”(becoming-life) 之流中的一个相对稳定的瞬间。人类只是宇宙万物生成过程的一个环节或者链条，绝非妄自尊大的“中心”。第三，生成论可以隐含政治维度。德勒兹等人重新解读了卡夫卡文学中显而易见的“生成动物”(becoming-animal) 的旨趣和“逃逸线”。他们认为卡夫卡由此揭示了“未来的恶魔式的权力”——奥匈帝国模式的法西斯主义、苏联极权主义和资本主义社会官僚主义的权力。最后，“生成女性”(becoming-women) 的观念具有显而易见的跨越文化研究、政治学、社会学、心理学、人类学等多领域的“横截线”。鉴于每一个人，无论男女，都是独一无二的生命体，且在不同时空中有千差万别的装配，因此在社会性别问题上，甚至可以生成千高原式的“千面性”。在预设好的男/女、白人/非白人、成人/儿童、人类/非人类的范畴或分类之间开拓通道，解构社会符码的二元对立，促使多元化的女性主义理论新图式成为可能。

① Adrian Parr, The Deleuze Dictionary, Edinburgh: Edinburgh University Press, 2005, pp. 21-22.

② Elizabeth J. Done & Helen Knowler, “(Re) writing Reflective Practice with Deleuze, Guattari and Feminist Poststructuralism”, in: Reflective Practice: International and Multidisciplinary Perspectives, 2011(6), p. 847.

（三）解辖域化

宇宙大化，万物皆在流变。古希腊哲人曾言："人不可能两次踏进同一条河流。世界上也没有两片一模一样的树叶。"这些素朴的认识，到20世纪法国思想家德勒兹的差异哲学中，衍化为丰富复杂的理论图式，其中富于价值的是辖域化—解辖域化—再辖域化（territorialisation- deterritorialisation- reterritorialisation）和逃逸线（lines of flight），以及克分子线（molar line）与分子线（molecular line）等概念。辖域化—解辖域化—再辖域化这组概念的论旨在《反俄狄浦斯》《千高原》和《什么是哲学?》中有多样化的表述。它是一种哲学抽象，可以指物质世界，也可以用于精神世界，其核心是解辖域化，意味着离开家园，改变习惯，学习新的技艺。

辖域化是万事万物的存在空间、势力范围和固定的领域，如雄鸟受生物本能的驱动以歌声求偶，猫科动物如虎豹以尿液划定自己的统治范围，它们警告和驱逐"情敌"，卫护自己的辖域。解辖域化是对辖域化边界的解构与逃逸，"或许最好是把解辖域化理解为产生变化的运动。通过逃逸线的运作，解辖域化意味着一种装配的创造性潜力。因此，解辖域化就是从固定的关系中寻求自由解放"，构成新的装配与范畴，即再辖域化。"德勒兹与加塔利在多个不同的理论语境中讨论与运用过解辖域化的概念。这些语境包括：艺术、音乐、文学、哲学和政治学。"以音乐为例，德勒兹与帕奈特（Claire Parnet）曾言："人们与莫扎特的鸟儿在一起，人就变成了一只鸟，因为鸟儿变成了音乐。"[①]法国著名作曲家奥利弗·梅西安（O. Messiaen，1908—1992）在1955年左右，以现代主义实验精神在多部音乐作品中运用了鸟的歌声，"在这些作品中他并非模仿鸟声，而是把鸟声融入了钢琴演奏关系中，从而形成一种风格，改变了乐器（钢琴）和鸟声本身的辖域"。对鸟声的特殊音调、音色、节奏解辖域化，使得梅西安的艺术风格出现新颖而重大的变革，这种生成鸟儿（becoming-bird）意味着人类声音与鸟声的音乐叠句，呈现出解辖域化—再辖域化关系。在社会文化领域，德勒兹与加塔利以"反俄狄浦斯"对拉康精神分析的欲望匮缺论进行解辖域化，倡导生产性的著名的欲望机器概念。他们结合马克思关于生产力与生产方式理论，讨论资本主义全球化发展和城市化进程中的解辖域化（农民与地主脱离惯常的生活辖域）和再辖域化（成为工厂工人与工业资本家）问题，指出金钱（资本）的公理化导致资本主义社会机器的两极运动：世界范围的解辖域化与再辖域化

① Elizabeth J. Done & Helen Knowler, "(Re)writing Reflective Practice with Deleuze, Guattari and Feminist Poststructuralism", in: Reflective Practice: International and Multidisciplinary Perspectives, 2011(6), p. 847.

（或资本主义的精神分裂症与精神偏执症）。[①]在文学批评方面，德勒兹与加塔利合著的《卡夫卡：走向少数族文学》是解辖域化的一个佳例，它力图揭示卡夫卡文学语言在捷克语、德语、希伯来语及意第绪语之间复杂褶子关系中解辖域化与再辖域化的特征，认为卡夫卡是奥匈帝国统治下用德语创作的犹太人，是少数族文学的代表，他在捷克首都布拉格写作，用主要语言德语来实现他作为陌生人的快乐的“逃逸线之旅”。据此，德勒兹与加塔利颠覆了人们惯常把卡夫卡视为孤独的、受折磨的抑郁艺术家的看法，认为卡夫卡是一个有着“生之欢乐”（joie de vivre）的作家（从《审判》的开端起，一切都指向笑），是一个激进政治的倡导者，他坚决抵制社会历史、文化心理和文学领域僵化的等级制。德勒兹认为，卡夫卡代表着少数族文学对既定“辖域化”的多数族文学世界进行“解辖域化”和“再辖域化”。因而少数族文学属于新理论视野中的文学模式，可以用来重新审视世界文学中具有多重文化身份的作家，理解与深化文学理论中边缘性批评话语的内涵。

德勒兹与加塔利也警示人们：从复杂性理论的维度而言，解辖域化通过增加或削弱某个系统状态的张力而运作，其阈限可以是回复型的相对解辖域化，也可以是除旧布新的绝对解辖域化。虽然绝对的解辖域化可以通过对社会文化的解码“创造新的大地”，生成新的装配，促进流变的链接和意义的增殖，但也能对大地进行超编码，导致最糟糕的危险——法西斯主义的形态，从而把逃逸线变成死亡与毁灭之线。[②]因此，解辖域化也可能无效、压抑、碰壁、固化，甚至陷入黑洞。德勒兹与加塔利曾经用三种线[③]的交织互动来表达装配（assemblages）的概念：一是等级制、二元论、辖域固定的克分子线，罗马帝国堪为这种具有固定环节的例子；二是在环节内流变、运动的分子线，迁徙的蛮族可以为例，他们越界掠夺，但又归化于当地社群；三是使得这两条线裂变的逃逸线，草原游牧民和当代网民是其代表，他们居无定所，脱离一切辖域，到处播撒解辖域化的种子；这三条线共存并生，且可以互相转化。

（四）光滑空间、条纹空间与多孔空间

在德勒兹的差异哲学中，存在着复杂的美学空间，主要包括光滑空间（smooth space）、条纹空间（striated space）和多孔空间（holey space）。条纹空间是同质的，

① Adrian Parr, The Deleuze Dictionary, Edinburgh: Edinburgh University Press, 2005, pp. 66-59.
② Mark Bonta and John Protevi, Deleuze and Geophilosophy: A Guide and Glossary, Edinburgh: Edinburgh University Press, 2004, pp. 78-79.
③ Adrian Parr, The Deleuze Dictionary, Edinburgh: Edinburgh University Press, 2005, p. 145.

辖域化的，科层化、规训的、有固定边界的空间；光滑空间是充满差异的，解辖域化、无中心化组织、无高潮、无终点的游牧空间；多孔空间是鼠洞式或块茎式的多元空间，四通八达，是暗中连通前面两种空间的“第三空间”和“地下”空间。[①]就赛博空间而言，在电子新媒介导致赛博文化呈现方兴未艾的发展趋势下，德勒兹和加塔利的《千高原》被誉为空间哲学的圣经，已成为理解与反思当代社会生活形态与赛博文化的颇为重要的哲学文本。《千高原》借用皮埃尔·布列兹（Pierre Boulez）关于“光滑空间”和“条纹空间”术语，阐发了后结构主义哲学和美学的空间概念。德勒兹认为，空间总是混杂着光滑与条纹的力量，这是地理哲学的完美表达。光滑空间意味着强度过程和装配空间，无中心化的组织机构，无高潮，无终点，处于不断变化和生成状态，与科层化和静态系统的条纹空间迥异其趣，而块茎、火、中亚游牧族的大平原、沙漠、大海、极地冰雪、空气、风景、思想、音乐等，皆是光滑空间，传媒、娱乐工业、资本主义皆可创造“新的光滑空间”。光滑空间没有长期记忆，没有宏大理论和堂皇叙事，只有微观的历史和微观的社会学。[②]

光滑空间、条纹空间、多孔空间可以说分别代表了三种基本的哲学力量或美学图式。譬如，三者可以并存于虚拟现实的赛博空间：网民似乎可以在互联网上自由自在地网上冲浪，随心所欲地打开一扇扇网页游牧，进入QQ聊天室私聊，任意组团玩电子网络游戏，进行人肉搜索，心血来潮时写一点微博，尽情地享受光滑空间；但是条纹空间的力量也在起着作用，网管、斑竹（版主）可以把犯规、犯忌者踢出局，儿童上网受到成人的限制，网络色情、电子犯罪受到规则、政策、法律等的监控或者处罚，光滑空间受到公理化的、定居的、条纹的、辖域化式条纹空间的遏制；在光滑空间与条纹空间的张力中，多孔空间的利用者则会试图追寻可乘之机：人们因不同的利益驱动在赛博空间博弈，黑客或者居心叵测的骗子可能会钻空子，巨大的利润空间和利益链使得色情网站在扫黄之后很快就死灰复燃。

德勒兹的空间哲学话语也可以结合其他理论方法阐发当代社会赛博空间与现实空间的交叠互渗的复杂关联域，而不是柏拉图式的二元对立关系。林洛斯（Jessica Ringrose）曾借助德勒兹异质性条纹空间等哲学概念，基于英国社交网站关于年轻人约会研究项目的数据，探讨在线和在校的“情感装配”，以及逃逸线问题。一个名叫路易丝的女孩是典型的个案：虽然赛博空间主要是光滑空间，但由于路易斯拒绝通过SNS的情感配对，结果后来在学校现实空间遭到病态的暴力报复，同时在网络空间被称为“肥婆人渣”（fat slag）。这项研究以德勒兹的精神分裂分析方法来考虑社会

---

① Mark Bonta and John Protevi, Deleuze and Geophilosophy: A Guide and Glossary, Edinburgh: Edinburgh University Press, 2004, p. 95.

② M. Bonta and J. Protevi, Deleuze and Geophilosophy: A Guide and Glossary, Edinburgh: Edinburgh University Press, 2004, p. 143.

中复杂的欲望流（complex desire-flows）形态，探讨了主体在学校空间和赛博空间之间的界面关系，认为“在线空间是异质性的条纹空间，社交网站创造并且强化了新的社会性别认同，以及年轻人之间的情感关系。德勒兹由此提供了新的理论工具，不仅有助于思考话语的主体性，也通过和凭借话语/符号映射了复杂的欲望和微观的运动。[①]总体而言，在虚拟的赛博空间与现实的日常生活空间的交叠互动中，光滑空间、条纹空间、多孔空间三种空间的力量共同构成相互矛盾、相互激荡、相互生成的辩证运动，交叠着复杂关系的张力，体现了辖域化—解辖域化—再辖域化（符码化—解符码化—再符码化）以及逃逸线的社会文化运动和美学特征。

（五）千高原与块茎

德勒兹与加塔利的“千高原”（A Thousand Plateaus/Mille Plateaux）概念出于他们合著的《千高原：资本主义与精神分裂症》。千高原是生物学的块茎概念经过高度哲学抽象以后所生成的地理学概念，更是具有良好学术拓展性的哲学与美学概念。“千高原”和“块茎”这两个极为重要的哲学关键概念充分体现出德勒兹思想的美学特征，展示了繁复多姿的空间。《千高原》一书的导论即为“块茎”（Rhizome），其开端“块茎图”见下面图示。

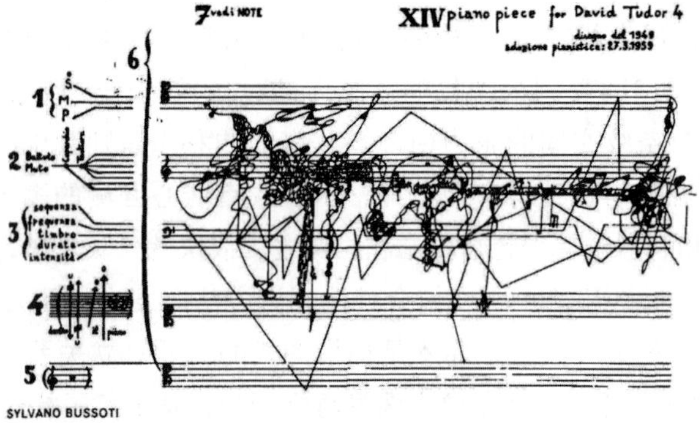

块茎图

千高原中的“原”（plateau）一词具有文化—性心理学的来源，出自格雷戈里·巴特森（Gregory Bateson）一篇关于印度尼西亚巴厘岛文化的论文。巴厘文化具有完全不同于西方高潮式的取向的一种利比多经济学。巴特森以此词描绘一种特殊的状

① Jessica Ringrose, “Beyond Discourse? Using Deleuze and Guattari ’s Schizoanalysis to Explore Affective Assemblages, Heterosexually Striated Space, and Lines of Flight Online and at School”, in: Educational Philosophy and Theory, 2011(6).

态：指避免臻于高潮点的一种强度的持续、自振动之域。在巴厘文化中，母与子的性游戏和男人之间的争吵都会注意保持这种奇特的强度稳态化。“某种持续的强度之‘原’取代了（性）高潮到来。”《千高原》这部著作以地理学上的“原”（高原抑或平原）的概念取代一般书籍中“章节”概念，呈现出“高原的网络”，虽然标明日期，但却是时空倒错的，没有编年史顺序可循。高低不同的千面高原之间隐伏着众多新颖的概念与奇崛的思路。这部著作中的15个“原”的聚合可以让读者从任何序列阅读。每一个“原”构成一个“一致性的平台”——这是一种异质因素共享的内在性平台。在每一个原内，各种概念在构形和拓展，并随着追溯它们在不同的学科领域和话语的踪迹而变化。各各不同的“原”互相交叉、巧合并且一一分支发展，提供了多元互联的共振域。[①]《千高原》中大量使用了与科学共鸣甚而相通的概念：黑洞、白壁、模糊总体、邻域、黎曼空间……德勒兹认为有些精密的科学概念属于自然科学家，但是也有一些概念为人文社会科学的思想家、哲学家、艺术家所共享。德勒兹承认：“这是一部哲学著作，既是一本难懂的书，也是一个完全可以理解的东西，只要人们需要它，渴望它，它便是一个打开的工具箱。这本充满了科学、文学、音乐、人种学叠句的书，力图成为一部概念的著作。……这是押在将哲学回归为快乐的学问上的一个赌注。”[②]德勒兹还认为，概念犹如砖块，可以用来建筑思想大厦。如果不合用，则可以扔出窗口。因此，阅读此书也犹如你听录音磁带，如果你不感兴趣，可以快速掠过其中一段。“千高原”就是这样一个充满差异与联系的大千世界，犹如赛博空间的电子网络与超链接，可以让作者思想的骏马驰骋或读者游牧式的阅读。从文化隐喻的意义上说，赛博空间的无数网页就是一种后现代的千面原，电子网络世界既是古希腊的民主广场，也是罗马式竞技场。电子网络作为当今最重要的信息交流传播平台，其超链接性和虚拟现实世界蕴含着无限的可能性和开放性。

尽管《千高原》是一部驳杂难懂的哲学思想的“概念之书”，但是相对而言，其开端的“块茎”论却可能是最清晰易懂的。在生物学意义上，“块茎”是指在土壤浅表层匍匐状蔓延生长的平卧茎。在日常生活中，块茎令人联想到马铃薯或红薯之类的植物块茎和鳞茎，但是在哲学意义上，“块茎”是《千高原》中最重要、最基本的美学概念，意指“一切事物变动不居的复杂互联性”。[③]由此，“块茎”成为一种复杂的美学图式。它迥异于传统形而上学的“树状”或“根状”模式。“树状”模式则具有中心论、规范化和等级制的特征，而“块茎”（如藤和草之茎）的生态学特征则是非中心、无规则、多元化的形态，它们斜逸横出，变化莫测。这一点很容易使我们

① 麦永雄：《德勒兹与当代性：西方后结构主义思潮研究》，广西师范大学出版社2007年版，第59—62页。
② 吉尔·德勒兹：《哲学与权力的谈判——德勒兹访谈录》，刘汉全译，商务印书馆2001年版，第29—40页。
③ Neil Spiller (ed.), Cyber-Reader: Critical Writings for the Digital Era, London: Phaidon, 2002, p. 97.

联想起传统中心主义的权力空间与离散式的赛博空间的区别与特质。N. 露西在《后现代文论：导论》（1998）中认为，我们可以确认树的不同部分（如叶、枝、干、根），但无法如此辨认块茎；原则上一粒草籽可以块茎式地蔓延生长，直至覆盖整个星球的莽原，而一棵树显然总是立足于一点。故此，德勒兹与加塔利视块茎为“反中心系统”的象征，是“无结构”之结构的后现代文化观念的一个例子，是典型的反中心或“游牧”思维的体现，与柏拉图以来主导西方思想的“树状逻辑”恰成对照。

德勒兹和加塔利认为树状模式宰制了西方的全部思想与现实，因此倡导“块茎”的美学图式：不把事物看成是等级制的、僵化的、具有中心意义的单元系统，而是视为如植物的“块茎”或大自然的“洞穴”式的多元结构或可以自由驰骋的“千高原”。德勒兹关注的不是辖域之间的边界，而是强调消解边界的“逃逸线”“解辖域化”。树木的文化逻辑强调的是系动词“to be”，而块茎的构架则赖于连词“and…and…and…”，因此块茎所建立的是一种AND（链接）的逻辑。《千高原》的“块茎”概念或“游牧”思想具有反基要主义的特质，呈现出一种德勒兹式的差异哲学与游牧美学图式。“块茎”富于思想启迪性的主要特征包括：

第一个特征——联系性原则。

第二个特征——异质性原则。

第三个特征——多元性原则。

第四个特征——反意义的裂变原则。

第五个和第六个特征——制图学与贴花的原则。

（六）褶子与游牧美学

由德勒兹差异哲学所衍生的“褶子”（fold）概念是其美学的关键概念，也是他整个哲学和美学体系中最重要的基石之一。德国著名哲学家、数学家莱布尼茨在数字二进制和巴洛克美学风格诸方面颇具建树与影响。在德勒兹看来，“莱布尼茨恰好是当之无愧的巴洛克哲学家”，“巴洛克的体验蕴含着褶子的体验”，极富有当代性的“莱布尼茨是思考关于重褶、涡旋和纽结表面的第一个伟大的哲学家与数学家”[①]。德勒兹曾著《褶子：莱布尼茨与巴洛克风格》[②]一书，在美学意义上创造性地把莱布尼茨的单子论、褶子概念与巴洛克风格联系起来，提出了富于特色的“游牧”美学。

① Tom Conley, “Translator’s Foreword”, in: Gilles Deleuze, The Fold: Leibniz and the Baroque, Minneapolis: University Minnesota Press, 1993, p. xi.

② 本书是1986年写成，英译本1993年出版，中译本2001年出版。

德勒兹给褶子做了一个精审的界说:“巴洛克风格由趋向无限的褶子来定义。”①褶子以及其丰富的形态出现在外部宇宙和内心世界之中。迷宫就是典型的褶子。书页、光谱、音阶、青丝华发、年轮、日本折扇、中国故宫、希腊神殿……是褶子,大脑也是皱褶式的。小到微粒,大到宇宙,无处没有褶子。其实,活生生的世界就是一个美丽而浩瀚的褶子。褶子象征着差异共处、普遍和谐与回转迭合。②德勒兹通过独具一格的思想过滤,精彩地解读了莱布尼茨哲学“单子”论中蜿蜒曲折的褶子之谜,创造性地把褶子概念与欧洲文化中的巴洛克风格以及游牧美学联系起来。

“褶子”的主要特征如下:

1. 它的普遍性及其与巴洛克风格的关联性。
2. 它能够从哲学、神学和美学等维度对一与多的命题进行独特的阐发。
3. 它蕴含着全息论和活力论的思想,消解人类中心主义。
4. 它能够提供给我们关于异质事物之间关系的认识论与审美论图式。
5. 具有对主体性问题加以解辖域化的理论价值。③

举例而言,用褶子论审视在当代西方文艺美学中具有重要意义的主体问题,具有思想启迪性。德勒兹在《福柯》一书中认为,人居于生命、劳动和语言的内部,时而是无限的褶子,时而是有限的褶痕。主体化由褶皱而产生,有四种主体化褶子:一是肉体与快感的褶子;二是势力关系的褶子;三是知识与真理的褶子;四是外部自身的褶子。④当代美国学者唐娜·哈拉维(Donna Haraway)所宣称的“赛博格”(cyborg,人机一体者),以及曾以“新的共产党宣言”之誉而轰动一时的《帝国》作者哈特与奈格里笔下的“新野蛮人”,都是政治哲学意义上新异的主体。⑤主体不是单一的、固定的概念,而是多元交叠的、动态流变的游牧主体,其功能与意义随境而生。

在当代学术语境中,德勒兹创造性地把莱布尼茨单子论、褶子概念与巴洛克风格联系起来,进而提出了富于特色的“游牧”美学。德勒兹在《褶子》最后一章以“新和谐”为题旨,对莱布尼茨的“单子论”(monadologie)神学进行了思想过滤,提出以“游牧论”(nomadologie)美学取而代之,从“单子”的闭合与拣选的世界中

---

① 吉尔·德勒兹:《福柯·褶子》,于奇智等译,湖南文艺出版社2001年版,第334页。
② 吉尔·德勒兹:《福柯·褶子》,于奇智等译,湖南文艺出版社2001年版,第375页。
③ 关于上述褶子五个特征的具体和详细的阐发,参见麦永雄《德勒兹哲性诗学:跨语境理论意义》第八章,广西师范大学出版社2014年版。
④ 关于上述褶子五个特征的具体和详细的阐发,参见麦永雄《德勒兹哲性诗学:跨语境理论意义》,广西师范大学出版社2014年版,第110页。
⑤ Adrian Parr, The Deleuze Dictionary, Edinburgh: Edinburgh University Press, 2005, p. 105.

延展出一个新的思维空间。德勒兹说，我们发现了一些新的折叠方法和新的包裹，但是我们依然是莱布尼茨哲学的信奉者，因为所涉及的仍然是折叠、解褶、再折叠。[①]德勒兹的“褶子”论与“游牧美学”，尤其适合于阐释网民在赛博空间的漫游体验与（新）巴洛克美学的理论形态。

从资本主义的全球发展来说，古典巴洛克风格与17世纪自由资本主义扩张、市民文化的兴旺、对大众文化产品的需求增加以及对物理空间的新发现有关，由此人们重新理解与审视外空间、地球（人居环境）与自然的空间关联性。而当代新巴洛克美学则与全球化语境中的晚期资本主义发展密切相关，它在时间上与当代电子数字技术所创造的后物理时间的迷宫式效应密切相关；在空间关系上则与赛博空间的数字环境与生态美学相关。古典巴洛克与新巴洛克之间的关系并不是否定性的二元对立关系，而是一种延续、分衍、裂变、回旋、呼应、交叠、生成的动态发展，是一种具有链接关系的文化增殖现象与审美旨趣的嬗变进程，因此可以命名为“（新）巴洛克”。用德勒兹的“褶子”论来说，这是一系列无穷无尽的褶子的折叠、打开、重褶和延展的过程。

在德勒兹论《福柯》著作的附录中，他提出超褶子（the superfold）的概念，将目光朝向了未来世界。德勒兹认为超褶子由三种未来褶子促成：一是分子生物学的褶子，或者遗传学基因密码的发现；二是硅碳结合的褶子，或者第三代机器（电脑）的出现，即控制论与信息论技术的出现；三是语言的褶子，或者“语言内部的奇异语言的揭示”，这是一种存在于语言限度内的反类型、反意义的表达形式。这些褶子导致人类转向非人类的开放空间，从而生产出新的存在方式和表达方式，生产出新的生命体和新的主体性。在当今后地理、后历史的数字化生存状态中，数字成像可以让已故的艺术大师和当红的流行歌星、画苑大腕甚至普通票友同时献艺，数字装配可以使得本雅明关于艺术作品“祛魅”的文艺美学理论显得过时，因为充满着复制、类像与拟真的多媒体电子传媒技术可以使作者、读者、观众、听众、网民、受众、分众之间实现真正的互动与艺术创造，从而在“飞矢不动”的意义上让艺术品此时此地、独一无二的“光韵”复现，将现代性空间的解魅化合乎逻辑地转换成为一种建设性的后现代数码美学的“复魅化”。在经济全球化与文化数字化的时代，传媒技术的变化和社会的发展导致超褶子与理论阐释成为新的文化现象与前沿学术研究领域。

德勒兹美学尊重富于差异的内在性和一致性平台，否弃以认同专制霸权的同一性为旨归的历史进程与文化现象，他将游牧概念与定居概念对举，强调游牧机器不断链接、装配并且创造新光滑空间的可能性，而视定居辖域为充满规训机制的条纹

① 吉尔·德勒兹：《福柯·褶子》，于奇智等译，湖南文艺出版社2001年版，第363页。

空间。德勒兹将西方思想史上卑微的、被边缘化的“差异”的概念加以提升，强调它的生机勃勃的革命力量，以反对柏拉图以来大多数哲学家所遵循的形而上的哲学传统。德勒兹的褶子诗学与游牧美学，正是建立在差异哲学基础上的，在某种意义上可视为尼采所标志的后现代美学转向的新拓展。

德勒兹主张以尼采掷骰子押赌注的方式将哲学回归为快乐的学问，将小说的方法与音乐的间奏引入哲学，还认为思想是工具箱，一系列哲学与美学概念是工具箱中功能各异的工具，或者是“一套开口的圆环，每一个都可以套入其他圆环之中，每一个圆环，每一个平台，都应该有其自己的氛围、自己的音调或音色”，用哪些工具，如何套圆环，全凭各人会心之意，可谓运用之妙，存乎一心！若不趁手，尽可扔掉。作为当代西方思想领域特色斐然的一流哲学家，德勒兹开放性的差异哲学与多元流变的文化观念迥异于传统思想旨趣，具有极大的理论增殖性，可以在众多不同的领域持续流变和生成新的美学结晶。

第三节　德 里 达

德里达（Jacques Derrida, 1930—2004），生于阿尔及利亚的一个犹太家庭，“解构”理论的创始人，堪称20世纪后半叶最离经叛道忤逆哲学的法国哲学家。19岁获学士学位后，德里达旋即赴法国，入巴黎高等师范学校攻读哲学。在这里，早年的德里达明显受了萨特和加缪这两位存在主义大家的影响，很难说他是否由此开始了从哲学中读出文学，从文学中生发哲学的一贯阅读风格。他师从黑格尔学者让·希波里特，潜心攻读了黑格尔、胡塞尔、海德格尔的著作，也读了法国小说家巴塔耶和布朗肖等人的作品。事实上这些人的文字日后都对他产生了有迹可循的影响。他的硕士论文《记忆》，写的就是胡塞尔现象学的意义、结构和发生。

1962年，当时已经在巴黎大学任教两年之后，德里达译出胡塞尔写于1936年的一本小书《几何学的起源》，并作了篇幅超过原文的长序。1965年，德里达就职于他的母校巴黎高等师范学校，任教哲学史。此时他与结构主义和符号学阵营号称最激进的《泰凯尔》（Tel Quel）已经关系颇深。这个刊物的撰稿人中除了德里达，还有罗兰·巴特、福柯、索勒尔和克里斯蒂娃等对哲学和文学批评产生过相当影响的人物，并因此围绕杂志形成流派，为符号学、马克思主义，以及精神分析学进入文学批评敞开了大门。1967年，德里达出版了三部解构主义的奠基之作：《语音与现象》《论文字学》和《文字与差异》。其中《论文字学》被公认为解构理论的经典之作，该书在20世纪70年代中叶被美国女学者斯皮沃克译成英文，众口交赞，本身成了划时代的事件，解构理论借此在英语世界迅速传播，转眼间在大洋两岸也蔚然成风。许多德里达式的词汇，包括他新造的“异延”“原型文字”等，也包括旧词新用的“踪迹”“补充”等，激起了批评界异乎寻常的热情。

德里达几乎每年都有新作面世。20世纪90年代以后，以《马克思的幽灵》和《友谊政治学》等一批著作为标志，德里达被认为是告别了前期玄之又玄的“异延”的形而上学，完成了读者期盼有期的“政治学转向”。德里达曾经把真理、理性、逻各斯、本原等通通发落到神话一类，曾经讽刺拉康是“真理供应商”，指责福柯批评理性却对古希腊的理性情有独钟。在德里达后期著作中解构的术语和理路依旧，但旨趣已是大有不同。如强调希腊的哲学是自由的哲学，唯到中世纪经院哲学封闭在自己的系统里，变成了抱残守缺的代名词，所以解构哲学就是反对学院派高高在上的象牙塔作风，回归具有开放精神的希腊传统。又一再标举公正，反复强调公正不是法律甚至不是人权，法律需要修正因为它并不完美，而公正不需要修正，因为它是绝对的。德里达进而把解构喻为公正，声称一切都可以解构，唯独解构自身不能解构，因为它就是公正自身。假如我们认可德里达本人的阐释：解构不是别的，它就是怀疑、批判、扬弃，就是他者的语言，是事件的如实发生，是既定结构的消解；那么诚如《马克思的幽灵》中德里达断言今日世界上所有人都是马克思主义的传人，或者也可以说，今天世界上所有的人，不管情愿或者不情愿，意识到或者没有意识到，一定程度上都是解构主义的继承人。

一、框架与附件

德里达1978年出版的《绘画中的真理》引人注目。这本书可视为德里达艺术哲学的代表作，由三个文本组成。本章拟讨论其中的两个文本，它们分别是第一篇《附件》和第三篇《意指中的真理复归》。《附件》讨论的是康德的美学。德里达有两篇文章专门发表了康德的美学理论，除了《附件》，还有1975年的《经济模仿》。所谓“附件”（parergon），按常理是指对“本体”（ergon）的一种补充，是为本体之外的某种可有可无的东西，是故同文字一样，德里达说，成为历代哲学家攻讦排斥的对象。但“附件”难道纯然是事出偶然吗？难道它不是从外部伸入内部，与“本体”之内在的动作一脉相通吗？这就牵涉到了框架，特别是艺术界定中的框架问题。

框架也是一种结构。它似乎是德里达久已有心加以颠覆的一个概念。《论文字学》中，德里达为第一章设立“书的终结，文字的开始”的标题；《播撒》中，同样他开篇便声明在先，称这不是一本书，这显然都是坚信书总是被圈定在一个特定的框架之中，故而引来他本能的敌意，或者说是畏惧。假如“说书”是极典型地体现了框架这一暮气沉沉的陈旧的构架程式，那么1974年出版的《丧钟》，毫无疑问就是德里达有意打破书这一传统框架的一次最为激烈的尝试。《丧钟》自然也是一本“书”，但是它委实与众不同：10×10英寸的正方开本，每一页上分为左右两栏，分别叙写黑格尔和本国作家让·热奈，实际上是将两本书同时对读者摊开，从而当头劈开了书所寄寓的那个完整的框架。要说两栏之间有任何关联之处，那也无非是种反讽式的对比：一边是哲学和精神的崇高，一边是文学和肉体的猥亵，适如黑格尔(Hegel)和热奈(Genet)这两个名字同音转出的两个象征物，左边是“鹰”(aigle)，右边则是“花”(genet)。此外，每一栏触目皆是引文、双关语等，也进而加重了阅读的困难。黑格尔和热奈的对峙，其实说到底还是以文学来解构哲学的老话。《丧钟》的第一句话就是：“对我们来说，这里，现在，黑格尔今天还剩下什么?”这个问题实际上在全书只言片语式的最后一句话中得到了回答：“今天，这里，现在，碎片。”在场的形而上学已分崩离析了，框架的概念亦已支离破碎了，这也许就是《丧钟》给予我们的最终启示。正如美国批评家杰弗里·哈特曼两年后在其《交叉：作为文学的文学评论》一文中所言，《丧钟》不仅很难说到底是“批评”，还是“哲学”，抑或是“文学”，而且根本就难以断定它究竟是不是一本“书”。据哈特曼说，他是把《丧钟》看成一件框架了德里达之特定哲学的艺术作品。由此而论，其结果就难免是种“德里达达主义”(Derridadaism)。这当然远非旧瓶装新酒一类现成理论能够解释，因为这“瓶”本身也已被肢解得面目全非了。

《丧钟》里也谈到康德。德里达讨论的是康德人类学里的性别差异分析，以对照黑格尔冥思式的辩证法模式：

> 在这一总体的人类—植物学(anthropo—botany)内部，康德分析了婚姻中的性别战争。女人天生好内战；男人逃避内战；他“热爱家庭和平”，自愿屈从女人的统治。“女人要支配(herrschen)，男人要被支配(beherrscht)，特别是在婚姻之前。”文化的结果是婚姻解放了女人，奴役了男人；“女人通过婚姻得到自由，男人通过婚姻因此丧失自由。”①

这还是自然/文化二元对立的老话题。德里达指出这里男女强弱的颠倒只是假象，因为女人并没有变得更强势，而是文化使她的脆弱成了一种手段。所谓女性不仅是一种自然身份，而且会利用脆弱，会藏住秘密。女人有秘密，男人剥夺秘密。

① Jacgues Derrida, Glas, Peggy Kamuf (ed.), A Derrida Reader: Between the Blinds, New York: Columbia University Press, 1991, p. 337.

所以男人容易分析，女人无从分析。因为女人不吐露秘密，而不吐露自己的秘密又不妨碍她吐露他人的秘密。女人喋喋不休，故作为文化的女人的领域，就很像是言语（parole）的领域。女人的武器就是舌头，她转转舌头，就把弱势变成了强势。可是德里达说，这没遮没拦、絮絮叨叨的贫嘴饶舌，总是先已是种话语的颠倒了。简言之，这就是颠倒的法则如何战胜原始等级的例子。此外，《丧钟》使用大量引文，却通篇不见注释，压根不理会交代引文出处的学术通例。

回过来再看《附件》一文。对康德趣味判断非功利无目的的命题，德里达其实是欣赏的。康德的纯粹美既然没有目的，那么一种无以言说的缺场便也有了可能来显现自身。德里达认为这非常像文本中的意义，总是半途偏离自己的轨道，永远没有可能到达目的地。他举《判断力批判》第十七节中郁金香的例子，指出郁金香的美并不是来自知识和科学的判断，因为假如像植物学家一样，立足于繁殖功能来审视花儿的组成部分，郁金香便无美可言。故非知性正是美的先决条件。德里达指出，这郁金香没有意义，它不是一个能指，甚至不是一种匮缺，因为从能指出发，什么都可以生发出来，就是美无从谈起。这至少就是康德和索绪尔可以给予我们的启示。但德里达的上述阐释并不是呼应康德众所周知的无目的的目的性美学命题，相反是要说明康德美学具有无以圆释的内在矛盾。

德里达发现康德对美的两分法很有问题。作为美的理想的自由美并不是美的全部，而只是其中一种类型，另一种类型是依存美。故此康德应是面临着一对矛盾：一方面纯粹美是超越了一切概念目的的自由存在，一方面对个别对象的独一无二的审美判断，又无可奈何地被必然性拉进了共性的领域。德里达并不否认这矛盾的存在，但是不同意康德的解决办法，即纯粹美和依存美的两分。

德里达指出，要说明依存美，康德就不得不再次把人拉进他的理论构架。因为人的美永远是有目的的，这个目的就是自由的概念。正是自由使人成其为人。进而视之，人的尺度不仅是其自身美的目的，还是其他美的目的，如一匹马或一只狗的美，同样是在人的视域中被框定。总之，人就是自然界的终极目的。德里达援引了《判断力批判》中康德的有关论述，指出在康德看来整个目的系统是人所制定的也是在为人服务。当人满足于自然的馈赠，他的目的即是幸福；当人执着于自由，期望从内部和外部两方面来支配自然时，他的目的即是“文化”。正是对幸福和文化的追求，使自然和社会现出了意义。所以目的的概念，与人实在是难分难解。另外，不似其他种类的依存美，人还是美的理想。事实上康德强调由于人本身就具有他生存的目的，并且凭借理性规定着自己的目的，故唯独人方具有美的理想。康德这个观点是德里达无论如何不愿意忽视过去的。德里达表明，它足以说明自由美并不自由，它同样是被目的框架起来了。

同是第十七节中，康德强调趣味不能通过模仿产生，而必须是人自己固有的能力。因为人模仿一种范式而获成功，只显示了他的技巧，唯有对这范式的评判，才现出趣味。针对康德的看法，德里达说了这一番话：

> 必须有一个模式而无涉模仿。这就是范例的逻辑，范例自我生产的逻辑，这一生产的形而上价值总是开放着又封闭着历史性的双重效果。有鉴于人人都有趣味的理想，它就永远不是一个事先给定的概念：这个概念的生产是历史性的，是一系列没有指令的开场。但由于这一生产是自然而然的，它完全有自由重返某一块普遍的领域，一点都不影响它的历史性。[①]

这段话中有两点值得注意：其一，“普遍的领域”如何关闭由那一系列未经指令的开场和范例生产所开启的历史性？又是什么在历史性得以启动的同一时刻，拽住它不放，将它悬搁起来？其二，如果这里的问题是封闭和圈定的，那么在这一康德式的封闭当中，被拒绝的又是什么东西？去除什么障碍才能重新打开历史性的视野？虽然德里达回答的只是第一个问题，但第一个问题的回答很显然也紧连着第二个问题的回答。德里达的回答是人。在上述康德的理论构架中，人的自由其实是被限定的。故历史性，也只是驻足在本身疑云密布的主体性上面。德里达说：“这是因为理性的不确定观念呼应了判断力，而由于这一呼应无以用概念表达出来，它就必须求诸美的理想那独一无二的表达方式。而为使理性观念和此一表达得以沟通，表达就必须是一个客观对象的表达，拥有目的性的客观概念。而由于在康德的理论体系中，唯有人具有无条件的目的，唯有人以自身为终极因素，所以人当仁不让是理想美的范型。离开了人，无论是自由美或依存美，都将无从谈起。人能够判断自由美，因为他就是美的范式。但是，也正因为人有目的，他也就永远不是纯粹趣味判断的对象。”用德里达的话说，人因为他自身内在裂缝留下的踪迹，反过来成了任何一种纯粹人文美学的不可能条件。德里达认为这正是康德和哥白尼革命的核心所在。

顾名思义，德里达对康德的责难主要集中在“附件”上面。“附件”既然是从外部伸入到内部，既然涉及框架的问题，那么框架就值得认真地讨论。什么是框架？框架无非是指内部和外部的分界所在。德里达认为这于界说美学理论至为重要。因为人们必须明白他们在讨论什么，比方说什么东西涉及美的内在价值，什么东西被挡在美的这一内质之外，从而将对象内在的或者说专有的意义，同它的外部境况区分开来。这一自古而然的要求，据德里达观之，框架着有关艺术、意义等的每一种

---

① Jacques Derrida, The Parergon, in: The Truth in Painting, Chicago: The University of Chicago Press, 1978, pp. 109-110.

哲学话语，从柏拉图到黑格尔，从胡塞尔到海德格尔，概莫能外。究其实质，这是假定在艺术作品内部和外部的边界之上，有一种话语，即有关框架的话语。在康德的《判断力批判》中，德里达就发现了这一话语。

二、解构康德美学

德里达举的一个例子，是《判断力批判》中《美的分析》部分第十四节“通过引例来说明”中谈到的观点。彼时康德在解释审美判断何以并不涉及对象具体属性所激发的那种纯粹的经验快感，故而在视觉艺术中，至为关键的乃是形式的美，其他特性诸如色彩等之所以显得重要，非是自身缘故，而是因为它们使得形式更精细一些、明确一些、完整一些，从而将鉴赏者的注意力引向对象本身。德里达接着转引了康德的这一段话：

> 即使人们叫作附件（parerga）的东西，那就是说，它只是一种附加之物，而非内在地属于对象的全体表象作为其组成要素，来增加欣赏的快感，也纯然是凭借它的形式来给人愉悦。比如图画的框架、雕像上的衣饰，或宫殿的柱廊等等。①

这里康德在强调附件即附饰性装饰，同样应当建立在美的形式之中，反过来切不可喧宾夺主，如用金边框架做刺激来推荐画幅，这样就是本末倒置，破坏了真正的美。但德里达抓住上文中的“附件”一词，做了一大篇文章。“附件”在它的希腊文词源中，他说，是指“作品外加部分”(hors d' oeuvre)，由于它是一种第二性的存在，所以历来是被排斥在哲学话语之外。然而它又绝非事出偶然，相反是从外部伸入内部，与本体部分的内在动作，其实是一脉相通的。这一点康德同样是有例在先。德里达指出《理性界限内的宗教》一书中，康德就是依傍“附件”的概念，描述了优美、奇迹等四种附着型范畴。盖因这些范畴一方面不属于任何一种纯粹的理性宗教，一方面又从外部来框定它、补充它。结论是不言而喻的。康德的做法本身足以说明，理性宗教内部，原本已有缺陷在先了。

德里达认为附件的逻辑，说到底就是框架的逻辑。不错，雕像的衣饰可理解为一种附加之物，目的在于使雕塑表现的人物骤然增色，而不是内在于人物的成分。但这个例子，实际上也已经提出了一个怎样划定边界的问题：是不是人体上任何可卸除的部分，都是一种“附件”？这个问题其实不好回答，因为它们是又不是。比

① 康德：《判断力批判》上卷，宗白华译，商务印书馆1987年版，第64页。

如，古代雕塑残缺不全的肢体，这在康德的时代和今天同样视为美的“碎片”，就绝非是种可有可无的附庸。德里达在这里提出的“附件”逻辑，应当说是完全可以理解的。不说柱廊一旦撤除，宫殿便将倾颓，就一些古代艺术最著名的遗迹而言，今天被人欣赏的常常正是其昔年“附件”的无与伦比的美。一个例子是伊朗古城设拉子附近古宫遗迹——帕斯波里。宫殿是公元前6世纪大流士一世所建，到完全建成耗时两个世纪，当时的辉煌可想而知。亚历山大征服波斯后，将帕斯波里付之一炬。其实即便没有亚历山大的这把火，帕斯波里宫殿的主体建筑，肯定也无以穿透两千五百年的漫漫历史，但是宫殿的柱廊依在。走在高耸入天的立柱中间，人惊叹于古代波斯人鬼斧神工的同时，应能信服德里达“附件”是为艺术灵魂的解构主义理论。

德里达指出，就像绘画的框架画框一样，雕像的衣饰和宫殿的柱廊，乃是构成一种边缘空间，将艺术作品与它周围的环境隔离了开来。故“附件”有一种厚度，一个层面，它们不仅与内部即本体分开，而且同外部，即绘画悬挂的墙壁、雕像和柱廊矗立其间的空间分隔开来。德里达认为在这里附件显示的动力就像签名：签名是在过去未来之间的某一特定瞬间，对一种指意意向表示出的格外关注，而与自身生成其间的全部历史的、经济的、政治的语境分隔开来。签名故而无异于一种附件结构，位居内部和外部边界之上，这仍然还是一种框架。

什么是框架？德里达回答说框架就是一种附件。然而它是内部和外部的一种交合，这交合不是一半对一半的拼合，而是一种可被视为内部的外部。换言之，它正是那个使内部之所以成为内部本体之所以成为本体的举足轻重的因素，这当然就不是康德所理解的那样，仅仅是衣饰、柱廊之类的外在物了。

就《判断力批判》中康德对审美判断的描述来看，德里达说，无一例外是以内部和外部之间有一严格分界作为前提。所谓的审美判断，其所涉对象必然是种内在的美，而非外在于这美的什么东西。这就引出一个殊为复杂，也是殊为重要的问题。如何来界定这内在的美？换言之，怎样来确定那将内部与外部分隔开来的框架？在德里达看来，康德针对这个问题的做法，不但难以令人信服，而且归根到底是暴露了传统哲学即“在场的形而上学”的致命缺陷。《判断力批评》中显然有一个框架结构，德里达说，这结构参与了为纯粹趣味判断划分边界的努力，以使它与易于混淆的其他判断区分开。就《美的分析》部分来看，康德是从四个方面来考察并厘定趣味判断的。这四个方面是：一、美是仅凭非功利的快感和不快感，来判定或表象对象的结果；二、美是不凭借概念，而普遍令人愉悦的；三、美是对象的和目的性的形式，然而当它被感知时又并不想到任何目的；四、美是不凭借概念，而被认为是必然产生愉快的对象。在康德这一影响深远的四个层次的说明中，德里达发现其间的范畴框架，系源出于《纯粹理性批判》中的概念分析，是为认识论中知性的四项范畴。有鉴于康德再三强调审美判断不同于认识判断，使用这样一个范畴框架来界说美的判断，德里达指出，很显然有点勉为其难，或者说力不从心的意味。

康德沿用认知判断中现成的范畴框架来界出审美判断，德里达认为这正说明了后者自身内部先已有缺陷存在，故而亟须借哲学的威势，来掩饰审美判断近于凌乱的艺术性质。就趣味判断来看，他说，显然是因为它内部概念的力量太为薄弱，以至于难以适应的首先是诉诸认知的表达形式，所以不得不从先验的理性分析中招来一个现成框架。而另一方面，这个导生了外借框架的“缺陷”，恰恰也是为框架本身所生。因为唯有从认知的角度来考察趣味判断，即明知它无涉概念，却又偏偏以概念来界说自身时，才现出矛盾来。这样，说到底是框架的动作，给了我们一个具有某种内容或者说结构的对象。考究审美判断的范围，考究艺术作品内部与外部、内容与形式等的区分，由是观之，悉尽在于某个范畴框架。这框架一方面如康德所示，是一种外在的“附件”，一种无关紧要的后来的添加物；一方面恰恰又因为这附着性和边缘性，它出任着举足轻重的建构标界的功能：适如异延和补充的逻辑，它由外围跃居中心，它反客为主了。

框架与其被框定内容之间的关系，孰先孰后因此可以说是颠倒了过来。这一逻辑施加影响的结果，据德里达观之，是有关审美及艺术活动的传统二元对立，无止境地发生错位。如快感和认知这一对范畴的位移：审美判断被认为是种无涉概念的快感，这实际上是截然分开了认知与伴随艺术鉴赏油然而生的那一种快悦。然而当康德深入一步，进而来说明这快悦的独特性状时，德里达说，人们还是看到了一种类似理解和认知过程的演绎图式，是以有想象和知解力这两种心理因素的神秘协调，来作为审美发生的根源，而这一说明恰又是描述了审美活动中概念的匮乏。当然我们可以说，康德的美学理论，本来就是把审美活动界定在理性和非理性之间，故而它能成为从必然渡向自由的桥梁。但是德里达偏偏从中读出了附件和框架，读出了传统概念的颠覆，这不仅仅是一种阐释的需要。

但框架作为附件也好，作为本体自身也好，似乎终不免是种颇费猜测的存在。对此德里达自己也有说明：框架因为是建构起来的，故而它是脆弱的，这就是框架的本质或者说真理。但这一真理又不是真理，因为它既不界定框架的超验性质，也不界定它的偶然性质。要之，框架毋宁被理解为一种行为或过程，一种通过设定边界来限定对象的阐释需要。这样来看，框架行为便是无所不在了。如此就康德而言，即是将美学圈定在美的理论这一框架之中，进而将美圈定在趣味理论的框架之中，而趣味则被圈定在判断理论的框架里。这足可以说明框架这种行为或者说过程，委实是想加以回避，但却是无法回避的。小到一个概念的界说，大到一种体系的建构，莫不有赖于它的那一框架即附件逻辑。

那么，这是不是意味附件或框架本身是一个实体，其特质可抽绎出来细加分析呢，以至于派生出类似文学框架、绘画框架这一类的理论来呢？德里达对此的答复却是否定的：有框架，但框架并不存在。这又是一个典型的解构主义命题。对此德里达的解释是：

> “附件”使自身既从“主体”，也从背景分离开来。它先是作为一个轮廓，同背景分开，但它的分离方式，又不同于同样是分立于背景的作品的分离方式。附件性质的框架，是把自身分立于两种背景，然涉彼即此，涉此又及彼。在与作品的关系中，它是作为作品的背景，消隐在墙上，然后渐渐化入那个更大的语境之中。在与语境背景的关系之中，它则退进了与这大背景分立开来的作品里边。[①]

所以，框架的行为和过程固然触目皆是，框架本身却不存在。

但是毋庸置疑，这个或里或外渐而化为“无”的轮廓，尽管似是种位居边缘的补充，很大程度上却是艺术的本质所在。这又牵涉到康德纯粹美和依存美的理论。德里达指出，康德以纯粹美为因其无目的，故而既不指涉，也不表征任何事物的自由美，这说明界定一个纯粹的审美对象的，恰恰正是“无”而不是“有”。总之，被康德排除在作品本体之外的“附件”即框架，就其被打印上“无”的踪迹而言，事实上正是纯粹美的本原所在。这如德里达所言：“假若从一幅画上出去作为作者意向的所有表现、意指、主题等因素，再除去色彩、画布等所有在康德看来本身并不为美的物质因素，这幅画还剩下什么？”唯有框架。事实上康德自由美的一个例子，即是框架边缘上的簇叶饰。而正是框架从一个最为基础的原生点上，为美和艺术提供了可能性。

德里达从“附件”这一概念发微，进而极力阐发框架反仆为主的建构功能，这一做法本身不失为康德美学的一种重新框架。与异延、文字、补充、踪迹等所有这一类德里达式的专有名词相仿，框架之在又不在、有形却又无形，同样是体现了解构主义理论以子之矛、攻子之盾的一贯策略。但如果说传统艺术哲学没有充分重视框架的“附件”性质固然是个缺陷，但这未必意味被压制的价值应当从一种颠倒的、否定的形式来恢复。德里达框架本身难于界说的结论，实际上已经证明了这一点。框架的启示，因而毋宁说是显示了在文化的每一个领域，都极难在“内部”和“外部”之间画出一条清晰的界限来。这一点上哲学和美学应当是并无二致的。

---

① Jacgues Derrida, The Parergon, in: The Truth in Painting, Chicago: The University of Chicago Press, 1978, pp. 24–25.

三、凡·高的鞋子

同被收入《绘画中的真理》的长文《意指中的真理复归》，引人注目地将目光投到凡·高画的两只鞋子上面。凡·高算来画过不少鞋子，但最有名的无疑是这两只经过海德格尔的诗意阐发，表示出一种存在主义哲学的“农妇的鞋”。正文开始之前德里达引了三则文字作为题记，其一可以看出他对文字追本溯源的一贯爱好：“意指”（pointure）在这里是一个印刷术上的术语，即有一尖端的小铁页，用来固定被印刷的纸张。它也是这铁页在纸张上打出的定位孔。同样它是制鞋和制作手套行业中的熟语，即缝制鞋子和手套的针数。但很显然德里达这篇长文要探究的不光是绘画中意义的定位问题，更在于这意义定位中真理的再现问题。换言之，绘画中有真理存在吗？如何看待绘画中的意义？它能像文学一样，构成对哲学的一种解构吗？由此来看下面两则题记显得尤为重要：

> 我欠着你绘画中的真理，我这就来告诉你。
>
> ——塞尚

> 但是真理于我是如此珍贵，努力表现真实亦是如此重要，我确实相信，相信我依然是宁可做一个鞋匠，也强似做一个色彩的音乐家。
>
> ——凡·高

《意指中的真理复归》远不止是德里达和凡·高两个人之间的对话，它的形式本身就采用了多声部的文体，而且使用了多种语言，其复原的真理，自然就显得愈益是疑云密布。这一点德里达一开篇就交代得清楚。他说：“现在的问题是鞋的什么？什么？那鞋？谁的鞋？鞋是什么做的？”甚至可以说：“这鞋是谁？”德里达声明，他这部文献要讨论的就是这样一些问题。

谁的鞋？海德格尔说这是一双乡村的鞋，更具体说是一位农妇的鞋。但有人对海德格尔的看法不以为然，此人是美国著名艺术史家梅叶·夏皮罗（Meyer Schapiro）。夏皮罗认为这是一双城市的鞋，更具体地说，它多半就是凡·高本人的鞋子。夏皮罗在凡·高研究方面造诣颇深，出此言当然是有根据的。但农妇也好，凡·高本人也好，德里达发现在海德格尔和夏皮罗这两位教授之间，其实是有一种默契，这就是两人都在努力为鞋子找回它们的所有人，找回一个主体。此即为绘画中真理的复归。虽然海德格尔的哲学沉思和夏皮罗的历史考据之间分歧巨大，两人的真理复归趋向却是殊途同归。在这巨大分歧的沟壑之间，德里达似乎看到了一群幽灵，这是德国最近一段历史中的幽灵，它们在欧洲的大地上，留下了山一般的扔弃的鞋子。

海德格尔对凡·高这两只鞋子的阐释是我们所熟悉的。阐释集中见于他写于1935年的《艺术作品的本源》一文。海德格尔相信艺术可以为普通的器物“解蔽”，从而揭示人生的存在真谛，凡·高这只著名的“农鞋”，即是海德格尔演绎他上述艺术哲学的一个众所周知的一个例子。海德格尔指出凡·高多次画过这种鞋子。但我们在画中看到了什么？谁都知道鞋是什么做的。它的质地是皮革，用钉子和麻线扎成。鞋是供脚穿用，因其所用不同，它的质料和形状也各不相同。这就是器物。但是器物一旦被艺术框架起来，显示出的意味就绝不相同。海德格尔对凡·高这幅鞋子的阅读，历来是被人们赞赏不已的。在鞋被磨损的敞开着的黑洞中，海德格尔说，可以看出劳动者艰辛的步履；在鞋的粗壮坚实中，透射出农妇料峭寒风中走过广袤田野时步履的坚定。鞋上有泥土的湿润和丰厚，鞋底悄悄滑行着暮色中田野小道上的孤寂，鞋子里边回响着大地无声的召唤，呈现出成熟谷物宁静的馈赠，以及冬日荒芜中大地神秘的冬眠……总而言之，这双鞋属于大地，它在农妇的世界里得到保护，由是这双普通的鞋，才在艺术中展示出它无尽的诗意。

德里达读海德格尔之释凡·高“农鞋”，说起来却是缘起于夏皮罗发表在1968年的一篇文章——《作为个人物品的静物：关于海德格尔和凡·高》。文中指出，海德格尔将凡·高这幅系带子的旧鞋子归到一个农妇属下，是事出错谬，因为这双鞋不是归农人所有，而是归城里人所有，说到底它们实在是凡·高自己的鞋子，当时画家住在巴黎。谁的鞋子？是农妇的鞋还是城里人凡·高的鞋？问题很快转化为一个意味深长的命题：谁的历史？夏皮罗的文章是为纪念他的朋友戈德斯坦（Kurt Goldstein）所作，作者告诉我们，是戈德斯坦首先引他来读海德格尔1935年至1936年间系列讲演中的这篇《艺术作品的本源》的。戈德斯坦1933年逃离纳粹德国，在阿姆斯特丹住过一年之后，于1936年到达纽约，执教于夏皮罗已在那里任教的哥伦比亚大学。很显然在德里达看来，夏皮罗将他驳斥海德格尔的文章献给戈德斯坦，意义远不止于争辩谁是鞋子的主人。对此德里达作如是说：

谁会相信这段插曲只是一场理论的或哲学的论争，为的是阐释一件作品或者说是“艺术作品”？或者甚至说是专家之间的一场争论，以为一幅画或一件道具的归属？为了它们的复归，夏皮罗尖锐地同海德格尔，同“海德格尔教授”争执起这双鞋子的所有权，我们看到，是时海德格尔说到底是欲将它们套在自己脚上，假托农人，将他们套回到他这位大地之子的脚上，诉说着悲悯之情如

“大地的召唤”。[1]

德里达指出，海德格尔的上述话语，对于迫使戈德斯坦长途跋涉，经阿姆斯特丹奔赴纽约的那股力量，可不算陌生。因而至少在夏皮罗看来，这里就牵涉着历史和政治的问题。这幅鞋子属于谁于是就变得复杂起来。用德里达的话来说，它是属于“那公敌的共同话语”，还是属于这话语的牺牲品，属于那位移民，属于城里人，属于象征着抵制纳粹德国的另一种话语，远不单单是一个美学上的问题。回过头来看德里达引为题记的塞尚的话，这是塞尚致友人艾米尔·伯尔纳（Emile Bernard）书信中所言：“我欠着你绘画中的真理，我这就来告诉你。”欠着真理也是一种欠债，承认欠债就是承认了偿还的义务。但债主是谁？如何偿还？真理如何为债权制约，以及这是怎样一种债乃至可以用真理来偿还，如此等等，在德里达看来这一切都将由凡·高画出的这两只饱经风霜已被遗弃的旧鞋子来加以回答。

幽灵因此游荡在凡·高的鞋子上面。《意指中的真理复归》的第一句话就是：“——等一会儿。谁说的——我记不清了——‘凡·高的画里没有幽灵’？好呀，我们手边有一个现成的幽灵故事。”绘画中的真理由此变得疑神疑鬼起来。幽灵是农人也好，城里人也好，德里达发现海德格尔和夏皮罗有相通处，即两人都意在为鞋子寻找主人。关于先者，德里达指出那是在1935年，海德格尔声称这鞋是为农人，甚至是为农妇所有。但海德格尔如何就这么自信这是一“双”鞋子？什么是一双？德里达称他还说不上来，但无论如何海德格尔是确信无疑的。关于后者，德里达指出是在33年之后，夏皮罗深思熟虑之后，对海德格尔断然说不：倘非有意制造骗局，海德格尔至少是犯了错误，这双鞋是从城里而来。

假如把这双鞋视为一种原则，一座纪念碑，又当何论？德里达发现夏皮罗和海德格尔虽然立场不同，有一点却是相似的，这就是两人都不能容忍鞋子没有主人，都处心积虑要为它寻找一个主体，由此来沟通绘画中的真理。所以关键是这鞋子合谁的脚。这一双脚是头等重要的。但是夏皮罗和海德格尔都没有提及哪一双脚，他们提及的是一双鞋子。但是，他们怎么就想到凡·高画的是一双呢？德里达认为这一点完全是无从证明。进而视之，德里达提出，当鞋子不被使用，扔在那里，长长短短搁置一段时间之后，甚而可能永远搁置下去的时候，它们又是什么？什么是它们的意义？它们的价值？其理何在？它们的剩余价值彰显了些什么？它们能够交换一些什么？这些问题难道是提出一个主体就能解决的吗？

德里达认为凡·高的这幅鞋子并不是“一双”。他强调说：“当鞋子被遗弃，暂

---

① Jacgues Derrida, The Parergon, in: The Truth in Painting, Chicago: The University of Chicago Press, 1978, pp. 272–273.

时或永远离开了穿着它们的脚，有鞋带的话鞋带松散开来的时候，是有什么大事发生了。”我们看到的应是两只带鞋带的右鞋或者左鞋，它们并不成双成对，然而整个儿歪歪斜斜，呲牙咧嘴，非常古怪地、近似魔鬼般地展现在那里。德里达称凡·高的鞋子常常就给他这样的印象，他弄不懂夏皮罗和海德格尔何以就这样急于让它们成双结对，以使自己确信无疑那是一双鞋子。

在德里达看来，鞋子一旦与穿着它的主体失去联系，便成为一位不在场主体的佚名的、空洞洞的支撑，而他的名字将不断地游荡在这个开放的形式上面。更确切地说，它还永远不是完全开放的。它保持下来一种形式，这里是脚的形式。坚持这两只鞋子是一双，不论是海德格尔还是夏皮罗，德里达讽刺说，这都是一种恋物癖。就其中传达的真理而言，海德格尔的《艺术作品的本源》固然是属于一种关于大地和真理的宏大话语，里面的点点滴滴却都指向一种言说恋物癖真理的欲望，而且意味超越了其严格的政治经济学和精神分析学的含义，恰似弗洛伊德界定的两类对象合而为一：表面上坚实无比，骨子里空空如也。

海德格尔《艺术作品的本源》引来的评论不计其数，德里达偏偏看中了夏皮罗的文章绝非偶然。但看中并不意味赞同。因为德里达反对追究鞋子归谁所有，它们莫若说是根本就没有主人，干脆就是一个漂浮的能指。而且德里达完全明白，海德格尔将鞋子归属给农妇，说到底是要破释他的“大地”诗学，其中透现出的对主体的批判，是德里达能够赞同的。虽然如此，海德格尔这一回归“大地”的欲望，在德里达看来依然是传统形而上学的产物，是系上了鞋带，以求将鞋子交还给一个甚至先于本源的真理。德里达指出，海德格尔和夏皮罗都在说，“我”欠着你绘画中的真理，“我”这就来告诉你。但是真理何在呢？真理就是把鞋子复归主人，或者是田野里的农妇，或者是城市里的画家吗？

关于夏皮罗的背景，德里达认为是要交代的。夏皮罗早年移民美国，在纽约的哥伦比亚大学任教。1933年戈德斯坦以离开德国为条件，开释逃离纳粹德国，执教哥伦比亚大学是在1936年至1940年。这正是海德格尔在作《艺术作品的本源》和《形而上学导论》等系列讲演的岁月。所以这出戏最后的场景是在纽约，因为夏皮罗一直在纽约，戈德斯坦除1940年至1945年去了哈佛和波士顿，直至1965年去世也一直在纽约。戈德斯坦的葬礼上致悼词的是夏皮罗。戈德斯坦同海德格尔没有任何纷争，他只是提请夏皮罗注意海德格尔的这篇文章。这就够了。所以夏皮罗在将鞋子交还给凡·高的同时，也是把它们交还给了戈德斯坦。

这样来看，夏皮罗同样是在真理的名义之下，要为凡·高的这两只鞋子寻找合法的脚。事实上，德里达注意到夏皮罗给海德格尔安排的一个“圈套”：当同事戈德斯坦指给他看海德格尔的文章，夏皮罗先已怀疑在心，乃写信给他所说的“海德格尔教授”，询问《艺术作品的本源》中他指的究竟是哪一幅画。海德格尔复信说，他指的是1930年阿姆斯特丹一次画展中他看到的一幅画。夏皮罗由此肯定这幅画跟乡野毫无关系，它就是艺术家凡·高的鞋子，一个城里的居民。但夏皮罗同海德格尔一样断定只是“一双”鞋子，德里达强调说，又何尝没有落入圈套呢？海德格尔和夏皮罗两位教授都没有注意到鞋带，这鞋带是松开的，那散散落落的模样说明鞋子确确实实离开了主人，它们就是自身。而且，没有任何根据说明它们就是一双。德里达指出夏皮罗引过凡·高一封信中的话，那时凡·高在谈他的另一幅画，很清楚地说“那是‘一双旧鞋子’”。这反过来证明这两只鞋并不是一双。

再退一步说，即便凡·高给这幅画加上一个标题，题为“一双……”，那又怎样？德里达认为这丝毫不会影响鞋无定主的结果。标题可以是画的一个相当重要的组成部分，但并不足以决定这画是属于哪一种模式。仔细看下来，特别是从内鞋帮上来看，德里达发现这双显得笨拙的鞋子该是属于两只左脚。总之，越看下来，越不像是一“双”鞋子。鞋子既然不能成双，它们的意义便无从谈起。凡·高由是观之，来表现这两只失去功用、没有目的、风雨剥蚀且鞋带松开的旧鞋子，是冒着丧失意义的风险。而正是通过将鞋子的功用目的悬搁起来，海德格尔始得揭示和开拓一种更为深刻的意义，一种更为深刻的经验。

德里达反复谈到了鞋带。鞋带松开，他说，是将一切大地的经验搁置了起来。因为此种经验以走路和站立为前提，也就是说，一个“主体”自由支配着自己的脚！这正是海德格尔对艺术的看法。海德格尔以艺术为主体对自身真理的观照，如是艺术的本质便是存在者的真理本身置入作品，而不似传统美学以艺术表现美为己任。德里达注意到海德格尔《艺术作品的本源》中谈到作品形式和内容的区别时提出过的三个层次：其一是物，以自身为目的；其二是器物，特点是有用；其三是作品，这才是普遍真理的展现。如海德格尔所言，只要人把凡·高所画的这双鞋子当作一般的鞋子，或者哪怕是去想一想这双出空的鞋子是放在什么地方，那么，人就永远无以发现其中存在为自身揭蔽而展示开来的真理，因为当我们面对这幅画的时候，我们是进入了一个不同于日常世界的另一个世界。很显然，器具一旦被纳入艺术的框架，它的功用特征是被超越，被放逐到边缘地带了。

但德里达指出，海德格尔谈到的这一非功用性，仅仅是瞩目于鞋子已被扔弃这个事实，他没有直接提到那半松半开的鞋带，而在这里鞋带才是至为关键的。虽然鞋带本身在凡·高的绘画中是处在边缘地位，然而它们构成了一个至关重要的主题。这个主题也恰似文字的话题：文字虽然南辕北辙，指东道西，却依然可以见出意义。鞋带亦然，它们虽然松散开来，却是为海德格尔的论点提供了一个摇摇晃晃的框架。

但是在这个框架里我们听到的是一种他者的声音，一种发难的姿态，我们看到一道永远不得愈合的裂缝。它们揭示的事实是，这两只鞋子从未属于过什么人也从未被遗弃，从未上脚也从未出空。总之，凡·高这幅鞋子的意义就摇摇欲坠，危在旦夕。然而正是在这丧失意义的风险当中，德里达指出，意义的不确定性是突显出来了。由是观之，绘画也是一种语言，叙述着解构主义对文本的阐释。对此德里达说：

> 这些鞋子生产出一种关于绘画、关于框架和关于特征的话语。鞋子是一种画中之画的寓像，或者再可以说，人可以给这画加上“绘画的本源”这个标题。它使一幅画成其为画，提醒你念念不忘这画让你忘却的东西：在你鼻子底下是画而不是鞋子。①

假如说绘画中有什么真理，那么此一意义在绘画中的失落，毋宁就是绘画中的真理所在。这样来看，无论是海德格尔，还是夏皮罗，都是无可指责的。用德里达的话说，正如海德格尔的诗意并不意味夏皮罗的分析流于肤浅，夏皮罗的实证也并不构成对海德格尔的谴责。故无须来谴责谁，甚至都不必来怀疑谁。绘画、文字、复归，它们就在这里，这就够了。绘画因此是没有真理的绘画，是将自己的意义悬搁起来的绘画，是意义摇摇欲坠、随时可能失落的绘画。就像文学用隐喻攻破了逻各斯中心主义的顽固堡垒一样，绘画可以构成一种“原型文字”，对传统哲学展示它咄咄逼人的解构态势。德里达认为这就是凡·高给予我们的启示，或者我们还可以说，这也是德里达在他的每一个文本中孜孜以求地展示的另一种公理系统吧。

第四节　利奥塔

在后现代主义研究中，利奥塔（Jean-Franc, ois Lyotard, 1924—1998）无疑是受到广泛关注的哲学家之一；他的《后现代状况：关于知识的报告》在哲学层面上回答了什么是后现代的问题，为对西方影响日益广泛的后现代思潮提供了理论支持，他本人也因此产生了世界范围的影响力，被公认为“最出色的后现代理论家”。②

在他的后现代哲学思想中，美学艺术问题占据着举足轻重的位置。在后现代哲

① Jacgues Derrida, The Parergon, in: The Truth in Painting, Chicago: The University of Chicago Press, 1978, p. 342.
② S. Best and D. Kellner, Postmodern Theory, Critical Interrogations, Macmillan Education, 1991, p. 16.

学观形成初期，利奥塔曾试图把艺术和形象当作批判西方传统二元论哲学的突破口，借助分析艺术形象的特质，使感性也成为接近真理的一种方式，从而让感性与理性并驾齐驱，达到颠覆它们之间等级序列的目的。进入到更加理性的哲学思考之后，他尝试对现代和古典做出基本区分，将否定总体性（totality）这个后现代哲学观念体现在对现代和后现代艺术的界定当中，并以此为出发点，提出了一种极端的后现代艺术理论。他借助康德的美学概念，将“不可表现性”转化为后现代美学的核心范畴，为所有实验或先锋艺术奠定了理论基础。他以康德美学中的反思判断为基础，沟通了美学与政治领域，进而使美学成为他后启蒙主义政治观的一种表述。

利奥塔曾说：“为了理解现代主义的关键所在，理解绘画或音乐中所谓的先锋派的关键所在，重新回到康德的《判断力批判》中的‘崇高的分析’是必不可少的。”的确，利奥塔后现代美学的基本原则都是在重读康德美学的基础上确定的。他提出的崇高之后的美学，试图超越传统的形式—质料划分，超越传统的美的美学，在充满差异、不确定性、未完成、非物质化但又的确存在的质料所带来的感受与感动中，为现代派、先锋派艺术寻求解释框架。另一方面，利奥塔对康德美学的重读是在现象学、精神分析和尼采哲学的多重影响下进行的，他对音色、色差所包含的差异性的强调，也与德里达的解构哲学息息相通。本文将以“不可表现性”和“崇高”概念为核心，全面梳理利奥塔的后现代美学思想，展示其发展历程及逻辑脉络。

一、初始的后现代

利奥塔于20世纪60年代后半期重返学术研究[①]，并于1971年发表了博士论文《话语、形象》。该论文是利奥塔后现代美学的初步表述，是他建立自己新的理论视角的最初尝试，是其后现代思想的初始状态。他一方面批判了黑格尔哲学和符号学，另一方面转向弗洛伊德的精神分析理论，尝试借助欲望哲学的描述，寻求突破西方哲学的二元论。

利奥塔认为，西方哲学是围绕着一套二元对立模式建立起来的。比如话语/形象、理性/感性、说/看、普遍/个别等都构成二元对立关系，其中一般都是前者受到褒奖，后者遭到贬抑。特别是受索绪尔语言学影响而渐成显学的符号学，更具有这种二元化倾向。它把语言置于首要地位，从而压抑了非语言的形象、形式或意象。

利奥塔关于话语和形象问题的思考直接来自他对拉康学说的不满与反感。利奥塔在20世纪60年代中期曾参加过拉康的讨论班。他后来回忆说：“在那里我学到的

① 利奥塔1950年毕业于巴黎高等师范学校，获哲学教师资格，后赴阿尔及利亚，在一所中学任教。两年后返回法国。他于1954年加入托派组织“社会主义或野蛮”，1964年该组织分裂，1966年正式退出该组织。

是欲望所需的对象须不为意识所知，欲望满足的时刻伴随着悲伤、痛苦、抵制和否定。我自己感到对拉康的学说有点抵触。”[1]当时的不满情绪主要来自他对拉康关于“想象界”和“符号秩序”的划分不满。作为梅洛—庞蒂的追随者，当时的利奥塔深受现象学思想的影响，因此在他看来，拉康的划分过于黑白分明：一边是无拘无束的想象界，一边是完全符号化的世界，根据这样的图式，认知或知识的成果只能用理论的形式来表述，其他表达方式则被划入到想象界。如此一来：

> 各种形式，即用时空组织材料的各种形式，声音的韵律、音色的呼应，色彩的和谐和聪颖的明暗配合，线条、平面和体积的混合，写作艺术，所有这些都会被看作是无意识的产品，目的是完成旨令、满足欲望。在这样的结构中，如果还是通过愉悦感或痛楚感（它们只不过是趣味而已）来理解并欣赏上述形式的话，那么这只能被看作是被“无意识”欺骗而已。[2]

那么，如何突破拉康通过“符号秩序”表现出来的对认知性概念的偏爱？在此，利奥塔转向弗洛伊德寻求理论支持。他认为，弗洛伊德的欲望概念具有正反两方面的意义：一方面它具有否定性、破坏性和侵越性，但另一方面也具有肯定、积极和建设性的力量，某些声音、色彩、形式和客体正是通过欲望得到了肯定。欲望是对压抑的解放，它具有强烈的张力和创造性，形象是它最直接的表达方式或载体。形象的表达过程更类似于弗洛伊德理论中受快乐原则支配的“首要过程”，是一个直接的、无意识的、本能的过程；而话语更接近弗洛伊德所说的“第二过程”，它受现实原则的支配，受理性自我的调节。在利奥塔看来，抽象的、理性化的话语是以理论的形式凝结、固定和中止欲望的流动和强化。根据符号学图式，这种理论化的固定是对感性、欲望的超越，更具有知识的权威性。但利奥塔试图改变这种等级式结构，消除“柏拉图以来语言蒙在感觉之上的灰色面纱般的阴影”，在该传统当中“感觉一直被认为是逊等的存在，它极少得到认可，得到真理的认可，它被划分到虚假、怀疑主义、修辞学家、画家、雇佣兵、浪荡子和实利主义的一方”。[3]

同时，利奥塔明确指出，艺术表现与梦的机制之间存在着差异。弗洛伊德的欲望概念意味着一种等待满足的愿望，意味着驱动力和心理能量，它往往通过压缩、置换、二次修正和形象化再现达到欲望的虚拟化满足。但在利奥塔看来，艺术表现不是以还原方式模拟愿望的满足过程，而是通过形象的作用达到某种解构作用，它

---

① J-F. Lyotard, Peregrination: law, form, event, Columbia University Press, 1988, pp. 10–11.

② J-F. Lyotard, Peregrination: law, form, event, Columbia University Press, 1988, pp. 10–11.

③ J-F. Lyotard, Discourse, figure, p. 11. 转引自 S. Best and D. Kellner, Postmodern Theory, Critical Interrogations, Macmillan Education, 1991, p. 149.

造成对意识领域的感知方式和语言的解构与破坏，从而导致一种无法表述的窘境，一种词不达意、闪烁不定的状态，在这种困难状态下就可以辨认出一种“无意识秩序的形象”，艺术家便是以这种方式揭示那尚未满足的愿望。

在梦的工作中，各种机制的作用是进行掩饰，以使正常意识所不能容忍的冲动、意愿堂而皇之地进入意识领域，但艺术活动的机制不是掩饰，而是抛弃那些属于第二过程的东西，即那些和谐的、令人欣慰的、熟悉的形式，“以暴露那些丑的、令人不安的、陌生的、无形式的、代表着无意识混乱的东西”[①]。利奥塔用俄耳浦斯的故事来展示艺术的这种性质。阿波罗之子俄耳浦斯到阴间搭救妻子欧律狄克，冥王哈得斯允许他将妻子带回人间，但条件是在他离开阴间之前不得回头看她。就在他们要步出黑暗的地狱时，俄耳浦斯忍不住转过头去……他因此再一次失去欧律狄克。脱离黑暗，进到日光之下正是无意识的愿望，它必须与日光法则相协调，才能以优美的形式得到再现，但这样做的前提是必须对无意识动力有所抑制。正是由于俄耳浦斯“想见到欧律狄克，他失去了所有让她现身的机会：那个形象没有面孔；它杀死了看她的人因为它用自己的黑暗覆盖了他”[②]。无意识的黑暗拒绝日光的照耀，它试图显露出自身。

利奥塔认为，艺术家就像俄耳浦斯一样必须投身到黑暗当中，但他们的目的不是协调昼与夜、光明与黑暗，而是寻找其作品的“他者”，即不可见之物，也就是死亡本身，就像俄耳浦斯想在黑暗中看到或想看到黑暗一样。因此，如果诗人和画家把来自黑暗的无意识的粗糙物打磨得合乎逻辑、易于理解、使它们“软化”，就不会让“真理”现身。艺术表现力不在于和谐，而是要让语词、线条、色彩和价值观等处于敞开和自由状态，这样“真理才能在其中找到形象”[③]。他所要强调的是，艺术表现不是用固定的形式使无意识中的幻象得到外化，它正是由于这一点而区别于梦和精神病。艺术表现的实质在于要打开一个空间，敞开一个领域，在其中留下无意识活动的印记，但同时避免第二过程马上将这一印记符号化、秩序化，从而受到等级式二元对待的压抑。这个被打开的空间正是真理的栖身之地。这就说明真理不是认知的特权，理性也不是获取真理的唯一途径。

利奥塔初期的美学思想带有明显的任意性和强迫特征，由于急于跳出西方传统哲学二元结构的限制，抵制符号学的凝结、固定，他转而把欲望作为真理的藏身之所，作为欲望和紧张感的载体的形象或意象则完全被抽象化、浪漫化了。为了躲避符号化、秩序化，艺术表现势必逃避任何固定的形式。但是，无形式的艺术表现似

① J-F. Lyotard, Toward the Postmodern, Humanities Press, 1993, p. 5.
② J-F. Lyotard, Toward the Postmodern, Humanities Press, 1993, p. 6.
③ J-F. Lyotard, Toward the Postmodern, Humanities Press, 1993, p. 6.

乎在敞开一个欲被言说的空间的同时，也陷入了不可言说的窘境。这个不可言说的空间成为利奥塔美学思想的核心，他后来用“不可表现”概念，再次试图从更为理论化的角度谈论它。

二、什么是后现代？

20世纪70年代末，思想渐趋成熟的利奥塔开始使用“后现代”一词表述自己的观点。我们注意到，他有关后现代的讨论总是从现代这个命题开始。在他看来，它们更像一对孪生兄弟，后现代并非旨在超越现代，而是对现代性的重写：讨论哲学问题时如此，讨论艺术问题时更是如此。

利奥塔认为，自柏拉图以来的西方思想一直是靠哲学话语为科学知识提供合法性基础，他把这样的话语模式称为“宏大叙事”（grand narrative）或“元叙事”（meta-narrative），并把它看作现代性的标志。利奥塔说：

> 我用现代（modern）这个术语指称所有根据某种元话语为自己立法的科学，它们明确地求助于一些宏大叙事，如精神辩证法、意义的阐释学、理性或劳动主体的解放以及财富的创造说。[①]

他认为，德国思辨哲学和法国启蒙主义是最典型的元叙事，前者试图将全部知识统一在“精神”概念之下，并且将科学原则和道德理想统一起来；后者则将科学的合法性寓于平等自由的政治理念当中。尽管它们形式不同，但两种叙事的功能相同，都试图把科学知识纳入一个总的、普遍性的社会理想当中，并以此方式“使社会和政治体制、法律、伦理、思想方式合法化”[②]。

元叙事是用一种普遍原则统合不同的知识领域，认知的、指示性的、实践的、规定性等不同话语被结合在一种总体性叙事框架之下，这种统合导致总体性的产生，其中一种话语总是压迫另一种话语。后现代哲学的任务便是向这种具有压迫性的总体性开战。利奥塔说：“简言之，我把后现代（postmodern）定义为对元叙事的怀疑。”[③]后现代哲学所要做的，就是“以诧异的目光凝视话语种类的多样性，就像

① J-F. Lyotard, The Postmodern Condition: A Report on Knowledge, Minnesota: University of Minnesota Press, 1984, p. 27.

② 利奥塔：《后现代性与公正游戏：利奥塔访谈、书信录》，谈瀛洲译，上海人民出版社1997年版，第167页。

③ J-F. Lyotard, The Postmodern Condition: A Report on Knowledge, Minnesota: University of Minnesota Press, 1984, p. xxiv.

看千姿百态的动植物一样。”①

他借用维特根斯坦的“语言游戏”概念来描述后现代知识状况，它不以追求总体性为旨归，而是分裂为各式各样的语言游戏单元，而且单元之间并不存在通用准则，而是分别表现为真、善、美、效率等原则。科学只进行自己的游戏，它既不依赖更高的话语为之立法，同时也不再担当知识典范的角色，规范和约束其他知识。简言之，利奥塔后现代意味着总体性的解体以及与之相关的合法性危机。

利奥塔对现代艺术和后现代艺术界定的论述都与总体性解体这个核心命题相关。如前所述，他理论的最重要的划分其实并不在现代和后现代之间，在讨论艺术问题时，他指出本质性的区别存在于现代与古典之间，“与现代相对立的不是后现代而应该是古典时期”②。他说：

> 像高乃依这样的人分析他自己的悲剧时，那些分析是有意说给某种听众、某类读者和某种特定的文化群体的。他所说明、辩护的价值体系恰好与听众的价值观相吻合。实际上，这就是我所说的古典主义：在这种情形中，作者能够在写作的同时将自己摆在读者的位置，能够代替读者，能够从读者的角度来判断和筛选他的作品。作品深知人们对他的要求；他把自己摆在读者位置上去体会它；用自己的写作能力回应它。但在我们所说的现代性中，他却不知道为谁写作，因为不再有趣味，不再有内化的规则体系让作家进行筛选，即在写作过程中去掉点儿，添加点儿。我们没有对话者。③

从这段论述可见，利奥塔是以是否存在着一个趣味共同体来划分古典与现代艺术的。在古典主义时期，写作者与读者之间联系紧密，作者就像了解自己那样了解其听众，他们遵循着共同的内化规则和标准对作品进行判断和筛选。事实上，作者与读者共享同样的价值体系和文化空间，形成了稳定的趣味共同体。在现代性中，这种共同的、循环封闭式的文化生存空间被打破了，趣味共同体解体了。作家们不再知道他们“为谁写作”。利奥塔这样描述现代作家的处境：作者的写作恰似向大海掷出的瓶子，不知道它要漂向何方，不知道谁会将它打捞起来。他说：“严格地讲，写作是不负责任的，因为它不是为回应某个问题而作。”④

如果从合法性角度看，古典主义艺术的合法性来自作者与读者一致认同的原则

① J-F. Lyotard, The Postmodern Condition: A Report on Knowledge, Minnesota: University of Minnesota Press, 1984, p. 34.
② J-F. Lyotard, The Inhuman: Reflections on Time, Stanford: Stanford University Press, 1991, p. 25.
③ J-F. Lyotard, Just Gaming, The University of Minnesota Press, 1996, p. 9.
④ J-F. Lyotard, Just Gaming, The University of Minnesota Press, 1996, p. 8.

体系，而现代艺术则逃离对共识体系的依赖，其合法性来自这种逃离本身。值得强调的是，利奥塔所说的现代与后现代概念不是线性的时间概念，它们指的毋宁是一种模式或状态，即缺乏共识约束的未定状态、缺乏固定的接受者状态、缺乏创造原则和判断标准的状态。因此，利奥塔认为，古希腊哲学家安提西尼（Antisthenes）是现代的，法国17世纪哲学家帕斯卡是现代的，处于古典主义和浪漫主义之交的狄德罗也是现代的，因为他们或者回避断定和定义，或者触及判断的标准问题，或者徘徊于新旧公众的交替之间。比如狄德罗一方面意识到传统的贵族社会的公众在消失，另一方面又对形成新的具有同样素质的公众表示疑虑。正是这种不确定性使狄德罗一度处于现代状态。

因此，现代艺术的核心精神便是它的无规则状态。它无须遵循任何创作原则，同时无须考虑接受公众的趣味，不追求对公众的认同。换言之，现代艺术的特质在于逃避规则、趣味和认同。利奥塔对现代艺术的这种规定，为普遍存在于现代艺术中的艺术实验提供了理论支持。他也反复强调当今艺术语言中实验是最关键的。他指出，实验实际上是创造一种前所未有的“语用情形”，它发出了信息，但事先没有信息的接受者，这种性质决定现代艺术必然经历难堪的孤独：“交流根本就不存在，因为标准体系不够稳定，作品无法找到它指定的位置，确保得到受公众赏鉴的机会。”[①]因此，“实验”意味着对已知的突破、对未知的探索，意味着不确定性，意味着一种尚未到来的、尚未成型的将来，也就是说，它意味着“现实缺位”(lack of reality)。在这样的前提下，我们能够理解他关于后现代艺术家的论说：

> 后现代艺术家或作家站在了哲学家的位置上：他的所写或所作原则上不受既存规则的束缚，也不能根据决定的判断来评判它们，即把熟悉的范畴应用于本文或作品身上。那些规则和范畴本身正是艺术所寻找的东西。因此，艺术家和作家在无规则的状态下进行创作，目的是为未完成创作建立规则。由此导致这一事实：作品和本文将具有事件（event）的特点；对作者而言，它们总是姗姗来迟，或换另一种说法，它们被放置在作品中，总是过早地实现为作品(mise en oeuvre)。后—现代必须根据未来的（post）的先在（modo）这一悖论来理解。[②]

利奥塔将后现代艺术等同于事件，这与他从时间角度重新解释现代性的思路直接相关。他认为，现代性对时间的组织受到阶段性模式的影响，它迫使人们确立历

---

① 利奥塔：《后现代性与公正游戏：利奥塔访谈、书信录》，谈瀛洲译，上海人民出版社1997年版，第19页。

② J-F. Lyotard, The Postmodern Condition: A Report on Knowledge, Minnesota: University of Minnesota Press, 1984, p. 81.

史的新起点、新分期，并由此设定了一个在先的（pre-）思想传统。另一方面，这种分期还会设定一个未实现的理想状态，用一个未来的前景对历史进行综合，并最终形成某种宏大叙事，基督教、启蒙主义、浪漫主义、德国的思辨唯心主义以及马克思主义都是如此。利奥塔认为，这种分期既不恰当，也毫无意义，他主张从“当下”（the present）来获取掌握历时顺序的合理视角。但由于时间的流动特性，如果沿着同一性的思路，这个当下又是不可把握的，我们不是“太早”就是“太晚”：因为它转瞬即逝，不断地被覆盖上新的时间痕迹，每当我们说它时，它已悄然逝去；而如果我们把此时此刻正在体验的东西实现为物本身、呈现为实体性，它又带有一种投射向未来的超前特质。因此他说：“正在表现中的当下是绝对的，因此是不可把握的——它是一种尚未到来的或不再存在的当下。把握表现本身并把它呈现出来总是过早或过迟。”①

以当下为出发点，利奥塔对现代性给予了重新解释：“我认为，现代性不是一个历史时期，而是以接纳高频率的偶然性的姿态来组织时间顺序的方式。”②以偶然性、不确定性为特质的现代性正与综合性、总体性的思想方式相对立，如此理解的现代性正是利奥塔后现代的实质所在，正因为如此，他才会说现代性“体制性地、不断地孕育着后现代”③，后现代无疑是现代的一部分。

三、不可表现性与先锋艺术

利奥塔对后现代艺术的张扬是针对现代主义的衰败而来。他认为，西方当代文化停滞不前，处于某种极其平庸的生存环境之中。当年激进、铿锵的先锋派宣言已成为只待追忆的旧梦，各种主义、流派相继陨落，从先锋派到后先锋派、从表现主义到新表现主义、从现代主义到后现代主义，层出不穷的“新”派、“后”派正以繁多的名目掩盖着先锋精神的衰落。先锋派的遗产遭到清算，其独立品格遭到遗弃，而形形色色的流派正在抛弃现代艺术的“实验”精髓，转向屈从于流俗趣味的压力，他们厌倦了“实验”所带来的非整体感、破碎感，渴望回归某种统一性和秩序，渴望认同感。利奥塔用“折衷主义”来描述这个时代的文化：

> 折衷主义是当代总体文化的基准点：人们听雷盖（牙买加民间音乐，20世纪60年代中期开始流行），看西部片，午饭吃麦当劳，晚饭吃地方菜，在东京用

① J-F. Lyotard, The Inhuman: Reflections on Time, Stanford: Stanford Universtiy Press, 1991, p. 59.
② J-F. Lyotard, The Inhuman: Reflections on Time, Stanford: Stanford Universtiy Press, 1991, p. 68.
③ J-F. Lyotard, The Inhuman: Reflections on Time, Stanford: Stanford Universtiy Press, 1991, p. 25.

巴黎香水，在香港穿“怀旧式服装”；知识变成了电子游戏。折衷主义作品与公众一拍即合。艺术成了庸俗之作，迎合取悦资助人的“趣味”。艺术家、画廊老板、批评家和公众都安于“什么都行”，这是一个懈怠的时代。[①]

“什么都行”指的并不是拒绝、否定和批判，而是接纳与融汇，是对现实的臣服。利奥塔认为，这种对现实的认同实际上意味着认同现实中的经济原则和消费原则。他指出：“这种折衷主义唤起的是杂志读者的习惯，是标准的工业形象的消费者的需要——是超级市场顾客的精神。”[②]因此，这种趣味上的迎合是以利润为尺度的，不管是什么倾向和需要，只要具有购买力，这种折衷主义就会去迎合，就像资本迎合需求一样。利奥塔将这种文化现实概括为“金钱现实主义”，可谓一语中的。

实际上，利奥塔所关注的问题是现代艺术面临着被现实所蚕食和同化的危险，但由于他拒绝批判哲学的方法，所以他几乎不讨论在现实层面上资本主义社会对现代艺术的整合作用。我们认为，资本主义社会与现代艺术具有双重关系，一方面资本主义体系催生了现代艺术，另一方面它又是现代艺术的毁灭者。这是因为资本主义本身所固有的矛盾和危机对人类心灵造成的创伤，资本主义商品生产和市场规律对艺术家创作的导向与制约，资本主义的扩张和繁衍本性所包含的对无限性的追求，以及新技术手段为表现方式提供的支持等，都为现代艺术提供了生存土壤；但另一方面，资本主义本身的整合特性最终将任何原创性规范化、标准化，任何超越规则的新形式、新观念都将迅速被消费而失去先锋性。

利奥塔后现代美学的宗旨，就在于为摆脱这种日趋平庸的文化现实提供新的发展动力，而他所选择的道路就是重新擦拭先锋艺术这把利剑，使它重新射出炫目的锋芒。那么，如何重返先锋之路呢？利奥塔说：“我尤其认为正是在崇高美学中现代艺术（包括文学）找到其动力，先锋逻辑找到其公理。”[③]

“崇高美学”是指康德在《判断力批判》中对崇高感的论述，“动力”和“公理”指的是“不可表现”（unpresentable）概念。康德提出了“美”和“崇高”两个美学范畴。所谓美，如“花，自由的图案，无谓地彼此缠绕而称作簇叶饰的纹线”，给人带来的是知性与想象力的和谐一致，其中与知性相对应的是概念能力，与想象力相对应的是表现（present）能力，即赋予材料以形式的能力。因此美感体现了形式与内容的完美结合，使人产生优美、愉悦之感。但在崇高感中，想象力遭遇到无

---

① J-F. Lyotard, The Postmodern Condition: A Report on Knowledge, Minnesota: University of Minnesota Press, 1984, p. 76.

② J-F. Lyotard, The Inhuman: Reflections on Time, Stanford: Stanford Universtiy Press, 1991, p. 127.

③ J-F. Lyotard, The Postmodern Condition: A Report on Knowledge, Minnesota: University of Minnesota Press, 1984, p. 77.

法把握的巨大，在无限、绝对的数量与力量面前，想象力无法提供相应的形式，在这种情况下，康德引入理性理念，想象力在崇高对象面前的挫败感“在我们内心唤醒了一种感觉：我们内心拥有一种超感性的力量”。这种理念要求把无限的力与量作为一个总体把握。康德说，想象力的无能给我们以痛感，但理性理念对整体的要求和它所蕴含的使命感、道德力量又给我们以快感。美感是单纯的愉悦，而崇高是痛感与快感并存的矛盾情感。如果说美感是形式与内容的和谐统一，那么在崇高感中，内容则大大超出形式，表现能力陷入无能为力的境地。因此康德指出，我们可以理解无限大或绝对的力量，但却无法在有限的时空中表现它们和再现它们。同时康德又指出，我们可以用某种方式暗示它们的存在，让人们看见不可见的东西，这个方式就是“无形式，即形式的缺乏”，或者说是负表现（negative presentation），如犹太教禁止偶像崇拜，因为它将视觉表现几乎降至零点，通过这样的“负表现”，它召唤信徒对神明无限性的沉思。

利奥塔继承了康德对崇高的分析，他说：“理念的对象是不可表现的，人们无法援用例子、事件甚或象征来显示（表现）它。宇宙是不可表现的，人性、历史的终结、瞬间、空间和善等概莫能外。也就是康德所说的，普遍的绝对。倘若表现它们，就会把它们相对化，把它们置于表现过程的情境和条件下，所以说表现不出绝对本身。但是人们可以表现出存在着某种绝对，这就是‘负’（康德有时也说‘抽象’）表现。自1912年以来，‘抽象’绘画的潮流应对的正是这种用可见的形式，间接又明白无误地暗示出不可表现性的要求。”①

这样一来，作为先锋派艺术特征之一的抽象形式，便成了见证那个不可表现的、整体的理念的重要方式。正如利奥塔在谈论乔伊斯的《尤利西斯》时所说的，艺术家和作家不是要创造美，而是要见证那个吸引我们的声音，它在我们人中间，但却超越人、自然以及两者之间那种古典式的和谐一致。这个超越一切表现形式的声音就是理性理念的对象。那么，现代艺术就是以抽象形式呼唤无法让人目睹的东西（invisible）。正是由于这种特殊使命，先锋派艺术家为自身找到合法性基础，他们才能在公众拿起相机轻松拍摄画面时，花上一年时间绘制一个白色方块。

现代艺术存在的前提，便是通过表现展示不可表现性（puts forward the unpresentable in presentation itself），“让人们看到存在着某种可以被构想，但不能被看到，也不能让它可见的东西：这就是现代绘画的关键所在”②。

这种不可表现性引导着某种不断超越的行为，所有昨天被接受的都要受到质

---

① J-F. Lyotard, The Inhuman: Reflections on Time, Stanford: Stanford Universtiy Press, 1991, p. 126.

② J-F. Lyotard, The Postmodern Condition: A Report on Knowledge, Minnesota: University of Minnesota Press, 1984, p. 78.

疑，利奥塔目睹了现代艺术不断超越的事实：塞尚挑战了印象派对空间的表现，毕加索和布拉克则攻击塞尚；杜尚曾在1913年与立体派过往甚密，但后来却与之决裂，原因是杜尚反对艺术家必须提供一幅绘画作品的说法；而布伦则质疑杜尚……，因此，利奥塔指出，现代性本身就包含着一种超越其自身状态的冲动。

后现代艺术是现代艺术中最活跃、最革命、最富有突破性的部分，它彻底放弃对和谐、统一、整体性的向往，一味放纵知性的构想能力，寻求对边界的逾越。正如利奥塔所说的那样，后现代艺术“拒绝优美形式的抚慰和趣味的一致——这种一致会使公众共同缅怀那不能获得的东西，它寻求新的表现形式，目的不是获得愉悦感，而是产生一种更强烈的不可表现感”①。因此，正是通过表现不可表现性，先锋艺术才能避开认同现实和公众趣味的诱惑，保持先锋状态，就像包裹在黑暗当中的欧律狄克一样，她诱惑、吸引着俄耳浦斯的追寻，但同时拒绝着他的目光。

四、崇高之后的美学

需要指出的是，虽然利奥塔在康德美学中发现了先锋艺术的公理，把不可表现或负表现作为其后现代美学的基础性概念，但他与康德之间也有本质区别，这种区别主要体现在对理性理念作用的理解上。我们知道，康德美学一直被认为是沟通知性与道德的重要桥梁，而承担这种沟通的正是康德的崇高美学。崇高的情感特征是痛、快交织，其痛感来自想象力无法把握对象，而其快感来自理性理念的引入，产生一种超越无限、克服想象力局限的精神愉悦。在康德看来，这种克服不是在认知意义上完成的，而是体现了某种道德意志。这样，崇高就完成了从情感向道德、从美学向伦理学的过渡。理性对总体性的把握是康德崇高感的核心内容，在理性的召唤下，我们可以获得克服有限性，从而把握总体性。

但对利奥塔来说，对总体性的质疑正是其后现代哲学的中心命题；正如前述，利奥塔对元叙事的怀疑与解构都将矛头指向总体性。他认为重建的总体性具有压迫性，它将不同的话语类型纳入某种统一性中，完全掩盖了社会现实和历史中的不可调和的矛盾性，掩盖了不同话语之间的异质性，从而导致背离公正的后果。后现代哲学的任务便是向总体性开战。因此，利奥塔借用的是康德崇高分析中的前半部分，即想象力面对巨大的力与量时的无奈和表现力的无能，但他终止在不可表现性上，摒弃了理性理念对总体的把握能力。

因此，利奥塔后现代美学是对康德美学的一次重大修正，他是以自己的方式重

① J-F. Lyotard, The Postmodern Condition: A Report on Knowledge, Minnesota: University of Minnesota Press, 1984, p. 81.

新解释崇高的。

首先，他指出，崇高概念打断了古典主义的传统。在古典主义传统中，“技巧”(teche)概念占据重要地位，它提供创作的规则、模式，同时也规定贵族公众的趣味，古典时期盛行的修辞学和新古典主义时期的“三一律”都体现出对“技巧”的重视。但是，由于崇高蕴含了某种无限性和某种无法表达的东西，因此无法再通过依赖某种规则来表达，这样艺术作品便失去了理想的范本。利奥塔认为，在狄德罗笔下，“技巧”被说成是“小手段”(le petit technique)就已经表明了古典主义的式微，“公众不再根据某种由共同的快感传统所引导的趣味标准进行判断：不为艺术家所知的芸芸众生阅读，走过沙龙的画廊，涌入剧院和公众音乐会，他们受到无法预知的情感的折磨：他们震惊、赞叹、蔑视、冷淡”。[①]因此，崇高观念可以被视为从古典时期向现代转型的一个重要契机。

其次，利奥塔认为，柏克和康德在18世纪对崇高进行更系统的阐述，实际上为先锋派艺术的实验性预置了可能性。柏克更强调崇高感中的心理内容，强调当生命受到威胁时出现的“恐惧感”(terror)。利奥塔非常欣赏柏克的恐惧概念，他认为恐惧便意味着某种东西的丧失，没有光、他人、语言、物体、生命，便会产生对黑暗、孤独、沉寂、虚空、死亡的恐惧，丧失意味着“无”，意味着不被把握。利奥塔认为，被先锋派艺术家安放在艺术馆里的作品，就成为某种“冒犯的遗迹”，见证着精神的力量和某种东西的丧失。[②]

与柏克相比，康德在崇高感中注入了思想体系的追求。在康德哲学体系中，认识论讨论知识何以成立的问题，其核心问题是知性(understanding)和自然界的必然规律；伦理学则讨论神、灵魂不朽和意志自由等形而上学的问题，其核心概念是理性和精神的自由；沟通这两个领域的是“判断力”，因为判断力不是一种独立的心智能力，它既不能像知性那样提供概念，也不能像理性那样提供理性理念，但它却可以使人们获得共同感并产生对理性理念的欲求。一般来说，康德把判断力区分为决定的判断和反思的判断两种，前者是从一般到特殊，后者是从特殊到一般。审美的判断力属于后一种。康德从量、质、关系和模态四个方面进行美的分析，其结论就是美是无概念的但却具有普遍性，是无目的但却具有合目的的形式，不凭借概念但却具有必然性。在此，我们必须注意康德对反思判断力的补充说明：反思的判断力“只有主观有效性，因为它所趋向的一般，只是经验的一般——是一种逻辑的类比”。因此，审美判断中的普遍性、合目的性和必然性所表达的是一种趋势、走向，而不是一种确定的状态。利奥塔对此的理解是：“显然，判断力处于一种神秘的、悬

① J-F. Lyotard, The Inhuman: Reflections on Time, Stanford: Stanford Universtiy Press, 1991, p. 95.
② J-F. Lyotard, The Inhuman: Reflections on Time, Stanford: Stanford Universtiy Press, 1991, p. 99.

而未决的状态。”[1]

对利奥塔的后现代美学来说，这种反思的判断力至关重要。因为以“实验”为核心的现代艺术所面临的最大挑战便是来自反思的判断所导致的疑难。现代艺术没有标准，但我们必须对它作出判断。如此，对现代艺术的判断只能“逐例”进行。推动我们作出判断的则是“现代性的意志”，这种意志的特点在于它不服从任何可以想到的模式，“不必通过一个可以作为实践标准的概念系统，就可以发展行动、话语和一般的作品”[2]。

同样重要的是，反思的判断力也是利奥塔的后启蒙政治观的基础。崇高感在康德哲学体系中承担着一个过渡到伦理学的任务，但对怀疑总体性的利奥塔来说，这种过渡无疑值得商榷。康德引入理性理念概念，从美学转入伦理学，但其伦理学所涉及的是道德法则的一般原则，“是对一般义务和道德的可能性的条件的先验分析”[3]，它们只作为理念发生作用，不能在实际的道德法律陈述中发挥规定性的作用，也就是说，不能从先验直接过渡到经验，理性理念与道德实践之间存在着难以填补的“异质性鸿沟”[4]。因此，利奥塔认为，康德的理论体系中所缺少的一个重要部分就是“一种经验的道德，也即一种政治”[5]。在此，利奥塔也像康德那样从美学进入到政治领域，但不同的是，利奥塔强调用反思的判断来理解政治问题，也就是避免用直接的因果关系来阐释理念与历史现实的关系，从而避免启蒙名义下的压迫与非正义。

最后，利奥塔认为崇高美学意味着“美的美学”的终结，在崇高之后，美学进入了质料的时代。

利奥塔指出，西方两千年的思想中一直存在着这样一种思想或者说偏见，即把艺术的过程理解成联结质料与形式的过程。他认为这种倾向甚至在康德的分析中依然发挥着作用。因为在康德“美的分析”中，他特别强调关注形式，要求对感性的、想象性的素材或质料保持淡然处之的态度，以保证趣味的普遍性。对他来说，形式是构成人类心智普遍性的保证，它具备将杂多统一起来的能力，作为素材的质料则被看作是四分五裂的、不稳定的和稍纵即逝的。利奥塔认为，这种美学观正是

---

① 利奥塔：《后现代性与公正游戏：利奥塔访谈、书信录》，谈瀛州译，上海人民出版社1997年版，第28页。

② 利奥塔：《后现代性与公正游戏：利奥塔访谈、书信录》，谈瀛州译，上海人民出版社1997年版，第29页。

③ 利奥塔：《后现代性与公正游戏：利奥塔访谈、书信录》，谈瀛州译，上海人民出版社1997年版，第74页。

④ 秦喜清：《让-弗·利奥塔：独树一帜的后现代理论家》，文化艺术出版社2002年版，第233页。

⑤ 利奥塔：《后现代性与公正游戏：利奥塔访谈、书信录》，谈瀛州译，上海人民出版社1997年版，第74页。

“美的美学”的基础。但是，康德美学中有关崇高的分析显然表明这种质料—形式契合观念开始衰落。

正如前述，在康德美学中，想象力与知性的契合形成优美的形式，但这种契合在崇高面前被打破了。当想象力崩溃时，理念通过不可表现的状态被标示出来，利奥塔指出：“精神情感意味着自然中缺乏心智，意味着缺乏适合于心智的自然。心智只感觉到自身。这样，崇高不是别的，正是道德在审美领域的献祭通告。之所以说献祭，是由于它要求想象力的自然（心灵内外的）必须为实践理性的利益而牺牲（对于从道德角度评价崇高感来说，实践理性并非没有某些特殊的问题）。这以心智的最终归宿的即自由的名义，宣告了美学——即‘美的美学’的终结。”[①]

随着质料与形式的自然契合的衰落，“美的美学”终结了，因而艺术的目的，特别是绘画和音乐的目的“只能围绕质料而展开”[②]。值得注意的是，利奥塔在这里所说的质料并不是那种旨在填满一个形式或者说让形式得到实现的物质材料，而是那种不通过表现概念来理解的在场的东西。他选用色质（timbre）和神妙（nuance）分别描述乐音和色彩的性质，同时又避免了那种确定的方式。timbre一般译作音色，与英语中的tone-colour词义接近，指乐器或嗓音的乐音质感；nuance是指色彩之间、音调之间的细微差别和微妙之处。

利奥塔指出，当我们依据“等级式音阶”和“和声调律”组织声音时，就会发现色质和神妙在这些身份确定的框架内引入了“泛音”的不确定性。因为“神妙和色质是某种差异和延迟的东西，是某种用钢琴弹奏的音符区别于长笛吹奏的音符的东西。它是那种由此推迟了那个最终确定的音符的东西”[③]。同样，绘画也是在第一笔开始之后，让第二笔随之而来，然后又是一个微妙的差别，它们按照一种属于自身的并被深切地感受到的要求联结起来。

这里我们必须按照悖论的结构来理解利奥塔所说的质料概念。一方面，由于质料处于心智的统辖之下，因此它是非物质的；但另一方面，这个非物质的质料是不能对象化的，也就是说，它的出现或“发生”必须以中止心智的主动性为代价，也就是说要中止任何智力活动赋予质料以形式的综合作用，利奥塔将这种状态称之为“无心智的心智状态”，让心智在这种状态下感受到那种不被感知、认识、构成或把握但却存在着的东西。

因此，崇高之后的美学和艺术陷入了这样一种悖论状态。如果说心智的目的是追问，是要在物与物之间建立联系的话，那么质料的特征则是它不向心智追问，“它

---

① 利奥塔：《崇高之后的美学状态》，该文载《中国艺术研究学刊》（内部刊物）1995年第1期，第13页。
② 利奥塔：《崇高之后的美学状态》，该文载《中国艺术研究学刊》（内部刊物）1995年第1期，第14页。
③ 利奥塔：《崇高之后的美学状态》，该文载《中国艺术研究学刊》（内部刊物）1995年第1期，第13页。译文略有改动。

存在着，或说持续着，它站在问和答之‘前’、之‘外’。对心智来说，它是不可表现的在场，永远摆脱心智的把握。它不把自己交付对话与辩难”[①]。

“不可表现的在场”几乎与康德哲学中的“物自体”这个黑洞接近，它存在着，但我们却无缘加以把握，同时，我们又再一次回到欧律狄克的主题，一个无法来到日光之下的黑暗，崇高之后的美学就是一种拒绝言说的美学，让人们将心智的思索暂时“悬置”起来，从而迷失在质料当中，体验那种无法把握、无法确定的愉悦。这种美学能够让我们摆脱平庸吗？

第五节　布迪厄

毫无疑义，布迪厄是20世纪末影响最大的思想大师之一。1989年《社会科学引文索引》（SSCI）的一项数据显示，在法国思想家中，布迪厄被引用率居于第二位，次于福柯，而高于列维-斯特劳斯、德里达、阿尔都塞、萨特、拉康、波德里亚等其他大师。另一项根据网上搜索的数据表明，在1995年至2000年内，学术引证率最高的学人依次为福柯、布迪厄、哈贝马斯、德里达、乔姆斯基、韦伯等，布迪厄仍然位居第二。[②]作为法兰西学院院士，布迪厄被认为在超越客观主义与主观主义、宏观研究与微观研究、理论研究与经验研究以及结构与行动等中作出了重要的贡献。

布迪厄1930年出生于法国一个叫作贝亚恩（Béarn）的偏僻乡镇，用布迪厄自己的话说，这种外省出身“赋予我一种客观上和主观上的外在性，使我和法国社会的核心制度，乃至知识界的体制处于一种十分特殊的关系之中”[③]。这也成为他社会学立场的重要注脚。1954年，布迪厄大学毕业，并取得了哲学教师资格。1956年，布迪厄入伍并被派赴阿尔及利亚服役。这期间作为人类学家的布迪厄一面在阿尔及尔大学文学院任教，一面从事田野考察，并最终成为殖民地人民的代言人。《阿尔及利亚社会学》等这一时期的相关著作表现出了鲜明的政治性。1960年，布迪厄回到法国，从1960年至1962年，他成为巴黎大学文学院的一名助教。他开始去参加列维-斯特劳斯在法兰西学院举办的一些研讨班，并成为社会学名宿阿隆的助手。在此期间，布迪厄也逐渐由一位自学成才的人类学家变成了一位社会学家。1962年至1964

① 利奥塔：《崇高之后的美学状态》，该文载《中国艺术研究学刊》（内部刊物）1995年第1期，第13页。

② 21世纪以来，布迪厄的影响并未消退。从2010年至2015年2月18日，布迪厄在谷歌的引用数为168,145；而福柯的数字为231,735；德里达为60,437；韦伯为54,601。感谢吴可博士为笔者提供的上述数据。

③ 布迪厄、华康德：《实践与反思：反思社会学导引》，李猛等译，中央编译出版社1998年版，第275页。

年，在里尔大学执教三年以后，布迪厄在阿隆不遗余力地奖掖下，被任命为法国高等社会科学研究院和国家科研中心的文化与教育社会学研究所所长。他在这期间相继出版了《继承人：法国学生及其与文化的关系》《摄影：一种中等品味的艺术》《社会学的技艺》等重要著作。特别是《继承人》，因对法国教育制度尖锐批判而成为法国五月风暴造反学生们的精神武器之一。1968年，布迪厄筹建了自己的欧洲社会学中心。1970年至1981年间，布迪厄进入法兰西学院，他构建整个实践理论思想体系大厦的主体部分在这个时期基本上趋于完成。出版于1975年的《海德格尔的政治本体论》，其对于被奉为神圣的文化作品的祛魅解读，则预示了布迪厄后来表现于《艺术的法则》的思路。1979年，提炼了《摄影》和《艺术之恋》之精髓的《区隔》一书的出版，使得布迪厄无可争辩地获得了法国社会学领袖的地位。1981年，布迪厄获得法兰西学院唯一的社会学教授的教席，他的学术生涯达到顶峰。从20世纪80年代至他逝世，布迪厄逐渐改变了自己的干预方式，开始把解剖刀指向符号权力，甚至指向作为符号生产者的知识分子自己，而他的反思社会学至此也已经大功告成。反映这一方面成果的著作是探讨语言与权力关系的《语言与符号权力》；探讨男性权力的《男性统治》；探讨知识分子权力发生的《学术人》《国家贵族：权力场域中的精英学校》，以及后来的《论电视》；探讨反思社会学，并为自己的理论描绘出一个学术地图的《实践与反思：反思社会学导引》以及揭示文化生产场的起源及其结构的《文化生产场》《艺术的法则》等著述。

尽管布迪厄宣称自己没有兴趣建立某种形而上学的元话语，只是提供一整套社会学思想范畴的批判工具和实践操作的可能程序，然而，他的确在事实上以"社会学的社会学"的元科学立场，凭借自己渊博的知识和学养，将这套话语系统运用在极为广泛的领域，而作为文化最深邃、最崇高也是最核心部分的文学艺术，乃是布迪厄话语系统运用的重要领域之一。因此，在进入布迪厄的社会学美学之前，我们有必要简要了解一下他的哲学和社会学思想渊源。让我们先谈其哲学思想渊源。

布迪厄深受以巴什拉为代表的客观主义科学认识论传统的影响。这一传统以巴什拉的理论为例，主要发展出了一套"认识论断裂"的哲学观。这种哲学观认为科学并非累积的、不断扩大范围的那种永恒火炬，真理总是暂时性的，必须要常常纠正谬误。这就要求我们与那种直接的、常识性的、视为当然的东西相决裂。实现科学认识的逐渐断裂，必然会遭遇到积非成是的常识的拒阻。要摧毁这种障碍，就必须认识到，过去的科学事实正是在这些感知框架或解释系统的作用下被赢得、被建构和被征服而来的。这就意味着修正的理性主义总是不断向未来的科学革命开放的。[①]这种强调认识论的断裂，强调构建对象时将直接经验背后预设的观念加以客观

① P. Bourdieu (et al.), The Craft of Sociology: The Sociology of Pierre Bourdieu, p. 158.

化，强调关系主义且强调理论研究与经验研究的统一，构成了布迪厄社会学方法论的一个主要思想来源之一。

结构主义是布迪厄思想的另一个主要来源。事实上，他给自己的社会学研究贴上的标签就是“建构主义的结构主义”（constructivist structuralism）或者“结构主义的建构主义”（structuralist constructivism）。伴随着《忧伤的热带》（1955年）、《结构人类学》（1958年）的出版，列维-斯特劳斯在法国引起了一场被命名为“结构主义”的思想革命。结构主义将各种符号系统看成一个关系网络，在此网络之中，各要素具有内部差异性，每个要素的意义只有依赖它与其他要素之间的关系才能读解。布迪厄的社会空间或者场域理论中，其结构的关系原型可以归结为支配/被支配两极，这就是对上述观念的运用。其次，结构主义语言学认为能指与所指之间的关系是任意专断的，其他符号系统也存在着这种任意专断性。人类学家着手研究的，并不是自然存在的客观事实，而是被人类的心灵结构化了的经验现实。布迪厄将这种任意专断性运用到文化特别是教育领域。[①]此外，诸如文学艺术之类的文化实践也并没有属于自身的自然的或具有历史连续性的本质，也无非是一种任意专断性。最后，符号系统的深层结构作为一种集体无意识，具有其特定的社会功能。布迪厄的理论着重于某些社会行为背后的关系网络，揭示某些社会体制表面合法性背后深层结构的内在功能，同样也来源于这种结构主义的看法。

阿尔都塞给布迪厄带来的影响实际在更大程度上是马克思主义的，而不是结构主义的。他的多元决定论是布迪厄场域具有相对自主性的观点的一个重要来源。阿尔都塞的一个著名观点是多元决定论：尽管经济基础起最终决定作用，但是上层建筑具有相对独立性。布迪厄把现代社会理解为一个个具有相对自主性的可称之为场域的小社会世界，每个场域均遵循自己的特殊法则而运作。权力场，即政治经济场域，作为元场（meta-field）起着最后的决定作用，但权力场的作用方式，是其外部力量必须按照每个特定场域的逻辑加以重新塑形，才能发挥功效。

此外，布迪厄的理论还与现象学有着相当密切的联系。梅洛-庞蒂是对布迪厄起过关键性作用的哲学家之一。其具有科学主义性质的著作《知觉现象学》为布迪厄在行动者与世界之间的关系进行非唯智主义（intellectualist），也为非机械论的分析开辟了道路。[②]另一位存在主义哲学家萨特虽然被布迪厄作为主观主义的代表人物而得

---

① P. Bourdieu (et al.), Reproduction in Education, Society and Culture, London: Sage Publications, 1990, p. 5. 布尔迪约等：《再生产：一种教育系统理论的要点》，邢克超译，商务印书馆2002年版，第13页。

② 布迪厄：《文化资本与社会炼金术：布尔迪厄访谈录》，包亚明译，上海人民出版社1997年版，第11页，以及P. Bourdieu, In Other Words, p. 10。关于唯智主义，布迪厄说：“唯智主义铭刻在这样的事实中，即它将对于对象的智识关系引入到对象中去，将对于实践的实践关系置换为观察者对于实践的关系。”（P. Bourdieu, The Logic of Practice, p. 34）

到了被重点批判的待遇，但一方面，将萨特作为重要批判对象进行参照，使布迪厄得以最大程度地摆脱存在主义无法真实地认识社会世界客观性的困境；另一方面，存在主义作为一种人道主义，倾向于政治干预和社会介入的观点也成为布迪厄贯穿于他全部著作中的政治热情的来源之一。布迪厄也吸纳了海德格尔不少精辟的观念，特别是“世界总是首先作为共同性的世界而被已然给出的”这一主张。布迪厄将此观点吸收到他的习性理论中，认为习性说到底无非是集体性历史和客观结构的产物，某一给定世界总是先于“我”的世界。此外，《海德格尔的政治存在论》是运用文化生产场理论来分析文化生产者与场域关系的一个作为典范的个案研究。布迪厄因而分析了海德格尔习性的生成，分析了他的社会出身，分析了海德格尔所代表的新保守主义以及当时包括1929年世界性经济危机在内的种种社会历史语境，进而分析了大学场、哲学场。他的独特的分析方法在方法论上具有示范意义，尤其是对任何宣称原则上超历史的纯粹的文化作品的祛魅解读提供了一个不可多得的范本，并预示了他后来文化生产场的理论发展。

接下来，我们谈谈布迪厄的社会学思想渊源。

在布迪厄的社会学理论，如符号权力理论中，处处可见三位大师理论的闪光点，例如马克思的意识形态理论，韦伯的合法化理论，以及涂尔干的社会分类理论等其推陈出新之处在于，它尽管涵摄了更大容量的思想成分，却不是胡乱的理论拼凑，它根据适应于新的时代的新的视界，被重组成另一种形式，可以运用于语言领域，也可以运用于性别统治理论中。符号权力对于符号资本的依赖，又增加了这一理论的经验基础。

布迪厄并非欣然接受马克思主义者这一美谥，但应该承认，从基本的学术架构和价值指向来看，英美一些学者把布迪厄视为马克思主义的传人是不无道理的。一方面，布迪厄使用一些术语替代了马克思的一些概念，但是保留了马克思赋予该概念的若干含义，比如用符号权力的概念替代意识形态的概念；另一方面，也是更普遍的一方面，布迪厄使用了一些马克思曾经运用过的概念以及思想资源：诸如阶级与阶级斗争，商品，资本，生产与再生产，消费，利润，实践，甚至经济是最终决定因素的理论，尽管他改变了这些概念的内涵。布迪厄认为，要构建一个社会空间理论，与传统马克思主义的决裂是其条件之一。布迪厄不赞成许多马克思主义者对经济基础与上层建筑的区分，他认为每一场域根据自身不同的逻辑运作，具有相对独立性，但是每一场域都会具有物质的或符号的资源的生产、分配、流通、转化、消费的过程。此外，他还认为阶级间的权力关系如果只是从经济角度加以理解，就无法更清楚地看到符号系统所施加的合法化功能，也就是通过向社会世界强加以有利于统治集团利益的种种定义，使全体社会成员将种种专断性定义辨识/误识为自然的、合法的、正确的定义，从而使其统治关系合法化并由此把他引向了韦伯的合法化理论。

韦伯的社会学对布迪厄的影响是多方面的。韦伯认为，要解释社会现象，首先应当考虑行动者自身的意向性，也就是赋予自身行为的意义，因为行动者是根据意义而展开自己的行动的。这样，韦伯就强调了布迪厄所说的符号维度。在布迪厄的场域理论中，那些利益、资本、幻象等概念，作为驱动行动者进行实践的动力，都在很大程度上被符号化了，也就是说，都与行动者赋予这些动机根源的意义相关。[①]韦伯对宗教利益的现世性的考量对布迪厄有很大的启发。[②]韦伯指出，在宗教领域中起作用的理念商品或者宗教利益与现世利益紧密相连，虽然采取了改头换面的、拒斥现世的形式。后来，它在布迪厄的理论中变成文化生产场理论的一个主要思想资源，认为文化生产场与别的场域的主要区别在于它是所谓颠倒的经济。韦伯把利益从物质领域扩展到符号领域，认为在符号生产领域，行动者们跟在别的领域一样追求符号利润。这就促使布迪厄提出文化资本的著名概念。此外，韦伯关于巫师或神职人员与先知的对立关系经过布迪厄改造之后，被吸收到布迪厄的场域理论中来。巫师或者神职人员，在布迪厄的场域结构中被置换为统治阶层，另一方面，先知则在场域理论中扮演着闯进场域中的新来者或觊觎者的角色，这些人致力于获得垄断定义场域规则的权力，并推翻原有的场域结构。合法性的概念在韦伯社会学中被具体化地表述为三种统治形式，即传统性权力、卡里斯玛权力以及合理性权力。布迪厄完全认同韦伯关于权力的实施需要合法性的观点，并由此引申出了符号权力的概念。

布迪厄还自认为是涂尔干的继承人。和巴什拉一样，涂尔干倡导与任何预设观念（prenotions）的断裂，社会事实并非是自发呈现的，它通过反对直接知识的幻觉构建而来。布迪厄基本接受了这一立场，当然也有发展：一方面，他把这一点视为他后来提出的反思性的第一个步骤，从而收编到他的理论框架之内；另一方面，他又将行动者的概念引入到方法论中，以补救涂尔干忽视主体性的客观主义的缺失。涂尔干认为，符号分类对应于社会分类，心智结构受决定于群体的社会结构。布迪厄深化了这一观点，他不仅仅指出了这些认知结构或符号分类是被历史建构的形式，因而具有专断性和约定俗成的特征，而且，布迪厄还把这个概念从涂尔干所局限的传统社会扩展到现代社会，并强调指出社会区分的结构与心理结构上的同源性，特别是被个人所内化，成为身体化的社会结构。涂尔干认为我们过去的人格预先决定了我们。受此影响，布迪厄认为，习性作为身体化的历史，也具有这一无意

① 朋尼维兹：《布赫迪厄社会学的第一课》，孔智绮译，麦田出版社，第32—33页。
② D. Swartz, Culture and Power: The Sociology of Pierre Bourdieu, University of Chicago Press, 1997, p. 41.

识，也就是对历史的遗忘，并将这种遗忘的历史当作第二自然内化到身体之中。此外，涂尔干认为人具有个体与社会两种存在的双重性，假定了个人欲求与社会规范的吻合。这种观点被系统地挪用到布迪厄的理论中，就变成了习性与场域的共谋关系。

以上是对布迪厄思想哲学与社会学渊源的简单介绍，这有助于我们理解布迪厄的文化美学的独特性基于一个十分复杂的悖论。一方面，他并不欣赏精英主义立场、艺术本身，尤其是以现代主义为范本的艺术，在布迪厄那里并没有一种超验的性质。这表现在对于文学艺术的祛魅读解。另一方面，非常服膺于他所攻击的艺术魔术背后所包含的艺术经验，尤其是先锋派/现代主义者的艺术体验。据此，我们就可以看到，在布迪厄对文学艺术或者美学的论述中，明显分为在逻辑上相关的两个部分。第一个部分也是他的早期研究，以《区隔》《艺术之恋：欧洲艺术博物馆及其观众》《摄影：中等品味的艺术》（包括实际上撰写于早期的《文化生产场》中的部分章节）等著作为代表的社会学美学，主要通过文化商品是艺术品的社会使用的研究，通过艺术品对于消费者或者使用者的意义，去揭示文化的区隔充当着将社会阶级的区隔加以合法化的功能，并指出文化实践一方面调节了诸阶层之间的对立关系，另一方面又掩饰着社会不平等的事实，而这一切是通过教育体制的再生产手段加以推行的。第二部分也就是他后期的对于文学艺术的研究，以《艺术的法则》和《文化生产场》等作品为代表的文艺社会学。这一部分主要使用的词汇是文化生产场、文化自主性、先锋派、文化炼金术以及知识分子的发明。其重点则是发展了文化生产场的概念，并由此论述了文化生产场的根本性质、结构、在社会世界中的位置，以及获得相对自主性的发生过程。

一、阶级习性与美学性情

布迪厄独特的美学理论史是围绕着“趣味”这一论题展开的。趣味理论本身并非新的话题，它至少有三个重要的倾向。第一，以康德、伽达默尔为代表的规范性趣味理论，他们侧重探讨的是趣味的普遍性原则。第二，波德莱尔、西美尔以及当代消费主义社会学家所注意的对于时尚的探讨。第三，以考斯梅尔为代表的将趣味判断的感官从“高级感官”的感觉即视觉听觉，延伸到“低级感官”的感觉，即味觉嗅觉触觉等，换言之，认为这些感官也具有审美效能。[①]布迪厄用消费的逻辑把后两方面贯穿起来并安置在他修正过的阶级理论之上，从而挑战康德美学。布迪厄认

① 卡罗琳·考斯梅尔：《味觉：食物与哲学》，吴琼等译，中国友谊出版公司2001年版。

为，康德所设想的美学经验的普遍性原则以及由此导致的高级美学与低俗美学的区分是十分可疑的，实际上美学经验赖以发生的美学性情，与一定的阶级习性有着不可分割的联系，什么样的行动者，他在社会空间中占据何种位置，他拥有什么样的文化资本，他就必然会秉有什么样的趣味。

这一部分布迪厄主要使用的概念是趣味、区隔、文化或社会再生产、阶级等，比较多地侧重于探讨纯粹美学欣赏的社会条件以及艺术的社会定义，并根据大量的数据调查和图表来强化他的有关论断。

（一）趣味与阶级区隔

在布迪厄看来，趣味无非也是一种区隔策略的理念武器，趣味作为文化习性的一种突出表现，乃是整体的阶级习性的一个关键性的区隔标志。因此，趣味的重要性表现在它是统治阶级场和文化生产场最重要的斗争筹码。布迪厄的趣味社会学作为一种社会学美学，实际上成为一种批判的文化政治学。

那么，趣味是什么呢？布迪厄提供了一个趣味基于功能的界定："用康德的话说，趣味是一种进行'区别'和'欣赏'的习得的性情，换言之，是通过一种区隔过程建立并标示差异的习得性情，这一区隔并不（或不必然）是某种莱布尼茨意义上的明晰的知识，因为它无须意指界定了某一对象的种种区隔性特征，就可以确保对该对象（在普通意义上）的认可。"[①]作为习性的一种具体表现，趣味是一个人所拥有的全部东西的基础，是当超自然的强制（例如宗教）或者道德律令失效之后仍然对他发挥作用的东西，他据此对别人进行分类，同时也被别人所分类。因此，从其作用方式上来看，它一方面总是对自己的实践确认，而另一方面，当它将自己合法化、自然化的同时，它也总是意味着对别的趣味的否定或者厌恶。因此，社会行动者的趣味作为一种行动者自身的位置感，发挥着社会定位的功能，它引导着行动者根据自身在一定社会空间中所处的给定位置，逐渐靠近这个位置的占位者所应当具有的特征，或可能进行的实践。换句话说，我们如果知道某人在社会空间中的特定位置，就可以对他进行实践预期，知道他可能会作出什么样的实践选择，以及这些选择对他所具备的意义与价值。

尽管存在着趣味的分野，但是在一给定的社会构型中，所有的行动者共享着一整套基本的感知图式，它们直观地客观化为无数的二元对立：尊/卑、雅/俗、高/下、智/愚、强/弱、灵/肉、轻/重、广/狭、自由/强制、独特/平庸等，这些区隔实际上都基于一个最基本的对立，即统治或被统治的对立。这些区隔通过误识而得到委

① P. Bourdieu, Distinction: A Social Critique of the Judgement of Taste, Harvard University Press, 2007, p. 466.

婉化因而合法化，从而将自己构建为一种客观现实。误识的发生，明显地表现为下述事实，即趣味作为社会的历史的双重建构的产物，就其客观表现而言，却意味着对社会或历史因素的忘却："社会的种种区分变成了区分的种种原则，组织了对于社会世界的图像。客观的种种限制变成了对种种限制的某种感觉……对于种种限制的某一感觉意味着对于种种限制的遗忘。"①趣味因此变成了一种卡里斯玛意识形态，成为一种天生的禀赋。这样，趣味作为一种社会结构感，作为社会条件内化的产物，铭刻到了人的身体的深处，成为人的身体素性。它不仅仅意味着对于艺术品的观点，而且还意味着对于日常生活的基本感觉系统和分类图式，即使是最简单的感官喜好或快感，往往也与趣味不无关联。

由此，个人或群体在趣味区隔之中所投资的利益，确定了其社会认同，也划定了阶级的边界，指定了什么是"我们的"，什么是"他们的"。趣味所建构的社会认同存在于个人和群体的差异之中，也就是存在于它们各自的特征之中。所谓阶级斗争，因此在这里就变成了争夺社会表征权、分类系统权或者合法趣味命名权的斗争，斗争的胜利者可以垄断对于社会世界的意义的解释权。布迪厄在此处强调的是，社会阶级可以通过命名等动员手段成为一种客观存在，它可以通过其消费来加以确定，同时，也可以通过行动者在生产关系之中所处的位置所决定，特别是个人在分类斗争的位置依赖于他在阶级结构中的位置。

布迪厄用习性、性情或趣味这些概念打通物质商品与符号商品的界限，认为在消费过程中，行动者实际上遵循着共同的游戏规则，在不同的领域和不同的行动中，个人的文化习性会发挥一种结构同源性的作用。对于如此结构同源性的最好说明，莫过于研究行动者对商品的占用方式。比如，艺术消费和日常消费的不同不是因为在实践的掌握方式上有多大差异，而主要是因为艺术作为最精微的文化商品，通过个人天赋的意识形态，最典型最集中地掩盖了阶级习性的巨大区隔。有闲阶级对占用艺术品的能力的称赞，实际上乃是对艺术占用者的品性的称赞，因为艺术代码的习得，诸如音乐、绘画技巧，并不是可以一蹴而就的，它需要长期的时间投资。忧心忡忡的为生计发愁的下层人民不会留意落日之美，他们会认为欣赏艺术是一种奢侈。艺术，作为纯粹也最为稀缺的难得之货，对它的合法占用（即能基本解读隐含于其中的艺术代码）作为具有优良品质的上等人的最为可信的标识，总是与寻求区隔的冲动联系在一起，也总是与阶级习性联系在一起。

布迪厄主要讨论了三种趣味，即合法趣味、大众趣味和中等品味趣味。合法趣味，主要是统治阶级所分享的具有支配地位的趣味；大众趣味，主要是被统治阶级所分享的居被支配地位的趣味；中等品味趣味，主要是介乎这两者之间的中产阶级

---

① P. Bourdieu, Distinction: A Social Critique of the Judgement of Taste, Harvard University Press, 2007, p. 471.

的趣味。在论述的策略上，布迪厄是根据合法趣味的视点来作为逻辑线索，来反思性观看这三者的。布迪厄并不同情这三种趣味的任何一方，但是相对而言，比较起后两者而言，合法趣味除了遭到文化专断性的质疑之外，其本身的实质构成并没有遇到更大的挑战。

（二）合法趣味与美学性情

合法趣味是被普遍认同的趣味，它的信用由体制特别是教育体制所担保。以音乐为例，布迪厄指出，由于掌握相应性情条件的稀缺性，所以可以认为没有什么比听音乐会或演奏贵族味道十足的乐器更具有分类含义的了。音乐文化不是某种知识的总和，也不是可以加以讨论的一些经验："音乐是最为'精神性的'精神艺术，音乐之恋乃是'精神性'的确证……音乐是最'纯粹的'艺术。它什么也不陈述，而且它没有什么要陈述。"[①]别的艺术类型，例如戏剧，总还要传达信息，观众总还是要基于某种价值在观赏时会产生某种阅读期待，音乐则什么也不传达。戏剧会区分自我与观众，先锋派与资产阶级，美学与政治；音乐则不做任何区分，作为无何有之乡，它无滞无碍，用庄子的话说，"物物而不物于物"，它代表了否定现存世界最绝对、最极端的形式。

对此一性情的理解显然源于康德的形式主义美学或纯粹美学，它的首要要求是与日常世界相断裂："美学性情是一种将日常紧迫性中立化亦即排斥实践目的普遍性能力，是一种没有实践功能的经久的实践倾向与才能，它只能建构在对于没有紧迫性的世界的经验之中，只能通过自身即目的的那些实践活动——例如学术训练或对于艺术品的沉思——才能得以建构。"[②]布迪厄指出作为历史性和社会性建构的产物，它们无非是一种文化专断性，主要是通过教育体制的合法化而得到不断的再生产，反之，教育体制所灌输的意识形态作为一种符号权力又进一步强化了合法趣味或美学性情的真理性。这里互为合法化的自我循环掩盖了合法趣味之为文化专断性的本质，从而会产生一种崇信它的艺术神学。

合法趣味或者美学性情，其基本特征就是强调形式高于功能，强调表征模式高于表征对象。通过长期的熏习，尤其是通过教育的资格证书，教育体制成功地把这种美学性情作为一种符号暴力强加在任何一个企图进入合法文化领域的行动者身上，无论他们喜欢与否，甚至无论他们是否愿意接受，他们都被这些美学规范所衡量。我们可能都知道罗丹的那句被广为引用的名言：世上没有不美的事物，只是缺

① P. Bourdieu, Distinction: A Social Critique of the Judgement of Taste, Harvard University Press, 2007, p. 19.

② P. Bourdieu, Distinction: A Social Critique of the Judgement of Taste, Harvard University Press, 2007, p. 54.

乏审美的眼睛。我们大多数人可能会误读为，我们必须在日常生活中捕捉稍纵即逝的美的事物。但是纯粹美学的意思却可能是：一切事物，特别是被认为粗俗的、淫荡的、卑下的、低级的事物都有可能转化为美。假如我们观照事物的方式是纯粹的，那么就没有什么对象是可能不美的，无论是杜尚的尿壶还是行为艺术家在艺术展览馆门口吹涨的避孕套。同样，表征的道德，艺术的道德，或者说美学性情的道德，指向一种伦理学的价值中立或者说道德虚无主义，并且在事实上常常与日常生活的道德格格不入。布迪厄在《区隔》的引言中引用了一段艺术家的话："给我最大触动的是这一点——在我们的首演舞台上任何事物都不可能是淫秽的；歌剧中的芭蕾舞女，即使是裸体的舞者、仙女、小妖精或女祭司，都保持了一种不可亵渎的纯洁性。"①

稀缺性资本的积累或占有，必然涉及一种有意或无意的排他性的社会闭合原则。统治阶级通过以风格化的形式来否定功能和内容，通过类似于圣餐变体论的自我神化成为合法趣味的合法拥有者。形式与功能的对立对应着自由的趣味与必然的趣味之间的对立。前者通过对后者的排斥将自身合法化，并将隐含的阶级对立转化成为一种被工人阶级或被支配阶级认同的文化趣味的区隔，这样，文化的区隔便充当着将社会阶级的区隔加以合法化的功能，文化实践一方面调节了诸阶层之间的对立关系，另一方面又掩饰着社会不平等的事实。

其实在统治阶级内部，合法趣味的表现形式也是有区别的。统治阶级根据其经济资本与文化资本的数量和构成，可以区分出两极三类：一极是拥有大量的经济资本的人，即大资产阶级，他们在文化上总得来说是被支配的；另一极是拥有大量文化资本的人，即知识分子，他们在文化上居支配地位；居于两者之间的是文化资本与经济资本相当的人，即专业人士，他们在文化场域的话语权亦处于两者之间。布迪厄指出，知识分子躬行的是一种最为禁欲主义形式的美学性情，即所谓左岸趣味或学究趣味。他们所从事的文化实践和欣赏的文学作品都是简朴纯粹的。知识分子之所以以一定的频率去看戏剧、参观艺术展或观赏艺术电影，乃是以最小的经济代价谋取最大的文化利润。与此相反，资产阶级奉行的却是享乐主义形式的美学性情，即所谓右岸趣味或奢侈趣味，对资产阶级而言，艺术的消费只是意味着炫耀自己是上流社会成员的一种机会，只不过是身份的一种表达需要，或者说是寻求区隔感的一种客观要求。当然，知识分子与资产阶级的对立还表现在更为广泛的领域，比如对生活方式的理解（悲观/乐观），艺术品的偏好（当代作品/圣化作品）等。资产阶级企图通过艺术来强化自我确信，从而掩饰自己的庸俗脸孔，但不幸的是，他

① P. Bourdieu, Distinction: A Social Critique of the Judgement of Taste, Harvard University Press, 2007, p. 6.

们永远不会得到先锋派艺术家的认可，因为艺术永远属于左岸，而左岸永恒地拒绝所有代表着资产阶级利益的被社会认同的那些轻浮奢靡的趣味。

（三）文化意愿：中产阶级的趣味

在布迪厄看来，像法国这样的发达国家的中产阶级趣味是最为含混而尴尬的，它处在两大对立的趣味体系之间：一方面，它对普罗阶级的自然趣味嗤之以鼻，[①]一心巴望着要证明自己与他们的距离，证明自己已经摆脱了较低级的趣味；另一方面，它崇拜上流社会的自由趣味，崇拜其风格化的生活方式，不想错过任何一次与精英阶层的文化新潮结缘的机会。但糟糕的是，它在两方面都不讨好，既失去了大众趣味的自得其乐，那种基于身体、功能和伦理的某种文化自足性，与此同时，它采取的种种刻意的努力始终没有使自己登堂入室，能在合法文化的圣殿中混上一个哪怕是叨陪末座的位置。布迪厄把中产阶级这一不无势利眼的美学姿态称之为“文化意愿”（cultural goodwill）。

要更清楚了解这一点，首先必须知道小资的阶级习性。从整个社会空间上来说，小资处在不上不下可上可下的中间位置，所以，“小资的特性是吊诡的：他们的实践要调适到某些客观机会，而如果他们不宣称拥有它们，如果他们没有在‘心理学上’额外推进其经济、文化资本的力量，他们就不会拥有这些客观机会”[②]。由于没有足够多的文化、经济资本，只能提供道德担保，所以，它的力量只能从负面得以呈现，也就是通过德性使其虚饰（pretension）的特性得到正当化。他们崇尚节俭，投资教育积累文化资本，急于寻求权威的行为方式，选择具有确定性的作品，例如经典作家或者获奖作品。他们愿意遵守严格的生活规则，愿意接受谨慎的改良，崇尚律法，坚守严峻的传统价值。由于它缺乏足够的资本和手段，所以它必须躬身求诸自身，从而总是显示出某种紧张关系。与资产阶级的随意姿态相反，小资则总是处于一种患得患失、忐忑不安的焦虑状态之中。

具体到他们的中等品味的趣味，也同样具有这一特征。中等趣味是假设的一种趣味，一种文化客体，一种没有确定性的判断标准，由于资本和手段上的缺失，它常常会成为统治阶级合法趣味的推手。他们把文化等同于知识，以为有教养的人就是占有大量知识的人。而事实上文化本该是当一个人遗忘了一切的时候所遗留的东西，文化经验而不是知识才是决定性的。这就决定了他们与那些生来就熟识合法文化的人是有本质区别的。小资把文化看成生死攸关、是非真理的大问题，根本不可

---

① 这里需要注意布迪厄笔下的“自然”概念具有明显的贬斥的含义，与中国的自然观刚好相反。

② P. Bourdieu, Distinction: A Social Critique of the Judgement of Taste, Harvard University Press, 2007, p. 333.

能怀疑哲学、文学、艺术有可能是粗枝大叶的，甚至有可能“不诚实”。小资的文化缺乏属于自己的内在价值，它存在着一种根本性的矛盾，小资总是扮演一种推荐者或二道贩子的角色。他们一方面热衷于将合法文化作品浅薄化，另一方面又热衷于将不具合法性的作品或文类赋予合法性，例如鼓励容易理解的包含先锋派体验的作品，将经典名著改编成电影，古典音乐的通俗化，通俗乐曲的管弦乐化，也就是通过将迥然不同的两种文化熔为一炉，将合法文化置于自己可以理解、接近的范围之内。他们拒绝教条主义与腐儒式的博学，拒绝厚重、沉闷、压抑、灰色的生活姿态，拒绝这些体制能力的外部特征，与此同时，小资又是粗鄙趣味的坚决反对者。

小资内部又具有复杂的区分，那些正在没落的、数量急剧减少的小资，例如技工、小地主、小店主，他们受到较少的教育，反对现代主义，反对享乐，认为这是道德的堕落。他们主张简朴、严肃、诚实的生活，捍卫传统的意义体系和“完善的”趣味。他们讨厌毕加索，讨厌艺术家这种轻浮的人，只承认最经典的艺术家，例如拉斐尔，达·芬奇、华托这样的画家，显然他们对现代经验的拒绝表达了他们对过去的迷恋和对现实的怨恨。他们对道德有着异乎寻常的关切，这充分揭示了其保守的一面。而新兴小资，也就是典型意义上的小资，主要是那些从事生产人们所需要的符号的工作者，例如设计师、包装人员、营销经理、公关经理、市场策划主任、广告人、电台制作人、时装设计师、装潢师、杂志记者等，[①]他们受过较好的教育，具有一定的文化资本，对未来充满信心，倾向于进步主义的世界观。

小资由于处在文化生产场域之中较低的位置，与合法文化存有一种暧昧的关系，一方面，他们积极地推动将某些边缘性的文化实践/艺术形式加以圣化，例如轻歌剧、电影、摄影、爵士乐；另一方面，也是更主要的方面，他们这种挑战性的文化行动是在遵循合法文化规则的前提下实现的。他们常常引入一种博学的甚至是“学院化的”性情，这一性情是由一种卷土重来的露骨的意图所激励的，是种种复辟策略的文化等价物，这些复辟策略规定了他们的职业规划。[②]他们既热衷于爵士乐、电影、牛仔裤等时尚符号，同时又引入一种“学院化的”性情，[③]大学教授常常被电视台请来进行辩论，从而让他们所经营的次要形式的合法文化商品和实践看上去具有充分的合法性。他们对文化的严肃性暴露了自觉不安全的焦虑心理，这与合法文化所需要的优雅、自由、悠闲、从容的性情正好相对立。

---

① 新小资内部也存在着区分，例如在青年导师、文化策划人与小学老师之间；在记者、电视制片人与中学教师之间；在公共舆论或市场研究的从业人员与银行职员、邮局办事员之间存在着对立。

② P. Bourdieu, Distinction: A Social Critique of the Judgement of Taste, Harvard University Press, 2007, p. 360.

③ P. Bourdieu, Distinction: A Social Critique of the Judgement of Taste, Harvard University Press, 2007, p. 360.

（四）工人阶级：必然性的选择

布迪厄把普罗阶级的趣味归纳为对于必然性（necessity）的选择。“必然性强加了一种必然性的趣味，这意味着某种形式的对于必然之物的适应以至于接受，意味着对不可避免事物的屈从，意味着与革命意图决不可相提并论的某种根深蒂固的性情，尽管这一性情秉有并非是知识分子的或艺术的反抗特征。”[①]布迪厄认为，马克思以为从工人阶级的生存条件中可以逻辑地推导出工人阶级的乌托邦需求是错误的。实际情况是，工人阶级非但缺乏革命意识，而且还屈从于现实主义的生活逻辑：“工人阶级顺从于必然性，导致自己倾向于一种实用的、功能主义的‘美学’，拒绝接受任何类型为艺术而艺术和形式运作的恩惠和轻浮，这也是全部日常存在选择的原则，以及生活艺术的原则，这一生活艺术将美学意图作为悖谬的东西加以明确拒绝。”[②]

与美学性情相反，工人阶级必然倾向于简单、适度的趣味。工人阶级妇女不能理解，为什么资产阶级对于家中的任何一个地方都要进行美学的考虑，比如注意和谐与美观。工人阶级在室内布置方面总是遵循既定常规，比如在壁炉架上放置小摆设，在餐具柜上贴森林风景画，在桌子上摆放花束。经济学家或鉴赏家不懂的是，为什么要搞些小摆设来装饰走廊或者壁炉架。他们其实是想用最小的花费换取最大的效果。这种思路正是资产阶级所定义的粗鄙性。

布迪厄认为，必然性的选择源于因文化资本的匮乏导致的缺少信息和特殊能力。因此，工人阶级不光是不反对秩序，他们反而吁求游戏规则能够发生作用，因为这乃是对于顺从原则的再确认，并致力于鼓励作出对其客观条件而言是“合理的”选择。这在文化消费上可以更为清楚地看到一条深深的鸿沟：“工人阶级群众在他们所能获得的合法文化作品——尤其是通过电视——中所显示出来的冷淡兴趣，并不只是缺乏能力和亲和性的结果，诸如电视这样被认定为粗鄙的话题，是被资产阶级在交谈中所弃置不顾的。所以资产阶级交谈中最喜爱的话题是展览、戏剧、音乐会抑或电影，而这些话题在事实上和在权利上都被工人阶级在谈话中排除了，因为在其中他们只能表现自己与众不同的那种虚饰。”[③]可以说，工人阶级的阶级习性决定了他们排斥预先已经被排斥的选择。

布迪厄指出，阶级认同和统一性的最基本原则潜存于人的无意识之中，工人阶级的身体力量的意义不在于它自身，而在于它是通过谁的眼睛来观看的。由于身体

---

① P. Bourdieu, Distinction: A Social Critique of the Judgement of Taste, Harvard University Press, 2007, p. 372.
② P. Bourdieu, Distinction: A Social Critique of the Judgement of Taste, Harvard University Press, 2007, p. 376.
③ P. Bourdieu, Distinction: A Social Critique of the Judgement of Taste, Harvard University Press, 2007, p. 381.

受到支配性定义的支配，工人阶级也就失去了整体性造反成功的可能。比无法有效反抗这一事实更糟的是，工人阶级对自己身体（特别是男子气概）的自我肯定，以及全社会的肯定（我们可以试想一下工人阶级出生的劳伦斯在《查特莱夫人的情人》中对守林人的赞美），用布迪厄的术语就是一种符号暴力："在与统治阶级的关系中，被统治阶级把自己归结为在劳动力和好勇斗狠式力量意义上的强力——身体力量，还包括性格、勇气和刚毅的力量。这一事实并不能阻止支配性群体类似地根据强/弱图式来感受这一关系；然而，这些群体将被支配者（年轻人/妇女）归结为自己特性的力量化约为野蛮的力量、激情和本能，化约为盲目的、不可预测的自然力量，化约为未可推理的欲望暴力。而他们把自己归结为精神的、智识的力量，一种命定让自己控制别人的自我控制，一种灵魂的或精神的力量，这种力量允许他们将自己与被支配者（'大众'、妇女、年轻人）之间的关系感受为灵与肉、理解与感觉、文化与自然之间的关系。"[①]从某种隐含的阴险的进化论观点来看，工人阶级还没有进化到摆脱其自然性并上升到精神文化的较高阶段。对工人阶级身体力量的大众赋值，只不过是一种掩盖阶级区隔的美妙面纱，事实上作为工人阶级几乎是唯一的资本，这种令人恐惧的筋肉力量，乃是工人阶级服从劳动力市场原则的结果。

从生活方式来看，工人阶级通过感受自己的无能、无知、无价值的体验，无奈地认可统治价值。他们不能消受高级奢侈品，只能用"冒泡的白葡萄酒（sparkling white wine）"来替代香槟，假皮制品替代真皮制品，用绘画赝品替代真迹，这说明了他们以被剥夺的形式，接受了那些值得被占有的商品的定义。布迪厄在通俗文化尤其是通俗音乐中，看到了阿多诺早已经看到的那些东西，认为通俗音乐简单、重复的结构，迎合的是消极的、缺席的参与，其所预制的娱乐是文化大生产的新工程师为电视受众所设计的。但同时比阿多诺更进一步的是，他认识到通俗文化中被动、虚假的参与只是一种对于遭到专家剥夺之后的虚幻的补偿，支配文化工业的因素首先并不是对于生产线的垄断，而是工人阶级的某些社会关系，这些关系决定了他们对社会世界的经验。

工人阶级内部差异其最明显的区隔原则是资历和教育。普通工人缺乏内化的文化资本，但是总想正确把握被客观化于技术对象中的文化资本，因为这乃是维持甚至抬升其位置的先决条件。工人阶级于是不得不认同一种看上去是中立的区隔，即实践与理论、局部与系统、含糊与清晰、技术与科学、体力劳动与精神劳动、知其然与知其所以然之间的区隔，这种区隔将统治者区隔为优秀，将工人阶级区隔为卑下，并通过文化剥夺将经济剥夺予以正当化。在再生产这一等级体系的时候，教育文凭证书所担保的文化发挥了关键的作用，因为拥有合法文化乃是成为完美个人的

① P. Bourdieu, Distinction: A Social Critique of the Judgement of Taste, Harvard University Press, 2007, p. 479.

支配性定义之一。工人阶级的文化缺失被认为是其内在的障碍，使得他们没有尊严和身份认同，并处于匿名状态，在公开场合常常被迫保持沉默。

布迪厄十分激进地否定都市工人阶级艺术意义上的通俗艺术的存在。[①]所谓反文化，无非是基于工人阶级所共享的一些情境、经验和传统，它们以此可以在一定程度上从合法文化的固有模式中解放出来。但是，在反文化中文化支配的效用并没有停止运作。从本质上来看，资产阶级的纯粹趣味建基于对不纯趣味和感觉的拒绝的基础之上，即拒绝“浅易”(facile)，也就是工人阶级的美。两者的对立，也就是身体与灵魂的对立，就是那些只能顺应自然的人与那些有能力支配其生物性的人之间的对立，而后者有能力支配社会自然，其美学神话具有实际的效果。它指出艺术经验使人成为人，并标识了人与非人的区分。通过创造第二自然，艺术家确证了其超越性。艺术创造所生产的世界并不仅仅是另一自然，而是一种反自然，这一世界是以自然的但是与普通自然法则相抵触的方式生产出来的，而艺术升华注定会实现社会合法化的功能。“纯粹的快乐是禁欲的、空洞的快乐，它意味着对快乐的拒绝，意味着净化了快乐的快乐。它注定成为道德优越性的象征，而艺术品则注定成为伦理超越性的试金石，成为具有真正的人类必定会拥有的崇高性的无可辩驳的尺度。在美学话语中，在试图强加真正人类的定义过程中，关键的恰恰就是对于人性的垄断。”[②]

二、作为文化生产场理论范例的文学场

从某种意义上来说，布迪厄的文学（艺术）社会学[③]，也就是文学场的社会学。作为他取得的比较突出的学术实绩，他得到了比较广泛的认可和较为深刻的影响。一如布迪厄的社会学理论在其他方面的运用，布迪厄在方法上还是采用了场域、资本、习性、策略等概念工具，试图以此超越各种文学研究方法，构建一个无所不包

① 布迪厄注意到了巴赫金的有关论述，指出大众想象通过贬低、简化、猥亵、黑话等来颠倒统治者赖以确认其崇高性的全部价值，粗暴地对待差别、嘲弄区隔，将灵魂的区隔性快乐简化成对于食色的普通满足。但是与巴赫金的区别似乎在于，他认为反抗实际上是不可能的，或者说是基本上无效的。资产阶级内部社会巨大的弹性可以收编这样的狂欢节文化，使它成为自身的一道奇异的景致。

② P. Bourdieu, Distinction: A Social Critique of the Judgement of Taste, Harvard University Press, 2007, p. 491.

③ 布迪厄不仅主要研究了文学场，也附带性地研究了艺术场，但是，他的这些研究可以统统视为对文化生产场的研究。在《艺术的法则》中，他写道：“读者可以在这整个章节中，用画家、哲学家、学者等来替换作家，并用艺术的、哲学的、科学的等来替换文学的……这并不意味着诸场之间的差异已经被忽视。举例来说，毫无疑问，斗争的强度根据各种具体文类（genres）而发生变化，根据这些文类在特定时期所获得的特殊能力的稀缺性而发生变化，也就是根据‘不正当竞争’或‘非法实践’的可能性发生变化。”P. Bourdieu, The Rules of Art: Genesis and Structure of the Literary Field, Stanford: Stanford University Press, 1996, p. 215. 皮埃尔·布迪厄：《艺术的法则：文学场的生成和结构》，刘晖译，中央编译出版社2001年版，第263页。

的元理论，尽管他本人否定这一野心。在具体策略上，他将各派文学理论或艺术理论根据自己的需要而加以简化，并纳入自己的阐释框架之中。布迪厄以此挑战支配着文学理论界的一切观念，尤其是那些例如俄国形式主义、新批评派等似乎更纯粹的文学理论，企图使文学社会学由文学研究的边缘变成中心。

文学场理论力图解决的就是艺术生产的问题，这问题用布迪厄本人的话来说，就是问：谁创造了创造者？布迪厄在这方面首先遭遇了拒绝将文学客观化的认识论障碍，这派学人强调作家的灵感、原创力，强调文学经验的神秘性和超验性，他们为文学的理性研究特别是社会学研究设置了先验的界限。这就决定了布迪厄必须再一次对文学经验进行祛魅性颠覆。

布迪厄首先通过批判了所谓“创造者神话”而确立了对艺术从社会学进行科学分析的合法性。他指出从柏格森到海德格尔以来的哲学家们之所以如此不经斗争就承认知识的失败，乃是因为科学分析会导致自己通过对文本的创造性阅读达到与创造者认同目的的彻底泡汤。如果我们放弃这种执念，对艺术的科学分析，不仅不会削弱艺术的独特性，而且废除“创造者”的独特性，只是为了把作者置于一个空间的某一位置中，从而更好地重建这一独特性。其次，布迪厄一方面通过对福柯和形式主义者的批评来批评内部研究方法，他指出这两者都拒绝在话语场之外寻找文学作品的解释原则；另一方面针对外部研究方法，他指出一派的缺点基本上是把文化作品视为对社会世界的简单反映，把作品化约为作者或集团的社会特征。他以这种对内、外阅读的双重超越拒绝了文学研究中的本质主义倾向。这些都可以视为文学场理论的方法论基础。

（一）作为信念的生产场的文学场

尽管布迪厄没有对文学场下过任何定义，但是我们不妨按照他的思路，把文学场简单界定为围绕着文学的幻象组织起来的一系列可能性位置空间的动态集合。那么，什么是文学的幻象？幻象也可以称之为笃识（doxa），是指在一定社会空间中的游戏中，持正统的或异端立场的行动者共同遵守的游戏规则和基本信念，它们被行动者认为是值得坚信不疑，也值得为之付出和投入的。就其呈现方式而言，布迪厄曾经作过如下描述：“当在客观秩序与组织的主观原则之间存在着一个大致精确的吻合时（比如在古代社会），自然世界或社会世界显示为不言而喻的。这一经验我们应该称为笃识。”[①]什么是文学场的位置空间？所谓位置空间，就是指文学行动者在这样一个社会空间中所占据的位置。这里说的文学行动者（布迪厄本人没有使用这一概

① P. Bourdieu, Outline of A Theory of Practice, Cambridge: Cambridge University Press, 1977, p. 164.

念)，可以是作家、批评家、出版商等个体，也可以是文学流派、出版集团、批评家群体，甚至作家协会、文学史家、学院、报纸、教育系统、政府有关文化主管部门、各种学术委员会等权威机构等这样的群体或者体制。那么，文学行动者共同认同的文学幻象究竟是什么呢？文学幻象不是指对某一具体的文学观念的普遍认同，比如认为文学是表现真理，或者认为文学是表达感情；它是指所有文学场的占位者都一致认同，文学是神圣的、崇高的，甚至超验的，总之是值得追求的某种极高的价值。

文学场对文学幻象的集体性崇信，造成的一种结果是使它具有自外于社会世界的疏离倾向。就文学场内部而言，文学行动者之间充满了符号斗争，都希望自己获得制定文学合法定义的至高无上的垄断权，事实上文学行动者唯一的共同之处就是他们都参加了文学场的关于合法的文学定义的斗争，并通过斗争无意识地再生产文学幻象；[1]就外部而言，文学行动者追求摆脱外部力量，特别是政治、经济等制约因素的控制的自身独立性。因此，与外部世界一般原则的断裂是文学场的本质规定之一。从文学的观点来看，真正的文学应该挑战人们的常识感，应该颠覆时代的流行观念，但读者大众为了追求阅读快感，宁愿接受取悦自己的负载着传统的文学作品。这样，整个文学场就具体表现为一个颠倒的经济体系。用布迪厄的话来说："这种系统性颠倒包括商业（它排除了对于利润的追求，并且不能确保在投资与金钱收益之间的任何对应），权力（它谴责荣誉和转瞬即逝的伟大性），甚至体制化文化权威（缺乏学术训练和神圣性也许会被看成是一个优点）。"[2]

在一个获得相对自主性的文学场内部，文学家们试图对社会主流话语保持距离，并将此作为"合法行为的实践原则"铭刻在文学场自身的逻辑里。这方面最极端的例子来自艺术界，来自杜尚著名的尿盆。杜尚的本意是对于个体创造性的嘲弄，通过在尿盆上签名并作为艺术品展出，他激进地批判了资本主义艺术体制。在杜尚之前，还从来没有人寻求区隔达到了消解社会生活与艺术实践，从而消除艺术形式特性的程度。布迪厄通过这个艺术个案揭露了崇拜艺术家创造力的艺术幻象如何使一个签名具有点石成金的魔术般的神奇作用，如何使它可以对公众进行有效欺骗与权力的合法滥用："艺术家把自己的名字写在一个现成品上面，从而生产了一个市场价格与生产成本不相称的物品，这种物品被集体性授权进行一场魔术表演。如果没有整个传统为艺术家的姿态做好准备，没有神父和其信徒的宇宙根据这一传统

① 布迪厄认为，幻象作为游戏的利益和筹码，既是游戏的产物，也是游戏的条件："执着游戏、相信游戏及其筹码的价值的某种形式，使得玩此游戏值得不辞劳苦，乃是游戏得以运作的基础。而在幻象中的行动者的共谋，是使他们彼此对立的竞争的根源，以及制造游戏本身的竞争的根源。" P. Bourdieu, The Rules of Art: Genesis and Structure of the Literary Field, Stanford: Stanford University Press, 1996, p. 229.

② P. Bourdieu, The Field of Cultural Production: Essays on Art and Criticism, Randal Johnson (ed.), Cambridge: Polity Press, 1993, p. 39.

赋予它意义与价值，这一表演将一无所有。”①

（二）文学场的结构

文学场内部，根据资本的不平等分布，构成了由各种区隔性位置所组成的可能性空间，换言之，资本分布的结构即是文学场的结构。文化资本的数量和构成也决定了文学行动者的文学观，比如捍卫或者颠覆文学场主流话语的基本立场。文学行动者的文学观或作品空间的占位的客观关系结构与自己在文学场中所处位置的客观关系结构之间具有同源关系。这种同源对应关系特别表现在，文学行动者总是力图将自身的优势合法化为文学场的普遍性话语。

从宏观的角度来看，文学场的结构上，就表现为两极对立的两个文学次场：一极就是标举“为艺术而艺术”的追求自主性的合法/先锋派文学，布迪厄又称之为“限制生产”“为了生产的生产”或者“纯粹生产”的文学次场，其受众就是生产者的同行，也同时是其竞争者；另一极是服从于他治性原则，也就是从属于政治、经济等外部因素的“社会艺术”或“资产阶级艺术”，布迪厄称之为“大生产”或“为了受众的生产”的文学次场。前者因为挑战既定的社会准则和文学常规，蓄意冒犯流行的社会趣味，拒绝普通读者的阅读期待，因而注定不可能在短时期里获得经济回报，也不可能得到社会的符号资助，因而可能会陷入生活的全面困顿。但是，经济资本的匮乏则可能暗示了文化资本的增值，文学受难者的形象则可能预示了未来得到拯救的希望。另一方面，“为了受众的生产”旨在迎合受众的阅读趣味，无论其预想受众是资产阶级或是普通的芸芸众生，它由于满足了受众的阅读快感而得到当下的经济回报，这就是畅销文学的写作模式。

我们可以看到，布迪厄关于文学场的结构的论述，基本上采用了结构主义的那种二元对立的基本原则。但是值得注意的是，布迪厄为了避免对支配/被支配次场的本质主义分析，他还指出，某些作家之同属支配位置或者被支配位置，乃是其共享的某种习性使然，并不意味着他们之间不存在差异。②

---

① 陆扬等选编：《大众文化研究》，上海三联书店，第104—105页。译文有改动。参见P. Bourdieu, The Field of Cultural Production, p. 81.

② 另一方面，他还指出，位置的相似性也不足以建立起一个文学集团：“场的影响倾向于创造有利条件，从而促进具有相同或临近位置的占据者之间的和睦关系。但这并不足以决定一个团体的凝聚，以及有利于集团效应出现的先决条件，最著名文艺团体的集团效应来自巨大符号利益的驱动。”P. Bourdieu, The Rules of Art: Genesis and Structure of the Literary Field, Stanford: Stanford University Press, 1996, p. 267. 皮埃尔·布迪厄：《艺术的法则：文学场的生成和结构》，刘晖译，中央编译出版社2001年版，第315页。

（三）占位、位置、性情与可能性空间

布迪厄提醒我们注意，行动者的占位与位置之间并不存在机械决定论关系。布迪厄使用习性/性情的理论来解释它们之间的辩证关系，这样，习性就同时肩负了两个完全相反的任务：一方面要解释习性如何引导行动者按照文学场上的既定位置来调适自己的文学实践；另一方面又要解释习性如何有利于创造新的位置，也就是解释文学场结构的根本性变化。

布迪厄认为，在稳定期，文学场的位置是比较恒定的，因而位置的空间支配了占位的空间[①]。也就是说，相对固定的诸位置之空间决定了文学行动者对一定位置的选择。但是，"所有的行动者、作家、艺术家或者知识分子构建其自身的创造性规划，首先根据的是通过其感知、评判诸范畴所提供的可实现的可能性的感觉，而上述范畴又铭刻在由某种轨迹而来的习性之中；其次根据的是利用或者拒绝这样一些可能性的倾向，这些可能性和与他们所处游戏中的位置相联系的利益相一致"[②]。布迪厄这里说的实际上是这样两方面：一方面是指行动者根据一种文学的习性，即实践感或社会定位感来作出可能性的判断和取舍，而他的文学习性又很大程度上取决于他的社会轨迹。我们看到的正是这里，他安置了传记式研究（社会轨迹）的位置，使之在作为一种宏观方法失效的时候在他的文学社会学总体研究中仍然具备一定的价值；另一方面，又是指这种行动为自己希望的符号利益所驱动，这种利益表现为一种诸如追求文学本真性的深刻激情或"再使风俗淳"的伟大抱负之类幻象。

那么，习性和位置之间的关系又该如何解释？布迪厄认为，性情的充分实现的条件一方面是场域结构的松动，另一方面是习性与某一位置所召唤的感觉或想象之间的啮合，同样的性情可以导向不同的美学的占位，文学行动者根据自己在场中的被决定状态采取不同的文学策略，这样他可以批评那些阶级出身决定论的过于简单化的文学主张。布迪厄首先指出的是习性的决定作用，例如那些出身较为富贵家庭的人会选择写诗，并且会维持这一爱好，而经济上没那么宽裕的即使选择写诗也不会坚持太久，会转而写比较赚钱的小说或者戏剧（这里笔者想到了作家朱文如何从写诗自我断裂而为写小说，再而自我断裂写电视剧本）。但是这里布迪厄强调更多的是，习性只会在确定、具体的位置结构关系中才能发挥其潜能，举例来说，鲁迅和

① 所谓占位，是指"客观的潜能，'要做'的事情，要发起的'运动'，要创办的杂志，要打击的对手，要'超越'的既定位置，等等"。参见皮埃尔·布迪厄：《艺术的法则：文学场的生成和结构》，刘晖译，中央编译出版社2001年版，第182页。

② P. Bourdieu, The Field of Cultural Production: Essays on Art and Criticism, Randal Johnson (ed.), Cambridge: Polity Press, 1993, p. 184.

周作人相同的家庭背景可能决定了他们的“占位”，比如作为突然被边缘化的人，可能会把社会对自己家庭的一种拒绝转化为一种倾向于颠覆社会结构的符号报复的欲望，例如表现为支持新文化运动；但是他们在家庭的不同位置，又可能决定了他们在文学场上不同的姿态，例如鲁迅与其大哥习性相称的积极、入世、责任感和领袖欲，周作人与其二弟习性相合的消极、遁世、内敛、随和。[①]

（四）文学场的变化及其内部斗争

如何解释文学场的变化？布迪厄认为，进入一个高度章程化的游戏空间有着清楚的游戏规则，要求进入者必须遵守。但文学家职业是不稳定的，他们常常被迫寻找第二职业，以获得生活来源的保证。另一方面，当下的文学场的位置也未得到合法承认，谁知道今天失意的作家艺术家不是未来的卡夫卡或凡·高？由于文学场是这样一个不确定的领域，场域的位置结构中包含着空白点和不确定因素，例如需要解决的问题，利用风格或主题的可能性等，这就导致了文学行动者的自由限度。由此我们可以看到，习性论实际上没有从具有创造性的主观维度解释文学变革的原因，它仍然从适应于结构或位置的角度来阐释其效用，跟绝对决定论的区别仅仅在于，布迪厄强调这样的决定作用取决于特定的历史具体性，换句话说，布迪厄比绝对决定论的高明之处仅仅在于他可以以实践的模糊逻辑来将它区隔为机械决定论，将自己区隔为更灵活的决定论。

对布迪厄来说，场域的存在与斗争不可分离，文学场也不例外。这不仅仅是说，文学场的双重结构决定了它的存在形式表现为永无休止的符号斗争，而且是说，每个试图进入文学场或者已经进入文学场的行动者，在默认了游戏固有的种种限制和可能性，也就是在把这些游戏规则作为可能会获胜的策略加以运用的同时，总是在客观上被自己寻求区隔的美学欲望所左右。我们可能会以为布迪厄谈论的区隔斗争是纯粹生产者与大规模生产者之间的斗法，但实际上布迪厄主要讨论的是希望得到圣化地位的新锐先锋派与已经得到圣化的先锋派之间的文学角逐。

对于这两派文学家，我们可以借用韦伯宗教社会学的术语，将已经得到经典地位的先锋作家与希望获得经典地位的作家分别称之为牧师类型和先知类型作家。牧师类型的作家以正统自居，强调文学历史的连续性与当下文学法则的合法性和神圣性。倾向于将当初自己领导的符号暴动所带来的断裂视为历史性的断裂，也就是不言而喻的断裂，而拒绝文学新锐对自己的合法化了的断裂进行全新的再度断裂。对自己统治地位的场域游戏规则的捍卫，最好的方式是把这种规则视为自明原则，视

① 当然二周习性的构成源于多方面因素，这里只是按照布迪厄的逻辑指出形成其特性的某种倾向。

为不言自明的公理，而公理总是无须喋喋不休的徒费口舌的，沉默是其最好的防守。先知类型的作家则以异端自居，以预言者的身份强调新一轮文学革命的必要性，并挑战既定的符号秩序。他们发明出有利于自己场上位置或者符号资源的新的区隔原则，最后将此原则强加为文学场上的普遍性话语和合法信念。他们寻求差异、断裂、革命、非连续性。作为挑战者，他们要求既得利益者的牧师型文学行动者退回到自己在成为文学场统治者之前的个人历史，也就是否弃世俗价值，否弃名利。新进先锋派最常采用的策略就是种种文学命名活动，通过无数新的命名标签，通过种种实践上的分类工具，他们得以重新组织文学系谱，从而将得到经典化地位的先锋派作家区隔为历史和传统，也就是贬入到退出话语场的正在消逝的过去之中。

但需要说明的是，文学场的符号斗争并不质疑关于文学的笃识，或构成场域全部基础的幻象。相反，美学革命总是以回溯文学本真性的源头、以忠于文学之所以为文学的基本原则的名义进行的。每次文学事件一方面就文学场而言，是一种力量动员，一种重新洗牌或整合，它促成了将各个不同的文学次场（包括社会上甚至地理空间上完全分离的文学次场或者说文学市场）整合为一个单一场域；同时，它又是对文学真理的一种揭示，或者说是对文学幻象的一种再生产和再确认。

（五）文学场的历史生成

不言而喻，文学场的发生和成熟，显然经历了一个相当漫长的历程。布迪厄认为，这一过程经历了三个阶段：获得自主性阶段，出现双重结构阶段，生产符号财富阶段。

在文学场出现之前，具体地说，在波德莱尔和福楼拜时代，文坛大致可以分为两派。“社会艺术派”，以蒲鲁东、乔治·桑等人为代表，反对唯美主义，强调文学的社会、政治功能，接近现实主义，在文学场中处于被支配的位置。“资产阶级艺术”，其中有些人例如小仲马还拥有法兰西学院院士的头衔，他们张扬厚重的浪漫主义，重视文学的道德价值，处于支配位置。这两派的等级确定，显然是依据社会世界的日常逻辑来进行分类的，因而权力场尤其是政治场基本上制约了文学场的秩序。

波德莱尔和福楼拜对于“为艺术而艺术”文学观的诉求，是通过与资产阶级世界断裂，特别是与资产阶级的文学体制决裂开始的。波德莱尔确立了此岸世界的受难是彼岸世界得救的条件这一类似于宗教的文学场内部运动的模式；而福楼拜确立了一种“为艺术而艺术”的张扬艺术自主性的第三种立场，一方面反对资产阶级，另一方面又漠视公众或说“群氓”的阅读期待，艺术家的道德就是对社会的道德信条置若罔闻，只遵守艺术内部的特殊法则。波德莱尔、福楼拜等人带来了一场美学革命，艺术的目的在于艺术自身，而形式才是文学追求的最终目的。然这种艺术观与文学场的任何一极，不论是支配的一极或是被支配的一极，都大相径庭："'为艺术而艺术'是一个有待制造的立场，缺乏权力场的任何对应物，并且也许不需要或者并不必然被认为需要存在。"[①]

"为艺术而艺术"发展的结果是使得文学场进入第二个阶段，即出现了另一种双重结构，即波德莱尔或福楼拜所创造的位置成为统治性位置，而原先的资产阶级艺术派和社会艺术派却一起被贬为被统治位置。文学场域向自主性发展的一种极限是，主要在左拉领导下，借助于纯粹的凝视，美学革命还带来了文学家和知识分子形象的发明。作为将全身心献身于艺术的全职的艺术的人格化，文学家不营物务，因而得以超越物务；无心于事物的功利价值，因而能够看清事物的"无用之用"，即美学价值。左拉在德雷法斯事件中成功的政治干预创造了一个文学家和知识分子的神话。通过"我控诉"的声明，左拉将文学场内部的自主性原则强行推行到政治场：因为只有能够独立于政治、经济和道德强制的文学家才有可能与特定的政治、经济以及道德立场相决裂，才可能使自己的话语具有客观性和纯粹性，因而也才可能以正义、真理和全人类良心的名义来进行社会批判，尽管在布迪厄看来，这只不过是文学家把自己在知识分子场域中的特殊语境加以普遍化而已。[②]

严格地说，文学场之变成符号财富的市场并不意味着这就是文学场获得自主性的第三阶段的标志。但是，无论如何，只有文学场获得高度自主性，才会出现符号商品经济学的逻辑。这种经济学基于这样一种符号资本的理论："'符号资本'可以被理解为这样一种经济或政治资本，它被否定，被误识，由此而被认可，并因而被合法化。它是一种'信誉'，在某些条件下，并总是经过较长时间，可以确保'经济'利益。"[③]纯艺术商品的逻辑属于前资本主义社会的物物交换的经济逻辑，但是，我们既不能将它化约为不计功利，又不能化约为唯利是图。应该看到的是，它总体上来说，仍然不能摆脱经济法则。

---

① P. Bourdieu, The Rules of Art: Genesis and Structure of the Literary Field, Stanford: Stanford University Press, 1996, p. 76. 皮埃尔·布迪厄：《艺术的法则：文学场的生成和结构》，刘晖译，中央编译出版社2001年版，第92页。

② 必须指出，这种知识分子与"为天地立心，为生民立命，为往圣继绝学，为万世开太平"的中国古代士大夫的理想是大相径庭的，与标榜独立性并与权力场相决裂的现代知识分子相比，后者在主观意识上与统治阶级是合谋的。这就是为什么被鲁迅讥为动机与贾府上的焦大相似的屈原以及时刻不忘忠君爱国的杜甫被认为是中国古代文学史中最伟大的宗师，而敌视资产阶级的波德莱尔和福楼拜却成为资本主义法国的文化巨人的原因。

③ P. Bourdieu, The Field of Cultural Production, New York: Columbia University Press, 1993, p. 75.

第十八章 日常生活美学

概 论

“日常生活”作为一种社会存在，贯穿于整个人类历史，但作为一个学术范畴，却是伴随现代性而来的。在从“传统社会”向“现代社会”转变的“现代化”过程中，“日常生活”发生了深刻的改变和断裂，并且成为政治、经济、文化等诸多场域进行斗争、碰撞和融会的空间。从学术史发展来看，法国思想家亨利·列斐伏尔(Henri Lefebvre，1901—1991）可被视为日常生活理论研究的标志性人物。在他之前，对“日常生活”的理论概括是不系统的、隐性的，蛰伏于各种理论之中而没有真正成为理论研究的直接对象；在他之后，“日常生活”概念逐渐渗透于学术研究之中，成为诸多学术领域如哲学、社会学、美学、文艺学、历史学、文化研究等的关键词之一。但是，日常生活作为一种社会存在，在现代何以成为现代性的一个表征？其原因主要有两个方面，兹分述如下。

1．日常生活中的时间与空间体验的转变

众多关注日常生活的思想家，从马克思到列斐伏尔，均论述过时间与空间的转换。对日常生活性质与现象的研究与描述，大都以时空之变化为坐标系。在前现代社会中时间与空间不可分离，“时间”的概念是附属于“空间”的；由于机构测定的技术使用使时间标准化，因而“时间”脱离空间而单独存在，并且原来在时空关系中占主导的空间地位显著下降，因为不同的空间可被统一于共同的时间。二者的分离导致社会活动的重组，因此，现代社会的程式化（routinize）就是时间和空间的程式化。

首先，我们先考察时间经验的改变，这主要表现为以农耕和手工业为主要生产模式的时间经验，转变为以机械化大生产为主的时间经验。机械表的发明使时间被理性切割，连续、流动的时间被分裂为不同的线段，对其计算与度量成为现代化的组织力量，比如工业生产的规律（如劳动生产率、剩余价值规律等）均建立在时间计算之上，"时间就是金钱"。时间可以脱离具体的空间环境而独立出来，这样工作时间便可以成为可供出售的"商品"。即便在工作时间之外，人们在日常生活中也要不停地对时间进行计算和测量。时间的标准化造成日常生活的程式化。"重复"作为日常生活中最为显著的一个特征，与时间的循环密切相关，四季轮转、日夜反复是自然界的节奏与循环，没有跨越长距离空间的标准化时间（所以说时间与空间是联系在一起的），人们各自的作息没有严格的控制。现代化所带来的后果是，这种原来的生存状态被整整齐齐地切割开了，在时间方面表现为标准化时间，在空间方面则表现为工厂车间生产的标准化。因此，原来有弹性的时间和空间体验，如今被机械化大生产所打破，日常生活也逐步受其控制而流于程式化。

其次，空间经验的改变。科技的发展使交通与通讯更为便利，时间的"虚化"也带来了空间的"虚化"，改变了人们的空间体验。"现代性的降临，通过对'缺场'（absence）的各种其他要素的孕育，日益把空间从地点中分离了出来。在现代性条件下，地点逐渐变得捉摸不定，即场所完全被远离它们的社会影响所穿透并据其构建而成。"[①]这种空间的"虚化"与时间的"虚化"共同为社会形态的转变及其不同要素之间的组合提供了动力。借助于各种媒介，其他"场所"的事件在此处也被"同时"再现，即空间被严格地切割，也被标准化了。在农耕社会，工作空间与生活空间并没有明显的界限，但在机械化生产的时代，各种不同空间用途各异，各司其职，互不干扰。对日常生活而言，这就造成了一种后果，即某些场所不会被认为是日常生活发生的领域，或者说日常生活只发生在某些特定的场所，而另外一些场所的活动往往被排除在外。

于是，时间被分割成工作时间和日常时间，空间也相应地被分割为工作场所和非工作场所。韦伯（MaxWeber，1864—1920）早已指出，这种区分虽然在世界上其他地方、在更古老的时代就已经出现过，但只有在西方资本主义生产的组织方式下才真正具有代表性[②]。列斐伏尔则认为，在前现代社会，生产与日常生活是一体的，即便是到了现在，"农民与工业工人生活的区别在于，对前者而言生产活动完全内在于生活之中。工作场所就在住所周围；工作与家庭成员的日常生活不相分离"[③]。在此情况下，"生活方式不属于任何个人"而属于某个群体。但在资本主义社会，社会分工使个人意识与公共意识分裂，"人"与"工人"分裂，家庭生活与生产活动分裂——

①安东尼·吉登斯：《现代性的后果》，田禾译，译林出版社2000年版，第16页。
②马克斯·韦伯：《新教伦理与资本主义精神》，于晓等译，生活·读书·新知三联书店1987年版，第12页。
③Henri Lefebvre, Critique of Everyday Life, Volume I, London & New York: Verso, 1991, p. 30.

结果是日常生活的概念模糊了。他认为，日常生活因素的分裂就标志着“异化”。①列斐伏尔说，在资本主义社会，“休闲必须与日常分离（至少表面上看起来如此），这不仅与工作有关，也与日复一日的家庭生活有关”②。日常生活所发生的场域不是工厂或办公室，而是在工作时间之外的家庭、休闲娱乐、旅游等场所。工作场所与家庭的分离是最初的也是影响最深刻的表现。哈雷文（Tamara K. Hareven）曾经对家庭的历史进行过研究，他说：

> 家（home）作为家庭成员（family）的港湾这样的观念起源于150年前，而且仅限于城市中产阶级家庭。……在前工业社会，家庭的“住处”（即房舍）与“家”（home）区别很大，……除了要承担居住和吃喝、睡觉及抚育孩子等功能之外，住处还是其他多种活动的场所。它是进行生产的场所，是福利机构、惩教机构，教育机构也是宗教朝拜的场所。在满足自己的家庭需要之余，住处还要为整个社区服务，要把家庭之外需照顾的人员接过来，要辅助维持社会秩序。③

因此在前工业社会，家庭是“社会性”的而非“私人性”的。作为私人空间的“家”出现于18世纪的英法两国，彼时由于工业化的影响，家庭和工作分离了。工厂、商场取代了住所的生产功能。“工业化对家（home）的功能重新定义及其随之而来的蜕变，对私人场所的出现产生了双重影响。首先，工业化使工作场所与家相分离，福利、教育、惩教等功能从家中被转移到其他机构中。第二，工业化有利于创造必要的技术、通讯、交通手段，有利于这种新型‘家’的装饰与流动。”④家成了日常生活的重要场所，是温馨的港湾和放松、休息、休闲之所，是封闭的私人之地。

发生于时间和空间的变化使“日常生活”和“非日常生活”之间的分界线也逐渐明显。日常生活发生于工作时间和空间之外的时空之中。除了“家”之外，日常生活也发生于公共空间，前工业社会的“公共空间”及适合在其间表达的事件都非常有限。哈贝马斯在《公共领域的结构转型》一书中认为，在资本主义发展的过程中，公共领域的结构、功能和范围都发生了巨大变化，其政治制度、交往模式、阶级结构、技术手段、生产与消费模式、文化模式等都可反映在公共空间中。公共空

---

①Henri Lefebvre, Critique of Everyday Life, Volume I, London & New York: Verso, 1991, p. 32.

②Henri Lefebvre, Critique of Everyday Life, Volume I, London & New York: Verso, 1991, p. 33.

③Tamara K. Hareven, “The Home and the Family in Historical Perspective”, in: Tony Bennett and Diane Watson (eds.), Understanding Everyday Life, Blackwell Publishing, 2002, p. 34.

④Tamara K. Hareven, “The Home and the Family in Historical Perspective”, in: Tony Bennett and Diane Watson (eds.), Understanding Everyday Life, Blackwell Publishing, 2002, p. 36.

间的扩大及其数量的增殖，使“普通人”得以进入原来身份高贵者所统治的公共领域，“普通人”的日常生活也由此而不只囿于家庭。日常生活发生的场域由“家”扩展到多样的“公共空间”，既包括真实存在的各种“场所”，比如商场、休闲娱乐场所，又包括虚拟的“公共空间”，比如电视、网络等“大众文化”作为媒介的“公共空间”。这样，日常生活成为各种社会力量的交汇面：公共的与私人的、生产的与消费的、局部的与整体的等，因而也越来越重要。

2.“大众文化”和“消费社会”的兴起与“日常生活”

文化在“前现代”时期与“日常生活”一样都处于自在状态，不同的是，“日常生活”是被遮蔽的，而“文化”是不言自明的。雷蒙德·威廉斯（Raymond Williams，1921—1988）对“文化”概念的梳理，说明文化与工业、民主等词汇之间有紧密联系。他以“文化与社会”的传统为线索，说明此词中“文化”的含义比原来占统治地位的“文化与文明”中的“文化”的含义要宽泛得多。“文化”像是某种特权，与普通大众无缘。但随着现代化的进程，教育的普及、劳动生产率的提高、选举权的扩大、媒体技术（包括印刷技术）的进步等，大众文化迅猛发展，对其原有性质与地位的反思也成为学术研究的焦点。雷蒙德·威廉斯认为“文化是平常的”，把它定义为“生活方式”。因此，文化与日常生活几乎成为同义语，它与政治、经济（比如文化产业的日益重要）、革命、性别、科学技术、战略、全球化等问题纠缠在一起，成为当代话语的核心问题。

大众文化的出现改变了日常生活的状态（在此之前，“文化”主要指高雅文化），大众文化在如下方面都与日常生活有密切的相关性。首先，它具有组织日常生活的巨大力量。大众文化的传播载体既包括传统的纸质文本又包括新兴的电子载体，它构筑了一个无所不在的密集网络，在对日常生活的时间和空间分配方面发挥了极大作用。其次，大众文化的符号性质也为日常生活提供了抵抗宰制力量的空间。一方面是选择的权力，虽然资本主义仍然控制着生产，但如果一件产品不能与日常生活产生关联性，就注定不会成为大众文化，从而失去市场；另一方面是象征性抵抗，通过改装、拼贴或不同的解码策略等使其产生不同的意义。之所以如此，是因为大众文化不同于传统的“少数人的文化”，后者是有“深度”的文化，需要专业的知识技能才能对其进行评判和解码。大众文化与此不同，是“没有深度”的文化，因此也就更容易为普通受众所利用，成为日常生活意义的来源，也成为某种抵抗的武器。第三，大众文化作为文化工业的产品渗透到日常生活，其意识形态性质就把日常生活变成争夺文化霸权斗争的场所，因此政治斗争也由经济生活的领域转移到日常生活层面的微观领域，即所谓的“微观政治”。总之，大众文化的兴起也使“日常生活”越来越重要。

与大众文化兴起相平行的是“消费”社会的出现。20世纪以来，西方发达资本主义国家的社会结构再次发生了深刻转型，由以生产为主导逐渐过渡到以消费为主导的社会，消费取代生产成为组织社会结构的重要力量。消费社会的特点之一是“消费”性质的改变。在传统工业社会中，消费意味着占有与使用，其对象大多是满足日常生活基本需要的物质产品。但在“消费社会”，占主导地位的是文化消费。比如，人的身份是从消费中而不是通过生产而得以确定的，因此原来较为静态的阶级、阶层等观念受到冲击，原有的社会阶级和阶层被消费所打乱，虽然“上层”阶级仍想保持其高高在上的地位，但却很难使其身份稳定下来，因此“文化身份”日益重要。在消费社会中，“文化”与“物质”产品也没有了明确的分界线，我们在消费物质产品的同时也在消费其符号价值（比如品牌）。因此，大众文化与消费是紧密联系在一起的，二者相辅相成，不可分割。

消费与大众文化的崛起使许多理论家深感忧虑，却又让一些人欢欣鼓舞，但他们都认识到了大众文化的存在与力量。无论是以英国的利维斯为代表的精英主义文化理论家，还是卢卡奇或以法兰克福学派为代表的“批判理论”，都意识到大众文化令人惊惧的力量及其对日常生活的渗透。尤其是起源于英国的“文化研究”代表了文化理论的主要方向，并对后现代主义、女性主义、媒体研究等进行整合，更使“文化”问题凸显出来。由于对大众文化的消费和使用是“大众”日常生活的组成部分，因此文化就成了日常生活研究的切入点和焦点。

大众文化和消费在日常生活中成为获取资源与意义的最重要的途径，与原来的宗教、文学、高雅文化等相比占据了统治性地位，与日常生活之间相互影响和塑造。因此，对它们的研究为日常生活理论提供了合理的切入点，大多数讨论“文化”和“消费”的思想家在某种程度上都是在直接或间接地谈论“日常生活”，反之亦然。这也是为什么英国文化研究虽然没有明确的日常生活理论，却一直被认为是对日常生活的研究之原因。

以下我们将从历时和共时两个向度描述“日常生活理论”的产生和概况。首先是从学术史的角度考察“日常生活转向”的发生及其重要意义，其次绘制“日常生活理论”的地图，以考察其存在的基本形态和研究路径。

第一，日常生活转向与西方哲学和社会科学传统。

西方的哲学传统一直漠视日常生活的存在。社会历史方面的原因前面已经提及，而另一重要原因是西方哲学传统对日常生活的遮蔽。总体来说，19世纪以前，哲学大致以本体论哲学为主导，其他一些如数理哲学、宗教哲学、政治哲学和伦理学等也都在本体论的阴影覆盖之下。这些哲学形态或者关注的是高深莫测的“存在”（being）问题，鸡毛蒜皮的日常生活不在其研究范围之内；或者注重逻辑方法的推演，日常生活的散乱与破碎又无法被纳入其研究范围。总之，哲学家认为自己是在高级的“纯思想”内进行研究，与日常生活无关。这种高高在上的姿态根本就没有日常生活的立足之地，因而也使之处于被遮蔽状态。日常生活理论的兴起就可谓是对这种情况的反思与批判。列斐伏尔《日常生活批判》的大部分内容都是对哲学唯心主义和整体的西方哲学进行的批判性攻击。

在社会科学方面，“宏观社会学”一直以来都占据统治性地位（虽然“微观社会学”的研究从社会学产生之初就已存在），侧重于研究社会整体及历史推动力，着眼点在于分析社会的本质与结构，烦琐、重复、千篇一律的日常生活被视为自在之物。如马克思所言的生产力与生产关系、韦伯所讨论的新教伦理与资本主义发展等，都是假定某种超越日常生活之外的力量主宰或推动社会历史的发展。其研究的单位不是个人或家庭，而是更大的社会组织。比较而言，日常生活凌乱而破碎，富于流动特性，因而很难被结构到整齐划一的结构或框架当中去。

在19世纪末20世纪初，许多理论家都不约而同地开始关注“日常生活”，包括社会学家韦伯、齐美尔（Georg Simmel，1858—1918）、乔治·赫伯特·米德（George Herbert Mead, 1863—1931）、哲学家胡塞尔（Edmund E. Husserl，1859—1938）、海德格尔（Martin Heidegger，1889—1976）、维特根斯坦（Ludwig Wittgenstein，1889—1951）、马克思主义理论家如卢卡奇（György Lukács，1885—1971）等。

第二，理论界日常生活转向的发生。

日常生活是多学科关注的交汇点，其源起相应地也是一个范围较大的领域，包括哲学、社会学、语言学、心理学等诸多学科。为了清晰地描述日常生活转向的发生，可将其过程分为三个阶段：①马克思主义、韦伯和齐美尔的社会学、现象学和存在主义的出现等，是其理论的准备与奠基阶段，当然也可将之推到更久远的年代，比如到黑格尔甚至古希腊的哲学家们处，但笔者认为，真正的日常生活理论的缘起应该定在19世纪末20世纪初，因此当以马克思主义和社会学、现象学的兴起为其始点。②日常生活理论的繁荣，当以20世纪40年代起为界，欧陆以德国的法兰克福学派、法国的列斐伏尔、德·赛都和东欧的赫勒为代表，在英国则有雷蒙德·威廉斯。此时美国的日常生活研究主要反映在社会学领域，微观社会学在美国的兴起是一件不容忽视的大事。这一阶段持续到20世纪的七八十年代。③日常生活理论的扩展与对各学科的渗透。从20世纪80年代起，伴随着后现代主义的兴起，对日常生活的研究也开始向各个领域渗透，进入其全面兴盛的阶段。

此处主要关注的是“转向”阶段的理论。该转向与下列发生在思想史中的重大事件有关。一是马克思主义的出现。马克思主义对资本主义的批判最具力度，其“实践”思想、“异化”理论与“辩证法”也都是日常生活批判潜在的思想武器。韦伯、齐美尔、舒茨（Alfred Schutz，1899—1959）等社会学家，胡塞尔、海德格尔现象学和存在主义哲学家们多多少少都受到过马克思主义的影响。因此，马克思主义从某种意义上讲也是日常生活批判的源泉之一。二是社会学的兴起，以韦伯、齐美尔和米德为早期代表的社会学研究，对日常生活都曾有过严肃认真的思考，并提出过许多方法论上的问题和概念。同时，他们的影响也不限于社会学范围。三是哲学领域中现象学的出现。现象学为日常生活批判提供了方法论基础，从而也成为存在主义日常生活批判的来源之一。现象学的努力使哲学开始关注生活世界，原来那种割裂现象和本质、主体和客体、个别与普遍等二元论模式的思维受到颠覆，“朝向事情本身”是其最简明的理论概括，它对日常生活理论作用巨大。它一方面把日常生活的地位抬高到了本体论的位置，另一方面又与马克思主义、社会学之间相互作用，产生了积极的理论成果。四是弗洛伊德心理学。弗洛伊德发现了人的“潜意识”，认为人并不完全是理性的存在，意识的表面之下有原来不为人知的黑暗领域，从而也启发了思想家们对日常生活的认识，认为它也不是想象中的那么明晰，而是一片有待发掘和认识的“潜在”领域。列斐伏尔和法兰克福学派的某些思想家对日常生活诸多特点的概括即受弗洛伊德之影响，与潜意识理论有些共通之处。五是英国文化研究。他们有着不同于欧陆的理论特点，其日常生活理论与文学批评及“文化与社会”的传统关系密切，其早期的代表性人物非雷蒙德·威廉斯莫属。

但这些人物之间的理论关系却复杂异常，很难说有什么清楚的“流派”，更多的是显现为理论家之间不同的倾向。一方面，大多数日常生活批判理论家都从马克思主义中汲取营养；另一方面，其传承关系又比较错综，比如列斐伏尔受过卢卡奇和海德格尔的影响，卢卡奇则曾经受教于齐美尔；卢卡奇的弟子赫勒的日常生活批判理论中又有列斐伏尔的影子；英国文化研究的日常生活理论在早期几乎未受欧陆理论的影响。列斐伏尔的著作，除《现代世界中的日常生活》（1972年）以外，直到20世纪90年代才开始逐渐被译为英语，而西方马克思主义者如卢卡奇，其作品虽然在第二次世界大战后就被大量译介成英文，但他早期关于日常生活的论述几乎无人问津。但自20世纪70年代受“结构主义”的影响，罗兰·巴特的符号学（以其早期代表作《神话》为主）开始对文化研究的“日常生活”理论产生影响，到了20世纪八九十年代，德·赛都的学说开始对文化研究产生重要影响。各学科之间的关系亦然，比如虽然在社会学中“日常生活”的观念从韦伯处就开始进入理论视野，被称为“微观社会学”，但直到舒茨把现象学引入社会学理论，美国的“日常生活社会学”才得以成为重要流派；社会学、人类学的研究方法和结论对哲学、文化研究中“日常生活”的研究有所启迪，列斐伏尔也曾读过威廉斯、霍加特等人的著作，其《日常生活批判》既可被当作社会学的杰作，又可被视为哲学领域的杰作——正因为这些关系的错综复杂，日常生活理论头绪繁多，构成一种比较庞杂的学术现象。

第一节　亨利·列斐伏尔

一、列斐伏尔的“日常生活”与“异化”概念

（一）列斐伏尔“日常生活概念”演变

在欧洲，日常生活批判理论家中最具影响力的非亨利·列斐伏尔莫属，他被誉为“日常生活理论之父”，但他在英语国家理论界却在某种程度上受到忽视。在20世纪90年代以前，他关于日常生活的著作，唯一被译成英文的只有《现代世界中的日常生活》（Everyday Life in the Modern World）（1971年），米歇尔·特雷比奇在为《日常生活批判》第一卷英译本写的序言中就如此评论说：“这本书的地位是如此奇怪，它的命运也如此奇怪。如果亨利·列斐伏尔能与阿多诺、布洛赫、卢卡奇或马尔库塞等‘批判马克思主义’理论家比肩而立的话，主要就归功于他的这部《日常生活批判》，这是一部虽然著名，却获誉寥寥的著作。”①

他的“日常”概念来自法国的“超现实主义”运动，意指平淡乏味的日常现实。罗柏·谢尔兹指出，列斐伏尔用“日常生活”概念综合一般意义上的法语短语“la vie quotidienne”（英语对应daily life，本书译为“每日生活”）和具有批判性质的“le quotidien”（英语对应everyday，本书译为“日常”）。②这种综合本身就意味深长，一方面承认日常生活的平庸，另一方面则不承认其无价值、无意义。所谓的批判，其目的在于纠正日常生活中所出现的问题及其解决之道。他早期与古德曼（Norbert Guterman）合著的《被神秘化的意识》（1936年）被誉为法国版的《历史与阶级意识》，因为二者颇有相似之处，都从商品拜物教入手揭示日常生活中的（黑格尔式的）意识和精神的异化状态。但与卢卡奇早期的理论分析不同，列斐伏尔此时已经对“日常生活”的微观层面进行了关注，不过此时它仍被当作枯燥无聊的日常现实；但到了《日常生活批判》第一卷中，列斐伏尔对日常生活的性质判断有了根本性的转变。

---

①Henri Lefebvre, Critique of Everyday Life, Volume I, London & New York: Verso, 1991, “Preface”, p. ix.
②Rob Shields, Lefebvre, Love & Struggle: Spatial Dialectics, Routledge, 1999, p. 66.

列斐伏尔的问题是，哲学难道真的就能撇清与日常生活的关系吗？他说："问题的解决之道在于，对日常生活进行一种能够揭示其模糊性——包括其低微与生机勃勃，其贫乏与成果丰硕——的哲学清算与分析，并通过这些非正统的工具释放出原来就属于日常生活的创造性能量。"[①]

列斐伏尔认为"日常生活"是一个哲学范畴，因此不能在哲学之外进行理解，而必须用哲学才能思考，所以"日常性是一个既不属于日常生活，也不反映日常生活的概念，但在哲学的意义上，更能揭示日常生活的可能性转变。它也不是纯粹哲学思辨的产物，而是来自直接面向非哲学领域的哲学思考，其主要成就在于对自我的超越"。[②]列斐伏尔早期对日常生活的批判与研究，主要是以马克思主义对唯心主义的批判为基础，以辩证法为其方法论基础，以异化理论为批判重心。

他经常引用黑格尔的一句话："熟知非真知。"他对日常生活的发现就像弗洛伊德对潜意识的发现一样，开辟了一个前所未有的新领域。列斐伏尔从日常生活出发，没有把日常生活看成是堕落、沉沦之地，也没有把它看成是低级无聊的、鸡毛蒜皮的领域。伽丁纳说："（列斐伏尔）援引这句有隐秘含义的话[③]，试图发现一个——由于它无处不在——仍然最被忽视和误解的社会存在的一个方面。虽然他相信批判社会分析能够使日常的性质明白显现并强调它在社会世界中的中心地位，但他同时还是强调，其运转方式仍然基本上处于神秘状态。"[④]

因此，需要对日常生活进行微观分析和批判，从而发现日常生活，以揭示其结构、运转方式和意义。他在《日常生活批判》第一卷中对日常生活的界定是：

> 必须被定义为一个整体，它从某种意义上被当成一种剩余物，被解释为一种被所有独特的、高级的、专业的、结构化的分析所留下的"剩余物"。……日常生活与所有活动都有深层联系，将其区别与冲突一并囊括。日常生活是所有活动的汇聚处，是它们的纽带和共同基础。也正是在日常生活中，使人成为整体的总体关系才得以形成，它们在日常生活中被表达和完成，它们使真实的总体性发挥作用，尽管总是以一种部分的和不完全的方式，比如友谊、同志关系、爱情、交流的需要、游戏、等等。[⑤]

列斐伏尔把日常生活比喻成"高级活动"的腐殖质，是一切哲学问题和人类实

①Henri Lefebvre, Everyday Life in the Modern World, United Kingdon: The Athlone Press, 2000, p. 13.
②Henri Lefebvre, Everyday Life in the Modern World, United Kingdon: The Athlone Press, 2000, p. 13.
③即黑格尔的"熟知非真知"。
④Michael E. Gardiner, Critiques of Everyday Life: An Introduction, London & New York: Routledge, 2000, p. 2.
⑤Henri Lefebvre, Critique of Everyday Life,Volume I, London & New York: Verso, 1991, p. 97.

践行为的根源。作为“所有活动的汇聚处”，日常生活无疑可以成为弥合社会裂缝的场域，它并非独立的系统，而是社会存在所有现象和活动的联结处和关节点，因此，日常生活应该具有本体地位，应被视为一个未分化的人类实践总体，而不应该是被轻视、被贬抑的“鸡零狗碎”，也不是被从社会系统中分割出来的单独领域。列斐伏尔总结说：“人一定是日常的人，否则就什么也不是。”[①]日常生活作为“人”的“本质”和类的存在方式，具有不可化约的复杂的多种维度，传统的哲学方法对此无能为力，因此对日常生活的研究必然要超越“哲学/非哲学、高级/低级、精神/物质、理论/实践、文化/无知”等二元对立关系。他所坚持的辩证法即为此目的而定，使他将日常生活视为压迫与解放特质共存的混合体，试图从日常生活中的异化现象进行分析并找到克服或超越它的途径。

但是到了《日常生活批判》的第二卷（1961年），他却试图对“日常生活”重新进行定义。他认为虽然20年来技术对日常生活的渗透较之过去更为严重，但日常生活的细微方面仍没被消灭。技术没有把日常生活转化成高级活动，却创造了“真空”。[②]第一卷中以“需求理论”（theory of needs）为其基础，他认为，自己原来以此概念为起点的研究很难达到预期目的，因此现在不能再从一般的意义上讨论“需求”，而是要谈论这样或那样的需求。问题是如何从前者向后者转变，因此，他说：“我们不得不把对需求的分析性呈现与欲望（desires）的辩证规定性（determination）结合在一起。如果我们要形成关于社会人（social man）（当然是具体的）处境（situations）的理论，在面对大量的眼下事实时，就不能丢掉分类的、一般的关于人的概念。”[③]这样，“欲望”就成了理解日常生活的重心。我们要从几个方面对这段话进行解读。第一，原来以“需求”为基础的分析随着资本主义的发展如今已经过于片面了，原因就在于需求碎片化了。因此，需要与个体的“欲望”联系起来。第二，抽象的、分类性的、一般的概念是不可避免的。这是列斐伏尔为自己的研究方法所做的辩护，即只有将抽象和具体、一般和特殊结合起来才能进行研究，否则就无法对日常生活进行理论化。第三，与“需求”相比，欲望更具基础性位置。他所使用的“determination”一词虽然在此处被意译为“规定性”，但却包含有“决定”的含义。列斐伏尔认为“需求”是由生物属性和物理属性所决定的，属于人“类”，而欲望则既是个人的又是社会的，换言之它是被社会组织在内或被排除在外的。列斐伏尔认为“需求”与“欲望”的辩证关系弥漫于日常生活之中，但总体而言重心是从前者向后者转移的。[④]以“欲望”为出发点的日常生活批判使列斐伏尔转向更微观具体的

①Henri Lefebvre, Critique of Everyday Life, Volume I, London & New York: Verso, 1991, p. 127.
②Henri Lefebvre, Critique of Everyday Life, Volume II, London & New York: Verso, 1991, p. 3.
③Henri Lefebvre, Critique of Everyday Life, Volume II, London & New York: Verso, 1991, p. 7.
④Henri Lefebvre, Critique of Everyday Life, Volume II, London & New York: Verso, 1991, p. 10.

分析框架。在此框架下，列斐伏尔提出了“层”（level）概念。什么是“层”？抛却其词源的解释和自然科学的起源，此词在日常生活有表示“等级”的功能，比如管理层、领域层等。列斐伏尔说，“层”[①]指的是“现实的一个方面，但是它并不是等同于现实的快照。可以从特定的角度或视角看到它；它确保一种客观的内容。在某种现实中，在连续的隐义（implications）可见时，它代表了一种程度或阶段，但是，却比符号（symbols）或模型（models）具有更多的连续性和‘现实性’”。[②]因此，“层”的概念和原来的象征性符号或用以分析的模式相似，但由于“层”是更具连续性的概念，只能在各“层”之间的差异与相互关系中去理解它。所以，要想确定一个“层”，必须有其他的“层”作为参照，只要有“层”存在的地方，就会有几个“层”，它永远都是复数的，不能相互分离。列斐伏尔进而解释了“层”与“层”之间的相互作用：当一个“层”干预到另一个时，它们双方都会发生改变，它们相互作用、相互包含、相互确定。总之，“层”构成灵活的网络，是动态的、移动的、正在形成的。“层”的概念使“隐义”（implication）概念更为具体，每一个“层”都是对其他“层”的内部分析时所造成的结果，即每个“层”都既是“沉淀物”又是“产品”。总体而言，“层”的概念仍然来自“辩证法”，强调对立统一、辩证互动。列斐伏尔将“政治”和“经济”两个层面与“日常生活”层面并置，使三者构成互动关系。这不仅意味着概念本身的变化，也意味着认识论的转变，此时的列斐伏尔虽然没有否认日常生活的“异化”性质，不再认为日常生活是各种社会活动和制度的基础与源泉，而是其中的一个“层”，整个社会被认为是由各“层”之间的关联过程中的层次所构成。列斐伏尔的分析与“消费社会”的兴起相关，他说：“在‘消费社会’中（它以大众消费和对需求的大量生产为基础），消费品的制造商不遗余力地生产消费者。在很大程度上而言，他们成功了。”[③]由此，消费问题也成为研究日常生活的重要问题，他还在其后的著作中对其进行了充分的阐述。

在《现代世界中的日常生活》一书中，他一开始就以乔伊斯的小说《尤利西斯》为例，对日常生活的状态进行描述：“对乔伊斯来说——在维柯，也许还有尼采之后——在所有日常和宇宙的时期中，所潜藏的是循环时间。日常生活是由大循环之中的小循环所组成的，开端就是轮回和重生。”[④]因此，日常生活是高度分散的、初级形态的，其特征就是“重复”——生与死、回忆与再现、潮起与潮落之间无穷无尽、波浪起伏的循环。由于日常生活这种习惯性与再现性的特质，很难用理论术

---

①在《当代世界中的日常生活》中，他又提出了“次体系”的概念，可视为对“层”概念的补充与深化。参见下文相关论述。

②Henri Lefebvre, Critique of Everyday Life, Volume II, London & New York: Verso, 1991, p. 119.

③Henri Lefebvre, Critique of Everyday Life, Volume II, London & New York: Verso, 1991, p. 10.

④Henri Lefebvre, Everyday Life in the Modern World, United Kingdon: The Athlone Press, 2000, p. 6.

语对其进行概念化或描述，因为日常生活从根本上来讲是作为无穷的回复而“被生活和被经历的”。他说：“如果我们接受日常生活，在其中被动地生活而不后退一步对其进行审视的话，就不可能抓住（accept）日常生活本身。”[①]因此，要理论联系实际，用辩证方法把被经历的日常生活与真实的日常生活、形式结构与内容重新联系在一起。这也许算不上对日常生活的“定义”，但却是一种关于它的观念和研究方法。斯图亚特·艾尔登认为，列斐伏尔的“日常生活”概念是处在存在主义现象学和结构主义之间的一种立场。[②]这两种理论在战后法国理论界都占据重要地位，但列斐伏尔认为二者均无法令人满意地解决日常生活的问题，比如他批评萨特的存在主义试图把马克思主义的历史方法与存在主义的生存（lived）概念相结合，而实际上“生存”概念早就存在于马克思主义的著作中了；同时他亦批评结构主义忽视了“经验”问题。因此，“他希望发现日常生活的结构、符号、编码是如何与实际的经历结合在一起的”[③]。

综上所述，我们在讨论列斐伏尔时，应该注意他在不同时期对日常生活的界定是有所不同的。从“未分化的社会实践总体”到“分层”的观念的转变，从早期对日常生活宏观分析逐渐转向更微观和具体的分析，从马克思主义式的批判转向社会学式的研究，以及存在主义现象学、结构主义等对他的影响，都需要引起研究者的注意，不可将其日常生活批判看作是固定不变的。列斐伏尔的这些变化都是由快速变化的社会现实所引发的，同时亦受其他理论的影响，如结构主义符号学的突起等。在他创作《日常生活批判》第一卷的20世纪40年代，消费的问题尚不突出，因此社会的原子化程度尚不明确，这时把日常生活看成未经分化的实践整体也就不足为怪了，因为经济的生产相对稳定，其所造成的结果就是“日常生活”历时的变易性与流动性都不明显，在此一时期仍可视日常生活为一个整体；一旦消费取代生产成为最主要的社会推动力，日常生活作为一个“整体”的可能性已经不复存在了，列斐伏尔将其作为一个层面与政治、经济层面并置与此非常相关。笔者认为，列斐伏尔实际上一直都在强调日常生活如下的三个特性：第一，基础性。早期的定义很明显，无须多言。在《日常生活批判》第二卷中，他提出了“层”的概念，但基于各层之间的相互依赖、相互作用、相互渗透，“日常生活”作为最具代表性的“实践”层面，虽然不再像原来那样具有本体地位，但仍然是不可或缺的。第二，日常生活的流动性、变易性、循环性。这在《现代社会中的日常生活》一书的定义中表现得最为明显。这并非说列斐伏尔前期没有注意到这一点，而是他没有刻意强调，

①Henri Lefebvre, Everyday Life in the Modern World, United Kingdon: The Athlone Press, 2000, p. 27.
②Stuart Elden, Understanding Henri Lefebvre: Theory and Possible, Continuum, 2004, p. 113.
③Stuart Elden, Understanding Henri Lefebvre: Theory and Possible,Continuum, 2004, p. 113.

比如在第一卷中对日常生活烦琐常规的分析即有此种含义。关键的问题是，如何把握这种反复循环的日常生活？列斐伏尔作为马克思主义者借助唯物辩证法，又从结构主义和存在主义现象学的理论中吸取资源，试图超越主/客体、真实/虚假等二元对立的关系，朝向日常生活自身对其进行分析。但这并非说他是站在了“日常生活”的内部，而是说其分析的起点在“日常生活”的内部。第三，日常生活中蕴含着超越的因素。凡异化之处必有超越异化的途径，这是列斐伏尔对付“异化”的一个基本立场。大凡信奉辩证法的马克思主义者均会支持这种观点。

（二）列斐伏尔的“异化”概念及在日常生活中的表现

列斐伏尔说：“事实是，《日常生活批判》一书是完全围绕列宁弃之不理并忽视的‘异化’概念而被建构的。”[①]列斐伏尔的“异化”概念与卢卡奇的“物化”有许多相似之处，他们都是从马克思主义处受到启发而谈论“异化问题”的，他同卢卡奇、法兰克福学派一样，认为异化的根源是商品拜物教和社会分工，异化也深入到了人的心理和意识领域。他说：“在发达的资本主义社会，与阶级统治并存的有一个在心理上和精神上对人压抑的体系。这种心理和精神上的压抑，表现在家庭、婚姻、民族和日常生活的各个领域。”[②]列斐伏尔和卢卡奇还都把这一概念当作是马克思主义中最重要的概念，列斐伏尔更是将其视作马克思哲学体系的中心观念。虽然马克思晚年著作较少提及此概念，但列斐伏尔通过其早期对辩证法的研究确信，异化是马克思主义的核心内容，以不同的形式分散到了他的各种著作之中，是贯穿于其整个思想发展的一条线索。列斐伏尔说：“在马克思的著作中异化理论和概念被整合到他的思想发展之中，同时又保留了其哲学含义。它们在变化。虽然在马克思的经济学著作中看不到它们，但异化理论和概念无疑构成了其基础及哲学含义。异化理论被转化成为物化理论（商品、货币、资本的物化），社会关系在经济目标（也是政治目标）中被包围、被隐藏。社会活动的结果披着物的外衣，实际上成了强加于人的力量的物。”[③]从这段论述中可以看出，列斐伏尔认为“物化”理论是马克思后期对“异化”理论的概念转换，因此二者是有一定交叉重叠关系的。由此，列斐伏尔认为马克思主义，“作为一个整体，实际上是对日常生活的一种批判性理解（a critical knowledge of everyday life）”[④]。

①Henri Lefebvre: Critique of Everyday Life, Volume I, London & New York: Verso, 1991, p. 3.

②陈学明等编：《让日常生活成为艺术品：列菲伏尔、赫勒论日常生活》，云南人民出版社1998年版，第14页。

③Henri Lefebvre, Critique of Everyday Life, Volume I, London & New York: Verso, 1991, p. 78.

④Henri Lefebvre, Critique of Everyday Life, Volume I, London & New York: Verso, 1991, p. 148.

列斐伏尔论证说，异化具有普遍性，是永恒的哲学问题之一，而非仅为现代所有（这一点与法兰克福学派的某些观点相近，但不同于卢卡奇），远远超出了政治、经济领域范围而渗透到社会的各个方面，甚至是各个时代，“马克思从未把异化的领域限定在资本主义社会，也从未说社会主义或工人阶级革命会使异化问题得到彻底的和直接的解决。异化会在新的社会形态下重新出现，仍然会有‘去异化’这样一个相反的过程”[①]。他对前现代社会与现代社会的异同作了比较，认为在前现代社会日常生活与自然节奏和谐一致，而在现代社会，劳动分工、城乡分化、公共和私人领域分离等都导致了人的异化。但是，资本主义社会无疑是有史以来异化最严重、最全面的社会，他说：“社会发展过程在哲学意义上包括两个方面：人的不断增长的实现——和一直到包括资本主义社会在内的不断增长的异化。在这里异化也是全面的，它笼罩了全部生活。”[②]列斐伏尔说，这两个方面互为条件、互相渗透。“一方面是客观化，即人类的客观存在在人类世界的生活和工作中，在人类力量和权力的历史发展进程中越来越真实。另一方面，伴随着外化、自我剥夺、分裂与异化（estrangement）。”[③]因此，“异化是我们时代的人们必须经历的苦难，无法逃避”[④]。

列斐伏尔认为，马克思主义从如下几个方面对日常生活进行批判。1. 对日常生活个体性的批判［中心议题是“私人意识”（private consciousness）］。这方面的异化表现为，人本应是社会性的存在，但由于在资本主义条件下的劳动组织方式（以劳动分工为基础），人变得“个体化”了，由于工作的需要，人变得“内视”（inward-looking），将注意力集中在特定技术和专业，从而与作为整体的融会分离（“日常生活”的私人性质由此而来）。工人阶级无法完全摆脱这种个体意识。2. 对神秘化的意识的批判。此论题在他早期与古德曼合著的《被神秘化的意识》中早有论述，其要旨与卢卡奇“物化”意识颇有相近之处。[⑤]他认为虽然人意识的第一阶段是“阶级意识”，但是它也不可避免地被神秘化。他说：“必须经过行为、斗争一次次地重复才能获得意识，也要通过各种穿透日常生活，引进更新、更高级因素的组织来获得。”他认为，日常生活实际上不是被阶级意识而是被个人主义所组织的，体现在休闲、家庭生活等各方面，成为一种意识形态，一种行为的工具和有效的想象从而使“意识”被神秘化。3. 货币批判（拜物教与经济异化）。他指出，在资本主义社会“存在”就意味着“拥有”，“一无所有者一无所是”，人只有借助于所有之物才能进入到复杂的社会关系网络。因此“拥有”就造成了主客体关系与人际关系的异化。

①Henri Lefebvre, Critique of Everyday Life, Volume I, London & New York: Verso, 1991, p. 63.
②Henri Lefebvre, Critique of Everyday Life, Volume I, London & New York: Verso, 1991, p. 58.
③Henri Lefebvre, Critique of Everyday Life, Volume I, London & New York: Verso, 1991, p. 58.
④Henri Lefebvre, Critique of Everyday Life, Volume I, London & New York: Verso, 1991, p. 184.
⑤Henri Lefebvre, Critique of Everyday Life, Volume I, London & New York: Verso, 1991, p. 151.

此处列斐伏尔也提到消费的问题在于物品是“属于”“我”的，而不是真的“我”的——意识是我们所用之物并非真的出自必须，属于我们的本性。这就产生了“主体化”（subjectivization）与“客体化”（objectification）两个并行的现象。货币作为物品流通的中介，在资本主义社会成为人与其自身分裂的象征，并且“它不仅仅是异化的象征，还是人自身的异化，他的异化本质”[①]。因此，“虽然贫困与异化在工人阶级和非工人阶级处差异甚大，但有一种东西把他们联系在一起：货币，人的异化本质。这种异化是持续不断的，即是实践性、日常性的”[②]。4．需求批判（其主题为心理与道德异化）。“人的需求越多，他的存在就越真实。他所能操纵的权力和才能越多，他就越自由。”[③]而在资本主义社会，一切需求都被化约为对货币的需求。因此所有存在都被还原成抽象之物，比如市场价值，连人自身被抽象化了（因此货币是人的异化本质），因此，对物的需求就表现为对金钱的需求。一方面，人的所有努力都被用来创造虚假的、人为的、想象中的需要，而不是对真实欲望的满足。因此，人的需求是被异化的，并非出自真实的本性。拥有财富者不以欲望为需求的原因，却为需求而需求，但对无力支付者来说，“需求死了”。货币统治一切，成为人的“本性”。5．工作批判（人和工人的异化）。列斐伏尔所论者是发生在过去领域的异化，其重点仍在“关系”方面——人与劳动的关系：“在‘私有’财产的参数内，劳动是被异化的。劳动异化有多种向度。挣取薪水的工人为雇主工作，工人阶级为资产阶级工作。但这仅是异化的一个方面，而且是最易理解的那一方面。”[④]被异化的劳动失去了其社会本质，劳动者不再感觉这是他自身需求的一部分，强迫的劳动使人成为客体——我们在论述马克思关于劳动异化的相关内容时已经论及此点。6．自由批判（主题为人对自然及自身性质的权力）。马克思主义认为，自由是以“作为目的自身的人类力量的发展”为基础而逐渐建立起来的，其始点是人对自然及其自身控制权力的不断增长。自由不是针对自身和自然的权力，但现在情况却正是如此！“每一种人类需求（被看作人类与‘世界’关系的需求），都能变成权力即自由，变成快乐或幸福的来源。但是，必须把需求从盲目的必然领域中拯救出来，或者，至少不断降低其支配地位。”[⑤]列斐伏尔指出，只有这样，需求本身才能充满理性、社会生活、快乐和幸福。其论述的要旨仍在于人自身力量的异化。

列斐伏尔认为马克思的“异化”理论超越了“唯物主义”和“唯心主义”两种哲学形态，处在经济学和哲学交汇之处。经济学此处指的是马克思主义的唯物主义

①Henri Lefebvre, Critique of Everyday Life, Volume I, London and New York: Verso, 1991, p. 160.
②Henri Lefebvre, Critique of Everyday Life, Volume I, London and New York: Verso, 1991, p. 161.
③Henri Lefebvre, Critique of Everyday Life, Volume I, London and New York: Verso, 1991, p. 161.
④Henri Lefebvre, Critique of Everyday Life, Volume I, London and New York: Verso, 1991, p. 165.
⑤Henri Lefebvre, Critique of Everyday Life, Volume I, London and New York: Verso, 1991, p. 173.

经济学说，而哲学则是马克思主义之前的哲学唯心主义传统。斯图尔特·埃尔登说："列斐伏尔认为，没有唯物主义的进入，异化就是唯心主义的概念：如果单独来看，也就是说在实践之外用沉思的方式考察异化，它就和总体性理论都会被转变为远离马克思主义的体系——新黑格尔主义。列斐伏尔认为马克思没有这样做：'物化理论表明，神化和异化的哲学基础是经济和日常'。"[①]这样，在马克思主义用异化理论统一唯心主义和唯物主义的基础上，列斐伏尔又把它从经济领域引向了日常生活。列斐伏尔认为，异化是多面的、无处不在的，表现在生产力、生产关系及意识形态等诸多方面，也深刻地表现在人和自然及人与自己本性的关系中。但他研究异化的目的何在？我们还是看他自己的话："如果我们把对日常生活的批判当成具体社会学的一个方面，我们就能想象进行一项宏大的调查，它将以多种面向的和各领域之间相互作用的方式对职业生活、家庭生活和休闲活动进行观察。我们尤其关注的东西是从其否定性因素即异化中抽取出来的有价值的需求和成就。"[②]也就是说，他要从异化中发现有利于日常生活改造的因素并加以利用。下面我们讨论日常生活的异化及其超越的问题。

（三）日常生活的异化辩证法及其超越

异化在日常生活的表现是主/客体辩证关系的失衡（可参阅卢卡奇和法兰克福学派的相关论述，就这一点而言，他们用辩证法对日常生活的考察，结论非常相似）。列斐伏尔说："近半个世纪之后，有些什么变化？主体变得模糊了，这一点人所共知；它不再生长或流动，并且性格、角色和个人都退隐成为背景。现在是客体起到领导者的角色，不是作为客体性（objectivity）（客体性只有在与主体的关系中才有意义），而是作为一个物，几乎是纯粹的形式。"[③]日常生活中的主/客体此时失去了应有的联系，这所造成的后果是主体的模糊和萎缩，客体失去了产生意义的内容（意义只能产生于主/客体之间）而变成了纯粹的物（形式）。异化表现为人在资本主义社会主体与客体的分离，但却并非像马克思所看到的那样主要集中在劳动和经济领域，也不是像卢卡奇那样把"异化"仅理解成"物化"，他与法兰克福学派仅把异化延伸到"心理"的领域也不同：他认为必须要把"异化"延伸到一般的日常生活中去，这才是他最重要的创见。相比之下，卢卡奇直到20世纪60年代才确立了其"日常生

①Henri Lefebvre, Critique of Everyday Life, Volume I, London & New York: Verso, 1991, p. 42.
②Stuart Elden: Understanding Henri Lefebvre: Theory and Possible, Continuum, 2004, p. 41.
③Henri Lefebvre, Everyday Life in the Modern World, Sacha Rabinovitch, New York & Evanston & San Francisco & London: Harper &Row Publishers, 1971, p. 7.

活本体论”，而列斐伏尔在写作《批判》第一卷的时候就已经为“日常生活”在理论界正名了。

列斐伏尔坚持辩证法立场，日常生活的异化状态也潜伏着抗拒异化的可能性，因此“异化”本身也就包含了扬弃“异化”的可能性。这种辩证法使列斐伏尔在早期著作《日常生活批判》第一卷中确信，被异化的日常生活既有被压迫的因素，也有解放的潜能，日常生活批判的目的是要把潜能激发出来以对抗异化。同样根据其辩证思想，列斐伏尔认为，不仅资本主义社会存在着异化，就是社会主义甚至共产主义社会也不能完全消除异化现象，绝对的异化和绝对的去异化都是不可能的，异化——去异化——重新异化是辩证的、动态的过程，永无休止。因此，我们不必为异化问题感到恐慌，也不要希望完全去除异化：日常生活既有可能被资本主义机制所同化和吸收，又有其不可化约性，永远都存在抵制的希望。他认为，和异化进行不屈不挠的斗争是哲学和哲学家的首要任务。当然，斗争不能是纯思辨的，而要从日常生活自身出发开辟日常生活批判之路。

列斐伏尔断言，个人无法摆脱异化。但是，他说：

> 人类的共同生活被破坏了。创造性的活动成了一种使个人从集体中分离出来的手段。特别是，集体成了掌握生产资料的人的工具。异化就这样扩展到全部生活，任何个人都无法摆脱这种异化。当他力图摆脱这种异化的时候，他就自我孤立起来，这正是异化的尖锐形式。……人的异化的终结将是“人复归于其自身”，这就是说，是人的全部因素的统一。这种“完成的自然主义”与人道主义相一致。……这是存在与本质、客观化和自我肯定、自由与必然、个人与族类之间的矛盾的真正结束。①

这就是早期的列斐伏尔为异化问题提出的解决之道，即要塑造“总体的人”或“全面人”(total man)。在他后来的思想发展中这一概念很少被提及，但仍有必要了解什么是“总体的人”。“总体人”概念与我们一直在谈论的“辩证法”相关，仍然是相对主体与客体的关系而言。马克思在《1844年经济学—哲学手稿》中说：“人以一种完整的方式占据自己完整的本质，即是说，作为总体的人。”②马克思的意思是说，人与客体之间的占有关系是主/客体统一的，这种关系是通过自己对对象的态度而实现的。但私有财产使这种关系变得非常片面，“以至一个对象，当我们拥有它

①陈学明等编：《让日常生活成为艺术品：列菲伏尔、赫勒论日常生活》，云南人民出版社1998年版，第6页，第12页。

②马克思：《1844年经济学—哲学手稿》，刘丕坤译，人民出版社1979年版，第77页。

时，也就是说，当它对我们说来作为资本而存在时，当我们直接享有它时……总之，当我们使用它时，它才是我们的……因此，一切肉体的和精神的感觉为这一切感觉的简单的异化即拥有感所代替。为了使人的本性能够从自身产生出自己的内在财富，必须使它沦落到如此绝对的贫困”[①]。“异化”此处即指原来主/客体关系的统一被打破，从而使“本质”与“存在”的关系被异化。之所以这样说，是因为“劳动”本来属于人的“类本质”的表现，但现在却是为了生存不得已而为之的手段，因此“本质”成了“存在”，这就是异化。这种异化也自然而然地反映在人的日常生活中。总体人重新恢复了主客体之间的辩证关系，不再被“物化”和“异化”所控制，而是“消除了异化”的人。那如何才能实现这一点？根据马克思的观点，只有到了共产主义社会，私有制彻底消失以后才能实现。与他的日常生活理论前辈们一样，这个阶段的列斐伏尔也走向了审美乌托邦：用艺术超越异化。他说：“在未来，艺术化的生存会变成真正的艺术……生活的艺术假定，人类看到自己的生活——生活的发展与强化——不是作为朝向‘彼岸’的工具，而是将其自身作为目的。它假定生活——日常生活——是一个整体，应该成为一件艺术品和‘人赋予自身的快乐’。”[②]真正的生活艺术就意味着异化的终结。但列斐伏尔只是这样说，并没有解释我们如何才能达到这种境界。正像我们前面所说过的那样，列斐伏尔甚至认为革命或共产主义社会的到来也无法一蹴而就地解决掉异化的所有问题，这应该是一个辩证的过程，异化——去异化——重新异化是一个永远不会终止的轮回。

二、“消费”与“符号”：列斐伏尔的日常生活批判视域的转移

（一）消费受控的科层社会

列斐伏尔为《日常生活批判》第一卷第二版（1958年）写了篇长长的前言，既为自己的日常生活批判辩护，又说明在该书出版十年后资本主义国家所发生的某些变化。他认为技术对日常生活的控制和渗透较之以前更为明显，并特意谈到“休闲”的问题，他认为休闲并不是自由的权利，而是一种新形式的控制方式，也是新型的异化现象。他说：

①马克思：《1844年经济学—哲学手稿》，刘丕坤译，人民出版社1979年版，第77页。

②Henri Lefebvre, Critique of Everyday Life, Volume I, London & New York: Verso, 1991, p. 199.

休闲是一个具有自发性特征的社会组织所引起的新的社会需求的典型特征。我们这个社会通过各种各样技术制造出种种休闲的机器，诸如收音机与电视机等。它用新的设备取代旧的方式，有时同其他社会活动相矛盾，有时填平了与其他活动的矛盾。人们的具体的千差万别的个性需求按照年龄、性别与群体来加以标准化的抽象化的满足。[①]

他从《日常生活批判》第二卷起不再拘泥于哲学方面的日常生活批判，而转向社会学式的研究，再而转向对空间、语言、符号学等研究，但“日常生活”和“异化”一直都是其研究的核心概念。列斐伏尔的转向与理论界发生的事件有关，尤其是结构主义语言学的兴起使他“摆脱了青年马克思的哲学人本主义，乃至于整个马克思主义的生产方式决定论（亦即所谓的‘技术决定论’），以及萨特的存在主义个体本体论等形而上学‘实体’思想残余影响”[②]。

为了从更深的层次揭示异化的现象和对日常生活进行更为深入的分析，列斐伏尔提出了“次体系”（sub-system）的概念，意指高度技术化、专业化的隐性的活动体系，它们表面上并不属于资本主义社会的运行体制，也不在其意识形态的控制范围之内，但却是相互之间保证对方是合法的替代性组织、制度，比如科层制、时尚、烹调术、旅游均属此例，在现实和心理层面支配人的日常生活。这是对其《日常生活批判》第二卷的“层”的概念的进一步阐发，可被视为各“层”之间保持联系与相互作用的纽带和润滑剂。他将次体系解释为“不是意识形态的意识形态”。以消费为例，表象上的选择机会和权力实际上是被控制的，即用“使人信以为真”（make-believe）的方式使消费更远离自身的实际需求。人们所消费的并非真实需要之物，是“欲望”（desire）而非“需要”（need）。前面我已经解释过这两个概念，“欲望”既是社会的又是个人的，因此既可从中研究个体的消费状况，又可研究社会的消费现象。他说：“使人信以为真本身成了日常生活的一部分，每个人都在期待他们的每日（或每周）所应得的东西；然而使人信以为真在与日常生活的（强制与适应）体验之间的关系中有一个特殊作用：它必须对强制的统治地位和我们有限的适应能力进行伪装，也对冲突所带来的痛苦和‘真正的’问题进行伪装，并且有时候它能够加深适应或限制我们的体验。”因此，“使人信以为真”具有一定的欺骗和粉饰作用，并且在日常生活中通过商业的公共宣传而占有了重要地位，成为现代性的诗作，占据了艺术、文学和其他所有可得到的能指与空洞所指的位置，取代了原来哲学、伦理学、宗教和美学的地位，从而更具有意识形态的意义，即交易的意识形

①Henri Lefebvre, Critique of Everyday Life, Volume I, London & New York: Verso, 1991, p. 33.
②刘怀玉：《现代性的平庸与神奇》，中央编译出版社2006年版，第308页。

态。过去，广告要不停地喊口号以招徕顾客，但现在更微妙的宣传方式则代表了整个的生活态度：如果你知道如何选择，那你该挑选这个品牌而不是其他。[①]因此，人们把“消费”看作是对自己身份的象征、对幸福的占有和对社会资源的支配，总之，日常生活现在是围绕消费而被组织起来的。列斐伏尔说：

> 日常生活不是一个被抛弃的时空综合体，也不是留给个人自由、理性和智谋的清晰领域。它不再是体现人类苦难与英雄主义的地方，不再是人类存在条件的场所……日常生活成为思考的对象和组织的领域；时—空变成了自动进行自我调整的领域，因为当对其进行合理组织时，它就提供了一种闭合的循环（生产—消费—生产），需求（demands）成为被诱导之物，可以在时—空中被提前预见，同时欲望也被追根究底；这种有组织的控制取代了自由竞争时代的自发的自我控制。这样，日常生活必须很快就成为一个完美的体系，被其他以描绘系统化思想和结构化行为为目标的体系所遮蔽，只有这样，日常生活及其背景——现代性——才会成为消费受控的、被组织起来的社会的主要产物。[②]

列斐伏尔认为，如果这种“循环”不能完全“闭合”的话，那不是因为什么目的或策略所导致，而是在日常生活存在一些无法化约的干预因素，如欲望、理性（辩证法）甚至城市等，他说：“唯一能使这种循环停下来的是控制日常（quotidien），利用其他形式的策略攻击它、改变它。”[③]由此可知，列斐伏尔认为有望在日常生活中打破资本主义组织的领域，而欲望、理性等则是进行战斗的最终据点。他指出妇女是日常生活主体的典型代表，她们是商品的购买者和消费者，又是商品的象征；她们每日都身处其中却又对日常生活不甚了解；青少年对日常生活知之甚少，参与其中却又害怕受其羁绊。知识分子如何呢？他们也有家庭、私人生活、休闲等，仍然是日常生活的一分子，但他们往往会钻到“乌托邦”的幻想中逃避日常生活的琐碎无聊。但问题是，要像马克思所要求的那样去改变日常生活，而不是逃避。

他指出，日常生活的历史至少有三个分期，首先是“风格（styles）时期”，其次是“风格的死亡与文化的产生（19世纪）”，最后是日常生活的确立与巩固，指的是：

> 在过去百年左右的时间内，日常生活是如何伴随着连续的革命失败而变得更加凝固的。日常生活既是这些失败的原因又是其结果。说它是原因，是因为

①Henri Lefebvre, Everyday Life in the Modern World, United Kingdon: The Athlone Press, 2000, 1984, p. 107.
②Henri Lefebvre, Everyday Life in the Modern World, United Kingdon: The Athlone Press, 2000, 1984, pp. 72–73.
③Henri Lefebvre, Everyday Life in the Modern World, United Kingdon: The Athlone Press, 2000, 1984, p. 73.

> 它是革命的阻力和障碍，并且每次经历了战栗之后又重新围绕日常性（quotidian）被组织起来；说它是结果，是因为在每次连续的失败之后，压力和强迫都收紧了它们的控制——这是革命所带来的主要意义。[①]

列斐伏尔最后一句话暗含讽刺，意指社会革命无法解决日常生活所存在的问题。我们将在下面提及“科层”制这一问题。列斐伏尔认为语言与日常生活的日渐疏离使其分裂、破碎。他对二者之间的关系从语言学方面进行了历史考察。索绪尔语言学将符号分为“所指”与“能指”，已经为人所共知，无须赘述，本文仅就列斐伏尔观点而论，他认为在当代社会，语言的“指涉”（referentials）功能逐渐衰落。指涉意指语言所指向的事物本身，它是一种“本义”（denotation）。同时语言还有“转义”（connotation），原来“单词”（words）和“句子”（sentences）是以可靠的指涉为基础的，但大约在1905—1910年间这种语言与指涉物之间的联系断裂了，这是由科学、技术和社会变化所造成的。因此，常识和理性失去了统一性最终断裂了。他指出，1910年电力的广泛使用，比如电灯、电子信号及其他电器统治了日常生活，改变了白天与黑夜的关系和人的感觉方式，从此“视觉”取代了“听觉”的统治地位。同时，交通工具的速度也改变了人的运动感觉，爱因斯坦的“相对论”又改变了人的时空概念等，其结果是原来稳定的语言与事物的指涉关系消失了，于是自然、宗教、城市甚至哲学中的绝对概念、宗教教义等指涉全都慢慢消失。生产关系方面则由“消费”取代了生产成为最重要的因素，因此积极的、有创造性的、生产性的“人”消失了。“在所有这些指涉中，只有两个被留了下来，一是在文化最高领域内存在的‘文化’；另一个则是最琐碎、最平庸的日常生活。”[②]而如果把日常生活当作“指涉”，它就会变得难以容忍，于是就只剩下了“高等文化”，而这被视为是“贬义的”。因此，“我们也可以说所有指涉全部消失了，所剩下的只有记忆与对指涉系统的需要”[③]。

> 社会关系的唯一基础就是言说（speech），它被剥夺了所有标准、准确性和真实性，甚至客观性。换言之，这些关系没有了根基，而言说这种交流形式，现在既是工具又是内容；通过冗长的迷雾，内容有时只是灵光一现，在它消失之前，我们能够辨认它就是日常生活，但没人想看见它，甚至大家都不知道它就在那里，没人能够接受它；它是所有谈话的主题，但却没人提及它。它不是

---

①Henri Lefebvre, Everyday Life in the Modern World, United Kingdon: The Athlone Press, 2000, p. 77.

②Henri Lefebvre, Everyday Life in the Modern World, United Kingdon: The Athlone Press, 2000, p. 116.

③Henri Lefebvre, Everyday Life in the Modern World, United Kingdon: The Athlone Press, 2000, p. 116.

欲望，它就是日常生活。[1]

我们不能理解日常生活不是因为它消失了，而是因它崩塌了。它存在，但又消解于无形，它存在于宣传、技术、组织和机构中，日常生活变得难以捉摸，它无所不在，又无影无踪。总之，列斐伏尔所论者是语言与日常生活的相互疏离。

（二）恐怖主义社会

在上述分析的基础上，他将社会分为压迫性社会、过度压迫性社会和恐怖主义社会三个阶段。压迫性社会相当于一般意义上的阶级社会，即一方面物资匮乏，另一方面则存在特权阶级。压迫的基础是“性与生育”，但又同时把压迫延伸到其他领域，因此马克思主义仅注重生产领域是非常片面的。过度压迫性社会对压迫条件、方法、工具和基础都有所修饰，利用熟练的强制把“适应”引入到完全私人的经验方面，比如家庭，并且把自由描绘成精神的或理想的东西，使其完全适应物质压迫；义务被转移到某一团体、家庭甚至个人良知，最好的例子就是清教徒意识形态。[2]恐怖主义社会是过度压迫社会逻辑和结构性的产物，强迫和对自由的幻想合二为一，不为人知的强迫包围着社会及其个体的生活并按照统一的策略对它们进行组织，这时由他人规范的良知与内心的良知也失去了区别，因为此时“内心”只不过是“外来”的伪装：被无形控制着的消费主宰着一切。人的主体性由消费活动而产生，从另一个意义上讲，它已经死亡了，或者成为一种幻觉：

> 恐怖主义维持这种幻觉，这种批判思维的零度（zero point），正是形式的恐怖主义功能（还有从这些形式中产生出来的机制），维持透明和现实的幻觉，并对维持现实的形式进行伪装。在日常生活中的人们拒绝相信他们自己的经验，并把它们当成理所当然之物。他们不是被迫必然以这种方式生活，没人强迫他们，他们自己强迫自己这样——这正是恐怖主义社会的典型特征。只有少数人才能从他们所知之物中得出结论。日常经验不会积累，虽然有认为年长者经验丰富的倾向，而他们真正得到的东西不过是犬儒和顺从而已。[3]

所谓的零度状态，原是巴特所谓的“中性”写作，以消除文字神话。但列斐伏尔用它来表示：

---

①Henri Lefebvre, Everyday Life in the Modern World, United Kingdon: The Athlone Press, 2000, pp. 116-117.
②Henri Lefebvre, Everyday Life in the Modern World, United Kingdon: The Athlone Press, 2000, p. 146.
③Henri Lefebvre, Everyday Life in the Modern World, United Kingdon: The Athlone Press, 2000, p. 187.

> 社会经济的最低点，这是一个可以接近但无法达到的、完全冻结的点，这些点包括空间、时间、物体、言说、需要。……它应对节日的消解负责任，对风格和艺术作品消失负责任；或者，零度是它们的消失的特征与性质的总和。实际上，除了在日常性中存在并幸存下来的欲望之外，零度定义了日常生活。①

零度状态的最佳表征就是广告，就像我们前面已经指出的那样，是“交易的意识形态”。这才是“异化”最为严重的社会，是彻头彻尾“意识”和“心理”的异化。列斐伏尔没有从社会经济或政治的角度解释“恐怖主义”社会的起源，而是从“语言符号”方面对此进行考察，他的结论是“书写”（writing）是恐怖主义社会产生的基础，他说：“通过对强制的批判性分析（它是恐怖主义社会的典型特征），书写文字（written words）的意义就凸现出来了：强制和非暴力的书写——或所写内容——构建起恐怖。”②为什么这样说呢？列斐伏尔在追述“书写”的历史时认为，书写与口语不同，它具有一定的强制性的侵害性，即失去了语言的流动性从而成为一种静态的思想表述和实现社会统治的工具。它既催生了文明和各种社会制度的出现，又将其以固定的形式保存下来，因此很容易成为意识形态传播的工具，科层制也建立在书写基础之上，并且随着书写的文案其价值和意识形态观念变成社会的意识形态，因为，

> 书写的力量不受限制，科层制的技术、知识和理性都以书写的材料为基础，它们渗透在管理的每一个细节中。国家代替了省区，在电脑、技术的支持下科层制取代并化身为上帝；在这种管理形式下，日常生活完全被组织化，没有什么可以逃离，也不能逃离组织；强迫被当作理解力和洞见；适应无论是作为概念还是实践都已经无影无踪。③

因此，书写与“科层制”无法分割。列斐伏尔借助于巴特的理论，认为通过大众文化、时尚等，书写技术已经严密控制了日常生活的消费体系，而这一结论与法兰克福学派没有什么大的区别。

“消费受控的科层制”和“恐怖主义”社会是列斐伏尔对早期关于“商品拜物教”和“异化”理论的发展和演变。早期所言的“主/客”体的异化关系被更复杂的分析网络所取代。在当代社会中，“消费”成为日常生活最重要的现象。这充分说明，“异

①Henri Lefebvre, Everyday Life in the Modern World, United Kingdon: The Athlone Press, 2000, p. 185.

②Henri Lefebvre, Everyday Life in the Modern World, United Kingdon: The Athlone Press, 2000, p. 152.

③Henri Lefebvre, Everyday Life in the Modern World, United Kingdon: The Athlone Press, 2000, p. 159.

化”现象随着消费社会的来临对日常生活进行了更加无孔不入的渗透和控制。因此他断定，现在的发达资本主义国家是一个“消费受控的科层社会”和“恐怖主义社会”。在这样的社会中，新的与旧的异化联为一体，其类型也被大大丰富：政治的、意识形态的、技术的、官僚的、都市化的，等等，以至于消除了异化的所有痕迹或对异化的意识。这种没有痕迹的异化才是最严重、最可怕的异化，成为日常生活中的潜意识。列斐伏尔在考察发达资本主义国家的这些现象时指出，资本主义的科层制和消费体制已经把日常生活吸收进去，生活在其中的人无力辨别自己的需要是否真的是“需要”，在很大程度上，消费只是一种被激发出来的欲望。如果我们不能从中醒悟，就会一直生活在幻觉中，认为自己很幸福、很自由，感觉不到异化的存在。因此，虽然他将视角转换到“消费”，但“异化”问题仍然是他的核心词汇。

三、“文化革命”与对日常生活异化的超越

我们从上面对列斐伏尔的“异化”理论的分析可以看出，无论是在早期还是在晚期，他的日常生活批判都是以“异化”为其出发点的。虽然他一直都承认在日常生活自身中就存在着超越和逃避的可能性，但其态度却是越来越悲观的。列斐伏尔认为，以往的革命只重视宏观世界的革命，即政治和经济的革命和社会解放，却忽视了日常生活的微观世界，而社会主义革命应该成为总体性革命、真正的革命，因此应该赋予日常生活的批判以应有高度，使之成为社会变革的中心。这一思想也是贯穿于其思想历程的。

我们已经说过，他不同意革命可以解决一切问题的观点，并以苏联为例指出，不以日常生活为目的的革命可能会造成专制和集权。在早期，他认为生产劳动的创造性是超越异化的现实力量，要用“总体人”来消除异化。但到了后期，他提出“受控制的消费科层”和“恐怖主义社会”概念，认为日常生活已经被技术和官僚阶层相结合的统治方式牢牢控制住了，被全面异化，个人的解放是不可能的。那他是否就真的悲观到了认为日常生活已经无可救药，甚至面临着消失的危险呢？没有。列斐伏尔强调，资本主义的主要矛盾如今已经不再是阶级斗争，他说：“通过对日常生活这一基础层面的研究，各种新的矛盾出现了，虽然它们意义多样，但却有一致性；其中最重要的是技术意识形态和技术官僚神话与日常生活的对立。”[①]列斐伏尔有一个简明的表格[②]：

①Henri Lefebvre, Everyday Life in the Modern World, United Kingdon: The Athlone Press, 2000, p. 79.
②Henri Lefebvre, Everyday Life in the Modern World, United Kingdon: The Athlone Press, 2000, p. 87.

社会现实的层（Levels of Social Reality）

- 权力与对抗的策略
- 观点与期望
- 概念与理论知识
- （逐渐上升到经验）

财产、理性与国家意识形态

图像与意识形态（碎片化的、专门化的文化）
- 原则（伦理、美学、审美、样式与模式、被视为非意识形态的意识形态，比如科学主义、实证主义、结构主义、功能主义等）
- 组织性次体系，它们的合法性由原则决定
- 消费意识形态
- 作为宣传的意识形态

与意识形态和当前修辞相关的幻想与神话

使人信以为真（社会）（与个体“使人信以为真”与集体象征有关）
- 语言
  - 词汇对立 ⟶（写作的）形而上学功能
  - 联系 ⟶（口语的）转喻功能
- 修辞
  - 单词
  - 形象
  - 事物

情感性投射强化了“使人相信”或作为适应而被实现

诗创（poesis）与实践 ⟶（人类存在对自然存在的）适应
- 身体
- 时间
- 空间
- 欲望

⟶ “价值”的出现或消失：节日、休闲、运动、城市、都市生活、自然，等等

日常生活 ⟶ 强制（由科学所标示、技术所掌控的决定主义）
- 生物的
- 地理的
- 经济的
- 等等

⟶ 在自然和实践中是多元而统一的

列斐伏尔承认他所画的这个结构图的灵感来自符号的三维模型（tri-dimensionalcode），即将语言中所表达的现实分为三个层次：符号（symbols）、范式（paradigms）和联系（links）。列斐伏尔此表所表示的社会运行模式也是动态的，各因素或次体系之间存在相互作用，比如可把“强制”分成0—100个级别，表示其强度；“适应”与“强制”存在矛盾而又复杂的辩证关系：强制性越强，适应性就越弱，但同时适应也能吸收强制，把其变成产品。列斐伏尔对此表有如下说明。第一，在他所描述的这个社会中，“日常生活”属于“感情投射”的层面。在这个层面如果以“强制”为特性，它便是日常生活；如果以“适应”为特性，它便是诗创与实践，也就是说，日常生活与诗创实践是一体的两面。按照这一逻辑，在日常生活中寻找创造与革命是大有希望的。列斐伏尔还说，日常生活的“日常生活”中的问题如果不可能得到真实解决的话，就会“想象性解决”，情感投射会填补“经验”和“使人信以为真”之间的空隙，将自己的欲望投射到其他的事物或群体上，比如家、住房、烹饪、度假等。这种投射既是现实的又是想象的。应该说，列斐伏尔将这种投射最终指向了“消费”。第二，语言是“使人信以为真”的中介，他认为这是象征（symbols）的错位和以象征主义为代价向记号（signals）与语义联系的错位。只要存在“使人信以为真”，这种错位就不会是完全的，并且会以元语言进行补偿。第三，艺术与风格是对时间、空间、欲望进行适应的形式。第四，宣传不仅提供一种消费的意识形态，还创造了“我”的形象，即个体在消费中获得主体意识，它是以“形象”为基础的。由此可见，“消费”和“语言”问题成为列斐伏尔关注的焦点。他认为，消费如今不再指向“物”，而是其符号，即转向符号消费。

我们从上面所谈的第一点可知，在日常生活自身中寻求超越是有可能的。由于现在是“消费”为主导的社会，消费又以其“文化（艺术、风格、休闲、符号等）”为特征，那只能从“文化”方面入手寻求超越的途径。因此，只有通过“文化革命”才能激活日常生活中被压抑、被驯化的抵抗因素。“文化革命”并非是指在“文化领域”进行革命。他说：

> 作为一个概念它与马克思主义的信条有关：基础、结构与上层建筑之间的关系是什么？理论与实践，意识形态、知识与战备性行动的关系是什么？这些关系是固定的还是不断变化的？是结构性的还是偶然的？[1]

他理想的“文化革命”是什么呢？他说：

[1] Henri Lefebvre, Everyday Life in the Modern World, United Kingdon: The Athlone Press, 2000, p. 203.

> 不可把文化革命设想为美学的，它不是以文化为基础的革命，文化也不是其目标或动机；我们不能把社会现实和经验与文化混为一谈，因为现在我们的文化是分裂的，并分解为道德主义、审美主义和意识形态……我们的文化革命的目标与方向是创造一种非制度化的、生活风格的文化，其特征就是在哲学精神中实现哲学。对文化及其附着在文化名下的声望与光荣与其体制进行批判性评价的结果就是哲学及其理论的、实践的意义，对其教育的、经验的、智识的和社会重要性的完全认可。我们所说的哲学是从柏拉图到黑格尔的哲学；美国的实用主义和东方的儒教、佛教不在我们的兴趣之内……构成文化解放第一步的理论革命是以哲学经验为基础的。①

因此，“文化革命”是不对“文化”进行革命，而是一种基于实践哲学的行动和过程，目的是要使文化走向经验，走向对日常生活的变革。列斐伏尔口号式解说：“我们的目标也可表述如下：让日常生活成为艺术品!”②他指出了“文化革命”的三大要素：

第一，“性意识的变革与革命”。改变性别与社会之间的情感的意识形态而不是制度性的关系。列斐伏尔认为：

> 必须要利用所有可用的理论和实际工具清算和消灭压抑性社会与性别恐怖主义。制度必定不再关注性压抑（但实际上仍是制度最关心的对象），须要根除性压抑。压抑和恐惧越是不仅仅限于对性行为的控制，它就越会扩展到人类整个能力与潜能领域。不是要对性行为完全没有控制；实际上，完全的不加控制会让欲望转化成赤裸的需求，可能会导致欲望的消失与退化；欲望不能无控制地存在，虽然压抑确是以控制与扼杀欲望或使其扭曲为基础的。③

列斐伏尔认为，性与身体已经成为现代社会控制的主要对象。但是，他同样也认为，对身体的完全控制是不可能的。“尽管存在着系统化的过程和科层制，但在欲望的身体、日常社会性（sociality）和密集的、非工具化的都市生活空间中，会有差异的‘瞬间’幸存下来。”④列斐伏尔认为，新资本主义试图把自己打造成柏拉图的理想国，一个封闭的、控制的、自我指涉的系统，在此之外没有价值或意义。但是矛盾仍然存在，在消费和无孔不入的权力所控制的铜墙铁壁中仍旧存在裂缝。尽管

---

①Henri Lefebvre, Everyday Life in the Modern World, United Kingdon: The Athlone Press, 2000, pp. 203-204.

②Henri Lefebvre, Everyday Life in the Modern World, United Kingdon: The Athlone Press, 2000, p. 204.

③Henri Lefebvre, Everyday Life in the Modern World, United Kingdon: The Athlone Press, 2000, p. 205.

④Michael E. Gardiner, Critiques of Everyday Life: An Introduction, London & New York: Routledge, 2000, p. 96.

系统化和科层统治的过程不会停止，但在人充满欲望的身体，日常生活中未被社会体系所吸收的“社会性”和未被工具化的都市空间中仍然会有差异“瞬间”幸存下来。人的身体具有不可化约性，它是活生生的而不是僵死的，因此它能抵抗科层制新资本主义的同质化抽象过程，至少不可能被这一过程完全吸收进去。列斐伏尔说：

> 身体不会允许自己被分割而毫不反抗，它也不会被割裂成碎片而被夺去节奏，把自己完全降低为编目（catalogued）的需要，也不会被降低为某些形象或专业领域。身体处在空间和权力话语的中心，是无法化约、无法颠覆的。它拒绝剥夺它、挤压它的社会关系再生产。有什么比身体更脆弱、更易受折磨？但有什么又会比身体更有抵抗性？人的身体拒绝压迫关系的再生产——如果不是正面抵抗，那就是间接抵抗。它当然是脆弱的。但是如果不能摧毁社会本身，它就不能被毁坏：狂欢与世俗的身体都在这里，在日常中。要回归的就是身体，就是对它的补偿，而不是逻各斯，也不是“人类”。①

显然，他所谓的“身体”就是个体的身体。他不再迷信“阶级”或“类本质”，而把身体视为反对异化的根本途径。他的观点与卢卡奇试图联结个体与整体或赫勒与法兰克福学派认为个体反抗是不可能的观点形成了对比。虽然我们没有理由说列斐伏尔是个人主义者，但他对身体的强调确实给人带来更大的反抗希望。

第二，都市变革与革命。列斐伏尔认为：

> 关于这一点大家不要误会；都市化来自革命，而不是反之；虽然，事实上都市经验，尤其是为都市而进行的斗争（为其保存与复兴，为其自由）为许多革命行动提供了背景和目标。……这场战斗因此是在生产领域进行的，也是在这里战略才能制订自己的目标。都市社会的实际实现与政治计划（使其覆盖全社会、整个领土）和经济控制相关。②

因此，他认为现代性虽然也有把空间同质化和商业化的企图，但是由政府资助的标准化工程仍然激起了人们的反对和否定，其中不乏各种形式的斗争与反抗。他认为空间是一个表示关系与生产过程的动词性名词，是“社会秩序的空间化”（the spatialisation of social order）。空间化就其本质而言，不是先验的几何形式抽象物，而

①Henri Lefebvre, The Survival of Capitalism: Reproduction of Relations of Production, London: Allison and Busby, 1976. 转引自 Michael E. Gardiner, Critiques of Everyday Life: An Introduction, London & New York: Routledge, 2000, p. 97.

②Henri Lefebvre, Everyday Life in the Modern World, United Kingdon: The Athlone Press, 2000, p. 205.

是辩证的反思瞬间，是发生在社会活动与空间和社会地理环境各个方面之间的、生产的经济方式与文化想象之间的过程的辩证法。尤其是在城市化过程中，空间化的社会秩序被重置，但却由于其动态性和过程性特征，不可能被完全系统化。他认为：

> 应该把都市看作是对日常生活的有效抵抗之地和真正的主宰；我们可以说，既不是凌驾于日常的强制力之上假装的王国，也不是用于沉思和消费的符号体系，而是“其他之物”成功地克服了废弃、衰败、功能化、结构化和“专业化”的日常生活。城市能代表潜在的参照——不是绘制在地上形态多变的城市，也不是在象征和符号中被表征的城市——而是城市生活和社会吗？这种观念有其道理，但它也冒有风险；都市化和城市空间的条件是什么？它们的实践基础和理论基础是什么？我们还无从得知——但毫无疑问我们会知道的。[①]

这也难怪列斐伏尔从对日常生活的研究转而关注空间问题。在《空间的生产》中，他认为如果革命不改变空间就根本没有价值：“社会变革如果在本质上是革命的，就必须表现出对日常生活语言和空间的创造性影响，以同样的速度，同样的力度，在每一个领域。”[②]但这并非说他放弃了“日常生活”的概念，而是在“空间”研究中将之涵括在内。他原来曾认为资本主义社会使“时间性”压倒了“空间性”，但现在看来，资本主义的生产更像是一个使其空间不再“自我生产”的过程。

第三，使节日得以复兴。节日是在《日常生活批判》第一卷就受到列斐伏尔关注的问题。他认为，节日和革命对日常生活至关重要，革命是日常生活的狂欢节。他说：“节日问题是当前语境下出现的一个重要的问题，游戏只是其中的一个方面。”[③]在被日常所统治的社会中，节日并没有像仪式和艺术那样消失，虽然它只是在集会、集市等场合才会出现。他认为，资本主义社会的科层制发展到了极致，节日也被体制所吸收而成了例行公事。复兴节日是反抗异化的重要途径。节日原本是符合自然规律的、欢庆的、自由的，但如今它被商业化抽去了精神而徒具空壳。像巴赫金一样，他认为节日就是平民的狂欢，要想把它从当前的社会中拯救出来，就必须把节日和革命联系在一起。因此，当务之急是要重新链接断裂的节日与都市生活：“复兴节日的目标似乎在这样一个没有了贫穷且都市化在发展的社会中有了合法性；革命，无论是暴力的还是非暴力的，结果都获得了新的意义：从日常中解放出来，复兴节日。”[④]他说，过去的革命（也就是节日）是残忍的，但并不是所有的革

①Henri Lefebvre, Everyday Life in the Modern World, United Kingdon: The Athlone Press, 2000, pp. 124-125.
②Michael E. Gardiner, Critiques of Everyday Life: An Introduction, London & New York: Routledge, 2000, p. 97.
③Henri Lefebvre, Everyday Life in the Modern World, United Kingdon: The Athlone Press, 2000, p. 36.
④Henri Lefebvre, Everyday Life in the Modern World, United Kingdon: The Athlone Press, 2000, p. 36.

命和节日都必然如此：

> 未来的革命将会结束日常生活，将会带来富足与豪华，打碎我们的枷锁，无论是以暴力还是和平的方式。这场革命不会仅限于经济、政治和意识形态领域；它的特殊目的是消灭日常生活；并且这一过渡的时期也会呈现出新的意义，反对日常生活并且对其进行组织，直到它焕然一新，撕破它那虚假的理性与权威的面纱，日常与节日之间的对立——无论是劳动还是休闲——都不再是社会的基础。[①]

可见，“革命”与“节日”被列斐伏尔联系起来，共同克服“日常生活”而达到“解放”的目的，并将希望寄托在都市空间中。“空间”“都市”与“日常生活”越是在资本主义发达的地区就越是不可分割。这与他在《日常生活批判》第一卷中对农村“节日”的考察已经有所不同，那个时候他还是在较为传统的意义上使用“节日”一语，而到了现在，“节日”成了一种近乎狂欢的隐喻了。在《现代世界中的日常生活》一书的最后，列斐伏尔说：“通过克服日常生活和节日的冲突复兴并放大节日，并且通过都市社会，在都市社会中使它们保持和谐，就是革命计划的最终事业。上述说明使我们回到我们开始的地方，回到适应概念，使它高于通常意义上的（对物质现实的）掌控和实践，这才是它应该在的位置。”[②]

我们通过前面论述可知，在他早期的哲学构建中基本上还是以马克思主义的辩证法为指导的理论构建，并以“异化”批判为其核心。根据城市空间尤其是“消费”和“符号”为轴心，对发达的资本主义社会的更高阶段的“日常生活”进行研究，提出了“消费受控的科层制社会”和“恐怖主义社会”等概念，“异化”概念非但没有消失，反而更显得是无处不在的甚至是“隐性”的存在。因此，虽然他后期关于“日常生活”的研究似乎从“批判”走到“超越”或“克服”，但异化“批判”仍然是他的主要目的之一。列斐伏尔对日常生活的性质、特征、现象及其克服和超越的途径都进行了系统的论述，首度明确地提出了“日常生活”的哲学理念，既为哲学的发展开辟了新的空间和方向，也使“日常生活”成为横跨多门学科的重要概念。作为一位分水岭式的人物，列斐伏尔前后的“日常生活”概念呈现出不同的面貌。在他出版《日常生活批判》第一卷之前，关于“日常生活”的论述都是零散的、不成系统的，更没有人把它当作一个核心概念来进行理论构建。在他之后，“日常生活”成为一个专门的研究领域，安格妮丝·赫勒和德·赛都等人均受其影响而

---

①Henri Lefebvre, Everyday Life in the Modern World, United Kingdon: The Athlone Press, 2000, pp. 36–37.

②Henri Lefebvre, Everyday Life in the Modern World, United Kingdon: The Athlone Press, 2000, p. 206.

进行日常生活理论的构建工作。

第二节　安格妮丝·赫勒

安格妮丝·赫勒是一位多产的思想家，卢卡奇的同事、弟子和朋友，20世纪60—70年代布达佩斯学派的重要人物。她的思想历程较为复杂，所涉领域也较为广泛，到目前为止共出版了20多部著作，发表了数百篇文章。《日常生活》写于1967年至1968年间，1984年出版英文版。她说："《日常生活》写于那个提出'马克思主义的复兴'口号的时代。此书的首要目的正如标题所示：勾勒日常生活理论的轮廓。然而，本书还有更大的野心，那就是一方面设计新的哲学方法，另一方面对新的哲学框架进行勾勒，从而为哲学开辟新的道路。"[①]除了哲学上的努力之外，她还有另外一个目的，即使日常生活人本化：

> 日常生活如何能够在人本（humanistic）、民主、社会主义的方向上被改变，是本书所讨论的实践性内容。书中提供的答案表明一种信念，即社会变革不能仅由宏大的社会规模所完成，更进一步，反应在人们态度上的变革是所有变革的组成部分，无论它是好是坏。我认为，只要人的态度主要是为了向好的方向改变，那态度变革的可能性就是确实存在的，而这一点只需要推广就行了。[②]

她的意思是说，除了哲学上的叙述外，她也希望这本书能在实践层面上对日常生活产生影响，从而在微观方面进行"态度变革"并以此作为社会变革的补充。赫勒的日常生活理论来源很广，既有马克思主义和其师卢卡奇的深刻影响，又使用了"现象学"的研究方法，亦受到了列斐伏尔的日常生活理论的启发。但是，她说："尽管运用现象学方法，本书还是更接近所谓的'批判理论'而不是舒茨。并且，为改变日常生活（及社会生活）的可能性而进行辩护的动力来自马克思和卢卡奇的遗产，这一点毫无疑问。"[③]本小节所讨论的主要内容侧重于两个方面：第一是赫勒日常生活理论不同于其师卢卡奇和列斐伏尔之处，第二是她如何审视并解决"异化"

---

①Agnes Heller, Everyday Life, G. L. Cambell (trans.), Routledge & Kegan Paul, 1984, 'Preface to the English Edition', pp. xiii–ix. 译文参考《日常生活》，衣俊卿译，重庆出版社1990年版，有改动。下同。

②Agnes Heller, Everyday Life, G. L. Cambell (trans.), Reutledge & Kegan Paul, 1984, p. x.

③Agnes Heller, Everyday Life, G. L. Cambell (trans.), Reutledge & Kegan Paul, 1984, p. xii.

问题。

一、个体的日常生活与类本质

受卢卡奇的影响，赫勒将“日常生活”理论引向了“对象化”与“类本质”的领域。卢卡奇在《审美特性》和《关于社会存在的本体论》等著作中对“对象化”问题已经较为重视，但晚年的卢卡奇仍然坚持社会的总体论，因而没有认真考虑“个体”与“日常生活”的问题。而赫勒则是以“个人”为起点进行日常生活批判的，这就必须解决如下问题：从“特性”的日常生活到“类”的日常生活会经历什么样的过程？二者中间又存在什么样的中介、有多少层次？简而言之，个体的日常生活如何才能与“类本质”联系起来？她在《日常生活》中开门见山地说：“如果个体要对社会进行再生产，他们必须将再生产作为个体的自身。也许我们可以把‘日常生活’界定为个体再生产因素的总和，它们使社会再生产成为可能。”[①]这样，赫勒首先就把“日常生活”定义在“个体”再生产的领域。在赫勒处，“再生产”不仅指向经济生产领域，也包括社会关系的再生产。她说：“但是，社会的再生产并非如牛的繁衍一样，是由其个体的再生产自动完成的。人能够自我再生产，就只能履行其社会功能，并且，自我再生产是社会再生产的动力。”[②]可知，她将日常生活视为社会再生产的基础，认为一切社会现象皆由此产生（在这一点上，她与卢卡奇和列斐伏尔态度一致）。卢卡奇认为日常生活是个体与世界产生联系的中介，赫勒接受了这种观点，她说：“日常生活总是在人与其直接的环境中产生，并且与这种直接的环境相关。……所有与个人及其直接环境无关的对象化（objectivitions）都超出了日常生活的范围。”[③]赫勒此处所论“对象化”和“直接性”也与卢卡奇见解一致。“对象化”一词我们多次提及，它与“劳动”相关，即劳动是人的“类本质”力量的“对象化”。卢卡奇认为日常生活的特征是“直接性”，但却又强调：

> 这绝不是说，在日常生活中根本没有对象化。如果没有对象化，那么人的生活、他的思维和感觉、他的实践和反映都是完全不能设想的。除了所有原来的对象化在人的日常生活中起着重要的作用，特有的人的生活方式、劳动和语言的基本形式在许多方面基本上都具有对象化的特点。劳动只能是一种有目的

---

①Agnes Heller, Everyday Life, G. L. Cambell (trans.), Reutledge & Kegan Paul, 1984, p. 3.
②Agnes Heller, Everyday Life, G. L. Cambell (trans.), Reutledge & Kegan Paul, 1984, p. 4.
③Agnes Heller, Everyday Life, G. L. Cambell (trans.), Reutledge & Kegan Paul, 1984, p. 7.

的行为。[①]

她对卢卡奇的观点亦有所修正，认为日常生活领域不仅存在对象化，而且是“毫无保留的自为的对象化，即是说，它是作为主体的个人在其中被‘外化’（externalized）的人的能力开始与他们的人类本源相分离，过自己的生活。……我们可以断言，日常生活是历史潮流的基础”[②]。这种对象化使日常生活成为一片“自在的类本质的对象化”（specieses sential objectivations in itself）。赫勒的日常生活理论是人本主义的，“个人”既是其批判的核心和出发点，也是其最终的归宿。她的总体思路是，以“个人”为中心的日常生活属于“自在的”，因而是“异化”的，为了能够超越异化，就必须将其转换成“自为的”。因此，我们先要了解她对“个人”性质的论述，以此为出发点，再谈论日常生活的属性。

（一）“特性”（particularity）[③]与“个性”（individuality）

这两个概念是针对“个体”与“类本质”的关系而言的。“特性”是指人的唯一性和不可重复性（non-repeatability）。赫勒指出：“人的唯一性和不可重复性只有在其对象化的世界中才能实现，没有自我表现就不会有自我确定和自我保存；自我意识作为对意识的综合，只有当世界被对象化时才会存在——主要是在劳动和语言中。只有可以一般化的人才能有自我意识，关于他自己特性的意识。”[④]我们首先讨论“对象化”这一术语，作为赫勒日常生活批判的关键词汇，不理解这一概念就很难解释她所要传达的信息。赫勒的“对象化”概念主要来自马克思对异化劳动和卢卡奇对物化现象的论述。她认为，“对象化”是一个双向过程：“就像所有的对象化过程一样，日常生活在两个意义上是对象化。一方面，它是主体持续不断的外化（externalization）过程；另一方面，它是个人借此而不停地被再创造的过程。”[⑤]我们需要对这段话进行概念的说明。第一，“外化”所指即“人的本质力量的外化”。根据马克思主义的观点，这种外化是通过劳动而得以实现的。但并非所有的外化都是对象化，只有那些实现了其目的、产生了价值的外化才能被称为“对象化”，即是

①卢卡奇：《审美特性》，徐恒醇译，中国社会科学出版社1986年版，第6页。

②Agnes Heller, Everyday Life, G. L. Cambell (trans.), Reutledge & Kegan Paul, 1984, p. 9.

③Agnes Heller, Everyday Life, G. L. Cambell (trans.), Reutledge & Kegan Paul, 1984, p. 47.

④“特性”一词在英译本中为particularity，它与另外一个关键词汇“排他性（particularistic）”是同源的，可以说particularistic就是particularity的形容词形式之一，此词除“排他”之义外，还是包含有“特殊性”意义在内的。除此，也有“区隔”的含义。

⑤Agnes Heller, Everyday Life, G. L. Cambell (trans.), Reutledge & Kegan Paul, 1984, p. 47.

说，对象化所指主要在于通过劳动、思维等表现出来的本质力量。[①]其次，对象化必将这种力量引向人自身，从而使人也成为“对象”，换言之，人自身在对象化的过程中也不断被“改变”和被“再创造”。人既是对象化的主体，又是对象化的目的。从此意义上进行理解，“世界被对象化”的意思就比较明确了：一方面人把客观世界当作一个客体而将其自身力量加诸其上，另一方面在此过程中人也获得了个体意识，有了自己的特性。第二，“一般化”。它是指人与人之间打破区隔，从而可以相互交流的过程，这是人之所以为人的必要条件：“没有一般化、没有人的类本质的传播，就没有人的特性。”[②]因此，一般化是人的类本质力量的表现。如果主体之间各自封闭（即没有一般化），人与人的交流是不可能发生的。关键是，人与人的交流如何成为可能？“我”如何知晓别人的感觉？如果“我”看到“红”，“我”也没有理由相信别人是以同样的方式观察到“红”。赫勒对此解释说：“当然，我们不知道别人是否以同样的方式观察和感觉，但是这与不可理解和不可交流毫无关系。只有在实践（practice）中，人才能获得事物的意义。”[③]实践作为主体和客体进行辩证交流的过程，是实现思想交流的基础。

在清楚何为“对象化”之后，我们就可以讨论“特性”所指的内容了。她认为，特性具有三个特征：第一是在特定语境下的基本素质，即生存所必需的要素；第二是刚才谈论的“一般化”，而赫勒真正注重的是第三点，即“排他性”，而该问题的提出与“异化”问题相关。赫勒说：“并不是因为单个性（singularity）本身不能在其自身的‘我之如是性’中表达才造成了人与人之间的交流困难；相反，此问题产生自（并且是因为）对象化中的交流过程中被异化的地方。个体的单个性的神秘化就是被异化的特性的一个方面。”[④]因此，赫勒认为异化与这种“排他性”有关。所谓的排他性，简单地说就是一种排斥他人的基本情感（除了少部分的纯粹的排他主义感情，如妒忌、虚荣、懦弱和自私等，其他感情在性质上不是排他主义的）。当人占有对象后，“个体”的排他主义也就成了“整体”的排他主义，产生了“我们”意识，它是“我”借以存在之物。因此，个人的排他主义就和整体的排他主义等同起来，比如一个民族反对另一个民族，这样作为个体的“我”就可以克服特性。“如果我全力追逐私利，这就是未分化的特性；但是‘我’能以被理解为纯粹自私的民族利益为重，而损害‘我’自己的个人的、自私的利益。[⑤]她认为，只有在资本主义社会，特性才会公开摊牌。如果人与自我等同或与“我们的意识”等同，在赫勒看

①关于外化、对象化、异化，可参见本章第一节相关内容。

②Agnes Heller, Everyday Life, G. L. Cambell (trans.), Reutledge & Kegan Paul, 1984, p. 9.

③Agnes Heller, Everyday Life, G. L. Cambell (trans.), Reutledge & Kegan Paul, 1984, p. 9.

④Agnes Heller, Everyday Life, G. L. Cambell (trans.), Reutledge & Kegan Paul, 1984, p. 9.

⑤Agnes Heller, Everyday Life, G. L. Cambell (trans.), Reutledge & Kegan Paul, 1984, p. 13.

来，那就必定会产生特性。因而，人的本质是通过个体存在的消逝而得以发展的，“人的财富的繁盛同样伴随着人的贫乏。正是这一异化过程养育了特性，特性是异化的日常生活的主体”①。可见，“异化”就是人在对象化的过程中所发生的现象，即“人的贫乏”。因此，“异化”问题与私有制的存在仍有关系。

那什么是“个性”（individuality）？由于不可能根除排他主义动力，特性是不可超越的。但与“特性”相对立的“个性”仍然存在，它指的是“一种发展，是个体的生成过程（come to be），该过程在不同的年代有不同的形式。但是，无论个性及其理想状态在特定时代采取什么样的形式，它都不可能被完全实现，而是处于流动状态之中。这种流动状态是超越特性的过程，也是被综合成为‘个体’的过程”②。与特性相比，“个性”发展与人的本质相关，含有了价值的实质，因此个性就代表了个人与类本质进行联系的潜能。“这意味着，只要从一个社会到另一个社会存在着价值实体的增加，即只要一个社会比另一个社会倡导更多的价值或用更有效的方式实现它，那就可以在这一社会的典型个体处被觉察到。”③因此，在更高级的社会形态中，人就可能与类本质之间存在更紧密的联系，换言之，人作为类的存在物能否成为人的本质的代表取决于特定的社会结构及其促进类本质发展的程度。按照马克思主义的观点，人之所以为人，是因为人的生命活动是有意识的，因此才是“类”的存在物。但是，根据马克思的“异化劳动”观，人的意识却变为存在的手段，异化因此而产生。“这样，马克思从劳动和意识出发，区分了特殊关系（作为简单存在的人）和个体关系（作为其类本质力量发展的人）。”④所以，在赫勒的理解中，异化就意味着类本质的丧失。“特性”是一种自我保存的倾向，从本质上讲它是与类本质失去了联系的、割裂的、异化的存在状态；个性则是与类本质有自觉关系，并以此种自觉关系为基础对自己日常生活进行调配的人。这是“特性”与“个性”之间的最大的区别。她认为迄今为止的历史中，在绝大多数的社会秩序和社会关系中都是以“特性”为日常生活的主体，因此日常生活中的“个人”尚未与类本质有自觉的联系，而个性则是对特性的超越。因此，它代表了类的发展，意味着个体与类本质的统一。所以，单独的个体不可能完全超越日常生活，而只能通过共同体，与类本质建立自觉的联系，才能彻底地反抗异化现象。这个过程就是要通过类本质的活动，将日常生活从“自在”的对象化领域上升为“自为”的对象化领域。

赫勒的日常生活批判的起点也正在于此，她所要做的就是把“人”与“类本质”重新联系在一起，从而实现日常生活的革命。

---

①Agnes Heller, Everyday Life, G. L. Cambell (trans.), Reutledge & Kegan Paul, 1984, p. 15.
②Agnes Heller, Everyday Life, G. L. Cambell (trans.), Reutledge & Kegan Paul, 1984, p. 15.
③Agnes Heller, Everyday Life, G. L. Cambell (trans.), Reutledge & Kegan Paul, 1984, p. 16.
④Agnes Heller, Everyday Life, G. L. Cambell (trans.), Reutledge & Kegan Paul, 1984, pp. 18–19.

通过上述分析，我们能够知道赫勒的日常生活理论是以“个体”为起点，以把个人同类本质重新联系起来为目的的人本主义的哲学批判。下面我们就看“类本质”的概念及其与日常生活的关系，因为这也是理解赫勒理论的关键所在。

（二）“对象化”与“类本质”：日常生活作为“自在的类本质的对象化”

我们有必要对“对象化”这一术语进行更充分的说明。她所使用的“自在的”(in itself)、“自为的”(for itself)、“自在自为的”(in and for itself) 和“为我们”(for us) 等术语均是来自黑格尔的概念，“对象化”则来自马克思。她将这两组概念结合起来，这样类本质的“对象化”就被分为三种：1. 自在的类本质的对象化 (objectivation of species-essential in itself)；2. 自为的类本质的对象化 (objectivationof species-essential for itself)；3. 自在自为的类本质的对象化 (objectivation of species-essential in and for itself)。第一种是基础性的“对象化”，也就是日常生活领域的对象化。日常生活主体与普遍的类本质没有建立自为的联系，但却是社会最重要的一个本体论范畴；第二种包括科学、审美、宗教等“高级”活动，与卢卡奇所讲的日常生活之外的另外两个领域（审美和科学）相类似；而第三种对象化则介于二者之间，比如政治结构、法律等。但是，赫勒指出，“自在的对象化”与“自为的对象化”只是相对的概念，二者之间没有绝对区别，比如与自然的领域相比，似乎人类的所有活动都是“自为的”，但仍有必要在社会领域对此进行区分，以更清楚地说明各种活动的性质。她说：

> 人的活动和行为总是客观化的（它同尚未转变为行为的、偶然的动机不同，也与没有直接被客体化的、从个性发展的观点看是偶然的梦想相区别）。但是，并非所有的客观化都与对象化有关。首先，所有对象化都是类本质的，因为它们合并了不同类型的类本质。其次，它们不是简单外化的、客观化的活动结果，而是那些占有这些对象化同时也实践它们的“个人”活动的参照秩序。因此，“个人”为了能在这些对象化的引导下使自身也客观化，就必须占有对象化，或者塑造这些对象化。同时，所有人都能占有对象化；但并非每个人都可以在同等水平上塑造同样的对象化。①

①Agnes Heller, Everyday Life, G. L. Cambell (trans.), Reutledge & Kegan Paul, 1984, pp. 117-118.

因此，在“自在的”与“自为的”类本质的对象化之间并没有绝对的区别，因为它们都是“类本质”的，也都是与“个人”自身的对象化有直接关系的。那么区分这些概念还有何意义呢?

赫勒认为，作为自在的类本质对象化，日常生活是人所有活动的结果，也是其前提条件。“把社会实体等同于‘自在存在’的根本特征在于，没有它们，社会根本不可能存在，或者至少给定的社会结构无法存在。……这一对象化的三个不同的但内在联系要素为：工具和产品，习惯，最后是语言。”[①]赫勒认为，这些要素在个体进入社会之时就已经是给定的，个体是通过自己的活动而“占有”这一自在的对象化领域。虽然人并不是完全被动的，而是具有一定目的性的，但它作为一个给定的秩序环绕于个体四周。

日常生活与类本质的对象化世界距离最远，而工作、道德、宗教、政治和科学技术则逐渐向其靠拢。她解释说：“‘自在的类本质’代表经验性的人类普遍原则，它是‘理所当然地’被运用的；‘自为的类本质’则代表着运用自由意志的对象化领域，对这一领域的反思体现了先前的意志行为和反思行为的具体化。通过对这些范畴的界定，已足以把这些领域限定为‘类本质’的。”[②]所以，哲学、艺术、科学和日常生活都是“对象化”的，只不过是其“类本质”的对象化性质不同。日常生活作为“自在的类本质的对象化”表现为经验的一般概念：“借助这一对象化，我们可以理解所有社会范畴，超验推论的方法也得以避免。正是因为这在一对象化领域中——即便不是完全地——调节我们时代的日常生活，那么，就能从理论方面建立日常生活理论的中心性。”[③]因此，日常生活这个“自在的类本质对象化领域”是人类社会结构的基本领域，人们吸收、内化社会生活的标准和信念，以此作为行动的准则。人与日常生活结构尚处于“自在”的状态，不易为人所察觉和理解，而科学、技术、艺术等“高级”领域是人的有意识的创造。

赫勒认为日常生活这一“自在的”类本质活动由三个部分所组成：第一是人造物、工具和产品的世界；第二是习惯的世界；第三是语言。这一三重的对象化引导我们的整个活动，然而，这三个组成部分具有不同的功能，它们每一个都特别关注人的某一现象，即“工具（人的生产工具和手段）在我们的物质—操作活动中起主导作用，习惯控制着我们的态度和社会姿态，而语言主要是思维的媒介”[④]。人类文化主要在这种“自在的”类本质对象化中（工具物品、习惯体系、语言中）积累，社会生活的持续性要以它们的持续性为基础。因此，此三种组成部分是一个相互关

①Agnes Heller, Everyday Life, G. L. Cambell (trans.), Reutledge & Kegan Paul, 1984, p. 118.

②Agnes Heller, Everyday Life, G. L. Cambell (trans.), Reutledge & Kegan Paul, 1984, pp. x–xi.

③Agnes Heller, Everyday Life, G. L. Cambell (trans.), Reutledge & Kegan Paul, 1984, p. ix.

④Agnes Heller, Everyday Life, G. L. Cambell (trans.), Reutledge & Kegan Paul, 1984, p. 123.

联的体系，它们共同属于日常生活的“图式”(schemata)。她说：“‘自在的’对象化为进入给定社会的个人提供了既成的经验图式，他根据相关的图式安排整理自己的经验。……‘自在的’对象化作为保守力量而出现：对给定参考系的先验图式的占有会阻止某些新经验，并且以各种各样的方式延缓实际的变化进程，新的思维方式的形成，等等。”[①]这一图式说明，日常生活在某种程度上是“保守的”，比如重复性的思维和实践及日常语言的特征，其实践方式则是遵循一般化的、模糊的原则。但这些也是必要的存在，因为如果没有这些稳定的因素，日常生活几乎是无法维持和无法继续存在的。因此，它对社会的进步和发展可能会产生反面的、阻碍的作用，但同时又是必需的。相比而言，“自为的”类本质的对象化则是第二性的，不是人类社会存在所必需的，它“只能根据指向它们的人的自觉意向而行使功能。的确，如果没有与类存在的自觉关系，它们根本不可能存在。然而，它们的确展示出某种按照自己的特殊规律而进行发展的能力。对艺术来说尤为如此，但是，它也适用于科学和宗教”[②]。赫勒认为，所有“自为的”对象化都体现了人的自由，并表达了人性在给定时代所达到的自由的程度。但是，“自为的”对象化是以“自在的”对象化为基础的，换言之，可以从“自为的”上升到“自在的”对象化，这就要求与“自在的”对象化保持距离，使之不被日常生活的结构所同化。

如上所述，“自在的”对象化的领域是日常生活，“自为的”则包括艺术、哲学等高级的人类精神活动，在二者之间还有一个“自在与自为”的领域，比如政治结构、法律等。它们到底是在“自在的”一方多些，还是在“自为的”一方多些，则取决于异化的程度、类型和级别。“自为的”成分越多，就说明人的自由度越高。

最后，赫勒提出了一种“不是对象化”的范畴，即“为我们存在”[③]。她说：“不存在‘为我们’的类本质的对象化。‘变成为我们的’意味着一种事物状态、一种内容和一种规范，它被内化并被视为恰当的，因而能被实践。因此，如果类本质(自在的和自为的)能提供一种恰当的，即相对真实的关于世界的图像，并使我们能以恰当即正确的方式行事，其内容就是‘为我们’的。”[④]在由“自在”状态向“自

①Agnes Heller, Everyday Life, G. L. Cambell(trans.), Reutledge & Kegan Paul, 1984, p. 125.

②Agnes Heller, Everyday Life, G. L. Cambell(trans.), Reutledge & Kegan Paul, 1984, p. 125.

③四个术语的英译分别为being-in-itself, being-for-itself, being-in-and-for-itself和being-for-us, 从字面意义上看，分别为“在自己中的存在”“为自己的存在”“在自己中的和为自己的存在”和“为我们的存在”。being原是哲学本体论的术语，一般译为存在，其实它没有汉语的“存在”这么具体，是一个系词be的名词形式所表达的是一种关系，而不是具体的存在。我们此处按照一般的译法，用“自为的”“自在的”“自为自在的”和“为我们的”对译。其实，being-for-us和being-for-itself存在单复数的区别，前者是“为自己的存在”，后者是“为我们的存在。”从前者到后者，就是从个体到群体。但是，赫勒也提醒我们，这种“为我们”的只是日常生活中的“恰当性”，因此，这并不意味着“为我们的”领域可以向“类”的领域飞跃。

④Agnes Heller, Everyday Life, G. L. Cambell(trans.), Reutledge & Kegan Paul, 1984, p. 120.

为”状态转化的过程中，“为我们的”是必须经历的。因此，“为我们的”是一个实践性和过渡性的范畴，虽然它本身不是对象化，但却在日常生活中起主导作用。用更通俗的语言说，“我们意识”就是超越个体之外的集体意识或群体意识，是个体的效忠对象。

综上所述，赫勒对日常生活界定的依据主要有两点：第一是“个体”，第二是“类本质的对象化”。“个体”是日常生活中的行为者，但是由于日常生活属于“自在的”类本质对象化的领域，所以身处其中的人并不自知。相比之下，艺术、哲学、科学则是“自为的”类本质对象化，赫勒的意图是通过批判，使日常生活也成为“自为的”领域，从而达到革命的目的。

二、“日常生活”的异质性及其他特征

赫勒对日常生活的分析的系统性较之其师卢卡奇和列斐伏尔有过之而无不及。列斐伏尔早期的“异化批判”和后期对消费、文化的批判都没像赫勒这样对日常生活的组织构架进行如此细致的描述。她对日常生活与非日常生活的界定中，“日常思维”与“非日常思维”的区分具有基础性质。思维决定着人在日常生活中的行为方式和分类，因此赫勒首先强调的是日常生活思维的异质性，理解了这一点，可以明白其他关于“自在的类本质对象化”的性质。其中，“异质性”是日常生活最根本的特征。她说：“日常生活的主要特征毕竟在于如下事实：一个相对刻板的‘自在的’类本质对象化的领域掌控并把最具异质行为的极端宽泛的范围链接起来。因此，如果我们要调节和管理这些异质的活动，就必须占有这些对象化。”[①]因此，赫勒认为日常生活无论是从其现实表现还是思维特征方面，都是异质性的，这与其“对象化”的水平是相关的。前面已经指出过，对象化是一个双向的过程，即主体的客观化和客体的对象化。赫勒认为日常生活是“毫无保留的自在的对象化”，也就是“总体上的”对象化。但是，赫勒认为：“就对象化是不连贯的、缺少统一原则而言，就它们仅仅是‘适应’(accommodations)、‘内化’(internalizations)[②]而言，就个人是在特性的层面上得以再生产而言，就对象化被综合并带有个性的印记而言，日常生活的对象化——在主体层面上——日常活动的对象化是个体。”[③]因此，作为一种完全自在的对象化领域，日常生活的异质性就确定无疑了。

日常生活的异质性首先表现在日常思维方面。“同日常生活一样，日常思维也是

①Agnes Heller, Everyday Life, G. L. Cambell (trans.), Reutledge & Kegan Paul, 1984, p. 165.

②注意英译本这两个词所用的都是复数，这说明其过程因人而异，是异质性的。

③Agnes Heller, Everyday Life, G. L. Cambell (trans.), Reutledge & Kegan Paul, 1984, pp. 47-48.

异质的。”①“异质”一词所表达的是日常生活中的非同一性，简而言之，是指发生在日常生活中的无法化约的众多现象、事件及态度等，它们千头万绪，难以把握。日常生活的异质性与科学、艺术、哲学、宗教等高级精神活动所表现出来的同质性是相对立的。赫勒认为，日常生活的思维具有共同点，即它们都产生于日常生活的真实性：“一方面，异质性的活动形式不得不在短时间内被协调和实行；另一方面在不同的时间、空间、社会和阶级中，这些异质的种类不同，也就意味着这些行为的挪用和表现也有不同形式；这样，从前者产生出了日常思维的一般结构，从后者产生了日常思维的具体内容。”②因此，虽然日常思维的具体内容是异质性的，但是其结构变化极其缓慢，甚至会完全停滞，其内容也因倾向于保守而具有惰性。惰性的产生是由于它以实用的和经济的结构为其基础，因此同那些超越实用的结构相比具有惰性。因此日常生活是作为“天然的常识”和正常状态的尺度而出现。这些常识是成见的系统，因此从价值判断上是否定性的。她认为，异质的日常生活同时也是同质化的过程：

> 日常生活是某种总体人参与其中的东西。人在日常生活的行为规范和规则以及对象化在相互对比之中都是异质的。但是这并不排除或多或少同质行为和对象化领域的可能性，相反，这种同质是它们的前提条件，我们可以断言，一个对象化愈是一般地建构起来，它就愈加同质。如果个人在其日常生活活动的框架中与之关联，同最同质的一般对象化关联，就可以成为基本是异质的日常生活的组成部分。③

例如，司法系统是同质的对象化，但是我们同法律的关系却不会使日常生活丧失其异质特征。个人能力、倾向和情感也与同质性和异质性相关，这些因素相互之间也是异质的。因此，在日常生活中不存在绝对的同质也不存在绝对的异质，二者都必不可少。“个性愈是发达，它在日常生活的行为就愈是统一，其能力和倾向就越是趋于同质性，即统一个性（unified personality）的同质结构。”④因此，日常生活的同质化或异质程度的高低也与“个性”和“特性”的强弱关系密切。

日常生活思维的“异质性”也与其“类比思维”的特征有很大关系。卢卡奇也曾谈论过这一点，他对日常思维与科学和审美思维进行过比较，认为“类比”是日

①Agnes Heller, Everyday Life, G. L. Cambell (trans.), Reutledge & Kegan Paul, 1984, p. 49.
②Agnes Heller, Everyday Life, G. L. Cambell (trans.), Reutledge & Kegan Paul, 1984, p. 49.
③Agnes Heller, Everyday Life, G. L. Cambell (trans.), Reutledge & Kegan Paul, 1984, p. 57.
④Agnes Heller, Everyday Life, G. L. Cambell (trans.), Reutledge & Kegan Paul, 1984, p. 57.

常思维的特征："类比的原有特性以及它与日常思维不可分割的联系。"[①]因此，原始时代特别是巫术时期，类比的作用在人们的生活中具有主导意义，但是在发达文化的日常思维中，类比仍然在起作用，是日常生活中人的典型态度。类比思维具有模棱两可的性质。艺术与科学可超越这种模糊性，它们首先发现在日常生活中所出现的未被意识到的问题，在进行适当回答以后又返回到日常生活中。

赫勒基本上赞同卢卡奇的判断，她说："日常思维作为日常活动的一种功能，可以被视为不变量。"[②]首先，日常思维是解决"个人"在其环境中所面临问题的思维方式，因而是"特殊的个人的实用主义：是运用现成的日常知识作为自己的原料，并在此基础上同个人经验相混合的个人实用主义"[③]。日常思维的另一个特点就是接近感觉，充满着情感。赫勒认为，日常感觉、日常思维和日常情感都是第一性的，无法把它们从人的存在的整体中抽象出来，也不会孤立地出现。

她认为，日常生活也是一个"习惯"的世界。具有社会约束力的习惯都不能把自己的起源归于它物，而只能归于类比。我们生活中的大多数活动都是为类比所引导的，并且这是一种思维的惰性，很容易造成错误，如根据先例而采取行动的"类比"。这种类比思维的惰性并非是同质化，因为它并没有统一的标准和体系，是分散的、多向的甚至杂乱的思维方式。所以，从其"惰性"来讲，类比思维无法上升到"类本质"的高度，因而也无法成为一种思想、一种人生观或一种指导方针。

日常思维的人类中心（anthropocentrism）特征也是异质性的表现。赫勒认为，日常思维具有三个通常未分化的范畴，它们是人本主义性（anthropologicalness）、人类中心性（anthropocentricity）和拟人性（anthropomorphy）。人本主义性指日常思维无法从"如是性"（thus it is）中抽离出来，也就是说无法离开具体的环境而进行抽象的思考，因此它是最具异质性的思维方式，无法超越一时一地的范围。即便科学技术发达了，我们仍然无法摆脱其影响："无论给定技术的状态如何，先进还是落后，日常生活和日常思维的人本主义都是同样有效的；无论主体即进行日常生活的人是特性还是个性，它也都同样行之有效。"[④]即在科学技术高度发达的社会，虽然人已经不再限于"一时一地"，但这种思维仍然是存在的，比如我们知道地球围绕太阳转，但仍然习惯于用太阳"升起"和"落山"来描述日常现象。关于"人类中心性"，其意向指向"人类"。赫勒说："就人类的存在来说，日常生活比其他任何领域都更少具有人类中心性。"[⑤]之所以如此说，是因为与超越了人本中心性而指向

①卢卡奇：《审美特性》（第一卷），徐恒醇译，中国社会科学出版社1986年版，第19页。

②Agnes Heller, Everyday Life, G. L. Cambell (trans.), Reutledge & Kegan Paul, 1984, p. 49.

③Agnes Heller, Everyday Life, G. L. Cambell (trans.), Reutledge & Kegan Paul, 1984, p. 197.

④Agnes Heller, Everyday Life, G. L. Cambell (trans.), Reutledge & Kegan Paul, 1984, p. 50.

⑤Agnes Heller, Everyday Life, G. L. Cambell (trans.), Reutledge & Kegan Paul, 1984, p. 50.

"类"的哲学、艺术等相比，日常生活是以"个体"为其特征的，虽然包含有同人类（即同类）的自觉关系，但仍远未达到"自为"的程度。因此，虽然它比"人本中心性"更倾向于"类"，但仍然是"异质的"。而拟人化则指："（拟人性）激励我们把整个世界视作我们自身日常生活的类推。这是一种类推的覆盖物，我们用它来覆盖日常生活的实用结构，日常思维常常是拜物的：它把事物和机制当作给定的，按其既成的形成加以接受，而不考虑其起源。"[①]艺术与这种"褊狭"的拟人说形成对照，是被提升到类的水平上的本质的拟人说。她认为，日常思维的人本主义和人类中心性是任何人都无法逃脱的，但拟人化却是可能超越的。"为了防止狭义上的拟人化成为日常思维的基本结构，我们只要拥有能使自己的日常经验，纳入我们时代人类所获得的人的生活、体验，人的需要和智力水平的更广大关联之中的世界观就足够了。"[②]因此，摆脱这种异质化的日常思维是可能的。

日常思维受到历史和文化、习惯、习俗等的制约所产生的僵化是不能完全被克服的，因而物化和异化也不可能完全消失。"日常生活的特征之一是异质性，它在一个异质行动的世界中无序地运动，它要求异质的技巧和能力。因而，我说过，日常生活是一种整体人参与其中的东西。人在其中所进行的日常活动及规范、规则及其对象化，它们的相互对比是异质的。"[③]但是，赫勒说，这并不能排除或多或少的同质活动和对象化领域的可能性。其道理也非常容易理解，因为日常生活总是需要一般化，而这就意味着同质化。从辩证的角度来看，在日常生活中最同质的一般对象化关系，就可以成为基本上是异质的日常生活的组成部分，比如司法体系是同质的，但人同法律的关系却是异质的；同时个人的能力也与其日常生活的同质化程度有关，个性愈发达，其能力和倾向就越是趋于同质的。赫勒相信，没有异质的人的活动，就不可能再生产日常生活，而没有同质化的过程则不会产生"自为的"对象化。因此，对赫勒而言，"同质化"不是日常生活中存在的"状态"而是一个过程。下面我们列一个图表并附以简单说明，解释赫勒所谓的日常生活的特征所在。

①Agnes Heller, Everyday Life, G. L. Cambell (trans.), Reutledge & Kegan Paul, 1984, p. 52.
②Agnes Heller, Everyday Life, G. L. Cambell (trans.), Reutledge & Kegan Paul, 1984, p. 52.
③Agnes Heller, Everyday Life, G. L. Cambell (trans.), Reutledge & Kegan Paul, 1984, p. 56.

日常生活的组织构架

- **特征**
  1. 重复：任何人都可进行的重复性。
  2. “规则统一特征”和规范性：日常生活重复活动的理所当然性及其约束的有效性。
  3. 符号系统：重复性交流的承载者，它具有约定俗成性。
  4. 经济：追求在重复性实践中的效用。
  5. 情境性：规则和习惯都与同一个具体的情境相联系。
- **特殊属性**
  1. 对象世界：事物。生活资料和生产资料。
  2. 习惯世界：习惯规范，支配着社会生活。分为排他主义习惯和社会存在的基本规范和有条件的习惯。成为习惯的基本含义是“重复性实践的形成”。
  3. 语言：日常生活的同质媒介。
- **行为与知识一般图式**
  1. 实用主义：日常思维和日常行为的基本准则，遵循最少费力原则。
  2. 可能性：经济原则、实用主义和重复性实践的直接后果。基于可能性的行动的客观基础由习惯和重复所提供。
  3. 模仿：包括行动的模仿（人特有的方式，依旧是重复性的）、行为的模仿（更高级的模式，要求占有意义和价值）和召唤模仿（通过凭想象现出某些具体事迹或情感，从而产生认识的或情感的效果）。其目的在于产生同一性。
  4. 类比：也具有模仿的成分，但其目的在于产生相似性。大多数日常活动由类比所引导。
  5. 过分一般化：利用类比的方式，处理不熟悉事例所引起的一般化，即采取以预先构想的分类或评价为基础的决策或发表意见而形成。
  6. 单一性事件的粗略处理：仍然属于自在的类本质对象化之内，是上述图式所造成的针对单个事件的处理方式。

从上表我们也可以看出，日常生活的特征、属性和行为图示的各项因素大都和其“重复性”有关，即重复性的思维和重复性的实践。因此，“异质性”和“重复性”是日常生活的两大特征。

三、日常生活的异化问题及其超越

赫勒在谈论“异化”时是以马克思的《1844年经济学—哲学手稿》中对“劳动异化”的论述为起点的，她说：

> 我们在两种意义上使用“工作”一词：一方面它指的是某种类型的日常活动，另一方面则指直接的类活动，而且这两者都是正确的。履行工作是日常生活的有机部分；工作的过程即工作活动则是类本质的对象化。马克思常常使用两个词对此进行区分：日常活动被称为“劳动”，而用“工作”则专指类本质范畴。①

她认为，在商品生产条件下，工作的类本质特征是在交换中被实现的，因此，所有具体劳动都通过生产价值而转换成抽象劳动。但是工作都必须是为满足社会的需要而做的，如果不能满足需要，那就不能再是“工作”了。这就是工作与劳动的区别。“工作的本质在于，它既是日常活动，同时又是超越日常的、无中介的类本质活动。它同自己的异化没有任何必然的关联。其他的日常活动可以是异化的或非异化的。”②马克思认为，资本主义社会中工人被剥夺了生活资料从而成为异己的力量才使劳动异化，他生产的财富越多他自己也就越贫乏，这样工作过程就愈来愈被异化。赫勒引用马克思《1844年经济学—哲学手稿》的话说：“结果，人（劳动者）只是在执行自己的动物机能时，亦即在饮食男女时，至多还在居家打扮等时，才觉得自己是自由的活动的；而在执行自己的人的机能时，却觉得自己不过是动物。”③这就是说工作过程依旧是人的基本的类本质活动之一，但是，需要超越日常性的类本质活动的工作被异化了，人在工作时就丧失了自我实现的特征，而只是服务于劳动个体的再生产，或者说只维持它的特性。工作总是创造和再创造个人的生活，但“异化的工作活动只是再创造‘个人’的特性。作为异化的工作的执行只是‘我’的履行，是特性的日常生活的一部分”④。赫勒进而认为，日常生活的图式特征是实用主义的、基于计算的、模仿的和类比思维的，这是异化的严重后果，又是导致日常生活进一步异化的原因。可见，她对“异化”问题的基本认识仍然没有脱离马克思的定义。但是，她把马克思的劳动异化理论和经由卢卡奇在《审美特性》中所阐发的“类本质”和“对象化”理论结合在一起。虽然并非说自在的对象化不等于异化，自为的对象化也不等于非异化，但从她的相关论述还是可以看出，越是接近“类本质”的“对象化”活动，异化的程度就会越低，反之亦然。日常生活作为“自在的”领域，异化现象是最严重的。她说：“被异化的日常生活是‘自在’的领域。‘个人’在其中被‘自在的’类本质对象化所引导，他只能简单地屈从于这种对象

①Agnes Heller, Everyday Life, G. L. Cambell (trans.), Reutledge & Kegan Paul, 1984, p. 60.
②Agnes Heller, Everyday Life, G. L. Cambell (trans.), Reutledge & Kegan Paul, 1984, p. 63.
③Agnes Heller, Everyday Life, G. L. Cambell (trans.), Reutledge & Kegan Paul, 1984, p. 64.
④Agnes Heller, Everyday Life, G. L. Cambell (trans.), Reutledge & Kegan Paul, 1984, p. 64.

化，而非异化的日常生活是‘为我们的’领域，然而，必须重复指出，这并不意味着‘为我们的’领域容许向类的跃迁。”[①]也就是说，在“自在的类本质”对象化，即日常生活的领域中人失去了其与类本质的诸多联系（不是全部的）。为什么这样说呢？原因在于，自在的类本质的特征之一是，它作为“给定的”秩序横亘在每一个个体面前，使生活在其中的主体在重复、习惯、日常思维等因素的制约下处于不自觉的常人状态，割裂了个体与类本质的紧密联系。从这个意义上讲，日常生活的主体是异化的，日常生活因而也就成了被异化的领域。

但是，赫勒刚提出一个问题，又马上为它找到了答案。她说：“‘自在的’领域是必然性的领域。如果要使‘自在’（in itself）和‘自在’的对象化的自由可能得以实现，必须使‘自在’之外的、与之异质的成分，在社会关系即‘自为的’类本质活动的建构中起作用。”[②]要想解决“自在的”类本质对象化中存在的“异化”问题，就必然借助于外来的力量，即自为的类本质活动，因为所有“自为的”对象化都体现了人的自由，并表达了“人性在给定时代所达到的自由的程度”[③]。其代表就是艺术、哲学、科学和宗教，这些都是“自为的”领域，更加接近人的对象化。

与“自为的”对象化领域相比，日常生活是否必然是异化的？对此问题，她说：

> 每个人都降生于“自在的”类本质对象化的结构之中，这是事实。每个人都必须凭借重复性实践以及重复性思维而进行的占有“自在的”对象化，这也是事实。实用主义，过分一般化，经济化——只提及几个例证——相应地是我们日常生活不可逆转的行为模式。除非以我们业已描述的方式占有这些结构，否则任何人都无法在日常生活中存活。[④]

由此是否可以推论，每个人都以一致的方式与他出生于其中的现成结构相关联？对每个人来说，日常生活世界总是纯粹占有异质活动的适应过程的领域吗？赫勒指出，海德格尔的回答是肯定的，因为“自在的对象化”是“手边现成的”（readiness-to-hand）的世界，人所使用的就是这些手边之物，因此，日常生活不能成为真正人的个性的活动场所。但又没人可以从日常生活中缩回，因此，日常生活是沉沦的，是完全异化的、非真的状态。赫勒不同意海德格尔的观点，她说：“我认为，尽管有某些日常生活模式的不变因素，仍然可以改变日常生活，使之人道化和民主化。强调这种可变的可能性旨在对海德格尔的立场提出质疑。至于谈到这一理

---

①Agnes Heller, Everyday Life, G. L. Cambell (trans.), Reutledge & Kegan Paul, 1984, p. 121.
②Agnes Heller, Everyday Life, G. L. Cambell (trans.), Reutledge & Kegan Paul, 1984, pp. 118-119.
③Agnes Heller, Everyday Life, G. L. Cambell (trans.), Reutledge & Kegan Paul, 1984, p. 119.
④Agnes Heller, Everyday Life, G. L. Cambell (trans.), Reutledge & Kegan Paul, 1984, p. 256.

论的实践意图，反海德格尔的要旨是清楚无误的。”[①]

之所以如此，是因为她认为日常世界异化的原因不是其结构，而在于从那些同日常生活的异化关系而来的社会关系。因此在给定社会，虽然无法彻底消除或超越异化，但可以通过改变社会关系的方法减轻异化，“可以立即指出，在社会关系中出现的异化程度下降之处，日常生活中的异化程度也有相应的下降。个人甚至可以在日常生活的限制内获得一定程度的类本质”[②]。赫勒所讲的“社会关系”异化程度的下降指的又是什么？她语焉不详，也没有给出具体的例证，只是说在某些历史阶级异化的程度很低，这足以使类的发展在给定秩序中达到高潮。但是，不可能超越这一给定秩序，因此这种对异化的超越是极其有限的。

赫勒坚信：

> 甚至在社会异化的框架之内，主体对异化的反叛也总是可能的。在这种环境中，主体的非异化的日常生活的产生是对异化的宣战。如果终有一天，人在社会中能成功地摒弃异化，以便使主体同日常生活的非异化关系最终成为典型，那么主体以创造与人相称的日常生活为宗旨而对异化的反抗本身，就是必要的前提条件。[③]

这样，赫勒就把改造日常生活的希望寄托在主体自觉反叛异化这一点上。但这怎么会成为可能呢？日常生活中的个体仍然必须借助外来力量才能完成这一任务吗？还是个体能在日常生活内部就解决掉异化的问题？我们知道，“异化”与个体的“特异性”和“排他主义”相关，因为据赫勒说：

> 日常生活对象化的纯粹的排他主义态度总是异化的。因此，对异化的主观超越只能采取同类本质（类本质或类本质对象化）的自觉关系的形式：这一关系以“自为的”对象化的存在为前提条件。它进而以导致对纯粹排他主义态度的超越的需要在日常生活中反复出现为前提条件。[④]

问题是，如何超越？正像赫勒本人的设问一样，这些需要从何而来？她的回答是：“我们无法回答它们”，“对这一问题目前尚无答案”！[⑤]这确实是让人相当失望的

①Agnes Heller, Everyday Life, G. L. Cambell (trans.), Reutledge & Kegan Paul, 1984, p. x.
②Agnes Heller, Everyday Life, G. L. Cambell (trans.), Reutledge & Kegan Paul, 1984, p. 257.
③Agnes Heller, Everyday Life, G. L. Cambell (trans.), Reutledge & Kegan Paul, 1984, p. 258.
④Agnes Heller, Everyday Life, G. L. Cambell (trans.), Reutledge & Kegan Paul, 1984, p. 258.
⑤Agnes Heller, Everyday Life, G. L. Cambell (trans.), Reutledge & Kegan Paul, 1984, p. 258.

“答案”。她接下来的论证也同样让人觉得失望，无非是在强调主体所剩无几的一些主观能动性而已，比如“懂得什么”“知道什么”这样的论断，总不具有太多的说服力。她最后的结论是：

> 个体根据同一个或数个“自为的”类本质对象化或整体的自觉关系来安排他的日常生活。规范，概念贮备，“自为的”（或“自在”与“自为”的结合）类本质对象化的要求，那些指向类本质的日常需要，都是形成他对日常生活要求结构评价的因素。无论何时，只要这一要求结构不能与同类的要求结构相协调，或者，无论何时，只要他同他从更高等级的类本质对象化所内在化的类的价值，或者与这些价值密切相关联的需要相冲突，他就可以抛弃这一要求结构。①

总之，赫勒仍然把希望寄托在“作为个体‘自为存在’”的个性上，希望“个性光辉”“光芒强烈”，这样才能产生持久的影响。我们仍要把未来的希望交给代表着达到最大可能性的类的知识的科学，代表着类的自我意识的艺术和代表着达到最高可能性的知识和自我意识的统一，即把某些为更高的对象化所产生的价值引入到个体同“自在的对象化”的关系之中，也就是日常生活之中。但是，赫勒必须回答“怎么样”的问题，如何超越日常生活异化？这个药方是必须要开的。卢卡奇和列斐伏尔都要恢复人的整体性，前者也主张社会变革，达到共产主义社会以便彻底消除异化；后者则把希望又寄托在“文化革命”身上，以求摆脱异化。法兰克福学派则从“艺术”中寻求超越的灵感——因此，所有以“异化”为主题的日常生活理论都要直面这一问题。

赫勒也不例外。她提出要超越日常生活的异化问题，必须要超越特性的个体生活，从而“为我们存在”。这包括两个方面的内容，一是“幸福”（happiness），二是“有意义的生活”（meaningful life）。幸福是日常生活中“有限的成就”意义上的“为我们存在”。“也就是说，它是有限的和完成的‘为我们存在’，它原则上不能够发展与拓宽，它是自身的终极目标和极限。”②从历史渊源上讲，幸福是古代世界精神的核心，但柏拉图体验到古代城邦的危机，提出了“瞬间”幸福的概念。然而作为一个积极的范畴，自从文艺复兴以来只能在持续变化和冲突中寻求幸福。但赫勒认为，它对个体仍有意义：“如果说，作为日常生活的‘为我们存在’的幸福表现出否定意义，它对日常生活的个体而言却并未丧失其全部意义，依旧保持柏拉图指派给

①Agnes Heller, Everyday Life, G. L. Cambell (trans.), Reutledge & Kegan Paul, 1984, p. 260.
②Agnes Heller, Everyday Life, G. L. Cambell (trans.), Reutledge & Kegan Paul, 1984, p. 266.

它们的任务，即给定时刻的成就中的‘为我们存在’。”[①]因此，“幸福”成了“瞬间”意义上的生活状态而非终极意义，它是“满足”(contentment) 的“关联项”(reciprocal)。“满足”来自两种需要，即愉快和有用性，也是“为我们生活的”组成部分。[②]它们不会完全消解日常生活中的异化，也不会代替日常生活本身。什么是有意义的生活？她说：“有意义的生活是一个以通过持续的新挑战和冲突的发展前景为特征的开放世界中日常生活的‘为我们的存在’。如果我们能把我们的世界建成‘为我们的存在’，以便使这一世界和我们自身都能持续地得到更新，我们是在过着有意义的生活。”[③]这样，过有意义生活的个体就不再是排他性的、封闭的个体，而是开放的、在挑战面前不退缩、不压抑自己的个性的个体。“在对外开放的可能性中，他选择他自己的价值和他自己的世界——他与之较量的世界。”[④]

赫勒认为，满足与幸福相关，“审美生活”是“有意义的生活”的相关项。审美生活与生活方式的区别在于，过“审美生活”的人旨在把日常生活存在变为“为他的存在”(being for him)，因此，她说：

> 如果一种冲突在这点上威胁妨碍他，他就简单地采取回避的行动。他的性格中缺少的是‘对他人有用’的气质；他不具备感受他人需要的才能。“生活的艺术家”意欲过着有意义的生活，而不提出同样的生活是对他人亦可能还是只适合于他的问题。这样，“审美生活”是贵族统治的，而有意义的生活则在原则上是民主的。有意义生活中的指导规范总使有意义生活一般化，可拓宽到他人的性质，从长远看，可拓宽到整个人类。[⑤]

可见，“审美生活”是比“有意义生活”更低一等的超越异化的方式，它基于个人生活，因而无法“一般化”，更无法与“类本质”联系起来。而在有意义的生活中，生活的自觉引导作用会不断扩展，使个体不断面对新的挑战，自我更新为“为我们的存在”的日常生活。赫勒说：

> 那些今天过着有意义生活的个体自觉选择和接受任务，是创造一个异化在其中成为过去的社会：一个人人都有机会获得使其能够有意义生活的“天赋”(gifts of fortune) 的社会，这不是一个“幸福”的社会，因为不可能返回到有限

①Agnes Heller, Everyday Life, G. L. Cambell (trans.), Reutledge & Kegan Paul, 1984, p. 267.
②赫勒认为，满足不具有完成的界限，因此比幸福的层次要低。
③Agnes Heller, Everyday Life, G. L. Cambell (trans.), Reutledge & Kegan Paul, 1984, p. 268.
④Agnes Heller, Everyday Life, G. L. Cambell (trans.), Reutledge & Kegan Paul, 1984, p. 268.
⑤Agnes Heller, Everyday Life, G. L. Cambell (trans.), Reutledge & Kegan Paul, 1984, p. 268.

> 成就的世界。真正的“历史”孕育着冲突和对自己给定状态的不断超越。正是历史——人们自觉选择的和按人们设计铸造的历史——可以使所有人都把自己的日常生活变成“为他们自己的存在”，并且把地球变成所有人真正的家园。[①]

赫勒超越了“审美乌托邦”，却没有超越“乌托邦”本身。她的理想如何才能实现？需要借助什么样的方式、方法、手段才能过“有意义的生活”？这些问题都很难解决。赫勒自己也很矛盾，她说“在其中过有意义生活的世界必须是允许这种生活的世界”[②]，这样到底谁才是前提？是改革社会在先，还是通过“有意义的生活”在先？如何能达到“允许这种生活”的状态？通过革命，还是通过其他方法？没有整体的社会运动，仅在客体层面上改造和超越日常生活的理想能实现吗？关于这些问题的答案，赫勒都没有说。

第三节　德·赛都

一、德·赛都对日常生活研究的主要贡献及其对“文化研究”的影响

与赫勒和列斐伏尔等日常生活理论家的马克思主义者身份不同，德·赛都是法国著名的历史学家和神学家，他后来以“日常生活”研究而驰名于世，这恐怕是他自己也始料未及的。德·赛都的日常生活理论之所以在欧洲独树一帜，主要有两个原因：第一是他的研究不是理论建构，而是实实在在的“日常生活”研究。他对福柯和布迪厄的日常生活研究感觉不满，认为他们没有在真实的消费语境之内进行研究，并不关心现实的、身边的日常生活本身，而是将研究对象定位于过去的时代或某个偏远地区，比如福柯研究的是19世纪的法国，布迪厄研究的是卡比利亚或贝亚恩，费尔南和德蒂安研究的则是古希腊文化等。德·赛都问道：“难道战术是由我们排除或丢失的东西所限定的么？为什么不能研究活生生的现实生活呢？”为了实现自己的研究目标，他先后与三个研究团体在全法国进行了历时四年的研究（1974年至

①Agnes Heller, Everyday Life, G. L. Cambell (trans.), Reutledge & Kegan Paul, 1984, p. 269.
②Agnes Heller, Everyday Life, G. L. Cambell (trans.), Reutledge & Kegan Paul, 1984, p. 268.

1978年)，最终出版了两本书——《日常生活的实践》第1册和第2册。第1册是德·赛都亲自完成的《实践的艺术》，第2册是鲁斯·贾尔（Luce Giard）和皮埃尔·梅约尔（Pierre Mayol）合著的《居住与烹饪》，当然后来对文化研究产生影响的是德·赛都的这本书。德·赛都的研究内容包括阅读、书写、城市空间等多个方面，“消费”是各种实践的核心内容。他关心的是，无法控制生活环节的使用者或消费者主体到底有没有能动性？这种能动性来自哪里？以何种方式表现出来？它的颠覆性力量有多大？

作为欧洲继列斐伏尔[①]之后最著名的日常生活研究者，他虽然不在乎“理论”的构建，但是这并非说德·赛都是“反理论”的，他精通各种传统的和现代的理论并成为后现代的先驱，他只是对宏大理论构建根本不感兴趣，他对文化非系统的、多元的特性更感兴趣，而文化的这些物质是抗拒。事实上在对日常生活实践进行分析时一直都处于与福柯、布迪厄、弗洛伊德和维特根斯坦等人的对话之中。由于这个原因，与罗兰·巴特妙趣横生的日常生活现象分析相比，德·赛都的研究也显得沉闷而晦涩。

第二，米歇尔·福柯的“微观权力”分析是在“全景式监视（敞视化）”社会的假设之下进行的，他仍然赋予生产机器以统治地位，因为它是产生规训和对身体进行约束的主要力量，德·赛都对此深感不满。如果权力无处不在、完全没有抵制的可能，个体差异或个性又从何产生？如果我们接受阿尔都塞式的“结构主义”，认为主体的形成来自意识形态的“质询”（interpellation），同样也无法解释个体差异的源头。德·赛都通过对生活实践的研究得出了另一种结论，即在权力无处不在的社会中，抵制也同样是无处不在的，只不过是采用了与原来以控制“地点”为主要手段的“战略”统治转向以控制“空间”为主的“战术”抵制。与欧洲其他思想家相比，德·赛都日常生活美学最重要的特征之一是他摆脱了原来列斐伏尔等人那种悲观的论调，将日常生活视为一个动态的、充满创造力和反抗性的领域，因为在他之前，将“日常生活”看成是“异化”的领域是欧陆日常生活理论的一致观点，日常生活因而是堕落的、被商业化殖民和侵蚀的领域，大众在其中变得浑浑噩噩，失去了创造力，因此，一定要进行“日常生活批判”，在日常生活层面上进行“文化革命”，改变日常生活的状态才是解放的最终形式和目的。

因此，在所有欧洲关于日常生活的相关研究中，德·赛都无疑是对英美的文化研究产生最大影响的思想家，这与其前辈列斐伏尔等人在文化研究中的遭遇是不同的。之所以如此，首先是德·赛都认为日常生活的特征是对宰制力量的反应、抵抗

①他只提到过一次亨利·列斐伏尔，还是出现在注释中，根本没有引用他的任何观点，只是顺带评论，可见他对列斐伏尔的宏大日常理论并不太注意。

和在其间产生的创造性。这样的主张理所当然地受到一些文化研究学者的欢迎，因其与流行于文化研究中的葛兰西的霸权理论有契合之处，可以将其作为一种理论上的扩展与补充被吸收进去。约翰·费斯克（John Fiske）对他的一系列术语，如战略、战术、偷袭等进行进一步的阐释，将日常生活看成是文化斗争场域。关于费斯克的观点我们下一节会详细讨论，此处只需指出虽然费斯克大量使用德·赛都的观点，但二者还是存在许多区别，尤其是德·赛都大概不会同意将这种抵抗与反对资本主义甚至新时代的革命联系起来的观点。其次，因为德·赛都拓展并深化了由超现实主义、列斐伏尔和情景主义者们对日常生活的研究，并在后现代主义的语境下对“日常生活”重新进行了界定，从而延续了欧洲日常生活研究的传统。德·赛都关于语言、表征、他者性（otherness）的论述都是后来后现代主义和后结构主义思潮的先声。第三，德·赛都反对法国的抽象理论倾向，使用民族志的分析方法和历史学家的眼光探求日常生活的细节，而不是进行抽象的理论研究。[①]由于上述原因，德·赛都虽然在自己的国家鲜有同道，但却与英国的霍加特、威廉斯等人的理论方法有相近之处，并且他也认同“文化是平常的”这一论断（《日常生活实践》第一章的标题就是“非常普通的文化”）。但是，他与文化研究的关系却也并非像看起来那样直接。比如伊恩·布坎南（Ian Buchanan）认为德·赛都的研究与英国文化研究只有表面相像，他认为，与斯图亚特·霍尔等人相比，德·赛都从来都不是要发展一种理论机器。德·赛都对身份政治不感兴趣，像德勒兹一样，他对兴趣对象是非人格化的、非个体的实践。[②]布坎南这种观点的后半部分是正确的，因为以霍尔为代表的文化研究确实对身份政治更感兴趣；但这一论断的前半部分却是错误的，因为文化研究对理论也不感兴趣，甚至是“反理论”的学术实践，因此在学术立场上他们是相近的。

需要指出的是，尽管德·赛都关于“战术”的论述被人津津乐道，但这绝对不是德·赛都日常生活研究的全部，更无法代表德·赛都的全部思想。他是一个深刻的神学家和狂热的宗教信徒，同时又对世俗的日常生活有着执着的痴迷，这种矛盾着实让人感到非常迷惑。为了解决这一矛盾，有的学者甚至认为应该以1970年为界，前期的德·赛都是神学的、宗教的，后期的德·赛都则是世俗的，但这种分割也确实经不起推敲，因为在德·赛都身上宗教与世俗并非是对立的和分裂的，他的著作也一贯是碎片式、不系统的风格，截然分期并不可取。我们必须承认，德·赛都这个被福柯称为他那个时代最有“才气”的人的魅力来自于他的复杂性。但不幸的是——和英国的雷蒙德·威廉斯一样，一个在政治、哲学、文学等领域都颇有建

①Michael E. Gardiner, Critiques of Everyday Life: An Introduction, London & New York: Routledge, 2000, p. 158.
②Ian Buchanan, Michel de Certeau, London, Thousand Oaks & New Delhi: Sage Publications, 2000, p. 97.

树的思想家和作家——他们在其他领域中的建树被他们在文化领域和日常生活领域中的成就掩盖了，以至于当我们提到威廉斯时就想起文化研究，提到德·赛都时就想起日常生活。对德·赛都进行全面研究远远超出了本小节的范围，因此我们只需了解德·赛都的思想背景绝非完全世俗的，更远非后现代的，以便在更广阔的语境内解读他的思想。现在我们仍需把目光集中在他关于“日常生活”的研究上。

二、流行（大众）文化与日常生活

（一）大众文化与日常生活

德·赛都关于“日常生活的实践”的研究源自对“流行文化”(popular culture)或“边缘群体”的研究，因此可以说“流行文化”或“大众文化”是德·赛都日常生活研究的起点，换言之，在他的研究中“文化”是日常生活的居所。日常生活虽然不能与大众文化或流行文化相等同，但毫无疑问，对大众文化产品的使用构成了日常生活的主体内容，这包括被符号化的衣食住行，如居住、穿衣、烹饪等城里人和乡下人所做的成千上万的事情，亲朋好友们在一起做，还有各种数不清的职业工作，所有这一切都是在其中可以看到创造性的活动领域。他说：

> 接下来的技术之路在于将科学实践和语言引回它们的发源地——日常生活。这种回归如今越来越坚决……自从科学工作能够利用规范的研究对象和能被验证的条件决定其程序的理性计划而赋予自身合理、恰当的位置，自从科学被作为一种有限且界限分明的多元领域建立起来之后，简言之，自从它不再从属于神学之后，它将整体构建成为剩余物，这种剩余物变成了我们所谓的文化。①

德·赛都认为，正是这种“科学”和“文化”的分裂组成了“现代性”，它将自身分裂为“科学”和“其他领域”，后者是以实践的“抵抗”和不能被化约为思想的象征化过程为基础的。科学的雄心就是要征服“剩余部分”，从而才有了“人工语言”和“自然语言”的划分，德·赛都说：“人工语言与规定的知识和程序相关，自然语言则组织共同的指意实践。”②所以，文化就是普通人利用自然语言而进行的指

①Michel de Certeau, The Practice of Everyday Life, Steven Rendall (trans.), Berkeley, Los Angeles & London: University of California Press, 1984, p. 6.

②Michel de Certeau, The Practice of Everyday Life, Steven Rendall (trans.), Berkeley, Los Angeles & London: University of California Press, 1984, p. 6.

意实践——它是一种实践而不是文本，这是德·赛都为什么强调普通人总是先于文本而存在的原因。他认为现代社会高高在上的“哲学家”的地位已经逐渐被“专家”所取代，而专家则以普通人的身份来讲话，这样“科学”不仅没有能够征服“文化”，相反，后者逐渐取代了前者，换言之，“现代性”逐渐消失。德·赛都没有使用“后现代”一词，但他已经敏锐地看到后现代社会的来临。既然如此，“日常生活”将从原来一直处于的蒙昧状态和“背景”中走出来，他解构了传统上“高级实践”和“日常实践”的划分，日常实践尽管看起来没有意义、微不足道，但它却蕴含着丰富的意义，不可忽视。

总之，德·赛都赋予“剩余物”，即文化和日常生活以重要意义，这也与列斐伏尔有些相似，但不同的是，后者是试图翻转哲学传统对日常生活的认识从而将之作为一切高级智力行为的基础，而前者则是从具体的日常生活语境出发通过长期的研究而得出的结论，并且已然看到现代性的式微和后现代社会的来临。

因此，与欧洲学者普遍贬抑大众文化和日常生活的观点不同，德·赛都在后现代主义兴起之前就反对“宏大叙事”，抗拒“理论化”的诱惑，用实证的、经验主义的态度进行文化研究，而不是要创造一种具有普遍意义的文化理论，他关注的重心是“实践”而非“理论”，他说：

> 这部著作是一项对使用者的使用方式进行的持续调查的一部分，使用者一般被认为是被动的、被既有规则所支配的。我们的目的并非是要讨论这一不可捉摸却根本性的问题，而是要使对其进行讨论具有可能性，即在提问和假设的基础上，对未来研究提供可行的路径。如果日常实践或‘动作的方式’或者说‘做事情’不再作为社会实践的模糊背景而出现，如果一系列的理论问题、方法、范畴和视角能够透过这种模糊性并能链接起来，那么这个目的就算实现了。①

德·赛都试图将处于被动地位的消费者（或使用者）发挥创造性的时刻置于日常生活的纹理之中，比如庸常的消费实践、文化实践等，这无疑是碎片化的，德·赛都认为，消费资本主义虽然看似强大，但最终无法完全控制人的自发能量和想象能量，压迫越是强大、组织越是紧密，所激起的“抵制”也就越能被察觉、被利用，消费者创造性的活动空间或领域永远都不可能被压缩到零点。说到底，这是一种由“主体”所体验和感觉到的东西，只要主体存在，它就不可能被完全消灭。因

①Michel de Certeau, The Practice of Everyday Life, Steven Rendall (trans.), Berkeley, Los Angeles & London: University of California Press, 1984, p. xi.

此，德·赛都研究的目的在于运作的模式或行动的图式而非行动的"主体"，换言之，他已经远离了结构主义式的"主体"分析，而转向更为碎片化的体验和感觉。同时，他挑战了马克思的"生产决定"论，马克思认为人是由在生产中的地位所决定的，而德·赛都则认为人是通过消费而获得身份和意义的。他说："我们的研究意在阐明运作的组合系统（systems of operational combination），它也构成一种'文化'，并阐明使用者的行为方式特征，他们在社会中处于被控制的地位（但这一地位并不是说他们是被动的或驯服的），他们都被'消费者'这个名字掩盖了。日常生活通过无数偷猎（poach）他者财物的方式创造自身。"[①]既然"文化"可以是"组合系统"，那它也就类似于雷蒙德·威廉斯所说的"情感结构"（structure of feeling），一种内在于某种特殊生活方式中的结构，它是隐而不显、不易为人所察觉的日常生活结构图式，具有支配作用。[②]因此，德·赛都对文化非系统的、多元的特性非常敏感，这也可以解释他为什么有意识地抗拒对日常生活进行理论化，因为这种非系统性和多元性很难被"理论"所驯化，因为理论化就意味着化约（reduction）。

对大众文化的认识方面，德·赛都也为大众文化的意义和价值正名，强调消费与大众文化的解放性质与创造性。他的策略是从生产者、宰制的一方转向消费者、使用的、被支配的一方，他说："消费的战术，弱者利用强者的内在方式，导致了日常实践的某种政治维度。"[③]这种"维度"当然不同于传统马克思主义的以生产为基础而划分的阶级立场，因此在社会生活中没有决定作用，但是，消费者却通过创造性的挪用和随机的使用方式改变了商品生产者所规定的商品性质，从而将它们变成不同的事物或者使本来普通的、标准化的商品变得具有个性特征，这种力量无处不在，散落于社会空间的各个角落，无法被消灭、清除。

因此，他将这部著作"献给普通人"，称他们为"平凡的英雄""匿名的英雄"，他们从远古走来并且永远都先于文本而存在[④]，"无名者和日常生活"将成为学术研究的重心。原来的研究中心，逐渐放弃社会名流，转向边缘人物，最后聚焦在公众身上。德·赛都主要是观察消费社会中的现象而得出此宣言性的结论，在他那个时代网络尚不发达，如果他看到今天信息社会中网络媒体中所蕴含的强大抵制力量，

---

①Michel de Certeau, The Practice of Everyday Life, Steven Rendall (trans.), Berkeley, Los Angeles & London: University of California Press, 1984, p. xii.

②威廉斯用"情感结构"说明在生活中动态的、实际的而非抽象的认知结构，它既作为对"意义与价值"的"生活方式"的意义来源，也与"特殊"概念相关，同时，又可解释作为"过程"的文化现象。总之，情感结构的作用是在"作为生活方式的文化"的意义网络中起到勾连和榫接的作用。

③Michel de Certeau, The Practice of Everyday Life, Steven Rendall (trans.), Berkeley, Los Angeles & London: University of California Press, 1984, p. xvii.

④Michel de Certeau, The Practice of Everyday Life, Steven Rendall (trans.), Berkeley, Los Angeles & London: University of California Press, 1984, title page.

又会如何为之感到震惊呢?

德·赛都意识到消费的力量已经不是生产所能宰制的，他说:“有许多杰出的著作都对文化产品及其生产系统进行了分析，也分析了商品分配的地理分布和在该地理分布中的消费者的情况，其后随之而来的可能性是，不再把这些商品仅仅当作以它们流通的数字表格中的数据或确定商品流通的经济功能的基础数据，还应将它们视为使用者用以对其进行操作的全部资源。”[①]把文化产品从生产的、流通的分析方面转移到“消费和使用”这一方面，使他认为有无数的方式可以对这些商品“权且利用”(making do)。主动权被交给了使用者的一方，既然他们没有力量控制生产的一方，就在消费的一方进行抵抗；他们没有力量控制生产的一方，也可能在工作中进行消极的抵抗，他称之为“假发”(la perruque)(我们将在下文进一步讨论这一概念)。美国杜兰大学教授莫莉·安妮·罗森伯格(Molly Anne Rothenberg)在其著作《溢出的主体：社会转变新理论》一书中如此归纳德·赛都的“文化观”:

> 虽然文化的非生产者的文化活动很大程度上是无符号的、不可读的、非象征性的，因为它不是由形式逻辑所控制并且逃离了官方的注视，但它毫无疑问是在场的。这是因为非生产者试图以一种丰富的、出人意料的、让人吃惊的方式挪用、使用，并赋予文化产品以意义。这是赛都和布迪厄不同的地方。布迪厄认为实践是由明确的、存在于某处的管理原则所控制的，尤其是在教育领域，但赛都认为在当代社会的工作中不存在单一的实践逻辑，而是存在一系列相互冲突的、多元的矛盾，它们或是隐蔽的，或是显现的。[②]

(二)使相信、真实与媒介

德·赛都对当代社会中关于大众文化的理解是非常深刻的，除了上述关于他的一些基本观点之外，德·赛都还认识到当代社会关于“信仰”“真实”与宗教和政治之间，以及社会演变之间的复杂关系，尤其是他超前地指出后来后现代主义者关于“拟像”“超真实”等关于“真实”的理论。德·赛都敏锐地看到所谓的“真实”无非是“叙述”，并对其兴起与信仰的衰落和政治、企业的替代品“信仰模拟物”及媒体的作用都进行了深刻的论述。

---

①Michel de Certeau, The Practice of Everyday Life, Steven Rendall (trans.), Berkeley, Los Angeles & London: University of California Press, 1984, p. 31.

②Molly Annie Rothberg, The Excessive of Subject: A New Theory of Social Change, Cambridge: Polity Press, 2010, p. 65.

他说："我所说的'信仰'并不是相信的对象（比如某种教条、某种计划等），而是主体在某种主张（proposition）中进行的投资，是说出或认为这种主张正确的行为，换言之，我说的是主张（assertion）的方式而不是内容。"[①]因此，德·赛都所论者仍在"实践"，他要研究"相信"行为的本质。由于宗教信仰的衰落，"相信"的对象增多了，但可信性却减少了，因此，

> 旧权力聪明地管理他们的"权威"（authority）从而弥补了技术或管理机器的不足：它们是一些关于被保护者、忠诚、合法性等的系统。然而这些旧的权力试图通过理性化、对空间进行控制和组织使自己更加独立于这些忠诚游戏的起起伏伏。结果，在发达社会中的权力为了控制所有的社会网络而使用一些细致而缜密的程序：警察、学校、医疗及安全等"敞视"体系。但是它们慢慢失去了所有的可信度。它们的权力更多但权威更少。[②]

德·赛都认为，在这种情况下，企业工人积极性降低，这比警察部门的发展更快，产品的浪费、时间的侵占、"假发"、雇员的轮转或削减等都从内部损耗着"敞视化"的公司，于是"信任正在枯竭，或者它躲到了传媒和娱乐那边"[③]。企业不得不创造出一些"模拟物"代替信仰，比如企业文化、企业精神等，德·赛都称之为"虚拟资本"，并认为两种传统的资源即政治和宗教为其注入了可信性，前者通过管理机制的和管理人员的过度发展而弥补了斗士们信仰的流动与衰落；相反的过程存在于宗教之中，那些原来曾经维持并使宗教发挥作用的机制如今却使它变得分散。这样政治性组织就慢慢取代教会成为实践信仰的地点，同时，政治也具有了宗教色彩。德·赛都认为，自从18世纪以后"世俗宗教"即关于人的宗教、公民的宗教脱颖而出，信仰重新扎根于仅有的政治体系之中，"左翼反对党"占据了原来教会或教堂所占据的位置，由神职人员和贵族组成的知识界被政治或世俗的反对派所取代。简而言之，德·赛都认为意识形态和教条话语通过伦理价值、理论或烈士名册所取得的合法性补偿了权力所赋予自身的合法性，即通过"使相信"而取得政治优势。这通常要通过两种手段，第一是所相信之物和相信实践的原则被以"真实的名义"讲述出来，第二种手段是被某种"真实"赋予权力的话语成为实践的"组织因素"，

---

①Michel de Certeau, The Practice of Everyday Life, Steven Rendall (trans.), Berkeley, Los Angeles & London: University of California Press, 1984, p. 31.

②Michel de Certeau, The Practice of Everyday Life, Steven Rendall (trans.), Berkeley, Los Angeles & London: University of California Press, 1984, p. 179.

③Michel de Certeau, The Practice of Everyday Life, Steven Rendall (trans.), Berkeley, Los Angeles & London: University of California Press, 1984, p. 180.

即“信誉商品”，它与媒体的叙事相结合，从而将“真实”变成应该“相信”和购买的“商品”。因此，“真实”只存在于新闻、信息、数字、调查报告中，成了“模拟物”，成了一种“叙述”，也因此不再拥有专属的地点，也没有总部权威，信息支配并充满了社会，“我们的社会在三重意义上变成了一个被叙述的社会：它同时被叙述(关于广告和信息的寓言)、叙述的引用和对它们无穷无尽的复述所定义”①。叙述能将所见变成所信并用模拟物来炮制真实，因此德·赛都认为现代社会是一个“被复述的社会”，真实是被“虚构”出来的，它在每一个地方都是对另一个“使相信”的参照系，换言之，复述是“真实”赖以建立的手段。

三、战略与战术

德·赛都使用了一系列军事术语来强调人们在日常生活中使用商品或空间时的抵抗行为，如战术、游击战、偷袭等，他关于日常生活的观点可用其在《日常生活实践》一书中的“消费者的生产”和“实践的战术”进行简要概括：作为生产者的消费者和在日常生活中的抵抗“战术”，即“消费者的消费程序和计谋组成了一个反对规训的网络，这就是本书的主题”②。我们已经提及，德·赛都主要和福柯与布迪厄的日常生活理论进行对话。福柯所设想的“全景监狱（敞视化）”式的社会利用“微观权力”将会对日常生活进行无孔不入的控制，与以往的权力结构相比，这种控制主要针对人的“身体”，它简直是不可见的，既然如此，个体也将无从逃避；布迪厄则用“习性”这一概念表达了与福柯相近的观点，“习性”作为一种深层的“结构”在日常生活中起到支配作用，简直类似于弗洛伊德所说的“潜意识”。因此，无论是福柯还是布迪厄都认为现代社会几乎没有留给个体多少可以反抗的空间。德·赛都并没有要推翻福柯和布迪厄的理论，而是试图在这种规训网络中寻找抵抗的可能性。这是他为什么要将“战术”作为核心概念理解日常生活的重要原因，因为“战术”是要在统治性技术手段所控制的地盘上发挥作用，从而在不可能改变他者所设定“地点”的情况下利用“时间”创造出一个个无法预料和控制的“空间”。

德·赛都将《日常生活实践》的第三章命名为“权且利用：使用与战术”(Making Do: Uses and Tactics)，可以看出“战术”是“权且利用”可采取的方式之一。德·赛都以宗教信仰和社会阶级压迫为例，生动地说明了在由“他者（others）所建

①Michel de Certeau, The Practice of Everyday Life, Steven Rendall (trans.), Berkeley, Los Angeles & London: University of California Press, 1984, p. 186.

②Michel de Certeau, The Practice of Everyday Life, Steven Rendall (trans.), Berkeley, Los Angeles & London: University of California Press, 1984, p. xv.

构空间中的“诡计”(trickery) 和“计谋”(stratagem) 是如何进行抵抗的，他说：“更概括地讲，强加给某系统的使用方式建构了对某些事物状态的历史法则及其教条式独断性的抵抗。”[①]由此，他者所构建的空间被日常生活的实践重新分配，创造出另外一种法则，在秩序中进行游戏。但是，由于没有自己的空间，所以“人们不得不对所拥有之物进行权且利用”[②]。其意为人无法逃离其生活的空间，只能对现有的资源进行利用，但其使用的方式却是不容易被完全控制的。可以将“权且利用”看作是某种“解码”实践，使用的方式不受控制就意味着抵抗空间的产生。德·赛都说：“有无数种戏弄和挫败他者的游戏。”[③]这种游戏所使用的“计谋”和“诡计”就是要利用可得到的资源——无论是物质的还是符号的——进行抵抗。因此，人们可能从破坏规则和技术中获得快感。这种“权且利用”就是消费者或使用者的“战术”。

“战术”大概是德·赛都关于日常生活对文化研究产生的最大影响，也是最让人津津乐道的一个概念，这一军事术语被用于日常生活的实践，既简洁明了又通俗易懂，很快就成为文化研究和日常生活研究的关键词之一。“战术”一词是与战略(strategy) 一词相对而言的，后者是控制“地方”(place) 的技术，而前者则是利用“空间”(space) 的技术，他说：

> 我将对权力关系的计算（或操控）称为战略，一旦拥有意志与权力（一种生意、一支部队、一个城市或一个科研机构等）的主体能被分离开，这种对权力关系的计算就有了可能性。战略假设了一个“场所”，它既可能是局限于其自身的范围，也可以作为一个基础，在这个基础上与由目标或威胁（顾客或竞争者、敌人、城市周围的农村、研究的目标与目的等）所组成的外界进行联系。因此，“战略”是“场所”的功能，然而它采取的一种战略性的思考或操作实际上在制造这个“场所”。[④]

因而可以说，“战略”是场所的技术，通过占有某个地方而达到控制该场所的目的。德·赛都进一步解释：第一，战略是“地点”对“时间”的胜利，意即利用自

①Michel de Certeau, The Practice of Everyday Life, Steven Rendall (trans.), Berkeley, Los Angeles & London: University of California Press, 1984, p. 18.

②Michel de Certeau, The Practice of Everyday Life, Steven Rendall (trans.), Berkeley, Los Angeles & London: University of California Press, 1984, p. 18.

③Michel de Certeau, The Practice of Everyday Life, Steven Rendall (trans.), Berkeley, Los Angeles & London: University of California Press, 1984, p. 18.

④Michel de Certeau, The Practice of Everyday Life, Steven Rendall (trans.), Berkeley, Los Angeles & London: University of California Press, 1984, pp. 35-36.

治性的地点而控制时间。第二，这也是通过观看而控制时间。观看就意味着通过阅读某个空间而提前对事物进行预测。第三，如果把历史的偶然性转换成可读的空间，这就说明了“知识权力”所具有的权力。①德·赛都所论者，在于战略的使用是出于宰制的目的，因此它是属于拥有权力者一方的。在战略的控制下，社会被划分成不同的独立的区域，这既包括物质的也包括精神的和符号的，从属于不同战略控制之下的人是其管理和控制、支配的目标，因此无论是军事的还是知识的战略，都要通过划分地盘而确立其地位。

战术则是“不能依靠拥有（空间或机构所在地），也不能依赖将他者作为一个整体而划分出的界线，战术发生的地方属于他者，它成碎片状地迂回进入他者的地盘，无法整体把握这个空间，也无法远离这个空间……拥有是空间对时间的胜利，而战术由于不拥有空间就更依赖于时间，小心地捕捉机遇的翅膀”②。对此，伊恩·布坎南评论说：

> 战术则与战略相反，它是一个人进入日常生活的渠道，当一个人不能对各种各样的事物采取措施的时候。战术要驯服的是战略无法驯服的东西。它们本身不是颠覆性的，但是他们有一种符号价值，这种价值是不可忽视的：他们为战略控制的偏颇提供日常生活的证明，并且通过这样做，他们会兴起这样的希望，无论事情有多坏，它们都不是必须如此坏的。换言之，战术主要是在信仰的平面上运行的。③

我们不妨说，日常生活既是施展“战术”的平面，又是主体进入日常生活的主要渠道，换言之，我们的日常生活在很大程度上是由各种战术组成的。

德·赛都关于“战略”的著名例子是鲁滨逊·克鲁索，他为了在孤岛上生存下来，不得不通过各种技术手段将它变成自己的“场所”并控制、占有可资以利用的资源，也控制“他者”如星期五、外来入侵者等；而关于“战术”，他代表性的例子是“假发”。“假发”是指工人通过种种计谋或合谋在生产过程中假装工作，实际上完成自己私人事务或进行娱乐的现象，这就使工作与娱乐变得没有分别，这与对工厂财物的“顺手牵羊”性质不同，也与旷工不同，因此管理者也只好睁一只眼闭一

①Michel de Certeau, The Practice of Everyday Life, Steven Rendall (trans.), Berkeley, Los Angeles & London: University of California Press, 1984, p. 36.

②Michel de Certeau, The Practice of Everyday Life, Steven Rendall (trans.), Berkeley, Los Angeles & London: University of California Press, 1984, pp. 36-37.

③Ian Buchanan, Michel de Certeau, London, Thousand Oaks & New Delhi: Sage Publications, 2000, p. 89.

只眼，“假发向工业空间重新输入了一种其他时间和地点的‘流行’技术”[①]。工人没有自己的工厂，因此他只能利用现有的、“他者”的地盘通过“计谋”实施生产之外的活动，这就是典型的“战术”实践。他的另外一个著名的例子则是在西班牙人对印第安人的殖民过程中，印第安人通过实践将其法律等变成了另外一个样子，从而使殖民统治在日常生活之外的另一个层面上运行。

在德·赛都看来，这种“战术”并不是局部性的或者简单的“经验主义”，而是具有普遍性的，他说：

> 它们或许符合一门超越了时代的艺术，这种艺术不仅穿越了连续不断的社会政治秩序的机构建立，而且比我们的历史更加久远，并在人道主义范围之内奇特地结成了一致，其实，这些实践反映了一些罕见的相似现象，如同远古的智慧，某些鱼类或植物运用神奇的技艺来伪装自己的模仿、计策和花招。这门艺术方法存在于久远的生物中，它们似乎不仅超越了历史机制的策略划分，还超越了意识机制本身制造的鸿沟。从海洋的底部直到人口聚焦地带的计谋，这些方面确保了语言不到之处表面上的连续性和记忆的持久性。[②]

德·赛都的分析晦涩而冗长，横跨了语言学、符号学、人类学、历史学等各个领域，但他最终的目的在于说明日常生活中的抵抗行为的意义及其力量的来源。比如，他认为即便是在故事和传说这样的陈词滥调中，也同游戏一样需要计谋和策略。它们被从日常的竞争中排除出来，发生在过去的神奇空间中。这些故事传说所承载的是“战术”，因为在那个空间中“各种善与恶的诡计穿着上帝或英雄的外衣被揭示出来，可被用于日常生活”[③]。同时，这些故事中的双关语、风格效果、人物形象、颠覆和游戏等都是日常战术的体验（这点也被费斯克所接受并对大众文化的“双关语”进行了分析）。因此，对德·赛都而言，这些抵抗的计谋或诡计是既隐又显的，它可能在表层运行，也可能在更深层的结构层面上运行。他所涉及的这些领域——宗教、社会斗争、故事传说等——都被当成“言说”（enunciative）实践。

这样我们可以理解“使用的方式”是抵抗的力量源泉，可对应“语言”与“言语”的区别。还可以理解为，在一种话语体系中，总会存在着溢出其控制之外的因

---

①Michel de Certeau, The Practice of Everyday Life, Steven Rendall (trans.), Berkeley, Los Angeles & London: University of California Press, 1984, p. 26.

②Michel de Certeau, The Practice of Everyday Life, Steven Rendall (trans.), Berkeley, Los Angeles & London: University of California Press, 1984, p. 40.

③Michel de Certeau, The Practice of Everyday Life, Steven Rendall (trans.), Berkeley, Los Angeles & London: University of California Press, 1984, p. 23.

素，而这些因素可被用来反抗该话语体系。我们要特别注意“挪用”一词，这是个体利用大众文化在日常生活中创造意义的方式之一，其重要性正如亚文化群体的“拼贴”概念一样，我们可以将之视为一种“生活方式”的策略。

“挪用”即指在某些具体场合下的语言使用策略，大众文化中所惯用的“双关语”即是语言使用的明确证据。后来费斯克将“游击”战术与这种消费—生产相联系，因为游击战正是对言说策略的具体使用，是在体系内部对现有资源进行“权且利用”而达到抵抗目的的“战术”。

战略控制的是“地方”性的，战术则不得不在此“地方”进行。德·赛都说：“与战略相反，它具有连续性的形态（shape），将某种游戏引入到正规的图式之中，并且应该澄清它与特定历史时期的理性结构之间的关联，战术是由一种不合适的地点（locus）对其予以确定的。缺少对外部事物的划界能为它提供保持自治所需要的条件。因此，战术的空间是他者的空间。”[①]德·赛都说得很清楚，“战术”是在别人的地盘上进行的，因此它必定会受制于来自异己权力的宰制，并在其中游戏。战术不是地方性的而是局部的，英文版的译者用place和locus两个词就已经充分说明了这一点。它没有整体的计划，是随机的、单独的行动，它利用各种可以利用的机会建立自己的根据地，并且不会长时间固守阵地。“它无法保持自己所取得的胜利。”[②]总之，“战术是弱者的艺术”[③]，因此战术就是偷袭、诡计、打一枪换一个地方，也就是说，战术与战略最显著的区别在于，它是建立在时间基础之上的。

四、日常生活战术的实例：空间和语言

德·赛都的《日常生活实践》除了纲领性的“总引言”外共有五大部分，分别是“非常普通的文化”“实践艺术的理论”“空间实践”“语言的使用”和“相信的方式”。第一部分主要讲的是语言、文化与日常生活实践的问题，我们前述关于大众文化、战略与战术等相关论述大都出自这一部分；第二部分主要论述实践艺术理论史，与从康德到福柯、布迪厄、德蒂安（主要是福柯和布迪厄）等人的理论进行对话，讨论日常生活的一些关键概念如控制、抵抗、花招、挪用等——可以说前面这两个部分比较偏重于理论的阐述，虽然他无意构建理论体系。剩下的第三、四、五

①Michel de Certeau, The Practice of Everyday Life, Steven Rendall (trans.), Berkeley, Los Angeles & London: University of California Press, 1984, pp. 36–37.

②Michel de Certeau, The Practice of Everyday Life, Steven Rendall (trans.), Berkeley, Los Angeles & London: University of California Press, 1984, p. 37.

③Michel de Certeau, The Practice of Everyday Life, Steven Rendall (trans.), Berkeley, Los Angeles & London: University of California Press, 1984, p. 37.

部分则属于实践分析，他所选取的角度是城市空间、书写与阅读、信仰的问题，他认为在所涉及的各个领域人们都在试图用“战术”所赋予的各种手段、花招、偷猎等逃避规训从而反对宰制力量，创造自己的空间。关于“假发”这种实践我们已经多次提及，关于“信仰”，前文关于大众文化与日常生活的论述已经论及，此处不再赘言，因此这一部分我们关注的是两种重要的日常生活实践，即空间实践和语言实践。

（一）空间实践

德·赛都关于“空间”的论述共分三个部分：第一部分是“行走于城市”，主要讲的是“城市”空间实践中行走者如何通过自己的“修辞”等“战术”将它变成一个“无地点”的空间；第二部分是“铁路的航海式与监狱式”，主要是论述旅行时乘坐的交通工具：德·赛都认为火车厢既是“航海式的”又是“监狱式的”；第三部分是“空间的故事”（spatial stories），以语言的隐喻分析空间叙述的结构，并指出“空间就是被实践的地点”，“因此在几何学意义上被城市规划所规定的街道被行人们转化成了空间”①，并且叙述者不停地进行着在空间与地点之间转化的游戏。我们这一小节重点讨论空间实践的第一部分，即“行走于城市”，以便于理解“空间实践”与“战术”之间的联系及德·赛都在方法论上的语言学和叙事学特征。

关于城市，他在开篇就讲登上世贸大厦的“身体”是如何暂时摆脱了被钢筋混凝土分割成不同空间的城市，从而获得了一种自由感觉。他的主要观点是，城市这一集现代规训之大成的场所，毫无疑问是统治者的一个“战略”要地，但生活在其中的市民们却可以通过无数的战术花招而暂时逃离规训。世贸大厦让他联想起福柯所说的“全景式（敞视式）监狱”，并将纽约称为“全景式（敞视式）城市”。与站在大厦顶端的体验相比，生活在城市中的人们又是何种状态呢？他说：“他们行走，这是城市经验的基本要素，他们是步行者，他们的身体依循城市精细不一的‘文本’而行，他们写下了这篇文章，却不能阅读它。”②

德·赛都说，建立一个城市需要三步操作，首先是生产一片“自己的空间”，然后用一种时间的消失（no when）或同步体系取代传统所带来的顽固的抵制；最后创造一种通用的、无名的主体，就是城市自身。这样，作为一个战略要地，城市就对

①Michel de Certeau, The Practice of Everyday Life, Steven Rendall (trans.), Berkeley, Los Angeles & London: University of California Press, 1984, p. 117.

②Michel de Certeau, The Practice of Everyday Life, Steven Rendall (trans.), Berkeley, Los Angeles & London: University of California Press, 1984, p. 93.

各种资源和功能进行重新分配，同时将不可处理的部分排除在外，但是，德·赛都指出，城市却一直在生产与其目标相背离的后果，如盈利体系反而造成损失、城市建设的合理化反而弄虚作假、公务机构在崇尚进步的同时却又忽略了进步存在的可能性条件等。身处其中的人又如何能够在这个庞大的机器中实现自己的主动性或者抵抗呢？德·赛都说："我想研究其中的某些过程，它们是多样的、抵制的、狡猾的、固执的，它们逃脱了规训的控制，却并不能完全置身于规训之外，它们可引导我们建立一种关于日常实践、被生活的空间和城市那种让人不安的亲密关系的理论。"[①]那么，这种抵制或逃离是如何实现的呢？德·赛都认为，城市规训的严密体系并不能完全控制"空间实践"，敞视化管理也无法监督或排斥它们："却在不断增殖的非法性中得到巩固，它们发展并将自己渗入到社会监控网络之中，并且与一些模糊却稳定的战术结合起来，以至建立了日常性和鬼鬼祟祟的创造性活动，现在它们仅仅是被疯狂的监督机构的机制和话语掩藏了起来而已。"[②]

德·赛都首先探讨了"行走"问题，他认为行走可被类比为"言说行为"(speech act)，"从这一角度来说，行走者的言说行为有三个将其同空间系统区分开的主要特点，即现时性、间断性和'交感性'(phatic)"[③]。因为城市空间秩序的组织方式是"可能性"(比如某个地方可以通过）和"限制性"(比如某个地方禁止通行)。"现时性"使行走者将空间能指转变成了其他东西，被行走者"实现了"，有些可能性则被行走者"移位"了，因为他们发明了新的"可能性"和"限制性"，比如他通过创造捷径或绕路增加了可能性的数量，通过不走某些可行路线而增加了限制性。如此行走者就创造了"间断性"，或者通过在空间"语言"的能指中进行选择，或者通过变动它们的使用方式："他将某些地点弃之不顾，却与其他一些地点组成'罕见的''偶然的'或'非法的'空间'转折词'。"[④]

如果我们还记得"战术"的特征就在于利用他者的空间而进行的一系列实践，这似乎并不难理解，那为什么德·赛都又专门提到了"交感性"呢？德·赛都用它来指由雅各布森和马林诺夫斯基所说的一种开始、维持或打断人际接触的功能，比如"你好""嗯嗯"等，它们并没有内容而只是在交流中起到连续或中断的作用，换

①Michel de Certeau, The Practice of Everyday Life, Steven Rendall (trans.), Berkeley, Los Angeles & London: University of California Press, 1984, p. 96.

②Michel de Certeau, The Practice of Everyday Life, Steven Rendall (trans.), Berkeley, Los Angeles & London: University of California Press, 1984, p. 98.

③Michel de Certeau, The Practice of Everyday Life, Steven Rendall (trans.), Berkeley, Los Angeles & London: University of California Press, 1984, p. 98. 另外，phatic在语言学上指一种语言功能，它不包含信息内容，只是为了完成一种社会功能，比如you're welcome仅有功能性而没有什么信息内容。

④Michel de Certeau, The Practice of Everyday Life, Steven Rendall (trans.), Berkeley, Los Angeles & London: University of California Press, 1984, p. 98.

言之，它们只有“结构”功能而没有“内容”。行走必然要选择路径，也一定会有跟随者，因此，他说：

> 在环境中创造了一种移动的组织性和一系列的“感交”位置（topoi）。感交功能是一种保证交流的努力，如果感交功能真的是语言或正在说话的鸟儿的特征的话，正如“儿童获得的第一种语言功能”一样，那么毫不奇怪，它会用轻盈或沉重的脚步跳跃、撒开四肢、跳舞或者散步，就像是回声迷宫中一连串的“喂”一样，出现在信息表达之前或信息表达时。①

德·赛都用这种“交感”特征说明个体对空间现时性和分离性的适应（这里—那里之间的连接，它只是功能性的却没有实际内容），“副词‘这里’和‘那里’是语言交流中的关于地点的指示词——这是一种巧合，加强了语言学与行走表达之间的平行性——我们还要补充说这种位置（这里—那里）（行走行为暗示了这种位置，并且表明了‘我’对空间的现时挪用），还有引入与‘我’有关的其他人的功能和由此而建立的对地点进行连接或分割表达的功能”②。

德·赛都用“提喻”和“连词省略”概括空间实践的基本风格，“提喻”是用部分代替整体，用于空间，比如用“小砖房”或“小土堆”代替公园；“连词省略”是将起连接作用的词取消，在行走中连词省略挑选或分割经过的空间，比如跳过起连接作用的部分或忽略某些整体：“从这一点来看，所有行走都在跳过或者略过，就像一个孩子单脚跳一样。它是对起连接作用的场所进行的省略实践。”③德·赛都说这两种修辞方式是相互呼应的，“提喻”使空间组成部分得到膨胀，创造了“更多”（不同的局部都可代替整体）；而“连词省略”则相反，创造了“更少”（在空间连续性中制造缺席，仅保留被挑选的片段）；前者用片段代表整体，而后者则取消了连续性等。这种修辞法创造了一种“关于无意识的符号秩序”以及“在话语中展现的某种典型的主体过程”④，并将“话语”比之为“梦境”，认为“行走”就是地点的缺乏，因此也是一个无法确定的过程。德·赛都关于名称、记忆、童年及地点的隐喻的论述此处不再一一重复，他所论证的无非是被规划好的，看似是“敌视”体系所

---

①Michel de Certeau, The Practice of Everyday Life, Steven Rendall (trans.), Berkeley, Los Angeles & London: University of California Press, 1984, p. 99.

②Michel de Certeau, The Practice of Everyday Life, Steven Rendall (trans.), Berkeley, Los Angeles & London: University of California Press, 1984, p. 99.

③Michel de Certeau, The Practice of Everyday Life, Steven Rendall (trans.), Berkeley, Los Angeles & London: University of California Press, 1984, p. 101.

④Michel de Certeau, The Practice of Everyday Life, Steven Rendall (trans.), Berkeley, Los Angeles & London: University of California Press, 1984, p. 102.

造就的城市空间被行人或其他使用者、消费者在用自己的独特的“言说”方式所改变，并赋予它们城市管理者规定之外的意义——总之，我们可以将其理解为“战术”的应用，是将城市空间变成“无地点”的各项实践。

（二）语言的使用

德·赛都将“语言的使用”分为书写、声音和阅读三个部分进行研究。他的研究对象是“口语”，认为“书写”是一种“现代性”所生产的“神话”[①]，使“书写”与“进步”的观念联系起来，但“口头语言”并不参与进步，因此实际上现代性是将“口语”置于贬抑状态的。德·赛都认为，所谓的“书写”就是在一个空白空间内进行的具体实践，其目的在于构建一个文本，该文本对于与其分离的外部世界具有某种权力，这样就构成了书写的三个要素，即白纸、文本和对外部世界的控制（它不仅仅是个游戏）。[②]他认为鲁滨逊·克鲁索就是这样一个“书写代表”，他划分出一个专有地点的小岛，一种主人对物品体系的生产以及对“自然”世界的发行，并批评说文字权力产生了特权，变成了区分社会阶级的准则：“这里，鲁滨逊的故事又说明这个道理：书写者是主人，而使用语言之外的工具的星期五就是他的仆人。”[③]德·赛都认为，“书写”成为控制肉体的工具，即“铭刻在肉体之上的法律”，过去在犯人身体上留下烙印，现在警棍、手铐等工具莫不如是，因此“整套器械把一个个体肉体变成了政治躯体，它使这些肉体生产出某种法律文本”[④]。除此之外，现代的医疗技术、人造器官等也都是对“身体”进行“书写”的控制技术手段，但是“声音”却不可能被消除，即使在书写过程中它也一直存在。

我们重点讨论“阅读”的问题。德·赛都认为启蒙时代的哲人们希望书籍能改革社会，希望学校的普及能够移风易俗，希望精英阶层能因其作品而可以重塑民族精神，德·赛都称之为“教育神话”。他认为，过去这一文本只存在于学校之中，而“今天，社会自身就是文本。它披上了城市规划、工业、商业或者电视传播的外

---

①德·赛都解释说，“神话”是一种碎片化的话语，它在异质的社会实践中被表述出来，它也将社会实践象征性地表达出来。

②Michel de Certeau, The Practice of Everyday Life, Steven Rendall (trans.), Berkeley, Los Angeles & London: University of California Press, 1984, pp. 134–135.

③Michel de Certeau, The Practice of Everyday Life, Steven Rendall (trans.), Berkeley, Los Angeles & London: University of California Press, 1984, p. 139.

④Michel de Certeau, The Practice of Everyday Life, Steven Rendall (trans.), Berkeley, Los Angeles & London: University of California Press, 1984, p. 142.

衣”[1]。因此“现代性、现代化”就是书写。所以，德·赛都所说的“阅读”并不是真正的“读书”，而是一个理解现代社会的隐喻。

德·赛都指出，“书写”和“阅读”在当代文化中被等级化了，认为书写是对文本的生产，阅读则是接收他人的信息而不在其中留下任何自己的印迹，即对文本不产生影响，这种阅读延伸为“电视”阅读。对阅读的理解最成问题的是认为读者过于“被动”，他说，如果没有读者的参与，文本自身就没有意义。德·赛都指出，“阅读行为被特权者通过对书本的使用而建立起一道界线”，即权威的、“合法的”官方阐释，与其他阅读定义为异端或无意义。这就是社会的等级化，“它隐藏了阅读的真相”[2]。阅读的真相是什么呢？德·赛都说：

> 阅读位于社会层理（阶级关系）与诗意操作（poetic operation）（实践者对某一文本的建构）（constructions of a text）的交叉点上：一种社会分级试图使读者与精英（或者准精英）所提供的信息相吻合；通过将其创造性地吸收到文化正统的裂缝中，阅读行为操纵了读者。第一种情况隐藏了与教师的阐释不相符之物并使之不可察觉，第二种情况则将它分散在了私人生活网络之中。它们二者合作，使阅读成为一种未知之物，从中一方面产生了文学读者[3]的唯一体验（理论化和占主导地位的体验），另一方面则产生了另一种稀少而又不完整的体验，就像从深水中冒出的水泡一样，是一种共同的诗学指数。[4]

这就是阅读的真相，它既是被精英所规定的“字面意义”，又是由读者在正统文化的缝隙中创造的无数“水泡”，因此是读者的能动性在“消极”或“被动”的阅读体验之外创造的另一种体验，“虽然偷偷摸摸甚至被压制”，但却变化多端。阅读行为通过读者的创造性而渗入了权威阐释的缝隙，因而是对“文本”的诡计。“读者远不是作者——某一专属地点的创造者、从前在语言的土地上开垦的劳作者的继承人、挖井人和房屋建造者，读者是旅行者，他们在他者的土地上穿梭，就像游牧者在他们未曾书写的土地中偷猎穿梭，以掠夺埃及人的财物为乐。”[5]书写是一种战略

①Michel de Certeau, The Practice of Everyday Life, Steven Rendall (trans.), Berkeley, Los Angeles & London: University of California Press, 1984, p. 167.

②Michel de Certeau, The Practice of Everyday Life, Steven Rendall (trans.), Berkeley, Los Angeles & London: University of California Press, 1984, p. 172.

③英文版用的词是literate readers，指受过良好教育、精通文字和文学的读者。

④Michel de Certeau, The Practice of Everyday Life, Steven Rendall (trans.), Berkeley, Los Angeles & London: University of California Press, 1984, p. 172.

⑤Michel de Certeau, The Practice of Everyday Life, Steven Rendall (trans.), Berkeley, Los Angeles & London: University of California Press, 1984, p. 174.

行为，通过地点的建立而抵御时间，通过复制品的扩张而增加产量。阅读则是一种“战术”实践，它没有“地点”，而是通过游戏和诡计在文本的“地点”中创造实践的“空间”。德·赛都认为，三个世纪以来“身体”从阅读中隐退，不再像从前那样是伴随着口头声音的动作，不再是高声或低声的阅读，默读技术使“阅读”变成了“眼睛的动作”。这种身体的隐退其实是与文本保持距离，阅读从决定它的土壤里解脱了出来，眼睛的自治性中止了身体与文本之间的关系，因而使身体摆脱了与文字地点的联系，使书面的东西变成了一种客体。①阅读是“游戏与诡计的空间”，他的结论是，“不要将别人当成傻瓜”②。这一警句既是对传统日常生活理论的有力回应，也是他关于日常生活理论的最简短概括。

德·赛都对“文化研究”的影响已被多次强调，在下一小节我们关于费斯克的论述中随处都可见他的影子。但是，他的理论也成为被“权且利用”的对象，成为大众文化理论“战术”中的一个支点——恐怕他本人不会在乎别人的曲解利用，因此按照他的理论，他所创造的“文本”是一个战略场所，别人在他的“地方”进行随心所欲的盗猎或挪用又有什么可奇怪的呢?

第四节　约翰·费斯克

在英国的文化研究学者们讨论“新时代”的日常生活时，在大洋彼岸的美国，曾经在英国与澳大利亚都进行过大众文化研究的约翰·费斯克③也于1989年出版了《理解大众文化》和《解读大众文化》两部著作。作为著名的文化理论家，费斯克在文化研究中备受争议，把费斯克定义为修正主义者、民粹主义者、虚无的后现代主义者有之，同时把他称为文化研究理论在新时代的开拓者也有之，有人甚至否认他属于文化研究学者之列，总之他是文化研究中最受争议的人物之一。费斯克自认为

①Michel de Certeau, The Practice of Everyday Life, Steven Rendall (trans.), Berkeley, Los Angeles & London: University of California Press, 1984, pp. 175-176.

②Michel de Certeau, The Practice of Everyday Life, Steven Rendall (trans.), Berkeley, Los Angeles & London: University of California Press, 1984, p. 176.

③费斯克早年在英国读书，于剑桥大学获得文学硕士学位，并曾在CCCS中心工作。详细信息见王承教北京语言大学硕士论文《费斯克与庶民文化研究》(2004年)，张华《伯明翰学派何去何从？——对伯明翰学派嫡系传人Gargi Bhattacharyya博士的访谈》，网址http://www.eulstudes.com/rendanews/displaynews.asp?id=1881。章戈浩《伯明翰大学文化研究与社会学系关闭事件始末》，网址http://gadfly1974.nease.net/artieles/foreign80htm。虽然他主要在美国进行学术活动，但一般认为他是英国文化研究的传承者和重要代表人物，影响巨大，因此本文将他列入研究内容，与本文主要研究对象“英国文化研究”并不矛盾。关于他在研究路径方面与英国文化研究的相似之处，可参考第二章所引黄卓越教授的观点。

他的理论主要来自德·赛都、巴特、布迪厄、巴赫金和霍尔，但实际上他更是根植于文化研究的传统，以上这些人的理论——除了霍尔——不过是他“权且利用”(making do)的思想工具而已，也就是说，他的著作和思想的整体构架仍然是来自文化研究的。因此，有些学者认为费斯克凭借一己之力就把对大众文化的态度从法兰克福学派翻转过来，这种观点是非常片面和狭隘的，如果这样，英国文化研究数十年来所从事的工作将因此而被一笔抹杀。就文化研究中的日常生活理论而言，费斯克却比以往的文化研究学者都更为重要，因为他定义大众和大众文化的策略与日常生活的关系更为紧密，同时也更接近“后现代主义”的理论语境。简而言之，费斯克认为大众文化就是工业化产品在日常生活层面上被使用、消费或解读而产生的。

一、费斯克的“日常生活”概念

（一）“日常生活”的“空间”与“斗争”

费斯克的“日常生活”概念既保持着文化研究传统关于“生活方式”的影子，也受后现代主义思想影响较大，并且有其独特的论域。他说：“大众的日常生活，是资本主义社会相互矛盾的利益不断得以协商和斗争(contest)的空间之所在。”[①]这一界定明显地带有葛兰西霸权的痕迹，但仅在此意义上进行理解显然又不能准确把握费斯克的日常生活概念，因为他也深受后现代理论及德·赛都和布迪厄理论的影响。因此，我们有必要进一步提问：此处“空间”指的是什么？这些利益之间的相互矛盾又是怎么体现出来的？是不是只指“经济”利益的斗争和谈判？是以何种形式进行协商的？因此，有必要对费斯克这一简短的定义进行更深层的剖析，才能发现他所指的“日常生活”到底是什么样的。

首先，费斯克的“空间”概念主要是在“实践”意义上而言的。他说：

> 强势者构建一些“场所”(places)，如城市、商城、学校、工场、车间，等等，并可以在那里行使自己的权力，我仅列举这些物质性场所。弱势者则在这些场所内部开创自己的“空间”(spaces)，当他们在其中穿梭来往时就暂时将这些地方据为己有，只要他们需要，就会占领它们。场所是弱势者运用其战略之处；而游击队员乃进入其中，将它转化为自己的空间。空间是被实践的场所。[②]

①John Fiske, Understanding Popular Culture, Boston: Unwin Hyman, 1989, p. 32. 译文参考《理解大众文化》，王晓珏等译，中央编译出版社2001年版，有改动。下同。

②John Fiske, Understanding Popular Culture, Boston: Unwin Hyman, 1989, pp. 32–33.

因此，费斯克用以区分“场所”和“空间”的标准是“实践”。空间是被从“场所”中创造出来的，因此具有文化实践的意义。这无疑与德·赛都的观点是一致的，但费斯克作为左派思想家，更强调的是“权力集团”与“大众”之间的斗争，因此他进而将此逻辑扩大到“商品”的领域：“强势者的战略是试图控制各种场所和商品，这些场所和商品构成了日常生活的参量（parameters）。”[①]这样，“空间”的概念就已经脱离了“场所”的限制，其外延跟随着“商品”及其对商品的消费而大大延伸。但是，如果在更广阔的社会范围内，假如脱离了“消费”，“空间”又是什么？“空间”和“斗争”又是如何进行的呢？这就要理解“‘权力集团’与‘大众’之间不断斗争的过程及其各种力量的相互作用”[②]。

其次，为了更清楚地理解费斯克的“空间”所指何物，我们必须再回到布迪厄的“习性”概念。费斯克说：

> “习性”概念包括栖息地、居住者、适应生活环境的过程及习惯，尤其是思维习惯等诸多意思。栖息地就是我们生活于其中的社会环境，它既是在社会空间中的位置，又是居住其间的人的实践的产物。对布迪厄而言，社会空间是一种社会秩序的多维地图，其中经济资本、文化资本、教育、阶级和历史轨迹等都是重要的转轴。[③]

因此，费斯克认为，“空间”乃是“习性”诸多含义中的一种，他说：

> 习性被定位在社会空间之中，而社会空间既有空间（spatial）的又有时间（temporal）的维度。空间维度将社会空间塑造为社会秩序——包括经济的、阶级的、教育的和文化的秩序——其中各种主要决定力量之间的动态关系和它们在那些代表和体现（embody and enact）了这些力量的人的行为、品味和性情的物质化（materialization）。由于人在社会空间中的位置不同，人们在社会空间中对这些力量的体现也不相同。时间维度则是我们能够追踪各种轨迹，社会理层或个体在这些轨迹中通过历史的运动中地理位置（geographical）的改变。[④]

①John Fiske, Understanding Popular Culture, Boston: Unwin Hyman, 1989, p. 33.

②John Fiske, Understanding Popular Culture, Boston: Unwin Hyman, 1989, p. 34.

③John Fiske, Cultural Studies and the Culture of Everyday Life, in: Cultural Studies, Lawrence Grossberg, Cary Nelson and Paula A. Trichler (eds.), New York & London: Routledge, 1992, p. 155.

④John Fiske, Cultural Studies and the Culture of Everyday Life, in: Cultural Studies, Lawrance Grossberg, Cary Nelson and Paula A. Trichler (eds.), New York & London: Routledge, 1992, p. 163.

因此，费斯克认为“习性”概念沟通了个体与社会、时间与空间、内部与外部、宏观与微观、实践与结构等原来处于二元对立状态的一系列因素。“它不再是我们生活于其中的既定（pre-given）的环境，就像我们生活于其中一样，它也生活于我们之中，也正像它赋予我们本质（inform us）一样，我们也体现它的性质。这样，就不再需要在居住者、居住地和在居住环境中的实践之间再进行区分。”①

因此，习性是一个接合过程，我们通过它而经历和体现那些形成并改变社会空间的力量。对费斯克而言，社会空间是由“习性”所塑造，由各种力量所决定且人们在其中经验并体现这些力量性质的、不确定的过程。在空间中的位置、实践和身份等都不是独立的范畴，它们之间也不存在等级或某一因素决定另一因素的问题，而是相互之间赋予意义，各因素间也相互渗透。这样，“空间”所要表述的内容就是一个复杂的网络结构，在其中各种力量都在发生作用，并且这些力量之间不仅在各自的“场域（field）”②内发挥作用，也是构建整个社会空间的重要动力。“场域”也是对“空间”的一个隐喻，按照布迪厄的观点，置身于社会场域（field）中的人们所获得的习性无非是文化的习染所致，并且与获取者的社会身份等级相匹配。

综上所述，费斯克所言的“空间”有如下特征。第一，实践性。如果没有实践，空间则不存在。换言之，就是在实践中创造了空间。第二，时间性。空间不是即成之物、永远都固定不变的“场所”，而是一个瞬间的存在。第三，由“习性”的概念出发，“空间”不再是独立存在的维度，而是与时间、实践、各种力量纠结在一起的概念。第四，主体性。没有主体的存在，就没有空间。也就是说，不仅空间规定了人的存在，人也规定了空间的存在。第五，空间是由“习性”所浸染。不同阶级和阶层的人由于其所掌握的文化资本和金融资本并不相同，即具有不同的“位置”，因此也有不同的行为和思维习惯及各种习俗。这样的话，空间实践也就被分为不同的层次（虽然它们之间的关系不是固定的）。费斯克本人用以界定“大众”（the popular）的概念“理层”也具有一定的空间含义。既然“日常生活”是在“空

①John Fiske, Cultural Studies and the Culture of Everyday Life, in: Cultural Studies, Lawrance Grossberg, Cary Nelson and Paula A. Trichler (eds.), New York & London: Routledge, 1992, p. 163.

②布迪厄说：“从分析的角度来看，一个场域可以被定义为在各种位置之间存在的客观关系的一个网络（network），或一个构型（configuration）。正是在这些位置的存在和它们强加于占据特定位置的行动者或机构之上的决定性因素之中，这些位置得到了客观的界定，其根据是这些位置在不同类型的权力（或资本）——占有这些权力就意味着把持了在这一场域中利害攸关的专门利润（specific profit）的得益权——的分配结构中实际的和潜在的处境（situs），以及它们与其他位置之间的客观关系（支配关系、屈从关系、结构上的同源关系，等等）。参见皮埃尔·布迪厄，华康德《实践与反思：反思社会学导引》，李猛等译，中央编译出版社1998版，第133—134页。因此，“场域”不是一个被圈定好的、固定不变的范围，而是充满权力斗争的场所，各场域之间又保持着相对的自主性，也存在着相互影响和碰撞的可能性。

间”中发生的，它也就具有上述所有特征。

（二）“大众”（the popular）[①]的日常生活

费斯克说：“日常生活乃由大众文化实践组成，其特征是，弱势者通过利用剥夺了他们权力的体制所提供的资源而展现出来创造力，从而拒绝屈从于该权力机制。”[②]但这仅是从“商品”和“消费”的角度而论的，在更广阔的社会语境下，谁是“弱势者”，谁又是“强势者”？那谁又是大众？他是指某些人还是所有人？是指某个阶级（工人阶级）吗？费斯克认为，“工人阶级与大众是相互重叠的概念，但并非是被包含在同一边界之内的”[③]。因此，将“大众”等同于“工人阶级”显然是过于简单的观念。他认为，“大众”是由宰制力量所决定，即“大众总是在回应宰制力量的时候得以形成，但宰制者却无法完全控制经由大众而构建的意义以及大众所形成的社会效忠从属关系（social all egiances）”[④]。因此，“大众”并不是一个固定的社会学范畴，不是客观存在的实体，因而无法成为经验研究的对象，它是个体与某

①对文化研究的学者来说，界定“大众”却似乎永远都是一个难以解决的问题（并且使用上偶尔也用mass一词）。从威廉斯起，这一概念就处于各种争论的旋涡。前面提到过他的观点：不存在大众，只存在把人民看成大众的方式。他认为这一概念有许多不同的含义，其中最常见的含义是：“事物被称为‘大众的’，是因为成群的人听它们、买它们、读它们、消费它们，而且似乎也尽情地享受它们。这是这个概念的‘市场’或商业定义，这个定义在某些方面把社会主义立场推到了引人注目的位置。完全可以肯定的是，这个概念与对民众文化的操纵和贬低联系在一起。从某个意义上说，它与我前面使用这个词的方式恰好相反。”（斯图亚特·霍尔：《解构大众笔记》，载陆扬、王毅编《大众文化研究》，上海三联书店2001年版，第47页。）霍尔的言外之意是，虽然他乐于赋予“大众”积极的意义，但是其消极的方面却也不得不被考虑在内，他所指的还是“能动性”和“管制”之间的关系问题，除了文化研究自身的传统以外。他既不能同意将大众当作“文化傻瓜”的结构主义式的定义，也不能接受“描述性”太强的文化主义式的定义，而是认为应该采用第三种定义：“这个定义关注的都是形式和活动，这些形式和活动以特定阶级的社会和物质条件为基础，体现在大众传统和实践之中。”（出处同上，第50—51页）因此，霍尔对“大众”和“大众文化”的定义是以实践性、过程性和动态性为特点的，也就是说，不存在固定的、等待被发现的“大众”或“大众文化”，它们都是“战场”，都是“斗争”的结果。这与费斯克的观点是相当一致的，因此，我们在讨论费斯克后“后现代主义”某些思想家的影响时，仍然不能忘记文化研究传统带给他的影响及文化研究发展的自身逻辑力量。

②John Fiske, *Understanding Popular Culture*, Boston: Unwin Hyman, 1989, p. 47.

③John Fiske, *Understanding Popular Culture*, Boston: Unwin Hyman, 1989, p. 46.

④John Fiske, *Understanding Popular Culture*, Boston: Unwin Hyman, 1989, p. 45.

个群体之间的“效忠从属关系”[1]：

> 大众（the people）、大众的（popular）、大众力量（the popular forces）是一组变动的效忠从属关系，它们跨越了所有的社会范畴；而形形色色的个人在不同的时间内，可以属于不同的大众层理（formations），并在各层理间频繁流动。于是我用“大众”这一概念，来指称这一组变动的社会效忠从属关系；相形之下，“大众的可感觉到的集体性”（people's felt collectivity），要比那些外部的社会学因素，譬如阶级、性别、年龄、种族、区域等，更适合于描述这些效忠从属关系。[2]

可见，费斯克努力在“大众”与“阶级”之间划分出一条界线。如果费斯克能彻底抛弃“阶级”预设，“大众”就会指“所有人”，因为在某个场域的“宰制者”可能会在另一个场域中是“被宰制者”，比如掌握房屋所有权的“房东”可能同时是某种文化的消费者，在这个时候，他就会对“宰制力量”进行回应，从而也成为某个“大众”团体的一员。因此，费斯克前后的论述在逻辑上是存在一定的矛盾，因为按照“效忠团体”的定义，任何人都可能是某些宰制力量的对象，“可感觉的集体”性显然超越了阶级的范围。但他为什么又说“大众”与工人阶级概念相互重叠，从而不肯把“阶级”概念从“大众”中驱逐出去呢？这是因为，他仍然相信“阶级”和“文化”之间存在着某种关联，虽然这种关联并非简单的一一对应，而是以复杂的形式表现出来。他说：

> 在复杂且高度精密的社会结构中，日常生活中各种问题的协商就是必须

①“效忠从属关系”与霍尔等人所使用的“族群”（ethnicity）相对应，而“族群”则与“种族”（race）相对应，后者是从肤色、民族特征进行定义的不同群体，而前者则承认历史、语言、文化在建构主体性过程中的地位，以“文化”作为划分不同群体的标准。族群强调文化特征：语言、宗教、风俗、传统等等。霍尔强调，种族表面上看起来有生物学上的依据，其实也是属于话语范畴的而不是生物学范畴的。他在论述“新族群”时说：“对我来说，在各种各样的黑人文化产品中，我们开始了解这样一种族群概念的建构：一种新的文化政治，不是超越而是利用（engage）差异，并且在某些部分依靠对新族群身份进行文化构建。差异，像表征一样游移不定（slippery），因此它也是一个充满斗争的词汇。既存在造成不可逾越的、根本性分裂的差异，也存在位置性（positional）、条件性和合然性（conjunctural）的差异。这比较接近德里达的‘延异’概念，虽然我们更关注的是保持一种政治性，而不是能指无休止的游移。”（Stuart Hall, ‘New Ethnicities’, in: Stuart Hall: Critical Dialogues in Cultural Studies, London & New York: Routledge, 1996, pp. 446–447）。如果霍尔这段话还在强调自己的立场“不是能指无休止的游移”的话，费斯克的“效忠从属关系”概念显然是在这个方向上走得更远，他的立场比霍尔更加“后现代”，更强调身份的碎片性及其与文化流动性之间的关系。因此，我们在讨论费斯克后“后现代主义”某些思想家的影响时，仍然不能忘记文化研究自身发展的逻辑力量。

②John Fiske, Understanding Popular Culture, Boston: Unwin Hyman, 1989, p. 24.

的，这种必要性造成了“游牧的主体性”（nomadic subjectivities），他们能够在社会机构的网络中游动，并根据当下的需要，重新调整其社会效忠从属关系，进入不同的大众理层。这些重组过程是在种种权力关系的结构中进行的。①

在这一点上，我们必须回到布迪厄的“区隔”——费斯克正是从这里受到启发而找到其界定“大众”的起点的。布迪厄指出：

科学调查表明，文化需求（如参观博物馆、听音乐会、阅读等）以及文学、绘画或者音乐方面的偏好等都与教养和教育有关……其次与社会出身相关。获得文化的方式取决于使用文化的方式。……文化亦有其自身的贵族头衔和血统，这些头衔由教育系统授予，血统则按进入贵族阶层的资历深浅而衡量。②

这就是文化资本的“区隔”。教育体系对个人产生的作用越大，就越会用更“学术”化的技术来衡量它们，因而学生的学术表现与教育质量之间的关系也就越紧密。这样，文化权力就与日常生活紧密联系在一起，甚至可以说有什么样的日常生活就可能会拥有什么样的文化权力。布迪厄认为“文化资本”是符号性资本，是被教育体制所再生产的，与“金融资本”相匹配的资本。因此，在资本主义社会，不仅存在金融资本的争夺，也存在文化资本的斗争，而这两者都与资本主义体制的再生产与权力运作机制关联甚大，也就是说，文化资本和金融资本都属于资本主义支配体制，都是权力斗争的目标，也都是权力斗争的场域，而且，金融资本和文化资本在某些条件下也可以相互转化。

费斯克因此认为，虽然不能再将“大众”等同于“工人阶级”，但是二者之间仍然存在着一定的联系，这是相对于工人阶级所拥有的“文化资本”与“金融资本”而言的。

为了使叙述更明确，此处先对上述内容进行小结。首先，大众不是固定的实体，而是变动的，与某文化族群之间有“效忠从属关系”；其次，对大众而言，大众文化必须与其日常生活有相关性，否则就无法成为“大众文化”；第三，大众文化消费具有生产性，即其意义的产生正好处于它被使用的那一个时刻。这样，大众、大众文化与日常生活三者之间的关系就一目了然，其特性也可以被总结为“流动性”，

①John Fiske, Understanding Popular Culture, Boston: Unwin Hyman, 1989, p. 24.

②Pierre Bourdieu, Distinction: A Social Critique of the Judgment of Taste, Richard Nice (trans.), London: Routledge & Kegan Paul, 1984, p. 2. 译文参考《区隔：趣味判断的社会批判引言》，朱国华译，陶东风等编《文化研究》（第4辑），中央编译出版社2003年版，第8—9页，有改动。下同。

对比威廉斯等人“活生生的文化”（living culture）与“被经历的文化”（lived culture），费斯克显然又从结构主义意识形态构建主体的“结构”一方偏向了文化主义大众“创造文化”的一方。这种理论上的轮回是非常有意思的事，费斯克不是对威廉斯的重复，而是在新的时代语境下所作出的新的判断与发展。

至少我们可以明了，费斯克所言的“日常生活”是有特定范围的。首先，它是“大众”的日常生活，而不是所有人的。其次，它是充满了斗争和流动性的“空间”，而不是固定的“场所”。第三，它与“抵抗”有关，即只有在对宰制力量进行抵抗时，日常生活的意义才能显现出来。第四，日常生活中的主体并没有固定性。

我们把“空间”和“大众”两个概念结合起来，基本上可以得出费斯克对“日常生活”的界定的关键之处，即它是实践性的、即时性的、主体性的，各种力量进行较量因而具有宰制和抵抗性的一个概念。

二、“日常生活”与“大众文化”（popular culture）

（一）以“日常生活”为基础定义“大众文化”

在明确了费斯克的“日常生活”和“大众”两个概念之后，我们就可以得出一个大概的结论，即费斯克所谈论的“日常生活”有其独特的视域，不是“全部”的日常生活，而是像“亚文化”“女性研究”和“媒介研究”一样有其特定的论域，那就是“大众”的日常生活。但仅此仍不够精确，因为对费斯克而言，“日常生活”还侧重于“大众文化”的一翼，即大众通过对“大众文化”的消费而创建的“日常生活”。在两个概念之间存在着逻辑上的层次，即“大众文化”虽然由资本主义生产体制所掌控，但却是由“大众”的“日常生活”所决定的。他说：

> 一个文本要成为大众文化（popular culture），它必须同时包含宰制的力量及反抗该力量的机会，也就是说，从臣属式的但不是完全被剥夺权力的位置出发，反抗或规避这些宰制性力量的那一类机会。大众文化是大众在文化工业的产品与日常生活的交界面上创造出来的（着重号为笔者所加）。大众文化是大众创造的，而不是加在大众身上的；它产生于内部或底层，而不是来自上方。大众文化乃是一门艺术，它权且应付（making do）着体制所提供的东西。[1]

①John Fiske, Understanding Popular Culture, Boston: Unwin Hyman, 1989, p. 25.

这与他的“日常生活”概念有某种程度上的重构性。第一，大众文化也必须同时包含“宰制”力量与对它的“抵抗”——这点与他对“日常生活”和“大众”的界定是一致的。可见，“宰制”与“抵抗”是他关于“大众”“大众文化”和“日常生活”共同的核心词汇。第二，如果一种文化产品不能进入“日常生活”，那它就不会成为“大众文化”，这是他判断“大众文化是大众所创造的”这一论断的逻辑基础。这样，“大众文化”与“日常生活”就很难区分，在谈论一个的时候实际上也是在谈论另一个。根据我们上一个小标题对“日常生活”概念的论述，不同的“效忠团体”会对不同类型的文化感兴趣，也会产生不同的日常生活类型，因此，对文化的消费也会创造出某种特殊的“生活方式”。第三，“大众”“大众文化”和“日常生活”三者还有一个共同的特征，那就是它的意义只存在于“宰制”与“抵抗”的瞬间而不是一种持久的状态。最后这一点可以引用他《解读大众文化》中的一段话为直接证据：

> 大众文化的意义和快乐是多种多样、转瞬即逝的，并最终定位于社会关系的多元性之中。社会关系构建了从属性并总是以对宰制力量的抵抗性关系这样的形式被经验的。它们存在于阅读的时刻而不是文本的结构之中，因此不易分析。文本分析可以辨别大众读物所能产生的空间或空隙中，但它却不能以任何具体的形式来描述这种读物。①

但问题是，消费者是如何才能成功从“文本结构”中逃脱出来，从而为自己的消费行为在日常生活（存在于宰制与抵抗瞬间的“日常生活”）中制造意义呢？即大众如何能够脱离文本的控制而从中创造意义呢？费斯克使用“外置”这一术语描述被支配者可以从宰制性体制所提供的资源和商品中，创造出自己的文化的过程，因为在工业社会里，被支配者创造自己的亚文化时所能依赖的唯一源泉，便由支配他们的那一体制所提供。因此，对商品使用方式的研究更为重要。但文本的性质具有结构性的规定性，因为虽然可以使用不同的方式，但“文本”本身的规约性也是大众文化能否成立的关键所在。

为了说明“文本”的性质，他进而参考了巴特的观点，将文本分为“作者式文本”“读者式文本”和“生产者式文本”。“简单来说，‘读者式文本’对本质上消极的、接受式的、被规训了的读者具有吸引力，他们倾向于将文本的意义作为即成

①John Fiske, Reading the Popular Culture, London & New York: Routledge, 1989, p. 135. 译文参考《解读大众文化》，杨全强译，南京大学出版社2001年版，有改动。下同。

的、被规训的意义来接受。”[1]因此，费斯克认为这是一种相对封闭的文本，易于阅读，对读者要求甚微。而“作者式文本”则“凸显了文本本身的‘被建构性’(constructedness)，邀请读者参与意义的建构过程”[2]。“生产者式文本”被用来描述“大众的作者式文本”。费斯克认为，“对这样的文本进行‘作者式’解读未必是难事，它并未要求读者从文本中创造意义，也不以它和其他文本或日常生活的惊人差异来困扰读者。它并不将文本本身的构建法则强加于读者身上，以至于读者只能依照该文本才能进行解读，而不能有自己的选择”[3]。费斯克认为，“生产者式文本”为大众生产提供可能性，自身就已经包含了与它的偏好相悖的声音，从而存在巨大的裂隙，可使读者足以从中创造出新的文本，超出其自身的控制。在“两种经济”的论述中，费斯克说：

> 在文化经济中，流通过程并非货币的周转，而是意义和快感的传播。于是此处的观众，乃从一种商品转变成现在的生产者，即意义和快感的生产者。在这种文化经济中，原来的商品（无论是电视节目还是牛仔裤）变成了一个文本、一种具有潜在意义和快感的话语结构，这一话语结构形成了大众文化的重要资源。……而所谓的“资源”一词，既指符号学资源或文化资源，也指物质资源，它们是金融经济与文化经济二者共同的商品。[4]

费斯克正是把大众文化定义在“生产者文本”之中，其原因在于这种文本和“日常生活”的相关性：“在文化工业生产和分配的商品中，那些被制成大众文化的商品是脱离控制、无法规训的。但是它们并不像‘作者式文本’般产生‘陌生化’效果，它们的不受规训，是日常生活的不受规训。”[5]

日常生活之所以不受规训，是由其在各种“空间”中的“实践性”和“瞬间性”所致。只有“文本”在被“解读”时它才会变成一种“空间”，“日常生活”也才能进入其中。二者的碰撞就像是一场斗争，所产生的不是某种不变的存在，而是无数产生意义的“瞬间”。因此，文本的结构无力对此进行全面控制，抵抗的力量也会因此产生。从这个意义上讲，“日常生活”才是不受规训的。他说：

> 在由资本主义提供的文化资源和日常生活的交界面上产生了大众文化。我

①John Fiske, Understanding Popular Culture, Boston: Unwin Hyman, 1989, p. 103.
②John Fiske, Understanding Popular Culture, Boston: Unwin Hyman, 1989, p. 103.
③John Fiske, Understanding Popular Culture, Boston: Unwin Hyman, 1989, pp. 103–104.
④John Fiske, Understanding Popular Culture, Boston: Unwin Hyman, 1989, p. 27.
⑤John Fiske, Understanding Popular Culture, Boston: Unwin Hyman, 1989, p. 104.

们由此就可确认相关性是一个核心的判断标准。如果文化资源不能提供与我们日常生活经验产生共鸣的关联点，那它就不是大众的。由于日常生活是通过变动不居的效忠关系而以流动的形式被经验和体验的，这些关联点必定是多元的，因而也是转瞬即逝的，它对社会开放而不是由文本所结构。[①]

由此可见，大众文化首先是工业文化，这是资本主义社会无法否认的一点。但是，并非所有的工业文化都能成为大众文化，其判断的依据就是大众文化与日常生活的相关性。日常生活是大众文化存在的基础。其次，大众文化与其他文化形式如高雅文化、先锋文化的不同之处，是与大众日常生活的不受规训性相关，也就是说，大众文化产品并不要求特殊的“陌生化”效果，而是与日常生活更加贴近，容易引起读者的共鸣。[②]再次，大众文化是编码力量相对较弱的文本，虽然仍存在作者及其创作的意图，但是却留有巨大的裂隙，使对它的反抗成为可能，而这种反抗是日常生活中重要的意义来源。从次，大众文化仍然应当被视为一个争夺文化权力或文化资本而进行斗争的“空间”，无论是从德·赛都的抵抗论、巴特的符号学还是布迪厄的文化资本理论等方面来说都是如此。“大众文化一直是权力关系的一部分，它总是能显现出宰制与从属、权力与对权力各种形式的抵抗或规避之间进行斗争的痕迹，也能显出军事战略与游击战术之间斗争的痕迹。”[③]最后，根据他对“大众”的定义策略，“大众文化”可被当作个体与其“效忠团体”之间的中介，即不同的“效忠从属关系”通过“大众文化”而被表现出来。费斯克说：

文化需要这一社会效忠从属关系的“移动的矩阵”(shifting matrix)，它僭越个人、阶级、性别、种族等范畴，或是在社会秩序中处于稳定状态的任何一种范畴。这些大众的力量将文化商品转变成一种文化资源，还使文化商品的意义和快感多元化，它也为规避或抵抗文化商品的规训努力，裂解文化商品的同质性和一致性，袭击或偷猎文化商品的地盘。所有的大众文化都是一场斗争过程，而这场斗争，发生在社会经验、人的个性及其与社会秩序的关系、该秩序的文本和商品的意义之上。而阅读种种关系，会再生产并重新展现种种社会关系，所以权力、抵抗和规避都必然被结构到这些关系中。[④]

---

①John Fiske, Understanding Popular Culture, Boston: Unwin Hyman, 1989, p. 129.

②费斯克在《文化研究与日常生活的文化》一文中用“距离”概念（该术语同样直接来自于布迪厄）对文化与日常生活的关系进行界定，即距离日常生活越远，其大众文化性就越差。真正的大众文化与日常生活是没有距离的。这也符合他对日常生活和大众文化“即时性”的判断。

③John Fiske, Understanding Popular Culture, Boston: Unwin Hyman, 1989, p. 19.

④John Fiske, Understanding Popular Culture, Boston: Unwin Hyman, 1989, p. 28.

（二）大众文化的“双焦点”分析

费斯克认为，分析大众文本需要双重焦点，一是文本的深层结构（意识形态分析、精神分析、结构主义与符号学方法），这是要揭示对于所有父权制消费式资本主义的产品而言，因而它的宰制力都是内在地发生作用。二是大众如何应付这个体制并从中创造出大众文化。他说：

> 如果把这些研究与政治经济学和法兰克福学派的批判理论研究结合在一起来看，事情将极为清楚，资本主义体制的经济与意识形态的必要条件决定了日常生活的方方面面，而日常生活又反作用于它们。但是如果仅将注意力集中于此，那就忽略了同样重要的资本主义的文化领域，而且，最终会困囿在悲观主义的状态中，从而丧失批判力。①

但我们也不能认为他放弃了对文本一端的结构性宰制力量而仅仅强调“抵抗”，他只不过将自己从文本所具有的宰制力量一端转移到大众解读的一端，因此文化分析的焦点是大众如何应付这个体制，如何阅读该体制的文本，以及如何从体制的资源中创造大众文化，而这也是费斯克分析的主要内容。他的逻辑是，一般而言没有裂隙的文化是不会成为大众文化的，而成为大众文化的东西一定会被钻空子，也一定会被抵制、被颠覆。可见，费斯克并不像某些学者所批评的那样完全不顾生产者的权力，而只是强调消费者一端。“大众文化的创造力与其说在于商品的生产，不如说在于对工业商品的生产性使用。大众的艺术乃是‘权且利用’（making do）的艺术。日常生活的文化，落实在创造性地、有识别力地使用资本主义提供的资源。”②因此，费斯克的理论重心在此，并非要完全否认生产者的权力，事实上，他也一直在强调生产者的权力更大，只不过大众拥有选择权罢了。

从这个角度看，费斯克是站在大众的立场上来理解大众文化的，但并没有否认生产者的宰制力量。大众文化是被大众所利用的文化资源，因为其创造者不是来自生产者一方，而是来自消费者一方。“广泛的消费对应着广泛的批评性拒斥，这恰恰证明了文化商品或文化活动是大众的。现在，就让我们来审视那拒绝、蔑视或是攻击大众文化的若干理由，以便探究这些所谓的‘粗俗’是否也有某种积极的

①John Fiske, Understanding Popular Culture, Boston: Unwin Hyman, 1989, p. 105.
②John Fiske, Understanding Popular Culture, Boston: Unwin Hyman, 1989, p. 105.

层面。”①

（三）大众文化的特性及其与日常生活距离的消解

根据费斯克的判断，大众文化与“日常生活”关系极为紧密，因此他才不遗余力地区分“先锋派”文化和大众文化，就看其与受众群体的日常生活是否有直接联系，换言之，要看在日常生活中能否找到打“游击战”的可能性。他认为文化距离是一个有多元维度的概念。它可能会指艺术品与读者/观看者之间的距离，漠视历史和社会特殊性，而注重超验的欣赏或美感并认为艺术品具有普世价值；它也会指与经济必要性的距离，将审美与社会分开，等等。②他说：“最终，批判的与审美的距离是区分那些能将其文化与日常生活的社会和经济条件分开者与不能分开者的标志。”③而“在日常生活的文化中，没有距离产生”④，即没有生活和艺术的距离，“大众文化”就是日常生活的一部分。因此，日常生活的文化就与即时的历史和社会背景不可分割。“大众文化的物质性直接与在受压迫的条件下经济的物质性相关联。在这些条件下，社会经验和文化都无一例外是物质的：产生距离是一种无法企及的奢侈。日常生活的文化是具体的、语境化的（contextualized）、被经历的（lived）文化。”⑤

费斯克由此而界定了大众文化与日常生活这种“无距离”的关系，正因如此，大众文化所展示出来的特性就与日常生活的特性不可分割。他认为大众的辨识力和审美的辨识力迥然不同，审美判断是反大众的，否认解读的多样性和文本功能的多样性，也否认同一个文本在社会秩序的不同效忠从属关系中可以实施不同的功能。“美学将它自己的价值放在文本结构的中心位置，从而忽略了使文本和日常生活连接起来的社会切入点。”⑥美学既否认大众文化的短暂性，也拒绝承认构成“大众”的效忠从属关系是变化的。美学还拒绝承认大众处在社会结构中的位置也是变化的，因而，社会差异必然生产出文化差异。因此，费斯克宣称：“美学是赤裸裸的文化霸

①John Fiske, Understanding Popular Culture, Boston: Unwin Hyman, 1989, p. 105.

②John Fiske, Cultural Studies and the Culture of Everyday Life, in: Cultural Studies, Lawrance Grossberg, Cary Nelson and Paula A. Trichler (eds.), New York & London: Routledge, 1992, p. 154.

③John Fiske, Cultural Studies and the Culture of Everyday Life, in: Cultural Studies, Lawrance Grossberg, Cary Nelson and Paula A. Trichler (eds.), New York & London: Routledge, 1992, p. 154.

④John Fiske, Cultural Studies and the Culture of Everyday Life, in: Cultural Studies, Lawrance Grossberg, Cary Nelson and Paula A. Trichler (eds.), New York & London: Routledge, 1992, p. 154.

⑤John Fiske, Cultural Studies and the Culture of Everyday Life, in: Cultural Studies, Lawrance Grossberg, Cary Nelson and Paula A. Trichler (eds.), New York & London: Routledge, 1992, p. 155. 类似论述也可参见其Reading the Popular Culture, London & New York: Routledge, 1989, pp. 138–139.

⑥John Fiske, Understanding Popular Culture, Boston: Unwin Hyman, 1989, p. 130.

权，而大众的辨识力正是对这种霸权的拒绝。”[1]因此，大众文化是日常生活的大众文化。

费斯克说大众文化的“煽情（sensational）、浅白（obvious）、过度（excessive）、陈词滥调（clichéd），大众文本所具有的这些特征使它们之间几乎无法彼此区分”[2]。大众文化的过度性与浅白性是“生产者式文本”的主要特征，它们提供了创造大众文化的丰富和肥沃的资源。过度性指的是意义挣脱控制，挣脱其规范的控制或是任何特定文本的要求，也是语义的泛滥，过度的符号所表现的是主流意识形态，然后却超出并且摆脱它，留下过度的意义来逃脱意识形态的操控，这些意义也可以被自由地用来抵抗或逃避主流意识形态的控制。费斯克认为，大众文化阅读和消费的快感正是来自这些特性。他举例说，人们在阅读超级模特嫁给麻风病人、77岁老妇人和90岁男友私奔等新闻时之所以有快感，因为它使得那些性关系“不符合”日常生活中的常规能指。同样，科学失败，比如激光使脑科手术病人着火，或是科学家无法对外星木乃伊作出满意的解释所带来的快感是看到解释这个世界的主导方式正在瓦解。煽情是规范过度的失败，它把规范推到其合适性的极限，这些都与日常生活体验相关。他举例说：

> 一个“正常的”（normal）、英俊的年轻工人，抱着一个极度不正常的来自外太空的木乃伊，这所表现的是日常生活里的特殊体验；它和日常生活体验的区别只是程度上的，而非性质上的。因为这个时刻揭示了意识形态规范的不恰当性，能够在极端不正常的形式中得到体验。这种不正常性只是程度的不同；正常的是，主流的社会价值与数百万弱势者的日常生活体验并不相符。[3]

因此，某些千奇百怪的报道表面上看起来与日常生活相去甚远，实际上却是在日常生活意识形态的层面上运行的，也就是说，离不开日常生活的常识性知识。如果一旦超出这个范围，那大众文化就不复存在了。费斯克所讲的“科学失败”的例子之所以能带来快感，并非因为大众对科学本身的兴趣，而是对日常生活现象的兴趣，即是说，他们是站在日常生活的层面上对这些内容进行理解的。

那日常生活的常识岂不是陈词滥调吗？费斯克进而提出，陈词滥调也是大众文化的特征之一，它是“主流意识形态在日常生活中的表达”[4]。它所否认的是文本的独特性。这岂不是与大众文化是在日常生活层面上被创造出来的说法相矛盾吗？它

---

①John Fiske, Understanding Popular Culture, Boston: Unwin Hyman, 1989, p. 130.
②John Fiske, Understanding Popular Culture, Boston: Unwin Hyman, 1989, p. 117.
③John Fiske, Understanding Popular Culture, Boston: Unwin Hyman, 1989, pp. 116–117.
④John Fiske, Understanding Popular Culture, Boston: Unwin Hyman, 1989, p. 117.

的创造性岂不是会被抹杀掉吗？针对此问题，费斯克认为，虽然陈词滥调承载着意识形态规范，是“共识”有力的建构者和传播者，但这并不意味着它没有其他的文化用途，比如，它也可以用来揭露意识形态与日常生活之间的差距。“陈词滥调作为陈词滥调而被体验，即作为他人生产的意识形态常识而被体验。但是，它被内化了，因此，它既是我们的，也是别人的。内化的他者的陈词滥调和日常生活中我们的独特的陈词滥调之间的差距是不确定的，解神秘化的。”[①]陈词滥调尽管有霸权的特征，但却可以在它与日常生活的独特性以及这些独特性所代表的意识形态规范之间建立有意义的关联，可以被“当作日常生活体验与意识形态规范的交叉点来读……陈词滥调远不是带有洗脑功效的霸权文字，它所暴露的是主流意识形态的‘他性’，而且使得日常生活与意识形态之间不得不进行的妥协变得陌生”[②]。费斯克的意思是说，陈词滥调虽然具有霸权的功能，但是当在日常生活中的体验与其相悖时，就会使其暴露出“他者性”，从而使意识形态与日常生活进行协商。举例来说，“男主外女主内”是一种陈词滥调，但当在日常生活中人们的体验与此发生抵牾时，它就失去了意识形态的霸权性质，从而变成了“他者”强加给我们的意识形态。因此，“陈词滥调”并不总是“陈词滥调”，在该种说辞与日常生活之间的距离也是不定的，有时二者没有距离，有时也会产生陌生化效果，从而产生距离。大众文化的这种“陈词滥调”特性因此也不完全是负面的。

“互文性”是费斯克总结出来的另外一个大众文化特征。他说：“大众文化以互文的方式，流通于我称之为初级文本（原初的文化商品，如麦当娜本人或一条牛仔裤）、与初级文本直接相关的次级文本（如广告、媒体故事和评论）和持续存在于日常生活过程中的第三级文本（如对话、穿牛仔裤的方式、居住在公寓中的方式、逛街观赏橱窗或在高中舞会上采用麦当娜的舞姿）之间。”[③]这三级文本最终落脚于日常生活。费斯克的意思是说，麦当娜只有在这种三级文本中才是完整的，三级文本缺一不可，因此她既不是一个人，也不是一个文本，而是一组正在发生的意义。他的结论是，文本本身指向的不是对象，而是大众文化的行为人、例证和资源。[④]他进而推论，由于大众文化中具体文本是意义贫乏的，因此不只与其互文性阅读实践相关，还与它的短暂性和重复性有关。他认为，“文化商品的频繁再生产，不仅仅是文化工业的需求，也是大众文化的力量使然。具体文本的贫乏性和对意义不断流通的强调，意味着大众文化的标志在于其重复与连续。这些特征使得大众文化能够轻易

---

①John Fiske, Understanding Popular Culture, Boston: Unwin Hyman, 1989, p. 119.

②John Fiske, Understanding Popular Culture, Boston: Unwin Hyman, 1989, p. 120.

③John Fiske, Understanding Popular Culture, Boston: Unwin Hyman, 1989, p. 124.

④John Fiske, Understanding Popular Culture, Boston: Unwin Hyman, 1989, p. 124.

地适应日常生活的轨道”[①]。

因此，日常生活与大众文化在费斯克看来原本就没有明确的疆界，大众文本之间也没有明确的疆界，它们之间相互交汇，注入日常生活之中。

> 文本之间的差异和文本与生活之间的区隔一样，是无效的。大众文化只能在互文关系中加以研究，因为它只存在于这种互文式的流通过程中。初级与次级文本间的相互关系跨越了它们之间的一切界限；同样，第三级文本与其他文本间的相互关系跨越了文本与生活之间的界限。正如布迪厄（1984）指出的，大众文化与高雅文化之间的一个主要的区别在于，大众文化坚拒美学和日常生活之间的任何距离。[②]

这样，大众文化与日常生活之间的距离就消失了。如果我们说费斯克的大众文化理论就是日常生活理论，从这一点来看，也是成立的。以往的研究大都从媒介或其他宰制性力量出发，研究它们是如何对日常生活进行规定和重组的，我们从上面的分析可以看出，费斯克是反其道而行之的，他用“日常生活”规定大众文化，即凡是与日常生活无甚关联的产品都被排除在大众文化之外，而这些进入日常生活的商品就成了被用来打游击、抵抗宰制者的工作和方式。

三、商品消费作为一种生活方式：日常生活中的“权且利用”与“游击战”

费斯克对德·赛都高度评价，并把他的某些观点应用到大众文化的消费和日常生活的抵抗策略上：

> 德·赛都（1984）是研究日常生活的文化与实践最精深的理论家之一，而贯穿其《日常生活的实践》一书的，是一连串有关冲突的隐喻，特别突出者，有战略（strategy）与战术（tactics）、游击战（guerrilla warfare）、偷袭（poaching）、诡计（guileful ruses）与花招（tricks）。潜藏于这些隐喻之下的假设是，强势者是笨重的、缺乏想象力的、过度组织化的，而弱势者则是创造性的、敏捷的、灵活的。所以，弱势者采用游击战术对抗强势者的战略，偷袭强势者的文

①John Fiske, Understanding Popular Culture, Boston: Unwin Hyman, 1989, p. 126.

②John Fiske, Understanding Popular Culture, Boston: Unwin Hyman, 1989, p. 126.

本或结构，并不断对该体制玩弄花招。①

费斯克认为，弱势者在强势者所构建的空间场所内部开创自己的空间，暂时将其据为己用。因此这些场所乃是战略运用之处，游击队员进入空间，将其转化为自己的空间（正如前所述，日常生活的空间是被实践的场所）。费斯克同时援引杰姆逊对“晚期资本主义社会”的相关论述，把“战术”的运用引向消费行为。在消费社会，每个人都是消费者，这既包括对物质产品的消费，也包括对文化—符号产品的消费。只有在商品被消费的那个时刻，它才会成为大众文化的一部分，也就是说：

> 被分配的东西并不是最终被完成的商品，而是日常生活的资源，也是大众文化借以形成自身的原材料。每一种消费行为，也都是一种文化生产的行为，因为消费的过程总是意义生产的过程。商品售出之际，它在分配经济中的作用已经完成，但它在文化经济中的作用却刚刚开始。当商品为老板们效力完毕后，它从资本主义的战略中撤身出来，开始成为日常生活文化的资源。②

这又是如何实现的呢？针对不同的消费内容，抵抗的形式也不一样，甚至也可能发生对宰制权力的“规避”（evasion）。费斯克说：

> 分析的对象以及日常生活理论的基础不是产品本身、产品分配的体制，也不是消费信息，而是这些产品被付诸使用的具体特定的方式、种种个别性的消费—生产（consumption-production）行为及从商品使用中所产生的创造性。它是对“发言”（enunciation）而非对体制语言的研究。所谓“发言”，是指当说话者切实理解了在语言系统中适合于他或她的那一部分潜能时，对语言系统的挪用（appropriation）。它将语言系统插入各种社会关系中某一特定的时刻，它只存在于当下，并创造了和言语行为共短长的谈话空间。对语言系统以及该系统“说话”的方式（它的土语）进行描述，并不能解释这套系统用法的详情；而对“发言”的研究，则是在探究每一种使用方式的特性，因为正是这些特性，使系统本身与使用者之间的差距得以物质化。③

“挪用”无疑是一种“战术”，它主要是指消费者改变符号在被生产时所赋予的

①John Fiske, Understanding Popular Culture, Boston: Unwin Hyman, 1989, p. 32.
②John Fiske, Understanding Popular Culture, Boston: Unwin Hyman, 1989, p. 35.
③John Fiske, Understanding Popular Culture, Boston: Unwin Hyman, 1989, p. 37.

意义并为"我"所用，从而在新的语境下产生新的意义——这是与亚文化"拼贴"概念相差无几的概念。他说：

> 对商品进行积极的符号学使用，模糊了使用价值与交换价值之间的区别，也模糊了以物质为基础的价值和由社会生产出的价值的区别，因为所有价值都是任意的（arbitrary）。商品的价值能够被对它们的使用所改变，就像对语言的使用一样，因为语言在普遍的现实中没有固定的参照点，商品在它们的物质性中也没有最终的价值。一种体系的使用者的实践不仅能利用其潜能，也能改变体系本身。在消费实践中，商品体系暴露在消费者的权力之下，因为该体系的权力不是向下而下或由中心到外部的，而总是双向的，始终处于各种权力与抵抗的冲突之中。①

因此，符号性的抵抗缘于从属者对他们的生活加以控制的欲望，并且其形式是多种多样的。"所以，符号的抵抗不仅仅是对宰制意义的拒绝，它还有助于属者构建有利于自己的反抗性意义，对权力的再分配而言，它像规避②一样是至关重要的基础。"③

但是，对费斯克而言，在不同条件下，消费者所采取的抵抗形式还是不同的。比如在商场里，年轻人对其"场所"的挪用使其变成抵抗的"空间"以展示其对抗性文化，其特征在于干扰既存的体制，以激怒"敌人"，比如在里面假装喝酒或顺手牵羊，于是"场所"就变成了数不胜数的空间（费斯克用德·赛都的术语"假发"对此现象进行隐喻，意指各种欺骗行为）。同样，租户可以通过改变房间的空间结构而达到"反抗"的目的，使用牛仔裤的人则可以改变其外形，以表达其他的意义——这些"抵抗"都是对符号的挪用，在新语境中表达不同于结构在商品或场所中的意义，尤其是表达有关阶级身份的含义。而在对电视节目的解码中，则将节目中的各种意义放到自己的生活体验中，从而进行抵抗性的解码。④

对于这些抵抗的性质，费斯克认为"消费是对资本主义体制的战术袭击"⑤。但是，为什么非要以这种方式对资本主义体制进行袭击呢？费斯克认为，在早期资本

---

①John Fiske, Reading the Popular Culture, London & New York: Routledge, 1989, p. 31.

②对费斯克而言，"规避"指逃避符号结构性意义的掌控。它既是抵抗的一种形式，也是抵抗的一个阶段，因此，本文在使用时以"抵抗"统括二者。

③John Fiske, Reading the Popular Culture, London & New York: Routledge, 1989, p. 10.

④参见费斯克《电视文化》中的例子，学生对电视剧《囚犯》的解码就与"学校"的具体情况结合起来，从而使学校的意义和监狱的意义相互结合起来。（约翰·菲斯克《电视文化》，祁阿红等译，商务印书馆2005年版。英文初版于1987年。）

⑤John Fiske, Understanding Popular Culture, Boston: Unwin Hyman, 1989, p. 35.

主义社会，其权力结构比较明显，权力的运行也是赤裸的。但是，到了晚期资本主义社会情况就不一样了。费斯克说：

向公司资本主义（corporate capitalism）的转变就是向不可见性的转变；体制变得更抽象、更远离日常生活的具体经验，因此也更难以理解。晚期资本主义进一步转向超越民族国家的跨国状态，在此过程中，资本主义体制已变得如此遥远和疏离、如此不可理喻，以至于其控制并安排日常生活细节的权力，已经富于悖论色彩地消弭殆尽。①

正因为如此，“反抗”资本主义体制仿佛已经是很遥远的事情了。费斯克是否在说，资本主义已经成为“固定的（fixed）日常生活”②的潜在结构？对它的抵抗是否只能存在于某些瞬间？这里，费斯克就走向了一个悖论，即如果人们所反抗的不是资本主义，又是什么？抵抗的意义又会是什么？费斯克矛盾性地把这种“战术”所取得的、不能保存下来的成果当成是促进社会变革的力量，矛盾的是，既然无法保存战斗的果实，那又如何能够积攒出足够的力量以反抗整个资本主义的体制？既然它只能存在于特定瞬间，一旦成为过去，又如何能保持其反抗的意义呢？费斯克由此提出，“身体”而不是其他才是最后的抵抗堡垒。费斯克说：

大众文本必须给大众提供意义与大众快感。大众意义是从文本与日常生活之间的相关性中建构出来的，而大众快感则来自人们创造意义的生产过程，来自生产这些意义的力量。如果只接受现成的意义，无论这些意义多么关键，也没有什么快感可言。快感来自利用资源创造意义的力量和过程，也来自一种感觉：这些意义是我们的，对抗着他们的。大众快感必定是被压迫者的快感，这种快感必定包含对抗、逃避、中伤、冒犯性、粗俗、抵抗等因素。因服从意识形态而产生的快感是沉默和霸权式的，它不是大众的快感，而是与大众的快感相对立的。③

这是紧跟着“战术”抵抗而来的逻辑。

与德·赛都的理论相对应，巴赫金的“狂欢”理论和巴特的快感理论正作为抵抗的一种补充被引入到费斯克的大众文化理论之中，以证明日常生活中所存在的颠

①John Fiske, Understanding Popular Culture, Boston: Unwin Hyman, 1989, p. 43.

②这是笔者自撰的术语，与费斯克的瞬间性、反抗性的“日常生活”概念相对。

③John Fiske, Understanding Popular Culture, Boston: Unwin Hyman, 1989, pp. 126-127.

覆性。这种颠覆性也被费斯克寄予厚望，把它当作政治斗争的力量。如果资本主义的制度性压迫现在已经隐而不彰了，那针对资本主义而发起的政治运动的作用也就不像以往那么重要了，相反，基于日常生活的微观政治就成为重要的斗争领域。费斯克说：

> 大众文化的政治是日常生活的政治，这意味着大众文化在微观政治的层面，而非宏观政治的层面上运作，而且它是循序渐进式，而非激进式的。它关注的是发生在家庭、切身的工作环境、教室等结构当中的事情，日复一日与不平等权力关系所进行的协商。大众文化的循序渐进性，联系着在这些结构内部，朝向无权力者的权力的重新分配；它试图扩展自下而上的力量得以运作的空间。它不像激进主义那样，企图改变在主要的场所分配着权力的那一体制，因为那是宏观政治层面的政治……大众文化的政治是微观政治，因为它在微观政治的层面，在日常生活的战术中，有更大的作用。①

日常生活的意义因而在费斯克这里也就显得至关重要。他借鉴巴特的“狂喜”(jouissance) 概念说明这一问题，认为这种以性高潮为隐喻的快感意味着自我的丧失，因而也是对意识形态的躲避。巴特区分“快乐与狂喜”，认为狂喜生产的是躲避社会秩序的快感，快乐生产的是与社会秩序达成叛逆的快感。因而，快乐是一种日常的快感，而狂喜则更联系着特殊的、狂欢的时刻。因为大众在社会中的位置与立场是错综复杂的，其与支配性的意识形态的关系既可以是顺从式的，也可以是对抗式的，所以，即将被体验的快乐的形式，其差别的程度可以从反动式的一直到颠覆式的。费斯克说：“我比巴特更想强调的是，快乐之所以是有快感可言的，只是因为它是由体验到快乐的大众生产出来的，它不是从外部传送给人民的。”大众的快感在其“社会效忠从属关系”中被体现出来，是一种自下而上的快感，与霸权快感相抗衡，因此是对权力的抵抗，后者是顺从式的快感。同样，大众快感具有游击战的特性，它只产生于具体的实践、特定的时刻，因而没有什么固定的形式。费斯克称之为“生产的快感”，并认为“大众的快感以两种主要的方式运作：躲避（或冒犯）与生产（productivity）……尽管躲避与生产大概是大众快感的两大要素，但它们绝非全部，因为对个人与那些时刻而言，大众快感的独特性是超出描述与分析的。”②

虽然依据福柯的研究对身体的规训是古而有之的统治策略，费斯克认为，在19世纪，当阶级斗争逐渐被人知悉时，中产阶级开始畏惧工人阶级的身体及其大众

①John Fiske, Understanding Popular Culture, Boston: Unwin Hyman, 1989, p. 56.
②John Fiske, Understanding Popular Culture, Boston: Unwin Hyman, 1989, p. 50.

的、身体的快感，因此对身体的约束就成了政治要求。他的推论是，既然个人的身体是身体政治的化身，因此阶级的恐惧产生出对身体的恐惧，对身体进行体制和文化的控制因而也是不可避免的。规训的策略有两种，即压抑性的立法措施和“私自挪用”，后者的功能在于对形形色色“粗俗的”、无法控制的休闲追求进行驯化，使其理符合社会规范。这些社会规范对日常生活的方方面面都具有组织作用，“而且控制着我们所理解的意义；这些规则不但决定着行为与判断，而且掌握着我们理解世界时所凭借的那些社会范畴”①。

在此情况之下，“抵抗”最终的落脚点就是“身体”了，因为身体虽然是社会范畴和规则的作用对象，由于它具有不可还原性（身体的感觉不是符号性的）、游牧性（身体是流动的、难以被固定的），因而难于控制。身体快感是对社会控制的拒绝，因而也不会产生什么直接的政治效果，只能算是一种逃避，那它又有什么意义呢？费斯克说：“维护大众有享受大众快感的权利，这也许不会改变压服着大众的那套体制，但它的确保存了若干生活的领域以及体验的意义，而这些领域与意义，对抗着现在的规范与惩戒。它们是对抗式的快感，而且由于它们保留了人民在反抗权力集团的帝国主义时所开创的文化地域，所以，它们是抵抗式的。”②

费斯克承认，这种逃避可以被“体验成”获得权力的过程，但这却根本无法改变权力被赋予的方式，因此，除了“躲避的快感”之外，还有一种“生产的快感”，这是生产诸种意义时所带来的快感，它们围绕的是社会认同与社会关系，并通过对霸权力量进行符号学意义上的抵抗，而在社会的意义上运作的。费斯克一再强调抵抗的时刻来自意义生产的时刻、物品被使用的时刻，是自下而上的。由于它只是在日常生活的层面上才得以发生的，因而这种快感是微观的，而由于快感所生产出的各种意义在社会层理中相互关联，因而也是功能性的——而这就必须再回到“相关性”的问题上。日常生活是“相关性”所发生的场所，各种力量——宰制的力量（霸权式的，规训式的）与抵抗的力量都会在日常生活中被体验、被体现、被表征出来，对这些意义的了解反过来又可以影响个体在日常生活中内在与外在的行为，比如从一个文本中创造的意义会使我们觉得它们是我的意义并与我们的日常生活发生关系。

费斯克认为，狂欢节最能体现这种抵抗的作用。他说：“狂欢节仍旧可以为人们的快感理想提供一种深层模式（这种理想既是乌托邦式的，又是反霸权的）。狂欢节是解神话式的，因为它暴露了社会秩序的随意性与脆弱性。”③

①John Fiske, Understanding Popular Culture, Boston: Unwin Hyman, 1989, p. 85.

②John Fiske, Understanding Popular Culture, Boston: Unwin Hyman, 1989, p. 53.

③John Fiske, Understanding Popular Culture, Boston: Unwin Hyman, 1989, p. 101.

但是，费斯克在理论使用时这种“拿来主义”也无疑有着其随意性。他并无意对所涉及的诸多理论家的思想进行系统解读，而是将可资利用的观点和术语拿来然后加以改造据为已用。这可能会在某种程度上削弱他理论的深度——但对他而言，这也许不是一个重要的问题。费斯克并不是思想史家，因此也有推脱责任的理由，至于他是否曲解了某些思想，他也完全可以避而不谈或轻描淡写，因为他深信对文本的解读可以摆脱文本结构的宰制力量，虽然他也承认被支配者在权力方面同宰制力量相比仍然处于弱势。在这一方面，费斯克应该算得上霍尔在理论使用上最忠诚的传人之一，这种“拿来主义”和兼容并包与霍尔的态度并无二致。

四、对费斯克抵抗理论的几点批评

费斯克认为大众文化研究中存在着两种走向，其中之一是虽然为大众文化叫好，却不将它放在权力模式中考察，这是精英式的人文主义的民主观，它只不过将某一民族国家的文化生活重新放在大众当中，而不是放在高雅趣味之中。另一走向将大众文化放在权力模式之中，但却过于强调支配力量，其结果是真正的大众文化是不可能存在的，取而代之的是群众文化（mass culture），它被文化工业强加到那些无权者及被动者身上，而文化工业的利益直接对立于这些群众的利益。群众文化生产出一群静态的、消极的人群，产生出原子化的个人的聚结，这些个人从其社会结构中被分解出来，脱离于而且觉察不到自身的阶级意识，亦不知其不同的社会文化效忠从属关系，因而全然无力且无助。而他本人所鼓吹的是第三种走向，亦既取自于英国文化研究的取向，虽然它同样视大众文化为斗争的场所，但在承认宰制力量的同时，又更注重大众的战术，大众凭借此种战术对付、规避或抵抗这些宰制性力量。

> 它并非只关注收编的过程，而是相反，要探究大众的活力与创造力，这使宰制者一直感觉到收编是一种持久的必要。这一走向并不死盯住主流意识形态那无所不在、阴险狡诈的实践方式，而是企图了解日常的抵抗与规避是怎样使主流的意识形态的运作如此费力，而不得不一而再、再而三地维系自身及其价值观念。这一研究取向将大众文化视为潜在的，而且实际上通常是进步的（虽然不是激进的）力量，而且这一取向基本上是乐观的，因为它在人民大众的生机与活力中，见到了社会变革的可能性以及驱策这一变革的动机等的迹象。①

①John Fiske, Understanding Popular Culture, Boston: Unwin Hyman, 1989, pp. 20–21.

这与文化研究自葛兰西转向以来的基本立场是一致的，费斯克的核心论点是，大众文化必定与日常生活之间具有相关性，这是大众文化的根本特性。他说：

> 因此，大众辨识力不仅仅是从既存的文化资源的库存中去选取与扬弃的过程，它更是对选择出的意义加以创造性使用的过程。在持续的文化再生产过程中，文本和日常生活被富有意义地连接起来。大众辨识力所关注的并非质量的批判，而是相关性的感知。它所关注的与其说是文本，不如说是文本可以被如何加以使用的方式。因此，它并不尊崇文本。文本和日常生活之间所具有的相关性使大众参与文本的文本性；读者是文化生产者，而非文化消费者。①

这种从“消费者”向“生产者”的身份转换是以文本与日常生活的相关性为基础的。他的最终判断是，大众文化是“进步的”而不是“革命的”，“任何对抗或无视支配结构的那些激进的艺术形式，都绝不会是大众式的，因为它们无法提供大众日常生活的切入点，而日常生活是反对殖民化力量之策略的一系列战术行动。大众文化不能生产它自身的存在条件，而必须权且利用它现有的条件，通常去用这些条件来对抗生产这些条件的体制。激进的艺术则试图创造自身存在的条件，以便从现状中解脱出来”②。

费斯克对大众文化这种性质的认定无疑有其积极意义，他判断说：“步入20世纪90年代，在日常生活的抵抗战术与战略层面上的行动之间，构造种种创造性的关联，这是左派最重要也是最被忽视的任务之一。”③这种以西方最发达的资本主义国家为基础所进行的判断是否准确一定会引起极大争议，但是将希望完全建立在日常生活的抵抗上，实际上也是一种消解。原因就在于，费斯克把日常生活中的“抵抗”逻辑推到了极端，以至于好像我们一切日常活动——如购物、消费、衣食住行等都是对支配意识形态的某种回应和抵抗。其实，这就消解了原来亚文化研究、性别研究和媒介研究中对特殊群体利用文化资源在日常生活中进行反抗的意义。这些理论家们曾一度把推动社会变革的力量寄托在他们这种微观抵抗上，并研究了支配性力量对其进行收编、同化、瓦解等所运用的各种策略和手段及与日常生活的相互影响。这种抵抗如果不是发生在特殊群体之中，而是发生在所有“被宰制”者的日常生活之中，就会面临几个理论上的困难，而费斯克本人虽然使用了许多理论术

①John Fiske, Understanding Popular Culture, Boston: Unwin Hyman, 1989, p. 151.
②John Fiske, Understanding Popular Culture, Boston: Unwin Hyman, 1989, p. 161.
③John Fiske, Understanding Popular Culture, Boston: Unwin Hyman, 1989, p. 162.

语，也并没有真正解决这些问题。第一个问题是，到底谁属于“被宰制”者？按照他对于“效忠从属”团体的定义，似乎每个人都是被统治者、被宰制者。例如，企业的大老板在经济上处于支配地位，但是在文化品位上他可能与某些工人阶级从属于同一群体，都喜欢某种文化产品，比如电视节目、音乐、体育等，在这种流动的大众身份中，是不是“一切人抵抗一切人”呢？如果是这样，抵抗的力量也就被消解了。如果仅仅站在大众文化的角度看，好像抵抗的对象是媒介生产机制，但这种生产机制也是一个空虚的能指，按照费斯克的观点，如果商品无法与日常生活发生关联，那它就根本不可能成为大众文化，对生产该种商品的机制的抵抗又从何而来呢？这个矛盾费斯克也从来没有试图解决过。他似乎陷入了这样的悖论：一方面他强调大众是变动不居的群体，今天你属于大众，明天你就可能不再属于它；另一方面，他还是偷偷将原来的阶级概念从后门放了进来（前文引用过他的话，即“工人阶级与大众是相互重叠的概念，但并非是被包含在同一边界之内的”），不然的话，“大众”就真的既可指“所有人”，也可能是一个完全空虚的概念。如果是前者，它的存在就没有了意义；如果是后者，一个空虚的能指如何能与日常生活、大众文化关联起来呢？费斯克的原意是对原来以阶级为主体的身份建构的反拨，强调的是一种文化的、多元的身份构建过程。然而吊诡的是，阶级身份仍然在这个“大众”的概念里阴魂不散。否则，“商品”就成了替代“经济”的最终决定物，从“经济决定论”走到“商品决定论”。在复杂的权力关系中（比如阶级的、性别的和年龄的），同一个人就可能因为条件的变化而效忠于不同的群体，在一个群体中的“宰制者”可能会成为另一个群体的“被宰制者”。如此一来，反抗就失去了一致的、集中的反抗对象。但最终，“阶级身份”的阴影仍然在定义大众中发挥了作用：比如他否认精英文化、先锋文化的大众性，强调教育的再生产功能，这一切不都指向原来《学习劳动》及其他文化研究成果中所指向的那个在场的“工人阶级”吗？比如，在亚文化研究中，对以阶级为基础的支配文化的反抗和以年龄为基础的父文化的反抗及以种族为基础的对白人统治文化的反抗是其明确的对象，而在费斯克的日常生活理论中，几乎所有与日常生活相关的商品都有被抵抗的可能。因此，费斯克既发展出了更为复杂和广泛的抵抗形式，同时又把它消解了：因为我们随时都在抵抗，所以我们不必再为它而费力劳神，比如他说：

在一个复杂且高度精密的社会结构中，与日常生活的问题相协商的必要性，已经造就了“游牧式的主体性”（nomadic subjectivities），他们能够在这一社会机构的网络间穿梭往来，根据当下的需要，重新调整自己的社会效忠从属关系，进入不同的大众理层（formations）。所有这些重组过程，都是在种种权力关系的结构中进行的，而且所有的社会效忠从属关系，不仅仅有“同意谁”的意义，还有“反对谁”的意义：的确，我认为，对抗性与差异感，要比类似性与阶级认同（身份）更有决定性，因为正是种种共享的对抗（shared antagonisms）造成了流动性，而流动性乃是复杂社会中大众的特征。[①]

其次，推动社会变革的力量也被寄厚望于大众文化的消费与日常生活这种游击战式的抵抗，它就不需要再唤醒个体的阶级意识甚至身份、性别等意识，因为在对商品进行使用时所分化出的“效忠从属关系”僭越了这些范畴并使其成为流动性的、不稳定的范畴。费斯克虽然非常乐观，声称“这一研究取向将大众文化视为潜在的，而且实际上通常是进步的（虽然不是激进的）力量，而且这一取向基本上是乐观的，因为它在人民大众的生机与活力中，见出了社会变革的可能性以及驱策这一变革的动机等的迹象”[②]。但这种论调遭到了无数的批评和指责，被当作不加批判的民众主义。这些批判的声音当然有其道理，因为如果把政治变革的希望完全寄托在日常生活中这种无意识的、自发的抵抗上，用这种所谓的“游击战”来瓦解资本主义的宏伟大厦，到底能产生什么积极的政治后果呢？费斯克兴致勃勃的分析最终也没能为左派斗争指明方向，在某种程度上他也确实偏离了文化研究的批判传统。当然，费斯克也会为自己辩护，因为他自始至终也从没有否认过“生产”视解的重要性，也没有否认过这种抵抗的力量微弱。他可以为自己辩解说自己只不过是把研究的重点从生产移到消费这一端而已，自己没有否认过宏大革命运动的重要性。文化研究的另一代表性人物大卫·莫利就说过：

很有可能会有人说，最近某些关于受众的著作夸大了媒介消费者行使自由的权力，并错误地对其进行了浪漫化，从而认为所有受众在所有地方都会有针对媒介的、不间断的“符号游击战”，不停地对媒介产品进行“对抗性解读”。然而，依我之见，这种头脑简单的媒介权力模式没有抓住费斯克完全正确的论点：任何意识形态在向大众传播之时都会为其霸权范围付出代价——在其流传过程中，它不可避免地“被改造”成为其传播者意图之外的东西。……完全拒绝费斯克和积极受论者的著作所带给我们的洞见，也会使我们彻底退回到“虚假意识”的政治立场，把大众媒介当作统治者愚弄无知大众的小恩小惠，当作“面包与马戏”。[③]

①John Fiske, Understanding Popular Culture, Boston: Unwin Hyman, 1989, p. 25.
②John Fiske, Understanding Popular Culture, Boston: Unwin Hyman, 1989, p. 21.
③大卫·莫利：《媒介理论、文化消费与技术变化》，张道建译，载《文艺研究》2011年第4期。

莫利为费斯克辩护当然没有任何问题，费斯克也确实是这样说的。在关于推动社会进步的力量方面，莫利与费斯克站在同一立场上，他说：

文化研究受众理论的批评者提出更深层的问题：如果人们不走出家门去“干点什么”，他们对媒介材料进行相反的或颠覆性的解码又有什么作用。然而，应该把相反的问题抛回给这些质疑者，即如果社会变革的力量不是来自文化领域中这些微观的“前政治”态度的改变——在媒介消费中，创造性或颠覆性时刻会起到关键作用——推动社会变革的力量又来自何方？[①]

如果英美国家的现实迫使费斯克和莫利作出这样判断的话，这说明在这些发达资本主义国家宏大革命运动确实已无必要，引起争议也是意料之中的事情。但是，联系到近年来在欧洲一些发达国家如法国和第三世界国家所发生的革命性活动，这种判断显然太过于强调微观政治的作用。没有大规模的群众性运动，就很难从根本上改变日常生活的存在状态，因此，在强调微观革命力量的同时，费斯克等人也未免太过自信。[②]他认为，大众文化并非被征服的文化。被白种人父权制资本主义所控制的大众，并未被束缚得无能为力。他们虽然在经济与社会层面有所损失，却并没有被剥夺掉他们的差异性，或者他们对抗与规避那控制他们的力量的能力；恰恰相反，它倒刺激他们不断设想出日常抵抗的相应战术，而从不允许权力集团放松，或感到已经获胜。[③]

按照费斯克对大众文化的定义，在消费中我们所抵抗的无非是大众文化的生产者，但由于已经将“大众文化”的范围从文本扩展到各式各样的日常活动，所以就如福柯所说，权力无处不在，因此反抗也无处不在——既然这样，反抗的意义何在？那就要看反抗者所效忠的群体与所利用的可资反抗的资源何在。在牛仔裤上剪洞是反抗生产者及资本主义的生产体制，在商业空间的喧哗、顺手牵羊是反抗资本主义的商业体制，在工厂中怠工是反抗资本主义的生产体制：权力的无孔不入必定会对日常生活造成巨大影响，而只要有权力的地方就会有抵抗。虽然费斯克下了如

---

①大卫·莫利：《媒介理论、文化消费与技术变化》，张道建译，载《文艺研究》2011年第4期。

②2011年发生在埃及等国家的革命事件很清楚地表明这一点。群体性的、宏大的、革命的运动所发挥的作用仍然是重要的推动社会变革的力量，而这种政治上的革命虽然不能一劳永逸地改变日常生活，却具有极大的重组力量。近年来，在英美和一些欧洲发达国家也发生过大规模的罢工、抗议和游行示威等活动。虽然笔者也同意，宏大革命并不能一刀切地解决日常生活的问题，但社会变革对日常生活的重组作用力量显然比在日常生活消费中的力量更大。西方的理论不仅不能被无条件地输入到其他地区，研究者也要注意其理论立场仅仅是众多对社会进行解释的一种，而不能全盘接受或否认。

③John Fiske, Understanding Popular Culture, Boston: Unwin Hyman, 1989, p. 169.

此结论："宏观层面上与微观层面上的大众文化政治可能正好相悖。如果上述属实，那么，近来对日常生活政治与文化的研究，正好说明了，任何宏观层面的反动效果都无法阻遏该政治在微观层面上的颠覆潜能。"①那么，我们能否反过来推论，任何微观上的推论都能产生宏观层面上的效果吗？显然这个逻辑是行不通的。总之，费斯克的日常生活抵抗理论有其走到极端而被消解的可能性。

文化研究学者格雷厄姆·特纳（Graeme Turner）则将德·赛都的理论与赫布迪奇在《亚文化》中的方法进行了比较，认为"二者都把'拼接'过程移交给文化形式和实践，其目的是生产出抵抗、反对和颠覆的时刻"②。实际上，特纳所讨论的是被文化研究学者们阐释以后的德·赛都。

①John Fiske, Understanding Popular Culture, Boston: Unwin Hyman, 1989, p. 192.

②Graeme Turner, British Culture Studies: An Introduction, London & New York: Routledge, 3rd edition, 2003, p. 183.

第十九章　图像美学

概　论

自15世纪古登堡发明现代印刷术以来，科学技术不断地从时间和空间维度推动着信息传播领域的发展。当人类社会进入20世纪，电影、收音机、电视、网络等大众媒介的出现和发展引发了新的信息传播变革，推动了大众再生产和新型消费文化的泛滥，并对当代社会文化造成深刻的影响，构建了新的日常生活形态和以影像为中心的审美文化特征。而在21世纪，“我们已经进入一个受仿真技术和大众传媒支配的‘色彩’和‘线条’盛行的时代。我们会发现，21世纪的问题是影像的问题”①。

无可否认，图像和语言是人类认识世界和沟通交流最主要的方式，因为在人类所有的感官经验中，视觉是最为简单和直接的经验。因此，在成熟的语言体系产生之前，图像是体现和记录人类观看体验，以及进行最基本的交流和沟通的方式，古老的岩石壁画就证明了这点。即便在成熟的语言和文字体系形成之后的很长一段时间里，视觉体验也一直享有很高的地位。欧洲自古希腊以来所涌现出的大量杰出的绘画、建筑、雕塑作品体现着对视觉体验的重视。在那里，视觉被看作是最高贵的感觉，如笛卡尔所称，视觉是“最普遍最敏捷的器官”②。与此同时，图像被看作是最能直接而生动地表达视觉经验的途径。

到了希腊时期，西方哲学观念中逻各斯中心主义的盛行把语言标举为最重要的理性范畴。在这样的哲学观念中，自我被当作理性主体的存在，如亚里士多德有关人是“逻各斯的动物”的观念以及笛卡尔“我思故我在”的哲学理念等。在将语词

①Nicholas Mirzoeff, An Introduction to Visual Culture, London: Routledge, 1999, p. 1.

②阿莱斯·艾尔雅维茨：《图像时代》，胡菊兰等译，吉林人民出版社2003年版，第17页。

看作是人类智性活动的最高形式的同时，视觉表象同时也被看作是观念阐释的次等形式。因为依据逻各斯主义，语言更接近理性，而形象更趋近于直觉和感性，如同柏拉图的“洞穴之喻”所指，依据影像理解现实是非理性的，是不可靠的直觉和经验。在从古典文化向现代文化过渡的过程中，深受欧洲文艺复兴和启蒙运动的影响，语言的核心地位得到了进一步的保证和强化，如理查德·罗蒂在对哲学史的论述中指出的那样：

> 古代与中世纪的哲学图景与“物”（things）相关，17至19世纪的哲学与“思想”（ideas）相关，而将启蒙的当代哲学与“词语”（words）联系在一起似乎更为合理。[①]

理查德·罗蒂指出，在哲学史上，每一个新问题的出现都伴随着一个旧问题的消退，他称之为转向，并认为哲学史的最后一个转向是“语言学转向”。米歇尔（W. J.T.Mitchell）借用理查德·罗蒂的转向概念提出，继“语言学转向”之后，伴随着大众文化的兴起和发展，在哲学、公共文化以及其他的人类学科领域正在发生着“图像转向”，图像已经取代语言成为当代文化的主要表现方式。当然，按照理查德·罗蒂的解释，转向绝非是语言和图像之间以此代彼的结果，而是哪一方为主导的问题。米歇尔也指出，“图像转向”只是意味着对语言中心地位的反动。

事实上，纵观人类和文化的发展史，词语和图像始终在为争取表达的支配地位进行争斗：

> 词语和图像的争辩似乎在符号之网中永远存在。符号的编织构成文化，经纬编织技法的不同恰恰形成了不同的文化。文化的历史就是图像符号和语言符号之间争取支配地位的漫长斗争的历程。[②]

维特根斯坦也有类似的论述，“图像（picture）俘获了我们。我们无法摆脱它，因为它就存在于我们的语言中，而语言似乎在无休止地向我们重复着它”[③]。不同于古代的图像，现代电子媒介时代的图像借助了不断更新、日益复杂的复制技术手段，使得图像无休止地泛滥，从而成为现代文化的“主因”，并推动了视觉文化的形成以及日常生活审美化的出现。正如詹明信（杰姆逊）所说，“晚期资本主义是个超

①W. J. T. Mitchell, Picture Theory, Chicago: The University of Chicago Press, 1994, p. 11.

②W. J. T. Mitchell, Iconology: Image, Text, Ideology, Chicago : The University of Chicago Press, 1986, p. 43.

③Ludwig Wittgenstein, Philosophical Investigations, 转引自 W. J. T. Mitchell, Picture Theory, Chicago: The University of Chicago Press, 1994, p. 12.

越文字的世界，人的生活到了这个阶段已经迈进到阅读和书写以后的全新境界了”[①]。

的确，从19世纪上半叶照相技术发明起，机械复制技术借助电影、电视、网络等媒介使得图像的广泛传播变得越来越容易，并使得传统的艺术价值和审美趣味发生了巨大变化，既沾染了浓重的商业气息，也为人们带来了新的视觉审美体验。米歇尔曾预言，在20世纪后半叶，我们将会遇到这样的悖论：“一方面，当前显然已经进入视频、控制论技术与电子复制的时代，这个时代以前所未有的力量发展出了图像仿真和幻象之术的新形式。另一方面，人们又对图像心怀恐惧，对‘图像的力量’有可能最终毁灭创造者和制作者而深感忧虑。”[②]

从20世纪初开始，霍克海默、阿多诺等众多批评家就展开了针对以“文化产业”为特征的大众文化的猛烈批判。在他们看来，媒介文化的盛行及其艺术与商业合谋的本质完全破坏了传统文学艺术对精神的救赎价值。他们认为，正是广播、电视、电影所播放的各类视听节目，使得大众盲目地接受相同的信息，从而失去自我判断和分析的能力。1936年，本雅明发表了《机械复制时代的艺术作品》，分析机械复制（尤其是图像复制）对传统艺术的冲击，认为艺术作品“灵韵”（aura）的消失使得艺术越来越走向市俗化。同时，也有理论家为媒介技术的不断进步欢呼，以麦克卢汉为代表的技术乐观主义者欢呼“全球村”的到来，认为媒介技术对传统时间和空间概念的改写使得人体的感官得到了“延伸”，进一步获得了感官的自由。在麦克卢汉看来，电子媒介通过视听技术整合了人的感知，个体对世界的认知更加完整。麦克卢汉同时提出了“媒介即讯息”“热媒介、冷媒介”等媒介文化研究领域中的开创性概念，他与深受其理论影响的波德里亚共同被看作是“有关技术和信息高速公路的虚拟现实理论的开创者……前者对电子全球化的发展提出了基本构想，后者则对新的信息系统的仿真能力给出了细致的描绘”[③]。显然，20世纪中后期，伴随网络技术的迅速发展，图像与广告等消费文化的结合更为紧密，批评家将批判的矛头更为直接地指向视觉（图像），如艾尔雅维茨指出，“正是60年代具有统治地位的视觉本质的‘文化产业’，引起了从哲学的角度对这一正在出现的现象的批评”[④]。

在有关媒介与影像的诸多后现代美学思想中，德波和波德里亚有关景观以及拟像的论述被公认为是较为深刻和富有影响力的。受马克思主义、法兰克福学派以及符号学相关理论的影响，二者分别针对当代高度媒介化和信息化的资本主义社会进

---

①Galy Genosko, McLuhan and Baudrillard: The Masters of Implosion, New York: Routledge, 1999, p. 29.
②詹明信(杰姆逊)：《晚期资本主义的文化逻辑》，陈清侨等译，生活·读书·新知三联书店1997年版，第453页。
③W. J. T. Mitchell, Picture Theory, Chicago: The University of Chicago Press, 1994, p. 12.
④阿莱斯·艾尔雅维茨：《图像时代》，胡菊兰等译，吉林人民出版社2003年版，第27页。

行了有力的批判。20世纪中期，德波开创性地以“景观”概念描述了资本主义社会新阶段的现实表现，认为景观构成了当代资本主义社会新型的生产关系和社会现实。20世纪中期，正值大众文化在大众媒介推动下迅速发展的时代，德波的思想开启了知识界对媒介和影像文化的热烈讨论，启发了波德里亚有关媒介影像和消费社会等批评思想的形成。波德里亚早期曾与德波所创立的国际境遇组织保持密切的关系，在他写作初期，曾一直以境遇主义者自居，并公开他的思想倾向。波德里亚后来继承并深化了德波的景观概念以及对媒介社会的批判视角。他运用“拟像”“超真实”等概念来描述真实与再现融合的媒介现实，认为媒介的延伸模糊了符号的原本指涉对象，再现与真实难辨彼此。在德波看来，景观彻底地疏离了个体，而波德里亚则进一步指出，个体沉浸在拟像的世界中，在交流的狂喜（the ecstasy of communication）中，呈现出迷狂和自恋的状态。[①]在德波的概念中，客体仍然存在，而波德里亚认为，客体已经消失，同时景观进一步转化为拟像，主、客体之间的距离随着电子媒介对空间结构的打破而被取消了。[②]

无疑，德波和波德里亚对消费社会进行的批评是对马克思关于消费和资本的论述在新媒介背景下的发展和补充，并进一步加深了法兰克福学派在20世纪初提出的有关文化产业的批判主题。正如斯蒂芬·贝斯特和道格拉斯·科尔纳所指出的，德波等国际境遇主义者与受其影响的波德里亚的论述是后现代转向发生过程中不容忽视的理论，从德波到波德里亚的理论“反映了商品社会从景观到类象的发展过程”[③]。同时，肯定了德波“在消费与传媒社会的背景中更新了马克思主义对资本主义的批评，从而提供了从现代到后现代的过渡联系并影响到波德里亚的作品”[④]。二者的思想为媒介批判、视觉文化研究乃至资本主义商品社会的批判都提供了新的理论视角，在当代文化批判领域有着不容忽视的地位。

第一节 居伊·德波

居伊·德波（Guy-Ernest Debord，1931—1994），法国马克思主义理论家、作

①Jean Baudrillard, “The Ecstasy of Communication”, in: The Anti-Aesthetic: Essays on Postmodern Culture, Hal Foster (ed.), Washington: Bay Press, 1983, p. 132.

②Jean Baudrillard, “The Ecstasy of Communication”, in: The Anti-Aesthetic: Essays on Postmodern Culture, Hal Foster (ed.), Washington: Bay Press, 1983, pp. 130-131.

③斯蒂芬·贝斯特，道格拉斯·科尔纳：《后现代转向》，陈刚等译，南京大学出版社2002年版，第101页。

④斯蒂芬·贝斯特，道格拉斯·科尔纳：《后现代转向》，陈刚等译，南京大学出版社2002年版，第5页。

家、实验主义电影制片人，国际境遇主义（Situationist International，简称SI）的创始人。德波出生于巴黎，父亲是一名药剂师。德波幼年时父亲病逝，之后他随母亲到意大利与祖母同住。第二次世界大战期间，德波与母亲离开意大利返回法国。在戛纳上高中期间，他开始对电影以及反艺术行为主义产生了兴趣，并积极投身社会运动，曾在巴黎参加游行，反对法国针对阿尔及利亚独立运动而发动的战争。19岁时，德波加入国际字母主义组织（Lettrist International），后由于成员反对领导人伊斯多尔·伊祖（Isidore Isou）的独裁，该组织分裂成为几个不同派别，德波成为其中一派的领导者。

1957年，在国际字母主义的基础上，德波创建了国际境遇主义组织并成为主要领导者。SI是一个具有激进文化思潮的组织，它沿袭了很深的文学和先锋派艺术的根源，甚至可以追溯到达达主义、未来派和超现实主义等欧洲先锋艺术运动。与其他超现实主义思潮一样，它的建立与当时欧洲正在经历的社会经济危机以及世界大战后弥漫的悲观情绪等紧密相关，其宗旨是以先锋艺术的方式反抗或者改造充满矛盾和危机的西方社会现实。最初的成员主要是一些著名艺术家，诸如阿斯格·尤恩（Asger Jorn）和皮诺·加里吉奥（Pinot Gallizio）等人，重点关注艺术批评本身的革新。随着运动的深入，SI开始积极参与针对艺术的革命运动实践。1960年，德波组织和参与了针对在比利时举行的国际艺术会议的突袭。会议期间，他们空投宣传册并策划了大规模媒体报道，部分成员和支持者因此被捕，该行动使其一时间名声大噪。此外，SI还尝试通过绘画工业或是集体参与绘画的模式，质疑同一时期艺术作品的原创性。20世纪60年代初期，该组织的斗争矛头由艺术转向政治，并逐步减少运动中的纯粹“艺术”成分，将尤恩和加里吉奥等著名艺术家逐出SI。之后，在德波的倡导下，SI进一步确立了境遇主义的艺术批评宗旨，即艺术批评并非只针对传统艺术行为，而应以社会和政治批评为目的，并尝试建立针对资本主义社会的更为尖锐的批评理论体系。

有看法认为，德波和SI在1968年法国“红色五月风暴”运动中扮演了重要的角色，甚至被认为是运动的催化剂。因为在运动期间，《景观社会》以及相关理论的许多内容作为运动口号出现在巴黎墙上，这些言论或由德波写就，或者深受德波理论的影响。

1972年，由于组织的所有创始成员均被开除或者自动离开，德波解散了境遇主义组织。同时，受电影界和出版业巨亨热拉尔·勒波维西（Gérard Lebovici）的资助，德波开始专注于电影创作。后来，勒波维西神秘死亡，而德波一度被怀疑是凶手。受朋友之死以及蒙受不白之冤所困扰，德波决意等自己死后再发行和出版所作电影、文章。后应美国研究者托马斯·Y·莱文之请，他同意发行其电影作品。德波最为著名的两部电影就产生于这一时期，如电影版的《景观社会》（Society of the Spectacle，1973）和《我们一起游荡在夜的黑暗中，然后被烈火吞噬》（In GirumImus Nocte Et Consumimur Igni，1978）。

国际情境主义组织解散后，德波与妻子过着近乎隐居的生活，偶尔也会发表一些对政治和其他问题的看法。在这期间他读的书多与战争策略有关，如克劳塞威茨和《孙子兵法》，并与妻子共同设计战争游戏。由于多年嗜酒，晚年的德波深受病痛折磨。1994年11月30日，德波在家中自杀身亡。死前，他刚刚完成一部“自传”式纪录片《他的艺术与他的时代》（Son art et son temps）的创作，主要描绘20世纪90年代法国的社会问题，其中对黑暗的“德波时代”的描述暗示了他的自杀行为。

2009年1月29日，在德波死后第15年，耶鲁大学提出要收购其作品，法国文化部长在回应中称他的作品为“国家财产”，并认为德波是“当代最重要的思想家之一，在20世纪后半叶的思想史上占有举足轻重的地位”。不可否认，在研究激进政治学和现代艺术的欧洲学者中，德波无疑是最富有争议的人物之一。如同贝斯特和科尔纳的评价，国际境遇主义者“把激进的艺术和社会政治结合为一体，形成对消费社会理论的批判。他们认定消费资本主义是一种‘景观的社会’，作为调控的新模式，它通过创造一个使人迷惑的影像世界和使人麻木的娱乐形式来安抚人民”①。德波的主张在波德里亚与杰姆逊有关资本主义文化批评的思想中都有所体现，二者也承认，他们有关文化向经济领域扩张的思想曾受到德波思想的影响。②

德波的观点主要体现在《景观社会》（Society of the Spectacle，1967）、《景观社会评论》（Comments on the Society of the Spectacle，1988）以及发表于不同期刊的文章中。

一、景观社会的本质

青年时代的德波深受马克思和青年卢卡奇思想的影响。事实上，德波“景观”概念的提出是对马克思、卢卡奇以及马尔库塞提出的“具体化”“商品拜物教”等有关商品批判的思想的发展；同时，与他同时代的罗兰·巴特在同一时期提出的符号学概念也给了他极大的启发。

在《景观社会》中，德波以“景观”的概念来描述现代资本主义发展状况，认为资本主义生产已经由可见的物的生产过渡到了符号的生产，“在现代生产条件无所不在的社会，生活本身展现为景观的庞大堆积，直接存在的一切全都转化为一个表

①斯蒂芬·贝斯特，道格拉斯·科尔纳：《后现代转向》，陈刚等译，南京大学出版社2002年版，第101页。
②史蒂文·康纳：《后现代主义文化——当代理论导引》，严忠志译，商务印书馆2002年版，第72页。

象”①。在《景观社会》的第一章中，德波引用了费尔巴哈有关宗教幻象的描述来比拟景观景象。在《基督教的本质》第二版的序言中，费尔巴哈批判了基督教神学通过上帝幻象取代真实生活实践感受的现实，认为那是一个“符号胜过实物、副本胜过原本、表象胜过现实、现象胜过本质”的时代。德波借用费尔巴哈的描述指出，幻象在当代已经变成全面渗透的社会生活现实，而当代的景观是“对宗教幻觉的具体重构”②。他进一步指出，马克思所面对的资本主义物化时代已经彻底终结，而新的资本主义时代特征——符号化的景观社会已经出现。

景观是对客观现实、景象的再现，其本质就是幻象。在德波看来，现实生活已经被泛滥的影像所构建的景观吞噬，并与其结盟，“现实显现于景观，景观就是现实”③。但景观又不仅仅表现为影像堆积，或是自我展现，抑或是在大众传播过程中制造的视觉欺骗，而是反映了“以影像为中介的人们之间的社会关系……是物化了的世界观”④。景观是当代资本主义发展时期各种社会关系的新的表现形式，具有明显的时代特点，而其最基本的景观——观众的关系从本质上讲是“资本主义秩序的牢固”⑤。在德波看来，景观体现出的正是当前资本主义的生产方式和目标，是资本主义生产关系在新时代的表现。

因此，景观具有商品的本质。德波指出，资本主义使一切关系都以交换价值的方式体现出来，而“景观是货币的另一面，也是全部商品的一般抽象等价物”⑥。如他后来在《景观社会评论》中指出，现代景观体现出如此的本质特征，“它对市场经济实行专断统治，而此时的市场经济早已占据了无须承担任何责任的统治地位；同时，它综合了伴随这种统治而产生的政府所应具备的各种新型职能”⑦。景观社会的主体由制造者以及消费者、表演者和观看者组成。因此，景观体现出商品拜物教的基本原则，“真实的世界被优于这一世界的影像的精品所取代，然而，同时这些影像又成功地使自己被认为是卓越超群的现实之缩影”⑧。

同时，在日常生活中，媒介与商业的亲密联盟使得景观可以通过广告与商业化的媒体文化形式来麻醉社会主体，社会生活中获取经验的直接性被媒介性所代替。因此，在德波看来，景观就是商品殖民化的胜利。在景观社会中，人们所消费的是由他人构造的符号的世界而并非自己在实践中创造的世界，生活通过某些技术性装

①居伊·德波：《景观社会》，王昭凤译，南京大学出版社2006年版，第3页。
②居伊·德波：《景观社会》，王昭凤译，南京大学出版社2006年版，第7页。
③居伊·德波：《景观社会》，王昭凤译，南京大学出版社2006年版，第4页。
④居伊·德波：《景观社会》，王昭凤译，南京大学出版社2006年版，第3页。
⑤居伊·德波：《定义一种整体革命计划的预备措施》，《景观社会》，南京大学出版社2006年版，第174页。
⑥居伊·德波：《景观社会》，王昭凤译，南京大学出版社2006年版，第17页。
⑦居伊·德波：《景观社会评论》，梁虹译，广西师范大学出版社2007年版，第2页。
⑧居伊·德波：《景观社会》，王昭凤译，南京大学出版社2006年版，第13页。

置表现出来，真实的生活沦为媒介的制造物。

由此，景观同时体现出分裂和统一的特性。景观两面性的实质是，光鲜亮丽的表象同时也是对陈腐平庸的遮掩。于是，真相可能会被掩盖或者颠倒，从而成为虚假现象中的瞬间表现。同时，景观连接了原本毫无关联的现象，并赋予其以景观的逻辑。景观总是自成体系的，可以自圆其说，“当电视展示一幅精美的画面，并恬不知耻对其加以解释的时候，白痴才会相信一切都是清清楚楚、明明白白的”[1]。因此，在景观的语境下运行的是景观的逻辑，或许与真实无关。比如，媒体明星就是“表面生活”的专家，在景观中得到认同，虽依照景观的法则行事，但却与个人的真实生活形态和个性相悖，因为景观的逻辑必然只是呈现好的一面，“景观权力在本质上就像个彻头彻尾的暴君，常常对外观进行百般挑剔”[2]。同时，景观的内容是被预先设定的，且不容置疑。因此，景观的景象表现与人们的生活实践呈现“完美的分离”，因为景观所呈现的表象是被垄断的，而表象的传播显然是单向度的，无须应答和反馈。

德波将景观模式分为集中（la concentrée）和扩散（la diffusée），后在《景观社会评论》中，他又补充了综合景观（le spectaculaire intégré）的模式。集中与扩散体现出连续而对立的特性，“二者都以目标和假象的形式超越并游离于现实生活之上”[3]，前者是以德国和苏联为代表的法西斯主义和东方专制主义，以集权主义为其现实表现，后者则是以美国为例，其推崇的自由充分表现在对商品的选择上。在景观发展的综合模式阶段，集中与扩散充分合理地结合在一起，并以扩散模式作为基础。他还指出，当时的法国和意大利充分表现出了景观的这一特性。在综合景观阶段，集中模式变得十分隐蔽，控制者的身份变得多样而不确定；扩散模式则通过商品和消费表现得无处不在，而“综合景观的最终意义就在于：将自我彻底融合到它一直着力刻画的现实中去，并且根据其刻画的内容不断地重新建构现实”[4]。德波认为，当前社会已经发展到了综合景观的阶段，主要表现为：不断革新的技术；国家与经济利益的捆绑；隐秘成为社会常态；谎言流行以及永远的当下。在景观社会中，技术的发展强化了景观的统治权威；国家与经济相互结盟，彼此保障；真实会受到不同程度的隐藏以实现不同的利益；历史被削平，掌控信息者甚至以不容辩驳的态度来掩盖和篡改历史，并操纵正在发生的事件的重要性。同时，景观强调当下事件，“如果景观有三天的时间未对某事发表看法的话，那么，这件事就好像不复存

①居伊·德波：《景观社会评论》，梁虹译，广西师范大学出版社2007年版，第34页。
②居伊·德波：《景观社会评论》，梁虹译，广西师范大学出版社2007年版，第4页。
③居伊·德波：《景观社会评论》，梁虹译，广西师范大学出版社2007年版，第5页。
④居伊·德波：《景观社会评论》，梁虹译，广西师范大学出版社2007年版，第5页。

在了一样”[①]。无论景观处于任何阶段，商品都是景观最为根本的逻辑，而消费者是景观语境中大众的真实身份。

二、景观的后果

景观的泛滥必然对社会生活的方方面面产生重大影响。在针对景观社会的考察中，德波重点展开对景观后果的分析。

首先，德波特别对主体在其中的生存状态进行了深刻的分析与考察。他指出，在消费资本主义的景观社会中，人们沉浸在影像和各式各样的娱乐形式中，并逐渐变得麻木和顺从。“最抽象、最易于骗人的”[②]视觉成为具有特权地位的人类感官，景观世界替代真实世界；媒介体验替代个人的生活体验。生活于景观社会中的人们仿佛在经历“一场永久性的鸦片战争”[③]。由于景观与现实的分离，人们逐渐与社会保持距离，对创造性的社会实践日益丧失兴趣。因为景观并不仅仅意味着凝视或是视听的结合，“景观是对人类活动的逃避，是对人类实践的重新考虑和修正的躲避”[④]。由于景观无可辩驳的权威性，顺从的社会大众只能成为各种影像的被动消费者，感受影像世界的虚拟存在。由此，景观使异化在资本主义发展的新阶段获得了新的表现方式，人类被放逐到“现世之外”。德波认为，由于景观社会实行的是自我控制机制，影像必然成为人与人之间赖以维系各种社会关系的媒介，因为人们无法避免大众传媒、广告和大众文化对其日常生活的操控。

其次，在媒介批评的相关论述中，德波较早地提出了大众媒介影像在传播中所体现出的单向性和替代性。他明确指出，大众传媒作为景观最显著的表现方式，其传播方式就本质而言是“单向”的。无可否认，这与大众媒介的技术性特征和盈利的商业本质有着密切关系。他认为，由于技术的不断提升以迎合大众趣味为目的，从而带来了技术理性的蔓延，并使得“景观没有实现哲学，而是将现实哲学化”[⑤]。人们日益沉浸在充满幻想和快乐的影像世界中，被动地消费着替代了真实生活的影像，而消费的过程是没有回应的、被动的。因此，在表象强化景观权威的过程中，景观与大众的真实体验进一步分离。德波指出，麦克卢汉也曾为媒介技术带来的“地球村”体验而欢呼，但最终也认识到来自大众传媒的压力会导致大众非理性的认

①居伊·德波：《景观社会评论》，梁虹译，广西师范大学出版社2007年版，第11页。
②居伊·德波：《景观社会》，王昭凤译，南京大学出版社2006年版，第7页。
③居伊·德波：《景观社会》，王昭凤译，南京大学出版社2006年版，第15页。
④居伊·德波：《景观社会》，王昭凤译，南京大学出版社2006年版，第7页。
⑤居伊·德波：《景观社会》，王昭凤译，南京大学出版社2006年版，第6页。

识和反应。[1]

第三，德波认为，景观推动虚假消息的产生和散播。虚假消息并非只是直白的谎言，而是真假混杂的消息，是指对真实的歪曲。在景观中散布的虚假消息是不容置疑的，因为这是在“一个无从对其进行查证的世界中进行的”[2]。虚假消息内在于一切消息之中，是景观社会中现存消息的重要特点。虚假消息的制造者必然是景观的操纵者，而虚假消息的散播必然是隐秘、流动，且无处不在的。其内容和形式直接服务于景观的统治者，那些真实的赞同或者反对之声可能会受到统治者出于利益考虑而进行的不同程度的压制和威胁。

第四，景观必然导致“分离”(séparation)。德波认为，在消费的景观社会状态中，资本主义社会使劳动者与劳动分离，艺术与生活分离，并使生产领域从消费中分离出去，完全不顾个体对创造性和同一性的需求，“从生活的每个方面分离出来的影像群汇成一条共同的河流，这样，生活原有的统一便不再可能重建”[3]。显然，德波对分离概念的运用是对马克思“异化”概念的重新改写。他继承了马克思的观点，认为资本主义通过制造“虚假需求”来增加消费，以确保经济的持续增长。不同的是，马克思认为，是生产决定意识，而德波认为，在景观的社会中，是消费决定了意识，劳动者已由过去生产中的被压迫者转为产品的消费者，而消费者对产品的喜好则受到景观生产者的关注。

景观的出现强化了权威，使得统治更为隐秘，也使得“现代社会从头到尾被认为是本质上不可沟通的专门化的碎片；日常生活也是如此，在那里，习惯于以整体的方式被提出的所有问题自然是无知的领域”[4]。

三、日常生活中反抗的艺术主张

在资本主义消费景观的压制下，人们的创造力和想象力受到不同程度的压制，被动与顺从成为日常生活的表现。为了改变现状，境遇主义者倡导人们通过发挥个人的想象力参与诗与艺术的创造，从而构建自我生活“境遇”，抵抗景观的侵蚀。如其他激进的艺术流派一样，境遇主义者主张通过先锋艺术的方式质疑和反抗西方社会现实。面对景观社会的现状，他们主要提出“境遇”的概念，主要包含以下主张：

首先，应当把艺术和创造从景观、资本主义以及当代社会平庸的日常生活中释

---

①居伊·德波：《景观社会评论》，梁虹译，广西师范大学出版社2007年版，第19页。
②居伊·德波：《景观社会评论》，梁虹译，广西师范大学出版社2007年版，第27页。
③居伊·德波：《景观社会评论》，梁虹译，广西师范大学出版社2007年版，第3页。
④居伊·德波：《景观社会评论》，梁虹译，广西师范大学出版社2007年版，第180页。

放出来，打破高雅艺术、低俗艺术与日常生活之间的界限。非艺术家的“普通人”可以创造“日常”艺术；而模仿和引用艺术作品可以改变艺术与日常生活脱离的现状，并借此改变景观的社会状况下主体的生存状态。境遇主义者提出，凭借想象力，每个人都可以成为艺术家，能够在生活中创作诗和艺术，从而不通过艺术家的作品就能实现艺术的功能。

其次，个体的生活实践应表现出积极的、创造性的和富有想象力的一面。只有如此，才有可能营造出属于自己的“境遇”，并借此摆脱消费景观的影响，构建与景观相对抗的自我的日常生活，“通过日常过程的微小变更，最好不过地证明了日常生活是真实的”[①]。

第三，为了对抗景观社会的压制，彻底改造日常生活，人们首先应该改变思维方式和行为方式，形成对世界的多角度理解，认清景观的压制性商品本质。为此，他们提出了一些斗争策略，其中包括字母主义者提出的“游离”（dérive）和“转向”（détournement）。境遇主义者认为，无固定目标的游离状态可以使人们对日常生活保持新鲜感，而转向的方式可以使人们对抗生活的常规化，通过这两种方式，人们可以对“真实”产生不同的体验，并借此摆脱景观，获得自我解放。

对此，德波身体力行他的艺术主张。他的第一部著作《回忆》（Mémoires）选用砂纸做封面，以损坏的方式排斥摆放在旁边的书。此外，面对影像泛滥的世界，境遇主义者采用以影像的方式来反对影像，他们主张以反叛的艺术形式来对抗影像制造的主流。德波积极参与电影制作，以影像的形式表达他反影像的思想。在德波拍摄的首部电影《萨德的怒吼》（Hurlements en faveur de Sade，1952）中，影片从头到尾没有影像，其画面以黑色为主，只有当出现说话声时，画面才偶然呈现出亮白色。整个影片没有故事情节，有的只是持久的沉默，而结尾部分是延续了24分钟的黑色沉默。另一部影片《对分离的批判》（Critique de Séparation，1961）的主要画面是，一位短发女性和男性友人不断地在巴黎街头行走或坐下来喝咖啡，内容冗长、沉闷、乏味。这些艺术作品中充斥着德波反艺术的主张。

此外，境遇主义者提出了新型乌托邦社会的理想形态：人们摆脱了金钱、商品生产、工资以及阶级、私有财产和国家的束缚；由景观而产生的虚假需求完全被真实的生活欲望所取代；同时，人们可以拒绝领导，拒绝牺牲，甚至拒绝承担某种强制性义务。为此，他们积极支持游行、罢工等社会活动，因为“只有当乌托邦实践与革命斗争紧密相连的时候，它才有意义”[②]。境遇主义者坚持只有通过大众集体对抗景观生产和商品经济，才会最终推动社会革命的爆发。

---

①居伊·德波：《景观社会评论》，梁虹译，广西师范大学出版社2007年版，第177页。
②居伊·德波：《景观社会评论》，梁虹译，广西师范大学出版社2007年版，第176页。

境遇主义近似无政府主义的乌托邦社会理想和社会改良方案无疑是激进的，脱离了大众的实际需求，因而难以改变景观社会的现状，也无法改变景观对大众的压制性影响。正如贝斯特和科尔纳所言，境遇主义揭露了当代资本主义社会的实质，“他们把激进的艺术和社会政治结合为一体，形成对消费社会理论的批判。他们认定消费资本主义是一种‘景观的社会’，作为调控的新模式，它通过创造一个使人迷惑的影像世界和使人麻木的娱乐形式来安抚人民”[①]。因此，尽管境遇主义在理论主张和社会实践上存在着种种漏洞与不足，但它对资本主义现代景观文化的批判、对大众创造性抵抗的倡导以及对日常生活境遇的营造等理论无疑具有合理和积极的意义，对之后的无政府主义以及妇女解放运动都产生了广泛的影响，对媒介文化以及消费文化的研究更发挥着十分重要的影响作用。

第二节　波德里亚

一、波德里亚其人

让·波德里亚（Jean Baudrillard，1929—2007），20世纪法国著名的哲学家、社会学家、后现代理论家。1929年7月29日，波德里亚出生于法国东北部阿登那省（Ardennes）兰斯（Reims）的一个传统家庭。童年时代的波德里亚与父辈一起生活，他的祖父一生务农，父母都是普通的公务员，生活节奏简单、缓慢。

波德里亚成为家族里第一个上大学的人。自索邦（Sorbonne）大学毕业后，他获得了德文教师资格。1960年至1966年间，他一直在中学里教授德语课程。与此同时，他也开始尝试进行一些德语著作的翻译，并不时在《现代》（Les temps modernes）杂志发表一些关于文学的德语评论文章。这些尝试拉开了他学术研究的序幕，也宣告了他正式告别乡村生活的开始。1966年9月，波德里亚在教授了多年德语后，辗转进入南特禾大学（Nanterre，又称巴黎第十大学）学习，并担任助教，继续从事外语教学和翻译工作。他将大量著名的德文著作译成法文，并对德国文化和美国文化有所研究。助教的经历使他获益颇丰，并因此让他成为巴黎知识分子圈子中比较耀眼的社会理论家和评论家。1968年5月，“五月风暴”爆发后，波德里亚得以挤进学术体制内，脱去助教身份，正式在南特禾大学担任社会学教授。在任教的

①斯蒂芬·贝斯特，道格拉斯·凯尔纳：《后现代转向》，陈刚等译，南京大学出版社2002年版，第101页。

同时，他也开始了丰富多彩的著述生涯，于笔端绽放出璀璨的理论之光。

波德里亚最终离弃了父辈式的乡村生活，走上了学术研究的大道，成为同父母“决裂”的人。回眸自己的经历，他说：

> 我总是存在于一种虚拟的决裂状态中：与大学（决裂），甚至于与世界（决裂）。……我在20世纪60年代进入了大学，但那是由一条迂回的路进去的。……我说这些，一点也不是要和人针锋相对，因为这就是我所要的。……你所能赖以为生的力量来自断裂。①

这种决裂的速度是缓慢的，模式是“虚拟”的，决定了波德里亚的理论探索更多的只是一种理论构想。但这并未妨碍一次次的“决裂”以强大的力量，带着波德里亚在学术的大道上越走越远。1966年，波德里亚在导师列斐伏尔的指导下撰写博士论文《物体系》，开始了社会学的研究。与此同时，他也在技术和文化领域发表了自己的看法。20世纪70年代以后，对新的交往、信息和媒介技术的研究，成为波德里亚的一个新的理论关注点；尤其是对媒介和符号、内爆和超现实的思考，波德里亚表现出了极为浓厚的兴趣，并逐步发展成自为一体的“拟像”理论说。1986年，波德里亚获得了博士头衔，此后他便辞去了大学教职，专业从事理论写作及摄影创作。这位多产的后现代理论家，自1968年开始便笔耕不辍，终其一生，共有近50部学术专著及一百多篇学术论文问世。2007年3月6日，在经历与癌症的长期抗争之后，这颗后现代理论界的耀眼明星陨落于法国巴黎，享年77岁。

作为一个批判性的后现代理论家，波德里亚的著述热情和力度有目共睹，极其丰富的作品就是一个明证。其先后著有《物体系》（The System of Objects，1968）、《消费社会》（The Consumer Society: Mythsand Structures，1970）、《符号政治经济学批判》（Towarda Critique of the Political Economy of the Sign，1972）、《生产之境》（The-Mirror of Production，1973）、《象征交换与死亡》（Symbolic Exchange and Death，1976）、《忘却福柯》（Forget Foucault，1977）、《论诱惑》（Seduction，1979）、《拟像与仿真》（Simulacra and Simulation，1981）、《在沉默的大多数的阴影下》（In the Shadow of the Silent Majorities，1982）、《致命的策略》（Fatal Strategies，1983）、《仿真物》（Simulations，1983）、《美国》（America，1986）、《冷记忆》（Cool Memories，1987–2002，5卷本）、《邪恶的透明》（The Transparency of Evil，1990）、《海湾战争未曾发生》（The Gulf War Did Not Take Place，1991）、《终结的幻想》（The Illusion of the End，1992）、《完美的罪行》（The Perfect Crime，1995）、《不可能的交换》（Impossi-

①Mike Gane (ed.), Baudrillard Live: Selected Interviews, London & New York, 1993, pp. 19–20.

ble Exchange，1999）、《恐怖主义的精灵：为双塔安灵》（The Spirit of Terrorism：And Requiem for the Twin Tower，2002）、《邪恶的智慧或清晰合约》（The Intelligence of Evil or the Lucidity Pact，2003）、《艺术的阴谋》（The Conspiracy of Art，2005）、《延缓的乌托邦》［（又译《游戏与警察》）Utopia Deferred：Writings for Utopie（1967—1978），2006］等。2007年波德里亚去世以后，其理论之光却一直未曾熄灭，又陆续有《激进的他性》（Radical Alterity，2008，合著者Marc Guillaume）、《为何一切均未消失?》（Why Hasn't Everything Already Disappeared? 2009）、《狂欢节、食人者，全球对抗的游戏》（Carnivaland Cannibal，or the Play of Global Antagonisms，2010）、《权力之痛》（The Agony of Power，2010）相继出版问世。

波德里亚被认为是法国思想最为庞杂、旗帜最为鲜明、创作最为丰富的后现代理论家，也被认为是全球最重要的后现代理论家之一。他是一位"始终追逐时髦"的人，时尚化的取向一直伴随着他的学术生涯，这是很多人对他的初步印象。对此，波德里亚自己也有概述：

> 二十岁是想象科学家，三十岁是境遇主义者，四十岁是乌托邦主义者，五十岁横越各界面，六十岁搞病毒和转喻——我一生的故事。[①]

毋庸置疑，波德里亚是一位名副其实的后现代理论者，不仅其思想的庞杂与多变迎合了后现代的碎片化特征，以对抗整体性、同一性和理性而言，他也被旗帜鲜明地列入后现代大师的阵营之中。波德里亚对后现代的思考与探索，对后现代的理论家和后现代理论本身带来了巨大的影响。在几种最主要的后现代理论发展过程中，波德里亚通过消费、符号、拟像和超现实等构建的思想体系，成为其中一个不可或缺的重要环节，目前正深刻影响着当下的文化理论以及有关传媒、艺术和社会的话语。由于思想的原创性和冲击力，波德里亚成为炙手可热、备受关注的思想家，他的周围聚集着如麦克·甘恩（Mike Gane）、道格拉斯·凯尔纳（Douglas Kellner）、马克·波斯特（Mark Poster）这样的虔诚研究者。

波德里亚不仅在媒介理论方面颇有建树，在消费社会理论和文化研究方面也拥有卓越的贡献。因而，对于波德里亚的研究也是多角度的。研究其消费社会论述有之，研究其符号价值有之，研究其"后马克思主义批判"理论有之，研究其主、客体理论有之，研究其"拟像"与"超现实"理论有之，研究其信息媒介革命理论有之……自20世纪80年代至今，波德里亚的论文被大量译成英文刊登在英文杂志上，有的还被译成德语、西班牙语等多种文字。其著作几乎都有英译本推出，几乎每一

①Jean Baudrillard, Cool Memory II, Durham: Duke University Press, 1996, p. 131.

本法文专著问世就有英译本紧随其后。2000年，世界著名的Sage出版社出版了“现代社会思想大师”丛书，《让·波德里亚》作为其中重要的一卷，共收录88篇评论波德里亚的重要论文。从其内容来看，研究者对波德里亚的关注不仅包括社会理论、后现代主义、文化这些“老问题”，而且还囊括了他对战争、美国、诱惑、小说与艺术等相关的“新研究”。由于波德里亚在西方文化界乃至全球的深远影响，对他的研究一直处于升温状态。

二、理论来源

波德里亚的直接理论来源可分为四个方面，即罗兰·巴特（Roland Barthes）的符号学理论，亨利·列斐伏尔（Henri Lefebvre）的日常生活批判理论，居伊·德波（Guy Debord）的景观社会理论和马歇尔·麦克卢汉（Marshall McLuhan）的媒介信息理论。

罗兰·巴特以符号学作为大众解码的方法，涉及了对“物”的分析，为波德里亚早期思想理论的建构（比如《物体系》）提供了理论支撑点。其毫不讳言巴特对他的影响，并真诚地指出：“罗兰·巴特是一位我觉得非常亲近的人，我们的立场是如此的接近。”[①]巴特对大众文化的批判主题关注意识形态中物的存在方式，从《神话学》《流行体系——符号学与服饰符码》到《S/Z》始终保持着这种线性发展。《流行体系》是研究时装的著作，但引人注目的是，此时装并非真实意义上的时装本身，而是已抽象为符号的书写时装——时装杂志里流行的时装。巴特的分析重点不在于揭示“物—符号”这一过程，而是落脚于对“符号—物”进行分析。服装转变为书写服装，创造了一种真实物体的虚像，意即书写服装完全针对一种意指作用而构建，只是作为符号体现出来。当符号取代了物，符号本身就成了虚像，它作为一种意义，得到大众式的传播。它是一种双重转换过程，一方面从物转变为符号，另一方面从符号转变为物。通过巴特对符号的编码化（时装在杂志上引导消费），虚像（书写时装）已经日益渗透到社会心理结构中，形成了“符号—物”的大肆盛行。因为符号的流行，所以虚像开始统治一切：对于购买者来说，目的已不再是使用价值，而是吸引欲望的虚像符号；对于被购买物品者而言，卖的不是梦想而是意义。这个分析给波德里亚带来了重大影响。波德里亚首先汲取了“符码化”这个概念，并将“符码化”上升为其理论的基本视角地位；其次，“符号—物”的分析方式直接导致了波德里亚对物的结构体系变化的关注；再次，符号（虚像）成为社会的主要

①Mike Gane (ed.), Baudrillard Live: Selected Interviews, London & New York, 1993, p. 203.

标志，也启发了波德里亚试图将马克思主义批判视野和结构主义符号学的结合研究，并最终跨入符号政治经济学的批判视野。

作为波德里亚的博士生导师，列斐伏尔不仅将波德里亚带入学术研究的领域，而且对其学术研究产生了重要影响。大众文化兴起之后，资本主义的理性控制逐渐消匿于日常生活中，日常生活变成了哲学的客体，成为哲学思考的对象之一。列斐伏尔提出，在这种情况下，哲学观念必须要加以改变，以寻求对日常生活进行批判分析与价值重构。日常生活被他描述为一种重复性的、数量化的日常物质生活过程："日常生活是由重复组成的""日常生活是衣服、家具、邻居、环境……"[①]在此过程中，列斐伏尔首先看到了社会生活层面的八种变化[②]，并指出最本质的变化在于，生产不再占据着主导地位，消费变成了社会生活的核心。在以生产为主导的社会里，生产与物质直接牵连，物体的内容与它所指代的意义一一对应。但是当消费社会出现后，一切便"面目全非"了：广告、宣传大量介入消费之中；物体内容日益符号化、伪具体化；用来指代内容的实物消失不见，符号代之"君临天下"。波德里亚立足于列斐伏尔日常生活研究的基础，起始于对物进行研究分析。在《物体系》中，他认为物的意义不再停留于本意和延伸意义，而是能够作为信息传递的载体，生成新的符号意义。他所提出的"拟像""超现实"等概念，"指涉"同样处于离线状态，直接来源于列斐伏尔的理论影响。再者，当消费本身构成消费时，生产过程也日益趋向于"消失"状态，复制成了替代生产的名词。随着现代社会生产技术的最新发展，人们所消费的对象，从外表上看已经无法区别出原件与复制品，通过宣传、广告等创造出来的意象同样无所谓真实。列斐伏尔针对于此，断言"宣传获得了意识形态的意义，商品意识形态代替了过去由哲学、伦理学、宗教和美学占据的位置"[③]，这对波德里亚认定真实死亡产生了影响。由于列斐伏尔的理论停留于资本主义的组织化现实基础止步不前，这就使得其批判难以从更高的视点来俯瞰日常生活。波德里亚对此有所察觉，在逐步认可罗兰·巴特结构主义的论点过程中，与导师列斐伏尔渐行渐远。虽然波德里亚一开始就想超越老师，但列斐伏尔开启对日常生活批判的思路，是波德里亚思想发展的前提。[④]这一点却是不可否认的。

居伊·德波关于景观社会的论断直接影响到波德里亚断定拟像社会的形成过程。20世纪四五十年代开始，电子媒介在西方迅速风靡，特别是电视机的广泛普

---

①Henri Lefebvre, Everyday Life in the Modern World, Sacha Rabinovitch (trans.), United Kingdom: The Athlone Press, 2000, p. 14.

②Henri Lefebvre, Everyday Life in the Modern World, Sacha Rabinovitch (trans.), United Kingdom: The Athlone Press, 2000, pp. 38-39.

③Henri Lefebvre, Everyday Life in the Modern World, Sacha Rabinovitch (trans.), United Kingdom: The Athlone Press,2000, p. 107.

④林志明：《译后记：一个阅读》，参见尚·布希亚《物体系》，林志明译，上海人民出版社2001年版。

及，使得宣传的产品意象成为消费的主要方面。针对这种全新变化，以德波为首的境遇主义者首先尝试对马克思主义理论进行修正，试图使马克思理论在新的历史条件下获得重生。他们断言当意象统治一切时，社会生产便成了意象的生产，商品社会从而转向景观社会（la société du spectacle）。在景观社会中，媒介成为最重要的中介，视觉逐渐变成具有决定权力的感官，凡眼睛能看到之处，就有商品存在。景观主要通过休闲和消费、服务和娱乐等文化设施来麻醉消费者，使得他们被广告的引导和商业化的媒体文化所控制。这就意味着，商品一旦进入大众传媒，物的消费首先转变成符号的生产与传播过程，通过广告形成消费意象后，才有可能被消费者购买。景观社会是人为的，它创造出一个幻想的、自我实现的符号世界。对于消费者来说，“他的姿势不再是他自己的，仅仅是别人通过它们表达给他的”。因此，德波强调影像客体的物化产生了一个真实和幻觉的倒置，商品形式的普遍化由此被解释为将真实还原成对符号的极力追求。这点与波德里亚的关键理论非常一致，特别是关于拟像、内爆和超现实的理论。然而，德波将景观产生的根源定位于社会生产层面，并没有揭示出意象自身的运作方式，所以无法解释意象何以能在媒介社会中自我增殖。波德里亚对此给予了一个回答。在德波看来，物品只有变成意象商品才能进入市场形成商品景观，意象尽管消隐了物体的在场，但仍然是原件的意象，原件依然构成评判真实与复制的依据。波德里亚却认为当意象转变成符号，原件便不复存在，存在的仅仅是通过机器特别是电子媒介复制后符号产品的增殖。这成为他符号学批判理论的一个重要观点。

麦克卢汉的媒介信息理论同样极大地影响了波德里亚“拟像”理论的形成。麦克卢汉指出现时社会已经进入了一个由电子媒介所构建的时空消亡的社会——“地球村”。媒介的新技术带来了人类生活的新尺度，“大众媒介所显示的，并不是受众的规模，而是人人同时参与的事实”[①]。同时，“媒介即讯息”[②]，信息无处不在，超越了时空和地域。在瞬息万变的生活中，媒介将信息持续不断地加注于我们身上，广播、电视或者网络空间让“所有人都与其他人紧密相连”，这就是麦克卢汉声称的媒介技术力量。在他看来，媒介技术不仅废除了时间和空间、延伸了视觉和听觉，同时它也带来了民族、国家等概念的瓦解和重构。在这个层面上，媒介已经超越了储存内容和信息的工具式作用，成为社会变革的动力。在肯定媒介的绝对作用上，波德里亚关于“超现实”理论的研究显然直接来自媒介技术进行全面渗透的后果。虽然波德里亚注意到了麦克卢汉在现代技术中看到的“人类的外延现象”，但是他也认为麦克卢汉“由于回避了任何团体经由媒介所建立的具体关系（缺乏了社会分

①Marshall McLuhan, Understanding Media: The Extensions of Man, The MIT Press, 1994, p. xxi.
②Marshall McLuhan, Understanding Media: The Extensions of Man, The MIT Press, 1994, p. 7.

析)，他的‘地球村’语言成为一种技术决定论”[1]。麦克卢汉虽然断言“媒介即讯息”，但是电子媒介的信息泛滥同时也带来了他无法解决的问题——人类文化的内爆。“内爆”(imploding) 就是消除区别的过程，指各领域间的相互渗透，无论政治的、商业的还是艺术的。波德里亚采纳了这个概念，并将它融入自己的理论之中。他更加深入地分析了意义内爆于媒体（各种选举活动采取了各种宣传形式)，媒体和社会内爆于大众（比如关于主持人的竞赛抢答）的进程。但是两人又明显相异，麦克卢汉认为媒介是人人都参与进来，波德里亚却认为媒介是一种“单向度给予”，因为物体符号统治了一切，主体消失了，只能被动地接受客体的引导与消费。界限的消失使得人与人之间的交流更加容易，了解更加全面，但身处媒介信息中的人又该怎样认同自己的身份？麦克卢汉曾经预测，电子媒介中的人既没有了理想与目标，也没有了私有身份，只是电脑软件数据库中存在的一行，轻易地就被遗忘了。波德里亚认为，在“超现实（拟像）”世界中，主体已经彻底丧失了，更不用说附属于主体的身份。在这个意义上，波德里亚既承继了麦克卢汉的观点，又有所突破，“在几次访谈中，波德里亚乐意承认麦克卢汉的影响，并且声明其基本理论与麦克卢汉的媒介分析一致，特别是在电视方面。然而波德里亚（也）颠覆了麦克卢汉信息泛滥的‘地球村’概念”[2]，发展成“超现实”的理论。

三、符号消费

自20世纪60年代以来，一个现象得到了理论家的广泛承认，即后现代社会进入了一个物品丰盈、以跨国资本为主且信息高速发展的后工业社会。它是波德里亚所称谓的“消费社会”。正像许多后现代理论家关注现代性和后现代性问题一样，波德里亚也发表了自己的见解：

> 模仿（counterfeit）是从文艺复兴到工业时代的这个“古典”时期的主导图式（scheme)；
>
> 生产（production）是工业时代的主导图式；
>
> 模拟（simulation）是现阶段历史的主导图式，由符号所控制。[3]

在他看来，当下社会已经从一个机械技术的生产社会转向了一个符号技术的消

①尚·布希亚：《物体系》，林志明译，上海人民出版社2001年版，译序第14页。

②Gary Gneosko, McLuhan and Baudrillard: The Masters of Implosion, London & New York: 1999, p. 121.

③M. Poster (ed.), Jean Baudrillard: Selected Writings, Stanford: Stanford University Press, 1988, p. 135.

费社会。消费社会的重要标志，就是符号的作用独立出来，模拟（simulation）成为最重要的生产方式。换言之，物品只有先变成符号，才能得到消费。

从“物—符号”到“符号—物”，在法国的大众文化批判阵营里[①]，罗兰·巴特格外引人注目，他直接运用索绪尔的语言学模式来分析法国的通俗文化。确切地说，巴特更关注大众文化中物的存在方式问题，特别是产生于广告、艺术中的符号文化商品。在索绪尔“能指（signifiant）+所指（signifié）=符号”的基础上，他增加了表意的第二个层次（意指），认为正是表意层次揭示了大众文化内在运行的机制。巴特认为，表达除了能指、所指外还存在另一个意指，并且当能指与所指构成的符号从属于意指时，物就发生虚化，抽象为一种符号形式。例如，玫瑰经情人所用，就生成一个新的符号意义——爱情。简单地说，它是一个“物—符号”的过程。在巴特的分析过程中，物是没有必要出现的，仅仅作为符号体现出来。巴特的符号学给早期的波德里亚带来了巨大的理论启发，从《物体系》到《消费社会》《符号政治经济学批判》，再到稍后过渡期的《生产之境》，符号构成了早期波德里亚的重要论题，且存在一条递进线索：物——功能物——功能物转变为符号——“符号—物”——“符号—物”的差异性编码。

波德里亚对功能性的现代物品加速老化表现出一种尖锐的感受，认为无论家具、古物、收藏或者机器人，它们并不是孤立存在的，而是存在于可以相互替换（能指的替换）的物体系中。日常生活物品在波德里亚的论断中，演变轨迹非常清晰：传统物品的“功能”经过抽象化过程，成为现代体系中的“功能性”，最后消失于现代的“符号—物”中。波德里亚曾明确指出，“要成为消费的对象，物品必须成为符号，也就是外在于一个它只作意义指涉的关系”[②]。由此，以符号学为理论基点，波德里亚论断消费社会出现的是一种新的意义结构：能指、所指之间的意指关系构成意义的产生过程，而意义被无限地加以生产，又取决于能指实现的对比替换。作为直接后果，对比替换形成一种系列关系（“物体系”）不是整合，恰恰是凸现差异，使得物品之间产生相互替代的功能。当一切物品可以相互替代时，物品便过渡到“符号—物”。“符号—物”消解了内容，作为一种“虚空”的拟像引导意指体系被大众吸收，因而产生一种消费的主动结构。它生成两个方面的逻辑意义：其一，符号的编码过程产生了消费的个性及意义，符号操控着消费的一切参与。波德里亚指出：“如果消费这个字要有意义，那么它便是一种符号的系统化操控活动。”[③]其二，当物品作为“符号—物”进入到符号体系中，物品的消费于是变成了

①20世纪60年代法国结构主义的批判阵营包括：列维-斯特劳斯的结构人类学研究，拉康的精神分析研究，福柯的知识考古学研究，阿尔都塞的马克思主义研究和巴特的文学批判理论研究。

②Jean Baudrillard, The System of Objects, James Benedict (trans.), Verso, 1996, p. 162.

③Jean Baudrillard, The Consumer Society: Myths and Structures, London: Sage (originally), 1997, p. 76.

一种地位和名望的展示，它不需要功能满足，也不需要现实的物品。消费过程不再是对个别物的使用过程，而是完成对“符号—物”的区分逻辑。与其说这是一种对符号加以区分的过程，不如说它是一种界定社会地位的过程，涵盖了对个性、风格、地位的定位。如此，符号物的生成“在与其他物的关系中发现意义，在差异中发现意义，根据符码的意指的不同等级获得意义”[①]。换言之，一种体现差异、定位的符号价值得以产生。

符号价值引导符号消费，按照传统马克思主义的解释，商品可以划分为使用价值和交换价值，买卖两家各取所需，“为买而卖，其目的是使用价值；为卖而买，其目的是价值本身”[②]。进入消费社会以后，资本主义社会由对生产方式的占有转变为对符号意义的占有，且符号意义体现出现实生活中的差异和等级。这种效果产生的始作俑者，波德里亚称之为符号价值，他指出“每次的交换行为既是一种经济的行为，同时又是生产不同符号价值的超经济行为”[③]。

在波德里亚的论断里，消费社会的出现与生产密切相关，丰盈的社会经济增长本身既不意味着富裕，更不意味着平等。在消费社会中，不平等并没有减少，而是转移了——它所带来的不是同质化，而是经济利润的社会分化。因此，消费首先是一个符号体系的意义过程，消费行为在该符号体系中得以确定地位和获得意义；然后消费是一个分类的过程，符号在分类中得以增殖，暗含集体性的社会地位结构。这也解释了符号为何能够得到消费和引导消费。一方面，符号价值引导了人们对社会地位追求的名望消费，一切能够消费的东西都打上了强烈的个人色彩，也就是波德里亚所极力渲染的“灾难的完美诱惑”。另一方面，符号价值也引导了人们对消费的迷狂，将消费欲望深化为无意识进入消费行为中，构建了一种消费文化的意识形态。

在波德里亚的笔下，物品的存在方式由于财富的介入存在一种模范与系列的关系。模范与系列的关系不体现使用价值的区别，一个农家的桌子与路易十三用的桌子之间不能构成模范与系列的关系，原因就在于两者之间只具备风格上的差异。大众文化产生以后，依照列斐伏尔和巴特的看法，社会不仅消失了指涉、消失了风格，也消解了国家和民族的界限，因此模范被系列所内化，系列则参与到模范之中，两者产生一种双向流动的过程。再向前深入就可以发现，让消费者追求个性和差异正是消费意识形态的运行方式。波德里亚认为，对个性的追求意味着物的变化比消费者的变化来得要快，物品总是先“我”一步而存在，因而产生一种先行消费

①Jean Baudrillard, For a Critique of the Political Economy of the Sign, New York: Telos, 1981, p. 69.

②马克思、恩格斯：《马克思恩格斯全集》第32卷，人民出版社1998年版，第12页。马克思着重强调：“如果我们在应用‘价值’这个词时没有直接的定语，那么总是指‘交换价值’。”

③Jean Baudrillard, For a Critique of the Political Economy of the Sign, New York: Telos, 1981, p. 113.

的消费观念对应向往模范的上升式追求。这是一种臣服机制，消费者臣服于系列向模范的流动过程，并通过信贷消费来实现购买的神话。购买的神话在于激发需要，主要是激发对物品最深层的欲望。神话使得物品自身产生一种“拟像”，借助媒介东风以达满足欲望的目的。依波德里亚之见，广告就是一种意识形态，原因在于我们只想通过广告买回拥有自己个性并因此确定自己位置的物品。“它向我们说话，给我们东西看，照顾着我们”[①]，因而消费者获得梦想式满足，并且无意识地追求这种满足。这种无意识指通过广告中符号的意指体系造成社会身份的区分过程，它在两个方面与消费相连：第一，消费的是一种意指逻辑或符号。波德里亚认为，物品的存在在于它与其他物的关系和意指过程，它获得一种任意意义和符号价值，其定位使得消费者无止境地追求虚空内容背后的话语——身份地位或者模范。即一种消费观念，是消费者无意识地加以接受的过程，而无意识正是消费社会的意识形态特征；第二，符号消费因为受众的被动麻木带动无意识的消费本身。在媒介的介入下，符号消费已经取代了真实物品的地位。对于消费者而言，只存在一种选择——选择何种商标的物品！它不要求功用只体现符号意义。一言以蔽之，物品的自我增殖占据了主体的支配位置，符号成了消费社会的统治者。

由于消费社会的逻辑不是将财富和物品使用价值占为己有的逻辑，而是生产与驾驭物品符号的逻辑，因此波德里亚认为一切商品都是被再生产出来的，且作为符号和交换价值生产出来。从这个角度看，对消费的分析必须建构于符号生产的社会逻辑分析和符号的普遍交换基础之上。他在这两个层面上展开了论述：一是如何表现符号与意义，二是如何达到符号和意义的成功结合。波德里亚区分出四重逻辑：一是使用价值的逻辑，这是有用性逻辑；二是交换价值的逻辑，这是市场平等逻辑；三是象征交换逻辑，这是礼物逻辑；四是符号价值逻辑，即一种身份逻辑。与这四种逻辑相对应的物分别为工具、商品、象征、符号。[②]在符号逻辑里，人们只能为了消费而消费，贪婪地吞噬一个又一个的商品符号，没有终结。生活于消费社会中的大众，在波德里亚看来，拒斥符号操控的努力大多是徒劳的，要使符号的消费获得社会所认可的合法性，就需要不停地追赶符号意义，在符号价值中确定自我身份。也由此，消费者对身份符号的确认意识最终导致了符号和意义的最成功结合。

①Jean Baudrillard, For a Critique of the Political Economy of the Sign, New York: Telos, 1981, p. 170.

②Douglas Kellner, Jean Baudrillard: From Marxism to Postmodernism and Beyond, Stanford: Stanford University Press, 1989, p. 22.

四、象征交换

波德里亚所定义的“消费社会”是一个任何东西都可以出售的地方，而且它们都烙上了符号消费的印记。所有的商品都是符号，所有的符号也都是商品，高雅艺术、性、爱心、仁慈等可以毫无障碍地公开消费甚至待价而沽。相对于马克思定义的商品而言，它们的存在十足另类，因为它们不是被生产出来的东西，不从属于生产领域，因而也很难用使用价值来界定。但不容忽视，爱心和仁慈、给予和回报、捐赠与受益、拍卖与收藏在日常生活中屡见不鲜，虽然它们根本不具有任何使用价值，没有凝聚任何人类劳动。消费社会在波德里亚看来还有一个重要特征，那就是消费社会已经超越了马克思的“异化”时代——一个以危机、暴力和革命为特征的时代。另一个层面的东西被马克思忽视了，一个与资本主义经济交换没有交叉却又存在千丝万缕联系的东西，包括“解职、贱卖、挥霍、玩耍和象征主义……对身体力量原有的欢宴式的强化、死亡游戏或来自欲望的行动”[①]。

这一忽视受到了波德里亚的严厉批判。一方面，他强调消费社会已经取代了那些诸如以尊敬和借鉴为基础的道德范畴，转换为以享乐和消遣为主调，另一方面，他进一步重申马克思的政治经济学并没有使意指的各种观念理论化。因为当代哲学向语言学转变后，能指与所指或者真实的事物和拟像的事物之间的区别已经消失了。能够提供明证的是，消费社会里的商品无所谓真实与赝品之分，索绪尔定义的能指在这里同千千万万个所指不构成一一对应的关系，所指全部成了巴特意指（符号）的代名词。这一思想在《生产之境》中得到了意味深长的体现。波德里亚指出，消费社会不同于生产社会的剥削和支配，而是“充满神秘、诱惑、独创和象征性的交换”[②]，同马克思主义首先进行了理论上的决裂。

“象征交换”（symbolic exchange）即为波德里亚理论的“阿基米德支点”。马塞尔·莫斯（Marcel Mauss）的礼物观念与乔治·巴塔耶（George Bataille）的过剩和花费原则是其象征交换理论的最初来源。波德里亚将巴塔耶的“太阳经济学”进一步发挥，认为礼物馈赠、节庆、浪费和摧毁等并不是无偿馈赠，而是一种象征性的交换。继而，他又从莫斯（法国社会学家）寻求理论支撑。莫斯认为礼品交换的意义重大，它是具有丰富内涵的人类活动，在给予、接受和接受之后回赠的三重逻辑中进行。这一论断突破了巴塔耶单向无偿馈赠的困境，令波德里亚如获知音。他指出，“莫斯所开创的可逆转性原则（回赠礼物）的道路必须用于所有的经济、心理和

①Jean Baudrillard, The Mirror of Production, Mark Poster (trans. & intro.), St. Louis: Telos, p. 44.

②Jean Baudrillard, The Beauborg Effect: Implosion and Deterrence, October, 20 (Spring), pp. 3–13.

结构的阐释……这种可逆性的形式正是象征本身的形式”[①]。波德里亚正是希望物品的交换能够脱离功利而进入一种更加高级的象征阶段，并提出“把一切移入象征领域”作为打破资本统治的方法。

夸富宴是巴塔耶、莫斯和波德里亚都提到的原始社会中的交换典型，体现了“象征交换”的四个特征。其一为可逆性。不同于生产交换，象征性交换包含着“获取和回报，给予和接受……礼物与对应礼物的循环”[②]等各种一般的和可逆的过程。其二为非商品的交换循环。其三为互惠性交换，这在原始社会体现特别突出。其四为可限制性。象征性交换只有一种结果，就是一旦发生了交换后，就成了与交换对应的唯一物，不能再在别的时间、地点发生另一次交换。既然象征性交换本身是一种不遵守等价交换规则的馈赠交往，那么它如何来打破资本统治呢？

第一，波德里亚认为，尽管马克思在有关资本主义的论述中创造了一种关于生产的镜像理论，但由于理论原点立足于使用价值和交换价值，因此并没有对发展了的资本主义作出一种全面的、适当的批判。资本主义的矛盾在马克思之后出现了新的变化，媒介广告将消费社会中商品的使用价值转变成符号价值，奢侈性、差异性取代了商品实际的实用性，社会生活出现了更加具有挑战性的现象，就是参照及真实的消失，“拟像”和“模拟”的出现。为了突出马克思“生产”的终结，波德里亚在《象征交换与死亡》中一一宣告了劳动、工资、货币、罢工、工会和无产阶级六个与“生产”相关的概念的终结。从《生产之境》开始，波德里亚显示出更加激进的姿态。他认为“生产”的概念必须受到质疑，否则难以从根本上克服马克思政治经济学的影响。在以消费为特征的后现代社会，工人与资本家的关系不再是被剥削和剥削的关系，而是不平等的礼品交换的关系。工人的自助消费、自我定位表面上看来足够平等与民主，而这件外衣恰好遮蔽了不平等交换的实质。波德里亚认为正是这种“生产方式”的不同产生了象征交换的基础。第二，波德里亚对符号价值进行了重新定位，并将符号价值提高到绝对的主导地位。在消费社会里，马克思主义的理论与道德困难在于，工人的工资水平不再与生产过程相适应，所以劳动不再是一切价值的源泉。资本主义是一个物品极度丰盈的社会，由于资本主义不可能在物质上被推翻，故能消除这种商品符号主导性规则的唯一办法，就是通过对其操作原则的象征性否定。[③]在这个时候，波德里亚开始将政治经济学看成一种仿真的模式，并呼吁不能以政治经济学或革命来与“仿真”进行斗争。在《象征交换与死亡》中，波德里亚不断探讨着“死亡”：“劳动与死亡”“政治经济学与死亡”“我的死亡

①Jean Baudrillard, *Symbolic Exchange and Death*, London: Sage, 1993, p. 2.
②Steven Best and Douglas Kellner, Postmodern Theory: Critical Interrogations, The Guilford Press, 1991, p. 116.
③Jean Baudrillard, Symbolic Exchange and Death, London: Sage, 1993, p. 123.

无处不在，我的死亡在梦想”等。在他看来，对抗仿真的消费社会，唯一的手段便是开启“死亡”模式，只有彻底拒绝象征交换的相互性，才能以理论暴力来获得反抗的可能性，例如劫持人质、恐怖主义、游戏人生、讽刺和调侃现实等。

波德里亚同时区分了政治经济史的三个阶段，迈出了与马克思主义决裂的第二步。在他的区分中，第一个阶段指古代社会和封建社会，被交换的仅仅是物质生产的剩余。第二个阶段指马克思论证的资本主义阶段，所交换的是全部工业产品的价值。第三个阶段就是消费社会，曾经被认为不可出卖的东西如“德行、爱、知识”在这里也都被拿来交换和出卖。在波德里亚看来，第三个阶段与前两个阶段一样具有独特性和革命性，但它却一直被主导着第二个阶段的那些经济交换所蒙蔽。在创造和论证资本主义这个概念上，马克思最终未解决生产过剩与消费能力之间的矛盾，因而受到了批判。同样，在消费社会里，“我们正生活在交换的末日。然而，只有交换才能保护我们不受命运的作弄”[①]。在波德里亚的理论视野里，交换不是纯粹经济上的交换，而是一种自我认可。只要存在这种认可，消费便不可避免陷入确认地位的宿命中。而当一切以符号价值为中心时，马克思的政治经济学批判必然让位于符号政治经济学批判。因此，在直接层面，波德里亚批判符号价值在于致力批判追求中的无差异性和同质性；在符号学意义上，波德里亚批判符号形式，核心在于对所指进行批判。依据经典的传统理论，经济基础总是决定上层建筑，因而文化逻辑总是依附于经济逻辑。然而，消费时代来临后，物不是作为生产出来的物出现，而是折射了文化意义的象征物，因此批判仅仅停留于经济逻辑之上，就不足以解释其中的文化意义现象，它要求必须从文化逻辑上找到一个理论立足点。这个立足点在波德里亚眼里便是媒介平台。媒介抛弃能指与所指的对应，使得所指开始变得复杂，孕育了多种意义。因此，文化逻辑中意指的产生与经济过程具有了同构性特征，这也让波德里亚的符号政治经济学批判成为可能。

五、超现实

波德里亚对消费社会进行批判，建立在一种技术基础——电子媒介上。如同蒸汽机宣告着工业时代的到来，电子媒介的出现也标志着资本主义社会迈入了一个新媒介时代。

麦克卢汉声称“媒介即讯息”，并断言随着电子媒介的兴起，信息的获得有着狂轰滥炸式的不可阻挡之势。它带来了整个社会的巨变：内爆（imploding）。麦克卢汉

①Jean Baudrillard, “The Ecstasy of Communication”, in: Postmodern Culture, Hal Foster (trans. & intro.), London: Pluto Press, p. 50.

将之定义为“内向地坍塌”，是一个消失界限的过程。波德里亚在麦克卢汉的基础上提出了“超现实”的观点。从地域和地图的关系着手，他认为，在地图与地域关系的颠倒过程中，地图凌驾了地域，地图不是真实的地域，却比地域更能一目了然。它“再也没有本体与表相之镜，没有真实及其概念……早已不是所谓的真实，因为再也没有想象性的东西包含着它，那就是超现实”[①]。波德里亚继而列举了一大批“超现实”（hyperreal）的例子，例如萨德的印第安人部落、模拟的勒斯考克山洞、水门事件和海湾战争、迪斯尼乐园等，并指出这些仿真后的效果已真假难辨，甚至比真实更加真实。

在《仿真与拟像》一书中，波德里亚进一步定义了“超现实”的特征——拟像的世界，意即图像不承载与现实的关系，只是自身的复制与模拟。他考察了仿真秩序的谱系，断定“拟像”（simulacrum）是图像历史的第四个阶段：

> 它是基本现实的反应。
> 它遮蔽或颠倒了基本现实。
> 它掩盖了基本现实的缺席。
> 它与任何现实都没有关系：它本身就是纯粹的拟像。[②]

波德里亚使用“拟像”一词建立于符号学概念之上，并以符号形态来对历史进程进行分析。他认为，自文艺复兴以来，西方历史可以区分为古典（前现代）、现代和后现代三个阶段。与此三个阶段相对应，符号追求与现实的不同关系。在前现代社会，符号与现实相合，“每个符号都绝不含糊地指涉一个（特殊的情景）和地位水平”[③]。现代社会则呼唤符号的解放，并且产生一个体现人的价值的“模拟世界”。经过久远的资本主义发展后，符号的运作最后产生以复制模型的方式为特征的后现代社会。波德里亚再三强调社会的三个阶段，旨在对物像与拟像加以理论定位。这个区分界定了后现代社会的本质特征——复制，并揭示出符号由最初的反映现实走向了万劫不复的取代真实的深渊。消费社会即是一个符号统治的社会，当符号上升为主导地位，物像就转换成拟像。拟像与物像有别，波德里亚看得分明，“为了获得一个形象，需要先有一个场景，即一定的距离。没有这个距离就没有观看，就没有

①Jean Baudrillard, Simulacra and Simulation, Sheila Faria Glaser (trans.), The University of Michigan Press, 1994, p. 2.

②Jean Baudrillard, Simulacra and Simulation, Sheila Faria Glaser (trans.), The University of Michigan Press, 1994, p. 6.

③M. Poster (ed.), Jean Baudrillard: Selected Writings, Stanford University Press, p. 136.

观看的作用，正是这个作用使事物得以呈现或消失”[①]，从而将拟像与形象区分开来。形象与事物之间介入了一个距离，这个距离就是符号的增殖过程。符号增殖必然意味着符号间的碰撞、区分、替换，在此过程中，拟像排挤了真实，让起源、理性和历史消失得无影无踪。

拟像取代真实必然产生一系列的内爆。内爆过程囊括了现实与虚拟的置换，信息、政治和娱乐界线的消失，以及高雅文化与大众文化、媒介与社会之间的消融。电子技术的飞速发展，已经对消费社会产生了深刻的影响。波德里亚探讨媒介并作出了贡献：他研究了消费社会中象征物内爆和自我增殖的现象，并且将焦点集中于对电视媒介的分析。在消费社会里，商品始终同符号紧密联系在一切。不管走到哪里，进入我们眼睛和耳朵的，全是广告介入下的符号意义，而这正是列斐伏尔所论断的日常生活。列斐伏尔指出，在这个全新的历史阶段，社会已经消失了风格，电视广告在其中起着重要的作用。波德里亚对电视娱乐的方式表示出了强烈兴趣，这一点与德波也有密切的联系。德波认为，娱乐是景观社会的主宰。其一，娱乐以符号的形式刺激消费的欲望，使得景观变成社会生活的全部。其二，娱乐被解释成真实还原为表象，将真需要（真实）还原成了伪需要（表象）。波德里亚认可“景观源于世界统一的丧失”[②]这一论断，并将德波的景观社会向前推进到符号社会，认为信息不是生产意义，而是恰恰相反，“信息吞噬了它自身的内容物……在缔造传播的过程中耗尽自身”[③]。景观在今天仍然在继续和扩张，电视和广告的消费在于最终引导人们能区分自己与他人，而不仅仅只是传递信息这样一个作用了。于是在广告的作用下，意义最终在媒体中内爆。

波德里亚认为，电视是视觉和听觉的符号碎片，只有表面意义，没有深层、稳定的话语系统。电视是消费社会的一个客体，电视的内容是次要的，主要则在于倡导差异消费。另者，波德里亚认为，电视是媒介文化的重要代表，因为它促成了符号和图像在日常生活中的迅速传播。这意味着电视广告带来了他所说的“超现实”特性。一为仿真性，即电视本身所带来的比真实更加真实的所谓想象空间。波德里亚认为，当代社会已经沦落为客体占据主导地位的社会。“客体”有两个不同的阶段：第一个“客体”指符号化的商品和商品的符号化，常以复数小写形式出现（objects）；第二个“客体”指由商品/符号互相模仿后在无限增殖中构成的一个系列，常以单数大写形式出现（Object）。[④]前者充其量是机械时代的复制作品，是生产线上许

①Mike Gane, Baudrillard Live: Selected Writings, London & New York: Routledge, 1993, p. 69.

②Guy Debord, La société du spectacle, Paris: Gallmard, 2004, p. 30.

③Jean Baudrillard, Simulacra and Simulation, Sheila Faria Glaser (trans.), The University of Michigan Press, p. 81.

④Jean Baudrillard, Revenge of the Crystal: Selected Writings on the Modern Object and A Density, London: Pluto, 1999, p. 18.

许多多单个的集合体；后者则是纯粹的、与现实无关的符号，但是它仿真出来的效果甚至比现实更好。二为消解历史性。一般来说，后现代文化消解了现代主义主张的“宏大叙事”，消解了严肃和崇高，直接导致符号和经验的支离破碎。电视最适合解释这种文化，它的不间断播出融合了结构、文本、经济和品味等各种要素，使画面远离了意识形态，同时也远离了对深层内涵的追问。波德里亚认为，电视容许弱势群体的出现：电视也播放民众呼声、儿童节目和女性视点。同时，电视也关注如何塑造边缘群体，例如电视与种族课题。他也进一步认为，电视中的人物、事件很难断定真实性，因为拼贴的痕迹过于明显。它可以是各种方式的分散或杂糅，也可以是各种事件的混淆或聚集，因此很难说电视代表着某种特定的中心话语。一切都只是电视将自己媒介成了一个事件，这里没有中心、没有主导，历史在这里消失了。第三个特性：内爆泛化性。电视消解了地域、时间、种族和阶级之间的各种差异，将生活中的一切现象置于同一个平面上，让它们变成符号或者图像。

于是，电视扮演的角色显得更加特别：一方面，消费者被界定为电视广告的接受者，对广告别无选择；另一方面，消费者又同时被界定为消费的主动者，拥有选择接受某个符号意义的权利。因此，在波德里亚看来，电视既将消费者变成“沉默的大多数”，也使他们必然遭遇“致命的策略”。波德里亚也涉及了网络媒介，网络虚幻小说就是例子，但仅作了只言片语的描述。在《拟像与科幻小说》中，他对“内爆”作了一个注解①，为超现实与科幻小说互相逼近对方，它们都没有原物，仅仅只是复制和幻象，最后生成一个类似DNA双螺旋的对峙与平行结构：一条是超现实物（科幻小说），一条是阅读者眼中的真实。这两者之间永远没有交集，最后沦陷于意义的黑洞。这便是媒体带来的结果，直接导致“拟像”社会的来临。

综而述之，波德里亚构建了一个由拟像—内爆—超现实“三位一体”的理论框架，描绘了一个比真实更真实的世界。

六、超美学

在“超现实”世界，“拟像”起着至关重要的作用。从拟像出发，必然转向对“内爆”的说明。“内爆”就是消解界限的过程，以美学意义加以审视，波德里亚称之为“超美学”。在1989年5月的蒙大纳会议上，波德里亚提出“超美学”（transaesthetics）的概念。所谓“超美学”，即指美学已经超越自己的边界，不再局限于传统的艺术领域，广泛地渗透到政治、经济、文化和日常生活等各个领域之中。如波德

①Jean Baudrillard, Simulacra and Simulation, Sheila Faria Glaser (trans.), The University of Michigan Press, p. 121.

里亚所声称，“我们的社会生产出普遍的审美泛化：所有的文化形式、不排除那些反文化的形式都被提升了，所有再现和反再现模式都被纳入其中”[①]。他以“拟像”为理论基础，集中论述了消费社会里几种“超美学”现象：

其一，在真实与拟像之间，模拟导致了真实的消失。他论断，在古典时代，模拟是直接模仿现实物，模拟就是真实，如写实主义、自然主义；在现代主义时代，模拟转向有意拉开与现实之间的距离，不是如实反映，而是含有夸张或变形的成分，如立体主义、印象主义；在后现代主义时代，模拟却带来符号化的拟像，最佳实例就是迪士尼乐园。显而易见，模拟带来的超现实效果混淆了人们的判断，导致人们无法分辨何为真实。波德里亚的这一论断暗示着真/假、现象/本质二元区分的彻底终结。“模拟”就是仿真，仿真在意义上是一种“回归”——对过去的重复、对“再”的展现。在模拟的重复过程中，真实已经消失了，过去、现在、未来融为一体。在他看来，海湾战争并没有真实发生，也没有即将发生，它仅仅是一个符号。确切地说，真实与拟像根本没有外表差异，二者在模拟中仅仅具有结构意义，是预先确定的秩序。因此，真实与虚拟的内爆导致真实永远不在场的缺席，却又作为符号的某种投射反映到模拟之中。真实永远缺席却又无处不在，如此神秘、如此不确定！在此，波德里亚提供了一种全新的分析方法和一种重新界定真/假的感性结构方式。

其二，在主体与客体之间，模拟使得主体死亡，沦为客体的附属。波德里亚在《完美的罪行》中指出“I'll be your mirror！——这是主体的口号！We shall be your favorite disappearing act！——这是客体的标语！”他的意思十分明显，“我将成为你们的镜子”，“我”之主体只不过是一种反映——像镜子般被动的反映；“我们将上演你们喜欢的由有至无的戏法”，客体却占据着一个“上演”的主动地位，意即“我”表演、你观看。在消费社会里，商品就是上演这一戏法的魔术师，它迎合大众，并将大众变成镜子。波德里亚指出：“你从未消费客体本身，你一直在操纵作为符号的客体——他们使你要么归属于作为理想参照系的你自己的群体，要么离开原来的群体而认同于地位较高的群体。”[②]换言之，主体逐步退隐到客体之后，物的惰性、沉默不语的“呐喊”无声无息地消解了主体的支配地位。广告在此“趁热打铁”地参与进来，喋喋不休地用符号对消费者加以说服和管理。至最后，我们不得不沉迷其中，将自身毫无保留地托付于它，我们的满足感也从享受劳动之乐转向享受消费之乐。符号铺天盖地地弥漫，最终导致了主体的消亡。这意味着后现代社会已经将审

①Jean Baudrillard, The Transparency of Evil: Essays on Extreme Phenomena, James Benedict (trans.), London & New York: 1993, p. 16.

②Jean Baudrillard, The Consumer Society: Myths and Structures, London: Sage (originally), 1997, p. 53.

美观聚焦到客体如何独立运转的层面上来。

其三，在新闻、娱乐与政治的联系之间，得出“历史终结”的结论。波德里亚论断，我们处在一个大众生活的时代，虽然大众是沉默的，但毋庸置疑是一个符号大量被制造、被消费的时代。要重申一种现象，即媒介是奇异现象，只生产模拟物(simulations)，提供现实的完美模拟（“显得更加真实”）而非现实本身。模拟物就是流行，对大众具有致命的诱惑力。模拟物被媒介制造出来，并在媒介提供的虚拟真实中被大众接受。为了吸引大众的眼球，媒介不惜使尽浑身解数将模拟物放置于各种领域，包括交叉领域加以展示，因此就有了“真实的”谋杀、“真实的”当众出丑、“信息广告”等节目。媒介在推崇符号价值的消费背后，更多地传达某种空间累积，不再注重传达界限分明，处于严肃意义领域的历史、政治和娱乐内容。在波德里亚看来，所谓政治、新闻、娱乐的界限并不存在，存在的只有符号、现实和信息的“高速传播公路”，“历史”二字的线性意义已经“内爆”了。在媒介的实例中，波德里亚从民主政治方面来说明文化社会的模拟秩序，例如民意调查。他认为，新闻性或娱乐性的游戏调查瓦解了政治的严肃性，它有可能是地域的杂糅，也有可能是时间的颠倒。进一步而言，媒介的广泛渗透使得公众开始产生抵触与腻烦，以前如何、今后怎样对他们来说并无多大意义，于是意识形态、历史感、责任感的职能终结更加加剧了，历史在这里已经不存在，没有以前和未来，只有现在。[①]

在艺术与各种领域之间，波德里亚认为产生了第四种内爆现象，即他认为艺术进行了扩张和泛化。

关于艺术，波德里亚首先是从断定艺术品开始的，在《消费社会》中即有论断。在划分功能性和非功能性系统时，他明确无误地强调了艺术品的“功能”经过抽象化过程最后消解于符号意义的过程。艺术品的价值强调收藏价值，究其原因，同他一贯强调的一致，是符号意义的附加。在《符号政治经济学批判》中，波德里亚进一步做了两个方面的工作，一是分析了艺术作品如何传递符号价值，二是通过论述艺术品拍卖最终走向符号政治经济学批判。波德里亚在此延伸了关于艺术的符号学视野，将艺术视为物体在消费社会中如何组织成符号系统的模范。他将艺术的特例锁定在图画上，认为它是模范中的模范。物体要成为消费社会中的物体，首先要经过符号学意义的蜕变，让符号意义存留。物体彰显符号价值以后，它便是一种系列，或者是某种系列中的一个，丧失了独特性。波德里亚对这个过程的发生作出了很好的说明，包括电子技术的兴起、媒介广告的狂轰滥炸、个人自身地位的追逐。对于图画来说，系列和符号学意义是图画成为艺术不可忽略的因素。在某种意义上，波德里亚玩弄的是这样一个概念：到底是图画模仿符号，还是符号模仿图

①Jean Baudrillard, The Consumer Society: Myths and Structures, London: Sage (originally), 1997, p. 60.

画？图画对于艺术家而言，创作性、理性思考以及表现方式的协调性在符号化、系列化的行进过程中已经被全部内爆了，作品变成一种作品系列中的重复，即使有不同，也只是风格和主题的差异。虽然图画问世了，但严格说来，它是在电子技术、信息传播基础上产生出来的“超现实”图画。从千万艺术品表象来看，要进行哪是图画哪是符号的断定，恐怕是一个不可能完成的任务。

波德里亚以安迪·沃霍尔（Andy Warhol）做了个案研究。沃霍尔是美国波普艺术的重要代表人物，他的魅力在于打破艺术史的常规，对复制加以大力倡导，其成名之作《玛丽莲·梦露》就是复制炮制出来的。波德里亚认为这是一个真人沦落为符号的过程，即复制为艺术提供了最佳武器，使之脱离艺术创作的传统规律，从独一无二变成无数个雷同模样。波德里亚论沃霍尔，首先抓住其艺术表象——一种符号视觉性，一个的n次复制；然后是艺术结论——艺术并无价值（指现代性意义上的精英价值），它被最大程度地大众化，仅仅追求梦想与意义的符号；接下来才是缘由——“超验性愿望被打消”。当电子媒介作用下的复制取代创作后，波德里亚相信艺术的功能最终是重新抓住世界，更新一种“看”的方式。对所有艺术而不仅仅针对沃霍尔来说，它们只拥有空间意义而非时间意义。波德里亚认为这是艺术自身的一种终结。对于沃霍尔而言，他自身是一台“机器”——复制梦露的“点子机器”；对于《玛丽莲·梦露》来说，它却是“点子机器”的现实化，是已丧失原来全部意义的符号。艺术的神秘面纱被揭去了，不再有价值、判断、尝试以及规范功能的标准，并以梦想的速度进行无深度的迅速传播。复制使得艺术能够在系列中自我增殖，从而丧失了艺术被创造的那段历史。由此看来，艺术自身的终结也就是一个艺术客体无限上升的过程，主体被艺术客体取代了位置。因此，波德里亚说：“艺术已经消失了……不存在基本的规则，也不再有评判或是预约的标准。”[①]与此同时，广告也参与造势过程，正因为广告的介入，艺术已经失去了抵御其他媒介（视觉的、语言学的等）入侵的外衣，因而被理解为阐释世界多元化的组成部分之一。于是我们看到，似乎所有的艺术形式都在这里穷尽了，它的无限扩张导致了审美向非审美的转化，它理所当然会衰落甚至消亡。

①Jean Baudrillard, The Transparency of Evil: Essays on Extreme Phenomena, James Benedict (trans.), London & New York: 1993, p. 41.

第二十章　法国女性主义美学

概　论

近代以来，世界范围的政治、经济和文化运动此起彼伏，妇女解放运动也历经了三次浪潮，涌现出了一大批女性主义活动家。在欧洲大陆，女性运动的兴起一般被认为来自18世纪法国大革命自由平等思潮的影响。但法兰西第一共和国1789年通过的《人权宣言》并没有改善女性的受教育权、继承权和公民权。也就是说，法国大革命的胜利虽然离不开女性的积极参与和大力支持，可大多数获得解放的男性革命家对女性的权力并不热心。可以说，在人权概念形成的近两百多年历史当中，很长时期内并不包括女权。女权运动的广泛兴起，意在推动女性的做人之权从边缘进入主流，使女权成为整个人权的重要内容。

法兰西第一共和国的重要奠基人马奎斯·孔多塞（Marquis de Condorcet，1743—1794）是第一位站出来为妇女争取公民权和政治权的政治家，他也是法国大革命时期公开主张女性应该拥有与男子相同的财产权、选举权、工作权以及公共教育权的少数政治家之一。1790年9月，他出版了《关于承认妇女权力》的小册子。紧接着，法国大革命的妇女领袖奥兰普·德古热（Olympe de Gouges）发表《女性与女性公民权宣言》（1791），主张妇女生来就是自由人，和男人有平等的权利。第二年，英国女权主义先驱沃斯通克拉夫特（Mary Wollstonecraft，1759—1797）的《女权辩护》一书出版，她强烈批判法国大革命时期政治家塔列朗在法国制宪议会上发表的一篇关于女性只应接受家庭式教育的报告，试图彰显女性作为男性“伴侣”的平等地位，并提出妇女选举权问题。但是，沃斯通克拉夫特强调女性不应屈服于她们的身体或情欲，这一论点又是后现代法国女性主义的对立面。不过，沃斯通克拉夫特的另类生活方式/实践完全与书中的道德要求相违背，她那几乎“糜烂”的私生活恰如西蒙娜·德·波伏娃（Simone de Beauvoir，1908—1986）、露西·伊利格瑞（Luce Irigaray，1931—　）、埃莱娜·西苏（Hélène Cixous，1937—　）和朱丽娅·克里斯蒂娃（Julia Kristeva，1941—　）等法国女性主义思想家倡导或实践的生活方式。

英、法女权先驱倡导的女性解放运动及其留下的精神财富毫无疑问影响了一代又一代欧美女性。19世纪中后期，法、英、美等国妇女争取政治平等权力的斗争逐渐高涨，席卷全球，掀起了第一波妇女争取教育权、选举权等基本人权的大规模妇女运动。然而，法国虽然在1848年就成为“世界上第一个实现男性公民普选的国家”，但法国妇女选举权直到1944年才由戴高乐政府赋予，而且只有50岁以上的法国妇女才能获得投票权，男女选举权获得时间相差近一百年，可谓西方国家之最。

女性基本权利的获得，尤其是教育权的普及为第二波妇女解放运动的来临奠定了更广泛而深刻的思想基础和人才基础。第二次世界大战后，西蒙娜·德·波伏娃则以《第二性》（1949）为第二次浪潮的来临揭幕，《第二性》还获得女权圣经的美誉。波伏娃从生理性别（sex）和社会性别（gender）的区隔为出发点，在人类历史上，她第一次指出了女性的“他者”地位，揭示父权社会文化规范下女性的处境，显影了性别的二元对立等级特征。波伏娃认为，生理性别是自然的、生物的，与生俱来的，是一种无法改变的具有决定作用的物质存在——身体。社会性别是心理性的，即社会文化的产物。由此，她得出了最著名的论断——一个人不是生来就是女人，而是逐渐变成的，也可以说社会性别（gender）不是天生获得的，而是后天习得的。这一洞见，不仅直接启发了社会性别理论的形成，还为20世纪六七十年代第二波女性主义运动和女性主义理论的发展提供了强大的分析基础，“他者”范畴则成为后现代女性主义的重要思想武器。

波伏娃虽然显影了女性的次等地位，但却未能挣脱笛卡尔以来的二元对立藩篱，她对女性“他者”，女性身体所持的态度也十分悲观。波伏娃甚至认为，“他者”必须主动克服其消极的内在性。波伏娃理论的缺陷却为露西·伊利格瑞、埃莱娜·西苏和朱丽娅·克里斯蒂娃等三位后现代女性主义留下了无限空间。三人直接承袭了波伏娃社会性别理论和“他者”范畴，但同时又从同时代的解构主义学说和精神分析学说中吸取营养，以相当积极的态度挣脱二元对立藩篱，赋予“他者”积极意义，如欢庆女性身体的独特韵律、节奏，最终追求的是超越一切二元范畴，从女性/性别出发又不止于女性/性别的努力。

伊利格瑞、西苏和克里斯蒂娃三人都是在成年后，于20世纪五六十年代前往法国，并获得博士学位，三人都经历了法国震撼世界的“五月风暴”，西苏和克里斯蒂娃都与文学批评家托多洛夫（Tzvétan Todorov）交往甚密。早在1970年，西苏与托多洛夫（Tzvétan Todorov）、热奈特等人一起创办了日后颇具影响力的《诗学》（Poétique）杂志，而从保加利亚来巴黎的克里斯蒂娃则因为同乡托多洛夫的帮助很快融入巴黎知识界，先后在当时一些很有影响力的刊物上发表语言学和文学批评论文。

三人与精神分析学说都有着深厚渊源，并从语言和身体的关系出发，希望通过书写还原“身体”，从中发现不同着力点，探索女性身体欲望的无始无终、变化不拘的特征。为开创独特的话语体系，建立新的对话模式，三人著书立说，相互呼应，深刻剖析单一阳性逻各斯中心话语对多样性的消弭，为当代女性主义批评及其社会变革前景谱写了不可多得的华丽篇章，影响力传至世界每一个角落。三人也因此被美国女权主义批评家陶丽·莫伊（Toril Moi）称为“法国女权理论的新神圣三位一体”。作为承袭第二波和第三波女性主义浪潮/后现代女性主义思潮的思想者，三人在世界思想史上都产生了难以磨灭的重要影响。

三人中伊利格瑞较为年长。伊利格瑞20世纪60年代初从比利时来巴黎求学，她的哲学博士论文《窥镜，作为他者的女人》（1974）从女人的性出发，强烈批判以主流精神分析学说为首的科学界从未质疑单一阳性逻各斯中心话语，并要求重新考察女性是如何从话语生产中被排挤出去的。她从象征与想象的关系入手，指出弗洛伊德和拉康精神分析学说体系学如何依靠想象和无意识幻想将女人建构成有缺陷的、次等的男性，从而揭示哲学概念体系的所谓真理在很大程度上不过是想象的产物，即哲学家、心理学家，甚至社会大众一连串的幻想，且有明显的虚假性和排他性。她认为，既然女人在象征秩序中无家可归的悲惨境地是依赖想象建构出来的，就可以对其加以变革。于是，建构一个以前从来没有的社会想象成为伊利格瑞的目标。不过，伊利格瑞强烈的批判性不仅让自己丢了在大学里的教职，还被指责有精神分析所不能容忍的政治图谋。

之后，伊利格瑞一直致力于从女性身体和情欲的不稳定性出发，阐释女性的多样性和差异性，发现外在于阳性逻各斯中心机制的表达和再现方式，以化解有阶级高下之别的两性差异。她提出女性必须发展出自己的语言，打破父系语言压抑女性、长期一言堂的垄断地位，夺回女性应有的发言权，建构女性欲望与语言之间的不同联系模式，表达出女性差异的多元性与互动性。让女人化身为文化与真实的创造者，这既是伊利格瑞的长期奋斗目标，也是她进一步的社会变革诉求。总之，伊利格瑞期望在赋予女性发言位置的基础上，让女性深入参与社会经济、文化诸方面的变革。

为了重塑人们对身体的认知，伊利格瑞还将阴性气质引入她的话语模式，伊利格瑞称其为“说话如女人”[parler-femme，speaking（as an）woman]。“说话如女人”可以看作是阳性话语（masculine discourse）之外的可能性话语，也就是以女性身体为物质基础和出发点，争取发言权。她强调说话主体的身体与语言之间的关系，并认为作为女人的身体早已被语言所制约[①]，性必须以解放的主体方式进入语言体系。针对拉康象征体系对女性和母亲身份的混淆，她反转西方文化的弑父假定为弑母假定，认为这是西方文化阻断母系传承的象征手段。她提出象征体系必须与母亲认同，但不能重新回归父系中心为她所规定的客体位置，而是突破父权单一话语体系利用“同一化”（oneness）禁锢女性，从而实现母系传承。

相比伊利格瑞的“说话如女人”，西苏则在具体的书写实践中脱离阳性书写运作规则，尽可能发挥其瓦解父系文化的潜力，解放女性身体被束缚多年的驱力，体现比现实更加真实的原初，并发展出另外一种书写模式。对西苏而言，创作就是主体书写的过程，而“语言经由身体翻译来表达，翻译思考的过程，每次必然透过身体”。但是，西方基督教文化的影响导致人们对身体长期视而不见，甚至贬低身体。西苏逆流而上，意欲彰显语言与身体直接关系的思路给学界带来了强烈冲击。尤其是她的《美杜莎的笑声》，为了强调生理属性为女性的书写，高调歌颂女性身体的独特性，造成人们简单地将阴性书写理解为本质主义的女性书写。因此，重新探究西苏多元文化身份建构的阴性书写之本意也就成为本章的重点之一。

西苏本意在于通过书写改变整个庞大的文化铭刻体系，延伸出不同于阳性社会的符号、权利关系、生产与再生产模式。因此，对西苏来说，如何发现和建构一个可以安全运作的社会空间也就成为相当现实和重要的问题，即通过阴性书写为阴性经济寻觅到合法的实践空间或另类空间（alternative space），而不是乌托邦空间。

西苏所说的另类空间在一定程度上受益于克里斯蒂娃在博士论文——《诗性语言的革命》（1974）中提出的“穹若”（chora）。“穹若”也可以理解为“元空间”或“母/阴性空间”（maternal space），即母亲与孩子共享的、不可名状的、如子宫般混沌的身体空间，循环往复、永恒不朽乃“元空间”的基本特征，是在进入阳性象征系统之前的一种无语状态，即它是一种还没有被言说出的语言符号和意义。[②]克里斯蒂娃认为，它对讲究理性、稳定、连贯与逻辑的阳性象征界具有威胁。表意主体与母体分离后，“穹若”仍然以潜在的方式存在着，只要有适合的表意空间，暗藏的驱力就会爆发出来。克里斯蒂娃所说的前伊底帕斯期“穹若”——母子共生空间，强调母女之间的联系，与伊利格瑞所说的母系系谱殊途同归。伊利格瑞从克里斯蒂娃的“穹若”里彰显一系列女性专属的东西，并将其化作具有颠覆性的力量，如流动、液

①Luce Irigaray, An Ethics of Sexual Difference, Carolyn Burke & Gillian Gill (trans.), Ithaca: Cornell University Press, 1993, p. 176.

②Julia Kristeva, Revolution in Poetic Language, Margaret Waller (trans.), New York: Columbia University Press, 1984, p. 25.

体、直接、处女膜、经血、神秘、歇斯底里、口唇、贞操、子宫等。对于西苏来说，母亲是一个隐喻，即语言发源地或新语言诞生的源头。

伊利格瑞“说话如女人”，西苏“阴性书写”都尝试用流动性、感觉性、触觉性和变异性等破坏男性中心思考逻辑及其二元对立，抗拒一切固定模式、形态和概念，创造出一种能包容多重声音、多重性别的论述方式，取代单一排斥异己的父权论述，让女性主体在书写中认同自我，倾听来自自己心底的声音，跨越性别对立的框架。

对伊利格瑞的阴性气质、西苏的阴性书写等概念的命运，克里斯蒂娃认为，改变社会体制本身比女性书写女性更为重要，否则无以解放阴性气质，无以实践阴性写作。[①]因此，相比热衷于提倡阴性书写的西苏，克里斯蒂娃希望通过改变社会体制，消除其固有的偏颇之处，从而达到以不同语言铭刻不同意义的目的。

无论是伊利格瑞毫不隐晦的鲜明的女性主义立场，还是西苏强调个体差异性的阴性书写，以及克里斯蒂娃社会转型策略等，都钟情于流动性的语言，并试图建立一套思维模式，突显被压抑的身体特质，如经血、母乳、羊水等与生殖能力相关的液体。在语言上，放大这些不能被言说的，甚至被污名化的女性身体特质，反转被压抑的女人主体性，赋予其力量，取代或反制男性中心象征系统。不难看出，三人最终其实是希望人们忘掉性别，打破原有的各种束缚，放下固执的思维，以开放的心态重新审时度势，以求超越任何一种二元对立的、以自我为中心的思考。这反映在写作风格和审美趣味上，就是流动性、非固定思维使书写更具包容性，尤其是母语为德语的西苏，在艺术和精神方面承袭了德国的浪漫主义，在创作中执着于探索神秘的语言之旅，建构瞬息变幻的主体，实现诗意的超越；克里斯蒂娃的美学则意欲在一个“开放的系统”，或一件“进行中的作品”生成“他者”，促成单一封闭的阳性象征体系转型成多元开放的系统。

从总体看，三人都采取从边缘出发的颠覆策略，相互呼应，试图在坚硬的、封闭的阳性书写外壳上凿开一道裂缝，让难以发挥作用的阴性气质能够开口畅所欲言，道出对身体的不同态度和体认，抗拒传统想象空间，追求铭刻阴性特质的语言，阴性身体最终成为掌握文本生命的力量。

---

①朱崇义：《性别与书写的连接——谈阴性书写》，《文史学报》2000年第30卷，第33—51页。

第一节 朱丽娅·克里斯蒂娃

朱丽娅·克里斯蒂娃（Julia Kristeva，1941— ）不仅被公认是西方符号学界最重要的理论家之一，而且在文学理论、美学、文化批评、精神分析理论与实践等方面也都有着强劲而独特的声音。在英语文化圈，她被看作是“法国女权主义者”，与埃莱娜·西苏（Hélène Cixous）和露西·伊利格瑞（Luce Irigaray）一道构成陶丽·莫伊（Toril Moi）所谓的“法国女权理论的新神圣三位一体”。尽管三位女权理论家的哲学观点、关注问题以及写作风格各异其趣，因而这样的归类或许不够确切，但是，若与其他女权主义作家和理论家相比，她们之间还是存在着较多的共同性的。

1966年，25岁的克里斯蒂娃从保加利亚前往巴黎攻读语言学博士学位。是年，拉康的《文集》（Écrits）和福柯的《词与物》出版。在保加利亚同乡、文学批评家托多洛夫的帮助下，她不久即融入巴黎左岸的知识界生活，并在当时最负盛名的评论刊物《批评，语言》和先锋文学刊物《原样》（Tel Quel）上发表语言学和文学批评论文。值得一提的是，克里斯蒂娃后来与《原样》杂志主编菲利普·索莱尔斯（Philippe Sollers）结为伉俪。20世纪60年代末，《原样》成为对写作政治学中再现理论进行批判的一股重要力量。这本杂志对克里斯蒂娃的影响是持久而深入的。

一、符号对抗象征

克里斯蒂娃给法兰西知识界的第一印象除了其语言学论文之外，就是她对俄国形式主义者米哈伊尔·巴赫金著作的介绍和阐释。在《符号学，关于符号分析的探究》（Σημειτιμη：Recherche pour unesémanalyse，1969）中，她用《语词与对话》一章分析和凸显了巴赫金著作的特色。这一章的写作方式是后结构主义式的，她从巴赫金那里借来了语言的另类特征，如不敬、嘲讽、颠覆和狂欢等，由于它们的冲击，结构主义那些优雅的范畴便土崩瓦解了。在此她引入了一个对她来说至关紧要的概念——“言说主体”，并将它作为语言分析的主要对象。这一概念产生于她对巴赫金“对话主义”的阅读，她认为，对话是主体文本与接受者文本之间的永无休止的交换，由此，她的一个重要概念“文本间性”（intertextualité）得以成形。

本书还为她的“言说主体”理论的进一步发展提供了一个出发点，而更为重要的是，它同时也是她对那不可分析的进行分析的出发点，所谓“不可分析”是指某些事物的不可表现性、异质性，以及个体生活和文化生活的极端的他异性。再者，本书还表现出克里斯蒂娃对另一主题的关注，即对此一领域的象征性挪用，如在其后期著述中所证明的，此挪用是通过对两者特质的不断编织而实现的。

最后一章的标题是“形式的发生”（L’engendrement de la formule）。在这一章里，她解释了她所特别使用的几个概念：如“文本”（texte）意指生产的某一类型，它在历史中占有一个确切的位置，并代表着一个特殊的科学定义；如“符号分析”（sémanalyse）是关于文本意指的理论，它视符号为一特别的要素，能够确保对这一发生（engenderment）的再现，这个发生是符号发生的内在过程，是符号的另类场景。①

克里斯蒂娃决意将语言当作动态的、越轨的和“物质性”的事物。它不是一个静态的工具，不能被简约到逻辑命题那样的层次，简约到能够为理性所随时把握的层次。她批评结构主义因为埋头于语言的“设定的”（thetic）②或静态的方面而将语言设想为一个同质结构，而她的符号论则揭开了语言的基本的异质性，尽管它也关切于话语以及话语的言说主体。对于其符号分析来说，语言是一个意指过程，语言实践既是一个体系也是一种越界（否定性），是“声音生产的冲动性基础”与声音发生于其中的社会空间的共同产品。为创建这一新的符号理论，克里斯蒂娃向她曾钟爱的黑格尔、马克思和弗洛伊德多次借鉴，但另一方面她又总是与他们保持着一个批判的距离，其间她插进了一种新的动能，一种革命的精神。

1974年，克里斯蒂娃出版了她的博士论文《诗性语言的革命》。其中，她将异质主体发展成为意指过程以其两大要素“符号”（semiotic）与“象征”（symbolic）而产生出来的结果。在她看来，意指总是异质性的，它既有符号的物质性反抗，又具备象征的稳态。符号与前俄狄浦斯的初始过程即基础性的搏动相关联。这一初始过程在克里斯蒂娃看来主要表现在“肛门期”和“口腔期”，而且同时是二分的（生命/死

① “文本不是一个语言的现象，或者换言之，它不是一个被结构化了的意指，不呈现在一个被视作扁平结构的语言体中。它是它自身的发生（engenderment）：一个被写进语言‘现象’的发生。现象文本（phéno-texte）作为印刷文本之可读性唯在于它被垂直地穿透其起源：一是其语言范畴，二是意指行为的拓扑学。现象文本的意指活动就是这一发生。对于这个发生，我们可从两个方面来理解：第一，语言织体的发生；第二，‘我’的发生，此‘我’将自身置于意指之呈现者的位置。它是现象文本发生的（语言）活动，此现象文本通过垂直瞰视而展开。当我们将文本的概念双重化为现象文本和生成文本（géno-texte）（表面与基础，被意指的结构与意指生产）时，我们称此活动为现象文本。”（Σημειτιιη: Recherche pour une sémanalyse, Paris: coll. Tel Quel, Seuil, 1969, p. 219）

② “设定的”（thetic）是指对同一性的设定，它是一切言说活动的基本要求。克里斯蒂娃解释：“我们将符号学（冲动及其表出）从意指领域区分出来。意指总是包含一个陈述或判断；它是定位的领域。通过信念、定位以及设定等概念，胡塞尔的现象学赋予这一定位活动以和谐与秩序。它被结构化为一种对意义生产过程的切入，其方式是建立主体的同一性以及主体的客体的同一性，并将此同一性作为命题活动的前提。每一言出过程都是设定的，无论它是一个词或是一个句子的言出：每一个言出都要求同一，即是说，将主体同其意象和从其意象中分离出来，同时也将主体同其客体和从其客体中分离出来……”（La révolution du langage poétique, Paris: coll. Tel Quel, Seuil, 1974, pp. 41–42）

亡，排出/内射）和异质的。这些搏动永无休止地聚向“穹若”（chora）[①]——它尚未被整合进宇宙，并且远离上帝，柏拉图称其为“一个营养的和母性的容器”。

符号的冲动和释放将假道于语言的物质层面，如声调、音响、节奏等。如果如拉康所言，无意识像语言那样结构，那么克里斯蒂娃则指出无意识也总是异质性的。这种拒绝物质表现的符号理论极大地影响了无意识概念：无意识不仅如语言那样的结构，而且也异于语言的结构方式。语言的物质性指向符号实体，这一实体既使语言成为可能，同时又摧毁了语言。

克里斯蒂娃坚持，恢复语言中的这一符号特性将带来意指实践的危机。她将语言的符号性比作政治革命。它引爆了一场象征和主体的动乱，这就像政治革命一样。由于符号性是生物—社会性的因素，能够将冲动导入语言，所以它也是冲动的贮藏室。冲动绝非在语言之外，而是以异质性为其内在本质，它们同时包含有符号和非符号、意义和无意义等。生物活动服从于意指的和社会的符码，但同时也违逆它们。冲动的释放可以经由象征，经由语言的物质层面，但也必然总是溢出象征。冲动不为语言所再现，但可以为语言所激活，尤其是被那诗性的和先锋性的语言所激活。

就诗性语言强化语言自身的异质性而言，它激发冲动，并创造了象征与符号的辩证混融。这种混融打破并重新划定了语言的边界。二者的相互依赖对于符号所从事的“革命”是重要的，对于象征保护意指实践免于精神错乱也是重要的。

符号与象征间的辩证运动与黑格尔所要求的不断地回归主体、走向和解的辩证法是不同的。克里斯蒂娃的辩证法重在危机，而非和解。在她看来，侵越诗性语言的“设定”不是对符号之否定的否定，它是对象征与符号之间矛盾的反向激活。这一激活并非对矛盾的否定，而是指向异质性和它们两者的矛盾。如此一来，对矛盾的激活就是一个反向运动，因为它使用设定反对设定。那产生设定的同一个矛盾又反向激发了对设定的破坏。通过象征与符号之间的辩证运动，我们能够确认究竟是哪种语言在被使用着。某类诗歌或先锋写作由于重视语词的物质性，其节奏、音调就趋向于被压抑的符号。克里斯蒂娃称这类写作为“生成文本”（géno-texte），它与

① “穹若”在此是一音义兼顾的译法，意指“空间”“场”和“处所”等。克里斯蒂娃说：“我们从柏拉图的《蒂迈欧篇》（Timaeus）借取‘穹若’（chora）一词，以表示一个节点，它完全是暂时的，是本质上能动的，由运动及其短暂的歇止所构成。……它既非一个模式，亦非一个副本，而是先于和作基础于构型过程即具体化，它只是与声音的或运动的节律相类。”（La révolution du langage poétique, Paris: coll. Tel Quel, Seuil, 1974, pp. 24–25）

“现象文本”（phéno-texte）相对立。[①]

依据诗性语言的符号特性，克里斯蒂娃还描述了诗性生产中否定的效果。诗歌否定象征，其目的是为了将它唤回意指过程。克里斯蒂娃把这类诗性否定叫作“第三级次的否定”（négativité au troisième degré）。[②]

为了将无意识整合进语言理论，克里斯蒂娃需要改造主体理论，使它能够包容、利用意指过程的异质因素。她将主体发展成为所谓的“过程主体”（sujeten-procés）[③]。这样的“过程主体”理论是她著述的一个持续的主题，尤在其精神分析的实践和体验中得到充分的展露。

二、卑污、爱与主体的形成

克里斯蒂娃对精神分析的介入带给她一个方向性的改变，这一变化反映在她20世纪八九十年代的写作中。她撰写了无数阐说以上主题的文章，1977年以《多元逻辑》（Polylogue）为名结集出版。此后她转入对其私人经验和艺术经验的描述。这些经验无论是她本人的还是她的分析对象，如病号、诗人或作家的，都提供了对于社会和文化生活的一种深刻理解。在《恐怖的权力：论卑污》（Pouvoir de l’horreur，essai sur l’abjection，1990）一书中，克里斯蒂娃将“卑污”（abjection）作为一个含糊不清的原点，它远远超出了个人或者社会进行理性把握的能力。通过“卑污”这个概念，她继续展开关于“过程主体”的论题，但更侧重主体形成即由分离所带来的

---

①关于“现象文本”与“生成文本”的对立关系，克里斯蒂娃指出：“这所谓的生成文本是由一切符号过程（种种冲动，其布局，其刻印于身体中的区划，以及环绕着生命体的生态系统和社会系统：环绕着它的客体，还有与双亲之间的前俄狄浦斯关系等）所组成，也由象征的出现（主客体的出现，显露概念性的意义纹理的形成：语义领域和概念领域）所组成。因此，内在于一个文本的生成文本，其显出就要求准许泻出能量的流动，这种能量见于语音安排（音素和韵脚等的积聚和重复），见于音调（声调和节奏等），以及当语义场和概念场表现出它们句法的和逻辑的特殊性或者它们模仿（幻觉，指示的悬搁和叙述，等等）的原则时，这种能量也见于它们二者之间。……现象文本是一个遵从交流规则的结构（此结构可以像生成语法那样生成出来），它要求一个言出的主体和接受者……如果我们为了呈现它们的差异而将它们翻译成元语言的话，那么可以这样说：生成文本揭示的是拓扑学，而现象文本揭示的则是代数学。”（La révolution du langage poétique, Paris: coll. Tel Quel, Seuil, 1974, p. 83）

②“在语言被设定为一个象征系统的全部过程中，诗性语言所建构的符号特性就是第三级次的否定性：它不是一个‘否’（如在无意识中）的缺失，不是一个否定性公式（意指象征功能），也不是一个拒绝（神经症‘自我’在理想化那被压抑之物时的表征），而是一个对语言之线性、观念性和逻辑性的修正，语言的这些性质不能在任何‘自我’中存身。诗的节奏不是无意识的显露：它是无意识的顶点和实现。”（La révolution du langage poétique, Paris: coll. Tel Quel, Seuil, 1974, p. 150）

③“我们的符号观与将弗洛伊德无意识观考虑进去的主体论具有不可分割的联系。即使将超验自我去中心，将他切割，将他呈现给辩证法，在此辩证法中其句法与范畴的一致性不过是此过程的一个序曲，他仍然与主导死亡冲动及其‘能指’之重复生产性的他者相关联：语言中的主体就是以此方式出现在我们面前。”（La révolution du langage poétique, Paris: coll. Tel Quel, Seuil, 1974, p. 30）

种种问题，并追问其背后的决定性状况。克里斯蒂娃认为，象征秩序之所以能够成为象征秩序，在于它对卑污威胁的禁阻。这一禁阻针对母亲的身体，既建立又破坏社会。它可以是弗洛伊德的乱伦禁阻，也可以是拉康对母亲欲望/享乐（jouissance）的禁阻，或者是克里斯蒂娃对“符号穹若”的禁阻。母亲的身体是一种禁止入内的东西。

原始的快乐冲动与母亲的身体相关联，并威胁象征。它要揭开那导向理性或意识之统一表象的过程。它要将统一暴露为统一与碎裂交替出现和反复冲动这一过程之仅有的一个时刻。克里斯蒂娃说，为什么必须将母亲的身体变成“卑污的”，因为只有这样孩子才能成长为一个恰适的主体。卑污不是一个客体，不是一个与自我相关联的东西。可它具有客体的属性，即与主格“我”相对立的属性。[①]卑污就是令人恶心的东西，它让你直想呕吐，它位处边界但并不尊重边界。它自身很难说具有某种确定的质，而毋宁是与边界的一种关系，代表被抛出那一边界的某物。卑污威胁着身份：既非善亦非恶，既非主体亦非客体，既非自我亦非无意识，而是威胁这一切确定划界的某物。

克里斯蒂娃以出生事件作为原型的卑污经验。在人出生的那一刹那，其主体身份受到最激烈的质疑。谁能确定地说出在脐带被切断之前究竟是一个还是两个主体？出生事件标记了难以界定的边界以及因此而带来的卑污。尚未成为主体，也不能是客体，卑污与原古性的母亲是一体的。而后才是客体，从母亲的体内被排出，即成为被抛出的客体。于是母亲的权威就调控着那清晰而确定的自我的边界以及口腔和肛门冲动的边界。现在是食物，而不再是身体，被送入口中；是粪便，而不再是身体，被排出肛门。克里斯蒂娃发现，无论主体或社会均须依赖于象征，依赖于对这一母亲权威的抑制。正是在这一点上，克里斯蒂娃给精神分析理论带来了新鲜的洞识。她重新阐释了父亲功能和母亲功能的边界，并突出了其问题之所在。

这一“被抛出的客体”即主体发觉其自身处在一个痛苦的境地：他既（不）可能与母亲分离，又（不）可能与其同一。对于那个身体，那个无边界的身体，那个他被从中抛出来的身体，那个卑污的东西，他既憎恨又恐惧。但是这种憎恨和恐惧又可能导致初始自恋情结和其尚未获得的语词的出现。它们另一方面也保护“主体”不致沦入初始的自恋情结，并指向因与母亲身体之统一性的丧失而引发的诸多危机。

尽管弗洛伊德和拉康均承认初始的二元体是由母亲和婴儿共同组成的，但他们

---

① “卑污……是外在的，远离集体的，它似乎在此集体中认不出游戏规则。但是，卑污并不停止向其主人挑战，尽管它处在流放中。它不给主人信号，就要排泄、痉挛和叫喊。对每一自我它是他的客体；对每一超我，它是他的卑污(A chaque moi son objet, à chaque surmoi son abject)。”(Pouvoir de l'horreur, essai sur l'abjection, Paris: coll. Tel Quel, Seuil, 1980, pp. 11-12)

所强调的则是父亲及其阳物的功能。恋母情结强化了律令并启引婴儿进入语言。对弗洛伊德和拉康来说，还有一个第四阶段，即象征阶段。克里斯蒂娃认为，这一阶段将一切都统一起来，使人开口说话；它是物质性的拒绝，是出现在内部的他者。象征只是主体形成过程的一种表现形式。物质性拒绝，它本质上是社会—生物性的，开辟了通向言说性存在的道路；这一行动有母爱的帮助，是母亲支持着一直走向拉康镜像阶段的象征性“拒绝”。克里斯蒂娃指出，婴儿要克服“卑污”的母亲，只能经由某种父性的代理，它不光是如拉康所声称的对象征的需要，而且还有对爱的需要。

在其关于“卑污”的论述中，克里斯蒂娃考察了路易斯-费迪南·赛林纳（Luis-Fidinand Céline）的作品。她把他的作品看作是关于痛苦和恐怖的写作范例。这不仅是因为赛林纳所选择的主题，而且还由于其叙述视点被横越卑污的需求所决定，这时的叙述视点出现为两副面孔——私密的痛苦与公开的恐怖。

在接下来的《爱情传奇》（Histoires d’amour，1983）一书中，克里斯蒂娃进入对“爱”的讨论。她从古希腊“爱”的哲学谈到赞美诗，再到中世纪对神圣之爱的形象化处理，最后说到波德莱尔、马拉美的情诗和斯汤达的爱情散文。这里对她可能最重要的是关于那喀索斯神话的讨论，因为它与其关于个性化过程的理论密切相关。

她是从精神分析的视点来考察“爱”的，因而她的出发点就是弗洛伊德关于爱和自恋情结的理论假定。她专注于“爱”的两个方面——恋爱的状态及其在各种不同话语中的表述，这些话语有美学的、宗教的、哲学的和精神分析的，等等。她将恋爱的状态概括为一种动力学，既阻挫又保障最高的更新；概括为激动，这种人类情感自柏拉图始就被置诸形而上学的讨论之中。“爱”是符号激情的特权场所，在诗和文学中“爱”是符号的凝聚与其多元价值。“爱”是主体性历史的一个有机部分，甚至可以说是其最深切的那一部分。

克里斯蒂娃分析了西方文化中“爱”的不同表现：古希腊的Eros、犹太人的Ahav以及基督教中的Agapê，它们是不同历史时期人们关于“爱”的观念。除此之外，她更注意“爱”对那些成功地进入象征的个人主体的重要作用。在她的想象中，如果没有观念化和同一化的能力，“爱”将是不可能的。这种能力是同一性形成的前提，而它又有赖于婴孩与其母亲的成功分离，也就是说，依赖于个体之自主性的成功获得。假使能够置身于一种宗教情境，我们就会比较容易看清上帝作为爱即Agapê在主体形成中所发挥的作用。Agapê是一种来自“外部”的力量。依据《圣经》所说，“爱”的法则对信徒来说就是“你们要尽心、尽意、尽力爱耶和华你们的神”（《申命记》），就是“要爱人如己”（《利未记》）。

克里斯蒂娃指出，Agapê的引入意味着一场完全的革命。“爱”从此不再是希腊世界的Eros，也不再是旧约里的Ahav，它转变为基督教特性的Agapê。这个Agapê在旧约的原义是“爱的律令，爱的功绩”，而在福音派的意义则是“无条件馈赠”(don-gratuit)，即基督徒注定为神所爱，而不管其个人品质究竟如何。但是，这种在基督教义上的爱也包含有身体的赠予/牺牲：基督的身体，这个人子的身体。要成就爱就必须经历暂时的死亡。爱与永恒无涉，而是说复活。它是信众对基督的浸入，浸入其死、其生。

Agapê最终会变得与圣餐同一。圣餐是对基督之死的纪念和永恒化，面包、酒实质上就是基督的身体、血、灵和神圣性。因此信众分享圣餐就是对基督的分享。此外，克里斯蒂娃还从精神分析学的角度讨论了Agapê，她认为在基督教话语中既有象征也不乏符号，二者有复杂的交织。

爱的另一类型出自那喀索斯神话，它是自恋的原型。在西方主体性的发展史上，那喀索斯的形象一直占据着一个特殊的位置，它是病态的形象和症候。

在基督教诞生的时代，奥维德的《变形记》首次记载了这个神话。接着，普洛丁指责那喀索斯的盲视，他不是没有认出映像的原本，即那个只爱水中或镜中映像的人，而是他未能将此映像认作为他自己的映像，从而放过了他自己的真实存在。普洛丁要求人们必须使用其内在的眼睛，去捕捉灵魂运动中的美。他诅咒眼睛从外部世界所得到的虚假形象和偶像，要求收心内视，以找寻“善的灵魂的美”。由此，普洛丁就将柏拉图对美的要求和那喀索斯的自恋立场结合起来，创造出自我认识上的一个理想的统一。通过说“上帝即是爱”，他再次将爱的观念赋予那喀索斯的同一性，所谓“独一对独一”(Monos pros monon)，即是说，被爱的对象、爱和自我的爱这三者应是完全的同一。上帝就是那喀索斯。尽管那喀索斯的幻觉是一种罪恶，但我们的理式并不因此而少了一些那喀索斯。

克里斯蒂娃特别注意弗洛伊德所设计的情爱疗法。弗洛伊德探索了由情爱所引起的混淆病状，如精神错乱、妄想症、幻觉等，从而设计出一个系统，即移情机制，将被压抑的东西如性欲及其创伤带回情欲主体的意识，从而消除他的幻象，向他指明现实的部分。这现实部分就是他的性，由它作引导一直穿过现实想象和象征的混淆，将窒息的主体解救出来。

克里斯蒂娃将弗洛伊德的设计视为“爱恨交织的心理空间”和“一个无限移情的不可能场所”。她追随弗洛伊德，并有所超越。她认为，爱既非生物学亦非欲望，而是在此二者之间、在母亲的身体与象征之间游移着的想象的场域。她宣称，爱不是一个那喀索斯的与母性容器的合并，而是一个隐喻客体的出现，换言之，是那建构心理、将冲动导向他者之象征的分裂。这分裂可称之为“原始的压抑”。

对于克里斯蒂娃来说，代表象征的是想象的父亲，他是与拉康之严父相对立的弗洛伊德的“个人前史中的父亲”。这个“想象的父亲”是母亲与父亲的结合。我们不能只是把它设想为可见的，它也牵扯到感性知觉的整个领域，这些知觉影响着婴孩的神经—心理能力的发展。在此过程中，婴孩未形成的同一性被转移到他者的位置，或者更准确地说被他者所取代，这一他者不是性欲的对象，而是自我的理式。因此与母亲身体的分离就不是悲剧性的，它为想象的父亲所支持，而此父亲又是母亲之所爱。母亲的爱推动了从母亲身体向着母亲欲望场所的转移和欲望的满足，这个欲望就是对父亲的欲望，就是对父亲功能的暗指。既然母亲已经是言说主体，那么他者就在其内。她已经被隐含在意指系统之中。

这一主题贯穿于克里斯蒂娃以后的著作，并得到了愈加细致的论述。一位精明的读者凯利·奥立弗发现：“我们可能读出克里斯蒂娃的这样一个主题，即象征的逻辑已经以恋物癖的形式在母亲的身体内发挥作用。”[①]的确，克里斯蒂娃本人将恋物癖描写成阳物力量对母亲的归属性，由此便是一个“母性父亲”的出现。

三、艺术是象征与异质的辩证空间

克里斯蒂娃的基本训练是在语言学方面，因而从其求知与学术生涯的一开始她便与美学研究结下了不解之缘。[②]她对意指系统种种变化的追索将她从最初所进行的语言学和文学中的形式结构的探讨引向对文学和纯艺术的体认和考察，在其所使用的方法和工具上也相应地由俄国形式主义、法国结构主义转到较多地倚重符号学和精神分析。

克里斯蒂娃认为，被结构主义所理论化和确定边界的实证性符号空间，其对于主体实则是排斥的，因为它有自己的一套独立的与生死有关的符号系统，有前面提到的所谓“穹若”。西方话语带有它以为基础的福音书的踪迹：语词由行动的效果所构成，该行动遵循语词之作者及目的（destinataires）从象征功能角度所坚持的欲望誓约。既然所有符号都是关于某一物（chose）劫后余存的符号，该物是被弃的、缺席的和死亡的，那么作为绝对欲望的文学就代表了一种对生命、对缓解焦虑以及对克服危机进行最艰难认定的话语。

自出版《诗性语言的革命》以来，克里斯蒂娃一直都在考察文学和艺术表达中的碎片现象，特别是狂欢、卑污、迷离等，是它们反衬出社会主流话语的局限，表达出那些被压抑的和无言的东西。她考察了“过程”，认为它统贯着主体和主体的交

---

①Kelly Oliver有许多关于克里斯蒂娃的著述，例如，Reading Kristeva: Unravelling the Double Bind, Indiana University Press, 1993.

②例如，克罗齐从其表现论出发经常将语言学和美学相提并论。

流结构。

克里斯蒂娃通过一些诗人、作家和画家的艺术创作来展开她对主体理论的特殊阐说。马拉美、波德莱尔、纳发尔（Gérard de Nerval）和洛特里阿芒特（Comte de-Lautréamont）这些19世纪中期诗人的诗歌被她用作分析文艺作品“符号特性”的最丰厚的基础。她观察了资产阶级符码、游戏和异质等显出和被抑制的运行情状，认为它们内涵了死亡本能，是死亡冲动激发了意指活动；死亡冲动及其重复运动一方面激发了语言，另一方面又有使之面临灭绝的危险。依据克里斯蒂娃的看法，文学和艺术先是抓住这一波动，以躲避语言的可交流性，而后在新的符号群落中重新予以启用。艺术将“设定”和异质结合起来，并提供了一种超越“设定”的势能。因此，艺术就是象征与异质的辩证法的空间。

在其研究爱的作品《爱情传奇》里，她审视了她本人与情爱、母亲身份以及痛苦（它构成了西方文化中一个重要的女性语汇）等主题的关涉。在其中题为“圣母哀歌”（Stabat mater）①的一章中，她用诗性的语言娓娓描述了自己作为一个孕妇/母亲的种种感受、她怀孕的身体、她作为女性的享乐等。这些叙写又交织着她对母亲身份特别是那关于圣女玛丽亚神话的传统宗教的叙述的分析。她研究了“圣女崇拜”，认为它是西方父系社会所使用的一种话语，其目的是为了掩饰母性、母子关系中一些不稳定的方面。在母子关系中，总是活跃着母性、符号与象征之间的紧张。圣女唯一的快乐是她那不只属于她而且也属于所有人的孩子，而她默默的痛苦则是她独自一人承担的。当圣女受孕于言、灵、父名和神，她的儿子从另一方面说就只属于父亲的秩序。

女人作为母亲在两个方面直接地危及象征秩序。一是她的享乐（jouissance）使她有变成主体的危险，而非永远作为男性主体的另一面。二是她代表或者毋宁说她本身就是文化与自然的合成物，总是不能完全地屈服于象征的秩序。

父权社会通过“圣女崇拜”将女人的享乐和初始情境排除在象征之外，击回母亲身体的符号威胁。在“圣女崇拜”中，女人被允诺的只是在痛苦中的欢乐。母亲的身体只包含有耳朵、乳汁和泪水。性别化的身体被“理解的耳朵”所取代。那沉默的“耳朵、乳汁和泪水”，对于克里斯蒂娃所隐喻的是语言交流所不拟证明的无语和符号状态。

克里斯蒂娃还利用其个人的感受揭露被天主教的母亲话语所遮蔽的“符号身体”。她有排成双栏的话语：左栏是肉体变成的言说，它是享乐的、情爱的和音乐的母亲；右栏是象征的、被阉割的话语。双栏的话语代表着母亲心灵与肉体的分裂。

①《圣母哀歌》是流行于中世纪的一首拉丁赞美诗。原文的字面意思是“母亲站着”，由20个对句组成，描写圣母玛利亚站在十字架前所承担的巨大的丧子之痛，并歌颂她经此磨难后的精神升华。

而分裂则意味着丧失——丧失孩子，丧失母亲身份。

克里斯蒂娃的美学意在促成一种情境的出现，在其中主体是一个“开放的系统”，或一件“进行中的作品”，一种“向他者开放”的生成；由此能够同时带来我们自己身体的一种修正形式。她呼唤新的身份的形成，但这不是象征的解构，而是它的转型。

第二节　埃莱娜·西苏

在当今法语世界和英语世界，埃莱娜·西苏（Hélène Cixous）远不是中国语境下以“女性书写”（écriture feminine）闻名的女性主义者。早在1992年，康妮（Verena Andermatt Conley）就以其专著《西苏：当代文化理论家》一书表明了西苏作为“当代文化理论家”[①]（modern cultural theorist）的身份。西苏的恩师兼密友雅克·德里达（Jacques Derrida）则以另一种方式印证了这一观点，他多次称赞西苏“内心宽广有力，多元而又独特”。[②]但在中国语境下，人们一直过于关注西苏20世纪70年代的“阴性书写”（écriture feminine）[③]，忽略对其个人及其作品多元文化价值的总体考察。尤其是她的戏剧作品，一直伴随其学术生涯和创作生涯始终，在其美学思想形成中占据了重要位置，本文对此有所侧重。西苏本人也曾饱含深情地表达了自己对戏剧舞台的天然情感，她认为，戏剧直接诉诸视觉的讲故事方式，是其他任何文类都无法企及的。[④]

康妮对西苏的定位并非空穴来风。西苏的出生背景、生活经历及其作品复杂多样，她以涉猎广泛的文化理论家的方式，模糊了文学风格与体裁、阅读与写作之间的区隔，集小说家、散文家、戏剧家和文学评论家于一身，以各种文学形式作用于文化理论，并以写作为媒介诠释文化交互过程中的社会问题。西苏的成就让那些最

---

①Conley Verena Andermatt, Helene Cixous: Modern Cultural Theorists, Toronto: University of Toronto Press, 1992, p. xiii.

②Hélène Cixous, Insister of Jacques Derrida, Peggy Kamuf (trans.), Stanford: Stanford University Press, 2007, fly-leaf.

③本文采用“阴性书写”作为西苏法语“écriture feminine”译名选择，一方面避免文字表层与男性书写二元对立，回避“女性书写”可能蕴含的语言暴力。同时，凸显“阴性书写”内涵的丰富、多元和开放性。近20年来，大陆文学界对西苏“écriture feminine”的译介、引用、挪用似有爆棚现象，译名选择不一而终，但对其内涵较少论及，引发诸多问题，导致威胁当代中国女性书写的意义和价值。根据西苏长期写作实践来看，“écriture feminine”应为“writing said to be feminine（feminine writing）”的概念。

④Hélène Cixous, “Writings on the Theater”, in: Qui Parle, Vol. 3, No. 1, Theatricality and Literature, (Spring) 1989, p. 120.

有批评力的读者也不得不承认她为倡导多元文化所作出的不懈努力。

一、生平、著述与思想来源

1937年6月5日，西苏出生于法属殖民地阿尔及利亚（Algeria）的奥兰（Oran）。父亲乔治斯（Georges）是犹太、西班牙、摩洛哥、阿尔及利亚混血，在当地以行医为生。母亲伊芙（Eve）的祖父为奥地利、匈牙利、捷克斯洛伐克裔，祖母是德国裔。母亲在德国长大，希特勒时期随家人逃亡到阿尔及利亚，与父亲相识。在殖民环境中，他们既是受歧视的犹太后裔，又是与当地人不同的殖民者。父母的多重混杂犹太人身份，与当地人的双重分离状态，让孩子们的国家、民族归属感陷入困境。

童年生活经历让西苏个人主体性与阿尔及利亚产生了不可分割的关系，写作则是她表达这种深层关系的主要形式，即在去殖民化的语境下，描绘自己与阿尔及利亚之间被剥夺、被疏离的复杂关系。[①]阿尔及利亚的童年生活，让西苏“见证了法国帝国主义在鼎盛时期对这个国家和人民的践踏”。[②]强权统治和政治恐怖，使她渴望摆脱令人窒息的环境和现实，写作对于她的意义，就是摆脱现实压迫感，获得自由和解放。

受母亲的影响，西苏以德语为母语。西苏一直认为，相比抽象的法语，喉音式（guttural language）的德语词汇更丰富。1948年，父亲去世。1955年，因为战争原因，全家离开阿尔及利亚，最终选择在没有语言障碍的法国定居下来。到法国后，她又刻苦学习英语，通过了高层次英语水平考试。丰富的语言经验和能力，使她能够体会不同民族的精髓，20世纪70年代，她的法语写作搅动了整个世界。

1959年，22岁的西苏在法国完婚，1958年和1961年，先后生育一儿一女。1962年，西苏在波尔多大学担任助教。1965年，与丈夫离婚移居巴黎。1965年至1967年间，西苏在索邦大学任助教。1967年聘为南特禾（Nanterre）大学讲师，同年出版了第一部小说《上帝姓什么》（Le Prénom de Dieu）。20世纪60年代以后，埃莱娜·西苏一直坚持写作，先后出版近50部小说、剧作及一系列理论性很强的文章。

1968年，西苏完成博士论文《詹姆士·乔伊斯的放逐》（L'exile de James Joyce ou l'art du remplacement），获聘巴黎第八大学英国文学教授。同年，西苏出版小说

①Julia Dobson, Hélène Cixous and The Theatre: The Scene of Writing, Bern: European Academic Publishers, 2002, p. 79.

②Helen Cixous and Clement Catherine, The Newly Born Woman, Betsy Wing (trans.), Minnesota: University of Minnesota Press, 1986, p. 70.

《内部》(Dedans)，并获得“美第奇奖”(the Prix Medici)。[①]1970年，西苏在巴黎第八大学与托多洛夫、热奈特等人创办《诗学》(Poétique) 杂志。《诗学》很快成为大西洋两岸探讨文本阅读新方法的主要论坛。1974年，西苏在巴黎第八大学创立妇女研究中心，并一直担任主席职务。

西苏先后出版了《新女性的诞生》(La Jeune née，1975)、《美杜莎的笑声》(Le Rire de la Méduse，1976)、《阉割还是斩首》(Le Sexe oulatête?，1976)、《谈谈写作》(La Venue à l'écriture，1977) 等。她还结识了法国杰出的妇女解放运动活动家、精神分析学家、法国妇女出版社创始人安托瓦内特·福克 (Antoinette Fouque)。1976年至1982年间，西苏作品几乎全部由法国妇女出版社出版 (les Éditionsdes femmes)。

犹太人的思想精髓一直滋养着西苏。德里达、卡夫卡 (Kafka)、策兰 (Paul-Celan) 等著名犹太裔学者、作家一直影响着西苏的艺术生涯和学术生涯。不得不提，还有一位作家也对西苏产生了极大的影响，那就是第三世界巴西女作家克雷丽丝·李丝白克特 (Clarice Lispector)。受李丝白克特“给予经济”的启发，西苏提出与阴性书写互动的“阴性经济”原则，极大地丰富了阴性书写内涵。20世纪70年代后期，由于德里达和李丝白克特的影响，西苏走出了早期两性激进对抗的思路，转而寻求两性和谐共生。

苏联斯大林时期的曼奥西普·曼德尔施塔姆 (Ossip Mandelstam)、玛琳娜·茨维塔耶娃 (Marina Tsvetayeva)、安娜·艾哈迈托娃 (Anna Akhmatova) 等革命诗人对西苏也有较大影响。茨维塔耶娃的作品以挑战社会和文学传统著称，艾哈迈托娃则满足了西苏以写作抵抗压迫和死亡的志趣。20世纪80年代中后期，西苏还与曼德尔施塔姆遗孀合作，共同创作了《黑帆白帆》(Black Sail White Sail，1994)，让逝去诗人的作品在舞台上重新焕发出生命之光。

另外，柬埔寨、印度、日本等亚洲国家的戏剧思想也极大地影响了西苏戏剧创作和表演形式。她先后完成剧作《印度或他们梦想的印度》(L'Indiade oul'Indede-leursrêves，1987) 等。这些作品大多与太阳剧团 (Théatre du Soleil) 导演阿丽亚娜·穆努什金纳 (Ariane Mnouchkine) 合作完成。

20世纪90年代之后，西苏的创作依然保持着巅峰状态，作品保持了极大的多样性，创作眼光也开始转向世界各地。她先后出版散文集《岁月》(Jours de l'an，1990)，演说系列《写作的三个台阶》(Three Steps on the Ladder of Writing，1995)、《曼哈顿：来自史前的信》(Manhattan：Letters from Prehistory，2007)、《菲律宾：甜美的监狱》(Philippines：Sweet Prison，2008)。

2004年德里达辞世后，西苏撰写了一系列纪念德里达的文章和著作，如《德里

①“美第奇奖”于1958年设立，意在鼓励年轻作家实验和创新与众不同的阅读口味。

达的坚持/主张》（Insister of Jacques Derrida，2006），《德里达：不受束缚的海神普洛透斯》（Jacques Derrida as a Proteus Unbound，2007）等。

从总体上看，西苏的思想来源相当广泛，甚至可以说没有边界，早年的女权立场只是西苏对现实社会进行批判的一个面向而已。北非沙漠殖民地的童年生活，多民族的文化背景，亲历德国法西斯对犹太人的残害等经历对西苏的创作生涯都产生了深远影响。西苏对家族、学校、政界等制度层面的权力十分敏感，她反对权利以各种形式对人的身体和心灵进行侵蚀，并一直致力于挖掘压迫、排斥等产生和表达的原因和方式，希望边缘人群能够获得重生和解放。

二、西苏主要学术思想与成就

（一）根植于“阳性中心”书写传统的批评与改写

康妮的研究发现，西苏早期写作与男性经典作家莎士比亚、詹姆斯 · 乔伊斯、艾伦 · 坡，以及心理分析理论创立者弗洛伊德密不可分。西苏的博士论文《詹姆士 · 乔伊斯的放逐》就是这种影响的深刻体现，她一方面批评乔伊斯在写作中通过语言表现生与死、得与失、身体与精神的对立，是矛盾和悖论的制造者；另一方面，她又迷恋于乔伊斯的语言创造力。[①]

西苏还通过改写神话和童话，修正女性在故事中的“他者”地位或死亡者和黑暗大地形象。《突围》（Sorties in La Jeune née）一文集中批判了男性视角的经典童话《睡美人》，揭示了女性处于死亡状态叙事模式的普遍性和广泛性，批判阳性社会结构（the masculine structure）下当代文学的阴性特征（feminine nature）——被动、消极、负面。女人总是那个等待男性英雄唤醒的“他者”。西苏因此号召妇女广泛参与书写，创造不一样的阴性特征。她亲身尝试实验写作，出版了一系列相关作品，成为20世纪70年代法国政治与文化讨论的中心，在国际学术界引起极大的反响。

《阉割还是斩首》以文化背景完全不同的经典作品《史记 · 吴起列传》和《小红帽》为批判对象。西苏认为，孙子练兵遵循的规则鲜明地体现了阳性经济（a masculine economy）和阴性经济（a feminine economy）之间的差异。[②]阳性经济通过规则实现控制，“规则”是阳性经济的绝对法律，在这种原则下，女性被强迫接受男权社会的法则，接受“被阉割”，否则会被斩首和处死。“苏醒”了的小红帽因为不听外婆

①Conley Verena Andermatt, Helene Cixous: Modern Cultural Theorists, Toronto: University of Toronto Press, 1992, pp. 2–3.

②Helene Cixous, Castration or Decapitation, Annette Kuhn (trans.), Signs, Vol. 7, No.1, (Autumn) 1981, pp. 41–42.

的话，离开大路，试图尝试女性从未尝试过的事情，进入森林深处，企图另辟蹊径，违反了文化所规定的法则（大路），最终被处以死刑惩罚——被狼吞到了肚子里。①

西苏还以剧作《朵拉的画像》(Portrait de Dora，1979）直捣弗洛伊德精神分析说经典之作《一个歇斯底里个案的分析片段》(A Fragment of an Analysis of a Case ofHysteria，1905)。通过重写弗洛伊德这部作品，集中批判弗洛伊德在心理治疗中对青年女子朵拉的操纵和压迫，揭示"歇斯底里"这一被女人化病症的建构过程及其本质。

朵拉个案写于1901年，出版于1905年，1923年再版并加注，记录弗洛伊德为少女朵拉治疗歇斯底里症的诸多细节和片段，在弗洛伊德全集和心理分析史上均占有举足轻重的地位。②朵拉当年芳龄十八，含苞待放。在父亲的陪同下，朵拉有些不情愿地开始在弗洛伊德诊所接受为期三个月（10—12月，1900年）的治疗。罹患歇斯底里症（hysteria）的朵拉声音嘶哑、呼吸困难、神经质、失忆症、偏头疼、疲倦、精神涣散，弗洛伊德把朵拉的症状归于性压抑和性创伤。虽然女权主义对弗洛伊德的理论多有批评，但是相比女巫说、邪魔附身说、子宫游走说等，弗洛伊德的假设和预想还是进步了许多。前者解决办法就是进入父权婚姻体制，结婚生子，扮演好女人和母亲的角色。③弗洛伊德则采取催眠、谈话、梦的解析等手段暴露那些秘而未宣的私人故事，但这也意味着亲密行为的披露和私密关系的背叛。

弗洛伊德试图以各种治疗方法揭开朵拉的欲望面纱，朵拉并不认同他的"恋父情节"分析，反而以各种方式否认弗洛伊德建构的欲望情事，这也就意味着弗洛伊德无法治愈朵拉。朵拉最终出走，拒绝治疗。弗洛伊德以"移情作用"解释朵拉的出走：朵拉将其对父亲及K先生的恋父情结，爱恨交织的情绪投射到弗洛伊德身上，终止治疗是其宣泄情绪的报复方式。

在西苏看来，朵拉也是西苏自己和千千万万女人的画像（Portrait de Dora/dé Hèlene Cixous/des femmes)。珍·盖洛普（Jane Gallop）在《开启朵拉的钥匙》一文中充分展现西苏《朵拉的画像》的多重含义。④她认为，与其说"画像"是视觉的，不如说它是剧场，是一个人的再次呈现（re-presentation)，即从不同角度诠释朵拉和她的歇斯底里症。西苏试图打破弗洛伊德给他的病人朵拉的各种封闭性的"盒子"(case）和限制，掀开所谓真人真事的背后，弗洛伊德作为一个凝视者而不是治疗者

①Helene Cixous, Castration or Decapitation, Annette Kuhn (trans.), Signs, Vol. 7, No. 1, (Autumn) 1981, pp. 43-45.

②朵拉(Dora)、舒尔伯(The Schreber Case)、狼人(The Wolf Man)、鼠人(The Rat Man)、小汉斯(Little Hans)

③Charles Bernheimer, "Introduction: Part One", in: Dora's Case: Freud-Hysteria-Feminism, Charles Bernheimer and Claire Kahane (eds.), New York: Columbia Univtrsitg Press, 1985, p. 3.

④Jane Gallop, "Keys to Dora", in: Dora's Case: Freud-Hysteria-Feminism, Charles Bemheimer and Claire Kahane (eds.), New York: Columbia University Press, 1985, p. 167.

叙事的不可靠性，并呈现朵拉的多重画像特征。西苏的解读使经典产生了截然不同的意义，甚至“完全打破了我们对经典的原有认知”。

西苏重塑朵拉，揭示心理分析作为“视觉剧场”（the Visual Theatre）的蛮横霸道、“凝视逻辑”（the Logic of the Gaze）的荒谬。[①]西苏通过再现、重新聚焦，将焦点聚集在弗洛伊德这个文本叙事者身上，揭示叙事者弗洛伊德及其歇斯底里概念本身的性别歧视。《朵拉的画像》让人们意识到，不仅心理分析试图治愈的歇斯底里女体类似于“舞台上”供男性凝视的表演，凝视的结果和呈现出来的文本也是一种单一视角诠释的表演。西苏对弗洛伊德心理批评话语的介入，极大地展现了她早期戏剧实践的成功所在。

西苏以发散的多元焦点取代弗洛伊德文本叙事的单一视点，并以此拆解和还原弗洛伊德以一己之眼倾力缝合的“片段”。让沉默的朵拉发出自己的声音，道出她的情感与想法，展现与原故事不同的面貌。西苏不仅终结了弗洛伊德对女性的误读和曲解，还将单一的“阳性逻辑中心”视角的故事叙事转变为多元视角叙事，即“让女人的命运得到关注，摧毁阳性中心论的稳定性，使之成为得到普遍接受的真理”[②]，也构成了“阴性书写”的主要内容。

（二）“延异”与“阴性书写”的形构

20世纪70年代中后期以后，西苏深受犹太裔学者德里达的影响，开始更具开创性的书写探索。德里达的解构主义（Deconstruction）成为西苏强有力的武器。德里达认为，意义的衍生是因为文字不断“延异”（difference），因此产生多样解读。“延异”削弱了文字意义的专制性和排他性，使文本解读呈现了一定的多样性。

西苏希望阴性文本是能达到“延异”的文本，朝无限多样的方向迈进，彻底消解二元对立，最终产生无固定意义的文本。[③]西苏与伊利格瑞（Luce Irigaray）借用德里达的“解构”策略，将西方以父权为中心的哲学、心理学和文学去中心化（decentring），以多元差异对抗二元对立，并为女性话语寻找合法空间。

西苏的《美杜莎的笑声》《新诞生的青年女子》《阉割还是斩首》《谈谈写作》等一系列论文论著极大地彰显了“阴性书写”的必要和可能。在《美杜莎的笑声》一文中，西苏开宗明义地指出，“一直以来，妇女（women）被残暴地驱逐出写作领

①Julia Dobson, Hélène Cixous and The Theatre: The Scene of Writing, Bern: Peter Lang, 2002, pp. 15–21.

②Helen Cixous and Clement Catherine, The Newly Born Woman, Betsy Wing (trans.), Minnesota: University of Minnesota Press, 1986, p. 65.

③Toril Moi, In Sexual/Textual Politics: Feminist Literary Theory, New York: Routledge, 2002, p. 99.

域，同时也被驱离她们自己的身体，妇女现在必须开始写作，妇女必须写自己，写妇女”[①]。西苏一方面显影了妇女写作权的被剥夺处境，另一方面也揭示了妇女群体对这种压抑的沉默状态。西苏认为，“妇女全身有无数通向激情的通道，一旦她粉碎了枷锁、摆脱了监视，得以明确表达这种能贯穿全身的丰富含义时，就会使那陈旧不变的母语以多种语言发出回响（reverberate with more than one language）”[②]。

因此，阴性语言（feminine language）比阳性语言更具扩散力（diffusive），她的语言可以从任何方向扩散，掀翻“阳具逻辑中心”对阴性的压抑和幽闭。她鼓励女性写作：“写吧，不要让任何人、任何事阻止你。不要让男人、让愚蠢的资本主义机器阻止你。是资本主义经济制度制定了那些限制我们的戒律，出版机构只是那些狡诈、趋炎附势的戒律的传声筒。也不要让你自己阻止自己。自鸣得意的读者们，爱管闲事的编辑和大老板不喜欢真正的妇女—女性性别取向的文本，这类文章会吓坏他们。”[③]她认为，只有这样，女性才可能扰乱规则，以文字打破一对一指涉，创造更多不同意义，以此破坏一切压抑女性的文本。

西苏在多年写作生涯中不断践行阴性写作理念，《德里达的坚持/主张》（Insister of Jacques Derrida，2006）一书尤其值得一提。全书以梦境叙述为开端，颇具想象力。在梦里，两人化身为正在踢足球的两只老鼠。德里达是准备射门的小雄鼠，西苏则是个守门的小雌鼠，左扑右挡，充满活力，生怕球门被破，但是一边又大笑着，毕竟这只是一场游戏。整个梦境叙述以一页文字结束，下书“2005年4月梦境”。[④]

中国学者汪民安曾经探访过生活在法国巴黎的西苏本人，西苏对《德里达的坚持/主张》一书的书名给予了独特解读。“insister”是一个发明的词语，隐含着德里达式的歧义，有两种读法：一种是insist－er，“坚持者”的意思；另一种是in－sister，表示“在姐妹中”，两种读法都是西苏和德里达之间关系的恰当描述。[⑤]《德里达的坚持/主张》写于大师离世之后，但文字生动、有力，充满了画面感和舞台感，看不出对逝去密友的悼念和伤感的情绪。这样的表达方式，无论学术界还是普通读者都可能对此产生强烈的阅读兴趣，颇具西苏倡导的“阴性书写”特征。作为最能洞悉德里达思想的读者，西苏以这种独特的方式纪念密友与导师，也深刻地表达了她个

---

①Helene Cixous, The Laugh of the Medusa, Keith Cohen, Paula Cohen (trans.), Signs, Vol. 1, No. 4, (Summer) 1976, p. 875.

②Helene Cixous, The Laugh of the Medusa, Keith Cohen, Paula Cohen (trans.), Signs, Vol. 1, No. 4, (Summer) 1976, p. 885.

③Helene Cixous, The Laugh of the Medusa, Keith Cohen, Paula Cohen (trans.), Signs, Vol. 1, No. 4, (Summer) 1976, p. 877.

④Hélène Cixous, Insister of Jacques Derrida, Peggy Kamuf (trans.), Stanford: Stanford University Press, 2007, p. 3.

⑤汪民安：《我的巴黎行》，《外国文学》2006年第5期，第95页。

人的哲学沉思。借助《德里达的坚持/主张》这部作品，西苏以意识流的旋律与德里达进行充满诗意的对话，与他留下的文字（words）交谈。一方面非常具象地呈现了她与德里达之间相互影响的学术牵连；另一方面，西苏又深入地发掘那些让他们相互隔绝的哲学空间，并通过填补这些空间创造出新的理解和洞见。[①]

三、阴性书写关键词与多元复杂戏剧美学

（一）阴性经济原则

西苏从第三世界巴西女作家李丝白克特作品中发现了与阴性书写互动的阴性力比多经济原则（feminine libidinal economy）。

西苏认为，力比多经济原则并非为性（sex）专属，给予和交换、书写和阅读等与经济原则紧密相连，李丝白克特以阴性力比多经济原则书写愉悦、情感和驱力（drives）等体验[②]超越了以占有为主的阳性经济原则，她的小说《星的时刻》（The Hour of the Star，1977）虽然讲述的是关于贫穷的故事，但并不是真正的贫穷。[③]即在当下阳性中心社会，以阳性经济（masculine economy）价值为表征的贫穷社会或许并不贫穷。西苏高度赞扬李丝白克特破坏阳性中心二元对立语言惯性的书写策略，并不以彰显女主人公的主体性为创作目的，而是“把我变为他者，最终把我赋形而融入（materialization into）一个客体……使我自己与藤蔓交缠”[④]。受李丝白克特的影响，西苏在《经历橘子/橘色》中拒斥阳性经济要求回报的投资（investment），认为赠送礼物，快乐的不计回报的给予（giving）才值得赞颂。[⑤]

相比阳性经济，阴性经济乐于慷慨“给予”（giving），不求回报，并承认“他者”的存在，给予“他者”语言表达机会。而长期主导人类历史的阳性经济，是一种占有经济（economy of the power），反映了贪得无厌，只求占有，壮大自己的欲望体制，投资目的鲜明，要求回报。两种经济形式的差异基于以下几点：给予的姿态不同，产生变化和流转的原因不同，获得利润的形式不同，获得者支配利润方式的

---

①Hélène Cixous, Insister of Jacques Derrida, Peggy Kamuf (trans.), Stanford: Stanford University Press, 2007.

②Katherine Binhammer, “Metaphor or Metonymy? The Question of Essentialism in Cixous”, in: Tesseral, Vol. 10, (Summer) 1991, p. 69.

③Colm Tóibín, A Passion for the Void: The Hour of the Star, March 5, 2012, http://quarterlyconversation.com/a-passion-for-the-void-the-hour-of-the-star.

④Helene Cixous, “Extreme Fidelity”, in: Writing Differences: Readings from the Seminar of Hélène Cixous, Susan Sellers, Milton Keynes (ed.), England: Open University Press, 1988, p. 19.

⑤Anu Aneja, “The Mystic Aspect of L'Écriture féminine: Hélène Cixous ‘Vivre l’ Orange”, in: Qui Parle, Vol. 3, No. 1, Theatricality and Literature, (Spring)1989, p. 189.

不同等。[1]阴性顺应自然，体贴对方的需求，乐于给出自己的欢愉和快乐，没有目的的付出，并不算计自己付出了什么，也不假装能给予什么。给予是为了活着、思考和转化。[2]西苏认为，阴性经济原则下，阴性书写衍生出的庞大铭刻体系（cultural inscription），如权力、符号、生产与再生产的模式等具有明显不同于阳性书写的特征。[3]

西苏试图消除阴性经济和阳性经济的对立，走向开放的双赢。她强调阴性经济互动原则的付出特征和情感色彩，但又与阳性经济原则倡导的牺牲相区隔。她认为，阴性经济的付出和给予并不是牺牲，而是一种不求回报的真挚情感。阴性经济并非全然纯粹的无可奈何的付出，而是慷慨给出自己所拥有的东西，并不委屈自己。此原则下的阴性书写可以说是书写者将自己变成礼物，把自己的所思所想，包括情感和自我都大方地呈现出来，开放自我与“他者”的交流渠道，乐于与他人分享，不求对方回馈。既不以自己的利益为出发点，也不牺牲自己。

西苏的阴性书写并不是大张旗鼓地推翻父权社会，为阴性争取权利。她认为，真正的力量不需要证明自己，不需要依靠工具的力量，也足以维护和平。虚假的力量折射出来的是恐惧，为了确保自己，他们只会制造死亡和侵略。[4]

但是，鉴于阳性经济占主导地位的社会现实，西苏承认阴性经济原则难免伤及自身。[5]因此，其运作空间成为相当重要的问题，这一点成为西苏以书写促发社会变革的野心，即借助阴性书写，开拓一个“另类空间”（alternative space），不同于乌托邦空间概念，据此发展出另一种书写生产模式，打破二元对立的思维模式。

（二）放逐的魅力

放逐是文学常见的主题，通常表现作家强烈的失落与乡愁、悲苦与绝望。在阳性社会二元对立的社会机制中，受排挤和放逐的边缘人群和女性，不是消极遁世就是死亡。放逐主题在西苏学术生涯和艺术创作中一直占有重要位置。早在1968年，

①Helen Cixous and Clement Catherine, The Newly Born Woman, Betsy Wing (trans.), Minnesota: University of Minnesota Press, 1986, p. 87.

②Helen Cixous and Clement Catherine, The Newly Born Woman, Betsy Wing (trans.), Minnesota: University of Minnesota Press, 1986, p. 100.

③Helen Cixous and Clement Catherine, The Newly Born Woman, Betsy Wing (trans.), Minnesota: University of Minnesota Press, 1986, p. 81.

④Helen Cixous and Clement Catherine, The Newly Born Woman, Betsy Wing (trans.), Minnesota: University of Minnesota Press, 1986, p. 116.

⑤Helen Cixous and Clement Catherine, The Newly Born Woman, Betsy Wing (trans.), Minnesota: University of Minnesota Press, 1986, p. 80.

西苏就以“詹姆士·乔伊斯的放逐”为题完成了博士论文。不过西苏对放逐有完全不同的理解，在《从潜意识这一幕到历史的那一景》中，西苏曾大为感叹地说道：“我有幸经历了身为异乡人流放、战争、关于和平的虚幻记忆、逃亡的生活和痛苦。”[①]她对放逐的积极认同，的确为其艺术生涯带来许多意外收获。

巨大的痛苦成为她生命中不可磨灭的记忆，在她的文字中不断涌现并升华为西苏整个艺术生涯不可分割的部分。尤其是她复杂多元的家庭背景，导致她不断质疑自己的身份，找不到自己的归属。[②]她无法认同法国人以纳粹的手段统治阿尔及利亚人，也无法认同同样遭受迫害的犹太人试图将自己与阿尔及利亚人区隔开来的做法——即自身曾经作为被害者，却歧视另一族群的行为。即便定居法国之后，在无亲无故的法国，西苏依然处于放逐者的心境。西苏的身体离开故土，但放逐于故土的种种复杂情感纠葛不断延续，心灵开始无限接近故土，这些都成为西苏肯定放逐经验的基本前提。

西苏的放逐不再只是悲情、落寞的代名词，而是边缘群体重拾主体的必然过程。在《新女性》一书中，她批评传统阳性表意系统将女性放逐为“被动，甚至不存在，是被遗忘的群体，不被纳入考虑范围”[③]。但她认为处于边缘地带的群体借由书写同样能获得肯定自我的力量，即从边缘客体出发，重塑自我的主体性，强调主体与客体间的流动、转换，以此改变自我与他者的关系。

西苏在其戏剧美学中也集中体现了这一主题，不过表现形式不同。剧作《黑帆白帆》主要聚焦流放的影响力，以独特的方式再现受斯大林迫害致死而永远流放的苏联诗人曼奥西普·曼德尔施塔姆。诗人并没有以一定的人物形象出现，但他的诗句却不断在剧中被吟唱。[④]

西苏的放逐既是指身体的放逐，也是一种精神想象，甚至可以是一种被阳性书写规则放逐的书写形式。这种不受限制的书写，虽然受排挤，但却可以在边缘地带发声。由此建立起“自我放逐”与多重叙述声音的关系，突显多重声源特征，同时也让作品中特定人物语言流动、游移起来，呈现人物的多面特征，从而实现自我放逐过程中的救赎。[⑤]

从总体上看，西苏笔下的“放逐”传达的是边缘群体无拘无束、快乐翱翔的积

---

①埃莱娜·西苏：《从潜意识场景到历史场景》，孟悦译，参见张京媛编《当代女性主义文学批评》，北京大学出版社1992年版，第222—213页。

②Helen Cixous and Clement Catherine, The Newly Born Woman, Betsy Wing (trans.), Minnesota: University of Minnesota Press, 1986, p. 71.

③Helen Cixous and Clement Catherine, The Newly Born Woman, Betsy Wing (trans.), Minnesota: University of Minnesota Press, 1986, p. 64.

④Julia Dobson, Hélène Cixous and The Theatre: The Scene of Writing, New York: Peter Lang, 2002, p. 119, p. 139.

⑤林银芬：《放逐的力量——唐娜·娜波莉文本中的阴性主体》，台东大学出版社2010年版，第39页。

极意义。以西苏拆解文字赋予新意的特长，法语中“VOLER”兼具“窃取和飞翔”的双重含义，意即号召女性窃取长期被“阳具逻辑中心”垄断的语言文字表意系统，让语言飞翔于制度之外的同时，妇女也自由地获得飞翔的空间。[①]

（三）身体书写辨析

西苏的“身体书写”有着广泛的时代背景，主要是针对西方文化对身体的过度贬低和控制。在西方宗教文化主导的欧洲社会，身体与精神长期二元对立。“肉体”被视为万恶之源，受到粗暴放逐。西苏通过书写批判19世纪晚期心理学家弗洛伊德的“性科学”与宗教传统一脉相承的特点。而拉康、福柯等男性理论家虽然大谈特谈长期压抑下身体的异化，但却忽视了如何解放身体，忽视了感性潜能的作用。

对此，西苏提出了唤醒女性身体的写作策略，在《美杜莎的笑声》中，她强调：“妇女必须通过感知她们的身体而写作，妇女必须创造强大的语言，以摧毁隔离、等级、修辞和各种规范。”[②]西苏将阴性书写与女性身体特质结合起来，强调阴性力比多/阴性欲望（libidinal femininty），同时显影“阳具逻辑中心”对女性驱力的遮蔽和压抑，妇女作为男性性目标的历史处境，如处女、妓女、妻子或母亲等角色规定性，让女性难以表达自身性取向和性愉悦（jouissance）。西苏认为，如果女性能以她们自己的新语言论及于此，一种新的视角完全不同于阳性中心概念的视角就可以建立起来，并参与理论的建构和日常生活的实践。[③]

针对阳性中心机制长期压抑身体书写的特征，西苏试图以阴性书写重建身体与书写之间的亲密关系，容许无意识中的驱力作用，突显“身体”与“书写”之间的多重关系。西苏首先肯定女性生育欲望，认为那是身体的驱力（drive），母体能够借由生育感受新的生命，自己也因此壮大起来。[④]西苏鼓励女性将这种女性特有的母爱特质记录下来，发现其中的感动与迷失……她认为女性身上或多或少都有一种反对分离的母性。[⑤]

---

①Helene Cixous, “The Laugh of the Medusa”, Keith Cohen, Paula Cohen (trans.), Signs, Vol. 1, No. 4, (Summer) 1976, p. 887.

②Helene Cixous, “The Laugh of the Medusa”, Keith Cohen, Paula Cohen (trans.), Signs, Vol. 1, No. 4, (Summer) 1976, p. 886.

③Ann Rosalind Jones, “Writing the Body: Toward an Understanding of l'écriture feminine”, in: Feminist Studies, Vol. 7, No. 2, (Summer) 1981, pp. 247-263.

④Helen Cixous and Clement Catherine, The Newly Born Woman, Betsy Wing (trans.), Minnesota: University of Minnesota Press, 1986, p. 90.

⑤Helen Cixous and Clement Catherine, The Newly Born Woman, Betsy Wing (trans.), Minnesota: University of Minnesota Press, 1986, p. 93.

西苏还希望阴性书写可以记录更广泛人群的生活和声音。书写可以让人们“记得乌龟、蚂蚁、老奶奶们，记得美好的、燃烧的初次激情，记得女人们、流浪者、那些一程一程背井离乡的人们，以及野鸭掠过的飞影”①。处于边缘位置的人们，不必以英雄般的姿态凯旋，但要敢于自由自在地活出与英雄截然不同的样子，大声说出自己的生活，不落入阳性机制预设的各种非此即彼的限制，让书写把这样的多元价值选择传遍每一个地方，由此而建立一个边缘人的合法主体性。②

由此可见，西苏的身体书写实践并不在于凸显女性性生理特征与某种特定书写模式的必然关系，更不是单纯彰显女性身体的驱力以此获得和阳性相等的地位，或反转二元对立的两性位置。相反，西苏试图剔除父权阳性中心意识对感性、自觉、身体等无意识冲动的贬斥，将阴性文化定位为与情感、意义传达密切相关的社会活动。从西苏的艺术生涯和学术生涯来看，她也一直致力于改变阳性支配性表述，力图以语言体现女性对性、宇宙、自然、社会、阶级、身体、精神和情感等多方面的深层体验，并重新诠释父权阳性中心强加在女性身上的负面标签。

阴性书写实质在于包容各式各样的声音，同时接纳在自我内心中无数个声音，每一个个体都有无数个自我主体在无数个自我之间游移，永不固定，与生理性别并无固有的一对一的关系。生命因此丰富多彩，每一次变化都是一个“新生阴性”的诞生。③西苏将这种意识注入各种象征系统，如文学、神话、哲学等，阴性书写只是抵抗“阳具逻辑中心”压抑他者声音的方法之一。

虽然我们不可否认西苏更关心人类历史上长期失语的女性。但归根结底，西苏关注的是更广泛边缘人群的命运。她试图以“阴性书写”来打破以阳性中心为单一表达方式的人类语言困境，并希望借此对女性文化给出一定的定位，突显阴性书写的包容、真诚、差异和创造性，让边缘人群也能确立自己的地位。

不过，阳性中心话语的统治地位，却让西苏陷入同构自反的怪圈。在阳性中心主义符号系统中，感性、自然和身体都是女性化的、低等的。要真正体会阴性书写的创新和实践意义，就必须走出感性/理性、身体/心灵等一系列二元对立系统，将书写与个体、家庭、文化、种族、性别等紧密关联起来，彰显个体如何被语言局限又如何超越语言局限的复杂感知。

---

①埃莱娜·西苏：《从潜意识场景到历史场景》，孟悦译，参见张京媛编《当代女性主义文学批评》，北京大学出版社1992年版，第222页。

②Helen Cixous and Clement Catherine, The Newly Born Woman, Betsy Wing (trans.), Minnesota: University of Minnesota Press, 1986, p. 93.

③Helen Cixous and Clement Catherine, The Newly Born Woman, Betsy Wing (trans.), Minnesota: University of Minnesota Press, 1986, p. 86.

（四）走向复杂多元的戏剧美学

从20世纪70年代初开始，戏剧这种被赋予了空间和张力的写作形式一直都是西苏与社会对话的方式。因此，全面认识西苏，自然离不开对她的戏剧形式和审美情趣的研究。从最初剧作《朵拉的画像》《伊底帕斯之名：禁忌身体之歌》（Le Nomd' Oedipe.Chant du corps interdit）分别改自弗洛伊德的《一个歇斯底里个案的分析片断》和古希腊神话《伊底帕斯王》（Oedipus the King），西苏陆续出版十余部戏剧作品，大多是与著名的太阳剧社导演阿丽亚娜·穆努什金纳①合作完成。

西苏与太阳剧社的合作源于20世纪70年代初。西苏观看剧社集体创作的《1789》后颇受震撼，立即与她的合作者福柯（Michel Foucault）商量，建议与穆努什金纳合作开展为受刑人争取人权的活动。最终，太阳剧社参与1972年"监狱讯息小组"（Group Information Prison）的街头抗议演出，他们合作演出的《偷面包的人进监狱，偷百万钱财的人进波旁宫殿》，由于与官方理念冲突，表演受到监狱方阻挠，不过西苏从此成为太阳剧社的忠实观众。②

20世纪80年代中期后，西苏与穆努什金纳陆续合作完成了《印度或他们梦想的印度》《仁慈女神》（Les Eume nides，1992）、《伪城或复仇女神之苏醒》（La villeparjure ou le réveil des Erinyes，1994）等。茱莉亚·朵尚（Julia Dobson）批评学界对西苏小说和剧作的严重忽视。与她广为传播的跨学科理论相比，其戏剧演出虽然在法国国内并不缺乏关注，但在欧洲其他国家和美国等国家依然较少关注，当代法国戏剧研究也几乎不涉及她的作品。何以如此？朵尚认为原因比较复杂，比如西苏剧作创作人员众多，过程复杂。另外，人们过于聚焦她的"阴性书写理论"，导致对她的戏剧美学思想缺少挖掘。③

西苏认为剧场演出的另一个重要方面就是通过行动让被压抑的弱者发出声音，并在被强烈聚焦的舞台上说话。

西苏与穆努什金纳都提倡即兴表演与集体创作风格，创作者隐身于集体创作中，人物、对白、动作、场景成为书写最为忠实的对象，突破了以剧本为尊的传统方式。太阳剧团通过扩展城市剧场的空间场域，运用即兴表演技巧，集体创作完成批评时事、关怀社会、内省人性的精彩戏作，由此开启剧本文本与剧场空间的对话契机，建立戏剧书写美学，突显舞台表演、剧本文本与空间、时间，身体与文字等

---

①20世纪60年代之前，西方剧场本质上是以剧作家为主宰，演员与导演都服从于剧本。1968年5月学潮后，穆努什金纳开始探索创造一种没有剧作家的表演，参与表演的演员都是剧作者，以即兴表演及集体创作为基础。转引自朱静美：《开放剧场的"集体即兴创作"之冲突与消逝》，《中山人文学报》2011年第6期。

②梁蓉：《阳光剧团空间书写与戏剧书写》，《淡江人文社会学刊》2012年第49期。

③Julia Dobson, Hélène Cixous and The Theatre: The Scene of Writing, New York: Peter Lang, 2002, pp. 8-9.

二元辩证下的互补。

朵尚认为，她的剧作既是一种隐喻，又是一种实践。的确，西苏戏剧美学中那些最吸引人的、最令人沮丧的、最丰富的元素都源自她对戏剧隐喻与戏剧舞台实践之间张力的突显。她反对传统剧场结构和叙事方式，并以剧场空间隐喻进一步强化其在《新诞生的女性》中的诗意批评。剧院就是西苏早期作品的潜在乌托邦隐喻，即人力所创建的时间和空间可能在父权资本主义文化机制的激烈斗争中获得解放，想象的书写形式在被设定的场景中可以让女性/边缘人群更成功地表达她们自己。

四、影响与争议

（一）本质主义的书写

虽然西苏在《突围》一文中以大量笔墨澄清生物性别与阴性特质的复杂关系以避免本质主义立场，但西苏大声疾呼“女人写女人，男人写男人”，并以“白色墨汁”和“女性身体”定义阴性书写还是给反对者留下了攻击的口实。[①]西苏的措辞很容易让人们误以为书写取决于生物性别，也就是生物性别可以决定是否拥有阴性特质，并意图以女性书写取代男女皆可实践的阴性书写，进而创造出不同的书写，好像身体范畴在某种程度上可以不受社会和性别的影响。西苏这种本质主义表象与强调女性气质社会建构的女性主义难以调和，因而被口诛笔伐。[②]莫依早就为这种困境做过相当悲观的预言：“在无法从先于我们而存在的秩序中逃脱出来的情况下，接受这个位置是首先选择，否则我们没有讲话的空间，即便我们能够讲话，也必须在象征语言的框架之内。”[③]

凯瑟琳·宾汉摩尔（Katherine Binhammer）认为，对西苏的误读很大程度是语言本身含义的局限使然，即妇女（woman）的所指和能指问题。当我们说“woman，female，feminine”时各自意味着什么是个复杂难解的哲学问题或语言学问题。西苏在《活吧橘子》（Vivrel' orange/To Live the Orange）中曾经指出妇女（woman）这个词中所隐含的负面意义，她希望自己“生活在这样一个时代：语言不受束缚，不被阉

①Katherine Binhammer, "Metaphor or Metonymy? The Question of Essentialism in Cixous", in: Tessera, Vol. 10, (Summer) 1991, p. 67.

②Peter Barry, Beginning Theory: An Introduction to Literary and Cultural Theory, New York: Manchester University Press, 2002, p. 18.

③Toril Moi, In Sexual/Textual Politics: Feminist Literary Theory, New York: Methuen, 1985, p. 172.

割，不受恐吓，不必被迫遵从那些不学无术的伪学者”[①]。西苏哀叹语言暴力，她还警告人们要防止某种“强制真理或事实”(forced truth)，比如，“我是一个女人”可能会产生这样的意义：我们处于封闭状态，我们受到自己的禁锢，自我女人化。[②]

西苏在号召女人以“阴性书写”表达自我和社会观感的同时，也向正在书写的伟大男性发出了邀约，并将女作家李丝白克特推向阳性书写阵营。1996年，在接受凯思琳·奥格雷迪（Kathleen O'Grady）访谈时，埃莱娜·西苏将巴西女作家克雷丽丝·李丝白克特与德里达相提并论，认为两者在她的阅读空间中处于独一无二、不可取代的位置。西苏从性别差异角度出发，认为德里达的位置类似具有阴性（femininity）能力的阳性（masculinity），李丝白克特则恰好相反，是具有阳性能力的阴性。[③]可见，西苏的阴性书写在很大程度上只是个修辞问题，绝非经不起推敲的二元对立的本质主义。

（二）乌托邦的书写

美国女权主义批评家陶丽·莫伊曾经以独树一帜的眼光指出了法国女性主义的巨大局限和困境。莫伊以马克思主义女性主义者的直觉，强调把握特定的政治现实的重要性。一方面，她批评西苏缺乏对现实的把握，认为西苏没有深入细致地分析和批判实现“阴性书写”理想的物质障碍，也没有具体描绘一个可能的社会结构，只是徘徊在想象空间，依然扮演“直觉”“性感”或“感性”的他者，很容易落入父权意识的现实圈套，淹没在既有的话语之中。另一方面，莫伊也指出社会现实与“阴性写作”之间的天然冲突。她认为：“西苏文本中一些相互矛盾的观点，其实是充满矛盾的父权意识与试图摆脱其束缚的乌托邦思想之间冲突的必然结果。”[④]

同时，莫伊也高度肯定西苏阴性书写蕴含的创新力量。她认为，西苏的“阴性书写”为女性在一个没有压迫、没有性别歧视的社会发挥自由创造力描绘了一幅乌托邦景观，并称这种理想主义的“乌托邦思想一直都是女性主义者和社会主义者政治灵感的源泉”[⑤]。莫伊的批评表明，如何在抗拒阳性想象空间的同时，追求铭刻阴

---

①Helene Cixous, “Extreme Fidelity”, in: Writing Differences: Readings from the Seminar of Hélène Cixous, Susan Sellers, Milton Keynes (ed.), England: Open University Press, 1988, p. 50.

②Helene Cixous, “Extreme Fidelity”, in: Writing Differences: Readings from the Seminar of Hélène Cixous, Susan Sellers, Milton Keynes (ed.), England: Open University Press, 1988, p. 50.

③Helene Cixous and Kathleen O'Grady (Interviewer), “Guardian of Language: An Interview with Helene Cixous”, in: University of Iowa Libraries, March 1996, Women's Education des Femmes (repr.), (12, 4), (Winter) 1996-7, pp. 6-10, http: //www.egs.edu/faculty/helene-cixous/quotes/

④Toril Moi, In Sexual/TextualPolitics: Feminist Literary Theory, New York: Methuen, 1985, p. 121.

⑤Toril Moi, In Sexual/TextualPolitics: Feminist Literary Theory, New York: Methuen, 1985, p. 121.

性特质的语言依然是未完成的使命。

西苏也承认，在阳性经济主导的社会，她所提出的付出不求回报的阴性经济必将陷入危机自身生存的危险境地。[①]因此，如何发现和建构一个可以安全运作的社会空间也就成为相当现实和重要的问题。即借助阴性书写，为阴性经济寻找到一个实践空间，证明阴性书写通过打破二元对立的语言思维模式，可以发展出另一种书写生产模式，并开拓出一个与现实主流社会不同的“另类空间”，而不是理想主义的乌托邦社会。

毫无疑问，当代中国“女性身体书写”面临这样的选择：是顽固地站在一个个具体男性对立面呈现所谓“女性书写”的独特性，还是重新深刻探究西苏以其多元文化身份建构阴性书写的本意。

回望西苏的学术生涯和艺术创作历程我们不难发现，人们一直追寻的阴性书写只是西苏与世界对话采用的一种修辞方式。其意之一是展现个人与社会的关系，通过书写肯定不同的自我，学会接纳自己和肯定他人，因此获得积极面对生命的勇气。其意之二则是希望通过书写将性别冲突放到阶级、种族等多元视角下加以体察，呈现其多元复杂的特征，消解社会生活中具体男人和女人的强烈对立感，突显社会结构的复杂特征。终极目的就是以合法和肯定的方式传达阴性/边缘人群的愉悦和感知，让书写成为不带硝烟的和平武器，逐渐侵蚀“阳具逻辑中心”的表意堡垒，开创新的表意系统。

一言以蔽之，西苏书写的本质就是透过多重对话方式和修辞手段，传达人类的精神思考，从身体出发，但又不被其所局限，而是向世界每一个角落无限绵延，最终为生活于其中的男男女女照亮生命之路、点燃智慧之火，让人类的身体与精神相互交融，难以分离。她的主要作品，尤其是理论著作，在女性主义美学和身体美学领域均占有极其重要的地位。

第三节　露西·伊利格瑞

露西·伊利格瑞（Luce Irigaray，1931—　）给人的学术印象是博大、无边界。她在哲学、心理学和语言学上分别获得过三个博士学位。她还是一位杰出的作家和诗人。伊利格瑞的著述是多学科和跨学科性的；她讨论不同学科的问题似乎永远是

①Helen Cixous and Clement Catherine, The Newly Born Woman, Betsy Wing (trans.), Minnesota: University of Minnesota Press, 1986, p. 80.

行家里手，在哲学、古典文学、心理学、精神分析、语言学、社会学、政治学、法学和宗教等领域，她都有深入研究和精彩之见。在《东西方之间》(Entre Orient et Occident，1999) 一书中，她甚至提出要融合各种思想、传统、文明，要改变视界，以促使一个新世纪的来临。这一新世纪将引领我们最终走出僵死的、灾难性的行为模式，这些模式假定身份建立在同一性和相似性的基础之上，并一味强调争强好胜的征服性欲望。她的新世纪将拥抱那刚刚吐露嫩绿的差异模式，要求权利、平等，但绝不将其简约为同一、相似和整一等概念。

伊利格瑞持有反自传立场，因而我们对她的个人生活知之甚少。她于20世纪60年代初从比利时来到巴黎，梦想成为一名精神分析医生。当时她也学习语言学和哲学，阅读巴什拉（Gaston Bachelard）、班维尼斯特（Émile Benveniste）、艾柯（Umberto Eco）、格雷马斯（A. J. Greimas）、列维-斯特劳斯、毛斯（Marcel Maus）、梅洛-庞蒂等新出版的著作。她参加拉康著名的精神分析研讨班，并成为拉康所创建的巴黎弗洛伊德学校的成员。拉康对她的影响是决定性的。

在发表了数篇有关语言和精神错乱的文章后，伊利格瑞出版了她的第一部著作《精神错乱症的语言》(Le Langage des déments，1973)。她研究和描述了出现于常规语言但表现了精神错乱症状的各种不同形式，如形形色色的失语，如造句能力的崩溃，等等。在这一特殊的探索中，她开始观察女性话语类型与男性话语类型的差异。她意识到身份的形成是一个将自我置放于语言并考虑到对谈者的过程。在她看来，虽然同样是精神错乱，男性患者仍然存有进行句法修正和使用元语言的能力，而女性则常常是经由身体表达出她们的病况，在身体中直接经历痛苦。她断言女性不易进入能够恰当地表达其欲望的语言。

这一说法不太适用于书面语言，它主要是指那类需要对另一个讲话者或一个刺激作出回应的情境。伊利格瑞知道，毫无疑问存在有生物性决定的言说，而问题只是在一个被界定的象征系统内部能否从语言中取得身份。在她的实验中这一系统就是那个著名的父权制，其中唯一可能的主体性位置被归于男性，而留给女人的女性身份则是“被阉割的”或“有缺陷的”人的形式，因为在象征系统中女人没有能力进行自我界定。

一、窥镜政治学

1974年，伊利格瑞的哲学博士论文《窥镜，作为他者的女人》(以下简称《窥镜》) 甫经出版，她便丢掉了教职，与精神分析学同道的关系也陡然变得复杂起来。他们指责她有精神分析所不能容忍的政治图谋。

《窥镜》确乎是某类“宣言”性质的作品。伊利格瑞质疑女人的性，质疑渗透于其中的西方逻辑及其意义生产体制，甚至也质疑主流精神分析学所坚持的女性立场：

> 女人的性依然是精神分析学的“黑色大陆”。精神分析学不能不忽视这个溢出了它理论场域之描写边界的他者，女人；同样，为科学所界定的“主体”之科学尚未质疑其对男性逻辑之强制性的依附。因此我们就有必要再次越过整一和同一被体系化于其中的文本。要重读、重释柏拉图，目的是为了揭露从他以来将隐喻确定为意义载体的种种策略。要考察理论的发展史，要重新标记这个他者——女人——在哪里和怎样地被从话语生产中排斥出去，通过女人那沉默的柔顺性而确定此话语之基础、之启动、之界限。①

伊利格瑞在《窥镜》中将精神分析学的“工具”即镜子作为她的批评装置，以此探查在性问题上精神分析学的基本理论，在主体性问题上哲学的基本前设。这一窥镜原义是指妇科学上用于检查妇女体腔内疾病的器械。伊利格瑞举着这面借来的窥镜，“往回穿过男性的想象”，查看自柏拉图以来西方哲学传统中男权秩序的功能。

伊利格瑞的镜子观与拉康的想象理论即与镜子的再现功能有关。拉康的“镜子”是一个平面的、反应性的“装置”，它将女人的身体只是看作缺乏，看作一个“空洞”。虽然在《窥镜》中拉康的名字从未被提起过，但伊利格瑞用“窥镜”这个凹面镜来检查和确定女人的正常情状则与拉康个性化过程中镜像阶段的理论前提有关。镜子是理论或话语之镜，它被用来批评性地考察弗洛伊德关于“女性”（le féminité）的讨论，也被作为对拉康、对西方哲学的一个挑战，因为在其视野中女人不是被看成“缺乏”“黑洞”，就是根本不存在。

运用这种不同于男权话语的“窥镜”，伊利格瑞展开对弗洛伊德的拟精神分析式的解读，她意欲揭露“一个有关对称的古老梦幻的盲点”（《窥镜》第一章标题），解读隐藏在弗洛伊德也包括拉康的解释学体系背后的想象和无意识幻想。她发现，弗洛伊德的性模式是男性的，其关于性的叙述是属于肛门的，也就是说，在他的想象中，那相信孩子是由肛门生出的阶段持续地作为其理论化的基础。弗洛伊德的这种想象无非表明，女人在生孩子方面的作用并未得到承认。在弗洛伊德的解说词中，女人必然地就是有缺陷的和次等的男性。

这种关于解剖学差异的想象其实不是弗洛伊德所独有的货色，它属于一切占统治地位的象征秩序。进一步地说，它不是任何一位精神分析学家或哲学家的个人想象，而是说这种肛门性主宰着传统西方的哲学沉思。在后来的《性差异的伦理学》

①Luce Irigaray, Speculum: De l' autre femme, Paris: Minuit, 1974.

一书中，她甚至称男人们对同一的爱好“构成了某种肛门本体论”。[①]

凡是在性差异存在争议的地方，伊利格瑞认为，弗洛伊德都未充分展开对话语生产前提的分析。其理论及实践对再现场景提出的所有质疑都未包括对那一被性别化了的场景的质疑。由于缺少这类言说，弗洛伊德的贡献就仍然部分地——准确地说，在涉及两性差异的地方——局促在形而上学的预设之内。

为检视和图画这些预设，《窥镜》的绝大部分篇章都在挑战和瓦解哲学的话语，因为这种话语为所有的其他话语立法，它自命是话语的话语。在《窥镜》出版不久所接受的一次访谈中，她质疑哲学话语：“究竟是什么可以保证其系统性的权力、其聚合的力量、其策略的英明、其法则和价值的普遍适用？换言之，究竟是什么保证了其主宰的地位、其对各种不同历史生产的潜在挪用权？其将所有他者都简化到同一原则、简化到它最大的普遍性中的权力？其将性别差异消灭在‘男性主体’可以自我代表的体系之中的权力？”[②]

二、社会想象对空气的遗忘

《窥镜》之后，伊利格瑞赋予自己一个双重的任务。第一是阐明哲学的想象身体，以揭开在哲学的各种理论建构中性动力学发生作用的情况。她认为，如果要理解象征，我们首先就必须理解其想象。众所周知，一个概念体系的连贯性并不必然就是它的真理性，因而这一想象也就完全可能是一种幻想的连贯性。伊利格瑞的第二重任务是展露“母性—女性”身体是如何一方面被挤出观念和知识的理性领域，而另一方面又持续不断地滋养着它、供给它以感性的和母性的品质。在我们的文化中，伊利格瑞宣布，逻辑、身份、理性等在象征上都是男性的，女性不是局外人和“空洞”，就是未被象征化的残余。她们至多只是发挥一些母性的功用罢了。想象不只是专属于哲学家和精神分析专家，它是一个“社会想象”[③]，一个被认作现实的想象，必然地将女性置于悲惨的境地。与男人不同，在象征秩序中女人感到“无家可归”。伊利格瑞不相信想象是不可删减的，这一点与拉康的观点相左。她坚信社会想

①Luce Irigaray, Ethique de la différence sexuelle, Paris: Minuit, 1984, p. 100.

②原载 Dialectiques, 8, 1975, 后以“话语权力与女人的从属状态”（“Le pouvoir du discours et le subordination du féminin”）为题收入《非一之性》（Luce Irigaray, Ce sexe qui n’est pas un, Paris: Minuit, 1977）一书，见第72页。

③伊利格瑞使用的“社会想象”一词借助于法国精神分析学家、社会科学家 Cornelius Castoriadis：“与个人想象意味有所不同的是，（社会想象意味）无限地大于一个幻想（所谓犹太的、希腊的或者西方的‘世界图像’的基础图式是没有边界的），它们没有确切的存在位置（也就是说，假如我们能够认定个人无意识具有一个确切的存在位置的话）。”（参见 L’institution imaginaire de la société, Paris: Seuil, 1975. 此处转引自 Margaret Whitford, Luce Irigarary: Philosophy in the Feminine, New York: Routledge, 1991, p. 66）

象将发生急剧的变革，一个从前不可设想的新的构型终将显露出来。

伊利格瑞强调，改变社会想象将最终使它能够接纳女性身体。不应忘记，如弗洛伊德所发现的，与身体的关系总是想象性的或象征性的。在西方的形而上学中，主体的想象性身体是男性的，性别差异迄未存在过，当然也绝不存在于社会想象之中。

为了促使一个新的想象类型的出现，一个能够揭开和言出多少个世纪以来被压抑的女性身体、女性想象的新型想象，就必须对西方男性思想的无意识展开分析。伊利格瑞坚持，除非这被压抑的东西被恰当地纳入象征，否则我们就不能以不同的方式表达出男性要素与女性要素之间的关系。也就是说，唯其如此，我们才可能有机会以不同的方式去思考女性想象，并且看见身份将不再只是意味着同一个事物。

在《窥镜》中，伊利格瑞曾经阅读和解析过亚里士多德、笛卡尔、艾柯哈特(Maitre Eckhart)、康德、柏拉图等几位哲学家，在20世纪八九十年代她继续批判地阅读了尼采、海德格尔、黑格尔、列维纳斯、梅洛-庞蒂、斯宾诺莎等人的著作。其中最重要的成果是分别关于尼采和海德格尔的两部作品：《尼采的海上情人》(Amante marine，de Friedrich Nietzsche，1980) 和《海德格尔的遗忘空气》(L'oubli de l'air，Chèz Martin Heidegger，1983)。它们均是诗性哲学的写法，美丽而又晦涩。

《尼采的海上情人》可以看作是关于尼采权力意志哲学的沉思或玄想。这里令伊利格瑞感到兴奋的是，尼采可能为她的思考性差异提供一些新的路径。她深知尼采与西方形而上学思想的同谋关系，也清楚简单挪用尼采观点的危险性。于是，她迂回曲折地将尼采对虚无主义的处理认作这样的一场历史运动，其中“迄今所有的价值都被贬值”[①]中人失去了其道德和理性世界所赖以建立的基础，而不再能够被保证以“普遍真理”或“绝对真理”。她批评说，尼采的权力意志是一种价值重估行为，但这一重估行为未能走出同一性的怪圈；其所谓的“妇女”也是此怪圈的一个同心概念，也就是说，它依然是“同一的他者”，尽管他声称自己已克服了形而上学的二元对立式思维。尼采和柏拉图也一样，伊利格瑞坚持，妇女的女人性总是被篡改为男性真理原则的否定性对应物。

《海德格尔的遗忘空气》是伊利格瑞的又一个“解构性”文本。她努力钻进海德格尔话语的内部去言说、模仿、拼凑，以这些相似性策略揭开正规语言使用的假面。结果本书一方面看起来“接近”于海德格尔的文本，另一方面却又可以读作对海德格尔遗忘不可见因素的批判，这不可见的就是空气，就是被海德格尔遗忘的女性因素。在她看来，海德格尔偏爱大地，如同尼采偏爱于火。因而如尼采不知道其对水的恐惧，海德格尔未能认识到空气之“不可见性”的观念意义。

---

①Friedrich Nietzsche, The Will to Power, Walter Kaufmann (trans.), New York: Vintage, 1967, p. 9.

连缀伊利格瑞写作的一条特征鲜明的线索就是间接性，这在尼采和海德格尔那里也一样。它对女性哲学而言，尤其使具有生产性的持续暧昧成为可能，因为它允许讨论妇女在英雄传统中的缺席，而又既不肯定也不反对这一传说。伊利格瑞想做到的是，坚持性差异立场，但同时取消同一/他者二分法及其对同一性的强调。为此，她重新阐释了巴门尼德关于一与多之种种形相的思辨，认为在巴门尼德的观念中占主导地位的不是同一性而是差异性。以这种方式她复活了苏格拉底的前形而上学和前体系学的、与僵硬的哲学概念相对抗的思想，就如尼采和海德格尔所做的一样。追随两位前驱，她试图恢复传统中被遗忘的因素，以回应当前后基督时代的专门性。

在以上两部书之间，值得提及的是她在1981年5月蒙特利尔“妇女与疯癫”研讨会上的系列演讲。她提出，西方文化的基础不是弗洛伊德在《图腾与禁忌》中所假定的弑父，而是弑母。按照她的解读，克吕泰涅斯特拉（Clytamnestra）神话是一个关于母亲与其女儿伊菲革尼亚和埃莱克特拉为父权制做牺牲的叙述。伊菲革尼亚基本就是为阿伽门农所牺牲，埃莱克特拉被弃置于疯癫，而俄瑞斯忒斯这个弑母之子则被遴选来建立新的秩序。重心不在俄瑞斯忒斯，不在阉割，而在主要的文化禁忌，在于与母亲的关系。俄瑞斯忒斯的作用是掩藏与母亲的脐带联结被切割。如果沉默于此类原始行为，那就会使最具破坏力的和最强暴的如下想象永恒化：妇女是贪欲的怪物，是危险的疯狂与死亡。但这些想象另一方面也指示了被压抑的、无法消化和无法分析的憎恨情感，作为一个群体的妇女在文化上为此情感所苦，她们被捆入属于男性幻象的古代想象之中。

对于伊利格瑞来说，象征秩序的功能以及作为其结果的社会契约的功能，即产生于这种弑母的牺牲行为，是它们将作为女人的女人排挤了出去。在此情况下要象征化母女关系是根本不可能的。

在将人类进入语言王国描绘为孩童与其母亲的分离这方面，精神分析学可谓贡献卓著，但是它很少或几乎看不到这个孩童实际上被理解为儿子。正是这个儿子而非女儿通过语言的介入或者用拉康的术语说“父名”将其自身与母亲分别开来。儿子不仅是一个潜在的父亲，而且还是一个主体，一个男人。而女儿则只是一个潜在的母亲。在象征秩序中，她的女人身份只能经由母亲的角色来体验。象征秩序教给儿子的第一节课是敬畏乱伦的禁阻，并将母亲客体化，以使自己能够与她拉开距离。与儿子相反，由于其与象征关系的贫弱，女儿不能成功地取得与母亲的分离。因此，女人就相对容易陷入精神错乱和抑郁症。通过对精神病患者的话语类型的分析，伊利格瑞发现，女人的语言常常为冲动、不肯定性所主导，她缺乏行使言说主体的能力。

伊利格瑞系统地研究了女人是如何被排除在象征秩序之外。她重新阅读和阐释了希腊神话对女性的呈现和再现，以及它们在诗歌和戏剧作品中的表现。她还反思神学的传统，以找出适合女人的神圣概念。她找到了女人的神即女神。如果说基督教的神是男性想象的标本，女性经验不在其视线之内，那么女神这属于女人的神则显形出多样、差异、生成、流动、节奏、触感以及"身体的光辉"。在父权制的宗教经验中，一个能够兼具这所有性质的神圣实体是不可能存活的。

三、性差异与作为二的自然

性差异一直是伊利格瑞关注的焦点。在其《我爱向你：关于历史上一种可能幸福的素描》（以下简称《我爱向你》）（J'aime à toi：Esquisse d'une félicité dans l'histoire，1992）中，她探讨了两性之间的交流难度，以及建立在性差异之上的主体间性辩证法。她主张超越两性差异而进入"作为二"（Être Deux）的领域。她的性差异的伦理和哲学的重要性在于：唯有"是两者"作为具体而可感的例子呈现给我们，它才有可能取得伦理的普遍性。

这种推理在伊利格瑞的哲学和伦理学写作中有很长的历史了。她一直在证明那个导向父权制建立和对性差异压抑的、强暴性的"一"的逻辑，在历史上是如此地与人类主体的否认自然对她的恩惠以及不再尊重其本身的自然等相伴随的。她认为，将母亲等同于自然，将生儿育女仅仅减缩到父亲或丈夫一系，将女儿从母亲中异化出来，都是携手于这样一种错误的做法，即丢弃将自然视作肥沃的、给予生命的大地的宇宙论，而代之以功利主义的自然观，它视自然为人类主体所应控制和超越的粗鄙物质，必须按照人类自身的利益予以改造。当前的战争、灾荒和饥饿等，实则是由男性单独建立起来的以牺牲女性、技术统治为特征的社会体制的合乎逻辑的历史宿命。这种社会体制使"一"的永恒回归万世长存，将此回归当作要女性作牺牲的基本动力。针对此一毁灭性的社会组织方式，伊利格瑞的解决办法是性差异的"多产联偶"。这一联偶开辟了一个新的未来，它将解除这种毁灭性的力量，而拥抱那尊重自然之发生原则的价值观。

在《我爱向你》一书中，伊利格瑞重访黑格尔，质疑他关于"否定性"的概念。其实这个问题自《窥镜》以来就一直萦纡其脑际。按照她的理解，黑格尔认自然为有限和直接，缺乏普遍的生命，而理性意识则能够通过否定自然的直接性而赋予它以普遍生命。意识将理性的意义形式灌入无生命的物质。一个理性主体，借助其精神作用而否定、扬弃和超越自然性，这种精神作用既是活动本身，又是此活动所创造出的客体。

将自然与精神相分离也见于黑格尔有关家庭的论述，如伊利格瑞所指出的，也特别见于性别角色的等级组织。该组织将妇女当作自然的直接性来配置，不给她们“以妇女身份”进入文化秩序的可能。这一点对于伊利格瑞来说十分重要，因为她强调正是性差异本身被固定在自然的直接性之内，被阻止进入精神和市民社会的布局。在人类中心主义的自然概念中，性差异不可能被表现出来，因为它是一种本源性的反人类中心的否定形式，这否定就出自自然本身。性差异瓦解了自然与精神的二元对立结构。

> 自然至少是两个：阳性的和阴性的。那所有企图超越自然而进入普遍的玄思都忘记了自然并不是一。要超越——假使它是一个命令，那么就有必要离开现实，而现实则是二（这个二自身又包含着次一级的差异：例如，较小/较大，较年轻/较年长）。普遍性设想其自身为一，它是从一中被想象出来的。虽然可以说，但这个一并不存在。
>
> 如果这个一并不存在，那么有限就被写进了自然本身。先于任何超越自然的必要性，重要的是认识到自然是二。这个二将有限写进了自然本身。没有什么自然胆敢声称与自然之整体相当。这样的自然根本就不存在。就此而言，一种否定的形式便存在于自然之中。否定绝非唯人才具备的一种意识行为。相反，假使人不能意识到写进自然的有限，他与自然的对抗就不会取得否定的效能。否定性控制着自然，并试图以意识凌驾其上，这无异于说，从此时此刻起意识到就被这样一个自然的天真所主宰：我即整体。[①]

伊利格瑞在多部著作讨论过“二”的问题，她的看法是，“作为二”代表了与他者关系的基础。她断言，正是通过“差异”问题，“作为二”的问题今天才能向我们展开。此外，差异还涉及如何成功地与他代、他族、他文化、他人民和谐相处，而不再考虑与作为他者的他者之间的关系。性别之间这最世俗和最普遍的关系现在有可能启发我们去创造一种或具体或抽象、或经验或先验的“关系文化”，它也有可能使我们以民主的方式进入所有其他的多样性存在。

四、模仿作为一种内在话语方式

伊利格瑞很少直接介入美学问题，但其写作风格却内在地就是诗意的和美学

①Luce Irigaray, J'aime à toi: Esquisse d'une félicité dans l'histoire, Paris: Grasset, 1992, p. 65, p. 67.

的，与传统哲学话语极不相同。为了暴露“主人话语权力”的隐在前提，为了发掘出被它所遗忘的“女性”“母性”，伊利格瑞使用了一种特殊的话语方式，即她所解释的：

> 在初始阶段，可能只有一条“道路”，它被历史地赋予女性，它就是模拟的道路。一个人必须故意地取得女性角色。也就是说，将一种服从的形式转换成肯定，从而开始对它施行阻挫。如果对此情形所进行的直接的女性的挑战意味着要求作为一个（男性）“主体”而讲话，那么这也等于是认可了一个对于拥戴性差异的观点的联系。
>
> 对于一个女人来说，演练模仿就是因此去发现她究竟是在何处被话语所盘剥，使其不致被简单地缩减成这一话语。即是说，使她再次臣服于——就她处在“可感物”和“质料”一方而言——“观念”，特别是那些关于她的观念，它们内在于或者被一个男性逻辑所阐述，但是其目的则是为了在一个嬉闹的重复中“彰显”那些被认为是仍然“晦暗”的东西：在语言中被掩盖的一个可能的女性活动……①

模仿是一个借助于哲学的术语，伊利格瑞用它描述她是如何将女性的假面，即她所称的女人的性改造成为一种对女人性再次挪用的手段的。模仿绝不只是一个戏拟性的话语方式，如她的一些批评者所设计的那样，被简单地用来解构厌女症的话语。伊利格瑞的模仿意指的是作为肯定性的差异，它是对他者的特性所进行的快乐的再挪用，这种再挪用绝非对现存阳物中心主义的权力分配作一单纯的颠倒。伊利格瑞的模仿超出了假面和拟真（mimicry）——“拟真”是一更加本质化的模仿，它使人联想到原初柏拉图意义上的模仿——它指的是女人性的诞生。在她看来，女人的性只能从女人性内部或从其地下（借用她一个考古学的比喻）产生出来，从其被埋藏的地方产生出来。内在于模仿的差异就是内在于差异的差异。

在《窥镜》一书中，伊利格瑞调用各种各样的意象来呈现西方形而上学传统所强加于妇女的存在状态。这些意象表露了妇女的被阉割，其欲望中和其欢乐（joiussance）中的被阉割。它们还表露了她于贞洁中的避难，在那里至高无上的原则就是沉默。《窥镜》中将与女性哲学有关的被遗忘的因素从克里斯蒂娃所谓的“符号穹若”里提示了出来：毗邻、距离、触觉、赞美诗、流动、液体、直接、处女膜、经血、神秘、歇斯底里、口唇、贞操、子宫等——女性哲学不应排除这类女人所专有的东西。

---

①Luce Irigaray, Ce sexe qui n'est pas un, Paris: Minuit, 1977, p. 76.

伊利格瑞在其文本和话语中从不装出一副“主体”的面孔，从不使用堂而皇之复数“我们”以躲藏于或加进由哲学话语所建构起来的通则。“女性言说”(parler-femme)的一个典型例子是她在《非一之性》最后一章《当我们的两唇说到一起时》所讲述的。她谈论女人的性，但她并不怎么强调其解剖特征，而认为重要的是“女人之性的形态学”。她希望为女人之间爱的语言、为超越于阳物法则的性快乐留出位置：在俄狄浦斯危机和个性化需求之前的一个位置，在女人之间有亲密感存在的、在不需要将自我与他者相隔绝的一个位置。“她”(elle)向她的爱人讲话，以一种将女性主体再建造为“你/我”(tu/je)的方式。她的语言试图解除一个统一的主体，放弃作为一种人类关系模式的主—客体范型。“你”(tu)与“我”(je)是等值的；其共同性是在写作中表现为它们被双重地刻画成主体，不再受制于专有名称的严格的功能区分，情人们抛弃了对那些实质上不适合于其关系的常规专用语的要求。“两唇”意象所提示的是一种别样的交流方式，而非僵硬的模式，它意味着复数性、多元性，以及一种与阳物话语方式不同的“在触觉中”存在的方式。

在《尼采的海上情人》一书中，伊利格瑞继续从话语的内部讲话，但以一种抒情的、咒语似的语调，拒绝提出任何一个正面的主题。她致力于进行一场情爱对话，不过她又好像来自全然的异域，来自海洋或者镜子的背面，在那里一切熟悉的逻辑规则都被颠倒和被解构，以及总是处在剧变之中。

在与哲学家尼采所进行的情爱交流中，伊利格瑞让尼采袒露他关于妇女、真理、美、价值重估的观点，但同时缠绕以各种流动不止的统觉、触觉和亲近感，从而清理出那些被压抑的事物，如“女人性”(le féminin)或“他处”，它们不进入模仿的重复性规律，而是反对再现，作为缺席或沉默。在伊利格瑞的著作中，能够发生作用的仅仅是这样一条规则，它对它自身是特殊的但从来不是恰切的，它从它诸多不同的建立在女人身体形态学基础之上的形式中取得其价值。

五、言语行为中的性差异

从20世纪80年代以来直到当前近二十几年间，伊利格瑞始终都在围绕着两个主题写作和授课：一是语言与性差异，二是公民权与性差异。她在这方面出版了一系列的著作，其中有一些是与国际同行合作的产物。

她在通过哲学话语考察象征秩序时所获得的主要原则，也同样适用于她对作为文化表现的语言的考察。性差异不能被缩减到一个纯粹自然的和超语言的事实，它切入语言，也被语言所切入。性差异决定着由代词、所有格形容词、名词的性及它们在语法范畴（有生命的/无生命的，自然/文化，阳性/阴性）中的分布所构成的系统。这样说来，性差异就是处在自然与文化之间。但是，伊利格瑞尖锐地指出，性秩序并未随着社会进步而进步，一个恰适的性秩序文化也并未随着我们的进步而相应地建立起来。

在父权制文明中，男性是价格稳定的性别。男人于有意或无意间都想赋予其性别以普遍性，例如他将他自己的姓氏给予其子、其妻以及其一切所有物。他将他自己的性别给予上帝，上帝因而是男性的。不仅如此，他还在中立的面具下，将它给予宇宙法则，给予社会秩序，而男人又从不质疑这一分配的谱系学。

伊利格瑞声称，除身份之外，支配现实与性别分配关系的还有另外一种机制。例如，非常明显的是，重要的和文雅的生命存在具有男性的性别，而无生命实体、无价值之物则具有女性的性别。这就意味着男人将主体性的位置和价值赋予自己，将女人简约到客体的位置或者无。这对妇女本身是如此，对于是语词的性别亦复如此。

男性的性别在句法上占据主导地位。在法语中，它主宰着复数形式：他们结婚了（ils se sont mariés），他们相爱了（ils s' aiment），他们在交谈（ils se parlent），等等。中性（非人称的）代词也使用与男性一样的形式：他（天）下雨了（il pleut），他（天）下雪了（il neige），他（它）有必要（il faut），等等。可怕的是，这种无视女性性别的语法特征势必将影响人们的主体性经验，并将其转变成作为话语和言说行为的语言。

通过对男人和女人言说行为的无数分析，通过对其句法和语义结构的深入考察，伊利格瑞提出了她对言说行为之性征的几点概括：

> ——在言说行为中，男人总是占据一个主体的位置，他们将自己作为话语或行为的主体；而女人则不轻易将自己摆在主体的位置上，她们将优先权留给了男人或世界。
>
> ——女人不常使用第一人称代词“我”，也很少在对话情境中将另外一个女人指为宾格“她”。
>
> ——女人在言谈中大多数情况下总是涉及“他者”，她们偏爱人际关系；而男人则偏爱与世界、与客体的关系。
>
> ——女人选用的名词和动词大多不太抽象，指向日常活动、描述时间和地点等，而男人的名词和形容词通常比较抽象，内涵着观念和教条的世界。

言说行为的性差异或许不那么重要，重要的是天然有别的性别身体应当享有其同等的主体性和客体性权利。但是，伊利格瑞相信，只要女性的类属、其单个性、其差别不能被如其本身地界划出来，她们就可能仍然被拒于语言之外，就不会创造出其自己的身份。而对女人言语个性的揭示，将导向或者实质上就是对女性的公民权的要求。

第二十一章　美国后现代美学

概　论

后现代主义乃当代西方最为重要的思想运动之一，是20世纪除马克思主义之外影响最为广泛的一种文化思潮和思维方式，就连晚近的马克思主义思潮也深受它的影响，伊格尔顿、杰姆逊等都是后现代马克思主义者。1985年，在《走向后现代主义》的前言中，佛克马和伯顿斯写道："后现代主义这个术语给文学史带来不少困惑，甚至人们还未来得及确定其意义，它就已成了一个家喻户晓的用语。"[①]今天，后现代主义即便不算是明日黄花，也绝没有二十年前那样风光无限了。但在后现代主义几乎尘埃落定的今天，要给它下个定义也绝非易事。我们看到，一部《后现代主义辞典》竟没有给出"后现代主义"的定义。其实，不可定义性正是后现代主义的主旨之一，因为它反对的正是源自启蒙思想的统一理性。后现代主义本质上是一种新的启蒙观念，否定关于真实世界的客观知识，否定语言或文本所具有的单一意义，否定人类自我的统一，否定在理性探索与政治行为、字面意义与隐晦意义、科学与艺术及历史与叙述之间的区别，甚至否定真理的可能性。[②]

"后现代"一词最早出现在19世纪70年代。1870年前后，英国画家约翰·瓦特金斯·查普曼（John Watkins Chapman）曾用"后现代绘画"来指称那些据说是比法国印象主义绘画还要现代和前卫的绘画作品。[③]1917年，德国哲学家鲁道夫·潘伟兹在他的著作《欧洲文化的危机》中使用了"后现代"一词来描述20世纪西方文化中

①佛克马，伯顿斯编：《走向后现代主义》，王宁等译，北京大学出版社1991年版，第1页。
②江怡编：《理性与启蒙：后现代经典文选》，东方出版社2004年版，第21页。
③Higgins Dick, A Dialectic of Centuries, New York: Printed Editions, 1978, p. 7.

的虚无主义。[①]1934年，西班牙文学评论家奥尼斯（Federico de Onis）在他编撰的《1881—1923年西班牙、拉美诗选》中使用“后现代主义”一词来描述现代主义文学内部的“逆动”。表示与现代时期决裂的“后现代”概念则出现在第二次世界大战以后，出现在D.C.萨默维尔（D. C. Somervell）为英国历史学家阿诺德·汤因比（Arnold Toynbee）的《历史研究》的前六卷所撰写的一卷本的概论中。汤因比在《历史研究》随后的第八卷和第九卷中采纳了这一概念。萨默维尔和汤因比用“后现代”时期这一概念来描述西方历史从1875年以来的第四个阶段[②]，这是一个理性主义和启蒙精神分崩离析的“动乱时代”（time of troubles）。20世纪50年代，美国文化历史学家伯纳德·卢森堡（Bernard Rosenberg）在他的《大众文化》中使用“后现代”一词来描绘大众社会中一种新的生活状况，这种后现代世界既充满了希望，也到处都是危险。[③]迄今为止最为详细的关于后现代时期的观点出自英国历史学家G.巴勒克拉夫（Geoffrey Barraclough）所著的《当代历史学导论》（An Introduction to Contemporary History，1964）。与强调历史连续性的理论家们不同，巴勒克拉夫指出，“我们应当予以重视的不是相似性，而是差异性，不是连续因素，而是不连续因素。总之，当代历史应当被看作是一个具有其自身特点的、有别于以前阶段的特殊时期，其差异程度绝不亚于我们所说的‘中世纪历史’同现代历史之间的差别”。他建议用“后现代”一词来描述这个继现代历史而来的时期。[④]1971年，被视为后现代主义代言人的哈桑在《肢解奥菲斯：走向一种后现代文学》中首次使用“后现代主义”来统称文学、哲学以及社会中的这种共同倾向。20世纪70年代后期，西方学术界出版的三本著作把后现代主义归结为一种运动，它们是詹克斯的《后现代建筑的语言》（1977）、利奥塔的《后现代状况：关于知识的报告》（1979）、罗蒂的《哲学和自然之镜》（1979）。在美国，通过罗蒂的影响，后现代主义超出了建筑学和文学批评的范围，开始引起美国哲学界的关注，就连宗教神学领域也受到了影响。泰勒1984年发表的《犯错：一种后现代的神学》中就把后现代的标签贴在了以往被视为神圣的领地。简单来说，作为一种现实的思潮，后现代主义在20世纪60年代开始在欧洲大陆——主要是法国——真正崛起，70年代末80年代初开始成为整个西方世界的流行话语，80年代末90年代初其影响开始传到第三世界国家。

后现代主义的核心是后现代性。有学者指出，如米勒和德里达，后现代性是先于现代性而存在的，甚至可以追溯到尼采的狄奥尼索斯即酒神精神，是情绪的发

①Wolfgang Welsch, Unsere postmoderne Moderne, Weinheim: VCH, 1988, S.12—13.

②此前的三个阶段分别是：黑暗时代（675—1075）、中世纪（1075—1475）和现代时期（1075—1875）。参见D. C. Sommervell, A Study of History, New York: Oxford University Press, 1947, p. 39.

③Rosenberg Bernard and White David, Mass Culture, Glencoe, IL: The Free Press, 1957, pp. 4-5.

④Barraclough Geoffrey, An Introduction to Contemporary History, Baltimore: Penguin, 1964, pp. 12-23.

泄，是抛弃传统回到原始状态的生命体验。审美的现代性或感性的现代性是对无限崇尚理性、秩序、主体、进步等观念的启蒙现代性的平衡，现代性的矛盾性也主要体现在这里。从这个意义上来说，后现代性也可以被视为审美现代性未竟的计划。苏珊·桑塔格认为后现代性是一种“新感性”，在她看来，不同于现代主义对深层、本质意义的推崇，后现代主义者坚信意义就在表层，根本不存在什么深层意义；如果说现代主义艺术需要理解和解释，后现代主义艺术则需要一种体验，一种新感性。①从这个理路上来看，后现代性也可被理解为与现代性同源对抗的一种状态。如果说现代性的驱动来自对“未思”（the unthought）的思考（福柯），后现代性的目标则不是将此未思之物变成完全可理解的和透明的。启蒙理性主义坚持意义的透明，后现代思想家则抛弃了未思之物可以被透明把握的想法。后现代性与现代性的根本区别在于他们看待“未思”的态度。与现代性不同的是，后现代性接受“未思”的存在，并不认为我们必须把握“未思”之物方能理解世界。后现代性认为并不存在单一的“未思”之物，也不存在单一的思考“未思”之物的方法。不同的后现代思想家对“未思”的理解也不一样，这就构成了不尽相同的后现代话语。美国学者哈桑以与现代主义相比较的方式罗列出“后现代”的33个特征，比如“反形式”“偶然性”“无序”“缺失”“反叙述”“精神分裂”“反讽”“不确定性”及“内在性”等。根据这些特点，他提出“后现代主义”的基本倾向是“不确定内在性”（indetermanence），其分开说就是“不确定性”（indeterminacy）和“内在性”（immanence）。所谓“不确定性”是指表现于整个西方社会政治、认识体系、情欲系统以及个人的精神和心理的话语领域中一种废弃一切的普遍意志；“内在性”与“超越性”相对，表示“人具有用象征符号进行归纳总结的思维能力，它能逐渐介入自然，通过它自己的抽象活动反作用于自身，而这一切又越来越直接地变成了它自身所处的环境”②。哈桑从文学进入后现代，他的影响主要在文学批评方面。利奥塔以其《后现代状况——关于知识的报告》将后现代主义推向整个西方知识界。利奥塔对后现代的界定是“对元叙事的怀疑”“对差异的敏感性”和“对不可通约的承受力”。所谓“元叙事”就是指那些使西方科学或知识得以合法化的基本哲学理念，即启蒙运动以来所确定的那些理性主义法则，诸如“精神辩证法”“意义阐释学”“理性主体或劳动主体的解放”“财富的增长”等。③杰姆逊（Fredric Jameson）主要从文化界定义后现代，认为后现代就是“晚期资本主义的文化逻辑”。在晚期资本主义阶段，文化被纳

①Susan Sontag, Against Interpretation and Other Essays, New York: Delta , 1966, pp. 19-23.

②伊·哈桑：《后现代主义概念初探》，盛宁译，参见让－弗朗索瓦·利奥塔等《后现代主义》，社会科学文献出版社1999年版，第123—125页。

③让-弗朗索瓦·利奥塔：《后现代状况——关于知识的报告》，车槿山译，生活·读书·新知三联书店1997年版，第1—4页。

入了经济的序列，因而必须遵从商品和资本的逻辑，必须是易于流通和消费的，这就造成了后现代文化的通俗化、平面化和无深度化。此外，还有福柯的主体为话语所建构、德里达的符号意义的“延宕”、波德里亚的符号的“增殖”和意义的“内爆”之说等。英国文化研究、后殖民主义、新历史主义、后马克思主义、后期接受美学等也都从各自的角度对后现代性进行了界定和运用。不过，在所有这些理论中，法国“后结构主义”对后现代的研究最为深入和具有原创性。

虽然很难给“后现代主义”下个定义，但说起后现代主义哲学，首先浮现于人们脑海的可能诸如主体的解构、宏大叙事的消失、能指的漂浮、深度模式的削平、对统一理性的怀疑、对二元对立模式的解构等，所有这些话语都似乎暗示着对笛卡尔以来的认识论的批判。一时间，后现代主义仿佛变成了反认识论的同义词。其实，后现代主义所反对的只是认识论框架内主体的绝对支配地位，而不是认识论。我们认为，后现代主义哲学是一种新的认识论，一种似乎没有主体或自我的认识论——原先那个认识论哲学的主体或自我并不纯粹，总是和历史、文化，以及意识形态等因素混杂在一起，因而是有局限的、待解构的。同样，后现代主义文学也并非单单是“拼贴”“戏仿”和“元叙述”等，它也有自己的建构、反思与深度，它的差异观与多元主体观，它的反西方中心论与多元文化思想直接影响并促成了女性主义文学、后殖民文学以及生态文学的兴起。后现代浪潮席卷之处，一切二元对立的套路，不论是历史与叙述之间，东方与西方之间，还是男性与女性之间，自然与文化之间，进步与落后之间，它们的对立话语都一并遭到怀疑，崛起的不只是先前二项对立中的弱势群体，更是出现了许多“第三空间”的种种混合叙事。虽然后现代主义的主要思想如德里达的、福柯的、利奥塔的等，的确是以“解构”和“破坏”为主旨——至少表面如此，但那只是后现代主义的一维，在“破坏”和“解构”的后现代主义之外还存在一种建设性的后现代主义。建设性的后现代主义崛起于20世纪80年代，主要表现为建构性的后现代主义、有根据的后现代主义、生态后现代主义以及重构的后现代主义等。此外，后现代主义传入第三世界国家后，又出现了所谓的“第三世界后现代主义”，比如拉丁美洲的“右派后现代主义”和“左派后现代主义”、印度的后现代主义、东南亚的后现代主义等。

建设性后现代主义主要发源于美国，其代表人物有罗蒂（Richard Rorty）、霍伊（David Couzens Hoy）和格里芬（D. R. Griffin）等。罗蒂的“后哲学”在建设性后现代主义中影响最大。罗蒂的“后哲学”倡导对话和沟通，是一种“新解释学”，即新实用主义。罗蒂用“协同性”（solidarity）概念取代了传统形而上学的“客观性”，他认为真理是独立于或外在于社会和人类的客观存在，而“协同性”则是指某社会团体中人们具有兴趣、目标、准则等方面的一致性。“对话”是实现“协同性”的最好路径，包括过去与当下的对话，读者与文本的对话，读者与读者的对话等。对话不是封闭的、专制的，而是开放和平等的。因此，倡导开放和平等是建设性后现代主义的最大特征。建设性后现代主义主张倾听他人、学习他人、宽容他人。这使得它成为女性主义和后殖民主义的重要理论基础。平等和对话还意味着多元的思维风格，按照德勒兹的说法，“多元论的观念——事物有许多意义，且有许多事物，一事物可以被看成各种各样——是哲学的最大成就”。在德里达而言，这就意味着“双重写作”和“双重阅读”，看似统一的文本其实充满了不一致和混乱。以格里芬为代表的建设性后现代主义的理论基础是怀特海（Alfred North Whitehead）的有机体哲学。与现代性视个人与他人、他物的关系为外在的、偶然的和派生的不同，它强调内在关系，强调个人与他人、他物的关系是内在的、本质的和构成性的。同时，建设性后现代主义信奉有机论，强调对世界的关爱，把世界视为家园，这与现代性所认为的人与自然的对立完全不同。在此基础上，建设性后现代主义主张恢复生活的意义并使人们回到团体之中。他们倡导一种“绿色运动”，主张用绿色运动的精神来“绿化我们的政治，我们的精神以及我们的文化”。建设性后现代主义有着很强的现实关怀，主张建设以共同体为基础的经济和生态区域主义，注重运用区域的生态、文化和经济特点来培育适宜的有生活意义的运动。

后现代主义在美国的另一个重要果实是耶鲁学派。可以说，该学派是德里达的后现代解构主义思想在美国文学批评的衍生形式。德里达1966年在美国约翰·霍普金斯大学的著名演讲《结构、符号和游戏》构成了耶鲁学派文学评论的基本纲领。耶鲁学派将文学创作和评论的主要任务视为对作品文本的“解构”，其批评理论和实践大大推动了解构主义美学的发展，在美国和世界上影响巨大，主要代表人物有保尔·德曼，希利斯·米勒，哈罗德·布鲁姆和杰弗里·哈特曼。

保尔·德曼（Paul de Man，1919—1983）所提出的修辞学阅读理论是与新批评完全对立的文本观，他提出文本的意义是不确定的，文本与阅读是不可分割的。保尔·德曼通过文本语言符号和意义的不一致性指出阅读的可能性并非理所当然的。事实上，保尔·德曼正是将文学批评的任务视为“将文本的‘不可阅读性’（unreadability）揭示出来”①。这种“不可阅读性”也为米勒所反复强调：“任何一个优秀的读者，在阅读过程中绝不会使自己成为阅读文本的奴隶，绝不能满足于文本原有作者对于文本的意义和形式的理解和诠释，而是有意地发现原作者所没有、也不能发现和理解的那些新东西，这也就是‘文本的不可阅读性’。”②保尔·德曼认为语言的修辞性是语言的根本特征，否认与其指称意义之间的一致：“文本诠释的语义学并不

①Paul de Man, The Resistance to Theory, Minneapolis: University of Minnesota Press, 1986, pp. 14-15.
②J. H. Miller, The Ethics of Reading, New York: Columbia University Press, 1987, p. 33.

存在任何一点认识论的一贯性原则，因而也不可能是科学的。”[①]语言自身存在着语法和修辞之间的张力，而批评家只有经过对文学、历史等文本的盲视逐渐产生最深刻的洞察力，最后才能获得对文本的洞见，得到“不可阅读”之外的发现。德曼还把他的解构理论推广到非文学文本中，认为即使是以严密理论为基础的、科学性强的哲学、政治、法律等文本，也会因语言的修辞性而具有矛盾性、虚构性和欺骗性，从而具有自我解构的因素而最终导致不可阅读。德曼继承了尼采的传统，主张通过文学的修辞和文风，通过渗透到语词和语句委婉表达形式中的作者个性，去对抗传统形而上学和传统逻辑中心主义所主张的基本原则，使文学作品成为反形而上学和反逻辑中心主义的重要场所。

哈罗德·布鲁姆（Harold Bloom，1930—2019）最为重要的理论贡献之一是“误读”理论。“误读”理论最初是在《影响的焦虑》一书中提出来的，布鲁姆在此书中将弗洛伊德的弑父情结、尼采的强力意志和保尔·德曼的文本误读理论融合在一起，提出诗歌的影响总是通过对较前一位诗人的误读而发生的。布鲁姆不仅把影响归结为误读，而且把一部文学影响史归结为对前辈误读、误解和修正的历史。在《误读图示》中，布鲁姆进一步完善与发展了他的“误读”理论，提出阅读总是一种“延迟”行为，因而实际上阅读几乎是不可能的。他还重申了“影响即误读”的观点：“影响不是指较早的诗人到较晚近的诗人的想象和思想的传递承续，影响意味着压根儿不存在文本，而只存在文本之间的关系，这些关系则取决于一种批评行为，即取决于误读或误解——一位诗人对另一位诗人所作的批评、误读和误解。”布鲁姆强调了“影响”过程中误读、批评、修正、重写的一面，即创造、更新的一面，打破了影响即模仿、继承、接受和吸收的传统理论格局。但其理论也有片面性，一是忽视了影响关系的另一方面——继承，二是把“误读”绝对化，导致了某种相对主义倾向，取消了影响关系中的客观标准与价值尺度。

希利斯·米勒（J. Hillis Miller，1928—　）公开提出要摒弃批评和阐释所预设的逻各斯中心主义，认为语言基本上是关于其他语言或其他文本的语言，而不是关于文本之外的现实的存在，因此，文本的意义永远是多义的或不确定的。米勒把对于文本的“解构”批评视为读者和批评家的道德责任，并把破坏文本或对于文本的错误理解当作再创造的出发点。[②]米勒认为，阅读文本时，文本结构所包含的意义既不仅限于原作者所已经表达出来的范围，也不仅限于借助逻辑概念结构所精确表达的意义系统，而是要在原有意义结构后面寻求不确定的象征性内容，并使其内涵不断远离原来的结构，在变化多端和无固定原则的象征游戏中继续扩大；同时，批评家

①Paul de Man, Blindness and Insight, New York: Oxford University Press, 1971, p. 109.
②J. H. Miller, The Ethics of Reading, New York: Columbia University Press, 1987, p. 33.

还要有意地破坏原有的逻辑结构和表达形式，摧毁其精确表达出的意义和形式，或者，在原有意义形式结构中寻找不精确和不确定的缝隙，然后顺次扩大其裂痕，有意地制造模糊和不精确的形式，在含糊性和不确定性中彻底打破逻辑概念和传统语言的基本原则，扩大文学艺术的非概念性、非语言性和非逻辑性。米勒还提出了“重复”理论，认为许多文学作品的丰富意义恰恰来自常被阅读忽略的多种重复的组合，即各种重复现象及其复杂的活动方式，这些重复正是通向作品内核的秘密通道。

杰弗里·哈特曼（Geoffrey Hartman，1929— ）认为语言并非确定不变，而是多义的、复杂的，所有的语言都必定是隐喻式的，而其对隐喻的依赖导致了语言的虚构。进而，哈特曼提出文学文本的意义也是不确定的。文本的意义只能通过各种各样的参照系来把握，而且又与别的意义相互交叉、相互渗透和相互转换。哈特曼认为应该把文学批评也视为文学文本来对待，认为文学批评属于文本世界，与文学文本并无本质的差别。哈特曼还主张文学批评与哲学批评的结合，认为两者本质上是一样的。

耶鲁学派于20世纪80年代后期逐渐解体，但其“解构”性的文本阅读方法至今仍影响着我们的批评和阅读。后现代主义即使在鼎盛时期也并非没有受到挑战。1976年，贝尔在《资本主义的文化矛盾》中明确把后现代主义视为对传统的回归，认为其中并没有完全新颖的东西。同样，哈贝马斯在《现代性——一项未竟的事业》中也把后现代主义者视为“新保守主义者”，因为他们对理性的否定并无新意，关键是要在科学、道德及艺术领域推动“没有限制的相互作用”，即“交往理性”。哈贝马斯还把德里达对形而上学和语言哲学的批判视为是在与“犹太神秘主义”和“非理性主义”调情，指责他硬把哲学纳入文学，使哲学丧失了自主性，以至于最终解体在修辞学和文学之中。①

第一节 保尔·德曼

20世纪七八十年代，美国文学批评界曾经有过一场声势浩大的解构主义运动。这场运动的始作俑者是法国哲学家德里达，为它推波助澜的是一批美国批评家，其中，保尔·德曼的声音最洪亮、坚定，也最引人注目。正是在他的努力推动下，解构的思想逐渐渗入美国高校，并广为传播。以颠覆既定思维模式为宗旨的学说，竟

①Jürgen Habermas, Lectures on the Philosophical Discourse of Modernity, Cambridge & MA: MIT Press, 1987, p. 181.

成为风靡一时的显学，甚至一度占领了高校的话语主导权，这个很有意思的现象，反映了解构——尤其是美国化的解构——与制度之间既抵制又依赖的复杂关系。认识到这一点，对我们理解解构不无裨益。

保尔·德曼（Paul de Man，1919—1983），原籍比利时，第二次世界大战后移居美国。1960年获得哈佛博士学位，毕业后曾执教于康奈尔、苏黎世和约翰·霍普金斯等大学，1970年进入耶鲁大学，直至逝世。对于美国文学批评，德曼的贡献主要表现在两个方面：一是他参与并领导了美国的解构主义运动；二是他以自己较为独特的批评旨趣，在新潮的欧陆理论（包括现象学、结构主义和德里达的解构学说）与传统的英美新批评之间架起了沟通的桥梁，为美国文学批评的发展探索出了一条新的道路。事实上，至今在美国方兴未艾的理论热潮是始于以保尔·德曼为代表的一代批评家。他们的出现，不仅打破了当时日益僵化的批评模式，也在某种程度上为后来的新历史主义、女性主义批评和后殖民批评提供了理论支持。

德曼生前仅发表两本著作，即《盲点与洞见——论当代批评之修辞》（1971）和《阅读的寓言》（1979），其他著述均在身后出版，包括《浪漫主义修辞》（1984）、《抵制理论》（1986）、《批评文集》（1989）、《浪漫主义与当代批评》（1993）以及《美学意识形态》（1996）。这些集子收入了德曼从20世纪50年代步入学术殿堂到1983年辞别人世各个时期的文章，几乎没有体系化的论述，多为“零敲碎打”的解读。作者无意构筑宏大的理论体系，却并非没有一以贯之的关怀。其实，这些著作的标题不仅揭示了他一生关怀的重要问题，同时也暗示了其思想变化的轨迹。概言之，德曼的关注点主要有两个：阅读与修辞；其变化则体现了三个阶段：盲点与洞见、寓言化的阅读、美学意识形态批判。

一、阅读与修辞

德曼的阅读，跟我们通常理解的阅读，从方法和目的来看，都是背道而驰的。我们理解的阅读，是具体的理解与阐释行为，即在各种可能的意义之间进行选择，得到连贯、清晰、自圆其说的解释。德曼的阅读却反其道而行之，关注的是文本内抵制阐释的各种因素，特别是修辞引起的含混、矛盾、不连贯、省略、中断等现象。解构批评家认为，这些往往是在常规的阅读中，为了合理的解释起见，被忽略不计或刻意删除的东西。这样做的目的是什么呢？据说是要通过揭示文本内部矛盾，暴露形而上学概念或意识形态机制的整体化幻象。我们常说，解构的策略是“以彼之矛攻彼之盾”，它不摆出自己的论点，逐一分析，也不树立一个个靶子，依次批驳，而是潜入对象文本，顺着它的逻辑往下走，不知不觉走入一个迷阵（aporia)，一个死胡同，陷入自相矛盾或进退两难的困境，从而达到解构的目的。既然依据对方的逻辑走入了绝境，那么它宣传的理念或概念也就不攻自破了。解构的任务，用德曼自己的话说，是不断地“在铁板一块的整体性中揭示隐秘的表述和残破的意象”[①]。通过种种非连续的、不确定的、甚至自相抵触的现象，他希望说明，整体性与其说是客观存在的事实，不如说是主体自身的意愿。如果我们看不到这点，把这种完整性当作一劳永逸、永恒有效的客观真理，就人为地封闭了本来可以敞开的理解结构。

谈到阅读与修辞，我们不难发现，这也是新批评的关键词。敏锐的阅读能力和细致的文本分析，是新批评的看家本领。而细读的一个重要发现，就是修辞的魅力，以及由修辞产生的妙不可言的意义的变化。因此，张力、含混、歧义、悖论、反讽等术语，成为他们深入诗歌文本，获取微言大义的手段。那么，德曼的阅读和修辞，与新批评究竟有什么不同呢？根本的区别在于，两种方法的目标和理念，从一开始就是截然相反的。

新批评家的目标是要建立客观、理性、科学的批评方法。当修辞引起内在张力或意义冲突的时候，他们确信词语或句子的意义能够在文本的具体语境里得到合情合理的解释。另外，无论怎样挖掘文本的歧义与矛盾，最终还是要用一个主题——可能是宗教的，也可能是道德的，或形而上学的——来消除歧义，解决矛盾。唯一的例外，大概只有燕卜荪，因为在所有的新批评家中也只有他受到德曼的青睐。新批评这样做，基于一个由来已久的信念：文本本身是一个有机统一的整体。德曼质疑的恰恰是这样一个有机统一的文本观念。文本果真是和谐统一的有机整体吗？一切复义、歧义、悖论、反讽真的可以依据语境得到确定的解释吗？其实，新批评家在这个问题上也是犹疑不定的。比如，布鲁克斯在回答《劫发记》中的蓓林达究竟是一位女神，还是毫无头脑的小女孩时，承认无论选择哪种意义，都要“做一些精心安排的设定”[②]。也就是说，在符合语法的前提下，词语可能存在的多重意义，并不一定为统一的主题所兼容。通常的情况是，所谓统一的主题，是作为读者的我们为了自圆其说或合乎逻辑，着意选择其中一个意义，排除另一些可能的意义，从而获得的完整性。这种完整性不是文本本身的特点，而是我们解释所具有的特征。德曼抓住了这一点，做起了他的文章。在他看来，新批评割断了文本形式与主体意向的关系，把文本比作自然界的植物，以简单的类比方式推断出文本像植物那样，是一个自足的有机统一体。实际上，文本的形式是与阅读过程中的理解行为或者说意向性结构密切相关的，它是“预示性的先行知识（foreknowledge）与阐释过程中趋向

①Paul de Man, Allegories of Reading, New Haven & London: Yale University Press, 1979, p. 249.

②赵毅衡编选：《新批评文集》，中国社会科学出版社1988年版，第192页。

完整的意向之间辩证互动的结果”[①]。因此，问题的症结在于批评家们“进入的是一种阐释循环，却误把它当成自然生态过程中的有机循环”[②]。也就是说，文本的有机统一形式并非基于文本与自然生物的类似，亦非源于文本本身具有的整体性，而是由两个因素相互作用的结果：第一，读者各自不同的潜在的知识结构；第二，阐释行为必须获得一定完整性的要求。

阐释循环的概念来自海德格尔。根据这位哲学家，理解只能以某种给定的先行知识结构为依凭，他称之为“先有”“先见”和“先把握”。在他的启发下，德曼指出：“我们只能理解那些在某种意义上已经给予我们并且已经为我们知晓的东西。”[③]先行知识结构也就是伽达默尔称之为“偏见”的那种东西。由于接受不同的教育，身处不同的社会和文化环境，每个人据以理解的先结构也就有着不同程度的差异。所以对于同一个文本或现象，会有形色各异的理解方式。那么，阐释为什么会循环呢？因为阐释是为了加深理解，而阐释本身又依赖于对人和世界的一般理解，而且不得不从已经理解的东西那里汲取养料。换言之，要去清楚地表达一种解释，我们总是已经有了某种模糊的理解。在这个意义上，阐释会循环。但这种循环不是恶性循环，我们并非绕来绕去毫无变化，而是在理解的过程中变得更开放。

先结构虽是理解的背景和先决条件，却并非是静止的或完整的。每一次解释既借助先结构来完成，同时又是从事物本身出发，对先结构进行清理和修正。在这个意义上，解释具有一定的完整性。需要注意的是，这里的完整性不是一劳永逸的、封闭的。因为解释总是“此在”（Dasein）在特定的时间和历史环境中的解释，每一次解释的结果被纳入先结构，然后开始新的解释，所以理解作为一个动态的过程，既是开放性的，又是历史性的。为此，海德格尔区分了理解（understanding）与解释（interpretation）：理解并非传统认识论界定的“对于特定事实的判断”，而是“此在”存在的基本方式，是“此在”对于各种可能性的意识；解释则负责将投射于理解之中的可能性整理出来。因此，每一次解释活动可以寻求一定程度的完整性，但理解作为“此在”的生存结构，却始终处于时间性和历史性之中。

“历史性”的概念一旦被德曼接受，也就作为一种“先见”，成为他寻求批评方法的出发点。时间因素由此进入了德曼的阅读行为。这是解构的创见所在，也是它为人诟病的根源。“历史性”概念究竟如何被德曼运用于批评，当我们的分析进入到“寓言化的阅读”时会有更清楚的认识，不妨先来看看对历史

①Paul de Man, Blindness and Insight, Minneapolis: University of Minnesota Press, 1983, p. 31.

②Paul de Man, Resistance to Theory, Minneapolis: University of Minnesota Press, 1986, p. 29.

③Paul de Man, The Rhetoric of Romanticism, New York: Columbia University Press, 1984, pp. 29-30.

性概念的误用，为德曼带来了怎样的隐患。我们注意到，在海德格尔那里，理解作为动态的结构，是由一次又一次具体的解释行为构成的，前者的开放性恰恰是基于后者的完整性。这样，阐释才能进入良性的循环，才能作为一种根本的存在方式，为“此在”认知和体悟世界开启无限丰富的空间。换言之，我们的理解既有历时的更替、变化与充实，又有共时的整合、统一与综合。这是一个问题的两个方面，彼此并不矛盾。德曼却把这两个方面看成了对立面，努力强调和凸显理解的历史性[①]，却忽略了一个显然的事实：选择意义，获得完整的解释是打开理解的历史性结构的必要前提。由于这个缘故，他的阅读最终走到了非理性的极致，沉溺于“无可决定”（undecidable）的泥潭，甚至认为阅读的目的，仅仅在于指出文本的“不可读性”（unreadability）。

除了“历史性”概念，德曼在某种程度上也误用了海德格尔的“先见”概念。“先见”本来是指主体在进行阐释之前，先行拥有的知识结构或背景，尤其是解释者所置身的文化习俗与思维传统。当德曼将矛头对准新批评，指责他们误把阐释循环当作有机循环时，他并没有脱离“先见”的本义。可是，当他进一步阐发自己的批评原则时，“先结构”（又称“先知识”，即foreknowledge）突然变成了文本。[②]这一先结构不仅是“先在的”，而且是“完满的”，在时间上“先于试图追上它的清晰的解释性说明”[③]。

先有、先见、先把握本来是“此在”在理解中所具有的三重先结构，德曼把它偷换成文学文本，这样一来，本来是理解面临的各种可能性成为文本无限丰富的可能性。以德曼为首的解构批评家认为，新批评的细读策略虽然发现了修辞，却没有顺理成章地从“反讽”“悖论”“多义性”等概念中引导出开放的文本，反而诉诸宗教或形而上学的概念，期望在更高的层次上实现统一，最终使文本变成了封闭的循环。下了这样一个诊断后，解构的目标就很明确了：“如果要超越新批评，就必须卸除封闭的锁链，打造开放的文本。”[④]然而，解构真正超越了新批评吗？我们对此表示怀疑：即使德曼的诊断正确，新批评的症结确实在于将阐释循环当作文本的有机

①“理解只有当它意识到自身的时间困境，并且认识到整体化只能在时间本身的范围内产生时，它才能被称为完整的。理解的行为是时间性的行为，它有自己的历史，然而这一历史永远在逃避整体化的倾向。”（Paul de Man, Blindness and lnsight, Minneapolis: University of Minnesta Press, 1983, p. 32）

②“对于一诗歌文本的阐释者而言，这一先知识即文本本身。他一旦理解了文本，晦暗不明的知识便会逐渐明朗，彻底呈现出原本就在那里的一切。”（Paul de Man, Blindness and Insight, Minneapolis: University of Minnesota Press, 1983, p. 30）

③Paul de Man, Blindness and Insight, Minneapolis: University of Minnesota Press, 1983, pp. 30–31.

④Geoffrey Hartman, “Looking back on Paul de Man”, in: Reading de Man Reading, University of Minnesota Press, 1989, pp. 5–7.

循环，但当他自己将开放的理解结构偷换成开放的意义结构时，同样陷入了形式主义的陷阱。两种批评模式的关键词都是“文本”，不同的是，一个在多义中保存统一，一个在矛盾中解构统一。

从理解结构的开放性到文本的开放性，这是非常关键的一步。它使德曼从此将批评的重心从现象学的主体之维转向解构的文本之维，从动态的理解过程转向不断“延宕”的意指过程（signification）。在他看来，文本，尤其是文学文本，本来有多重的、甚至相互矛盾的意义，我们为了达到自己的解释目的，人为地摒弃文本各种丰富的可能性。所以，德曼的一个目标是要努力还原文本本来的复杂面貌，并进而揭露各种意识形态的整体化机制。

开放的文本与修辞有着密切的关系。同样重视修辞，新批评与解构有何异同呢？这关键要看他们如何理解“修辞”，更精确地讲，就是如何理解“修辞”与“语法”的关系。面对修辞，新批评家秉承的是一种理性的态度。他们认为，文本有统一的主题和连贯的语境，修辞并不影响理解的过程，多数情况下可以依据语境和主题加以澄清。譬如，瑞恰兹提出了“语境”理论，要求从整体的语言单位（语句、段落、篇章甚至不在场的词语[①]）理解单个词语的意义。他始终强调，单个的词语是没有意义的，或者说没有固定的意义，只有把它放入一个整体的语言环境中，与其他词语相互作用，它的意义才会呈现出来。随着语境的变化，词语意义也会发生变化，由此便会产生词语的多义和意义的含混现象。瑞恰兹倡导的新修辞学把这种现象视为“语言能力的必然结果”，而不是像旧的修辞学那样，把多义和含混看作“语言中的一个错误，希望限制和消除这种现象”。[②]这种观点直接影响了他的弟子燕卜荪，而燕卜荪正是德曼非常推崇的一位批评家。在《含混的七种类型》中，燕卜荪分析了文学（主要是诗歌）的七种含混现象，除第一种和第七种外，其他都能通过情境或上下文的语境得到合理的解释。第一种和第七种虽然都强调意义的不可确定，但又有所不同。第一种是着重意义的多重性和语境的包容性，第七种则是两种相互冲突的意义比肩而立。德曼恰恰看中了第七种，并且通过它将意义的不确定（indeterminacy）演绎为意义的无可决定（undecidability）。

从意义的含混（ambiguity）到不确定（indeterminancy），再到无可决定（undecidability），暗示了什么呢？“含混”是一种歧义现象，或者说文本具有的客观存在的多义性；“不确定性”关系到诠释的问题，它并非强调文本的多义性，而是强调选择的困难；“无可决定性”则更进一步，选择常常是困难的，有时甚至是不可能的。这

①瑞恰兹称之为“unuttered words”，参见I. A. Richards, The Philosophy of Rhetoric, New York & London: Oxford University Press, 1936, pp. 63–70.

②The Philosophy of Rhetoric, New York & London: Oxford University Press, 1936, p. 40.

样，德曼悄悄地把语义学的歧义问题转换成了伦理学的困境。

这个转换的前提，在于德曼对语法和修辞关系的特殊理解。瑞恰兹没有讨论语法与修辞的关系，但是从语境理论可以推知，在他那里，修辞与语法是相互配合的。修辞不能违反语法，当字面义无法解释语句的时候，就必须去寻找另外的含义，找到的新的意义也必须符合语法。因此，修辞与其说引起了冲突，不如说消除了冲突。燕卜荪讨论的含混现象绝大部分可以通过语境得到澄清，也有力证明了这一点。

德曼则希望证明，修辞是一股潜在的颠覆力量，是引起冲突，而不是消除冲突的关键因素。应该怎样看待修辞与语法呢？他在《符号学与修辞学》中写道："径直断定语言的联想关系（paratagmatic）是修辞性的而不是表征性的，不是表达某种指涉关系……这标志着对已确立的先后秩序的彻底颠覆，因为传统的做法是从外在于语言的指称对象或意义而非内在于语言的修辞资源中寻找语言的权威。"[①]当联想关系被当作一种修辞关系时，德曼的意图很明显，他希望将语法与修辞当作语言结构的两个维度，就像索绪尔的句段和联想关系。根据索绪尔的理论，语言各要素间的关系和差别是在两个轴上展开的：一个是水平的横轴，由两个或多个连续的单位组成，以相邻性为特征，比如"If it's sunny tomorrow, we'll have an outing"，每个要素根据其前后的要素取得自己的价值；另一个是垂直的纵轴，以相似性为特征，指能够互相替换的成分之间的对立，比如"outing"从词义的相似性，我们可以想到"jaunt""expedition""journey""trip""excursion""voyage"等。在这根轴上，不仅有一词多义的问题，有同义词的相互替换，还有由于词形相似、语音相近带来的丰富的联想。诗歌因简约、凝练、浓缩的语言特征，其联想关系尤其复杂。这可以在某种程度上解释，为什么新批评和解构批评多以诗歌为评论的对象。

重视联想轴，是解构主义的一个重要的阅读策略，运用得巧妙，能发常人之未见，获得新颖独到的理解。德曼的《面目全非的雪莱》、米勒的《作为寄主的批评家》和特曼针对华兹华斯的评论，堪称解构批评的典范。值得注意的是，这种解读并非没有风险。索绪尔指出，句段关系是"在现场的，它以两个或几个在现实的系列中出现的要素为基础"，相反，联想关系却是不在场的，它是一个"潜在的记忆系列"，"联想集合里的各个要素既没有一定的数目，又没有确定的顺序"。这就意味着，联想轴由于具有无序性、不确定性和任意性等特点，对它的过度、无节制的运用很可能造成不必要的混乱与违背常理的解释。基于这一点，艾柯在《诠释与过度诠释》一文中对解构提出了深中肯綮的批评意见。他指出，解构的某些批评实践已经超出了诠释的界限，走向了过度诠释。

---

①Paul de Man, Allegories of Reading, New Haven & London: Yale University Press, 1979, p. 106.

另一个值得考虑的问题是，修辞关系与联想关系是否可以画上等号？限于篇幅，我们不作探讨，但这里肯定是有疑问的。修辞之于德曼的重要性，不仅在于联想轴可能打开的阅读空间，而且体现于修辞与语法相互制约的张力关系。德曼坚持认为，修辞产生的某些冲突，不仅不能通过语法得到解决，还可能对语法和逻辑构成威胁。他举了一个例子：阿奇·班克的妻子问他想把球鞋的鞋带系在上面还是系在下面，丈夫回答："What's the difference?（这有什么区别?）"妻子于是解释两种系法怎样不同，结果弄得丈夫非常恼火。"What's the difference?"既可以是"没什么区别，都一样"，也可以是"有什么差别?"德曼想用这个例子说明，"一个完全清晰的句法范式"，可能"产生至少有两个含义的语句"[①]。这种歧义是修辞造成的。德曼认为，问题不在于歧义的出现，而在于意义的无可决定（undecidability of meaning）：两种意义完全合乎语法和逻辑，我们却陷入无从选择的困境。这就是诡谲莫测、无可捉摸、无从把握的修辞，它使我们无法确定，一个语法结构表达的究竟是字面义还是比喻义。德曼写道："语法模式转化为修辞模式的那一刻，并非我们一方面拥有字面义，另一方面拥有比喻义，而是不可能以语法或其他语言学手段来断定两种意义（可能是完全矛盾的）究竟哪一种占据了主导地位。修辞从根本上悬置了逻辑，展示出指涉发生畸变的令人晕眩的可能性。"[②]因此在德曼看来，丈夫所表现的恼怒，与其说暗示了烦躁不安的情绪，不如说暗示了一种绝望的情绪——因为无法控制语言的意义而感到绝望。

可是，我们从这个故事看到的不是意义的无可决定，因为班克和他的妻子都作出了选择和判断，只不过他们的选择不一致。事实上，修辞并没有像德曼所说的那样"悬置逻辑"，也没有对语法构成任何威胁。两个意义都是符合语法和逻辑的，这之间不存在孰优孰劣的问题，只存在根据语境选择哪一个更合适的问题。其实，丈夫的恼火不是因为语言学困境带来的，而是因为觉得妻子笨拙、古板或不通人意。妻子则很可能因丈夫的无名之火而感到委屈。换言之，他们的冲突不是语言学困境造成的必然冲突，而是没有相互理解造成的偶然冲突。德曼之所以认定这里有无法解决的困境，一个重要的原因在于，他完全忽略了语言外的一切因素，包括语言的使用者、指称对象和历史语境，只关注"内在于语言的修辞资源"。所以说，他的阅读一方面打开了文本，另一方面也封闭了文本。很多困境、迷阵或死胡同，往往因此而来。这是我们在阅读解构批评家时尤其需要注意的。

当然，德曼关注"内在于语言的修辞资源"并非毫无所获。他在1971年的《盲点与洞见——论当代批评之修辞》和1979年的《阅读的寓言》中所提出的两种阅读

①Paul de Man, Allegories of Reading, New Haven & London: Yale University Press, 1979, p. 10.

②Paul de Man, Allegories of Reading, New Haven & London: Yale University Press, 1979, p. 10.

模式，就是和修辞密切相关的。

二、盲点与洞见

1971年，年逾知命的德曼出版了第一本专著：《盲点与洞见——论当代批评之修辞》。这部著作是关于批评的批评，即元批评（metacriticism）。在仔细阅读了一批文学批评家和哲学家（包括卢卡奇、宾斯万格、普莱、布朗肖、德里达）的作品后，德曼发现了两个奇怪而有趣的现象。首先，在这些人的著作中，一种观点总是与另一种针锋相对的观点相伴而行。用德曼的话来说，批评家“就文学性质得出的结论，与诠释的实际结果出现了悖论性的反差”[①]。其次，他们的论述虽不乏精辟的见解，但问题在于这些见识或者称之为“洞见”的东西，往往不是批评家着意的内容，甚至与批评家强调的主旨背道而驰。正因为如此，批评家对于自己文本所暗含的洞见和矛盾视而不见；反过来，他孜孜以求的东西倒是充满了悖谬与疑惑。因此，“blindness”在这里具有双重含义：其一，指文本出现的与“洞见”相对立的观点；其二，指作者意识不到文本的矛盾，看不到自身的洞见。

饶有意味的是，在德曼那里，盲点与洞见不是单纯对立的，而是处于一种相生相克的关系中。“相克”不难理解，即对立和矛盾的关系。何谓“相生”呢？下面这段话给我们提供了线索：“奇妙的是，所有的批评家似乎注定要说一些不同于他们想说的内容的话……似乎只有批评家陷入某种特定的盲点之中，洞见才能被获得；批评家的语言之所以能够摸索到某种程度的洞见，仅仅是因为他们对这一洞见的感知始终不太着意。洞见只是对处于优势地位、能以其本来面目视盲点为一种现象的读者，对能够清楚地区分陈述（statement）和意义（meaning）的读者才存在。”[②]也就是说，只有当批评家陷入盲目的困境时，他的语言才能捕捉到某种洞见，好像只有失明的人才能无所畏惧地直视太阳的光芒。批评家不但“意识不到矛盾的存在，反而因此获得生机，甚至最精彩的洞见也得益于与之抵触的观点”[③]。读者虽然耳清目明，却并不创造洞见——洞见不是读者的智慧，而是已为批评家的语言捕捉到，却不为批评家所着意的真知灼见。读者仿佛是躲在阴影里的看客，既能看到真理的光芒熠熠生辉，又不会被它灼伤。

阐述批评文本中“盲点”与“洞见”的张力关系，成为德曼前期批评的一道撒手锏。在他的笔下，每一位批评家都陷入了这个怪圈：比如卢卡奇一方面把小说界

①Paul de Man, Blindness and Insight, Minneapolis: University of Minnesota Press, 1983, p. ix.
②Paul de Man, Blindness and Insight, Minneapolis: University of Minnesota Press, 1983, pp. 105-106.
③Paul de Man, Blindness and Insight, Minneapolis: University of Minnesota Press, 1983, p. ix.

定为一种反讽模式，以非连续性和不确定性为特征；另一方面又用有机的历史观来解释小说。新批评一边搜寻文本深处的反讽、悖论和含混，一边又抱守有机统一的文本观。普莱主张批评是一种主体间的行为，批评家放弃自我，以便接受作家的自我；同时他又暗示，批评行为与其说是主体间的替换，不如说是自我内部的分裂，是现时自我对先前自我的超越。宾斯万格受海德格尔哲学思想的影响，要求区分经验自我与美学自我，可他最终的目的是希望通过艺术来治疗经验的自我。布朗肖的批评努力消除自我的维度，但他的论述总要依赖于源于自我的隐喻。

在这些论述中，德曼总是看到两个矛盾的观点，他把一个称为“盲点”，另一个称为“洞见”。前者是作者想说的内容（what author intends to say），后者据说是文本实际所说的内容（what text actually says）。这里的奥妙在于，“盲点”在于文本之内，“洞见”也在于文本之内。“以彼之矛，攻彼之盾”就体现在这里。“盲点”是批评家明确表述或立意鲜明的观点；“洞见”则是潜伏于文本之内，与这些观点相左的意见。前者与后者的区别，应当是德曼所谓“statement”与“meaning”的区别。前者是“明白无误、确凿无疑”的字面义，后者是“不连贯的、异化的、呈碎片状的”含义，它“如此隐晦，包裹于谬误和骗局中，以至于无法通过鲜明的主题得到表达”[①]。因此，肩负解构任务的读者，应当穿透字面义，寻找隐晦的弦外之音，揭示它们之间的矛盾关系，并昭示文本中秘而不宣的洞见。这样一种解构策略在德里达那里有类似的表述。他在《论文字学》中写道：“作者以某种语言和某种逻辑写作，他的话语本质上无法完全支配这种逻辑的体系、规律和生命。他在使用它们时只是在某种程度上勉强受这种体系的支配。阅读始终必须关注在作者使用的语言模式中他能够支配的东西和他不能支配的东西之间的关系。”[②]也就是说，文本始终有两个声音，一个是由作者支配的、明显表现出来的意图，另一个是与这种意图相左的、不受作者支配的、隐含于文本的声音。

可见，德里达与德曼从一开始就在方法论上达成了某种程度的共识。在他们看来，阅读不是轻松的娱乐，或随意的认同，而是要深入文本，努力掘取“言外之意”，寻找作者意图与文本意义之间的矛盾。不同的是，德里达是有意识地实施解构方案，而德曼在多数情况下是无意识的，受德里达的启发之后，才从理论的高度总结出这种方法。所以，《盲点与洞见——论当代批评之修辞》的前五篇文章虽然遵循了一个模式，致力于发现作者以为自己论证的观点与文本实际道说的内容之间的不一致，但是直到第七篇文章《盲点的修辞》（1970），他才为这种模式找到了“盲点与洞见”这一名称。

①Paul de Man, Blindness and Insight, Minneapolis: University of Minnesota Press, 1983, p. 104.
②德里达：《论文字学》，汪堂家译，上海译文出版社1999年版，第229页。

应当说，这种阅读不仅是新颖的，也是富有成效的，比如德曼读雪莱，德里达读卢梭，都给人耳目一新的感觉。针对普莱的批评主张——批评家应该像一面镜子或一块透明的水晶，彻底泯灭自我之后，才能捕捉到作者原始的“我思”——德曼一针见血地指出，当普莱大声呼吁批评家放弃自我时，他恰恰是“比任何一个时候都更明显地以自己的名义说话。……他显然并不满足于被动地把作品当作礼物来接受，而是主动地参与到他认为存在争议的论述中”[①]。德曼在普莱那里听到了两个声音，其中一个是主旋律，认为批评是一个主体替换另一个主体的行为，批评家与作家的关系，就像“汹涌的海潮和被它淹没的海滩”[②]；另一个声音则微弱得多，它悄悄地告诉人们，批评家在阅读过程中，不会彻底泯灭自我，而总有一些先在的观念和意识，正是这些先在的东西促使批评家接受作者（或文本）的馈赠，吸纳为自己的东西，形成一个高级的自我。这就是说，当读者的自我与文本（或作者的自我）遇合时，它不会自动消失或退却，反而是如果它越积极主动地加入理解过程中去，就越发能够产生丰富的见识。因此，从这个角度理解，批评行为就不是批评家放弃自我的过程，而是逐渐丰富自我的过程，或者说，是另一个更充实的自我对先前自我的超越。在同一篇论文里，两个声音虽彼此矛盾，却并不相互取消。德曼紧紧抓住了这些矛盾，将它们表述为盲点与洞见的张力关系。

“Blindness”一词出自《论文字学》。德里达用它来指卢梭的替补概念：“在卢梭的文本中，替补概念是一个盲点，是开阔视野而又限制视野的未见物。”[③]德里达注意到，卢梭喜欢用“替补”一词形容对立项之间的等级关系：充当替补的那一方总是次要的、可有可无的，就像球队里的替补队员一样，只是在主力队员受伤或缺席的情况下偶尔亮亮相，并不起决定性的作用。然而，在具体的论述过程中，替补变成了一个危险的概念，总是暴露出被替补的一方的不足，从而对后者的中心地位构成了强有力的挑战。比如教育之于天性，文化之于自然：卢梭一方面激烈地申斥科学与艺术，另一方面又不得不承认教育对于弥补天性不足可能具有的作用；他一边热情讴歌原始的自然状态，视社会为灾难与不幸的根源，一边又努力思考治理社会的理性方式。尽管如此，在卢梭的笔下，自然与天性依然是第一性的、首要的，他并没有意识到替补对这些概念造成的威胁。因此，在这个意义上，德里达认为替补概念对于卢梭本人而言是一个盲点，这是他超乎常人的精彩洞见，可他自己意识不到它的力量所在。所以，德里达说，卢梭“描述了他不想说的东西”[④]。德曼在《盲点的修辞》（1971）中宣称：“批评家不仅说出了作品没有说出的东西，他甚至说出

①Paul de Man, Blindness and Insight, Minneapolis: University of Minnesota Press, 1983, pp. 95–97.
②Paul de Man, Blindness and Insight, Minneapolis: University of Minnesota Press, 1983, p. 109.
③德里达：《论文字学》，汪堂家译，上海译文出版社1999年版，第63页。
④德里达：《论文字学》，汪堂家译，上海译文出版社1999年版，第236页。

了自己不打算说的东西。”[1]这种论调与德里达相比，显然不只是异曲同工，而是同出一辙。

值得注意的是，“盲点”在德里达那里是一个集积极作用和负面作用为一身的矛盾体，它既“开阔视野”又“局限视野”。这个矛盾体在德曼手里却化为“盲点”与“洞见”的张力关系。也就是说，blindness纯粹是局限性的、负面的和必须否定的。从这一点来看，我们可以推断，德里达考察的是同一个概念或观点的两面性、复杂性；德曼则是在拥有了某个既定观念后，通过对两种概念或观点的取舍，得到他需要的结论。

> 可见，德曼是有很鲜明的立场的。问题在于，他不希望把这个立场摆出来。既然解构的目的是要打破一切整体化的倾向，就不能轻易地建立起一个观念，否则自己也落入了整体化的窠臼。这其实是解构给自己设下的陷阱，这个陷阱使它说“不”多于“是”，否定多于肯定，消解和颠覆多于创立和建构。与德曼相比，德里达更明确地触及了立场的问题，他在《立场》一书的末尾写道：“至少有两个立场的概念。为什么不敞开对立场（或多重立场）这一问题的讨论呢？（表明立场：是设定还是否定？是肯定的设定？是颠覆还是取代？如此等等）”[2]但这些含混不清的话与其说澄清了“立场”，不如说把“立场”模糊化了。这是解构的策略，却也是它的软肋，这样一来，它的主要作用只能是批判和反思，很难作为行动的依据与指南发挥作用。

“盲点”与“洞见”显然包含了主观的判断。“盲点”实际是德曼拒斥的批评观念；反过来，“洞见”则是他认可的观念和思想。即使文本真正存在两种截然不同的见解，判断“盲点”与“洞见”的依据关键还在评判者的立场。这与德曼理想的解构策略，即遵循对象文本的推理逻辑，找出矛盾，使之不攻自破还有一定的距离。为了掩饰立场，德曼陷入了左支右绌的窘境。一方面，他称盲点是文学语言的修辞性质的必然结果。另一方面，他在具体的分析中，又把盲点当作可更正的错误。比如他评论卢卡奇时，指责对方是“完全错误的”[3]。至于洞见，德曼认为是文本本身具有的“否定性时刻”[4]，且只有在“批评家陷入某种特定的盲点之中，洞见才能被获得”[5]。但他忘记了一点，洞见之所以成为洞见，不是因为它本身是洞见，而是有

①Paul de Man, Blindness and Insight, Minneapolis: University of Minnesota Press, 1983, p. 109.
②Jacques Derrida, Positions, Alan Bass (trans.), Chicago: The University of Chicago Press, p. 96.
③Paul de Man, Blindness and Insight, Minneapolis: University of Minnesota Press, 1983, p. 104.
④Paul de Man, Blindness and Insight, Minneapolis: University of Minnesota Press, 1983, p. 103.
⑤Paul de Man, Blindness and Insight, Minneapolis: University of Minnesota Press, 1983, p. 106.

人认为它是洞见。那么，究竟谁是洞见的评判者呢？德曼自己一语道破天机："洞见只是对处在优势地位、能以其本来面目视盲点为一种现象的读者才存在。"①所以，德曼赋予文本以权威，实际真正的权威在于他自己，他打着文本的旗号，悄然赋予了自己一种"优势地位"。

在1983年的访谈中，当德曼被问及他的解构与德里达有何区别时，他称自己是一位语文学家，而德里达是一位真正意义上的哲学家。此外他还强调，他主张解构是文本的自我解构，而不是由主体控制的有意识的行为。②盲点与洞见的模式没有实现文本的自我解构，不仅不能帮助德曼抹去立场，反而凸显了他的立场。这或许是他放弃这种阅读方式，而转入寓言化阅读的一个主要原因。

三、阅读的寓言

有研究者指出，德曼的寓言与本雅明有一定渊源。③如果仔细阅读《时间性的修辞》与《德国悲剧的起源》，确实能在两者之间找到一些联系。本雅明的寓言不是中世纪说教式的寓言，而是16世纪巴洛克悲剧中运用的现代寓言。它的发展源于人文主义者破译古埃及象形文字的努力，由于形成年代久远，研究者不得不借助寓言化的诠释来理解这些文字，"误解便成为这种丰富的、无限普及的表达方式的基础"④。也就是说，寓言不再指向某个抽象的、神圣的宗教理念，而是存在各种可能的、包含误解在内的诠释方式。在寓言的领域，存在一种二律背反的现象："任何人，任何物体，任何关系都绝对可以指向别的东西。"⑤同一个客体，既意指善，也意指恶。换句话说，表达与被表达的对象之间的关系不是天然的，而是任意的。这种任意性在象征和隐喻里也存在，却在寓言中凸显出来。因为象征和隐喻多少要体现一些相似性和相关性。其次，这种寓言还有反总体化和时间化的特征。本雅明曾援引克罗伊策区分象征和寓言："在象征那里，我们拥有瞬间的总体性；在寓言那里，我们有一系列时刻构成的进程。"象征是一个总体化的瞬间，在这个瞬间里，"象征将意义纳入其隐蔽的、也可以说是复杂莫测的内部"；而在寓言的世界，"意象

---

①Paul de Man, Blindness and Insight, Minneapolis: University of Minnesota Press, 1983, p. 106.

②Paul de Man, Resistance to Theory, Minneapolis: University of Minnesota Press, 1986, pp. 117–118.

③参见林赛·沃特斯著《美学权威主义批判》，北京大学出版社2000年，第128—130页，第176页。林赛强调寓言是一个否定的破除整体化的过程："本雅明使德曼认识到用修辞学的修辞手段去削弱文本这一行动可能具有的威力，即毁损文本的外部伪装以便看清它是如何运作的，不把它看成由某种生命精神引导的东西，而是看作一种机械装置。"

④Walter Benjamin, The Origin of German Tragic Drama, John Osborne (trans.), London: Verso, 1998, pp. 168–171.

⑤Walter Benjamin, The Origin of German Tragic Drama, John Osborne (trans.), London: Verso, 1998, pp. 174–175.

是一块碎片，一个神秘的符号”[①]。如果象征传达的是古典主义的审美理想，是有机的、和谐的、统一的秩序，那么寓言揭示的是零碎、混乱和无序的历史过程。古典美学所宣扬的一切，自由、完美、匀称、统一，在寓言的世界里消失得无影无踪。“从其本质而言，古典主义不允许看到自由的丧失、任何的不完美，不允许看到物质世界、美的事物和自然的崩溃。但这恰恰是巴洛克寓言在其华丽的外表下，以前所未有的姿态所张扬的东西。”[②]在《时间性的修辞》里，德曼努力强调的正是寓言的时间性和任意性。他写这篇文章是要针对英美批评界盛行的象征诗学：“象征被看作表现了语言的表征功能和语义功能的统一，其至尊的地位成了奠定文学趣味、文学批评以及文学史的常识。象征的至高无上，现在依然是研究法国、英国浪漫主义以及后浪漫主义文学的基础。”[③]而他自己的阅读经验表明，浪漫主义的经典文本，尤其是荷尔德林、里尔克、华兹华斯、济慈、雪莱、叶芝、卢梭、马拉美等人的作品，并不能借助象征诗学来诠释，因为他从中读到的不是象征代表的统一与融合，而是矛盾、分裂与异化。在这样一个背景下，寓言的作用开始浮现出来，成为这篇论文的核心概念。

文章的标题反映出德曼把时间性（temporality）和寓言综合起来的努力。象征是共时性的、总体化的，它通过相似关系连接意象与实体。寓言则是历时性的、碎片化的，通过先后顺序来连接符号。用他的话说，在象征的领域内，意象与实体的关系：

> 是同时性关系，实际上是一种空间的关系，在这种关系中，时间只是在偶然的情况下才介入。而在寓言的领域内，时间乃是本源的构成性范畴（constitutive category）。寓言式的符号与意义的关系不是由教条所规定，就像卢梭与华兹华斯的作品中所显示的那样。这时，我们关注的是符号之间的关系，而与各符号相对应的意义已经退居到次要的地位。但是这种符号关系必然包含一种构成性的时间因素；也就是说，如果要形成寓言，寓言化的符号必须指涉先于它的另一符号。寓言符号构成的意义只有在对前一符号的重复（原注：我在克尔凯郭尔的意义上使用这一词语）中才存在，它绝不会与前一符号完全重合，因为前一符号相对它而言具有本质的先在性。象征设定同一性或认同作用的可能，寓言则主要说明自己同起源的差异。后者舍弃了怀旧和吻合的愿望，在没有时间差异的情况下，确立了自己的语言。[④]

①Walter Benjamin, The Origin of German Tragic Drama, John Osborne (trans.), London: Verso, 1998, pp. 165–176.
②Walter Benjamin, The Origin of German Tragic Drama, John Osborne (trans.), London: Verso, 1998, p. 176.
③Paul de Man, Blindness and Insight, Minneapolis: University of Minnesota Press, 1983, pp. 189–190.
④Paul de Man, Blindness and Insight, Minneapolis: University of Minnesota Press, 1983, p. 207.

换言之，象征反映的是意象与实体的同一关系，寓言反映的是符号与符号的差异关系。前者是发生在一个瞬间的事件，后者则是一个生生不息的动态过程。在这个意义上，寓言的作用相当于德里达的延异（différance）。德里达的核心概念，包括延异、痕迹和替补性，强调的都是一个过程。过程的问题实际是一个时间被引入的问题。比如“延异”（différer），是德里达杜撰的一个法文词，既表示“区别”（differ），又意指“推延”（defer）。有区分则有差异，“区分”是空间性的，在此基础上加上时间的维度，便有了“延异”。“延异”是差别在意指链中的时间化过程，每一个符号既解释前一符号，带有前一符号的痕迹，又有待在它之后的符号对自己进行解释。阅读文本，就是进入符号的游戏，而“从游戏一开始，我们就处于符号的无目的的生成过程”①。

强调符号的差异性以及符号生成过程的时间性，是“寓言”和“延异”最根本的特征。“差异”的概念来自索绪尔。这位语言学家曾经说过：“语言中只有差异。差异一般意味着先有肯定项，然后才能形成与之不同的差异，但语言中只有无肯定项的差异。”②这句话历来被解构主义者看重，甚至成为他们宣扬差异的至理名言。③但是，他们没有看到，索绪尔所谓的差异不是符号与符号之间的差异，也不是能指与所指的差异，而是能指与能指，所指与所指之间的差异。比如，“green”这个词，在所指层面与“red”相对，在能指层面则与“grin”区分开来。这种差异关系是遵循一定原则的，既不是无目的的符号游戏，也不涉及时间。此外，在索绪尔那里，虽然能指和所指本身不具有内在的价值，只能通过与其他能指和其他所指的差别起作用，但是作为整体的符号却是相对稳定，有一定意义的。索绪尔清楚无误地表明了这个观点：“说语言中一切都是消极的，那只有把所指和能指分开来考虑才是对的；如果我们从符号的整体去考察，就会看到在它的秩序里有某种积极的东西。……所指和能指分开来考虑虽然都纯粹是表示差别的和消极的，但它们的结合却是积极的事实。”④这就是说，能指和所指的结合，构成了一个积极的、稳定的符号。由于语法、语境等因素的共同制约，每个符号具有相对稳定的意义。事实上，索绪尔在意义和价值之间作出了区分。意义是“听觉形象的对立面”⑤，就是符号的所指部分。价值则是语言系统之内能指与能指之间、所指与所指之间的关系。

①德里达：《论文字学》，汪堂家译，上海译文出版社1999年版，第70页。
②索绪尔：《普通语言学教程》，高名凯译，商务印书馆1996年版，第167页。
③Derrida, “Différance”, in: Margins of Philosophy, Alan Bass (trans.), Chicago: The University of Chicago Press, 1982, p. 11.
④索绪尔：《普通语言学教程》，高名凯译，商务印书馆1996年版，第167页。
⑤索绪尔：《普通语言学教程》，高名凯译，商务印书馆1996年版，第160页。

那么，这个相对稳定的符号是怎样变成无目的的符号过程的呢？“时间性”是怎样进入符号领域的呢？答案就在德曼的《阅读的寓言》第一章和德里达的《论文字学》第二章，德曼和德里达不约而同地援引了皮尔斯的符号理论。皮尔斯曾提出一种三元的符号理论：整个符号过程涉及三个要素——符号（又称为表达符，representamen）、对象（object）和解释符（interpretant）。符号总是代表某种东西，即符号的对象，但符号不代表对象的所有方面，只是在某个观念上代表它。①解释符是在人的大脑中由第一个符号唤起的指向同一个对象的符号，但这个符号不完全等同于第一个符号，因而会有自己的对象，并引发新的解释符。举一个简单的例子，比如当你听到“拿破仑·波拿巴”，你会想到法兰西帝国的缔造者，《拿破仑法典》的颁布者，滑铁卢战役的失败者，厄尔巴岛的囚禁者，如此等等。于是，第一个符号“拿破仑一世”引出了一系列解释符，分别对应拿破仑·波拿巴1，拿破仑·波拿巴2，拿破仑·波拿巴3……在理论上构成了一个无止境的符号过程（unlimited semiosis）。皮尔斯自己说：“符号决定解释符以符号自身指向对象的方式来指称对象，于是解释符又变成了符号，如此类推，以至无穷。”②

在《论文字学》和《立场》中，德里达借用皮尔斯的三元符号体系来批评索绪尔的二元符号体系，并且将皮尔斯的符号和解释符偷换成能指和所指。他认为，就像解释符需要另一个符号来解释，从而变成新的符号，所指也需要另一个能指来指代，也会变成新的能指，所以“每一个所指同时又处在能指的地位。能指与所指的区分，以及整个符号的概念就其根本而言是成问题的”③。这样一来，德里达就达到了抽去符号的所指——我们应当记住，这在索绪尔那里是符号的“意义”——将符号能指化的目的。从一开始，德曼与德里达就错误地把能指与所指的区分等同于符号与意义的区分。他们的符号是一个抽空内容的符号。一旦符号被抽空内容，被彻底能指化，意义就不再有固定的载体，成为完全形式化的无限延宕的能指链。这正是解构最让人感到不安的地方。德曼的晚期工作表现出难以置信的不合常理，其根本原因在于他相信，意义在“能指的游戏”④会不停地翻转变化，而这一翻转变化的过程，他称之为修辞。

德里达虽然没有明确用“能指的游戏”，而总是用“延异的游戏”或“符号的游戏”，但我们的分析表明，他的符号其实就是索绪尔意义上的能指，正是他迈出了将

①Charles S. Pierce, “Logic as Semiotic: The theory of Signs”, in: Semiotics: An Introductory Anthology, Robert E. Innis (trans.), Bloomington: Indiana University Press, 1985, p. 5.

②转引自德里达《论文字学》，汪堂家译，上海译文出版社1999年版，第68页。

③Derrida, Positions, Alan Bass (trans.), Chicago: The University of Chicago Press, 1981, p. 20.

④Paul de Man, Resistance to Theory, Minneapolis: University of Minnesota Press, 1986, p. 65; Paul de Man, The Rhetoric of Romanticism, New York: Columbia University Press, 1984, p. 114; Paul de Man, Allegories of Reading, New Haven & London: Yale University Press, 1979, pp. 207–208.

符号能指化的危险的一步。德曼与德里达虽然推崇皮尔斯，却把皮尔斯的三元符号理论——涵盖了对象（object）、语言（representamen）和思维（interpretant）三方面的因素——改成了一元符号理论，表达符和解释符都变成了能指，对象则被完全忽略不计了。尽管皮尔斯在理论上提出了无止境的符号意指过程，但每一步都是指向同一个实实在在的对象。正是对象的现实性保证了符号意指过程的合理性和有效性。一旦把对象去掉，符号过程有可能变成毫无节制、漫无目的的能指游戏。

词与物、语言与现实的关系，历来是一个争论不休的话题。应该说，皮尔斯的符号理论考虑到了问题的复杂性，既通过阐释符反映了主体的诠释自由，又通过对象（客体）的现实性保证了诠释的有效性。德曼却由于极力反对词与物的简单对应论，陷入了另一个极端。他工作的一个重点，是反对把“语言现实与自然现实、指称关系与现象论相混淆”的审美意识形态[①]，特征据说是把词与物之间的习俗关系当成现象关系，把指称效果当成某种真实的现象。但实际上，他理解的指称关系，不是通常意义上的语言指向现实，而是符号指向符号，也就是符号或文本的互涉。所以，当德曼看到《新爱洛绮丝》的评注者丹尼尔·莫奈主张卢梭笔下的乐园在外观上颇有几分类似所谓的英式花园——这种花园在那个时候比喜欢采用抽象几何图案的法国花园更受人们的青睐，便批评他沉迷于“外在的历史”[②]。因为在他看来，卢梭的花园完全是有文学渊源的，于是他追溯到笛福的《鲁滨孙漂流记》和广泛传诵于卢梭时代的《玫瑰传奇》。这种解读有一定的新意，然而，如果它的目的不是提供另一种有效的解读，而是要建立一种权威的解读模式[③]，就颇为可疑了。因为考察文本的互涉关系不是唯一的解读方式。

退缩于文本之内，或者把现实纳入语言，是解构的共同策略。德里达宣称“根本不存在文本以外这样一种情况”，实际上已经把胡塞尔意义上的“意识的内在性”转换为“文本的内在性”，也就是说，现实是包含于语言之内的。在德曼那里，寓言和象征的区分截然分离了语言和现实。寓言是语言内部的符号转换，象征是符号（意象）与事物（实体）的交换。这使得文学（至少是德曼欣赏的文学）从任何与现实相关的因素中分离开来。阅读文学作品应该注意文本之间的互涉关系，不应掺入任何的“非文学的素材”（non-literary sources）。这种文学批评模式其实继续了新批评的形式主义路线，并没有真正超越新批评。

---

①Paul de Man, Resistance to Theory, Minneapolis: University of Minnesota Press, 1986, p. 11.

②Paul de Man, Blindness and Insight, Minneapolis: University of Minnesota Press, 1983, p. 202.

③在《符号学与修辞学》中，德曼毫不犹豫地赋予他的修辞化阅读毋庸置疑的权威：“所有文学将以相同的方式回应（我们的阅读），虽然阅读的技巧和模式会因人而异，但是绝对没有任何理由认为，我们在此提供的对普鲁斯特的分析，在经过适当的技巧调整后，不能适用于弥尔顿、但丁或荷尔德林。事实上这便是未来的文学批评需要承担的任务。”（Paul de Man, Allegories of Reading, New Haven & London: Yale University Press, 1979, pp. 16－17）

在《时间性的修辞》(1969)中，寓言的提出主要是针对英美批评界盛行的象征诗学，也就是说，德曼试图建立一种与象征诗学相对的寓言诗学。到了《阅读的寓言》(1979)，修辞的作用不再局限于文学或美学领域，而是进一步延伸到认识论和伦理学领域。这也解释了为什么《阅读的寓言》的阅读对象不再是文学批评家，而主要是尼采和卢梭。寓言在这里成为一种权威的解读模式。德曼称之为寓言化的阅读（allegorical reading)，在别处又称为“修辞化阅读”“非现象化阅读”(non-phenomenal reading)。“非现象化”指不再从再现现实的角度来看待文学，也不从意义和价值的角度来解释文本，而是探讨“意义和价值确定之前的生产和接受方式”[①]。《阅读的寓言》中有一段非常重要的话，历来被认为是理解寓言化阅读的关键，我们不妨援引如下：

> 所有文本的范式都包括一个比喻（或比喻系统）以及对该比喻的解构。但是由于此模式不可能止于最终的阅读，它因此造成一种替补式的比喻叠加，说明先前叙述的不可能性。这种叙事与最初以比喻为中心而最终总是以隐喻为中心的解构性叙事不同，我们可以在第二（或第三）层次上称之为寓言。寓言性叙事说的是阅读失败的故事，而诸如《第二论》的转义性叙事说的是指称失败的故事。这一差异只是层次上的差异，寓言并不消除比喻。寓言总是关于隐喻的寓言，因而也就总是关于阅读的不可能性的寓言——此句中表示所属关系的“的”本身就应该当作隐喻来“读”[②]。

希利斯·米勒和鲁道夫·加谢分别对这段话作出了解释，我们先来看看他们的理解。米勒认为，因为没有一锤定音的阅读，也不存在对语言的确定无疑的阐释和把握，“所以叙述便被一次次地叠加，第二次加到第一次，第三次加到第二次，依次类推，结果是不同形式出现的对同一循环的反复重复。……这不可读性并不在于读者，而在于文本本身，虽然文本的自我失控会相应地造成读者无法把握文本。德曼给这‘比喻叠加’起的古怪的名称是寓言”[③]。加谢则指出，解构对于德曼，主要是破除各种形式的整体化效果。德曼所谓的解构是指文本的自我解构，这是一个无止境的过程：“在这个过程中，所有的解构又被重新整体化，因此需要新的解构。第二层次的解构即对前一次解构的整体化效果进行的解构，正是在这种重新整体化的过

①Paul de Man, Resistance to Theory, Minneapolis: University of Minnesota Press, 1986.

②Paul de Man, Allegories of Reading, New Haven & London: Yale University Press, 1979.

③J. Hillis Miller, "'Reading' Part of a Paragraph in Allegories of Reading", Reading de Man Reading, Lindsay Waters and Wlad Godzich (eds.), Minneapolis: University of Minnestota Press, 1989, pp. 158-159.

程中产生的。”[①]也就是说，解构是对整体化比喻的解构，但解构完成后，既会得到一个结论，又会陷入一个整体化的主题，但德曼说，这只是一个寓言，它揭示的其实是阅读的不可能性（impossibility of reading）。如何理解“所有文本的范式都包括一个比喻和对此比喻的解构”呢？德曼想要说明，阅读的任务是在文本中找到一个整体化的比喻（一个观点），同时在文本中找到颠覆此比喻（观点）的文字，这样才完成了解构的任务，更准确地说，找到了文本的自我解构。德曼由此得出结论：“解构并不像逻辑上的反驳或辩证模式那样发生于命题之间，而是在论述语言修辞性质的元语言陈述和质疑这些陈述的修辞实践之间发生。”[②]解构不是我们通常所理解的用一个命题去反驳另一个命题，而是发现文本所说（what the text says）与文本所作（what the text does）之间的差异、错位和张力，简单地说，就是挖掘文本中自相矛盾的观点。

如此看来，从《盲点与洞见——论当代批评之修养》到《阅读的寓言》，并没有发生实质性的变化。只是“what the author intends”被修正为“what the text does”。之所以有此变化，是因为德曼的策略已经从主体有意识的解构改为文本的自我解构。1980年，德曼在接受罗伯特·莫尼汉的采访时，曾将“解构”界定为“运用文本之内的因素质疑或取消文本提出的观点”[③]。这句话可以应证上文对于德曼的解构的理解。那么，解构与寓言有何区别呢？解构发生于文本之内，寓言却是指向主体的阅读行为。德曼认为，当我们在文本中发现两种矛盾的、无法共存的观点时，阅读便无法继续。它宣告了主体面对文本无法选择的尴尬境地，也宣告了文本的无可解读。在上述采访中，德曼指出，他所谓的“无可解读”，不是指“文本产生误读，而是指文本产生相互抵牾的阅读”[④]。所以，文本的“无可解读”（unreadability）、“阅读的不可能”（impossibility of reading）与“阅读的无可决定”（undecidability）都是一回事。寓言讲述的是阅读失败的故事。

解读到此，问题似乎越来越多：把解构界定为文本的自我解构，阅读的主体还要承担什么责任呢？文本出现了自相矛盾的情况，难道就是阅读的失败吗？究竟什么是阅读和批评？是不断挖掘这些矛盾吗？

德曼的解构带来如此多的疑问，关键在于它的理论前提存在问题。德曼认为，阅读应当致力于探讨文本各种可能的意义，而不是当下意义；讨论意指的过程，而不是意义的选择。言下之意是，如果不考虑如何选择意义，不考虑作者和读者的作

①Rodolphe Gasché, “‘Setzung’ and ‘Ubersetzung’: Notes on Paul de Man”, in: Diacritics, Vol. 11, No. 4, 1981, p. 44.

②Paul de Man, Allegories of Reading, New Haven & London: Yale University Press, 1979, p. 98.

③Robert Moynihan, “Interview with Paul de Man”, in: The Yale Review, 73: 4, (Summer) 1984, p. 599.

④Robert Moynihan, “Interview with Paul de Man”, in: The Yale Review, 73: 4, (Summer) 1984, p. 591.

用，将文本放入历史的长河，符号的相互作用会衍生出形形色色的意义。问题是，作为一个读者，我们每走一步，无论是面对一个词、一句话，还是一段文章，都必须选择意义。德曼也不例外，在这里，他的理论陷入了两难：一方面，他努力要悬置自己的立场，将阅读行为变为历史的过程；另一方面，又必然带有主观的立场，必然处在历史中的某一个点上，无法囊括历史的过程。文本的不可读，与其像米勒所言“不在于读者，而在于文本本身”，不如反过来说，“不在于文本本身，而在于读者”，在于德曼这位不愿进行选择，或者作出奇怪选择的读者。

解构主义在20世纪80年代末就已呈衰退趋势，美国的文学批评也并未像德曼预言的那样，按照解构主义的逻辑发展下去，反而出现了从“内在的”修辞学研究转向“外在的”历史研究与文化研究的倾向。解构主义虽然起源于对新批评的反动，却至少在两个方面延续了新批评的特点：一是形式主义；二是精英主义。而后来受到解构主义启发的理论思潮，包括女性主义、新历史主义和后殖民主义等，努力突破的正是这两点。然而，对大众文化与社会语境的过分关注与强调，也引起了一些有识之士的担忧，呼吁向文学作品回归。当然，无论怎样，都不可能回归到某个原点，因为趣味和语境已经发生了转变。

第二节　理查德·罗蒂

一、罗蒂其人其说

理查德·罗蒂（Richard Rorty，1931—2007），是美国也是当代英语世界最具影响力的一位哲学家，主要著作有：《哲学和自然之镜》（1979）、《实用主义的后果》（1982）、《历史中的哲学》（1985）、《偶然性、反讽与团结》（1989）、《客观性、相对主义与真理》（1991）、《海德格尔及其他》（1991）、《真理与进步》（1998）、《成就我们的国家》（1998）、《哲学与社会希望》（1999）等。

罗蒂称自己的哲学为“新实用主义”，以区别于皮尔斯、杜威等人的“实用主义”思想。实用主义以人类经验为出发点，推崇具体、事实和行动，反对抽象、思辨和玄虚，主张一切理论和信念均须以人类的愿望及其满意程度为目的，并验之以生物、社会或伦理的效用。罗蒂对实用主义思想兼收并蓄，兼采欧洲唯理论哲学之长，遂成一家之言。“新实用主义”放弃了传统哲学的对象和问题，从认识、经验研究转向社会、文化研究，这是它与“实用主义”的区别之处。20世纪后期，后现代哲学勃兴，风云际会，罗蒂跻身后现代哲学家之间，与德里达、利奥塔等后现代巨头彼鸣此应，其思想在新实用主义名号之外，又获“后哲学”美誉。

罗蒂自解其说，所谓“‘后哲学’指的是克服人们以为人生最重要的东西就是建立某种非人类的东西（某种像上帝，或柏拉图的“善的形式”，或黑格尔的“绝对精神”，或实证主义的物理实在本身，或康德的“道德律”这样的东西）联系的信念”①。后哲学重视个体和社会在发展过程中的机遇、运气、偶然、可能等不确定性因素，反对形而上学的宏大叙事，它认为“思想与社会进步的目标，不再是真理，而是自由”②，民主、进步比逻辑和真理更符合人类的实际需要，哲学应当把生活而非抽象的理念作为研究目标。

以“后哲学”为参照，罗蒂美学当名之曰“后哲学美学”。后哲学美学反对给美一个确定的本质和边界，反对追求美的确定的知识，反对把定义、推理、分析、论证作为审美研究的主导方式，拒斥符合论、再现论等形而上学主题。旧实用主义者如皮尔斯反对形而上学却不反对逻辑，罗蒂认为这是旧实用主义拒绝形而上学不彻底的表现，他本人拒斥一切与形而上学——逻各斯相关的东西：“我非常讨厌逻辑、形式主义和一切带有永恒意味的东西，一切拒绝成为偶然性囊中之物的东西。”③罗蒂很少用分析性术语解释自己的理论，没有写过一本带有“美学”字样的著作，原因即在于此。

后哲学美学徘徊于欧陆唯理论美学和英美经验论美学之间，其思想调和色彩比较浓重。罗蒂著作经常引用的哲学家有皮尔斯、杜威、罗尔斯、戴维森、维特根斯坦、尼采、海德格尔、德里达、利奥塔、福柯、哈贝马斯等，其首推者为杜威、海德格尔和维特根斯坦，由此不难看出后哲学美学的价值取向。

后哲学美学舍审美本质论和审美心理经验论研究，转向社会交往与文化发展研究，它坚持以下三个研究前提：多元、民主、对话。多元意味着承认不同层次、不同类型文化各自的合理性，在同一环境中，允许相异甚至对立冲突的情感、愿望、欲求、兴趣、信念、准则、行为方式并存，容许尽可能多的个人目标和幸福得到实现，对于差异和冲突，求协同而不求同一。民主要求人们放弃等级观念和精英意识，克服专制和独裁，不再排斥、压迫不同声音，把异己者视为人类共同体成员，宽容其信念和立场，不要求“他”用“我”的词汇描述其生命理想，更不要求“他”和“我”趋向同一审美目标。对话要求人们把他人视为合作伙伴而非对手、敌人或低己一等的“他者”，善于倾听他人的声音，学会从他人的视角看问题，站在他

①理查德·罗蒂：《后哲学文化》（作者序），黄勇编译，上海译文出版社2004年版，第8页。

②理查德·罗蒂：《偶然、反讽与团结》，徐文瑞译，商务印书馆2003年版，第4页。

③理查德·罗蒂：《对查尔斯·哈茨霍恩的回应》，参见海尔曼·J. 萨特康普编《罗蒂和实用主义》，张国清译，商务印书馆2003年版，第49页。

人的立场理解他人，用他人的语汇描述其情感、思想，以共同修正事实代替单独构造体系。

后哲学美学有两个精神维度：消除审美形而上学和建构多维文化目标。这两个向度紧紧围绕一个目标：营造和平、幸福、优雅的生活，如果民主、幸福与抽象观念发生冲突，那么“民主先于哲学”①。

二、对理论的抵制

后哲学美学的首要维度就是对理论的抵制。罗蒂认为，西方文化的巨大缺陷就是它“过于理论化”②，“理论化”就是“逻各斯化”或曰形而上学化，具体来说就是理性化、逻辑化、知识化、形式化。罗蒂指出，西方哲学相信“一种凌驾一切之上的知识系统可一劳永逸地为道德和政治思考设定条件”③，因此它总是想通过一个统一的概念对世界的性质和秩序作出安排，这个概念就是“逻各斯”，其衍生概念是“理念”“上帝”“实在”“真理”“规律”“目的”等，罗蒂把它们一概称之为“终极语汇”④。终极语汇是哲学一元论的思想基础，一元论内在地要求纯化自身、排除异类、去除杂质，因为“一元论的全部要义在于：只有一个事物”⑤。在社会生活中，一元论哲学把普遍伦理主义作为社会生活的目标，强调共同的感受、信念或理想，认定某个共同信念或希望具有神圣、伟大、庄严的性质，以此为根据，把具有不同信念和希望的人聚拢在一起，在政治上导致专制与集权，在文化上导致精英主义和不容异端。

理论化的哲学有一系列追求深度的主题：本体论层面的本质主义，认识论层面的基础主义、表象主义，这些主题被后现代主义哲学家斥为“逻各斯中心主义”。本质主义源于柏拉图的哲学本体论，这种观念主张任何实在之物都有一个内在、确定、必然如此的本质，本质是构成事物存在的基本性质，本质之外的其他属性是外在、偶然和次要的，认识了本质，就认识了实在本身。本质是解释一切知识原因的元叙事，它具有同一、核心、深度、崇高、神圣、确定、必然等特性，本质主义美学给社会不平等意识及精英主义提供了基本的学理依据。基础主义源于笛卡尔的认

①理查德·罗蒂：《后哲学文化》，黄勇译，上海译文出版社2004年版，第179页。

②理查德·罗蒂：《哲学和自然之镜》，李幼蒸译，生活·读书·新知三联书店1987年版，“中译本作者序”第13页。

③理查德·罗蒂：《哲学和自然之镜》，李幼蒸译，生活·读书·新知三联书店1987年版，“中译本作者序”第13—14页。

④理查德·罗蒂：《偶然、反讽与团结》，徐文瑞译，商务印书馆2003年版，第105页。

⑤理查德·罗蒂：《哲学和自然之镜》，李幼蒸译，生活·读书·新知三联书店1987年版，“中译本作者序”第382页。

识论哲学，它是本质主义的理论变体，它强调知识或信念合法性的证明基于某些“基础信念”，基础信念就是无须证明或论证的自明性观念，具有超验的精神特质，在它之外的信念统统属于派生信念，其合法性需要基础信念为其提供论证支撑，在认识论研究中，基础信念是知识的源泉和标准，具有优先认知地位。笛卡尔之后，基础主义成为近代西方哲学构造知识体系的基本理论信念。表象主义也是本质主义在认识论领域的理论变体，它认为主体观察到的对象并非实在本身，而是实在之物的表象。表象是实在之物的复制品，是比实在本身低一级的东西。本质主义、基础主义、表象主义互为表里，成为柏拉图以后形而上学的传统，这一传统坚持万物皆有一个本质和基础，认识的目标就是通过心灵、语言去寻找那些带有本质、基础等性质的确定性因素，真理就是得到了证实的本质、基础，是认识与那些确定性因素的符合。哲学的目标就是通过主体的理性建构，把无序的世界情景固置在某个非历史的知识之图中。

西方传统美学就是以逻各斯中心主义为根基的理论话语。本体论美学把实在划分为理念（原型、本质、基础）与事物（摹本、现象、表象）两个部分，并视理念为世界的本质，认为实在世界是理念的物像；认识论美学以心、物之间的二元区分代替了理念与实在之间的区分，以心灵对事物的映射代替了行动上的模仿。这两种美学类型研究在出发点上虽有差异，但在思维方式及研究路线上却如出一辙，无论是古典的模仿论美学还是近代反映论美学，都把寻找和发现美的本质作为审美研究的终极目标，模仿论及其变体“镜子说”“反映论”遂雄霸西方两千年而不衰。

罗蒂认为，西方传统审美话语的思维根基是源远流长的“镜式”思维。自古希腊以来，西方哲学把人们的心灵看作反射实在的一面镜子，认为其主要功能就是忠实地再现外部实在，认识研究的目标就是通过心灵这面镜子获取实在本质（内在真实）的表象，这类表象经过系统和精确化的处理，就形成了各种各样的知识，知识作为实在本质的镜像，虽不等于实在本身，却是与实在本身十分接近，这种镜式思维是哲学研究中本体论和认识论目标的发端：“发现各种本质……在我们自身的镜式本质中准确地映现周围世界的观念，是德谟克里特和笛卡尔共同具有的如下观念的补充，这就是宇宙是由极简单的、可明晰认知的事物构成的，而对于其本质的知识，则提供了可使一切语话的公度性得以成立的主要语汇。”[①]这种以视觉隐喻为基础的镜像理论很成问题，罗蒂认为，把人心或语言视为映射事物本质的镜子的视觉隐喻即使成立，那么这面镜子也是“一面中了魔的镜子，满布着迷信和欺骗，如果它没有被解除魔法和被复原的话”[②]，因为镜像至多是生命体的外观，因为生命的本

①理查德·罗蒂：《哲学与自然之镜》，李幼蒸译，生活·读书·新知三联书店1987年版，第313页。
②理查德·罗蒂：《哲学和自然之镜》，李幼蒸译，生活·读书·新知三联书店1987年版，第34页。

真状态是非认识、非逻辑的，作为镜像的“知识”是不可靠的。罗蒂说，他写作《哲学与自然之镜》的“目的在于摧毁读者对‘心’的信任……摧毁读者对‘知识’的信任，即把知识当作是某种应当具有一种‘理论’和具有‘基础’的东西这种信念”[①]，要人们采用听觉隐喻，把心灵作为主体沟通的工具而非认识对象的镜子，以“倾听”“交谈”代替“再现”“表现”，从而消除镜式思维及其不良后果。

镜式美学意识不到自身的虚妄和独断，专以追求整一、等级和秩序为能事，在社会发展目标上，以道德理想主义的抽象设计代替经验考察和实证分析，解决问题不是靠协商说服而是整合、压服，一旦有例外的思想出现，权力者就会以强制手段压制那些异端的声音，其结果非常可怕：“数以百万计的人被奴役、拷打、挨饿致死，而施暴者却是一些真诚的道德上严肃的人，他们从这一个文本或另一个文本引经据典证明他们的行为是正当的。宗教法庭的地牢，克格勃的审讯室，基督教牧师的贪婪与傲慢，所有这些记忆，的确使我们不愿把权力交给那些声称知道上帝或历史的要求的人。”[②]思辨的审美话语听起来楚楚动人，实际上则是“拥有造成重大伤害的力量”[③]。

后哲学美学反对深度模式，对传统审美话语的专制和一统性质甚为不满，它认为审美活动是主体间不同信念的交流，而非真理与非真理的比较，社会与文化进化没有根基、没有目的，其优劣好坏依赖于人们的信念以及在此基础上的解释；与其在玄虚的宏大叙事上耗费心力，不如把有限的智慧投入到民主、自由、开放等社会实际问题上去。后哲学美学要求审美研究放弃元叙事和宏大叙事，以生存论态度取代命题态度，以自由、希望取代本体、知识，从问题、信念、愿望、谈论方式、语汇等方面描述审美活动，以“解释”“教化”“反讽”“文学”取代“美学”，以实践词汇、行动词汇取代理论词汇、沉思词汇，以实用主义词汇取代认识论词汇，以约定、解释、对话取代分析、概括、定义，以功用、方便、可能性代替真、善、美的超验概念，以“人们如何谈论事物”代替“事物是对还是错”，用“描述”而非“规定”（排斥）的术语解释现象与生活，把“信任”而非先验信条作为基本的道德信念，以自由扩展的实践取代限制性的理论设计，以对未来结果的谨慎计算取代道德主义的预测，让人们在新奇和敏感中编织自己的信念之网，妥当处理自己的生活，走向未知却又充满希望的将来。

后哲学美学把审美研究和社会问题联结起来，重新厘定艺术与社会、审美与政治之间的复杂关系，使审美研究从狭隘的专业领域走向广阔的社会、人生领域，这

①理查德·罗蒂：《哲学与自然之镜》，李幼蒸译，生活·读书·新知三联书店1987年版，第4页。
②理查德·罗蒂：《后形而上学希望》，张国清译，上海译文出版社2003年版，第101页。
③理查德·罗蒂：《后形而上学希望》，张国清译，上海译文出版社2003年版，第349页。

既是对西方传统美学过于理论化的反拨，也是西方美学在新的条件下的发展。

三、建构多维文化目标

“后哲学”之“后”特征在于它的反美学。从古典“模仿论”到近代“再现论”“表现论”，审美研究出发点都始于表象论，终于确定性，精神内涵缺乏根本性变化。20世纪，以语言论为基础的审美“意义论”有望发动一场美学革命，由于它坚持把语言看成表象实在的工具，结果功亏一篑。罗蒂认为，只要保留形而上学的思维模式、基本词汇、话语规则，就很难突破形而上学的窠臼，要实现美学革新，必须放弃与形而上学相关的一切东西，不是向它宣战、保留其战场，用和它同样的武器与之对抗，而是更换战场和武器类型，更换战争目标，“不是驳斥它们的答案，而是驳斥它们的问题”[①]，不是让它显得“错误”，而是让它显得“无意义”，如此才能使审美研究范式发生彻底改变。

后哲学美学指出了传统美学问题的虚妄，认为它们是假定的理论神话：“是被制作出来的，是人为的。”[②]以美的本质而论，本质概念是人们在特定条件下对事物性质的描述，事物变，认识变，描述亦变，否则美学史上不会有层出不穷的美的定义。审美认识是人们把有机体与环境联结起来的纽带，它不“表象”或“再现”美的本质；各种各样的审美本质论是人们为理解事物从不同角度采取的描述方式，超越历史和经验的认识是不存在的。“发现本质”更为恰当的说法是“创造规则”或“找到一个合适的描述”。与其问美是什么，不如问人们是如何表述美的，与其追问美的本质，不如追问人们谈论美的本质的方式，要改变人们的审美观，只需改变人们谈论美的方式就行了。理论是靠不住的，不是抽象的审美理念，而是想象力和同情心，才是审美活动的基础和目标。罗蒂通过重新描述传统美学概念，建构了一套全新的文化美学主题。

（一）真、善、美：促进进步，增进幸福

“真”“善”“美”的问题是传统美学的基本问题，但罗蒂拒绝在现代语境中谈论它们。他认为这类终极语汇内容空洞，其相关定义只是人们在某些社会习俗基础上所做的假定，缺乏经验和实证基础，对它们的理解和解释最终不得不借助于循环论证。罗蒂认为，真、善、美并非纯粹的抽象理念，它们体现的是人与人之间的关

①理查德·罗蒂：《后哲学文化》，黄勇译，上海译文出版社2004年版，第57页。
②理查德·罗蒂：《后形而上学希望》，张国清译，上海译文出版社2003年版，第349页。

系，这些关系经过修辞学的提升、转换、装饰，成为审美关系。罗蒂从语言和选择立场两个方面申述了他的看法。从语言的角度来说，真、善、美是特定语境中人们对行为习惯、行为模式等事态作出的描述，其性质差异完全取决于人们的描述角度及其使用的语汇，抽象的真、善、美概念是形而上学语言的描述结果。从人类行为选择的角度看，对真、善、美的选择完全取决于人们的愿望和需要，人群和种族形形色色，其需要、利益和观点各不相同，各自对真、善、美的约定和理解也必然难以统一。相信一个命题为真、有理由相信一个命题为真，都受制于行动者的需要、愿望、信念和立场。历史上人们对真、善、美的理解争议重重，除事物性质本身的多重性外，专业信念、视点和立场差异是认识分歧的主要原因。

罗蒂站在后哲学立场，维护信念的实用性质，否认真、善、美在认识论领域的"客观性"，强调这些概念都是由特定社会成员的信念和行为决定的，其意义最终可以通过社会学立场进行检测，其含义及解释是随机、可变的。罗蒂指出，"客观性不是符合对象的问题，而是与其他主体取得一致意见的问题——客观性仅仅是主体间性[①]，是'一致性'而非映现性"[②]。一致性就是约定论意义上的"协同性"和"适应性"，而所谓的认知性或可表象性也属于协同性，是人们按照某种协议创造出来的东西，根据这种认识，真理是认识与实在的符合或真理是实在的表象的认识变得毫无意义。

后哲学美学中的"真"不是一个概念，而是一种行为的结果，即主体选择的结果而非再现结果，是主观约定而非客观本质，是主体间性而非认识与实在相符合。所谓的"真实性""客观性"也仅仅意味着某个主张没有异议、不存在模棱两可的答案。若以实用主义的眼光，真理就是人们对那些被实践证明对人们有用的实在之物的属性，或者说，事物的属性被融入了得到人们认可的社会实践之中。例如，我们不再谈论造物主上帝而谈论"基因""遗传"，是因为这些词比"上帝"更能说明事物的进化规律。

在后哲学美学中，"善"也是一种约定，"当习惯和习俗已经不再足够的时候，我们便发明了道德和法律"[③]，"善"的概念的合理性，不在于它符合某个先验的原则或基础，而在于它与人们所理解和希望的东西的一致，"善"的具体表现就是"苏格拉底的德性，即愿意谈话、倾听别人意见和衡量我们的行为对别人的后果"[④]，现代生活中，人们不再需要"立法者"，而需要对话者，解决问题不需要"权威"，而需要"对话""协商"。"对话""协商"既不需要预定的本体论或认识论目标，也不

①理查德·罗蒂：《真理与进步》，杨玉成译，华夏出版社2003年版，第53页。
②理查德·罗蒂：《哲学和自然之镜》，李幼蒸译，生活·读书·新知三联书店1987年版，第294页。
③理查德·罗蒂：《真理与进步》，杨玉成译，华夏出版社2003年版，第180页。
④理查德·罗蒂：《后形而上学希望》，张国清译，上海译文出版社2003年版，第292页。

需要本体论或认识论方面的保证，因为“道德教育是情感教育而不是其他教育”①。后哲学美学反对传统美学非此即彼的善恶规定，它主张“进化没有目的，人性没有本质。所以，道德世界并不划分为本质上正派的和本质上邪恶的，而是划分为不同集团的善和不同时代的善”②。

后哲学美学中的“美”也是协同和选择的结果，审美观念的变化是人们在生活上从旧需要到新需要的变化，判断事物美或不美，应当根据其效用而非某个抽象的原则。无论审美本质论还是审美经验论，其出发点和归宿都应当是实际的社会生活。

罗蒂强调，真、善、美之间的差异也没有那么大，从实用主义的角度看，审美活动给人们“提供的是娱乐而不是真理”③，因此，罗蒂要求人们“不应当假定，美学总是道德的敌人。应当说，在近来的自由社会历史上，想用美学方法看待问题(满足于席勒所谓的‘游戏’而放弃尼采所谓的‘严肃精神’)的愿望已经成了道德进步的重要手段”④。在现代生活中，“合适”与“不合适”、“满意”与“不满意”这类说法比“真”与“假”、“善”与“恶”、“美”与“丑”这样的描述更恰当。

罗蒂关注观念的社会功利效果，认为“信念是行为的习惯而不是表象实在的努力……一个信念之真，是其使持此信念的人能够应付环境的功用问题，而不是其摹写实在的本身的存在方式的问题。根据这种真理观，关于主体与客体、现象与实在的认识论问题可以由政治问题，即关于为哪些团体目的、为何种需要而从事研究的问题，取而代之”⑤。罗蒂强调真、善、美的目标不是认识某个终极之物，而是通过创造新的术语和描述方式增进生活幸福，促进想象力的增长、文化边界的拓展和社会的进步。据此，他建议在审美研究中，用“较为有用的事物和较为无用的事物的区分代替实在和表象的区分”⑥“我们对美能够了解什么?”的文化政治学问题代替“美的本质是什么?”的哲学本质论提问，以“文化政治学”“取代本体论”，以此作为形而上学之后的“文化的生长点”⑦。

后哲学美学生存论优先，把可能的经验生活而非预定的抽象观念作为审美研究的出发点，把真、善、美作为社会进步纲领与描述社会合理性的方式，给美学研究提供了新的研究思路和描述空间。

---

①理查德·罗蒂:《后形而上学希望》，张国清译，上海译文出版社2003年版，第57页。
②理查德·罗蒂:《真理与进步》，杨玉成译，华夏出版社2003年版，第180页。
③理查德·罗蒂:《后哲学文化》，黄勇译，上海译文出版社2003年版，第74页。
④理查德·罗蒂:《后哲学文化》，黄勇译，上海译文出版社2003年版，第182页。
⑤理查德·罗蒂:《后哲学文化》(作者序)，黄勇译，上海译文出版社2004年版，第1页。
⑥理查德·罗蒂:《后形而上学希望》，张国清译，上海译文出版社2003年版，第101页。
⑦理查德·罗蒂:《后形而上学希望》，张国清译，上海译文出版社2003年版，第197页。

（二）解释学：加强对话，减少痛苦

审美活动归根结底离不开解释，解释学与认识论是并行的描述世界的方式。由于笛卡尔和康德的影响，近代西方美学专注于认识论研究，以探寻事物间可以通约的本质或基础为目标。解释学的目标恰与之相反，其目的是为了获得对人生意义的理解，它既不追求“真理”，也不讲究“方法”，它只发起对话。罗蒂反对认识论美学，倡导解释学美学，不过，罗蒂的解释学不同于欧洲大陆的解释学。欧洲大陆的解释学（以伽达默尔的哲学解释学、哈贝马斯的批判解释学、利科尔的现象学解释学为代表）预设了解释的基本目标（诸如存在、深度），追求话语和意义的统一，难以和形而上学彻底决裂；后哲学美学坚持行为和文化的历史主义立场，反对话语通约，反对寻找最终的解释。罗蒂认为，一些个体独特的审美经验不可能被译读成可通约的普遍性话语，意义通约扩大了日常生活的公共空间，却弥平了情感世界的个体空间，导致整一性，却消除了不同事物间亲和性或曰协同性的可能。

后哲学美学坚持不同话语存在的独特性，认为无需在其中间找一个可通约的基础；每个解释者都应当对他人保持对话立场，把对话作为自身活动的基础和开端，在对话时追求差异基础上的协同，而不是限制和统一；对话者应当尊重对方的独特性，承认对方追求的意义，承认对方各自愿望间的差异，承认这种差异不存在共同的基础，相互之间不可通约，承认“将这些不同的追求放在同一个尺度上衡量，乃是毫无意义的。同理，试图将这些追求加以统合起来，也是毫无意义的”①。罗蒂认为，正是由于差异和分歧才需要对话，如果不同事物间存在着可以通约的共同前提，就不需要对话了，正是由于差异和分歧不可通约，才需要对话来调和。新实用主义解释学坚持每一种理论都有自己特殊的词汇、特殊的描述方式，因此，它要求人们放弃通约，即将不同事物统一到一个标准或规范之下的欲望，认可每个个体的实践、语言游戏和生活形式。无疑，这正是后现代哲学的基本特点。

罗蒂认为，解释学对话的基础是对话双方都有一个偶然的出发点，彼此相似的境遇，而不是某个先验观念或原则。不是形而上学，不是认识论，而是愿意谈话的欲望，愿意倾听别人意见的立场，愿意考虑自身行为对他人可能产生的后果等状况，才能给对话成功提供保证。在他看来，解释学的目标就是推进人类之间的不断持续的“谈话，而非在于坚持在该谈话中为近代哲学的传统问题留一席之地”②。罗蒂提出，实现对话的前提是对话双方在对话中，努力去学对方的语言，而不是将其

①理查德·罗蒂：《偶然、反讽与团结》，徐文瑞译，商务印书馆2003年版，第206页。
②理查德·罗蒂：《哲学和自然之镜》，李幼蒸译，生活·读书·新知三联书店1987年版，第342页。

转译为自己的语言，以己心度人之腹，用自己习用的规范和标准去衡量、判断对方的存在；如果对异己话语只根据自己的欲望和信念去判断其价值，那么就不可能理解它。要承认自身认识的出发点和他人认识的出发点一样具有偶然性、局限性甚至偏狭性，要相信别人的信念和自己所持的信念一样好，至少不比自己所持的信念差。

罗蒂指出，对话是否一定能够取得成功，是无法预期的事，对话中可能出现的种种意义因素会导致谈话意图和方向的改变，甚至会使最初的意图落空。因此，不要轻易预测成功，而要注重谈话时的实际效果，尽量减少对抗及由对抗而致的残酷、不幸和痛苦，这种实用主义目标或许应当比道德理想主义更切合人类生活的实际。

（三）反讽与教化：逃避通约，走向创造

后哲学美学的基本词汇之一就是“反讽”。反讽就是通过对话消除独断和荒谬，并通过创造对事物性质进行再描述。罗蒂借助描绘反讽主义者的立场，表达了他的后哲学美学观、人生观。

罗蒂从不同方面刻画了反讽主义者的特点：

反讽主义者是反形而上学家。他们尊重活生生的生命，而不是抽象的观念，尊重有选择行为的个体，而不是抽象的类；他们主张生活的意义“根本不在于人人都认识一个普遍的真理或追求一个普遍的目标，而是大家普遍都有一个自私的欲望，即希望自己的世界——个人放入自己终极语汇中的芝麻小事——不会被毁灭”[①]；他们相信“未来的统治者到底会像什么，并不决定于人性和人性与真理、正义的关系之伟大必然真理，而是决定于许许多多微不足道的偶然事实”[②]，因此，他们宁愿以个体的行动和选择的观察代替宏大理论的构想。

反讽主义者是存在论的偶然论者。他们强调人类文化的偶在性质，承认自身所属文化存在的偶在性，能够尊重自身之外文化的偶然存在，“想象地认同他人生命的细微末节”[③]，价值观念上“不再追求普遍有效性”[④]，是“对私人目标的彻底多样性，个人生命的彻底诗意性”保持足够的宽容和尊重，追求“协调”而不是“同一”或“统一”，反对以一种观念一统天下。以反讽为原则的“自由社会是这样一个社会：在这个社会中对这种特殊性和特异性的尊重是广泛的，在其中人们所期望的

①理查德·罗蒂：《偶然、反讽与团结》，徐文瑞译，商务印书馆2003年版，第131页。
②理查德·罗蒂：《偶然、反讽与团结》，徐文瑞译，商务印书馆2003年版，第266页。
③理查德·罗蒂：《偶然、反讽与团结》，徐文瑞译，商务印书馆2003年版，第270页。
④理查德·罗蒂：《偶然、反讽与团结》，徐文瑞译，商务印书馆2003年版，第96页。

唯一的那种人类自由是以塞亚·伯林的‘消极的自由’——即不受他人干扰。对这种社会而言，‘普遍的有效性’，不受有限的时空背景约束的自由，不是目标……原则的内在有效性问题不会产生”[①]。

反讽主义者是生活上的多元论者。他们奉行“怎么都行”的生活信念，认为描述世界的方式绝不应当只有一种，一个有自己终极语汇的人不能干涉别人创造和使用他自己的终极语汇，更无权把自己的生活观和价值观强加于他人，对他人的信念和行为方式应当保持足够的宽容态度。他们认同个体创造的独特性，同意每个人都有权力“创造他自己的语言游戏，从而创造他自己，企图避免再为苏格拉底生一个小孩，避免再做柏拉图的注脚”[②]；他们认同个体创造的不可重复和不可替代性，承认“所有语言游戏都是自成一类的，这就是说，它们不可被还原为另一种语言游戏”[③]，同话语如果通过对话能够达至共识，“那么每一个人的终极语汇各不相同，根本是无所谓的”[④]。

反讽主义者是富有创造力的人。他们追求多样和新奇，反对价值判断上“非此即彼”的思维方式，他们在表达中善于使用隐喻，不断转换语汇和主题，在谈论事物时避免论证，追求理解活动的非认知化、非形而上学化，极力促成哲学向文学的转变。

罗蒂认为，最具有反讽行为的人是诗人和艺术家，最具有反讽性质的文化形式是艺术，因为“艺术活动比任何其他活动更少从属性，更具独立性”[⑤]，而且艺术创造的目标不是推理、分析、论证，而是对话、交流与沟通，艺术创造的目标不是客观性认识，而是思想、情感的交流以及由此而至的社会协同和人们对未来美好生活的渴望，犹如古希腊时代的状况。在后哲学时代，美学家真正的对手是那些具有创造力的反讽主义者。

从反讽主义的角度看，“本质”“真理”是人们“实验”“安排”“操作”的结果，哲学观念是不同时空内的人进行思想实验的结果；思想实验就是对各种各样的经验反复描述或再描述，“创造”新的可能的秩序。罗蒂认为，反讽的文学高于理论化的哲学，以小说而论，“小说通常是关于人的，而不是关于普遍的概念或终极语汇，故它的题材理所当然是受到时间限制、牵连在种种偶然所构成的网络中的事事物物。由于小说中的角色会衰老和死亡，由于这些角色显然和他们所在的小说一样，都是有限的，因此，我们不容易误以为只要我们对他们采取了某种态度，我们

①理查德·罗蒂：《真理与进步》，杨玉成译，华夏出版社2003年版，第289页。
②理查德·罗蒂：《偶然、反讽与团结》，徐文瑞译，商务印书馆2003年版，第187页。
③理查德·罗蒂：《真理与进步》，杨玉成译，华夏出版社2003年版，第121—122页。
④理查德·罗蒂：《偶然、反讽与团结》，徐文瑞译，商务印书馆2003年版，第131页。
⑤理查德·罗蒂：《真理与进步》，杨玉成译，华夏出版社2003年版，第173页。

就对每一个可能的人物都采取了态度。反之，凡是涉及观念的书籍，甚至历史主义者如黑格尔与尼采的著作，看起来都像是对永恒事物之间的永恒关系的描述，而不是在对终极语汇之间的关系脉络加以系谱学的解释，指出这些终极语汇如何在偶然的遇合、这个人与那个人不经意地邂逅中形成”①。

“教化”是后哲学美学中的另一个基本词汇。罗蒂认为，西方哲学有两种类型：一种类型以知识探求为目标，以概念、范畴、命题的逻辑分析为手段，他称之为“系统哲学”，哲学史就是系统哲学传统的叙述史；另一种类型以生存意义的理解与解释为目标，以修辞性的语言描述为手段，他称之为“教化哲学”，教化哲学在传统哲学史叙事中一直受排斥。系统哲学总是想通过论证建构某种东西，例如“确定性”“基础”“本源”“永恒”“真理”等，并想这种建构作为一种专业走向牢靠的科学大道。系统哲学的偏狭是显而易见的，因为哲学越是“科学”“严格”“专业”，其理论适用范围越小，其观点越狭隘，伽达默尔在《真理与方法》一书中对此进行了理论分析，并建议用人文科学的诸概念如“教化”（bildung）、“共通感”等代替系统哲学的“真理”等概念。罗蒂认为，伽达默尔的教化概念之词义是“教育”“自我形成”，含有对照和限制的古典意味，与后现代社会精神不符，因此，他另造了一个“教化”（edification）概念，用它“来代表新的、较好的、更有趣的、更富成效的说话方式”②。罗蒂强调，他的所谓“教化”具有两个方面的作用：第一，尝试在没有可通约性事物之间建立联系，这种联系只是发展起来的可能性而不是人为的预定性；第二，它具有“诗”的性质，教化性的话语的力量在于它以某种反常的方式，借助异常力量使人们脱离旧我，帮助人们成为新人，在精神层次上自我提高。

罗蒂把杜威、海德格尔、维特根斯坦和他本人的哲学都归入教化哲学，教化哲学主张人的生存是文化的根本目标，认识、求真、研究等活动只是达到教化目标的一个组成部分，一种手段，一种活动类型，它们不能背离教化的目标，更不能取代教化。

教化哲学反对系统哲学的知识探索目标，反对它“用最终的词汇追求普遍公度性”③，对通约所造成的事物的单一性质和平均状态。教化哲学的词汇表中没有给人们提供共同认识的认识论词汇，而是具有文学特征的警句、格言、诙谐语等描述性词汇。教化哲学家正是以此作为反对通约、僵化，追求差异、变化的修辞手段和语言策略。在此意义上，教化哲学只不过是另外一种形式的反讽哲学。

教化哲学不是系统哲学的反叛者，它是独立于系统哲学的话语类型，有着与系

---

①理查德·罗蒂：《偶然、反讽与团结》，徐文瑞译，商务印书馆2003年版，第153页。
②理查德·罗蒂：《哲学和自然之镜》，李幼蒸译，生活·读书·新知三联书店1987年版，第315页。
③理查德·罗蒂：《哲学和自然之镜》，李幼蒸译，生活·读书·新知三联书店1987年版，第321页。

统哲学完全不同的话题与规则。它不关注终极词汇和普遍的公度基础，而只关注不同历史时期事物的特殊存在；它不关心认知和知识，而只关心不同类型的文化；它不推理，不论证，只以游戏（例如文学叙事）的方式描述，它以非“哲学”（形而上学）的方式书写哲学，以此摆脱专业化哲学的封闭性。罗蒂承认，教化哲学的作用“是治疗性的，而非建设性的”①，教化哲学家永远也不能使哲学终结，但他们能有助于防止哲学走上牢靠的科学大道”②。

（四）哲学文学化：偏离概念，关注人生

反讽和教化哲学共有的特点，就是它们非常接近文学。崇文学而黜形而上学，是后现代哲学共有的价值取向，从渊源上说，这一取向是古希腊就有的诗与哲学之争的延续。

诗与哲学何者为高？这一问题在西方历史上一直聚讼未决。随着教育的普及和发展，哲学在知识领域取得了决定性的胜利，一度被人们视为精神科学之王。像德里达等后现代哲学家一样，罗蒂批判了形而上学在精神领域一统天下理想的虚妄，在他看来，哲学和文学同属文化建构中的精神类型，由于环境限制，哲学比文学更容易存在地域、文化等诸多方面的偏见。由于专业化因素的限制，形而上学在描述事物的多样性时捉襟见肘，其功效还不如文学。

罗蒂认为，文学的形象思维形式高于哲学的逻辑思维形式，文学家遵从直觉而不遵从规则，听命于情感而拒绝理智，使用想象而不使用推理，使用比喻而不使用论证，使用修辞语而不使用信息语，只描述而不分析，创造出活生生的经验对象。直觉、情感、想象等因素没有边界，文学也没有边界，更没有通常学科的专业对象与范围限制，文学描述的经验形式和生活空间可以无限变化和拓展。文学追求变化和新颖，形而上学追求普遍和永恒，万物皆流，形而上学的思想终属虚妄。

罗蒂还对西方文化史上哲学与文学对立的传统思想进行了解构。在他看来，哲学与文学并非水火不容，哲学自身就蕴含着文学因素：“决定着我们大部分哲学信念的是图画而非命题，是隐喻而非陈述。”③哲学在谋求自身发展的过程中，也“面对着引入新术语和排挤当前流行的语言游戏”④。真正的哲学一定是文学的，历史上富有创造力的哲学都曾提出谈论问题的新的词汇，并围绕这些新词汇展开一系列的假

①理查德·罗蒂：《哲学和自然之镜》，李幼蒸译，生活·读书·新知三联书店1987年版，第3页。
②理查德·罗蒂：《哲学和自然之镜》，李幼蒸译，生活·读书·新知三联书店1987年版，第324页。
③理查德·罗蒂：《哲学和自然之镜》，李幼蒸译，生活·读书·新知三联书店1987年版，第9页。
④理查德·罗蒂：《哲学和自然之镜》，李幼蒸译，生活·读书·新知三联书店1987年版，第393页。

设性描述；同样，真正的哲学家一定是诗人，“诗人——广义而言，新字词的创制者，新语言的构成者——乃是人类的前卫先锋”[①]。概念化的哲学不过是死去的文学，“今天字面的客观真理不过是昨天的隐喻的尸体”[②]。

罗蒂认为，文学不比哲学等而下之。从社会实践特征来看，文学描述呈现给人们具体的经验，并给特殊境遇的判断提供实践的基础，这一点非哲学所能及；从社会实践目标看，文学不是要给人们提供某种终极认识，而是促进社会民主与进步；从社会效果来看，文学对增进社会希望和人类团结所起的作用比哲学要大得多，“小说，而不是道德论文，是道德教育的最有用的工具”[③]。从文化功能的角度考虑，哲学应当从专业认识与分析走向理解与对话，以描述话语、叙事话语代替逻辑话语、认识话语，放弃认识、知识、科学，走向存在、生活、文化，从定义走向描述，从认识走向审美，从逻辑走向修辞，从理论走向实践，从求真走向交往，从压制走向说服，从知识论走向政治学、社会学和文化学，从逻辑主义走向历史主义，概言之，“当代知识分子应该留意的领域乃是文学与政治”[④]。

后哲学美学强调，生活背后没有任何永恒的东西，哲学作为元叙事或宏大叙事的时代已经过去，它不应再停留在知识目标上，而应当师法文学，以人生意义和社会关怀为目标，放弃大写的哲学期望（整体性、规范性、中止点、标准、原则等），放弃证实原则，放弃以逻辑语言切分事物的愿望，放弃研究的专业化取向，关注社会领域中具体、实际的问题，像文艺家那样自由地观察、评论和描述事物，给人们提供非预定、非命题性质的答案，以便人们根据自己的经验随时给予修正和补充。在罗蒂眼里，“现代西方的‘文学批评家’感到可以自由自在地评论任何东西。他是一个后哲学文化的全能知识分子的雏形，是一个放弃了对（大写的）哲学的要求的哲学家”[⑤]。以非概念的文学逃避概念化的哲学，也是德里达等后现代哲学家瓦解形而上学的解构策略，在这一点上，新实用主义美学再次显现出“后哲学”的特征。

结语：没有终结的美学

后哲学美学是罗蒂建构美学新范式的思想实验，它没打算也不可能终结美学本身。罗蒂对哲学终结的解释很能说明这一点：“放弃柏拉图和康德不等于放弃哲

①理查德·罗蒂：《偶然、反讽与团结》，徐文瑞译，商务印书馆2003年版，第33页。
②理查德·罗蒂：《后哲学文化》，黄勇译，上海译文出版社2009年版，第150页。
③理查德·罗蒂：《真理与进步》（导言），杨玉成译，华夏出版社2003年版，第12页。
④理查德·罗蒂：《偶然、反讽与团结》，徐文瑞译，商务印书馆2003年版，第79页。
⑤理查德·罗蒂：《后哲学文化》，黄勇译，上海译文出版社2004年版，第17页。

学……哲学不可能终结，除非社会和文化变化终结了。”①“哲学的终结”只“意味着‘建立形而上学体系的终结’或‘经验主义的终结’或‘笛卡尔主义的终结’”②，不是作为特殊精神类型的哲学活动的终结。美学作为一个哲学单位，作为一种精神活动类型，只要人类生活需要它，它就会继续存在下去。只是，审美描述的方式应当重新设定：它不再追求审美理论、美学体系、客观知识等确定性因素，而是以理解和对话为审美建构的目标。

具体来说，后哲学美学志在取消审美的形而上学建构，而不是取消审美建构。它“拒绝以柏拉图主义的方式谈话”③，不追求审美本体论目标，也不追求审美认识论目标，目的是为了防止审美探索继续在形而上学的思维传统里兜圈子；它关注人而不关注逻各斯，它关注政治而不关注后设叙事；它志在对人类活动情境做出务实判断，而非追求超验的本质或概念；它不奢望体系建构，而只想给生活一个合适的描述；它志在使审美建构的思路及问题本身发生转换，而非走向审美虚无主义；它的建构的出发点是人类生活需要，而非构造理论的形上冲动；它的审美理想“不是高高的祭坛，而是许多画展、书展、电影、音乐会、人种博物馆、科技博物馆等，总之，是许多文化的选择，而不是某个有特权的核心学科或制度”④；它的美学追求是“这样一种情境，在其中论证不止是会变成愚蠢，而且变成不可能了”⑤，其间没有某个先验的原则或文化领导者去决定谁可以谈论美或谈论哪些美的问题。

后哲学美学是美国文化的独特产物：美国文化种类及来源复杂，彼此间差异很难统一，唯有调和协同一途。后哲学美学以其开放的视野、多元的立场、多维精神空间，为文化共存与社会和谐提供了健康的思想根基，为形而上学之后的美学重构提供了一个良好的范式。作为一种精神财富，后哲学美学不属于美国而属于整个人类。

第三节　贝　　尔

丹尼尔·贝尔（Daniel Bell，1919—2011）出生在纽约曼哈顿下城东端的一个东

①理查德·罗蒂：《哲学和未来》，参见海尔曼·J. 萨特康普编《罗蒂和实用主义》，张国清译，商务印书馆2003年版，第263页。
②理查德·罗蒂：《真理与进步》，杨玉成译，华夏出版社2003年版，第284页。
③理查德·罗蒂：《后形而上学希望》，张国清译，上海译文出版社2004年版，第97页。
④理查德·罗蒂：《后哲学文化》，黄勇译，上海译文出版社2004年版，第147页。
⑤理查德·罗蒂：《哲学和自然之镜》，李幼蒸译，生活·读书·新知三联书店1987年版，第135页。

欧移民家庭，他的姓氏为博洛茨基（Bolotsky），父母都是犹太人。丹尼尔八个月时丧父，全倚仗母亲在制衣厂辛勤劳作，维持一家生计。甚至有一阵他母亲在白天工作的时间不得不将丹尼尔寄托在孤儿院里。儿时的贫困家境，以及作为东欧犹太移民群体游走在美国主流社会边缘的深切体验，使他对于社会主义政治学具有天生的亲和性。13岁时，这一家人改姓为贝尔。丹尼尔·贝尔1935年至1939年就读于纽约城市学院和哥伦比亚大学。之后20年主要从事新闻工作，关注劳工运动，先后担任《新领袖》和《财富》杂志的编辑。但是功夫不负有心人，1960年，他最终在哥伦比亚大学获得了博士学位。他的博士论文就是那本后来影响深广的《意识形态的终结》。该书甫一出版，争议纷至。其立论是，马克思主义的意识形态理论已经不能够吸引美国知识界的如火热情，因为它同美国的社会现实日渐脱节。马克思主义力求解决资本主义制度产生的社会和经济不平等现状，可是在贝尔看来，这一不平等状态依靠美国现存制度中政治和管理结构的调节，是可以得到调剂解决的。

丹尼尔·贝尔是美国社会学家，著名的文化保守主义者。贝尔以“后工业社会”的经济、政治和文化三分研究而蜚声。他一直久被认为是美国战后知识界的领军人物，他的三部主要著作《意识形态的终结》（1960）、《后工业社会的到来》（1973），以及《资本主义文化矛盾》（1976），都产生了持之以恒的巨大影响，也都分别有了中文译本。从1959年开始，贝尔在哥伦比亚大学教授社会学，1969年又移师哈佛大学，直到1990年退休。1974年他当选为美国艺术与科学学院院士，并在2000年担任主席。1987年应邀在剑桥大学做美国历史与制度访问教授。1964年至1965年间，他是总统技术咨询委员会成员。1979年，他又出任总统国家20世纪80年代发展计划委员会成员。贝尔一生得到过许多荣誉。他获得过哈佛大学、芝加哥大学等美国16所大学的荣誉学位；获得过英国爱丁堡龙比亚大学和日本庆应义塾大学的荣誉学位。1992年，他获得美国社会学家协会的终身成就奖。1993年，他又被美国艺术与科学学院授予帕森斯社会科学奖。1995年，法国政府授予他托克维尔奖。但是贝尔最终同与他应有血亲缘分的马克思主义各奔东西，同样与右翼保守主义拉开距离，成为一个在资本主义与社会主义之间探寻第三条道路的“新保守主义者”。

一、经济、政治和文化

丹尼尔·贝尔早在20世纪70年代就在描述“后工业社会”的到来，这个“后工业社会”也就是现代资本主义社会。贝尔判定它是由经济、政治和文化三个领域组成。这是贝尔的一个一以贯之的思想。但贝尔对自己的“新保守主义者”头衔颇不以为然。在《资本主义文化矛盾》1978年再版前言中，贝尔就替自己的这个称谓有过一个辩护。他说，今天的美国自由主义思想偏见占据主导地位，一个论点假如同自由主义相悖，就会让一些评论家不舒服。而假如你抨击口口声声宣扬“解放”当代文化的某一个方面，那么马上就会发现自己被贴上了“新保守主义”的标签。很显然，对于这个标签贝尔始终是耿耿于怀的。故此，贝尔这样表明过他的立场：

> 既然一个作者的观点跟读者对他意图的理解有关，那么，我想我这么说没有错：我是经济学领域中的社会主义者，政治领域中的自由主义者，文化领域中的保守主义者。①

贝尔强调说，上面的表述看上去矛盾，会叫人迷惑。因为通常一个人在某个领域中是激进分子，那么在其他领域中也同样激进。反之亦然。但是对于他这并不矛盾，因为他的立场里有一种内在的一致性。

如何理解贝尔在经济、政治和文化三个领域中体现出的所谓社会主义、自由主义和保守主义三种立场的一致性呢？就技术—经济领域来看，它体现的是资本的自由竞争原则，如果一个新产品、新服务更廉价，更有产能，那么据成本计，大家就会使用它。所以它是一个不断更新换代的过程，并通过市场达成均衡。但是贝尔重申上述工具主义经济学中的道德因素，指出从亚里士多德、阿奎那到约翰·洛克和亚当·斯密，都没有把经济同道德分立开来，或者认为创造财富本身即是目的，反之它被视为实现德兴、引导文明生活的一个手段。所以，价格体系只是一种机制，最终指导经济的还是深深根植于经济的文化价值体系。因此，贝尔说，他是经济学领域的社会主义者。

所谓政治或者说政体领域，贝尔强调那不是指某一种体系，而是一个社会秩序，一系列规章制度，用来约束各式人等的竞争，其政治地位和政治特权的“进进出出”，由此构成了一个社会正义和权力的竞技场。同时，政治还是保护个人，惩治坏人的司法规则。诚如马克斯·韦伯的名言：“国家是合法、垄断使用武力的唯一单位。”作为政治领域中的自由主义者，贝尔认为政治应该维护公众与个人的区分，不像共产主义那样把一切行为都看成是政治化的，也不像传统资本主义社会那样一切放任自流。但这并不等于流行意义上的平等主义，因为事实上这种情形不是平等，而是数字配额的体现。所以他要坚持需求（need）和欲求（want）的古典区分。所谓需求，所有社会个体都具有的维持生存之必需。所谓欲求，那是相应于各人各不相同口味和特质的不同欲望。一个社会的首要责任是满足基本需求，否则各人无法成为这个社会的完全“公民”。但是体现优越感的欲求永无止境，应予适当限制。政治

①丹尼尔·贝尔：《资本主义文化矛盾》，严蓓雯译，江苏人民出版社2012年版，第2页。

领域中的自由主义，最终在于体现平等。不但包括公共领域的平等，而且包括社会生活其他方方面面的平等，诸如法律、公民权利、机会，甚至结果的平等。由此使我们可以作为市民全面参与社会。简言之，政治的核心就在于表达和参与。

关于文化，贝尔指出他对文化这个概念的使用，比人类学家将文化视为一切人工制品和一个社群的生活方式的定义要狭窄得多，但是又比马修·阿诺德这类看作个人完美成就的贵族传统精英主义定义要来得宽泛一些。具体地说，文化可视为意义的领域，是以想象的形式，通过艺术和仪式来表现，特别是我们必然会面对的来自生存困境的悲剧与死亡，来理解世界的努力。《意识形态的终结》中，贝尔则给了文化如下说明：

> 文化具有两个维度：一是表现类艺术的各种风格；二是意义的模式，即历史上宗教的意义模式。有时候这两个维度是彼此交融的，如天主教会的礼拜、祈祷、音乐和建筑。更多时候，就像在“现代”时光，它们是分离的。就表现类艺术而言，替代的原则无从谈起。布列兹“替代”不了巴赫。更新颖的色调和绘画透视运用，拓展了人类的审美技能。在佛教、儒教、犹太教、基督教、伊斯兰教这些历史上伟大的宗教里，尽管形式千变万化，因果报应、轮回、一神教、立约，以及《古兰经》和先知的核心教义，今天依然广被认可。①

我们可以发现，以上说明主要是从艺术和宗教两个层面来界说文化的。在他看来，文化的形式可以在历史中不断改变，但是精神内涵可望与世长存。诚如20世纪法国的指挥家和作曲家布列兹再是优秀，也代替不了巴赫的魅力。同理，世界上各大宗教形式早已变化多端，但是古老信仰的基本教义，也还是留存了下来。甚至经济体系可以崩溃，政治帝国可以消亡，以宗教和艺术为其两大支脉的文化，从埃及浮雕、中国书画，到今日博物馆里汗牛充栋的收藏，依然历久弥新，魅力不减当年，这就是文化的魅力。

那么，经济、政治和文化这三个领域，有没有可能在新的视野中，特别是在今天冷战结束之后的新时代里重新整合起来？贝尔的回答同样是肯定的。他的回答是，排斥中国或许还有印度的崛起，以及非洲国家的经济困境和种族冲突不谈，依然有可能勾勒出一幅乐观的图景。那就是一个重新配置生产和技术的全球化的“经济”社会，一系列统一预算和福利规则的“政治”集团，以及民族国家和地区内部的“文化”自治。换言之，保护民族文化，在贝尔看来，是后工业社会的当务之急。

①Daniel Bell, The End of Ideology: On The Exhaustion of Political Ideas in The Fifties, Cambridge, MA: Harvard University Press, 2000, p. xviii.

二、后工业时代的文化

贝尔自称他的后工业社会理论，很大程度上得益于他对马克思主义方法的运用，即把技术关系放到当代科学，特别是20世纪符号学理论的背景中来加以理解，故而，是用“知识技术”代替了以往的“机械技术”。贝尔说，他提出了后工业时代的概念，针对的首先就是这个“技术—经济”领域和它的巨大影响。

在贝尔看来，后工业社会的到来也意味着文化大变革的到来。它破除压抑，声张感性。可是人们马上发现横在面前的是一个悖论：“矛盾且荒谬的是，那些运用马克思主义的方法，强调经济与结构变化的人，被视为保守主义和技术官僚主义者，那些强调意识自足，即意识形态领域的人，被认为是革命家。”[①]贝尔认为这个悖论之所以叫人纠结，是因为两方面都有道理，问题在于用什么理论来加以框架。比如，黑格尔、马克思和韦伯，假如用黑格尔的理论来加以阐释，贝尔指出，那么每一个社会都是结构上相互关联的一个整体，是根据精神发展的某一个“契机”，也就是历史发展的某一个阶段组织起来的。它意味着这个整体中的任何一个部分，都不可能是孤立的现象。反之，根据马克思的理论，贝尔引马克思《政治经济学批判（序言）》中的名言，则是生产关系的总和构成社会的经济结构，即有法律的和政治的上层建筑竖立其上，并有一定的社会意识形式与之相适应的现实基础。物质生活的生产方式制约着整个社会生活、政治生活和精神生活的过程。而在马克斯·韦伯看来，贝尔引韦伯《普通经济史》中的一段话指出，产生资本主义的决定因素，最终是在于不懈的理性追求，包括理性的决算、理性的技术、理性的法律等不一而足。不仅如此，还有理性的精神生活，即理性主义生活方式和经济伦理的合理性阐释。

贝尔指出，传统社会学无一例外都是视社会为社会结构和文化的两相统一。社会结构指的是一个社会的经济、技术和职业系统，文化则是意义的符号表达。但是在过去的一个世纪里，贝尔发现，社会结构与文化之间的分裂，正在愈益扩大。先者的根基是工具理性，紧盯效益；后者是反成规，申求正义，张扬自我。就社会结构的“生活方式”来看，它是处心积虑将时间和工作理性化，体现的是一种线性的进步观念。而所有这一切都来自以技术来主宰自然的努力，期望用工业时代的生活节奏，来代替日出而作、日落而息，束缚在土地上的农耕生态。而技术至上的理念，反过来重塑了这个时代的社会性格，使不轻易满足、强制献身工作、节俭节制

①Daniel Bell, The Coming of Post-Industrial Society: A Venture in Social Forecasting, New York: Penguin, 1976, p. 476.

等，在事奉上帝和自我实现的名义下，成为唯责任感是瞻的神圣道德。就此而言，19世纪的资产阶级社会可以视之为一个整体，其间文化、性格结构和经济悉尽由一个单一的价值系统融合了起来。这就是当其鼎盛时期的资本主义文明。

具有讽刺意味的是，所有这一切都被资本主义自身瓦解了。对此贝尔的解释是，通过大规模生产和大规模消费，资本主义摧毁了新教伦理，代之而起的是狂热追求享乐主义。生活水平的提高和道德责任的松懈，假借个人自由的名义，本身成了目的。如是必然导致社会结构的内部分裂：一方面是生产和工作的系统，它要求勤勉刻苦、自我控制，追求有所作为的素朴人生；一方面是消费的领域，它倾向于及时行乐、穷奢极欲，一味追求享受。但是有一点不谋而合，那就是两个领域里流行的都是世俗价值观念，超验的信仰和伦理缺失不见了。

与建立在技术基础上的社会结构不同，贝尔认为更关注自我的当代文化，是把人类最深切的冲动本能同对资产阶级的反叛结合了起来。他指出，文化的反传统性质从来就是人类社会的一个周而复始的特征，压抑和释放的辩证，早就在宗教和世俗道德中屡见不鲜。这也是人类用有限的自我来对抗死亡的永恒命运的悲壮努力。如古代的狄俄尼索斯狂欢歌舞，以及早期基督教中的诺斯替教派，都相信自身可以免除道德法则的束缚。19世纪浪漫主义，则以放浪不羁、唯美主义这一类文化形式，来反对资产阶级道德。特别是法国诗人波德莱尔、洛特雷阿蒙、兰波等，可谓在这一高扬波希米亚精神的反传统浪潮中一马当先，通力表现“真正的”自我，随心所欲，一切道德和法律的陈规陋习，何足道哉。

贝尔指出，这一反资产阶级传统价值观念的潮流，就意识形态层面上而言，是与新兴知识阶级的兴起，以及追求自我实现的风云际会的青年运动携手并进的。它们的一个共同特点就是文化反叛，强调个性自由。故而，这一时期“敌对文化”（adversary culture）和“反文化”（counter-culture）的出现，也可谓正当其时。所谓敌对文化，贝尔的阐释是，历史上它是出身于现代主义运动，反对资产阶级传统道德，从艺术特别是实验先锋“艰难”艺术中汲取了大量营养，包括20世纪早期的大量文学、音乐、绘画和诗歌。对此，贝尔的评价是：

> 这类艺术所为，首先在于打破了传统的“理性宇宙论”，它秩序有定排列时空，分出次序和比例、前景与背景、距离与控制，这都是从15世纪到19世纪，绵绵不断的经验组构感性模式。通过现代主义，上述忤逆冲动吸引住了文学和艺术这些高雅文化的眼球。[①]

①Daniel Bell, The Coming of Post-Industrial Society: A Venture in Social Forecasting, New York: Penguin, 1976, p. 479.

比较"敌对文化""反文化"又是什么？贝尔的说法是，反文化是生活方式的一场革命，它认可冲动，探索幻想，追求各式各样的快感，总而言之是以解放自我的名义，针锋相对挑战资产阶级社会规范。但是，鉴于资产阶级文化随着19世纪过去早已成为明日黄花，故而反文化不过是一方面拓展了文化现代主义的路数，一方面重演了60年前即已诞生的早已被资本主义市场化的享乐主义。贝尔指出，反文化鼓吹个人自由、极端经验以及性解放，这都叫自由文化（liberal culture）措手不及，因为它向来只有在艺术和想象领域，而不是在现实生活中接受这类先锋意识。其结果只能是导致道德混乱，反弹一触即发。即便如此，贝尔还是充分肯定了文化对于社会的引导作用：

> 观念与文化风格并没有改变历史，至少，并没有一夜之间改变历史。但它们是变革的必然前奏，因为意识之中，即价值观念和道德评判之中的变革，正是驱使人们去改变其社会格局与制度的动因所在。①

总之，贝尔发现，资本主义社会由此面临着一个文化悖论：如今它必须承认一个敌对的"意识形态"，终始心有不甘也罢。这意味着承认撑起这个异端意识形态的新兴阶级，承认传统的价值系统已经分崩离析，而埋葬它的，恰恰是资本主义自身的结构转型。关于这个敌对的意识形态及敌对的新兴阶级，贝尔特别指出，它不是工人阶级的世俗社会主义，而是"现代主义"的文化靓仔，他们既是给现存体系收编进来，也保留了与生俱来的忤逆态势。这个新兴阶级主导着媒体和文化，表面上并不似"自由派"那般标榜极端，可是它围绕着"个人自由"的价值观念，是彻头彻尾反资产阶级的。所以，即便资本主义的价值体系在重申虔诚，可是虔诚在现实社会中显得空洞，在由这个体系本身培植的享乐主义生活方式面前，一败涂地。概言之，正如马克思所预言的那样，资本主义成了它自己的掘墓人。

贝尔认为，上述文化悖论正是资本主义挥之不去的社会危机。他指出，变革不是一朝一夕的事情，而且也很难还原到哪一个时间点上，但是其意识形态根源可以上溯到19世纪的文学团体，以及半个世纪之前资本主义促生的生活方式的变化，当然，还有近十年崛起的新兴知识阶级。总而言之，

> 文化危机不可能像政治问题那样，由收编或排斥哪一个社会集团来得到解

①Daniel Bell, The Coming of Post-Industrial Society: A Venture in Social Forecasting, New York: Penguin, 1976, p. 479.

决。它深深植根在支撑或者未能支撑住某一个体系的核心价值里面。正因为如此，这个文化悖论实质上是资本主义社会的一个持久性危机。

回过头来再看文化与社会结构脱节的问题。贝尔认为，在后工业社会，这一脱节是不减反增。后工业社会技术替代了传统宗教，在通力证明资本主义社会的历史合法性。但是贝尔指出，一个技术官僚的时代绝不是一个高贵的时代。物质丰富给人的满足感转瞬即逝，它无法替代精神生活的渴求。而人类最深切的本能，莫过于构建神圣制度和信仰，来寻求生命的意义，以否定死亡的虚无。后工业社会由是观之，除了献身于科学圣殿的少数人，它并不能提供一种超越伦理。愤世嫉俗的游戏人生最终将人引向自我中心主义的孤独症，导致社会共同价值的分崩离析。故缺乏一个根深源长的道德信仰体系，是后工业社会的文化矛盾所在，不解决这个矛盾，后工业社会将没有前路。这就是贝尔的结论。

三、现代主义的审美体验

那么，后工业社会文化语境中的美学和艺术，又当何论？贝尔一言以蔽之，那就是现代主义艺术及由此导致的审美经验变迁。《资本主义文化矛盾》中，贝尔对此专门谈了现代主义和审美体验的问题。他认为，现代主义是一种持续了一个多世纪的文化风尚，早在马克思主义产生之前，就开始攻击资产阶级社会，影响遍及所有艺术领域，诸如马拉美的诗、形式错位的立体主义绘画、弗吉尼亚·伍尔芙和詹姆斯·乔伊斯的意识流小说，以及阿尔班·贝尔格的无调性音乐，当其面世之时都叫人错愕不解。所以现代主义艺术的一个与生俱来的标识，即是制造审美经验的错位：它自觉追求晦涩，采用陌生形式，以先锋实验姿态给观众制造不安、震惊、慌乱，甚至就像宗教那样改变和征服他们。简言之，现代主义艺术改写了传统的审美体验。

改写首先体现在距离的消解上面，无论是心理距离、社会距离，还是审美距离，而坚持经验的绝对在场、直接同步。贝尔认为这一从秩序向无序的过渡，是19世纪中叶以来发生的一场审美观念大变迁，其中举足轻重的不是情感变易，而是时空的错位。所以，

如果从美学角度问，现代人在体验感觉或情绪时与希腊人有何不同？答案将跟基本人类情感无关，比如（任何时代都有共同的友谊、爱情、恐惧、残忍和侵犯），而是跟运动和高度的时空错位有关。在19世纪，人类旅行的速度有史

以来第一次超过了徒步和骑马，他们也因此获得了对不断变化的景物、连续不断的形象和万物倏忽而过的运动的完全不同的感觉，这是他以前从来没有经历过的。[①]

贝尔指出，这一变迁表现在艺术领域，那便是艺术主题不再是以往的神话人物或者大自然中的静物，而是海滨漫步、城市生活的喧嚣，以及电灯发明赐予都市夜生活的绚烂多姿。这一切都是对运动、空间和变化的回应，其结果是为艺术提供了新的句法，跟传统形式形成错位。

贝尔进而指出，在前现代观念中，经典的看法是艺术大体就是沉思默想，艺术家凝神观照对象，保持审美距离，其审美经验是为主体所清醒支配的。但是在现代主义之中，艺术的目的是“彻底征服”观众，故作品本身是在用自己的那套新话语，把自身强加给观众。具体表现是绘画中透视的缩短，诗歌中则有杰拉德·霍普金斯式的“跳跃节奏”等。不仅如此，由于对艺术作品的传统整体把握感被颠覆不再，碎片和部分替代整体，残损的躯干、断离的手臂、原始的痛苦表情，以及被框架切割的人体，凡此种种替代整体形成了新的美学。在这一审美经验的变迁流动中，艺术体裁变成了一个陈旧的概念，不同体裁和类型之间的区分和界限，悉尽是给抛诸脑后了。对此，贝尔讽刺说：“或许，这场美学的灾难本身成了一种美学。”

贝尔认为后工业社会是一个享乐主义时代。这个时代的文化风格，便是波普艺术。波普艺术是不是名如其实，是不是源自流行、源自大众，反映了大众的审美观？贝尔的回答同样是否定的。他指出，波普艺术的主题来自日常世界，诸如家居物品、电影、漫画、广告中的形象、汉堡、可乐以及衣服。波普艺术的关键，是绘画中没有张力，只有戏拟。所以不奇怪，在波普艺术中，我们可以看到海伊（Alex Hay）五英尺长的普通邮戳、李奇登斯坦（Roy Lichtenstein）的巨型作文本、奥登伯格（Claes Oldenburg）用乙烯基塑料做的大汉堡。对于这三位美国著名的波普艺术家，贝尔的评价基本上是中性的。他既没有像发现新大陆那样对波普艺术的“化平庸为神奇”赞不绝口，也没有嗤之以鼻、不屑一顾。他指出上述作品都是对现实物品的戏拟，不过总是带着善意的揶揄，并表示赞同评论家盖布里克（Suzi Gablik）的一段话，即波普艺术的美学前提是传统艺术的等级观念，使蒙德里安和米老鼠等量齐观。同时艺术的边界被无限扩大，而将普遍认为是艺术之外的因素也囊括进来，诸如技术、赝品和幽默等。

同对波普艺术的客观态度相反，贝尔对先知先觉传媒时代到来的麦克卢汉，却

①丹尼尔·贝尔：《资本主义文化矛盾》，严蓓雯译，江苏人民出版社2012年版，第49页。

很是不以为然。他认为，麦克卢汉就是享乐主义时代的先知，是将这个时代的市场知识编织进了信息代码。他说：

> 麦克卢汉是位作家，他不仅用这种编码手段详细描述了享乐主义时代，还用一套适于这个时代的公式编码了时代思想，通过自己的手段风格示范了对这种技巧的超越。媒体即信息（这意味着思想是次要的或者说并不重要）；一些媒体是“热的”，比如广播（它把听众排斥在外），而另一些是“冷的”，比如电视（它需要观众介入来完成参与）；印刷文化是线性的，而视觉文化是共时性的，等等。所有这些概念特点不是用来分析，或者用一些实证来检验；它们是缓解人们焦虑的连祷文，以便让他们在新通讯方式中仍能感到应付自如。[①]

这几乎是冷嘲热讽，将麦克卢汉整个儿数落了一遍。特别是麦克卢汉“媒体即信息”这句名言，就像他的另一句格言“媒体即人体的延伸”一样，都被认为是预言了“媒体为王”新时代到来的革命宣言。但是贝尔从中读到的却是思想的缺场。贝尔的结论是，麦克卢汉极具煽动能力，是广告人的梦想，其理论不过是“心灵土耳其浴”。换言之，它们是心灵鸡汤。

事实上，不光是热媒体和冷媒体的区分，贝尔对麦克卢汉“地球村”的概念也不以为然，认为其意义是微不足道的，至多不过是呼应了大规模通信网络普及导致社会分化及碎片化这个事实。反之，针对麦克卢汉印刷文化是线性的、视觉文化是共时性的这个命题，贝尔反过来重申古老的印刷文化要优于异军突起的视觉文化。他的论据是，印刷媒体有助于人从容理解某一个观点或思考某一个对象，与之展开对话。因为印刷媒体不仅强调认知和符号模式，更重要的是它为观念思维提供了一种必要的形式。反之视觉媒体，比如电视和电影，是将自身强加给观众，重形象不重语词，引发的不是概念思考，而是戏剧效果。电视新闻青睐灾难和人类的悲剧，它唤起的不是净化和理解，而是很快就消耗殆尽的滥情主义，以及对这类事件的伪仪式感和伪参与感。其结果不可避免地会导致过度的戏剧化，观众的反应也变得要么虚伪做作，要么厌倦不堪。不但是电视和电影，戏剧与绘画亦然，都是在耸人听闻、哗众取宠。总之，视觉文化固然是更适合表现已经由大众文化接手的现代主义冲动，作为一个整体，它自身在文化的意义上也必然衰竭得更快。

贝尔认为现代主义是抛弃了古典艺术的模仿原则。他指出，模仿是对现实的解释。正如艺术是自然的镜子，模仿是生活的再现，是对现实价值的思考，并且在思考中创造理论。贝尔特别强调“理论”（theoria）这个词，其最初的意义就是“看”。

①丹尼尔·贝尔：《资本主义文化矛盾》，严蓓雯译，江苏人民出版社2012年版，第76页。

理论意味着主体跟对象保持一段距离，在确立的必要时间和空间之中，来吸纳和判断。这一段距离，通常也就是审美距离。由此来看现代主义，贝尔发现它否认外部世界作为既有事实是第一位的。它既想重新安排现实，又想退回自我内心和私人经验，视之为审美观照的源泉。在他看来，这可以说是源自笛卡尔和康德的审美经验转向，最终导致行动替代沉思成为知识来源，实践替代理论，结果替代起因。

贝尔具体分析了现代主义绘画怎样背离了模仿这一驻足于沉思基础的古典美学原则。他指出，塞尚的美学观念就体现在他那句名言里：真实世界的所有结构为三个基本固定体的变化：立方体、球体、圆锥体。所以不奇怪塞尚的绘画就被组织在这三种原型不同组合的平面空间里。特纳的绘画中，则可见出一种笛卡尔转向，从描绘物体过渡到描绘感觉，如《雨、蒸汽和速度》这幅画中，火车驶过泰晤士河上的桥梁，就可看到一种捕捉运动的努力。而到印象主义、未来主义、表现主义和立体主义运动中，更将现代主义推向高潮。有的是人物与背景几乎融为一体，有的是前景与背景几无差别。未来主义则干脆就取消了距离，不论是时间距离还是空间距离。以将“观看者放在画的中心”，通过行动，而不是通过审美观照，来寻找客体和情感的同一性。而对于立体主义来说，把握现实就意味着同时从各个方位来观察事物，结果便是将对象的多重平面重叠到绘画平面的二维空间之中，由此来捕捉同步感，以同一平面上相互割裂的多重视角，消解了单一视角。由此，贝尔认为他可以概括出现代绘画的意旨，那就是在语法层面上打破有序空间；在美学层面上建构起审美对象与审美观照者的桥梁，作品将自身扎入鉴赏者脑海，后者不再解释画面，相反去感受作品的刺激，即时即刻被其情绪俘虏过去。这还是消弭距离的老话。总而言之，

> 突出的关键是，在所有艺术——绘画、诗歌、小说、音乐中，现代主义冲动在各种体裁的不同本质背后，有着一种共同的表达语法。正如我已经说过的，那就是观众和艺术家之间距离的销蚀，审美体验和艺术作品之间距离的销蚀。人们把这现象看成是心理距离、社会距离和审美距离的销蚀。[①]

距离的销蚀意味着时间的搁置，它分裂瓦解了过去的记忆和现时的感觉。同样意味着人失去了对经验的控制，以及与艺术对话的能力。当直接、同步的感官冲击，成为一种固定的审美模式，贝尔指出，是将每一时每一刻都戏剧化了，将张力提高到狂热的地步，而一笔勾销了宣泄净化的空间。当感官刺激的狂风暴雨掠过之后，我们一无所获，一片茫然，唯有灰头土脸回到枯燥乏味的日常生活。

---

①丹尼尔·贝尔：《资本主义文化矛盾》，严蓓雯译，江苏人民出版社2012年，第122页。

贝尔的结论是，距离的失落作为美学、社会学和心理学的事实，再一次颠覆了西方15世纪以后的“理性宇宙观”。它意味着对人类的思维建构来说，再也没有边界，没有秩序有定的原则来界定经验和判断。我们祖先拥有的宗教寄托被釜底抽薪，信仰的根基被斩断之后，个人只能成为无家可归的文化漂泊者。问题是，今天文化还能重新提供内聚力，一种实质性的，而不是徒有其表的内聚力吗？

应该说，贝尔的资本主义文化批判和与之相应的现代主义艺术批判具有毋庸置疑的现实意义。每一个时代都有一种与生俱来并且是与时俱进的怀旧本能。贝尔怀念的是文艺复兴以来西方的理性主义人文传统，这个传统有思想、有信仰、有从容不迫的古典趣味，用他的术语来说，即是有着心理的、社会的和审美的距离，由此来展开“距离销蚀”的后工业社会文化和美学批判。这正呼应了他前面的自白：他是文化领域中的保守主义者。在此各路天马行空的先锋理论相继耗尽自身血脉，审美主义重振雄风的今天，我们重读丹尼尔·贝尔的“后工业社会”文化与美学批判，当是不无裨益的。只是，贝尔的文化和艺术批评立足道德主义，实际是以经济领域的清教伦理之必须，来对抗文化领域的消费主义之必然，而不去触及资本主义制度本身更深层面的剖析和批判。可见他本人耿耿于怀的“新保守主义”标识，其实是所言不虚。贝尔在美国知识界虽然名重半个世纪，可是在中国的影响远不如矢志不渝坚持马克思主义批判立场的弗里德里克·杰姆逊，这应当也是一个重要原因。

第四节　弗里德里克·杰姆逊

人们普遍认为，弗里德里克·杰姆逊（Fredric Jameson，1934—　）“可能是当今英语世界最重要的文化批评家”[①]，或者如佩里·安德森在他为杰姆逊的《文化转向：后现代主义论文选》所写的序言中说的那样，杰姆逊是“最引人注目、最能给人留下深刻印象的后现代主义理论家”[②]。

杰姆逊首先是一个马克思主义思想家，他始终保持着与某些马克思主义传统概念的关联，如历史、阶级斗争、物化、商品拜物教以及晚期/跨国资本主义的总体性等。在他看来，政治和理论气候的巨变并不意味着马克思主义将被抛弃，而意味着人们需要对马克思主义的某些基本原则进行重新思考。因此，杰姆逊的工作仍然属

①This is an often-repeated quotation from Colin MacCabe from his “Preface” to Jameson ' s book The Geopolitical Aesthetics: Cinema and Space in the World System, Bloomington: Indiana University Press, 1995, p. ix.

②Cf. Fredric Jameson, The Cultural Turn: Selected Writings on the Postmodern, 1983—1998, London: Verso, 1998.

于黑格尔主义—马克思主义的框架；在这个框架内，他从事着与晚期资本主义相适应的、非教条的马克思主义文化实践。

1934年，杰姆逊出生于美国俄亥俄州克利夫兰市。20世纪50年代初期，他在哈夫福德学院学习法语和德语；1954—1955年游历于欧洲并在普罗旺斯求学；1956—1957年游历慕尼黑、柏林。他在耶鲁大学获得艺术硕士学位，之后又以关于萨特的论文获得哲学博士学位。60年代，他在哈佛大学任讲师和助理教授，1967年来到加州大学圣地亚哥分校。1971—1976年，他在这里任法语和比较文学教授；1976—1983年，任耶鲁大学法语系教授。自此以后，他一直是杜克大学比较文学专业的著名教授。杰姆逊的著作很多，如《萨特：一种风格的起源》(1961)、《马克思主义与形式：20世纪文学辩证理论》(1971)、《语言的牢笼：结构主义及俄国形式主义述评》(1972)、《侵略的寓言：作为法西斯分子的现代派温德海姆·刘易斯》(1979)、《政治无意识：作为社会象征行为的叙事》(1981)、《晚期资本主义：阿多诺或被坚守的辩证法》(1990)、《后现代主义或晚期资本主义的文化逻辑》(1991)、《地缘政治美学：世界体系中的电影与空间》(1992)、《布莱希特与方法》(1998)。杰姆逊的文选或讲演集有：《理论的意识形态：文选，1971—1986》(1988)、《可见的签名》(1990)、《时间的种子》(1994)、《文化转向：后现代主义论文选，1983—1998》(1998)。另外，他还著有大量的论文和随笔。

一、马克思主义

和他的大多数文章一样，杰姆逊早期写就的三本主要著作《萨特：一种风格的起源》(1961)、《马克思主义与形式：20世纪文学辩证理论》(1971) 和《语言的牢笼：结构主义及俄国形式主义述评》(1972) 都把矛头指向占支配地位的形式主义、保守的新批评模式、学院派的“盎格鲁—美利坚”文学研究体制，表现出建立一种新的文学批评模式的企图。上述三部著作可以视为他建立一种新的文学批评理论的预备性的工作。

如果说《马克思主义与形式：20世纪文学辩证理论》和《语言的牢笼：结构主义及俄国形式主义述评》无论在信念、方法还是效果方面都已经体现出马克思主义特征的话，杰姆逊的第一部著作《萨特：一种风格的起源》则更多地富于现象学色彩，它用萨特的概念阐释了萨特的作品。在此书中，杰姆逊借用了萨特的本体论和世界观，而这些也在他后来的多部著作中留下了印记。此外，本书的行文风格（如为人所诟病的晦涩的句法结构）也在他后来的写作中多有体现。

正如道格拉斯·凯尔纳所说，在萨特的影响下，杰姆逊“最初的选择”是成为一个写作某种语句、建构某种文本的知识分子。结合20世纪50年代北美商业社会的大背景来看，他的双重选择（选择萨特这个研究对象、选择这种复杂的文学理论写作风格）意味着他“试图把自己塑造成一个逆时代潮流而动的持批判立场的知识分子。不难看出，他是在反对现行的文学体制，反对占支配地位的文学批评模式”①。事实上，杰姆逊的所有著作都是对占主导地位的文学批评模式和流行于盎格鲁—美利坚世界的思维方式的批判性干预。

对杰姆逊来说，萨特——这个现时代最具影响力的欧陆知识分子，是不妥协的典范，是批判的知识分子，是有着稳健的道德和政治关怀的作家。作为作家，他以与当代各种罪恶做斗争而履行自己的使命。在萨特身上，杰姆逊发现了“盎格鲁—美利坚”实证主义、唯科学主义、唯美主义（这些都渗透了当时占统治地位的新批评）的替代品。杰姆逊后来写道：“我本人的知识结构不仅仅是美学的或审美化的(如对浪漫主义文学和庞德诗歌的风格研究)，并且也是存在主义的，尤其是萨特主义的。”②

20世纪50年代，萨特转向了马克思主义与社会主义，并强化了他在政治上的激进主义立场。杰姆逊曾说：“我是通过阅读萨特接近马克思主义的；不过，我不是通过他后期转向马克思主义所写的诸如《辩证理性批判》那样的著作，而是通过他在第二次世界大战期间写就的那些‘经典的’存在主义文本。……对我这样的美国人来说，萨特是最具有政治参与性的知识分子的代表。这样的人本来就不多，萨特便是其中出色的一位。……我对马克思主义的公开信仰是从阅读亨利·列斐伏尔的帕斯卡尔研究开始的，但对萨特上述文本的研读无疑为此做了准备。”③

从杰姆逊的第一部著作中，我们就已经能看出他（在萨特的影响下）反抗一切俗套的单枪匹马的努力。比如，他没有引证或参考其他批评家的文献，也没有使用萨特作品的常用译法。这一方面表明现象学面对事物自身的诱惑，企图在摆脱陈旧概念和标准解释的情况下接近研究对象；另一方面，它也彰显了麦卡锡主义时代激进知识分子的孤独处境及其后果——没有可供传承的文化关怀、政治推动力或基本的自我认同模式。

不过，杰姆逊很快就通过转向马克思主义克服了这种孤独。凯尔纳写道：“阅读杰姆逊，你所面对的是一位年轻的文学批评家。20世纪50年代，他对欧洲进行了研究；60年代，他经历了政治运动，这些使他变得激进了，他转向了马克思主义，并

---

①Douglas Kellner, “Introduction: Jameson, Marxism, and Postmodernism”, in: Postmodernism / Jameson / Critique, Douglas Kellner (ed.), Washington: Maisonneuve Press, 1989, p. 7.

②Fredric Jameson, The Ideologies of Theory, Essays 1971—1986, Vol. 1, Situations of Theory, Minneapolis: University of Minnesota Press, 1988, p. xxviii.

③Fredric Jameson, “On Aronson's Sartre”, Minnesota Review, (18) 1982, pp. 122-123.

由此走出了他在理论和政治上的困境。”[①]

从20世纪60年代到70年代初，杰姆逊关于阿多诺、本雅明、卢卡奇的论文显示了他对马克思主义论题及马克思主义思想家的热衷，但他完全转向马克思主义这一事实则是在《马克思主义与形式：20世纪文学辩证理论》[②]一书中表现得最为明显，该书是他最重要的论著之一。这个书名既表明他已转向马克思主义，又表明他最初关注的对象是形式。本书的副标题“20世纪文学辩证理论”则指出了发展马克思主义文学理论以适应时代的必要性。

今天回过头来看这部著作，可以发现它的根本目标在于建构一个马克思主义的文学理论体系。日后，这个目标又拓展为建构一种文化理论。该书一方面是对当时尚不为美国所知的黑格尔主义的马克思主义的介绍；另一方面，也可以视为是对杰姆逊本人的理论立场——马克思主义的文学理论的介绍。

在《马克思主义与形式：20世纪文学辩证理论》一书中，杰姆逊运用“内在批评”或称“细读”的方法，阐述了西方马克思主义主要人物（萨特、阿多诺、马尔库塞、本雅明、布洛赫、卢卡奇等）的基本观点。不过，由于他所运用的这种方法与上述被研究者意气相投，在某种程度上混淆了研究者本人与其研究对象的不同立场。像伊格尔顿所说的，本书中存在着文本阐释与批判之间的张力。[③]但杰姆逊认为，如果用更历史、更辩证的眼光来看待这个问题的话，这种张力（或者说混乱）是可以忽略不计的。

在这部著作中，杰姆逊表明了他对卢卡奇的兴趣和对黑格尔主义的马克思主义的信仰（他在1988年的一篇文章中称《历史与阶级意识》为“未完成的规划”[④]，呼吁结合当下形势重新思考这个规划，并重申了历史与阶级意识的关系）。凯尔纳指出，“在某种意义上，卢卡奇一直是杰姆逊文学分析的导师，一直是他心目中文学批评家的楷模”[⑤]。不仅如此，杰姆逊还借用了卢卡奇理论的中心概念，如物化、总体性、阶级意识（后者在杰姆逊那里被更名为“认知图式”），来描述当代的资本主义文化。

---

① Douglas Kellner,“Introduction: Jameson, Marxism, and Postmodernism”, in: Postmodernism / Jameson / Critique, Douglas Kellner (ed.), Washington: Maisonneuve Press, 1989, p. 9.

② Fredric Jameson, Marxism and Form: Twentieth Century Dialectic Theories of Literature, Princeton: Princeton University Press, 1971.

③ Terry Eagleton,“Fredric Jameson: The Politics of Style”, in: Against the Grain: Selected Essays, 1975—1985, London: Verso, 1986, pp. 65–78.

④ Fredric Jameson, “History and Class Consciousness as an ‘Unfinished Project’”, in: Rethinking Marxism, 1.1 (Spring) 1988, pp. 49–72.

⑤ Douglas Kellner,“Introduction: Jameson, Marxism, and Postmodernism”, in: Postmodernism / Jameson / Critique, Douglas Kellner (ed.), Washington: Maisonneuve Press, 1989, p. 10.

当然，《马克思主义与形式：20世纪文学辩证理论》也显示出了杰姆逊对其他马克思主义者的兴趣，如阿多诺、马尔库塞、本雅明、布洛赫。由于这些人的观点并不一致，所以以各种各样的视野出现在杰姆逊的著作中，产生了不同思想观念的复杂的综合。不过，杰姆逊着重强调的是他在布洛赫思想中发现的马克思主义乌托邦的重要性。布洛赫认为，文化文本清晰地表达了对美好世界的渴求，承载着对乌托邦的希望。杰姆逊为这种文化的乌托邦阐释做了辩护，并赞成在当代资本主义社会进行乌托邦的政治选择。这些最初在《马克思主义与形式：20世纪文学辩证理论》中得到阐发的概念，甚至在他后来的著作中也屡屡出现（如乌托邦概念在《政治无意识：作为社会象征行为的叙事》的结论部分发挥了举足轻重的作用）。

《马克思主义与形式：20世纪文学辩证理论》书中还表达了另外一些在杰姆逊后期著作中仍很重要的理论旨趣。我们知道，杰姆逊是为数不多的始终坦承其解释学倾向的马克思主义批评家之一，在这部早期著作中，他从马尔库塞、本雅明、布洛赫身上找到了这种解释模式的源头。另外，他还彰显了辩证式文学批评的特色，阐明了他的研究方法与立场的要点。因此，《马克思主义与形式：20世纪文学辩证理论》可以说为他全部的工作和所继承的传统作了最好的介绍。

二、解释学

如果把杰姆逊的著作理解为一个富有意义的独立而连贯的体系，就必须先弄清楚那些导致他从一个阶段走向另一个阶段、从一本著作走向另一部著作的线索和契机。他在1971年写作的《深度解释》（Metacommentary）一文可以说是《马克思主义与形式：20世纪文学辩证理论》和《语言的笼牢：结构主义及俄国形式主义述评》的中间环节。在这篇文章的最后部分，杰姆逊重申了《马克思主义与形式：20世纪文学辩证理论》一书的结论，并为《语言的牢笼：结构主义及俄国形式主义述评》中的主要观点勾画了一个轮廓，其中包括对苏珊·桑塔格《反对解释》[①]中所阐明的批判性解释学的捍卫。

实际上，“深度解释”这个文章标题已经揭示了杰姆逊批评实践的特征——一种多层次的批评。“深度解释”为杰姆逊的辩证批评提供了另一条道路，杰姆逊将其贯彻在他后来的著述中。在这篇文章中，我们还可以看到杰姆逊为将各种不同的立场、方法融入一种更为综合的理论体系所做出的努力。这同样也是《语言的牢笼：结构主义及俄国形式主义述评》以及之后的其他著作所试图完成的任务。

①Susan Sontag, Against Interpretation, New York: Dell, 1966.

《语言的牢笼：结构主义及俄国形式主义述评》[1]是杰姆逊综合当代欧洲各种思想模式（如法国新哲学、结构主义、形式主义及各种符号学理论）的首次系统的尝试。当时，这些思想模式正在取代杰姆逊所钟爱的马克思主义、现象学和存在主义；虽然他对马克思主义的信仰日益深厚，对以上几种批评理论十分欣赏，但他还是对那些新的解释模式表现出了宽容和同情。

在这部著作中，杰姆逊没有运用传统的马克思主义意识形态批评方法，没有对他的研究对象进行简单的否定或将之归结为神秘化的、虚假的意识，而是以一种解释学的方法，试图在指出这些批评理论局限性的同时肯定其积极意义。杰姆逊勾勒出了索绪尔符号学、俄国形式主义以及结构主义各流派的大致轮廓，并以马克思主义理论为基点对它们一一作出评价。

在研究过程中，杰姆逊还表明了自己对许多文学、文化问题的看法。可以看出，此时的杰姆逊不仅倾心于黑格尔主义的马克思主义，还对阿尔都塞、巴特、德里达及其他"后结构主义者"很感兴趣。《语言的牢笼：结构主义及俄国形式主义述评》可以看作是他对黑格尔主义的马克思主义和法国新哲学进行的一次独一无二的综合，但他对结构主义、俄国形式主义及符号学的批判立场还是十分明显的。

大体来说，结构主义注重共时性，因为它是一种在一个体系内，根据对象的组织原则、支配性结构及功能将各种思想或现实构造形式化、系统化的分析模式。而历时性观点则强调用历史的眼光去考察事物的变化、发展、运动、消亡过程。杰姆逊非常重视历时性，"历史"在他那儿可能是最重要的范畴。不过，他始终在倡导共时性与历时性思考的结合，倡导把对特定历史时刻的共时性分析与对事物变化、发展、消亡过程的历时性的结构分析相统一。从这一立场出发，杰姆逊既批判了结构主义的唯共时性，又批判了其他形式主义流派的非历史化倾向。

杰姆逊说过，对于所有已经发生的事件，"只能在一部伟大的集体故事的统一体内加以重述；不管它们怎样采取掩盖或象征的形式，只能认为它们有一个基本的主题——对马克思主义来说，这就是从必然王国争取自由王国的集体斗争；而且只有把它们理解为一项庞大的未竟事业的重要环节，我们才有可能恢复它们原初的意义"[2]。但问题在于，怎样才能还原这些往事的遗迹，发现这个集体故事呢？这正是杰姆逊在《政治无意识：作为社会象征行为的叙事》（1981）一书中给自己规定的任务。

《政治无意识：作为社会象征行为的叙事》的卷首语"永远历史化"明确地把此

---

①Fredric Jameson, The Prison House of Language: A Critical Account of Structuralism and Russian Formalism, Princeton: Princeton University Press, 1972.

②Fredric Jameson, The Political Unconscious: Narrative as a Socially Symbolic Act, Ithaca: Cornell University Press, 1981, pp. 19–20.

书定位为《马克思主义与形式》和《语言的牢笼：结构主义及俄国形式主义述评》的续作（它在某种程度上最终完成并囊括了这两本书的内容）。对此，让·霍姆（Sean Homer）评论道："如果说《马克思主义与形式：20世纪文学辩证理论》标志着一位学院派马克思主义知识分子的横空出世的话，那么，1981年的《政治无意识：作为社会象征行为的叙事》则意味着杰姆逊已凭借本人的实力成为一个重要的理论家。"①用伊格尔顿的话说，《政治无意识：作为社会象征行为的叙事》造就了杰姆逊，使他成为"无可争议的美国第一流的马克思主义批评家和英语世界文学批评领域的领衔人物之一"②。

在《政治无意识：作为社会象征行为的叙事》中，杰姆逊提出了他的文学研究方法，系统地揭示了文学形式变迁的历史，并考察了主体性自身形式与模式的流变。在结合了其他研究手段的基础上，杰姆逊试图把马克思主义文学批评作为最具包容性和综合性的理论框架。在纵观文学形式的发展历史之后，他得出结论：意识形态和乌托邦的"双重解释"是恰当的马克思主义的解释方法。

在卢卡奇的影响下，杰姆逊常常用历史叙事来说明文化文本是怎样包含着"政治无意识"的，政治无意识潜藏于叙事与社会经验之中，只有入木三分的解释才能使之重见天日。尤其令杰姆逊感兴趣的一个事实是"资产阶级主体在资本主义出现之初的构成及其在我们这个时代的精神分裂"③。他选取吉辛（George Gissing）④、康拉德（Joseph Conrad）⑤和温德海姆·刘易斯（Wyndham Lewis）⑥作为这一过程的关键阶段的代表性人物，对他们进行了分析。对这个过程的分析，后来在杰姆逊对后现代主义和后现代性的描述中发挥到了极致。

受卢卡奇《历史与阶级意识》和马克斯·韦伯《经济与社会》中"合理化""祛魅"概念的启发，杰姆逊主要把目光投向那些揭示资本主义社会中不断加剧的精神分裂和物化经验的作家。他讨论了文学对经验的表现，并视之为资本主义社会中日益增长的资产阶级主体性危机的明证。

在《政治无意识：作为社会象征行为的叙事》一书中，吉辛代表了游离于处于上升地位的无产阶级和强大而富有的资产阶级之外的中产阶级知识分子。和尼采一

①Sean Homer, Fredric Jameson: Marxism, Hermeneutics, Postmodernism, Cambridge: Polity Press, 1998, p. 36.

②Terry Eagleton, "The Idealism of American Criticism", in: Against the Grain: Selected Essays, 1975—1985, London: Verso, 1986, p. 57.

③Jameson, The Political Unconscious, Fredric Jameson, The Political Unconscious: Narrative as a Socially Symbolic Act, Ithaca: Cornell University Press, 1981, p. 9.

④吉辛(George Gissing, 1857—1903)，英国小说家，一生穷困潦倒，作品以否定现实的态度反映伦敦下层生活。

⑤康拉德(Joseph Conrad, 1857—1924)，英国小说家，当过水手、船长，作品多描写航海生活的经历。

⑥温德海姆·刘易斯(Wyndham Lewis, 1882—1957)，英国画家、小说家、文艺评论家。

样，杰姆逊用“怨恨”一词来概括吉辛作品的特征，认为他表现了19世纪末失去了方向和自信的资产阶级意识。另外，一些作家如德莱塞则体现了一种正在兴起的主观主义倾向和资产阶级社会作为一个整体不断增长的异化。随着帝国主义的扩张，这种危机在20世纪变得更加严重了，康拉德的小说成为商品化、殖民化的时代中个性意识分崩离析的见证。他的作品《吉姆爷》(Lord Jim)，前半部分展示了繁复的现代主义风格，而后半部分则是一个冒险故事，这说明作家既希望表达现代主义强烈的主体性，又希望在商品社会中走红。

虽然《政治无意识：作为社会象征行为的叙事》并未刻意表现这一主题，但它还是能被看作一则关于主体性历史的寓言。①主体性的各个阶段分别与社会—经济发展的各个阶段以及各种文化形式关联起来，杰姆逊使马克思“社会存在决定社会意识”的论断具体化了。不过，在将文化形式与社会—历史条件以及经济发展阶段相对应的过程中，杰姆逊并没有走向简单化的“庸俗马克思主义”，也没有采用传统的“基础—上层建筑”的说法。他不愿简单地把文化（上层建筑）归结为经济（基础）的表象，而是在综合黑格尔主义的马克思主义、阿尔都塞和弗洛伊德的基础上建立了一种更为复杂的模式。②

在揭示文化与“社会—经济基础”的关系时，杰姆逊坚持使用半自律性、多元决定、不平衡发展、相互作用等概念来描述社会现实不同层面之间的复杂联系。他主张用“中介”这个具有辩证意义的范畴来显示社会存在的各个方面是如何联结在一起的。③更进一步的，在描述文化“文本”与历史境遇的关系时，他还从弗洛伊德的精神分析学那里借用了压抑、郁结、转移等范畴，试图以此指出文本表现社会经验的复杂性。总的来说，杰姆逊非但没有放弃马克思主义的辩证法，还把一切上层建筑（包括文化）和“社会—经济基础”联系起来，并把文化发展的历史解释为资本主义发展史的一部分。《政治无意识：作为社会象征行为的叙事》就这样把马克思主义发展为更具全球性、总体性的预言，足以“包罗一切阅读和阐释”④。

但是，在《政治无意识：作为社会象征行为的叙事》及其他早期著作中，我们可以发现杰姆逊的历史哲学存在着一个明显的缺失，即对历史境遇与当代背景分析的缺失。这样一种对我们所处的历史文化背景的跨越（在凯尔纳看来，这一点恰恰

①In a way, it can be compared with Horkheimer's and Adorno's Dialectic of Enlightenment. Cf. Max Horkheimer and Theodor W. Adorno, The Dialectic of Enlightenment, New York: Herder and Herder, 1972.

②Cf. Jameson, The Political Unconscious, pp. Fredric Jameson, The Political Unconscious: Narrative as a Socially Symbolic Act, Ithaca: Cornell University Press, 1981, 23–58.

③Fredric Jameson, The Political Unconscious: Narrative as a Socially Symbolic Act, Ithaca: Cornell University Press, 1981, p. 39.

④Fredric Jameson, The Political Unconscious: Narrative as a Socially Symbolic Act, Ithaca: Cornell University Press, 1981, p. 17.

是“杰姆逊的重大成就，也是他思想发展的必然而且必要的结果”[①])，杰姆逊只是到他关于后现代主义的研究中才加以克服。不过，即便是在《马克思主义与形式：20世纪文学辩证理论》这部早期著作中，人们也能窥见某些他在15年后才开始详加阐述的理论问题的端倪。

在《马克思主义与形式：20世纪文学辩证理论》的前言中，杰姆逊写道：“在很大程度上，尤其在美国，后工业垄断资本主义的发展，通过自冷战以来传播媒体所运用的神秘化技巧，特别是急剧扩张的广告宣传所运用的技巧，导致阶级结构变得越来越隐蔽了。用存在主义的术语来说，这意味着我们的经验将不再完整：我们再也不能在私人生活之间建立起任何能觉察到的联系，因为个人生活在富庶社会的壁垒与禁锢之内，新殖民主义、压迫和反暴力战争是在外部世界对体系的结构性投射之内，按照自己的轨迹运行的。用心理学术语来说，服务性经济使我们远离了实实在在的产品和劳作，以至于居住在一个充斥着人工刺激和电视传播的经验所构成的梦幻世界里。我们不再拥有过去那种充满形而上学关注的文明，诸如生存的价值、生命的意义等至关重要的问题对我们来说是如此遥远而不值一提。”[②]

这段话正是对当代社会（更确切地说，是20世纪70年代的美国）的描述。尽管我们可以对这是否是人类历史中刚刚出现的新问题存疑，尽管杰姆逊受到了波德里亚、居伊·德波（Guy Debord）的启发，我们还是能把这段话看作他对“后现代状况”的非凡预言。若把它作为一份“原始文本”来读，将有助于对杰姆逊后来的理论兴趣转向的理解。

发达国家所发生的精神分裂、物化和意义虚无主义，使杰姆逊感到了在新的历史条件下反思马克思主义，建构“后工业时代的马克思主义”的必要性——简言之，要对马克思主义进行历史性的思考。他认为，这个全新的、特殊的历史处境需要给予新的理论上的说明，不仅要求做出一个恰当的诊断，还要对之进行治疗。

杰姆逊并不仅仅是从存在主义和心理学角度来观察这次重大的历史变迁的，他还考察了文化领域的变化。这些也在《马克思主义与形式：20世纪文学辩证理论》一书中初露端倪：“面对为现代主义所作的明白无误的辩护，例如苏珊·桑塔格的‘新感受力’和伊哈布·哈桑的《沉默的文学》，我认为仍然需要多做些说明。这些理论都反映了我们都十分熟悉的一系列文化：约翰·卡基[③]的音乐，安迪·沃霍尔[④]的

①Douglas Kellner, “Introduction: Jameson, Marxism, and Postmodernism”, in: Postmodernism / Jameson / Critique, Douglas Kellner (ed.), Washington Maisonneuve Press, 1989, p. 19.

②Fredric Jameson, Marxism and Form: Twentieth Century Dialectic Theories of Literature, Princeton: Princeton University Press, 1971, p. xvii-xviii.

③约翰·卡基（John Cage），美国作曲家。

④安迪·沃霍尔（Andy Warhol），美国画家，20世纪60年代美国大众艺术领导人。

电影，巴勒斯[1]的小说，贝克特的戏剧，戈达尔的野营文化[2]，诺曼·布朗[3]的幻觉体验。而且任何批判，若不从屈服于所有这些作为现实程式化事物的魅力入手，就不可能具有任何约束力量。”[4]杰姆逊本人使自己屈服于上述事物的力量——到1975年，他已经做好了用“后现代主义”概念宣布现代性之终结、历史之断裂的准备。

三、后现代主义

杰姆逊与后现代主义的对抗，表明他已从文学理论及文学批评领域转向了文化理论及文化批评领域。他在1981年至1983年对戈达尔的电影以及影片《闪灵》（The Shining）[5]（1981）、《歌剧红伶》（Diva）[6]（1982）的研究是他与后现代主义的初次交锋；他对后现代主义文化的正面分析则出现在题为“后现代主义与消费社会”的讲演中[7]；1984年《后现代主义——晚期资本主义的文化逻辑》一文是他关于后现代主义的最精辟、最系统的分析[8]。

在1984年的这篇文章中，杰姆逊一方面反驳了后现代主义者、后结构主义者对马克思主义的“过时性”“总体性”“简单化”的攻击；另一方面则把他们的理论纳入了自己的研究范围，“这些观点构成了后现代主义的基本特征：一种新的无深度感，从当代‘理论’文化到形象（或者说‘仿像’）文化的过渡；历史感的削弱，从人与公共历史的关系到我们私人瞬间的新形式；一种决定世俗艺术的语法形式、语言结构关系的（拉康意义上的）‘精神分裂’结构；一种全新的情感形式（我称之为‘紧张感’），可以通过追溯古老的崇高理论来把握其精髓；以上这些与一种全新的技术的深层组织关系，这种技术本身是全新的经济世界体系的特征之一；在对发展中的后现代生存经验做出基本的解释之后，便是对这个令人迷惑的晚期跨国资本主义社会中艺术的政治化所担负使命的反思。”[9]

---

①巴勒斯（Burroughs），美国小说家。

②戈达尔（Godard），法国电影导演，以电影革新著称。

③诺曼·布朗（Norman O. Brown），美国文化学家。

④Fredri Jameson, Marxism and Form: Twentieth Century Dialectic Theories of Literature, Princeton: Princeton University Press, 1971, p. 413.

⑤《闪灵》（The Shining），一译《鬼店》，法国导演斯坦利·库布利克（Stanley Kubrick）执导的影片。

⑥《歌剧红伶》（Diva），是法国导演让-贾克·贝聂克斯（Jean-Jacques Beineix）执导的影片。

⑦Fredric Jameson,“Postmodernism and Consumer Society”, in: The Anti-Aesthetic Hal Foster (ed.), Port Townsend: Bay Press, 1983, pp. 111-125.

⑧Fredric Jameson, “Postmodernism, or The Cultural Logic of Late Capitalism”, in: New Left Review, (146) 1984, pp. 52-92.

⑨Fredric Jameson, “Postmodernism, or The Cultural Logic of Late Capitalism”, in: New Left Review, (146) 1984, p. 58.

在这里，杰姆逊借鉴了不同的哲学及理论流派，综合了黑格尔主义的马克思主义关于总体性的概念、欧尼斯特·曼德尔（Ernest Mandel）关于资本主义阶段的理论、阿尔都塞关于社会分层的理论和法国新哲学中的诸多范畴（如波德里亚、德鲁兹的“仿像”、拉康、德鲁兹、伽塔里的“精神分裂”、利奥塔的“崇高”）。因此，像他的早期作品一样，杰姆逊为马克思主义赋予了新的后现代主义特征。

必须注意到，杰姆逊眼中的后现代主义并不仅仅是（另一种）风格或美学现象，而是全部文化的特点，是有着新的文化形式、经验类型与主体形式的历史新阶段。他把后现代主义看作是一个范围广阔的文化、社会、经济、政治现象，从而把后现代主义论争从文化理论领域推向了社会理论领域。

杰姆逊认为，后现代主义文化区别于其较早阶段文化的显著特征是抹杀了“以前高级文化和所谓大众文化或商业文化之间的古老边界，造就了充斥着各种形式、范畴和内容的新文本，促成了从利维斯、美国新批评到阿多诺、法兰克福学派等当代理论家都在猛烈抨击的文化工业”[①]。后现代主义的文化包括埃德加·劳伦斯·杜克多夫（Edgar Laurence Doctorow）的小说、菲利普·格拉斯（Philip Glass）的音乐、斯坦利·库布利克（Stanley Kubrick）[②]的电影、菲利普·约翰逊（Philip Johnson）和迈克尔·格雷夫斯（Michael Graves）的建筑等，它们融高级文化的经典形式和大众文化的传统素材为一体，填平了高级与低级文化之间的鸿沟。

杰姆逊将后现代主义文化置于社会发展阶段中加以分析的时候，使用了马克思主义关于资本主义发展阶段的模型，指出后现代主义是资本主义新的发展阶段的一部分。在这里，他沿用了曼德尔在《晚期资本主义》一书中所运用的分期方法[③]，称“资本主义有三个基本阶段，每一个都是前一个的辩证延伸：从市场资本主义阶段，到垄断资本主义或曰帝国主义阶段，再到我们现在所处的阶段——它常被错误地称为‘后工业资本主义’，其更好的称谓应当是‘跨国资本主义’”。[④]与这三个社会发展阶段相对应的文化形式分别是现实主义、现代主义和后现代主义。杰姆逊提出，后现代主义的文本和主题与我们这个社会存在着许多一致之处——非统一性、无深度、非连续性、精神分裂、零散化、不稳定性和碎片化。

问题是杰姆逊如何能从文化分析推演出如此宏大的理论？他何以根据文化方面的前提得出政治方面的结论？或许凯尔纳的说法道出了最充分的理由：“今天，激进

①Fredric Jameson, “Postmodernism, or The Cultural Logic of Late Capitalism”, in: New Left Review, (146) 1984, pp. 54-55.

②斯坦利·库布利克(Stanley Kubrick，1928—1999)，出生于美国的法国电影导演。

③Ernest Mandel, Late Capitalism, London: New Left Books, 1978.

④Fredric Jameson, “Postmodernism, or The Cultural Logic of Late Capitalism”, in: New Left Review, (146) 1984, p. 78.

的社会理论强调文化分析理论上的重要性，就意味着强调文化在当下资本主义社会再生产中日益增长的重要性。”[①]文化现象（包括媒体、广告、日常生活的审美化和政治景观）的确在消费社会内部、在当下资本主义的组织和再生产中扮演着极其重要的角色；同时，由于缺乏激进的政治斗争，文化批评正在充当着它的恰当的替代品。

但是，杰姆逊没有对文化与资本主义之间的中介因素进行充分的阐释，没有对“晚期”或跨国资本主义的新阶段做出更多的说明，也没有系统地分析这个资本主义阶段的政治经济状况。

在此之后，杰姆逊表现出了对电影的兴趣，于20世纪八九十年代写下了大量的电影评论。他解读电影的策略可以看成是他那些后现代主义分析之前的文章风格的延续。杰姆逊论电影的第一部著作是《可见的签名》[②]，收录了他自20世纪70年代末至80年代的影评作品；第二部著作是《地缘政治美学》（1992）[③]，通过考察这一时期西方和第三世界的电影，继续着他关于“政治无意识”的研究。

杰姆逊的历史和文化分析经常受到不够自然、北美色彩过于浓厚的批评。“他过于强调资本主义的普遍性和世界经济体系的总体性，这与他作为一个理论家所处的位置是分不开的——他生活在目前唯一有望谋求全球霸权的美国。”[④]

因此，杰姆逊对“第三世界”特有的理解受到“第三世界”读者的质疑不足为奇。在一篇有关“第三世界”文学的文章中，我们可以看出他这种偏爱普遍化的缺陷：“第三世界的文本，即使是那些看来很私人化的、包含着力比多冲动的文本，也无非是以民族寓言的形式来投射政治。关于个人命运的故事归根结底只是第三世界国家文化与社会受冲击状况的寓言。”[⑤]为了证明这个观点，杰姆逊（仅仅）分析了两位作家的作品，一位是中国的鲁迅，另一位是塞内加尔的奥斯曼尼·塞姆班内（Ousmane Sembene）。然而，他怎能置文学的异质性与多样化于不顾，以两个例子论证整个“第三世界”的文学呢？他又怎能妄下“第三世界”文学无非是民族寓言的断语呢？

巴基斯坦作家阿加斯·阿姆德（Aijaz Ahmad）在阅读了杰姆逊的文章之后，对他过度地运用总体性逻辑，视“第三世界”为一个同质性整体的做法提出了异议：“我发现，我自己也和其他事物一样被纳入杰姆逊的理论中了。我出生于印度，是一

①Douglas Kellner, “Introduction: Jameson, Marxism, and Postmodernism”, in: Postmodernism / Jameson / Critique, Douglas Kellner (ed.), Washington: Maisonneuve Press, 1989, p. 27.

②Fredric Jameson, Signatures of the Visible, New York & London: Routledge, 1992.

③The Geopolitical Aesthetic: Cinema and Space in the World System, Bloomington: Indiana University Press, 1992.

④Sean Homer, Fredric Jameson: Marxism, Hermeneutics, Postmodernism, Cambridge: Polity Press, 1998, p. 2.

⑤Fredric Jameson, “Third World Literature in an Age of Multinational Capitalism”, in: Social Text, Vol. 15, 1986, p. 69.

个巴基斯坦公民；我用乌尔都语创作诗歌，这是一种大多数美国知识分子无法读懂的语言。我不禁自问：‘整个？……这有必要吗？’……看着杰姆逊的文章，我越来越意识到，这个虽相隔万里却一直让我倍感亲切、引为同志的理论家，实际却始终是我所属的文明传统的‘他者’。这真令我懊恼万分。”①

显而易见，杰姆逊文本中的第三世界完全是以殖民主义经验来定性的。罗伯特·扬（Robert Young）指出：“不得不承认，杰姆逊对社会主义全球化总体性发展的坚持导致一种新的殖民主义：‘我们美国人是世界的主人，我们知道什么对其他人最有益。’不管说这话的人是信奉资本主义还是信奉马克思主义，他们在这一点上是一致的。”②

对杰姆逊来说，马克思主义是能够对“过去文化的神秘本质”进行充分阐释的唯一理论，那些发生过的事件“只能在一部伟大的集体故事的统一体内加以重述……而且只有把它们理解为一项庞大的未竟事业的重要环节，我们才有可能恢复它们原初的意义”③。诚然，“历史”是马克思主义最重要的范畴之一，但在这个特定的语境之中，“历史”一词颇值得推敲：杰姆逊谈论的是谁的历史？如果把世界的历史归结为一个整体叙事，那么这究竟是谁的叙事，谁的“未竟事业”？正如罗伯特·扬所分析的：“要是你生活在一个新生的国度，你根本就无须追溯历史。”④

所以，“历史”显然只是西方的历史——现代化及资本主义发展的历史。更进一步来说，“‘我们’以外的任何人都与这种历史无涉，历史只属于西方文明，代表西方观念，而在杰姆逊眼中，这‘西方’又特指美国”⑤。也许这种美国中心主义正是杰姆逊思想中最成问题的方面，也是他的理论招致异议的最主要原因。

---

①Aijaz Ahmad, “Jameson's Rhetoric of Otherness and the ‘National Allegory’”, in: Social Text, Vol. 17, 1987, p. 3.

②Robert Young, White Mythologies: Writing History and the West, London & New York: Routledge, 1995, p. 112.

③Fredric Jameson, The Political Unconscious: Narrative as a Socially Symbolic Act, Ithaca: Cornell University Press, 1986, pp. 19-20.

④Robert Young, White Mythologies: Writing History and the West, London & New York: Routledge, 1995, p. 113.

⑤Robert Young, White Mythologies: Writing History and the West, London & New York: Routledge, 1995, p. 113.

第二十二章　英国文化研究美学

概　论

20世纪文化研究的兴起，滥觞于英国。其后从英美扩散到全球，形成多主题、宽领域、广边界、跨学科的综合性发展趋势。英国之所以在20世纪下半期率先成为文化研究的引领者，一方面与威廉斯、霍加特、霍尔等人的学术兴趣和积极推动有关，另一方面也源于英国知识分子关注文化与社会的历史传统。

英国知识分子从内心深处以文化精英自居，关注社会、激扬文字的知识分子传统由来已久。无论是蔑视群氓的马修·阿诺德、利维斯，还是为大众文化正名的雷蒙德·威廉斯，他们的关注从来都不仅仅限于狭小的书房。这种学术传统和宽广的学术视野，促使英国学者把眼光投向广阔的社会，从而超越了学科的限制，作出了突破。

通常认为，E.P.汤普森《英国工人阶级的形成》、雷蒙德·威廉斯《文化与社会》和理查德·霍加特《识字的用途》是英国文化研究的开山之作。从这个意义上来说，可以把他们视为英国文化研究的奠基人。

汤普森《英国工人阶级的形成》讲述了工业革命时期英国工人阶级及其文化形成的历史；理查德·霍加特《识字的用途》用民族志的方法进入一个特定文化群体的内部，把英国北部工人阶级的日常生活视为他们日常文化的表达；威廉斯《文化与社会》则通过对18世纪至19世纪英国思想史、文学史上重要人物的疏理，描绘出英国文化的脉络，并进而提出一个为文化研究开辟广阔研究疆域的定义："文化是一种整体生活方式。"

英国文化研究的先驱们都有新左派的意识形态背景。由于1956年的匈牙利事件和赫鲁晓夫批判斯大林的秘密报告的影响，这些人对马克思主义开始反思，不再关心正统马克思主义的阶级斗争理论，不再关注工人运动、暴力革命等激进主义问题，开始转向诉求广泛的社会改革，其内容涵盖日常生活等诸多社会领域。他们的学术兴趣和探索方向播下了跨学科研究的种子，指引了此后文化研究学者的发展方向。

霍加特1964年创立的伯明翰当代文化研究中心在英国文化研究的发展历程中居功甚伟，这一研究机构的建立，为英国文化研究提供了体制性的学术资源，源源不断地为文化研究提供人才的培养和研究资金的扶持，从而保证了英国文化研究的持续和发展。

1968年以后，伯明翰当代文化研究中心由霍尔主持。在霍尔主持期间，文化研究的领域得以极大扩展，法国理论家的新思想和新观念被引入到文化研究之中，种族和性别问题得到重视和关注。霍尔借鉴“接受理论”，强调语言在权力、政治与系统中的运作，认为大众既是文化的生产者，也是文化的消费者。霍尔提出了“编码与解码”理论，认为在大众传媒的文本操纵下，大众并非一味被动地完全接受。由于个人的出身，霍尔十分关注种族、身份等问题。他的研究展示了媒介与种族偏见之间的联系，在文化研究领域产生了巨大而持久的影响。

在伯明翰当代文化研究中心稳定发展的数十年间，许多优秀学者脱颖而出，产生了大量极有价值的文化研究成果，这其中既包括伯明翰当代文化研究中心和文化研究系培养出来的学生，也包括其教师及研究人员。其中有这样一批才俊：

安吉拉·麦克罗比（Angela McRobbie，1951—　），出色的女权主义理论家，文化研究学者，她的著作涉及通俗文化、性别、时尚、创意文化产业等诸多文化方面。麦克罗比在研究生阶段就读于伯明翰大学当代文化研究中心，前期（20世纪70—80年代）的研究兴趣在于通俗文化、性别与性，通过大众媒介分析，从女权主义批判的角度理解女性亚文化的构建。麦克罗比十分关注大众媒介对女性气质和女性形象的塑造和影响。人们通常认为，在广告和杂志中存在着夸大的女性修辞、女性的形象展示过于色欲化的现象，而麦克罗比却注意到大众传媒对女性气质的另一种塑造，她分析了定位于青少年女性的杂志《花季17》（Just Seventeen），该杂志强调女性的自信和自我关注，以某种类似女权政治的方式展示并塑造另一种女性气质。20世纪90年代中后期，麦克罗比还注意到女权主义社会影响的逆归，女权主义女性气质成为被取笑和嘲弄的对象，被视为离婚率居高不下的祸首，新一代女性似乎不再对其认同。麦克罗比近期的研究兴趣在于新型文化产业，例如时装设计、新媒体产业和艺术管理等。

保罗·吉尔罗伊（Paul Gilroy，1956—　），文化研究与种族研究理论家，1986年在伯明翰大学获得博士学位。吉尔罗伊的学术兴趣在于英国黑人文化的各种形式及其表现，他关于种族、种族主义及文化的理论具有极强的现实影响力，在20世纪90年代推动了英国黑人文化政治运动。吉尔罗伊著述甚丰，广为人知的作品如种族人研究三部曲：《英国的国旗上没有黑人：种族和民族的文化政治》(There Ain't no Black in the Union Jack：The culture politics of race and nation，1987)、《黑色大西洋——现代性及双重意识》(The Black Atlantic：Modernity and Double Consciousness，1993)、《阵营之间》(Between Camps，2000)，是他重要的种族研究著作，具有国际范围的声誉。在吉尔罗伊的著作中，他对大西洋黑人流离群落进行了深入的观察和分析，认为休戚相关的人群离散而形成的流离群落“在特征上是被强迫的离散与不情愿的播迁”，因而流离群落这个词语“暗示的是受暴力威胁而流亡”，“流离群落的认同较少是聚集于共同疆域的平等、原始民主力量，而是在于记忆与纪念的社会动态，其一大特征是强烈的危亡忧患意识，对于家乡与离散过程的记忆，念兹在兹，无时或忘”①。通过引入流离群落这个概念，吉尔罗伊拒绝用单一的肤色、种族来辨识身份。他认为，黑人族群身份的认同不是简单的肤色认同，也不是单纯的国别认同，英国、美国和非洲的黑人文化认同有极大差异，流离群落的历史具有多样性。但是对于那些在暴力的威胁下流离大西洋沿岸的黑人群体而言，不同的黑人流离群落之间存在着某些共享的文化形式，例如嘻哈音乐文化，对黑人与白人之间对立的经验感受等，在此共同基础上可以用黑色大西洋（Black Atlantic）这一概念来指称他们。

伯明翰当代文化研究中心一直存续到2002年，其间培养了大批从事文化研究的学术人才，开拓并推动了文化研究这一跨学科的研究领域。伯明翰当代文化研究中心的文化研究有这样两个特点：第一，研究视域非常宽广，涉及大众文化研究、亚文化研究、女权主义研究、族裔与身份研究、大众传媒研究等诸多日常文化生活领域；第二，跨学科的研究方法，伯明翰学派在文化研究中不受学科分类约束，勇于打破学科界限，采用多种学科的多种方法考察、分析、解释对象，无论是传统的社会学和种族志方法，还是结构主义、女权主义等新潮的理论，在伯明翰学派的研究中都不时可见。伯明翰当代文化研究中心以其拓展性的研究视野、跨学科的方法论勇气以及对日常生活的理论关注，开拓了文化研究这一学术领域，对后世影响极为深远。

---

①Chris Barker：《文化研究：理论与实战》，罗世宏等译，五南出版社2010年版，第241页。

第一节　理查德·霍加特

文化研究是“反美学”的。美与愉悦、风格与形式之于不少文化批评家无异于“令人迷惑不解的说谈”[①]，其目的是将人们的视线从趣味等级的高压统治上转移开来，进而夷平一切：文本沦为语境，诗歌变成宣传，艺术作品成为意识形态机器批量生产的“文化工业”的一部分。一言以蔽之，文化研究无非意识形态批判，这是支撑文化研究“反美学”的基本前提。

然而，将文化研究等同于意识形态批判或“政治正确”恐怕混淆了文化研究与法兰克福学派的区别，后者对大众文化的研究业已成为学界的“无意识”。情有可原却终不见理，因文化研究，按照丽塔·费尔斯基的观点，实则是“对意识形态批判的批判”[②]，即对法兰克福学派的“拨乱反正”。流行文化并非左派知识分子所声称的美学上枯燥乏味，政治上贻害无穷；与其说这是流行文化的内在特点，毋宁说反映了知识分子先天的精英情结。

对法兰克福学派的“拨乱反正”，某种程度上肇始于理查德·霍加特，尽管他本人或许倾向于将利维斯视为必须超越的标杆。作为英国文化研究的重地伯明翰当代文化研究中心的创始人，霍加特的代表作《识字的用途》被霍尔视作文化研究与法兰克福学派的文化批判相“决裂”（break）的文本，其具体表现是霍加特在人类学意义上重新定义了“文化”，开创了文化研究的“流行美学”；而随着文本的泛化，流行音乐、大众传媒及工人阶级的日常生活实践成为与弥尔顿、莎士比亚同等重要的研究对象，方法论创新势在必行。霍加特的“社会阐释学”融合了利维斯式的文本细读和社会学，将读者和语境引入了对意义产生机制的讨论，成就了文化研究的“语境美学”。“语境美学”认为，纯粹与概念和价值无涉的“美”是罕见的，“美”是个语境特征，与信仰、道德和价值密切相关。同时，读者（受众）与语境打破了作者—文本—批评家的三位一体对文本意义的垄断，由此，关注意义的多义性、模糊性和嬉戏性。对意义产生机制的讨论不仅奠定了文化研究的核心议题，而且从更深层次揭示了文化研究与美学/诗学的相关之处，因为美学/诗学归根结底不仅要关注文本意义为何（what a text means），而且要探究意义何以为之（how it means）。

---

①Rita Felski, “The Role of Aesthetics in Cultural Studies”, in: The Aesthetics of Cultural Studies, Michael Berube (ed.), London: Blackwell, 2005, p. 28.

②Rita Felski, “The Role of Aesthetics in Cultural Studies”, in: The Aesthetics of Cultural Studies, Michael Berube (ed.), London: Blackwell, 2005, p. 32.

一、霍加特的生活与时代

理查德·霍加特（Richard Hoggart，1918—2014）出生于英国利兹的一个工人阶级家庭，8岁丧母，由祖母和姨妈等亲戚抚养长大。在利兹汉斯来特区没有后门、通风条件和空间都很有限的连栋房屋（terraced house）中，霍加特度过了自己的童年。这种居住环境很大程度上影响了他后来对工人阶级社区、文化习惯、社会习俗和工人阶级态度的兴趣。成长于两次世界大战期间，霍加特靠政府救济金和个人慈善艰难度日，这段经历形成了他的社区价值观和睦邻友好价值观。工人阶级背景是霍加特从“内部”“阅读”工人阶级文化的先天优势，深刻地影响了他的文学—社会观，渗透于他整个文化阐释模型。

尽管没有通过11岁儿童中学入学考试（Eleven Plus Examination），霍加特凭借小学校长的推荐进入科克本高中，并在取得了中学毕业文凭后在当地教育部门的资助下考取利兹大学英语系，师从博纳米·道卜雷。在道卜雷的指导下，霍加特的文学素养和分析技巧日益精进，并接触到了不同于工人阶级的社交礼仪。大学毕业后，霍加特参加了为期五年的战时军队服役，先后驻扎北非和意大利。战争末期，他开始投身成人教育，通过军队教育（the Army Education Corps）和军队当前事务局（the Army Bureau of Current Affairs）见证了教育对成年人的解放性力量。1946年战争结束后，霍加特以成人教育讲师的身份进入赫尔大学。

1951年，霍加特出版了第一本著作《奥登简介》（Auden：An Introductory Essay），不过真正使他名声大噪的是1956年问世的《识字的用途》（The Uses of Literacy）。在该书中，霍加特以“内部人”的视角详细绘制了一幅英国工人阶级20世纪50年代生活文化图，通过将其与20世纪30年代对比，捕捉到了第二次世界大战后广告、大众媒介和美国化对传统工人阶级生活、文化和价值观的腐蚀。霍加特提醒人们警惕民主社会中的文化贬值，影响了一代人的社会、政治洞见。他所表现出的“完全的智识诚实”为他赢得了“警觉、令人敬畏的时代良心”[①]的美誉，该书也被《卫报》选入“稳居20世纪伟大书目之列”。

1960年，霍加特作为关键性证人出席了《查泰莱夫人的情人》审判案，据说他为劳伦斯的辩护主导了该案件的审判结果，并最终导致了英国色情法的自由化，霍加特因此获得了企鹅出版社的资助。1964年，霍加特利用这笔资金在伯明翰大学成立了当代文化研究中心（Centre for Contemporary Cultural Studies，简称CCCS），开设研究生跨学科课程。中心的初衷是将注意力从“高雅文化”转移到“生活经验”和

①http://www.theguardian.com/books/2014/apr/10/richard-hoggart.

流行文化，消弭分隔，贯通古今；其方法融合了历史—哲学、社会学及文学—批评，其中文学—批评尤其为霍加特所推崇。在霍加特的领导下，中心早期以经验性甚至自传的方法研究文化和阶级意识；20世纪70年代，随着霍加特专注于文化政策、行政职务等，霍尔逐渐接手，将中心带到了另一个方向，马克思主义、女性主义及后殖民主义及其他强调政治参与的分析方法逐渐压过——从未取代——最初的文化—批评方法。这也许有违霍加特的本意，然恰是霍加特亲自将霍尔招至麾下，二者研究流行文化的路径固有不同，却相得益彰。

在辞去中心职务后，霍加特开始在联合国教科文组织任职。1976年至1984年，他成为伦敦大学金史密斯学院校长，担任生平最后一个学术职务。之后，霍加特逐渐退出了公共生活。在接下来的20多年中，他坚持写作，出版了三卷本自传《生活与时代》(Life and Times)，继续利用自己的生活经历分析更广阔的社会、文化变化，确立了自己优秀传记作家和社会编年史家的地位。

霍加特的影响在20世纪60年代末大陆批评理论泊入英国时一度有所减弱。正如霍加特及同代人批判利维斯的精英主义一样，他本人的分析方法也遭到了后继者的诟病，他们所生产的文本理论性更强，更加以政治为导向。然而，新一代读者正逐渐意识到霍加特所提倡并践行的文化政治的重要性，且随着人文主义和社会民主思想——二者在20世纪七八十年代曾被文化理论家诽谤为统治阶级的意识形态、对60年代极端主义的背叛——的复苏，霍加特思想重新焕发了生机。

二、“不纯粹”的文学与文化研究

文化研究形成于对文学研究、艺术史等既定美学领域的原则性拒斥。这种观点无可非议，但极易造成一种错觉，仿佛文化研究抛弃了文学，仿佛文化研究并非根源于文学研究并从那里汲取了养分。事实上，1964年，霍加特成立伯明翰当代文化研究中心时，其初衷是将文学批评的方法用于流行文化及日常生活实践。中心成立初期，他主持其中一个工作小组，引导学生阅读威廉·布莱克的《老虎，老虎》、劳伦斯的《儿子与情人》和乔治奥威尔的《杀死大象》等文学作品，分析文本的称呼方式和对待读者的态度等。这些均为后来的文化研究提供了养料，如霍尔所承认的，霍加特对读者的兴趣启发了他的“编码—解码”理论。①

文化研究对文学的“罢黜”源于后者的审美自律，文化研究对文学的“原则性拒斥”，用霍尔的话说，即文化研究必须对人文和艺术学科将自己表征为无关利害知

---

①Stuart Hall,“Richard Hoggart, The Uses of Literacy and Cultural Turn”, in: Richard Hoggart and Cultural Studies, Sue Owen (ed.), London: Palgrave Macmillan, 2008, p. 26.

识的方式进行意识形态批判，揭露了人文学科的规范性本质以及它在构建民族文化中所扮演的角色。[①]但是，文学之于霍加特从来就不是与世隔绝、“无关利害”的：

> 文学的“伟大”作品最大地体现了文化中的意义；它们敏锐诚恳地探索、再现了社会的本质和生活于其中的人类经验；“伟大”的写作通过在自身中创造秩序表达意义，因此有助于揭露社会中的价值观秩序，其方法或是反映或是抵制并间接地提倡一种新秩序，因此表现艺术，尤其是文学，是社会价值承载本质（value-bearing nature）的指南。[②]

文学之于工人阶级出身的霍加特不可能、也没有与社会割裂；文学之于他总是“在世”甚至“入世”的。这并不是说霍加特无法超越自己的工人阶级背景，而是说该背景不可避免地形塑了他的文学观：文学从来都不“纯粹”。文学探索个人生活经验的复杂性，探索物质、社会等外部因素对个人选择及行为的形塑方式。在《文学与社会》中，霍加特认为：“好的文学再创生活的直接性（immediacy），即生活曾经是且依然是这些所有的事物，这些全然不同的事物。它表现了在历史和道德境遇中发展的人类生活。”[③]当然，贴近日常生活并非文学特有，但文学尤其如此——它以文字为媒介，而文字如巴赫金所言：“有语境的味道，它于其中过着自己的社会生活（socially charged life）。”[④]无怪乎有“不纯”的文学之说：“文学绝非美学上纯粹或抽象的静观。固有抽象绘画，却无抽象文学。就其本性而言——因为它的媒介（语言）日常生活情境中人人在用；因为它既要叙说还要存在——文学是门约请杂质的艺术（an art which invites impurities）。”[⑤]

“不纯粹”的文学是有用的。文化理论家将文学视作压迫性的意识形态构建物，因此对文学的价值或功用嗤之以鼻，却忽略了文学的对抗价值和批判功能，而这些在霍加特看来，恰是文学之为文学的根本。他曾以此区分“传统文学”（conventional literature）和“活的文学”（live literature）：前者加强既有前提和看世界的通用方式，而后者令人不安，可能颠覆我们的人生观。霍加特没有使用“高雅艺术”和

①Stuart Hall, “The Emergence of Cultural Studies and the Crisis of Humanities”, in: The Humanities as Social Technology (53), 1990, p. 15.

②Richard Hoggart, The Way We Live Now, London: Chatto & Windus, 1995, p. 87.

③Richard Hoggart, “Literature and Society”, in: Speaking to Each Other, Volume two: About Literature, New York: Oxford University Press, 1970, pp. 20–21.

④Mikhail M. Bakhtin, “Discourse in the Novel”, in: The Dialogic Imagination, Michael Holquist(ed.), 1981; Austin (repr.): University of Texas, 1990, p. 293.

⑤Richard Hoggart, “Literature and Society”, in: Speaking to Each Other, Volume two: About Literature, New York: Oxford University Press, 1970, pp. 20–21.

“低俗文化”的二分法，以避免陷入文学本质主义论的窠臼。他的新范畴通过强调功能而有别于“正典”与“非正典”，并为不断修正“正典”奠定了基础。约翰·弗劳对文学的定义支撑了霍加特的观点：“文学与读者不是实体，而是功能、一个体系中的价值观，而且文本和阅读借助协议（protocols）成为文学的和非文学的，这些协议规定了二者的区别且说明了区别得以实现的过程……”[①]在这些协议的众多规定中，其中一个关乎道德。它要求读者将文本视作提升道德意识、自我完善的基础。在著名的《查泰莱夫人的情人》的审判案中，霍加特正是基于这样的有用性为企鹅出版社辩护的。他认为，尽管作品中充满了关于性的大胆描写，但作品自身是纯洁的，充当了资本主义文化非人性化的解毒剂。

在受到大众文化冲击的商业民主社会，文学尤其应当彰显其功用。20世纪50年代，大众传媒的兴起和美国化严重侵蚀了传统的工人阶级文化，为了抵制文化颓势，霍加特提出了“批判性文化知识”（critical literacy）的概念：“在民主社会，不鼓励人们具有批判意识，不给予人们一种批判性的文化知识，而只给予他们仅够填写足球赠券和彩票赌券、阅读《太阳报》等的知识是不够的。”[②]工人阶级必须更仔细地观察社会，提出疑问，并能够在日常生活中辨别文化产品质量。而这种知识或思维能力的培养，霍加特寄希望于文学批评。弗朗西斯·马尔赫恩在《文化/元文化》中认为，霍氏的第一原则是“文学浪漫主义”的，他对文学作为一种知识和判断模式所具有的先天优越性坚信不疑。“如果文学不像文学一样发生作用，我们又如何能够理解，更不消说表达，人与人之间关系的复杂性呢？除非你知道这些东西如何作为艺术发生作用，即使有时只是‘坏的艺术’，你所说的都只是隔靴搔痒（not cut very deep）。”[③]倘若工人阶级具备了这种“批判性文化知识”，那么文学的社会价值便超越了狭隘的工具主义，毕竟如威廉斯所认为的，“实用主义”在缩窄为工业资本主义社会善于算计的思维的代名词之前，曾是个主张多数人幸福原则的批判术语。

文化理论家忽视文学的抵抗作用与否定主体的能动性是一致的。他们将文学视作意识形态的同谋，仿佛文学与阶级是必然严格相关的，仿佛读者只能被“质询”为主体。霍加特提醒我们，理论家们可能疏忽主体与结构之间的辩证关系，作家的经济状况与他的意识形态或许是错位的。他曾这样批评文化唯物主义决定论的不足：

①John Frow, “On Literature in Cultural Studies”, in: The Aesthetics of Cultural Studies, Michael Berube (ed.), London: Blackwell, 2005, p. 51.

②Richard Hoggart, Speaking to Each Other, Volume two: About Literature, New York: Oxford University Press, 1970, p. 83.

③Richard Hoggart, “Literature and Society”, in: Speaking to Each Other, Volume two: About Literature, New York: Oxford University Press, 1970, p. 25.

> “文化唯物主义”揭露了作家大多程度上是被他们的社会所制约的。但是它也可能过于强调制约，它的局限性最好体现在，有些主要作家能够挣脱牢笼，走进一个自由的、超现实的、由意象驱使的世界，这是无论如何都无法从社会—唯物主义角度解释得通的。[①]

就读者而言，霍加特认为，读者不是等待被意识形态“质询”为主体的个体，而是在具体的历史语境下消费文本时生产自己的意义，与主导文化的主导意义谈判，挪用、改变甚至颠覆它的霸权参与者。在《广播政策的基础》一文中，霍加特特别强调了听众的能动性：

> 我们谈论广播将权威合法化的倾向，但对于听众从节目中接受了什么，他们对节目做了什么，个体内心发生了什么却闻所未闻。这里可与针对流行小说的文学批评作有用的比较。早期批评想当然地认为，一个受过教育的读者在小说中所发现的传统、平庸和老一套的东西精确地反映了小说读者的生活，小说和读者之间存在着非选择性、不加批判的对应。令人吃惊的是，竟然是刘易斯首先使我相信，人们可以从坏的文学中得到益处，他们能够从中选择而不是成为其受害者。[②]

以上的论证试图澄清，文化研究并没有拒斥文学；正是霍加特的“杂性”文学概念打破了传统文学研究自设的形式主义边界，文化研究才成为可能。那么，文学又是如何影响了文化研究？首先，文化研究既关乎内容也关乎形式，否则它就与粗糙社会学无异，后者将文本降级为了解社会与文化的实证材料。霍加特认为，“文学—文化”阅读首先要对语言和形式而非信息和内容作出反应；语气是文化意义最为明显的承载者。他对语言的敏感阻止文化研究沦为“简化论”。如霍尔所说，语言是一种文化模式（cultural model），是文化赖以发生作用的象征形态（symbolic modality）；文学和语言形成了某种“由象征造成的推迟”（delay through the symbolic），没有这种“推迟”，文化研究就是干瘪的，面临简化论的危险。

其次，文学从学科的主体定位方面将文化研究与实证主义社会学相区分。霍加特曾说：“由于‘喜欢清晰和精确’，社会学承担着错失致力发现之物的风险。如果

①Richard Hoggart, The Way We Live Now, London: Chatto & Windus, 1995, p. 85.

②Richard Hoggart, “Closing Observations”, in: The Future of Broadcasting: Essays on Authority, Style and Choice, R. Hoggart and J. Morgan(ed.), London & Basingstoke: Macmillan, 1996, pp. 155–156.

这是事实，那么我们可以说，文学有助于人们对经验的丰富性保持开放。”[①]当拥有“经验性”“专长”的文学成为滋养文化研究的养料，文化研究便不能将其主体置于与真理的关系中，而必须置其于他所组成的文本结构中。主体不仅从认知的角度与文本或文本性相遇，而且在批评之前首先要经历作品，才可能揭露自己的决定性（determinacy）和境遇性（situatedness）。文化研究的主体不是笛卡尔式外在于研究对象、自给自足的“我”，而是具有反思性的、不断拷问自己“我在为谁说话”的文本组成部分。

再次，由于与霍加特及其文学的关系，文化研究本质上是民主的。在众多的知识话语中，文学是最贴近大众的。在霍加特的写作（尤其是后来的散文）中，他通常采用第一人称“我”或“我们”，选择不同寻常的普通的语言，这不仅表明他的“理想读者”是“有智识的普通人”，而且暗示了他对待普罗大众的态度。霍加特认为，人们使用语言的方式就是“看”人们、臆断人们的方式。这比将他们视作词汇有限、背景贫乏的人走得更远；它暗示了我们在多大程度上尊其为人。这也暗示着，语言、风格等形式要素并非附属装饰，而是构成要件，不可避免地具有政治含义，霍加特平易的语言风格服务并满足了他的政治需求。另外，霍加特使得文化研究避免陷入阿多诺对“概念恶意魅力”痴迷的泥淖中，后者声称哲学家的任务之一在于重新唤醒哲学概念的“经验维度”，且不能依靠自然科学的客观方法实现。从这个意义上讲，霍加特从个人经验中窥探社会文化变迁的自传体写作是有利的。

三、工人阶级美学

（一）“流行美学”（popular aesthetics）

按照威廉斯和伊格尔顿的观点，19世纪以来，美学不但逐渐与作为“一种整体生活方式”的文化相分离，而且被逐出了“公共空间”，失去了通过以理性交流为基石的政治实现美学自我实现之诺言的场所，衰落为精英阶层纯粹的道德追求或娱乐消遣。为了避免美学在道德与品位的稀薄空气中枯萎，文化研究提出，必须将美学纳入作为一种整体生活方式的文化。换言之，文化研究并非摧毁了美学，而是将美学纳入了更大的文化概念之中。

文化是一种整体生活方式，文化是普通的，威廉斯从人类学意义上重新定义了文化。霍加特的文化观与此有所区别，但却是在平行方向移动。在霍加特看来，“文

①Richard Hoggart, Speaking to Each Other, Volume two: About Literature, New York: Oxford University Press, 1970, p. 96.

化”意指工人阶级的说话、思考方式，他们共用的语言，他们言语和行动中所体现出的对生活的共同设想，体现在他们日常实践中的社会态度以及他们在判断自己、他人行为时所采取的道德范畴，当然，还包括他们是如何把这一切和他们所读到的、看到的和歌唱的关联起来的。这样的“文化”不再是只归“少数派”保管的精英文化，而是为工人阶级共有的生活文化；不再是自由浮动的观念，而是植根于社会实践中。“文化”规定工人阶级的生活并赋予它以秩序和意义，为他们的阅读、歌唱等日常活动提供了参考点。这种文化观与赋予了阿诺德-利维斯传统生命的文化大相径庭，后者视文化为以“人类所思所言之精华”为试金石的“判断之理想法庭”。

这样的文化概念与罗兰·巴特的符号学“殊途同归”：它使得更多“普通”事物展现出了美学相关性和趣味性。报纸、音乐、俱乐部演唱（club-singing）等日常生活实践都跃升为分析对象。以海边度假为例：

> 大游览车出发了，穿过沼泽，直奔海边，途经瞧不起巴士派对的小旅社后停了下来，司机对哪里提供咖啡、饼干，兴许还有全蛋和熏肉早餐清楚着呢。之后大游览车继续前行，抵达目的地饱餐一顿后人们便成群结队散开了……他们愉快地散步，路过商店，啜饮几杯；坐在帆布躺椅上吃个冰激凌，嚼块薄荷硬糖；笑声朗朗——约翰逊夫人非得要划桨，她的裙子都塞到灯笼裤里了；亨德森夫人自称她和躺椅的服务员小伙儿看对眼了，要不就是从女洗手间的长龙中传出来的。然后，人们开始为家人挑选礼物，享用了下午茶后便动身回家了，路上还要停下来喝点什么。如果有男人在，或者是男人们的郊游，就不止停一次了，车后面还要备一两箱啤酒，边走边喝。走到沼泽中央时，男人们就浑然不觉地开始派对狂欢了，嬉笑打闹，大声地拿膀胱的憋尿能力打趣。[①]

在霍加特看来，工人阶级的海边之行简直妙趣横生，批评家怎能对此不屑一顾？一只脚“扎”在日常生活中，文化研究为何不能将自己的研究对象引入批判日常生活的学术世界呢?

霍加特及其文化研究强调文化的“普通性”，凸显了工人阶级作为美的生产者的角色。按照美学家华金·苏尼加的观点，以往美学家的注意力普遍倾向于集中在接收而非生产上：注意力普遍集中在美的体验（强调知解力）、鉴赏及批评家于其中所扮演的角色。[②]即使在马克思主义美学作品中（如马尔库塞的《审美之维》）中，“占人类大多数的普通人，而非艺术家作为美的生产者的角色都被遗忘了”。作为历

①Richard Hoggart, The Uses of Literacy: Aspects of Working-Class Life, London: Chatto & Windus, 1957, p. 122.

②Joaquin Zuniga, “An Everyday Aesthetic Impulse: Dewey Revistied”, in: British Journal of Aesthetics, Vol. 29, No. 1, (Winter) 1989, p. 40.

史和社会主体的“普通人”能够生产意义，这或许正是约翰·斯道雷将霍加特的工人阶级文化描述为“流行美学”[①]（popular aesthetics）的根本缘由。从词源上讲，“popular”源于“people”，意指“属于人民的，普通的，平常的、为人民所接受的，民主的”。根据威廉斯的观点，它有三种不同的用法：被许多人喜欢的、与高雅文化相对比的、由人们为人们生产的。第三种含义的反义便是“大众”（mass）：由商业利益强加给人民的。[②]在《识字的用途》中，霍加特对比了20世纪30年代“人民的文化”（a culture of the people）和50年代“一个事情都为人民做好了的世界”（a world where things are done for the people）里的“大众艺术”（mass art），前者主要由工人阶级自造，而后者由商品制造者生产；前者反映了工人阶级“完整丰富的生活”（a full rich life）及世界观，而后者却沿着工人阶级熟悉的方向侵蚀了他们的价值观，对工人阶级进行了经济和文化的双重剥削。

霍加特认为，“流行美学”或工人阶级艺术本质上是一种“展示”（showing）（而非“探索”），是对已知事物的呈现。其前提是，生活本身即令人陶醉。它必须处理可识别的生活，必须从逼真的事物（the photographic）开始，无论这些事物变得如何不切实际；它必须由若干简单却牢固的道德准则支撑。该美学对于理解工人阶级20世纪30年代的“愉悦”至关重要。举例来说，同样以通奸为主题，写给中产阶级的作品会暗示：情人精神上优于妻子；婚姻制度并非以道德或宗教为基础，而是出于经济考虑，因此是可鄙的；不伦之爱最终只能从死亡中找到出路，于是有了对爱情/死亡主题的痴迷。而在同类的工人阶级文学中，这一主题是缺失的，家庭和婚姻生活比个人激情更重要，通奸的男主角被刻画为可憎之人而不是伪装的英雄。文学批评家或许会批判这样的文学不够精细复杂，但工人阶级的生活本身就是简单的，而他们的文学是忠实于普通人日常生活的。

然而，这种美学受到了20世纪50年代“大众文化”的破坏：

> 大部分大众娱乐最终如D.H.劳伦斯所描述的，是“反生活”的。它们充斥着堕落的艳丽、不合体的吸引力以及道德逃避……它们没有提供任何可以真正影响思维和心灵的东西。它们迫使更加积极、丰富，更具合作性的乐趣逐渐枯竭，在享受这种乐趣时人们给的多，得的也多。[③]

大众娱乐的快感是不负责任的、间接的：人们不再“亲力亲为”，也不再“亲历

---

①John Storey, Cultural Theory and Popular Culture, London: Harvest Wheatsheaf, 1994, p. 48.

②Raymond Williams, Keywords: A Vocabulary of Culture and Society, London: Fontana, 1976, pp. 198–199.

③Richard Hoggart, The Uses of Literacy: Aspects of Working-Class Life, London: Chatto & Windus, 1957, pp. 277–278.

亲为”。“生活的质感越来越少……没有什么东西能让他们参与其中，积极回应。”[1]除了“高雅”文化，“还有其他获得真理的途径”（There are other ways of being in the truth），工人阶级传统文化便是通道之一，但是它的古老结构被大众文化摧毁殆尽。在后者的主宰下，工人阶级不但不阅读优秀作品，而且很难以自己的方式成熟并变得有智慧。

从“细读”20世纪30年代自造的“社区文化”到批判50年代的“大众文化”，霍加特以利维斯的“文化—文明”模式为框架，记叙了文化的衰落。但是只关注霍加特所列数的大众文化“数宗罪”，甚至将他无法在第二部分沿用第一部分的分析模式视作“最大的缺点”[2]，这是有失公允的。撇开“大众文化”与“流行美学”的根本不同，工人阶级在一定程度上能够抵制大众文化的操纵：“工人阶级有一种经得起变化的自然能力，其方法是改编或同化新事物中他们所需要的，忽略其他。”[3]以歌曲为例，无论锡盘巷（Tin Pan Alley，代指流行音乐）如何大肆宣传，有些商业歌曲只有按照工人阶级听众的情感需求“量身定制”才被接受。工人阶级按照自己的主张接受它们，那么，工人阶级的抵抗根源何在？霍加特认为：“工人阶级自己的很大部分并‘不在那儿’，而是活在别处，直觉地、习惯地、言语地生活，凭借神话、格言和仪式生活。”[4]换言之，工人阶级能够区分现实和艺术：“艺术是微乎其微的，‘只是好玩’……‘真正’的生活在他处……艺术是供你使用的。”[5]

如果说罗兰·巴特在宣判“作者的死亡”时赋予了读者更大的空间，那么霍加特则代表了一种人种志传统：他将出版物置于生活语境，观察工人阶级如何使用文化材料，在消费文本时生产意义。这种传统不仅更加“人性化”——读者的诞生不必以“杀死”作者为前提，而且更为民主：读者或者受众可能生产多样的意义。

（二）“语境美学”（contextual aesthetics）

纵观《识字的用途》，霍加特在进行文化分析时采用了相同的结构：首先说明工人阶级的思维方式、世界观、宗教信仰等，继而“细读”流行杂志、海边度假、工人阶级的俱乐部演唱等文化。以第四章《人民的“真实”世界》（The ‘Real’ World of People）为例，霍加特首先描述了工人阶级个人和具体的（The Personal and the Concrete，A小节标题）生活本质及其“主要宗教”（‘Primary Religion’，B小节标

①Richard Hoggart, The Uses of Literacy: Aspects of Working-Class Life, London: Chatto & Windus, 1957, p. 195.
②John Storey, Cultural Theory and Popular Culture, London: Harvest Wheatsheaf, 1994, p. 40.
③Richard Hoggart, The Uses of Literacy: Aspects of Working-Class Life, London: Chatto & Windus, 1957, p. 32.
④Richard Hoggart, The Uses of Literacy: Aspects of Working-Class Life, London: Chatto & Windus, 1957, p. 32.
⑤Richard Hoggart, The Uses of Literacy: Aspects of Working-Class Life, London: Chatto & Windus, 1957, p. 32.

题)，接着在C部分以《派格杂志》(Peg's Paper) 为例诊断了传统流行杂志的特点及其受欢迎的原因。同样的结构见于全书第二部分 (Yielding Place to New)。霍加特在解读新式大众文化之前花费了整整一章介绍工人阶级态度、价值观和生活方式的改变，他问道:

> ……旧时的“宽容”和“自由”概念的当代形式之间可能存在怎样的关系？旧时的群体意识和现代民主平等主义之间呢？旧时的“活在当下”和新式的“进步主义”之间呢？在哪些方面，“宽容”有助于新式表演者开展活动？①

那么，为何采取这样的结构？霍加特试图想要证明，工人阶级的生活并不像他们的文学所暗示的那样贫瘠；尽管当代流行娱乐助长了对生活的怯懦态度，但他们生活的极少方面受到了影响，“这就是我为何之前描述了普通工人阶级的生活特点，以便将对出版物的细致分析放置到坚实的大地、岩石和水这一风景中”②。

从美学角度看，该结构似乎暗示着，工人阶级美学与政治、经济、道德等语境因素密不可分，它根植于世界之中而非超乎世界之外。西亚·伊顿的“语境美学”(contextual aesthetics) 发现了文化研究与当代美学的会合，可视作霍加特的注解:

> 纯粹的、与概念和价值无涉的“美”是罕见的。美学家将这样的美视作美的概念范式，仿佛描述了这种美便自动描述了所有美的特征，这样的做法毫无疑问是错误的。我敢打赌，许多甚至大多美学术语都是“不纯粹的”——它们反映、甚至要求信仰及价值：真诚的，悬疑的，感伤的，浅薄的，敏感的，微妙的，性感的，感官的……而这当然只反映了世界的很小部分。③

从词源上讲，“语境”(context) 意指“连接或编织在一起”(to join or weave together) ——美学不是与世隔绝的。文化研究的美学不仅要研究创造象征符号的“什么”(what) 方面，即使更多的对象呈现出美学的相关性，更要关注愉悦和意义是如何产生的：无论文本还是社会实践，都不具有内在或必然的意义、价值或功能；意义、价值或功能总是具体变化着的、可变的社会关系和意指机制的效果。换言之，美学价值是以某一框架为前提的，该框架定义了哪些特点具有美学价值。

其次，“语境”为观看艺术提供了“镜头”，政治的、性别的、宗教的……有多

①Richard Hoggart, The Uses of Literacy: Aspects of Working-Class Life, London: Chatto & Windus, 1957, p. 142.
②Richard Hoggart, The Uses of Literacy: Aspects of Working-Class Life, London: Chatto & Windus, 1957, p. 265, p. 25.
③Marcia Eaton, "Kantian and Contextual Beauty", in: Brand, 2000, pp. 27-36.

少社会类属，就有多少“镜头”。它与尼采的“视角主义”（perspectivism）有类似之处：存在很多可能的概念模式或视角，并在这些视角下进行价值判断。举例而言，女性主义研究不是对女性的研究，而是揭示了性别这一视角之于审美经验的重要性和影响。回到1958年的英国，霍加特强调的是“阶级”类属与审美的关系——威廉斯将“工人阶级文化”识别为“我们时代的关键问题”①，“占据了一代人的思想”②。在《识字的用途》中，霍加特记述了祖母阅读劳伦斯（威廉斯认为，劳伦斯是他碰到的第一个“工人阶级作家”）的情景：

我清楚地记得她读了劳伦斯后的反应：大部分她都很欣赏，并不震惊。但关于他对性的描写，祖母说：“他大惊小怪，装腔作势。”③

再看某批评家对劳伦斯小说中“性”的阅读：

事实上，叙述者对“性”的不断重复到了令人呕吐的程度。其目的是为了暗示“性”空洞的含义，进一步否定它的任何残留意义。在连续的短短两段话中，“性”被重复了六次……迫切的重复就像梅勒的锤子一样敲打着她的意识，使之支离破碎……小说充满破坏意味的短语试图消除这些曾经伟大词语的麻木的、失去活力的意思，以便重新赋予它们异教徒生育图腾的宗教力量。总而言之，在对色情场景的描写中，“性”被重新定义，重新估量，恢复了活力……对性的重复也暗示了这个术语20世纪初在科学和流行话语中无所不在。④

暂且不说这位批评家拉丁语的熟练程度——他至少略知一二（“adnauseam”），不说他能够熟练地使用比喻等修辞技巧（好像……），他还掌握了大量宗教（“异教徒生育图腾”）、科学话语。而仅仅上过老妇人主办的家庭学校的霍加特的祖母对“性”的解读则完全基于自己的见闻和经验：“在谢菲尔德，小教堂讲道坛后面的通奸见怪不怪。”⑤对祖母而言，不道德性交在工人阶级生活中司空见惯，劳伦斯如此小题大做，这位批评家恐怕更是有过之而无不及了。

“祖母的阅读”揭示了个人的社会地位、艺术馆、知识模式及生活史等“语境”

①Raymond Williams, Culture and Society: 1780—1950, Penguin, 1961, p. 307.

②Raymond Williams, “Culture and Revolution: a Comment”, in: from Culture to Revolution: The Slant Symposium 1967, Terry Eagleton and Brian Wicker(ed.), London & Sydney: Sheed and Ward, 1968, p. 24.

③Richard Hoggart, The Uses of Literacy: Aspects of Working-Class Life, London: Chatto & Windus, 1957, p. 25.

④Harold Bloom, D. H. Lawrence, Chelsea House Publishers, 2002, p. 108.

⑤Richard Hoggart, The Uses of Literacy: Aspects of Working-Class Life, London: Chatto & Windus, 1957, p. 25.

因素对文学阅读的影响。有一千个读者就有一千个哈姆雷特，这是因为有一千种语境！同时，读者乃意义生产者，霍加特与通过宣判作者死刑以解放读者的罗兰·巴特英雄所见略同。然而，在决定读者对文本的参与程度时，巴特从文本出发，区分了“可读性文本”和“可写性文本”，而霍加特则转向了对实际语境中读者如何使用文本的研究。D.H.劳伦斯既然能被批评家孜孜不倦地“细读”，为何不可以是祖母茶余饭后的娱乐？劳伦斯可以用来凝视和启蒙，为何不能带来热闹和欢愉？读者使用文本的目的亦随着境遇发生变化，从这个意义上说，任何读者都不可能两次遭遇同一文本。

结　语

我们从霍加特“不纯粹”的文学观说起，论述了文化研究与文学、美学的根叶关系，尤其是文学对文化研究方法论、知识论及政治旨趣的影响。其次，结合霍加特的代表作《识字的用途》，从“流行美学”和“语境美学”两个方面分析了他的工人阶级美学，旨在揭示文化研究和美学的深层次联系：二者都致力于探索意义何以为之，即指意实践的过程。

从严格意义上讲，霍加特不是一个理论家，尽管他曾阅读葛兰西，后期对结构主义也很感兴趣。他的作品有着强烈的经验主义色彩，因此被后来的文化理论家们诟病，但他的文学自传体风格将文化研究从崎岖晦涩中拯救出来，奠定了它的民主政治旨趣。该旨趣所暗含的对待读者/受众的态度，即工人阶级并非“文化笨蛋”，将文化研究与法兰克福学派的文化批评传统区别开来，成为了英国文化研究的重要“身份”标记。

文化研究的核心在于揭示文化与权力的关系，但霍加特对政治并不感兴趣。他是一位致力于服务本阶级的阿诺德式的人文主义者，一方面试图证明工人阶级文学与高雅文学一样具有美学意义，另一方面哀叹传统工人阶级文化因受到商业文化的侵蚀而日益衰落，并寄希望于文学及文学批评来抵制颓势。如果说前者使更多的事物呈现出美学旨趣，并突出了工人阶级作为美的生产者的角色，是文化研究历史上的重大突破的话，那么企图用文学批评的方法来研究文化就暴露了利维斯的双重遗产。从这里所说的“语境美学”可以看出，霍加特继承了利维斯夫妇对读者的关注，并赋予他们实际的生活内容，从而将文本意义从“作者—文本—批评家”的垄断中解放了出来，这对后来的文化研究产生了巨大影响，但对于如何揭示文化中的权力关系，霍加特走得似乎还不够坚决、不够远。

第二节　雷蒙德·威廉斯

雷蒙德·威廉斯（Raymond Williams，1921—1988），第二次世界大战之后英国最重要的马克思主义文学批评家，同时也是文化研究领域具有里程碑意义的人物，与理查德·霍加特、E.P.汤普森齐名。威廉斯的故乡是英国格温特郡阿伯加文尼镇潘迪村，他出身于一个工人阶级家庭，朴素的童年生活经历和充溢着互助精神的成长环境使他对普通大众产生了强烈的阶级情感，因而在接受了剑桥的精英教育之后，他还能对大众的一般生活方式和文化形式怀有完全不同于利维斯主义的尊重和认同。雷蒙德·威廉斯采取了与精英主义文化观念对立的社会立场，把文化定义为整体生活方式，强调文化的日常性，从而扩大了文化概念的外延，为文化研究作为一门新兴学科开拓了疆域。威廉斯的文化唯物主义思想颠覆了关于文化的传统思考，得到了广泛的重视，毫无疑问，他是文化研究的奠基人和开拓者之一。由于威廉斯本人在文化研究领域的重大贡献以及他作品中富有原创性和启发性的思想，他的著作一直是许多学者的研究对象。

一、从文学批评走向文化研究

威廉斯的学术道路经历了从文学批评走向文化研究的学术转变，他早期的学术著作专注于文学艺术的自身领域，如《阅读与批评》（Reading and Criticism，1950）、《戏剧：从易卜生到艾略特》（Drama：from Ibsen to Eliot，1952）、《电影序论》（Preface to Film，1954）、《戏剧表演》（Drama in Performance，1954）。威廉斯大学时就读于剑桥大学三一学院，获文学学位。在其早期的教学与学术生涯中，受剑桥文学批评传统影响极大。

在英国，英语文学和文学研究的兴起是与民族意识和民族性的建构紧密联系在一起的。大学的一些学者认为现代英语应该成为人文教育的核心部分，英国文学研究从而被赋予了构建民族意识的重任。民族文学观念的产生在特定历史时期具有重要的历史意义。在这种大的历史文化语境下，瑞恰兹作为剑桥文学批评流派中一个开创性的人物，登上了文学研究的历史舞台。瑞恰兹对剑桥批评流派的形成具有深远影响，他的贡献主要是开创性地建立了“实用批评”的文学方法。

瑞恰兹所倡导的实用批评是一种语义学批评，它关注的是诗歌的语言结构、语言的多义性等内部问题，强调通过对文本仔细阅读和分析，正确认识和评价文学作品，文学批评史上将其视为“细读法”的滥觞。实用批评的方法在具体文学批评实践中落实为两个层面。第一个层面是对文学作品进行分析，以了解文学语言和文学作品内部组织结构的实际情况；第二个层面是对作品进行评价，以发现作品的价值。威廉斯认为瑞恰兹真正有价值的贡献实际是在第一个方面，即对文学作品的文本分析，这也是文学批评史上的一个共识。实用批评为人所诟病之处，在于它强调对文本本身的细读，凸显了对文本分析实践的热衷，然而却忽略了作者、历史和社会环境等外部因素，导致了其他批评理论立场的普遍不满。20世纪60年代后出现了所谓“理论的复仇”，元批评、社会学批评、马克思主义批评、结构主义批评的涌现就是其表现，威廉斯认为它们在很大程度上都是对实用批评的反动。[①]

瑞恰兹可以称得上是剑桥批评的开山之人，但是剑桥批评流派的崛起并在英国产生重大的社会影响主要应当归功于另一位重要的批评家——F.R.利维斯。以专业文学批评季刊《细察》为阵地，以利维斯为核心，形成了一个重要的文学批评团体——细察集团。《细察》季刊体现了利维斯的批评立场和批评方法，对英国文学批评的影响巨大。利维斯在进行文本分析时所用的“细读法”与瑞恰兹并无本质性的差异，其影响主要在于从道德立场出发的批评实践，他主张通过细致的文学文本分析，固守坚定的道德标准，从而实现对社会生活的批判。利维斯按照自己个人认同的价值标准，把文学这个人文价值的宝库转变成了具有高度选择性的“伟大的传统”，以文学上“伟大的传统”作为进行参照的价值标准，在文化与社会的整个领域内进行了广泛而激烈的批判。

从某种程度上可以说，威廉斯是在利维斯的影子下成长起来的。他在剑桥求学的学生时代，正是利维斯在文学批评领域形成霸主地位的历史时期，细察集团的批评立场和批评方法是当时文学批评的主流。据威廉斯自己的回忆，“利维斯的巨大吸引力在于他的文化激进主义……首先影响我的是利维斯广泛的抨击范围，他抨击的对象有学院派、布鲁姆斯伯里团体、都市文学文化、商业出版和广告……其次，我在利维斯的文学研究中发现了实用批评。它令人陶醉，带来一种我无法描述的强烈感受。尤其是当时我对自己的文学批评水平很不满意”[②]。这说明利维斯的“文学—社会批评”对威廉斯产生了深刻的影响，威廉斯的文学批评被解释为“左派利维斯主义”绝不是偶然的。

剑桥批评传统中有一个共同的特征，就是文学批评的文学社会学之维。由于文学本身与社会关联的紧密程度，文学批评往往会涉及社会内容，这并不是剑桥批评传统独有的现象，更恰当的理解是将其视为特定历史阶段文学与文学批评在社会文化生活中作为主导文化形式的反映。即便是在文学批评与社会联系方面为人所诟病

①Raymond Williams, Politics and Letters, Verso, 1981, p. 66.

②Raymond Williams, Politics and Letters, Verso, 1981, p. 183.

的瑞恰兹，也不能说他的文学批评实践完全脱离了社会内容，瑞恰兹曾经说过："在我们作出价值的最终结论时恰恰需要的是我们对人类的历史和命运的完整意识。"[①]在利维斯和威廉斯的作品中，文学社会学的维度就更加明显了。如果说利维斯的文学批评具有浓郁的道德批评和社会批判色彩的话，威廉斯的文学批评也毫不缺乏社会价值判断。两人的不同之处在于其各自文学批评所采取的相对立的阶级立场和文化观念。利维斯代表的是作为精英的少数派立场，试图通过文学批评进行社会批判，从而实现维护传统文化价值、解决时代危机的目的；而威廉斯则采取了马克思主义立场，从人民大众的利益出发，强调文化的日常性和普通大众对文化的贡献，把包括文学批评在内的文化研究作为推动民主政治斗争的手段。

威廉斯是剑桥批评传统在利维斯之后的一个主要传承者，他有许多颇有影响的文学研究作品，对于某些重要的现代文学艺术形式——例如小说和戏剧，他都有专著流传于世，威廉斯在剑桥文学批评传统中的重要地位是不可否认的。然而从另一方面，威廉斯确实一直也在自觉地拒斥剑桥文学批评的影响，在一次接受访谈的时候，威廉斯说："我拒斥文学批评……但是没有人太相信这是我的意思……事实上我不再相信专业化的文学研究，我不再相信文学的专业化。"[②]这大概就是威廉斯从文学批评走向文化研究的主观原因。

威廉斯在文学批评和文化研究领域都有丰硕的研究成果，但是在当代的文化记忆中，威廉斯是因其文化定义和相关的文化研究著作，从而作为文化研究的开创者和奠基者而被铭记的。从文学批评走向文化研究，威廉斯的学术之旅始于他在文学批评实践中形成的文学社会学意识，也与文学在当代社会文化生活中地位的衰落有关。由于新的文化科技和新的科技文化形式的发展——例如电影、广播、电视等，文学和文学批评已经不再是最主要的文化形式，不再是主导社会文化生活的核心领域。从这个意义上可以说文学的时代终结了，而文化的时代则开始了。作为一个时代转折的标志性人物，威廉斯虽然没有终结剑桥的文学批评传统，但是他却开启了新的文化研究时代。

威廉斯所代表的从文学批评走向文化研究的范式转变不是偶然的，这既有现代社会与文化发展作为现实动力的推动因素，也有20世纪文学与文化理论发展的内在演变逻辑，这并不单纯是威廉斯个人学术兴趣的路向选择，同时也体现了社会整体文化构成的变化及其导致的现代人文研究的跨学科整合趋势。如果放宽历史的视野，跳出纯粹的文学领域，就可以发现从文学批评向文化研究进行范式转变的外部

①艾·阿·瑞恰慈：《文学批评原理》，杨自伍译，百花洲文艺出版社1992年版，第263页。

② John Higgins, Raymond Williams: Literature, Marxism and Cultural Materialism, London: Routledge, 1999, p. 144.

现实原因有这样几个方面：

首先是前面已经略有涉及的文化科技发展的原因。由于新的文化科技和新的科技文化形式的发展，文学和文学批评已经不再是最主要的现代文化形式，也不再是主导社会文化生活的核心文化领域。无论是在社会生活实践中还是在学术研究领域中，其他文化形式得到了越来越多的关注，并且正在产生日益深远的社会影响，文学和文学批评在社会文化生活中日益被边缘化。现代主义文学是对这种文化现实和作为其生长土壤的现实社会生活的一种反映，它表现出对于当代社会现实的新异感和疏离感。与此同时，作为应对危机的一种策略，文学批评采取了一种对自身失败地位拒绝妥协的自我辩护反应，认为文学和艺术天生是贵族性的，对文学和艺术的掌握被赋予了某种权威和特权。然而需要指出的是，现代主义文学和以形式分析为特点的现代文学批评不过是从一个局部对整体社会生活的时代性变化所作出的反应，与以变化、流动、疏离感和新异感为特征的现代生活方式和现代社会关系联系在一起，这种反应所采取的阶级文化立场和文化态度始终被限制在局部的文化领域里，其社会影响力正在日渐衰落。与此同时还存在着一些其他文化实践，从其他领域和其他方面同样对现代生活方式和现代社会关系做出了自己的反应，例如威廉斯也注意到了的马克思主义理论、心理分析学、索绪尔理论语言学以及人类学和社会学中的结构主义等，这些现代文化理论及其文化实践构成了现代文化对现实社会生活进行反映的不同表现。这些理论和实践中的每一种都对现代社会文化现实提供了自己的解释。威廉斯认为，在上述各种文化理论和文化实践各自的领域里超越这些关于现代社会文化的解释是非常困难的，其原因在于，各个领域的现代文化实践共同构成了一个空前巨大的文化表意实践体系，在这个整体文化系统内部各个具体领域——比如文学领域——内进行努力是无法把握整体文化系统的[①]，这就意味着具有跨学科性质的文化研究具有时代的必然性；另一方面，威廉斯也指出，这些理论发展中的每一种都在比其自身更为宽广的其他领域里日趋产生支配性的影响，它们是许多领域内原有理论的突破和革新，将其光芒照耀到自身领域之外的其他各个领域[②]，这就意味着这些理论提供了必要的知识条件，使文化研究具有了现实的可能性。

其次是文化研究兴起的社会原因。它源于20世纪西方工人阶级政治斗争的民主化要求，是普通群众要求文化平等和文化尊重的理论表现。西欧工人阶级进行了温和而坚定的民主政治斗争，用合法性的手段和平争取政治、经济和文化诸方面的平等权利，民主和平等的观念逐渐深入人心，阶级统治和特权思想遭到前所未有的自

---

①Raymond Williams, Writing in Society, Verso, 1983, p. 221.

②Raymond Williams, Writing in Society, Verso, 1983, p. 221.

觉抵制和反对。在这种社会背景下，传统文学研究和文学批评其实已经成为作为少数派的统治者维护自身统治合法性的一种意识形态工具，在某种程度上具有反民主的文化倾向。文学作为一种历史悠久的文化形式，是社会价值与意义的一种重要历史载体，然而由于阶级出身不同所导致的读写能力和学识程度的差异，大多数人与文学的联系并不是那么密切，只有少数人借助于建构一种文学传统、掌握文学领域的话语权，把自身置于传统价值和传统文化守护者的地位，竭力捍卫文学在各种文化形式中至高无上的地位，把大众文化的各种形式批判为文化堕落的表现。这种情况客观地形成了文化上的阶级歧视，为少数人以精神导师的形象指导和支配大众提供了文化上的合法性，这在利维斯的文学批评实践中已经得到了验证。利维斯的《大众文明与少数人文化》实际上辨识了不同阶级文化在表现形式上的差异和分歧，他对大众文明与少数人文化的区分有其学理的正确性和现实的合理性，然而，他把大众文化的表现形式作为“文明”排除在他所认同的“文化”范围之外，其中流露的阶级立场和价值判断得到了酣畅淋漓的表现。威廉斯出身工人阶级家庭，强烈的阶级认同使他无法接受利维斯的少数派立场。在威廉斯看来，对“文化”定义解释权的争夺是工人阶级民主政治斗争中必须进行的一场理论斗争。[①]他的潜台词其实是，只有把文化定义为一种整体生活方式，肯定日常生活的文化属性，才能理解、认同并尊重普通大众对人类文化的贡献，从而实现文化上的民主和平等。建立在这种文化平等的意识基础上，必然要求跨出文学研究和文学批评的疆域，把文学之外更为丰富的文化形式纳入研究视野。就这样，文化研究成为20世纪民主政治在文化方面的内在要求，成为普通群众要求文化平等和文化尊重的理论表现，从文学批评向文化研究范式的转向也就呼之欲出了。

再次是文化研究兴起的时代原因。全球化时代语境下民族意识和他者意识的增强，产生了在个人、阶级和民族之间实现身份识别和自我身份确认的内在要求，文化研究是顺应这种需要的文化实践形式。从英国的历史情况来看，在文化研究发展之前，文学一度被等同于文化本身，被赋予了建构民族意识的社会功能，虽然由于时代的原因，通过建构英国文学而形成的民族意识带有殖民主义和帝国主义的色彩，但是英国文学在塑造国家意识、实现民族认同方面的重要文化作用是不可否认的。另一方面，文学审美趣味的差异也成为衡量阶级身份的一种文化标准，少数人凭借自己在读写能力和学识上的优势，掌握了文学领域的话语权，以传统文化和传统价值的守护者自居，把自己与大众在文化地位和文化身份上区别开来。随着电影、电视、广告、时尚和其他日常性的现代文化表意实践的发展，作为主要表意实践形式的文学的衰落成为一种不可避免的时代趋势，各种日常文化形式逐渐取代了

①Raymond Williams, Politics and Letters, Verso, 1981, pp. 154–155.

文学在不同民族和不同阶级之间实现身份识别的作用。与文学概念相比，文化能够涵盖更为广泛的社会领域，以文化为衡量标准使得对更小的社会群体进行身份辨识成为可能，因而，从文学批评转向文化研究也符合对不同社会群体进行身份辨识的内在诉求，伯明翰学派关于亚文化的研究就是文化转向在这方面的成功例子。

在威廉斯转向文化研究之前，文学研究中实用批评的胜利持续了差不多二三十年的时间，但是人们也逐渐开始反思实用批评的局限。根据利维斯的观点，对于一种文化的分析和理解可以在文学批评的基础上得以完成。这种观点在20世纪30年代或许是有影响力的，但是20世纪60年代以后，作为实用批评的反动，文学研究领域开始尝试引入对文化与社会更有解释力的其他诸种理论和知识，出现了所谓“理论的复仇”，以实用批评为代表的文学研究范式受到了有力的冲击，自此日趋式微。在这诸多理论当中，威廉斯甚为重视马克思主义理论中一些新的发展，以及结构主义和符号学理论。

和许多人一样，威廉斯认为，经济基础与上层建筑的公式依然是马克思主义的核心部分，它是适用于文化史和文化批评的方法论，当然也适用于表述社会研究与文化研究之间的关系：经济基础决定社会关系，社会关系决定社会意识，社会意识决定现实的观念和作品。但是20世纪30年代这种方法论在文学批评实践中的失利，使威廉斯开始对经济基础与上层建筑命题展开了反思。威廉斯说：“我始终反对基础与上层建筑公式，主要不是因为它在方法论上的弱点，而是因为它僵化、抽象和固定的性质……我并不想放弃我所认识到的经济活动与经济史的绝对重要性。我在《文化与社会》中的研究正是从那种意义上的一个具有转折性的变化开始的。但是在理论和实践中，我逐渐相信我必须放弃或者至少把我所了解的马克思主义传统撇在一边：尝试发展一种不同的社会总体性理论；把对于文化的研究看作是对于某种整体生活方式中各个要素之间关系的研究；找到研究特定作品和特定时期的结构的方法，可以用这种结构来接近并解释特定的艺术作品和特定的艺术形式，也可以用这种结构来接近并解释更为全面的社会生活形式和社会生活关系；用一种更为发挥作用的观念取代基础与上层建筑公式，构想一个由不均衡地相互决定的力量所构成的领域。”[①]令威廉斯非常兴奋的是，他在卢卡奇和吕西安·戈德曼的作品中发现了一种得到发展的马克思主义理论。威廉斯非常赞赏卢卡奇的“总体性”概念和戈德曼关于“结构”的概念。根据卢卡奇的总体性思想，社会生活中的各种事实被视为历史发展中相互联系的不同环节，它们共同构成了一个总体，在总体中把握作为个别环节的事实才能实现对现实的认识。戈德曼则在卢卡奇“总体性”概念的基础上创立了“发生结构主义”的文学社会学方法，认为在人类文化生活中的每一个层面

---

①Raymond Williams, Culture and Materialism, London: Verso, 1980, p. 20.

都包含了一种意义结构，不同文化活动层面的意义结构是同构的，文学作品的价值不在于其内容与现实生活是否如实对应，而在于其文学结构与社会结构之间的同构关系。

实际上，威廉斯早期提出的“感受结构”概念及其相应的文学社会学分析方法与卢卡奇的总体性概念和戈德曼的结构概念颇为契合。感受结构概念的最早提出是在《电影序言》中，随后在《长期革命》中得到了进一步的深化，后来又在《马克思主义与文学》中得到了完善。根据威廉斯的描述，“感受结构可以被定义为不断变化中的社会经验”[①]，威廉斯用“感受”这个词来描述集体性的社会经验，是要将其区别于更为正式的“世界观”或者“意识形态”概念，感受结构与正式意识观念的关系类似于卢卡奇所说的可能意识与现实意识之间的关系，前者是正处于形成过程中的社会经验，后者则是已经形成观念范畴的社会经验。一个时代的感受结构在经过清晰的表达转变成正式的意识观念之前，通常可以在文学和艺术作品中得到体现，而且往往更有现实的张力。借助于感受结构概念，威廉斯形成了一种文学社会学的方法，即通过解读文学作品来理解和认识特定时期的意识形态与社会文化状况。

需要注意的是，威廉斯的感受结构概念并不是受卢卡奇和戈德曼的启发才形成的，在他写作《电影序言》《文化与社会》和《长期革命》的时候，他还没有读过卢卡奇和戈德曼的有关作品。然而，在后来阅读卢卡奇和戈德曼的作品的时候，威廉斯发现，卢卡奇对社会总体性的理解、戈德曼对不同文化层面之间结构同构性的认识，与他自己基于感受结构概念形成的文学社会学方法非常相似，他因此而兴奋不已。不过严格来说，感受结构概念只是把威廉斯引向了文学社会学。在接触卢卡奇的总体性思想之前，威廉斯对社会总体性的思考、对经济基础与上层建筑命题的反思在很大程度上还具有经验主义的色彩，卢卡奇的总体性概念为威廉斯反思这一命题提供了概念工具和理论基础，并把他引向了葛兰西的霸权概念，触发了他对文化结构总体性的动态考察，使他最终走向不再局限于文学研究的文化理论建构，走向了具有自觉意识的文化研究。

威廉斯能够走向纯粹的文化研究，还有一个重要的理论因素，那就是20世纪符号学理论的发展。索绪尔语言学对结构主义的影响是巨大的，其长处、但也是其局限性在于用静态的共时性结构观念来理解语言符号系统，认为语言的意义是依据语言系统结构本身的某些规则产生的。威廉斯非常欣赏以沃洛辛诺夫（Volosinov，一说为巴赫金早期的笔名）、巴赫金和穆卡洛夫斯基为代表的俄国形式主义的新发展，也颇为关注法国的罗兰·巴特用符号学理论指导所进行的文化研究。[②]前者为符号学

①Raymond Williams, Marxism and Literature, Oxford: Oxford University Press, 1977, p. 133.

②Raymond Williams, Writing in Society, Verso, 1983, pp. 202–204.

引入了历史性的维度，认为语言意义和形式的生产是历史性的、社会性的、开放性的，后者则把符号学的应用延伸到文学语言之外，关注更为广阔的社会表意实践和社会表意系统。20世纪60年代以后，由于符号学的启示，威廉斯注意到，文化活动作为一种表意实践，它内在于人的一切社会活动之中，文化表意实践与一般社会实践之间是“嵌入”式的关系。威廉斯的这一理解为文化研究提供了新的思路，不过也留下了一些理论上难以解决的潜在问题，因为根据这种理解，一切社会实践都成了文化实践，所谓文化不过是从表意角度理解的社会，或者说文化不过是社会的表意形式。在此意义上，社会即是文化，文化即是社会，文化与社会的分野模糊了。这实际上是威廉斯晚年还在头痛的一个问题，但是无论如何，正是从对文化的符号学理解出发，威廉斯最终跨越了理论上的障碍，把社会现象作为文化现象来考察，最终走向了文化研究和对文化社会学的建构。

二、文化的两种定义

威廉斯对文化研究的贡献首先体现为他对“文化”一词的重新定义。文化概念是文化研究中一个核心的基础概念，威廉斯的文化定义为后来的文化研究廓清了研究空间。威廉斯先后对“文化”下了两个定义。在早期的《文化与社会》中，威廉斯把文化定义为“一种整体生活方式”[①]；而在晚期的《文化社会学》中，威廉斯又把文化定义为“一种实现了的表意系统”[②]。如何理解这两个定义之间的关系？威廉斯的文化定义在理论上、在现实中有什么价值和意义？

在其成名作《文化与社会》的导言中，威廉斯认为，在18世纪末19世纪上半期，一些如今看来极为重要的词汇开始在英语中得到普遍使用并获得了新的重要意义。事实上，在这些词汇中存在着一种普遍的词义变迁模式，可以通过这种语言上的变迁关注它们在更为广阔的领域里所涉及的生活和思想上的各种巨大变迁。威廉斯重点介绍了五个这样的关键词——工业、民主、阶级、艺术和文化。其中，他认为最引人注目的还是“文化”一词的词义发展。“对于我们社会、经济和政治生活中的这些变迁，‘文化’这个词的发展是对许多重要而持续的反应的一种记录，就其本身而言，或许可以被看作是一种特殊的地图，依靠它可以探索这些变迁的性质。”[③]其实，威廉斯正是以“文化”一词在工业革命时期的词义变迁作为《文化与社会》这部作品的结构线索，其意图就是要通过厘清“文化”一词的词义发展，从而更为

①Raymond Williams, Culture and Society 1780—1950, Penguin, 1963, p. 311.
②Raymond Williams, The Sociology of Culture, Schocken Books, 1982, p. 207.
③Raymond Williams, Culture and Society 1780—1950, Penguin, 1963, p. 16.

充分地理解这个词所涉及的更为广泛的社会问题。

在《文化与社会》中，威廉斯第一次梳理了“文化”一词在18世纪末19世纪初的四种含义。在这一时期，“文化”的第一种含义是“一种普遍的心灵状态或者习性”，它与人类完善的观念密切相关；第二种含义是“作为一个整体的社会中的普遍智力发展状态”；第三种含义是“各种艺术的总体”；第四种含义是“一种整体生活方式，（包括）物质上的、智力上的和精神上的”。[①]在随后的著作《长期革命》里面，威廉斯又把这四种含义全部吸收到他所归纳的文化的三种定义中。

威廉斯在《长期革命》中提出，“文化”有三种定义。第一种是文化的“理想”定义：“依据某些绝对性或者普遍性的价值标准，文化是人类完善的一种状态或者过程。”第二种是文化的“文献”定义：“文化是知性作品和想象作品的整体，人类的思想和经验在其中得到各种各样的详细记录。”第三种是文化的“社会”定义：“文化是对某种特定生活方式的一种描述，它表达了某些意义和价值标准，这些意义和价值标准不仅存在于艺术和学问中，也存在于各种制度和日常行为中。”[②]可以看出，这三种定义基本上涵盖了威廉斯在《文化与社会》中所谈到的文化的四种含义，在此基础上又加以归纳和限定，进一步把文化定义明确化了。

在威廉斯看来，这三种文化定义都有其特定的价值，不能简单地选择其中的一种而将文化的其他定义予以摒弃。然而，从文化分析和文化研究的实践来看，在文化“理想”定义的基础上，所强调的是在对作品和生活的分析中描述并强调某些价值标准，这些价值标准被视为永恒的，是人类自我完善的方向和目标。而在文化“文献”定义的基础上进行文化分析和文化研究，实际就是从事批评活动，描述并评价在文献中所传达的那些人类思想和经验，同时也对文献所采用的语言、形式和表现手法等进行呈现和分析。显然，这种批评活动可以包括在文化“理想”定义基础上的那种文化分析和文化研究，描述并强调某些绝对性或者普遍性的价值标准；不过这种批评活动终究不能替代在文化“理想”定义基础上的文化分析与文化研究，因为批评毕竟局限于文献作品，无法触及文献之外更为广阔的生活领域。与文化的“文献”定义相比，文化的“社会”定义就具有更广的适用性，它把文化定义为一种整体生活方式，不仅包含了文化的“文献”定义中所强调的由知性作品（学问）和想象作品（艺术）构成的文献，还涵盖了除此之外一切与人类生活相关的领域和事实。所以在文化的“社会”定义基础上进行文化分析和文化研究，就是对某种特定生活方式中的意义与价值标准进行澄清，即澄清某种特定的文化。这样的文化分析和文化研究既包括在文化的“理想”定义基础上强调的那些具有绝对性或普遍性

---

①Raymond Williams, Culture and Society 1780—1950, Penguin, 1963, p. 16.

②Raymond Williams, The Long Revolution, Chatto & Windus, 1961, p. 41.

的意义与价值标准，也包括在文化的“文献”定义基础上的历史批评，除此之外，它还包括研究分析生活方式中的某些要素，例如生产组织、家庭结构、制度结构和社会交流的典型形式等，如果不是从文化的“社会”定义出发，而是根据其他文化定义来看，这些内容可能根本就不是“文化”。这种对某种特定生活方式中的意义与价值标准的研究其实是要通过考察它们的变化模式，以发现某些一般性的规律，从而更好地把社会发展和文化发展作为一个整体来理解认识。[①]

从以上分析可以看出，文化的第三种定义——“社会”定义——事实上涵盖了前两种文化定义。文化的“理想”定义强调了文化所体现的那些意义和价值标准的绝对性和普适性，文化的“文献”定义强调了文化的载体和形式——知性作品或者想象作品，而文化的“社会”定义强调的则是文化范围的广泛性，它所指涉的是整体生活方式，在某种程度上，几乎一切社会现象都可以被作为文化理解，在此意义上文化的含义几乎等同于“社会”一词的含义。除了强调的重点有所不同之外，就其概念的内涵外延和进行文化分析与文化研究的实践效果来看，文化的“社会”定义实质上可以包含并替代文化的“理想”定义和“文献”定义。

威廉斯并未在理论上淘汰文化的“理想”定义和“文献”定义，实际上他把这两种定义视为狭义的文化定义，而把文化的“社会”定义视为广义的文化定义。他认为，“文化”这个词的多种含义不应当被视为一种缺点，它体现了一种真正的复杂性，与人类经验中现实因素的复杂性是相应的。不过应当注意到，在其写作实践中，在威廉斯作品中的许多地方，他是在文化的“社会”定义上使用“文化”一词的，他把文化视为一种整体生活方式。在《文化与社会》中，威廉斯谈到“文化”一词的现代意义形成时说：“文化曾经意指心灵的一种状态或习性，或者意指主要的知性活动和道德活动，如今它也意指某种整体生活方式。”[②]在讨论资产阶级文化与无产阶级文化区别的时候，他说：“一种文化不仅是由知性作品和想象作品构成的一个整体，它在本质上也是一种整体生活方式。资产阶级文化与无产阶级文化之间的区分根据在知性作品和想象作品这一领域中只不过是次要的……主要的区别应当在整体生活方式中寻找，此外，在这里我们一定不要将我们局限于居所、服装和休闲模式这样的证据……决定性的区别在于对社会关系本质所持的不同观念之间。”[③]显然，对文化的“理想”定义和“文献”定义在理论上的保留并未影响威廉斯对文化“社会”定义的重视和使用。我们完全有理由相信，文化作为一种“整体生活方式”是威廉斯自己所倾向于接受的对于“文化”一词的拓展定义。

---

①Raymond Williams, The Long Revolution, Chatto & Windus, 1961, pp. 41–42.

②Raymond Williams, Culture and Society 1780—1950, Penguin, 1963, p. 18.

③Raymond Williams, Culture and Society 1780—1950, Penguin, 1963, p. 311.

把文化理解为“整体生活方式”是对文化观念在定义范围上的极大拓展，因为此前在英国通常接受的是它的“理想”定义或“文献”定义，与之相应的是马修·阿诺德和F.R.利维斯的精英主义文化观念传统，文化概念本身在当时已经被古典主义转变成一种由各种价值或观念组成的永恒不变的整体，承载了沉重的意识形态负担，一直被用来反对民主。事实上，使用文化的“社会”定义，把文化视为一种整体生活方式，这是威廉斯自觉站在大众利益立场上针对阿诺德和利维斯所采取的一种思想斗争策略。

通常认为，阿诺德是近代对文化进行自觉理论思考的第一位思想家，他在著名的《文化与无政府状态》中提出了自己对于文化的思考和看法。阿诺德把文化定义为“人类所思所言的精华”，文化是指人类生活的精神方面，它不同于被称作文明的人类生活的物质方面。在阿诺德看来，文化是无政府状态的对立，它代表了秩序和规范，是国家的希望。阿诺德把社会群体分成三个阶层，第一个阶层是贵族，他们是闭目塞听的野蛮人；第二个阶层是中产阶级，他们是追求物质文明、唯利是图的菲利士人；第三个阶层是大众，他们是随波逐流的群氓。阿诺德认为，要想避免无政府状态，就要实现文化的推广与普及，这个重任只能落在各个阶层中的少数人身上，这些人虽然来自各个阶层，但是引导这些人的主要是一种普遍的人文主义精神和对人类完善的热爱。[①]显然，这是一种精英主义的文化观念。其后的利维斯延续了阿诺德的精英主义文化观念，也认为真正的文化必然属于少数人。不过他不是将文化与无政府状态对立，而是将文化与文明对立了起来。利维斯在《大众文明与少数人文化》中指出，工业革命发生后，英国文化被一分为二，形成了大众文明与少数人文化的对立。利维斯所谓的大众文明，其实就是大众文化，它指的是商业化的文化形式，例如电影、广播、流行小说等。工业化所带来的技术进步造成了大众文明的强势发展，少数人文化面临着现实危机。利维斯呼吁少数人主动站出来捍卫高雅严肃的文化，抵制大众文明的泛滥。在欧洲，把文化作为特权赋予少数人的做法其实有着长期的传统。在这种文化观念背后隐藏的是阶级利益，相应的文化观念起到了意识形态的作用。这一点在阿诺德和利维斯的作品中体现得非常明显，阿诺德著名的《文化与无政府状态》就是一个例子。因为他所说的无政府状态在当时的语境下显然有现实的指涉，是对1866年的“海德公园事件”有感而发。值得关注的是，这一事件的缘起是围绕公民选举权的民主政治斗争，数千名工人为了争取选举权前往海德公园集会示威，由于警察禁止群众进入公园而造成了骚乱。在这种历史语境下批判无政府状态，宣扬文化的普及与推广所带来的规范和秩序，其隐含的阶级立场是非常清晰的。通过文化的“理想”定义，文化被等同于某些具有普遍性的意义

①Matthew Arnold, Culture and Anarchy, London: Cambridge University Press, 1932, p. 109.

和价值标准，掌握在少数人手中，这种文化观念被用来抵制大众的民主化政治诉求，捍卫少数派精英的道德合法性。威廉斯敏锐地意识到，对文化定义的争夺其实就是阶级话语权的争夺，作为一个社会主义者，站在工人阶级大众的立场上，这是一个绝对不允许放弃的阵地。威廉斯采取的斗争策略是把文化在狭义上的“理想”定义和“文献”定义拓展成文化在广义上的“社会”定义。在《文化与社会》中威廉斯指出，“自工业革命以来，工人阶级由于其地位的原因尚未产生狭义上的文化。它所产生的文化是集体的民主机制，这种集体民主机制存在于工会、合作化运动或者政党之中，重要的是要承认这种文化”[①]。这里显然把工人阶级中间形成的集体民主机制也视为文化。在另一些表述中，威廉斯又进一步从理论上明确把文化定义为“整体生活方式”，以文化的“社会”定义来为传统的精英文化观念祛魅，从而把大众文化与传统精英文化置于平等的地位，为大众的民主政治诉求提供了理论上的合法性。

威廉斯对文化的“社会”定义其实也不是他自己无中生有的创造，这一定义源于20世纪人类学和社会学，后来通过艾略特对威廉斯产生了深刻的影响。艾略特认为，文化的含义“首先是人类学家所说的在某个地方生活的人的特定生活方式”，是“一个人从出生到死亡、从早晨到晚上和睡眠的全部生活方式”[②]。与其说威廉斯为文化作出了新的定义，不如说他自觉地选择并呈现了某种特定的文化传统。威廉斯在《长期革命》中传达了这样一种思想：传统是有选择性的。“在一个既定社会中，选择的过程受到许多特殊利益的支配，社会的发展、历史变化的进程都在很大程度上决定了选择性传统。一个社会的传统文化总是趋向于符合它的当代利益和价值体系，因为它不是一个确定的作品总体，而是一种持续不断的选择和解释……文化传统不仅是一种选择，也是一种解释。通过对文化传统的分析，通过揭示文化传统建立时的历史选项和这种文化传统建立于其上的当代价值标准，我们可以更加清楚地意识到我们正在做出的选择的性质。”[③]在这里，威廉斯明确地揭示了选择传统时所涉及的立场和时代性，我们对文化传统的选择与利用是源于我们自己的动机，因此不应该顺应那种将文化传统归之于所谓“伟大的价值”的神秘化做法。

一个概念往往是历史性形成的，概念本身承载了历史不同阶段的烙印，在不同的时期和不同的情况下加以运用的时候，其内部存在着意义冲突乃至混乱的情况。“文化”这个词也不例外。一方面，“文化”一词的“社会”定义虽然可以包含、吸收它的“理想”定义和“文献”定义，但是由于历史影响的因素，“文化”一词常常

①Raymond Williams, Culture and Society 1780—1950, Penguin, 1963, p. 313.
②T. S. Eliot, Notes Towards the Definition of Culture, London, 1948, p. 120, p. 131.
③Raymond Williams, The Long Revolution, Chatto & Windus, 1961, pp. 52-53.

在不同的意义层面上被加以使用，不时引起理解上的混乱。另一方面，即使就广义的文化定义——文化作为一种整体生活方式——而言，它本身也是有局限的，这使它的含义看起来与“社会”一词并无显著不同。在《政治与文学》中，威廉斯已经意识到了使用“文化”一词时所遇到的麻烦[①]，后来经过多年的思考，他在《文化社会学》中给“文化”做出了一个定义补充，至少在他看来这似乎是解决文化定义难题的一种比较适当的方案。

威廉斯在其晚年认为，文化的“社会”定义具有过于宽泛的笼统表述，而其“理想”定义和“文献”定义的限定则又过于狭隘。“文化”一词的含义在这两个相互矛盾的极端同时有存在的可能性。这种情况使“文化”这个词的含义从“心灵的状态”“艺术作品”一直到“整体生活方式”，涵盖了广阔的意义范围。然而，对于文化这个概念而言，尽管其含义的复杂性具有理论上的活力，但是在实践运用中却可能是一个缺点，因为文化的多义性可能会在实践中成为消极的因素，“文化”一词对于各种文化要素之间相互关系的强调可能会被完全回避。为了避免这种情况，可以通过强调文化的核心特征对其定义加以补充，把文化界定为“一种实现了的表意系统”（a realized signifying system）[②]。

作为一种表意系统，文化在实践中通常是可以辨别的。比如，作为一种语言，作为一种思想体系或者意识形态，作为由艺术作品和思想性作品构成的表意作品的整体，等等。同时，文化概念的外延又不仅限于此。有时某些实践是否是文化的并不能毫无疑问地被加以确定，在这种情形下，对于该种实践是否属于文化的认定是可以磋商的。为了对这种情况进行说明，同时也为了对文化作为一种表意系统进行进一步的解释，我们还有必要把文化系统与其他类型的社会组织系统加以辨别。威廉斯认为，通常在一个社会中，我们可以识别出政治系统、经济系统，以及与血缘和家庭相关的生育系统。这些系统不但都具有自己的表意系统，而且这些局部的表意系统作为必要的元素还参与构成了一个更大、更为全面的表意系统——整个社会的表意系统。[③]显然，这个更大、更为全面的整个社会的表意系统就是威廉斯所说的文化。如果把整个社会系统完全归纳为表意系统，那将是错误的，但是如果假设我们可以有效地研究一个社会系统而不必讨论作为其主要实践部分的表意系统，恐怕这也不是一种正确的选择。任何一种系统，包括被人为划分的政治系统、经济系统和生育系统，也包括总体性的社会系统，它们都内在固有自己的表意系统。在这些领域里，某种政治的、经济的、生育的社会实践同时也具有表意实践的功能，换句

①Raymond Williams, Politics and Letters, Verso, 1981, pp. 154-155.
②Raymond Williams, The Sociology of Culture, New York: Schocken Books, 1982, pp. 206-207.
③Raymond Williams, The Sociology of Culture, New York: Schocken Books, 1982, p. 207.

话说，文化实践与其他实践出现了交融的情况。把文化定义为一种“实现了的表意系统”，其实就是主张文化内在于一切社会活动之中，因为在一切貌似非文化的其他活动之中，都在深处呈现了某种表意实践，只不过其文化含义融入了在这些社会活动中实质性存在的那些貌似不属于文化的人类需要和人类行为之中。相反地，我们也可以从另一个方向说明文化实践与其他实践的关系，同样可以说，在一切表意实践活动中，其深处都体现了其他的人类需要和人类行为，只不过它们或多或少地融入了表意实践活动之中。

因而，根据威廉斯晚年对文化的定义补充，“作为一种实现了的表意系统，文化的社会组织嵌入在整个一系列活动、联系和机构之中，这些活动、联系和机构中只有一些明显是‘文化的’”。这里值得关注的是，威廉斯把文化实践与其他人类实践的关系看作是“嵌入”，这实际上意味着文化是无所不在的，它或者以明显的“文化的”形态存在，比如某种语言、某些知性作品和艺术作品；或者它也可能会以明显非文化的形态存在，比如以经济实践或者政治实践为载体，在这种情形下，文化的因素——表意实践——融入表现为其他实践形态的人类需要和人类行为之中，这时我们通常所注意到的只是其主导性的实践形态，要么将其视为经济实践，要么将其视为政治实践，等等。在这样的观照下，其实是要表明，人类的一切实践活动都具有表意因素和表意功能，因而对文化现象的考察和研究就应当扩展到与人类生活相关的所有实践活动。在此意义上，文化作为一种“实现了的表意系统”与文化作为一种“整体生活方式”是一致的，从这两种定义出发，所关注和把握的都是人类的整体社会生活。

三、文化唯物主义与文化社会学

威廉斯想要借用马克思主义观念建构一种有力的文化理论，他认为首先必须深入剖析马克思主义理论中关于基础与上层建筑的重要命题，因为这一命题在当时的马克思主义文化理论中已经成为一个得到普遍应用的基本命题，任何一种对于马克思主义文化理论的严肃思考，都必须从对经济基础与上层建筑命题的辨析和批判开始。

“基础决定上层建筑”这一命题的出处是马克思著名的《〈政治经济学批判〉导言》，马克思关于经济基础决定上层建筑的论述似乎针对的是黑格尔的唯心主义哲学，因为黑格尔认为历史是由作为观念的“绝对精神”所决定的。在19世纪中期工业资本主义崛起的历史背景下，马克思想要指出，改变社会的不是观念，而是蒸汽机和火车等物质性的力量。在这种语境下，马克思强调经济基础的决定性作用显然是非常必要和适当的。根据威廉斯的观点，马克思在《〈政治经济学批判〉导言》中关于经济基础与上层建筑的表述是一种比喻性的说法，然而后来的马克思主义者却把“基础决定上层建筑”变成了一个僵化的命题，并在这一命题的束缚下形成了僵硬的方法论。例如，在研究某个国家文学的时候，必须从相关的经济史切入，根据经济史来分析文学现象。这种方法可能也会有所收获，但是总体而言这是一种牵强的研究方法，“因为即便经济因素是决定性的，它决定的也是整体生活方式，文学必然与之发生关联的是整体生活方式，而不单单是经济系统。这种解释方法不是依据社会整体，而是依据经济状况与研究对象之间的武断联系来确定的，很快就导向了解释的抽象性和非现实性”[①]。

因此，威廉斯尝试通过对“基础决定上层建筑”这一命题的通常理解进行批判性分析，从而寻找更为有效的概念术语来建构一种他自己认为更加成熟的马克思主义文化理论。威廉斯对“上层建筑”“基础”和“决定”这几个词语逐一进行了阐释，他对经济基础与上层建筑命题的理解与传统马克思主义理论有很大的不同。在马克思之后，上层建筑与经济基础被视为两个各成一体、完全没有交集的领域，物质性被视为“基础”的特征，而上层建筑则被认为与物质性没有任何关系，一切文化的和意识形态的活动都被归入其中。威廉斯试图把物质性赋予上层建筑，强调上层建筑相对于基础的自治性和能动性，同时，他也希望重新理解“基础”这个词，还原其存在状态的动态性特征。“基础”通常被理解为一个静态的客体，是始终如一的，“基础”是与物质生产力发展阶段相适应的生产关系，是某一物质生产阶段的生产方式，等等。威廉斯认为这种理解与马克思的原意完全不同，马克思所强调的是生产活动在特定的结构性关系中建立了一切其他活动的基础，虽然可以对特定的生产发展阶段进行明确的分析，但是“基础”在实践中从来不是静态的和固定不变的。事实上，在生产关系与随之产生的社会关系之间存在着深层的矛盾，因而作为“基础”的历史动力就存在着持续变化的动态可能性。所以在威廉斯这里，基础与上层建筑只是马克思的一种比喻，强调的是一种结构性关系，在这种结构中，特定时期的基础与上层建筑完全是一种历史性的存在，并不是永恒不变的。比如，文学艺术的生产一度被视为是具有上层建筑性质的非物质创造行为，与物质生产无关，但是随着生产力的进步和社会的发展，当文学艺术生产成为一种重要的文化产业和一个重要的经济部门时，它就在某种程度上具有了“基础”的性质。这也就是说，基础与上层建筑是一种比喻，而不是具有确定所指的概念，在人类历史的不同社会阶段，基础与上层建筑的指涉内容可能是不同的，而且这个时代的上层建筑，到了下个时代可能就会变成了“基础”。

---

①Raymond Williams, Culture and Society 1780—1950, Penguin, 1963, p. 272.

对“基础与上层建筑”命题的诠释表明，威廉斯认识到政治和文化方面的制度、机构、活动、意识与物质生产之间具有不可分割的联系。[①]基于对文化产品和文化生产所具有的物质性的认识，威廉斯认为文化本身就是物质性的，生产文化的生产力与生产商品的生产力在本质上是一样的。由于文化生产的物质性，使得把经济实践与文化生产划分为两个本质不同领域的做法肢解了作为整体的社会生活本身，用这种孤立、静止的方法并不能准确地把握现实世界。正是通过对文化的物质性理解，最终威廉斯走向了文化社会学。

自1964年伯明翰当代文化研究中心成立之后，经过霍加特，尤其是斯图亚特·霍尔的多年经营，文化研究逐渐形成一种跨学科的研究方向，引起了学术界的关注和重视。而在晚年的威廉斯看来，“如今通常所谓的‘文化研究’已经是普通社会学的一个分支”。威廉斯明确解释了自己话中的意思，更确切地说，不是说文化研究是普通社会学的一个具体的局部研究领域，而是说文化研究已经成了一种新型的社会学。威廉斯晚期著作《文化》就是建构这种新型社会学的一次尝试，这本书在美国出版时被更名为《文化社会学》，恰恰体现了学术界对威廉斯的社会学贡献所给予的认同。

威廉斯认为，文化研究把文化视为一种表意系统，在强调整体社会秩序的同时坚持主张：文化实践和文化生产不仅源于某种以其他方式构成的社会秩序，它们本身也是建构这种社会秩序的重要因素。按照威廉斯的设想，作为一种新型社会学，文化研究所关注的是对表意系统的研究，其研究对象特别集中于文化生产实践方面。文化研究的方法要求对特定的文化机制和文化构形进行崭新的社会学分析，一方面要研究文化机制、文化构形与文化生产的物质方式之间的关系，另一方面也要研究它们与实际的文化形式之间的关系，对于这些关系的研究，最终必然导致一种新型的文化社会学。[②]威廉斯的文化社会学建构主要体现为他对文化生产问题和文化传播问题的讨论，前者是《文化社会学》一书的主题，后者则主要体现在《传播》和《电视：科技与文化形式》等著作中。

威廉斯走向文化社会学的起点是承认文化的物质性，进而讨论文化生产力与文化生产关系。“一旦文化生产本身被看作是社会的和物质的，整个社会进程的不可分性就有了一个不同的理论基础。”[③]他对文化物质性的恢复是通过对生产概念和生产力概念进行历史辨析而实现的。因而，文化生产在威廉斯的文化社会学建构中具有举足轻重的分量。这里需要指出的是，在威廉斯那里，生产和生产力概念都是在普

---

①Raymond Williams, Marxism and Literature, Oxford: Oxford University Press, 1977, p. 81.

②Raymond Williams, The Sociology of Culture, New York: Schocken Books, 1982, p. 14.

③Raymond Williams, Politics and Letters, Verso, 1981, p. 139.

遍性的意义上使用的，并不局限于资本主义条件下商品性的经济生产和生产力。因而，生产概念既包括了商品性的经济生产，也包括了政治秩序、社会秩序和文化观念的生产，生产力概念则不仅仅局限于经济的物质生产手段，而是被视为对现实生活进行生产和再生产的所有一切手段。

威廉斯把文化生产所依赖的物质手段分为两种，一种是借助于人体内在资源的物质手段，这些手段包括语言传达，也包括肢体、手势、面部表情等非语言的传达，通过这种物质手段生产的文化形式有舞蹈、歌曲等；另一种是借助非人体资源的物质手段，通过使用、转化人体之外的物体或力量进行文化生产，其文化产物有绘画、雕塑等。生产手段属于生产力的范畴，威廉斯对文化生产手段进行划分的目的是要厘清不同文化生产手段与相应的社会关系之间的内在联系，与马克思主义一般理论中考察生产力与生产关系的生产范式是完全一致的。

在文化生产过程中，根据使用生产手段所涉及的社会关系、非人体的物质性生产手段可以再进一步进行细分：某些非人体物质手段的使用所涉及的社会关系是使用人体内在资源手段所涉及的社会关系的延续；而另一些非人体物质手段的使用则引发了新的社会关系。威廉斯所关注的是后者，关注的是这些文化生产手段的使用如何导致了新型社会关系的产生。

威廉斯认为，导致了新型社会关系的非人体性文化生产手段包括以下两种类型：

第一，独立的物质表意系统的发展，这些物质表意系统的发明是为了传达文化意义，其中最典型的是书写。书写是较为独立的文化生产手段，单独凭借它就可以从事文化实践活动，实现文化的生产。书写在人类文明早期主要是一种管理技术，通常掌握在少数人手中，大多数人作为被管理、被统治者，几乎没有机会接触这种文化技术。掌握书写这种文化技术的关键是具有读写能力，而读写能力的培养则完全依赖于长期的专门训练，威廉斯认为对书写技术的垄断是前现代社会能够长期制造并保持文化鸿沟与阶级统治关系的一个重要原因。[①]资本主义现代化工业的生产逻辑导致了对具有读写能力的劳动者的社会需求，从而推动了教育的普及，读写能力在全社会范围内逐渐得到发展，越来越多的普通劳动者掌握了书写技术，这是现代社会民主政治发展的一个动因，也是深刻改变统治者与被统治者之间的社会关系的一种形式。

第二，复杂的放大、复制等技术的发展，这些方法使得此前所有非人体性文化生产手段类型的新型呈现成为可能。放大、复制等技术是催生新型社会关系的另一类非人体性文化生产手段，与书写技术相比，这些文化生产技术较为复杂，往往与利用人体资源的文化生产手段或者其他非人体性文化生产手段结合在一起实现其文

①Raymond Williams, The Sociology of Culture, New York: Schocken Books, 1982, pp. 94–95.

化生产功能。以复制为例，复制技术的进步导致了文化生产在许多重要方面的革新，为文化和艺术的独立提供了更多新的形式和机遇。威廉斯没有明确谈论印刷技术作为文化生产手段所带来的社会关系的变化，但是从历史的经验中我们可以得知，随着封建社会向资本主义社会的发展，经济结构上的变化使得以书写技术和读写能力作为垄断性统治工具的方法失去了存在的基础，资本主义的发展需要大量的技术工人、文职雇员和职业经理人，劳动者必须具有一定的学习能力才能胜任，而学习能力的关键就是读写能力，故在资本主义社会中，再也不能像在封建社会中那样对书写技术进行垄断。因此，印刷技术被用于普及图书和教育，作为一种文化生产手段的复制技术与蒸汽机和火车一起改变了社会的结构，建构了资本主义的新型社会关系。

文化生产手段的发展本质上体现了文化生产力的发展，重要的文化生产手段方面的发展和变化往往导致了文化生产关系方面的重大改变。对于文化生产力的进步所导致的现代文化生产关系的变化，威廉斯是从两个方面进行考察的：第一，文化生产技术发展所导致的文化生产控制方式的变化，即从政府控制走向了市场控制；第二，文化生产技术发展所导致的现代文化生产领域里的三次社会分工。

在读写技术作为一种垄断的、享有特权的技术手段的时期，文化生产者通常是作为个体和独立的作者出现的，其生产形式是典型的个体生产占主导地位，作家、画家、雕塑家、作曲家显然都处于这种文化生产关系之中，艺术的“自治”命题与这种独立性的文化生产状态有着密不可分的联系。随着文化生产力的发展和文化生产方式的变化，在文化生产过程中出现了集体生产和实质性的劳动分工。例如在古希腊戏剧阶段，劳动分工主要是职业性的，依据职业的性质，有演员、歌手、乐手、舞者和写手等，不过在这一阶段，文化生产过程中各个工种的协调和管理还是不太分明的，不存在与后来的制片人、导演相对应的固定角色。更为正式和规范的劳动分工所建立的基础不仅是职业化，还有自觉的管理，这些与文化生产方式的新阶段相对应，在戏剧的发展中特别明显，制片人、导演、经纪人机制的出现和成熟是其体现。我们不妨把这一阶段称为文化生产方面的第一次劳动分工。

随着新型复制技术的发展，出现了文化生产方面的第二次劳动分工。新技术要求更为精细的专业化分工，以电影为例，根据在电影生产过程中的不同任务，参与其中的生产者被分为作家、演员、摄影师、录音师、编辑和负责协调的导演。随后在安装、维护和某些技术运作形式方面出现了进一步的劳动分工，电工、木匠、后勤人员也成为电影生产过程中的必不可少的参与者。在现代报纸的生产过程中也出现了类似的情形，某些体力工人负责印刷报纸，他们与文化生产的内容没有任何真正的关联，但是没有他们的劳动，文化生产过程就无法顺利完成。在上面这两种情形下，文化生产过程内部就出现了一种等级方面的分工。一方面存在着那些拍摄电影或者写作新闻报道的人，另一方面存在着那些从事电影剧务或者印刷报纸的人，前者被视为是在进行真正的文化生产，而后者仅仅被看作是工具性的。这时，存在的不仅仅是一种职业分工，同时也是一种劳动等级的分工。

文化生产领域的第三次分工是所有权与生产经营权的分离。某些个体艺术家可能会直接拥有文化生产资料的所有权，在产品的销售发行中与他人处于典型的市场关系之中。某些专业团体可能会拥有文化生产资料，较为直接地接触它的公众。但是在发达的技术阶段，特别是文化生产过程极度依赖复制技术的当今时代，在重要的文化生产部门，例如电影、电视和广播领域，直接从事制作的团体几乎不可能直接拥有生产资料。这时就出现了第三种日益稳定和常规化的分工形式，使得文化生产资料的所有权和经营管理权分离了。

根据威廉斯对于文化生产分工的相关历史梳理，我们可以总结如下：第一次分工是文化生产的专业化分工；第二次分工是在专业化分工基础上出现的更为精细的劳动等级分工；第三次分工是文化生产过程中所有权和管理权之间的分离，它构成了文化生产的终极控制形式，其他分工形式必须在这种终极控制形式中运作，每一种类型的文化生产者，在这种高度资本化的发达生产体系中都成为文化生产资料所有者的一个雇员或者管理人员，他们根本不必与文化生产发生直接的关联。关于文化生产过程中所有权与管理权之间的分离，威廉斯认为这是现代资本主义基本矛盾的一个典型例子——日益社会化的生产形式受到生产资料私有化的限制和控制，唯一可以与之相提并论的矛盾形式是生产资料由政府直接拥有所有权并加以控制的情况。这些问题是与文化生产方式，特别是重要的复制技术的发展不可分割的。①

文化生产控制方式与文化生产领域劳动分工方面的变化归根结底体现的是文化生产关系方面的变化。通过研究文化生产技术在这些方面所造成的变化和影响，威廉斯实际考察的是文化生产力的发展对文化生产关系所造成的影响，这种思维逻辑和传统马克思主义对生产力和生产关系进行分析的生产范式是完全一致的。

在威廉斯的文化社会学建构中有两个主要主题，除了文化生产之外，还有文化传播。与前人的传播观念相比，威廉斯对传播的理解是颠覆性的，他把传播视为与政治、经济同样重要的社会组织方式。威廉斯认为，从政治的视角来看，人们通常把社会的主要问题理解为权力与统治；从经济的视角来看，人们通常把与社会相关的主要问题理解为财产、生产和贸易；同样，人们也可以从传播的视角来理解社会，把社会视为使人类经验得以描述、共享、改变和保存的一种传播形式。人们往往习惯于用政治和经济的术语描述社会生活，然而从传播的视角进行观察，人与社

①Raymond Williams, The Sociology of Culture, New York: Schocken Books, 1982, pp. 117-118.

会并未被局限在权力关系、财产关系和生产关系之中，在人们描述、学习、说服和交流经验的过程中所存在的人与人之间的关系同样是十分重要的。现代社会传播领域中的根本性问题在于，许多人从政治的或者经济的社会观念出发，不是把现代传播的发展视为民主文化发展和社会成长的契机，而是将其视为一种新的统治手段，或者一个新的商业机会，一切新的传播手段都被滥用于政治控制或者商业利益的目的。[①]所以威廉斯认为，要想制止对于传播手段的滥用和推动传播的民主化，就必须把传播视为组织与解释社会的一种基本方式，从传播的角度来理解社会。

威廉斯认为传播工具本身就是生产资料，从而把传播纳入到生产范畴的框架内进行思考。这种做法的好处在于可以把对传播工具的占有与使用理解为围绕生产资料所有权所产生的社会生产关系，从而根据传统马克思主义的生产范式，在阶级范畴、权力斗争层面思考传播问题。

威廉斯所关注的主要有两点：第一，传播工具作为生产资料，必然涉及所有权和使用权的问题，针对少数群体凭借有利地位和优势资本控制主要传播工具的情况，如何实现对传播工具占有与使用的民主化？第二，新的传播工具与技术是否有消除传播性生产过程中劳动分工的可能性，以及劳动分工的消除是否有可能延伸到其他生产领域，最终缩小乃至填平社会地位上的不平等，从而实现一种真正的民主文化？威廉斯关注新的传播技术所可能导致的对现有传播过程中社会劳动分工的消除，因为它有利于消除阶级鸿沟，构建他所期待的民主文化，实现他所谓的包括民主革命、工业革命和文化革命在内的长期革命目标。威廉斯认为大众传媒机构应当承担起更多的社会责任，提高传播内容的标准，引导趣味的多元，丰富社会文化，促进社会进步。

威廉斯的传播体制研究从宏观的社会制度层面探索了传播权力的结构性体现，他把现代传播体制分为三种类型——专制传播体制、家长制传播体制和商业传播体制。在专制传播体制中，大众被视为臣民和附庸，传播的目标是统治；在家长制传播体制中，大众被视为需要教育的孩子，传播的目标是引导；在商业传播体制中，大众被视为消费者，传播的目标则是利润。威廉斯认为三者无一例外，都体现了少数人对大多数人的控制，属于操纵型的传播体制。他认为要想改变大众传播受到少数人操纵的现实，就必须建立一种民主的现代传播体制。威廉斯提出了一种开放性的构想，他设想了一种以共同参与权和自由选择权为特征的民主型传播体制，并希望通过实践来实现它。威廉斯的民主传播体制构想也是他推动左派政治且在文化组织方面进行体制改革的一种理论尝试。

---

①Raymond Williams, Communications, Penguin, 1968, p. 18.

第三节　斯图亚特·霍尔

霍尔学术兴趣广泛，思想流变复杂，著作颇丰，一节万字“鸟瞰”一个问题恐怕都力有不逮。但这或许已是避免流于泛泛之谈，力求细致入微的不二之法。本文借鉴麦克罗比——她是霍尔相对信任的作者——的示例性写法[①]，试图以霍尔20世纪90年代的几篇文章为代表，尽可能地呈现他对流散问题的思考。

之所以聚焦于流散，原因如下：首先，流散是贯穿霍尔个人、学术、政治生涯的主题，而且是他第三个范例性时期（“多元文化主义”）关于种族和民族性的核心理论，是文化身份于此表达的批判性场所。更为切题（“文化研究与美学”）也更为重要的是，流散体现了霍尔思想中美学与政治的相互依存：不同的表征，不同的美学，不同的文化政治。再者，在后现代的今天——如果我们承认“后现代”这个能指还没有因为“意义爆炸”而完全丧失自己的意指能力的话——人口流动和迁徙虽远非时代特有，却在历史上首次成为了我们的日常生活，因此，如霍尔所言，“经典的后现代经验竟是流散经验”[②]。由于“迁徙—流散”，每个人都经历着“内部的局外人”或“外部的局内人”的疏离感和异化感，在此意义上，霍尔的流散理论就“接合”了后殖民和后现代，从而具有更广泛的社会现实意义。

一、流散：从“小苦力”到“流散知识分子”

“我们的写作和言说都来自某一特定时空、某一历史和某一具体的文化。我们所说的总是‘在语境中’，安置在某处（positioned）。”[③]果如霍尔所言，那么对其流散理论的“语境化”便要追溯他的童年经历，因为正是他的早年经历形塑了他后来，尤其是20世纪八九十年代对文化身份等问题的集中思考，他本人在这一时期也借用自传的形式阐明自己的理论。需要澄清的是，这并非一次“寻根”之旅——霍尔本人对“起源”“权威”持怀疑态度，霍尔之所以采用自传，“并非要再现一个‘真实的我’，而是为了探索去中心的身份概念”[④]。

①Angela McRobbie, The Uses of Cultural Studies, London: Sage, 2005.

②Kuan-Hsing Chen, “The Formation of A Diasporic Intellectual: An Interview with Stuart Hall by Kuan-Hsing Chen”, in: Stuart Hall: Critical Dialogues in Cultural Studies, David Morley and Kuan-Hsing Chen (ed.), London & New York: Routledge, 1996, p. 492.

③Stuart Hall, “Cultural Identity and Diaspora”, in: Identity: Community, Culture, Difference, Jonathan Rutherford (ed.), London: Lawrence & Wishart, 1990, p. 222.

④James Procter, Stuart Hall: Routledge Critical Thinkers, London & New York: Routledge, 2004, p. 4.

斯图亚特·霍尔（Stuart Hall，1932—2014），出身于牙买加金斯顿的一个中产阶级家庭。他的父亲赫尔曼来自当地的中下层黑人家庭，长期在牙买加联合水果公司工作，是第一位被提升为该公司首席会计的非白人；他的母亲杰西有白人血统，在牙买加种植园的生活环境中长大，对遥远的英国有着复杂、虚幻的感情。这样的家庭"先天"就交织着阶级与肤色问题，"文化上，上演着殖民地与帝国的冲突"①。霍尔的肤色是全家最黑的。他刚出生时，姐姐甚至用了"little coolie"（小苦力，辱骂性词语）称呼眼前的婴儿，霍尔也曾自嘲说，他在家庭生活中自始至终都扮演着这样的角色：一个局外人，一个不合群的人。青少年时期的霍尔与父母情感疏离，他和父母不喜欢的黑人孩子交朋友，拒绝参加父亲所在的俱乐部。他既不想像父亲一样在白人的世界"乞讨"认可，也不能接受母亲口中那个古老的种植园"黄金时代"，而更愿意称自己为"独立的牙买加男孩"，他支持当时的牙买加独立运动，反对种族主义和殖民统治。这一时期，对霍尔影响最大的是姐姐的精神崩溃。霍尔17岁时，他的姐姐与一位年轻的黑人实习医生相爱，但即使这位医生是中产阶级，也无法改变他是黑人的事实。在父母的百般阻挠下，姐姐不得不妥协，但从此神经衰弱，终生如此。当时的霍尔尚且年少，对姐姐的悲剧无能为力，但这件事对他后来的思想发展却有着深远影响：它使霍尔在心理分析和马克思主义之间架起了桥梁，使他意识到，文化既是主观的、个人的，也是结构性的、体制性的；个人心理、情感和认同就是人所"生活"的结构。

霍尔就读的小学很小，后来才进入规模较大的位于金斯顿的牙买加学院学习。在那里，霍尔一直接受的是古典英语教育，他学习拉丁文、英国历史、英国殖民史、欧洲史和英国文学等，直到后两年才有机会接触有关加勒比海地区的历史和地理知识。在牙买加学院读书的最后一年，霍尔开始阅读艾略特、乔伊斯、弗洛伊德以及马克思、列宁，大大丰富了自己的阅读经验。

霍尔对政治一直很感兴趣，也参加了不少政治活动。他关心牙买加政党的组织形式，关心工会及劳工运动，还注意观察战争后期民族独立运动的兴起，并与他的朋友一起加入牙买加的反殖民革命中。尽管如此，霍尔后来并没有选择法律，或像他的同辈一样选择经济学以解决牙买加的贫穷问题，相反，他钟情于文学和历史，但文学之于他从来不是纯粹的，而是浸透着政治和权力关系。1951年，霍尔19岁，在获得了罗德奖学金后他乘坐"帝国烈风号"来到了英国。据霍尔回忆，他坐火车从布里斯托尔港来到伦敦帕丁顿站，看到的景象就跟在哈代小说中一样。他对英国

①Kuan-Hsing Chen, "The Formation of A Diasporic Intellectual: An Interview with Stuart Hall by Kuan-Hsing Chen", in: Stuart Hall: Critical Dialogues in Cultural Studies, David Morley and Kuan-Hsing Chen(ed.), London & New York: Routledge, 1996, p. 487.

十分熟悉，毕竟，殖民教育很早就迫使他从“内部”了解英国，但他不是也永远不可能成为“英国人”。当他的母亲说：“我希望他们不把你看作一个黑人，不把你看作一个移民”时，霍尔回答道：“当然是，那您说我不是移民，又是什么呢？”从那时起，霍尔便是大英帝国“熟悉的陌生人”了。接下来，无论是在“新左派”时期，还是在伯明翰时期，他都在“黑人流散的影子中——在野兽的腹中”[①]度过。

从出生时的“小苦力”到后来的公共知识分子，“熟悉的陌生人”的流散经历贯穿了霍尔的一生，而他对该问题的学术思考也至少持续了二三十年——从早期的零星作品《黑色不列颠人》（1970）、《种族主义与反动》（1978）到20世纪80年代的《媒介中的种族建构》（1983）、《葛兰西与种族和族性研究的相关性》（1986）直到90年代的“星火燎原”。这一时期，霍尔发表了一系列重要的文章，如《文化身份与流散》（1990）、《地方的与全球的：全球化与族性》（1991）、《黑人流行文化中的这个“黑”是什么？》（1992）、《新族性》（1992）、《文化、共同体、民族》（1993）、《谁需要身份》（1996）、《何时是后殖民》（1996）、《他者的景观》（1997）、《谁之遗产》（1999）、《思考流散》（1999）等。这些文章话题广泛，内容丰富，但无一不反映了霍尔的反本质主义身份观，无一不表现出霍尔驾驭理论（马克思主义、心理分析、结构主义、后殖民主义、后现代主义等），以及对现实“说话”的能力。

二、表征、文化身份与美学

霍尔的个人经历为他的“流散理论”提供了“发声”的位置，但他对文化身份的研究并非建立在对实际生活境遇中的加勒比黑人的人种志观察上，而是基于对20世纪80年代英国黑人电影的思考和参与。这一时期，政府资助、BBC四频道的运作为黑人电影的独立创作提供了动力，黑人独立电影蓬勃发展，而独立电影因摆脱了商业规则与主流工业电影的限制，成为了探索阶级、社会性别、性欲、种族和身份认同的文化空间。霍尔作为大伦敦委员会少数民族艺术委员会（the Ethnic Minority Arts Committee of the Great London Council）的积极支持者（该委员会资助了英国黑人电影集团桑科法Sankofa），亲自参与了几乎所有桑科法电影的制作讨论。霍尔的思想对《回忆的激情》（The Passion of Remembrance）影响颇大，此外，他还是电影《寻找兰斯顿》（Looking for Langston）的旁白，并客串了《侍从》（The Attendant）。

由于出自对电影文化实践的思考，霍尔所描述的身份、族性是生产于表征之内的：文化或表征之外无身份，这正是“文化身份”（相对于本质主义）一词的要义。

---

①Stuart Hall, “Cultural Identity and Diaspora”, in: Identity: Community, Culture, Difference, Jonathan Rutherford (ed.), London: Lawrence & Wishart, 1990, p. 223.

表征是思考文化身份的起点和关键，但它是个难以捉摸的“不可靠”角色。这种“不可靠”很大程度上归于“表征”概念的悠久历史及批评理论在不同历史时刻的发展。霍尔在《新族性》(New Ethnicities) 中提出，“表征”一方面根植于西方古老的“模仿说”，指人们反映外在现实的方式；但另一方面，话语之外无一物。事件、关系和结构固有其物质性，但只有在话语之内才有意义，抑或是意义于其中才得以建构。第一种意义上的“表征”是反映性，自反的 (reflexive)、表达性的 (expressive)，滞后于事件；而后现代表征在文化中扮演着构成性的 (constitutive) 或建构性 (constructionist) 角色，因此会产生现实影响。

以这两种表征为基础，霍尔区别了黑人文化政治的两个时刻及相应的两种美学。他认为，黑人经验在英国文化中的边缘性乃“表征政权”(the regime of representation)，即一整套政治和文化实践规范、辖制及“正规化”的恶果。如福柯的知识/权力所提醒的，任何“表征政权”都是权力政权；而作为权力的知识不仅通过强力，而且“润物细无声”地将主体“内化”为“他者”。因此，黑人艺术家和黑人文化工作者必须争取“自我表征”——成为“表征”的主体而非客体——的权利，以作为整个黑人群体的“代表”(representative) 通过艺术发声。换言之，“表征”形塑于描述实践表征和代表实践表征间的张力，是个文化政治问题。既然如此，改变“表征关系”(relations of representation) 便是文化政治第一时刻的首要任务。

处于这一时刻的黑人艺术家肩负着“表征的重担”。他们致力于以纪录片的形式讲述“真实”，以更正主流媒体对黑人的“视而不见”和错误偏见，批判将黑人经验定位为“未言说”“隐形他者”的白人美学话语。因此，现实主义，如考比纳·莫瑟所认为的，就成为了20世纪70年代第一代黑人电影导演的主导题材。[①]

但是，黑人主体是“不堪重负”的。一个黑人或一部电影被赋予言说的权力，遂即成为千千万万被排斥、被边缘化的群体的代表，这恰恰说明强化了该群体的从属性，或甚至成为“装点门面”的手段。而且，当发声者被定位为整个社会群体的“传声筒”时，他个人的主体性便被剥夺了，黑人经验的异质性、多样性和主体位置也被否定了；中心与边缘、普遍与个别的固化框架总将言说主体退还至旧有的模式化定位。最根本的问题在于，基于模仿或再现的现实主义电影只是像镜子一样“映照”出“现实”的真实性并将其转移给观众，现实世界既是它的来源又是其真实性的保证。现实主义电影在观众身上产生了一种“认可效果”，因此，被认为是一个简单的经验陈述。但是，这种“认可效果”并没有导致观众去探索电影背后的真实，而只是确认了话语组织方式的显而易见和理所当然，电影所依赖的前提也没有受到质疑。从认知角度而言，作为一种叙述话语，现实主义在既知事物的结构内指涉自

①James Procter, Stuart Hall, London: Routledge, p. 127.

己，并没有产生新的知识；从作品与观众的关系角度看，它并没有挑战观众的观看习惯，而是将观者置于实用知识与话语"现实"的同谋关系中。举例来说，一名观看白人如何虐待黑人的观众未必会义愤填膺甚至揭竿而起，反而极有可能认同电影所依赖的假设，即白人比黑人优越，从而维持现状。

为了给黑人主体及电影"减负"，同时，作为对黑人电影新发展的回应，霍尔提出了黑人文化政治的第二时刻。他将第一时刻向第二时刻的过渡定义为从"表征关系"到"表征政治"（the politics of representation）的转变。这一转变表明了从模仿"表征"向后现代表征的重要变化。前者假设，"白"与"黑"是由自然、生理决定的；黑人经验是单一、同质的，正安静地躺在某处，等待被发现；而后者标志着这一本质黑人主体（essential black subject）概念的终结："必须意识到构成'黑人'范畴之主体位置、社会经验和文化身份的多样性；也就是说，必须意识到，'黑人'本质上是一个被政治地、文化地构建的范畴，它不能以一套固定的超文化、超验的种族范畴为基础，因此实际是不做保证的。"①

问题是"黑人"这个能指已被赋予了太多的意义：整个黑人群体及保留于此的黑人传统，以黑人经验为基础的黑人斗争、黑人美学……难怪贝尔·胡克斯会质疑：假如没有点本质主义，我们将置身何处？难怪斯皮瓦克称战略本质主义为"必需时刻"。霍尔对此的回应是，必须超越所谓的"必需时刻"，而这意味着重新定义"差异"。"差异"是霍尔"表征政治"的理论内核，表征政治必须与差异协商并通过差异产生作用（work with and through difference），"表征政治"即"差异政治"。

那么，霍尔所指的"差异"是什么呢？霍尔似乎在不同层面上使用了这一术语："差异"不仅指经验层面上事物的不同，而且倾向于更为抽象的索绪尔式的"差异"及德里达的"延异"。索绪尔语言学认为，差异产生意义，而在霍尔看来，没有差异关系，就没有表征，但差异不单单是"他者"，还是德里达的"延异"、无限的增补。"差异"的这个含义挑战了将意义和表征固化的二元结构，表明意义并非"一蹴而就"，"构建于表征之内的事物总是被延迟的（deferred），不稳定的（staggered），未完成的（serialized）"②。

意义处在无限延异中，但在庆祝形式的"嬉戏"时，德里达的后现代信徒们往往抽空了他理论中的政治含义。霍尔对此提出了质疑，他认为，表征的政治并不否定差异，而要通过差异产生作用。因此，这种差异不是"为了差异而差异"，而是

①Stuart Hall, "New Ethnicities", in: Stuart Hall: Critical Dialogues in Cultural Studies, David Morley and Kuan-Hsing Chen (ed.), London & New York: Routledge, 1996, p. 444.

②Stuart Hall, "Cultural Identity and Diaspora", in: Identity: Community, Culture, Differencep, Jonathan Rutherford (ed.), London: Lawrence & Wishart, 1990, p. 229. 此处staggered及serialized的使用十分有趣，stagger原指"踉踉跄跄"，serialize指"连载"，霍尔用两个经验主义的词生动地表达了意义生成的不稳定性和未完成性。

“有影响的差异”（the difference that makes a difference）。如果说指意取决于对其差别术语的排位（positioning）、再排位、无休止的排位，那么在某个具体的例子中，意义则取决于偶然、任意的停顿。

> 没有随意的封闭（arbitrary closure），行为与身份何以可能？或许可称此为为了产生意义而终结句子的必要性？话语可能是无尽的：意指过程是无穷的。但若想具体表达什么，就必须停止讲话。当然，每个句号都是暂时的……它不是永久的，不完全是放之四海而皆准的。它不受无限的保证支撑。但这就是我现在的意思；这就是我……好，不再说了。①

句号之于身份是必需的，没有句号，便没有身份。既然如此，那么身份——借用语言的暗喻——就是“画句号”。句号是任意、暂时的，因此，类比地讲，身份并非永恒或一成不变，而是不断生成的；身份也不是自由漂浮的，而必须安置在某处。可能令人疑惑的是，意义表达的成功是否与意义的无限性相矛盾呢？霍尔认为，除非我们将随意、临时的句号当作自然、永恒的，否则，在任意的句号之外，意义仍将无限展开。

其次，本质化的差异是相互排斥、自给自足的，它以二元对立的思维思考身份。本质主义将差异自然化、去历史化了，而一旦将“黑人”这个能指从历史、文化和政治语境中剥离，转而安置在生理性的种族范畴下，无疑只是逆转了“黑人”与“白人”的两极关系，二元对立的结构依然坚如磐石。那么，如何避免落入反转了的种族主义窠臼？或者说，如何阻止“黑”或“白”成为霸权？霍尔提出，差异是位置上的（positional）、有条件的（conditional）、有境遇性的（conjunctural）。也就是说，“黑”抑或“白”，都非普适的能指，而是出于某种位置。他进一步提出了“异中之一”（unities-in-difference）的概念，在该语境下，

> 每个身份都居于一个文化，一种语言，一段历史中……它坚持具体性，境遇性。但它未必是防御其他身份的盔甲。它并非系于固定的、永恒的、不可变的对立。它不完全由排斥定义。②

再次，“黑人”能指的固化会导致懒惰的政治，仿佛肤色就能够保证政治的进步

①Stuart Hall, “Minimal Selves, Identity: The Real Me”, in: ICA Documents 6, Lisa Appignanesi (ed.), London: Institute of Contemporary Arts, 1987, p. 45.

②Stuart Hall, “Minimal Selves, Identity: The Real Me”, in: ICA Documents 6, Lisa Appignanesi (ed.), London: Institute of Contemporary Arts, 1987, p. 46.

性，仿佛除了“黑”“白”之外没有其他政治可以争论。霍尔提醒我们，种族只是众多区分轴中的一个，阶级、性别等同等重要，且当这些轴线相互交叉时，情况就更为复杂。举例而言，黑人男性在反种族主义的斗争中，可能贬低女性；依赖于压制他异性的大男子主义在一个领域或许是进步的，但在另一领域便成了压迫。

表征政治突出了身份的构建性：表征之外无身份。因此，建构性表征的美学任务就在于质疑“真实”，意识到表征与权力的关系并通过揭露权力赖以生存的虚构性而与其斗争。与现实主义反映现实不同，黑人文化政治第二阶段的新美学必须意识到，现实是事物指意的结果。以20世纪80年代的黑人电影《汉兹沃思之歌》（Handsworth Songs）为例，该电影选用了流通于白人主流媒体中的某些镜头，但它没有像早期黑人电影一样以真实的纪录片取代，而是通过剪切和粘贴创造出破碎的叙事，或者将其与刺耳的音乐并置，从而解构了电影。影片体现了引用、拼接、戏仿及碎片化等后现代主义特点，与现实主义传统大相径庭。

“表征政治”就是对意义的争夺。既然“黑人”“黑人经验”等再也不能被视作超验的、正典的文化范畴，那么以此为基础的美学价值评价标准便失去了效力。黑人电影并不因为由黑人导演制作就一定好或者坏，也未必因为讲述了黑人经验就具有进步意义。当人们摆脱了这些固化的标准时，围绕着黑人表征的争斗便将持续下去，批评的政治才是可能的。

“黑人经验”是历史、文化建构的产物，它既不是一成不变，也不是铁板一块、自给自足或性能稳定的，简言之，它并不总是“好极了”，因此，作者在“表征”黑人经验时，必须拒绝成为“公关官员”、受雇的撒谎者。在这方面，桑科法集体创作的《回忆的激情》（Passion of Remembrance）是个很好的例子。该片讲述了两位黑人女性朋友路易和麦吉为争取主体性而斗争，在黑人解放运动中找寻自己位置的故事。她们挑战旧的规范，并试图用对黑人复杂身份的最新理解和对复杂的解放斗争进行解释来替代这些规范。路易和麦吉梳妆打扮去参加宴会，赢得了“注视”；她们互相注视，在镜中注视，完全关注黑人女性的境遇；更为重要的是她们如何看待自己，而不是怎样被别人注视。在踏着《让我们放松吧》的乐曲翩翩起舞时，她们不是为了殖民窥淫癖的注视而展示自己的身体，而是为了确认她们作为主体的注视。她们互相勉励，因此能够离开私人领域而面对公众领域。这些场景破坏了传统的种族主义和性别歧视对黑人女性身体的定型性再现，邀请观众进行不同于以往的注视。它批判性的介入改变了传统的电影实践，改变了对观众状况的看法。

《回忆的激情》使用了结构的电影实践，以此削弱了现存影片的宏大叙事，对主体性进行了再理论化，尽管仅仅是在视觉的领域内。它没有提供肯定“现实的”再现，以回应现存的叙事总体化的性质，而是提供了一种激进的分离。它不仅提供了多种多样的再现，而且想象了构成身份的全新越界的可能性，为黑人女性观众开辟了批判性的言论空间。[①]从这个意义上讲，它所提供的就是一种清晰的批评实践，使我们能够以不同的方式思考黑人女性的主体性和黑人女性的观众地位。它代表了霍尔的批评观点，即身份不仅形成于“表征之外，而且形成于表征之内”；同时，观众在看电影的时候，“不是将影片看作反映既存东西的二级镜子，而是作为能够组成新型主体的表征形式，以帮助我们发现我们究竟是谁”[②]。

霍尔的文化身份理论通过重新定义“差异”，把“黑”从遗传的或生物学类别中解放出来，将其归类于政治和文化的类别中。这就意味着，身份不是既已完成的事实，而是处于永远的生成中——生成于“表征”。“表征的政治”是关于位置、意义的持续争夺，如霍尔所言，“黑是一个被争夺的概念，它最终的归属依然悬而未决”[③]，而美学、文化便是意义争夺的永恒角斗场。

三、流散及流散美学

那么，霍尔的表征政治和文化身份理论与“流散”有什么关系呢？应该说，“流散”是霍尔表征政治的蕴含之一；不理解“表征政治”，霍尔的“流散”理论就无从说起。

“流散”（diaspora）源于希腊语“diaspeiran”，指“到处播种，分散”，很长一段时间内特指犹太人的离散状态，而霍尔用它描述英国加勒比黑人社区的组成及生存状态，以及“流散”经历所引起的“文化流散化”（cultural diaspora-ization）过程。据霍尔说，他曾经拒绝使用“流散”一词，原因在于，它的原初含义与以色列相关，它存放在圣书中，固定在发源地。霍尔不喜欢“固定”或“本源”，在他所构想的加勒比文化身份中，没有原初的非洲，有的只是象征被压抑空间的“非洲存在”。尽管非洲由于奴隶制“失声”，但日常生活、平常语言、风俗习惯中它无所不在。受压抑者总要归来，然非洲文化的回归不是直接的，而是经过“中介”的，后殖民运动、人权运动等都参与了“新非洲”的建构。

作为起源的“非洲”已被无限延异，“家”已成为回不去的地方，但霍尔并没有因返家无望而惆怅、绝望，相反，他强调拉康式的“象征性归途”，即文学、艺术、

①Bell Hooks, “The Oppositional Gaze: Black Female Spectators”, in: Feminist Post-Colonial Theory: A Reader, Reina Lewis and Sara Mills(ed.), New York: Routledge, 2003, p. 215.

②Bell Hooks, “The Oppositional Gaze: Black Female Spectators”, in: Feminist Post-Colonial Theory: A Reader, Reina Lewis and Sara Mills(ed.), New York: Routledge, 2003, p. 215.

③Stuart Hall and Mark Sealy, Different: A Historical Context: Contemporary Photo, London: Phaidon Press, 2001, cover page.

美学的必要性。举例来说，托尼·休厄尔的《加维的孩子们——马库斯·加维的遗产》讲述了“回归”非洲身份的故事，该回归不是直线型的，而必须借经伦敦和美国；旅途的“终点”不是埃塞俄比亚，而是牙买加圣安堂图书馆前面加维的塑像；耳边萦绕的不是传统的部落歌谣，而是雷鬼艺人（Burning Spear）和鲍勃·马利的《拯救之歌》。“这些象征性旅行对我们所有人来说是必需的，而且必然是环形的。这是我们必须回去的非洲——但要取径它途（by another route）。”[①]历史，传统，非洲，不经政治、记忆和欲望的重述，它们将如何指意？“旅途而非到达，流动而非静止，路径而非根源”[②]，如詹姆斯·普罗克特所总结的，是霍尔“流散美学”的第一个特点。

霍尔“流散美学”的第二个特点是差异、混杂性、融合和跨界。霍尔拒绝使用“流散”，第二个原因（恐怕也是更为重要的原因）在于它所暗含的以“排除异己”为前提的“种族清洗”工程。如第二部分所说，霍尔不否定差异，因此，他的主张是，“流散身份”必须接纳且通过“差异”定义自身。问题是，世上鲜有完全中立的对立，几乎所有的二元对立都浸透着权力关系。而在加勒比黑人与欧洲的对立中，后者使得单纯的差异不再单纯。如果说非洲代表了无言、不可言说之物的话，那么欧洲一直在言说——“欧洲在说非洲”，欧洲话语迫使非洲成为被排除、被强加、被征用的对象。如此说来，权力仿佛是外在的、强者加诸弱者的，但霍尔提醒我们，权力已成为黑人身份的构成元素，“欧洲”导致了殖民身份的内在分裂和双重性，即霍米·巴巴所说的“种族主义世界模糊的身份标记……书写在殖民身份这张顽固羊皮纸上的自我的‘他者性’”[③]。

差异、权力和抵抗、拒绝和认可不但定义了加勒比文化身份，也是加勒比文化的内在特点。天然质朴的加勒比文化已无处可寻，它必然已然处在与其他文化元素的对话中，因此是混合、杂糅、异质性和多样性的。霍尔曾不无讽刺地说道：“‘本质’的加勒比恰指肤色混合、着色、形相类型；加勒比美食的口味融合；作为黑人音乐灵魂的‘跨界者’及‘剪切—混合’美学……”[④]

除了“非洲存在”“欧洲存在”外，构建加勒比文化身份的还有“新世界存在”（the New World presence）。某种程度上，“新世界存在”总结了加勒比黑人流散身份及美学的所有特点，但霍尔提出这个概念的目的似乎还在于，为漂泊的后现代身份寻找“新大陆”，而一旦有了“土地”，人们便可持续地想象家园，为文学、艺术、

①Stuart Hall, “Cultural Identity and Diaspora”, in: Identity: Community, Culture, Difference, Jonathan Rutherford (ed.), London: Lawrence & Wishart, 1990, p. 232.

②James Procter, Stuart Hall, Routledge, p. 130.

③Homi Bahabha, “Foreword”, in: Frantz Fanon, Black Skin, White Mask, London: Pluto Press, 1986, p. xv.

④Stuart Hall, “Cultural Identity and Diaspora”, in: Identity: Community, Culture, Difference, Jonathan Rutherford (ed.), London: Lawrence & Wishart, 1990, pp. 235-236.

美学提供源泉的欲望、记忆、发现便生生不息。因此，如果说“非洲存在”和“欧洲存在”阐述了与过去和现在的关系的话，“新世界”则将目光投向未来。

结　语

本节虽是“鸟瞰”，但以表征为切口，梳理并细读霍尔几篇核心文章之后不难窥到，霍尔不愧是理论大家，对马克思主义理论、心理分析、结构主义、后殖民、后现代等理论他熟稔于心，信手拈来。单看他的“流散”理论，葛兰西的文化霸权理论、拉康的精神分析学以及巴赫金的对话理论等都有生动体现。

霍尔的过人之处更在于，他成功地运用这些理论分析了英国的现状，细致入微，鞭辟入里。霍尔总是“言出有因”——他所有的理论都来自对现实的观照，并产生了一定的“后果”。具体而言，他的“表征政治”“族性”和“流散”为当时成为霸权概念的“英国性”提供了另一种选择。撒切尔将外来移民和少数民族的存在导致的问题归结为“文化”而非“种族”，因此对纯正的“英国文化”忧心忡忡。在1978年的一次采访中，她曾强调：“英国民众真的非常害怕自己的国家会被来自不同文化的人们所淹没。”这就是新种族主义。新种族主义不再以肤色、体形等生理因素为种族的区别符，而代之以“文化”及传统。撒切尔的逻辑是，一个群体（国家）就是它的文化、生活方式和传统习惯，破坏这些东西就等于摧毁这个群体，“国将不国”！因此，她捍卫“英国性”，号召“成为不列颠人”，让英国人觉得“再一次崇高起来”，而这样的口号在20世纪七八十年代已经陨落的大英帝国深得民心。很明显，撒切尔的新种族主义“正试图向‘英国文化’和‘民族群体’求助”①。在意识形态之战中，突出文化对身份的建构作用的“族性”概念便被巧妙地利用了，它以封闭的、排外的、退化的英国民族身份的形式存在，成为了国家、民族主义和主导意识形态的同谋。对此，霍尔洞若观火，他成功地将“族性”从多元文化主义的话语中分离出来，对其进行重新定义，不仅揭露了西方话语虚假的普适性和超验性，而且推进了对“英国性”和民族文化的讨论。

个人的“流散”经历直接形塑了霍尔的反本质主义文化身份观，赋予了霍尔一种“外围视角”，使他能够挑战英国文化生活之“理所当然”，迫使英国社会向民族性、移民问题开放。从更宏观的层面讲，由表征所引发的“去中心”的主体概念是西方20世纪主体大讨论在八九十年代英国的延续。从马克思的虚假意识——意识形态学说、弗洛伊德的潜意识理论到索绪尔的“我们被言说”及拉康的误识、缺席直

①Martin Barker and Anne Beezer, “The Language of Racism: An Examination of Lord Scarman's Report on the Brixton Riots”, in: International Socialism 18 (Winter), 1983, p. 125.

至福柯的话语规训主体，“主体”这一符号一次次被“接合”“离合”“再接合”，同时，它记录了历史的变迁并一如既往对现实做出回应。如果说将霍尔与这些“伟人”相提并论或许还为时过早，那么可以肯定的是，即使没有生产新的理论，他“乌鸦衔枝”，对英国现实的“理论化”也已令人敬畏。

最后，在后现代的今天，“流散”没有结束，“流散化”还在继续；理论没有完结，理论化还在继续；主体没有消亡，主体化还在继续。

第二十三章　后殖民主义美学

概　　论

“后殖民主义”一词已进入日常用语，被批评家、教师和作家等广泛使用。但对于“何为后殖民主义”却众说纷纭。要说明何为后殖民主义，首先要明确几个概念：帝国主义、殖民主义和新殖民主义。帝国主义是指西方资本主义国家以武力形式对其他国家的侵占或者以象征的形式对另一地域所强加的权威。殖民主义则是为帝国势力的巩固所做的努力，表现为向其领地殖民，开发利用当地资源，并对当地本土居民进行行政管理等。新殖民主义与后殖民主义在时间上存在交集，都出现在第二次世界大战后殖民地纷纷独立之后，但新殖民主义是一个经济理论术语，力图揭示过去的殖民地国家在获得政治独立之后，仍在经济甚至政治方面遭受前宗主国或西方国家的控制，并且这种以隐秘的形式存在的控制更为阴险有害。后殖民主义与帝国主义、殖民主义和新殖民主义密切相关，但侧重点不同，后殖民主义是对殖民主义文化后果的分析、批评和反思，如罗伯特·扬所言，后殖民主义深入到了“文化的层面”，是一种文化模式，从法侬等的新殖民主义理论发展而来，突破了仅对经济政治批判的界限，致力于话语和历史文化批判，是来自西方以外的知识视角和需要等的概念性重置。霍米·巴巴在一次访谈中，也对后殖民主义作出类似界定：“后殖民主义首先是一种看待事物的方式，这是一种复杂得多的看待方式：曾经被殖民过的地区使自己发展起来，既通过内部的动力也通过外部动力，这是其一。其二，我认为后殖民主义是学术研究的一个领域，它强调文化问题。新殖民主义的范式强调经济、政治和历史，而后殖民主义经过在文学系、在人文学科中的发展之后，实际上提出了这样一个问题：殖民以及作为一种人文学科内的范式的殖民余波。”[①]

另外，后-殖民主义（post-colonial）与后殖民主义（postcolonial）之间的关系则比较复杂，有的学者如麦克劳德（John McLeod）认为前者指一个历史分期，“大概为‘殖民主义之后’，‘独立之后’或者‘帝国主义之后’的意思”[②]，米世拉（Vijay Mishra）和霍齐（Bob Hodge）认为“后-殖民研究”与“后殖民”不同，前者是反抗的后殖民主义，而后者指一种话语理论，是共谋性的后殖民主义[③]。但大多数学者认为两者没有严格区分[④]。

后殖民主义的出现具有特定的历史背景和文化背景。第二次世界大战后，殖民地纷纷独立，前殖民地在政治独立之后进入文化上的解殖阶段（decolonialization），众多殖民地知识分子开始反思宗主国与殖民地之间的关系，深入分析批判帝国主义霸权所遗留的文化、心理、意识形态、概念术语、想象结构、话语模式等方面的深刻影响。1955年，赛泽尔（Aime Cesaire）的《论殖民主义话语》（Discourse on Colonialism）面世，书中揭示被殖民者被系统地灌输一整套谎言，被塑造成唯唯诺诺、言听计从并且自惭形秽的劣等人。1957年，出生于突尼斯的梅米（Albert Memmi）出版了萨特执笔作序的《殖民与后殖民》一书，梅米指出殖民者与被殖民者之间存在一种压迫和依赖的关系，殖民者除了政治经济压迫之外，更重要的是使被殖民者与自己的历史、文化和社群剥离，并对自己传统的生活方式、历史甚至语言产生自卑和憎恨情绪，将一种殖民者优于和高于被殖民者的观念内化。赛泽尔的学生法侬在其著名的反殖民力作《黑皮肤，白面具》（Black Skin，White Masks，1952）和《地球上不幸的人们》（The Wretched of the Earth，1961）中，从心理学的角度更深入地分析了“文化自卑”和“丧失自我”这些病症的背后动因，并揭示黑人被殖民者的精神病症是种族主义、殖民主义文化通过各种机制和机构反复浸淫的结果。另外，尼日利亚小说家阿契贝发表于20世纪70年代的《殖民主义批判》则进一步揭示出西方批评家用文学普遍性观点包裹自己文学的民族性，贬低、排斥其他民族文学，实质上是一种民族主义批评。这些先驱们的相关论述为后殖民主义的产生发展奠定了前期基础。1978年，萨义德《东方主义》一书的出版，标志着后殖民主义的诞生。随后，后殖民主义迅速发展。20世纪80年代欧美许多重要刊物刊发一系列后殖民主义专号，以“后殖民主义”为主题的国际学术会议陆续召开。1989年，第一部为教学而编写的导论性著作《逆写帝国》出版，后殖民主义走入大学课堂。1993年，威

---

①霍米·巴巴：《后殖民主义、身份认同和少数人化——霍米·巴巴访谈录》，生安锋译，《外国文学》，2002年第6期。

② John Mcleod, Beginning Postcolonialism, Manchester & New York: Manchester universitg Press, 2000, p. 5.

③ Vijay Mishra and Bob Hodge, “What is Post(-)colonialism?”, in: Textual Practice, (5) 1991, p. 407.

④生安锋：《霍米·巴巴的后殖民理论研究》，北京大学出版社2011年版，第10页。

廉姆斯和克里斯曼合编《后殖民话语与后殖民理论》第一部，标志着后殖民主义的理论读本诞生。后殖民主义研究逐步系统化和深入，并逐渐渗透且影响众多学科，如社会学、比较文学、国际关系、种族和性别研究等。

后殖民主义与先驱们的论述不同在于后殖民理论与德里达的解构主义理论和阅读策略、葛兰西的霸权理论、福柯的话语理论和权力理论，弗洛伊德和拉康的精神分析理论等相结合，利用不同的研究方法，让人们认识到西方人对非西方的认知虽然不是完全想象的结果，但毫无疑问是他们积极建构的自我镜像，非西方人的真实生活和真实感受在这一过程中被掩盖，他们甚至没有发声的权力，因为他们已被完全客体化，只能被言说。后殖民批评家考察和反思殖民后果，为前殖民地的文化实践和活动提供理论解释并积极探索出路，重铸各种意义，解构了关于权力的神话、种族的等级划分、关于服从的意象等殖民思想，通过各种方式为被殖民者、被压迫者争取历史主体地位。总体而言，后殖民主义“让我们重新思考，并质疑那些我们在阅读内容和阅读方法方面认为理所当然的看法”[①]。作为一种独特的视角，后殖民主义给很多传统学术研究提供了启示，拓展了其研究范围，深化了研究主题，并突破了研究过程中的思维模式，为建设一个真正平等和谐的世界指明了出路。如以斯皮瓦克为代表的后殖民女性主义研究与传统女性主义相比，一方面发现了西方女性主义者的种族中心主义，另一方面又发现了殖民批判家的男性中心主义。民族主义曾是反抗帝国主义和殖民主义的最有力的工具，但这种思想仍然遵循西方的民族主义本质主义的思维方式，在处理与西方的关系时，容易选择一种对立立场，或者陷入翻转的东方主义。后殖民主义研究不仅指出民族主义的局限性，而且为全球化背景下的国际关系寻找出路。

后殖民主义既考察文本间的异质因素，又关注种族、民族、性别和阶级等主题，涉及众多问题，如文化与帝国主义、殖民话语与西方对东方的文化再现、第三世界的文化抵抗、全球化与民族身份等，所有的后殖民主义话语都基于一个历史现实，即“欧洲殖民主义的历史事实以及这一现象所造成的各种后果”[②]。总体而言，后殖民主义是一种“庶民”理论，支持差异和多样性，“以从下往上的眼光，而不是往下的眼光看世界”[③]，致力于保障少数人和妇女权益，支持贫穷者、被剥夺者和弱势群体，以及所有因为性别和民族等而被边缘化的群体和到目前无权参与政治的群体。在此过程中，坚持广义的民主平等原则，拒绝外在的西方模式。无论是萨义

①John Mcleod, Beginning Postcolonialism, Manchester & New York: Manchester University Press, 2000, p. 2.

②Bill Ashcrift, Careth Griffiths, and Helen Tiffin(eds.), The Post-Colonial Studies Reader, London & New York: Routledge, p. 2.

③Bill Ashcrift, Careth Griffiths, and Helen Tiffin(eds.), The Post-Colonial Studies Reader, London & New York: Routledge, p. 120.

德、斯皮瓦克、霍米·巴巴的后殖民主义话语研究，还是阿希克洛夫特等的后殖民主义反话语文学研究，都与后学理论结合，突破本质主义、东/西、男/女、白人/黑人等二元对立思想，力图跳出种族主义的陷阱，批判和突破西方中心论，并解构各种压迫形式。

后殖民主义不是一套能预测一些既定现象的结果的条理分明阐述详尽的原则，而是将一些相互关联有时相互冲突甚至矛盾的观点并置，在拒绝特权和强权、质疑西方文化优越性的同时，"致力于变压迫为积极的、跨文化的社会多元性"[①]。后殖民主义理论力图改变无论西方还是非西方的知识结构中的思维方式，具有认识论和方法论的意义。对后现代主义他们采取求同存异的态度，在接受其对于西方的解构和批判的同时，摒弃其自身的西方中心立场，他们虽然在某些方面赞同德里达的思想，但又将其进行了后殖民主义的整编，仍然坚持意识形态批判，从这种意义上讲，后殖民主义兼具现代性和后现代性特征。后殖民主义不是一个单一的学科，也没有统一的方法论，这一特征使其具有巨大的包容性和开放性，从而具有独特的解释力。

后殖民主义是一个历史性和异质性的构成，包括众多的理论和批评方法，如后结构主义、女性主义、马克思主义等，存在很多不同的理解和众多的阐释者。1989年，阿希克洛夫特、格瑞夫丝（Gareths Griffiths）和蒂芬（Helen Tiffin）三位来自澳大利亚的学者在《逆写帝国》一书中，首先命名了后殖民主义，从语言、文本、本土理论等角度讨论了后殖民文学对帝国主义的挪用和反抗。萨义德以福柯的话语理论为基础，从话语研究的角度进行后殖民主义研究，之后的霍米·巴巴结合阿尔都塞和拉康的观点，斯皮瓦克基于对德里达解构主义的研究，继续萨义德所开创的与后学相结合的后殖民主义话语研究。当代的后殖民主义论述者除了前面提到的几位，还有阿皮亚、艾哈迈德、罗伯特·扬、吉尔洛伊（Paul Gilroy）和霍尔等，他们都从不同的角度论述了后殖民主义。

在《白色神话》一书中，罗伯特·扬称萨义德、斯皮瓦克和霍米·巴巴为"圣三一"(Holy Trinity)，认为这三个人建立了后殖民理论的核心框架，而萨义德的《东方主义》在某种意义上是整个后殖民主义理论的奠基之作，斯皮瓦克、霍米·巴巴、莫汉蒂和艾哈默德等人的理论，都是以萨义德的命题为基础，从诸如心理分析、解构主义、女性主义、马克思主义等不同角度的阐发。这一观点在理论界得到主流理论家的认同。这里，我们将着重介绍萨义德、斯皮瓦克和霍米·巴巴的后殖民理论。

---

①Bill Ashcrift, Careth Griffiths, and Helen Tiffin (eds.), The Post-Colonial Studies Reader, London & New York: Routledge, p. 120.

第一节　爱德华·萨义德

爱德华·萨义德（Edward W. Said，1935—2003）的去世是2003年的一个重大事件，联合国秘书长安南的发言人公开悼念，认为“失去他这个特殊的声音，对于中东和美国都是一个损失”。世界各国的重要媒体与机构，如《纽约时报》《卫报》等纷纷发表悼念文章和评论。

萨义德，1935年11月出生在巴勒斯坦的西耶路撒冷，15岁后到美国读书，在普林斯顿大学获得学士学位后，又于哈佛大学获得硕士和博士学位。1967年6月第三次阿以战争爆发后他开始积极参与政治活动，曾担任巴勒斯坦流亡议会的独立议员达14年。但他的世界影响主要来自1978年出版的《东方主义》（又译《东方学》）（Orientalism，1978）一书，这本书开创了后殖民主义理论研究的先河，引发了西方文学界和文化的强烈震动。他的其他主要著作还有分析文学、文化与帝国主义关系的《世界·文本·批评家》（The World the Text and the Critic，1983）、《文化与帝国主义》（Culture and Imperialism，1993）和关注巴勒斯坦政治问题的《巴勒斯坦问题》（The Question of Palestine，1979）、《报道伊斯兰》（Covering Islam，1981）、《最后的天空之后：巴勒斯坦人的生活》（After the Last Sky：Palestinian Lives，1986）等，此外，还有界定当代世界知识分子角色和职责的两本著作《知识分子论》（Representation of the Intellectual，1994）和《人文主义与民主批评》（Humanismand Democratic Criticism，2003）等。

萨义德将非本质主义和非二元对立的思维方式运用到对东方知识的形成和西方霸权的形成的研究中，“所有的问题都与民族解放、对历史和文化进行重新审视以及大量使用那些不断重复出现的理论模式和类型有关。其中的一个重要主题，是对欧洲中心论和西方霸权进行不懈的批评”[①]。

一、东方主义与西方霸权

萨义德认为东方主义首先是一种学术研究的学科，这门学科原来称为东方学（Orientalism），现在称为东方研究（Oriental studies）和区域研究（area studies），是系统构筑有关东方和东方人的各种教条和学说；东方主义还是一种思维方式，将东

①爱德华·W.萨义德：《东方学》，王宇根译，生活·读书·新知三联书店1999年版，第450—451页。

方和西方对立，而且在这种本体论和认识论意义上区分的基础上，建构与东方、东方的人民、习性、心性和命运等的理论、诗歌、小说、社会分析和政治论说等；东方主义还是一种话语，对东方进行权威裁断、描述、殖民、统治，在处理东方的同时，创造一个东方，在此过程中剥夺东方作为一个思想与行动的自由主体的权力，即东方化东方。东方主义在东方与西方之间构建了一种“西方高级东方低劣”的本质二元对立和敌对关系，西方要么凌驾于东方之上，要么被东方所淹没。东方被西方作为一种替代物甚至一种潜在自我，从中获得力量和自我身份，而且西方以一种基于文本的本质主义，无视东方社会的直接经验，视东方为永恒如一、始终不变的实体，既不能表达自己也没有能力界定自己。

萨义德借鉴了福柯知识考古系谱学方法，回溯了东方主义的形成历程。据萨义德考察，早在殖民统治之前东方学就为殖民统治进行了合理论证，从《伊利亚特》时代的古希腊戏剧《波斯人》和《酒神的女祭司》中东西方之间的划分已经很清晰，从那时起，东西方两个大陆不仅被分开，而且东方隐指危险，这种区分成为欧洲一直以来对东方想象的基本主题。中世纪甚至文艺复兴时期，东方，具体而言，穆斯林被处理为西方并列的文化，但是这种文化被认为是基督教被导入歧途后的变体。这时西方对东方的认识一半基于已知的地理、文化、语言和种族研究，一半是出于对遥远异域空间的想象。这个阶段的东方学成为一种严格的道德和认识论体系，西方对东方的态度在对熟悉的东西的轻蔑和对新异事物的兴奋与恐惧这两种状态间摇摆，并根据西方基督教的道德需要改编东方，在这一过程中，进一步强化了逐渐固化的东方观念。西方读者将东方学对东方的编码作为真正的东方接受下来。

18世纪中叶开始，东西方关系出现两大主要特征：其一，欧洲东方知识日益增长和系统化，其中一个原因是殖民扩张的需要，另一个原因是对新异事物的兴趣。东方学与人种学、比较解剖学、语言学、历史学等新兴的学科结合呈现出科学性的外在特征，小说家、诗人、翻译家和旅行家创作大量的与东方有关的文学作品，进一步强调从传统继承而来的东方观念。其二，在东方与欧洲的关系中，欧洲总是处于优势地位甚至强力地位，东方学从西方起支配作用的文化规范和政治规范中产生，强化了西方中心的思想。这个阶段东方学的整体性得到增强，对整个东方进行机械的图示化处理，并不真正关注关于东方或东方任何一个部分的经验事实，而是积极建构一种东方学的想象视野。

18世纪晚期和19世纪早期东方的复兴基于一种浪漫主义观念，即在幻想的基础上以某种特殊的科学技术重新建构世界。东方被赋予挫败西方物质主义和机械主义，复活再生一个新欧洲的力量。东方学在继承了大量东方观念的同时，现代化了作为西方知识承载体的东方，这时的东方作为一套价值体系而存在。现代东方学将新的专业领域体制化，对东方的本质、性情、心性、习俗或风格的每一细节进行概括并且从这些概括中抽象出一个万世不变的规律，为了适应这一规律，不惜将现实进行切割以削足适履。这种体制化的东方学力图以理性消除中世纪时期的神秘思想，加强其现实主义倾向，但是继承了古老的东方观念，将现代西方的技术力量和学术意愿强加于像东方和西方这样的地域实体之上。

19世纪中叶，东方学已经成为一个几乎无所不包的巨大学术宝库，这时被研究的东方只是书籍和手稿等文本中的东方，这种东方学不仅产生了精确的知识，也产生了弥散的东方神话。这一神话不但来源于当代流行的看法和流行偏见，而且来源于学术幻想和民族幻想。东方学越来越反经验和本质化，关于东方的一套词汇、一套表述系统和话语体系得到合法化，这些宣言性的东西被赋予了不言自明的权力。这一想象性视野在西方人的强权下与物质现实相互支撑、相互推动，使东方更东方而西方更西方，限制了不同文化、传统和社会之间的接触。

19世纪至20世纪，东方学研究越来越深入。从这时开始，“东方学自身已完成了从学术话语向帝国主义机制的转化”①。支配性的知识和其中所隐含的权力不仅仅将文化间的差异视为将文化区分开来的边界，而且促使西方对文化他者进行控制、容纳甚至统治。知识与权力的内在一致性，将欧洲或西方的政治家与东方学家联结在一起。第二次世界大战后，“胡萝卜加大棒”、进步同盟（Alliance for Progress）、东南亚条约组织（SEATO）等专横的手段，是新的东方主义的表现形式，“以使其能更好地操纵其假定的对象”②。

《东方主义》揭示了西方与东方之间的权力关系、支配关系和霸权关系。东方学话语中存在各种力量与实权社会经济和政治机构紧密联系。东方是被认定的，也是被制作和被驯化成的。东方不仅不能发声，而且只能被表现和被言说。同时萨义德提醒我们注意，东方学的结构既不是一种谎言或神话的结构，也不是真实的话语，而是欧洲人在东方的关系中处于强势地位的符号。东方学不是欧洲对东方的纯粹虚构或奇想，而是一套被人为创造出来的理论和实践体系，蕴含着几个世纪沉淀下来的物质层面的内涵。正是东方学的这种物质基础使东方学成为一种得到普遍接受的过滤框架，东方经过这个框架接入西方的意识之中。这种可传授的、恒久不变的观念体系，比谎言更可怕。

《东方主义》将东方学的学术谱系呈现在当代东方研究者、大学教授和政策制定者面前，揭示了这些人的著作所依赖的假定或预设前提，揭示文化霸权所具有的令人生畏的结构。萨义德指出，文本受物质在场或力量的控制，不仅创造了知识，还

①爱德华·W.萨义德：《东方学》，王宇根译，生活·读书·新知三联书店1999年版，第124页。
②爱德华·W.萨义德：《东方学》，王宇根译，生活·读书·新知三联书店1999年版，第141页。

创造了一种理想化的现实，久而久之，这一知识和现实形成一种传统，一种话语，这一传统或话语又产生新的文本。萨义德提醒人们认识到欧洲中心主义一直渗透在被广泛认为最进步的欧洲工人运动、妇女运动及先锋艺术运动中，甚至包括马克思主义在内的西方反殖民思想中，东方主义作为一种思维方式不仅对西方优势文化中的作家、思想家进行“内在控制”，还导致了殖民地人民的自我殖民问题，“在弱势方也产生了生成性”[①]。

萨义德特别强调自己的东方学研究的政治性，他指出，研究领域在政治社会中与可以确认的权力来源之间存在紧密联系，政治社会存在于像学院这样的民众社会领域，并且使其与政治发生直接的牵连。东方学虽然不与粗俗的政治权力直接对应，但在与不同形式的权力进行不均衡交换的过程中被创造出来，并且存在于这一交换过程中，本身就是现代政治和学术文化一个至关重要的组成部分[②]，而他的东方主义是“从政治的角度察看现实的一种方式”[③]。或许正是这种不回避政治的态度使《东方主义》被认为指出了东西方之间的对抗或敌意，甚至被引申为对伊斯兰主义或穆斯林原教旨主义的支持，对此，萨义德在1994年的《东方主义》再版后记中，表明自己的非本质主义立场和多元文化主义观点，称对诸如东方和西方这类类型化概念持强烈的怀疑态度，称“每一文化的发展和维护都需要一种与其相异并且与其相竞争的另一个自我的存在”[④]，而且自我身份的建构总是牵涉到与自己相反的“他者”身份的建构，而且总是牵涉到对于“我们”不同的特质的不断阐释和再阐释，强调提防狭隘的民族主义。他认为民族主义的本质主义和二元对立思维方式与殖民主义完全一致，独立之后如果仍然坚持民族主义，无异于重复殖民主义的结构，只不过将统治者从殖民者变成本土资产阶级而已。坚持如“黑人性”“伊斯兰至上”这样的本质主义概念，就是接受了帝国主义留给我们的殖民者/被殖民者、西方/东方对立的思维方式的遗产。

马修·司各特认为《东方主义》杂糅了“德里达的语言怀疑主义、弗洛伊德的心理分析学、马克思主义和福柯的新历史主义”[⑤]外，他还借鉴了葛兰西的“文化霸权”意识形态思想，《东方主义》中存在明显的意识形态性和整体性思想，坚持一种反抗的立场。《东方主义》是后殖民主义一系列研究的开端，有些论题萨义德稍有提及但无暇深究，比如东方学的思维方式在西方国家内部民族关系中的作用、帝国主义和文化之间的关系和如何取代东方学从自由的、非压制或非操纵的角度研究其他

①爱德华·W.萨义德：《东方学》，王宇根译，生活·读书·新知三联书店1999年版，第19页。
②爱德华·W.萨义德：《东方学》，王宇根译，生活·读书·新知三联书店1999年版，第125页。
③爱德华·W.萨义德：《东方学》，王宇根译，生活·读书·新知三联书店1999年版，第54页。
④爱德华·W.萨义德：《东方学》，王宇根译，生活·读书·新知三联书店1999年版，第426页。
⑤Matthow Scott, “Edward Said's Orentialism”, in: Essays in Criticism, (58) 2008, p. 65.

民族和其他文化，重新思考知识与权力之间的关系等，这些问题后来成为很多后殖民研究论述的核心议题。

二、文化与帝国主义

1993年，萨义德出版新书《文化与帝国主义》，他“试图扩充《东方主义》的观点，对现代西方宗主国与它在海外的领地的关系作出更具普遍性的描述”[①]，在继续探讨知识与权力、文化与霸权的意义上，这本书是《东方主义》的续篇，但同时“世界范围的帝国主义文化和历史上对帝国主义的反抗，使得本书不仅仅是《东方主义》的续篇”[②]。这本书中所涉及的地域范围大幅扩充，而且增加了对反抗这一维度的考察。基于叙事中文化与帝国主义的密切关系，萨义德指出，故事不仅是殖民探险者和小说家讲述遥远国度的核心内容，也是殖民地人民确认自己的身份和自己历史存在的方式。在这本书中，萨义德从文学作品与权力之间的关系入手，揭露帝国文学再现与政治权力之间的共谋关系。

萨义德认为文化有两重含义，其一是描述、交流和表达的艺术。在《文化与帝国主义》一书中，他聚焦于作为文化形态的小说，并认为“小说对于形成帝国主义态度、参照系和生活经验极为重要”[③]。其二是马修·阿诺德意义上的精英文化，这种文化是使人美好高尚的东西，是社会中最优秀的因素，是用一种脱离日常世界的超越的方式思考的文化。这一意义上的文化成为政治的和意识形态的斗争的舞台，会在尊重自己的文化的同时，“与民族或国家联系在一起，带有排外性，是身份的来源，造成各种形式的宗教和民族主义的原教旨主义，这种文化意味一种权力，一种统治、支配、限制、禁止、使某物合法化、使其降级或使其生效的权力”[④]。萨义德认为，大多数批评家都未能认识到殖民主义、种族压迫和帝国主义等政治文化现象与诗歌、小说和哲学等艺术和思想之间存在紧密关系。鉴于此，萨义德通过分析小说叙事揭示批判理论、小说和新历史主义、结构主义和马克思主义等理论背后的文化帝国主义。

萨义德甚至将意识形态和小说叙事视为帝国主义产生的动力。因为文学既受历史条件的制约，体现特定的权力关系，又会影响社会历史。小说不仅是艺术作品，而且也是“殖民进程的一个明显的组成部分”[⑤]。与威廉斯将“帝国主义”看作政治

①爱德华·W.萨义德：《文化与帝国主义》，李琨译，生活·读书·新知三联书店2003年版，第1页。
②爱德华·W.萨义德：《文化与帝国主义》，李琨译，生活·读书·新知三联书店2003年版，第2页。
③爱德华·W.萨义德：《文化与帝国主义》，李琨译，生活·读书·新知三联书店2003年版，第3页。
④爱德华·W.萨义德：《文化与帝国主义》，李琨译，生活·读书·新知三联书店2003年版，第80页。
⑤爱德华·W.萨义德：《文化与帝国主义》，李琨译，生活·读书·新知三联书店2003年版，第5页。

经济体系现象和汤林森集中分析“文化帝国主义”不同，萨义德认为，帝国主义不仅是一系列在政治、经济和军事领域里的殖民现象，它还是一种思维习惯和一种观念，广泛体现在知识和文化中。他认为从斯宾塞、莎士比亚到笛福、奥斯汀等的作品中，都将臣属民族被统治和西方民族向外扩张领土的职责的行为作为不争的前提和内容。如果说，笛福和康拉德的作品中很容易就能找到殖民者、被殖民者和殖民地的原型，更多的作品虽然貌似与帝国无关，却隐藏着微妙的帝国主义态度和参照结构，比如奥斯汀的《曼斯菲尔德庄园》中少有提及的安提瓜便是曼斯菲尔德庄园崇高地位与美丽的保障。19世纪的英国小说不仅存在帝国指涉，而且合法化了帝国扩张，从文化和意识形态上为帝国肃清障碍。尼采、华兹华斯、狄更斯的作品被奉为经典，很少有人注意到这些作品中白人掌控观察、写作、评论的权利和被殖民者失语的现象。这样的写作本身就是一种暴力。

在通过具体文学作品分析帝国主义的过程中，萨义德采用对位阅读的方法，关注三对元素：文本与帝国权力的共谋关系，宗主国和他者的不同体验，把当前的问题作为研究过去的路标和范例。[①]在阅读经典文本时，既考虑帝国，同时也注意到殖民地对帝国的抵抗，并揭示文字背后隐藏着权力操纵以及权力与经典存在共谋的事实。萨义德的批评不是停留于揭示经典文本对帝国的指涉，还意识到那些与占统治地位的话语抗衡的其他历史。对位阅读在解读英国小说时，也关注对同一事件的不同叙述的殖民地文学，让二者“对话”。萨义德指出，前殖民地的作家、学者们积极地叙述自己的历史、文化和地理，并将这些带入了欧洲文本，使得这些前殖民地文学成为解读英国小说不可或缺的参照系。他认为“阅读奥斯汀而不阅读法侬和卡布拉尔的作品等就是把现代文学和它的背景与根基割裂开来。这个过程应该扭转”[②]。

萨义德突出了经典建构过程中权力的作用，进一步揭示文学经典的含义。他对奥斯汀、康拉德、吉卜林等英国经典作家的阐释，令人耳目一新。他指出文化的权力可变成强势话语的代表。在当今这个媒介发挥着重要作用的时代，文化中的意识形态已由从前的高高在上的优越地位中跌落下来，转换为一些隐性的、“经典的”“标准化”的批判法则，亦即人们常说的“自然的”“客观的”“真实的”东西。鉴于此，我们应当对诸如“自然”“客观”“真实”之类的字眼予以特别警惕，尤其要深究其后的话语立场。需要说明的是，他既不赞同东方人以误读或美化西方的“西方主义”对抗“东方主义”方式，也不赞同民族主义对西方文化霸权的对抗，而是倡导一种交流对话和多元共生的文化话语权力观。总体而言，在《文化与帝国主义》中整体性思维特征减弱，萨义德逐渐认识到不能忽视西方人和东方人历史的重叠之

①爱德华·W.萨义德：《文化与帝国主义》，李琨译，生活·读书·新知三联书店2003年版，第81页。
②爱德华·W.萨义德：《文化与帝国主义》，李琨译，生活·读书·新知三联书店2003年版，第80页。

处，忽视或低估殖民者和被殖民者在文化领域中并存或争斗的相互依赖性。“过去一个世界是如此，现在也是如此，如果每个人都坚持自己的声音的纯粹性和至上性，我们得到的将仅仅是无休止的争斗和血腥的政治混乱。”①被压迫者的反抗及殖民者和被殖民者之间的相互依赖，坚持承认差异，并强调历史的考察问题，“关于解放和启蒙的最有力的叙述也应是融合而未分隔的叙述，应是那些过去被排斥在主流之外，现在正在为自己的一席之地而斗争的人们的故事”②。

第二节　佳亚特里·斯皮瓦克

1974年德里达的解构学力作《论文字学》（Of Grammatoloy，1974）被译为英文，译者撰写了长达80页的译者前言，深入系统地分析了德里达解构思想对黑格尔、尼采、海德格尔、弗洛伊德和胡塞尔等先哲思想的批判和继承，也分析了德里达与拉康之间的理论联系，为解构主义在美国甚至世界范围内的传播起了巨大的推动作用。这个译者就是佳亚特里·斯皮瓦克（Gayatri C. Spivak，1942—　），她的翻译和阐释得到了德里达的认可，被公认为解构理论在北美最准确而杰出的阐释者。先期的解构研究为斯皮瓦克的后殖民理论研究奠定了理论基础，“正是从对德里达理论的翻译解释入手，斯皮瓦克开始了她那漫长的以解构理论为其主要理论基础的著述生涯的”③。

斯皮瓦克现任教于哥伦比亚大学，1942年生于印度的一个中产阶级家庭，1962年于美国康奈尔大学获得英国文学硕士学位，1963年赴英国剑桥大学戈登学院研修一年，1967年获得康奈尔大学比较文学博士学位，她的博士生导师是美国解构学派的著名代表之一——保尔·德曼（Paul de Man）。斯皮瓦克自称是“融合了女权、马克思主义和解构理论的批判家”④，她的研究领域跨越学科专业界限，涉及女性主义和后殖民主义等方面，她的理论贯穿多种流派思想，体系庞杂多元，坚持解构策略的同时，她也受到马克思价值或价值形式理论、弗洛伊德、尼采、拉康和福柯等理论家的影响，她还从德勒兹和佳塔里那里借鉴了“非领地化”的思想。正如吉尔伯特所言：“她拒绝在排斥其他学派的前提下信奉任何一种批评学派或文化/政治的主导

①爱德华·W.萨义德：《文化与帝国主义》，李琨译，生活·读书·新知三联书店2003年版，第15页。
②爱德华·W.萨义德：《文化与帝国主义》，李琨译，生活·读书·新知三联书店2003年版，第23页。
③王宁：《解构、女权主义和后殖民批评——斯皮瓦克的学术思想探幽》，北京大学学报（哲学社会科学版），1998年第1期。
④Gayatri C. Spivak, In Other Worlds: Essays in Cultural Politics, New York & London: Routledge, 1988, p. 9.

叙述方法”，“没有一个总体的分析立场”[①]。总体而言，她将总体论和统一性的马克思主义思想与颠覆本质主义和二元对立的解构主义思想，融会在女权思想和后殖民思想中，形成独具特色的“策略本质主义”的批评方法。

斯皮瓦克的著作丰富，主要有《他者世界：文化政治论文集》（In Other Worlds：Essays in Cultural Politics，1987）、《后殖民批评家：访谈、策略与对话》（The Post-Colonial Critic：Interviews，Strategies，Dialogue，1990）、《教育机器之外》（Outside in the Teaching Machine，1993）、《对性属后殖民性学术自由的思考》（Thinking Academic Freedom in Gendered Post-Coloniality，1992）、《斯皮瓦克读本》（The Spivak Reader，1996）、《后殖民理性批评：走向行将消失的当下历史》（A Critique of Postcolonial Reason：Toward A History of the Vanishing Present，1999）、《不时髦的文字学：重温殖民话语》（An Unfashionable Grammatology：Colonial Discourse Revisited，2000）、《一门学科之死》（Death of A Discipline，2003）等，2008年和2011年斯皮瓦克分别出版了新著《其他的亚洲》（Other Asias）和《全球化时代的美学教育》（An Aesthetic Education in the Era of Globalization），近期开始强调从后殖民转向全球化的必要性，提出批判性地方主义的观点。

斯皮瓦克随西方文化批评主导思想的变化而调整自己的批评方法和批评策略，这使她能够准确把握学术热点，保证自己研究的前沿性，但同时也使她的理论缺乏体系和一贯性，招致多方面批评，正如她自己所言：“马克思主义者认为我太代码化了，女权主义者则嫌我太男性化了，本土理论家认为我过于专注西方理论了。”[②]这个留一头超短发、柔中带刚的女人从不辩解，而是坚持她独特的批评方法、批评策略和立场观点，成为仅次于萨义德的当代最有影响的后殖民主义批评家。

一、斯皮瓦克的后殖民主义思想

斯皮瓦克的后殖民理论具有明显的解构主义特征。解构主义旨在消解本质主义和二元对立。“本质主义”是西方传统的在场哲学的核心思维方式，造成一系列的二元对立关系，如“本质—现象”“内容—形式”“真理—谬误”等。以德里达为首的解构主义理论家则认为，一个词及其意思与其他意思不可分割地联系在一起，构成一个变幻不定、浮动嬉戏的所指链条，经过“延异”“撒播”等，“符号的解构由那个永远缺席的他者的痕迹或踪迹来决定。当然，这个他者也从来不曾以其完全的本

①巴特·穆尔-吉尔伯特：《后殖民理论——语境、实践、政治》，陈仲丹译，南京大学出版社2001年版，第97—98页。

②王宁：《后现代主义之后》，中国文学出版社1998年版，第126页。

质出现。甚至像回答孩子提出的问题或查字典这些经验事实所宣称的一样，一个符号指向另一个符号，如此类推，乃至无穷”[①]。“延异”和“撒播”导致意义不可确定，要想知道意义需要借道语境。语境相对稳定，但不完全封闭，异质因素通过语境中的空隙，进入同质的语境，所指或意义只剩一种“踪迹”，而不再是不变的存在。“踪迹”取代了现代性的本质，本质的不在场使寻找事物的原因和起源的努力失去意义，人们只能通过差异和指涉结构认识事物，“指涉结构在起作用，并且会继续起作用，不是因为符号的两个所谓的成分之间的同一性问题，而是因为它们之间的差异关系。符号标志着差异的场所”[②]。对差异的强调消解了二元对立和中心论的合理性，斯皮瓦克以这一思想为理论支撑，揭示并颠覆了第一世界对第三世界、主流文化对庶民文化的等级制压制和压制策略。

斯皮瓦克又受到马克思主义等理论的影响，这使其能从整体的角度认识到解构主义消解超验所指，强调能指的不确定性和所指的多重取向导致了终极意义的隐遁，彻底的反本质主义只具有解释和批判的意义，并不能进行真正有效的反抗。她在自己的批评研究中保留“本质”的“踪迹”，将本质视为策略上的、临时性的手段，不探讨何为本质，只将其视为过程。“本质”在斯皮瓦克的理论体系中既是反抗的对象也是反抗的武器，她特别指出要提防这种本质主义成为新的压制力量，只能将“本质”作为一种批评立场，作为一种异质性理论与方法。这就是她所谓的策略本质主义批评方法。

斯皮瓦克认为，“一个否定经济全球化的文化主义是不可能了解其如影随形的野蛮主义的”[③]。斯皮瓦克通过解构式阅读，批判地继承了马克思主义的劳动价值理论和经济决定论。她认为19世纪工人阶级与资本家之间的对立，在20世纪转化为第三世界与第一世界之间的对立。第一世界盘剥第三世界的剩余价值，为第一世界的文化生产提供物质保障，而且文化霸权又会为各种剥削和操控提供意识形态支持。她强调马克思经济观点对于理解当前全球化和国际劳动分工的重要性，运用马克思主义理论揭示资本主义社会的不公问题。她首先关注的是第三世界经济上的后殖民状态，指出“富裕国家都听到心底的呼唤，携手帮助穷国，为他们提供技术和资金”的善举，“是以这个国家的前途作为抵押的”[④]。富裕国家以发展为名，通过提供技术和资金的方式，对第三世界国家进行渗透。

①斯皮瓦克：《从解构到全球化批判——斯皮瓦克读本》，陈永国等编，北京大学出版社2007年版，第10页。

②斯皮瓦克：《从解构到全球化批判——斯皮瓦克读本》，陈永国等编，北京大学出版社2007年版，第9页。

③Gayatri C. Spivak, In Other Worlds: Essays in Cultural Politics, New York & London: Routledge, 1988, p. 168.

④斯皮瓦克：《从解构到全球化批判——斯皮瓦克读本》，陈永国等编，北京大学出版社2007年版，第264页。

斯皮瓦克运用解构的理论方法颠覆西方殖民主义和东方主义话语。如果说德里达等的解构思想试图解构整个西方形而上学，斯皮瓦克则将解构理论作为一种方法或思维模式，通过对文学历史和政治文本的解构式阅读，揭露并消解殖民主义和东方主义的话语基础。斯皮瓦克通过分析指出西方知识分子与权力结构之间存在一种共谋关系，虽然表面上一些西方知识分子在为非西方主体代言，实际上他们从西方的主体中心出发，或有意或无意地想象、臆断，遮蔽了非西方的主体，剥夺了他们的话语权力，令他们沉默。在《属下能说话吗?》中，她指出在一个构成性的建构里，福柯和德勒兹在替底层人说话的同时，建构了一个超语境的"他者"，同时让他们沉默。"德勒兹和福柯都忽视了帝国主义的知识暴力和国际劳动分工的问题。"①在《后殖民理性批评：走向行将消失的当下历史》中，她也表达了相似的观点："让当代法国知识分子想象可以容忍欧洲的他者世界里的无名主体，这是不可能的。"②她主张"弃却"(unlearn) 被灌输的、机构化的各类种族、阶级、性别偏见、知识和价值观念，并进一步通过对在场的分析发掘出被遮蔽了的缺席，这比萨义德的后殖民思想更深入也更具有抵抗力。比如在对印度庶民研究小组的批评中，斯皮瓦克指出，庶民研究小组试图在殖民地档案和民族精英记录中还原底层人的政治斗争，重写底层人的历史，让他们发出自己的声音，从殖民档案和精英历史的缝隙中试图颠覆原有的整体叙事，从而重塑底层人的主体。但庶民研究小组在套用马克思主义阶级斗争和阶级意识的做法，简化了具有差异的底层人政治斗争，是用另一种宏观叙事来取代殖民档案和民族精英的历史叙事。换言之，斯皮瓦克试图指出，庶民研究小组没有认识到底层人不具有主体性，庶民所谓的主体性是民族主义精英根据主导性话语进行的杜撰，这种话语与殖民权力和知识结构纠缠在一起。而且，斯皮瓦克认为庶民研究小组所依据的殖民文献都是官方史料，不可能重现真正的庶民历史，庶民的主体性已经不可能得到完全的恢复，庶民根本不能说话。

强调他者的绝对异质性，异质性伦理思想是斯皮瓦克后殖民思想的核心。她认为存在两种伦理模式：一种是自恋式的，遮蔽"他者"，消解"他者"；另一种则强调了"他者"绝对异质性，"他者"不能为主流话语包涵和了解。斯皮瓦克认为后殖民地人民的边缘性是帝国霸权或殖民霸权长期的压制造成的，但这一边缘地带是不可征服的。基于这一思想，她在新作《其他的亚洲》中探讨了全球化背景下的区域意识，提出一种反族裔的批判区域主义。书中各个文本展示了"多元化亚洲的想象"，目的是为"别样的或他者的研究规则"准备。在此过程中，斯皮瓦克的"立足

---

①斯皮瓦克：《属下能说话吗?》，参见罗钢、刘象愚编《后殖民主义文化理论》，中国社会科学出版社1999年版，第125页。

②Gayatri C. Spivak, A Critique of Post-Colonial Reason: Toward A History of the Vanishing Present, Cambridge: Harvard University Press, 1999, p. 263.

点并不是要去和其他大洲展开竞争。“我所考虑的多元化的亚洲，既尽可能地去想象和尊重亚洲内部的差异，又尽可能地去想象和了解他们的差异。”[①]

二、斯皮瓦克的后殖民女权思想

斯皮瓦克的女权主义思想以解构主义和马克思主义为理论基础，与后殖民思想紧密相连，不可分割。她关注第三世界中女性的状况，认为这些女性的遭遇与第一世界的女性有相通之处，但基于不同的历史和文化境况，也存在诸多不同之处，要尊重这种差异而不是将其忽略甚至掩盖。

作为一个女权主义者，斯皮瓦克揭示并批判西方传统文化中的男权思想。如她指出弗洛伊德精神分析学说中论述的“阴茎妒忌”忽视了女性群体对社会的作用。现如今仍然存在的“阴蒂阉割”和“美女经济”，这是对女性的悖论式要求：一方面对女性提出苛刻的贞洁要求，另一方面又将女性作为一种性感对象。这都是对女性的客体化，在客体化过程中，男性似乎只是“从男人的世界”及“男人自身”获得依据的，“因而只是证实了有关他们的世界和自身的真理。我冒险断言，他们在不适当的基础上描写世界和自身”[②]。与此相对，斯皮瓦克提出了“子宫妒忌”的理论，证明在人类社会中男女存在于同一个话语体系中，相互依存，而不是如男权思想那样将女性视为男性的客体对象。斯皮瓦克的态度很明确，“指出女性主义的边缘位置，并不意味着我们要去为自己赢得中心地位，而是表明在所有的解释中这种边缘的不可化约性。不是颠倒，而是置换边缘和中心的差别”[③]。

作为一个后殖民女权主义者，斯皮瓦克通过考察历史上和文学中的“第三世界妇女”，指出第三世界妇女被双重边缘化，“在属下阶级主体被抹去的行动路线内，性别差异的踪迹被加倍地抹去了……在殖民生产的语境中，如果属下没有历史、不能说话，那么，作为女性的属下就被更深地掩盖了”[④]。她们遭受男性意识形态和西方意识形态的双重建构，成为绝对“他者”，成为一种理论虚构。在《属下能说话吗?》一文中，斯皮瓦克分析了古老的印度寡妇自焚殉身习俗，寡妇在丈夫火化的柴堆上自焚，曾在印度的各个阶层中长期存在，后来英国殖民者从法律上废除了这个习俗，这似乎是“白人正从褐色男人那里救出褐色女人”，但事实上印度女人从未发出自己的声音，她们被西方帝国话语和本土男权话语的双重霸权遮蔽了。梵语“寡

①Gayatri C. Spivak, Other Asias, Malden: Blackwell, 2008, p. 1.

②Gayatri C. Spivak, In Other Worlds: Essays in Cultural Politics, New York & London: Routledge, 1988, p. 78.

③Gayatri C. Spivak, In Other Worlds: Essays in Cultural Politics, New York & London: Routledge, 1988, p. 107.

④斯皮瓦克：《属下能说话吗?》，参见罗钢、刘象愚编《后殖民主义文化理论》，中国社会科学出版社1999年版，第125页。

妇”一词是“sati”，而英国殖民者将其改为“suttee”，“sati”的意思是“好妻子”，而“suttee”则是“忠诚”的自焚殉夫的仪式的意思。这种误译其实是“一种更大的意识形态的限制”[①]，为“白人，在试图从褐色男人手中拯救褐色女人时，通过在话语实践中绝对地把好妻子与在丈夫的火葬堆上的殉身认同”[②]，通过实现一种话语操控建构第三世界女性主体。印度本土精英只是“为对他者声音有兴趣的第一世界知识分子提供材料的当地人”[③]，在有意或无意中成为帝国主义话语的同谋者。无论是帝国主义话语还是本地的精英分子都是以男性为中心和主导的，女性自我牺牲行为被阐释为英雄主义，目的是维护男性的利益，这种以男性为主导建构起来的性别意识形态，通过故事流传实现主体和意识形态的再生产。第三世界的妇女形象被错置和误认，如斯皮瓦克所言：“在父权制与帝国主义之间、主体构成与客体形成之间，妇女的形象消失了，不是消失在原始的虚无之中，而是消失在一种疯狂的往返穿梭之中，这就是限于传统与现代化之间的‘第三世界妇女’错置的形象。”[④]第三世界女性成为种族与性别歧视双重受害者，“妇女受到双重掩盖”。

斯皮瓦克不仅进行文本分析，也关注原殖民地妇女的现状。她认为在全球化的背景下，第三世界的工人阶级妇女成为国际劳动分工中最大的牺牲者。她们在跨国公司辛苦劳作，为第一世界制造财富，却只获得微薄的收入。如果从妇女和生育的角度，重新审视异化、劳动和财产的生产的性质和历史，以超越于马克思之上来解读马克思，还会发现第三世界妇女所遭受的双重压迫和剥削。她们被锁定在一个特定的三元组合——使用、交换和剩余——中，她们在传统的社会情景中生产的东西要超出她们的自我生存需要，因此，她们“是剩余价值生产的取之不竭的源泉，她为占有她的男人而生产，或者通过男人为占有其劳动力的资本家而生产”[⑤]。

斯皮瓦克支持西方女权主义者对男权霸权的抵抗，但是她也从第三世界妇女的角度，指出西方女权主义理论中存在的殖民主义特点，西方“女性主义批评的激进视角，又重新产生了帝国主义的公理后”，似乎特别的不幸。[⑥]她认为号称“国际女权主义”或全球女权主义的学院女权主义，只是西方资本主义国家内的女权主义，

---

①斯皮瓦克：《属下能说话吗?》，参见罗钢、刘象愚编《后殖民主义文化理论》，中国社会科学出版社1999年版，第125页。

②斯皮瓦克：《属下能说话吗?》，参见罗钢、刘象愚编《后殖民主义文化理论》，中国社会科学出版社1999年版，第125页。

③斯皮瓦克：《属下能说话吗?》，参见罗钢、刘象愚编《后殖民主义文化理论》，中国社会科学出版社1999年版，第125页。

④斯皮瓦克：《属下能说话吗?》，参见罗钢、刘象愚编《后殖民主义文化理论》，中国社会科学出版社1999年版，第125页。

⑤Gayatri C. Spivak, In Other Worlds: Essays in Cultural Politics, New York & London: Routledge, 1988, pp. 79-80.

⑥Bart Moore-Gilbert, Gareth Stanton & Willy Maley, Postcolonial Criticism, Addison Wesley Longman, 1997, p. 146.

这些女权主义理论蕴含着本质主义，忽略了种族和民族等差异，将女性同质化，这样的女权主义只能是“白人女权主义”。她们把第三世界妇女看作和她们一样，从自我的伦理政治想象异域的他者。在《在国际框架里的法国女性主义》(1981)中，斯皮瓦克指出，法国女权主义者克里斯蒂娃的著作《中国妇女》把中国妇女置于被研究、被考察的“客体化”和“他者化”位置，借用“他者文化”来挑战西方的知识体系和主体权威，隐藏着第一世界妇女的傲慢。女权主义“我能为她们做些什么?”的想法只能将东方人西方化，实质上是一种性别理论上的殖民主义行为。斯皮瓦克主张“第一世界的女性主义者必须学会放弃做女人的优越感”[①]，白人女权主义者要通过学习，放弃作为白人、中产阶级和受过西方良好教育的种种特权，摆脱同质化的思维模式，承认并尊重第三世界妇女在政治、经济、宗教和文化等方面的差异，甚至向印度城乡妇女学习，使得“她们与我们拥有一条共同的交际图景，认识共同的敌人”[②]。

斯皮瓦克通过研究分析，质疑了西方女权主义者所标榜的“姐妹情谊”。一方面，在《三个女性文本和一种帝国主义批评》中，她将夏洛蒂·勃朗特的《简·爱》、简·里斯的《藻海无边》和玛丽·雪莱的《弗兰肯斯坦》置于后殖民和女性主义的双重视域内进行考察。《简·爱》中罗切斯特和简·爱与罗切斯特的前妻——来自西印度群岛的梅森·伯莎之间的关系可以说是帝国与殖民地之间关系的隐喻。罗切斯特以疯癫为由将妻子封闭和隔离，这个被妖魔化的人物烧死自己成全简·爱，使一切都名正言顺。作者对简·爱的赞扬，对伯莎的妖魔化，在斯皮瓦克看来，正是按照帝国主义公理，通过将有色人“他者”化、客体化甚至妖魔化突出白人女性的美德。把简·爱塑造成跨越阶级和美貌的理想爱情的体现的同时，隐藏着一种“活跃的帝国主义意识形态”[③]。作为《简·爱》的反文本《藻海无边》则暗示了“即使个人或人的身份这样隐秘的事情，也可能由帝国主义政治来决定”[④]，《弗兰肯斯坦》则在无意间流露出帝国主义情感。另一方面，她也考察了现实实践中东西方妇女之间的差异，甚至两者之间隐藏的利益冲突。在《他者世界》中她指出：“即使更多的妇女被雇用，或者在会议上增加女性主义议题，这种天真的胜利也会导致欠发达国家妇女的无产阶级化，因为多数美国大学都有可疑的投资，多数会议旅馆都

①斯皮瓦克:《在国际框架里的法国女性主义》，参见张京媛编《后殖民理论与文化批评》，北京大学出版社1999年版，第80页。

②张京媛编:《后殖民理论与文化批评》，北京大学出版社1999年版，第79页。

③斯皮瓦克:《三个女性文本和一种帝国主义批评》，参见罗钢、刘象愚编《后殖民主义文化理论》，中国社会科学出版社1999年版，第163页。

④斯皮瓦克:《三个女性文本和一种帝国主义批评》，参见罗钢、刘象愚编《后殖民主义文化理论》，中国社会科学出版社1999年版，第166—167页。

以极其无情的方式雇用第三世界妇女。”①

第三节　霍米·巴巴

霍米·巴巴（Homi K. Bhabha，1949—　）现任哈佛大学罗森伯格英美语言文学讲座教授（Anne F. Rothenberg，Professor of English and American Literature and Language），他又是该校的历史与文学研究中心主任。巴巴，1949年生于印度，1970年在孟买大学获得英语语言文化学士学位，1974年至1977年获得英国牛津大学基督教堂学院哲学硕士和文学硕士学位，1990年获得哲学博士学位。与他在世界上的巨大声誉相比，巴巴的著述相对较少，主要有1990年编著的《民族与叙事》（Nation and Narration）和1994年出版的个人论文集《文化的定位》（The Location of Culture），虽然他在一次访谈中提及将有新书出版，但此书尚未与读者谋面。在这些为数不多的著作中他提出了“混杂性”“模拟”和“本土世界主义”等主张，这些主张影响深远，奠定了他与萨义德、斯皮瓦克并肩其名的国际地位，成为后殖民主义理论的“三剑客”之一。他的后殖民主义理论提出了第三世界批评家发出自己声音的具体策略：“从内部首先使其（殖民话语）失去本真性，变得混杂和不纯，进而使其固有的权威性被消解。”与萨义德和斯皮瓦克不同，霍米·巴巴采取的“实际上是一种论辩而非对抗的态度”②。

霍米·巴巴的后殖民主义理论来源复杂，他策略性地采用精神分析方法，探索矛盾性殖民身份，他借用精神分析中边界的偶然性，探讨殖民身份的分裂、焦虑或模糊性。马克思主义的批判理论是巴巴的另一重要思想来源，但如果说马克思主义更加关心因果关系和决定论，巴巴则更强调历史和社会事件中的偶然性问题。如果说马克思关注的是阶级，巴巴则更关注民主，在他看来阶级只是社会差别之一。另外，德里达的延异、时差和位移等对意义的建构性的理论，福柯关于权力与知识的关系的观点和关于话语权的斗争等思想，巴赫金的对话理论，以及德曼、杰姆逊和利奥塔等人的理想都对巴巴的后殖民理论产生过影响。可以说，在讨论他著名的“混杂性”理论的过程中，他有效地将后现代理论和现代理论策略性地混杂在一起。正如巴巴在《国家与叙事》中所言，“任何理论无论表面上看起来有多么纯一的形

①Gayatri C. Spivak, In Other Worlds: Essays in Cultural Politics, New York & London: Routledge, 1988, p. 291.
②王宁：《叙述、文化定位和身份认同——霍米·巴巴的后殖民批评理论》，《外国文学》，2002年第6期。

式，在同一性（identity）的骨子里都意味着混杂（hybridity）”①。

20世纪80年代末之前，巴巴致力于殖民话语研究，从精神分析的角度探讨帝国时代身份的形成，与萨义德将殖民者和被殖民者截然对立的做法不同，他指出两者之间协商和交流的关系。他认为被殖民者对殖民者的“模拟”是一种对殖民者的反凝视，使两者之间的关系不再稳定，这种混杂性是被压迫者的一种颠覆形式。从80年代末至今，他关注殖民主义的文化后果、文化差异和文化多样性，尤其关注少数族裔，如移民、难民和流散者等的身份问题，提出一种“本土世界主义”的全球化设想。

一、混杂性、模拟和矛盾状态

巴巴认为，萨义德的东方主义批判以殖民权力完全为殖民者所有为前提，这是一种对历史和理论的简单化处理。他认为殖民者与被殖民者之间存在一种矛盾状态，或者说一种中间状态，殖民权力并没有建立起绝对的权威和强势，而被殖民者也不是没有任何主动性的受害者，两者之间对抗的同时，存在一种交流和协商关系。“混杂性”“模拟”和“矛盾状态”是巴巴在论述这种协商关系中所采用的术语，三者相互关联，描述被殖民者与殖民者相互接触的过程中，在霸权与屈服、训导与抵抗的关系中形成的一种你中有我、我中有你的中间状态。

“混杂性”（hybridity）一词来自生物学，巴巴借用这个词描述文化之间不可分离和界限不明的现象，指的是“不同种族、种群、意识形态、文化和语言相互混合的过程”②。殖民者和被殖民者之间存在一种既吸引又排斥的关系，殖民主体与被殖民主体之间也不是简单的和完全的对立关系，在殖民文化和后殖民文化之间存在一个看不见摸不着的第三空间，在这个空间中“文化接触、侵略、融合和断裂”③，在这一空间的文化因素比其他任何地方都更活跃，穿越文化之间的“疆界”，跨越原本的文化场，产生许多新生意义，文化之间不再是非此即彼，而是非此非彼、亦此亦彼的关系。这种混杂的空间消解了殖民话语的稳定性，为被殖民者从边缘向中心的移动提供了契机，“它们以惊人的种族、性别、文化，甚至气候上的差异的力量扰乱了它（殖民话语）的权威表现，它以混乱和分裂的杂交文本出现于殖民话语之中”，“它逆转了殖民者的否认，于是‘被否认的’知识进入了主宰性话语并疏离了其权威

①Homi K. Bhabha (ed.), Nation and Narration, London: Routledge, 1990, p. 112.
②Homi K. Bhabha, The Location of Culture, London & New York: Routledge, 1994, p. 55.
③Robert J. C. Young, Colonial Desire: Hybridity in Theory, London: Routledge, 1995, p. 5.

的基础”。[①]

提出“混杂性”这一概念，巴巴旨在超越二元论，从而消解西方话语霸权对“他者”的单方面定义。二元论是以固定的本质主义范畴为基础的，是对文化特征那些稳定的、自我统一的表述，是静态的和僵化的，蕴含着优劣的等级观念；而“混杂体”打破了“自我/他者、内部/外部的对称和二重性”[②]，越过原来的主体性描述，关注那些文化差异表述的时刻或过程”，模糊了原本清晰的“自我”。混杂性既是一个开放的结构，又是一个包容性结构，把“他者性”作为一个重要的差异特质引入进来。在动态性和开放性的“阈限的”（liminal）有限空间内，各种文化因素处于“演现”状态，没有固定的模式，既没有绝对的权威，也没有终极的指导，有的是一种变动不居的过程，在这种过程性和差异性的接合中，文化和民族身份得到想象性“建构”。少数族要在中心统治权力的边缘获得自我表达的权力，不能像一些民族主义者那样坚守传统，相反应该含纳差异，在继承传统力量的同时，承认并能解释现实实践。“含混将一种‘处在事物之间’操演的感觉带入到反思和判断、选择和决断的活动中”[③]，这种混杂性体现在语言、文化、政治和种族等方面，而且作为一种认识论方法可以更为深入地把握当前流行的对于认同和差异的表述。

“矛盾”（ambivalence）是由混杂而带来的一种模糊状态，是殖民者与被殖民者的语言和文化等发生接触、交流和碰撞产生的一种中间状态。虽然殖民者来到殖民地是为了统治和剥夺，而且要用他们所谓的“文明的机制和价值”等拯救和同化当地文化，但事实上在这一过程中被殖民者并非被动承受。殖民者在殖民地文化发生改变的同时也会做出适合本地情况的调整，殖民者本身也发生了改变，结果是殖民者与被殖民者彼此杂糅，“殖民者与被殖民者之间在优越与自卑、纯正与掺和、模仿与戏弄的矛盾状态中，形成一种既排斥又吸引的依存关系”[④]。这种矛盾状态打断了殖民统治泾渭分明的权威，因为它打乱了殖民者与被殖民者之间简单的对抗关系。巴巴指出，混杂中的矛盾状态“就其作为一个整体而言，并没有一种起源，而只是多种因素产生的复合效果，因此，不能用理论的深层模式去认识，也不能看作两个文化产生的张力而进行辩证游戏，而应当用精神分析的置换和镜像来看待”[⑤]。矛盾状态的模棱两可性，颠覆了殖民者对被殖民者的压迫，消减了两者之间的对抗性，为调和两者之间的关系提供了可能性。

“模拟”（mimicry）是巴巴提出的另一概念。“模拟”并非复制，在其过程中产生

①Homi K. Bhabha, The Location of Culture, London & New York: Routledge, 1994, p. 114.
②Homi K. Bhabha, The Location of Culture, London & New York: Routledge, 1994, p. 116.
③霍米·巴巴：《全球化与纠结：霍米·巴巴读本》，张颂仁等编，上海人民出版社2013年版，第62页。
④生安锋：《霍米·巴巴的后殖民理论研究》，北京大学出版社2011年版，第103页。
⑤Homi K. Bhabha (ed.), Nation and Narration, London: Routledge, 1990, pp. 113–114.

了“滑脱、过剩和差异”，成为一种“差异的表述”[①]，而达到“对控制过程进行策略性逆转”[②]的目的。殖民者对于“模拟”的态度是矛盾的，一方面他们希望得到被殖民者的认同，另一方面又希望以自我为中心树立自己的权威，所以他们既希望被殖民者模拟他们，又要求他们与自己保持足够的差异，以保持一定的距离，维持自己的支配和主导地位。被殖民者对殖民者的模拟，可能出于被迫，也可能出于对殖民文化的向往和崇拜，他们会接受殖民者的语言和文化，但是却保持着他们不可挪移的文化核心。所以“模拟”显示出的是一种差异的再现，这种差异本身就是一种拒绝全盘接受的过程，呈现为一种本质上的含混，即“总是相同而又未必相同”[③]。“模拟”造成的这种“几乎相同却完全不一样的”矛盾状态“使殖民地话语产生出一种与权威相对的混杂性，发展出一套既与原体相似又具有独创性的变体，其最终目的在于削弱殖民权威或帝国主义统治的力量”[④]。

“模拟”在殖民控制的确定性中楔入了一种不确定性，导致“混杂”和“矛盾”状态这一中间状态的出现，具有潜在的策略性和反叛性，打破了殖民话语的权威性。通过“模拟”等混杂方式，殖民者与被殖民者之间相互依存、相互协商、相互构建对方的主体性，在这个意义上，“模拟”为挫败殖民主流话语建立基于二元对立的等级秩序的企图提供了具体方法，开拓了被殖民者积极的抵抗的空间，用巴巴的话来说就是：“模仿并不复制先在的东西，而是生产和颠倒先在性和派生性的条件……这些被颠倒的模仿，即颠倒了模仿和被模仿对象之次序的模仿，在模仿的过程中揭示了‘本源’对它所产生的二级结果的根本依赖。”[⑤]

“模拟”“混杂性”和“矛盾状态”所描绘的不同种族、种群、意识形态、文化和语言相互混合，既矛盾又模糊的过渡性空间，消解了“本真性”“本质性”和“整体性”等的权威性。

二、本土世界主义（vernacular cosmopolitanism）

关注全球化是巴巴近期研究工作的重要转向，他基于“混杂性”理论，着眼于少数族裔的身份问题，从世界主义的视角考察民族主义，提出一种他称为“本土世界主义”的全球化设想。“本土世界主义”摒弃了作为“无法测度的神秘现实”的全

①Homi K. Bhabha, The Location of Culture, London & New York: Routledge, 1994, p. 92.
②Homi K. Bhabha, The Location of Culture, London & New York: Routledge, 1994, pp. 86–89.
③Homi K. Bhabha, The Location of Culture, London & New York: Routledge, 1994, p. 112.
④王宁：《后现代主义之后》，中国文学出版社1998年版，第78—79页。
⑤朱迪斯·巴特勒：《模仿与性别反抗》，赵英男译，参见汪民安等编《后现代性的哲学话语——从福柯到赛义德》，浙江人民出版社2000年版，第244页。

球化思想，以公民资格或者少数人化为切入点，面对和揭示“全球性生活的复杂性和断裂”[①]。少数族裔不是按照数量界定的，少数族化（minoritization）这一概念也不是指数量上的事实，不是少量的人的少数人化，而是指介于文化之间的第三空间的无国家的人，难民、少数族裔、流离失所的人和被种族隔离的人，巴巴称之为“第四世界”的人。巴巴用“第四世界”指涉一个全球性的过程[②]，这种全球化承载着超越民族国家进行思考的使命。

巴巴在提出“本土世界主义”之前，批判了另一种世界观，他称之为“全球世界主义”。这种世界主义将世界视为一个由民族国家延展到地球村的同心圆世界，承认一个中心并赋予这个中心以特权，是新自由主义的统治方式和自由市场经济的文化同谋。这种世界观以经济发展为核心，信奉发展主义，将世界区分为先进与落后、科学与无知，在促进一些国家民主化的同时，加剧了对边缘的剥削，而且会“公然无视不平等和不均衡发展造成的长期不平等和贫困”[③]，片面倡导多元文化共存和民族共存。这种世界主义其实是一种“整合的民族——国家之世界体系”[④]，其统一和总体化特征往往造成霸权和压制，将“全球平等伦理和平等交往的世界主义诉求变成了所有异族人的锁链”[⑤]，且这种“全球世界主义”不断衍生出不平等的二元经济体，而二元经济并不是真正的繁荣。这种全球化在全球与地方之间造成一种对抗而不是协商的关系。

“本土世界主义”以那些无国家的人，即“第四世界”的人为出发点，“用少数派的眼光来衡量全球发展”[⑥]，用边缘的视角审视全球化。首先，这种世界观体现着“含混”的特点。“第四世界”的人开启了一种“介于合法性和无礼之间的某种复杂而矛盾的存在、存活模式”。少数族裔主体或无国家全体在这种超越国家界限的第三空间中整合与瓦解，“在一个未解决的辩证中相互交叉”[⑦]。这是一种典型的含混过程：张力和争论，其不完全性和紧急性，游走于对抗和替代性选择之间，穿梭于法则和例外之间，边界变得模糊，“部分是你的，部分是我的”[⑧]。这种模棱两可的矛盾性和含混性，昭示着一种不同的全球伦理和文化品性。其次，巴巴没有宏观地去

①霍米·巴巴：《后殖民性、全球化和文学的表述——霍米·巴巴访谈录》，生安锋译，《南方文坛》，2002年第6期。
②霍米·巴巴：《后殖民性、全球化和文学的表述——霍米·巴巴访谈录》，生安锋译，《南方文坛》，2002年第6期。
③霍米·巴巴：《全球化与纠结：霍米·巴巴读本》，张颂仁等编，上海人民出版社2013年版，第8页。
④霍米·巴巴：《全球化与纠结：霍米·巴巴读本》，张颂仁等编，上海人民出版社2013年版，第8页。
⑤霍米·巴巴：《全球化与纠结：霍米·巴巴读本》，张颂仁等编，上海人民出版社2013年版，第58页。
⑥霍米·巴巴：《全球化与纠结：霍米·巴巴读本》，张颂仁等编，上海人民出版社2013年版，第11页。
⑦霍米·巴巴：《全球化与纠结：霍米·巴巴读本》，张颂仁等编，上海人民出版社2013年版，第67页。
⑧霍米·巴巴：《全球化与纠结：霍米·巴巴读本》，张颂仁等编，上海人民出版社2013年版，第71页。

测度不可测度的全球化，而是通过重新思考公民资格之类的东西来把握全球化或重新度量全球化。这些“第四世界”的人具有“在地性”，承受着地方和时间上的双重束缚，体现为一种矛盾而模棱两可的状态，“本土世界主义”始于一国内部，“要想公正地衡量全球进步，我们首先需要评估全球化的国家如何处理‘内部分歧’——本地层面上的多元化和再分配问题，以及地方少数人权的权力及参政问题”[①]。另外，这种世界主义对自由平等的追求强调在定义人性时摆脱意识形态和体制的制约，保证人人有权保持“平等的个性”，而不是“二元经济”下的多元，而且保持这种“个性”不需回复一个原初的文化或群体身份，平等也不会以权力的“普世性”为名抹杀个性，而是通过赞同一种超越自主性和主权的跨文化的差异促进团结一致。

巴巴提出的“本土世界主义”主张，既是一种学术分析，又是一种政治实践，与“全球世界主义”形成鲜明对比。后者中以国家为中心，而且固化主权公民身份。在巴巴看来仅能解决作为一个本体论问题的少数人群“归属”的困境。通过这种归属，他们追寻一种原初的认同，继承某些传统，将归化并固化公民身份，结果是“在社会交往层面上不断进行非合作形式的坚守”，造成隔离甚至对抗。这种世界主义是需要宽容的，宽容的预设前提是在认知层面上彼此排除合法性的主张，宽容只是意识协商和自制的结果，体现着社会交往层面上的非合作与认知信念领域中的不一致，所以宽容正是坚守主体性的多元主义的内涵，所以宽容究其本质是一种普世主义的整合原则，它将分裂和差异视为需要克服的矛盾，并隐含着对个性和偶然性的担忧。与之相反，“本土世界主义”允许“矛盾含混”在未解决的矛盾中有效运转，这种柔性或者开放性使得诸多问题成为开放式的，身份和归属的问题也不断地协商和被质疑，而不是屈从于强制性规定，而且“通过认同与文化驱逐和异化之间冲突的含混性，才能做出道德校准”[②]。

在某种意义上，“本土世界主义”与所谓的“全球对话主义”“球域化”，以及阿皮亚提出的“有根的世界主义”有诸多相通之处：每个人立足本土或地方，同时将“他性”的存在含纳进自己的日常生活和语言实践中，建立包含文化差异的具有开放性和包容性的世界主义文化，重新认识文化差异和社会歧视以及与此相关的情感及伦理问题。在《另一个国度》中，巴巴介绍了一批“无国界艺术家”，这些艺术家正是巴巴提倡的特立尼达式“本土世界主义”的具体体现，他们属于一个“多元社会、反复穿越”[③]，他们拒绝国族认同或文化本真，这种拒绝不是出于对国际游牧主义和超民族主义的教条的支持，相反，这种拒绝是因为他们“拒绝极化的身份标

①霍米·巴巴：《全球化与纠结：霍米·巴巴读本》，张颂仁等编，上海人民出版社2013年版，第8—9页。
②霍米·巴巴：《全球化与纠结：霍米·巴巴读本》，张颂仁等编，上海人民出版社2013年版，第63—64页。
③霍米·巴巴：《全球化与纠结：霍米·巴巴读本》，张颂仁等编，上海人民出版社2013年版，第48页。

签，摒弃对社会和个人自由加以负面定义的单方面选择”①。他们的作品将传统艺术与最新制作介质结合，他们主动选择这种在流亡与归属、家园和无家可归之间的矛盾状态，追求一种“多元的文化归属感”和“流动的”社会身份认同。

①霍米·巴巴：《全球化与纠结：霍米·巴巴读本》，张颂仁等编，上海人民出版社2013年版，第43页。

第二十四章　新历史主义美学

概　论

“新历史主义”是20世纪70年代末80年代初崛起于英美文学研究界的一个松散的学术流派，后来渐次扩展，演变为一种声势浩大的跨学科、超国界的文艺文化思潮。作为一种对形式主义与结构主义等批评方法进行反拨的文化理论与批评方法，它起初只是研究文艺复兴时期文学文本之历史内涵的一种独特视角。首先使用这个名称的是时任美国加州大学伯克莱分校英文系教授的史蒂芬·格林布拉特（Stephen Greenblatt）。在1982年为《文类》（Genre）杂志撰写的集体宣言中，他将自己及一些志同道合者所从事的批评笼统地称为“新历史主义”（new historicism）。从此以后，这一思潮开始以反抗旧历史主义、清理形式主义和整合多种后现代批评理论的姿态登上历史舞台，并迅速发展成为一个超国界、跨学科、多分支的学术流派，格林布拉特也因此成为这一流派的领袖和理论代表。此外，其他主要代表人物还有路易斯·蒙特洛斯（Louis Montrose）、乔纳森·多利莫尔（Jonathan Dollimore）、凯瑟琳·伽勒赫（Catherine Gallagher）、海登·怀特（Hayden White）等。

格林布拉特本人并未对这一术语做具体的理论说明，而认为新历史主义首先应被“界定为一种实践——一种实践，而不是一种教义”[1]。但在新历史主义名下所展开的批评实践，仍然呈现出有流派特征的理论观念和批评方法论，只是通常以“后理论”形式出现。新历史主义也并不刻意“别宗立派”，被归入这个阵营的批评家之间通常也显示出不容忽视的差异性，但这些差异却彰显了新历史主义批评的不同维

①格林布拉特：《通向一种文化诗学》，参见张京媛编《新历史主义与文学批评》，北京大学出版社1993年版，第1页。

度和多个侧面，而并不妨碍人们将其作为一个统一的流派来对待。作为特定文学批评流派的新历史主义，其所关注的问题聚焦于历史与文学的关联互动问题，其观念视野和问题框架基本未超出“历史诗学”（the poetics of history）的边界范围。[①]像海登·怀特那样不愿被归入新历史主义麾下的新历史主义者，则直接将自己的“元史学”称为“历史诗学”[②]，认为传统观念“隐瞒了‘创造’在历史学家的作业里也有所参与的程度”，指出历史修撰因为“情节编排的解释”“论证的解释”和“意识形态含义的解释”等“创造性”环节的作用而使“历史”在本质上体现为“诗学的”[③]。在其《评新历史主义》等论文里，他认为新历史主义是一种“历史诗学”，因为它所专注的历史记载中的零散插曲、逸闻趣事、偶然事件、反常事物、卑微情形等内容“在‘创造性’的意义上可以被视为‘诗学的’”[④]。

在历史诗学的问题域（即提问的范围、问题之间的内在关系和逻辑可能性空间），新历史主义的批评家们各自的理论批评，不管其角度方法如何不同，但都聚焦于对文学与历史、历史性与文本性、历史“背景”与文学“前景”、社会能量与意识形态、历史文化与诗学生产、史学表述与美学取向之间复杂关联与交互影响问题的重新定位和深入考辨，认为文学与历史之间并不存在所谓“前景”与“背景”关系，而是相互作用、彼此渗透、交响互动，文艺文本、文化表述、审美形式和意识形态并不是作为历史的“反映”，而是作为塑造历史的能动力量而成为历史进程的一部分，成为历史本身的构成成分。当然，如果我们换一个问题域，将历史过程本身也理解为共时存在的“文化”，那么，新历史主义所聚焦的问题就变成了诸文化形式及其表述之间的相互“生产”（poetic的古老含义之一）问题。格林布拉特最早将自己的研究称为“文化诗学”（cultural poetics），强调“研究不同文化实践的集体制作，追问这些文化实践之间的关系”。这种研究更重视各种文化形式之间的协商和共鸣。不过，在今天，我们称之为“历史诗学”或“文化诗学”，主要取决于将其置于哪个问题域来进行考察。从总体上说，新历史主义是一种历史诗学与文化诗学的交叠互渗和互补共成，在共时性研究与历时性研究相统一的积极意义上，包容诸多批评倾向的新历史主义，适可被称之为一种“历史文化诗学”。

新历史主义的历史文化诗学系统地触及了美学的一系列重要问题，并在美学问题的研究上形成了独具特色的论说。像海登·怀特这样的新历史主义者，重在追求“历史的审美化”或“审美的历史化”，在此意义上，有人认为新历史主义是一种

---

①张进：《新历史主义与历史诗学》，中国社会科学出版社2004年版，第1页。

②Hayden White, Metahistory: The Historical Imagination in Nineteenth-century Europe, Baltimore: The Johns Hopkins University Press, 1973, p. 1.

③陈平原，陈国球：《文学史》（第3辑），北京大学出版社1996年版，第356页。

④张京媛编：《新历史主义与文学批评》，北京大学出版社1993年版，第106页。

“历史美学”（historical aesthetics）。[①]海登·怀特在《元史学》一书中将“历史诗学”作为该书导言的副题（Introduction：The Poetics of History），认为史学最终必然是“历史诗学”；人们撰写历史，不得不在诸多相互冲突的话语模式和阐释策略之间做出选择，而选择的“最终理由是美学的或道德的，而不是认识论的”[②]。历史话语首先要遵循的不是历史过程的逻辑，而是话语自身的逻辑。因此，话语逻辑深层的诗性结构和审美倾向，就是一个研究历史书写问题的切口。人们可以通过对新历史主义历史书写的审美形态特征的分析而达到对它在特定向度上的特征说明，美学家诺埃尔·卡罗尔甚至认为，人们可以通过“历史叙述”而对审美对象做出历史定位，从而达到美学研究的“超越”[③]。

因此，无论是从“历史诗学”的问题域将其界定为一种“历史美学”，或是从“文化诗学”的问题域将其界定为一种“共鸣美学”，新历史主义都不失为一个富有特色的美学流派。而作为一种美学论说，新历史主义呈现出若干显著特征。具体如下：

（1）在总体风貌上，新历史主义美学强调在文本话语叙事基础上理解历史，在“语言论转向”与“历史转向”之间摇摆穿梭，其理论批评话语既丰富多彩又有“碎片拼贴”的痕迹；它以“权力关系”为主导符码、以“历史性”和“文本性”为基本参照，将关注重心转向表述、主体、“增补”和话语分析，追求历史的小写复数化、对话过程化和偶然即兴化，以“文本无界线”和“历史若文学”等一系列断言为主要操作假设；它的“社会能量”“流通交换”“文化互文性”等概念蕴含着某种生态意识，因此其叙事具有一个向生态美学延伸的叙事维度；它在审美类型上背离历史浪漫剧而走向历史讽刺剧、逃避历史必然性而偏向历史喜剧，具有“躲避崇高”和“告别悲剧”倾向，这造成其历史书写的整体倾斜和历史审美风景的片面单一；它在历史性与文本性、单线历史与复线历史、客观历史与主观历史、主导意识形态与边缘意识形态之间出入振摆，造成其思想内涵和政治立场的“无定性”特点。因此，新历史主义美学在总体上边界模糊、话语杂呈、摇摆不定，可谓洞见与盲视并存，既有思想冲击力，也面临着巨大的难题。

（2）在思想谱系上，新历史主义美学对马克思主义、解构史学、文化人类学、新解释学、年鉴学派、空间转向诸学说具有深刻的承继与转换关系。它在文化表述的非等级制、历史表述的非连续性、意识形态的非同质性等方面与马克思主义展开对话，并对马克思主义观点进行了福柯式的转换，从物质实践领域的抗争转向了表

①Jermy Hawthorn, Cunning Passages, London: Arnold, 1996, p. 48.
②Hayden White, Metahistory, Baltimore: The John Hopkins University Press, 1973, p. 4.
③诺埃尔·卡罗尔：《超越美学》（前言），李媛媛译，商务印书馆2006年版，第4页。

述领域和学术领域的颠覆；它在话语的实践性、权力的匿名性、历史修撰的审美意识形态性方面与解构史学展开协商，以权力的宏大叙事代替了进步论的宏大叙事，以共时描述代替了历时分析，将历史看成各种力量和修辞方式支配下的想象虚构，放逐了历史的客观根源性；它在文化互文性和深描方法的运用方面与文化人类学之间同气相求、互补互证，造成其“文化诗学洞见”与“文化主义谬误”并存的局面；在对“历史性”进行批判反思和话语分析方面，它与新解释学之间彼此渗透，将解释学的历史性观念进一步“历史化”到具体文化文本和权力运作的层面；它在微观史、小历史和新历史观念方面与年鉴学派彼此商讨、相需为用，对年鉴学派的理论方法进行了意识形态化和权力化的改造和运用；它将时间空间化，将文化互文化，将历史审美化，强化了文艺审美的共时挪用和“横向拓展”而弱化了历时承继和“纵向发展”。总之，新历史主义从如上诸多理论学说中抽绎出历史文化的“具体性”“多样性”“特殊性”“复杂性”和“异质性”，并加以特殊强调；其目标主要是克服启蒙运动以来的“历史整体性和客观性”设定，从而使文艺中的历史与范围更大的意识形态、权力结构、社会体制、文化习俗、语言规约和话语系统等领域关联起来。这拓展了文艺审美活动的边界，强化了文艺与社会生活和历史文化之间的深刻关联，也使新历史主义文艺思潮在思想谱系上呈现出“异质杂糅”的特点。

(3) 在基本美学观念上，新历史主义美学将“历史性”内化到审美活动的各个要素环节而使之“历史化”，缘之而形成了独特的审美观念系统。它主张历史背景与文学前景之间的交融互渗，重视社会能量在历史与文化之间的流通交换，强调审美活动在意识形态功能方面颠覆与包容的辩证法；它认为审美主体是能动体与屈从体之间的交涉互动，强调艺术家首先是作为群体的“商讨者”和“交换者”；其关注重点从艺术作品转向文本性和互文性，视艺术文本为网状结构和话语事件，认为艺术文本的基本存在方式是在各种文化形式之间“振摆”；它强调审美接受是历史性与文本性之间的统一，也是文化表述系统内各种形式之间的交响共振，因而主张一种“共鸣美学”。新历史主义让人们看到审美活动如何与人类其他活动之间相互作用、联袂而行，其如何被话语实践和权力关系所生产和塑造，而后者又如何反过来被那些审美活动生产和塑造的过程。这一美学观念“深化”和“细化”了传统美学的一般“历史原则”，同时也将美学的难题进一步“问题化”了。

(4) 在批评方法论上，新历史主义美学盘诘“批评语境”的合法性并将批评“事件化”、强调批评的“划界”本质和社会能量交换功能、重视批评构造历史和横向超越的属性；它在批评实践中对批评自身、批评者的立场以及批评的基本模式进行反思质疑，缘之而表现出鲜明的“元批评”倾向；它在批评方法上偏爱通过逸闻趣事、野史传说、档案碎片以及批评者个人的点滴经历阐释历史、重构历史的“逸闻主义”，试图以此捕捉真实的“踪迹”，进而通过建构复数化的小写历史而戳穿“宏大叙事”的堂皇假面，实施其“反历史”叙事的根本目的。它的批评探索在一定意义上命中了已有批评对批评自身缺乏批判反思的“罔”现象，但仍难以自立为一种辩证的、综合的、理性的批评模式。

第一节　史蒂芬·格林布拉特

格林布拉特的美学，适可称之为文化的“共鸣美学”。按照他的理解，“共鸣”主要指文化表述系统内各种形式之间的通约性和交响共振，而与之相对的“惊叹”，则主要记录文化表述系统遭遇他异因素时出现的“裂隙”以及对这些颠覆性因素的再度包容；前者重在相通性，后者重在差异性；如果说惊叹记录了绝对陌生的东西以及对这种陌生性的矛盾反应，那么，共鸣既是它的对立面又是它的变体。而从根本上说，共鸣与惊叹又是辩证统一的，二者之间可以相互转化，共同存在于读者的审美愉悦之中。

格林布拉特认为，艺术作品可以唤起人的审美愉悦。他说：“审美愉悦是我的文学意识的重要组成部分。”[①]但他又不认为唤起审美愉悦就是艺术真正的“最终目的”。他指出，戏剧对诸多阶层的人们都有“明显的使用价值”，似乎唯独对观众这个被排除的群体没有实用意义；然而，“在某些重要的意义上，观众的愉悦是有用的”。一个观看戏剧的观众就“不会酝酿反抗”[②]。审美愉悦的最终功用就是将各种“颠覆”以一种可接受的形式“包容”起来。审美愉悦的效果不在于它能释放社会文化能量或使之具体化，而在于它能让读者观众采取另一种观点来审视自己的文化处境。他说，从审美的审视中得来的知识，“也许在试图理解另一种文化时并无太大用处，但它在试图理解我们自己的文化时却是至关重要的”[③]。这就是说，审美愉悦的功能主要并不在于它能让读者理解另外一种文化，而在于使人理解自己所处身的文化环境。因此，格林布拉特认为，在读者阅读中，通常要实现从读者对艺术作品的“兴奋的注意”，转移到读者参与到“复杂的、动态的文化力量”之中。有人将格林布拉特的这种美学思想称作“共鸣美学”（resonantial aesthetics）[④]。

①Stephen Greenblatt, Learning to Curse: Essays in Modern English Culture, London: Routledge, 1990, p. 9.
②Stephen Greenblatt, Shakespearean Negotiations, Berkeley: University of California Press 1988, p. 18.
③Stephen Greenblatt, Learning to Curse: Essays in Modern English Culture, London: Routledge, 1990, p. 152.
④Jürgen Pieters (ed.), Critical Self-fashioning, Frankfurt am Main: Peter Lang, 1999, p. 176.

格林布拉特认为艺术作品并不是一种独立自主的存在，而是“一番谈判以后的产物”。艺术作品的意义及艺术欣赏不是由艺术话语独立产生的，而是在艺术生产者与艺术接受者之间的交互操纵中产生的。审美客体的效果是，在艺术满足的层面深化我们与世界的接触。他说：“艺术的存在总是隐含着一种回报，通常这种回报以快感和兴趣来衡量。”[①]阅读还是要落实到读者的快感和兴趣上来，尽管如此，审美经验的语境又不能缩减到审美满足层面。

这样，阅读接受就要经历一个迂回曲折、循环往复的过程。首先，读者与艺术对象的相遇需要一个“文本间离性”（textual distantiation）的过程，即是从读者自己的社会文化环境中“间离”而出，进入由文本组成的宇宙之中。“审美相遇必须被理解为一个过程，这个过程包含了占用虚构现实与让渡自己个人背景之间的辩证法。”[②]也就是说，在文本间离性基础上，占为己有与自我剥夺之间是一种辩证关系。读者只有通过暂时从统治其文化实践的话语类型中抽离出来，才能将艺术作品当作审美对象来对待；也才能不去对美的或令人愉快的事物本身进行科学分析，而是去调查它是如何被处理、被伪装和被当成习俗的。这就走向了对于“共鸣”和“惊叹”的调查。同时，读者只有通过对审美对象的“共鸣”和“惊叹”的调查，才能返回自身并对自己的处境形成新的理解；这样，主体就以凸显虚构现实与经验世界之间的相互作用的方式，返回到自己的个人背景中了。在这个往复过程中，艺术作品就释放出了其社会潜能，而且这种接受过程不是一次性的，而是循环往复的。读者只有“有效地把握社会生活和语言的‘循环往复性’”，才能够“更好地说明物质与话语间不稳定的阐释范式”，这“正是现代审美实践的核心”[③]。

在审美活动中，格林布拉特式的读者是双眼齐睁的读者：他一眼盯着过去的文学文本，一眼则盯着自己当下的文化处境；一眼看着文学文本表演的前台，一眼则看着处在后台的导演排练；一眼注视着文化非同质性的惊叹，一眼则注视着文化文本之间相通性的共鸣；一眼瞄准自己所获得的审美回报，一眼则追逐着阅读对象的文化流通。然而，在未达到理想状态的批评实践中，他往往将“惊叹”消融在“共鸣”之中，将文化的历史具体性和异质性消融在表述系统的流通之中，从而将读者接受中的“颠覆”力量悲观地理解成由文化系统所“包容”的因素，而最终走向对现存文化体系的“认可”而不是“抵抗”。

---

①格林布拉特：《通向一种文化诗学》，参见张京媛编《新历史主义与文学批评》，北京大学出版社1993年版，第14页。

②Jürgen Pieters (ed.), Critical Self-fashioning, Frankfurt am Main: Peter Lang, 1999, p. 178.

③格林布拉特：《通向一种文化诗学》，参见张京媛编《新历史主义与文学批评》，北京大学出版社1993年版，第15页。

一、审美活动的发生：背景与前景交融互渗

格林布拉特沿着传统社会历史批评的基本前提，将文艺审美置于一定的历史范畴进行说明。但他反对将历史仅作为文艺的“背景”和“反映对象”，从而将文艺看成历史的“附带现象”的做法。他认为，文学与其“背景”之间是相互影响、相互作用、相互塑造、同时涌现的动态关系：历史和文学都不是思维活动的结果，而是不断变化的思维和认识活动本身，是“不同意见和兴趣的交锋场所”以及“传统和反传统势力发生碰撞的地方”。文学与历史之间的关系无法被单一既定的意义理论给出；相反，文本与世界、文本的物质性与它所产生的意义、艺术与历史之间的交互作用，正是每一次批评实践的调查对象。

在他看来，文学与历史之间的“关系”其观念本身是成问题的，因为“关系”这个概念似乎设定了文学与历史各自的既定性和静态性。他认为，文学与其历史语境之间的“关联”是动态的、非稳定的和交互作用的：历史只有作为文本才能被接触，文本又是某些非话语实践力量的结果。历史既内在于文本又外在于文本。文学不是对“前文本的”世界和“历史”的“反映”，它是塑造“历史”的能动力量。文学批评不应将文学与历史之间的关系“单一化”和“固定化”。

格林布拉特的文学批评，将焦点集中于各种社会力量在文学与现实、文化与历史之间产生界线的途径上。他认为，不存在一个先在的或超历史的自足的审美领域，审美领域是一个竞争的领域；审美的、政治的、历史的和经济的等不同力量都在这个领域进行“流通”。他发现，人们总是在反映论观念下研究文艺复兴戏剧与社会之间的关系，先假定两个分离的自足系统，然后再设法说明一个是如何有效地“代表”另一个的，但根本问题恰恰处在这种批评实践之外。这种研究很少能处理动态交换问题。他反问：“戏剧表述的对象在何等程度上已然是一种表述呢?”[①]人们通常视为表述对象的“自然”“现实”“历史”和“真实生活”等，某种程度上已然是一种“表述”，文学表述通常是“对表述的表述”，甚至文学与这些表述之间“相互表述”。所以，文学与“历史”“现实”等无法区别开来。

这里涉及认识前提方面的重大变化。赫尔德早就洞察到艺术与历史的相互“植根性”，这种洞见为格林布拉特将特定文化的所有踪迹都作为能够相互理解的符号网络来对待奠定了基础。“语言论转向”中人们通过将文化构想为文本而废弃了自然/文化之间的区分。格林布拉特主要从结构主义和格尔兹的人类学那里接受了“文化是一个文本”的观念。这种观念拓宽了其阅读解释的对象范围，使其可以将所有的非

---

①Stephen Greenblatt, Shakespearean Negotiations, Berkeley: University of California Press, 1988, p. 11.

文学文本都作为与文学文本相关的文本来对待。这就打破了文学与非文学、经典与非经典、高雅艺术与通俗艺术之间的界线。但它并不赞同解构主义的泛文本主义（pantextualism）文化文本观念，而是探索文本之间的界线是如何划出来的，并反思文本意义是如何确定的。

格林布拉特认为："如果将整个文化看作一个文本，那么，所有的事物就在表述层面和事件层面至少潜在地相互关联牵制。那就真难在表述与事件之间划出明确界线。至少，这种划界本身就是一个事件。"[①]这样，所有问题就都与特定的文化表述相关，而所有这一切又不能仅仅归结为那些表述。"如果整个文化被视为一个文本——如果某个时代的所有文本踪迹都既算表述又算事件，那人们就更难乞求'历史'来做出裁断。也就是说，对新历史主义来说，在试图宣布那些会说话会思想者的局限时，历史不能轻易发挥它一度拥有的裁定一切和平息众说的功能。"[②]这样，在其研究中，文本与语境相互转换，"背景"变得引人注目，而"前景"的形成过程也就显露出来了。

格林布拉特发现，传统观念大多将文学与历史的关系处理成"单一固定的"，这在当前以两种对立的理论形态表现出来：杰姆逊的新马克思主义和利奥塔的后结构主义。在后结构主义理论中，世界和历史仅仅作为话语建构的结果而存在；而一般马克思主义则将作为经济力量的历史看成先于文本的"决定因素"。格林布拉特要向这两种理论同时发起挑战，并在其中间地带寻找自己的理论立场。

杰姆逊指出，"社会和政治的文化文本与非社会和非政治的文化文本之间那种实用的运作区分变得比错误还要糟糕，即是说，它已成为当代生活的物化和私有化的症状和强化。这样一种区分重新证实了在公有和私有之间、社会和心理之间、政治和诗歌之间、历史或社会和'个人'之间那种结构的、经验的和概念的鸿沟，作为资本主义制度下有倾向性的法则，它严重地伤害了我们作为单个主体的生存，麻痹了我们关于时间和变化的思考，正如它使我们完全脱离了我们的言语本身一样"[③]。他认为，审美文化文本与社会性和政治性文化文本之间的功能性区别，是资本主义"私有化"的一种邪恶征兆。政治与诗学原本是一回事，但资本主义的兴起打碎了这种"整体性"。这样，他就把资本主义当成了压制性话语区分的媒介。杰姆逊这样的马克思主义者对资本主义将人的经验领域分割为不同的领域（如自治性的审美领域）这种现象进行批评，试图通过把所有的事件都与历史背景联系起来的方式而将这些不同领域再次统一起来。格林布拉特认为，这种做法将历史矛盾化解为道德需

①C. Gallagher & S. Greenblatt, Practicing New Historicism, Chicago: The University of Chicago Press, 2000, p. 15.
②C. Gallagher & S. Greenblatt, Practicing New Historicism, Chicago: The University of Chicago Press, 2000, p. 16.
③詹姆逊：《政治无意识》，王逢振、陈永国译，中国社会科学出版社1999年版，第11页。

要的乌托邦式的想象，将矛盾看成了被压制的阶级冲突的单一化代码。

利奥塔的后结构主义则从逻辑推理性话语范畴出发，把资本主义视为独白话语一统化的媒介。其话语区分的参照模式是专有名词的存在，而资本主义不再标明话语领域的位置，从而使这些领域瓦解。换言之，资本要的就是单一语言和单一体系，它将个人属性和个人话语全都压制了。对利奥塔来说，资本主义的矛盾暴露了貌似确定的逻各斯中心主义暗藏的裂痕。这两种观点都是格林布拉特所不能接受的。

格林布拉特指出："杰姆逊为了揭露一个独立的艺术领域的欺骗性，为了提倡一切话语的真实结合，从话语领域划分的虚伪性这一根本问题上发现了资本主义；而利奥塔为了提倡将一切话语进行区分，为了揭露独白话语统一性中的欺骗性，从话语领域的结合的虚伪性这一根本问题上发现了资本主义。"[①]但在如上两种解释模式中，"历史都充当了外加在理论结构上捎带的轶事一样的装饰，而资本主义也不表现为一种复杂的社会经济的发展，而只是一种邪恶的哲学原则。"[②]也就是说，杰姆逊和后结构主义者都将复数的资本主义的"复数历史"化简为单一的资本主义大写"历史"，这种做法抹杀了资本主义的矛盾性和复杂性。

以那种大写历史为参照，就将文学与历史之间复杂的动态关系界定为单一固定的，而文化领域也就被单一化了。格林布拉特则将文化领域看作矛盾的场所：一个资本主义既得到巩固又受到挑战的地方；一个历史既得到揭示又得到生产的竞技场；一个被分割为既是自治的审美又是被意识形态所决定的地带。与之相应，一件艺术作品就既不只是一种整一的意识形态，也不完全是一种审美功能。

尽管在政治与诗学之间可以有区别，但格林布拉特认为这种区分通常是一种动态"流通"（circulation）的结果。在这种流通中，文化界线通过"协商"（negotiation）和"交换"（exchange）的实践策略才得以产生。那么，是否仅仅是政治在产生和消解这些界线呢？他明确表示，不仅仅是政治，而是生产和消费的"整个结构"产生了疆域的确定和消解。就20世纪80年代中期的美国而言，这个结构"不仅是一个权力、意识形态的极端和军事黩武主义的结构，而且是包括我们自己构建的快感、娱乐、兴趣空间在内的结构"[③]。看来，文艺领域绝不是由人们设想出一种单一"历史"并以之为参照而"人为"划定的，它之所以在某个时期被划入"艺术"或"审美"，是由包括人在内的"整个结构"所裁定的。

---

①格林布拉特：《通向一种文化诗学》，参见张京媛编《新历史主义与文学批评》，北京大学出版社1993年版，第6页。

②格林布拉特：《通向一种文化诗学》，参见张京媛编《新历史主义与文学批评》，北京大学出版社1993年版，第6页。

③格林布拉特：《通向一种文化诗学》，参见张京媛编《新历史主义与文学批评》，北京大学出版社1993年版，第10页。

新历史主义的“结构”不是一般结构主义的静态自足的结构，而是动态的和充满矛盾的。在这个结构中，历史与文学相互转化，文化的各种界线不断划定和消除。用蒙特洛斯的话说，这个结构是“异质的、不稳定的、可渗透的和过程性的”[①]。因此，它并不是先于历史或超越历史的，而恰恰处在历史之中并通过历史才发生。当然，它也具有“结构”的一般特性：诸要素间的非因果关系和非等级制。这就是伽勒赫所概括的“把文学文本与非文学文本都当成是历史话语的构成成分”，在追寻文本、话语、权力和主体性形成过程中的关系时，“不确定一个固定的因果等级秩序”[②]。也就是说，历史是由政治的、经济的、文化的、军事的等诸多力量构成的，其间并不具有因果等级关系。

历史话语与文学话语并不是后者“反映”前者，二者通常都是作为“整个结构”的社会文化话语转换和竞争的场地。格林布拉特在《莎士比亚与驱魔师》中认为，通常被作为历史文本的哈斯奈特的《天主教会欺骗恶行纪实》（以下简称《纪实》）与莎翁的戏剧一样，都是16世纪末17世纪初的英国为重新确立社会主导价值观念而进行的激烈斗争的一部分，《纪实》与莎剧之间可能是“相互借用”的，社会文化话语可能正是在包括“历史话语”和“文学话语”等在内的各种话语的流通中逐渐形成的。这种社会文化话语一旦形成，就成了塑造历史的能动力量。

总之，按照格林布拉特的理解，历史作为社会能量或权力关系，不但体现和流通在各种历史文本中，也流通在其他各种文化形式中。我们以不同的文化形式建构的历史必定不是一种大写历史，而是小写的复数历史。任何一种大写历史都掩盖和抹杀了历史的复杂性和矛盾性。文学与历史之间的关系并不是单一固定的，历史的权力和能量就在包括文学文本在内的各种文本中流通，它在流通中既产生文学领域与其他领域的界线，也不断抹杀和重划这些界线。“这种存在于统一和区别、名称一律和各具其名、唯一真实和不同实体的无限区分之间摆动，一句话，在利奥塔和杰姆逊所阐述的两种资本主义之间摆动，已经成了一种关于美国日常行为的诗学。”[③]诗学的研究对象并非一个固定不变的“文学领域”，而是对这些界线形成和消除过程的描述。这种批评即是其“文化诗学”，是“对不同文化实践的集体制造过程的研究和对这些不同实践之间关系的调查”[④]。研究者指出：“在我们理解文学与其历史语境之间的关系问题上，新历史主义的主要贡献之一就是，认为文学与历史相互塑

①Aram Veeser (ed.), The New Historicism, London: Routledge, 1989, p. 22.

②中国社会科学院外文所编：《文艺学和新历史主义》，社会科学文献出版社1993年版，第162页。引文将“目标与效果”改译为“因果”。

③格林布拉特：《通向一种文化诗学》，参见张京媛编《新历史主义与文学批评》，北京大学出版社1993年版，第10页。

④Stephen Greenblatt, Shakespearean Negotiations, Berkeley: University of California Press, 1988, p. 5.

造，文学与历史都参与到文化形成的动态交换之中。新历史主义解构了文学与其‘背景’之间由来已久的界线。”[①]那么，在拆解了文学“前景”与历史“背景”之间的界线之后，文学在这“整个结构”中以什么方式存在呢？

二、审美的存在方式：社会能量流通与交换

格林布拉特将文学放在历史现实与意识形态的结合部和交汇处，并从这里观察历史事件如何被意识形态吸收理解以及既定的意识形态如何控制和把握着这一认识过程，特别重视文学文本如何参与形成现行的意识形态这一“逆向过程”。简言之，即“历史事件如何转化为文本，文本又如何转化为社会公众的普遍共识，亦即一般意识形态，而一般意识形态又如何转化为文学这样一个循环往复的过程”[②]。其所谓考察“与文学文本世界相对的社会存在以及文学文本之内的社会存在”[③]，指的就是对两种不同社会存在相互交流、相互转化的复杂过程进行研究。关键在于这个命题的后一点：文学究竟如何对意识形态起反作用？为什么文学是形成意识形态的重要场所？

传统社会历史批评总是将世界分为历史现实和意识形态两部分，认为文学作为意识形态是对历史现实的（能动）“反映”，这种“反映”又能反作用于历史现实。它在诗学领域里的代表即是“思辨历史诗学”（文学文本直接、如实地表述现实）和“批判历史诗学”（文学文本通过主体情感、心理和精神建构的方式表述现实）。传统的形式主义却走到了另一个极端（“新批评”就认为文学作品作为自足自主的领域与历史现实是分离无涉的）。格林布拉特则向如上两种文学观念同时发起挑战，认为历史现实与意识形态通常交叠纠缠在一起；历史经验不是艺术的原因，毋宁是艺术与历史经验之间“互为因果”。在这种复杂互渗关系中，文学在历史现实中的存在方式就需要重新加以表述。他另辟蹊径，采用一些经济学术语（“流通”“协商”“交换”等）来对这种互渗关系加以说明，而作为这些术语之基础的是其“社会能量”（social energy）概念，这是格林布拉特建立文学与社会历史之间新型关联并说明其文学存在方式的“轴心概念”之一。研究者指出，这是格林布拉特“最富挑战性的概念之一。它被视为所有历史变革和文化发展的推动力”[④]。格林布拉特在《莎士比亚式的商讨》中用专章对“社会能量的流通”做了理论说明。

---

①Jürgen Pieters (ed.), Critical Self-fashioning, Frankfurt am Main: Peter Lang, 1999, p. 104.

②盛宁：《新历史主义》，台湾扬智文化事业股份有限公司1996年版，第29页。

③Stephen Greenblatt, Renaissance Self-fashioning, Chicago: University of Chicago Press, 1980, p. 5.

④Jürgen Pieters (ed.), Critical Self-fashioning, Frankfurt am Main: Peter Lang, 1999, p. 222.

格林布拉特使用“社会能量”来说明文化产品和文化实践所具有的“激发心智和唤起情感”的力量。他将之界定为“自由流动的经验强度”，只有从它所产生和组织的经验才能判断出来，即只有从其踪迹中才能建构起来。“社会能量”的根源在于“修辞学而非物理学”，这意味着“社会能量”的栖息地是“符号性事物”和“社会性产品”。

在他看来，在历史现实与意识形态之间，有一种普遍的社会能量在往返流通：从具体的社会事件到笼统的社会现实（某些词语的、听觉的和视觉的踪迹）都具有一种能量，它“具有产生、塑造和组织集体身心经验的力量”，“它与快感和兴趣的可重复的形式相关联，能够唤起不安、痛苦、恐惧、心跳、怜悯、欢笑、紧张、慰藉和惊叹”[①]。剧院和文学艺术就是这种社会能量流通的一部分。一方面，这种能量或力量可以通过编码（encode）而进入文学艺术作品；另一方面，文学艺术作品又不停地释放着它们的能量，对同代的或后代的读者观众产生影响，进而对社会现实发生作用。也就是说，这种“社会能量”又通过文学艺术而发挥其意识形态功能。文学艺术既是“社会能量”的载体和流通场所，又是“社会能量”增殖的重要环节。“社会能量”在“流入”与“流出”文学作品的“流通”过程中实现其意识形态功能。“流通”不是单向的流动，而是双向的甚至多向的互动，有多种社会历史因素参与到流通之中；因而，“社会能量”的流通必然是各种社会历史因素之间的“协商”和“交换”。

“社会能量的流通”就是社会上各种利益、势力、观念之间的互动。文学性文本只是“社会能量流通”中的一个环节，其他含有相同“社会能量”的非文学性文本的存在是文学性文本产生的前提。莎剧表现的是欧洲文艺复兴时期各种势力、利益和观念之间的关系。其他非文学文本中的“社会能量”“流”到莎剧中，剧本在戏院演出后，文学作品中的“社会能量”又通过观众“流”回社会。就像资本一样，能量流通的过程也是一个增殖过程。而文学文本作为“社会能量”增殖的重要环节，强化既定的社会意识形态并帮助人们“认可”特定的权力关系。文学作品的产生和接受都与“社会能量”的运行相关。因此，“关于某一经典的定于一尊的解释，往往也是社会能量运行，社会权势、社会意识形态斗争的结果”[②]。

格林布拉特认为“社会能量”无法直接定义，只能从其效果之中间接辨识出来。“某些词语的、听觉的和视觉的踪迹具有产生、塑造和组织集体身心经验的力量，社会能量即从这种力量中显现出来。”[③]这种“社会能量”既是某种由社会所产

①Stephen Greenblatt, Shakespearean Negotiations, Berkeley: University of California Press, 1988, p. 6.
②张宽：《后现代的小时尚》，《读书》1994年第9期。
③Stephen Greenblatt, Shakespearean Negotiations, Berkeley: University of California Press, 1988, p. 6.

生的东西，也是某种在有能力产生集体经验的踪迹中表现出来的东西。“它帮助生产那个它由以产生的社会。”[①]它总是往返穿行在社会现实与意识形态之间并对二者发挥双向塑造作用，而不是固定在某一点上。

“社会能量”与新历史主义的“权力”概念相似，二者都“无所不在”，且“没有最初的源起”。但“社会能量”并不是一种“中心化”的力量，而是分散在整个文化领域并栖息在各种社会关系之中的。这个术语有助于格林布拉特避免“极权主义叙事”，一定程度上可以防止新历史主义以“权力的宏大叙事代替进步的宏大叙事”[②]。社会能量不是单一连续的总体化体系，“而是片面的、零碎的、冲突的；诸要素是交叉的、撕裂的、重组的、互相对抗的；特定的社会实践被舞台放大，而其他的则被消除、抬高、疏散。那么，流通中的社会能量是什么呢？权力、超凡能力(charisma)、性的兴奋、集体梦想、惊叹、欲望、焦虑、宗教畏惧、自由流动的强烈经验：某种意义上说，这个问题是荒谬的，因为社会所生产的所有东西都是可以流通的，除非它被有意排除出流通”[③]。这样，新历史主义原先所说的权力就不再是一个凌驾于一切之上的范畴，而变成了一个由流通之中的许多社会能量碎片组成的东西。“社会能量”是“集体的”而非“个人的”，因为作为社会能量流通的重要载体的“语言”是集体而非个人创造的。从这种对“社会能量”的界定中，我们不难发现巴赫金“杂语”学说的印记。巴赫金即认为，“‘语言共同体’事实上是由很多互相冲突的利害关系所组成的一个混合社会”[④]。

在格林布拉特看来，社会能量的流通具有“共时的”和“历时的”两个相互关联的维度。在共时性维度上，他试图揭示“那种使艺术杰作赋有权力的隐而不彰的文化交易”[⑤]，即考察文学的快感和兴趣的集体生产过程，追问集体的经验和信念如何形成，如何从一种媒介转移到他种媒介并凝聚为审美形式供人消费；检查被理解为艺术的文化实践与其他相邻的表达形式之间的界线是如何划出的。“文艺的社会能量的流通依赖于将艺术实践与其他社会实践的分离，这种分离是由持久的意识形态劳作即一种交互感应式的分类而产生的。即是说，艺术不只是存在于所有的文化中，艺术在既定的文化中是与其他产品、实践和话语一道被制造出来的。(在实践中，‘制造’意味着继承、转换、改变、修正和再生产，而绝不是‘创造’：通常，在文化中缺少纯粹的创造。)”[⑥]因此，是否将某一文化产品划入文学艺术，这在根

---

①Brook Thomas, The New Historicism and Other Old-fashioned Topics, Princeton: Princeton University Press, 1991, p. 185.

②John Bronnigan, New Historicism and Cultural Materialism, London: Macmillan Press, 1998, p. 205.

③Stephen Greenblatt, Shakespearean Negotiations, Berkeley: University of California Press, 1988, p. 6.

④伊格尔顿：《二十世纪西方文学理论》，伍晓明译，陕西师范大学出版社1987年版，第129页。

⑤Stephen Greenblatt, Shakespearean Negotiations, Berkeley: University of California Press, 1988, p. 4.

⑥Stephen Greenblatt, Shakespearean Negotiations, Berkeley: University of California Press, 1988, p. 13.

本上并不是由某个个人或文艺作品自身的形式结构所决定的，而是“持久的意识形态劳作”的结果。意识形态是“异质的、不稳定的、可渗透的和过程性的”，它本身也受诸多社会历史因素的限制。在某个特定历史时期，正是由作为意识形态国家机器的体制确定一件文化产品是否属于文学艺术。格林布拉特说：“体制的即兴创作设计出特定剧作家的具体即兴创作。”[①]作家以为自己是在自由创作，但他创作什么和如何创作都受意识形态国家机器的限制，尽管这种限制人们通常感觉不到；而且，文学艺术又通过这种即兴创作而发挥意识形态功能，比如，莎翁的表现手法不仅包括剧院作为一种体制于其中发挥作用的意识形态的限制，而且包括一整套已被接受的故事和文类期待，甚至莎翁自己早期的戏剧所建立的那些期待。

总之，在共时性维度上，“社会能量”在各种文化形式之间流通，此即“社会能量的文化流通”。而新历史主义者“强烈感兴趣于追踪在文化中广泛流通的社会能量，它在边缘与中心之间往返流通，经过被指为艺术的领域与明显对艺术冷漠或敌对的领域，从底部挤压而上并改造那些被抬高了的领域的地位，又从上面向下面开拓殖民地。”[②]由这种追踪发现，“社会能量”流通不是一个圆圈循环，而是“一种螺旋式增殖过程，这使社会变革成为可能”[③]。以戏剧来说，“每部戏剧都通过其表现手段而将社会能量的负荷带上舞台，反过来，舞台又修正这种能量并将它返还给观众”[④]。文学艺术在“社会能量的流通”中发挥着其意识形态功能，通过影响观众（读者）而“变革”了社会。“社会能量”在文学文本、社会意识形态和历史现实之间穿插交流，进而打通这三个领域的传统壁垒，使其彼此影响、相互塑造，并使文学成为影响历史、塑造历史的能动力量。而在历时性维度上，格林布拉特考察“死者留下的文学踪迹所赋有的将已逝生命传达给当代人的力量”[⑤]。莎剧具有向我们说话的力量，原因不在于它具有不可变更的本质，而是“原初编码到其中的社会能量”使这些戏剧得以在不同时期的社会能量流通中不断转变和重塑自身。“过去与当下的关系本身是一种协商和交换，区别性的共时性生产使得这种协商和交换成为必要和可能。”[⑥]值得注意的是，格林布拉特通常以共时性关系为基础来理解历时性关系。

莎翁是如何加入“社会能量”的流通的呢？格林布拉特发现，《暴风雨》中的凯

①Stephen Greenblatt, Shakespearean Negotiations, Berkeley: University of California Press, 1988, p. 16.

②C. Gallagher & S. Greenblatt, Practicing New Historicism, Chicago: The University of Chicago Press, 2000, p. 13.

③Brook Thomas, The New Historicism and Other Old-fashioned Topics, Princeton: Princeton University Press, 1991, p. 184.

④Stephen Greenblatt, Shakespearean Negotiations, Berkeley: University of California Press, 1988, p. 14.

⑤Stephen Greenblatt, Shakespearean Negotiations, Berkeley: University of California Press, 1988, p. 3.

⑥Brook Thomas, The New Historicism and Other Old-fashioned Topics, Princeton: Princeton University Press, 1991, p. 184.

列班仇视普洛斯佩罗并对后者持有的象征知识霸权的“书”满怀恐惧，希望烧掉。接着，格林布拉特转述了一则故事：20世纪，比利时探险家Stanley去中非某处考察，一天突然被黑人包围。黑人要求他烧掉沿途所作的笔记，认定那本“书”会给他们带来灾难。他当然不会如此做，便做了一个骗局，摸出一本随身携带的封皮与其笔记相似的莎士比亚著作交给他们当众烧毁，平息了黑人的愤怒，给自己解了围，而黑人的颠覆活动也就这样被“包容”了。后来，笔记被带回比利时，欧洲人在笔记内容的引导下，在中美洲建立了惨无人道的殖民地。在格林布拉特看来，莎士比亚就这样加入了“社会能量”的流通，加入了欧洲人对非洲的殖民活动。

“社会能量流通”观念改变了人们界定文学存在方式的传统途径以及思考作家、文本、读者的角度和方法。关于作家，格林布拉特发现没有任何一种模仿可以离开交换。“交换”是模仿的基础，任何模仿都有“社会能量的流通”参与其中，因而既不是纯个人性的，也不是纯客观的，而是包含了大量的社会历史因素。作家再也不是“独创性”的天才，作品是“集体”创作的。压根儿就没有一个“原初的创作时刻”，没有不受影响的纯粹创作行为，人们所能看到的只能是“一种微妙的、难以捉摸的交流过程，是一套贸易和交换的网络系统，是各种竞争性的表述和再现的你来我往，一种股份公司之间的谈判协商”[①]。当社会能量在文学作品与社会意识形态之间如此拉锯式穿梭时，作家只是社会意志的代理人（agent）而非制造者（maker）。[②]

文本也并非因其具有“超历史”的内在形式结构才被认为是文学文本，而是在“社会能量流通”中文化边界的划定过程中确立的。格林布拉特不相信文学作品有什么“原创性”，一切作品都是在其他作品之上的“再创作”。文学文本不是自我完足的，其中总是充满着断裂和非连续性，它们暗示着文本之外社会历史力量的存在。文学作品之所以在历史过程中被一代代读者所接受，并非因为它具有超历史的形式结构，而是因为它负载着一股“社会能量”，而这种“社会能量”在被接受过程中总是会得到修正和改变。

读者的审美愉悦并非纯然超功利的，“观众的愉悦在某个重要的意义上是有用的”[③]。有了审美愉悦，看戏的观众就不会酝酿反抗。读者阅读过程是意识形态发挥其功能的重要时刻，通过一种充满“愉悦”的接受过程，使社会的他异因素和颠覆性力量被化解和“收编”（co-option）。

总之，在新历史主义看来，文学就是以社会能量流通为形式和载体的存在，它在其源起和流通交换过程中都与广泛的社会历史因素纠缠在一起。因此，当我们试

①Stephen Greenblatt, Shakespearean Negotiations, Berkeley: University of California Press, 1988, pp. 6-7.

②Stephen Greenblatt, Shakespearean Negotiations, Berkeley: University of California Press, 1988, p. 4.

③Stephen Greenblatt, Shakespearean Negotiations, Berkeley: University of California Press, 1988, p. 18.

图与古人对话时，我们听到的不是一种声音而是“多种声音”，死者的言说就像我们自己的言说，它并不是一种私有财产，而是流通交换的产物。

三、审美活动的功能：颠覆与包容的辩证法

如何界定文艺审美活动的意识形态功能呢？格林布拉特认为，“文学以三种相互锁联的方式在文化系统中发挥自己的功能：其一是作为特定作者的具体行为的体现；其二是作为文学自身对于构成行为规范的密码的表现；其三是作为对这些密码的反省观照”[①]。但是，他并不将阐释的意义仅限于作者的表现、社会规则的指令与反映以及行为密码的反省，而是看成这三个方面的相互结合。这主要通过他对文学的意识形态功能的论述而体现出来。

格林布拉特的意识形态观念与阿尔都塞有关。在后者看来，意识形态无所不在，它总是渗透和穿越文学；文学作为一种体制会让主体感觉到国家权力和意识形态是熟悉的和可接受的。按照他的观点，“文学被国家作为意识形态武器使用，作为一大批试图劝说操纵而非强制的隐喻来调动”[②]。这种观念通过福柯理论的中介而转变为格林布拉特的文学功能论。福柯认为，尽管一个时代的话语实践规定并产生了某种行为，但是规定性的话语与人们的实际行为不会完全吻合；然而，占统治地位的话语能够有效地控制、同化或消解他异因素对它的威胁。

在此基础上，格林布拉特对文学文本的具体分析大多集中在作为意识形态手段或产品的文本与既在社会秩序或权威的两种根本的关系形态，即“巩固”和“破坏”之上。但他并不把这两种关系简单地视为只与作者意图或作品效果有关的政治态度或素质，而是把它们当作“一个既在社会秩序维持其自身或遭到破坏的历史文化过程的一部分”[③]。新历史主义在具体分析中呈现出两种不同倾向：一是因较多受福柯思想影响而侧重在主导意识形态对社会和文学中他异因素的同化、化解和利用，以及后者对前者的非知觉性的配合作用；一是因较多受马克思主义影响而侧重在文化产品对意识形态统治的必然破坏作用。这两种侧重虽有差异却互不排斥：控制的严密并不等于全无反抗的可能，反抗的可能也不等于控制的不严密。

关于文学的意识形态功能，格林布拉特提出了颠覆（subversion）、包容（containment）和巩固（consolidation）的理论。被同时归入新历史主义和文化唯物主义代表人物的多利莫尔认为：“在唯物主义批评中，历史和文化进程主要表现为三个方

---

①Stephen Greenblatt, Renaissance Self-fashioning, Chicago: The University of Chicago Press, 1980, p. 4.
②John Brannigan, New Historicism and Cultural Materialism, London: Macmillan Press, 1998, p. 5.
③徐贲：《走向后现代与后殖民》，中国社会科学出版社1996年版，第60页。

面：巩固、颠覆和包容。巩固象征性地指依靠统治秩序的意识形态手段企图使自己永存；颠覆指这一秩序的被颠覆；包容指明显的颠覆性压力被包容。”[①]巩固和包容密切联系在一起，包容是巩固的重要手段，巩固是包容的目的。所以新历史主义者主要使用颠覆和包容这两个悖论式的概念，并将这一理论主要用于对莎士比亚的批评分析。

格林布拉特认为，莎剧主要地而且反复地涉及颠覆和无序的产生以及对它们的包容。他在《看不见的子弹》一文中，运用这一观点对莎翁的历史剧《亨利四世》（上、下）、《亨利五世》以及文艺复兴时期的一些历史文献进行了分析。他进而将颠覆和包容的过程划分为三种具体形式：试验、记录和解释。“试验”指“在非欧洲人，或更一般地说，在非文明人的精神或肉体上，对关于欧洲文化和信仰的起源与本质的假设进行试验”[②]。“记录”指“记录异己的声音，或者更精确地说，记录异己的解释”[③]。在《亨利四世》（上）中，它表现为记录那些没有权力留下他们的文字痕迹的人的声音，他们的声音通过福斯塔夫之口传达出来，而未来的国王哈尔则出于政治目的对他们进行了“包容”。“解释”指任何系统化的秩序及分配方法，在其运作过程中，特别是当它宣布自己的道德原则时，都不可避免地有揭示自己局限性的危险，这时它就需要进行自我解释。但是，“当一种安抚性地确立起来的意识形态面临异常环境，当权力的特定形式的道德价值不仅被假定而且需要被解释的时候，对它的揭露就最为有力”[④]。解释常常是颠覆性的，它从一个侧面显示出权力运作的虚伪和狡诈。莎剧通过如上三种形式，揭示出统治权力起源于暴力和虚伪，因此它不断地唤起对权力的怀疑，具有强烈的颠覆性。但这种颠覆性又是权力本身所产生的，而权力正是建立在这种颠覆性基础之上的，它为了自身的需要不断地制造出颠覆性，又不断进行包容，从而巩固自己的统治。

格林布拉特还分析了莎剧的演出形式本身所具有的意识形态功能，认为文艺复兴时期戏剧演出形式同样具有对权力的颠覆因素的包容。伊丽莎白女王是一个“没有常设军队、没有高度发达的官僚体制、没有广泛的警察力量的统治者，她的权力是由戏剧中对王室荣誉的赞美，以及对这一荣誉的敌人施加的暴力构成的”[⑤]。在戏剧演出时，王室的权力获得了一种特殊的可视性，观众在适当的距离观看这一权力威严的存在时，自然会对它产生尊崇。

总之，格林布拉特在颠覆与包容的二项对立之中为文艺复兴文本的解释提出了

①Jonathan Dollimore & Alan Sinfield (ed.), Political Shakespeare, Ithaca: Cornell University Press, 1985, p. 10.
②Stephen Greenblatt, Shakespearean Negotiations, Berkeley: University of California Press, 1988, p. 28.
③Stephen Greenblatt, Shakespearean Negotiations, Berkeley: University of California Press, 1988, p. 35.
④Stephen Greenblatt, Shakespearean Negotiations, Berkeley: University of California Press, 1988, p. 38.
⑤Stephen Greenblatt, Shakespearean Negotiations, Berkeley: University of California Press, 1988, p. 64.

一种新模式，它可以帮助人们认清一种显然是颠覆性的文学艺术是如何参与当时的意识形态建构的。但格林布拉特所理解的颠覆和包容又与马克思主义的阶级斗争学说相去甚远。他所看到的文艺复兴时期的历史，甚至整个英国历史，都不是马克思所阐述的那种一个阶级推翻另一个阶级的历史。在他看来，包容（即社会秩序的稳定）是一个绝对因素，而颠覆却只是一些不会触动现存社会体制前提下的歧见或异议而已；“包容”是如此有效，以至于社会的许可和监督机器都不被直接采用。他甚至宣布，“明显的颠覆生产……正是权力的条件”[①]。权力需要有颠覆存在，否则，它就没有机会来宣布自己合法并使自己作为权力为人所见。格林布拉特的这种观念与福柯的权力观念十分相似。福柯曾宣称，“权力无所不在，不是因为它包含一切，而是因为它来自一切地方”。福柯认为权力是肯定性的，它生产自己的对象。主体并没有既成的身份，它通过参与话语实践而使其自身被生产出来。“在权力与抵抗之间并不是一种简单对立关系，其间有各种竞争性力量在运行。”[②]按照福柯的理论，颠覆就通常是权力生产出来以证明自身存在的东西，因此，颠覆通常被包容。我们必须对这种观点保持警惕：既然如此，那格林布拉特的批评实践又有什么用呢？

格林布拉特如上观点一出，即在唯物主义批评中引起了激烈争论。这些争论激发了富有成果的探索，同时又令人沮丧。富有成果，是因为它将长期以来被认为外于文学批评的问题变成了文学批评的焦点；令人丧气的是，颠覆与包容的概念本身及其间关系、它们与权力及意识形态的关系都未得到“明确说明”。其实，格林布拉特的这两个术语也应该得到“历史化”。研究者指出，联系格林布拉特所处的历史语境来看，他的“包容模式”是“冷战修辞，而且更重要的是，它是社会病理学话语，这种话语活跃了20世纪功能主义人类学和社会学”[③]。

当然，在新历史主义阵营内部，人们也不尽同意格林布拉特的这一观点。多利莫尔反驳道：“虽然颠覆确实可能被权力为自身的目的所‘挪用’，但颠覆性一旦产生，就既可以为权力所用，也可以用来反对权力。”权力的确可以改造和挪用颠覆性，但反过来，文化中的“从属的、边缘的、持异议的成分也可以挪用统治话语并在这一过程中改造它们”[④]。多利莫尔明显地希望从更乐观的角度去理解“颠覆性”。蒙特洛斯也反对格林布拉特的这一“对立模式”，认为它过于简约，截然对立，缺少生机与活力。他指出，笼统地谈论颠覆与包容是不够的。应该看到，主流意识形态仍然要受到各种具体情况（职业的、阶级的、个人利益的、市场消费的、文化媒介的，等等）的限制和影响。因此，应该强调一种更为松动多样的、更具渗

①Stephen Greenblatt, Shakespearean Negotiations, Berkeley: University of California Press, 1988, p. 65.
②Claire Colebrook, New Literary Histories, Manchester: Manchester University Press, 1997, p. 203.
③Jürgen Pieters (ed.), Critical Self-fashioning, Frankfurt am Main: Peter Lang, 1999, p. 151.
④Jonathan Dollimore & Alan Sinfield (ed.), Political Shakespeare, Ithaca: Cornell University Press, 1985, p. 12.

透性的和更重视过程性的意识形态概念。我们前文指出过，格林布拉特的“社会能量”概念一定程度上可以防止他对意识形态的这种单一化处理。他后来也声明：“我并不认为所有文学（或所有莎剧）中抵抗的所有表现都被收编——人们可以主张戏剧中意识形态包容力量的破裂。”①

尽管在新历史主义内部存在着“包容论”和“颠覆论”之争，但并非是争论作为术语的“颠覆”和“包容”，而是争论在特定历史时刻它们之间的“比率”。如果把两个对立方面结合起来，我们就会发现，不论其意识形态分析侧重于哪个方面，都贯穿着一个基本思想：每一种占统治地位的文化都包含着对其核心价值的否定，这种否定体现为对潜在对立格局和边缘价值的默许。存在于占统治地位的文化和他异因素之间的不是单纯的对抗关系，而是被新历史主义批评所揭示的“极复杂的支持、破坏和利用化解过程的不断交错和演化。文化统治不是一个静止状态，它是一个过程，一个不断有争夺、不断需要更新的过程”②。新历史主义对权力的复杂性的深入阐发是值得被认真对待的。但格林布拉特的这种政治化批评也带来了严重后果，它一定程度上忽视了文学的具体性、生动性和复杂性。研究者指出，最大的问题在于“它坚持一个凌驾于一切之上的权力的无所不在和不可避免，致使它很少能注意到历史的具体性和复杂性”③。其解读文本的方法一旦程式化，就必然限制意义生产的多种可能性，限制批评对于文本的关注。

值得注意，格林布拉特的这种批评是“双重政治性的，它们不仅仅对它们所选的文本的政治动机感兴趣，而且它们本身所产生的文本也是具有政治的利害关系的，而一般说来又对此毫不隐讳——在这一方面它又与旧历史主义形成鲜明对照”④。他们在提取文化文本进行分析时经常反身自问：在大量文化文本踪迹中，哪些是对他们自己和对当时的人有意义的，哪些是最值得追求的。在其批评中，文学作品的意义与批评家的理论之间的界线变得模糊化，这标志着其批评在很大程度上是一种“当代史”。诚如研究者指出的：“如果文艺复兴是资本主义和现代性的开始，那么，任何对文艺复兴的批评阅读也是一种对当下的批判（或认同）。”⑤

那么，格林布拉特为什么要宣布自己的批评没有“任何政治动机”呢？这与他和逝者进行“多重对话”的愿望有关。格林布拉特表示，当他与古人对话时，“如果我想听到一种声音，我就得听到死者的许多声音”⑥。这就是说，过去是“多重音

①Kiernan Ryan (ed.), New Historicism and Cultural Materialism: A Reader, London: Arnold, 1996, p. 56.
②徐贲：《新历史主义批评和文艺复兴文学研究》，《文艺研究》1993年第3期。
③John Bronnigan, New Historicism and Cultural Materialism, London: Macmillan Press, 1998, p. 9.
④菲尔皮林：《文化诗学与文化唯物主义》，参见王逢振编《2000年度新译西方文论选》，漓江出版社2001年版，第201页。
⑤Claire Colebrook, New Literary Histories, Manchester: Manchester University Press, 1997, p. 200.
⑥Stephen Greenblatt, Shakespearean Negotiations, Berkeley: University of California Press, 1988, p. 20.

的”或“多声部的”，对过去的政治批评也是多样化的，不该将批评者固定在某个政治立场上。从这个意义上说，他是“没有任何政治动机”，因为他并不胶着于某个单一的政治“声音”，而希望听到“多种声音”。这与他对待“意识形态批判”的态度是一致的。他从马克思主义那里借鉴了“解神秘化的、批判式的甚至逆向式的”批评方法，但对马克思主义的核心概念（基础与上层建筑、或缘之而来的阶级意识）并不认同，但他意识到了包括历史表述在内的任何表述都总是政治社会行为。

因此，格林布拉特所说的“没有任何政治动机”，主要是指摆脱马克思主义的政治观点和意识形态理论。这既是其理论的特色所在，也是其阿喀琉斯之踵。就后一方面而言，它在摆脱马克思主义的历史唯物主义的同时，丧失了从物质层面和实践角度改造世界的根本诉求，也丧失了真正改造历史的物质性依托。批评家科恩指出，新历史主义应该看作是左翼人文主义者幻灭的产物，它总是关注国家权力，但在这些激进批判之后却又保持一种清静无为的态度。

从一般意义上说，在对“颠覆”与“包容”的不同侧重上，可以看出英国的文化唯物主义与美国的新历史主义之间的区别。后者相信颠覆总是被生产出来而包容在文本之内，而文化唯物主义则更积极地相信，即使在颠覆被包容的地方，其踪迹还是保留下来，这使得“持有异议”的批评家得以表达这种颠覆，由此得以对主流文化归入这种颠覆的意义进行竞争。我们认为，正确的理解，应该是将这两种态度结合起来。新历史主义对文艺复兴时期文学重新发生兴趣并力图重新加以阐释，这与他们感到有必要重新认识现状和自身处境密切相关。因此，他们不可避免地在进行当下语境与历史语境之间的多重辩证对话，这种对话当然是对既往“历史”的一种“颠覆”，这种“阅读的政治与政治的阅读”具有一定的颠覆性，是一种认识的革新。但是，这种颠覆对现行政治究竟有多大效力，恐怕不只是一个理论问题，而更是一个实践问题。新历史主义以其自身20年的发展史向人们证实了这一点，那些一开始气势逼人的文学批评最终被资本主义意识形态“包容”而渐渐失去了其批判锋芒，大部分新历史主义者也都走上了学术正统的位子，变成了大学体制内的既得利益者而被“包容”了。

格林布拉特本人和新历史主义自身的演变历程昭示，颠覆与包容之间的关系异常复杂，为颠覆而进行的颠覆没有前途；通过颠覆历史而颠覆现实的做法，其效用也是值得怀疑的。因此，在这个问题上，新历史主义在一定程度上可以作为反面教材，让人们认识到理论的颠覆必须与实践的颠覆相结合才是有前途的，才能对现存秩序有所触动和改造。研究者指出，新历史主义的历史观即使再具革命性，“仍然是被学术机构所约束的，无法真正推翻或甚至于震撼社会文化”。因此，应该谨防它沦为无谓的专业化的学术活动，变成古代文化剧的“戏中戏”。新历史主义一方面实行着学术颠覆，一方面又声称这种颠覆的不可能性，揭示颠覆与包容之间关系的复杂性，其悲观态度是否正源于它无力撼动资本主义“经济基础”的现实处境呢？

第二节　海登·怀特

新历史主义这一松散的批评流派主要由文学批评家和历史学家构成。与文学批评家格林布拉特通过提倡“文化诗学”而展示自己的文化“共鸣美学”不同，历史学家海登·怀特则通过提倡“元史学”而彰显“历史美学”。

传统上，史学话语与文学话语之间有一个不成文的相对界线：历史话语主司“真实”的再现，而文学话语则以想象和虚构为基本特征；前者是构成文学的“历史背景”或“现实语境”，后者则是前者的“前景”或“反映”；前者形成认知性的“知识”，后者则主要是审美的或道德的“虚构”。近代以来，历史学科受到自然科学的感召，纷纷以后者的客观性标准为仿效范例，从而进一步加大了史学与文学之间的鸿沟。在中国古代，无论是“春秋笔法”“文参史笔”的传统还是“六经皆史”的断言，无论是对“诗史”的赞誉还是对“良史之忧”的专注，都透露出人们对历史的诗性特征的意识。钱锺书先生指出：“史家追叙真人实事，每须遥体人情，悬想事势，设身局中，潜心腔内，忖之度之，以揣以摩，庶几入情合理。盖与小说、院本之臆造人物、虚构境地，不尽同而可相通；记言特其一端。”[①]尽管有的人“只知诗具史笔，不解史蕴诗心”，但征诸历史文献，人们不能不承认“史笔”与“诗心”“不尽同而可相通”的道理。

在中西方历史上，发现“文史相通”甚至主张“史文互证”的学者不乏其人，这是因为“追求历史解释的逻辑意味着，理解过去更像是解释文本的文学的/批评的活动，而不像发现客体的科学活动”[②]。然而，他们大都在传统修辞学及个人技巧层面考察这一问题，研究其“不尽同而可相通”的种种技法，并未将这种文史之间的“相通性”看成是根本的、内在的和普遍的。而历史与文学、史学与美学之间的“差异性”才是基础性的。正是在这个基础上，马克思主义经典作家要求从史学与美学相结合的高度来评判文学。

因此，尽管人们从多个方面认识到了历史的修辞性，但传统修辞学把修辞仅仅视为对“常规”语言表达方式的“偏离”，它只是语言的“特殊”形式，并非根本的

---

①钱锺书：《管锥编》，中华书局1984年版，第165—166页。

②Paul Hamilton, Historicism, London: Routledge, 1996, p. 19.

和内在的。对“常规”与“特殊”的区分本身就预设了语言符号有可能与其内容完全一致，假定了语言表达可以避免修辞转义的非透明性。与之相反，20世纪的语言论转向，则坚持认为修辞转义是语言的“正常的”深层属性，非透明性是根本的和不可避免的。因此，与语言论转向联袂而行的诸文学批评和史学研究流派，虽也采用了修辞学的某些概念范畴，但它并不是回归历史的修辞学传统；它与“语言本体论”的各种相关理论，尤其是结构主义和后结构主义的洞见密切相关。

20世纪以来人文社会科学普遍的“语言论转向”，使人们得以通过对语言内在本质（非透明性、虚构性、构成性等）的发掘而对文学话语与历史话语之间的关系做出重新说明。结构主义及后结构主义者的兴趣焦点都转向了历史话语与文学话语之间的通约性问题。在这个总体趋势中，历史学家海登·怀特的历史诗学理论，系统而彻底地拆除了历史话语与文学话语之间的藩篱，填平了两种话语之间的传统鸿沟。他从理论上阐发了新历史主义的一些重要理论命题，并为之进行了大力辩护，因此成为新历史主义历史美学的重要理论代表（尽管他并不自封为新历史主义者）。

海登·怀特有关历史话语和历史修撰的理论观点主要包含在他的《元史学》《话语转义论》（部分内容已翻译进来，散见于一些新历史主义读本）、《形式的内容》和《比喻的现实主义》等著作中。其历史美学理论将着眼点放在历史话语的基本转义形式以及由此而生发的情节编排效果、论证解释功能和意识形态含义上。其“元史学”（metahistory）主要探讨的是历史意识、历史表述的深层结构以及历史的学科价值问题，发掘的是历史著述背后的那个先于批评的“潜在深层结构”，即那个用来说明历史阐释的本质的认识范式。这个深层结构是“诗性的”（它在根本上不能脱离想象）和“语言的”（“历史”在本质上是一种语言阐释，因而带有一切语言构成物所共有的虚构性）。其“话语转义论”（tropics of discourse）则主要考察编年纪事与故事、情节编排与比喻类型的关系，它不再将“转义”及比喻视为是对某种历史编纂学风格的命名，而是将它上升到历史话语的本性的地位上来，坚定地认为历史话语与文学话语有着共同的虚构性质并将二者等量齐观，认为“历史若文学”，“历史的语言虚构形式同文学上的语言虚构有许多相同的地方”。[①]与一般新历史主义文学批评家不同的是，怀特将这种思想容纳在一个“体大虑周”而又整饬简明的理论体系之中。

海登·怀特的历史美学观点，可以归结为如下总体对应图式[②]：

---

①怀特：《作为文学虚构的历史文本》，参见张京媛编《新历史主义与文学批评》，北京大学出版社1993年版，第161页。

②Alun Munslow, Deconstructing History, London: Routledge, 1997, p. 154.

话语转义模式	情节编排模式	论证解释模式	意识形态含义模式
隐喻	浪漫史	形式型	无政府主义
换喻	悲剧	机械型	激进主义
提喻	喜剧	有机型	保守主义
反讽	讽刺剧	语境型	自由主义

一、话语转义：历史和文学共同的深层诗性基础

海登·怀特认为，历史学家只能在叙述形式之中而不能在它之外把握历史。纯客观的、透明的、独立于历史学家解释倾向之外的历史是不存在的。他说："历史事件首先是真正发生过的，或据信真正发生过的，但已不再可能被直接感知的事件。"因此，为了将其作为思辨的对象来建构，它们就必须被叙述，"这种叙述是语言凝聚、替换、象征化和某种贯穿着文本产生过程的二次修正的产物"①。因此，"历史首先是一种言语的人工制品，是一种语言运用的产物"②。历史解释并不是无限多样的，历史叙述中所呈现的各种形态的解释（其类型及这些类型的数目），都受语言表述基本转义模式的制约。

"转义"（trope）指的是喻体相对于本体的"乖离"。"转义学"（tropology）则是研究这种语言现象的理论学说，它自古以来就是修辞学的重要内容。但古典修辞学将转义作为正常语言的"非正常的"特殊表达来研究，认为这种特殊表达是人们为了达到某种特殊的修辞效果才加以使用的，认定常规的语言表达可以避免转义及其非透明性；而现代转义学则将转义作为思想意义的普遍的、正常的模式来研究，认为人的思想意识结构是由非透明的语言基本转义类型构成的。后者正是怀特的历史话语转义学的基础，而正是在这个基础上，怀特将历史话语与文学话语放在了同一个转义平台上。

在西方修辞学的历史上，存在两种较大的转义理论，一种是"二重式"转义学说，20世纪以来，通过雅各布森对语言的隐喻和转喻"两极和等值"的论说，而变成了一种广为人知的"语言学诗学"；另一种是"四重式"转义学说，其理论代表是意大利启蒙思想家维柯以及20世纪的文学批评家弗莱。海登·怀特从维柯那里接受了"四重式"转义学说。维柯确定的四种基本转义格是"隐喻"（基于相似原则）、"换喻"（基于邻接原则）、"提喻"（基于部分从属于整体的关系）和"反讽"（基于

---

①怀特：《评新历史主义》，参见张京媛编《新历史主义与文学批评》，北京大学出版社1993年版，第100—101页。

②怀特：《描绘逝去时代的性质》，参见科恩编《文学理论的未来》，中国社会科学出版社1993年版，第46页。

对立性)。维柯进而将这些转义格与人类文化史的各个阶段对应起来。怀特认为，维柯洞察了语言与现实、意识与社会之间的辩证关系。怀特将这种转义理论从人类文化史引向普遍的历史话语领域，进而发现，历史话语也受这些转义模式的制约，因此，历史的本性是“诗性的”；这个诗性结构是潜在的，而且是先于个人反思批判的，历史学家只能在这些转义格中有所选择和侧重，而无法在它们之外叙述历史。历史话语与文学话语共同奠基于这个诗性结构，因此两种话语之间并无本质区别。他宣称：“历史不具备特有的主题；历史总是我们猜测过去也是某种样子而使用的诗歌构筑的一部分。”[①]这样，传统上作为文学话语本性的虚构性就代替了“真实性”而成为历史话语的基础，从而使历史话语成为广义的文学话语的组成部分。由于受话语转义模式的制约，即使在作为“历史故事”的素材的事件层面，真实与虚构间的界线也宣告瓦解了。这个界线的消弭正是打破学科壁垒而进行跨学科研究的前提，自然也是新历史主义以对“表述”的研究代替对“艺术”的研究而从事文化批评的条件。

二、情节编排：历史事件变成“故事”并显出意义的审美性环节

海登·怀特认为，故事形成过程必然包含史家对过去和现在的“解释”，这种解释在历史叙事中表现为在审美性的情节编排、认识性的论证解释和伦理性的意识形态含义等三种模式的不同形式之间做出选择。

怀特发现，与话语转义的四种基本形式相对应，叙事审美形态的情节编排方式也有四种：浪漫史（表现为“如愿以偿”）、悲剧（表现为“法则启示”）、喜剧（表现为“调和化解”）和讽刺剧（表现为“反复无常”）。他承认这是从文学批评家弗莱那里借用的关于文学样式的概念。但是，这实际上并不是一个“借用”的问题，这显示出怀特关于历史叙事的根本观点：历史叙事处理其素材的方式与文学叙事并无本质上的不同，而且采用其中某种情节编排方式与采用他种方式之间也无本质区别；历史事件并无“本来面目”可言，它们不过是用来进行情节编排从而使其显出意义的可能成分。怀特认为，历史学家必然会在如上四种编排方式中进行选择。当然，史家也可以拒绝选择，但拒绝选择本身就会成为一种特殊的选择。比如，史家可以有意不选择其中的任何一种，但这样做就恰恰将历史事件连缀成一个“反复无常”的系列，而这正是“讽刺剧”（闹剧）的一般特点。也就是说，无论历

①怀特：《作为文学虚构的历史文本》，参见张京媛编《新历史主义与文学批评》，北京大学出版社1993年版，第177页。

史学家如何选择，或意图不做任何选择，都无法逃脱如上四个情节编排模式的制约。

怀特认为：“事件通过……所有我们一般在小说或戏剧中的情节编织的技巧才变成了故事。”[①]由于历史话语在情节化过程中呈现出与文艺审美话语相同的模式，因此，对历史话语也就应该进行审美的或文学的批评。这当然并不意味着要以文学批评代替历史研究，而是要通过这种逆向剥离过程使人们认识到“事件”在变成“故事”时究竟发生了什么，从而对历史进行更深入的了解。

三、论证解释：历史叙事解释的认识评价环节

长期以来，大多数关于历史话语的论述一般都区分出“事实”的意义层与“阐释”的意义层，怀特以为这种区分掩盖了在历史话语中区分这两个意义层的难度。在他看来，实际的情况是，“在历史话语中呈现出的事实之存在及存在的方式是为了对该陈述有意支持的那种阐述给予肯定”[②]。尽管事件与解释分不开，而解释又总是千变万化千姿百态的，但是，历史事件被解释之后所呈现出的模式却是有限的。怀特借鉴佩珀在《世界的假设》里分析假设的世界的类型，将解释范式归结为四种：形式型（通过对事件进行客观再现和精确描述而解释）、机械型（通过将某种局部的法则确定为“因”来解释作为“果”的其他部分）、有机型（通过将各种条件联系起来的方式来解释它们作为部分在人类整体历史中的地位）以及语境型（通过对事件得以发生的环境和条件的描述而进行解释）。

怀特认为，历史话语的解释范式与历史话语的情节效果之间虽然存在着一定的亲缘关系，但前者是可以独立于后者的。这四种范式既不是相互孤立的，也不是可以随意结合运用的；喜欢一种范式而不喜欢另一种，这是由历史学家就历史知识的性质问题所采取的立场决定的。在传统上，人们设定“历史知识”是由历史的真实过程所决定的、反映历史实际过程的真理性知识，但怀特却指出，所谓有关历史的真理性知识，说到底只是对历史的“解释”而已，而且在大多数情况下，历史学家只是面对先已存在的解释进行解释，即对“眨眼示意之眨眼示意加以眨眼示意”。历史的解释与文学的解释一样，都要受论证解释模式的限制，同时，两者所揭示的都是历史过程的实际状况，且仅仅是从特定立场所引申出的“意义”。因此，与其说这是一个认识性环节，还不如说是一个评价性环节。

---

①怀特：《作为文学虚构的历史文本》，参见张京媛编《新历史主义与文学批评》，北京大学出版社1993年版，第163页。

②怀特：《历史主义、历史与修辞想象》，参见张京媛编《新历史主义与文学批评》，北京大学出版社1993年版，第186页。

四、意识形态含义：史家立场的道德和审美准则

海登·怀特根据曼海姆在《意识形态与乌托邦》中的概括而提出了四种基本的意识形态立场：无政府主义（否认制度和权威对人的用处）、保守主义（极力维持现状）、激进主义（要求改变和瓦解现状）和自由主义（相信人的善良和理性以及由此而建立的权威）。这四种立场并不是特定政党的标识，而是一般意识形态倾向。它包括对社会学科的科学性的态度、对人文学科的看法、对社会现状及其改造可能性的观念、对改变社会的方向及手段的构想以及历史学家的时间取向，等等。历史学家在选择特定的叙述形式时就已经有了意识形态取向，因此，史家给予历史的特定阐释也必定携带着特定的意识形态考量。基于此，怀特对历史话语的“科学地位”提出质疑。他指出，历史不是“科学”，历史是每一种意识形态争取以科学的名义把自己对过去和现在的一得之见说成是“现实本身”的重要环节。这样，怀特就将话语深层的“转义性”与解释活动不可避免的“意识形态性”联系起来了，进而将“历史”在每个层面上的“审美”品质都彰显出来了。

这个总体对应图式显示，转义模式是情节模式、解释模式和意识形态模式的深层基础，而这个基础恰恰是“诗性的”；反过来看，史家的意识形态立场选择所依据的审美的和道德的标准，又会影响史家对其他模式下的备选项的选择，因而在史家的历史修撰过程中也具有十分重要的作用。因此，怀特事实上以“诗性”和“审美”代替了传统历史修撰所依据的“真实”和“认知”。尽管任何一个模式中的任何一个因素并不是与其他模式的任何因素任意相容的，但由之而造成的同质关系却并不总是一一对应地出现在具体历史著作之中。实际上，正是由于它们之间组合关系的千变万化，才造成了历史著作的千姿百态。一个优秀史家，其前后期的著作也会发生变化；而次等的史家反而常常能保持教条式的稳定。不过，不管史家优秀与否，他们都必然在这个诗性和审美的模式框架中进行历史书写，因而他们所从事的所有活动，说到底都是一种审美活动。

在这个总体的美学框架中，怀特多角度地阐述了他的历史美学。他认为，不可能有什么“真正的历史”，任何历史都是一种“历史哲学”。历史修撰的模式实际上是对模式存在之前就已经存在的“诗性洞察力”的形式化。人们没有理由宣称某种模式比其他模式更具“现实的”权威性。人们在试图反映一般历史时，总是在相互竞争的解释策略之间做出选择，而选择的“最终理由是美学的或道德的，而不是认

识论的”[①]。这样，怀特就将历史话语的最终依据让渡给了传统的“文学话语”；或者说，文学话语范式制约、渗透甚至替代了“历史话语”。历史话语与文学话语在共同的“诗性”基础上融合为一。尽管小说家处理的或许是想象的事件，历史学家处理的可能是真实的事件，但连成一个可理解的整体、一个可被视为再现的客体的过程，却是一个“诗性过程”（poetic process）。[②]怀特将其《元史学》“导论”的副标题定为“历史诗学”，他认为历史话语的潜在过程和深层基础正是“诗性的”，任何历史都是一种历史哲学，任何历史哲学又都是一种历史诗学，任何历史诗学归根到底又都是一种历史美学。

怀特的历史美学有三个显著特点。首先，怀特对历史修撰和历史潜在结构的研究，是“以文学和诗学理论的特定模式和概念为基础的”[③]。他把历史看成与文学具有相同的叙述性的话语模式，而个别历史话语必然要对它所处理的材料进行叙述性阐释。在此意义上，怀特代表了作为后结构主义普遍倾向的形式主义文学批评向历史研究领域的渗透。这种形式主义是怀特理论最受诟病的地方。但形式主义并不必然就是理论弱点，因为在怀特那里，形式本身是作为内容而存在的。尽管其文本主义倾向应受到批判，但他将文本性作为内容来研究时，并不是要把历史理解成“向壁虚构”，而是要对已经成为文本的“历史”进行“解神秘化”（demystify），以便让人们看到历史文本在形成过程中如何受到语言深层模式、历史环境、认识条件以及学术体制等各种作用力的制约，从而将“历史”自身的“历史性”显示出来。

其次，怀特洞察了历史话语的意识形态维度，并且将这一洞见与他对叙事及话语转义的分析融合起来，这种分析也达到了形式化和技术化高度，从而构筑了一个多层次、多侧面、全方位的历史美学体系，这为人们从美学角度分析各种历史话语提供了一套有效的方法论。

此外，怀特的理论“系统地”拆除“历史”与“文学”之间的隔墙，为美学的跨学科“文化研究”扫清了道路。当后结构主义填平了文学与哲学之间的传统鸿沟之后，历史成了传统文学观念的最后屏障，怀特彻底瓦解了文学与历史之间的“学科界线”，动摇了“历史知识的科学地位”，使文学再也不能以“历史”为稳定的阐释基础，也不得不在新的观念层面重新理解自身了。

无疑，怀特历史美学的这些特点使它与新历史主义保持着同气相求同声相应的关系。他基于自己的理论观点为新历史主义进行了辩护，并试图将后者纳入自己的理论体系，认为“新历史主义实际上是提出了一种‘文化诗学’的观点，并进而提

①Hayden White, Metahistory, Baltimore: The John Hopkins University Press, 1973, p. 4.

②Hayden White, Tropics of Discourse, Baltimore: The John Hopkins University Press, 1986, p. 125.

③陈永国、朴玉明：《海登·怀特的历史诗学：转义、话语、叙事》，《外国文学》2001年第6期。

出了一种‘历史诗学’的观点，以之作为对历史序列的许多方面进行鉴别的手段”[①]。新历史主义文学批评家蒙特洛斯所强调的历史的文本性，就视“历史”为不同文本之间的竞争和选择。当然，他与格林布拉特等人所代表的新历史主义之间也存在着差异：后者更强调激进政治，更重视逸出一般历史话语的文化表述，也更侧重于具体的文学批评实践而非理论建树。总之，怀特的观点对于戳穿理性主义历史观之价值中立、客观真理、科学研究的虚伪面目大有裨益。他将历史看成各种力量和修辞方式支配下的想象和虚构，从史学理论方面对新历史主义文学批评进行了阐释和推动。当然，在怀特的历史美学中，马克思主义经典作家所强调的史学与美学相结合的原则要求并没有实现，而是被蓄意放逐了。马克思主义提出了一种总体的“历史原则”，而不只是一种“历史方法”，我们应将历史原则与历史方法区别开来。这种历史原则在理解美学问题时同样是一种有效的思想武器，而怀特却将历史原则狭义化为历史方法，进而将历史方法收编于美学方法之内。这种做法使他的历史美学面临着多方面的挑战。

总之，新历史主义美学对当代的诸多美学问题都提出了富有见地的论说，但它并没有解决这些问题，而是将这些问题“当代化”和“问题化”了。它在消解历史因果关系的过程中造成了文化方向性维度的缺失；在颠覆历史知识客观地位的过程中走向了历史审美主义和历史消费主义的极端；在强化文化流通的重要作用的同时弱化了文化生产的决定性意义，导致了文化生产与消费之间的本末倒置；在追求彻底的历史化的过程中低估了必要的逻辑化的功能，放逐了历史的规律性和必然性；在强调各种表述的平等地位的同时造成了各种表述的喧宾夺主、喧哗无主和历史真实性的缺席。这使其陷入难以自拔的悖论性处境。它尚未摆脱美学回归历史与沉沦历史、颠覆大写历史与陷入小历史相对主义、强调历史的心理情感性与走向历史不可知论、迷恋边缘意识形态与迷失于意识形态边缘之间的悖论性处境，这些困境的克服当是它在理论和实践上将会长期面临的课题。

---

①怀特：《评新历史主义》，参见张京媛编《新历史主义与文学批评》，北京大学出版社1993年版，第106页。

第二十五章　北美媒介生态学美学

概　论

“媒介生态学”在中国的研究始于21纪初叶，它意指两种迥然不同的研究领域和学术范式。一是指国内传播学领域的部分学者将生态学观念、术语、方法引入传播学领域而提出的“媒介生态学”研究范式。这种范式大致以2001年《新闻界》《新闻大学》杂志上发表的两篇论文——《传播生态规律与媒介生存策略》和《论媒介生态的五大观念》——为起始标志。此后，国内部分传播学者又相继提出一系列观念和方法，对“媒介生态学”的研究对象、研究内容等做出了较明确的规定，使“媒介生态学”成为我国当前媒介研究中的一个全新领域和学术方向，并被部分学者视为“由本土学者提出的一种原创性媒介理论”①。这种“媒介生态学”的研究主要是在生物学意义上使用“生态学”一词，即将生态位、绿色、种群、食物链、生物钟等生态学术语、观念等移植到媒介研究领域，主要探究的是“媒介之间的竞争和制衡所形成的结构体系”以及“媒介群落在社会大系统中的运动状态”②。这种“媒介生态学”研究的创新之处在于，为国内传播学研究提供了一种生态学的研究视角和一套全新的话语表述方式；但其在方法上所坚持的经验性的实证研究立场，在方向上所秉持的实用主义的研究目的，以及主张从环境或外部条件的变量出发去揭示社会现象和社会行为的原因和客观规律，总体上承递的仍是西方传播学中“经验学

①崔保国认为，“媒介生态学研究在我国的展开，来自我国传播学者的自觉，研究意识是原发而不是引进的”（详见《媒介是条鱼》，《中国传媒报告》2002年第1期）；邵书锴认为，“由我国学者创立的媒介生态学，其原发意识来源于中国现实，是具有中国特色的媒介生态学理论”（详见《中国特色的媒介生态学理论》，《东南传播》2009年第10期）。阳海洪、赵平喜、曹爱民等也持有类似看法。

②阳海洪，赵平喜：《媒介生态学：中国新闻史研究的新路径》，《新闻界》2009年第2期。

派”的学术传统；尽管其试图通过引入“生态学”的“宏观—系统”观念以规避西方“经验学派”执着于具体问题而忽视从整体视角研究传播现象的弊端，但在精神实质上仍与“经验学派”一脉相承，故亦可称之为“经验主义范式”。二是指国内学者对以北美学者马歇尔·麦克卢汉、尼尔·波兹曼等开创的“media ecology”理论和学派的称呼。因该学派部分学者倡导“媒介即环境研究”，一些学者为避免无法同上述国内传播学界所倡导的“媒介生态学”进行区别，有时又将之译作“媒介环境学”。以麦克卢汉、波兹曼等为代表的北美媒介生态学理论，不是在“生物学”的意义上，而是在隐喻或诗意层面上使用“生态学”一词的（“生态”在此意指由传播媒介所塑造或界定的诸种环境），它不满当时美国媒介与传播研究中过于偏重经验、实证和可操作性研究的倾向，倡导在媒介研究中引入形而上学的“批判”维度，注重媒介的人文关怀和价值建构，以在实用倾向占据主导地位的媒介研究中建立一套媒介时代的“新”批判理论。北美媒介生态学的“创新”之处在于，它在反对传播学经验主义研究的同时，继承的也并非是以德国法兰克福学派、英国文化研究和欧美传播政治经济学为代表的批判学派传统，而是尝试在“批判理论”和“经验研究”之间寻求一种综合与平衡，以在媒介研究领域创建所谓的“第三学派”。我们所说的“媒介生态学”就特指由麦克卢汉、波兹曼等开创的北美媒介生态学。

在西方媒介与传播研究领域，长期以来占据主导地位并被国内外学界予以充分关注的一直是美国的“经验学派”和欧洲的“批判学派”。20世纪60年代初，加拿大媒介理论家马歇尔·麦克卢汉（Marshall McLuhan）从其在剑桥大学所接受的“新批评”文学批评训练和现代主义文艺熏陶出发，融会加拿大多伦多大学政治经济学教授哈罗德·伊尼斯的媒介偏向理论和欧洲中世纪宗教思想家托马斯·阿奎那的感知理论，将媒介研究与“生态学”概念相关联，倡导从生态学的视角理解媒介，[①]首次将媒介/技术本身视作人类社会变迁和文化发展的重要动力，提出了“媒介即讯息”“媒介的感知偏向”“地球村”“视觉空间—听觉空间”等一系列重要论断和范畴，开创了西方传播学史上的北美“媒介生态学派”。如果说麦克卢汉最早将“媒介”与“生态”相联系的话，那么首次于20世纪60年代末提出“媒介生态学”概念并将之作为一种自觉的理论追求，同时使之体制化的，则是自20世纪50年代即已同麦克卢汉建立了持久友谊的美国媒介文化批评家尼尔·波兹曼（Neil Postman）。1968年，波兹曼在美国威斯康星州召开的全国英语教师年会上首次公开使用了“媒介生态学”（media ecology）的概念，并将之界定为“媒介作为环境的研究”（Media ecologyis：the study of media as environments）。1970年，波兹曼在纽约大学创建媒介生态学研究项目和博士学位点，这标志着“媒介生态学”作为一个学术领域的正式开

①Marshall McLuhan, The Gutenberg Galaxy, Toronto: University of Toronto Press, 1962, p. 35.

始。此后，在波兹曼的启迪和引导下，一大批从该学位点走出去的学者以及有着共同兴趣爱好的研究者们，承继、发展了麦克卢汉开创的媒介学说，并将“媒介生态学”发展成为西方传播与媒介研究的崭新领域。然而，直到1998年“北美媒介生态学会”（MEA）成立以后，长期处于边缘地位的媒介生态学才逐渐进入北美媒介研究的主流。目前，媒介生态学会已成为美国传播学会分会、美国东部传播学会分会以及国际传播学会的团体会员。由媒介生态学会编辑出版的刊物《媒介生态学探索》和《媒介生态学通讯》，也逐渐得到了主流学术研究的认可。

长期以来，媒介生态学研究以位于加拿大的多伦多大学（University of Toronto）和位于美国纽约的纽约大学（New York University）、福德汉姆大学（Fordham University）等为主要阵地，故又有媒介生态学之“多伦多学派”（Toronto School）和“纽约学派”（New York School）之说。通常被归入“多伦多学派”的有哈罗德·伊尼斯（Harold Innis）、马歇尔·麦克卢汉（Marshall McLuhan）、埃德蒙·卡彭特（Edmund Carpenter）、杰克·古迪（Jack Goody）、埃里克·哈弗洛克（Eric Havelock）、德里克·德·克霍夫（Derrick De Kerckhove）和沃尔特·翁（Walter Ong）等；被划入“纽约学派”的有尼尔·波兹曼（Neil Postman）、约翰·卡尔金（John Culkin）、克里斯琴·妮丝特罗姆（Christine L. Nystrom）、特伦斯·莫兰（Terence Moran）、兰斯·斯特拉特（Lance Strate）、林文刚（Casey M. Lum）、保罗·莱文森（Paul Levinson）、约书亚·梅洛维茨（Joshua Meyrowitz）和乔·阿什克罗夫特（Joe Ashcroft）等。近年来，随着“现代性”成为当代学术研究的热门领域，作为“现代性工程”的重要组成部分的媒介生态学也逐渐引起国内美学界和媒介文化研究界的极大关注，国内一大批学者，在积极地与活跃在媒介生态学研究领域的国外学者进行互动与对话的同时，从媒介生态学的理论、观念、视角和方法出发，不仅着力于揭示国内外传播与媒介研究中长期被遮蔽的“人文”内涵、“批判”面向和“美学”维度，而且注重从中国优秀古典文化（如先秦时期老子、庄子、孔子的思想）中获取理论和文化资源，为一直以来被“技术决定论”所困扰的媒介生态学引入了一种“感性的”“审美的”研究视角。随着一系列颇有分量的研究论著在国内外出版社和主流期刊的问世，一个强调媒介研究之“美学”面向的媒介生态学“北京学派”（或曰“审美学派”）正在成为国际媒介生态学研究中的重要一维。

尽管部分学者将“媒介生态学”的历史分别追溯到了加拿大政治经济学家哈罗德·伊尼斯、美国社会学家刘易斯·芒福德（Lewis Mumford）乃至苏格兰生物学家帕特里克·格迪斯（Patrick Geddes）[①]等，但在本章叙述中，我们依然将“媒介生态学”理论建立的起点定为马歇尔·麦克卢汉《谷腾堡星系》（1962）一书的出版，将麦克卢汉视为媒介生态学“多伦多学派”美学思想最重要的代表人物。就像金惠敏所说：“美学上，我们可以将麦克卢汉视作‘审美现代派’，然由于这种‘审美现代派’被放置在电子媒介的‘听觉空间’，麦克卢汉的美学大概也就没有那么‘现代’了，因而与其称之为‘审美现代派’，毋宁谓之为‘审美后现代派’来得更准确一些。”[②]同时，我们将“媒介生态学”学科建设和制度化的起点定为1970年纽约大学“媒介生态学”专业和博士学位点的设立，并将尼尔·波兹曼作为媒介生态学“纽约学派”美学思想之最重要的代表人物。之所以如此，是因为“波兹曼以其对形象的鞭辟入里的分析，为我们构筑了一个对娱乐化社会进行批判的思想框架”。[③]鉴于麦克卢汉和波兹曼的媒介生态学美学思想将在下文设专节论述，以及国内学界目前对北美媒介生态学派其他代表人物的主要媒介思想均已有概述性介绍，因此，本节仅对国内学界关注较少的、北美媒介生态学部分代表人物关于印刷媒介的文化与美学思想作概要性阐述：

（一）伊丽莎白·爱森斯坦（Elizabeth L. Eisenstein，1923—2016），美国当代著名史学教授，开拓印刷媒介研究的史学维度，被认为是北美媒介生态学派的主要代表人物之一。之所以如此说，是因为其研究所秉持的主要路子，属于麦克卢汉提出的最重要命题——“媒介即讯息”所引导出的“对媒介本身及其效应/后果”的研究路数。如果说麦克卢汉在其代表作《谷腾堡星系》一书中对印刷媒介的深入研究开创了媒介生态学关于“印刷媒介”之“效应/后果研究范式”的话，那么，爱森斯坦

①很多学者都将加拿大政治经济学家哈罗德·伊尼斯视作媒介生态学的起点。比如保罗·海耶尔（Paul Heyer）在《哈罗德·伊尼斯的媒介生态学遗产》中认为，“伊尼斯的研究成果是媒介生态学的早期版本，他为一块学术次大陆勾勒出大致地貌，以吸引人们作进一步的探索”。詹姆斯·凯利亦竭力推崇伊尼斯，她认为，“在北美大陆上，对传播学作出最伟大贡献的”是伊尼斯而非麦克卢汉的著作，这使得伊尼斯在新兴的媒介生态学传统中位居前列。美国媒介生态学的重要代表人物尼尔·波兹曼，也断言伊尼斯是“现代传播学之父”。妮丝特罗姆在其博士学位论文中将刘易斯·芒福德视为媒介生态学大厦的奠基人，并将其著作《技艺与文明》（Technics and Civilization, 1934）作为媒介生态学的奠基之作。详见C. L. Nystrom, Towards A Science of Media Ecology: The Formulation of Integrated Conceptual Paradigms of the Study of Human Communication Systems, unpublished doctoral dissertation, New York University, 1973. 兰斯·斯特拉特（Lance Strate）认为，“格迪斯是人类生态学之父，是纽约学派和多伦多学派之间那缺失的一环。他既对伊尼斯产生了直接的影响，也通过芝加哥学派对伊尼斯产生了间接的影响。格迪斯率先倡导电气技术的革命潜力，这个主题被芒福德纳入他早期的著作中，后来成为麦克卢汉《理解媒介》一书的主题之一。……我们有理由争辩说，媒介生态学真正的创始人是格迪斯，而不是芒福德或伊尼斯”。详见兰斯·斯特拉特：《刘易斯·芒福德与技术生态学》，载林文刚编《媒介环境学：思想沿革与多维视野》，何道宽译，北京大学出版社2007年版，第55页。

②金惠敏：《现代性研究与媒介生态学（本栏目主持人语）》，《南华大学学报》2014年第6期。

③金惠敏：《“图像—娱乐化”或“审美—娱乐化”：波兹曼社会“审美化”思想评论》，《外国文学》2010年第6期。

则从麦克卢汉的论题中获得启发，并以史学的严谨态度对麦克卢汉开创的印刷媒介之“后果研究范式”进行了进一步的丰富和拓展。就像爱森斯坦自己所说：“麦克卢汉使我更清楚地认识到印刷术对于人的思想和社会所产生的影响，这是他最有价值的贡献。”[①]爱森斯坦认为，过去的“思想史家和文化史家始终未能在自己的断代史图表里为印刷术找到一席之地”，为此，“有必要更仔细地审视这个急遽变革本身看似矛盾的性质。我们不要把印刷术的出现和其他革新纠缠在一起，也不要把它当作另外一种发展的例子，我们必须把印刷术的出现当作一个事件单独挑选出来研究，它自成一体”[②]。以此出发，爱森斯坦在其花费十数年而完成的《作为变革动因的印刷机》（The Printing Press as an Agent of Change）这一巨著中，对印刷媒介的“后果”进行了细致的历史梳理和论证，并将印刷机视为欧洲近现代变革的重要动因。她将15世纪中期由谷腾堡所发明的机器印刷方式定性为一场“传播革命”，并探讨了印刷术在欧洲文化史上的三次重大历史事件——文艺复兴、宗教改革、科学革命——中所扮演的关键角色。她认为，正是由于印刷术自身所具有的传播、复制、保存、固化等功能，不仅使得15世纪的文艺复兴更加持久地延续下去，而且为宗教改革铺平了道路，确保了宗教改革的开花结果，同时，为现代科学的兴起搭建了舞台。爱森斯坦与麦克卢汉的相同之处在于，他们一致将印刷术视作现代西方文化变革的重要动因；不同之处在于，爱森斯坦认为麦克卢汉在《谷腾堡星系》中的研究“不关心比例和视角的保存”“掩盖了千差万别之多样性”“完全摆脱历史纪年的顺序和语境”，因此，相对于麦克卢汉的《谷腾堡星系》而言，爱森斯坦在其《作为变革动因的印刷机》中采取了一种更为严格的史学研究方法和研究立场。

（二）罗伯特·洛根（Robert K. Logan，1939—　），对印刷研究之社会语境的拓展与伊丽莎白·爱森斯坦从史学视角研究印刷媒介的“后果”不同，他以其物理学教授的身份在多伦多大学开设了一门有着浓郁“媒介生态学”色彩的跨学科研究课程——“物理学诗学”。这门课程的开设，来源于他同麦克卢汉的合作以及他对媒介生态学和语言进化的研究，并同麦克卢汉从德国物理学家、量子力学主要创始人维尔纳·海森伯的“统一场”理论中获得启示而提出的“听觉空间”“媒介即按摩”“环视”“地球村”等概念有异曲同工之妙。尽管洛根以物理学研究起家且是一名物理学教授，但其最有名的著作《字母表效应》却与媒介文化研究有关。洛根对印刷媒介的论述就主要见于此著作之中。在《字母表效应》中，洛根将印刷术的研究嵌入到他对西方文明史上关于“字母表效应”的探讨之中。也就是说，他并不像伊丽

①伊丽莎白·爱森斯坦：《作为变革动因的印刷机：早期近代欧洲的传播与文化变革》，何道宽译，北京大学出版社2010年版，第76页。

②Elizabeth L. Eisenstein, The Printing Press as an Agent of Change: Communications and Cultural Transformations in Early-modern Europe, Vol. 1 & 2, Cambridge: Cambridge University Press, 1980, pp. 167-168.

莎白·爱森斯坦那样把印刷术的发明视作一个独立的传播或媒介事件，而是将印刷机置入表音文字这一更大的语境和/或序列中去探讨印刷媒介对于西方科学、社会及文化的影响（“媒介的后果/效应”范式）。就像洛根所说，印刷机固然具有促成统一性和规整性、视觉偏向、记录的持久性以及有助于文化普及等特性，但“印刷术到来之前，字母表就已经促成了这一切特征。印刷机通过释放出强大的新能量，提升并放大了字母表的这一切特征”，“印刷机的重大影响之一就是强化或提升了它问世时即已开始了的一种变革”。[①]在论及印刷术与现代科学之间的关系时，他将印刷机视作科学思想的媒介，认为“印刷机在推进字母表的使用中发挥了重要的作用，它营造的环境使现代科学逻辑、分析和理性的手法能不断演进和兴旺”。[②]洛根也概略地探讨了印刷机与宗教改革、个人主义、地方语言、大众教育、资本主义、民主制、民族主义、技术开发、工业革命等之间的关系。如其所言：“我们探讨了表音文字通过印刷术而产生的广阔的社会影响。在此过程中，一个效应、影响、副产品和交叉影响的复杂模式浮现出来。”[③]这里需要加以说明的是，麦克卢汉的《谷腾堡星系》和洛根的《字母表效应》均强调了表音文字及作为对其延伸的印刷机对于西方社会的形成性作用，但不同之处在于，麦克卢汉主要是基于印刷媒介的“视觉感知偏向”出发而进行的讨论，洛根则主要强调的是印刷媒介对于字母表效应的延伸与强化，以及此延伸和强化中所隐含的“复杂模式”。

（三）约书亚·梅洛维茨（Joshua Meyrowitz），对印刷媒介之行为维度的拓展。作为尼尔·波兹曼的学生，梅洛维茨以注重“研究媒介的效应和社会变化的新方法”成为媒介生态学第三代的主要代表人物。《消失的地域》是其媒介生态学研究的主要成果。我们知道，波兹曼多次强调，“媒介生态是对信息环境的研究”，“媒介生态学研究信息环境”。作为波兹曼的学生，梅洛维茨自然特别重视“媒介环境”的重要性。在强调“媒介环境”的同时，梅洛维茨从情境主义论者戈夫曼（Erving Goffman）那里受到启发，提出了自己的“媒介情境”理论。他将“情境”界定为“信息系统”：“地点和媒介同为人们构筑了交往模式和社会信息传播模式……地点创造的是现场交往的信息系统，而其他传播渠道则创造出许多其他类型的情境。”[④]梅洛维茨“情境论”的主要思路是“媒介——情境——行为”。在他看来，在麦克卢汉的“媒介——感官——行为”的因果链条上，麦克卢汉着重探讨的是媒介与感官之间的互动关系，而在媒介与行为的关系问题上却着墨不多。以此作为问题的出发点，梅洛维茨融合了波兹曼的“媒介环境”和戈夫曼的“情境”理论，认为媒介的变化必

①罗伯特·洛根：《字母表效应》，何道宽译，复旦大学出版社2012年版，第138页。
②罗伯特·洛根：《字母表效应》，何道宽译，复旦大学出版社2012年版，第155页。
③罗伯特·洛根：《字母表效应》，何道宽译，复旦大学出版社2012年版，第166页。
④约书亚·梅洛维茨：《消失的地域》，肖志军译，清华大学出版社2002年版，第31页。

然导致社会环境的变化，而社会环境的变化又会导致人类行为的变化。梅洛维茨发现，印刷传播倾向于把众多分散的个体分进不同的交往场景，从而形成不同的社会群体；电子传播倾向于融合不同的交往场景，打破不同群体之间的信息壁垒，让不同交往场景之间的物质边界形同虚设。具体来说，如果说印刷术促进时空距离的话，那么“电视则有助于消除时空距离的影响，使得异质人群的异时聚会成为可能”[①]。他认为，要维持基于等级差异的社会秩序，便要求每个人都具有特定的位置感，而印刷媒介正是对此位置感的维持。

（四）保罗·莱文森（Paul Levinson，1947—　），以进化论的视角观照印刷媒介。作为媒介生态学纽约学派的主要代表人物，莱文森又被称作“数字时代的麦克卢汉”。他从尼尔·波兹曼和麦克卢汉的“媒介生态学”理论中得到启发，并将之与达尔文的自然进化论和卡尔·波普尔的“渐进社会工程”的改革方案相融合，提出并逐步完善了其独具特色的“媒介进化论”。其媒介进化理论主要体现在其博士论文《人类历程回顾》以及《软利器》《思想无羁》等著作中。在他看来，所有媒介均处于一个进化论的序列之中，后起媒介不是对先前媒介的替代，而是在某些方面的改进，用他的话说，“一切技术提供的都是补救手段”[②]。依此理论，印刷媒介就不是对书写媒介的替代，而是改进了的书写媒介，是对书写媒介的机械化复制，它使文字信息的机械化生产和大量复制成为可能。在《软利器》中，莱文森以专章内容探讨了印刷媒介对于现代世界的催生作用。他认为，在追溯印刷机及其后果的大循环过程中，我们发现一个越来越充满动力和张力的世界，这就是现代世界；也就是说，“印刷机的后果包括：教会对信仰和知识的垄断被摧毁，民族国家的兴起，科学革命的产生、公共教育与读写能力的普及，资本主义的增长，民主的发展，国家中央权威的提高”。莱文森认为，现代世界的生成是印刷媒介“无意为之”的结果，他说，“这一切要素的集合在一定意义上都是印刷机的后果。但这个后果即我们的现代世界是无意为之、意料之外的。也就是说，现代世界和我们自己都是无心插柳的最好范例，这是信息革命的首要产物”[③]。在莱文森的媒介进化理论中，我们不难发现麦克卢汉媒介延伸论及媒介效应论的影子。

从对伊丽莎白·爱森斯坦、罗伯特·洛根、约书亚·梅洛维茨和保罗·莱文森的媒介生态学思想，特别是对他们的印刷媒介文化思想的分析中可以看出：麦克卢汉和波兹曼之后的北美媒介生态学的主要代表人物，均在不同方面继承和发展了由麦克卢汉开创的，并被波兹曼所学科化和制度化的强调“媒介本身及其效应/后果”

---

①马克·波斯特：《信息方式》，范静哗译，商务印书馆2000年版，第63页。
②莱文森：《软利器：信息革命的自然历史与未来》，何道宽译，复旦大学出版社2011年版，第91页。
③莱文森：《软利器：信息革命的自然历史与未来》，何道宽译，复旦大学出版社2011年版，第28页。

的研究范式。他们或从历史学（爱森斯坦）、物理学（洛根）的角度予以对接，或从戈夫曼、达尔文、波普尔等那里借取理论资源，对媒介生态学进行了不同维度的扩充和发展，提升并扩大了媒介生态学在西方媒介研究中的学术地位和国际影响。然而，他们在发展媒介生态学的同时，却近乎将麦克卢汉、波兹曼媒介思想中注重媒介之“感性”“审美”的元素抛弃殆尽。因此，重新回到媒介生态学的原初观念，阐释和挖掘以麦克卢汉和波兹曼为代表的媒介生态学思想中人文关怀、批判面向和美学维度，是本章的主要任务，也构成了下面两节的主要内容。

第一节　马歇尔·麦克卢汉

马歇尔·麦克卢汉（Marshall McLuhan，1911—1980）是20世纪最具有探索精神、最富有原创性的西方媒介思想家。他于1911年7月21日出生于加拿大阿尔伯塔省省会埃德蒙顿市，1933年在加拿大曼尼托巴大学获学士学位，并于次年以评论梅瑞狄斯（George Meredith）的论文——《作为诗人和诗意小说家的梅瑞狄斯》获该大学硕士学位。同年，在皇家天主教会修道会（IODE）提供的研究生奖学金资助下，麦克卢汉以预科生的身份进入英国剑桥大学学习，并先后在剑桥大学获文学硕士和博士学位。1953年，由麦克卢汉和卡彭特共同申报的跨学科研究项目“变化中的语言模式和新兴的传播媒介”获福特基金会资助，这成为麦克卢汉由文学研究转向媒介研究的重要契机。1980年12月31日，麦克卢汉在位于多伦多的家中黯然逝世，享年69岁。在麦克卢汉一生中，“赴剑桥留学”“改宗教为天主教”“结识伊尼斯”以及“获福特基金会资助”等，是深刻影响麦克卢汉最为重要的几个事件。

“赴剑桥留学”使麦克卢汉原先在曼尼托巴大学所接受和形成的对英国文学的评判“被完全推倒重来”，剑桥大学“那些杰出的教授们给麦克卢汉提供的思想激励远远超出他的想象”[①]。在剑桥大学学习期间，麦克卢汉受到了以瑞恰兹（I. A. Richards）、利维斯（F. R. Leavis）等为代表的英国“新批评”派文学批评思想和以爱伦·坡、艾略特、瓦莱里、庞德、乔伊斯等为代表的现代主义文艺的深刻影响，这为以后麦克卢汉“媒介人文主义”思想的形成以及“感知”“效应”等成为其“媒介研究”的主要标签敷设了底色。就像麦克卢汉所说：“作为对机械工业和官僚主义愚昧的浪漫主义反抗，在惯常和忠实的诗学启蒙之后，剑桥的表现令人吃惊。短短几

①菲利普·马尔尚：《麦克卢汉》，何道宽译，中国人民大学出版社2003年版，第36页。

周，瑞恰兹、利维斯、艾略特、庞德和乔伊斯就开启了促使读者适应当今世界的诗歌感知之门。我对媒介的研究始于并深深扎根于这些人的工作之中。”①

“改宗教为天主教”是影响麦克卢汉的又一重大事件。1937年3月25日，麦克卢汉改宗教为天主教。对他而言，这样的信仰改变“使人的存在带上神秘的色彩，使一个背着包袱、未受启迪的人成为一个感情丰富的高尚的人”。有学者甚至认为，麦克卢汉的媒介思想就是其天主教信仰体系的理论翻版。

“结识伊尼斯”及“获福特基金会资助”使麦克卢汉从原来的学术领域——“文学—大众文化批评”转向“媒介研究”。20世纪50年代初，加拿大多伦多大学政治经济学教授哈罗德·伊尼斯两部传播学著作——《帝国与传播》和《传播的偏向》的出版，使麦克卢汉在寻觅新研究领地的途中看到了曙光。伊尼斯试图在整个西方文明史的全过程中追踪“传播媒介对知识品格的潜在影响”，这既为麦克卢汉“留下了许多空间去填补，同时又给他留下了极其珍贵的提示，说明如何去构建一种新的文化理论。自利维斯以来，尚无任何一位教授曾给予他如此深刻的思想激励”②。多年之后，麦克卢汉在致友人的信中还说，正是伊尼斯给了他“特别的激励”，使他进入媒介研究的领地。如果说伊尼斯使麦克卢汉找到了施展其才华的全新领地——“媒介研究”——的话，那么，福特基金会对麦克卢汉、卡彭特申报的媒介研究项目的资助则为其走向媒介之路提供了最为关键的助力。1953年，由麦克卢汉和卡彭特提交的“变化中的语言模式和新兴的传播媒介”项目获福特基金会资助，也成为麦克卢汉从文学—文化批判走向媒介研究的重要契机。围绕这一项目，麦克卢汉发起了一系列跨学科的文化与传播研讨会，展开了对不同历史阶段媒介环境及思维和认知特征的探索，并在此基础上提出了媒介环境的经验重组和社会变革效应。③福特基金会项目的另一项产品是《探索》(Explorations) 杂志的创办。该杂志发表了许多重要的具有“麦克卢汉风格”的媒介研究文章，它不仅成为麦克卢汉媒介研究的重要阵地，而且有效地扩大了其学术交往的范围、思想视野和社会影响。可以说，正是由于将剑桥“新批评”的研究方法、天主教信仰体系、现代派艺术家们的文艺思想同媒介研究的结合，麦克卢汉不仅使媒介研究具有了浓郁的文学色彩和感性气质，而且在媒介研究中实现了从内容分析向专注于媒介自身及其感知效应的范式转型。麦克卢汉对感性的强调与文学（特别是现代派文学）对他的深刻影响密切相关：“文学是麦克卢汉的家园……他关于媒介的大多数观点是从他研究过的比如马拉美、兰波和其他法国象征派作家，以及乔伊斯、艾略特、庞德等人的著作中自然而然地产

---

①Marshall McLuhan, The Interior Landscape: The Literary Criticism of Marshall McLuhan, 1943—1962, selected, Eugene McNamara (comp. & ed.), New York: McGraw-Hill, 1969, pp. xiii-xiv.

②菲利普·马尔尚：《麦克卢汉》，何道宽译，中国人民大学出版社2003年版，第126页。

③李明伟：《知媒者生存：媒介环境学纵论》，北京大学出版社2010年版，第113页。

生出来的。”[1]得益于文学的深刻影响，麦克卢汉在对媒介效应的考察中特别注重对“感知”“感性”的强调——在词源学意义上，“美学”（aesthetics）一词恰恰源自“感性学”（aisthesis），这使得麦克卢汉的媒介研究有了浓厚的美学意味。由此，从“美学”角度考察麦克卢汉的媒介思想，成为理解麦克卢汉媒介思想的重要视角。

一、“感知”及其重构

“感知”是麦克卢汉媒介研究的基本视角。探究媒介影响人类感知的方式，是麦克卢汉媒介研究中最为重要的理论问题。在西方文化语境中，“感知”具有双重含义：“perception”和“sensation”。“perception”侧重于颜色、声音、味道等感官属性，它为“认识”服务；“sensation”偏重于人们的情感走向，以“愉快”与否为评价尺度。在麦克卢汉那里，“感知”主要是在“perception”的意义上使用的。媒介重构感知，不同的媒介导致不同的感知偏向，是麦克卢汉媒介思想的核心和精髓。在他看来，媒介与人类的感知之间存在着密切关系，当一种媒介上升为主导媒介之后，它就会重塑人们的感知，并使整个社会在各个层面呈现出与主导媒介相适应的特征。“任何媒介都必然涉及感官之间的某种比率”[2]，其效应“不是发生在意见和观念层面，而是毫不受阻地改变人们的感觉比率和感知模式”[3]。麦克卢汉提醒人们，主导媒介的变化带来的是感官比例的调整，最终引发的是人们感知世界的方式、能力以及思想模式的彻底改变。以此出发，麦克卢汉区分了口语、书写和电子媒介三种不同的传播与感知模式。文字诞生之前，人们生活在感官平衡和同步世界之中，这是一个受听觉支配的口语社会，流传至今的史诗作品显著地体现了口语社会的基本特征，它们对音韵的强调以及采用的各种便于记忆的手段，都是为适应口语这一媒介而呈现出的特征。表音文字是视觉功能的强化和放大，表音文字诞生之后，对视觉和眼睛的需求大幅增加，视觉逐渐跃居感官系统的最高等级，柏拉图将诗人逐出理想国即是表音文字发明之后视觉对于口语和听觉攻击的一次集中反映。印刷术的发明使得视觉完全凌驾于其他感官之上，此时，社会文化生活的各个方面开始向视觉的特征靠拢。随着电报的发明，人类迈入了电子时代。自此，社会的各个方面——从政治到经济、从文学到艺术、从文化到社会，又开始向电子媒介的特征靠拢。麦克卢汉的全部媒介思想，包括“媒介即讯息”“媒介延伸论”“媒介冷热

①Marshall McLuhan, Understanding Me: Lectures and Interviews, Stephanie McLuhan and David Staines (ed.), Cambridge, MA: The MIT Press, 2003, p. 310.

②Marshall McLuhan, Letters of Marshall McLuhan, Oxford: Oxford University Press, 1987, p. 256.

③Marshall McLuhan, Understanding Media, Cambridge & London: The MIT Press, 1964, p. 18.

论”等，可以说都是其媒介感知偏向理论的具体表现。麦克卢汉之所以如此不遗余力地强调媒介的感知偏向，强调媒介的改变对于人的感知比率的影响，其最终目的实际是引导我们去“理解媒介”，去注意媒介所产生的效应。就像他所说的，理解媒介就必然意味着理解媒介的“效应”，一切媒介都必然“对我们心理、社会价值和制度产生革命性的影响”[①]；或如其著名命题“媒介即讯息”所揭示：媒介本身的变革，会创造一种全新的服务环境，并进而规定我们对于世界的认识和认识方式，由此引发的是一切社会模式的随之调整及文化知识形态的全面变革。

二、作为“感知操练”的文艺

在麦克卢汉那里，“文学”通常并不是我们狭义上所理解的“语言艺术”，而是同其经常替换使用的“艺术”概念在内涵上极为相近。“文学”或者说“艺术”，对麦克卢汉来说，是用于操练、培养和提升人们感知的手段。这可以从他对“文学”和“艺术”的说明中清晰地看到，“文学是对感知的研究和操练”，“艺术是派送到感官系统中营养不良之处的一整套关爱”，“艺术是用来提升感知的专门的人造物”，“艺术是作为反环境的一种必不可少的感知手段”，“艺术的功能是向人们传授如何感知外部环境”，“艺术操练并调节我们的感知，提升我们的感知能力”。在此，文学/艺术不再只是一门“学科”，它更是一种“功能”，它无法被传授，“你只能在其中培养敏锐的感知”。下面我们来看看在麦克卢汉那里，媒介是怎样对文学感知模式进行塑造的，以及我们应如何通过文学去观察、聆听和感知发展中的媒介图景。

作为享誉全球的媒介理论家，麦克卢汉是从媒介的角度来看待文艺形态的发展和变革的。在他看来，不同媒介的引入都会重构人们的感知，使感知比率发生变化。当主导媒介开始改变人的感知方式时，作为“感知”之重要领域和体现的“文学/艺术”概念和文艺创作方式也会随之发生变化。由此，麦克卢汉根据其“媒介感知理论”，提出了著名的“三个传播时代”的观念，并依次将文学/艺术划分为口语时代的听—触觉形态、书面文化时代的视觉形态和电子时代向听—触觉形态的回归三个阶段。在口语时代，口头传播调动人的全部感官，人们对外界的感知是全方位的、包容性的，这决定了口语时代思维模式的整体性和同时同步性，这在口语时代文学创作的典型代表《荷马史诗》中有着清晰的体现。古希腊人对腓尼基表音文字的改造，开创了西方文化史真正意义上的书写时代。麦克卢汉指出：“被表音文字延伸的视觉感官培育出在形式生活中感知单一方面的分析习惯。视觉使我们能够在时

①Marshall McLuhan, Essential McLuhan, E. McLuhan & F. Zingrone (eds.), London: Routledge, 1997, p. 256.

空中将单一事件孤立出来，一如具象艺术（representational art）所为：它从视觉上表现人或物时，总是将人或物的某一状态、时刻、侧面从众多状态、时刻和侧面中孤立出来。”①而作为表音文字之终极延伸的印刷术，则进一步“促使艺术家尽其所能地把一切表现形式均压缩到印刷文字那单一描述性和记叙性的平面之上”②。这在诗歌和散文中表现为“向线性叙述的倾斜”，在小说（及其他叙事性作品）中表现为“内视角”“外视角”的兴起以及对过去“全知视角”主导局面的突破，在绘画中表现为“透视法”和“灭点”理论的兴起以及画家在画布中对于叙述性平面的“逼真”展示。进入电子时代后，人们观看事物的方式发生了改变。“如果说书页像文艺复兴绘画那样模仿视觉透视，将事实和观念按照比例排列以产生客体世界的三维光学影像的话，那么不受约束的新闻界和广告业则放弃了写实特性，它们通过使用尺寸与颜色的动态结构方法，把语词和图片带回一种富有创造力并饱含意义的联系之上。”③也就是说，文艺复兴时期以模仿现实为目标，文学和艺术按照由印刷媒介所塑造的透视法建构三维幻觉空间；而在电子时代，由于在电讯报和广告中所有内容均按照版面价格和新闻的重要性而排列，文字和图像不再是为了描述和模拟现实，而是为了虚拟真实和制造欲望。可以说，正是由于电讯报、广告等所带来的观看方式的变化，麦克卢汉认为，这个时期的“图像艺术（iconographic art）使用眼睛就像我们使用手一样，它寻求创造一个由人或物的许多时刻、阶段和面向所组成的包容性形象。因此，图像模式（iconic mode）不是视觉再现，也不是视觉重点（由单一角度观看）的特殊化。它是整体性的、通感的、涉及所有感官的”④。麦克卢汉以电子时代的立体派绘画为例进行了说明：“立体派以同时展现物体的各个侧面取代了透视幻觉的单个侧面。它不表现画布上的三维幻象，而是表现各种平面的相互作用及各种模式、光线、质感的矛盾或剧烈冲突。换言之，立体派在二维平面上画出客体的里外上下前后等各个侧面。它放弃透视的幻觉，转而偏好对整体的迅疾的感性知觉。”⑤可以说，正是受电讯报（它呈现为一种马赛克式的图像，由报头日期把互不关联的零星材料结成一个整体场）的影响，使得塞尚以“触觉”替代“视觉”去展示对象——“塞尚以来的艺术家痴迷于对触觉的探索，一百多年来，他们赋予触觉能将其他感官统一起来的神经系统的角色，以迎接电子时代的挑战”⑥。毕加索受益于塞尚，开启了立体派多重视点的实验。这同时也是法国象征派和乔伊斯文学创作

---

①Marshall McLuhan, Understanding Media, Cambridge & London: The MIT Press, 1994, p. 334.
②Marshall McLuhan, Understanding Media, Cambridge & London: The MIT Press, 1994, p. 54.
③Marshall McLuhan, Essential McLuhan, E. McLuhan & F. Zingrone (eds.), London: Routledge, 1995, p. 298.
④Marshall McLuhan, Understanding Media, Cambridge & London: The MIT Press, 1994, p. 334.
⑤Marshall McLuhan, Understanding Media, Cambridge & London: The MIT Press, 1994, pp. 12–13.
⑥Marshall McLuhan, Understanding Media, Cambridge & London: The MIT Press, 1994, p. 107.

的手法："法国象征派和乔伊斯看到，现代报纸的排版中有一个全世界通用的新型艺术形式。"[①]麦克卢汉将媒介同感官联结，再将被媒介塑造的感官和艺术发展联结，带给我们一种观看文学艺术发展史的全新方式。

三、"媒介即讯息"及其美学内涵

"媒介即讯息"是麦克卢汉最为核心、最为著名也最难理解的洞见之一。学界关于这一论题的论争，长期以来可谓见仁见智，没有统一的认识，很多时候甚至在理解上还相互对立。理解上的差异与对立，部分原因来自于对该命题的望文生义，更重要的原因则是学界对此断语的理解往往依据的仅是他在《理解媒介》开头那段几乎被所有学者论述时皆引用的话："媒介即讯息——这只是说，任何媒介作为我们自己的延伸，对于个人和社会所产生的影响，都来自我们自己的每一延伸，或者任何新技术在我们的事务中之引入的新的尺度（scale）。"[②]麦克卢汉此处对"媒介即讯息"的解释并不清晰，甚至存在模棱两可之处，若依此理解，人们会得出麦克卢汉偏重于媒介形式的结论。这样理解固然不错，但并不全面。事实上，关于"媒介即讯息"这一断语，麦克卢汉曾在其论著中做出过不少于十次的解释，甚至还写有篇幅很长的同名论文。[③]倘若我们注意到下面几段话，对这一断语的理解可能会有新的认识：

> "媒介即讯息"这句口号式的警语，换种说法可能更令人满意：任何媒介（无论广播还是轮子）都有一个趋势：创造一个全新的环境。此环境往往难以察觉，故只能以注意环境的内容作补偿。环境纯粹是一套基本规则，一种总体上囊括一切的力量，这种形式难以辨认，唯一的例外是艺术家。[④]
>
> "媒介即讯息"……说的其实是一套由技术革新造就的隐蔽的服务环境；使人改变的是这样的环境而非技术。[⑤]
>
> 关于"媒介即讯息"，换一种表述即"环境是一种力量"。[⑥]
>
> 我说"媒介即讯息"的时候，掩盖了一个事实：媒介的使用者既是媒介的"内容"，也是经验的生产者。掩盖这一事实的目的是：突出"媒介的效应"，或

①麦克卢汉：《机器新娘：工业人的民俗》，何道宽译，中国人民大学出版社2004年版，第4页。
②Marshall McLuhan, Understanding Media, Cambridge & London: The MIT Press, 1994, pp. 7–8.
③Marshall McLuhan, "The Medium is the Message", in: Forum, Houston: (Spring) 1960, pp. 19–24.
④麦克卢汉：《麦克卢汉如是说：理解我》，何道宽译，中国人民大学出版社2006年版，第64页。
⑤麦克卢汉：《麦克卢汉如是说：理解我》，何道宽译，中国人民大学出版社2006年版，第163页。
⑥Marshall McLuhan, Letters of Marshall McLuhan, Oxford: Oxford University Press, 1987, p. 311.

者说“隐蔽的环境”，或曰“经验的背景”。①

“媒介即讯息”大概可以通过指出以下事实来阐明：任何技术都逐渐创造出一种全新的人为环境，环境不是消极的包装用品，而是积极的作用进程。②

任何一项技术均创造出一种全新的环境。此表述相较于“媒介即讯息”要略胜一筹。因为新环境的内容总是旧技术，故新环境往往难以觉察。③

新技术创造新环境，新环境的内容是旧环境。新环境往往难以察觉，可见的仅是其内容。将“媒介即讯息”表述为“新技术即新环境”，或许更易为人接受。④

“媒介即讯息”的启发在于，当一个全新的服务环境开始发挥作用时，既有的一切形式均要被此新形式所改造。⑤

“媒介即讯息”与华兹华斯“儿童是成人之父”有异曲同工之妙。……任何产品或者创新均产生利害并存之环境，这些环境重塑人们的态度，却往往隐而不显。直至旧环境被新环境所取代，我们才能看清原先隐蔽的环境。⑥

我们发明新技术的同时，也创造出一种新的环境，并将此环境自然而然地当作我们的文化面具。在此过程中，我们使用的是感知而非概念。任意一种新环境均产生一种新的人体感知、观念和内察。⑦

“媒介即讯息”的意思是，每一种媒介均创造出一种自然。……媒介是“使事物所以然”的动因，而非“使人知其然”的动因。⑧

麦克卢汉在这里表达的意思至少包括以下三点：一是“媒介即讯息”实即“媒介即环境”，或者说，新媒介创造新环境，新环境的内容是旧环境；二是新环境总是“隐而不显的”，它往往“令人难以察觉”，所以我们能够注意到的只是作为内容的旧环境。只有原有的环境被更新的环境所取代且原有环境成为新环境的内容时，原先隐蔽的环境才被我们所注意；三是尽管新环境难以察觉，但其发挥的作用却十分巨大：它不仅产生“新的人体感知、观念和内察”，“重塑人们的态度”，甚至“一切形式均要被此新形式所改造”。也就是说，尽管新环境总难以感觉得到，但它无时无刻不在潜意识层面发挥作用。由此又可以说，“媒介即无意识效应”；用麦克卢汉的形

---

①Marshall McLuhan, Letters of Marshall McLuhan, Oxford: Oxford University Press, 1987, p. 443.

②麦克卢汉：《理解媒介：论人的延伸》，何道宽译，商务印书馆2000年版，“作者第二版序”，第25页。

③Marshall McLuhan, Letters of Marshall McLuhan, Oxford: Oxford University Press, 1987, p. 309.

④Marshall McLuhan, Letters of Marshall McLuhan, Oxford: Oxford University Press, 1987, p. 311.

⑤Marshall McLuhan, Letters of Marshall McLuhan, Oxford: Oxford University Press, 1987, p. 397.

⑥Marshall McLuhan, Letters of Marshall McLuhan, Oxford: Oxford University Press, 1987, p. 404.

⑦Marshall McLuhan, Letters of Marshall McLuhan, Oxford: Oxford University Press, 1987, p. 338.

⑧Marshall McLuhan, Essential McLuhan, E. McLuhan & F. Zingrone (eds.), London: Routledge, 1995, p. 174.

象比喻就是“媒介即按摩”。“媒介即讯息”，或者更形象地说，“媒介即按摩”，其美学内涵主要包括以下三个方面：①

第一，强调媒介的“感知”效应。麦克卢汉的媒介研究可以用“感知效应范式”来概括。麦克卢汉并没有忽视对媒介特征的研究，如其“冷热媒介”之分，但其最终目的是试图说明媒介因其不同的“感知”偏向而对社会所产生的不同影响：其代表作《谷腾堡星系》强调的就是印刷媒介所强化的视觉感知偏向对现代西方社会各个方面——民主进程、个性主义、民族主义、私人权利、行为方式、心理特征、时空意识、诗与音乐之分离——的形成性作用。或如麦克卢汉所说：“理解媒介即意味着理解媒介的效应。”②这种效应不是发生在观念层面，而是致力于改变人们的感知模式和感官比率。

第二，媒介的后果是在“统一场”中“环视”的结果。麦克卢汉说：“‘媒介即按摩’指的是对当下发生事情的环视。”③他使用“环视”一词，同时引入德国物理学家海森伯的“统一场”理论，进而在性质和方式上对他提出的媒介的“感知效应范式”做出了规定。据海森伯的理论，在“统一场”中，各种要素的作用不是线性的、序列的，而是同时的、同步的。具体到麦克卢汉那里，这就是说，媒介的“按摩”不再仅仅作用于单一肢体或感官，而是同时触及身体的各个部位，是在“统一场”中的“环视”，而非如前电子时代的“视角主义”那样只是“从你所坐的位置看”。麦克卢汉“媒介即讯息”中所包含的对“按摩”“环视”“统一场”的强调，体现出的其实恰好是其对媒介技术的“整体性”思维，是“感性”的整体性。而所谓的“感性”学，在西方思想史上，恰恰就是“美学”（aesthetics）的本意。

第三，以“环视”而非“视点”突出媒介的感性/美学特征。用金惠敏的话说，麦克卢汉“实际上是将文学研究范式引入媒介研究”。意大利学者兰伯特在其《麦克卢汉媒介研究的文学根源》一书中，更是以整本书的内容阐发了麦克卢汉媒介研究的文学根源。她认为，麦克卢汉的媒介研究根源于其对教父传统和17世纪英国玄学派诗歌的研究，根源于古典人文三学科（语法、修辞、逻辑）的知识背景和现代主义的形式实验。麦克卢汉自己也承认，他“对媒介的研究深深扎根于瑞恰兹、利维斯、艾略特、庞德和乔伊斯等人的工作之中”④。或可以说，麦克卢汉的媒介研究就是一种文学研究。这不仅仅是说他乃文学中人，而是说文学研究之奉感性为圭臬也成了他媒介研究的刻意追求。在此意义上，我们也完全可以认为，麦克卢汉“将美

---

①金惠敏：《“媒介即信息”与庄子的技术观——为纪念麦克卢汉百年诞辰而作》，《江西社会科学》2012年第6期。

②Marshall McLuhan, Essential McLuhan, E. McLuhan & F. Zingrone (eds.), London: Routledge, 1995, p. 178.

③Marshall McLuhan, The Medium is the Massage, New York: Bantam, 1967, p. 10.

④Marshall McLuhan, The Interior Landscape, New York: McGraw-Hill, 1969, pp. xiii-xiv.

学带给了传播研究”[1]。

四、后视镜、反环境与“陌生化诗学”

在麦克卢汉的媒介感知理论中，“后视镜”和“反环境”是与文学艺术密切相关的两个重要概念。麦克卢汉以“后视镜”概念阐明的是：一种新媒介的产生总会创造出一套全新的环境，此时，原先的旧环境成为新环境的“内容”；由于新环境总是作为“背景”（background）存在而难以被察觉，所以人们能够感知的只是原先的旧环境，这就需要借助于“后视镜”去理解现实。反映在艺术上，表现为艺术家们在艺术创作中对过去的不断“回望”。“反环境”概念指的是艺术家们通过自己的艺术创作，“创造性地损坏习以为常的、标准的东西”，“瓦解‘常备的反应’，创造一种升华了的意识”，“最终设计出一种‘新’的现实以代替我们已经继承的而且习惯了的现实”。[2]麦克卢汉以此阐明的是：尽管原先的旧环境成为新环境的“内容”而显得“过时”，但“‘过时’并非‘终结’，而是‘审美之始’”。

“我们总是透过‘后视镜’洞察现在，倒退着进入未来。”[3]为此，麦克卢汉以文艺史上的例子分别说明文艺复兴时期艺术家们对中世纪的回望、工业时代对文艺复兴时期的“后视”，以及20世纪电媒时代对于机械工业时代的“向后看”。莎士比亚的剧作代表了文艺复兴时期人们“后视”中世纪的情况。莎士比亚生活于文艺复兴时期，但其戏剧不仅在内容上是“中世纪的”，“他的政治和世界观表现的也是中世纪的图景。这些剧本死死地回望着即将退出舞台的各种中世纪形式”[4]。步入工业社会以后，艺术家们又开始回望文艺复兴时期：“到19世纪，文艺复兴已经以完全充分的图景展现在人们眼前，它成为工业时代人们思考的内容。铁路和工厂问世之后，原有的农业世界成为这个新工业和机械环境的内容，对旧的农业世界的向往即田园世界的意识随之高涨。对这个即将退出历史舞台的时代的发现，就是所谓的‘浪漫主义运动’。”[5]在浪漫主义艺术中，农业世界成为一种艺术形式，自然界成为一件艺术品，田园牧野成为艺术家们的重要主题：英国画家康斯塔伯在户外画了上百幅油画草稿，试图通过云影、光线的变化去描绘大自然的景致；透纳则经常以夕阳、港口、海景作为其绘画的主题。或如文艺史家勃兰兑斯所说：“新时代的儿童把创造、

①Janine Marchessault, Marshall McLuhan: Cosmic Media, London: Sage, 2005, pp. xii–xiii.

②特伦斯·霍克斯：《结构主义和符号学》，瞿铁鹏译，上海译文出版社1987年版，第61—62页。

③Marshall McLuhan, Quentin Fiore & Jerome Agel, The Medium is the Massage, New York: Bantam, 1967, p. 72.

④Marshall McLuhan, Essential McLuhan, E. McLuhan & F. Zingrone (eds.), London: Routledge, 1995, p. 212.

⑤Marshall McLuhan, Essential McLuhan, E. McLuhan & F. Zingrone (eds.), London: Routledge, 1995, p. 212.

把自然的本来面目看作最高的形式。”[1]电能技术兴起之后，电路把机械环境包裹起来，机器（因成为新环境的内容而）变成艺术品。20世纪荷兰风格派艺术领导人特奥·凡·杜斯伯格将“机械美学”视作时代的美学代表，其绘画作品仅由基本色块和线条组成，以维持机械制造的性格。未来主义艺术家们更是将机械工业时代的场景直接挪用到艺术创作领域。他们最爱的题材是火车与汽车的疾驰、飞机的穿梭以及车站和节庆的喧闹等。对此，杜尚曾形象地将未来主义绘画称作是“机器世界的印象派”。整个20世纪现代派的艺术作品，在麦克卢汉看来，几乎表现的都是对于已经过去的工业时代的速度和机械的赞美，它们代表着电媒时代对机械工业时代的“回望”，机械与机械效果进入电媒时代的艺术领地，并被纳入审美范畴之中。

麦克卢汉将艺术史上这种通过反观过去而与当下环境保持疏离并在这种疏离中唤起对当下环境感知的艺术称作“作为反环境的艺术”，以此与“常规性艺术”相区别。在他看来，真正的艺术是“作为反环境的艺术”，而非“常规性艺术”：“‘常规性艺术’是安抚人的催眠术，是对媒介环境单纯的重复；只有‘作为反环境的艺术’能够唤醒人们对于环境的感知。”[2]也就是说，对真正的艺术家而言，他们“拥有辨识当前环境的能力”，他们能够通过创造出“反环境”而使人们同当前的媒介环境保持一定的距离并对当前环境有所感知。麦克卢汉有时又将“常规性艺术”称为“好消息”(good news)，将“作为反环境的艺术”称为“坏消息”(bad news)。[3]之所以如此，是因为“好消息”容易让人麻痹于当前环境而无法自拔，“坏消息”则有助于使人们从当前环境的麻木状态中警醒并脱离出来。这也正是麦克卢汉“反环境”概念的根本目的，它旨在不断更新人们对于日常生活的陈旧感知，把人们从狭隘的日常关系束缚中解放出来。在此，麦克卢汉的“反环境”概念表达出与西方文艺美学史上的“陌生化”诗学相类似的观念。我们知道，“陌生化”诗学传统最早可以追溯到亚里士多德的“惊奇”概念，中经16世纪意大利美学家马佐尼、17世纪英国文艺评论家艾迪生、18世纪末19世纪初德国古典美学家黑格尔的相继发展，在20世纪初俄国形式主义文论家什克洛夫斯基那里走向成熟。与麦克卢汉将“反环境的艺术”同“常规性艺术”相对举类似，什克洛夫斯基将“陌生化”与“自动化”对举，认为熟悉的事物容易使人们的感觉趋于麻木，“事物就在我们面前，我们知道这一点，却看不见它”；艺术则以“陌生化”的手法“把事物从感受的自动化里引脱出

---

①勃兰兑斯：《十九世纪文学主流（第5分册）》，李宗杰译，人民文学出版社1982年版，第10页。

②Marshall McLuhan, Letters of Marshall McLuhan, Oxford: Oxford University Press, 1987, p. 315.

③Marshall McLuhan, “The Emperor’s Old Clothes”, in: Eric & Marshall McLuhan, Theories of Communication, New York: Peter Lang, 2011, p. 122.

来”，使人们“恢复对生活的体验，感觉到事物的存在”[①]。此外，同什克洛夫斯基将“陌生化”与“形象”相联系类似，麦克卢汉也将“反环境”同“形象”联系起来，以使难以察觉的东西变得“可见”。什克洛夫斯基认为，“形象的目的不是使其意义易于为我们所理解，而是制造一种对事物的特殊感受，即产生‘视觉’，而非‘认知’”，“几乎哪里有形象，哪里就有陌生化”。[②]在麦克卢汉那里，艺术家们则通过对“反环境”的创造，使得旧环境从原先不可见的“背景”转换为当下可见的“形象”。在这些论述中，我们能够看出麦克卢汉的“反环境”概念同什克洛夫斯基“陌生化”观念的异曲同工之妙。

当然，同样作为对西方文艺美学史上“陌生化”诗学理论传统的继承与革新，麦克卢汉的“反环境”概念与什克洛夫斯基的“陌生化”方法又有着很大差异，主要表现为以下两个方面：第一，什克洛夫斯基提倡的“陌生化”方法，更多地体现在文学语言的具体应用或者说修辞学层面，而麦克卢汉的“反环境”概念，如上所述，则主要表现为艺术家们在创作过程中对于当下的“疏离”和对于过去的不断“回望”；第二，什克洛夫斯基倡导“陌生化”的根本目的在于保持和捍卫文学作品的“文学性”特征，强调文学应当成为独立的“自足体”和与世界万物相分离的“自在之物”。他作为俄国形式主义文论的主要代表人物，主要涉及的是文学的“内部”层面，关心的是“使特定的作品成为文学作品的东西”，因而对“陌生化”的认识论意义和社会效果关注不多。不同的是，麦克卢汉以“反环境”概念来总结艺术史上的“后视镜”现象，不再是单纯的就艺术论艺术，而意在借此唤起人们对于现实媒介环境的感知，并进而帮助人们参与到新的媒介环境中去。在此，麦克卢汉的“反环境”概念已经超越了什克洛夫斯基“陌生化”概念那种单纯的形式与结构层面的意义，而兼具认识论范畴与实践范畴的双重内涵。麦克卢汉希冀借“反环境”概念使人们认识到：由主导媒介所形塑的环境及根据主导媒介而衍生出的整个社会制度和文化模式，不是永恒和“自然的”，而是历史和人为的，因而是可以通过人的活动加以改变的。也正是以此为出发点，麦克卢汉将媒介研究的重心转移到对媒介自身及其“感知效应”的关注之上，推动西方媒介研究在20世纪60年代实现了一次具有“哥白尼革命”意义的全新范式转型。

---

①什克洛夫斯基：《作为手法的艺术》，载中国社会科学院外国文学研究所《二十世纪欧美文论丛书》编辑委员会编《散文理论》，刘宗次译，百花洲文艺出版社1994年版，第10—11页。

②什克洛夫斯基：《作为手法的艺术》，载中国社会科学院外国文学研究所《二十世纪欧美文论丛书》编辑委员会编《散文理论》，刘宗次译，百花洲文艺出版社1994年版，第16页。

五、"探索"：没有方法的方法论

研究方法在麦克卢汉的思想谱系中占据着重要而独特的地位，在某种意义上可以说，麦克卢汉整个思想大厦的架构均得益于其不同于西方传播学主流方法——内容分析法和批判方法——的独特研究方法。或如法国社会学家德莫特所说："麦克卢汉将我们提升至某种特定的状态，其中方法便是一切。离开了方法，我们也就失去了麦克卢汉。"[①]麦克卢汉自称其媒介研究方法不同于"两种基本的方法形态"：一是"根据与已知东西的关系提出问题，在已接受的信条的基础上进行加减"，这指的是批判学派思辨的演绎方法；二是"就问题说问题，不参照问题所处的场域，谋求发现圈定范围内的事实和规律"，这指的是经验学派的归纳方法。[②]也就是说，麦克卢汉在传播学两种主流方法之外独辟蹊径，创制了一套不同于以往传播学研究的研究方法。"我不解释，我只探索"，这是麦克卢汉为格拉德·斯特恩编辑的麦克卢汉思想"批评文集"——《麦克卢汉：冷与热》所作序言中的一句话。麦克卢汉的"探索"方法最早来自他同卡彭特于1953年创办的《探索》杂志，具体体现为：

（一）强调"洞见"而非"观点"。"'洞见'不同于'观点'。我不对任何事情发表'观点'。我感兴趣的只是'模态'和'过程'。好坏、优劣的评判毫无意义且傲慢骄横。"[③]"观点"与"洞见"的不同之处在于，"观点"导致分类，是一种左脑运行机制；"洞见"是对相互影响的复杂过程的顿悟，是把各种因素加以并置而有所发现的手段，它导向模式识别，是一种右脑运行机制。

（二）注重"观察"而非"实验"。麦克卢汉在《谷腾堡星系》中将其"探索"的方法称之为"观察而不做实验"的方法。他说："观察就是注意现象而不干扰现象。实验与观察相反，它通过干扰或加入变因来研究现象。"[④]

（三）重视"背景"而非"形象"。通过"背景"而非"形象"进入媒介，是麦克卢汉"探索"方法的另一体现。麦克卢汉说："我进入传播研究领域的方法是通过'背景'而不是'形象'。在任何格式塔完形中，'背景'是理所当然的事情，它夺走了研究者的全部注意力。'背景'是潜意识的，是结果的而非原因的领域。"[⑤]

另外，麦克卢汉有时又将其"探索"方法比作"水手逃生的方法"或者"保险柜开锁匠的方法"。麦克卢汉之所以一再强调其"探索"方法，真实意图主要是将媒介研究的聚焦点从过去的内容研究转移到对媒介本身及其感知效应的关注上来。这

---

①Gerald Stearn (ed.), McLuhan: Hot & Cool, New York: The Dial Press, 1967, p. 282.

②Marshall McLuhan, Essential McLuhan, E. McLuhan & F. Zingrone (eds.), London: Routledge, 1995, p. 137.

③Marshall McLuhan, Letters of Marshall McLuhan, Oxford: Oxford University Press, 1987, p. 300.

④Marshall McLuhan, The Gutenberg Galaxy, Toronto: University of Toronto Press, 1962, p. 3.

⑤Marshall McLuhan, Letters of Marshall McLuhan, Oxford: Oxford University Press, 1987, p. 473.

种着眼于媒介范式转换的意图与他的“媒介人文主义”立场其实是不矛盾的。

麦克卢汉对待媒介的态度“完全是人文主义的”。他将媒介看作是对于人的（感官、身体或神经中枢的）延伸，始终坚持从媒介的感知偏向出发，探讨媒介与人的关系，关注媒介之于人的作用和效应，这既是麦克卢汉媒介研究的根本特点，也是其媒介研究所一以贯之的主题。他在《机器新娘》中探讨了“工业人”的民俗，在《谷腾堡星系》中探讨了“印刷人”的诞生，在《文化即产业》《理解当代》《地球村中的战争与和平》《地球村》等著作中探讨了“电子人”的生存状况。有鉴于此，我们将麦克卢汉在媒介研究中所始终贯穿的以探讨媒介的“感知效应”为显著特点的，带有浓郁的感性色彩、文学气息和人文关怀的媒介思想称作“媒介人文主义”。麦克卢汉在媒介研究中所持守的“媒介人文主义”，注重媒介与美学的共进关系，为媒介研究中美学研究路向的开辟和美学研究中媒介研究路向的开辟树立了典范，这有助于我们在当前的审美范式之外发展出“媒介美学”这一全新的美学研究范式。

第二节　尼尔·波兹曼

尼尔·波兹曼（Neil Postman，1931—2003）不仅是美国当代著名的媒介理论家和文化批评家，也是美国媒介教育和媒介素养运动的重要奠基人。波兹曼1931年8月出生于美国纽约；1953年毕业于纽约州立大学弗雷多尼尔分校；此后，他到哥伦比亚大学师范学院学习并相继获得由哥伦比亚大学授予的硕士（1955）和博士学位（1958）。自1959年起直至退休，波兹曼一直在纽约大学任教。1966年至1967年年底，波兹曼成为硕士研究生导师，并逐渐将媒介生态研究课程纳入英语教育课程中去，课程建设也明显转向以传播为中心的学位课程。1970年，波兹曼在纽约大学史丹赫文化教育学院（NYU’s Steinhardt School of Education）创立“媒介生态学”博士学位点，并担任该博士学位点的负责人。1976年至1986年，兼任《普通语义学评论》季刊编辑。1993年起至2002年退休，作为纽约大学史丹赫文化教育学院唯一一位大学教授，波兹曼担任该学院文化与传播系的系主任。2003年10月5日，波兹曼因肺癌在纽约皇后区逝世。波兹曼一生笔耕不辍，曾先后出版了18部著作并在各类期刊杂志上发表过200多篇文章。其中，尤以《童年的消逝》《娱乐至死》和《技术垄断》最为著名。在波兹曼的整个学术和教育生涯中，他不仅长期任教于教育系别，其出版和发表的论著也多以教育为内容或从教育角度着眼。比如，在《课程改革与技术》中，他宣扬学校教育应该和日益发展的媒介技术同步，建议把学校设计成“媒介实验室”(media laboratory),“这样的学校不需要太多的空间。用20世纪到21世纪一系列的媒体填满,包括电脑、电影摄像机和投影仪、电视设备、磁带录音机、立体声设备、照相版印刷设备、无线电传输设施、照相器材等。”[①]他主张最好的学习办法是操作这些媒介,和它们一起工作,并利用这些媒介产生一些东西。在《作为保存性活动的教学》一书中,波兹曼开始关注遭受电子媒介侵蚀的读写和印刷文化。他认为,“学校是少数几个保存下来的以非电子传播模式组织起来的信息系统之一”[②],它应该成为对抗以电视为中心的电子媒介的主战场。不仅如此,波兹曼也特别重视语言在教育活动中的重要性。他甚至认为,一切教育皆是语言教育,一个学科的知识大多是关于此学科的语言知识。由此,在波兹曼看来,生物学不是植物和动物,而是一种被用来谈论植物和动物的特殊语言;历史学不是指曾经发生的众多事件,而是根据历史学家们已形成的原则来描述和解释事件的语言;天文学不是天体和星星,而是谈论天体和星星的一种特殊语言方式。[③]波兹曼将语言作为教育的重要媒介,并视其为理解世界的主要工具,认为只有通过对语言的充分反思、理解并将其使用得当,才能产生成功、积极的学问和知识。波兹曼关于语言的看法,是对启蒙运动关于语言的信念——坚持清晰的语言的力量——的继承,就像他经常以“清晰即勇气”(Clarity is courage.)教育他的学生那样。可以说,正是对于教育及其媒介——语言——的关注,使波兹曼一步步开拓出“媒介生态学”的学术和研究领地。因为在他看来,每一种媒介形式都会对教育的手段和目的产生影响并最终对教育培养人的宗旨产生影响。这也构成了波兹曼与其他媒介生态学家的不同:波兹曼的媒介生态学思想发轫于其教育理念,且内嵌了其教育思想;媒介素养教育以及宏大叙事的建构在其媒介生态学理论中占有重要比重。

一、“媒介生态学”及其感性维度

如果说麦克卢汉最早将媒介研究与“生态学”概念关联起来,倡导从生态学的视角理解媒介的话,那么,作为麦克卢汉“不听话的孩子”的波兹曼则最早提出了“媒介生态学”(media ecology)这一术语。在1968年美国威斯康星州召开的全国英语教师年会上,波兹曼正式使用了这一概念,并将之界定为“媒介作为环境的研究”,这标志着“媒介生态学”作为一个学术领域和理论团队的开始。[④]然而,通过细致考

①Neil Postman, Curriculum Change and Technology, Academy for Educational Development (Inc.), p. 13.

②Neil Postman, Teaching as A Conserving Activity, New York: Delta, 1979, p. 47.

③Neil Postman, “The Error of Our Ways”, in: Teacher Magazine, 1995, 6 (9), pp. 32-38.

④Neil Postman, “The Reformed English Curriculum”, cited in A.C., Eurich (ed.), High School 1980: The Shape of the Future in American Secondary Education, New York: Pitman, 1970, p. 161.

察发现，波兹曼此时的思想议程并不主要聚焦于媒介研究，而侧重于关注文化与教育如何受到大范围的社会环境变革的冲击，这一方面与他当时在纽约大学从事英语教育的职业背景密切相关，另一方面也与当时美国的教育状况——20世纪60年代，美国掀起了一场教育改革运动，即美国教育第三次改革浪潮的“恢复基础”（Back to Basics）运动——关系密切。我们可以把20世纪70年代初作为“媒介生态学”学科化和制度化的开始，主要表现在以下两个方面：一是1970—1971学年，波兹曼创建了传播学博士研讨班，“媒介生态学”课程也于1971年出版的《纽约大学年报》上正式露面，这是波兹曼“媒介生态学”博士教学计划开始的标志；二是波兹曼被任命为“媒介生态学”博士学位点的负责人，这确立了波兹曼在“媒介生态学”制度化初期的领导作用。

在1976年出版的《纽约大学年报》上，“媒介生态学”有了一个正式的学位课程介绍：“媒介生态学研究人的交往、人交往的信息及信息系统。具体地说，媒介生态学研究媒介如何影响人们的感知、情感、认识和价值。它试图说明我们对媒介的预设，试图发现各种媒介迫使我们扮演的角色，并解释媒介如何给我们所见所为的东西提供结构。”①在“媒介生态学”初创的那段日子，波兹曼不仅成为“媒介生态学”在美国的精神领袖和公共代言人，而且在其随后一连串著作中对“媒介生态学”学科范式的各个方面做了详细阐述。就像托马斯·金卡雷利所说：“波兹曼对我们理解媒介的根源、沿革做出的一切贡献，构成了媒介生态学的总体理论，提供了一个内涵严密、说服力强和富有滋生力的视野，有助于我们理解媒介、文化以及作为文化的媒介。”②下面我们通过考察波兹曼对“媒介生态学”的界定，来分析“媒介生态学”的文化意蕴及其美学内涵。

波兹曼于1968年首次公开介绍并界定“媒介生态学”的时候，其意思是：“媒介是复杂的信息系统，媒介生态学试图揭示其隐含的、固有的结构，揭示它们对人的感知、理解和感情的影响。”在1969年出版的《作为颠覆性活动的教学》一书中，波兹曼对“媒介生态”作了这样的界定：“媒介生态是对信息环境的研究。它所关注的是交流的技术和技巧如何控制信息的形式、数量、速度、分类以及方向；由此，这样的信息构造或者偏见如何影响到了人们的观点、价值和态度。因此，媒介生态超过了被人们所广泛接受的其他学科，如心理学和社会学，因为它假定人们的心理和社会组织的方法在很大程度上是一种文化独特的信息模式的产物。”③在1971年出版的《软性的革命》一书中，波兹曼强调：“媒介生态学研究人的交往、人交往的信息

①*New York University Bulletin, School of Education, 1976—1977*, New York: New York University, 1976, p. 114.
②托马斯·金卡雷利：《尼尔·波斯曼与媒介环境学的兴起》，载林文刚编《媒介环境学：思想沿革与多维视野》，何道宽译，北京大学出版社2007年版，第153页。
③Neil Postman, *Teaching as A Subversive Activity*, New York: Delacorte Press, 1969, p. 186.

及信息系统。具体地说，媒介生态学研究传播媒介如何影响人的感知、感情、认识和价值，研究我们和媒介的互动如何促进或阻碍我们生存的机会。其中包含的‘生态’一词，指的是环境研究——研究环境的结构、内容以及环境对人的影响。毕竟，生态是一个复杂的信息系统，它调节我们的感觉和行为，并为我们耳闻目睹的东西提供结构。”[①]在1979年出版的《作为保存性活动的教学》一书中，我们发现了波兹曼关于“媒介生态学”的另一定义：“媒介生态学研究信息环境。它致力于理解传播技术如何控制信息的形式、数量、速度、分布和流动方向，致力于弄清这样的信息形貌或偏向又如何影响人们的感知、价值观和态度。”[②]2000年，在媒介生态学会成立大会上，波兹曼在主题报告中对“媒介生态学”诞生的缘由进行了详细说明：“我们挑选‘媒介生态学’给它命名，意思是想要使它成为大学里的一门学科”，“我们对这门学科的第一个想法，受到一个生物学比方的指引，……在此，所谓媒介的定义相当于是培养基的一种物质，能够使培养的微生物生长的一种物质。如果你用技术这个词来取代这种物质，这个定义就能够成为媒介生态学的一个基本原理：媒介是使文化能够在其中生长的技术；换句话说，媒介能够使文化里的政治、社会组织和思维方式具有一定的形态。从这个理念开始，我们又用了另一个生物学比方，也可称为生态学的比方”。“生态”，在波兹曼那里，“即自然环境里诸元素的互动，它特别强调这样的互动如何产生一个平衡而健全的环境”。波兹曼将媒介置于生态之前，其“意思是说，我们感兴趣的不仅是媒介，我们还想说，媒介与人互动的方式给文化赋予特性，这样的互动有助于文化的象征性平衡”[③]。从波兹曼的一系列界定和说明中，可以看出其“媒介生态学”的主要文化意蕴和美学内涵包括以下几个方面：

（一）“媒介生态学”是对媒介“环境”的研究，具体而言，媒介生态学主要研究媒介环境的结构、内容及其对人的影响。这里可以看出波兹曼对麦克卢汉的继承与拓展。我们知道，麦克卢汉特别强调对媒介“环境”的关注：“任何媒介（无论广播还是轮子）都有一个趋势，即创造一个全新的环境”；“‘媒介即讯息’换一种表述即‘环境是一种力量’”；“当一个全新的服务环境开始发挥作用时，既有的一切形式均要被此新形式所改造。”[④]波兹曼通过提炼“媒介生态学”这一术语以及“媒介生态学研究信息环境”“媒介生态学即媒介作为环境的研究”等界定，不仅推动了麦克卢汉媒介思想的进一步理论化和明确化，而且为“媒介生态学”的学科化、制度化及其后的发展壮大奠定了坚实的基础。

---

①Neil Postman & C. Weingartner, The Soft Revolution, New York: Delacorte Press, 1971, p. 139.

②Neil Postman, Teaching as A Conserving Activity, New York: Delta, 1979, p. 186.

③林文刚编：《媒介环境学：思想沿革与多维视野》，何道宽译，北京大学出版社2007年版，第44页。

④Marshall McLuhan, Letters of Marshall McLuhan, Oxford: Oxford University Press, 1987, p. 397.

（二）“媒介生态学”强调媒介的文化“后果/影响”，即探讨媒介对于文化特性及在文化的象征性平衡中的具体作用。对媒介影响的强调同样源自麦克卢汉的媒介理论。麦克卢汉曾指出：“理解媒介实质上就是理解媒介的影响。”金惠敏更是以“后果范式”概括麦克卢汉的媒介文化理论。他指出：“麦克卢汉的媒介研究可以用‘后果范式’来概括。他并不忽视对各种媒介特征的研究……但其目的是试图说明这种或那种媒介因其不同的特点而对社会构成不同的影响。”[①]可以说，发端于麦克卢汉的这一注重媒介后果、效应、影响的研究范式，不仅为波兹曼所继承和弘扬，而且成为此后西方传播学中的“第三学派”——北美媒介生态学派最主要的研究范式之一。

（三）与麦克卢汉类似，波兹曼的“媒介生态学”亦突出强调媒介影响的“感性、感知”特征，用他的话说，即“揭示媒介对人的感知、理解和感情的影响”，或者说，揭示它们“如何影响人们的观点、价值和态度”。我们知道，在西方文化语境中，“美学”的本意即“感性学”，在此意义上，不仅麦克卢汉“将美学带给了传播研究”，波兹曼也通过对“媒介生态学”的界定和解说，为西方媒介研究引入了美学的，更确切地说，感知的、感性的维度。

二、技术垄断、文化AIDS与“抵抗的诗学”

技术垄断（techno-poly）是波兹曼媒介生态学文化理论的一个核心范畴。它作为波兹曼的自创词汇，来自技术（technology）与垄断（monopoly）的组合。在“媒介生态学”理论中，技术/媒介提供了人们感知现实的方式，以此出发，芒福德、麦克卢汉、波兹曼等以技术/媒介的演化对历史和文化的发展阶段予以划分。不同的是，芒福德将人类历史划分为“始生代技术时期”“古生代技术时期”和“新生代技术时期”，[②]麦克卢汉将人类历史划分为“口语时代”“书写时代（手抄阶段和印刷阶段）”和“电子时代”，而波兹曼则依据技术与文化的关系将人类历史划分为“工具使用”“技术统治”和“技术垄断”三个阶段。波兹曼将17世纪前视作“工具使用”阶段，在此阶段，技术为文化服务且融合于文化之中，其主要用途：一是工具性，即用于“解决自然生活中一些特殊而紧迫的事情”，比如用于水力、风车和农耕等；二是为艺术、政治、神话、宗教等意识形态服务，换言之，技术在“工具使用”文化中是与当时的文化信仰基础、意识形态、世界观所高度契合的，它为人类提供存

---

①金惠敏：《“媒介即信息”与庄子的技术观——为纪念麦克卢汉百年诞辰而作》，《江西社会科学》2012年第6期。

②刘易斯·芒福德：《技术与文明》，陈允明等译，中国建筑工业出版社2009年版。

在的秩序和生活的意义。文艺复兴之后，随着宗教生活的日渐淡化和对世俗生活的日益重视，科学的神圣意义愈加为世俗的有用性所替代。根据波兹曼的看法，开普勒迈出了从“工具使用”向“技术统治”迈进的关键一步，而弗朗西斯·培根和亚当·斯密则被视为技术统治文化的开端。在技术统治阶段，技术不再是为“象征世界”服务的工具，而开始以其独有的意识形态攻击文化的完整性，并试图取代文化。随着“技术统治”程度的深入，人类文化开始向“技术垄断”阶段转化。波兹曼将20世纪初福特工业帝国的出现视作从“技术统治”向“技术垄断”转变的关键时刻。在技术垄断阶段，技术不仅只是手段，更成为最终目的；技术不仅重新定义宗教、艺术、家庭、政治、历史、真理、隐私、智力的意义，而且使“文化生活的所有形式都屈服于技艺和技术至高无上的权威”[①]。也就是说，在技术垄断阶段，技术世界观——效率、标准、量化、客观、专业——成为文化的信仰系统，“技术垄断强调无限的进步、无责的权力、不计成本的技术。技术垄断摒弃道德，而将效率、利益和经济进步置于中心”[②]。波兹曼对技术垄断文化持尖锐的批评态度，认为在这样的文化中，技术对我们的世界和生活施行的是一种全面而独特的控制，人类在技术垄断文化中正在被技术所异化。以此出发，波兹曼从两个方面展开了对“技术垄断”的批判：

第一，对“技术垄断”文化的基石——唯科学主义——进行批判。波兹曼认为，唯科学主义有三个基本观念：自然科学方法可用于研究人类行为；社会科学揭示的原理可用于组织社会；科学可视作全面的信仰系统，它赋予生命意义，使人获得道德上的满足，并产生不朽之感。[③]在波兹曼看来，唯科学主义只是技术垄断的错觉，其局限在于没有意识到科学理性的有限性。也就是说，它只能满足“工具理性”方面的要求，而无法满足人类在政治理念、伦理规范和终极关怀等层面的需要。第二，对由“技术垄断”带来的信息过剩的严重后果进行批判。伴随技术垄断而来的技术专业化解决了信息稀缺的问题，却造成了信息的过剩与泛滥，致使“信息超载”和“文化控制机制崩溃”成为技术垄断在电子时代的突出表征。我们知道，每一种文化都有其文化控制机制（如学校、宗教、政党、国家等），它们承担着调控和评价信息的作用。信息泛滥冲毁了文化控制机制的理论基础，这些文化控制机制再也不能像过去一样给人们提供确定的目的、意义和价值，文化不再有凝聚力和稳定性。波兹曼把这种信息混沦、对信息无法筛选、无法评价的状态描述为“文化AIDS”。因为，当专业技能成为控制信息的主要手段并遵循效率至上原则时，当所

①Neil Postman, Technology: Surrender of Culture to Technology, New York: Vintage Books, 1993, p. 52.
②Neil Postman, Technology: Surrender of Culture to Technology, New York: Vintage Books, 1993, p. 179.
③尼尔·波兹曼：《技术垄断：文化向技术投降》，何道宽译，北京大学出版社2007年版，第147页。

有情感和思想方面的评价都要通过计算来获得时，就忽视了生命的需求和宗旨。面对技术垄断所表现出的专业主义的冷酷秉性和对文化的疯狂破坏，波兹曼提出“技术无神论”的观念进行对抗，并希望人们成为“钟情于抵抗的斗士”（the loving resistance fighter），以反对技术异化对于文化的冲击。波兹曼由“技术垄断”所提出的“抵抗的诗学”，即以“技术无神论”来对抗人类文化因技术异化而感染的“文化AIDS”，似乎比麦克卢汉的“媒介人文主义”要走得更远。

三、“媒介即隐喻”的修正与超越

“媒介隐喻论”也是波兹曼媒介生态学美学思想的重要内容。在其名著《娱乐至死》中，波兹曼提出了“媒介即隐喻”的著名命题。我们知道，隐喻属语言学范畴，它作为一种修辞手法，指的是“把某事物比拟成和它有相似关系的另一事物”，也就是说，在隐喻中，语言承担的不再是其日常描述的功能，而是包含着超越词语本身的“新的信息”。波兹曼的这一命题发端于麦克卢汉的著名警句——“媒介即讯息”。麦克卢汉在《理解媒介》中说：“媒介即讯息——这只是说，任何媒介作为我们自己的延伸，对于个人和社会所发生的影响，都来自我们自己的每一延伸，或者任何新技术在我们的事务中之引入新的尺度（scale）。”[①]这里，麦克卢汉强调的是媒介自身而非媒介内容的重要性。波兹曼认为，麦克卢汉的这一警句尚需“修正”，“因为这个表达方式会让人们把信息和隐喻混淆起来”。在他看来，“信息是关于这个世界的明确具体的说明，而媒介……更像是一种隐喻，用一种隐蔽但有力的暗示来定义现实世界”。[②]“媒介的独特之处在于，虽然它指导着我们看待和了解事物的方式，但是它的这种介入却往往不为人所注意。”[③]以此出发，波兹曼将麦克卢汉的“媒介即讯息”修正为“媒介即隐喻”，并以此强调媒介发生影响的中间环节即“思维方式”的影响以及形式对内容反作用的间接性。

细究起来，波兹曼的“媒介隐喻论”主要包含以下三层意思：第一，强调媒介自身而非其内容的重要意义，这是对麦克卢汉“媒介即讯息”命题的延续。就像波兹曼所说：“我对他的理论坚信不疑。他认为，深入一种文化的最有效途径是了解这种文化中用于会话的工具……媒介的形式偏好某些特殊的内容，从而能最终控制文化。”[④]第二，对媒介影响、后果、效能的分析。波兹曼指出：“要理解隐喻的功能，

---

①Marshall McLuhan, Understanding Media, Cambridge: The MIT Press, 1994, pp. 7-8.

②尼尔·波兹曼：《娱乐至死》，章艳译，广西师范大学出版社2004年版，第12页。

③尼尔·波兹曼：《娱乐至死·童年的消逝》，章艳、吴燕莛译，广西师范大学出版社2009年版，第11页。

④尼尔·波兹曼：《娱乐至死·童年的消逝》，章艳、吴燕莛译，广西师范大学出版社2009年版，第10页。

应考虑到信息的象征方式、来源、数量、传播速度以及信息所处的语境。”[①]重视媒介的后果/效应，是波兹曼媒介生态学美学的重要特点，也是整个北美媒介生态学派的主要特征之一。第三，强调媒介以隐蔽的、潜移默化的方式发生影响，这也是波兹曼对麦克卢汉进行“修正”的地方。就像波兹曼所说：“如果我们能够意识到，我们创造的每一种工具都蕴含着超越其自身的意义，那么理解这些隐喻就会容易多了。”[②]在此，波兹曼清楚地认识到，人们认识世界的过程实际上是用已知事物构筑未知事物的过程，这是人们认识机制的“隐喻化”效果，也是媒介发挥作用的范式。这一点既是波兹曼自认为其“修正”了麦克卢汉的地方，也是学界认可波兹曼发展媒介生态学的重要贡献所在：作为信息传播的媒介，不是以直接的方式，而是以隐喻的方式发布信息，从而对人进行潜移默化的思维改造。事实上，无论是波兹曼还是学界都没有全面理解麦克卢汉的“媒介即讯息”的基本含义。在麦克卢汉的“媒介即讯息”中，其实已经包含了媒介以隐喻的，用麦克卢汉的话说，“隐蔽的”“难以察觉的”方式发挥作用的内涵。这里可以引用麦克卢汉的几句原话作为论据：“‘媒介即讯息’这句口号式的警语，换种说法可能更令人满意：任何媒介（无论广播还是轮子）都有一个趋势：创造一个全新的环境。此环境往往难以察觉，故只能以注意环境的内容作补偿。环境纯粹是一套基本规则，一种总体上囊括一切的力量，这种形式难以辨认，唯一的例外是艺术家。”[③]“‘媒介即讯息’……说的其实是一套由技术革新造就的隐蔽的服务环境；使人改变的是这样的环境而非技术。”[④]可以看出，在这点上，波兹曼并没有对麦克卢汉做出“修正”，而是以另一种表达对麦克卢汉的“媒介即讯息”进行了明确化表述。

当然，这并不是说波兹曼的“媒介即隐喻”没有贡献，而只是说波兹曼媒介隐喻论的重要之处并不在对“隐喻”方式的强调上。我们认为，波兹曼媒介隐喻论不同于或超越麦克卢汉“媒介即讯息”的地方在于：第一，对媒介以隐喻的方式发生作用的机制的揭示。波兹曼认为，媒介将世界进行分类、排序、构建、放大、缩小、着色，并把人包裹在语言形式、艺术形式、神话象征或宗教仪式之中，使人们无时无刻不被媒介所左右着却浑然不知，“我们认识到的自然、智力、人类动机或思想，并不是它们的本来面目，而是它们在语言中的变现形式。我们的语言即媒介，我们的媒介即隐喻，我们的隐喻创造了我们文化的内容”[⑤]。第二，提出“媒介即认识论”的论题。波兹曼以其媒介隐喻论为基础，提出了“媒介即认识论”的命题。

①尼尔·波兹曼：《娱乐至死·童年的消逝》，章艳、吴燕莛译，广西师范大学出版社2009年版，第14页。
②尼尔·波兹曼：《娱乐至死·童年的消逝》，章艳、吴燕莛译，广西师范大学出版社2009年版，第14页。
③麦克卢汉：《麦克卢汉如是说：理解我》，何道宽译，中国人民大学出版社2006年版，第64页。
④麦克卢汉：《麦克卢汉如是说：理解我》，何道宽译，中国人民大学出版社2006年版，第163页。
⑤尼尔·波兹曼：《娱乐至死·童年的消逝》，章艳、吴燕莛译，广西师范大学出版社2009年版，第15页。

其中，“认识论”即扩大的隐喻。波兹曼的“媒介即认识论”讨论的是关于认识论中对于真理的定义以及这些定义的来源问题。他认为，在不同的媒介时代，人们对真理的定义与媒介形式有关。“真理不能、也从来没有毫无修饰地存在。它必须穿着某种合适的外衣出现，否则就可能得不到承认。”[①]第三，波兹曼对印刷媒介与电子媒介的隐喻做了详细阐述。在波兹曼眼中，印刷媒介偏向于理性、智力和文化的连续性，它以“富有逻辑的复杂思维，高度的理性和秩序，对于自相矛盾的憎恶，超常的冷静和客观以及等待受众反应的耐心”而存在。[②]波兹曼认为，电视与印刷不同，它无法为我们提供关于这个世界的观点和概念，电视上的一切都是为了给人们提供娱乐，“娱乐是电视上所有话语的超意识形态”[③]。

四、电视与“图像的美学”

在波兹曼那里，印刷媒介与电视有着根本的不同。在他看来，印刷文化是一种“阐释文化”，它以内容为导向（content-oriented），推崇以文字为主的理性认知方式；电视文化则是一种“娱乐文化”，它以形式为导向（form-oriented），推崇以图像为中心的感性认知方式。由此，如果说印刷机是以一种语言的逻辑理性来隐喻世界的话，那么，电视就是以图像的方式隐喻世界，并在印刷媒介所创造的“思想的美学”之后，复活了“图像的美学”。在此，波兹曼突显了一个以感性或感官娱乐为主导的审美理念。[④]

第一，电视以图像说话，用图像模拟现实。在波兹曼看来，图像是电视构建文本、进行会话的主要途径，电视的核心就是图像，它被发明出来就是为了生产和传播图像：“电视屏幕上的图像源源不断地出现，图像的力量足以压倒文字并使人们的思考短路。……镜头本身就是理由”；“‘好电视’同用于陈述的语言或其他口头交流形式无关，重要的是图像要吸引人”。[⑤]简言之，电视即图像，图像成为公众通过电视认知现实的主要符号形式。波兹曼将印刷媒介同电视相对立，将印刷媒介与语言、电视与图像相对应并得出结论：电视通过展示生动的画面，使受众在图像的“饕餮盛宴”中沉浸于视觉快感而无暇思考。不仅如此，电视还通过展示图像而对“现时”进行了强调，不仅“取消”了历史，还实现了用图像去模拟和置换现实。波

①尼尔·波兹曼：《娱乐至死·童年的消逝》，章艳、吴燕莛译，广西师范大学出版社2009年版，第22页。
②尼尔·波兹曼：《娱乐至死·童年的消逝》，章艳、吴燕莛译，广西师范大学出版社2009年版，第58页。
③尼尔·波兹曼：《娱乐至死·童年的消逝》，章艳、吴燕莛译，广西师范大学出版社2009年版，第77页。
④本小节对金惠敏先生关于波兹曼美学思想的论述多有借鉴，特此说明。详见金惠敏：《“图像—娱乐化”或“审美—娱乐化”：波兹曼社会“审美化”思想评论》，《外国文学》2010年第6期。
⑤尼尔·波兹曼：《娱乐至死》，章艳译，广西师范大学出版社2004年版，第115页。

兹曼将电视喻为镜子，“镜子只能照出你今天穿什么衣服，它无法告诉我们昨天的情况”[①]，也就是说，电视关注的只是现在发生的事情，它与印刷书籍不同的地方在于，电视节目不能保存过去，也不能保存现在，只有不断的“现时”。这是因为，电视“图像和瞬间即逝的新闻无法提供给我们昨天的情况。因为有了电视，我们便纵深跃进了一个与过去毫无联系的现时世界”[②]。电视对“现时主义”的强调，不仅取消了“历史”，而且通过模拟一个看似真实的“现时”世界，进而取代了“现实”。对波兹曼来说，图像自始就具有“拟像”的性质。因为图像与文字的不同之处在于，图像并不声称自己“代表”现实，而是咬定自己就“是”现实本身；“图像不展示概念；它们展示事物本身”。由此，波兹曼达到了对电视和图像之最彻底的揭露：电视以完美的图像技术形成了电视时代的文化符号环境，电视图像成为观众对信息进行判断的基础，一切事物在电视的塑造下都变成具体可感的图像。电视通过“图像”展示“现时”，并最终以“现时”实现了对“历史”的舍弃和对“现实”的模拟。第二，电视依赖图像，导致娱乐泛化。波兹曼认为，电视大行其道会带来可怕的后果，即赫胥黎在其《美丽新世界》中所预言的“文化成为一场滑稽戏”，在那里“人们感到痛苦的不是他们用笑声代替了思考，而是他们不知道自己为什么笑以及为什么不再思考”。在波兹曼看来，娱乐已渗透到电视政治、新闻、宗教、教育等各个领域，造成了“娱乐的泛化”：“娱乐在电视上成为所有话语的象征，就像印刷术曾经控制着政治、宗教、商业、教育、法律和其他重要社会事务的运行方式一样。现在，电视决定着一切。”[③]有学者认为，这种由电视对“图像”的偏嗜和巨量生产导致的整个社会的“娱乐化”，实际上就是韦尔施、波德里亚和费瑟斯通的“审美化”。然而，与波德里亚等人不同的是，波兹曼揭开了“审美化”的感性内涵，并由此将“审美化”贬斥为“娱乐化”。就像波兹曼所指出的，“电视的情绪偏向、政治偏向、社会偏向、内容的偏向以及感知的偏向都倾向于一种感性的方式”。[④]电视话语模式的形成以图像为基础，电视的流动图像为人们提供了一种“瞬间快乐和安慰疗法”。以此出发，波兹曼得出结论：“图像即感性。”因而与真正的审美化或感官的娱乐化息息相通，这是波兹曼对“审美化”研究的独特贡献。

①尼尔·波兹曼：《娱乐至死》，章艳译，广西师范大学出版社2004年版，第178页。
②尼尔·波兹曼：《娱乐至死》，章艳译，广西师范大学出版社2004年版，第178页。
③尼尔·波兹曼：《娱乐至死》，章艳译，广西师范大学出版社2004年版，第121页。
④林文刚编：《媒介环境学：思想沿革与多维视野》，何道宽译，北京大学出版社2007年版，第192页。

参考文献

阿多诺：《美学理论》，王柯平译，四川人民出版社1998年版。

阿图塞：《列宁和哲学》，杜章智译，远流出版事业股份有限公司1990年版。

埃德蒙德·胡塞尔：《胡塞尔选集》，倪梁康选编，上海三联书店1997年版。

艾·阿·瑞恰慈：《文学批评原理》，杨自伍译，百花洲文艺出版社1992年版。

爱德华·W.萨义德：《东方学》，王宇根译，生活·读书·新知三联书店1999年版。

爱德华·W.萨义德：《文化与帝国主义》，李琨译，生活·读书·新知三联书店2003年版。

安纳·杰弗森等：《西方现代文学理论概述与比较》，陈昭全等译，湖南文艺出版社1986年版。

巴赫金：《巴赫金全集》（全七卷），钱中文编，河北教育出版社2009年版。

巴特·穆尔-吉尔伯特：《后殖民理论——语境、实践、政治》，陈仲丹译，南京大学出版社2001年版。

尚·布希亚：《物体系》，林志明译，上海人民出版社2001年版。

布莱恩·麦基编：《思想家——当代哲学的创造者们》，周穗明等译，生活·读书·新知三联书店1987年版。

戴维·弗里斯比：《现代性的碎片》，卢晖临等译，商务印书馆2003年版。

戴维·莱恩：《马克思主义的艺术理论》，艾晓明等译，湖南人民出版社1987年版。

戴维·麦克莱伦：《马克思以后的马克思主义》，余其铨等译，中国社会科学出版社1986年版。

丹尼尔·贝尔：《意识形态的终结》，张国清译，江苏人民出版社2001年版。

道格拉斯·凯尔纳，斯蒂文·贝斯特：《后现代理论——批判性的质疑》，张志斌译，中央编译出版社1999年版。

杜威：《经验与自然》，傅统先译，商务印书馆1960年版。

杜威：《哲学的改造》，许崇清译，商务印书馆1958年版。

菲利普·马尔尚：《麦克卢汉：媒介及信使》，何道宽译，中国人民大学出版社

2003年版。

弗洛伊德：《弗洛伊德文集》（全八卷），车文博编，长春出版社2004年版。

伽达默尔，杜特：《解释学　美学　实践哲学》，金惠敏译，商务印书馆2005年版。

格奥尔格 · 西美尔：《宗教社会学》，曹卫东译，上海人民出版社2003年版。

西美尔：《货币哲学》，陈戎女等译，华夏出版社2002年版。

G · 齐美尔：《桥与门——齐美尔随笔集》，涯鸿等译，上海三联书店1991年版。

齐奥尔格 · 西美尔：《时尚的哲学》，费勇等译，文化艺术出版社2001年版。

西美尔：《现代人与宗教》，曹卫东等译，中国人民大学出版社2003年版。

瓦 · 阿 · 古辛娜：《分析美学评析》，李昭时译，东方出版社1990年版。

海尔曼 · J. 萨特康普编：《罗蒂和实用主义——哲学家对批评家的回应》，张国清译，商务印书馆2003年版。

汉斯 · 罗伯特 · 耀斯：《审美经验与文学解释学》，顾建光等译，上海译文出版社1997年版。

H · G · 伽达默尔：《美的现实性——作为游戏、象征、节日的艺术》，张志扬等译，生活 · 读书 · 新知三联书店1991年版。

汉斯-格奥尔格 · 加达默尔：《哲学解释学》，夏镇平等译，上海译文出版社1994年版。

汉斯-格奥尔格 · 加达默尔：《真理与方法：哲学诠释学的基本特征》，洪汉鼎译，上海译文出版社1999年版。

赫伯特 · 马尔库塞：《单向度的人——发达工业社会意识形态研究》，刘继译，上海译文出版社1989版。

吉尔 · 德勒兹：《康德与柏格森解读》，张宇凌等译，社会科学文献出版社2002年版。

吉尔 · 德勒兹：《尼采与哲学》，周颖等译，社会科学文献出版社2001年版。

吉尔 · 德勒兹：《哲学与权力的谈判——德勒兹访谈录》，刘汉全译，商务印书馆2001年版。

蒋孔阳主编：《二十世纪西方美学名著选》，复旦大学出版社1988年版。

金惠敏：《消费他者——全球化与资本主义的文化图景》，商务印书馆2014年版。

金惠敏：《意志与超越——叔本华美学思想研究》，中国社会科学出版社1999年版。

E · 卡西勒：《启蒙哲学》，顾伟铭等译，山东人民出版社1988年版。

康德：《判断力批判》（上卷），宗白华译，商务印书馆2000年版。

贝尼季托 · 克罗齐：《作为表现的科学和一般语言学的美学的历史》，王天清译，中国社会科学出版社1984年版。

克罗齐：《美学原理·美学纲要》，朱光潜等译，外国文学出版社1983年版。

拉尔夫·科恩主编：《文学理论的未来》，程锡麟等译，中国社会科学出版社1993年版。

理查德·罗蒂：《后哲学文化》，黄勇编译，上海译文出版社2004年版。

理查德·罗蒂：《偶然、反讽与团结》，徐文瑞译，商务印书馆2003年版。

理查·罗蒂：《哲学和自然之镜》，李幼蒸译，生活·读书·新知三联书店1987年版。

理查德·沃林：《文化批评的观念》，张国清译，商务印书馆2000年版。

理查德·乌尔海姆：《艺术及其对象》，傅志强等译，光明日报出版社1990年版。

利奥塔：《后现代性与公正游戏：利奥塔访谈、书信录》，谈瀛洲译，上海人民出版社1997年版。

列奥·施特劳斯：《自然权利与历史》，彭刚译，生活·读书·新知三联书店2006年版。

刘小枫编：《人类困境中的审美精神——哲人、诗人论美文选》，魏育青等译，东方出版中心1994年版。

刘小枫：《现代性社会理论绪论——现代性与现代中国》，上海三联书店1998年版。

卢卡奇：《理性的毁灭》，王玖兴等译，山东人民出版社1988年版。

卢卡奇：《历史与阶级意识》，杜章智等译，商务印书馆1999年版。

鲁道夫·阿恩海姆：《视觉思维》，滕守尧译，光明日报出版社1987年版。

鲁道夫·阿恩海姆：《艺术与视知觉——视觉艺术心理学》，滕守尧等译，中国社会科学出版社1984年版。

路德维希·维特根斯坦：《文化和价值》，涂纪亮译，北京大学出版社2012年版。

路易·阿尔都塞：《保卫马克思》，顾良译，商务印书馆2006年版。

罗钢，刘象愚主编：《后殖民主义文化理论》，中国社会科学出版社1999年版。

罗兰·巴特：《流行体系——符号学与服饰符号》，敖军译，上海人民出版社2000年版。

罗素：《西方哲学史》，何兆武等译，商务印书馆1976年版。

马丁·海德格尔：《存在与时间》，陈嘉映等译，生活·读书·新知三联书店1987年版。

马丁·海德格尔：《林中路》，孙周兴译，上海译文出版社1997年版。

马尔库塞：《审美之维——马尔库塞美学论著集》，李小兵译，生活·读书·新知三联书店1989年版。

马克·杰木乃兹：《阿多诺：艺术、意识形态与美学理论》，栾栋等译，远流出版社事业股份有限公司1990年版。

马克思，恩格斯：《马克思恩格斯全集》，人民出版社1998年版。

马克思：《1844年经济学—哲学手稿》，刘丕坤译，人民出版社1979年版。

马克斯·霍克海默：《霍克海默集》，曹卫东编，渠乐等译，上海远东出版社2004年版。

马克斯·霍克海默，西奥多·阿道尔诺：《启蒙辩证法：哲学断片》，渠敬东等译，上海人民出版社2003年版。

麦克斯·霍克海默：《批判理论》，李小兵等译，重庆出版社1989年版。

马克斯·韦伯：《学术前沿：学术与政治》，冯克利译，生活·读书·新知三联书店1998年版。

马歇尔·麦克卢汉：《机器新娘：工业人的民俗》，何道宽译，中国人民大学出版社2004年版。

马歇尔·麦克卢汉：《理解媒介：论人的延伸》，何道宽译，商务印书馆2000年版。

马歇尔·麦克卢汉：《麦克卢汉如是说：理解我》，何道宽译，中国人民大学出版社2006年版。

马修·阿诺德：《文化与无政府状态》，韩敏中译，生活·读书·新知三联书店2012年版。

迈克尔·H.莱斯诺夫：《二十世纪的政治哲学家》，冯克利译，商务印书馆2001年版。

梅·所罗门编：《马克思主义与艺术》，杜章智等译，文化艺术出版社1989年版。

萨福安：《结构精神分析学：拉康思想概述》，天津社会科学院出版社2001年版。

尼采：《悲剧的诞生：尼采美学文选》，周国平译，生活·读书·新知三联书店1986年版。

尼采：《快乐的知识》，黄明嘉译，中央编译出版社2001年版。

波兹曼：《娱乐至死》，章艳译，广西师范大学出版社2004年版。

诺埃尔·卡罗尔：《超越美学》，李媛媛译，商务印书馆2006年版。

潘德荣：《西方诠释学史（第二版）》，北京大学出版社2016年版。

皮埃尔·布迪厄：《艺术的法则：文学场的生成和结构》，刘晖译，中央编译出版社2001年版。

让-弗朗索瓦·利奥塔尔：《后现代状态：关于知识的报告》，车槿山译，生活·读书·新知三联书店1997年版。

荣格：《心理学与文学》，冯川等译，生活·读书·新知三联书店1987年版。

佳亚特里·斯皮瓦克：《从解构主义到全球化批判：斯皮瓦克读本》，陈永国等编，北京大学出版社2007年版。

费尔迪南·德·索绪尔：《普通语言学教程》，高名凯译，商务印书馆2002年版。

特蕾·伊格尔顿：《二十世纪西方文学理论》，伍晓明译，陕西师范大学出版社1987年版。

特伦斯·霍克斯：《结构主义和符号学》，瞿铁鹏译，上海译文出版社1987年版。

瓦·康定斯基：《论艺术的精神》，查立译，中国社会科学出版社1987年版。

本雅明：《本雅明文选》，陈永国等译，中国社会科学出版社1999年版。

本雅明：《发达资本主义时代的抒情诗人》，张旭东等译，生活·读书·新知三联书店1989年版。

本雅明：《经验与贫乏》，王炳钧译，百花文艺出版社1999年版。

汪民安等编：《后现代性的哲学话语：从福柯到赛义德》，浙江人民出版社2000年版。

王逢振编：《2000年度新译西方文论选》，漓江出版社2001年版。

王宁：《后现代主义之后》，中国文学出版社1998年版。

王岳川等编：《东西方文化评论》第四辑，北京大学出版社1992年版。

狄尔泰：《体验与诗》，胡其鼎译，生活·读书·新知三联书店2003年版。

沃·伊瑟尔：《阅读行为》，金惠敏等译，湖南文艺出版社，1991年版。

沃尔夫冈·伊瑟尔：《虚构与想象——文学人类学的疆界》，陈定家等译，吉林人民出版社2003年版。

哈贝马斯：《公共领域的结构转型》，曹卫东等译，学林出版社1999年版。

哈贝马斯：《后形而上学思想》，曹卫东等译，译林出版社2001年版。

哈贝马斯：《现代性的哲学话语》，曹卫东等译，译林出版社2004年版。

约斯·德·穆尔:《有限性的悲剧：狄尔泰的生命释义学》，吕和应译，上海三联书店2016年版。

詹明信：《晚期资本主义的文化逻辑》，陈清侨译，生活·读书·新知三联书店1997年版。

张德兴编：《二十世纪西方美学经典文本》，复旦大学出版社2000年版。

张京媛编：《后殖民理论与文化批评》，北京大学出版社1999年版。

朱光潜：《西方美学史》，人民文学出版社2002年版。

朱立元：《美学大辞典》，上海辞书出版社2014年版。

朱立元主编：《法兰克福学派美学思想论稿》，复旦大学出版社1997年版。

朱立元主编：《现代西方美学史》，上海文艺出版社1993年版。

F · N · 麦吉尔编：《世界225篇哲学名著述评》，中国广播电视出版社1991年版。

V. C.奥尔德里奇：《艺术哲学》，程孟辉译，中国社会科学出版社1986年版。

W. 伊泽尔：《审美过程研究——阅读活动：审美响应理论》，霍桂桓等译，中国人民大学出版社1988年版。

Terry Eagleton, Literary Theory: An Introduction, 2nd edition, Minneapolis: The University of Minnesota Press, 1998.

Matthew Arnold, "Literature and Science", in: Discourses in America, London: Macmillan, 1912.

Matthew Arnold, "The Study of Poetry", in: Matthew Arnold: Selected Prose, P. J. Keating (ed.), London: Penguin, 1970.

Raymond Williams, Culture and Society, 1780—1950, London: Chatto & Windus, 1959.

Raymond Williams, Resources of Hope, London: Verso, 1989.

Chris Barker, Making Sense of Cultural Studies, Central Problems and Critical Debates, London: Sage, 2002.

Jean Baudrillard, La Transparence du mal, essai sur les phénomènes extrêmes, Paris, Galilée, 1990.

Sigmund Freud, The Interpretation of Dreams, James Strachey (trans.), New York: Avon Books, 1965.

J. A. C. Brown, Freud and Post-Freudians, Harmondsworth: Penguin, 1966.

Henri Bergson, The Creative Mind: An Introduction to Metaphysics, M. L. Andison (trans.), New York: the Philosophical Library, 1946.

Henri Bergson, Essai sur les données immediates de la Conscience, first published by F. Alcan, 1889, Paris: Presses Universitaires de France, 6th edition, 1997.

Henri Bergson, Le Rire: Essai sur la signification du Comique, Paris: F. Alcan, 1900.

Marshall McLuhan, The Gutenberg Galaxy, Toronto: University of Toronto Press, 1962.

Marshall McLuhan, Letters of Marshall McLuhan, Oxford: Oxford University Press, 1987.

Neil Postman, Technology: Surrender of Culture to Technology, New York: Vintage Books, 1993.

Neil Postmanand and Charles Weingartner, Teaching as A Subversive Activity, New York: Delacorte Press, 1969.

Jermy Hawthorn, Cunning Passages, London: Arnold, 1996.

Stephen Greenblatt, Shakespearean Negotiations, Berkeley: University of California Press, 1988.

Stephen Greenblatt, Renaissance Self-fashioning, Chicago: The University of Chicago Press, 1980.

C. Gallagher & S. Greenblatt, Practicing New Historicism, Chicago: The University of Chicago Press, 2000.

Brook Thomas, The New Historicism and Other Old-fashioned Topics, Princeton: Princeton University Press,1991.

Claire Colebrook, New Literary Histories, Manchester: Manchester University Press, 1997.

Paul Hamilton, Historicism, London: Routledge, 1996.

Alun Munslow, Deconstructing History, London: Routledge, 1997.

Gayatri C. Spivak, In Other Worlds: Essays in Cultural Politics, New York & London: Routledge, 1988.

Homi K. Bhabha, The Location of Culture, London & New York: Routledge, 1994.

Robert J. C. Young, Colonial Desire: Hybridity in Theory, London: Routledge, 1995.

John Mcleod, Beginning Postcolonialism, Manchester & New York: Manchester University Press, 2000.

Robert J. C. Young, Postcolonialism: A Very Short Introduction, New York: Oxford University, 2003.

Gayatri C. Spivak, A Critique of Postcolonial Reason: Toward A History of the Vanishing Present, Cambridge: Harvard University Press, 1999.

Angela McRobbie, The Uses of Cultural Studies, London: Sage, 2005.

Richard Hoggart, The Uses of Literacy: Aspects of Working-Class Life, London: Chatto and Windus, 1957.

Raymond Williams, Marxism and Literature, Oxford: Oxford University Press, 1977.

Raymond Williams, Culture and Materialism, London: Verso, 1980.

Daniel Bell, The Coming of Post-Industrial Society: A Venture in Social Forecasting, New York: Penguin, 1976.

John Storey, Cultural Theory and Popular Culture: A Reader, London: Harvest Wheatsheaf, 1994.

John Higgins, Raymond Williams: Literature, Marxism and Cultural Materialism, London: Routledge, 1999.

Matthew Arnold, Culture and Anarchy, London: Cambridge University Press, 1932.

Graeme Turner, British Culture Studies: An Introduction, London & New York: Routledge, 3rd edition, 2003.

Julia Kristeva, Revolution in Poetic Language, Margaret Waller (trans.), New York: Columbia University Press, 1984.

John Fiske, Understanding Popular Culture, Boston: Unwin Hyman, 1989.

Lawrence Grossberg, Cary Nelson & Paula A. Trichler (eds.), Cultural Studies, New York & London: Routledge, 1992.

John Fiske, Reading the Popular, London & New York: Routledge, 1989.

Luce Irigaray, An Ethics of Sexual Difference, Carolyn Burke & Gillian Gill (trans.), Ithaca: Cornell University Press, 1993.

Michel de Certeau, The Practice of Everyday Life, Steven Rendall (trans.), Berkeley, Los Angeles & London: University of California Press, 1984.

Molly Annie Rothberg, The Excessive of Subject: A New Theory of Social Change, Cambridge: Polity Press, 2010.

Henri Lefebvre, Critique of Everyday Life, Volume I, London & New York: Verso, 1991.

Michael E. Gardiner, Critiques of Everyday Life: An Introduction, London & New York: Routledge, 2000.

P. Bourdieu, The Rules of Art: Genesis and Structure of the Literary Field, Stanford: Stanford University Press, 1996.

Henri Lefebvre, Everyday Life in the Modern World, United Kingdom: The Athlone Press, 2000.

Jean Baudrillard, Simulacra and Simulation, Sheila Faria Glaser (trans.), The University of Michigan Press, 1994.

Jean Baudrillard, Symbolic Exchange and Death, London: Sage, 1993.

J-F. Lyotard, The Inhuman: Reflections on Time, Stanford: Stanford University Press, 1991.

J-F. Lyotard, Just Gaming, The University of Minnesota Press, 1996.

J-F. Lyotard, The Postmodern Condition: A Report on Knowledge, Minnesota: University of Minnesota Press, 1984.

Adrian Parr, The Deleuze Dictionary, Edinburgh: Edinburgh University Press, 2005.

J. Hillis Miller, Fiction and Repetition, MA: Harvard University Press, 1982.

Gilles Deleuze, Difference and Repetition, Paul Patton (trans.), New York: Columbia University Press, 1994.

Robert Wicks, Modern French Philosophy: From Existentialism to Postmodernism, Oxford, England: Oneworld Publications, 2003.

Michel Foucault, The Care of the Self: Volume 3 of The History of Sexuality, New York: Pantheon, 1986.

Mikel Dufrenne, Main Trends in Aesthetics and the Science of Art, New York: Holmes & Meier Publishers, 1979.

Monroe C. Beardsley, Aesthetics from Classical Greece to the Present: A Short History, New York: Macmillan, 1966.

Rudolf Arnheim, Film As Art, Berkeley & Los Angeles: University of California Press, 1957.

Pierre Macherey, A Theory of Literary Production, Geoffrey Wall (trans.), London & New York: Routledge & Kegan Paul, 1978.

Terry Eagleton, Criticism and Ideology, London: Verso, 1976.

Rudolf Arnheim, Art and Visual Perception, Berkeley & Los Angeles: University of California Press, 1964.

Louis Althusser, For Marx, Ben Brewster (trans.), London: Verso, 1979.

Louis Althusser, Lenin and Philosophy and other essays, Ben Brewster (trans.), New York: Monthly Review Press, 1971.

Anne Clancier, Psychanalyse et critique littéraire, Edouard Privat Editions, 1973.

Roland Barthes, Oeuvres complètes, Seuil, 2002.

Herbert Marcuse, An Essay on Liberation, Boston: Beacon Press, 1969.

Herbert Marcuse, Counterrevolution and Revolt, Boston: Beacon Press, 1972.

Herbert Marcuse, One-Dimensional Man: Studies in the Ideology of Advanced Industrial Society, Boston: Beacon Press, 1991.

Andrew Benjamin (ed.), The Problems of Modernity, London & New York: Routledge, 1989.

T. W. Adorno, Aesthetic Theory, C. Lenhardt (trans.), London: Routledge & Kegan Paul, 1984.

T. W. Adorno, Aesthetic Theory, Robert Hullot-Kentor (trans.), Minneapolis: University of Minnesota Press, 2002.

Jacques Derrida, Specters of Marx, New York & London: Routledge, 1994.

Herbert Marcuse, The Aesthetic Dimension: Toward a Critique of Marxist Aesthetics, Boston: Beacon Press, 1978.

Pauline Johnson, Marxist aesthetics, London: Routledge & Kegan Paul, 1984.

Adolfo Sánchet Vázquet, Art and Society: Essays in Marxist Aesthetics, New York: Monthly Review Press, 1973.

Noël Carroll(ed.), Theories of Art, London: The University of Wisconsin Press, 2000.

Douglas Kellner, "Western Marxism", in: Modern Social Theory: An Introduction, Austin Harrington(ed.), Oxford: Oxford University Press, 2005.

Arthur C. Danto, After the End of Art: Contemporary Art and the Pale of History, Princeton: Princeton University Press, 1997.

Berel Lang(ed.), The Death of Art, New York: Haven Publishers, 1984.

Arthur C. Danto, Encounter & Reflections: Art in the Historical Present, Berkeley: University of California Press, 1990.

Arthur C. Danto, The Transfiguration of the Commonplace: A philosophy of Art, Cambridge: Harvard University Press, 1981.

Richard Shusterman(ed.), Analytic Aesthetics, New York: Basil Blackwell, 1989.

Giovanna Barradorl, American Philosophers: Conversations with Quine, Davidson, Putnam, Nozick, Danto, Rorty, Cavell, Maclntyle, and Kuhn, Chicago: The University of Chicago Press, 1994.

Noël Carroll, Beyond Aesthetics: Philosophical Essays, Cambridge: Cambridge University Press, 2001.

Arthur C. Danto, Analytical Philosophy of History, Cambridge: Cambridge University-Press, 1965.

Nicholas Wolterstorff, Art in Action: Toward a Christian Aesthetic, Michigan: William B. Eerdmans Publishing Company, 1980.

George Dickie, Introduction to Aesthetics: An Analytic Approach, Oxford: Oxford University Press, 1997.

George Dickie, Art and Aesthetic: An Institutional Analysis, Ithaca & London: Cornell University Press, 1974.

Nelson Goodman, Languages of Art: An Approach to A Theory of Symbols, Indianapolis & Cambridge: Hackett Publishing Company, (Inc.), 1976.

George Dickie, Aesthetics: An Introduction, Indianapolis: The Bobbs-Merrill Company, (Inc.), 1971.

Monroe C. Beardsley, The Aesthetic Point of View, Ithaca & New York: Cornell University Press, 1982.

Merleau-Ponty, Phénoménologie de la Perception, Garlimard, 1976.

Jean-Paul Sartre: L'être et le néant, Gallimard, 1988.

Mikel Dufrenne, Phénoménologie de l' expérience esthétique, Paris: Presses Universitaires de France, 1953.

Ranjan K. Ghosh, Aesthetic Theory and Art: A Study in Susanne K. Langer, Ajanta Publications, 1979.

Susanne K. Langer, Feeling and Form: A Theory of Art, New York: Charles Scribner's Sons, 1953.

Susanne K. Langer, Problems of Art: Ten Philosophical Lectures, New York: Charles Scribner's sons, 1957.

William Schultz, Cassirer and Langer on Myth: An Introduction, New York & London: Garland Publishing, 2000.

John Dewey, Art as Experience, New York: The Berkley Publishing Group, 1934.

Hans-Geoge Gadamer, Truth and Method, New York: The Crossroad Publishing Company, 1975.

Erwin Panofsky, Meaning in the Visual Arts, Garden City, New York: Doubleday Anchor Books, 1955.

Katharine Everett Gilbert and Helmut Kuhn, A History of Esthetics: Revised and Enlarged, London: Thames and Hudson, 1956.

Mikel Dufrenne, Main Trends in Aesthetics and the Science of Art, New York: Holmes & Meier Publishers, 1979.

Noël Carroll, Beyond Aesthetics: Philosophical Essays, Cambridge: Cambridge University Press 2001.

John Dewey, Art as Experience, New York: The Berkley Publishing Group, 1934.

Thomas Munro, Toward Science in Aesthetics, The Liberal Arts Press, 1956.

Willam Hogarth, The Analysis of Beauty, Oxford: The Clarendon Press, 1955.

George Dickie, Art and the Aesthetic: An Institutional Analysis, Ithaca & London: Cornell University Press, 1974.

Georg Simmel, The Philosophy of Money, Tom Bottomore & David Frisby (trans.), London: Routledge & Kegan Paul, 1978.

Dabney Townsend (ed.), Aesthetics: Classic Readings from the Western Tradition, 2nd edition, Belmont, CA: Wadsworth/Thomson Learning, 2001.

Tony Bennett, Lawrence Grossberg, and Meaghan Morris (eds.), New Keywords: A Revised Vocabulary of Culture and Society, London: Blackwell, 2005.

Edward Bullough, Aesthetics: Lectures and Essays, London: Bowes & Bowes, 1957.

主要人名与术语

A

阿多诺，西奥多·W.（Adorno，Theodor W.）
阿恩海姆，鲁道夫（Arnheim，Rudolf）
阿尔都塞，路易·皮埃尔（Althusser，Louis Pierre）
阿姆德，阿加斯（Ahmad，Aijaz）
阿诺德，马修（Arnold，Matthew）
阿契贝，钦努阿（Achebe，Chinua）
阿瑟斯，约翰（Arthos，John）
阿什克罗夫特，乔（Ashcroft，Joe）
阿希克洛夫特，比尔（Ashcoft，Bill）
埃德曼，欧文（Edman，Irwin）
埃尔顿，威廉（Elton，William）
艾多斯（eidos）
艾哈迈托娃，安娜（Akhmatova，Anna）
艾柯，安伯托（Eco，Umberto）
艾伦菲尔斯, C.V.（Ehrenfels , C.V.）
艾略特，格雷戈里（Elliot，Gregory）
爱森斯坦，伊丽莎白·L.（Eisenstein，Elizabeth L.）
安德森，佩里（Anderson，Perry）
奥尼斯，弗德里克·德（Onis，Federico de）
奥斯本，哈罗德（Osborne，Harold）

Q

R

后　记

完成一部书的编撰是有很多人需要感谢的，尤其是像本书这样工程浩大、头绪繁多、篇幅不菲的著作就会有更多的人需要感谢，甚至一个再长的名单也无法将他们对本书的贡献和帮助一一道明。

首先，我应该特别感谢各位作者，在眼下校对稿件的过程中愈发感到这些作者朋友对我的友情、信任和无私奉献。他们在明知得不到多少经济和声名回报的情况下，仍然慷慨支援，我想这主要还是出自对传播知识的热情、对社会的责任感。我们不一定要自命为“启蒙者”，但传递知识也确就是带给社会以“光明”。今天要建构正确的社会主义审美观，20世纪西方美学“知识”无疑是可资批判性取用的宝贵财富。

现将本书具体编撰分工彰示如下（排名以承担章节先后为序）：

金惠敏（四川大学）：绪论，上编导言，第四章概论，第十七章概论
周　敏（杭州师范大学）：第一章概论，第二十一章概论
Jos de Mul（荷兰鹿特丹伊拉斯谟大学）：第一章第一节（金惠敏翻译）
王中原（河南大学）：第一章第二节
陈圣生（中国社会科学院文学研究所）：第二章概论
陈定家（中国社会科学院文学研究所）：第二章第一节，第七章第一节
Catherine Lever（英国牛津大学）：第二章第二节（陈圣生翻译）
王行坤（天津工业大学）：第三章概论，第三章第二节
陈戎女（北京语言大学）：第三章第一节
高建平（中国社会科学院文学研究所）：第四章第一节，第七章第二节
李昕揆（中国人民大学）：第四章第二节，第二十五章

刘悦笛（中国社会科学院哲学研究所）：第五章，第七章概论，第八章，第十一章，第十二章概论，第十四章概论、第一节

司有仑（中国人民大学）：第六章概论

Levi Kreft（斯洛文尼亚卢布尔雅那大学）：第六章第一节（陈定家翻译）

Graham McFee（英国布莱顿大学）：第六章第二节（陈定家翻译）

霍桂桓（中国社会科学院哲学研究所）：第九章概论、第一节、第二节，第十六章

Maryvonne Saison（巴黎十大-南泰尔）：第九章第二节（王柯平翻译，霍桂桓改写）

赵东明（深圳大学）：第十章概论、第一节，第十五章概论、第一节

杨　深（中国社会科学院哲学研究所）：第十章第二节

杨大春（浙江大学）：第十章第三节、第四节

徐恒醇（天津社会科学院）：第十二章第一节

王柯平（中国社会科学院哲学研究所）：第十二章第二节

张清民（河南大学）：第十二章第三节，第二十一章第二节

赵　勇（北京师范大学）：第十二章第四节

曹卫东（北京体育大学）：第十二章第五节

张智庭（南开大学）：第十三章概论、第一节、第二节、第三节

孟登迎（中国社会科学院大学）：第十三章第四节

亓校盛（北京师范大学）：第十四章第二节

Aleš Erjavec（斯洛文尼亚文理科学院）：下编导言（金惠敏翻译并修改）

张　颖（香港浸会大学）：第十五章第二节

汪民安（清华大学）：第十七章第一节

麦永雄（广西师范大学）：第十七章第二节

陆　扬（复旦大学）：第十七章第三节，第二十一章第三节

秦喜清（中国艺术研究院）：第十七章第四节

朱国华（华东师范大学）与林云柯（南开大学）：第十七章第五节

张道建（北京语言大学）：第十八章

梁　虹（北京第二外国语学院）：第十九章概论、第一节

刘玲华（中国社会科学院文学研究所）：第十九章第二节

李丽华（江西师范大学）：第二十章概论、第二节

Paula Zupanc Ecimovic（斯洛文尼亚普利茅斯卡大学）：第二十章第一节、第三节（金惠敏翻译）

周　颖（中国社会科学院外国文学研究所）：第二十一章第一节

Ernest Zenko（斯洛文尼亚普利茅斯卡大学）：第二十一章第四节（南京大学汪正龙翻译）

樊　柯（西安石油大学）：第二十二章概论、第二节

赵　冰（外交学院）：第二十二章第一节、第三节

高丽萍（济南大学）：第二十三章

张　进（兰州大学）：第二十四章

中国社会科学院陈定家研究员、杭州师范大学周敏教授除了亲自撰译外，在章节总体安排上和全书统稿方面，都做出了重要的贡献。

在本书初期写作大纲时，国际美学协会原会长、斯洛文尼亚美学家阿莱斯·艾尔雅维茨曾给予一些有益的建议，书中多数国外作者的稿件均由他代为邀约。阿莱斯这些年对中国美学研究和国际化进程的贡献，学界同仁有目共睹，例如他的《图像时代》（吉林人民出版社2003年2月）由张云鹏教授组织翻译为中文后，迅即成为美学和文化研究的必读书目。

山西教育出版社郭志强主任作为该书的责编，从全书章节安排到文字锤炼与我进行过无数次的磋商，他的批评建议对于本书的成型、完善厥功至伟。其对事业的追求和尽善尽美的执着令人叹服！

最后还要感谢国家出版基金规划管理办公室将本书列选为“2020年度国家出版基金资助项目”，这对本书不仅是经费的支持，且更是荣誉的鞭策。

我们自知，由于知识积累、学术识见的局限，书中一定存在不少缺点和错误，敬祈方家和广大读者不吝赐教，以共同推动学术的进步。

是为后记。

金惠敏

2020年11月12日凌晨于成都四川大学